OMRON

欧姆龙CP1H系列PLC完全自学手册

第二版

陈忠平　戴　维　尹　梅　编著

化学工业出版社
·北京·

本书从基础知识入门和实际工程应用出发，详细讲解了欧姆龙 CP1H 系列 PLC 技术。本书内容主要包括：PLC 的基础知识、欧姆龙 CP1H PLC 的硬件系统、欧姆龙 CP1H PLC 编程软件的使用、欧姆龙 CP1H 的基本指令、欧姆龙 CP1H 的常用功能指令、欧姆龙 CP1H 的高级功能指令、数字量控制系统梯形图的设计方法、欧姆龙 CP1H 模拟量功能与 PID 闭环控制、欧姆龙 PLC 的通信与网络、欧姆龙 PLC 的安装维护与系统设计等内容。本书图文并茂、通俗易懂、实例丰富、实用性和针对性强，特别适合初学者使用，对有一定 PLC 基础的读者也有很大帮助。

本书可供 PLC 技术人员学习使用，也可作为大中专院校电气、自动化等相关专业的教材和参考用书。

图书在版编目（CIP）数据

欧姆龙 CP1H 系列 PLC 完全自学手册/陈忠平，戴维，尹梅编著. —2 版. —北京：化学工业出版社，2018.4
(2023.4重印)
ISBN 978-7-122-31685-1

Ⅰ.①欧… Ⅱ.①陈… ②戴… ③尹… Ⅲ.①可编程序控制器-程序设计-手册 Ⅳ.①TP332.3-62

中国版本图书馆 CIP 数据核字（2018）第 042980 号

责任编辑：李军亮　徐卿华　　装帧设计：张　辉
责任校对：吴　静

出版发行：化学工业出版社（北京市东城区青年湖南街 13 号　邮政编码 100011）
印　　装：天津盛通数码科技有限公司
787mm×1092mm　1/16　印张 34¼　字数 856 千字　2023 年 4 月北京第 2 版第 4 次印刷

购书咨询：010-64518888　　售后服务：010-64518899
网　　址：http://www.cip.com.cn
凡购买本书，如有缺损质量问题，本社销售中心负责调换。

定　　价：108.00 元

前　言

PREFACE

本书介绍了国内广泛使用的欧姆龙 CP1H 小型一体化 PLC。本书自第一版出版以来，得到了广大读者及同行们的厚爱和宝贵意见，在此表示深深的谢意！在此基础上总结近几年的教学实践经验与最新的技术资料，作了相应的修订：增加欧姆龙 CP1H 的特点、PID 在模拟量控制中的应用实例；将主机单元的接线调整到第 2 章；重新编写第 10 章的内容。修订以后本书内容更加实用。

本书特点

1. 由浅入深，循序渐进

本书在内容编排上采用由浅入深、由易到难的原则，在介绍 PLC 的组成及工作原理、硬件系统构成、软件的使用等基础上，在后续章节中结合具体的实例，逐步讲解相应指令的应用等相关知识。

2. 技术全面，内容充实

全书重点突出，层次分明，注重知识的系统性、针对性和先进性。对于指令的讲解，不是泛泛而谈，而是辅以简单的实例，使读者更易于掌握；注重理论与实践相结合，培养读者的工程应用能力。本书的大部分实例取材于实际工程项目或其中的某个环节，对从事 PLC 应用和工程设计的读者具有较强的实践指导意义。

3. 分析原理，步骤清晰

对于每个实例，都分析其设计原理，总结实现的思路和步骤。读者可以根据具体步骤实现书中的例子，将理论与实践相结合。

4. 软硬结合，虚拟仿真

由于昂贵的培训费用和硬件价格，一般人很难通过大量的 PLC 硬件进行 SYSMAC CP1H 系列 PLC 的实际操作学习。CX-Simulator 是 SYSMAC CP1H 系列 PLC 的仿真软件，具有功能强大，使用方便等特点。书中大部分实例都是基于 CX-Programmer 编程软件和 CX-Simulator 仿真软件相结合的方式进行讲解，使读者能够快速学好这门技术的同时尽量减少花费。

本书内容

第 1 章　PLC 概述。介绍 PLC 的定义、基本功能与特点、应用和分类和欧姆龙 PLC，还介绍了 PLC 的组成及工作原理，并将 PLC 控制与其他顺序逻辑控制系统进行了比较。

第 2 章　欧姆龙 CP1H PLC 的硬件系统。主要介绍了 CP1H PLC 的主机单元、扩展单元、存储器的数据类型与寻址方式、硬件系统的接线。

第 3 章　欧姆龙 CP1H PLC 编程软件的使用。介绍了 PLC 编程语言的种类、CX-One 软件程序包、CX-Simulator 仿真软件的使用，重点讲解了 CX-Programmer 编程软件的使用。

第 4 章　欧姆龙 CP1H 的基本指令。基本指令是 PLC 编程时最常用的指令。介绍时序输入指令、时序输出指令、定时器指令、计数器指令和时序控制指令，并通过 3 个实例讲解基本指令的综合应用。

第 5 章　欧姆龙 CP1H 的常用功能指令。功能指令使 PLC 具有强大的数据处理和特殊功能。主要讲解了数据处理指令、算术运算指令、浮点数运算指令、逻辑运算指令、表格数据处理指令、数据控制指令、显示功能指令、实时时钟指令、特殊指令及使用。

第 6 章　欧姆龙 CP1H 的高级功能指令。主要介绍子程序指令、I/O 单元用指令、中断控制及指令、高速计数器控制、脉冲输出控制、快速响应输入功能等内容。

第 7 章　数字量控制系统梯形图的设计方法。介绍梯形图的设计方法、顺序控制设计法与顺序功能图、常见的顺序控制编写梯形图的方法、CP1H 顺序控制，并通过多个实例重点讲解单序列的 CP1H 顺序控制、选择序列的 CP1H 顺序控制、并行序列的 CP1H 顺序控制的应用。

第 8 章　欧姆龙 CP1H 模拟量功能与 PID 闭环控制。介绍模拟量的基本概念、CP1H 系列的内置模拟量输入/输出单元、CP1H 系列的扩展模拟量输入/输出单元、PID 闭环控制等内容。

第 9 章　欧姆龙 PLC 的通信与网络。介绍数据通信的基础知识、计算机网络的基础知识、欧姆龙 PLC 通信系统、CP1H 系列 PLC 的串行通信等内容。

第 10 章　欧姆龙 PLC 的安装维护与系统设计。讲解 PLC 的安装和维护、PLC 应用系统的设计与调试，并通过 3 个不同类型的实例讲解其设计方法。

读者对象

- PLC 初学人员；
- 自动控制工程师、PLC 工程师、硬件电路工程师及 PLC 维护人员；
- 大中专院校电气、自动化相关专业的师生。

本书由湖南工程职业技术学院陈忠平、戴维、尹梅编著，同时，湖南涉外经济学院侯玉宝和高金定，衡阳技师学院胡彦伦，湖南航天诚远精密机械有限公司刘琼，湖南科技职业技术学院高见芳，湖南工程职业技术学院李锐敏、周少华、龙晓庆和龚亮，湖南三一重工集团王汉其等对本书的编写提供了帮助。全书由湖南工程职业技术学院陈建忠教授主审。

由于编者水平和经验所限，书中难免有疏漏之处，敬请广大读者批评指正。

编著者

目录

CONTENTS

第1章

PLC概述

自20世纪60年代末期世界上第一台PLC问世以来，PLC发展十分迅速，特别是近些年来，随着微电子技术和计算机技术的不断发展，PLC在处理速度、控制功能、通信能力及控制领域等方面都有新的突破。PLC将传统的继电-接触器的控制技术和现代计算机信息处理技术有机结合起来，成为工业自动化领域中最重要、应用最广的控制设备之一，并已成为现代工业生产自动化的重要支柱。

1.1 PLC简介

1.1.1 PLC的定义

可编程控制器是在继电器控制和计算机控制的基础上开发出来的，并逐渐发展为以微处理器为基础，综合计算机技术、自动控制技术和通信技术等现代科技为一体的新型工业自动控制装置。目前广泛应用于各种生产机械和生产过程的自动控制系统中。

因早期的可编程控制器主要用于代替继电器实现逻辑控制，因此将其称为可编程逻辑控制器（Programmable Logic Controller），简称PLC。随着技术的发展，许多厂家采用微处理器（Micro Processor Unit，即MPU）作为可编程控制的中央处理单元（Central Processing Unit，即CPU），大大增强PLC功能，使它不仅具有逻辑控制功能，还具有算术运算功能和对模拟量的控制功能。据此美国电气制造协会（National Electrical Manufacturers Association，即NEMA）于1980年将它正式命名为可编程序控制器（Programmable Controller），简称PC，且对PC进行如下定义：“PC是一种数字式的电子装置，它使用了可编程序的存储器以存储指令，能完成逻辑、顺序、计时、计数和算术运算等功能，用以控制各种机械或生产过程”。

国际电工委员会（IEC）在1985年颁布的标准中，对可编程序控制器作了如下定义：“可编程序控制器是一种专为工业环境下应用而设计的数字运算操作的电子系统。它采用可编程序的存储器，用来在其内部存储执行逻辑运算、顺序控制、定时、计数和算术运算等操作的指令，并通过数字式、模拟式的输入和输出，控制各种机械或生产过程。”

PC可编程序控制器在工业界使用了多年，但因个人计算机（Personal Computer）也简称为PC，为了对两者进行区别，现在通常把可编程序控制器简称为PLC，所以本书中也将其称为PLC。

1.1.2 PLC的基本功能与特点

（1）PLC的基本功能

① 逻辑控制功能　逻辑控制又称为顺序控制或条件控制，它是PLC应用最广泛的领

域。逻辑控制功能实际上就是位处理功能，使用 PLC 的“与”（AND）、“或”（OR）、“非”（NOT）等逻辑指令，取代继电器触点的串联、并联及其他各种逻辑连接，进行开关控制。

② 定时控制功能　PLC 的定时控制，类似于继电-接触器控制领域中的时间继电器控制。在 PLC 中有许多可供用户使用的定时器，这些定时器的定时时间可由用户根据需要进行设定。PLC 执行时根据用户定义时间长短进行相应限时或延时控制。

③ 计数控制功能　PLC 为用户提供了多个计数器，PLC 的计数器类似于单片机中的计数器，其计数初值可由用户根据需求进行设定。执行程序时，PLC 对某个控制信号状态的改变次数（如某个开关的动合次数）进行计数，当计数到设定值时，发出相应指令以完成某项任务。

④ 步进控制功能　步进控制（又称为顺序控制）功能是指在多道加工工序中，使用步进指令控制在完成一道工序后，PLC 自动进行下一道工序。

⑤ 数据处理功能　PLC 一般具有数据处理功能，可进行算术运算、数据比较、数据传送、数据移位、数据转换、编码、译码等操作。中、大型 PLC 还可完成开方、PID 运算、浮点运算等操作。

⑥ A/D、D/A 转换功能　有些 PLC 通过 A/D、D/A 模块完成模拟量和数字量之间的转换、模拟量的控制和调节等操作。

⑦ 通信联网功能　PLC 通信联网功能是利用通信技术，进行多台 PLC 间的同位链接、PLC 与计算机链接，以实现远程 I/O 控制或数据交换。可构成集中管理、分散控制的分布式控制系统，以完成较大规模的复杂控制。

⑧ 监控功能　监控功能是指利用编程器或监视器对 PLC 系统各部分的运行状态、进程、系统中出现的异常情况进行报警和记录，甚至自动终止运行。通常小型低档 PLC 利用编程器监视运行状态；中档以上的 PLC 使用 CRT 接口，从屏幕上了解系统的工作状况。

（2）可编程控制器的特点

① 可靠性高、抗干扰能力强　继电-接触器控制系统使用大量的机械触点，连接线路比较繁杂，且触点通断时有可能产生电弧和机械磨损，影响其寿命，可靠性差。PLC 中采用现代大规模集成电路，比机械触点继电器的可靠性要高。在硬件和软件设计中都采用了先进技术以提高可靠性和抗干扰能力。比如，用软件代替传统继电-接触器控制系统中的中间继电器和时间继电器，只剩下少量的输入输出硬件，使因触点接触不良造成的故障大大减少，提高了可靠性；所有 I/O 接口电路采用光电隔离，使工业现场的外电路与 PLC 内部电路进行电气隔离；增加自诊断、纠错等功能，使其在恶劣工业生产现场的可靠性、抗干扰能力得到提高。

② 灵活性好、扩展性强　继电-接触器控制系统由继电器等低压电器采用硬件接线实现，连接线路比较繁杂，而且每个继电器的触点数目有限。当控制系统功能改变时，需改变线路的连接，所以继电-接触器控制系统的灵活性、扩展性差。而由 PLC 构成的控制系统中，只需在 PLC 的端子上接入相应的控制线即可，减少了接线。当控制系统功能改变时，有时只需编程器在线或离线修改程序，就能实现其控制要求。PLC 内部有大量的编程元件，能进行逻辑判断、数据处理、PID 调节和数据通信功能，可以实现非常复杂的控制功能，若元件不够时，只需加上相应的扩展单元即可，因此 PLC 控制系统的灵活性好、扩展性强。

③ 控制速度快、稳定性强　继电-接触器控制系统是依靠触点的机械动作来实现控制的，其触点的动断速度一般为几十毫秒一次，影响控制速度，有时还会出现抖动现象。PLC

控制系统由程序指令控制半导体电路来实现，响应速度快，一般执行一条用户指令在很短的微秒级内即可，PLC 内部有严格的同步，不会出现抖动现象。

④ 延时调整方便，精度较高　继电-接触器控制系统的延时控制是通过时间继电器来完成的，而时间继电器的延时调整不方便，且易受环境温度和湿度的影响，延时精度不高。PLC 控制系统的延时是通过内部时间元件来完成的，不受环境的温度和湿度的影响，定时元件的延时时间只需改变定时参数即可，因此其定时精度较高。

⑤ 系统设计安装快、维修方便　继电-接触器实现一项控制工程，其设计、施工、调试必须依次进行，周期长，维修比较麻烦。PLC 使用软件编程取代继电-接触器中的硬件接线而实现相应功能，使安装、接线工作量减小，现场施工与控制程序的设计还可同时进行，周期短、调试快。PLC 具有完善的自诊断、履历情报存储及监视功能，对于其内部工作状态、通信状态、异常状态和 I/O 点的状态均有显示，若控制系统有故障时，工作人员通过它即可迅速查出故障原因，及时排除故障。

1.1.3 PLC 的应用和分类

（1）可编程控制器的应用

以前由于 PLC 的制造成本较高，其应用受到一定的影响。随着微电子技术的发展，PLC 的制造成本不断下降，同时 PLC 的功能大大增强，因此 PLC 目前已广泛应用于冶金、石油、化工、建材、机械制造、电力、汽车、造纸、纺织、环保等行业。从应用类型看，其应用范围大致归纳为以下几种。

① 逻辑控制　PLC 可进行“与”、“或”、“非”等逻辑运算，使用触点和电路的串、并联代替继电-接触器系统进行组合逻辑控制、定时控制、计数控制与顺序逻辑控制。这是 PLC 应用最基本、最广泛的领域。

② 运动控制　大多数 PLC 具有拖动步进电动机或伺服电动机的单轴或多轴位置的专用运动控制模块，灵活运用指令，使运动控制与顺序逻辑控制有机结合在一起，广泛用于各种机械设备，如对各种机床、装配机械、机械手等进行运动控制。

③ 过程控制　现代中、大型 PLC 都具有多路模拟量 I/O 模块和 PID 控制功能，有的小型 PLC 也具有模拟量输入输出模块。PLC 可将接收到的温度、压力、流量等连续变化的模拟量，通过这些模块实现 A/D 转换，并对被控模拟量进行闭环 PID 控制。这一控制功能广泛应用于锅炉、反应堆、水处理、酿酒等方面。

④ 数据处理　现代 PLC 具有数学运算（如矩阵运算、函数运算、逻辑运算等）、数据传送、转换、排序、查表、位操作等功能，可进行数据采集、分析、处理，同时可通过通信功能将数据传送给别的智能装置，如 PLC 对计算机数值控制 CNC 设备进行数据处理。

⑤ 通信联网控制　PLC 通信包括 PLC 与 PLC、PLC 与上位机（如计算机）、PLC 与其他智能设备之间的通信。PLC 通过同轴电缆、双绞线等传输介质与计算机进行信息交换，可构成“集中管理、分散控制”的分布式控制系统，以满足工厂自动化 FA 系统、柔性制造系统 FMS、集散控制系统 DCS 等发展的需要。

（2）可编程控制器的分类

PLC 种类繁多，性能规格不一，通常根据其结构形式、性能高低、控制规模等方面进行分类。

① 按结构形式进行分类　根据 PLC 的硬件结构形式，将 PLC 分为整体式、模块式和混

合式三类。

a. 整体式 PLC。整体式 PLC 是将电源、CPU、I/O 接口等部件集中配置装在一个箱体内，形成一个整体，通常将其称为主机或基本单元。采用这种结构的 PLC 具有结构紧凑、体积小、重量轻、价格较低、安装方便等特点，但主机的 I/O 点数固定，使用不太灵活。一般小型或超小型的 PLC 通常采用整体式结构。

b. 模块式 PLC。模块式结构 PLC 又称为积木式结构 PLC，它是将 PLC 各组成部分以独立模块的形式分开，如 CPU 模块、输入模块、输出模块、电源模块及各种功能模块。模块式 PLC 由框架或基板和各种模块组成，将模块插在带有插槽的基板上，组装在一个机架内。采用这种结构的 PLC 具有配置灵活、装配方便、便于扩展和维修。大、中型 PLC 一般采用模块式结构。

c. 混合式 PLC。混合式结构 PLC 是将整体式的结构紧凑、体积小、安装方便和模块式的配置灵活、装配方便等优点结合起来的一种新型结构 PLC。例如西门子公司生产的 S7-200 系列 PLC 就是采用这种结构的小型 PLC，西门子公司生产的 S7-300 系列 PLC 也是采用这种结构的中型 PLC。

② 按性能高低进行分类　根据性能的高低，将 PLC 分为低档 PLC、中档 PLC 和高档 PLC 这三类。

a. 低档 PLC。低档 PLC 具有基本控制和一般逻辑运算、计时、计数等基本功能，有的还具有少量模拟量输入/输出、算术运算、数据传送和比较、通信等功能。这类 PLC 只适合于小规模的简单控制，在联网中一般作为从机使用。

b. 中档 PLC。中档 PLC 有较强的控制功能和运算能力，它不仅能完成一般的逻辑运算，也能完成比较复杂的三角函数、指数和 PID 运算，工作速度比较快，能控制多个输入/输出模块。中档 PLC 可完成小型和较大规模的控制任务，在联网中不仅可作从机，也可作主机，如西门子公司生产的 S7-300 就属于中档 PLC。

c. 高档 PLC。高档 PLC 有强大的控制和运算能力，不仅能完成逻辑运算、三角函数、指数、PID 运算、还能进行复杂的矩阵运算、制表和表格传送操作。高档 PLC 可完成中型和大规模的控制任务，在联网中一般作主机，如西门子公司生产的 S7-400 就属于高档 PLC。

③ 按控制规模进行分类　根据 PLC 控制器的 I/O 总点数的多少可分为小型机、中型机和大型机。

a. 小型机。I/O 总点数在 256 点以下的 PLC 称为小型机，如 CP1H 系列 PLC。小型 PLC 通常用来代替传统继电-接触器控制，在单机或小规模生产过程中使用，它能执行逻辑运算、定时、计数、算术运算、数据处理和传送、高速处理、中断、联网通信及各种应用指令。I/O 总点数等于或小于 64 点的称为超小型或微型 PLC。

b. 中型机。I/O 总点数在 256～2048 点之间的 PLC 称为中型机，如 CQM1H 系列 PLC。中型 PLC 采用模块化结构，根据实际需求，用户将相应的特殊功能模块组合在一起，使其具有数字计算、PID 调节、查表等功能，同时相应的辅助继电器增多，定时、计数范围扩大，功能更强，扫描速度更快，适用于较复杂系统的逻辑控制和闭环过程控制。

c. 大型机。I/O 总点数在 2048 点以上的 PLC 称为大型机，如 CS1 系列 PLC。I/O 总点数超过 8192 点的称为超大型 PLC 机。大型 PLC 具有逻辑和算术运算、模拟调节、联网通信、监视、记录、打印、中断控制、远程控制及智能控制等功能。目前有些大型 PLC 使用 32 位处理器，多 CPU 并行工作，具有大容量的存储器，使其扫描速度高速化，存储容量大大加强。

1.1.4 欧姆龙 PLC 简介

在全球 PLC 制造商中，根据美国 Automation Research Corp（ARC）调查，世界 PLC 五大厂家分别为 Siemens（西门子）公司、Allen-Bradley（A-B）公司、Schneider（施耐德）公司、Mitsubishi（三菱）公司、Omron（欧姆龙）公司，他们的销售额约占全球总销售额的 2/3。

日本欧姆龙公司生产的 PLC 产品以其良好的性价比被广泛地应用于化学工业、食品加工材料处理和工业控制过程等领域，其产品在日本的销量仅次于三菱公司，居第二位，在我国也是应用非常广泛的 PLC 之一。

对于 PLC 而言，一般应从基本性能、特殊功能及通信联网三个方面考察其性能。基本性能包括指令系统、工作速度、控制规模、程序容量、PLC 内部器件、数据存储器容量等；特殊功能指中断、A/D、D/A、温度控制等，模块式 PLC 的特殊功能是由智能单元完成的；通信联网是指 PLC 与各种外设通信及 PLC 组成各种网络，这一功能通常由专用通信板或通信单元完成。

欧姆龙公司从 20 世纪 80 年代至今，产品多次更新换代。20 世纪 80 年代初期，欧姆龙的大、中、小型机分别为 C 系列的 C2000、C1000、C500、C120、C20 等。这些型号的 PLC 指令少，而且指令执行时间长，内存也小，内部器件有限，PLC 体积大。例如，C20 仅 20 条指令，基本指令执行时间为 4～80μs。上述产品目前已基本被淘汰。

随后小型机换代出现 P 型机，替代了 C20 机。P 型机 I/O 点数最多可达 148 点，指令增加到 37 条，指令执行的速度加快了，基本指令执行时间为 4μs，体积也明显缩小。P 型机有较高的性能价格比，且易于掌握和使用，因而具有较强的竞争力，在当时的小型机市场上独占鳌头。

20 世纪 80 年代后期，欧姆龙开发出 H 型机，大、中、小型对应有 C2000H/C1000H、C200H、C60H/C40H/C28H/C20H。大、中型机为模块式结构，小型机为整体式结构。H 型机的指令增加较多，有一百多种，特别出现了指令的微分执行，一条指令可顶多条指令使用，为编程提供了方便。H 型机指令的执行速度也加快了，大型 H 机基本指令执行时间才 0.4μs，而 C200H 机也只有 0.7μs。H 型机的通信功能增强了，甚至小型 H 机也配有 RS232C 口，与计算机可以直接通信。大型机 C2000H 的 CPU 可进行热备配置，其一般的 I/O 单元还可在线插拔。中型机 C200H 的特殊功能模块很丰富，结构合理，功能齐全，为当时中型机中较优秀的机型，获得了非常广泛的应用。C200H 曾用于太空实验站，开创了业界先例。

另外，欧姆龙还开发出微型机 SP20/SP16/SP10。这类机型点数少，最少 10 点，但可自身联网（PLC Link），最多可达 80 点。它的体积很小、功能单一、价格较低，特别适合于安装空间小、点数要求不多的继电控制场合。

20 世纪 90 年代初期，欧姆龙推出无底板模块式结构的小型机 CQM1。CQM1 控制 I/O 点数最多可达 256 点。CQM1 的指令已超过 100 种，它的速度较快，基本指令执行时间为 0.5μs，比中型机 C200H 还要快。CQM1 的 DM 区增加很多，虽为小型机，但 DM 区可达 6K，比中型机 C200H 的 2K 大很多。CQM1 共有 7 种 CPU 单元，每种 CPU 单元都带有 16 个输入点（称为内置输入点），有输入中断功能，都可接增量式旋转编码器进行高速计数，计数频率单相 5kHz、两相 2.5kHz。CQM1 还有高速脉冲输出功能，标准脉冲输出可达 1kHz。此外，CPU42 带有模拟量设定功能，CPU43 有高速脉冲 I/O 端口，CPU44 有绝对式旋转编码器端口，CPU45 有 A/D、D/A 端口。CQM1 虽然是小型机，但采用模块式结构，像中型机一样，也由 A/D、D/A、温控等特殊功能单元和各种通信单元。CQM1 的 CPU 单元除 CPU11 外都自带 RS232C 通信口。

在 CQM1 推出之前，欧姆龙推出大型机 CV 系列，其性能比 C 系列大型 H 机有显著的提高，它极大地提高了欧姆龙在大型机方面的竞争实力。1998 年年底，欧姆龙推出了 CVM1D 双极热备系统，它具有双 CPU 单元和双电源单元，不仅 CPU 可热备，而且电源也可热备。CVM1D 继承了 CV 系列的各种功能，可以使用 CV 的 I/O 单元、特殊功能单元和通信单元。CVM1D 的 I/O 单元可在线插拔。

值得注意的是进入 20 世纪 90 年代后，欧姆龙更新换代的速度明显加快，特别是后 5 年，欧姆龙在中型机和小型机上又有不少技术更新。

中型机从 C200H 发展到 C200HS。C200HS 于 1996 年进入中国市场，到了 1997 年全新的中型机 C200Hα 又来了。它的性能比 C200HS 又有显著提高。除基本性能比 C200HS 提高外，α 机突出特点是它的通信组网能力强。例如，CPU 单元除自带的 RS232C 口外，还可插上通信板，板上配有 RS232C、RS422/RS485 口，α 机使用协议宏功能指令，通过上述各种串行通信口与外围设备进行数据通信。α 机可加入欧姆龙的高层信息网 Ethernet（以太网），还可加入中层控制网 Controller Link 网，而 C200H、C200HS 不可以。

1999 年欧姆龙在中国市场上又推出比 α 机功能更加完善的 CS1 系列机型，虽然 CS1 兼容了 α 机的功能，但不能简单地看作是 α 机的改进，而是一次质的飞跃，它的性能突飞猛进。CS1 代表了当今 PLC 发展的最新动向。

欧姆龙在小型机方面也取得了长足的进步。1997 年，欧姆龙在推出 α 机的同时，就推出 P 型机的升级产品，即小型机 CPM1A。与 P 型机相比，CPM1A 体积很小，只及同样 I/O 点数 P 型机的 1/2，但是它的性能改进很大，例如，它的指令有 93 种、153 条，基本指令执行时间为 0.72μs，程序容量达 2048 字，单相高速计数达 5kHz（P 型机为 2kHz）、两相为 2.5kHz（P 型机无此功能），有脉冲输出、中断、模拟量设定、子程序调用、宏指令功能等。通信功能也增强了，可实现 PLC 与 PLC 链接、PLC 与上位机通信、PLC 与 PT 链接。

1999 年，欧姆龙公司在推出 CS1 系列的同时，在小型机方面相继推出 CPM2A/CPM2C/CPM2AE、CQM1H 等机型。

CPM2A 是 CPM1A 之后的另一系列机型。CPM2A 的功能比 CPM1A 有新的提升，例如，CPM2A 指令的条数增加、功能增强、执行速度加快，可扩展的 I/O 点数、PLC 内部器件的数目、程序容量、数据存储器容量等也都增加了；所有 CPM2A 的 CPU 单元都自带 RS232C 口，在通信联网方面比 CPM1A 改进不少。

CPM2C 具有独特的超薄、模块化设计。它有 CPU 单元和 I/O 扩展单元，也有模拟量 I/O、温度传感和 CompoBus/S I/O 链接等特殊功能单元。CPM2C 的 I/O 采用 I/O 端子台或 I/O 连接器形式。每种单元的体积都极小，仅有 90mm×65mm×33mm。CPU 单元使用 DC 电源，共有 10 种型号，输出是继电器或晶体管形式，有的 CPU 单元带时钟功能。CPM2C 的 I/O 扩展单元共有 10 种型号，输出有继电器或晶体管形式，有的 CPU 单元带时钟功能。CPM2C 最多可扩展到 140 点，单元之间通过侧面的连接器相连。CPU 单元有 RS232C 口。CPM2C 使用专用的通信接口单元 CPM2C-CIF01/CIF02，可把外设端口转换为

RS232C 口或 RS422/RS485 口。CPM2C CPU 单元的基本性能、特殊功能和通信联网的功能与 CPM2A 相一致。

CPM2AE 是欧姆龙公司专为中国市场开发的，该机型仅有 60 点继电器输出的 CPU 单元，是 CPM2A-60CDR-A 的简化机型。CPM2AE 删除 CPM2A 的一些功能以减少成本，降低售价。被删除的功能主要有：后备电池（可选）、RS232 端口、CTBL 指令（寄存器比较指令）等。其他功能则与 CPM2A 完全相同。

CQM1H 是小型机 CQM1 的升级换代产品。CQM1 是欧姆龙 PLC 家族中的一朵奇葩，它有漂亮的外表，拥有齐全的功能。CQM1H 在延续原先 CQM1 所有优点的基础上，提升并充实了 CQM1 的多种功能。CQM1H 对 CQM1 有很好的兼容性，对原先使用 CQM1 的老用户来说，升级换代十分方便。CQM1H 的推出更加巩固欧姆龙在中小型 PLC 领域无与伦比的优势。CQM1H 在三大性能方面作了重大的提升和充实：I/O 控制点数、程序容量和数据容量均比 CQM1 的翻一番；提供多种先进的内装板，能胜任更加复杂和柔性的控制任务；CQM1H 可以加入 Controller Link 网，还支持协议宏通信功能。

进入 21 世纪后，欧姆龙 PLC 技术的发展日新月异，升级换代呈明显加速趋势，在小型机方面已推出了 CP1H/CP1L/CP1E 等系列机型。其中，CP1H 系列 PLC 是 2005 年推出的，与以往产品 CPM2A 40 点 PLC 输入输出型尺寸相同，但处理速度可达其 10 倍。该机型外形小巧，速度极快，执行基本指令需 0.1μs，且内置功能强大。

CP1H 系列 PLC 配备与 CS/CJ 系列共通的体系结构，最多同时可带 7 台欧姆龙 CPM1A 系列的扩展 I/O 及 2 台 CJ1 系列的高功能 I/O 或高功能 CPU 单元，大大增强了开关量（又称为数字量）和模拟量的扩展能力。另外，CP1H 系列 PLC 取消了手持编程器的支持，采用 USB 接口与编程计算机连接，还提供了 RS232C 和 RS485 接口与外设连接通信。因此，本书以 CP1H 系列 PLC 为例讲解欧姆龙小型 PLC 的相关知识。

1.1.5 欧姆龙 CP1H 的特点

可编程逻辑控制器 SYSMAC CP1H 是用于实现高速处理、高功能的整体型 PLC。它使用方便、应用广泛、性价比高，其特长主要体现在以下几个方面。

(1) 处理速度大幅提高

通过 CP1H 的功能块（FB）功能、任务功能可以使程序的编制和管理更加简单，能够高速处理约 400 种指令，这一系列达到了欧姆龙公司 CJ1M 相同的指令执行速度，因此，用微型 PLC 就可达到顶级的性能。

(2) 多样的脉冲控制

CP1H 可从 CPU 单元内置的输出点发出固定占空比脉冲信号，脉冲输入到伺服电动机驱动器来达到定位或速度的控制。此外，还可进行 X、Y、Z、θ 的 4 轴控制。

对于 X/XA 型，脉冲输出 100kHz 最大 4 轴为标准配备。对每个输出触点，可以通过指令来选择是否在通用输出、脉冲输出、PWM 输出中的任何一个状态下使用，如图 1-1 所示。

对于 Y 型，脉冲输出 100kHz 最大 2 轴，脉冲输出专用端子 1MHz 最大 2 轴为标准配备。通过 1MHz 脉冲、线性伺服电动机或直流驱动电动机等可达到高速、高精度定位。对每个输出触点，也可以通过指令来选择是否在通用输出、脉冲输出、PWM 输出中的任何一个状态下使用，如图 1-2 所示。

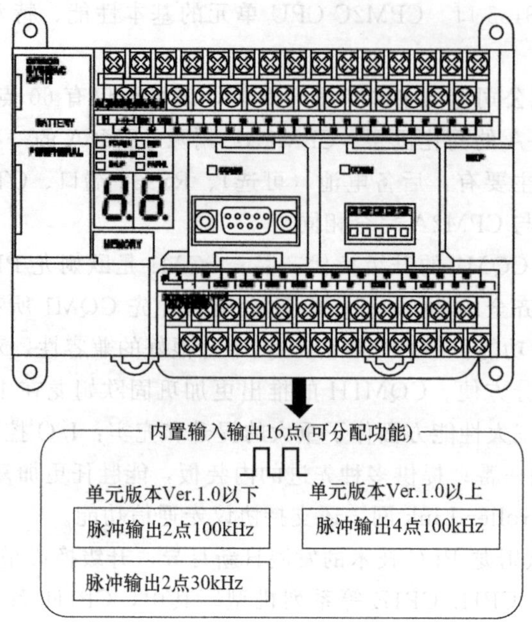

图 1-1　X/XA 型脉冲控制

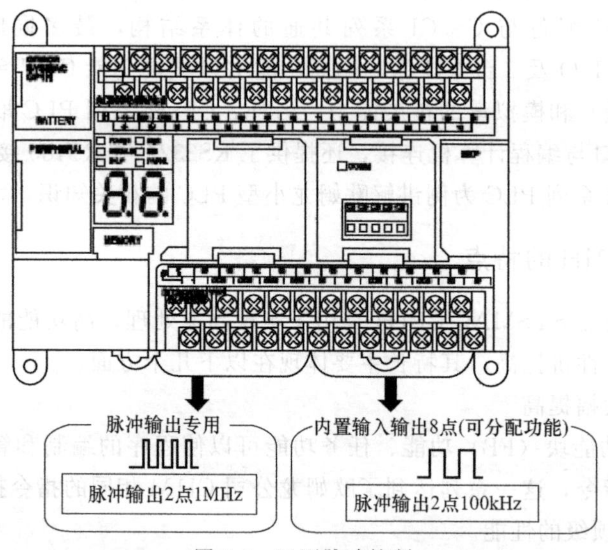

图 1-2　Y 型脉冲控制

丰富的脉冲输出有以下几种功能。

① 可选择脉冲输出功能。可按照伺服电机驱动器的脉冲输入的规格来进行选择，确定CW/CCW 脉冲输出＋方向输出。

② 在绝对坐标系中通过自动方向设定可以简单定位。

在绝对坐标系内动作时，根据指令中指定的脉冲输出量与输出当前值比较的正与负，CW/CCW 的方向在执行脉冲输出指令时会被自动选择。

③ 在定位中，可变更定位目标位置（多重启动）。按照脉冲输出（PLS2）指令进行定位的过程中，可通过执行其他的脉冲输出（PLS2）来变更目标位置、目标速度及加速率、减速率。

④ 可进行三角控制（无恒速时间的平台型控制）。在定位过程中，加速及减速时所必需的脉冲输出量（达到目标频率为止的时间×目标频率）超过所设定的目标脉冲输出量的情况下，进行三角控制。

⑤ 在速度控制过程中，可变更为定位（中断进给）。在速度控制过程中（连续模式），变更为根据脉冲输出（PLS2）指令进行的定位（单独模式）。这样，可执行一定条件下的中断固定尺寸运送（指定量的移动）。

⑥ 在加速或减速过程中，可变更目标速度、加减速率。在执行平台型加减速的脉冲输出指令（速度控制或定位）的过程中，在加速或减速中，可变更目标速度及加减速率。

⑦ 发出可变占空比脉冲输出信号，可进行照明/电力控制。

从 CPU 单元内置输出发出可变占空比脉冲（PWM）输出信号，可进行照明/电力控制等。

(3) 丰富的高速计数器功能

将旋转编码器连接到内置输入，即可进行高速计数器输入。由于有丰富的高速计数器点数，因此可用 1 台 PLC 来控制多轴装置。

对于 X/XA 型，高速计数器 100kHz（单相)/50kHz（相位差）4 点为标准配备。对每个输入触点，通过 PLC 系统的设定来选择是否在通用输入、输入中断、脉冲接收、高速计数器中的任何一个状态下使用，如图 1-3 所示。

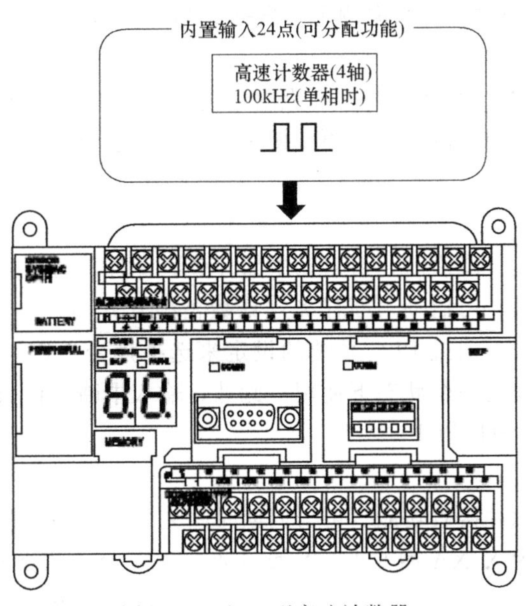

图 1-3　X/XA 型高速计数器

对于 Y 型，除了配置高速计数器 100kHz（单相)/50kHz（相位差）外，还配备高速计数器功能固定端子 1MHz（单相)/500kHz（相位差）2 点。对每个输入触点，也通过 PLC 系统的设定来选择是否在通用输入、输入中断、脉冲接收、高速计数器的任何一个状态下使用，如图 1-4 所示。

丰富的高速计数器具有以下几种功能。

① 可通过高速计数器当前值与设定的目标值一致或区域进行比较，触发中断达到高速处理，到达某计数值时或在某值的范围内时，可启动中断任务。

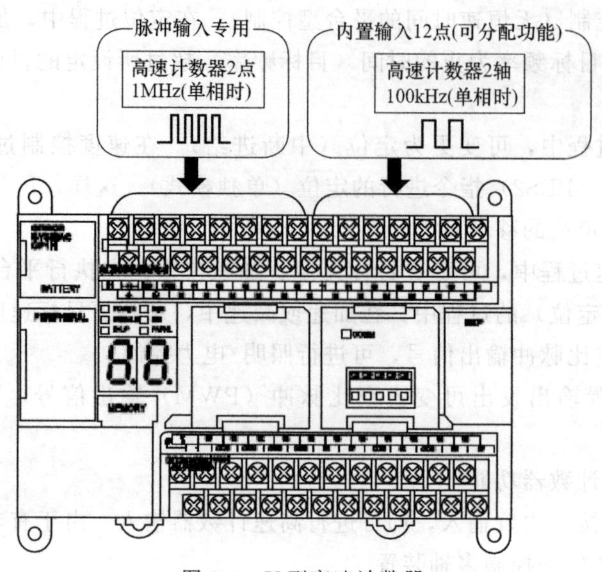

图 1-4　Y 型高速计数器

② 可进行高速计数器的当前值的保持/更新切换，通过在梯形图程序上将高速计数器选通标志置于 ON/OFF，可进行高速计数器当前值的保持/更新功能。

③ 可进行高速计数器输入的频率测定，根据 PRV 指令，测定输入脉冲的频率。

（4）原点搜索

可用指令执行各种输入/输出信号（原点附近输入信号、原点输入信号、定位结束信号、偏差计数器复位输出等）组合的精密的原点搜索。此外，也可进行原点复位，直接移动到所确定的原点。

（5）输入中断功能

内置输入的上升沿或下降沿时，可启动中断任务。此外，可对内置输入上升沿或下降沿进行计数，如达到某个值，可启动中断任务（计数器模式）。最大点数为 X/XA 型 8 点、Y 型 6 点。对每个输入触点，通过 PLC 系统的设定来选择是否在通用输入、输入中断、脉冲接收、高速计数器中的任何一个状态下使用。此外，输入中断（计数器模式）的响应频率为所使用的各中断的总计 5kHz 以下。

（6）脉冲接收功能

通过内置输入设为脉冲接收功能（可与周期时间无关），捕捉到最小输入信号幅度 30μs 为止的输入、最大点数为 X/XA 型 8 点、Y 型 6 点。对每个输入触点，通过 PLC 系统的设定来选择是否在通用输入、输入中断、高速计数器中的任何一个状态下使用。

（7）模拟量输入、输出功能

此功能仅限 XA 型，内置模拟电压/电流输入 4 通道，模拟电压/电流输出 2 通道。如图 1-5 所示。

（8）外部模拟量输入进行的设定变更

根据外部模拟输入 0～10V，将模拟量进行 A/D 转换并反映在特殊辅助继电器区域。这样，可以应用在不特别要求精度的方面，例如室外温度变化及电位输入等需要在现场调整设定值的应用。

（9）七段 LED 显示

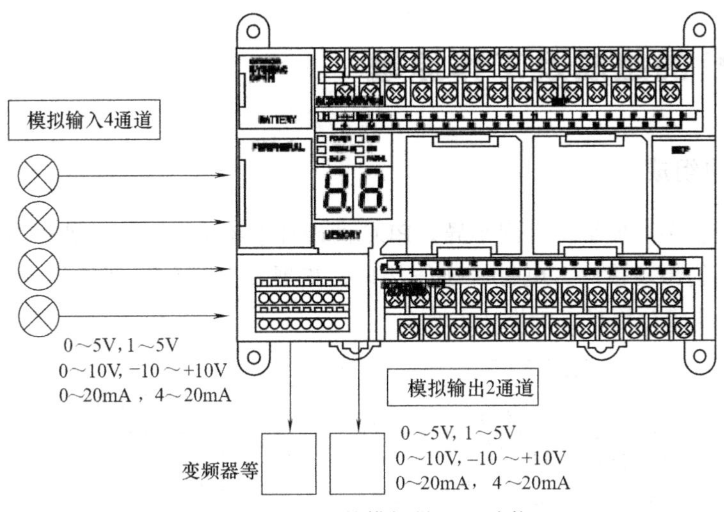

图 1-5 XA 型的模拟量 I/O 功能

用 2 位七段 LED 显示，将 PLC 的状态更简易地进行告知，这样，可以提高设备运行中故障状态的检测和维护性。LED 可显示 CPU 单元所检测的故障代码：显示 CPU 单元与存储盒间传送的进度情况；显示模拟电位器值的变更状态；可通过梯形图程序的专用显示指令来显示用户定义的代码，七段 LED 显示如图 1-6 所示。

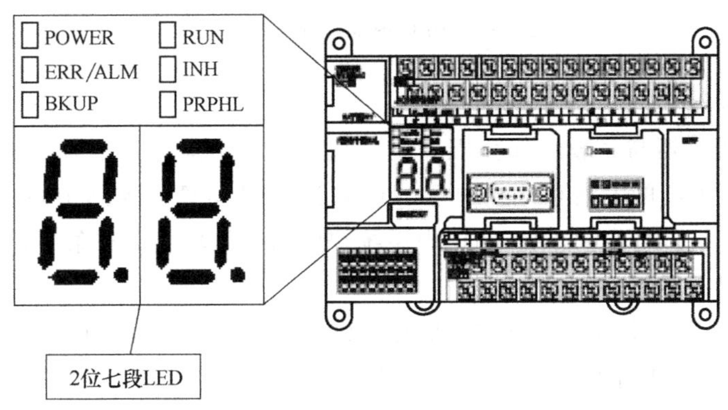

图 1-6 七段 LED 显示

（10）存储盒

可以将程序及 DM 区初始值等内置闪存内的数据保存到存储盒，作为备份数据来保存。此外，编制相同的系统时，可以用存储盒将程序及初始值数据简单地复制到其他的 CPU 单元内。

（11）安全功能

为了防止梯形图程序的非授权读取，在 CPU 单元设计密码保护功能。读取 CX-Programmer 的梯形图程序时，密码输入与所登录的密码不一致将禁止进行程序的读取。此外，密码输入不一致连续 5 次，其后 2h 内将不再接受密码输入。

（12）可扩展 CJ 系列高功能单元

通过 CJ 单元适配器，连接 CJ 系列的特殊 I/O 单元、CPU 总线单元最大 2 单元，而且可以进行与上位/下位网络的连接、模拟量输入、输出的扩展等。

1.2 PLC的组成及工作原理

1.2.1 PLC的组成

PLC的种类很多，但结构大同小异，PLC的硬件系统主要由中央处理器（CPU）、存储器、I/O（输入/输出）接口、电源、通信接口、扩展接口等单元部件组成，这些单元部件都是通过内部总线进行连接，如图1-7所示。

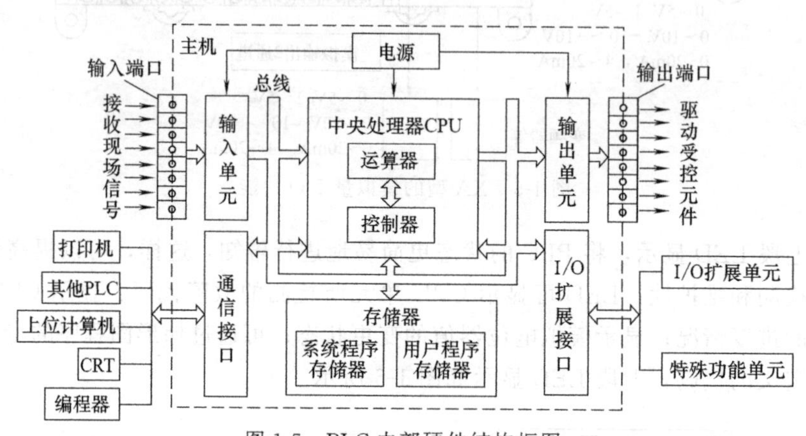

图1-7 PLC内部硬件结构框图

（1）中央处理器CPU

PLC的中央处理器与一般的计算机控制系统一样，由运算器和控制器构成，是整个系统的核心，类似于人类的大脑和神经中枢。它是PLC的运算、控制中心，用来实现逻辑和算术运算，并对全机进行控制，按PLC中系统程序赋予的功能，有条不紊地指挥PLC进行工作，主要完成以下任务。

① 控制从编程器、上位计算机和其他外部设备键入的用户程序数据的接收和存储。

② 用扫描方式通过输入单元接收现场输入信号，并存入指定的映像寄存器或数据寄存器。

③ 诊断电源和PLC内部电路的工作故障和编程中的语法错误等。

④ PLC进入运行状态后，执行相应工作：a. 从存储器逐条读取用户指令，经过命令解释后，按指令规定的任务产生相应的控制信号去启闭相关控制电路，通俗讲就是执行用户程序，产生相应的控制信号；b. 进行数据处理，分时、分渠道执行数据存取、传送、组合、比较、变换等动作，完成用户程序中规定的逻辑运算或算术运算等任务；c. 根据运算结果，更新有关标志位的状态和输出寄存器的内容，再由输入映像寄存器或数据寄存器的内容，实现输出控制、制表、打印、数据通信等。

（2）存储器

PLC中存储器的结构与普通微机系统的存储器的结构类似，它由系统程序存储器和用户程序存储器等部分构成。

① 系统程序存储器　系统程序存储器是用EPROM或EEPROM来存储厂家编写的系统程序，系统程序是指控制和完成PLC各种功能的程序，相当于单片机的监控程序或微机

的操作系统，在很大程度上它决定该系列 PLC 的性能与质量，用户无法更改或调用。系统程序有系统管理程序、用户程序编辑和指令解释程序、标准子程序和调用管理程序这三种类型。

a. 系统管理程序。由它决定系统的工作节拍，包括 PLC 运行管理（各种操作的时间分配安排）、存储空间管理（生成用户数据区）和系统自诊断管理（如电源、系统出错，程序语法、句法检验等）。

b. 用户程序编辑和指令解释程序。编辑程序能将用户程序变为内码形式以便于程序的修改、调试；解释程序能将编程语言变为机器语言便于 CPU 操作运行。

c. 标准子程序和调用管理程序。为了提高运行速度，在程序执行中某些信息处理（I/O 处理）或特殊运算等都是通过调用标准子程序来完成的。

② 用户程序存储器　用户程序存储器是用来存放用户的应用程序和数据，它包括用户程序存储器（程序区）和用户数据存储器（数据区）两种。

程序存储器用以存储用户程序。数据存储器用来存储输入、输出以及内部接点和线圈的状态以及特殊功能要求的数据。

用户存储器的内容由用户根据控制需要可读、可写、可任意修改、增删。常用的用户存储器形式有高密度、低功耗的 CMOS RAM（由锂电池实现断电保护，一般能保持 5～10 年，经常带负载运行也可保持 2～5 年）、EPROM 和 EEPROM 三种。

（3）输入/输出单元（I/O 单元）

输入/输出单元又称为输入/输出模块，它是 PLC 与工业生产设备或工业过程连接的接口。现场的输入信号，如按钮开关、行程开关、限位开关以及各传感器输出的开关量或模拟量等，都要通过输入模块送到 PLC 中。由于这些信号电平各式各样，而 PLC 的 CPU 所处理的信息只能是标准电平，所以输入模块还需要将这些信号转换成 CPU 能够接受和处理的数字信号。输出模块的作用是接收 CPU 处理过的数字信号，并把它转换成现场的执行部件所能接收的控制信号，以驱动负载，如电磁阀、电动机、灯光显示等。

PLC 的输入/输出单元上通常都有接线端子，PLC 类型的不同，其输入/输出单元的接线方式不同，通常分为汇点式、分组式和隔离式这三种接线方式，如图 1-8 所示。

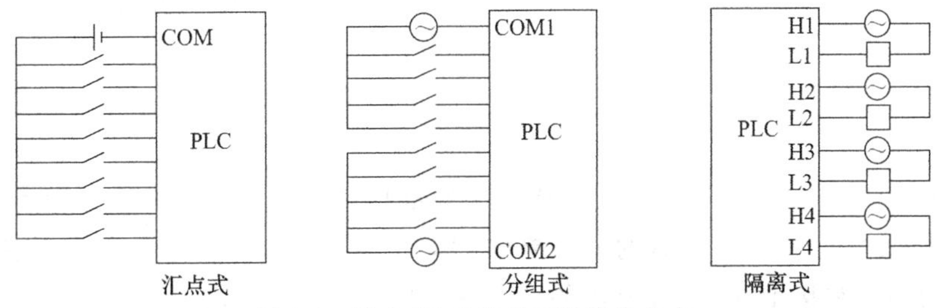

图 1-8　输入/输出单元三种接线方式

输入/输出单元分别只有 1 个公共端 COM 的称为汇点式，其输入或输出点共用一个电源；分组式是指将输入/输出端子分为若干组，每组的 I/O 电路有一个公共点并共用一个电源，组与组之间的电路隔开；隔离式是指具有公共端子的各组输入/输出点之间互相隔离，可各自使用独立的电源。

PLC 提供了各种操作电平和驱动能力的输入/输出模块供用户选择，如数字量输入/输出模块、模拟量输入/输出模块。这些模块又分为直流与交流、电压与电流等类型。

① 数字量输入模块　数字量输入模块又称为开关量输入模块，它是将工业现场的开关量信号转换为标准信号传送给 CPU，并保证信息的正确和控制器不受其干扰。它一般是采用光电耦合电路与现场输入信号相连，这样可以防止使用环境中的强电干扰进入 PLC。光电耦合电路的核心是光电耦合器，其结构由发光二极管和光电三极管构成。现场输入信号的电源可由用户提供，直流输入信号的电源也可由 PLC 自身提供。数字量输入模块根据使用电源的不同分为直流输入模块（直流 12V 或 24V）和交流输入模块（交流 100～120V 或 200～240V）两种。

a. 直流输入模块。当外部检测开关接点接入的是直流电压时，需使用直流输入模块对信号进行检测。下面以某一输入点的直流输入模块进行讲解。

直流输入模块的原理电路如图 1-9 所示。外部检测开关 S 的一端接外部直流电源（直流 12V 或 24V），S 的另一端与 PLC 的输入模块的一个信号输入端子相连，外部直流电源的另一端接 PLC 输入模块的公共端 COM。虚线框内的是 PLC 内部输入电路，R1 为限流电阻；R2 和 C 构成滤波电路，抑制输入信号中的高频干扰；LED 为发光二极管。当 S 闭合后，直流电源经 R1、R2、C 的分压、滤波后形成 3V 左右的稳定电压供给光电隔离 VLC 耦合器，LED 显示某一输入点是否有信号输入。光电隔离 VLC 耦合器另一侧的光电三极管接通，此时 A 点为高电平，内部＋5V 电压经 R3 和滤波器形成适合 CPU 所需的标准信号送入内部电路中。

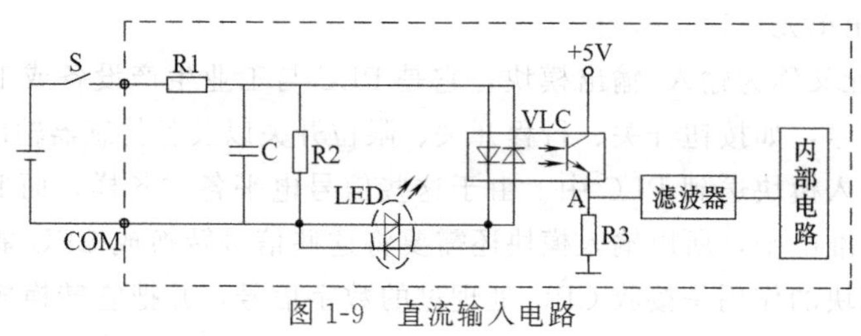

图 1-9　直流输入电路

内部电路中的锁存器将送入的信号暂存，CPU 执行相应的指令后，通过地址信号和控制信号将锁存器中的信号进行读取。

当输入电源由 PLC 内部提供时，外部电源断开，将现场检测开关的公共接点直接与 PLC 输入模块的公共输入点 COM 相连即可。

b. 交流输入模块。当外部检测开关接点加入的是交流电压时，需使用交流输入模块进行信号的检测。

交流输入模块的原理电路如图 1-10 所示。外部检测开关 S 的一端接外部交流电源（交流 100～120V 或 200～240V），S 的另一端与 PLC 的输入模块的一个信号输入端子相连，外部交流电源的另一端接 PLC 输入模块的公共端 COM。虚线框内的是 PLC 内部输入电路，R1 和 R2 构成分压电路，C 为隔直电容，用来滤掉输入电路中的直流成分，对交流相当于短路；LED 为发光二极管。当 S 闭合时，PLC 可输入交流电源，其工作原理与直流输入电路类似。

c. 交直流输入模块。当外部检测开关接点加入的是交流或直流电压时，需使用交直流输入模块进行信号的检测，如图 1-11 所示。从图中看出，其内部电路与直流输入电路类似，只不过交直流输入电路的外接电源除直流电源外，还可用 12～24V 的交流电源。

② 数字量输出模块　数字量输出模块又称为开关量输出模块，它是将 PLC 内部信号转

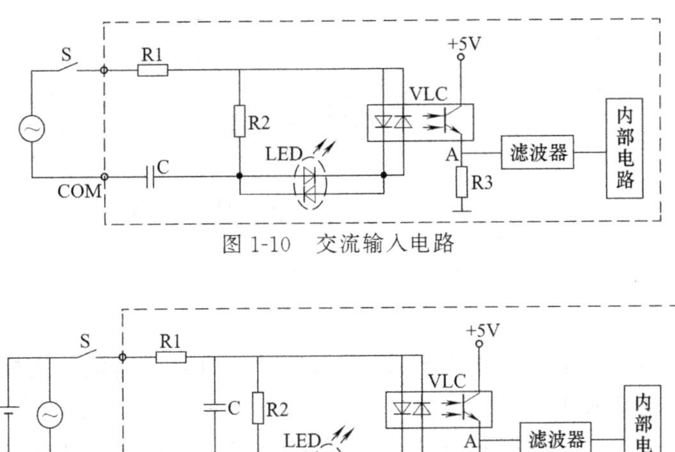

图 1-10　交流输入电路

图 1-11　交直流输入电路

换成现场执行机构的各种开关信号。数字量输出模块按照使用电源（即用户电源）的不同，分为直流输出模块、交流输出模块和交直流输出模块三种。按照输出电路所使用的开关器件不同，又分为晶体管输出、晶闸管（即可控硅）输出和继电器输出，其中晶体管输出方式的模块只能带直流负载；晶闸管输出方式的模块只能带交流负载；继电器输出方式的模块既可带交流也可带直流的负载。

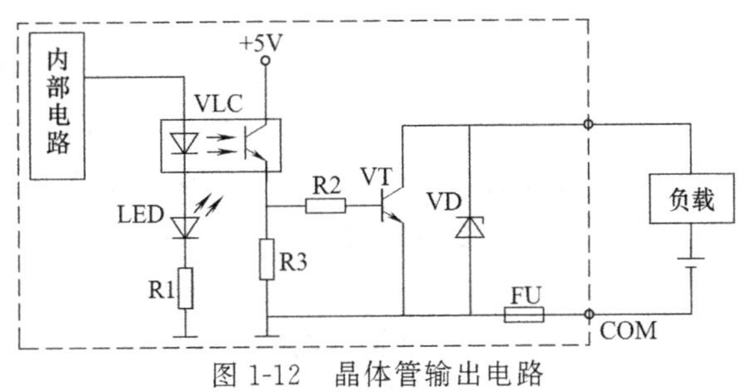

图 1-12　晶体管输出电路

a. 直流输出模块（晶体管输出方式）。PLC 某 I/O 点直流输出模块电路如图 1-12 所示，虚线框内表示 PLC 的内部结构。它由 VLC 光电隔离耦合器件、LED 二极管显示、VT 输出电路、VD 稳压管、熔断器 FU 等组成。当某端需输出时，CPU 控制锁存器的对应位为 1，通过内部电路控制 VLC 输出，晶体管 VT 导通输出，相应的负载接通，同时输出指示灯 LED 亮，表示该输出端有输出。当某端不输出时，锁存器相应位为 0，VLC 光电隔离耦合器没有输出，VT 晶体管截止，使负载失电，此时 LED 指示灯不亮，负载所需直流电源由用户提供。

b. 交流输出模块（晶闸管输出方式）。PLC 某 I/O 点交流输出模块电路如图 1-13 所示，虚线框内表示 PLC 的内部结构。图中双向晶闸管为输出开关器件，由它组成的固态继电器 T 具有光电隔离作用；电阻 R2 和 C 构成了高频滤波电路，减少高频信号的干扰；浪涌吸收器起限幅作用，将晶闸管上的电压限制在 600V 以下；负载所需交流电源由用户提供。当某端需输出时，CPU 控制锁存器的对应位为 1，通过内部电路控制 T 导通，相应的负载接通，同时输出指示灯 LED 亮，表示该输出端有输出。

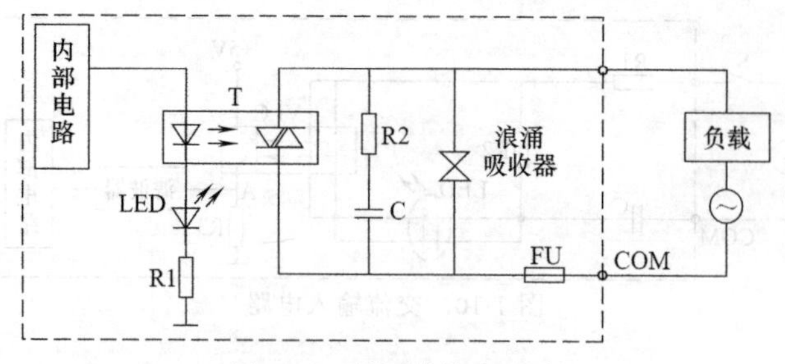

图 1-13 晶闸管输出电路

c. 交直流输出模块（继电器输出方式）。PLC 某 I/O 点交直流输出模块电路如图 1-14 所示，它的输出驱动是 K 继电器。K 继电器既是输出开关，又是隔离器件；R2 和 C 构成灭弧电路。当某端需输出时，CPU 控制锁存器的对应位为 1，通过内部电路控制 K 吸合，相应的负载接通，同时输出指示灯 LED 亮，表示该输出端有输出。负载所需交直流电源由用户提供。

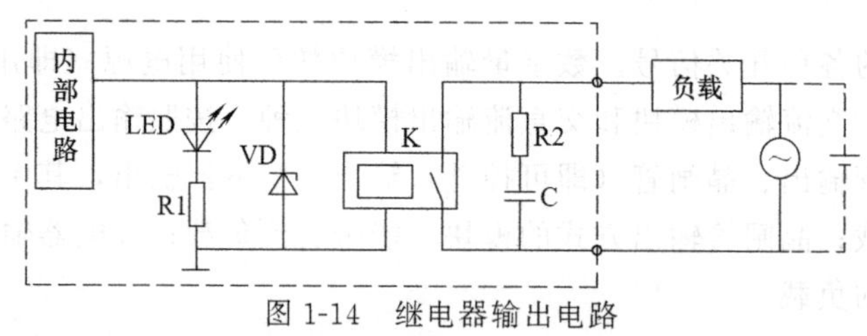

图 1-14 继电器输出电路

通过上述分析可知，为防止干扰和保证 PLC 不受外界强电的侵袭，I/O 单元都采用了电气隔离技术。晶体管只能用于直流输出模块，它具有动作频率高，响应速度快，驱动负载能力小的特点；晶闸管只能用于交流输出模块，它具有响应速度快，驱动负载能力不大的特点；继电器既能用于直流也能用于交流输出模块，它的驱动负载能力强，但动作频率和响应速度慢。

③ 模拟量输入模块　模拟量输入模块是将输入的模拟量如电流、电压、温度、压力等转换成 PLC 的 CPU 可接收的数字量。在 PLC 中将模拟量转换成数字量的模块又称为 A/D 模块。

④ 模拟量输出模块　模拟量输出模块是将输出的数字量转换成外部设备可接收的模拟量，这样的模块在 PLC 中又称为 D/A 模块。

（4）电源单元

PLC 的电源单元通常是将 220V 的单相交流电源转换成 CPU、存储器等电路工作所需的直流电，它是整个 PLC 系统的能源供给中心，电源的好坏直接影响 PLC 的稳定性和可靠性。对于小型整体式 PLC，其内部有一个高质量的开关稳压电源，对 CPU、存储器、I/O 单元提供 5V 直流电源，还可为外部输入单元提供 24V 的直流电源。

（5）通信接口

为了实现微机与 PLC、PLC 与 PLC 间的对话，PLC 配有多种通信接口，如打印机、上位计算机、编程器等接口。

（6）I/O 扩展接口

I/O 扩展接口用于将扩展单元或特殊功能单元与基本单元相连，使 PLC 的配置更加灵活，以满足不同控制系统的要求。

1.2.2 PLC的工作原理

PLC虽然以微处理器为核心，具有微型计算机的许多特点，但它的工作方式却与微型计算机有很大不同。微型计算机一般采用等待命令或中断的工作方式，如常见的键盘扫描方式或I/O扫描方式，当有键按下或I/O动作，则转入相应的子程序或中断服务程序；无键按下，则继续扫描等待。而PLC采用循环扫描的工作方式，即“顺序扫描，不断循环”。

用户程序通过编程器或其他输入设备输入存放在PLC的用户存储器中。当PLC开始运行时，CPU根据系统监控程序的规定顺序，通过扫描，完成各输入点状态采集或输入数据采集、用户程序的执行、各输出点状态的更新、编程器键入响应和显示器更新及CPU自检等功能。

PLC的扫描可按固定顺序进行，也可按用户程序规定的顺序进行。这不仅仅因为有的程序不需要每扫描一次就执行一次，也因为在一个大控制系统，需要处理的I/O点数较多。通过不同的组织模块的安排，采用分时分批扫描执行方法，可缩短扫描周期和提高控制的实时响应性。

PLC采用集中采样、集中输出的工作方式，减少了外界干扰的影响。PLC的循环扫描过程分为输入采样（或输入处理）、程序执行（或程序处理）和输出刷新（或输出处理）三个阶段。

（1）输入采样阶段

在输入采样阶段，PLC以扫描方式按顺序将所有输入端的输入状态进行采样，并将采样结果分别存入相应的输入映像寄存器中，此时输入映像寄存器被刷新。接着进入程序执行阶段，在程序执行期间即使输入状态变化，输入映像寄存器的内容也不会改变，输入状态的变化只在下一个工作周期的输入采样阶段才被重新采样到。

（2）程序执行阶段

在程序执行阶段，PLC是按顺序对程序进行扫描执行，如果程序用梯形图表示，则总是按先上后下、先左后右的顺序进行。若遇到程序跳转指令时，则根据跳转条件是否满足来决定程序的跳转地址。当指令中涉及输入、输出状态时，PLC从输入映像寄存将上一阶段采样的输入端子状态读出，从元件映像寄存器中读出对应元件的当前状态，并根据用户程序进行相应运算，然后将运算结果再存入元件寄存器中，对于元件映像寄存器来说，其内容随着程序的执行而发生改变。

（3）输出刷新阶段

当所有指令执行完后，进入输出刷新阶段。此时，PLC将输出映像寄存器中所有与输出有关的输出继电器的状态转存到输出锁存器中，并通过一定的方式输出，驱动外部负载。

PLC工作过程除了包括上述三个主要阶段外，还要完成内部处理、通信处理等工作。在内部处理阶段，PLC检查CPU模块内部的硬件是否正常，将监控定时器复位，以及完成一些别的内部工作。在通信服务阶段，PLC与其他的带微处理器的智能装置实现通信。

1.3 PLC与其他顺序逻辑控制系统的比较

1.3.1 PLC与继电器控制系统的比较

PLC控制系统与继电器控制系统相比，有许多相似之处，也有许多不同。现将两控制系统进行比较。

（1）从控制逻辑上进行比较

继电器控制系统控制逻辑采用硬件接线，利用继电器机械触点的串联或并联等组合成控制逻辑，其连线多且复杂、体积大、功耗大，系统构成后，想再改变或增加功能较为困难。另外，继电器的触点数量有限，所以继电器控制系统的灵活性和可扩展性受到很大限制。而PLC采用了计算机技术，其控制逻辑是以程序的方式存放在存储器中，要改变控制逻辑只需改变程序，因而很容易改变或增加系统功能。PLC控制系统连线少、体积小、功耗小，而且PLC中每只软继电器的触点数理论上是无限制的，因此其灵活性和可扩展性很好。

（2）从工作方式上进行比较

在继电器控制电路中，当电源接通时，电路中所有继电器都处于受制约状态，即该吸合的继电器都同时吸合，不该吸合的继电器受某种条件限制而不能吸合，这种工作方式称为并行工作方式。而PLC的用户程序是按一定顺序循环执行，所以各软继电器都处于周期性循环扫描接通中，受同一条件制约的各个继电器的动作次序决定于程序扫描顺序，同它们在梯形图中的位置有关，这种工作方式称为串行工作方式。

（3）从控制速度上进行比较

继电器控制系统依靠机械触点的动作以实现控制，工作频率低，触点的开关动作一般在几十毫秒数量级，且机械触点还会出现抖动问题。而PLC通过程序指令控制半导体电路来实现控制，一般一条用户指令的执行时间在微秒数量级，因此速度较快，PLC内部还有严格的同步控制，不会出现触点抖动问题。

（4）从定时和计数控制上进行比较

继电器控制系统采用时间继电器的延时动作进行时间控制，时间继电器的延时时间易受环境温度和温度变化的影响，定时精度不高且调整时间困难。而PLC采用半导体集成电路作定时器，时钟脉冲由晶体振荡器产生，精度高，定时范围一般从0.1s到若干分钟甚至更长，用户可根据需要在程序中设定定时值，修改方便，不受环境的影响。PLC具有计数功能，而继电器控制系统一般不具备计数功能。

（5）从可靠性和可维护性上进行比较

由于继电器控制系统使用了大量的机械触点，连线多。触点开闭时存在机械磨损、电弧烧伤等现象，触点寿命短，所以可靠性和可维护性较差。而PLC采用半导体技术，大量的开关动作由无触点的半导体电路来完成，其寿命长，可靠性高，PLC还具有自诊断功能，能查出自身的故障，随时显示给操作人员，并能动态地监视控制程序的执行情况，为现场调试和维护提供了方便。

（6）从价格上进行比较

继电器控制系统使用机械开关、继电器和接触器，价格较便宜。而PLC采用大规模集成电路，价格相对较高。一般认为在少于10个继电器的装置中，使用继电器控制逻辑比较经济；在需要10个以上继电器的场合，使用PLC比较经济。

从上面的比较可知，PLC在性能上比继电器控制系统优异。特别是它具有可靠性高、设计施工周期短、调试修改方便，且体积小、功耗低、使用维护方便的优点，但其价格高于继电器控制系统。

1.3.2 PLC与微型计算机控制系统的比较

虽然PLC采用了计算机技术和微处理器，但它与计算机相比也有许多不同。现将两控制系统进行比较。

（1）从应用范围上进行比较

微型计算机除了用在控制领域外，还大量用于科学计算、数据处理、计算机通信等方面，而PLC主要用于工业控制。

（2）从工作环境上进行比较

微型计算机对工作环境要求较高，一般要在干扰小，具有一定温度和湿度的室内使用，而PLC是专为适应工业控制的恶劣环境而设计的，适应于工程现场的环境。

（3）从程序设计上进行比较

微型计算机具有丰富的程序设计语言，如汇编语言、VC、VB等，其语法关系复杂，要求使用者必须具有一定水平的计算机软硬件知识，而PLC采用面向控制过程的逻辑语言，以继电器逻辑梯形图为表达方式，形象直观、编程操作简单，可在较短时间内掌握它的使用方法和编程技巧。

（4）从工作方式上进行比较

微型计算机一般采用等待命令方式，运算和响应速度快，PLC采用循环扫描的工作方式，其输入、输出存在响应滞后，速度较慢。对于快速系统，PLC的使用受扫描速度的限制。另外，PLC一般采用模块化结构，可针对不同的对象和控制需要进行组合和扩展，具有很大的灵活性和很好的性能价格比，维修也更简便。

（5）从输入输出上进行比较

微型计算机系统的I/O设备与主机之间采用微型计算机联系，一般不需要电气隔离。PLC一般控制强电设备，需要电气隔离，输入输出均用“光-电”耦合，输出还采用继电器、晶闸管或大功率晶体管进行功率放大。

（6）从价格上进行比较

微型计算机是通用机，功能完备、价格较高。PLC是专用机，功能较少，价格相对较低。

从以上几个方面的比较可知，PLC是一种用于工业自动化控制的专用微机控制系统，结构简单，抗干扰能力强，易于学习和掌握，价格也比一般的微机系统便宜。在同一系统中，一般PLC集中在功能控制方面，而微型计算机作为上位机集中在信息处理和PLC网络的通信管理上，两者相辅相成。

1.3.3 PLC与单片机控制系统的比较

单片机具有结构简单、使用方便、价格便宜等优点，一般用于弱电控制。PLC是专门为工业现场的自动化控制而设计的，现将两控制系统进行比较。

（1）从使用者学习掌握的角度进行比较

单片机的编程语言一般为汇编语言或单片机C语言，这就要求设计人员具备一定的计算机硬件和软件知识，对于只熟悉机电控制的技术人员来说，需要相当长一段时间的学习才能掌握。PLC虽然在配制上是一种微型计算机系统，但它提供给用户使用的是机电控制员所熟悉的梯形图语言，使用的术语仍然是“继电器”一类的术语，大部分指令与继电器触点的串并联相对应，这就使得熟悉机电控制的工程技术人员一目了然。对于使用者来说，不必去关心微型计算机的一些技术问题，只需用较短时间去熟悉 PLC 的指令系统及操作方法，就能应用到工程现场。

(2) 从简易程序上进行比较

单片机用来实现自动控制时，一般要在输入/输出接口上做大量工作。例如要考虑现场与单片机的连接、接口的扩展、输入/输出信号的处理、接口工作方式等问题，除了要设计控制程序外，还要在单片机的外围做很多软硬件工作，系统的调试也较复杂。PLC 的I/O口已经做好，输入接口可以与输入信号直接连线，非常方便，输出接口也具有一定的驱动能力。

(3) 从可靠性上进行比较

单片机进行工业控制时，易受环境的干扰。PLC 是专门应用于工程现场的自动控制装置，在系统硬件和软件上都采取了抗干扰措施，其可靠性较高。

(4) 从价格上进行比较

单片机价格便宜、功能强大，既可用于价格低廉的民用产品也可用于昂贵复杂的特殊应用系统，自带完善的外围接口，可直接连接各种外设，有强大的模拟量和数据处理能力。PLC 的价格昂贵、体积大，功能扩展需要较多的模块，并且不适合大批量重复生产的产品。

从以上分析可知，PLC 在数据采集、数据处理通用性和适应性等方面不如单片机，但 PLC 用于控制时稳定可靠，抗干扰能力强，使用方便。

1.3.4 PLC 与 DCS 的比较

DCS (Distributed Control System)，集散控制系统，又称分布式控制系统，它是集计算机技术、控制技术、网络通信技术和图形显示技术于一体的系统。PLC 是由早期继电器逻辑控制系统与微型计算机技术相结合而发展起来的，它是以微处理器为主，融计算机技术、控制技术和通信技术于一体，集顺序控制、过程控制和数据处理于一身的可编程逻辑控制器，现将 PLC 与 DCS 两者进行比较。

(1) 从逻辑控制方面进行比较

DCS 是从传统的仪表盘监控系统发展而来。它侧重于仪表控制，比如 ABB Freelance2000 DCS 系统甚至没有 PID 数量的限制 (PID，比例微分积分算法，是调节阀、变频器闭环控制的标准算法，通常 PID 的数量决定了可以使用的调节阀数量)。PLC 从传统的继电器回路发展而来，最初的 PLC 甚至没有模拟量的处理能力，因此，PLC 从开始就强调的是逻辑运算能力。

DCS 开发控制算法采用仪表技术人员熟悉的风格，仪表人员很容易将 P&I 图 (Pipe-Instrumentation diagram，管道仪表流程图) 转化成 DCS 提供的控制算法，而 PLC 采用梯形图逻辑来实现过程控制，对于仪表人员来说相对困难。尤其是复杂回路的算法，不如 DCS 实现起来方便。

(2) 从网络扩展方面进行比较

DCS 在发展的过程中各厂家自成体系，但大部分 DCS 系统，比如西门子、ABB、霍尼韦尔、GE、施耐德等，虽说系统内部 (过程级) 的通信协议不尽相同，但这些协议均建立在标准串口传输协议 RS232 或 RS485 协议的基础上。DCS 操作级的网络平台不约而同选择了以太网，采用标准或变形的 TCP/IP 协议，这样就提供了很方便的可扩展能力。在这种网络中，控制器、计算机均作为一个节点存在，只要网络到达的地方，就可以随意增减节点数量和布置节点位置。另外，基于Windows系统的OPC、DDE等开放协议，各系统也可很方便地通信，以实现资源共享。

目前，由于PLC把专用的数据高速公路（HIGH WAY）改成通用的网络，并采用专用的网络结构（比如西门子的MPI总线型网络），使PLC有条件和其他各种计算机系统和设备实现集成，以组成大型的控制系统。PLC系统的工作任务相对简单，因此需要传输的数据量一般不会太大，所以PLC不会或很少使用以太网。

（3）从数据库方面进行比较

DCS一般都提供统一的数据库，也就是在DCS系统中一旦一个数据存在于数据库中，就可在任何情况下引用，比如在组态软件中、在监控软件中、在趋势图中、在报表中……而PLC系统的数据库通常都不是统一的，组态软件和监控软件甚至归档软件都有自己的数据库。

（4）从时间调度方面进行比较

PLC的程序一般是按顺序执行（即从头到尾执行一次后又从头开始执行），而不能按事先设定的循环周期执行。虽然现在一些新型PLC有所改进，不过对任务周期的数量还是有限制。而DCS可以设定任务周期，比如快速任务等。同样是传感器的采样，压力传感器的变化时间很短，我们可以用200ms的任务周期采样，而温度传感器的滞后时间很大，我们可以用2s的任务周期采样。这样，DCS可以合理地调度控制器的资源。

（5）从应用对象方面进行比较

PLC一般应用在小型自控场所，比如设备的控制或少量的模拟量的控制及联锁，而大型的应用一般都是DCS。当然，这个概念不太准确，但很直观，习惯上把大于600点的系统称为DCS，小于这个规模的叫PLC。热泵及QCS、横向产品配套的控制系统一般就称为PLC。

总之，PLC与DCS发展到今天，事实上都在向彼此靠拢，严格地说，现在的PLC与DCS已经不能一刀切开，很多时候它们的概念已经模糊了。

第2章

欧姆龙CP1H PLC的硬件系统

欧姆龙 CP1H 系列可编程逻辑控制器是一种整体式结构的小型 PLC，其内嵌 4 轴高速脉冲输出功能、模拟输入/输出功能、串行通信功能，具有指令丰富、可靠性高、适应性好、结构紧凑、便于扩展、性价比高等特点。该系列 PLC 采用与 CS/CJ 系列基本相同的体系结构，最多同时可带 7 台欧姆龙 CPM1A 系列的扩展 I/O 及 2 台 CJ1 系列的高功能 I/O 或高功能 CPU 单元，大大增强了开关量和模拟量的扩展能力。

2.1 主机单元

欧姆龙 CP1H PLC 的主机单元又称为 CP1H CPU 单元，它可以使用 CJ 系列的高功能 I/O 单元及 CPU 高功能单元，但是不能使用 CJ 系列基本 I/O 单元。

2.1.1 主机单元的命名及性能

可编程控制器 SYSMAC CP1H 的主机单元有多种型号，每种型号具有一定的含义，其命名方法如下。

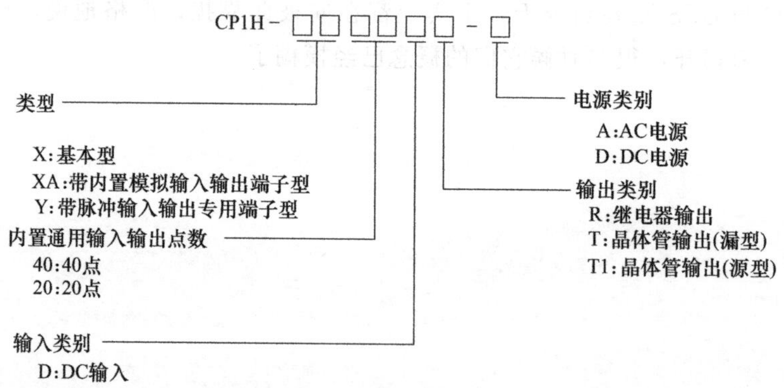

CP1H CPU 单元包括 X（基本型）、XA（带内置模拟量输入输出端子）、Y（带脉冲输入输出专用端子）这三种类型。其中，CP1H-X 型包括 CP1H-X40DR-A（继电器输出）、CP1H-X40DT-D（晶体管输出・漏型）、CP1H-X40DT1-D（晶体管输出・源型）这三种型号；CP1H-XA 型包括 CP1H-XA40DR-A（继电器输出）、CP1H-XA40DT-D（晶体管输出・漏型）、CP1H-XA40DT1-D（晶体管输出・源型）这三种型号；CP1H-Y 型包括 CP1H-Y20DT-D 型（晶体管输出・漏型）。

继电器输出的 CPU 单元使用的电源为 AC100～250V，外部供应电源为 DC24V/300mA；晶体管输出（包括漏型和源型）的 CPU 单元使用的电源为 DC24V，无外部供应电源。它们的主要性能指标如表 2-1 所示。

表 2-1　CP1H-CPU 的主要性能指标

<table>
<tr><td colspan="3">类　型</td><td>CP1H-X</td><td>CP1H-XA</td><td>CP1H-Y</td></tr>
<tr><td colspan="3">型号</td><td>CP1H-X40DR-A
CP1H-X40DT-D
CP1H-X40DT1-D</td><td>CP1H-XA40DR-A
CP1H-XA40DT-D
CP1H-XA40DT1-D</td><td>CP1H-Y20DT-D</td></tr>
<tr><td colspan="3">程序容量</td><td colspan="3">20K 步</td></tr>
<tr><td colspan="3">控制方式</td><td colspan="3">存储程序方式</td></tr>
<tr><td colspan="3">输入输出控制方式</td><td colspan="3">循环扫描和立即刷新</td></tr>
<tr><td colspan="3">程序语言</td><td colspan="3">梯形图方式</td></tr>
<tr><td colspan="3">功能块</td><td colspan="3">最大可定义 128 个功能块，实例最大数为 256 个；功能块定义中可使用梯形图、结构文本(ST)程序语言</td></tr>
<tr><td colspan="3">指令语句长度</td><td colspan="3">1～7 步/指令</td></tr>
<tr><td colspan="3">指令种类</td><td colspan="3">约 400 种</td></tr>
<tr><td colspan="3">指令执行时间</td><td colspan="3">基本指令为 0.1μs；应用指令为 0.15μs</td></tr>
<tr><td colspan="3">共同处理时间</td><td colspan="3">0.7ms</td></tr>
<tr><td colspan="3">可连接扩展 I/O 数</td><td colspan="3">7 台(CPM1A 系列 扩展 I/O 单元)</td></tr>
<tr><td colspan="3">最大输入输出点数</td><td colspan="2">320 点(内置 40 点＋扩展 40 点×7 台)</td><td>300 点(内置 20 点＋扩展 40 点×7 台)</td></tr>
<tr><td colspan="3">CJ 系列单元可扩展数</td><td colspan="3">2 台(仅限 CPU 总线单元或特殊 I/O 单元，基本 I/O 单元不可使用)</td></tr>
<tr><td rowspan="6">内置输入端子(可选择分配功能)</td><td colspan="2">通用输入输出</td><td colspan="2">40 点(24 点输入，16 点输出)</td><td>20 点(12 点输入，8 点输出)</td></tr>
<tr><td rowspan="2">输入中断</td><td>直接模式</td><td colspan="2">8 点(输入中断计数模式、与脉冲接收共用)</td><td>8 点(输入中断计数模式、与脉冲接收共用)</td></tr>
<tr><td>计数器模式</td><td colspan="2">8 点，16 位，加法计数器或减法计数器</td><td>8 点，16 位，加法计数器或减法计数器</td></tr>
<tr><td colspan="2">脉冲接收输入</td><td colspan="2">8 点(最小脉冲输入：50μs 以上)</td><td>8 点(最小脉冲输入：50μs 以上)</td></tr>
<tr><td colspan="2" rowspan="2">高速计数</td><td colspan="2">4 点(DC 24V 输入)
・单相(脉冲＋方向、加减法、加法)100kHz
・相位差(4 倍增)50kHz</td><td>4 点(DC 24V 输入)
・单相(脉冲＋方向、加减法、加法)100kHz
・相位差(4 倍增)50kHz</td></tr>
<tr><td colspan="3">数值范围：32 位，线性模式/环形模式
中断：目标值一致比较/区域比较</td></tr>
<tr><td>高速计数器专用端子</td><td colspan="2">高速计数器</td><td colspan="2">无</td><td>2 点(线路驱动器输入)
・单相(脉冲＋方向、加减法、加法)1MHz
・相位差(4 倍增)500kHz</td></tr>
<tr><td rowspan="2">脉冲输出(仅限晶体管输出)</td><td colspan="2">脉冲输出</td><td colspan="2">2 点 1Hz～100kHz
2 点 1Hz～30kHz
4 点 1Hz～100kHz
(CCW/CW 或脉冲＋方向)
台型/S 型加减速(占空比 50%固定)</td><td>2 点 1Hz～100kHz
(CCW/CW 或脉冲＋方向)
台型/S 型加减速(占空比 50%固定)</td></tr>
<tr><td colspan="2">PWM 输出</td><td colspan="3">2 点 0.1～6553.5Hz
占空比 0.0%～100.0%可变(以 0.1%为单位来指定)</td></tr>
<tr><td>脉冲输出专用端子</td><td colspan="2">脉冲输出</td><td colspan="2">无</td><td>2 点 1Hz～1MHz(CCW/CW 或脉冲，线路驱动器输出)
台型/S 型加减速(占空比 50%固定)</td></tr>
</table>

续表

内置模拟输入输出端子		无	模拟输入4点/模拟输出2点	无
模拟设定	模拟电位器	1点(设定范围为0～255)		
	外部模拟输入	1点(分辨率:1/256,输入范围:0～10V)不隔离		
串行端口	外围设备USB端口	有(1端口USB连接器・B型):CX-Programmer等电脑用外围工具专用 ・串行通信标准:USB1.1		
	RS-232C端口、RS-422A/485端口	无标准端口,可安装以下选件板(最大2端口): ・CP1W-CIF01:RS-232C×1端口 ・CP1W-CIF11:RS-422A/485×1端口 相应串行通信模式(上述端口共用):上位连接、NT连接(1:N模式)、无协议、串行PLC连接从站、串行PLC连接主站、串行网关、工具总线		
7段LED显示功能		红色2位7段LED ・电源为ON时,显示单元版本 ・CPU单元异常发生时:按顺序显示故障代码、异常详细代码(运行停止异常、运行继续异常) ・专用指令执行:按照7段LED的通道显示(SCH)指令,显示通道数据的低位或高位;按照7段LED的通道显示(SCTRL)指令,控制格的灯灭/灯亮 ・存储盒与CPU间执行数据传送的过程中:以百分数显示剩余的传送容量 ・模拟电位器发生变化时:模拟电位器的值用00～FF来表示		
任务数		288个(周期执行任务32个、中断任务256个) 定时器中断任务1个(中断任务No.2固定) 输入中断任务1个(中断任务No.140～No.147固定) Y型为6个(中断任务No.140～No.145不可以使用) (此外,可通过高速计数器中断、外部中断来指定中断任务并执行)		
子程序编号最大值		256个		
转移编号最大值		256个		
定时中断		1点		
时钟功能		有,精度:每月误差－4.5～－0.5min(环境温度55℃)、－2.0～＋2.0min(环境温度25℃)、－2.5～＋1.5min(环境温度0℃)		
存储盒功能		可安装专用存储盒CP1W-ME05M(512K字,选件板) 以下的CPU单元RAM上数据的备份、电源为ON时自动传送用途 ・存储盒保存的数据:用户程序、参数(PLC系统设定等)、数据内存、数据内存初始值、注释存储区(CX-Programmer的变量表、注释、程序变址)、FB源存储器 ・向存储盒写入:通过CX-Programmer的操作来进行 ・存储盒读取:电源为ON时,或通过CX-Programmer的操作来进行		
存储器备份	内置闪存	将用户程序、参数(PLC系统设定等)自动保存到闪存,也可进行数据内在的初始值的保存/读取。电源为ON时,自动向RAM传送(但数据内存的初始值可通过PLC系统设定选择是否自动传送)		
	电池备份	将保持继电器、数据内存、计数器(标志・当前值)进行电池备份 电池型号:CJ1W-BAT01(CP1H CPU单元内的标准内置)		

2.1.2 主机单元的外形及面板说明

CP1H CPU主机单元中，CP1H-XA型主机最具代表性，在此以该主机单元为例进行讲述。CP1H-XA型主机的实物外形如图2-1所示，其正面的面板结构如图2-2所示。下面对

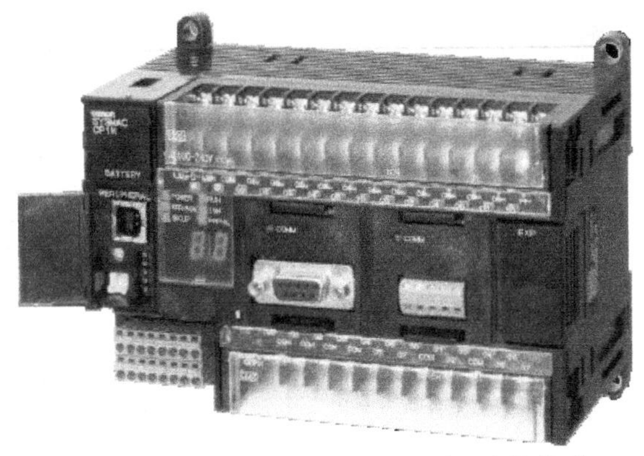

图 2-1 CP1H-XA 型 PLC 主机单元实物外形

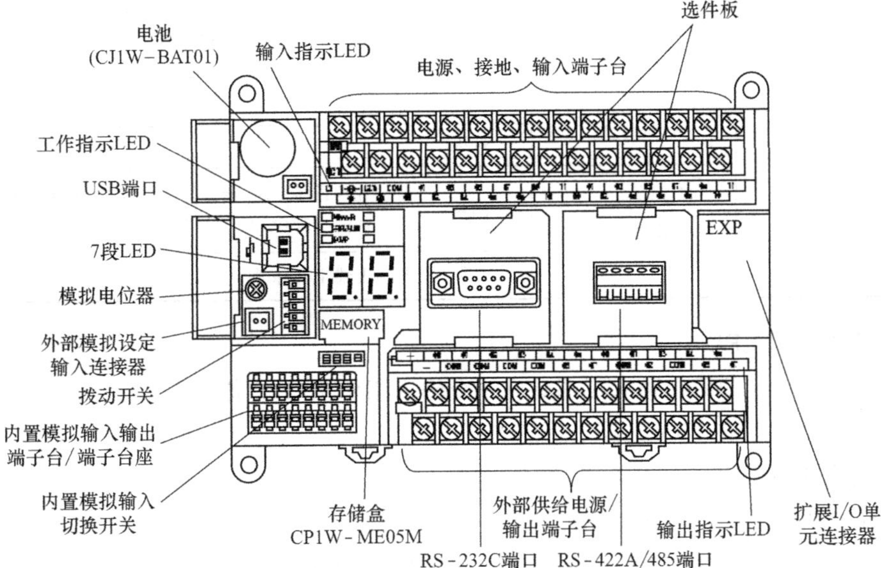

图 2-2 CP1H-XA 型 PLC 主机单元正面面板结构

面板各部分功能说明如下。

(1) 电池盒

打开电池盖即可装入电池，以保证 PLC 断电时为存储器提供后备电源。

(2) 工作指示 LED

工作指示 LED 发光二极管用于指示工作状态，它有 6 个 LED 发光二极管，每个 LED 发光二极管的指示含义如表 2-2 所示。

表 2-2 工作指示 LED 指示含义

工作指示 LED	LED 发光二极管	LED 状态	含义
□POWER □RUN □ERR/ALM □INH □BKUP □PRPHL	POWER(绿)	灯亮	PLC 已通电
		灯灭	PLC 未通电
	RUN(绿)	灯亮	CP1H 正在“运行”或“监视”模式下执行程序
		灯灭	“程序”模式下运行停止中，或因运行停止异常而处于运行停止中

续表

工作指示 LED	LED 发光二极管	LED 状态	含　义
POWER　RUN ERR/ALM　INH BKUP　PRPHL	ERR/ALM(红)	灯亮	发生运行停止异常(包含 FALS 指令的执行),或发生硬件异常(WDT 异常)。此时,CP1H 停止运行,所有的输出都切断
		闪烁	发生异常继续运行(包含 FAL 指令执行),此时 CP1H 继续运行
		灯灭	CP1H 运行正常
	INH(黄)	灯亮	输出禁止特殊辅助继电器(A500.15)为 ON 时灯亮,所有的输出都切断
		灯灭	CP1H 输出正常
	BKUP(黄)	灯亮	正在向内置闪存(备份存储器)写入用户程序、参数、数据内存或访问中。此外,将 PLC 本体的电源 OFF→ON 时,用户程序、参数、数据内存复位过程中灯也亮(说明:在该 LED 灯亮时,不要将 PLC 本体的电源 OFF)
		灯灭	上述情况除外
	PRPHL(黄)	闪烁	外围设备 USB 端口处于通信中(执行发送、接收中的一种的过程中)时,该 LED 闪烁
		灯灭	上述情况除外

(3) 输入指示 LED

CP1H 主机单元的每个输入点都对应一个输入指示 LED。各输入指示 LED 在对应输入端子为 ON 时点亮，在 I/O 刷新时也点亮。

(4) 输出指示 LED

CP1H 主机单元的每个输出点都对应一个输出指示 LED。各输出指示 LED 在对应输出端子为 ON 时点亮，在 I/O 刷新时也点亮。在使用脉冲输出时，指示灯在脉冲输出的同时会继续保持点亮。

(5) 7 段 LED 显示

两位 7 段 LED 数码管用来显示 CP1H CPU 单元的异常信息及模拟电位器操作时的当前值等 CPU 单元的状态。

(6) USB 端口

CP1H 主机单元通过 USB 端口与安装了 CX-Programmer 编译软件的计算机连接，由 CX-Programmer 对 CP1H 主机单元进行编程及监视运行状态。

(7) 模拟电位器

通过旋转该电位器，可使 PLC 的 A642CH 中的值在 0～255 间任意变化。

(8) 外部模拟设定输入连接器

在该端输入 0～10V 电压，可使 PLC 的 A643CH 中的值在 0～255 间变化。

(9) 拨动开关

它由 6 个拨动开关组成，可以对 PLC 一些功能进行设置。拨动开关及设置功能如表 2-3 所示。

表 2-3 拨动开关及设置功能

拨动开关	No.	状态	设定内容	功 能	初始值
	SW1	ON	不可写入用户存储器	在需要防止由外围工具(CX-Programmer)导致的不慎改写程序的情况下使用	OFF
		OFF	可写入用户存储器		OFF
	SW2	ON	电源为 ON 时,执行从存储盒的自动传送	在电源为 ON 时,可将保存在存储盒内的程序、数据、参数向 CPU 单元展开	OFF
		OFF	不执行		OFF
	SW3	—	未使用	—	OFF
	SW4	ON	在用工具总线的情况下使用	需要通过工具总线来使用选件板槽位 1 上安装的串行通信选件板时置于 ON	OFF
		OFF	根据 PLC 系统设定		OFF
	SW5	ON	在用工具总线的情况下使用	需要通过工具总线来使用选件板槽位 2 上安装的串行通信选件板时置于 ON	OFF
		OFF	根据 PLC 系统设定		OFF
	SW6	ON	A395.12 为 ON	在不使用输入单元而用户需要使某种条件成立时,将该 SW6 置于 ON 或 OFF,在程序上应用 A395.12	OFF
		OFF	A395.12 为 ON		OFF

(10) 存储盒

用于安装 CP1W-ME05M 存储卡(512KB)。安装时,需拆下伪盒。可将 CP1H CPU 单元的梯形图程序、参数、数据内存(DM)等传送并保存到存储盒。

(11) 内置模拟输入输出端子台/端子台座

CP1H-XA 型主机单元内置模/数(A/D)转换和数/模(D/A)转换模块,外界的模拟量信号经模拟量输入端子台送入,通过内置的 A/D 转换模块将其转换成 PLC 能处理的数字量信号,再将此数字量信号送入 PLC 内部进行相应处理;PLC 内部的数字量经 D/A 转换模块将其转换成相应的模拟量信号,再由模拟量输出端子送出,以控制相应设备。

(12) 内置模拟输入切换开关

模拟输入切换开关是由 4 个拨动开关构成,用来设置模拟量输入端子的模拟量输入形式(即选择是电压输入还是电流输入)。模拟输入切换开关的功能如表 2-4 所示。

表 2-4 模拟输入切换开关的功能

模拟输入切换开关	NO.	状态	功能描述
	SW1	ON	模拟输入 0 设定为电流输入
		OFF	模拟输入 0 设定为电压输入
	SW2	ON	模拟输入 1 设定为电流输入
		OFF	模拟输入 1 设定为电压输入
	SW3	ON	模拟输入 2 设定为电流输入
		OFF	模拟输入 2 设定为电压输入
	SW4	ON	模拟输入 3 设定为电流输入
		OFF	模拟输入 3 设定为电压输入

（13）电源、接地、输入端子台

电源端子用来连接电源，AC 电源型主机，其电源电压为 AC 100～240V；DC 电源型主机，其电源为 DC 24V。

接地端子分为功能接地（⏚）端子和保护接地（⏚）端子两类。对于 AC 电源型主机单元而言，在有严重噪声干扰时，功能接地端子必须接地，以提高抗扰度和降低电击危险，其接地电阻应不大于 100Ω。为了防止触电，保护接地端子必须接地，以降低电击危险，其接地电阻应不大于 100Ω。

输入端子用于连接 CPU 单元至外部输入设备。

（14）外部供给电源/输出端子台

CP1H-X 型及 CP1H-XA 型的 AC 电源规格的机型中，带有 DC 24V 最大 300mA 的外部供给电源端子可以连接外部电源，作为输入设备或现场传感器的服务电源。

输出端子用于连接 CPU 单元至外部输出设备。

（15）RS-232C 端口

RS-232C 端口为 CP1H 的选件，其型号为 CP1W-CIF01，安装在选件板槽位 1 处。

（16）RS-422A/485 端口

RS-422A/485 端口为 CP1H 的选件，其型号为 CP1W-CIF11，安装在选件板槽位 2 处。

（17）扩展 I/O 单元连接器

扩展 I/O 单元连接器可连接 CPM1A 系列的扩展 I/O 单元（输入输出 40 点/输入输出 20 点/输入 8 点/输出 8 点）及扩展单元（模拟输入输出单元、温度传感器单元、CompoBus/S I/O 链接单元、DeviceNet I/O 链接单元），最大 7 台。

2.1.3 主机单元的 I/O

从图 2-2 可以看出，CP1H CPU 的 I/O 包括输入端子、输出端子，对于 CP1H-XA 型而言，还内置模拟 I/O，下面对这些 I/O 进行介绍。

（1）XA/X 型 I/O

① 输入端子　CP1H-XA 和 CP1H -X 型的输入端子（AC 电源供电型）如图 2-3 所示，L1、L2 端用于连接市电 AC100～250V 的电源，⏚为保护接地端，COM 为输入端子公共端。CP1H -XA 和 CH1-X 型的输入端子台有两组输入通道 0CH 和 1CH，每个通道有 12 个端子，分别编号为 0.00～0.11 和 1.00～1.11。这两组通道的端子既可以作为通用输入端子，还可以根据 PLC 系统设定而作为特殊功能的输入端子。

图 2-3　XA/X 型的输入端子

② 输出端子　CP1H -XA 和 CP1H -X 型的输出端子（晶体管输出）如图 2-4 所示，NC 为空脚，COM 为输出端子的公共端，在特殊情况下，比如负载需要较大电流时，输出端子应与本区域的 COM 端连接使用。CP1H -XA 和 CP1H -X 型的输出端子台也有两组输出通道 100CH 和 101CH，每组通道有 8 个端子，分别编号为 100.00～100.07 和 101.00～

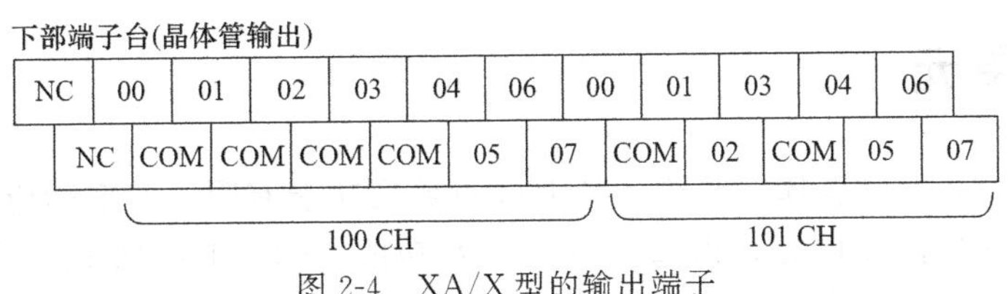

图 2-4 XA/X 型的输出端子

101.07。这两个通道的端子既可以作为通用输出端子，还可以根据 PLC 系统设定而作为特殊功能的输出端子。

（2）XA 型内置模拟 I/O

CP1H-XA 型主机单元的内置模拟 I/O 可输入 4 路模拟量信号、输出 2 路模拟量信号，各端子的排列如表 2-5 所示，详细内容见 8.2 节。

表 2-5 内置模拟 I/O 排列

端子台	引脚 NO.	引脚名称	端子台	引脚 NO.	引脚名称
模拟量输入 1 2 3 4 5 6 7 8 VIN0/IIN0 COM0 VIN1/IIN1 COM1 VIN2/IIN2 COM2 VIN3/IIN3 COM3	1	VIN0/IIN0	模拟量输出 1 2 3 4 5 6 7 8 VOUT1 IOUT1 COM1 VOUT2 IOUT2 COM2 AG AG	1	VOUT1
	2	COM0		2	IOUT1
	3	VIN1/IIN1		3	COM1
	4	COM1		4	VOUT2
	5	VIN2/IIN2		5	IOUT2
	6	COM2		6	COM2
	7	VIN3/IIN3		7	AG
	8	COM3		8	AG

（3）Y 型 I/O

① 输入端子 CP1H -Y 型输入端子如图 2-5 所示，它有两组通用输入端道 0CH 和 1CH，每个通道有 6 个端子。另外还有两组三相高速计数器专用的端子。

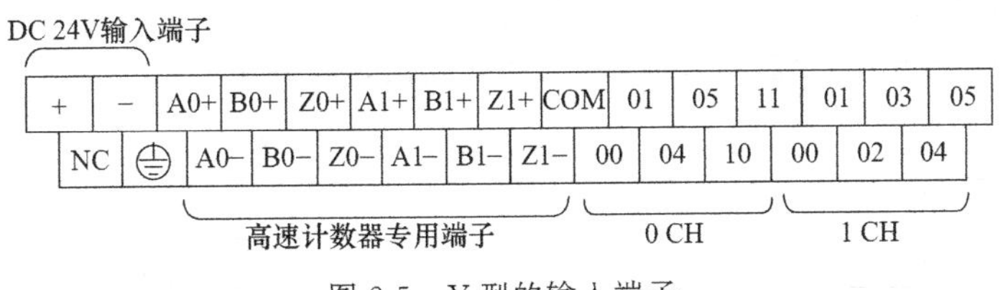

图 2-5 Y 型的输入端子

② 输出端子 CP1H -Y 型输出端子如图 2-6 所示，它有脉冲输出专用端子、DC24V 输入端子以及两组通用输出端子（100CH 和 101CH）。每组输出通道有 4 个端子，分别为 100.04～100.07 和 101.00～101.03。

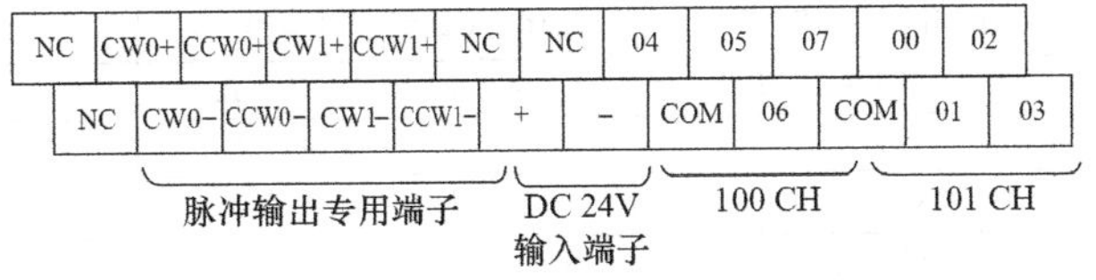

图 2-6 Y 型的输出端子

2.2 扩展单元

CP1H 系列 PLC 采用整体式结构，其 I/O 点数及功能有限。在实际应用中，用户可以根据需求而添加一些扩展单元，以增强其点数及功能。CP1H 系列 PLC 最多可连接 7 台 CPM1A 系列 PLC 的扩展单元，也可以通过 CJ 单元适配器 CP1W-EXT01 连接 2 台 CJ 系列中型机的高功能单元（特殊 I/O 单元或 CPU 总线单元）。

2.2.1 CPM1A 扩展单元

CPM1A 扩展单元主要包括扩展 I/O 单元、模拟量单元、温度传感器单元、CompoBus/S I/O 链接单元、DeviceNet I/O 链接单元，这些 CPM1A 扩展单元可通过 I/O 连接电缆（CP1W-CN811）与 CP1H 系列 PLC 连接。在扩展单元中，按 CP1H CPU 单元的连接顺序分配输入输出 CH 编号。输入 CH 编号从 2CH 开始，输出 CH 编号从 102CH 开始，分配各自单元占有的输入输出 CH 数，如图 2-7 所示。

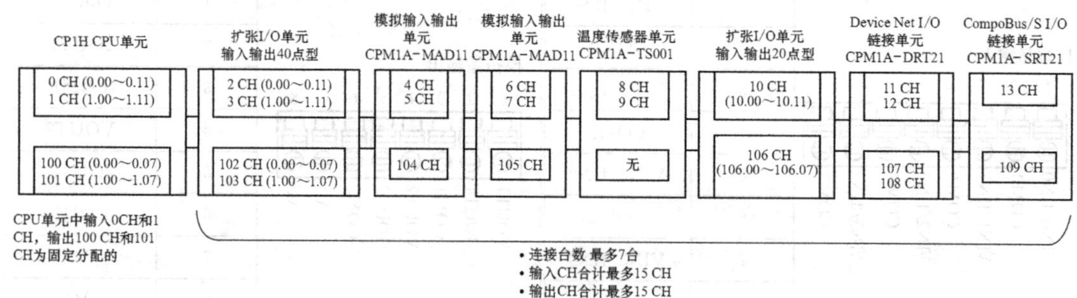

图 2-7　CPM1A 扩展单元输入输出 CH 数分配情况

（1）CPM1A 扩展 I/O 单元

在应用系统中，如果 CP1H 系列 PLC 的 I/O 端子不够时，可以外接 CPM1A 扩展 I/O 单元。CPM1A 扩展 I/O 单元根据 I/O 方向的不同，分为输入单元、输出单元、输入输出单元这三种类型的模块；根据点数的不同，分为 40 点、20 点、16 点和 8 点的模块。CPM1A 扩展 I/O 单元的输出方式有继电器输出和晶体管输出，其规格如表 2-6 所示。

表 2-6　CPM1A 扩展 I/O 单元规格

单元名称	型号	输出形式	消耗电流/mA		占有 CH 数	
			DC 5V	DC 24V	输入	输出
输入输出 40 点单元（输入 24 点，输出 16 点）	CMP1A-40EDR	继电器	80	90	2CH	2CH
	CMP1A-40EDT	晶体管(漏型)	160	—		
	CMP1A-40EDT1	晶体管(源型)	160	—		
输入输出 20 点单元（输入 12 点，输出 8 点）	CMP1A-20EDR	继电器	103	44	1CH	1CH
	CMP1A-20EDT	晶体管(漏型)	130	—		
	CMP1A-20EDT1	晶体管(源型)	130	—		
输出 16 点单元	CMP1A-16ER	继电器	42	90	—	2CH
输入 8 点单元	CMP1A-8ED	—	18	—	1CH	—
输出 8 点单元	CMP1A-8ER	继电器	26	44	—	1CH
	CMP1A-8ET	晶体管(漏型)	75	—		
	CMP1A-8ET1	晶体管(源型)	75	—		

（2）CPM1A 模拟量单元

工业控制中，被控对象常常是模拟量，如压力、流量、转速等。而 PLC 的 CPU 内部执行的是数字量，因此需要将模拟量转换成数字量，以便 CPU 进行处理，这一任务由模拟量 I/O 单元来完成。CP1H-X 型主机单元不带模拟 I/O 功能，但是，可以通过给它外接 CPM1A 模拟量单元，以实现模拟量的输入与输出功能。CPM1A 模拟量单元包括模拟量输入单元、模拟量输出单元、模拟量输入输出单元，其规格如表 2-7 所示。对于模拟量输入输出单元而言，可以同时使用电压输出和电流输出，但输出电源的总电流必须小于 21mA。

表 2-7 CPM1A 模拟量单元规格

单元名称	型号	输入	输出	消耗电流/mA		占有 CH 数	
				DC 5V	DC 24V	输入	输出
模拟量输入单元	CMP1A-AD041	4 点	—	80	120	4CH	2CH
模拟量输出单元	CMP1A-DA041	—	4 点	80	120	—	4CH
模拟量输入输出单元	CMP1A-MAD01	2 点	1 点	66	66	2CH	1CH
	CMP1A-MAD11	2 点	1 点	82	110		

（3）CPM1A 温度传感器单元

CPM1A 温度传感器单元通过热电偶或铂电阻，将外界的温度检测值转换成二进制数据送入 CP1H CPU 单元中，其规格如表 2-8 所示。

表 2-8 CPM1A 温度传感器单元规格

项目	CPM1A-TS001	CPM1A-TS002	CPM1A-TS101	CPM1A-TS102
温度传感器	热电偶		测温电阻体	
	K、J 可以切换，但是各输入端子必须为同类型		Pt100、JPt100 可以切换，但是各输入端子必须为同类型	
输入点数	2 点	4 点	2 点	4 点
输入占有通道	2CH	4CH	2CH	4CH
单元连接数	3 单元	1 单元	3 单元	1 单元
温度转换数据	二进制数据（16 进制 4 位）			
转换周期	250ms/2、4 点			
隔离方式	各温度输入信号间采用光耦合隔离			
消耗电流	DC 5V 40mA 以下/DC 24V 59mA 以下		DC 5V 54mA 以下/DC 24V 73mA 以下	

（4）CompoBus/S I/O 链接单元

CP1H CPU 单元通过连接 CompoBus/S I/O 链接单元（CPM1A-SRT21），成为 CompoBus/S 主单元（或者 SRM1 CompoBus/S 主控单元）的从单元。此时，与主单元间进行输入 8 点及输出 8 点的 I/O 链接。CompoBus/S I/O 链接单元，包括连接到 CP1H CPU 其他扩展 I/O 单元的单元最多能连接 7 台。

将 CompoBus/S I/O 链接单元连接到 CP1H CPU 单元时，包括其他的扩展 I/O 单元最多可连接 7 台。与其他的扩展单元组合使用时，连接位置没有限制。与其他扩展单元相同，其输入输出都是从分配给 CPU 单元或者已连接的扩展单元的最后通道的下一个通道开始分配。CPU 单元或者已连接的扩展单元最后输入通道为 mCH、最后输出通道为 nCH 通道时，则 CompoBus/S I/O 链接单元的输入起始通道为（$m+1$）CH，输出起始通道为（$n+1$）CH。

（5）DeviceNet I/O 链接单元

通过连接作为 DeviceNet 从单元（输入 32 点/输出 32 点作为内部输入/输出）发挥功能的 DeviceNet I/O 链接单元（CPM1A-DRT21），CP1H CPU 单元能作为 DeviceNet 的从单元装置使用。DeviceNet I/O 链接单元最多能连接 7 台，因此 CP1H CPU 单元与 DeviceNet 主单元间的最大 I/O 链接达 192 点（输入：96 点、输出：96 点）。

通过 DeviceNet I/O 链接单元输入输出的输入 32 点及输出 32 点，从 CP1H CPU 单元来看，与扩展 I/O 单元相同，分配到 CPU 单元的 I/O 存储器（输入继电器、输出继电器）。但是，不进行实际的输入输出，而是对安装了主单元的 CPU 单元的 I/O 存储器进行输入输出。

2.2.2 CJ 扩展单元

CP1H CPU 可以使用 CJ 单元适配器（CP1W-EXT01），最多连接 2 台 CJ 系列高功能 I/O单元、CPU 总线单元，如表 2-9 所示。

当 CP1H 主机单元与 CJ1 系列 CPU 高功能单元（又称 CPU 总线单元）连接时，为其分配 400 个通道，通道范围为 1500CH～1899CH，分为 16 个单元，每个单元占用 25 个通道，如 0 单元占用 1500CH～1524CH。

当 CP1H 主机单元与 CJ1 系列高功能 I/O 单元连接时，为其分配 9600 个通道，通道范围为 2000CH～2959CH，分为 96 个单元，每个单元占用 10 个通道，如 0 单元占用 2000CH～2009CH。

表 2-9　CP1H CPU 单元可连接的 CJ1 高功能单元

产品名称	种类	型号	规格	电流消耗(DC 5V)/A
高功能I/O单元	模拟量输入单元	CJ1W-AD081-V1	输入 8 点，1～5V、0～5V、0～10V、－10～10V，4～20mA，分辨率为1/8000，转换速度 250ms/点	0.42
		CJ1W-AD041-V1	输入 4 点，1～5V、0～5V、0～10V、－10～10V，4～20mA，分辨率为1/8000，转换速度 250ms/点	
	模拟量输出单元	CJ1W-DA08V	输入 8 点，1～5V、0～5V、0～10V、－10～10V，4～20mA，分辨率为1/4000，转换速度 1ms/点	0.14
		CJ1W-DA08C	输出 8 点，4～20mA，分辨率为 1/4000，转换速度 1ms/点	
		CJ1W-DA041	输入 4 点，1～5V、0～5V、0～10V、－10～10V，4～20mA，分辨率为1/4000，转换速度 1ms/点	0.12
		CJ1W-DA021	输入 2 点，1～5V、0～5V、0～10V、－10～10V，4～20mA，分辨率为1/4000，转换速度 1ms/点	
	模拟量输入输出单元	CJ1W-MAD042	输入 4 点、输出 2 点，1～5V、0～5V、0～10V、－10～10V，4～20mA，分辨率为 1/4000，转换速度 1ms/点	0.58

续表

产品名称	种类	型号	规格	电流消耗(DC 5V)/A
高功能I/O单元	过程输入单元	CJ1W-PTS51	输入4点,R、S、K、J、T、L、B,转换速度250ms/4点	0.25
		CJ1W-PTS52	输入4点,Pt100Ω、JPt100Ω,转换速度250ms/4点	
		CJ1W-PTS15	点数2点,B、E、J、K、L、N、R、S、T、U、W,Re5-26,PL±100mV,分辨率为1/64000,转换速度10ms/点	0.18
		CJ1W-PTS16	点数2点,Pt100、JPt100、Pt50、Ni508.4,分辨率为1/64000,转换速度10ms/点	
		CJ1W-PDC15	输入2点,0～1.25V、－1.25～＋1.25V、0～5V、－5～＋5V、0～10V、－10～10V、0～20mA、4～20mA	
	温度调节单元	CJ1W-TC001	4路,热电偶输入/NPN输出	0.25
		CJ1W-TC002	4路,热电偶输入/PNP输出	
		CJ1W-TC003	2路,热电偶输入/NPN输出,带加热断线报警	
		CJ1W-TC004	2路,热电偶输入/PNP输出,带加热断线报警	
		CJ1W-TC101	4路,铂电阻输入/NPN输出	
		CJ1W-TC102	4路,铂电阻输入/PNP输出	
		CJ1W-TC103	2路,铂电阻输入/NPN输出,带加热断线报警	
		CJ1W-TC104	2路,铂电阻输入/PNP输出,带加热断线报警	
	高速控制单元	CJ1W-CT021	输入:2路以下,最大输入频率:500kbps	0.28
	位置控制单元	CJ1W-NC113	脉冲列、集电极开路输出,1轴	0.25
		CJ1W-NC213	脉冲列、集电极开路输出,2轴	
		CJ1W-NC413	脉冲列、集电极开路输出,4轴	0.36
		CJ1W-NC133	脉冲列、线路驱动输出,1轴	0.25
		CJ1W-NC233	脉冲列、线路驱动输出,2轴	
		CJ1W-NC433	脉冲列、线路驱动输出,4轴	0.36
	ID传感单元	CJ1W-V600C11	用于V600系列,1个R/W探头	0.26
		CJ1W-V600C12	用于V600系列,2个R/W探头	0.32
	CompoBus/S主站单元	CJ1W-SRM21	CompoBus/S远程I/O最大256点	0.15
CPU高功能单元	Controller Link单元	CJ1W-CLK21-V1	线缆型(屏蔽型双绞线)	0.35
	串行通信单元	CJ1W-SCU41-V1	RS-232C×1端口,RS-422/485C×1端口	0.28
		CJ1W-SCU21-V1	RS-232C×2端口	0.38
	Ethernet单元	CJ1W-ETN21	100BASE-TX型	0.38
	DeviceNet单元	CJ1W-DRM21	带主站、从站功能,最大32000点/主站的控制	0.29

2.3 存储器的数据类型与寻址方式

CP1H 系列 PLC 的内部元器件的功能相互独立，在数据存储器区中都有一对应的地址，可依据存储器地址来存取数据。

2.3.1 数制及数据格式

(1) 数据长度

计算机中使用的都是二进制数，在 PLC 中，通常使用位、字节、字、双字来表示数据，它们占用的连续位数称为数据长度。

位（bit）指二进制的一位，它是最基本的存储单位，只有“0”和“1”两种状态。在 PLC 中一个位可对应一个继电器，如某继电器线圈得电时，相应位的状态为“1”；若继电器线圈失电或断开时，其对应位的状态为“0”。8 位二进制数构成一个字节（Byte），其中第 7 位为最高位（MSB），第 0 位为最低位（LSB）。两个字节构成一个字（Word），在 PLC 中字又称为通道（CH），一个字含 16 位，即一个通道（CH）由 16 个继电器组成。两个字构成一个汉字，即双字（Double Word），在 PLC 中它由 32 个继电器组成。

(2) 数制

数制也称计数制，是用一组固定的符号和统一的规则来表示数值的方法。如在计数过程中采用进位的方法，则称为进位计数制。进位计数制有数位、基数、位权三个要素。数位，指数码在一个数中所处的位置。基数，指在某种进位计数制中，数位上所能使用的数码的个数，例如，十进制数的基数是 10，二进制的基数是 2。位权，指在某种进位计数制中，数位所代表的大小，对于一个 R 进制数（即基数为 R），若数位记作 j，则位权可记作 R^j。

人们通常采用的数制有十进制、二进制、八进制和十六进制。在 CP1H 系列 PLC 中使用的数制主要是二进制、十进制、十六进制。

(3) 数据格式

在 CP1H 系列 PLC 的 CPU 中处理的数据主要有无符号 BIN 数据、带符号 BIN 数据、BCD 码数据、单精度浮点数和双精度浮点数。

2.3.2 I/O 存储器区域及通道编号

I/O 存储器区域是指通过指令表的操作数可进入的区域，它由通道 I/O（CIO）、内部辅助继电器（WR）、保持继电器（HR）、特殊辅助继电器（AR）、数据存储器（DM）、定时器区（TIM）、计数器区（CNT）、任务标志（TK）、变址寄存器（IR）、数据寄存器（DR）、状态标志、时钟脉冲等构成。CP1H 系列 PLC 的 I/O 存储区及通道编号如表 2-10 所示。下面对各区域进行简要说明。

(1) 通道 I/O（CIO）

通道 I/O 区域又称为 CIO，它是在地址指定时前面不附带有英文字母符号的区域。CIO 可与各单元进行 I/O 刷新等数据交换，该区域又分为以下区域。

① 输入输出继电器　输入输出继电器是用于分配到 CP1H CPU 单元的内置输入输出以及 CPM1A 系列扩展 I/O 单元的继电器区域。其中，输入继电器的通道编号为 0.00～16.15（0CH～16CH）；输出继电器的通道编号为 100.00～116.15（100CH～116CH）。未使用的输入继电器及输出继电器可作为内部辅助继电器使用。

表 2-10 CP1H 系列 PLC 的 I/O 存储区及通道编号

名称				点数	通道编号	外部 I/O 分配
通道 I/O 区域（CIO）	输入/输出继电器	内置	输入继电器	24 点	0CH～1CH(0.00～0.11,1.00～1.11)	CP1H CPU 单元
			输出继电器	16 点	100CH～101CH(100.00～100.07,101.00～101.07)	
		扩展	输入继电器	120 点	2CH～16CH(2.00～16.07)	CPM1A 用扩展 I/O 单元、扩展单元
			输出继电器	120 点	102CH～116CH(102.00～116.07)	
	内置模拟输入继电器（限 XA 型）			4CH	200CH～203CH	内置模拟量输入端子
	内置模拟输出继电器（限 XA 型）			2CH	210CH～211CH	内置模拟量输出端子
	数据链接继电器			3200 点	1000CH～1199CH	数据链接
	CPU 总线单元继电器			6400 点	1500CH～1899CH	CPU 总线单元
	总线 I/O 单元继电器			15360 点	2000CH～2959CH	总线 I/O 单元
	串行 PLC 链接继电器			1440 点	3100CH～3189CH	串行 PLC 链接
	DeviceNet 继电器			9600 点	3200CH～3799CH	DeviceNet 主站
	内部辅助继电器			4800 点/37505 点	1200CH～1499CH/3800CH～6143CH	—
内部辅助继电器(WR)				8192 点	W000CH～W511CH	—
保持继电器(HR)				8192 点	H000CH～H511CH	—
特殊辅助继电器(AR)				15360 点	A000CH～A959CH	—
暂时存储继电器(TR)				16 点	TR00～TR15	—
数据存储器(DM)				32768CH	D00000～D32767	—
定时器(TIM)				4096 点	T0000～T4095	—
计数器(CNT)				4096 点	C0000～C4095	—
任务标志(TK)				32 点	TK00～TK31	—
变址寄存器(IR)				16 点	IR00～IR15	—
数据寄存器(DR)				16 点	DR00～DR15	—
状态标志(CF 区)				14 点	—	—
时钟脉冲(CF 区)				5 点	P_0_02s，P_0_1s，P_0_2s，P_1s，P_1m	—

② 内置模拟输入输出继电器 内置模拟输入继电器仅限于 CP1H-XA 型 CPU 单元，它用于分配 CP1H CPU 单元 XA 型的内置模拟输入输出的继电器区域。其中，内置模拟输入继电器的通道编号为 200CH～203CH；内置模拟输出继电器的通道编号为 210CH～211CH。内置模拟输入继电器不能作为内部辅助继电器使用。

③ 数据链接继电器 数据链接继电器用作 Controller 链接网中的数据链接或 PLC 链接。该继电器区域的通道编号为 1000CH～1199CH，未使用的数据链接继电器可作为内部辅助继电器使用。

④ CPU 总线单元继电器 CPU 总线单元继电器在连接 CJ 系列 CPU 总线单元时使用。该继电器区域的通道编号为 1500CH～1899CH，它有 400CH，共 6400 点。每 25CH 归为 1 个单元，最多 16 个单元，某单元的编号范围为：1500＋单元号×25～1500＋单元号×25＋

24。例如0单元的编号范围为：1500＋0×25～1500＋0×25＋24，即1500CH～1524CH。未使用的CPU总线单元继电器可作为内部辅助继电器使用。

⑤ 特殊I/O单元继电器　特殊I/O单元继电器在连接CJ系列CPU总线单元时使用。该继电器区域的通道编号为2000CH～2959CH，它有960CH，共15360点。每10CH归为1个单元，最多96个单元，某单元的编号范围为：2000＋单元号×10～2000＋单元号×10＋9。例如0单元的编号范围为：2000＋0×10～2000＋0×10＋9，即2000CH～2009CH。未使用的特殊I/O单元继电器可作为内部辅助继电器使用。

⑥ 串行PLC链接继电器　串行PLC链接继电器在PLC串行链接中使用，用于与其他CP1H CPU单元或CJ1M CPU单元进行数据链接。该继电器区域的通道编号为3100CH～3189CH，它有90CH，共1440点。未使用的串行PLC链接继电器可作为内部辅助继电器使用。

⑦ DeviceNet继电器　使用CJ系列DeviceNet单元的远程I/O主站功能时，该继电器区域作为从站区域。该继电器区域的通道编号为3200CH～3799CH，它有600CH，共9600点。未使用的DeviceNet继电器可作为内部辅助继电器使用。

⑧ 内部辅助继电器　CIO区的内部辅助继电器区域是只能在程序中使用的继电器区域，不能与外部输入输出端子进行输入输出交换。如果需要在程序中使用内部辅助继电器，应优先使用内部辅助继电器（WR），再考虑本区域（CIO）的内部辅助继电器。CIO区的内部辅助继电器分为两部分：1200CH～1499CH（它有300CH，共4800点）和3800CH～6143CH（它有2344CH，共37504点）。

（2）内部辅助继电器（WR）

内部辅助继电器（WR）区域是只能在程序中使用的继电器区域，不能与外部输入输出端子进行输入输出交换。它作为内部辅助继电器，在程序中基本上优先使用该区域。该继电器区域的通道编号为W000CH～W511CH，它有512CH，共8192点。

（3）保持继电器（HR）

保持继电器用于各种数据的存储与操作，它可以字或位访问，但要在字号或位号前加“H”，以区别其他的区。它与内部继电器相同，只能在程序中使用，在电源复位（ON→OFF→ON）时或者工作模式变更（程序模式←→运行或监视模式）时，可保持其之前的ON/OFF状态。该继电器区域的通道编号为H000CH～H511CH，它有512CH，共8192点。

（4）特殊辅助继电器（AR）

特殊辅助继电器用于存储PLC的工作状态信息，该继电器区域的通道编号为A000CH～A959CH，它有9600CH，共15360点。

（5）暂存继电器（TR）

暂存继电器在电路的分支点暂时存储程序ON/OFF状态。该继电器区域的通道编号为TR00CH～TR15CH，共16CH。

（6）数据存储器（DM）

在电源复位（ON→OFF→ON）时或者工作模式变更（程序模式←→运行或监视模式）时，数据存储器DM可保持电源断之前或模式变更之前的数据。数据存储器不能按位为单位进行读写操作，只能以字为单位进行数据的读写操作。该继电器区域的通道编号为D00000CH～D32767CH，分为以下4个区。

① CJ 系列特殊 I/O 单元用区：D20000CH～D29599CH（96 单元，每单元 100CH）。

② CJ 系列 CPU 总线单元用区：D30000CH～D31599CH（16 单元，每单元 100CH）。

③ Modbus-RTU 简易主站用区：D32200CH～D32299CH（串行端口 1）；D32300CH～D32399CH（串行端口 2）。

④ 普通 DM 区：在 D00000CH～D32767 中，除①～③已使用区域外为普通 DM 区。

（7）定时器区（TIM）

定时器用于需要定时或延时产生动作的场合，该继电器区域的通道编号为 T0000CH～T4095CH（共 4096 个）。

（8）计数器区（CNT）

计数器用于需要计数达到一定值产生动作的场合，该继电器区域的通道编号为 C0000CH～C4095CH（共 4096 个）。

（9）任务标志（TK）

任务标志为只读标志，当某循环任务在执行时，则相应的任务标志为 1（ON）；没执行或 PLC 为待机状态时，则相应的任务标志为 0（OFF）。该任务标志的编号为 TK00CH～TK15CH（共 16 个）。在电源复位（ON→OFF→ON）时或者工作模式变更（程序模式←→运行或监视模式）时，任务标志不清除。

（10）变址寄存器（IR）

变址寄存器用于间接寻址，是保存 I/O 存储器物理地址的专用寄存器。每个变址寄存器存储一个字存储单元地址，该地址是 I/O 存储区中一个字的绝对地址。该继电器区域的通道编号为 IR00CH～IR15CH（共 16 个）。

（11）数据寄存器（DR）

数据寄存器用于存储间接寻址的偏移量，在间接寻址时，可使用数据寄存器来偏移变址寄存器中的地址。该继电器区域的通道编号为 DR00CH～DR15CH（共 16 个）。

（12）状态标志

状态标志主要反映各指令的执行结果，如出错（ER）标志、进位（CY）标志等。CP1H CPU 的状态标志如表 2-11 所示。

表 2-11 CP1H CPU 的状态标志

名称	CX-Programmer 中的符号	含 义
出错标志	P_ER	各指令的操作数的数据非法时(如发生指令处理出错),该标志为ON,以表示指令的异常结束 如通过 PLC 系统设定将“发生指令出错时的动作设定”设定为“停止”,则出错(ER)标志为 ON 时停止运行,同时指令处理出错标志(A295.08)也置为 ON
访问出错标志	P_AER	出现非法存取错误时,该标志位为 ON。非法存取出错是指对使用某指令试图访问不应该访问的区域 在 PLC 系统设定中将“指令错误发生时动作设定”设定为“停止”时,本访问出错标志(AER)的运行停止,同时无效区域访问出错标志(A4295.10)为 ON
进位标志	P_CY	算术运算的结果存在进位或借位的情况,或数据移位指令将一个“1”移进进位标志时,该标志位为 ON
大于标志	P_GT	比较指令中,第 1 个操作数大于第 2 个操作数或一个值大于指定范围时,该标志位为 ON

续表

名称	CX-Programmer 中的符号	含　义
等于标志	P_EQ	比较指令中，在 2 个数据的比较结果相等，或运算结果为 0 的情况下，该标志位为 ON
小于标志	P_LT	比较指令中，第 1 个操作数小于第 2 个操作数或一个值小于指定范围时，该标志位为 ON
负数标志	P_N	在运算结果的最高位为 1 的情况下，该标志位为 ON
上溢标志	P_OF	在运算结果上溢的情况下，该标志位为 ON
下溢标志	P_UF	在运算结果下溢的情况下，该标志位为 ON
大于等于标志	P_GE	比较指令中，第 1 个操作数大于或等于第 2 个操作数时，该标志位为 ON
不等于标志	P_NE	比较指令中，第 1 个操作数不等于第 2 个操作数时，该标志位为 ON
小于等于标志	P_LE	比较指令中，第 1 个操作数小于或等于第 2 个操作数时，该标志位为 ON
平时 ON 标志	P_On	平常为 ON 状态的标志(总为 1)
平时 OFF 标志	P_Off	平常为 OFF 状态的标志(总为 0)

(13) 时钟脉冲

时钟脉冲由系统产生，它有 5 种时基脉冲，如表 2-12 所示。各时钟脉冲的占空比（高电平脉冲宽度与周期脉冲宽度的比值）为 50%。时钟脉冲的 ON/OFF 时间不能更改，只能读取。

表 2-12　时钟脉冲

名称	CX-Programmer 中的符号	内　容	
0.02s 时钟脉冲	P_0_02s	0.01s 0.01s	ON:0.01s OFF:0.01s
0.1s 时钟脉冲	P_0_1s	0.05s 0.05s	ON:0.05s OFF:0.05s
0.2s 时钟脉冲	P_0_2s	0.1s 0.1s	ON:0.1s OFF:0.1s
1s 时钟脉冲	P_1s	0.5s 0.5s	ON:0.5s OFF:0.5s
1min 时钟脉冲	P_1min	30s 30s	ON:30s OFF:30s

2.3.3 地址指定

在 CP1H CPU 的 I/O 存储器区域中，地址的指定主要是针对位和通道（字）进行的。

（1）位地址的指定

位地址的指定如图 2-8 所示，I/O 存储器区名称为可选项，例如 CIO 区的 I/O 存储器区名称省略，保持继电器的 I/O 存储器区名称为 H；通道地址用来指定使用 I/O 存储器区的字地址；位地址指定位的位置。

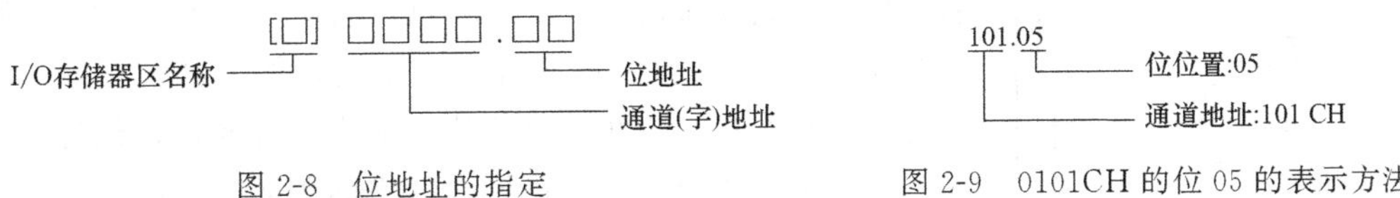

图 2-8 位地址的指定　　图 2-9 0101CH 的位 05 的表示方法

例 2-1 0101CH 的位 05 的表示方法如图 2-9 所示，所指定的 I/O 存储器区地址如图 2-10 所示。

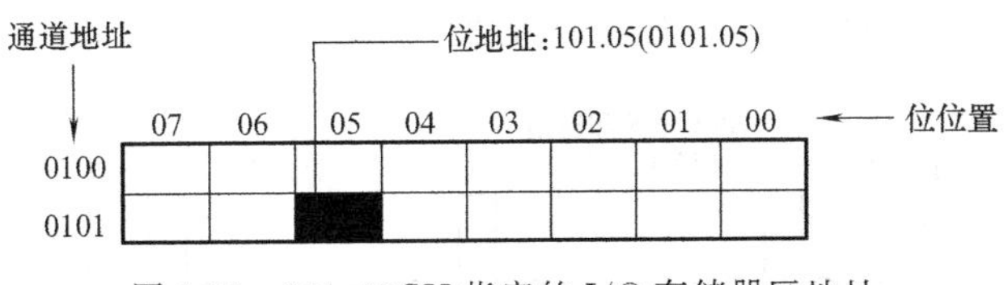

图 2-10 101.05CH 指定的 I/O 存储器区地址

例 2-2 保持继电器（HR）中 H010CH 的位 08 的表示方法如图 2-11 所示。

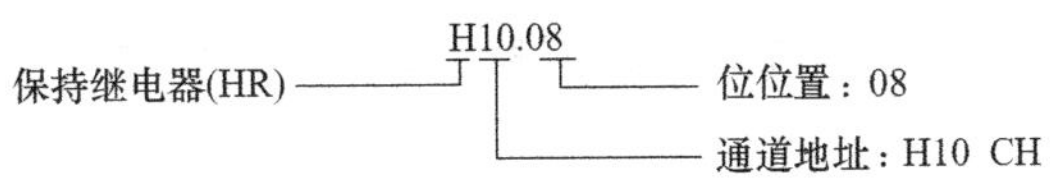

图 2-11 H010CH 的位 08 的表示方法

（2）通道地址的指定

通道地址的指定如图 2-12 所示，每个字由 16 个位构成，即每个字地址包括 16 位（bit0～bit15）。

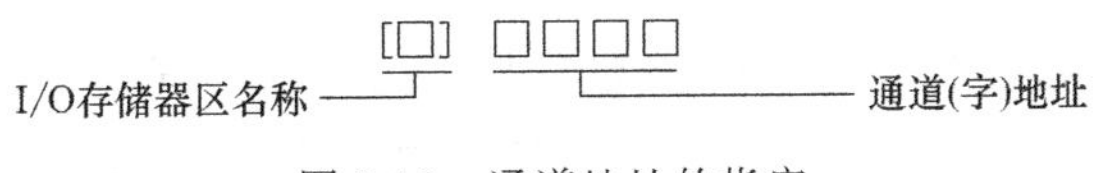

图 2-12 通道地址的指定

例 2-3 输入继电器（CIO）的 0010CH（bit0～bit15）的通道地址表示为 10CH；内部辅助继电器（WR）的 W010CH 的通道地址表示为 W10CH；数据存储器（DM）的 D03120CH 的通道地址表示为 D3120CH。

2.4 硬件系统的接线

CP1H 硬件系统的接线主要包括主机单元的电源接线、主机单元的接线以及 CPM1A 扩展 I/O 单元的接线。

2.4.1 硬件接线注意事项

进行硬件系统的接收时，需注意以下事项。

① PLC应远离强干扰源，如电焊机、大功率硅整流装置和大型动力设备，不能与高压电器安装在同一个开关柜内。在柜内PLC与动力线二者之间距离应大于200mm，如图2-13所示。

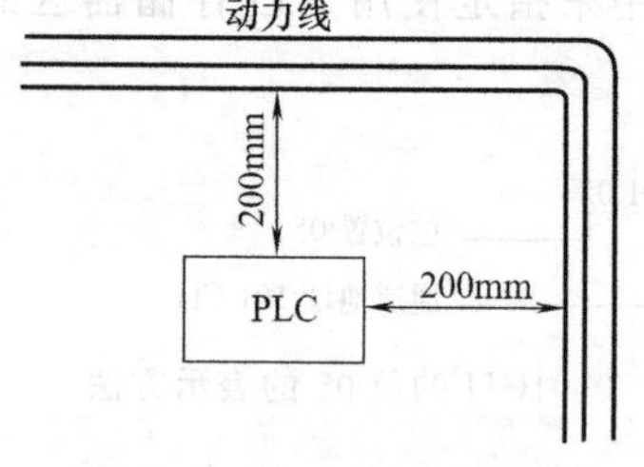

图2-13 PLC安装位置与动力线的距离

② 动力线、控制线以及PLC的电源线和I/O线应该分别配线，隔离变压器与PLC和I/O之间应采用双绞线连接。将PLC的I/O线和大功率线分开走线，如果必须在同一线槽内，分开捆扎交流线、直流线。如果条件允许，最好分槽走线，这不仅能使其有尽可能大的空间距离，并能将干扰降到最低限位，如图2-14所示。

③ PLC的输入与输出最好分开走线，开关量与模拟量也要分开敷设。模拟量信号的传送应采用屏蔽线，屏蔽层应一端或两端接地，接地电阻应小于屏蔽层电阻的1/10。

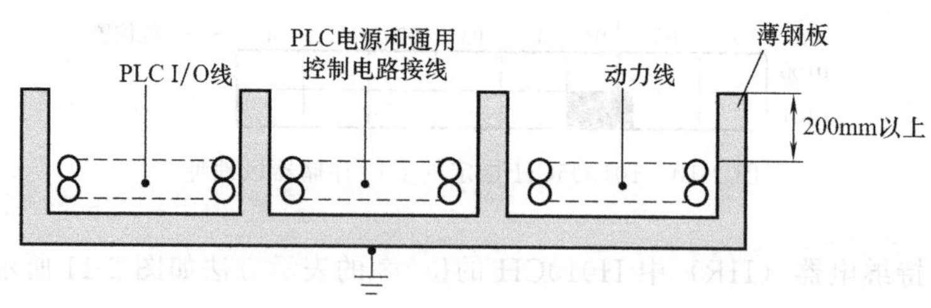

图2-14 在同一电缆沟内铺设I/O接线和动力电缆

④ 交流输出线和直流输出线不要用同一根电缆，输出线应尽量远离高压线和动力线，避免并行。

⑤ I/O端的接线。

a. 输入接线。输入接线一般不要太长，但如果环境干扰较小，电压降不大时，输入接线可适当长些。尽可能采用常开触点形式连接到输入端，使编制的梯形图与继电器原理图一致，便于阅读。

b. 输出接线。输出接线分为独立输出和公共输出。在不同组中，可采用不同类型和电压等级的输出电压，但在同一组中的输出只能用同一类型、同一电压等级的电源。由于PLC的输出元件被封装在印制电路板上，并且连接至端子板，若将连接输出元件的负载短路，将烧毁印制电路板，导致整个PLC的损坏。采用继电器输出时，所承受的电感性负载的大小，会影响到继电器的使用寿命，因此，使用电感性负载时应合理选择或加隔离继电器。PLC的输出负载可能产生干扰，因此要采取措施加以控制，如直流输出的续流管保持，交流输出的阻容吸收电路，晶体管及双向晶闸管输出的旁路电阻保持。

2.4.2 主机单元电源接线

CP1H CPU主机单元的供电分为交流电源（AC）供电型和直流电源（DC）供电型，进行电源接线时要分清。

（1）AC电源供电型

AC电源供电型主机单元的接线如图2-15所示，AC电源允许的波动范围为AC 85～264V。GR为保护接地端子，为了防止触电，应使用专用的接地线（$2mm^2$以上的电线）将GR端子接地。LG为功能接地端子（噪声滤波器中性端子），对于干扰大、有误动作时及防止电击时，应将LG和GR短路接地。

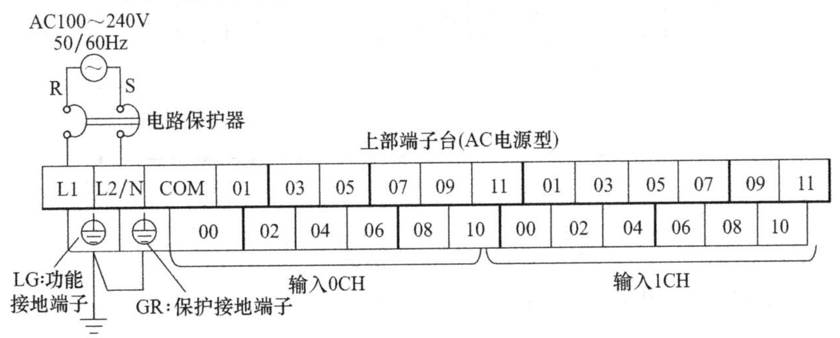

图2-15　AC电源供电型主机单元的接线

（2）DC电源供电型

DC电源供电型主机单元的接线如图2-16所示，DC电源允许的波动范围为DC 20.4～26.4V，当扩展台数为2台以上时，其电源波动范围为DC 21.4～26.4V。

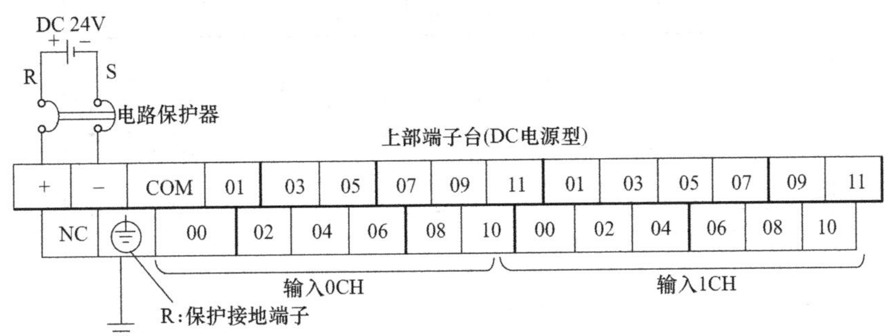

图2-16　DC电源供电型主机单元的接线

2.4.3　主机单元接线

CP1H CPU主机单元有X型、XA型和Y型三种，其中，X、XA型主机单元的接线方式相同，Y型主机单元由于增加了脉冲输入端子，因此其接线方法与X、XA型主机单元有所不同。

2.4.3.1　CP1H-X/XA型的输入输出接线

（1）输入接线

CP1H-X/XA型主机单元输入端子的接线如图2-17所示。由于很多端子共用一个COM端子，该端子连接的导线应选用电流容量足够的导线。AC电源型主机单元的输出端子台含有DC 24V输出端子，输入端子所需的DC 24V可由该端子提供。

（2）输出接线

CP1H-X/XA型主机单元输出接口有继电器输出型和晶体管输出型，在晶体管输出型中又分为漏型和源型，它们的接线方式有所不同。

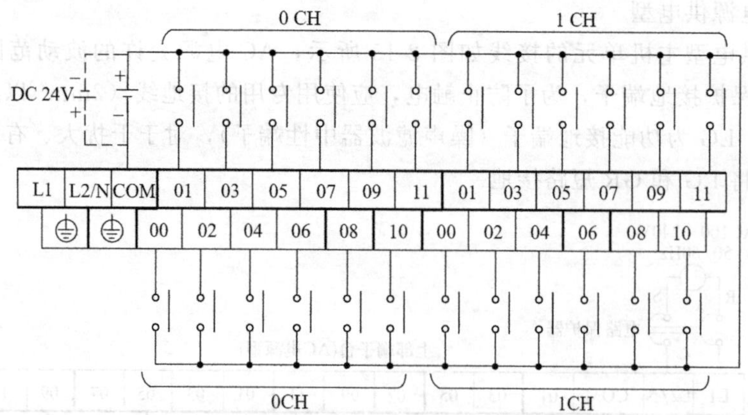

图 2-17　CP1H-X/XA 型主机单元输入端子的接线

① 继电器输出型　继电器输出型的输出端子接线如图 2-18 所示。

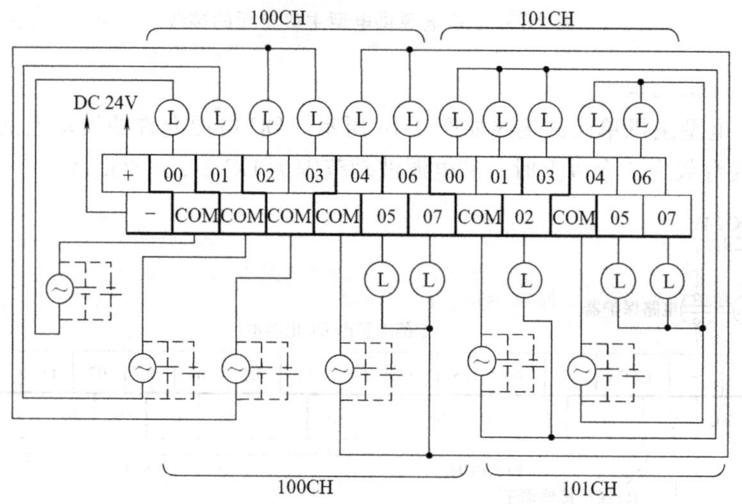

图 2-18　继电器输出型的输出端子接线

② 漏型晶体管输出型　漏型晶体管输出型的输出端子接线如图 2-19 所示。

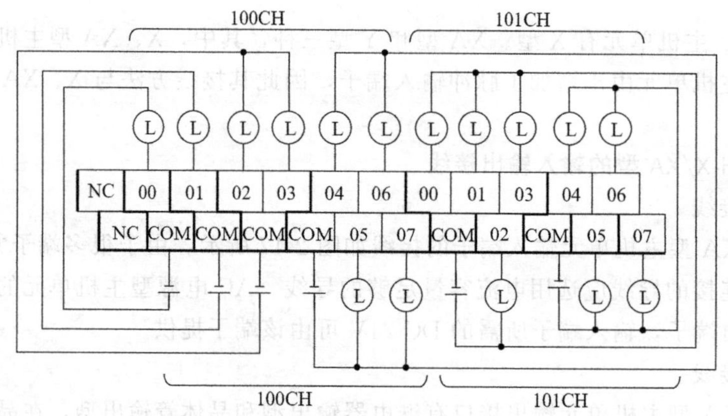

图 2-19　漏型晶体管输出型的输出端子接线

③ 源型晶体管输出型　源型晶体管输出型的输出端子接线如图 2-20 所示。

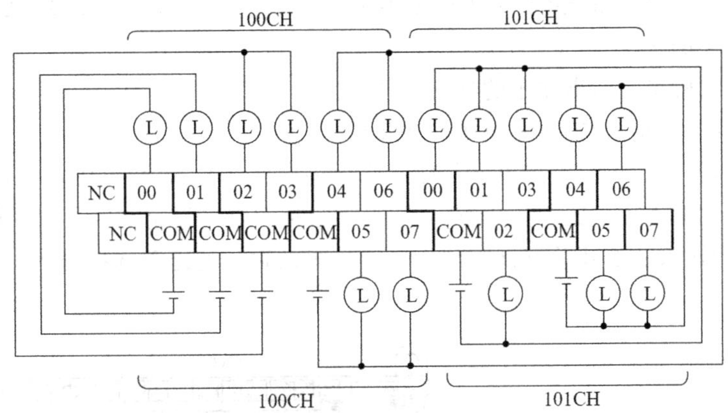

图 2-20　源型晶体管输出型的输出端子接线

2.4.3.2　CP1H-Y 型的输入输出接线

（1）输入端子的接线

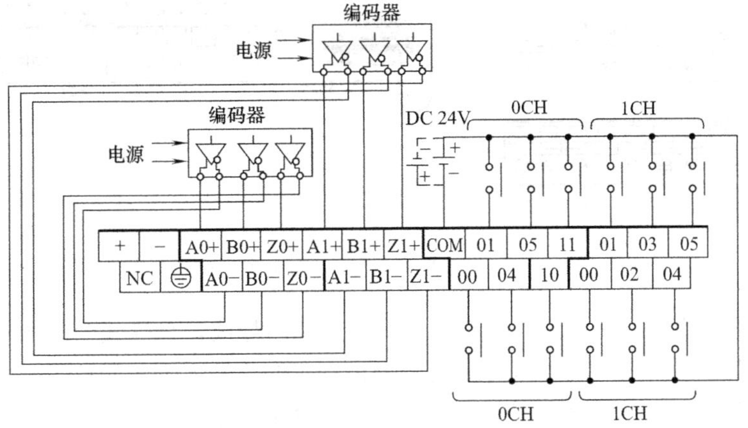

图 2-21　CP1H-Y 型主机单元输入端子的接线

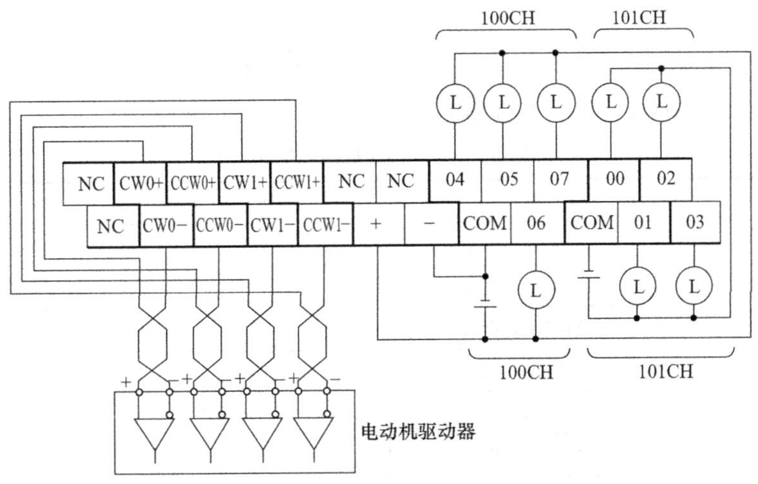

图 2-22　CP1H-Y 型主机单元输出端子的接线

CP1H-Y 型主机单元输入电路为 24 个输入端子以及 1 个公共端 COM，在使用时该端子连接的导线应选用电流容量足够的导线。CP1H-Y 型主机单元输入端子的接线如图 2-21 所示。

（2）输出端子的接线

CP1H-Y 型主机单元输出端子的连接如图 2-22 所示。

2.4.3.3 内置模拟量输入/输出主机单元的接线

内置模拟量输入/输出的主机单元仅限于 XA 型，在其 CPU 单元中，内置模拟输入 4 点和模拟输出 2 点。要使用内置模拟量输入输出功能时，应先设定如图 2-23 所示的模拟电压输入/电流输入的输入切换开关（该开关设置模拟量的输入通道及选择输入电压或电流）后，再安装端子台。

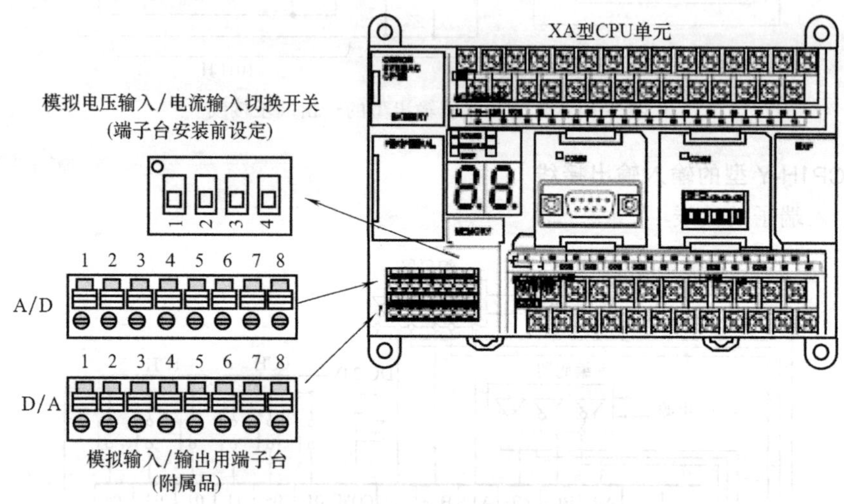

图 2-23 内置模拟量输入/输出主机单元

在模拟量输入输出端子台布线时，应使用带屏蔽的导线，且导线为棒状端子或单芯线。将导线插入到端子台圆孔内，直到内部锁定为止。在电流输入下使用时，一定要将电压/电流输入切换开关 IN1～IN4 设定为 ON，PLC 系统设定中也要将输入量程设定为 0～20mA 或 4～20mA。

2.4.4 CPM1A 扩展 I/O 单元的接线

CP1H CPU 单元可以外接的 CPM1A 扩展 I/O 单元如表 2-13 所示。下面以输入输出 40 点单元为例，讲述 CPM1A 扩展 I/O 单元的接线。

表 2-13 CPM1A 扩展 I/O 单元

单元名称	型号	输入	输出
输入输出 40 点单元	CMP1A-40EDR	24 点/DC 24V	继电器输出 16 点
	CMP1A-40EDT		晶体管输出(漏型)16 点
	CMP1A-40EDT1		晶体管输出(源型)16 点
输入输出 20 点单元	CMP1A-20EDR1	12 点/DC 24V	继电器输出 8 点
	CMP1A-20EDT		晶体管输出(漏型)8 点
	CMP1A-20EDT1		晶体管输出(源型)8 点
输出 16 点单元	CMP1A-16ER	无	继电器输出 16 点

续表

单元名称	型号	输入	输出
输入 8 点单元	CMP1A-8ED	8 点/DC 24V	无
输出 8 点单元	CMP1A-8ER	无	继电器输出 8 点
	CMP1A-8ET		晶体管输出(漏型)8 点
	CMP1A-8ET1		晶体管输出(源型)8 点

(1) 输入端子接线

CMP1A-40EDxx（即 CMP1A-40EDR、CMP1A-40EDT、CMP1A-40EDT1）的输入为 DC 24V，共有 24 个输入端子，1 个 COM 公共端，其输入端子接线如图 2-24 所示。

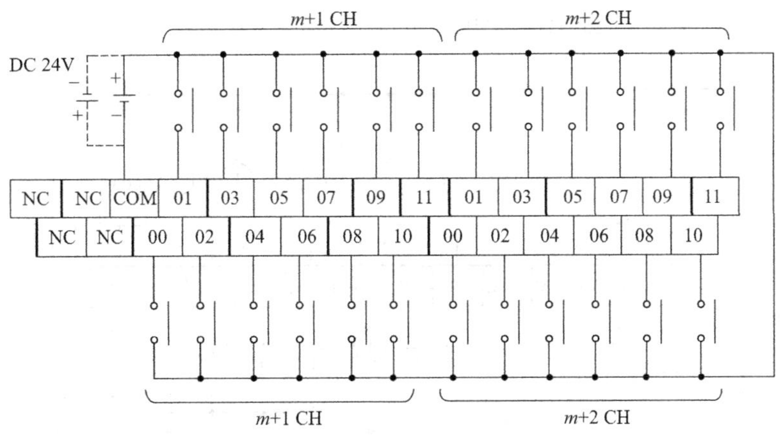

图 2-24 CMP1A-40EDxx 的输入端子接线

(2) 输出布线

① CMP1A-40EDR 输出端子接线 CMP1A-40EDR 内部为继电器输出，分为 6 组，每组 1 个 COM 公共端，其输出端子的接线如图 2-25 所示。

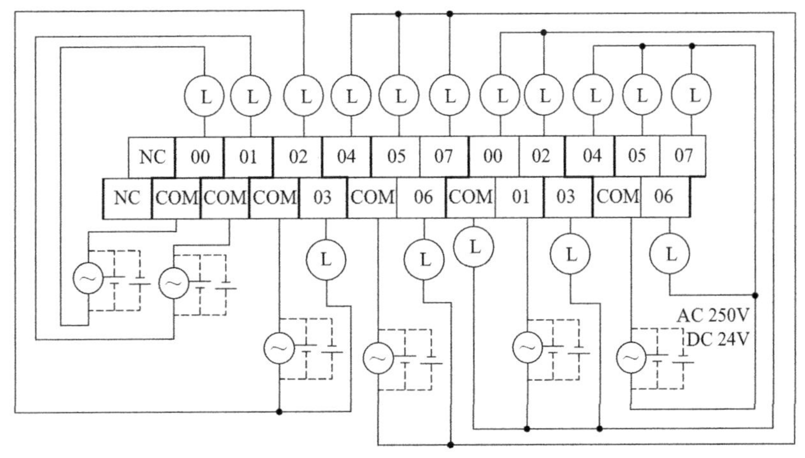

图 2-25 CMP1A-40EDR 输出端子的接线

② CMP1A-40EDT 输出端子接线 CMP1A-40EDT 内部为晶体管漏型输出，分为 6 组，每组 1 个 COM 公共端，其输出端子的接线如图 2-26 所示。

③ CMP1A-40EDT1 输出端子接线 CMP1A-40EDT1 内部为晶体管源型输出，分为 6

组，每组 1 个 COM 公共端，其输出端子的接线如图 2-27 所示。

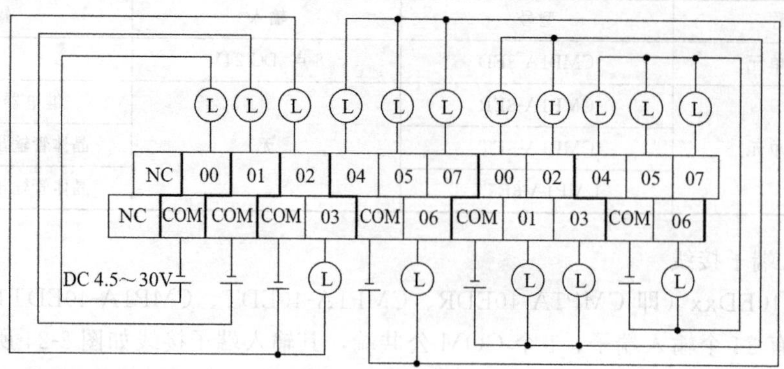

图 2-26　CMP1A-40EDT 输出端子的接线

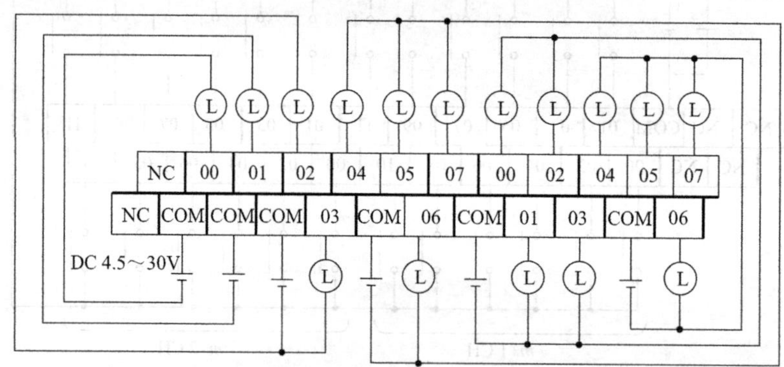

图 2-27　CMP1A-40EDT1 输出端子的接线

第3章

欧姆龙CP1H PLC编程软件的使用

PLC是一种由软件驱动的控制设计，软件系统就如人的灵魂，可编程控制器的软件系统是PLC所使用的各种程序的集合。为了实现某一控制功能，需要在一特定环境中使用某种语言编写相应指令来完成，本章主要讲述CP1H系列PLC的编程语言、编程软件等内容。

3.1 PLC编程语言

PLC是专为工业控制而开发的装置，其主要使用者是工厂广大电气技术人员，为了适应他们的传统习惯和掌握能力，PLC通常采用面向控制过程、面向问题的“自然语言”进行编程。CP1H系列PLC的编程语言非常丰富，有梯形图、助记符、顺序功能流程图、功能块图等，用户可选择一种语言或混合使用多种语言，通过专用编程器或上位机编写具有一定功能的指令。

3.1.1 梯形图语言

梯形图LAD（Ladder Programming）语言是在继电-接触器控制系统原理图的基础上演变而来的一种图形语言，它和继电-接触器控制系统原理图很相似，如图3-1所示。梯形图具有直观易懂的优点，很容易被工厂电气人员掌握，特别适用于开关量逻辑控制，它常被称为电路或程序，梯形图的设计称为编程。

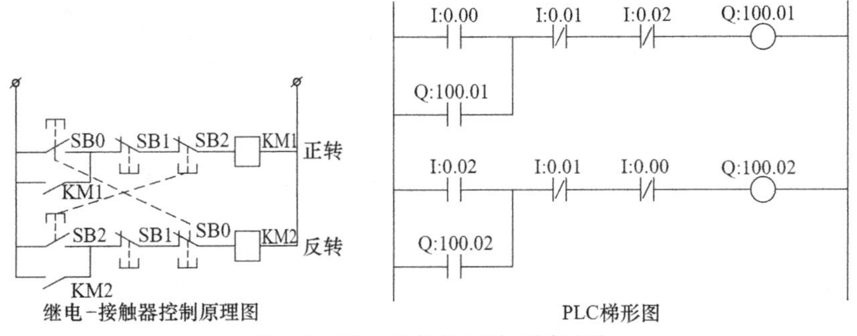

图3-1 同一功能的两种不同图形

PLC梯形图中的某些编程元件沿用了继电器这一名称，如输入继电器、输出继电器、内部辅助继电器等，但是它们不是真实的物理继电器，而是一些存储单元（软继电器），每一软继电器与PLC存储器中映像寄存器的一个存储单元相对应。梯形图中采用类似于继电-接触器中的触点和线圈符号，如表3-1所示。

梯形图的两侧垂直公共线称为公共母线（bus bar），左侧母线对应于继电-接触器控制系统中的“相线”，右侧母线对应于继电-接触器控制系统中的“零线”，一般右侧母线可省略。

表 3-1　符号对照表

元　　件	物理继电器	PLC 继电器
线圈		
常开触点		
常闭触点		

PLC 梯形图与继电-接触器控制原理图的设计思想一致，它沿用继电-接触器控制电路元件符号，只有少数不同，信号输入、信息处理及输出控制的功能也大体相同。但两者还是有一定的区别：①继电-接触器控制电路由真正的物理继电器等部分组成，而梯形图没有真正的继电器，是由软继电器组成；②继电-接触器控制系统得电工作时，相应的继电器触头会产生物理动断操作，而梯形图中软继电器处于周期循环扫描接通之中；③继电-接触器系统的触点数目有限，而梯形图中的软触点有多个；④继电-接触器系统的功能单一，编程不灵活，而梯形图的设计和编程灵活多变；⑤继电-接触器系统可同步执行多项工作，而 PLC 梯形图只能采用扫描方式由上而下按顺序执行指令并进行相应工作。

尽管梯形图与继电-接触器电路图在结构形式、元件符号及逻辑控制功能等方面类似，但在编程时，梯形图需遵循一定的规则。

① 编写 PLC 梯形图时，应按从上到下、从左到右的顺序放置连接元件。在 CX-Programmer 中，与每个输出线圈相连的全部支路形成 1 个逻辑行即 1 个程序段，每个程序段起于左母线，最后终于输出线圈或右母线，同时还要注意输出线圈与右母线之间不能有任何触点，输出线圈的左边必须有触点，如图 3-2 所示。

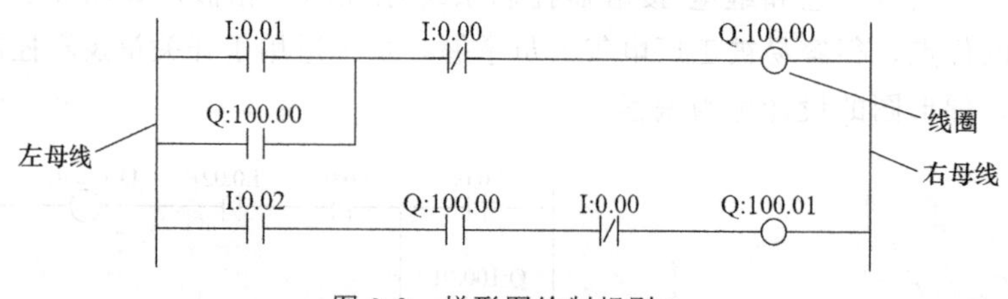

图 3-2　梯形图绘制规则 1

② 梯形图中的触点可以任意串联或并联，但继电器线圈只能并联而不能串联，如图 3-3 所示。

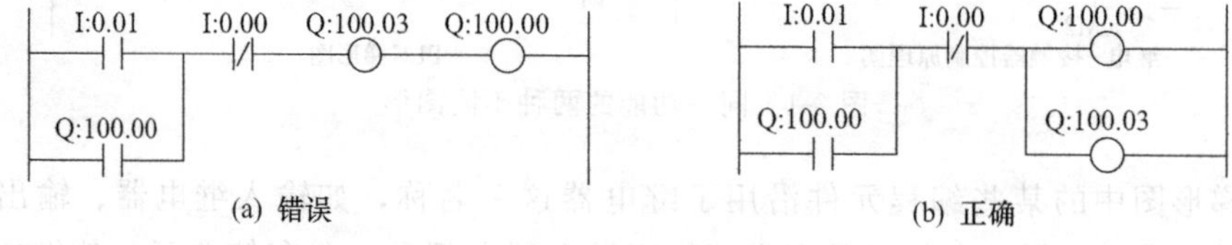

图 3-3　梯形图绘制规则 2

③ 在每个逻辑行中，当几条支路串联时，串联触点多的应尽量放在上面，如图 3-4 所示。

④ 在有几个并联电路相串联时，应将并联触点多的回路放在左方，如图 3-5 所示。这样所编制的程序简洁明了，语句较少。

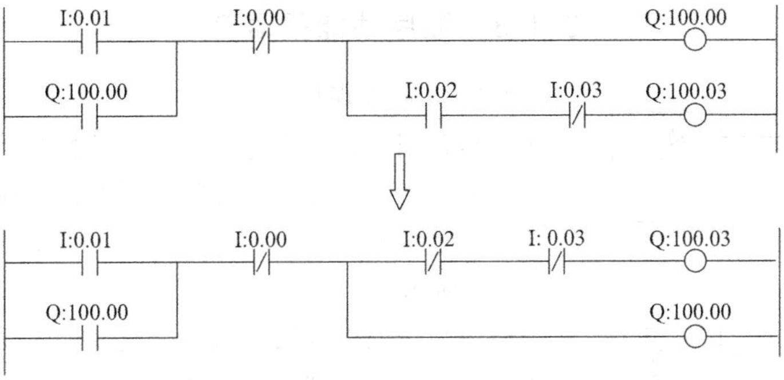

图 3-4 梯形图绘制规则 3

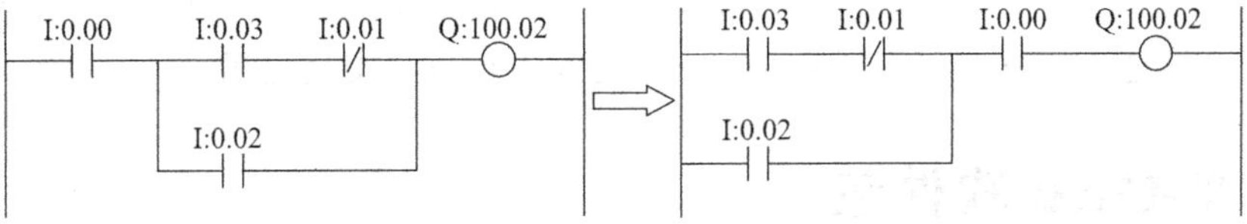

图 3-5 梯形图绘制规则 4

⑤ 对于不可编程梯形图必须通过等效变换，变成可编程梯形图，如图 3-6 所示。

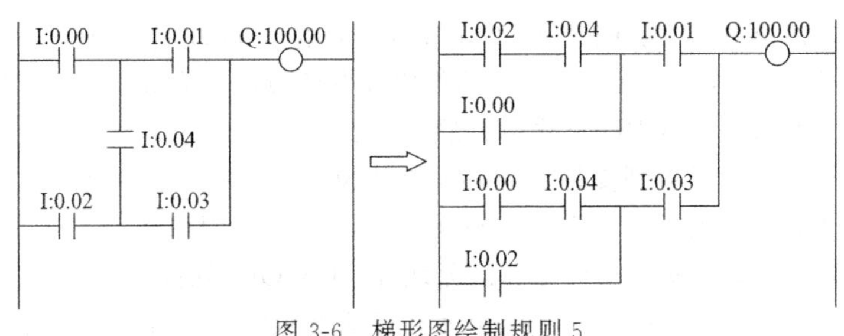

图 3-6 梯形图绘制规则 5

⑥ 触点的使用次数不受限制。

3.1.2 语句表

助记符是指使用容易记忆的字符代表可编程控制器某种操作功能，一条典型指令往往由助记符和操作数或操作数地址组成。语句表 STL（Statement List）又称为助记符语言，它是通过指令助记符来完成控制要求，类似于计算机汇编语言。用户可以根据梯形图，直观地写出助记符语言程序，如图 3-7（b）所示。不同厂家的 PLC 所采用的指令集不同，所以对于同一个梯形图，书写的语句表也不尽相同，但是对于也熟悉其他编程语言的程序员来说，他们一般习惯使用这种编程语言。

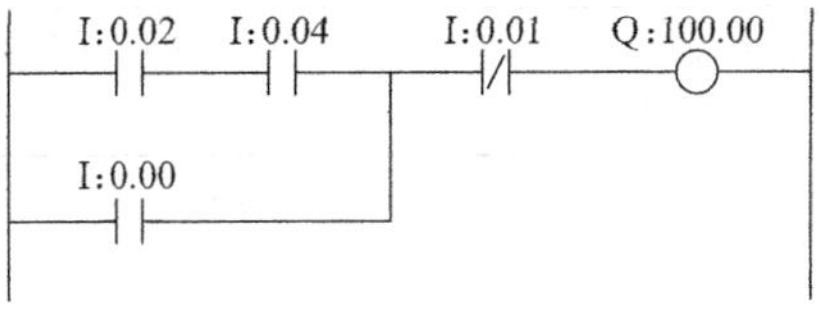

(a) 梯形图

LD	0.02
AND	0.04
OR	0.00
ANDNOT	0.01
OUT	100.00

(b) 助记符

图 3-7 同一功能的两种表达方式

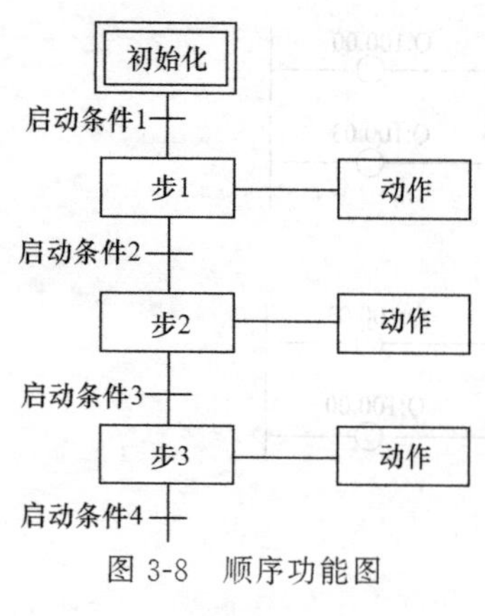

图 3-8　顺序功能图

3.1.3　顺序功能图语言

顺序功能流程图 SFC（Sequential Function Chart）又称状态转移图，它是描述控制系统的控制过程、功能和特性的一种图形，也是设计可编程控制器的顺序控制程序的有力工具。顺序功能图主要由步、动作、启动条件等部分组成，如图 3-8 所示。

顺序功能图编程法可将一个复杂的控制过程分解为一些具体的工作状态，把这些具体的功能分别处理后，再把这具体的状态依一定的顺序控制要求，组合成整体的控制程序，它并不涉及所描述的控制功能的具体技术，是一种通用的技术语言，可以供进一步设计和不同专业的人员之间进行技术交流之用。

3.2　CX-One 软件包

3.2.1　CX-One 软件包介绍

CX-One 集成了欧姆龙的 PLC 和 Components 的支持软件，提供了一个基于 CPS（Component and Network Profile Sheet）的集成开发环境，如表 3-2 所示。以前，对应于不同的 PLC、特殊 I/O 单元或 CPU 总线单元的应用支持软件都需要用户单独购买，并且不得在计算机上单独安装。为了得到支持，也必须单独为每个应用软件注册。现在将这些应用软件都集成在 CX-One 安装包中，只需一次安装、注册即可。用户可以在 I/O 表内设定 CPU Bus 单元和特殊单元，不需要手动设定和区分地址。CX-One 软件的 CPU Bus 单元和特殊单元设定可以在线和实际 PLC 的 CPU Bus 单元和特殊单元设定进行比较，并且将不符合的标出。CX-One 软件可以以图形方式显示网络结构。

表 3-2　包含在 CX-One 中的支持软件

CX-One 中的支持软件		说　明
网络软件	CX-Integrator	创建和设置 FA 网络的应用软件，如 Controller Link，DeviceNet，CompoWay/F 和以太网。路由表和数据链接也能从该软件中启动。DeviceNet 配置功能也被包括了
	CX-Protocol	在 SYSMAC CS/CJ 系列或者 C200H/HG/HE 系列串行通信板/单元/附加板和通用外部设备间创建协议(通信顺序)的应用软件
	CX-Profibus	配置 PROFIBUS 主站的软件
PLC 软件	CX-Programmer	用于 SYSMAC CS/CJ/CP 系列，C 系列和 CVM1/CV 系列 CPU 单元程序创建和调试的应用软件
	CX-Simulator	无需 CPU 单元，在计算机上模拟 SYSMAC CS/CJ/CP 系列 CPU 单元以调试 PLC 程序的应用软件
	SwitchBox Utility	帮助调试 PLC 的应用软件，它有助于监视 I/O 状态，并且可以监视/改变 PLC 中的当前值
HMI 软件	CX-Designer	创建 NS 系列 PT 屏幕数据的应用软件
	CX-FLnet	用于 SYSMAC CS/CJ 系列 FL-net 单元系统设定和监视的应用软件

续表

CX-One 中的支持软件		说　明
运动和驱动软件	CX-Position	为 SYSMAC CS/CJ 系列位置控制单元创建和监视数据的应用软件
	CX-Motion-NCF	为 SYSMAC CS/CJ 系列支持 MECHATROLINK-Ⅱ通信的位置控制单元监视和设定参数的应用软件
	CX-Motion-MCH	为 SYSMAC CS/CJ 系列支持 MECHATROLINK-Ⅱ通信的 MCH 单元监视和设定参数的应用软件
	CX-Motion	为 SYSMAC CS/CJ 系列，C200HX/HG/HE 和 CVM1/CV 系列运动控制单元创建数据，并且创建和监视运动控制程序的应用软件
	CX-Drive	为变频器和伺服设定和控制数据的应用软件
过程控制	CX-Process Tool	为 SYSMAC CS/CJ 系列回路控制器(回路控制板、过程 CPU 单元和回路 CPU 单元)创建和调试功能块程序的应用软件
	Face Plate Auto-Builder for NS	为 CX-Process Tool 创建的功能块程序中的 tag 信息自动转换为 NS 系列触摸屏数据的项目文件的应用软件
	CX-Thermo	在器件中，如温度控制器设定和控制参数的应用软件

3.2.2 CX-One 软件包的安装

(1) 安装要求

安装 CX-One 软件包时，计算机的最低性能要求如表 3-3 所示。

表 3-3　安装程序包的最低性能要求

项目	要　求		
操作系统(OS)	Microsoft Windows 2003	Microsoft Windows XP	Microsoft Windows 7
主频	2.4GHz	600MHz	2.4GHz
内存	1GB	512MB	1GB
硬盘	1.8GB		
显示	SVGA(800×600)或更高的分辨率，至少 256 色		
驱动器	CD/DVD-ROM 驱动器		
通信口	最少 1 个 RS-232C 通信口(COM)		

(2) 安装过程

双击 CX-One 软件包中的 Setup 安装文件，弹出如图 3-9 所示的安装对话框。在此对话框中列出了意大利语、西班牙语、德语、法语、英语、简体中文、日语等安装语言。在此，选择“简体中文”作为安装过程中使用的语言。

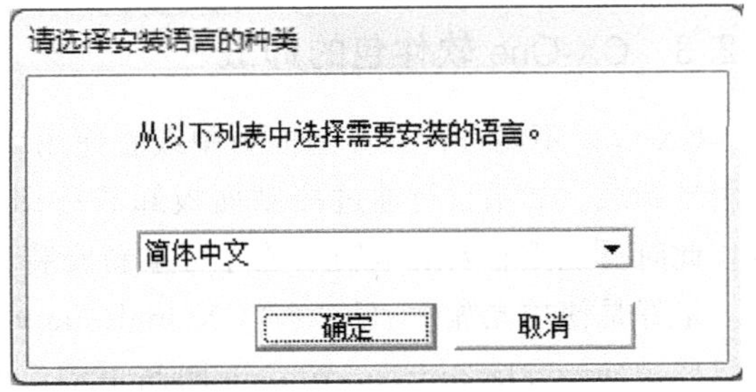

图 3-9　选择安装语言

选择了安装语言，并点击“确定”按钮后，弹出如图 3-10 所示安装启动屏，开始正式安装 CX-One。CX-One 软件包的安装方法与大多数软件相同，在安装过程中，用户需要接受许可证协议，输入 CX-One 软件包的安装序列号，选择在 CX-Programmer 中梯形图的编程方式（如图 3-11 所示）。

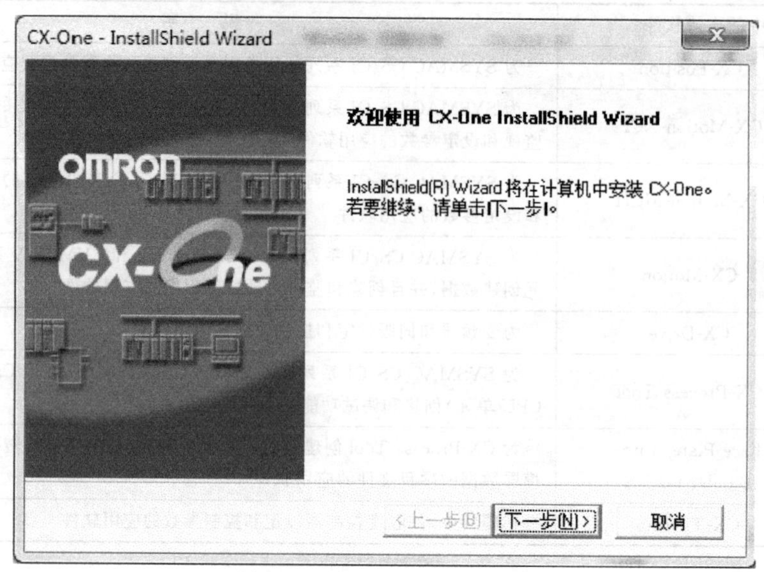

图 3-10　CX-One 安装启动屏

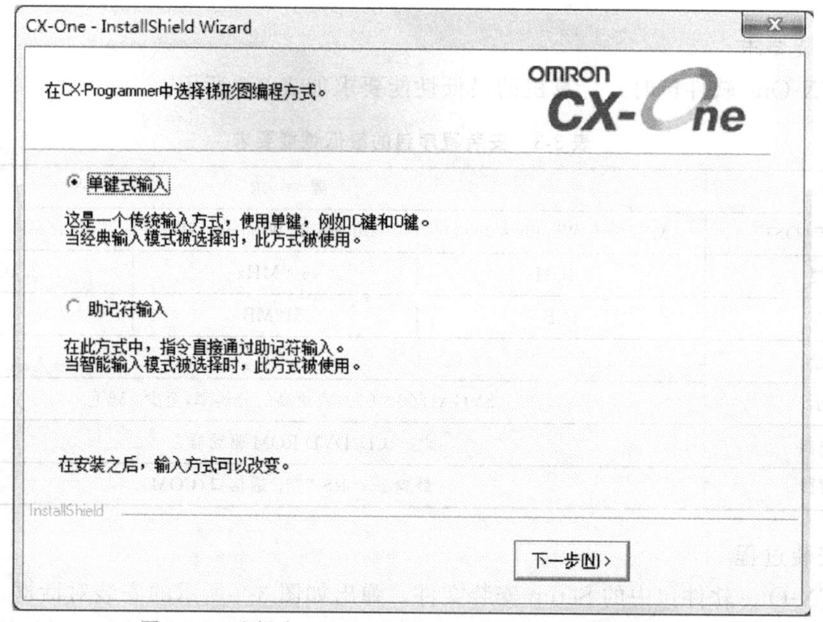

图 3-11　选择在 CX-Programmer 中梯形图的编程方式

3.2.3　CX-One 软件包的卸载

CX-One 不能自行在控制面板中或者使用第三方软件手动卸载，需要使用专用的卸载软件引导卸载。如果自行通过控制面板卸载后即使再使用这个引导软件也会造成无法再次安装，此时只能重新安装电脑系统才可重新安装 CX-One。

最好是使用光盘中\Utility\CXOneRemover 中的文件。如果没有找到该文件，用户也可以登录 www. fa. omron. com. cn 网站下载卸载专用软件，解压释放后直接双击 CXORemover 执行卸载，卸载后需要重启电脑生效。

3.3 CX-Programmer 编程软件的使用

CX-Programmer 是针对欧姆龙 PLC 的 32 位 Windows 程序支持工具，它是一款可以很容易对欧姆龙 PLC 进行创建、监控和在线编辑程序的软件。该软件目前已经被绑定在 CX-One 软件包中，从早期的 PLC 编程设备进一步发展了，现在支持 PLC、特殊 I/O 单元以及 CPU 总线单元的参数设定。

3.3.1 CX-Programmer 的窗口组件

（1）CX-Programmer 的窗口界面

执行命令“开始”→“所有程序”→“欧姆龙”→“CX-One”→“CX-Programmer”→“CX-Programmer”，即可启动 CX-Programmer。启动 CX-Programmer 编程软件，进入如图 3-12 所示的 CX-Programmer 编程窗口界面。

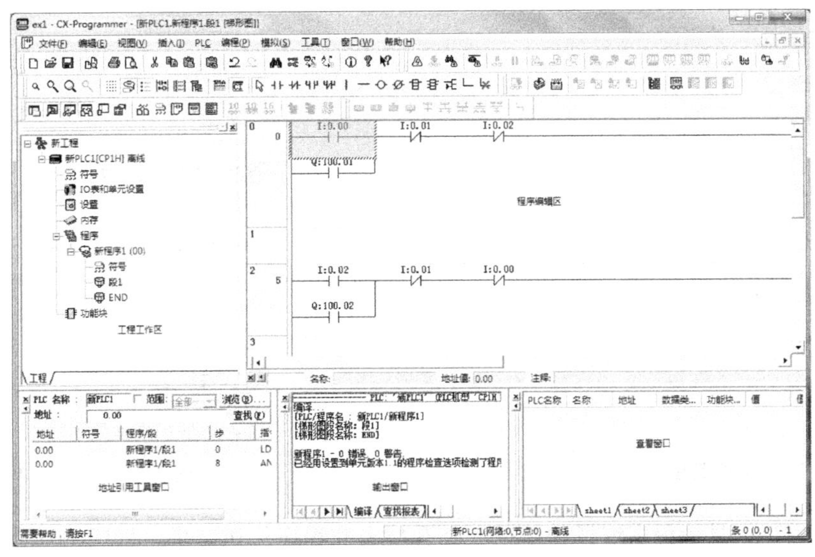

图 3-12 CX-Programmer 编程窗口界面

CX-Programmer 的编程窗口界面主要由标题栏、菜单栏、工具条、工程工作区、程序编辑区、地址引用工具窗口、输出窗口、状态栏等部分组成。

① 标题栏 显示打开的工程文件名称、编程软件名称和其他信息。

② 菜单栏 显示供用户使用的主菜单，包括文件、编辑、视图、插入、PLC、编程、模拟、工具、窗口和帮助等主菜单。

③ 工具条 显示供用户使用的常用命令或工具的快捷按钮，通过鼠标单击，就可完成相应的工作。

④ 工程工作区 位于窗口的左侧，以树形结构显示符号、IO 表和单元设置、设置、内存、程序及功能块等信息。

⑤ 程序编辑区 用户可以用指令表、梯形图等方式编制程序。

⑥ 地址引用工具窗口 用于显示符号或地址在 PLC 中的位置。

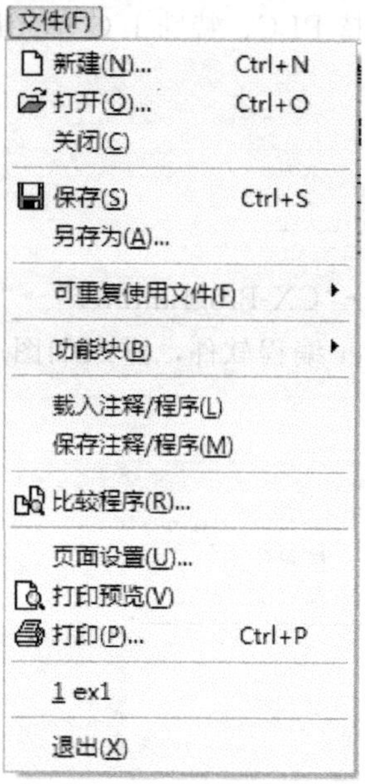

文件(F)
新建(N)... Ctrl+N
打开(O)... Ctrl+O
关闭(C)
保存(S) Ctrl+S
另存为(A)...
可重复使用文件(F)
功能块(B)
载入注释/程序(L)
保存注释/程序(M)
比较程序(R)...
页面设置(U)...
打印预览(V)
打印(P)... Ctrl+P
1 ex1
退出(X)

图 3-13　文件菜单

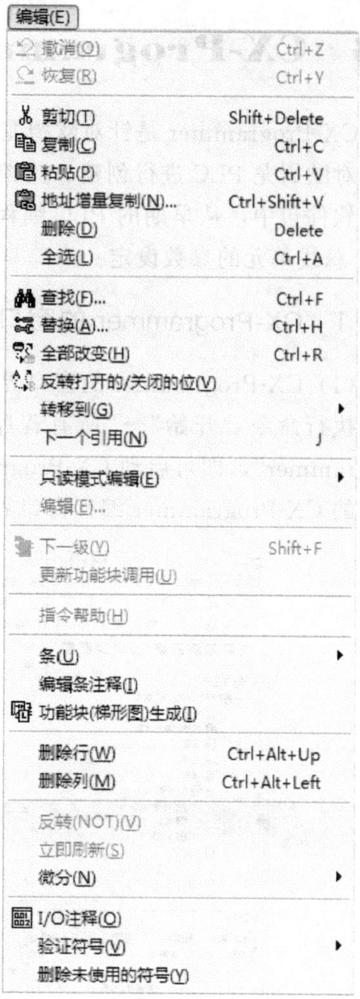

编辑(E)
撤消(O) Ctrl+Z
恢复(R) Ctrl+Y
剪切(T) Shift+Delete
复制(C) Ctrl+C
粘贴(P) Ctrl+V
地址增量复制(N)... Ctrl+Shift+V
删除(D) Delete
全选(L) Ctrl+A
查找(F)... Ctrl+F
替换(A)... Ctrl+H
全部改变(H) Ctrl+R
反转打开的/关闭的位(V)
转移到(G)
下一个引用(N) J
只读模式编辑(E)
编辑(E)...
下一级(Y) Shift+F
更新功能块调用(U)
指令帮助(H)
条(U)
编辑条注释(I)
功能块(梯形图)生成(I)
删除行(W) Ctrl+Alt+Up
删除列(M) Ctrl+Alt+Left
反转(NOT)(V)
立即刷新(S)
微分(N)
I/O注释(O)
验证符号(V)
删除未使用的符号(Y)

图 3-14　编辑菜单

⑦ 输出窗口　显示程序编译的结果、查看报表和程序传送结果。程序编辑完成后，执行菜单命令“PLC”→“编译所有的 PLC 程序”，就会在输出窗口的“编译”选项卡显示相应的编译信息，比如是否有错，有几条错误，错误所有的行、列；如果没有错，显示“0 个错误”。

⑧ 查看窗口　在线状态下监视梯形图中某继电器的数值变化。

⑨ 状态栏　又名任务栏，位于窗口的底部，它提供了在 CX-Programmer 中操作时的操作状态信息，比如 PLC 在线/离线状态、PLC 工作模式、连接的 PLC 类型、PLC 循环扫描时间、光标在窗口中的位置等。

(2) CX-Programmer 的菜单栏

CX-Programmer 的菜单栏有 10 个主菜单：文件（F）、编辑（E）、视图（V）、插入（I）、PLC、编程（P）、模拟（S）、工具（T）、窗口（W）、帮助（H），这些菜单允许使用鼠标或对应热键进行操作，各菜单的功能如下。

文件（F）栏如图 3-13 所示，其热键为 Alt+F。它提供的操作有：新建、打开、关闭、保存、另存为、可重复使用文件、功能块、载入注释/程序、保存注释/程序、比较程序、页面设置、打印预览、打印、最近使用文件、退出。

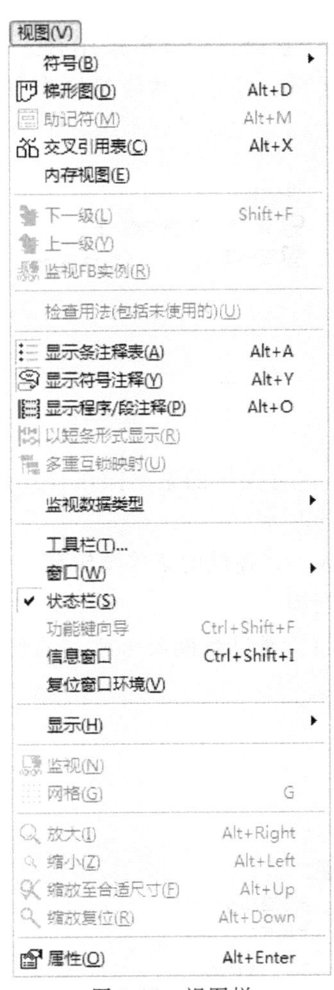

图 3-15 视图栏

图 3-16 插入栏

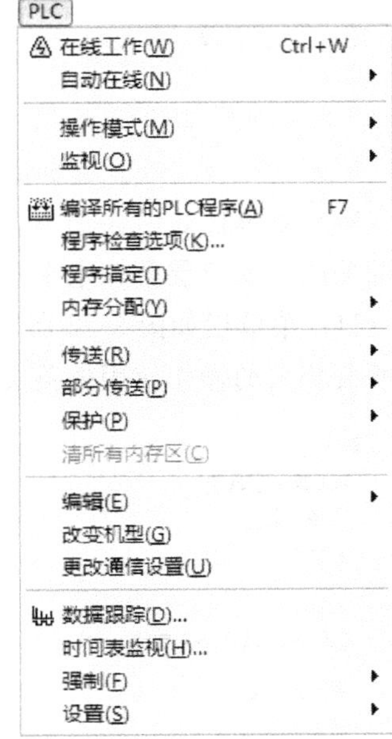

图 3-17 PLC 栏

编辑（E）菜单如图 3-14 所示，其热键为 Alt+E。它提供程序的编辑工具，其操作有：撤消、恢复、剪切、复制、粘贴、地址增量复制、删除、全选、查找、全部改变、反转打开的/关闭的位、转移到、下一个引用、只读模式编辑、编辑、下一级、更新功能块调用、指令帮助、条、编辑条注释、功能块（梯形图）生成、删除行、删除列、反转（NOT）、立即刷新、微分、I/O 注释、验证符号、删除未使用的符号。

视图（V）菜单栏如图 3-15 所示，其热键为 Alt+V。它提供的菜单操作有：助记符指令表，梯形图编程界面选择，工具栏设置，输出窗口、查看窗口、地址引用工具窗口等窗口显示、关闭，状态栏显示、关闭，网格显示、关闭，编辑窗口的放大、缩小，元素属性设置等。

插入（I）菜单栏如图 3-16 所示，其热键为 Alt+I。它提供的菜单操作有：插入指令条、指令行、指令列，插入常开、常闭触点，插入并联常开触点、并联常闭触点，插入水平、垂直线段，插入线圈、功能指令、功能块等。

PLC 菜单栏如图 3-17 所示，其热键为 Alt+C。它提供的菜单操作有：PLC 在线、离线操作，PLC 工作模式设置、PLC 监视设置、PLC 程序传送设置、PLC 保密设置、PLC 参数设置、PLC 数据跟踪、PLC 位元件强制等。

编程（P）菜单栏如图 3-18 所示，其热键为 Alt＋P。它提供的菜单操作有：程序编译、在线编辑、程序段/条管理等。

模拟（S）菜单栏如图 3-19 所示，其热键为 Alt＋S。它提供的菜单操作有：完成在线模拟、退出模拟，PLC 错误模拟，断点设置、清除，运行、停止、暂停等操作方式设置，单步运行调试等。

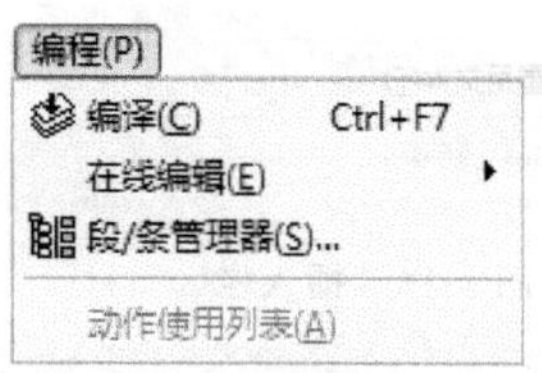

图 3-18　编程栏

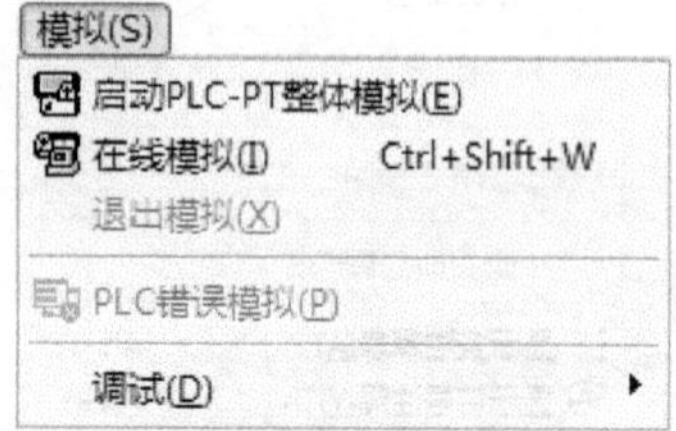

图 3-19　模拟栏

工具（T）菜单栏如图 3-20 所示，其热键为 Alt＋T。它提供的菜单操作有：快捷键设置、程序、PLC、符号、外观、梯形图信息，通用选项设置等。

窗口（W）菜单栏如图 3-21 所示，其热键为 Alt＋W。它提供的菜单操作有：完成新建窗口、全部关闭、窗口层叠、水平平铺、排列图标、分割等。

帮助（H）菜单栏如图 3-22 所示，其热键为 Alt＋H。通过帮助菜单栏上的帮助内容，可以查阅所有相关的操作使用的英文帮助信息。

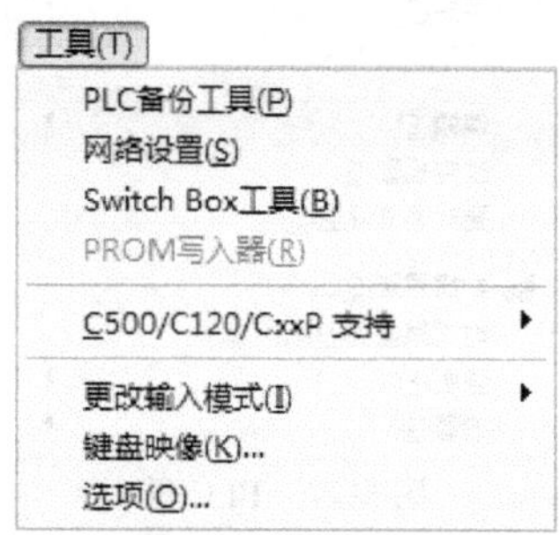

图 3-20　工具栏

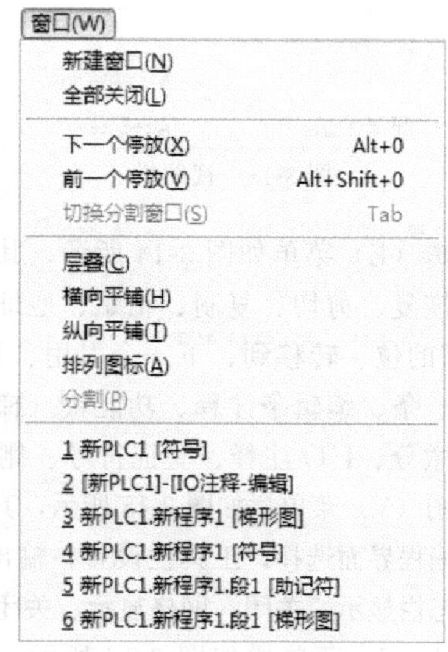

图 3-21　窗口栏

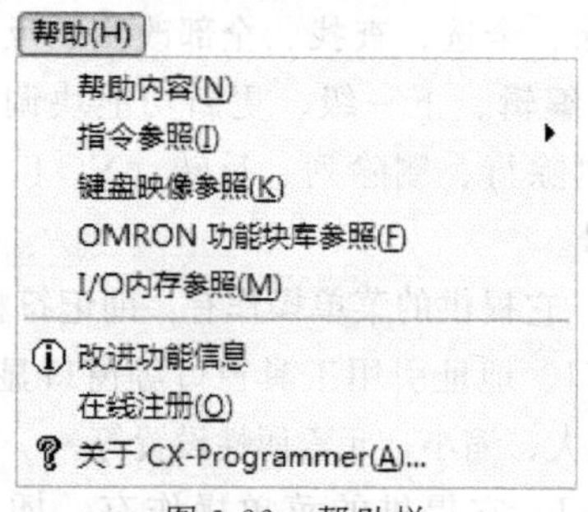

图 3-22　帮助栏

（3）CX-Programmer 的工具条

工具条为最常用的 CX-Programmer 操作提供了便利的鼠标操作访问，常用工具条分为标准工具条、PLC 工具条、梯形图工具条、程序工具条、查看工具条、SFC 工具条。用户可以用“视图”菜单栏中的“工具栏”选项来显示或隐藏这些常用工具条。

标准工具条如图 3-23 所示，它包括新建、打开、保存、打印预览、打印、剪切、复制、粘贴、撤消、恢复、查找、替换等工具按钮。

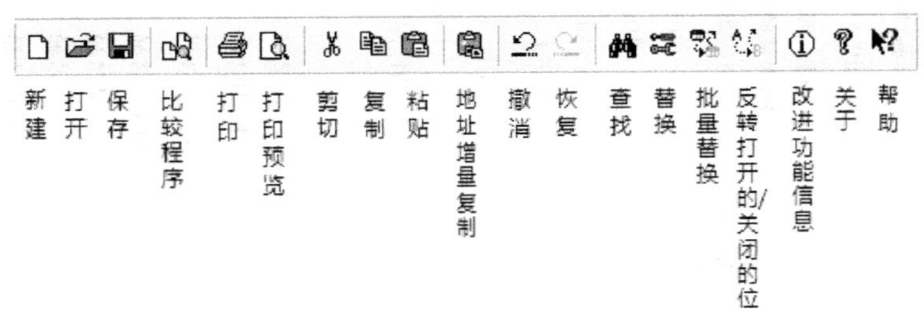

图 3-23 标准工具条

PLC 工具条如图 3-24 所示，它包括在线工作、PLC 监控、传送到 PLC、从 PLC 上传，程序比较、编程模式、监视模式、调试模式、运行模式、数据跟踪、设置密码等工具按钮。

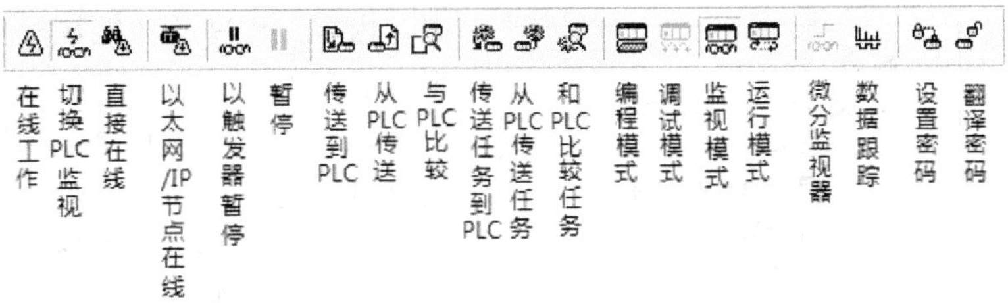

在线工作 切换PLC监视 直接在线 以太网/IP节点在线 以触发器暂停 暂停 传送到PLC 从PLC传送 与PLC比较 传送任务到PLC 从PLC传送任务 和PLC比较任务 编程模式 调试模式 监视模式 运行模式 微分监视器 数据跟踪 设置密码 翻译密码

图 3-24 PLC 工具条

梯形图工具条如图 3-25 所示，它包括放大、缩小、缩放到适当大小、切换网格、显示注释、选择模式、新接点、新常闭接点、新触点或、新闭合触点或、新线圈、新的纵线、新的横线、新的 PLC 指令等工具按钮。

图 3-25 梯形图工具条

程序工具条如图 3-26 所示，它包括切换窗口监视、编译程序、开始在线编辑、段/条管理器、只读模式、开始编辑等工具按钮。

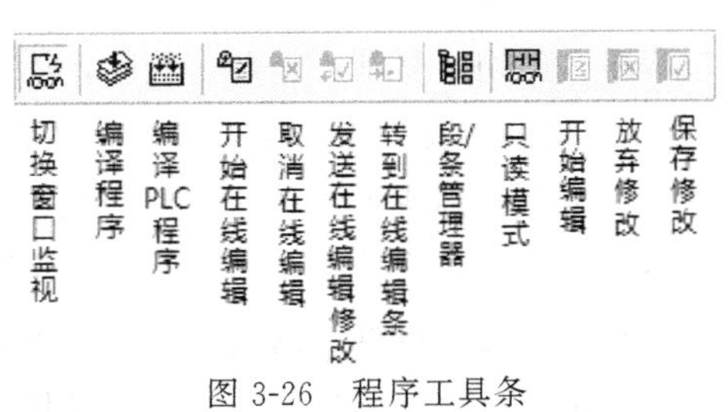

图 3-26 程序工具条

查看工具条如图 3-27 所示，它包括切换工程工作区、切换输出窗口、切换查看窗口、显示地址引用工具、切换功能块实例查看器、交叉引用表、查看梯形图、查看记忆（助记符程序）、I/O 注释、十进制、以十六进制监视等工具按钮。

SFC 工具条如图 3-28 所示，它包括增加步、增加转换、增加分歧、增加合流、增加连接器等工具按钮。

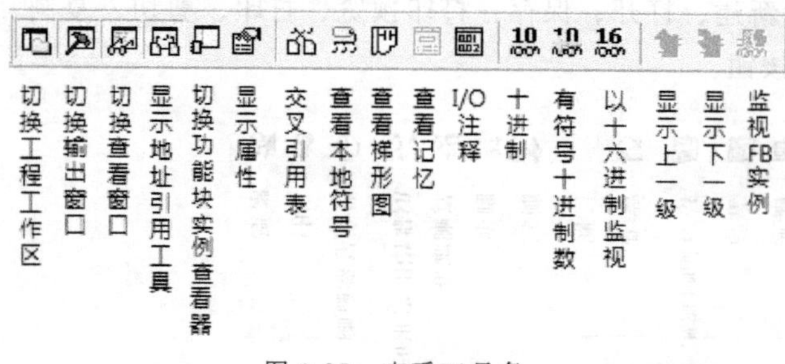

图 3-27　查看工具条

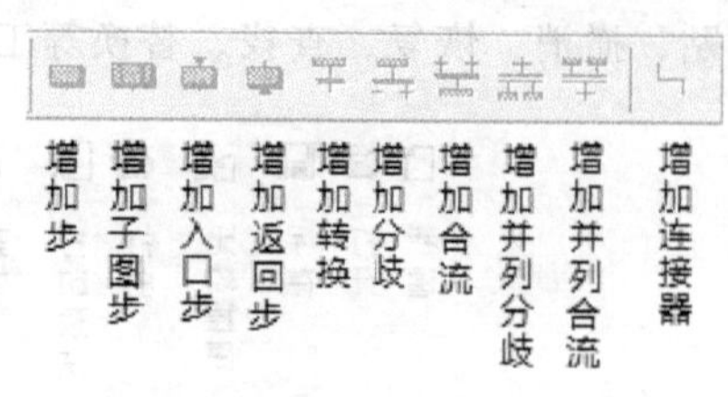

图 3-28　SFC 工具条

(4) CX-Programmer 的工程工作区

在默认情况下，CX-Programmer 工程工作区位于 CX-Programmer 的左侧。如果双击该区的边框即可以窗口方式显示，如图 3-29 所示。在工程工作区，工程中的项目以树形分层的结构显示符号、IO 表和单元设置、设置、内存、程序及功能块等信息。采用树形分层结构，用户可以点击某条目下的“－”，可以压缩该目录下的所有条目，而后该目录前显示一个“＋”号；点击某条目下的“＋”可以扩展该目录下的所有条目，使该目录下的所有条目显示出来，而后该目录前显示一个“－”号。

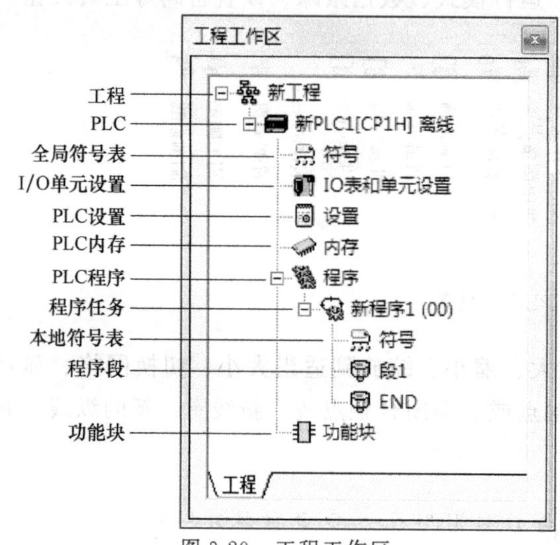

图 3-29　工程工作区

工程工作区下的每个项目都有图标相对应，对工程中的某一项目操作时，如果右击该项目图标，将弹出相应的快捷菜单，选择相应的命令。双击某个项目，可以直接打开该项目对应的窗口。

① 工程　在项目“工程”中可以进行的操作有：插入 PLC、粘贴、重命名、属性等。用户通过点击“新工程”图标在弹出的快捷菜单中选择相应的命令，进行相关操作。

② PLC　在项目“PLC”中可以进行的操作有：修改、插入程序，在线工作、在线模拟，改变 PLC 操作模式、监视，自动分配、编译所有的 PLC 程序，下载程序、上传程序、比较程序，剪切、复制、粘贴、删除，属性等。

③ 全局符号表　在编程时为了方便引用，可以把一个符号名或者注释分配给一个 PLC 地址。一个有名称或者注释的地址叫做符号。

传统上，PLC 程序员在其程序中使用数值和符号作为操作数。如果没有进一步的文档说明，程序将会变得难以阅读和维护，因为地址没有明显的意义。如果使用符号编程，并且这些符号是具有地址或数值的变量，这样可以增强程序的可读性和可维护性。

符号是用来表示地址、数据的标识符。一个 PLC 下的所有程序都可以使用的符号称为全局符号，为某个程序任务而单独设置的专用符号称为本地符号，即全局符号在所有程序中都有效，而本地符号只在局部范围有效。除了地址和数值，符号还具有如表 3-4 所示的数据类型。

表 3-4 符号的数据类型

符号名称	长度	符号	格式	备 注
BOOL	1 位	—	二进制	逻辑二进制地址位（bit），用于触点和线圈
CHANNEL	1 个或者多个字	—	任何	非位的地址（例如，一个不带符号或者带符号的单字或者更长的值）。这种数据类型被用作向后兼容。如果给非位地址一个注释，那么结果符号就被赋予一个'CHANNEL'类型
INT	1 个字	有	二进制	整数的地址
DINT	2 个字	有	二进制	双字整型的地址
LINT	4 个字	有	二进制	长整数的地址
NUMBER	—	有	十进制	字面上的数值，不是一个地址。 'NUMBER'类型的符号通常可以被用作带有'#'，'&'，'+'或者'－'前缀的数字操作数，也可以将其用在 BCD 或者二进制指令中。对于 BCD 用法，其值被处理为类似十六进制输入（例如，使用数'1234'具有在操作数中使用'#1234'相同的效果），也可以输入浮点值（例如'3.1416'），还可以输入工程格式的数（例如'－1.1e4'）。缺省使用十进制，可以使用前缀'#'来表明其是一个十六进制
REAL	2 个字	有	IEEE	浮点数的地址，其使用 32 位 IEEE 格式。对于特殊的欧姆龙浮点格式（FDIV 指令），使用 UDINT_BCD 数据类型
UDINT	2 个字	无	二进制	双字整型的地址
UDINT_BCD	2 个字	无	BCD	无符号双字 BCD 整数的地址
UINT	1 个字	无	二进制	无符号整数的地址
UINT_BCD	1 个字	无	BCD	无符号 BCD 整数的地址
ULINT	4 个字	无	二进制	无符号长整数的地址
ULINT_BCD	4 个字	无	BCD	无符号长 BCD 整数的地址

符号表是一个可以编辑的符号定义列表，包括名称、数据类型、地址/值、机架位置、使用和注释，如图 3-30 所示。

每一个 PLC 下有一个全局符号表，工程添加一个新 PLC 时，CX-Programmer 编程软件根据 PLC 的型号，自动添加一些预先定义好的与该型号有关的符号。PLC 内的每一个程序都有一个本地符号表，其包含只在这个程序中要用到的符号。本地符号表初始时是空的。

在符号表中，每一个符号名称在其表内必须是唯一的。但是，允许在全局符号表和本地符号表里面出现同样的符号名称，在这种情况下，本地符号优先于同样名称的全局符号。

在符号表中，可以对符号进行插入、剪切、复制、粘贴、删除和重新命名等编辑操作。

符号显示可选择大图标、小图标、列表和详细内容四种方式。对选中的符号通过鼠标右键点击，弹出符号操作快捷菜单，在菜单选择大图标、小图标、列表和详细内容中对应操作的命令，实现相关的显示。

④ IO 单元设置　CJ1、CS1 系列模块式的 PLC，使用之前要进行 IO 表的设置。双击

名称	数据类型	地址/值	机架位置	使用	注释
P_0_02s	BOOL	CF103		工作	0.02秒时钟脉冲位
P_0_1s	BOOL	CF100		工作	0.1秒时钟脉冲位
P_0_2s	BOOL	CF101		工作	0.2秒时钟脉冲位
P_1s	BOOL	CF102		工作	1.0秒时钟脉冲位
P_1分钟	BOOL	CF104		工作	1分钟时钟脉冲位
P_CIO	WORD	A450		工作	CIO区参数
P_DM	WORD	A460		工作	DM区参数
P_EM0	WORD	A461		工作	EM0区参数
P_EM1	WORD	A462		工作	EM1区参数
P_EM2	WORD	A463		工作	EM2区参数
P_EM3	WORD	A464		工作	EM3区参数
P_EM4	WORD	A465		工作	EM4区参数
P_EM5	WORD	A466		工作	EM5区参数
P_EM6	WORD	A467		工作	EM6区参数
P_EM7	WORD	A468		工作	EM7区参数
P_EM8	WORD	A469		工作	EM8区参数
P_EM9	WORD	A470		工作	EM9区参数
P_EMA	WORD	A471		工作	EMA区参数
P_EMB	WORD	A472		工作	EMB区参数
P_EMC	WORD	A473		工作	EMC区参数
P_HR	WORD	A452		工作	HR区参数
P_IO_Verify_Error	BOOL	A402.09		工作	I/O确认错误标志
P_WR	WORD	A451		工作	WR区参数
P_NE	BOOL	CF001		工作	不等于标志(NE)
P_步	BOOL	A200.12		工作	步标志
P_Off	BOOL	CF114		工作	常断标志
P_On	BOOL	CF113		工作	常通标志
P_GT	BOOL	CF005		工作	大于(GT)标志

图 3-30 全局符号表

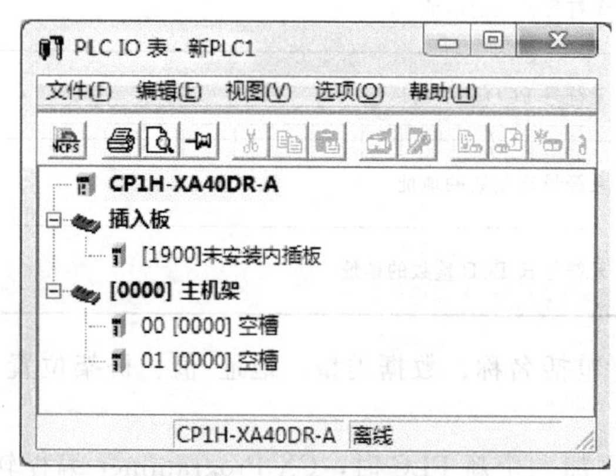

图 3-31 PLC IO 表窗口

工程工作区的“IO 表和单元设置”图标，将弹出如图 3-31 所示的窗口。

⑤ PLC 设置 各种型号的 PLC 都开辟了系统设定区，用来设置各种系统参数。双击工程工作区的“PLC 设置”图标，将弹出如图 3-32 所示的对话框。

对于 CP1H 机型，PLC 设置对话框包括启动、设置、时序、输入常数、串口 1、串口 2、外部服务、内置输入设置、脉冲输出、内建 AD/DA 等 15 个选项卡，对 CP1H 的各种参数进行设置。

⑥ PLC 内存 通过工程工作区的“PLC 内存”可以查看、编辑和监视 PLC 的内存区，监视 PLC 的地址和数据、强制位的地址及其扫描和处理强制状态的信息。

双击工程工作区的“PLC 内存”图标，将弹出如图 3-33 所示的窗口。在该窗口的左下部有两个选项卡，分别是“内存”和“地址”(图中这两项以日文显示)。

单击“内存”选项卡，出现内存选项卡窗口，可以完成以下操作。

a. 数据的编辑。向 PLC 允许的读/写操作内存区输入和修改数据。输入的数据可选择的格式有二进制、BCD、十进制、有符号十进制、浮点数、十六进制数据。

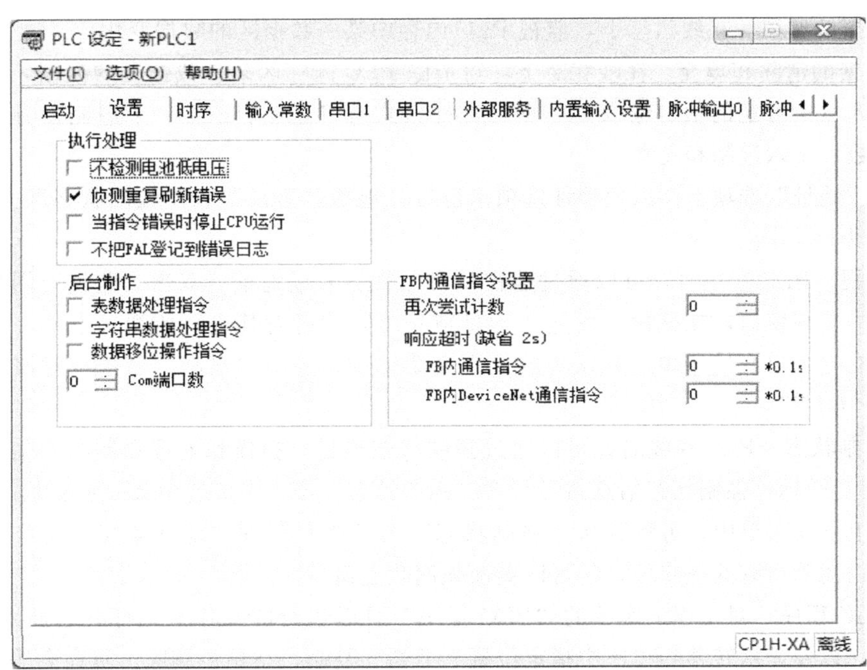

图 3-32 PLC 设置对话框

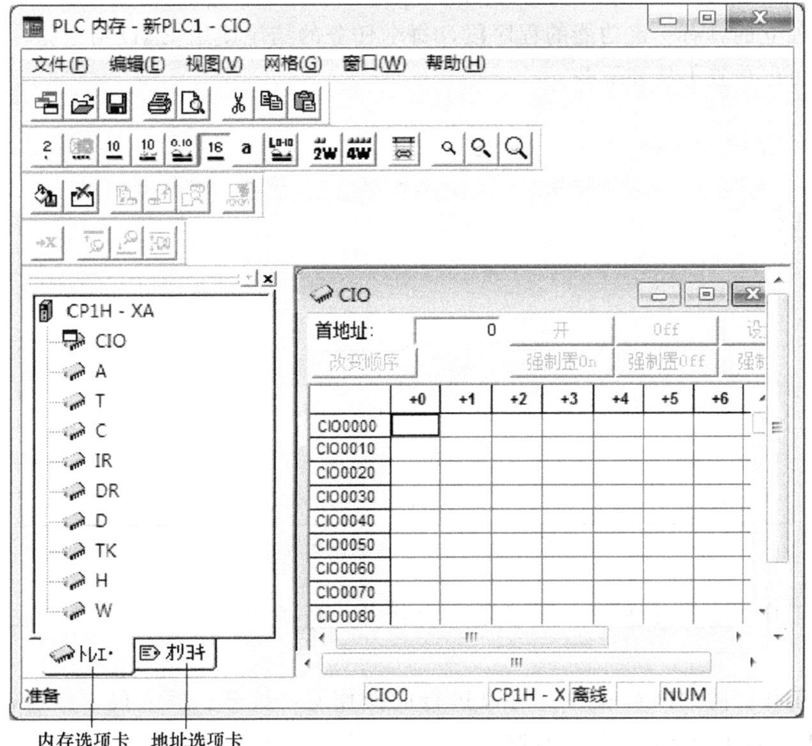

图 3-33 PLC 内存窗口

b. 数据的传送和比较。数据的传送包括数据下载和上传。下载是将计算机已编辑的PLC内存区数据下载到PLC；上传是将PLC内存区的数据上传到计算机；比较是将计算机数据与PLC内存区比较。这三种操作的条件是必须在PLC在线状态下进行。

c. 数据的监视。在线状态下，监视 PLC 内存中某一数据区的数据变化。

d. 数据的清除和填充。在线状态下，可清除 PLC 内存区某一数据区的数据，或向某一数据区添入一个特定的值。输入的数据可选择格式有二进制、BCD、十进制、有符号十进制、浮点数、十六进制和文本。

单击“地址”选项卡，出现地址选项卡窗口，包括“监视”和“强制状态”两个项目，可以完成以下操作。

a. 监视。PLC 在线时，可以通过监视项目监视符号或地址。双击“监视”图标，弹出地址、符号监视窗口，在该窗口中输入地址或符号，即可对其进行监视。当某一位被监视时，点击右键弹出快捷菜单，从该位的上下文菜单中，选中“强制”命令可对该位强制为“ON”或“OFF”。

b. 强制状态。PLC 在线时，可以通过强制状态项目，扫描和处理强制状态信息。双击“强制状态”图标，强制状态信息将显示在“强制状态”窗口中。选中某一强制状态位地址，从该位的上下文菜单中，可将其从“强制状态”窗口中复制到“地址监视”窗口中进行监视，也可以清除所有的强制位，还可以更新强制状态窗口。

⑦ PLC 程序　对工程工作区的“PLC 程序”可以进行的操作有：打开、插入程序段、编译程序，以及显示转移到程序中指定位置、剪切、复制、粘贴、删除、重命名等。

⑧ 程序任务　欧姆龙生产的 CJ1、CS1、CP1 系列的 PLC，在程序上采用单元化结构，将程序按功能、控制对象、工序等进行划分，分割成独立的“任务”作为最小执行单位。任务就是一段独立的具有一定功能的程序段，每个任务的结尾使用 END 结束指令。任务之间是独立的，可以单独上传和下载。

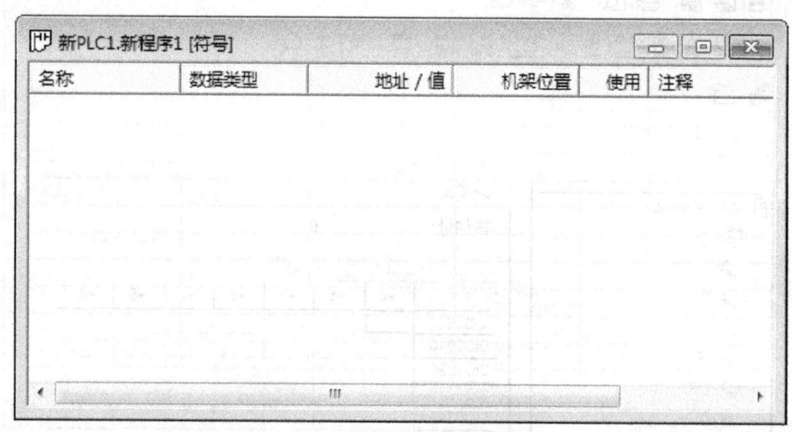

图 3-34　本地符号表编辑窗口

在工程工作区，“新程序 1”就是一个任务。任务由本地符号、段组成。最后一段是 END。

对工程工作区的“PLC 程序”可以进行的操作有：打开、插入段、编译，部分传送，转移到条/步、到注释条，剪切、复制、粘贴、删除、重命名、属性设置等。

⑨ 本地符号表　在任务中使用的符号表是本地符号表。在工程工作区中，双击新程序任务下面的“符号”图标，将弹出如图 3-34 所示的本地符号表编辑窗口。该窗口包括名称、数据类型、地址/值、机架位置、使用、注释这几项，在这几项中任意右击鼠标，将弹出相应的菜单。在弹出的菜单中选择相应的命令，可进行编辑、插入符号、剪切、复制、粘贴、

删除等操作。

⑩ 程序段　为了便于对大型程序的管理，可以将一个程序分成一些有定义、名称的程序段。在工程工作区中，选中“新程序 1”并右击鼠标，将弹出相应的菜单。在弹出的菜单中选择“插入段”，在程序名称下面便显示了一个程序所包含的段的列表。

一个程序段可以分成多个段，如段 1、段 2 等，PLC 按照顺序来搜索各段。程序中的段可以重新排序或重新命名。最后的段必须包含“END”指令。

在特定的程序中，可以使用段来储存经常使用的算法，这样可以将段作为一个库，能够将其拷贝到另一个程序里面去。

对程序段进行的操作有：打开梯形图、打开助记符、将显示转移到程序中指定的位置、剪切、复制、粘贴、删除、上移、下移、重命名等。程序段也可以进行拖放操作，通过鼠标拖放功能重新排序，也可以将当前程序的段拖到另一个程序。

CX-Programmer 允许在线状态下上传一个单独的段。程序段不能单独被下载，要下载一个程序段，要先将这个段复制到一个完整的程序中去。

⑪ 功能块　欧姆龙的 CJ1、CS1、CP1H、CP1L 系列的 PLC 可以使用功能块编程。功能块可以从欧姆龙的标准功能库文件或其他的库文件中调入，用户也可以使用梯形图或结构文本自己编辑功能块。

(5) CX-Programmer 的梯形图程序编辑窗口

双击工程工作区的新程序下的“段 1”图标，或者选中“段 1”后执行菜单命令“视图”→“梯形图”，在程序编辑区将显示梯形图程序编辑窗口，如图 3-35 所示。

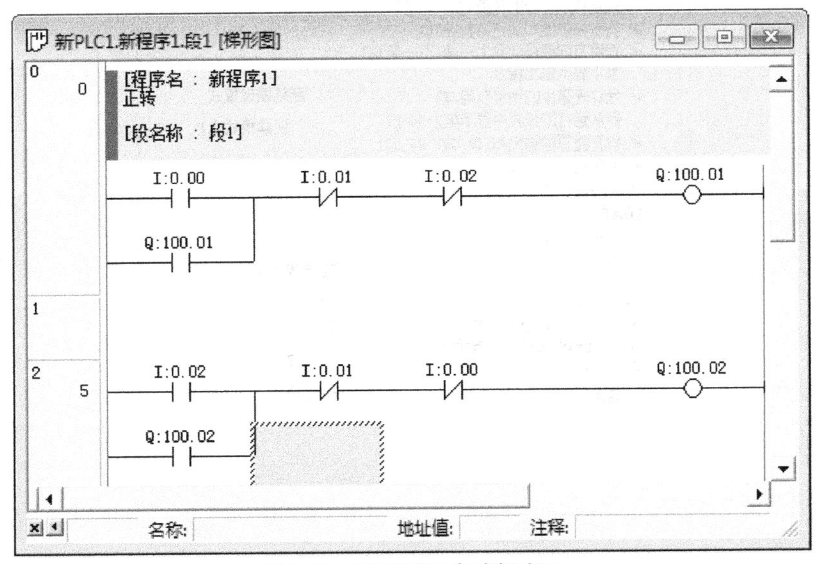

图 3-35　梯形图程序编辑窗口

① 梯形图显示特点

a. 母线。在默认情况下，梯形图有左、右两条母线。每个逻辑行从左母线开始，结束于右母线。左母线始终存在，右母线显示与否可由用户通过设置而决定。

b. 梯级（条）。梯形图的一个单元，包括多个逻辑行、列，所有的梯级均有相应编号。

c. 梯级编号。梯形图左母线左侧的部分，其中左列数字表示梯级（条）编号，右列数字表示该梯级的首步序号。

d. 光标。光标显示当前编辑的梯级的位置，光标的位置信息随时在状态栏显示。

e. 网格。网格用来显示各个梯形图元素连接处的点。点击工具图标⠿，或者执行菜单命令“视图”→“网格”，即可显示或隐蔽网格。

f. 自动错误检查。默认情况下，编程时，如果在当前编辑梯级的左母线显示一条粗线，并且粗线显示高亮度红色时，表示编辑的程序未输入完整或者有错误；粗线显示高亮度绿色表示输入程序正确。

g. 选中元素。单击梯级中的一个或多个元素时，这些被选中的元素将以高亮度显示，此时可以按住鼠标左键对其拖曳。

② 梯形图显示设置　在 CX-Programmer 中执行菜单命令“工具”→“选项”，将弹出选项对话框。此对话框有 7 个选项卡：程序、PLC、符号、外观、梯形图信息、通用、SFC。用户可以分别对这 7 个选项卡中的某些选项进行设置。

a. “程序”选项卡的设置。“程序”选项卡的设置如图 3-36 所示，用户可以按以下方式进行相应设置。

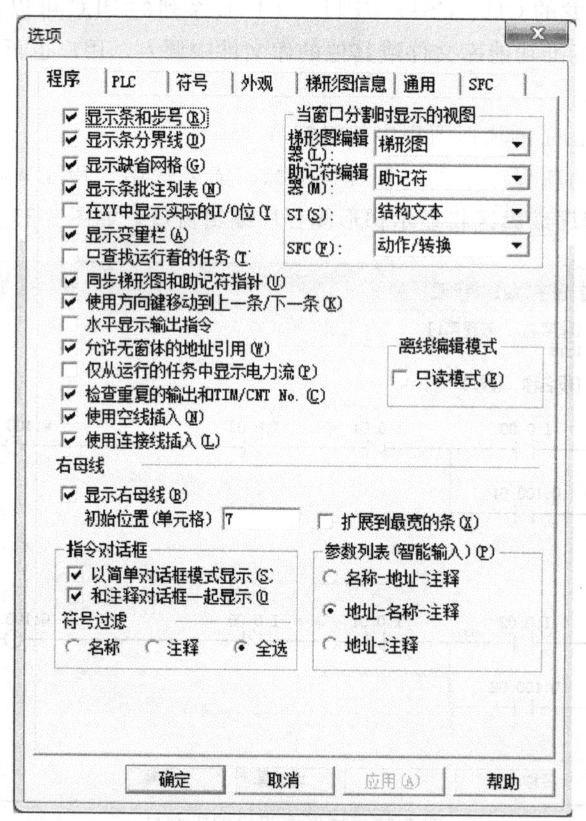

图 3-36　“程序”选项卡

选中“显示条和步号”选项时，将在梯形图左母线的左侧显示梯级和步序号，如果不选中该项，梯形图左母线的左侧将显示一个小的梯级边框。

选中“显示条分界线”选项时，在每个梯级的底部显示一道线，这样使每个梯级的界限分明，如果不选中该项，每个梯级的底部将不会显示线条。

选中“显示缺省网格”选项时，在梯形图的每个单元格连接处显示一个点，形成梯形图点阵网格，这样有助于元素的定位和编辑。为了清楚显示梯形图，用户可以不选中该选项。

选中“显示条批注列表”选项时，将在梯级里注释下方显示一个注释列表，该注释列表包括对梯级里面元素的注释和对梯级本身的注释。

选中“在XY中显示实际的I/O位”选项时，梯形图中的所有I/O变量用X、Y来显示，例如图3-35中的I：0.00、I：0.01、I：0.02、Q：100.01、Q：100.02，将会显示为X：0.00、X：0.01、X：0.02、Y：100.01、Y：100.02。

选中“显示变量栏”选项时，在梯形图的底部，显示被编辑变量名称、地址和注释。

选中“水平显示输出指令”选项时，在梯形图中，使定时器、计数器、数据传送、数据比较、数据转换、逻辑运算等指令以水平方式显示。

选中“允许无窗体的地址引用”选项时，允许在地址引用工具没有被显示的时候能够使用跳转到输入、跳转到输出、跳转到下一个地址引用、返回到上一个跳转点命令。如果没有选中该选项，在使用这些命令的时候地址引用工具必须为可见。

选中“检查重复的输出和TIM/CNT No.（C）”选项时，在梯形图编辑时，检查是否存在重复的双线圈输出，检查是否重复使用定时器、计数器的编号。

选中“显示右母线”选项时，梯形图显示右母线。通过对“初始位置（单元格）”的设置，可以设定梯形图左、右母线间的宽度。如果将选项“扩展到最宽的条”选中，则右母线将自动匹配本程序段最宽的梯级。在编辑和添加梯级时，如果选项“扩展到最宽的条”被选中，将会降低性能。因为如果一个梯级扩展了当前宽度，整个程序节都被重新组织。如果右母线没有被显示，梯级将调整到左边，并且使用最小的空间。

“当窗口分割时显示的视图”选项允许在编辑窗口里面显示4个不同视图，这样能够在窗口的一部分显示一个正在编辑的助记符视图，在另一部分显示相应梯形图或者在同一视图中使用程序的本地符号表等。

b.“PLC”选项卡的设置。“PLC”选项卡的设置如图3-37所示，该选项卡可以设置向工程添加新PLC时出现的默认PLC类型及注释等。

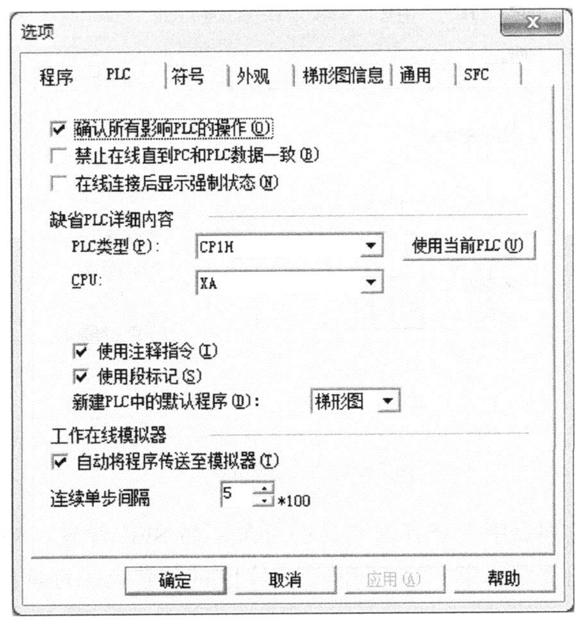

图3-37 “PLC”选项卡

c.“符号”选项卡的设置。“符号”选项卡的设置如图 3-38 所示，该选项卡可以设置是否确认所链接的全局符号的修改，设置是否自动产生符号名。选中“确认所链接的全局符号的修改（C)”选项时，在对全局符号的修改进行确认时将显示一个确认对话框。

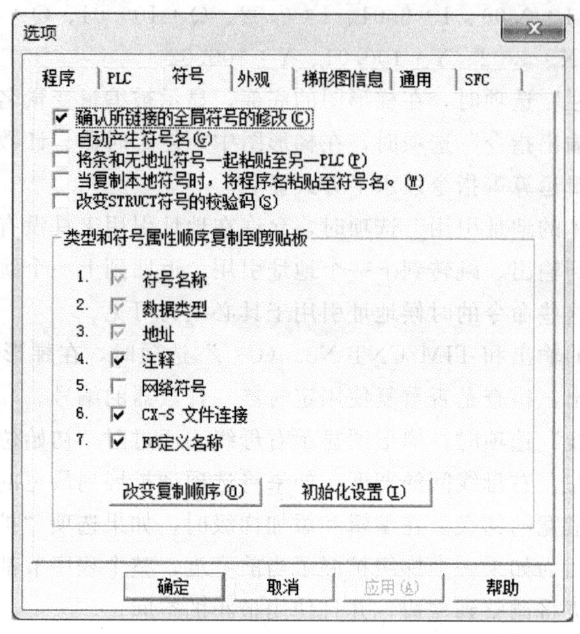

图 3-38 “符号”选项卡

d. “外观”选项卡的设置。“外观”选项卡的设置如图 3-39 所示，该选项卡可以设置 CX-Programmer 运行环境的字体、颜色等。

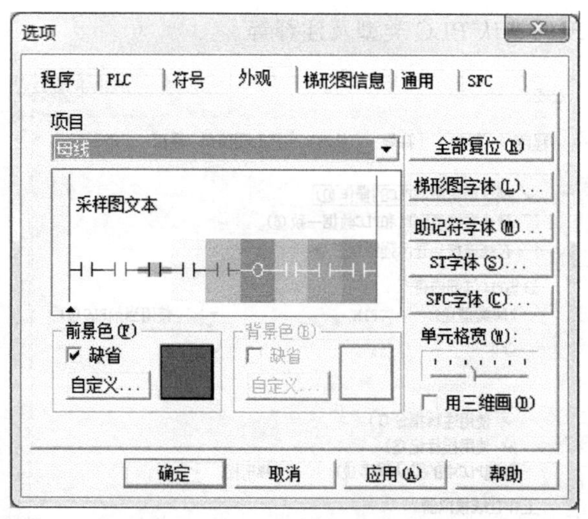

图 3-39 “外观”选项卡

在“项目”栏下拉列表中选择外观定义的对象，如 SFC 背景、SFC 动作、母线、梯形图元素、全局符号、图文本、指令助记符等，定义它的前景色、背景色等颜色，也可以直接使用默认设置。

点击“全部复位”按钮，将所有的颜色恢复到系统默认值；点击“梯形图字体”按钮，可以设置梯形图程序窗口中显示的字体大小；点击“助记符字体”按钮，可以设置助记符程序窗口中显示的字体大小；点击“ST 字体”按钮，可以设置 ST 程序窗口中显示的字体大小；点击“SFC 字体”按钮，可以设置顺控程序窗口中显示的字体大小。

“单元格宽度”滑动条允许对梯形图窗口中的单元格宽度进行调整，这样就能够给文本更多或者更少的显示空间。

e. “梯形图信息”选项卡的设置。“梯形图”选项卡的设置如图 3-40 所示，该选项卡可以对梯形图中的触点、线圈、指令的显示信息进行设置。显示的信息越多，梯形图单元格就越大。为了让更多的单元格能够被显示，一般只有那些需要的信息才被显示。

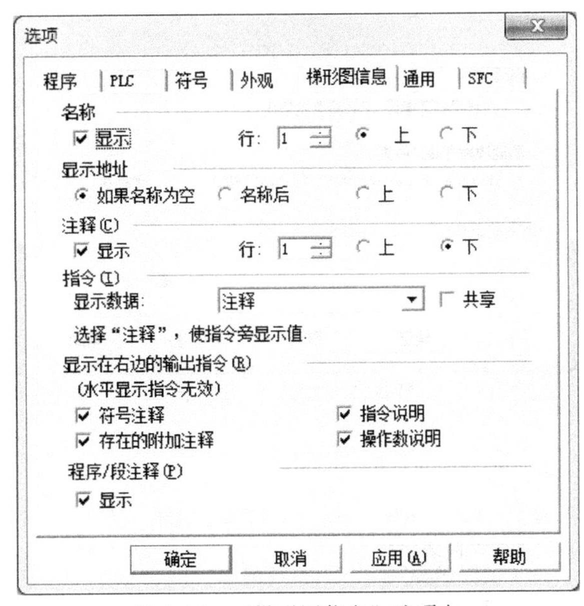

图 3-40 “梯形图信息”选项卡

在“名称”选项栏中，可以设置符号名称显示的行数，显示时在元素的上方还是下方；在“显示地址”选项栏中，若选择“如果名称为空”选项，且未分配符号给地址，则反显示操作数地址；若选择“名称后”选项，将在名称后面显示地址，中间以逗号隔开；若选择“上”或“下”选项，将地址在单独的一行来显示，并显示在各自的元素上方或下方。

在“注释”选项栏中，可以设置注释显示的行数，以及注释显示的位置。

在监视状态下，通过设置“指令”选项栏中的“共享”选项卡，可以决定指令监视数据的显示位置。不选该选项卡，监视数据显示在名称、地址或注释的下方；选中该选项卡，监视数据与名称、地址或注释显示在同一行。

在“显示在右边的输出指令”栏，可以设置在输出的右边是否显示一系列输出指令的信息，包括符号注释、指令说明、操作数说明等选项。选中则显示，未选中则不显示。

在“程序/段注释”栏，可以设置梯形图程序中是否显示程序、段的注释信息。

f. “通用”选项卡的设置。“通用”选项卡的设置如图 3-41 所示，该选项卡主要用于设置 CX-Programmer 窗口环境、菜单/选项风格、功能块库存储文件夹、显示的窗口及其显示窗口的数量等。

g. “SFC”选项卡的设置。“SFC”选项卡的设置如图 3-42 所示，该选项卡包括生成 SFC 编辑器设定、新建 SFC 元件的默认值设定、使用扩展的 SFC 设置操作。

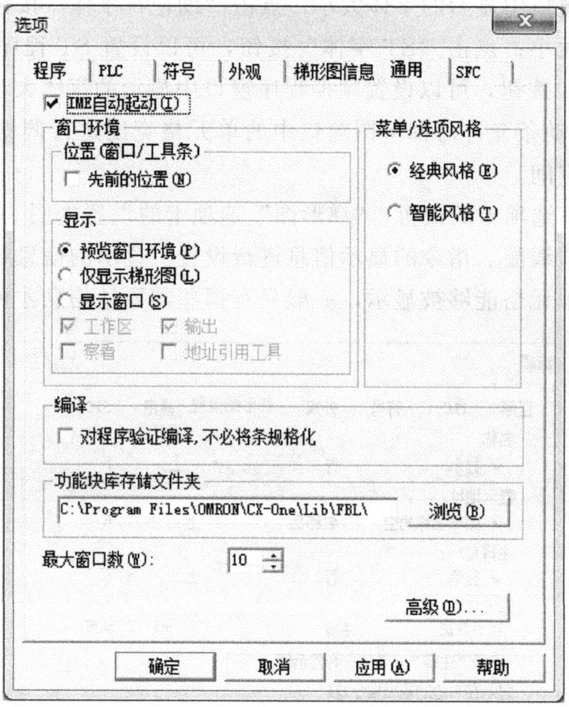

图 3-41 “通用”选项卡

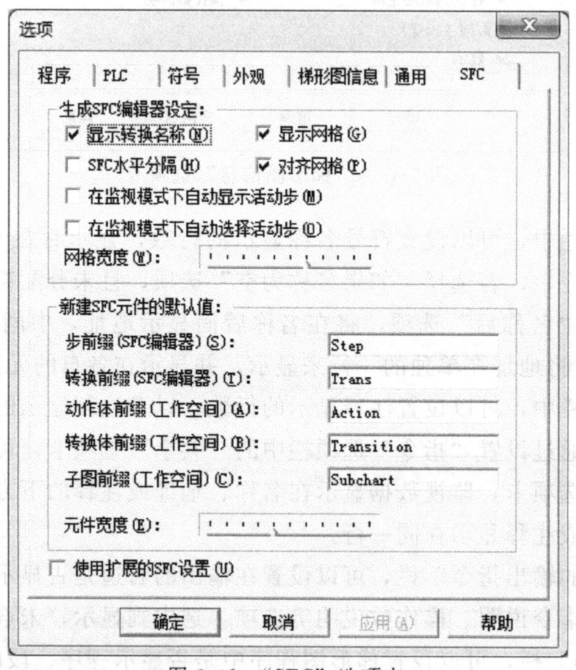

图 3-42 “SFC”选项卡

(6) CX-Programmer 的助记符程序编辑窗口

CX-Programmer 的助记符程序编辑窗口是一个使用助记符指令进行程序编辑的编辑器。双击工程工作区的新程序下的“段 1”图标，或者选中“段 1”后执行菜单命令“视图”→“助记符”，在程序编辑区将显示助记符程序编辑窗口，如图 3-43 所示。

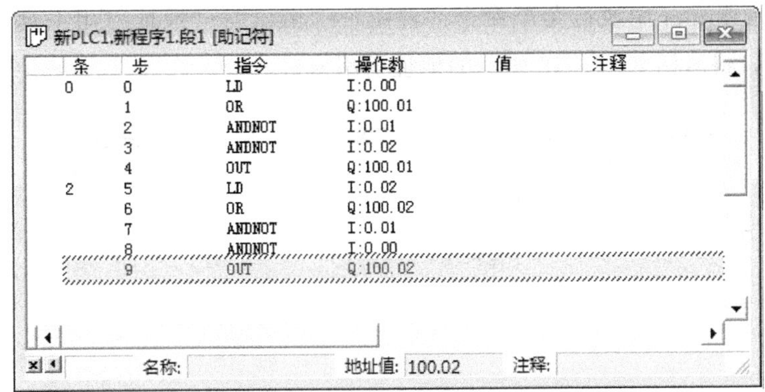

新PLC1.新程序1.段1 [助记符]

条	步	指令	操作数	值	注释
0	0	LD	I:0.00		
	1	OR	Q:100.01		
	2	ANDNOT	I:0.01		
	3	ANDNOT	I:0.02		
	4	OUT	Q:100.01		
2	5	LD	I:0.02		
	6	OR	Q:100.02		
	7	ANDNOT	I:0.01		
	8	ANDNOT	I:0.00		
	9	OUT	Q:100.02		

名称: 地址值: 100.02 注释:

图 3-43 助记符程序编辑窗口

(7) CX-Programmer 的输出窗口

在 CX-Programmer 中执行菜单命令“视图”→“窗口”→“输出”，或点击工具条上的图标，将激活如图 3-44 所示的输出窗口。输出窗口有三种不同的视图：编译、查找报表、传送。

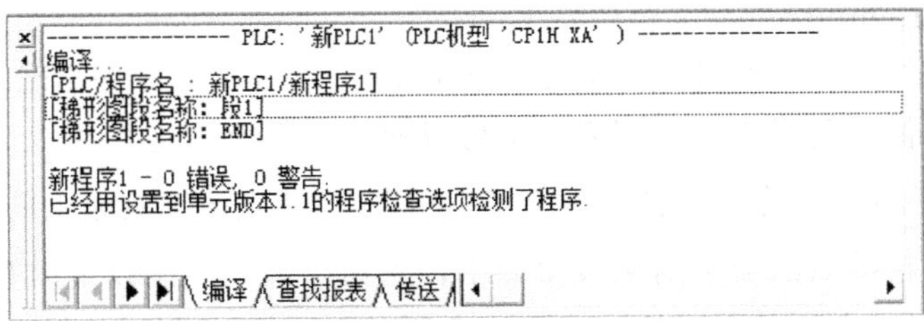

图 3-44 输出窗口

选择“编译”视图时，执行菜单命令“编程”→“编译”或执行“PLC”→“编译所有的PLC 程序”，将会在该输出窗口显示编译结果。如果编译发现指令或操作数错误，会给出错误的类型及错误位置。

选择“查找报表”视图时，显示工程文件内对特定条目信息进行查找的输出结果。

选择“传送”视图时，显示文件或程序传送的结果。

(8) CX-Programmer 的查看窗口

在 CX-Programmer 中执行菜单命令“视图”→“窗口”→“查看”，或点击工具条上的图标，将激活如图 3-45 所示的查看窗口。该窗口能同时监视多个 PLC 中指定的内存区的内容。

PLC名称	名称	地址	数据类型/格式	功能块使用	值	注释
新PLC1		0.00	BOOL (On/Off,接点)		1	
新PLC1		0.01	BOOL (On/Off,接点)		0	
新PLC1		0.02	BOOL (On/Off,接点)		0	
新PLC1		100.01	BOOL (On/Off,接点)		1	
新PLC1		100.02	BOOL (On/Off,接点)		0	

sheet1 sheet2 sheet3

图 3-45 查看窗口

(9) CX-Programmer 的地址引用

地址引用工具用来显示在 PLC 程序集中如何使用 PLC 地址，以及在哪里使用 PLC 地址。在CX-Programmer中执行菜单命令“视图”→“窗口”→“地址引用工具”，或点击工具条上的图标，将激活如图3-46所示的地址引用窗口。

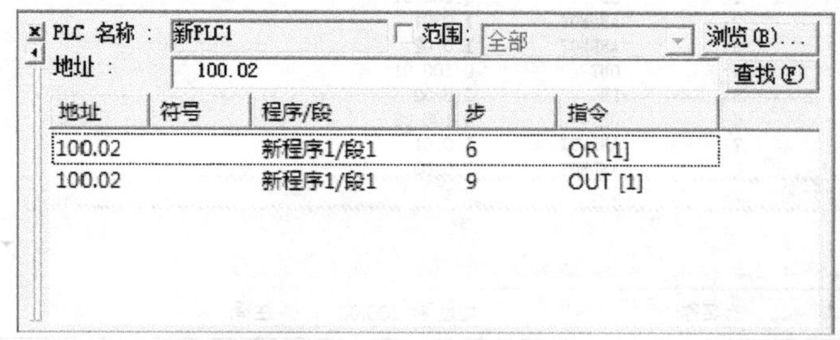

图3-46　地址引用窗口

在地址引用窗口的地址栏中输入一个地址，并点击“查找”按钮，地址引用工具输出窗口自动刷新输出结果。在梯形图程序选择一个元素，地址引用工具输出窗口自动更新输出结果。

(10) CX-Programmer的交叉引用表

交叉引用表可用来检查不同存储区域内符号的使用情况。在程序出现问题时，可以被用来检查指令设置的值。利用交叉引用表，也可以使编程者有效地使用存储器资源。在CX-Programmer中执行菜单命令“视图”→“交叉引用表”，或点击工具条上的图标，将激活交叉引用表窗口。在激活的交叉引用表窗口中，先选择报表类型以及内存区，然后再点击“生成”按钮，将显示交叉引用情况，如图3-47所示。

交叉引用表 [新PLC1]

报表类型：详细用法　　内存区：全部　　生成

空闲的　20798 步

总 UM：21504 步

地址	程序/段	步	指令	起始地址	符号	注
0	新程序1/段1	0	LD [1]	0.00		
0	新程序1/段1	2	ANDNOT [1]	0.01		
0	新程序1/段1	3	ANDNOT [1]	0.02		
0	新程序1/段1	5	LD [1]	0.02		
0	新程序1/段1	7	ANDNOT [1]	0.01		
0	新程序1/段1	8	ANDNOT [1]	0.00		
0.00	新程序1/段1	0	LD [1]	0.00		
0.00	新程序1/段1	8	ANDNOT [1]	0.00		
0.01	新程序1/段1	2	ANDNOT [1]	0.01		
0.01	新程序1/段1	7	ANDNOT [1]	0.01		
0.02	新程序1/段1	3	ANDNOT [1]	0.02		
0.02	新程序1/段1	5	LD [1]	0.02		
100	新程序1/段1	1	OR [1]	100.01		
100	新程序1/段1	4	OUT [1]	100.01		
100	新程序1/段1	6	OR [1]	100.02		
100	新程序1/段1	9	OUT [1]	100.02		
100.01	新程序1/段1	1	OR [1]	100.01		
100.01	新程序1/段1	4	OUT [1]	100.01		
100.02	新程序1/段1	6	OR [1]	100.02		
100.02	新程序1/段1	9	OUT [1]	100.02		

图3-47　交叉引用表

3.3.2 新工程的创建

使用CX-Programmer编写程序时，首先需要用户创建一个新的工程文件，编写的梯形图或指令表等相关内容都包含在该文件中。

启动CX-Programmer后，执行菜单命令“文件”→“新建”或点击工具栏中的🗋图标按钮，将弹出如图3-48所示对话框。在此对话框的“设备名称”栏中输入新创建的工程名称；在设备类型栏中点击下拉列表，选择PLC的系列为CP1H，点击右侧的设定按钮，将弹出如图3-49所示对话框。在图3-49对话框中设置CPU类型为XA型，其余保持默认值，点击“确定”按钮，将返回到如图3-48所示对话框。由于计算机与PLC间采用USB电缆连接，所以在图3-48中选择的网络类型为“USB”。

图3-48 设定PLC机型

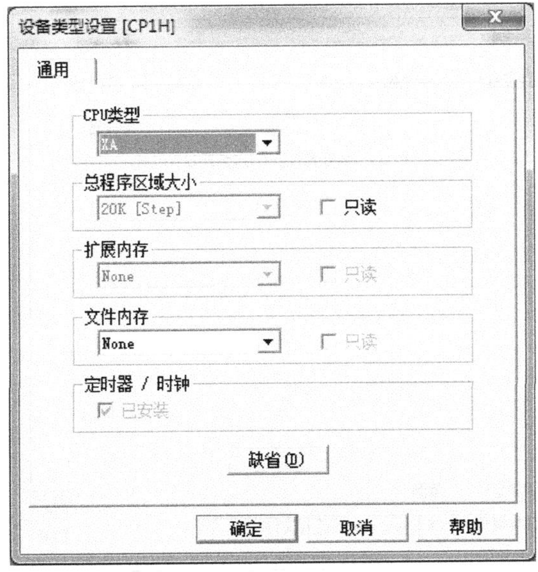

图3-49 设备类型设置对话框

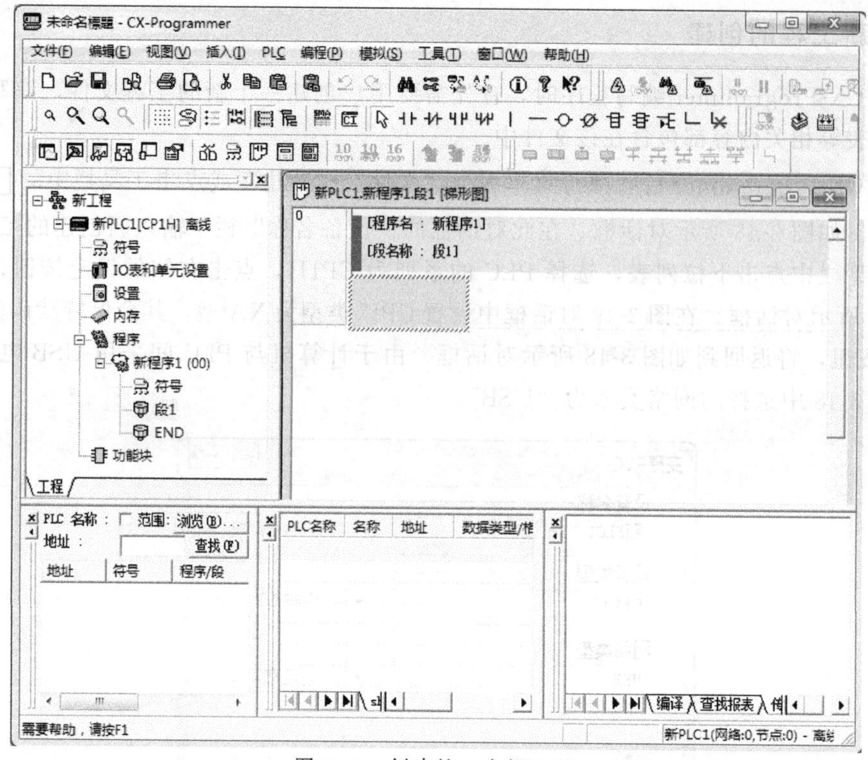

图 3-50　创建的一个新工程

在图 3-48 中设置好后，点击“确定”按钮，将弹出如图 3-50 所示的编辑界面，表示已经创建了一个新的工程。

执行菜单命令“文件”→“保存”或点击工具栏中的图标按钮，将弹出“保存 CX-Programmer 文件”对话框。在此对话框中选择保存路径以及设定工程名称，如图 3-51 所示。至此，一个新的工程创建完毕，下一步的工作是程序的编译与调试等。

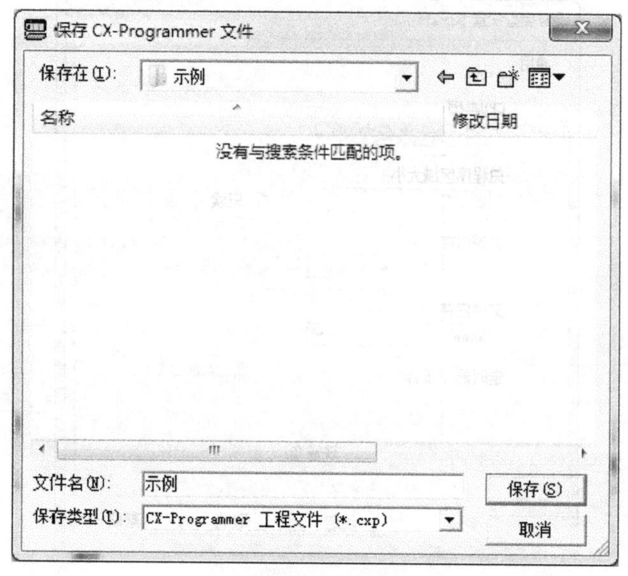

图 3-51　“保存 CX-Programmer 文件”对话框

3.3.3 程序的编写与编辑

（1）梯形图程序的编写

CX-Programmer 软件在梯形图视图中，可以直接输入梯形图程序。下面以一个简单的控制系统为例，介绍怎样用 CX-Programmer 软件进行梯形图程序的编写。假设控制两台三相异步电动机的 SB1 与 0.00 连接，SB2 与 0.01 连接，KM1 线圈与 100.00 连接，KM2 线圈与 100.02 连接。其运行梯形图程序如图 3-52 所示，按下启动按钮 SB1 后，100.00 为 ON，KM1 线圈得电使 M1 电动机运行，同时定时器 T0000 开始定时。当 T0000 延时 3s 后，T0000 常开触头闭合，100.02 为 ON，使 KM2 线圈得电，从而控制 M2 电动机运行。当 M2 运行 4s 后，T0001 延时时间到，其常闭触头打开使 M2 停止运行。当按下停止按钮 SB2 后，100.00 为 OFF，KM1 线圈断电，使 T0000 和 T0001 先后复位。

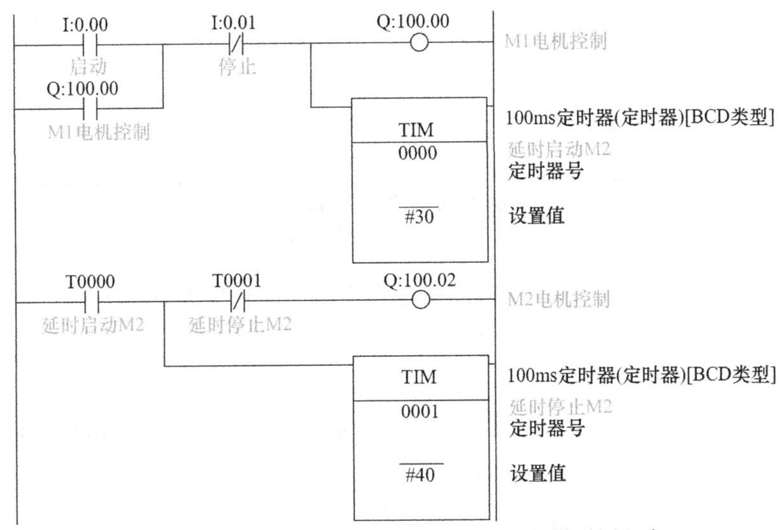

图 3-52 控制两台三相异步电动机运行的梯形图程序

① 条 0 中的梯形图程序输入步骤如下。

第一步：常开触点 0.00 的输入步骤。在已创建的新工程中，首先将光标移至条 0 中左母线空白处（即第 0 列），执行菜单命令“插入”→“触点”→“常开”，或点击工具栏中的 ┤├ 图标，也可按下操作快捷键“C”，将弹出如图 3-53（a）所示对话框，在该对话框中输入触点的编号“0.00”后单击“确定”按钮，或直接按下 Enter 键，将会弹出“编辑注释”对话框，在此对话框中输入注释文字“启动”，如图 3-53（b）所示，单击“确定”按钮，或直接按下 Enter 键后，在梯形图编程区输入一个编号为“I：0.00”的常开触点，同时光标自动右移，如图 3-53（c）所示。图 3-53（c）中的“I：”部分是系统自动添加的，如果在梯形图显示设置的“程序”选项卡中选中“在 XY 中显示实际的 I/O 位”选项时，图 3-53（c）中的“I：”将显示为“X：”。

第二步：串联常闭触点 0.01 的输入步骤。将光标移至条 0 中“I：0.00”的右侧，执行菜单命令“插入”→“触点”→“常闭”，或点击工具栏中的 ┤/├ 图标，也可按下操作快捷键“/”，将弹出如图 3-54（a）所示对话框，在该对话框中输入触点的编号“0.01”后单击“确定”按钮，或直接按下 Enter 键，将会弹出“编辑注释”对话框，在此对话框中输入注释文

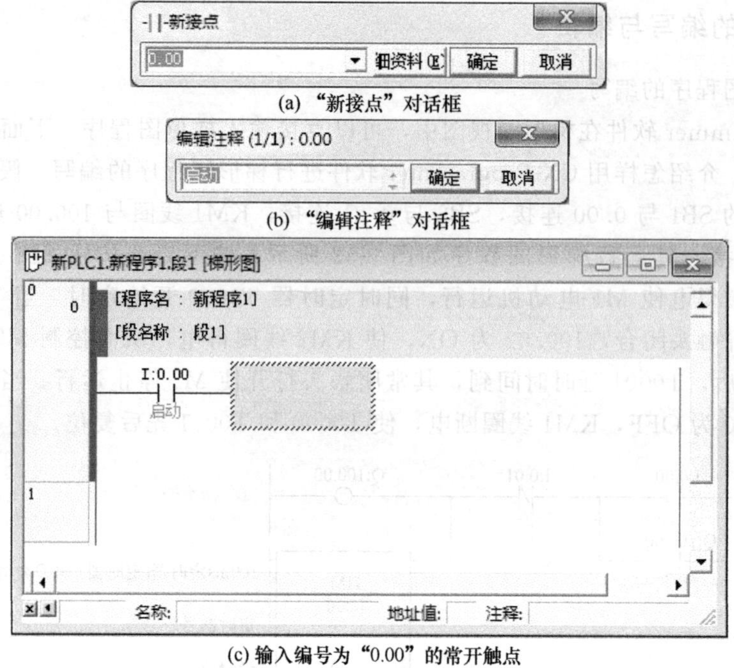

(a)“新接点”对话框

(b)“编辑注释”对话框

(c) 输入编号为“0.00”的常开触点

图 3-53 输入常开触点

字“停止”，如图 3-54（b）所示，单击“确定”按钮，或直接按下 Enter 键后，在梯形图编程区输入一个编号为“I：0.01”的常闭触点，同时光标自动右移。

第三步：线圈 100.00 的输入步骤。将光标移至条 0 中“I：0.01”的右侧，执行菜单命令“插入”→“线圈”→“常开”，或点击工具栏中的 -○- 图标，也可按下操作快捷键“O”，将弹出如图 3-55（a）所示对话框，在该对话框中输入线圈的编号“100.00”后单击“确定”按钮，或直接按下 Enter 键，将会弹出“编辑注释”对话框，在此对话框中输入注释文字“M1 电机控制”，如图 3-55（b）所示，单击“确定”按钮，或直接按下 Enter 键后，在梯形图编程区输入一个编号为“Q：100.00”的常开线圈。

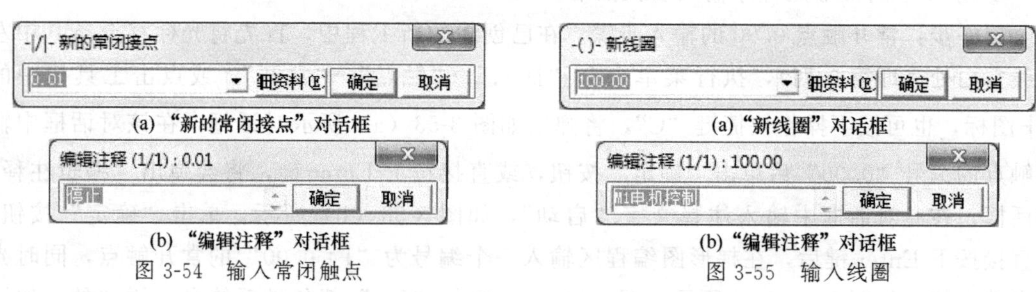

(a)“新的常闭接点”对话框

(b)“编辑注释”对话框

图 3-54 输入常闭触点

(a)“新线圈”对话框

(b)“编辑注释”对话框

图 3-55 输入线圈

第四步：并联常开触点 100.00 的输入步骤。当光标处于线圈右侧时，按下 Enter 键，光标会另起一行，处于第二行的首位置。执行菜单命令“插入”→“触点”→“正常打开或”，或点击工具栏中的 ㄐㄩ 图标，也可按下操作快捷键“W”，将弹出如图 3-56（a）所示对话框，在该对话框中输入触点的编号“100.00”后单击“确定”按钮，或直接按下 Enter 键，将会弹出“编辑注释”对话框，在此对话框中不需要输入注释文字，直接单击“确定”按钮，或直接按下 Enter 键后，在梯形图编程区输入一个编号为“Q：100.00”的并联常开触

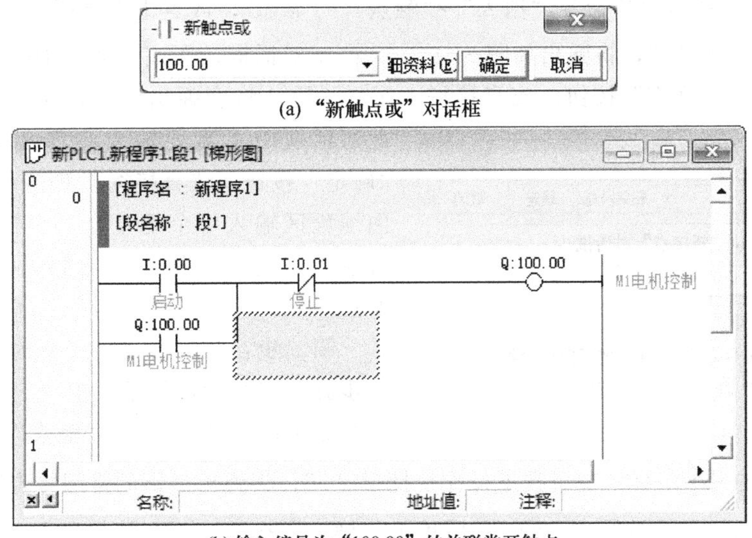

(a)“新触点或”对话框

(b) 输入编号为“100.00”的并联常开触点

图 3-56 输入并联常开触点

点，同时光标自动右移，如图 3-56（b）所示。

第五步：定时器指令 T0000 的输入步骤。首先将光标放在“I：0.01”，执行菜单命令“插入”→“垂直”→“垂直向下”，或点击工具栏中的┃图标，也可按下操作快捷键“Ctrl+↓”，画出向下的分支线；然后执行菜单命令“插入”→“水平”→“水平向右”，或点击工具栏中的━━图标，也可按下操作快捷键“Ctrl+→”，画出向右的分支线；最后执行菜单命令“插入”→“指令”，或点击工具栏中的日图标，也可按下操作快捷键“I”，将弹出如图 3-57（a）所示对话框，在该对话框中输入指令“TIM 0000 #30”后单击“确定”按钮，或直接按下 Enter 键，将会弹出“编辑注释”对话框，在此对话框中输入注释文字“延时启动 M2”，单击“确定”按钮，或直接按下 Enter 键后，在梯形图编程区输入一个定时器指令，如图 3-57（b）所示。注意图中定时器指令的注释部分为系统自动生成。

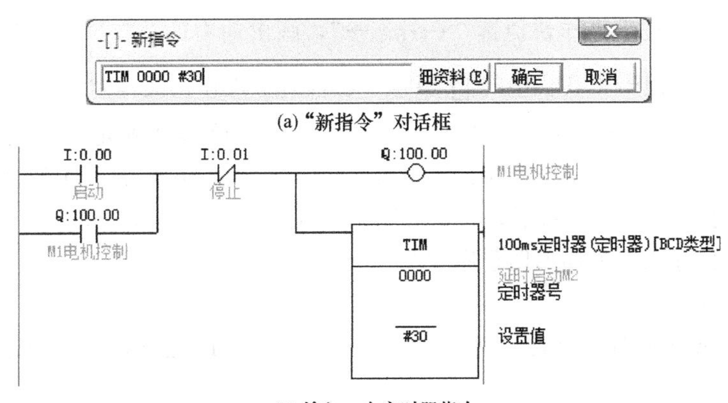

(a)“新指令”对话框

(b) 输入一个定时器指令

图 3-57 定时器指令 T0000 的输入

② 条 1 中的梯形图程序输入步骤如下。

第一步：定时器 T0000 延时闭合触点的输入步骤。首先将光标移至条 1 中左母线空白处（即第0列），执行菜单命令“插入”→“触点”→“常开”，或点击工具栏中的┤├图标，也可按下操作快捷键“C”，将弹出如图3-58（a）所示对话框，在该对话框中输入触点的编号“T0000”后单击“确定”按钮，或直接按下Enter键，将会弹出“编辑注释”对话框，在此对话框中不需要输入注释文字，直接单击“确定”按钮，或直接按下Enter键后，在梯形图编程区输入一个编号为“T0000”的延时闭合触点，同时光标自动右移，如图3-58（b）所示。

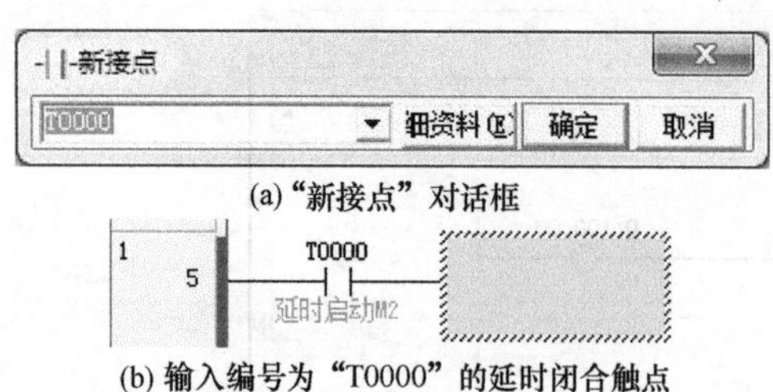

(a)“新接点”对话框

(b) 输入编号为“T0000”的延时闭合触点

图3-58　定时器T0000延时闭合触点的输入

第二步：定时器T0001延时断开触点的输入步骤。将光标移至条1中“T0000”的右侧，执行菜单命令“插入”→“触点”→“常闭”，或点击工具栏中的┤/├图标，也可按下操作快捷键“/”，将弹出“新的常闭接点”对话框，在该对话框中输入触点的编号“T0001”后单击“确定”按钮，或直接按下Enter键，将会弹出“编辑注释”对话框，在此对话框中输入注释文字“延时停止M2”，单击“确定”按钮，或直接按下Enter键后，在梯形图编程区输入一个编号为“T0001”的延时断开触点，同时光标自动右移。

第三步：线圈100.02的输入步骤。将光标移至条1中“T0001”的右侧，执行菜单命令“插入”→“线圈”→“常开”，或点击工具栏中的-○-图标，也可按下操作快捷键“O”，将弹出“新线圈”对话框，在该对话框中输入线圈的编号“100.02”后单击“确定”按钮，或直接按下Enter键，将会弹出“编辑注释”对话框，在此对话框中输入注释文字“M2电机控制”，单击“确定”按钮，或直接按下Enter键后，在梯形图编程区输入一个编号为“Q：100.02”的常开线圈。

第四步：定时器指令T0001的输入步骤。首先将光标放在“T0000”，执行菜单命令“插入”→“垂直”→“垂直向下”，或点击工具栏中的|图标，也可按下操作快捷键“Ctrl+↓”，画出向下的分支线；然后执行菜单命令“插入”→“水平”→“水平向右”，或点击工具栏中的—图标，也可按下操作快捷键“Ctrl+→”，画出向右的分支线；最后执行菜单命令“插入”→“指令”，或点击工具栏中的目图标，也可按下操作快捷键“I”，将弹出“新指令”对话框，在该对话框中输入指令“TIM 0000 #40”后单击“确定”按钮，或直接按下Enter键，将会弹出“编辑注释”对话框，在此对话框中不需要输入注释文字，单击“确定”按钮，或直接按下Enter键后，在梯形图编程区输入一个定时器指令。

输入完毕后保存的完整梯形图程序如图3-59所示。

（2）助记符程序的编写

CX-Programmer软件在助记符视图中，可以直接输入助记符程序。助记符程序的输入步骤如下。

① 在“助记符”视图中，将光标定位在相应的位置。

② 按下Enter键后，进入程序编辑模式。

③ 直接输入指令，或对该指令进行修改。一个助记符指令由一个指令名称以及用空格隔开来的操作组成。

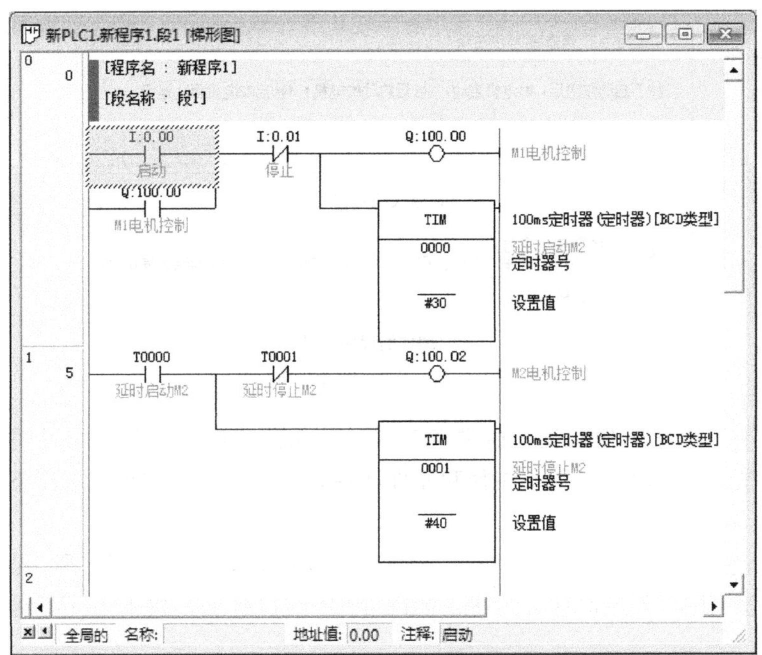

图 3-59 完整的梯形图程序

④ 某行指令输入完毕后，按 Esc 键结束该行指令的编辑模式。

在助记符程序中，若需对“条”进行注释，先输入字符“’”，然后输入文本文件；对于元素要输入注释时，先输入字符“//”，然后输入文本。控制两台三相异步电动机运行的助记符程序的输入如图 3-60 所示。

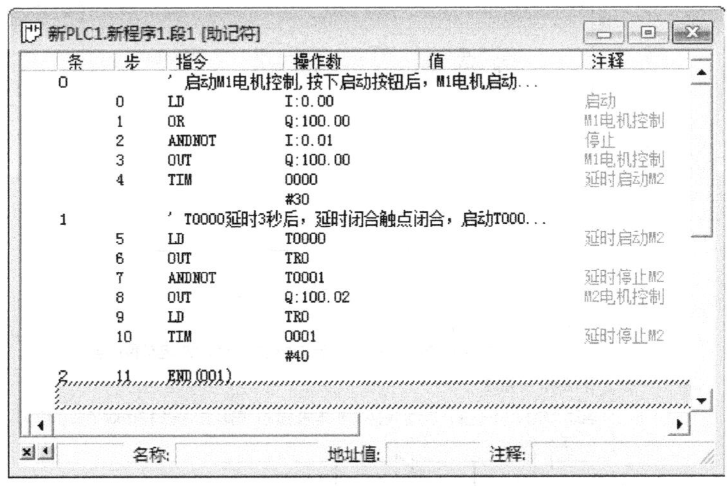

图 3-60 控制两台三相异步电动机运行的助记符程序

（3）程序的编辑

① 对象的删除、复制与粘贴　选中某对象，在键盘上按下“Delete”键，将删除该对象；按下快捷键“Ctrl+C”，可复制该对象；复制后，将光标移到合适的位置，按下快捷键“Ctrl+V”，可将复制的对象粘贴到该处。选中某对象后，在“编辑”菜单下也可完成对象的删除、复制与粘贴操作，或者在某对象上单击右键，在弹出的菜单中也可完成对象的删除、复制与粘贴操作。

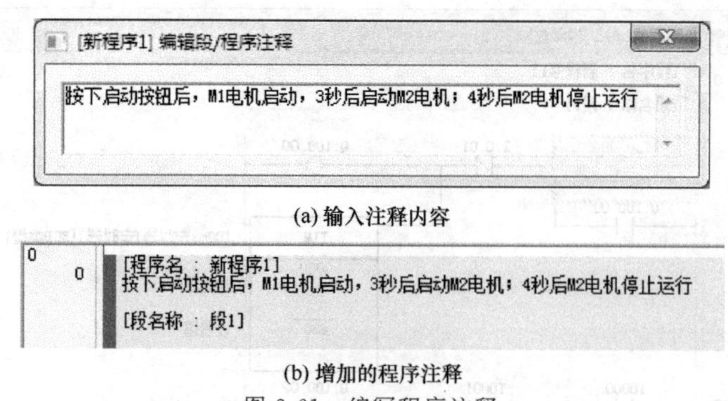

(a) 输入注释内容

(b) 增加的程序注释

图 3-61 编写程序注释

② 编辑注释 为了方便阅读，通常需对程序或元件等进行一些语句说明，即注释。注释主要包含程序注释、段注释、条注释和元件注释，下面讲解在梯形图视图下，这些注释的编辑方法。

a. 程序注释。双击编程区左上方的“程序名”文字，将弹出“程序段/程序注释”对话框，在此对话框中输入相应的注释内容，如图 3-61（a）所示，按下 Enter 键后，整个程序

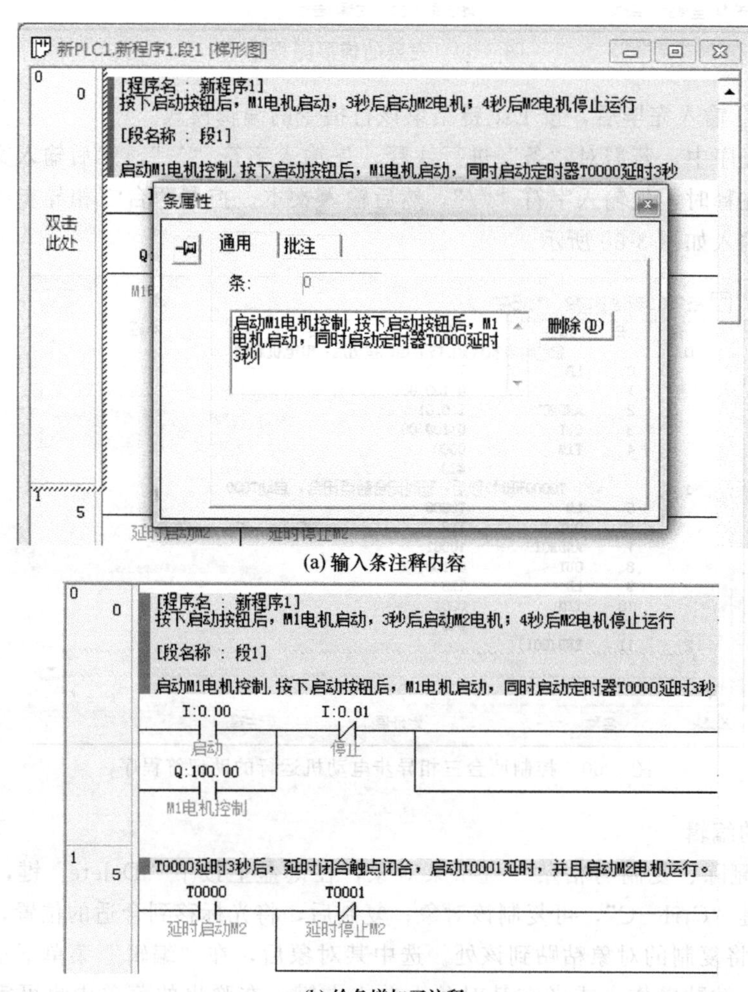

(a) 输入条注释内容

(b) 给条增加了注释

图 3-62 编写条注释

将增加注释，如图 3-61（b）所示。注意，如果编程区左上方没有显示“程序名”文字，则需要执行菜单命令“视图”→“显示程序/段注释”。

b. 段注释。在 CX-Programmer 中，程序默认为 1 段。如果编写的程序太长，可以分成几段进行编写。对于每个段都可以添加相应的段注释。双击编程区左上方的“段名称”文字，将弹出“程序段/程序注释”对话框，在此对话框中用户输入相应的段注释内容，按下 Enter 键后，整个当前段将增加注释。注意，如果编程区左上方没有显示“段名称”文字，则需要执行菜单命令“视图”→“显示程序/段注释”。

c. 条注释。双击编程区条程序左方的方块，将弹出“条属性”对话框，在“通用”选项卡中，用户输入各条的注释内容，如图 3-62（a）所示，按下 Enter 键后，相应的条增加了注释，如图 3-62（b）所示。

d. 元件注释。在输入元件过程中，会弹出要求填写注释的对话框，填写元件注释后，程序中所有相同编号的元件都会出现相同的注释。注意，如果元件没有显示注释，则需要执行菜单命令“视图”→“显示符号注释”。

3.3.4 程序的编译

程序编写好后，需要对其进行编译，以检查程序是否有语法错误，并使编写的助记符或梯形图程序转换成 PLC 可接受的二进制代码。

选中工程区中的 PLC 对象，执行菜单命令“编程”→“编译”或执行“PLC”→“编译所有的 PLC 程序”，将会在输出窗口显示编译结果。如果编译发现指令或操作数错误，会给出错误的类型及错误位置。

用户执行菜单命令“PLC”→“程序检查选项”，将弹出如图 3-63 所示对话框。在此对话框中，设置检查等级以及检查项。其中“A”检查最严格，“B”次之，“C”最宽松，选择“定制”时，可任意选择检查项。

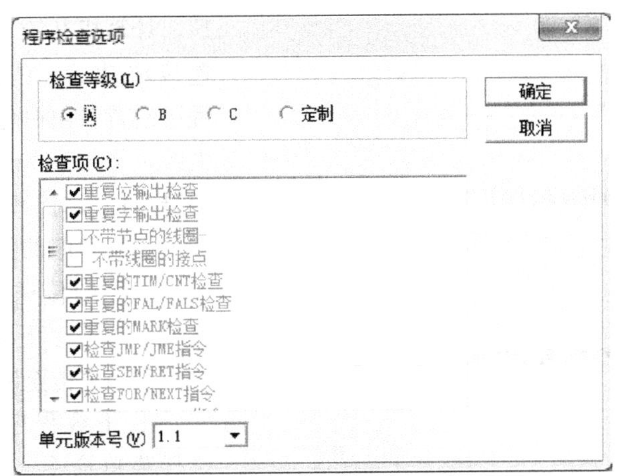

图 3-63 “程序检查选项”对话框

无论是在线程序或离线程序，在其生成和编译过程中不断被检验。在梯形图中出现错误时，以红色（默认）线条出现。

3.3.5 在线工作

（1）PLC 和计算机的硬件连接

要传送程序，首先要将PLC和计算机进行硬件连接。PLC和计算机的连接，现在通常采用USB端口，其连接方式如图3-64所示。

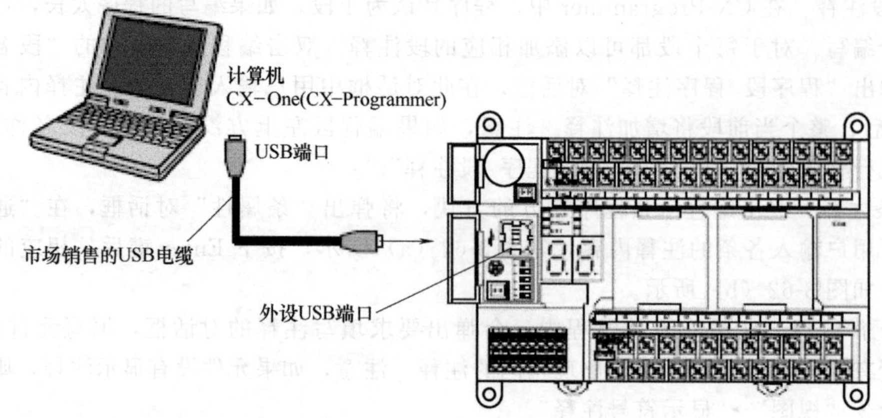

图3-64 PLC和计算机的硬件连接

(2) 进入在线工作模式

离线模式下，计算机与PLC不能通信；在线模式下，PLC和计算机可以进行通信。例如程序的上传和下载、程序的监控等都是在在线模式下进行的。

PLC和计算机的硬件连接后，还需要在CX-Programmer软件中建立两者的连接，才能进入在线模式。执行菜单命令“PLC”→“在线工作”，或点击工具栏中的图标，也可按下操作快捷键“Ctrl+W”，将弹出如图3-65（a）所示对话框，询问是否连接到PLC。单击“是”按钮后，计算机开始与PLC建立通信连接，连接成功后，CX-Programmer软件编程区的背景由白色变为灰色，如果连接失败，会出现如图3-65（b）所示的通信错误提示对话框。

(a) 连接询问对话框

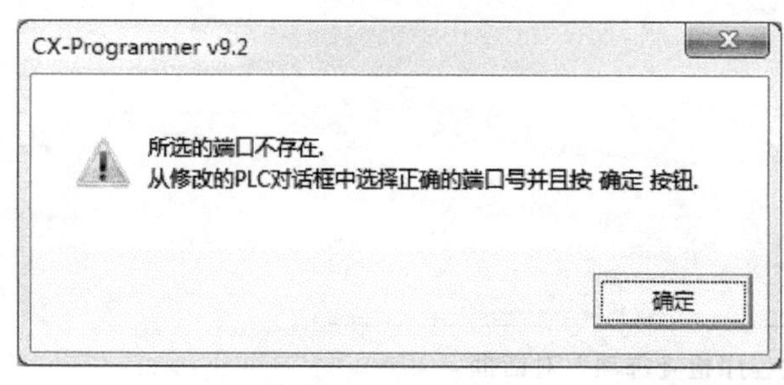

(b) 通信错误提示对话框

图3-65 进入在线工作模式

(3) 程序的传送与比较

程序的传送，包括从计算机中将编写好的程序下载至PLC以及将PLC中的程序上传至编程计算机。

① 下载程序 进入在线模式后，执行菜单命令“PLC”→“传送”→“到PLC”，或点击工具栏中的图标，也可按下操作快捷键“Ctrl+T”，将弹出如图3-66（a）所示对话框。根据需要选择下载内容，如为了减少下载内容，可以不选择“注释”。设置好后，点击“确定”按钮，计算机开始将程序传送给PLC，同时出现下载进度对话框，如图3-66（b）所示。下载完成后，单击“确定”按钮，PLC会恢复为运行或监视状态，开始运行新程序。

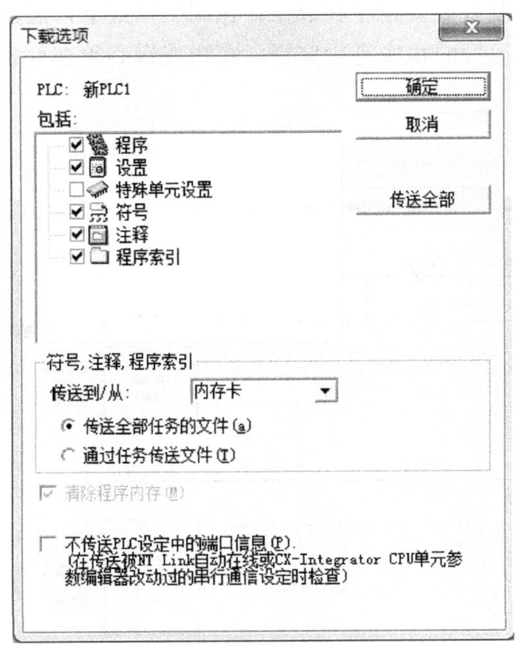

(a)"下载选项"对话框

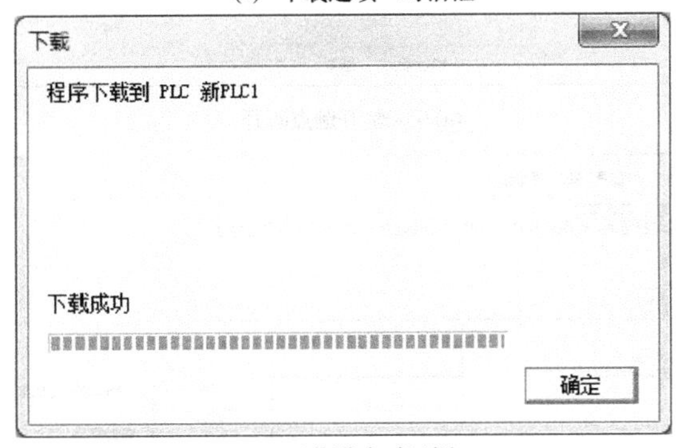

(b)下载进度对话框

图 3-66 下载程序

② 上传程序 进入在线模式后，执行菜单命令"PLC"→"传送"→"从 PLC"，或点击工具栏中的图标，也可按下操作快捷键"Ctrl＋Shift＋T"，将 PLC 中的程序或数据上传至计算机中。

③ 比较程序 进入在线模式后，执行菜单命令"PLC"→"传送"→"与 PLC 比较"，或点击工具栏中的图标，将弹出如图 3-67 所示对话框。在此对话框中设置相应的比较选项，点击"确定"按钮后，开始进行比较。与 PLC 程序之间的比较细节显示在"输出窗口"的编译页中。当比较成功后，单击"确定"按钮，比较结束。

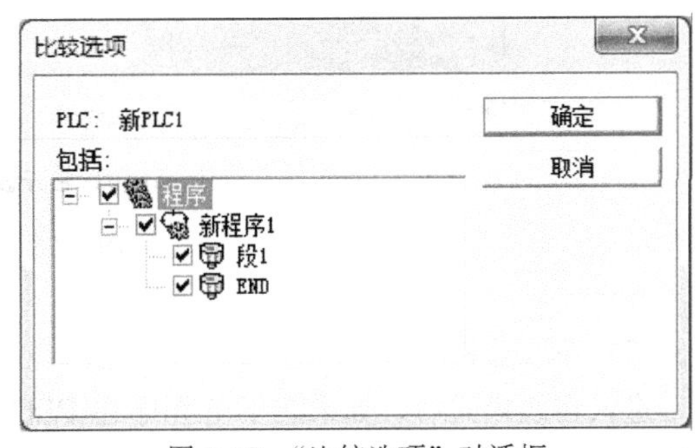

图 3-67 "比较选项"对话框

(4) PLC 操作模式

PLC 有 4 种操作模式，即编程模式、调试模式、监视模式以及运行模式。PLC 在编程模式下，不执行程序，但可下载程序和数据；在调试模式下，能够实现用户程序的基本调试；在监视模式下，可对运行的程序进行监视，在线编辑必须在此模式下进行；在运行模式下，PLC 执行用户程序。

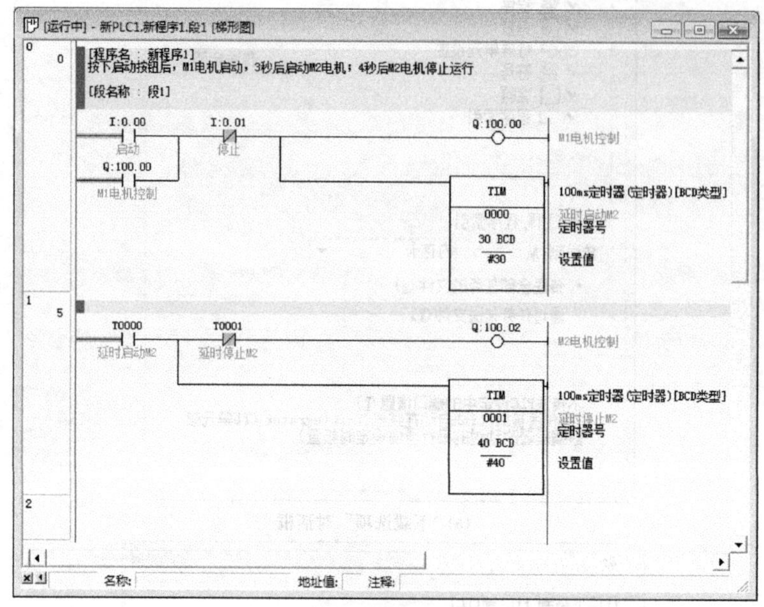

(a) 0.00常开触点断开

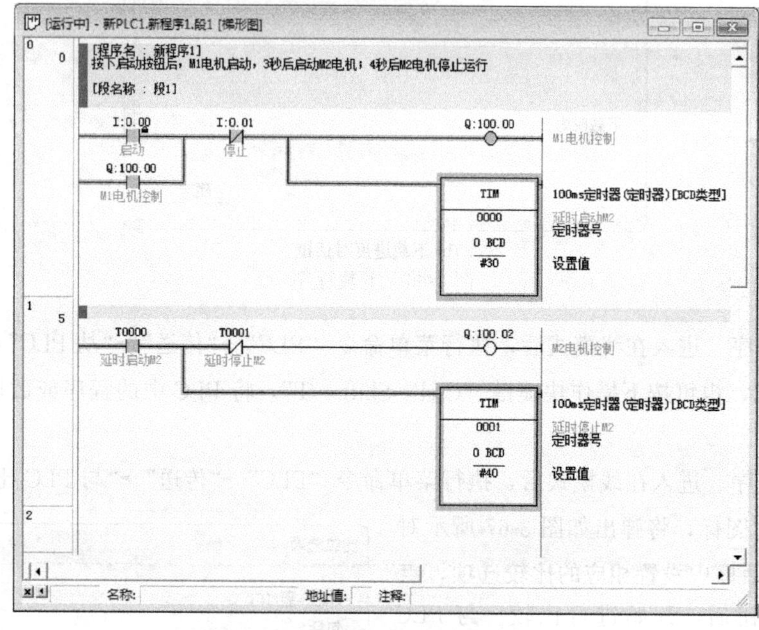

(b) 0.00常开触点强制闭合

图 3-68　在线监视

（5）在线监视

进入在线模式后，如果想了解程序在 PLC 中的运行效果，可以使用 CX-Programmer 软件对其进行在线监视。进入在线监视有以下两种操作方法。

① 执行菜单命令“PLC”→“操作模式”→“监视”，或点击工具栏中的图标，也可按下操作快捷键“Ctrl+3”。

② 执行菜单命令“PLC”→“监视”→“监视”，或点击工具栏中的图标，也可按下操作快捷键“Ctrl+M”。

进入监视模式后，程序中的一些元件和连线上出现绿色标记，代表这些元件和连线在运行时是导通的。有些元件始终处于OFF（断开）状态，如图3-68（a）所示的“I：0.00”，它右边的指令无法执行，为了观察到这些元件在ON时程序的运行情况，可使用元件的强制功能。

选中需强制“I：0.00”，单击右键，在弹出的菜单中选择“强制”→“On”，常开触点“I：0.00”旁边出现强制标志，如图3-68（b）所示，同时“0.00”触点右边的指令被执行，线圈100.00得电，定时器T0000开始计时。T0000定时到设定值后，“条1”中的元件也进行相应操作。

（6）在线编辑

虽然下载的程序已经变成灰色以防止被直接编辑，但是如果发生程序错误，需要修改程序时，用户还是可以选择在线编辑特性来修改梯形图程序。

要使用在线编辑功能，先执行菜单命令“PLC”→“操作模式”→“编程”，或者点击工具栏中的图标使PLC进入编程状态，同时PLC与计算机自动断开连接（即进入离线状态），然后在CX-Programmer软件中修改程序。程序修改好后，再进入在线工作方式，并在编程模式下将程序下载到PLC。

在线修改程序的方法是：在PLC处于运行或监视状态时，选中要修改的元件，并执行菜单命令“编程”→“在线编辑”→“开始”，或点击工具栏中的图标，此时选中的元件所在的指令条背景由灰色变为白色，用户可以对元件进行修改。程序修改好后，执行菜单命令“编程”→“在线编辑”→“发送变更”，或点击工具栏中的图标，将程序改动部分发送给PLC。程序改动部分发送后，被修改的元件所在的指令条背景又由白色变为灰色，PLC自动开始运行新程序。

3.4 CX-Simulator仿真软件的使用

CX-Simulator是欧姆龙PLC的仿真软件，它能够在计算机中模拟CS1、CS1D、CJ1、CJ1M、CJ2、CP1E、CP1H等系列CPU中用户程序的执行过程，可以在开发阶段发现和排除错误。另外，CX-Simulator可供不具备硬件设备的读者在学习时使用。

CX-Programmer Ver4.0以前的版本，基本上不使用CX-Simulator。为方便学习，从6.1版本开始，CX-Programmer与CX-Simulator软件都集成在CX-One软件中，也就是用户安装CX-One时，已经将这两个软件都安装了，不需另外再安装CX-Simulator软件。

在此介绍如何使用CX-Simulator在线仿真欧姆龙CP1H系列PLC。

（1）启动CX-Programmer创建一个新工程

启动CX-Programmer，创建一个新的工程，输入的梯形图如图3-69所示。

（2）设定PLC机型

如果用户选择的机型不是CP1H系列，在CX-Programmer中执行菜单命令“PLC”→“改变机型”，然后在弹出的对话中选择设备类型为CP1H，并选择合适的CPU类型。如果用户在编写程序前设置的设备类型为CP1H，并已选择了相应的CPU类型，则可以不需要此任务操作。至于通信方式，在使用CX-Simulator仿真时并不重要，用户不需设置，只要使用默认值即可。

(3) 在线仿真

在CX-Programmer中，执行菜单命令“模拟”→“在线模拟”，系统首先会自动对程序进行编译，如果程序出错，将不能模拟，并且窗口出现相应提示，修改完毕后重新执行此命令。如果编译正确，则进入CX-Simulator在线仿真（即在线模拟）状态，此时程序的背景为灰色，程序中的一些元件和连线上出现绿色标记。

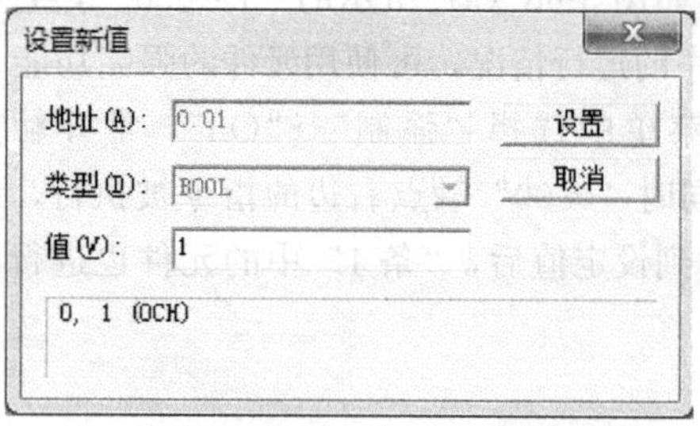

在线仿真状态下，选中某元件，可以在“PLC”菜单栏中选择“强制”、“设置”命令，也可以直接双击某元件，在弹出的对话框中设置该元件的相应操作，如图3-69所示。设置好后，程序将进行相应的操作。

图3-69 设置“1：0.01”的状态为1

(4) 退出仿真

在CX-Programmer中，执行菜单命令“模拟”→“退出模拟”，结束梯形图的在线仿真，退出CX-Simulator的运行。

第4章

欧姆龙CP1H的基本指令

软件系统就如人的灵魂，可编程控制器的软件系统是PLC所使用的各种程序集合。为了实现某一控制功能，需要在一特定环境中使用某种语言编写相应指令来完成。CP1H系列PLC的指令比较丰富，按指令功能的不同，可以分为基本指令、功能指令以及高级功能指令。基本指令是用于表达元件触点与母线之间、触点与触点之间、线圈等的连接指令；功能指令又称为应用指令，用于表达数据运算、数据传送、数据比较、数制转换等操作的指令；高级功能指令用于表达子程序、中断控制、高速计数/脉冲输出、I/O单元应用操作的指令。CP1H系列PLC的基本指令主要包括时序输入指令、时序输出指令、定时/计数器指令、时序控制指令，本章将详细讲述CP1H系列PLC的基本指令。

4.1 时序输入指令

时序输入指令主要包括基本输入指令、电路块操作指令、连接型微分指令以及位测试类指令。

4.1.1 基本输入指令

基本输入指令是直接对输入进行操作的指令，CP1H系列PLC的基本输入指令主要包括读（LD）、非读（LDNOT）、与（AND）、与非（ANDNOT）、或（OR）、或非（ORNOT）、非（NOT）等指令。

（1）读、非读、输出指令

LD（Load，读指令）：表示逻辑起始，将常开触点与左母线连接。LDNOT（非读指令）：表示逻辑起始，将常闭触点与左母线连接。OUT（输出指令）：将逻辑运算处理结果输出到指定接点，该指令为基本输出指令，为便于内容的叙述，在此讲述。这三指令格式如表4-1所示。

表4-1 读、非读、输出指令格式

指令	LAD	STL
读	<bit> ┤├	LD <bit>
非读	<bit> ┤/├	LDNOT <bit>
输出	<bit> ─○─	OUT <bit>

使用说明

① 在语句表指令中，“//”表示注释。

② LD、LDNOT 指令表示逻辑开始指令，直接连接在母线上。

③ 通过 AND LD 指令或 OR LD 指令连接电路块时，AND LD 或 OR LD 指令将从本 LD/LDNOT 指令开始的电路块进行串联或并联连接。

④ 输出指令不能直接连接在母线上，其输入条件中必须有一个以上的 LD/LDNOT 指令，若没有 LD/LDNOT 指令，CX-Programmer 的“条”中自动以红色显示，表示指令输入错误。

例 4-1 合上电源开关，没有按下点动按钮时，指示灯亮，按下按钮时电动机转动。分别使用 PLC 梯形图、语句表指令实现这一控制功能。

解 点动按钮 SB 与 PLC 输入端子 0.00 连接。电动机 M1 由 KM0 控制，KM0 的线圈与 PLC 输出端子 100.00 连接，指示灯与 PLC 输出端子 100.01 连接，PLC 控制程序如表 4-2所示。

表 4-2 例 4-1 的 PLC 控制程序

条	LAD	STL
条 0	I:0.00 常开触点 —— Q:100.00 线圈	LD 0.00 //按下点动按钮 OUT 100.00 //100.00 输出为 1,电动机运行
条 1	Q:100.00 常闭触点 —— Q:100.01 线圈	LDNOT 100.00 //未按下点动按钮,100.00 触点闭合 OUT 100.01 //100.00 触点闭合,指示灯亮

（2）与、与非指令

AND（与指令）、ANDNOT（与非指令）为触点串联指令，其中 AND 在梯形图中表示串联一个常开触点以形成逻辑“与”操作；ANDNOT 在梯形图中表示串联一个常闭触点以形成逻辑“与非”操作。

使用说明

① AND 和 ANDNOT 指令是单个触点串联连接指令，可连续使用。

② AND 和 ANDNOT 指令不能直接连接在母线上，也不能用于电路块的开始部分。

③ 无每次刷新指定时，这两条指令都可读取 I/O 存储器指定位的内容；有每次刷新指定时，AND 指令读取 CPU 单元内置输入端子的实际接点状态；ANDNOT 指令对 CPU 单元内置输入端子的实际接点状态取反后读出。

例 4-2 在某一控制系统中，SB0 为停止按钮，SB1、SB2 为点动按钮，当 SB1 按下时电机 M1 启动，此时再按下 SB2 时，电机 M2 启动而电机 M1 继续工作，如果按下 SB0，则两个电机都停止工作，试用 PLC 实现其控制功能。

解 SB0、SB1、SB2 分别与 PLC 输入端子 0.00、0.01、0.02 连接。电机 M1、电机 M2 分别由 KM0、KM1 控制，KM0、KM1 的线圈分别与 PLC 输出端子 100.00 和 100.01 连接，PLC 控制程序如表 4-3 所示。

（3）或、或非指令

OR（或指令）、ORNOT（或非指令）为触点并联指令，其中 OR 在梯形图中表示并联一个常开触点以形成逻辑“或”操作；ORNOT 在梯形图中表示并联一个常闭触点以形成逻辑“或非”操作。

表 4-3　例 4-2 的 PLC 控制程序

条	LAD	STL
条 0	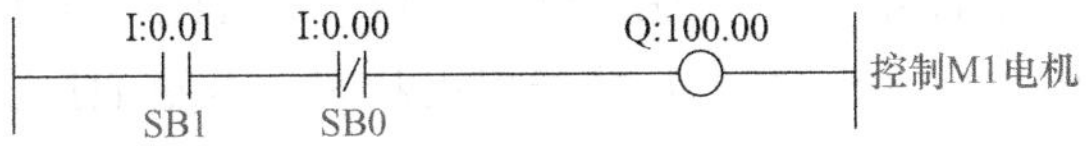 I:0.01 (SB1) 常开 — I:0.00 (SB0) 常闭 — Q:100.00 线圈 控制M1电机	LD 0.01 ANDNOT 0.00 OUT 100.00
条 1	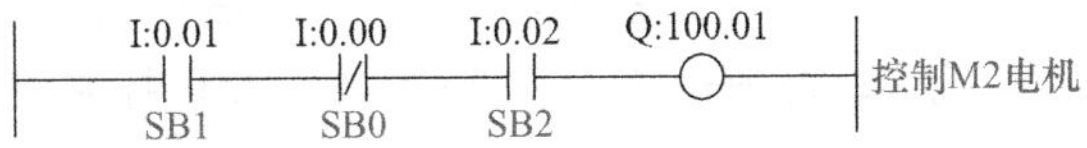 I:0.01 (SB1) 常开 — I:0.00 (SB0) 常闭 — I:0.02 (SB2) 常开 — Q:100.01 线圈 控制M2电机	LD 0.01 ANDNOT 0.00 AND 0.02 OUT 100.01

使用说明

① OR 和 ORNOT 指令是单个触点并联连接指令，可连续使用。

② 无每次刷新指定时，这两条指令都可读取 I/O 存储器指定位的内容；有每次刷新指定时，读取 CPU 单元内置输入端子的实际接点状态。

例 4-3　在两人抢答系统中，当主持人允许抢答时，先按下抢答按钮的进行回答，且指示灯亮，主持人可随时停止回答，试用 PLC 实现其控制功能。

解　设主持人用转换开关 SA 来设定允许/停止状态，甲的抢答按钮为 SB0，乙的抢答按钮为 SB1，抢答指示灯为 HL1、HL2。SA、SB0、SB1 分别与 PLC 输入端子 0.00、0.01、0.02 连接。HL1、HL2 分别与 PLC 输出端子 100.00 和 100.01 连接，PLC 控制程序如表 4-4 所示。

表 4-4　例 4-3 的 PLC 控制程序

条	LAD	STL
条 0	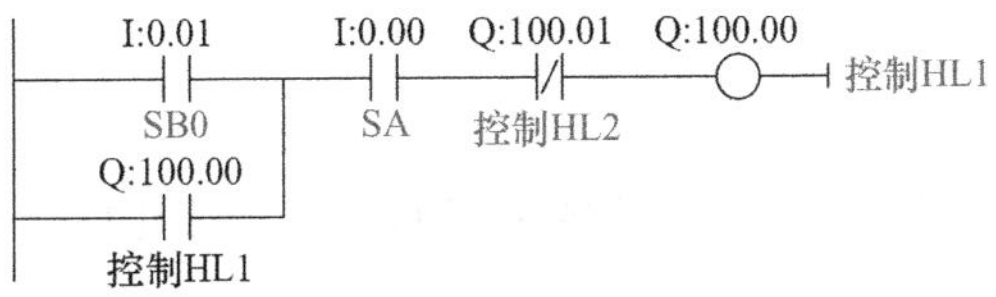 I:0.01 (SB0) 常开 并联 Q:100.00 (控制HL1) 常开 — I:0.00 (SA) 常开 — Q:100.01 (控制HL2) 常闭 — Q:100.00 线圈 控制HL1	LD 0.01 OR 100.00 AND 0.00 ANDNOT 100.01 OUT 100.00
条 1	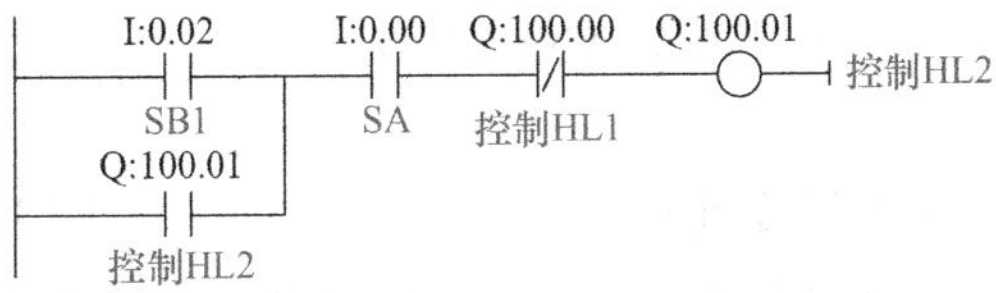 I:0.02 (SB1) 常开 并联 Q:100.01 (控制HL2) 常开 — I:0.00 (SA) 常开 — Q:100.00 (控制HL1) 常闭 — Q:100.01 线圈 控制HL2	LD 0.02 OR 100.01 AND 0.00 ANDNOT 100.00 OUT 100.01

（4）非指令

NOT（非指令）：又称为取反指令，将输入条件取反，连接到下一段。该指令没有操作数。指令格式如表 4-5 所示。520 为“非”指令的功能号，用户可以不输入，系统自动生成。

表 4-5　NOT 指令格式

指令	LAD	STL
NOT	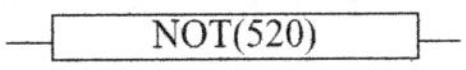 —[NOT(520)]—	NOT(520)

使用说明

① NOT 指令为下一段连接指令。

② 在 NOT 指令的最终段中需加上输出类指令，如 OUT 指令以及下段连接型指令之外

的功能指令。

③ NOT指令不能在回路的最终段中使用。

例4-4 在某一控制系统中，有4个按钮SB0～SB3和1个指示灯HL，要求同时按下SB0、SB2或者按下SB3而没按下SB1时，指示灯HL处于熄灭状态，否则HL点亮。

解 SB0、SB1、SB2、SB3分别与PLC输入端子0.00、0.01、0.02和0.03连接。根据要求也就是输入0.00和0.02的信号状态为“1”或者在输入0.03的信号状态为1且输入0.01的信号状态为0时，则输出100.00为0，否则输出100.00为1，PLC控制程序如表4-6所示。

表4-6 例4-4的PLC控制程序

条	LAD	STL
条0	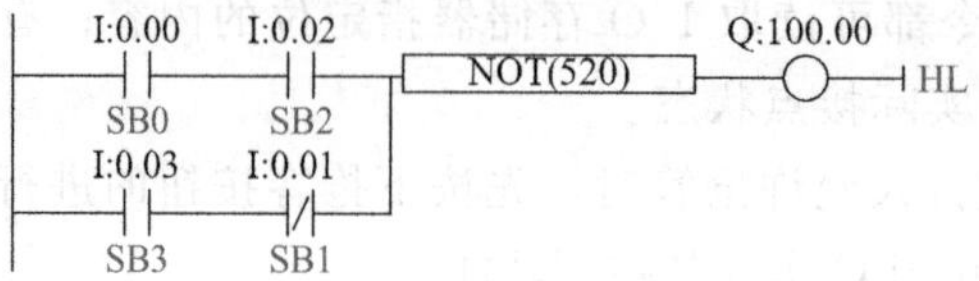 I:0.00 SB0 ┤├ I:0.02 SB2 ┤├ ; I:0.03 SB3 ┤├ I:0.01 SB1 ┤/├ ; NOT(520) Q:100.00 ─○─ HL	LD 0.00 AND 0.02 LD 0.03 ANDNOT 0.01 ORLD NOT(520) OUT 100.00

4.1.2 电路块操作指令

电路块操作指令包含块“与”(ANDLD)指令和块“或”(ORLD)指令。

(1) 块“与”指令

ANDLD(块“与”指令)：又称为电路块的串联指令，用于2个或2个以上触点并联在一起的电路块的串联连接。

使用说明

① 将并联回路块串联连接进行“与”操作时，回路块开始用LD或LDNOT指令，回路块结束后用ANDLD指令连接起来。

② ANDLD指令不带操作数，是一条独立指令，ANDLD指令可串联多个并联电路块，支路数量没有限制。

③ 串联3个以上的电路块时，可以采取顺序连接的形式，即先通过ANDLD指令串联2个电路块后，再通过ANDLD指令串联下一个电路块。另外，也可以在3个电路块之后继续配置ANDLD指令，进行一次性串联。

例4-5 ANDLD的使用如表4-7所示。

条0中a由0.00和0.01并联在一起然后与0.02串联，不需要使用串联块命令ANDLD；b由0.03和0.04并联构成一个块再与0.02串联，因此需要使用ANDLD命令；c由0.05和0.06并联构成一个块再与块b串联，因此也需要使用ANDLD命令。

条1中由块d、块e、块f串联而成，因此块d、块e串联时需一个ANDLD，块f与前面电路串联时也需一个ANDLD，指令表如编程方法1所示。条1的指令表中也可以先将3个并联回路写完再书写ANDLD，如编程方法2所示。

(2) 块“或”指令

ORLD(块“或”指令)：又称为电路块的并联指令，用于2个或2个以上触点串联在一起的电路块的并联连接。

表 4-7 ANDLD 的使用

条	LAD	STL	
条 0	a: I:0.00, I:0.01; I:0.02; b: I:0.03, I:0.04; c: I:0.05, I:0.06; Q:100.01	LD 0.00 OR 0.01 ANDNOT 0.02 LDNOT 0.03 OR 0.04 ANDLD LD 0.05 OR 0.06 ANDLD OUT 100.01	
		编程方法 1	编程方法 2
条 1	d: I:0.00, I:0.01; e: I:0.02, I:0.03; f: I:0.04, I:0.05; Q:100.02	LD 0.00 OR 0.01 LDNOT 0.02 OR 0.03 ANDLD LDNOT 0.04 OR 0.05 ANDLD OUT 100.02	LD 0.00 OR 0.01 LDNOT 0.02 OR 0.03 LDNOT 0.04 OR 0.05 ANDLD ANDLD OUT 100.02

使用说明

① 将串联回路块串联连接进行“或”操作时，回路块开始用 LD 或 LDI 指令，回路块结束后用 ORLD 指令连接起来。

② ORLD 指令不带操作数，是一条独立指令，ORLD 指令可并联多个串联电路块，支路数量没有限制。

③ 并联 3 个以上的电路块时，可以采取顺序连接的形式，即先通过 ORLD 指令并联 2 个电路块后，再通过 ORLD 指令并联下一个电路块。另外，也可以在 3 个电路块之后继续配置 ORLD 指令，进行一次性并联。

例 4-6 ORLD 的使用如表 4-8 所示。

条 0 中由块 a、块 b、块 c 并联构成，块 a 由 0.00、0.01、0.02 串联在一起；块 b 由 0.03、0.04、0.05 串联在一起；块 c 由 0.06、0.07 串联在一起。因此块 a、块 b 并联时需一个 ORLD，块 c 与前面电路块并联时也需一个 ORLD，指令表如编程方法 1 所示。条 0 的指令表中也可以先将 3 个串联回路块写完再书写两个 ORLD，如编程方法 2 所示。

条 1 中由块 f、块 g、块 h 并联而成，而块 f 又由块 d 和块 e 串联而成。块 f、块 g 并联时需一个 ORLD，块 h 与前面电路块并联时也需一个 ORLD，指令表如编程方法 1 所示。条 1 的指令表中也可以先将块 f、块 g、块 h 这 3 个串联回路写完再书写 ORLD，如编程方法 2 所示。

4.1.3 连接型微分指令

连接型微分指令包括连接型上升沿微分（UP）指令以及连接型下降沿微分（DOWN）指令，其指令格式如表 4-9 所示。521 为 UP 指令的功能号，522 为 DOWN 指令的功能号，用户可以不输入，系统自动生成。

表 4-8 ORLD 的使用

条	LAD	STL 编程方法 1		STL 编程方法 2	
条 0	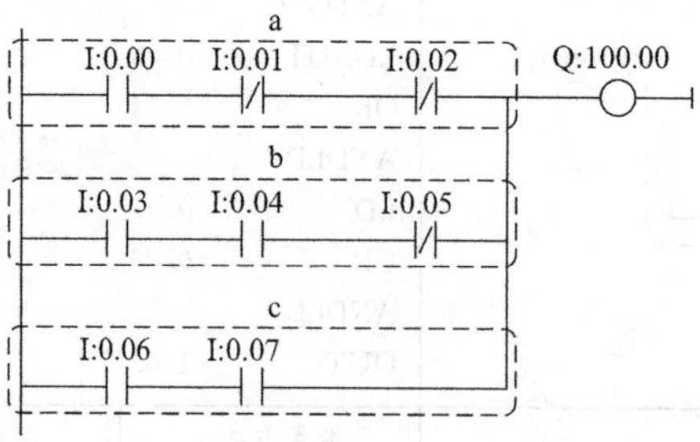 a: I:0.00, I:0.01, I:0.02 → Q:100.00 b: I:0.03, I:0.04, I:0.05 c: I:0.06, I:0.07	LD ANDNOT ANDNOT LD AND ANDNOT ORLD LD AND ORLD OUT	0.00 0.01 0.02 0.03 0.04 0.05 0.06 0.07 100.00	LD ANDNOT ANDNOT LD AND ANDNOT LD AND ORLD ORLD OUT	0.00 0.01 0.02 0.03 0.04 0.05 0.06 0.07 100.00
条 1	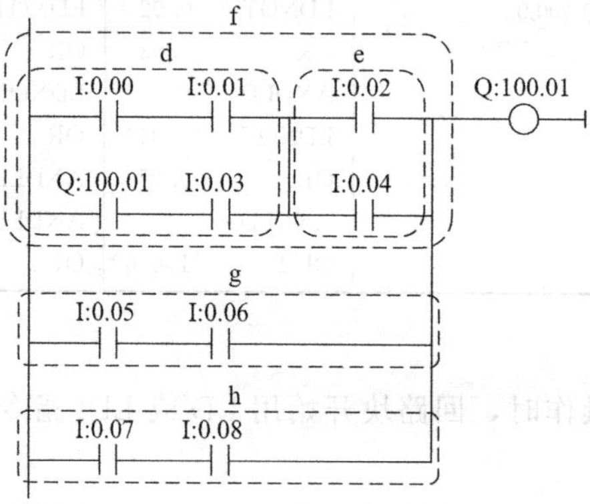 f: d: I:0.00, I:0.01; Q:100.01, I:0.03 — e: I:0.02; I:0.04 → Q:100.01 g: I:0.05, I:0.06 h: I:0.07, I:0.08	LD AND LD AND ORLD LD OR ANDLD LD AND ORLD LD AND ORLD OUT	0.00 0.01 100.01 0.03 0.02 0.04 0.05 0.06 0.07 0.08 100.01	LD AND LD AND ORLD LD OR ANDLD LD AND LD AND ORLD ORLD OUT	0.00 0.01 100.01 0.03 0.02 0.04 0.05 0.06 0.07 0.08 100.01

UP（连接型上升沿微分指令）：又称为连接型正跳变输入指令，某操作数出现由 0 到 1 的上升沿跳变时，使触点闭合，形成一个扫描周期的脉冲，驱动后面的输出线圈。

DOWN（连接型下降沿微分指令）：又称为连接型负跳变输入指令，某操作数出现由 1 到 0 的下降沿跳变时，使触点闭合，形成一个扫描周期的脉冲，驱动后面的输出线圈。

表 4-9 连接型微分指令格式

指令	LAD	STL
UP	UP(521)	UP(521)
DOWN	DOWN(522)	DOWN(522)

使用说明

① UP 和 DOWN 为下一段连接型指令，只有在输入信号变化时才有效，因此一般将其放在这一变化脉冲出现的语句之后，输出的脉宽为一个机器扫描周期。

② UP、DOWN 无操作数，不适用于电路的最终端。

例 4-7 连接型微分指令的使用及时序如表 4-10 所示。当检测到 0.00 由 OFF→ON（上升沿）且 0.01 接通时，输出 100.00 接通一个扫描周期；当检测到 0.02 由 ON→OFF

（下降沿）且 0.03 为 ON 时，输出 100.01 接通一个扫描周期。从时序图中可以看出，若 0.01 为 OFF，即使检测到 0.00 的上升沿，100.00 也不接通。同理，若 0.03 为 OFF，即使检测到 0.02 的下降沿，100.01 也不接通。

表 4-10　例 4-7 连接型微分指令的使用及时序

条	LAD	STL	时序分析
条 0	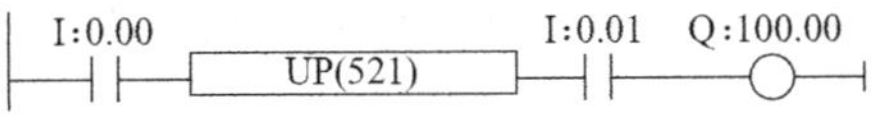 I:0.00 — UP(521) — I:0.01 — Q:100.00	LD 0.00 UP(521) AND 0.01 OUT 100.00	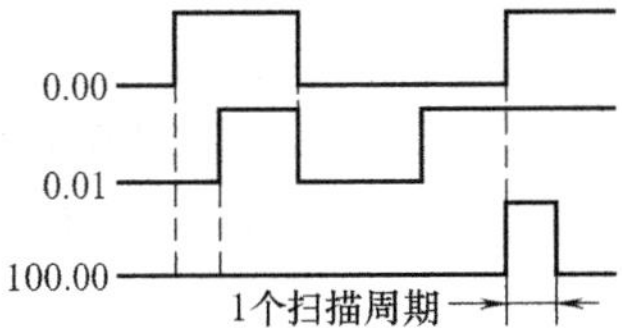 0.00、0.01、100.00；1个扫描周期
条 1	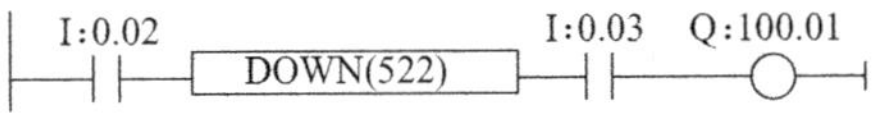 I:0.02 — DOWN(522) — I:0.03 — Q:100.01	LD 0.02 DOWN(522) AND 0.03 OUT 100.01	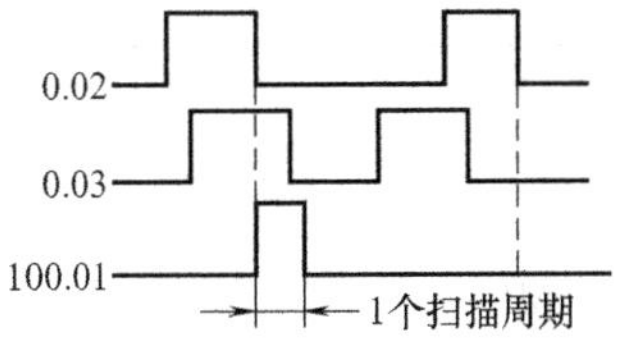 0.02、0.03、100.01；1个扫描周期

例 4-8　根据梯形图，画出 100.00、100.01、100.02 的时序图，如表 4-11 所示。其中条 0、条 1 和条 2 控制一组时序，条 3、条 4 和条 5 控制另一组时序。

表 4-11　例 4-8 的时序分析

条	LAD	时序分析
条 0	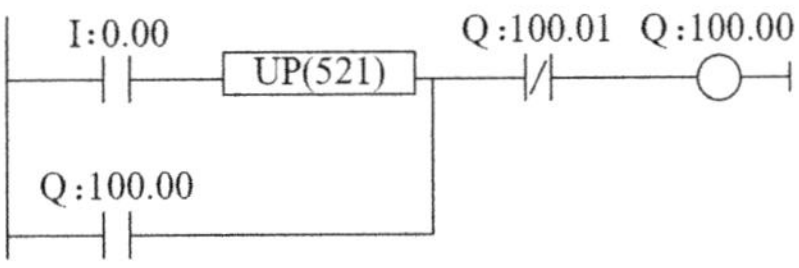 I:0.00 — UP(521) — Q:100.01（常闭）— Q:100.00；Q:100.00 并联	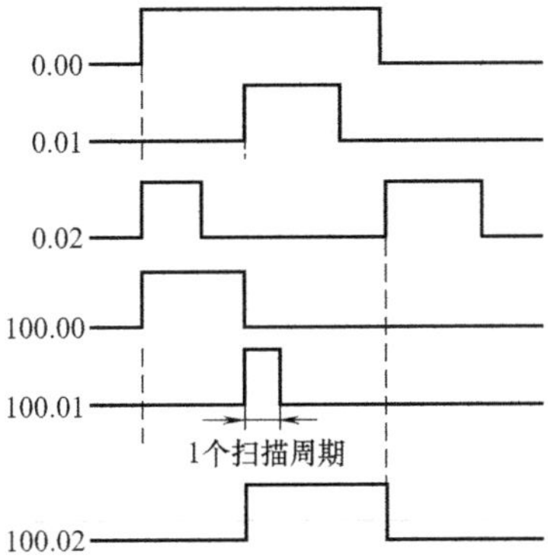 0.00、0.01、0.02、100.00、100.01、100.02；1个扫描周期
条 1	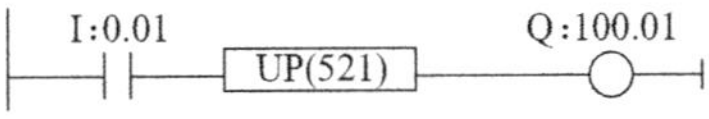 I:0.01 — UP(521) — Q:100.01	
条 2	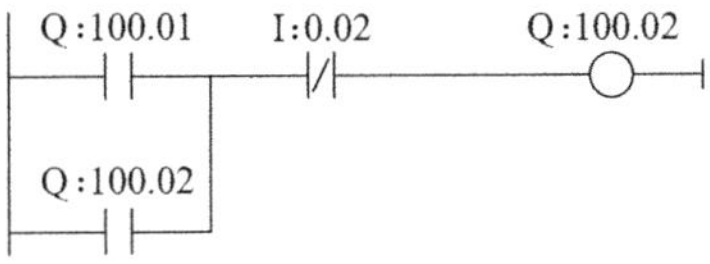 Q:100.01 — I:0.02（常闭）— Q:100.02；Q:100.02 并联	
条 3	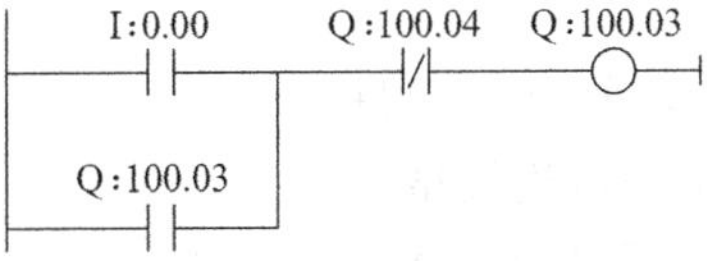 I:0.00 — Q:100.04（常闭）— Q:100.03；Q:100.03 并联	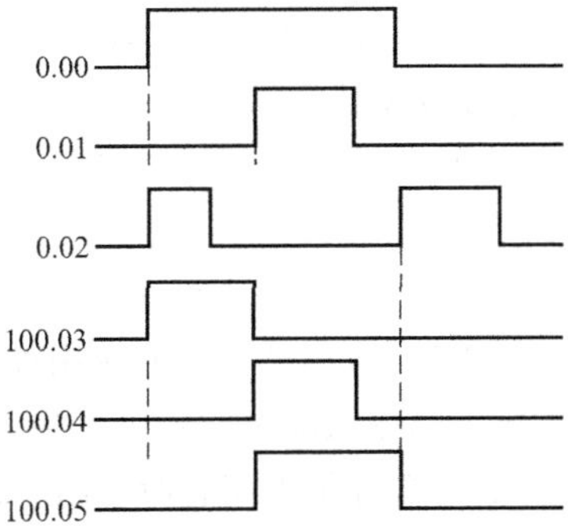 0.00、0.01、0.02、100.03、100.04、100.05
条 4	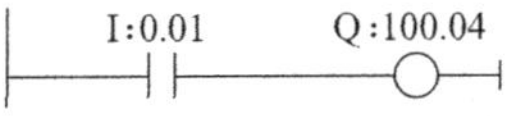 I:0.01 — Q:100.04	
条 5	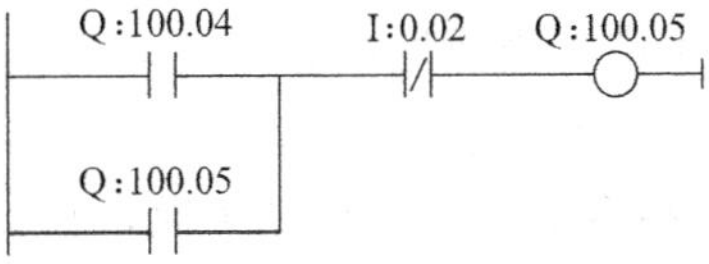 Q:100.04 — I:0.02（常闭）— Q:100.05；Q:100.05 并联	

4.1.4 位测试类指令

位测试类指令包括位测试指令和位测试非指令。位测试类指令的输入端可以直接连到左母线，输出端不能直接连到右母线。

（1）位测试指令

位测试指令包含了LD型位测试指令、AND型位测试指令、OR型位测试指令，各指令格式如表4-12所示。其中，S为测试数据通道编号；N为测试的位号，位范围数据通常为0000～000F（十六进制）或0～15（十进制）。

表4-12 位测试指令

指令	LAD	STL
LD型位测试指令	TST(350) S N	LDTST(350) S N
AND型位测试指令	TST(350) S N	ANDTST(350) S N
OR型位测试指令	TST(350) S N	ORTST(350) S N

使用说明

① 位测试指令是用来检测S通道的第N位的状态，若为1，则指令的输入输出端直通。

② LD型位测试指令是可以直接连接在母线上的下一段连接型指令。

③ AND型位测试指令为AND（串联）型的下一段连接型指令，不能直接连接在母线上。

④ OR型位测试指令为OR（并联）型的下一段连接型指令。

例4-9 位测试指令的使用如表4-13所示。在条0中，当数据存储器D20的第3位为1时，指令的输入输出端直通，100.00线圈得电；在条1中，当数据存储器D20的第4位为1并且0.00常开触点闭合时，指令的输入输出端直通，100.01线圈得电；在条2中，当数据存储器D20的第2位为1或者0.01常开触点闭合时，指令的输入输出端直通，100.02线圈得电。

表 4-13 位测试指令的使用

条	LAD	STL
条 0	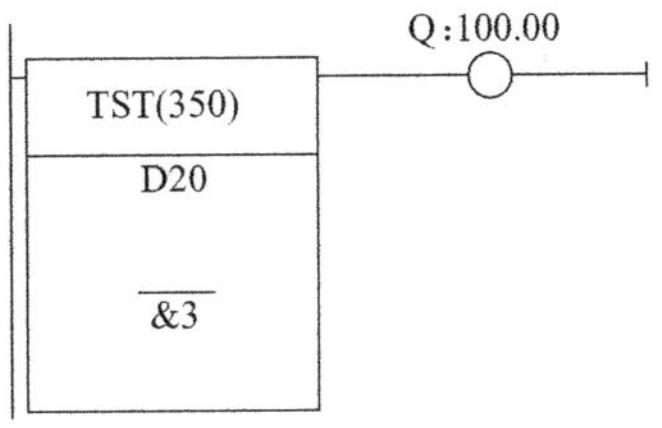 TST(350) D20 &3 → Q:100.00	LDTST(350) D20 &3 OUT 100.00
条 1	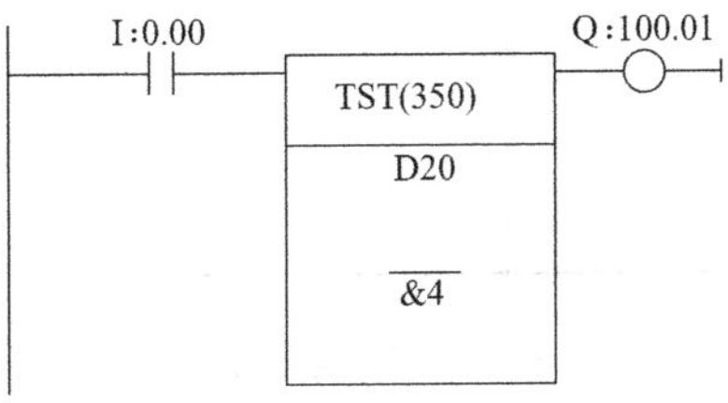 I:0.00 — TST(350) D20 &4 → Q:100.01	LD 0.00 ANDTST(350) D20 &4 OUT 100.01
条 2	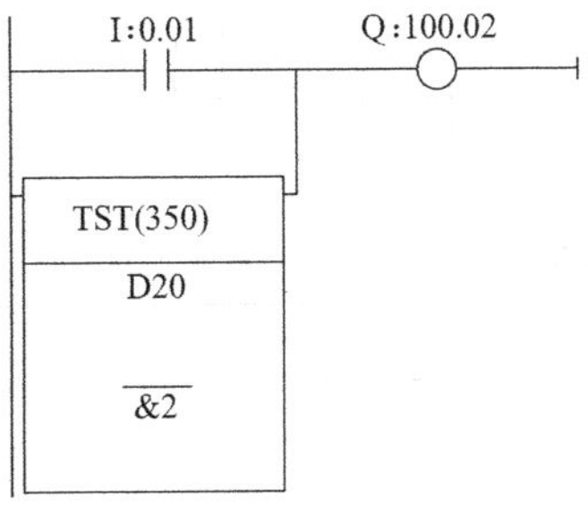 I:0.01 并联 TST(350) D20 &2 → Q:100.02	LD 0.01 ORTST(350) D20 &2 OUT 100.02

(2) 位测试非指令

位测试非指令包含了 LD 型位测试非指令、AND 型位测试非指令、OR 型位测试非指令，各指令格式如表 4-14 所示。其中，S 为测试数据通道编号；N 为测试的位号，位范围数据通常为 0000～000F（十六进制）或 0～15（十进制）。

使用说明

① 位测试非指令是用来检测 S 通道的第 N 位的状态，若为 0，则指令的输入输出端直通。

② LD 型位测试非指令是可以直接连接在母线上的下一段连接型指令。

③ AND 型位测试非指令为 AND（串联）型的下一段连接型指令，不能直接连接在母线上。

④ OR 型位测试非指令为 OR（并联）型的下一段连接型指令。

表 4-14 位测试非指令

指令	LAD	STL
LD 型位测试非指令	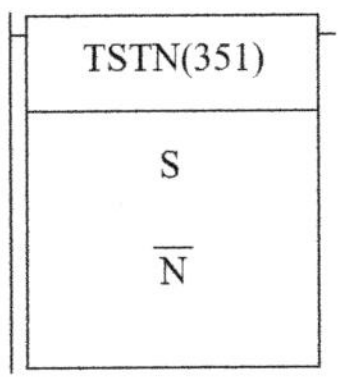 TSTN(351) S N	LDTSTN(351) S N

续表

指令	LAD	STL
AND 型位测试非指令	TSTN(351) S $\overline{N}$	ANDTSTN(351) S N
OR 型位测试非指令	TSTN(351) S $\overline{N}$	ORTSTN(351) S N

例 4-10 位测试非指令的使用如表 4-15 所示。在条 0 中，当数据存储器 D20 的第 4 位为 0 时，指令的输入输出端直通，100.00 线圈得电；在条 1 中，当数据存储器 D20 的第 3 位为 0 并且 0.00 常开触点闭合时，指令的输入输出端直通，100.01 线圈得电；在条 2 中，当数据存储器 D20 的第 2 位为 0 或者 0.01 常开触点闭合时，指令的输入输出端直通，100.02 线圈得电。

表 4-15 位测试非指令的使用

条	LAD	STL
条 0	TSTN(351) D20 $\overline{\&4}$ — Q:100.00	LDTSTN(351) D20 &4 OUT 100.00
条 1	I:0.00 — TSTN(351) D20 $\overline{\&3}$ — Q:100.01	LD 0.00 ANDTSTN(351) D20 &3 OUT 100.01
条 2	I:0.01 / TSTN(351) D20 $\overline{\&2}$ — Q:100.02	LD 0.01 ORTSTN(351) D20 &2 OUT 100.02

4.2 时序输出指令

时序输出指令主要包括基本输出指令、微分输出指令、置位/复位指令、存储/保持指令等。

4.2.1 基本输出指令

基本输出指令是直接对输出进行操作的指令，CP1H 系列 PLC 的基本输出指令包括输出（OUT）、输出非（OUTNOT）和 1 位输出（OUTB）指令。

OUT（输出指令）：将逻辑运算处理结果输出到指定接点。OUTNOT（输出非指令）：将逻辑运算处理结果取反后输出到指定接点。OUTB（1 位输出指令）：将逻辑运算结果输出给 S 通道的第 N 位。这三个指令的格式如表 4-16 所示。

表 4-16 基本输出指令格式

指令	LAD	STL
输出	<bit> —○—	OUT <bit>
输出非	<bit> —∅—	OUTNOT <bit>
1 位输出	OUTB(534) S N	OUTB(534) S N

使用说明

① 基本输出指令不能直接连接在母线上，其输入条件中必须有一个以上的 LD/LDNOT 指令，若没有 LD/LDNOT 指令，CX-Programmer 的“条”中自动以红色显示，表示指令输入错误。

② OUTB 指令的 S 为输出通道编号；N 为输出的位号，位范围数据通常为 0000～000F（十六进制）或 0～15（十进制）。

③ OUTB 指令与 OUT、OUTNOT 指令不同，可以将 DM（数据存储器）区域的指定位作为对象。

例 4-11 基本输出指令的使用如表 4-17 所示。初始状态下，启动按钮未闭合（0.00 为 0）时，条 1 的 100.00 输出为 0，条 2 的 100.01 输出为 1。启动按钮闭合（0.00 为 1）且停止按钮未断开（0.02 为 0）时，在条 0 中 OUTB 指令将 1 输出到 D10 通道的第 10 位；在条 1 中测试 D10 通道的第 10 位为 1，100.00 输出为 1；在条 2 中测试 D10 通道的第 10 位不为 0，TSTN 指令输出为 0，所以输出非指令使 100.01 输出为 1。启动按钮闭合（0.00 为 1）且停止按钮断开（0.02 为 1）时，在条 0 中 OUTB 指令没有将 1 输出到 D10 通道的第 10 位；在条 1 中测试 D10 通道的第 10 位不为 1，100.00 输出为 0；在条 2 中测试 D10 通道的第 10 位的为 0，TSTN 指令输出为 1，所以输出非指令使 100.01 输出为 0。

表 4-17　基本输出指令的使用

条	LAD	STL
条 0	I:0.00 启动 ─┤├─ I:0.02 停止 ─┤/├─ OUTB(534) D10 &10（位输出 输出通道地址 位）	LD　0.00 ANDNOT　0.02 OUTB(534)　D10　&10
条 1	I:0.00 启动 ─┤├─ TST(350) D10 &10 ─ Q:100.00	LD　0.00 ANDTST(350)　D10　&10 OUT　100.00
条 2	I:0.00 启动 ─┤├─ TSTN(351) D10 &10 ─ Q:100.01	LD　0.00 ANDTSTN(351)　D10　&10 OUTNOT　100.01

4.2.2　微分输出指令

微分输出指令包括上升沿微分输出（DIFU）指令以及下降沿微分输出（DIFD）指令，其指令格式如表 4-18 所示。R 为继电器编号；013 为 DIFU 指令的功能号，014 为 DIFD 指令的功能号，用户可以不输入，系统自动生成。

DIFU（上升沿微分输出指令）：当该指令输入一个由 0 到 1 的上升沿跳变时，将 R 所指定的接点在一个扫描周期内为 1，其余扫描周期为 0。

DIFD（下降沿微分输出指令）：当该指令输入一个由 1 到 0 的下降沿跳变时，将 R 所指定的接点在一个扫描周期内为 1，其余扫描周期为 0。

表 4-18　微分输出指令格式

指令	LAD	STL
UP	DIFU(013) R	DIFU(013)　R
DOWN	DIFD(014) R	DIFD(014)　R

使用说明

① 在互锁（IL-ILC）指令间、转移（JMP）/转移结束（JME）指令间或子程序指令内使用微分输出指令时，根据输入条件不同，动作会出现差异。

② 在一周期内重复电路的 FOR（重复开始）-NEXT（重复结束）指令间使用 DIFU 指令时，接点在该电路中处于常开或常闭状态。

例 4-12 微分输出指令的使用及时序如表 4-19 所示。当检测到 0.00 由 OFF→ON（上升沿）时，W0.00 接通一个扫描周期；当检测到 0.01 由 ON→OFF（下降沿）时，W0.01 接通一个扫描周期。

表 4-19 例 4-12 微分输出指令的使用及时序

条	LAD	STL	时序分析
条 0	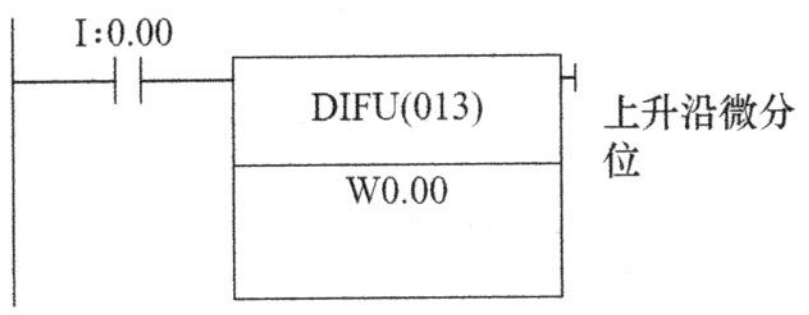 I:0.00 DIFU(013) W0.00 上升沿微分位	LD 0.00 DIFU(013) W0.00	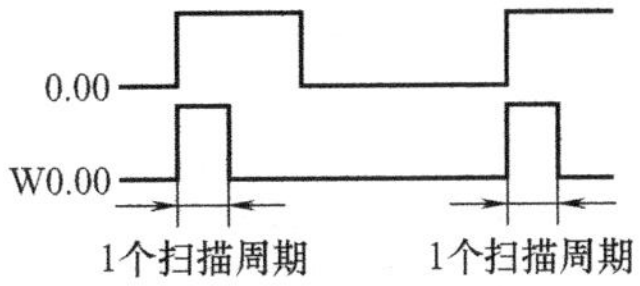 0.00 W0.00 1个扫描周期 1个扫描周期
条 1	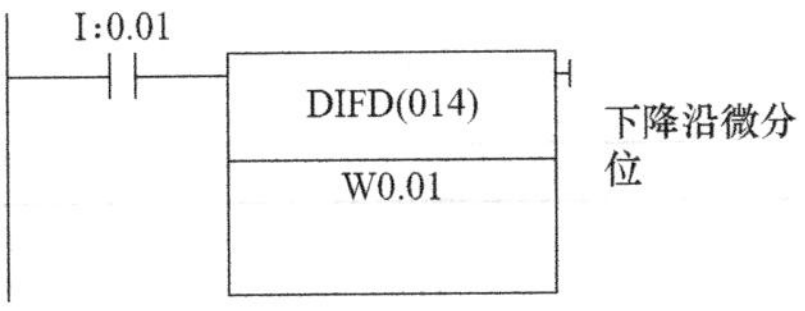 I:0.01 DIFD(014) W0.01 下降沿微分位	LD 0.01 DIFD(014) W0.01	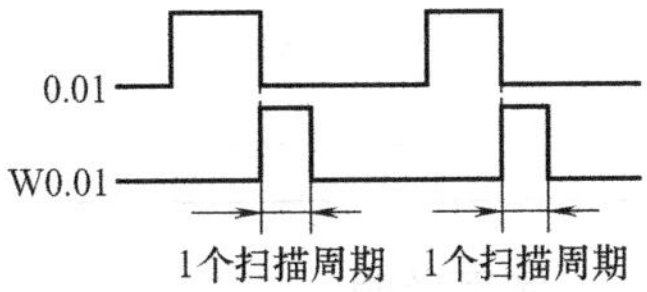 0.01 W0.01 1个扫描周期 1个扫描周期

4.2.3 置位/复位指令

CP1H 系列 PLC 的置位指令包括置 1（SET）、1 位置位（SETB）和多位置位（SETA）指令；复位指令包括置 0（RSET）、1 位复位（RSTB）和多位复位（RSTA）指令。它们的指令格式如表 4-20 所示。

SET（置 1 指令）：当输入条件为 ON 时，将 R 继电器所指定的接点置 1，此后无论输入条件是 OFF 还是 ON，指定接点 R 将始终保持 ON 状态。

SETB（1 位置位指令）：当输入条件为 ON 时，将 S 通道所指定的第 N 位置 1，此后无论输入条件是 OFF 还是 ON，指定的第 N 位将始终保持 ON 状态。

SETA（多位置位指令）：当输入条件为 ON 时，将 S 通道所指定的第 N1 位开始的 N2 个连续位置 1，此后无论输入条件是 OFF 还是 ON，这些指定的连续位将始终保持 ON 状态。

RSET（置 0 指令）：当输入条件为 ON 时，将 R 继电器所指定的接点置 0，此后无论输入条件是 OFF 还是 ON，指定接点 R 将始终保持 OFF 状态。

RSTB（1 位复位指令）：当输入条件为 ON 时，将 S 通道所指定的第 N 位复位（置 0），此后无论输入条件是 OFF 还是 ON，指定的第 N 位将始终保持 OFF 状态。

RSTA（多位复位指令）：当输入条件为 ON 时，将 S 通道所指定的第 N1 位开始的 N2 个连续位复位（置 0），此后无论输入条件是 OFF 还是 ON，这些指定的连续位将始终保持 OFF 状态。

表 4-20　置位/复位指令格式

指令	LAD	STL	指令	LAD	STL
SET	SET R	SET　R	RSET	RSET R	RSET　R
SETB	SETB(532) S N	SETB(532) S N	RSTB	RSTB(533) S N	RSTB(533) S N
SETA	SETA(530) S N1 N2	SETA(530) S N1 N2	RSTA	RSTA(531) S N1 N2	RSTA(531) S N1 N2

使用说明

① 对位元件来说，一旦置位，就保持在通电状态，除非对它进行复位。

② 对位元件来说，一旦复位，就保持在断电状态，除非对它进行置位。

③ 对同一位元件，可以多次使用置位/复位指令。

④ 由于PLC采用扫描工作方式，所以当置位、复位指令同时有效时，写在后面指令具有优先权。

例 4-13　置位/复位指令的使用及时序分析如表 4-21 所示。

表 4-21　置位/复位指令的使用及时序分析

条	LAD	STL	时序分析
条 0	I:0.00 SET Q:100.00 设置位	LD 0.00 SET 100.00	0.00 0.01 100.00
条 1	I:0.01 RSET Q:100.00 复位位	LD 0.01 RSET 100.00	

续表

条	LAD	STL	时序分析
条 2	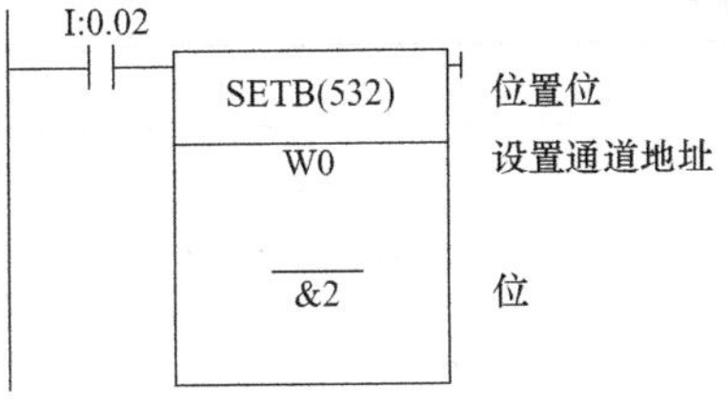 I:0.02 SETB(532) 位置位；W0 设置通道地址；&2 位	LD 0.02 SETB(532) W0 &2	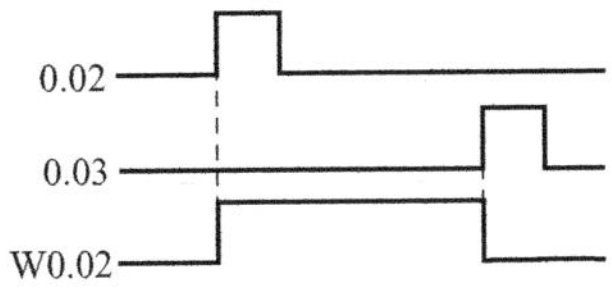 0.02 0.03 W0.02
条 3	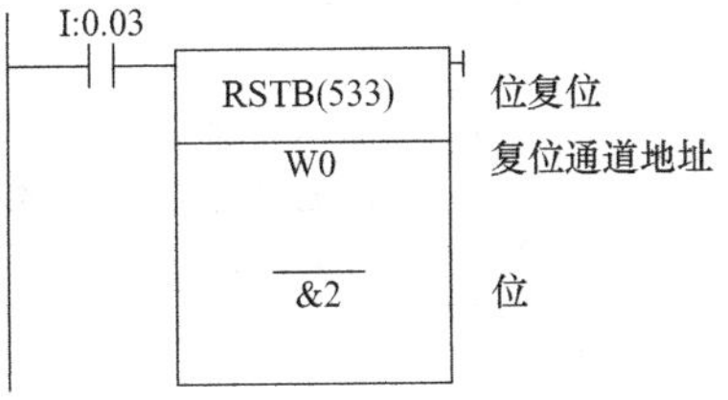 I:0.03 RSTB(533) 位复位；W0 复位通道地址；&2 位	LD 0.03 RSTB(533) W0 &2	
条 4	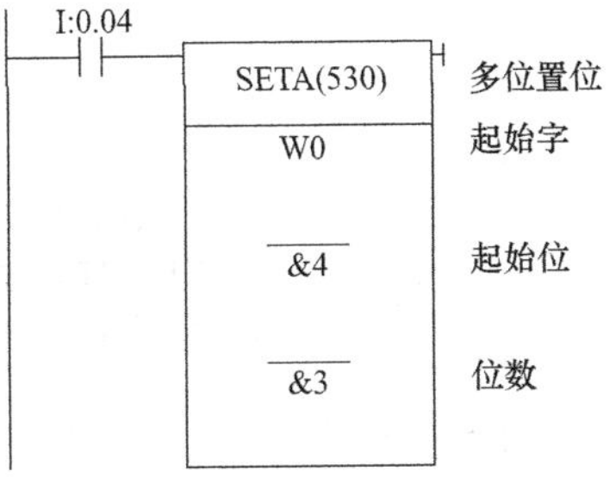 I:0.04 SETA(530) 多位置位；W0 起始字；&4 起始位；&3 位数	LD 0.04 SETA(530) W0 &4 &3	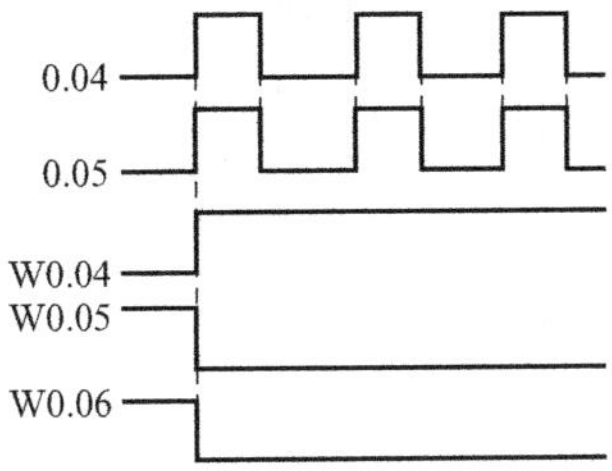 0.04 0.05 W0.04 W0.05 W0.06
条 5	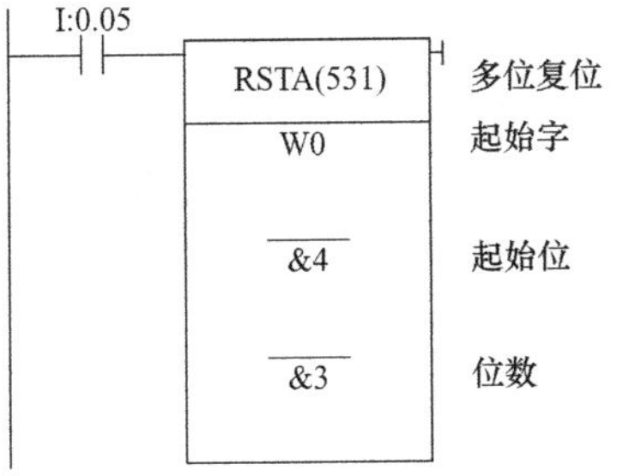 I:0.05 RSTA(531) 多位复位；W0 起始字；&4 起始位；&3 位数	LD 0.05 RSTA(531) W0 &4 &3	

4.2.4 存储/保持指令

存储/保持指令包括临时存储继电器（TR）指令和保持（KEEP）指令。

（1）TR（临时存储继电器指令）

TR 指令无梯形图符号，只用在助记符（STL）程序中，临时存储电路运行中的 ON/OFF 状态。

使用说明

① TR0～TR15 不能用于 LD、OUT 指令之外的指令。

② TR0～TR15 在继电器编号的使用顺序上没有限制。

③ 由于 TR0～TR15 仅用于输出分支较多的电路的分支点上的 ON/OFF 状态存储（OUT TR0～TR15）和再现（LD TR0～TR15），所以与一般的继电器、接点不同，在

AND、OR指令和NOT的附加指令中不能使用。

例4-14 临时存储继电器（TR）指令的使用如表4-22所示。

表4-22 TR指令的使用

条	LAD	STL	说明
条0	I:0.00 A Q:100.00 I:0.01 Q:100.01	LD 0.00 OUT 100.00 AND 0.01 OUT 100.01	分支节点A上的ON/OFF状态和100.00的输出状态相同，因此可以接着书写OUT 100.00、AND 0.01、OUT 100.01指令
条1	I:0.02 A I:0.03 Q:100.02 TR0 Q:100.03	LD 0.02 OUT TR0 AND 0.03 OUT 100.02 LD TR0 OUT 100.03	分支节点A上的ON/OFF状态和100.02的输出状态可能不一致，因此需要使用TR进行暂存，然后再书写相关指令
条2	I:0.04 B I:0.05 C I:0.06 Q:100.04 TR0 TR1 I:0.03 Q:100.05 I:0.04 Q:100.06	LD 0.04 OUT TR0 AND 0.05 OUT TR1 AND 0.06 OUT 100.04 LD TR1 AND 0.03 OUT 100.05 LD TR0 AND 0.04 OUT 100.06	有两个分支节点B、C，因此需使用临时存储继电器TR0、TR1。在一个程序中，同一个条中不能重复使用同一编号的TR，但同一编号的TR可以出现在不同的条中，例如条1中使用了TR0，在条2中也可以使用TR0
条3	I:0.01 D I:0.07 E I:0.08 Q:100.07 TR0 TR1 I:0.05 Q:101.00 I:0.03 Q:101.01 I:0.04 F I:0.03 Q:101.02 TR0 I:0.08 Q:101.03	LD 0.01 OUT TR0 AND 0.07 OUT TR1 AND 0.08 OUT 100.07 LD TR1 AND 0.05 OUT 101.00 LD TR0 AND 0.03 OUT 101.01 LD TR0 AND 0.04 OUT TR0 AND 0.03 OUT 101.02 LD TR0 AND 0.08 OUT 101.03	有三个分支节点D、E、F，但只使用了两个临时存储继电器TR0、TR1。TR在梯形图中没有相应的符号，只是在助记符中出现

(2) KEEP（保持指令）

KEEP 指令有两个输入端，分别称为置位端（A）和复位端（B），当置位端输入为 ON 时，使 R 继电器处于 ON 状态；当复位端输入为 ON 时，使 R 继电器处于 OFF 状态。KEEP 指令格式如表 4-23 所示，该指令等效于简单的“自保停”梯形图电路程序，如图 4-1 所示。

表 4-23 KEEP 指令格式

指令	LAD	STL
KEEP	A — KEEP(011) R B —	LD A LD B KEEP(011) R

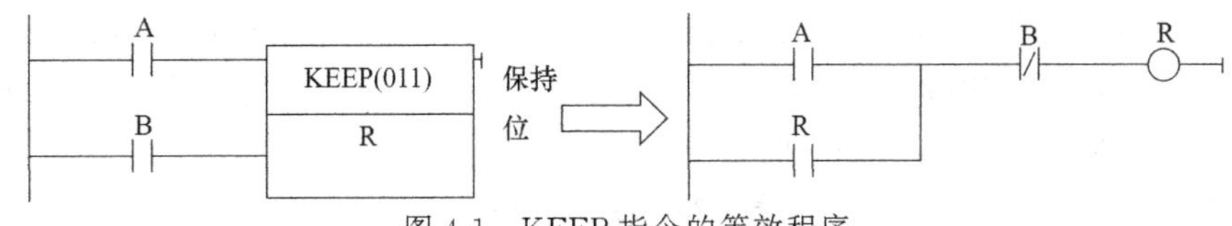

图 4-1 KEEP 指令的等效程序

使用说明

① 若置位端和复位端同时为 ON，R 继电器处于 OFF 状态。

② 当复位端为 ON 时，即使置位端输入为 ON，R 继电器仍处于 OFF 状态。

例 4-15 KEEP 指令的使用及时序分析如表 4-24 所示。从表中可以看出，在条 0 中，0.01 处于 ON 状态时，不管 0.00 处于 ON 还是 OFF 状态，100.00 输出为 0；0.01 处于 OFF 状态，如果 0.00 为 ON，则 100.00 输出为 1，此后只要 0.01 仍处于 OFF，不管 0.00 的状态是否发生改变，100.00 保持输出为 1。在条 1 中，只要 0.04 或者 0.05 处于 ON 状态，100.01 输出为 0；0.04 和 0.05 均处于 OFF 状态，只要 0.03 为 0，0.02 为 1，则 100.01 输出为 1，此后不管 0.03 和 0.02 的状态是否发生改变，100.01 保持输出为 1。

表 4-24 KEEP 指令的使用及时序分析

条	LAD	STL	时序分析
条 0	I:0.00 I:0.01 KEEP(011) Q:100.00 保持位	LD 0.00 LD 0.01 KEEP(011) 100.00	0.00 0.01 100.00
条 1	I:0.02 I:0.03 I:0.04 I:0.05 KEEP(011) Q:100.01 保持位	LD 0.02 ANDNOT 0.03 LD 0.04 OR 0.05 KEEP(011) 100.01	0.02 0.03 0.04 0.05 100.01

4.3 定时器指令

在传统继电器-交流接触器控制系统中一般使用延时继电器进行定时，通过调节延时螺钉来设定延时时间的长短。在PLC控制系统中通过内部软延时继电器-定时器来进行定时操作。PLC内部定时器是PLC中最常用的元器件之一，用好、用对定时器对PLC程序设计非常重要。

CP1H系列PLC的定时器用T进行表示，它有一个设定值寄存器SV和一个当前值寄存器PV以及输出触点。定时器是根据时钟脉冲计时的，时钟脉冲有1ms、10ms、100ms三种。当定时器的输入条件为OFF或断电时，定时器复位，此时定时器PV值等于设定值；当定时器输入条件为ON时，定时器开始定时，PV值每隔一个时钟脉冲减1，当PV值等于0时，其输出触点动作。

CP1H系列PLC的定时器分为通用定时器、高速定时器、超高速定时器、累计定时器、长时间定时器、多输出定时器等多种，每一种类型下又细分为十进制定时器（BCD）和十六进制定时器（HEX），它们均有相应的指令，如表4-25所示。

表4-25　定时器指令

指令名称	设定值	指令助记符	定时精度/s	定时范围	特点
通用定时器	BCD(0～9999)	TIM	0.1	0～999.9s	单点递减
	HEX(0～FFFF)	TIMX		0～6553.5s	
高速定时器	BCD(0～9999)	TIMH	0.01	0～99.99s	单点递减
	HEX(0～FFFF)	TIMHX		0～655.35s	
超高速定时器	BCD(0～9999)	TMHH	0.001	0～9.999s	单点递减
	HEX(0～FFFF)	TMHHX		0～65.535s	
累计定时器	BCD(0～99999999)	TTIM	0.1	0～999.9s	单点累加
	HEX(0～FFFF)	TTIMX		0～6553.5s	
长时间定时器	BCD(0～99999999)	TIML	0.1	115天	单点递减
	HEX(0～FFFF)	TIMLX		49710天	
多输出定时器	BCD(0～9999)	MTIM	0.1	0～999.9s	多点累加
	HEX(0～FFFF)	MTIMX		0～6553.5s	

从表4-25中可以看出，十六进制类型的定时器的定时时间比十进制类型定时器的定时时间要长。在默认情况下，CX-Programmer编程软件只能输入十进制类型的定时器指令。如果要输入十六进制类型的定时器指令，需在CX-Programmer软件“工程工作区”的“新PLC”上右击鼠标，在弹出的菜单命令中选择“属性”，将弹出如图4-2（a）所示的“PLC属性”对话框。在“PLC属性”对话框中选择“通用”选项卡，并选中“以二进制形式执行定时器/计数器”复选框，将弹出如图4-2（b）所示的确认对话框，点击“确定”按钮，用户即可在CX-Programmer编程软件中输入十六进制类型的定时器指令。

十进制定时器（BCD）和十六进制定时器（HEX）的指令功能相同，但由于十进制定时器指令的定时设定值更为直观，所以本书只讲解十进制类的定时器指令。对于十六进制类的定时器指令的使用方法，用户参照十进制类的定时器指令即可。

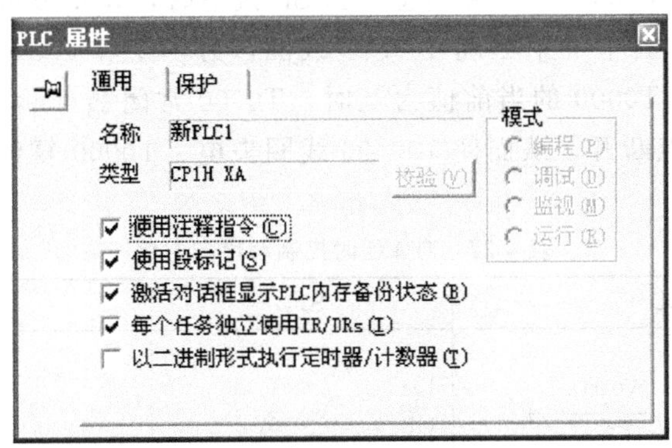

(a) “PLC属性”对话框

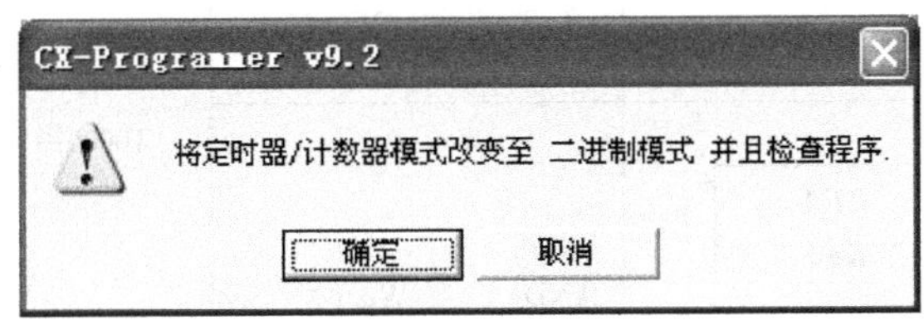

(b) “确认”对话框

图 4-2 设置十六进制定时器指令输入方式

4.3.1 通用定时器指令

通用定时器每隔 0.1s 将当前值减 1，若当前值为 0 时，则执行相应的定时器动作，其指令格式如表 4-26 所示。

表 4-26 通用定时器指令格式

指令	LAD	STL	操作数说明
通用定时器指令	TIM N S	TIM N S	N 为定时器编号，范围为 0～4095（十进制）；S 为定时器设定值，取值范围为 0000～9999（BCD 码）

使用说明

① 定时器输入为 OFF 时，对 N 所指定编号的定时器进行复位。

② 定时器输入由 OFF 变为 ON 时，启动定时器，定时器开始对当前值每隔 0.1s 进行减 1 计时，当前值减为 0 时，将时间到时标志置于 ON（时间到时）。定时时间范围为 0～999.9s。

③ 时间到时后，保持定时器当前值以及时间到时标志的状态。若要重启定时，需要将定时器输入从 OFF 变为 ON，或者通过指令（如 MOV）将定时器当前值变更为除 0 以外的正整数。

例 4-16 使用 TIM 指令实现延时控制，要求按下按钮 SB，指示灯亮，松开按钮，延时 5s 指示灯自动熄灭。

分析：按钮 SB 与 PLC 的 0.00 连接；指示灯 HL 与 PLC 的 100.00 相连。在程序中可以使用内部辅助继电器 W0.00 来暂存信息。当 SB 按下时，W0.00 线圈得电并自保；两个 W0.00 常开触点串联，其中一个驱动 100.00 线圈，另一个和 0.00 常闭触点串联以控制 T0000 定时器延时。当 T0000 的当前值为 0 时，T0000 常闭触点断开，W0.00 线圈失电，使两个 W0.00 常开触点断开，从而使 100.00 线圈失电、T0000 复位。其程序与时序如表 4-27所示。

表 4-27　TIM 延时控制程序与时序

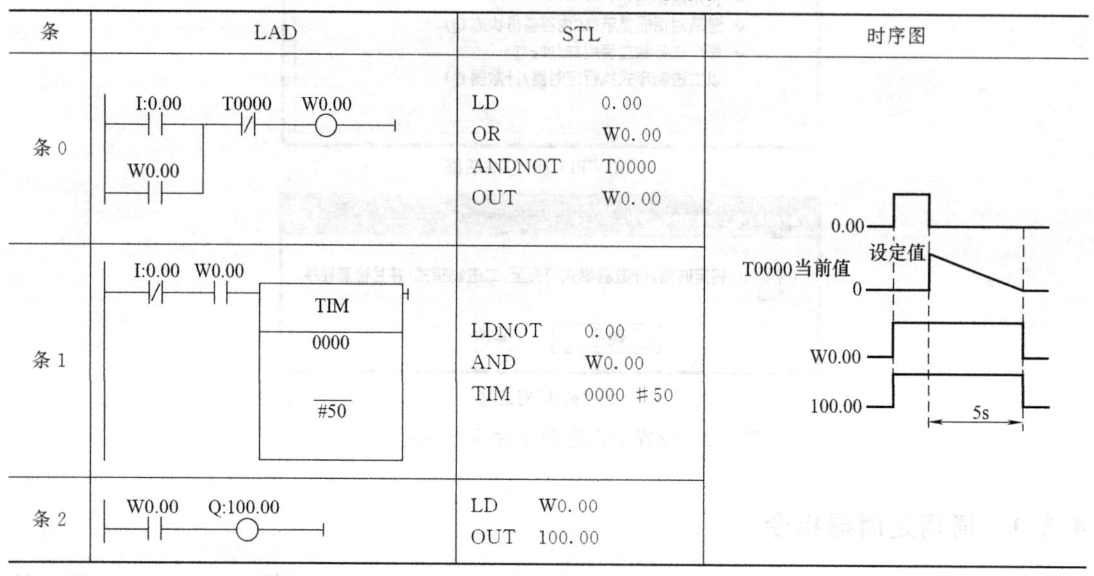

条	LAD	STL	时序图
条 0	I:0.00　T0000　W0.00 W0.00	LD　0.00 OR　W0.00 ANDNOT　T0000 OUT　W0.00	0.00 T0000当前值　设定值　0 W0.00 100.00 5s
条 1	I:0.00　W0.00 TIM 0000 #50	LDNOT　0.00 AND　W0.00 TIM　0000 #50	
条 2	W0.00　Q:100.00	LD　W0.00 OUT　100.00	

4.3.2　高速定时器及超高定时器指令

高速定时器每隔 0.01s 将当前值减 1，若当前值为 0，则执行相应的定时器动作；超高速定时器每隔 0.001s 将当前值减 1，若当前值为 0，则执行相应的定时器动作。它们的指令格式如表 4-28 所示。

表 4-28　高速定时器及超高定时器指令格式

指令	LAD	STL	操作数说明
高速定时器指令	TIMH(015) N S	TIMH(015)　N　S	N 为定时器编号，范围为 0～4095(十进制)；S 为定时器设定值，取值范围为 0000～9999(BCD 码)
超高速定时器指令	TMHH(540) N S	TMHH(540)　N　S	N 为定时器编号，范围为 0～15(十进制)；S 为定时器设定值，取值范围为 0000～9999(BCD 码)

使用说明

① 定时器输入为 OFF 时，对 N 所指定编号的定时器进行复位。

② 定时器输入由 OFF 变为 ON 时，启动定时器，定时器开始对当前值每隔 1 个时间单位进行减 1 计时，当前值减为 0 时，将时间到时标志置于 ON（时间到时）。其中高速定时器的时间单位为 0.01s，定时时间范围为 0～99.99s；超高速定时器的时间单位为 0.001s，定时时间范围为 0～9.999s。

③ 时间到时后，保持定时器当前值以及时间到时标志的状态。若要重启定时，需要将定时器输入从 OFF 变为 ON，或者通过指令（如 MOV）将定时器当前值变更为除 0 以外的正整数。

例 4-17 使用 TIMH 和 TMHH 指令控制 100.00 输出 1 个占空比为 10%的 5Hz 方波信号。

分析：利用两个定时器可构成任意占空比周期性方波信号输出，占空比为 10%的 5Hz 方波信号，即 1 个周期时间为 1/5＝0.2s，其中高电平的脉宽为 0.02s，低电平的脉宽为 0.18s。在此使用高速定时器的设定值为 18，超高速定时器的设定值为 20。若 0.00 接通时，100.00 线圈得电，同时定时器 T0000（超高速定时器）开始定时，0.02s 后，T0000 常开触点接通，常闭触点断开，则 100.00 线圈失电，同时定时器 T0001（高速定时器）开始定时，0.18s 后，T0001 常闭触点断开，则定时器 T0000、T0001 被复位，其触点恢复常态，从而使常闭触点 T0001 重新接通，第二个输出周期开始。其程序与时序如表 4-29所示。

表 4-29 方波信号输出程序与时序

条	LAD	STL	时序图
条 0	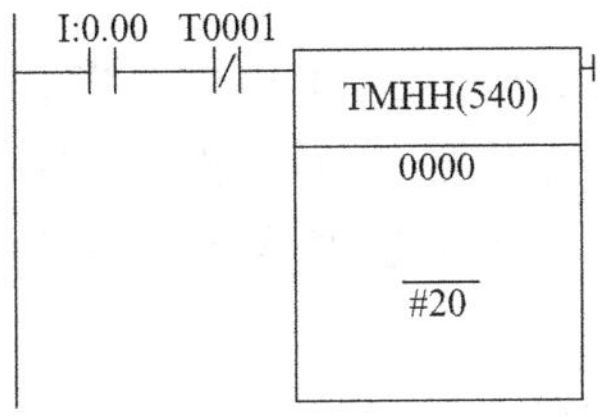 I:0.00 T0001 TMHH(540) 0000 #20	LD 0.00 ANDNOT T0001 TMHH(540) 0000 #20	0.00 0.02s 0.18s 100.00 0.2s
条 1	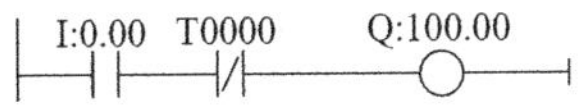 I:0.00 T0000 Q:100.00	LD 0.00 ANDNOT T0000 OUT 100.00	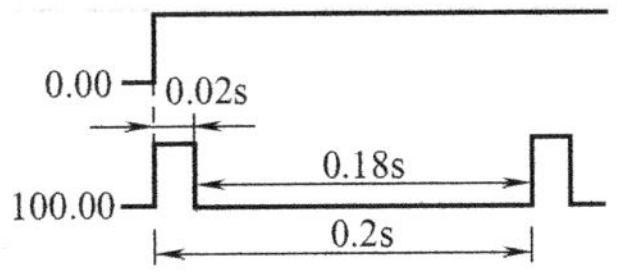
条 2	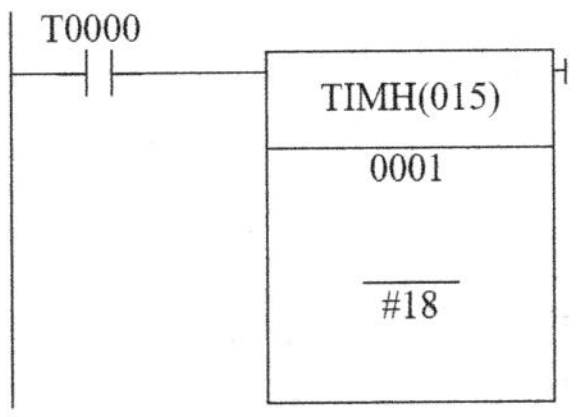 T0000 TIMH(015) 0001 #18	LD T0000 TIMH(015) 0001 #18	

4.3.3 累计定时器指令

累计定时器每隔 0.1s 将当前值加 1，若当前值等于设定值时，则执行相应的定时器动作，其指令格式如表 4-30 所示。该指令有两个输入端，分别称为定时器输入端（A）和复位输入端（B）。当 A 为 ON 时，对当前值每隔 0.1s 进行加 1 运算；当 A 为 OFF 时，停止加 1 运算，保持当前值。当复位输入端为 ON 时，定时器的当前值为 0。

表 4-30 累计定时器指令格式

指令	LAD	STL	操作数说明
累计定时器指令	A— TTIM(087) N S B—	LD A LD B TTIM(087) N S	N为定时器编号，范围为0～4095(十进制)；S为定时器设定值，取值范围为0000～9999(BCD码)

使用说明

① 定时器输入端A为ON时，对N所指定编号的定时器的当前值每隔0.1s进行加1运算。当前值加到设定值时，将时间到时标志置于ON（时间到时），其定时时间范围为0～999.9s。

② 定时器输入端A为OFF时，对N所指定编号的定时器的当前值停止加1运算，并保持当前值。

③ 当复位输入端B为ON时，定时器的当前值为0。

④ 时间到时后，保持定时器当前值以及时间到时标志的状态。若要重启定时，需要将定时器复位输入端从OFF变为ON，或者通过指令（如MOV）将定时器当前值设置为设定值以下的数值。

例 4-18 使用累计定时器指令，实现信号灯点亮时间控制。要求：当HL0信号灯的累计点亮时间超过5s时将其熄灭，HL1信号灯点亮，否则HL1信号灯熄灭。

分析：假设SB与0.00连接，HL0与100.00连接，HL1与100.01连接。当SB处于闭合状态时100.00线圈为1，100.00常开触点闭合，使累计定时器T0000累计定时；松开SB，则100.00线圈为0，100.00常开触点断开，累计定时器T0000暂停累计，并保持当前值。其程序与时序如表4-31所示。

表 4-31 信号灯点亮时间控制的程序与时序

条	LAD	STL
条0	I:0.00 —| |— T0000 —|/|— I:0.01 —|/|— Q:100.00 —( )—	LD 0.00 ANDNOT T0000 ANDNOT 0.01 OUT 100.00
条1	Q:100.00 —| |— TTIM(087) 累加定时器 I:0.01 —| |— 0000 定时器号 #50 设置值	LD 100.00 LD 0.01 TTIM(087) 0000 #50
条2	T0000 —| |— Q:100.01 —( )—	LD T0000 OUT 100.01

续表

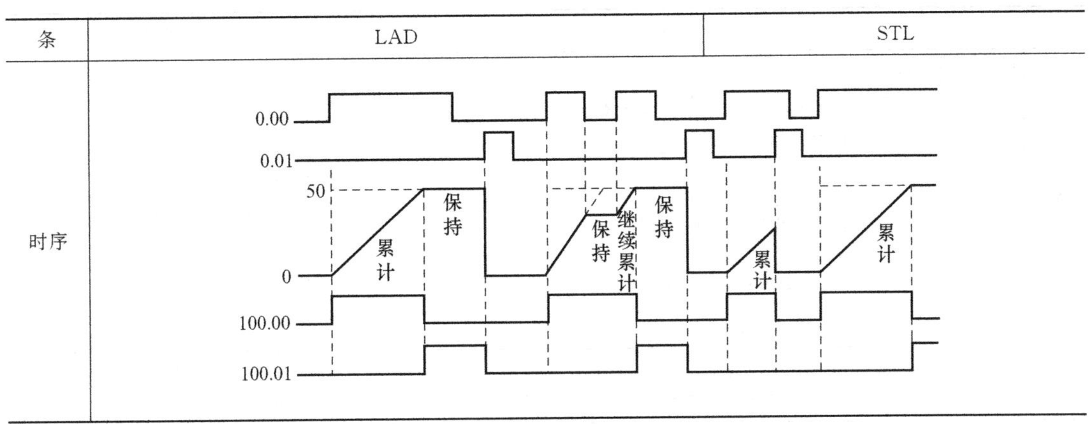

4.3.4 长时间定时器指令

长时间定时器每隔 0.1s 将当前值减 1，若当前值为 0 时，则将定时器状态位通道号置 ON，否则该位为 OFF，其指令格式如表 4-32 所示。

使用说明

① 定时器输入为 OFF 时，对定时器进行复位，将 SV+1、SV 两通道构成的 32 位定时器设定值送入 PV+1、PV 通道中作为当前值，时间到时标志 N 置为 OFF。

② 定时器输入由 OFF 变为 ON 时，启动定时器，定时器开始对 SV+1、SV 构成的当前值每隔 0.1s 减 1 计时，当前值减为 0 时，将时间到时标志置于 ON（时间到时）。

③ 时间到时后，保持定时器当前值以及时间到时标志的状态。若要重启定时，需要将定时器输入从 OFF 变为 ON，或者通过指令（如 MOV）将定时器当前值 SV+1、SV 变更为除 0 以外的正整数。

表 4-32 长时间定时器指令格式

指令	LAD	STL	操作数说明
长时间定时器指令	TIML(542) N PV SV	TIML(542) N PV SV	N 为定时器状态位通道号，PV 为定时器当前值低位通道；SV 为定时器设定值低位通道

例 4-19 长时间定时器指令的使用如表 4-33 所示。条 0 中的 0.00 常开触点闭合，长时间定时器 TIML 指令输入为 ON，TIML 指令执行，将 D201、D200 中的设定值 100000 送入当前值存储通道 D101、D100 中，然后每隔 0.1s 减 1 计时。当当前值减为 0 时，定时器状态位通道 W0 的 00 位变为 1，即 W0.00 位变为 1，从而使条 1 中的 100.00 线圈得电。当 TIML 指令输入由 ON 变为 OFF 时，当前值通道自动重装通道的设定值，同时定时器状态位由 1 变为 0。

表 4-33　长时间定时器指令的使用

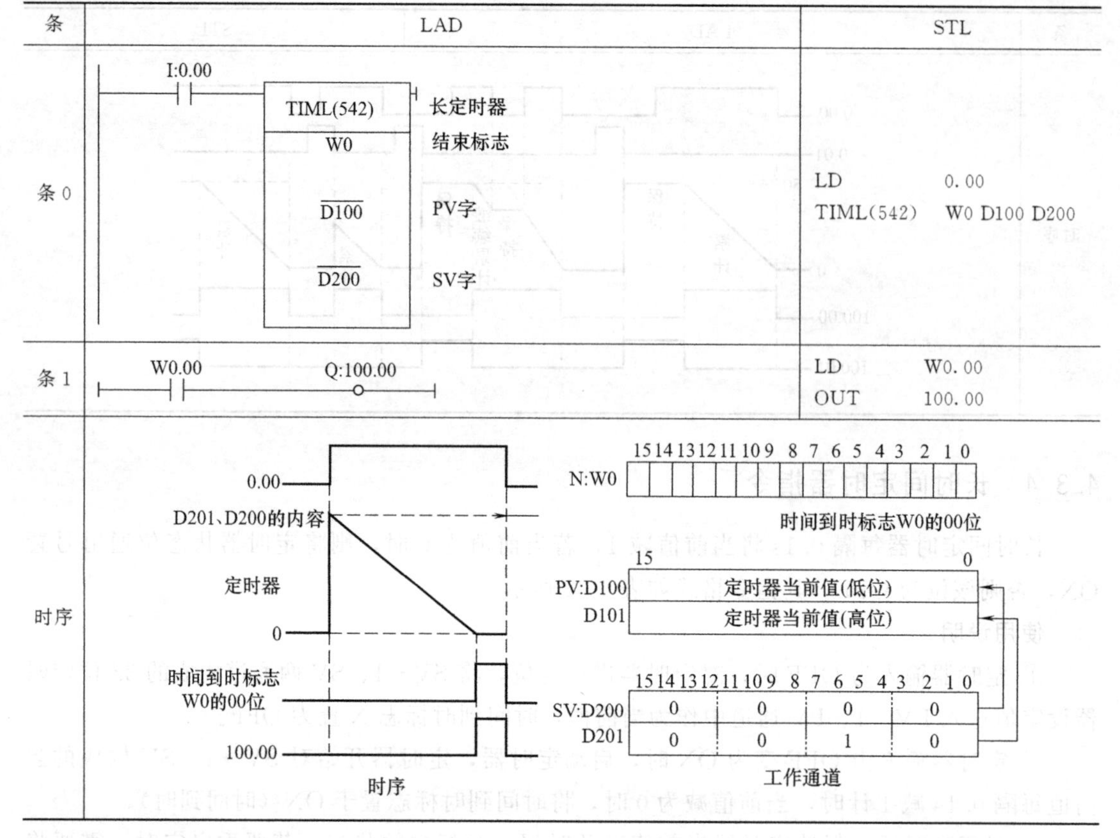

条	LAD	STL
条 0	I:0.00 TIML(542) 长定时器 W0 结束标志 D100 PV字 D200 SV字	LD　0.00 TIML(542)　W0 D100 D200
条 1	W0.00　Q:100.00	LD　W0.00 OUT　100.00
时序	0.00 D201、D200的内容 定时器 0 时间到时标志 W0的00位 100.00 时序 15 14 13 12 11 10 9 8 7 6 5 4 3 2 1 0 N:W0 时间到时标志W0的00位 15　0 PV:D100 定时器当前值(低位) D101 定时器当前值(高位) 15 14 13 12 11 10 9 8 7 6 5 4 3 2 1 0 SV:D200 0 0 0 0 D201 0 0 1 0 工作通道	

4.3.5　多输出定时器指令

多输出定时器是一种可以得到 8 点任意时间到时标志值的累计式定时器，其指令格式如表 4-34 所示。

使用说明

① MTIM 指令采用 SV～SV+7 共 8 个通道设置 8 个定时值，当计时到某个通道的设定值时，该通道对应的定时状态位变为 1。

② 该指令输入为 ON 且 N 通道第 9 位（累计停止控制位）为 0、第 8 位（复位控制位）由 1 变为 0 时，定时器开始工作，PV 通道中的当前值由 0 开始每隔 0.1s 加 1 累计。

③ 当前值增到 SV 通道设定值时，N 通道中第 0 位（第 0 定时状态位）变为 1 且保持。当前值增到 SV+n 通道（$n\leqslant 7$）设定值时，N 通道中第 n 位（第 n 定时状态位）变为 1 且保持。

④ 当前值增到最大值 9999 时，自动返回到 0，同时 N 通道中第 0～7 位均变为 0。

例 4-20　多输出定时器指令的使用如表 4-35 所示，其工作通道控制如图 4-3（a）所示，时序如图 4-3（b）所示。

当 0.00 常开触点闭合时，多输出定时器 MTIM 指令输入端为 ON，如果 200 通道（N）第 9 位为 0、第 8 位为 1 时，D100 通道（PV）中的当前值被复位，当第 8 位由 1 变 0 时，定时器开始工作，D100 通道（PV）中的当前值由 0 开始每隔 0.1s 逐增 1。

当 D100 通道（PV）中的当前值增到 D200 通道（SV）中的设定值 80 时，200 通道（N）中的第 1 位 200.01（第 0 定时状态位）变为 1，并且保持。

表 4-34 多输出定时器指令格式

指令	LAD	STL	操作数说明
多输出定时器指令	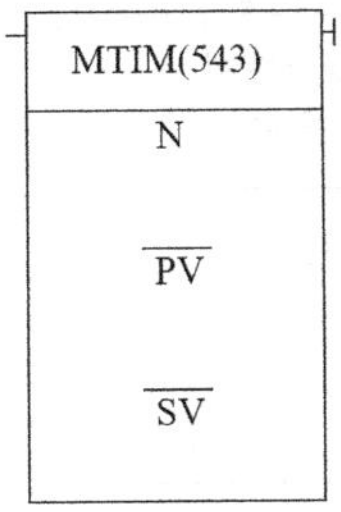 MTIM(543) N $\overline{PV}$ $\overline{SV}$	MTIM(543) N PV SV	N 为定时器状态位通道号,PV 为定时器当前值通道;SV 为定时器设定值低位通道

当 D100 通道（PV）中的当前值增到 D201 通道（SV+1）中的设定值 90 时，200 通道（N）中的第 0 位 200.00（第 1 定时状态位）变为 1，并且保持。若这时 200 通道中第 9 位（累计停止输入）由 0 变为 1，定时器停止计时，当前值保持不变，直到 200 通道中第 9 位由 1 变为 0 时，定时器在当前值基础上继续逐增 1 计时。当当前值增到最大值 9999 时，自动返回到 0，同时 200 通道（N）中第 0～7 位均变为 0。

如果定时器当前值没有增到 SV+7 通道的设定值时，200.08 位（定时器复位）由 0 变为 1，定时器被提前复位，当前值和各定时状态位均被复位。

在 200.00 位为 1 时，200.00 常开触点闭合，100.01 线圈得电；在 200.01 位为 1 时，200.01 常开触点闭合，100.01 线圈得电。

表 4-35 多输出定时器指令的使用

条	LAD	STL
条 0	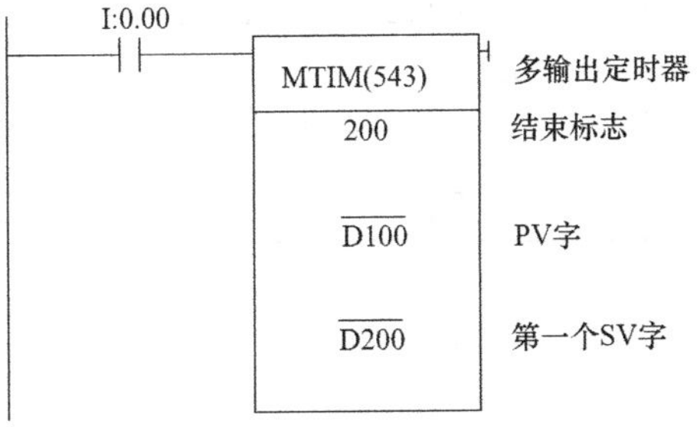 I:0.00 ─┤├─ MTIM(543) 多输出定时器 200 结束标志 $\overline{D100}$ PV字 $\overline{D200}$ 第一个SV字	LD 0.00 MTIM(543) 200 D100 D200
条 1	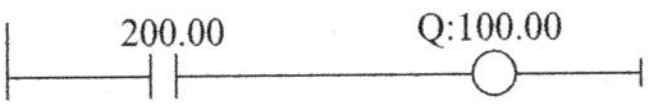 200.00 ─┤├─ Q:100.00 ─( )─	LD 200.00 OUT 100.00
条 2	 200.01 ─┤├─ Q:100.01 ─( )─	LD 200.01 OUT 100.01

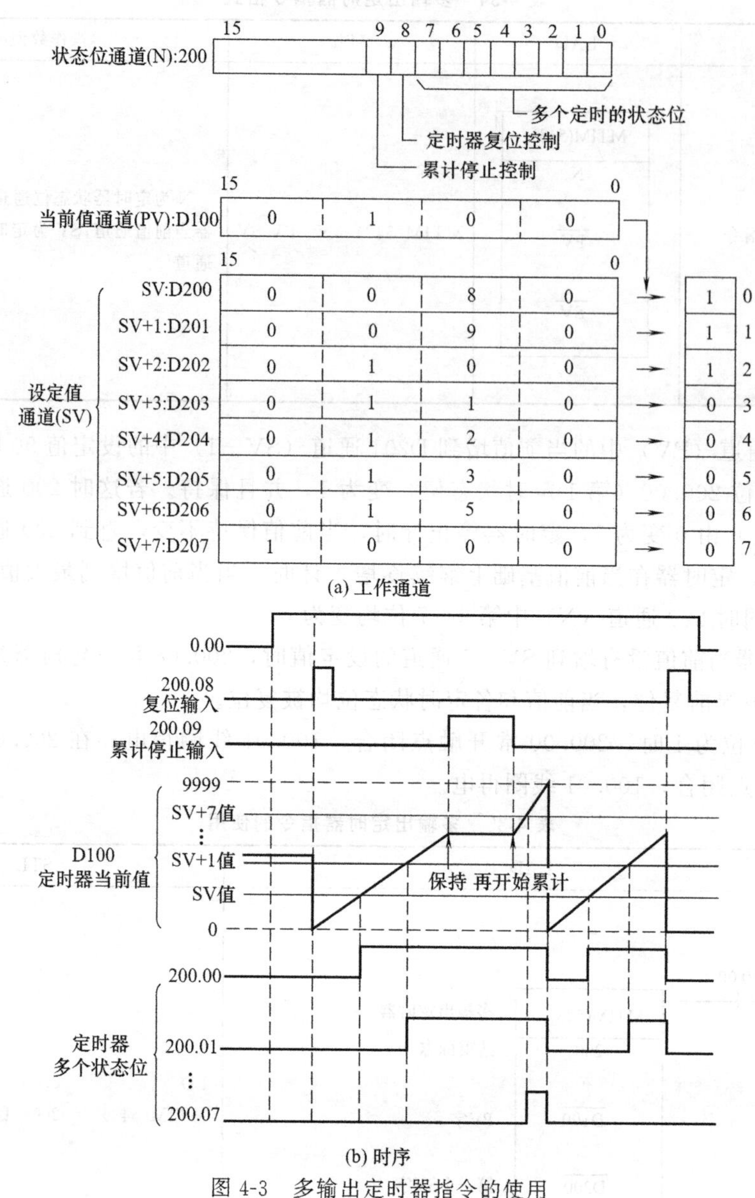

(a) 工作通道

(b) 时序

图 4-3 多输出定时器指令的使用

4.4 计数器指令

计数器用于对输入脉冲进行计数，实现计数控制。CP1H 系列 PLC 的计数器有减计数器和可逆计数器两种，每种类型下又细分为十进制计数器和十六进制计数器两类。在 CP1H 系列 PLC 中，还可以对定时/计数器复位，以实现对指定范围的定时器/计数器的到时标志位复位。它们均有相应的指令，如表 4-36 所示。

十进制计数器（BCD）和十六进制计数器（HEX）的指令功能相同，但由于十进制计数器指令的计数设定值更为直观，所以本书只讲解十进制类的计数器指令。对于十六进制类的计数器指令的使用方法，用户参照十进制类的计数器指令即可。

表 4-36 计数器指令

指令名称	编号范围	计数范围	指令助记符	功能号
减法计数器	C0000～C4095	BCD(0～9999)	CNT	—
		HEX(0～FFFF)	CNTX	546
可逆计数器	C0000～C4095	BCD(0～9999)	CNTR	012
		HEX(0～FFFF)	CNTRX	548
定时/计数器复位指令	T0000～T4095 或 C0000～C4095	BCD(0～9999)	CNR	545
		HEX(0～FFFF)	CNRX	547

在默认情况下，CX-Programmer 编程软件只能输入十进制类型的计数器指令。如果要输入十六进制类型的计数器指令，需在 CX-Programmer 软件中进行设置，其设置方法请参见图 4-2。

4.4.1 减法计数器指令

每输入一个外部脉冲减法计数器将当前计数值减 1，其指令格式如表 4-37 所示。该指令有两个输入端，分别称为计数器输入端（A）和复位输入端（B）。

表 4-37 减法计数器指令格式

指令	LAD	STL	操作数说明
减法计数器指令	A— CNT N; B— SV	CNT N SV	N 为计数器状态位通道号，SV 为计数器设定值

使用说明

① 在复位输入端为 OFF 且计数器输入端输入脉冲时，编号为 N 的计数器开始逐减 1 计数，每输入 1 个脉冲计数当前值减 1。

② 当计数器当前值减到 0 时，计数器状态位变为 1 且保持，当前值为 0。

③ 计数结束后，需将复位输入端置为 ON，或者使用 CNR 指令对计数器进行复位。复位时，计数器当前值变为设定值，状态位变为 0，计数输入无效。

例 4-21 用 PLC 控制包装传输系统。要求按下启动按钮后，传输带电动机工作，物品在传输带上开始传送，每传送完 5 个物品，传输带暂停 3s，工作人员将物品包装，然后又继续传送物品。

分析：用光电检测来检测物品是否在传输带上，若每来一个物品，产生一个脉冲信号送入 PLC 中进行计数。PLC 中可用减法计数器进行计数，计数器的设定值为 5。启动按钮 SB 与 0.00 连接，停止按钮 SB1 与 0.01 连接，光电检测信号通过 0.02 输入 PLC 中，传输带电动机由 100.00 输出驱动。暂停 3s，可由通用定时器来完成。编写的程序如表 4-38所示。

程序说明：当按下启动按钮时 0.00 常开触点闭合，100.00 输出传输带运行。若传输带上有物品，光电检测开关有效 0.02 常开触点闭合，C0001 开始计数。若计数到 5 时，计数器状态位置 1，C0001 常开触点闭合，W0.00 有效，W0.00 的两对常开触点闭合，常闭触点断开。W0.00 的一路常开触点闭合使 C0001 复位，使计数器重新计数；另一路常开触点闭合开始延时等待；W0.00 的常闭触点断开，使传输带暂停。

表 4-38　例 4-21 程序

条	LAD	STL
条 0	I:0.00 启动；Q:100.00 传输控制；T0000 延时控制；I:0.01 停止；W0.00；Q:100.00 传输控制	LD　0.00 OR　100.00 OR　T0000 ANDNOT　0.01 ANDNOT　W0.00 OUT　100.00
条 1	I:0.02 检测物品；Q:100.00 传输控制；I:0.01 停止；W0.00；CNT 计数器；0001 物品统计 计数器号；#05 设置值	LD　0.02 AND　100.00 LD　0.01 OR　W0.00 CNT　0001　#05
条 2	C0001 物品统计；W0.00；I:0.01 停止；T0000 延时控制；W0.00	LD　C0001 OR　W0.00 ANDNOT　0.01 ANDNOT　T0000 OUT　W0.00
条 3	W0.00；TIM 100ms定时器(定时器)[BCD类型]；0000 延时控制 定时器号；#30 设置值	LD　W0.00 TIM　0000　#30

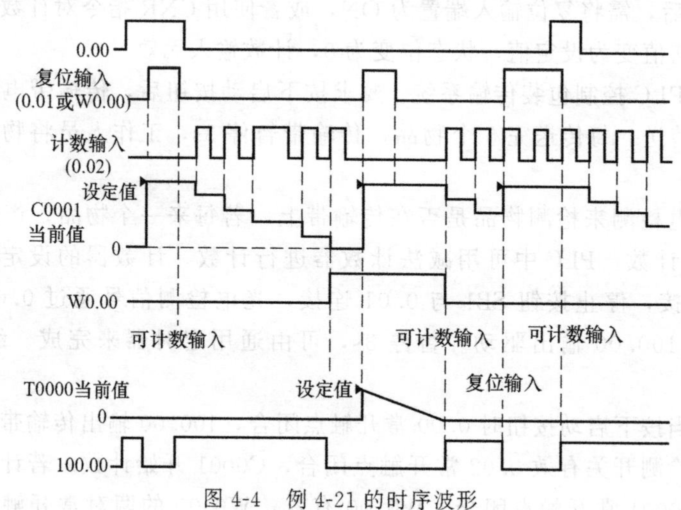

图 4-4　例 4-21 的时序波形

若延时时间到，T0000 的常闭触点断开，W0.00 线圈暂时没有输出；T0000 的常开触点闭合，启动传输带又开始传送物品，如此循环。物品传送过程中，若按下停止按钮时 0.01 的常闭触点打开，100.00 输出无效，传输带停止运行；0.01 的常开触点闭合，使 C0001 复位，为下次启动重新计数做好准备。其时序波形如图 4-4 所示。

4.4.2 可逆计数器指令

每输入一个外部脉冲可逆计数器将当前计数值加 1 或减 1，其指令格式如表 4-39 所示。该指令有 3 个输入端，分别称为加法计数器输入端（A0）、减法计数输入端（A1）和复位输入端（B）。

表 4-39 可逆计数器指令格式

指令	LAD	STL	操作数说明
可逆计数器指令	A0、A1、B 输入端；CNTR(012)；N；$\overline{SV}$	LD A0 LD A1 LD B CNTR(012) N SV	N 为计数器状态位通道号，SV 为计数器设定值

使用说明

① 在复位输入端为 OFF 且计数器输入端 A0 输入脉冲时，编号为 N 的计数器开始逐增 1 计数，每输入 1 个脉冲计数当前值加 1。当前值加到设定值时，再来 1 个脉冲当前值变为 0，同时计数器状态位变为 1，再来第 2 个脉冲时，重新开始加 1，当前值由 0 增到 1，同时状态位变为 0。

② 在复位输入端为 OFF 且计数器输入端 A1 输入脉冲时，编号为 N 的计数器开始逐减 1 计数，每输入 1 个脉冲计数当前值减 1。当前值减到 0 时，再来 1 个脉冲当前值变为设定值，同时计数器状态位变为 1，再来第 2 个脉冲时，重新开始减 1，当前值由设定值减 1，同时状态位变为 0。

③ 加法（A0）、减法（A1）两个输入端同时输入脉冲时，不进行计数。复位输入端为 ON 时，计数输入无效，当前值变为 0。

例 4-22 可逆计数器指令的使用如表 4-40 所示。P_First_Cycle 常开触点为第一次循环标志位，该触点上电后只闭合一次，利用它可实现对 C0000 可逆计数器的上电复位。

刚上电时，第一次循环标志 P_First_Cycle 常开触点闭合 1 次，C0000 可逆计数器被复位，当前值变为 0。当按下启动按钮时，0.03 常开触点闭合，W0.00 线圈得电，W0.00 三个常开触点闭合，其中条 0 中的 W0.00 作为自保控制；条 1 中的两个 W0.00 作为加 1/减 1 计数控制。

W0.00 常开触点处于闭合状态，0.00 常开触点每闭合 1 次，C0000 计数器加 1，当前值减到 3，0.00 常开触点再闭合 1 次时，当前值变为 0，同时计数器状态位变为 1，当 0.00 常开触点第 3 次闭合时，当前值由 0 增到 1。

W0.00 常开触点处于闭合状态，0.01 常开触点每闭合 1 次，C0000 计数器减 1，当前值减到 0，0.01 常开触点再闭合 1 次时，当前值变为设定值，同时计数器状态位变为 1，当 0.01 常开触点第 3 次闭合时，当前值由 1 减到 0。

在计数器 C0000 计数过程中，若 0.02 常开触点闭合，C0000 可逆计数器被复位，当前值变为 0。在计数器 C0000 的状态位为 1 期间，C0000 常开触点闭合，100.00 线圈得电。其时序波形如图 4-5 所示。

表 4-40　可逆计数器指令的使用

条	LAD	STL
条 0	I:0.03 启动；W0.00；I:0.02 复位；C0000；W0.00	LD 0.03 OR W0.00 ANDNOT 0.02 ANDNOT C0000 OUT W0.00
条 1	I:0.00 加1；W0.00；I:0.01 减1；W0.00；I:0.02 复位；P_First_Cycle 第一次循环标志；CNTR(012) 可逆计数器；0000 计数器号；#03 设置值	LD 0.00 AND W0.00 LD 0.01 AND W0.00 LD 0.02 OR P_First_Cycle CNTR(012) 0000 #03
条 2	C0000；Q:100.00	LD C0000 OUT 100.00

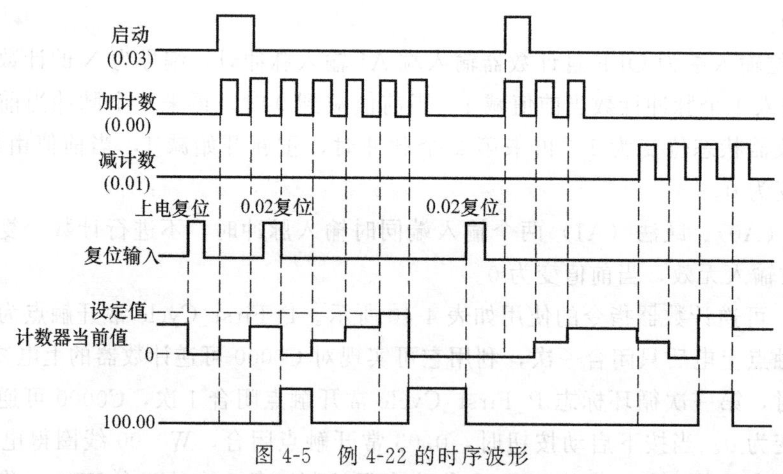

图 4-5　例 4-22 的时序波形

4.4.3　定时/计数器复位指令

定时/计数器复位指令可以对指定的定时器或者计数器的到时标志进行复位，其指令格式如表 4-41 所示。

使用说明

① 当指令输入为 ON 时，将 N1～N2 范围内的定时器或者计数器复位，使它们的到时状态标志位变为 0。

表 4-41 定时/计数器复位指令格式

指令	LAD	STL	操作数说明
定时/计数器复位指令	CNR(545) N1 N2	CNR(545) N1 N2	N1 为复位定时/计数器开始编号,N2 为定时/计数器结束编号

② 在指令中 N1 和 N2 的类型必须保持一致，即同时为定时器或同时为计数器。

③ 定时器的编号范围为 T0000～T4095；计数器的编号范围为 C0000～C4095。

例 4-23 使用定时/计数器复位指令，将定时器 T0000～T0004、计数器 C0000～C0005 复位，编写的指令如表 4-42 所示。

表 4-42 定时/计数器复位指令的应用

条	LAD	STL
条 0	I:0.00 CNR(545) T0 复位定时器/计数器域中的第一个数字 T4 域中的最后一个数字	LD 0.00 CNR(545) T0 T4
条 1	I:0.01 CNR(545) C0 复位定时器/计数器域中的第一个数字 C5 域中的最后一个数字	LD 0.01 CNR(545) C0 C5

4.5 时序控制指令

时序控制指令主要包括结束（END）与空操作（NOP）指令、互锁（IL-ILC）指令、转移（JMP）指令以及循环指令等。

4.5.1 结束与空操作指令

END（结束指令）：用来结束程序的运行，该指令后面的指令不会被执行。

NOP（空操作指令）：又称无功能指令，该指令不做任何逻辑操作，在程序中留下地址以便调试程序时插入指令或稍微延长扫描周期长度，而不影响用户程序的执行。

使用说明

① 对于一个程序，执行 END 指令后，结束该程序的执行，因此，END 指令后的其他指令不被执行。

② 在一个程序的最后，必须输入 END 指令。无 END 指令时，将出现程序错误。

③ END 指令可以中断任务程序区域使用，但不能在块程序区域、顺控程序区域以及子程序区域中使用。

④ NOP 指令在梯形图中无表示，它可以在中断任务程序区域、块程序区域、顺控程序区域以及子程序区域中使用。

4.5.2 互锁指令

互锁指令包括互锁（IL）、互锁清除（ILC）、多重互锁（微分标志保持型多重互锁 MILH、微分标志不保持型多重互锁 MILR）和多重互锁清除（MILC）指令。

（1）互锁 IL 和互锁清除 ILC 指令

当 IL 指令的输入条件为 OFF 时，对从 IL 指令到 ILC 指令间的各指令的输出进行互锁。当 IL 指令的输入条件为 ON 时，照常执行从 IL 指令至 ILC 指令为止的各指令。IL-ILC 的指令格式如表 4-43 所示。

表 4-43　IL-ILC 指令格式

指　　令	LAD	STL
互锁指令	IL(002)	IL(002)
互锁清除指令	ILC(003)	ILC(003)

使用说明

① 即使已通过 IL 指令进行互锁，IL-ILC 间的程序在内部仍执行，所以周期时间不会缩短。

② 互锁 IL 和互锁清除 ILC 指令必须 1 对 1 配套使用，否则程序检测时会出现 IL-ILC 错误。

③ 互锁 IL 和互锁清除 ILC 指令不能嵌套使用，即 IL-ILC 指令间不能再存在 IL-ILC 指令。需进行互锁嵌套使用时，应使用 MILH-MILC 或 MILR-MILC 指令。

④ IL-ILC 指令间存在微分指令时，输入条件由于在互锁开始时和互锁解除时之间发生变化，因此，即使微分条件成立，也需在互锁解除时才能执行这些微分指令。

例 4-24　使用 IL-ILC 指令实现信号灯 HL 的闪烁控制，要求按下 SB0 时，闪烁周期为 1s，按下 SB2 时，闪烁周期为 10s（即点亮 5s，熄灭 5s）。

解　设 SB0、SB1、SB2 分别与 PLC 输入端子 0.00、0.01、0.02 连接，信号灯 HL 与 PLC 输出端子 100.00 连接。可以使用两对 IL-ILC 指令实现信号灯 HL 的闪烁控制，其中一对 IL-ILC 指令作为闪烁周期 1s 控制；另一对 IL-ILC 指令作为闪烁周期 10s 控制。编写的程序如表 4-44 所示。

条 0、条 1 为闪烁周期选择控制，其中条 0 为 1s 闪烁周期选择控制；条 1 为 10s 闪烁周期选择控制。条 2～条 4 为 1s 闪烁周期控制，当条 0 中的 0.00 常开触点闭合一次时，W0.00 线圈得电并自保，同时使条 2 中的 W0.00 常开触点为 ON 状态，执行 IL-ILC 指令间的程序，即条 3 中的程序。条 3 中的“P _ 1s”常开触点为“1.0 秒时钟脉冲位”，它是内部时钟脉冲，该常开触点可以理解为两个定时器实现的1s闪烁控制。条5～条9为10s闪烁周期控制，当条1中的0.02常开触点闭合一次时，W0.01线圈得电并自保，同时使条5中的W0.01常开触点为ON状态，执行IL-ILC指令间的程序，即条6～条8中的程序。条6～条8为10s闪烁周期控制。条10为信号灯HL输出控制。

当SB0、SB2均未按下，或SB1按下时，W0.00和W0.01线圈均处于失电状态，则不会执行条2～条4以及条5～条9指令之间的程序，而直接执行条10中的程序。但由于W0.02和W0.03常开触点均处于断开，则条10中的100.00线圈也处于断电状态，因此信号灯不会闪烁。

表4-44 例4-24程序

条	LAD	STL
条0	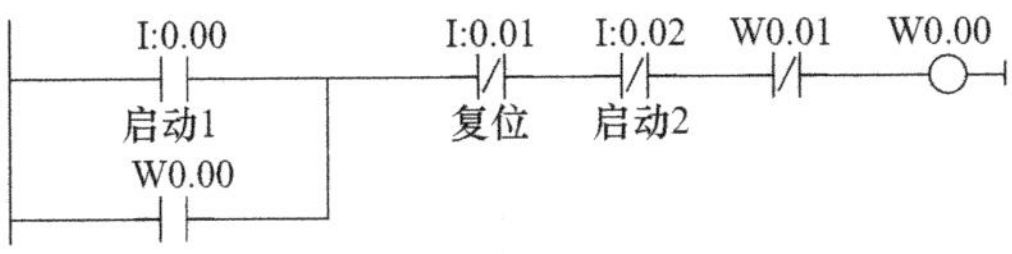 I:0.00 启动1 常开；W0.00 常开并联；I:0.01 复位 常闭；I:0.02 启动2 常闭；W0.01 常闭；W0.00 线圈	LD 0.00 OR W0.00 ANDNOT 0.01 ANDNOT 0.02 ANDNOT W0.01 OUT W0.00
条1	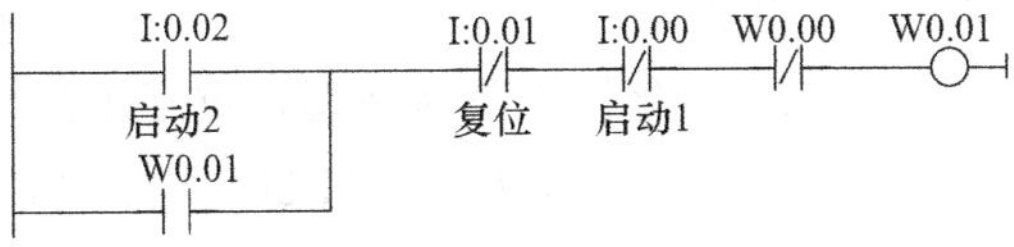 I:0.02 启动2 常开；W0.01 常开并联；I:0.01 复位 常闭；I:0.00 启动1 常闭；W0.00 常闭；W0.01 线圈	LD 0.02 OR W0.01 ANDNOT 0.01 ANDNOT 0.00 ANDNOT W0.00 OUT W0.01
条2	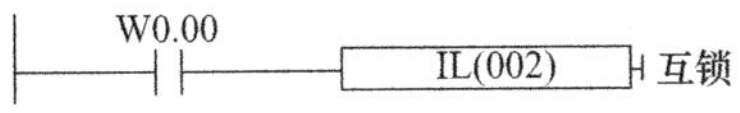 W0.00 常开；IL(002) 互锁	LD W0.00 IL(002)
条3	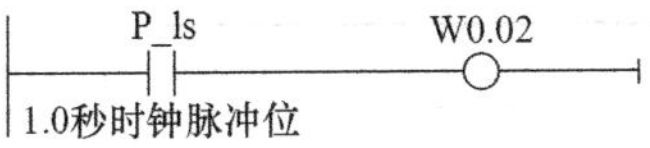 P_1s 1.0秒时钟脉冲位 常开；W0.02 线圈	LD P_1s OUT W0.02
条4	 ILC(003) 清除互锁	ILC(003)
条5	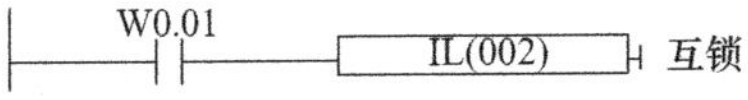 W0.01 常开；IL(002) 互锁	LD W0.01 IL(002)
条6	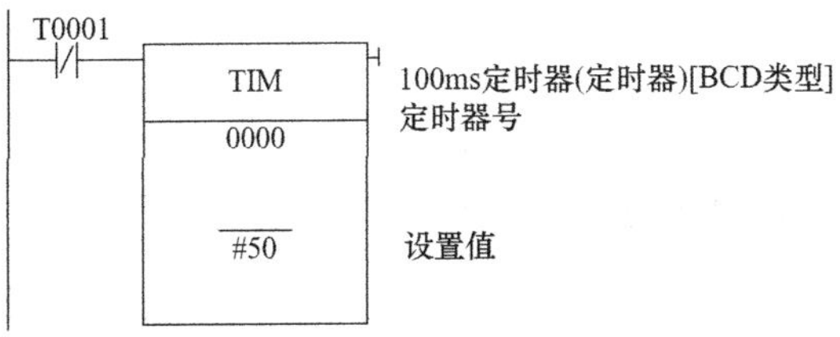 T0001 常闭；TIM 100ms定时器(定时器)[BCD类型]；0000 定时器号；#50 设置值	LDNOT T0001 TIM 0000 #50
条7	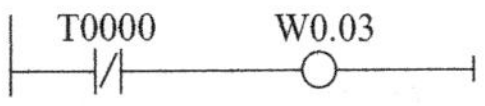 T0000 常闭；W0.03 线圈	LDNOT T0000 OUT W0.03

续表

条	LAD	STL
条 8	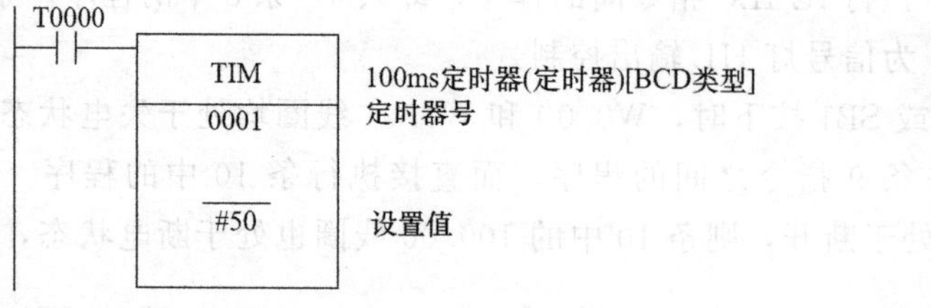 T0000 ─┤├─ [TIM 0001 #50] 100ms定时器(定时器)[BCD类型] 定时器号 设置值	LD T0000 TIM 0001 #50
条 9	 [ILC(003)] 清除互锁	ILC(003)
条 10	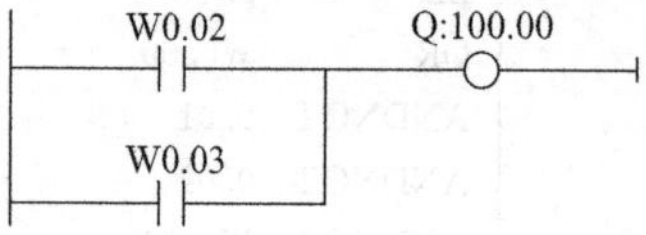 W0.02 ─┤├─ (Q:100.00) W0.03 ─┤├─	LD W0.02 OR W0.03 OUT 100.00

(2) 多重互锁和多重互锁清除（MILC）指令

互锁（IL-ILC）指令不能嵌套使用，但是多重互锁指令可以进行嵌套。多重互锁指令主要包括MILH微分标志保持型多重互锁指令、MILR微分标志不保持型多重互锁指令。

当MILH（或者MILR）指令的输入条件为OFF时，对从该MILH（或者MILR）指令到同一互锁编号N的MILC指令间的各指令的输出进行互锁。编号为N的MILH（或MILR）指令的输入条件为ON时，从该MILH（或者MILR）指令到同一互锁编号N的MILC指令为止的各指令照常执行。多重互锁和多重互锁清除（MILC）指令格式如表4-45所示。

表 4-45 多重互锁和多重互锁清除（MILC）指令格式

指令	LAD	STL	操作数说明
微分标志保持型多重互锁指令	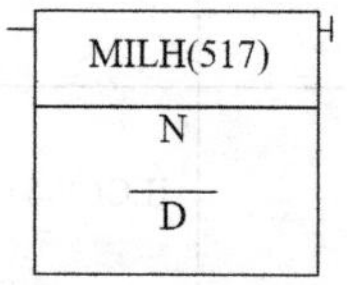 [MILH(517) N D]	MILH(517) N D	N为互锁编号，取值范围为0～15，在使用顺序上不受大小关系限制；D为互锁状态输出位
微分标志不保持型多重互锁指令	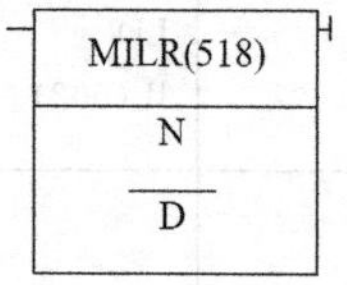 [MILR(518) N D]	MILR(518) N D	
多重互锁清除指令	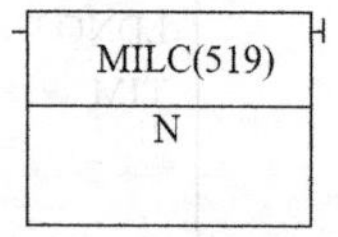 [MILC(519) N]	MILC(519) N	

使用说明

① MILH（或MILR）、MILC指令应配套使用，且可以嵌套使用，但是嵌套层数不能

超过 16 层。

② MILH、MILR 指令的区别：在 MILH 指令实行互锁期间，如果 MILH、MILC 指令间存在微分指令，并且有边沿输入，该边沿输入保存下来，在解除互锁后保存的边沿输入马上有效，即使此刻该输入已变为 ON 或 OFF；MILR 指令实行互锁期间，不会保存边沿输入。

③ 即使在 MILH（或 MILR）指令执行中，对于需要保持 ON 的区域，可在执行 MILH（或 MILR）指令之间，使用 SET 指令预先将其置于 ON。

例 4-25 使用 MILH-MILC 指令实现信号灯 HL 的闪烁控制，要求按下 SB0 时，闪烁周期为 1s，按下 SB2 时，闪烁周期为 10s（即点亮 5s，熄灭 5s），在未按下 SB0、SB2 或按下停止按钮 SB1 时，信号灯常亮。

解 在此可使用 3 对 MILH-MILC 指令，并且 MILH-MILC 指令嵌套实现闪烁控制。其中第 1 对作为信号灯的常亮控制，即此 MILH-MILC 指令的输入有效才能执行闪烁控制，否则使信号灯常亮；第 2 对 MILH-MILC 指令作为闪烁周期 1s 控制；第 3 对 MILH-MILC 指令作为闪烁周期 10s 控制。编写的程序如表 4-46 所示。

当 SB1 未按下（条 0 中的 0.01 常开触点处于断开状态）时，条 0 中的 MILH 指令的输入端为 OFF，则不会执行条 1～条 11 指令之间的程序，而直接执行条 12 中的程序。由于 W0.02 和 W0.03 常开触点均处于断开，W0.04 常闭触点处于闭合状态，则条 12 中的 100.00 线圈也处于得电状态，因此信号灯常亮。当 SB1 按下时，条 0 中的 MILH 指令的输入端为 ON，则执行条 1～条 11 中的指令。

条 1、条 2 为闪烁周期选择控制，其中条 1 为 1s 闪烁周期选择控制；条 2 为 10s 闪烁周期选择控制。条 3～条 4 为 1s 闪烁周期控制，当条 1 中的 0.00 常开触点闭合一次时，W0.00 线圈得电并自保，同时使条 3 中的 W0.00 常开触点为 ON 状态，执行 MILH-MILC 指令间编号 N 为 1 的程序，即条 4 中的程序。条 4 中的“P _ 1s”常开触点为“1.0 秒时钟脉冲位”，该常开触点可以实现 1s 闪烁控制。条 6～条 10 为 10s 闪烁周期控制，当条 2 中的 0.02 常开触点闭合一次时，W0.01 线圈得电并自保，同时使条 6 中的 W0.01 常开触点为 ON 状态，执行 MILH-MILC 指令间编号 N 为 2 的程序，即条 7～条 9 中的程序。条 7～条 9 为 10s 闪烁周期控制。条 10 和条 11 为多重互锁清除指令。

表 4-46 例 4-25 程序

条	LAD	STL
条 0	I:0.01 —┤├— MILH(517) 多重互锁(保持微分标记)；0 互锁数字；$\overline{\text{W0.04}}$ 互锁状态位	LD 0.01 MILH(517) 0 W0.04
条 1	I:0.00 —┤├— 并联 W:0.00 —┤├—，串 I:0.02 —┤/├—，W:0.01 —┤/├—，—( )— W:0.00	LD 0.00 OR W0.00 ANDNOT 0.02 ANDNOT W0.01 OUT W0.00

续表

条	LAD	STL
条 2	I:0.02 I:0.00 W0.00 W0.01 W:0.01	LD 0.02 OR W0.01 ANDNOT 0.00 ANDNOT W0.00 OUT W0.01
条 3	W0.00 MILH(517) 多重互锁(保持微分标记) 1 互锁数字 W0.05 互锁状态位	LD W0.00 MILH(517) 1 W0.05
条 4	P_1s W0.02 1.0秒时钟脉冲位	LD P_1s OUT W0.02
条 5	MILC(519) 多重互锁清除 1 互锁数字	MILC(519) 1
条 6	W0.01 MILH(517) 多重互锁(保持微分标记) 2 互锁数字 W0.06 互锁状态位	LD W0.01 MILH(517) 2 W0.06
条 7	T0001 TIM 100ms定时器(定时器)[BCD类型] 0000 定时器号 #50 设置值	LDNOT T0001 TIM 0000 #50
条 8	T0000 W0.03	LDNOT T0000 OUT W0.03
条 9	T0000 TIM 100ms定时器(定时器)[BCD类型] 0001 定时器号 #50 设置值	LD T0000 TIM 0001 #50

续表

条	LAD	STL
条 10	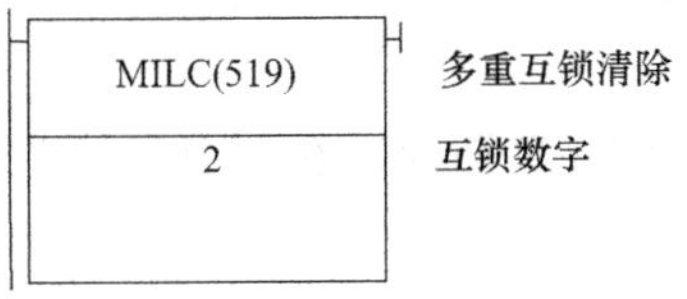 MILC(519) 多重互锁清除 2 互锁数字	MILC(519) 2
条 11	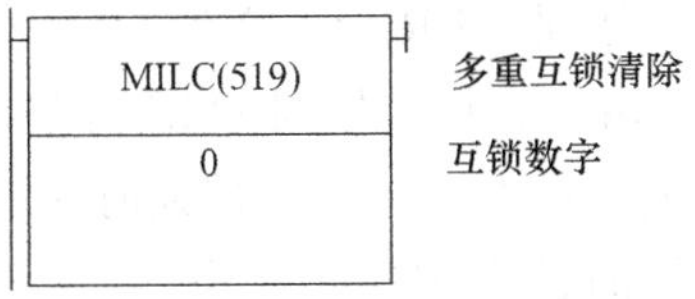 MILC(519) 多重互锁清除 0 互锁数字	MILC(519) 0
条 12	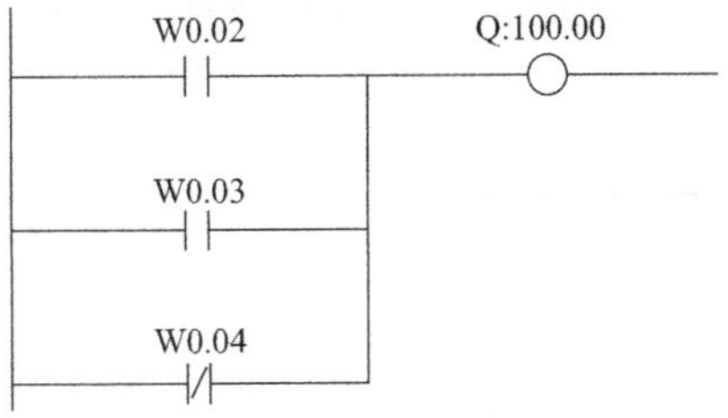 W0.02 Q:100.00 W0.03 W0.04	LD W0.02 OR W0.03 ORNOT W0.04 OUT 100.00

4.5.3 转移指令

转移指令包括转移（JMP）、转移结束（JME）、条件转移（CJP）、条件非转移（CJPN）、多重转移（JMP0）、多重转移结束（JME0）指令。

（1）转移（JMP）和转移结束（JME）指令

当JMP的输入条件为OFF时，则转移到执行编号为N的JME指令之后的程序，即不执行编号为N的JMP-JME间的指令；当JMP的输入条件为ON时，则转移到执行编号为N的JMP-JME指令之间的程序。转移（JMP）和转移结束（JME）指令的指令格式如表4-47所示。

表 4-47 转移（JMP）和转移结束（JME）指令格式

指令	LAD	STL	操作数说明
转移指令	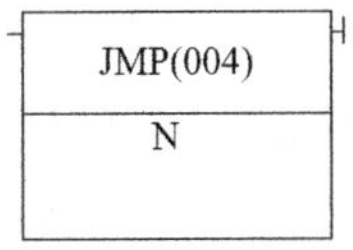 JMP(004) N	JMP(004) N	N为转移编号，取值范围为0～255
转移结束指令	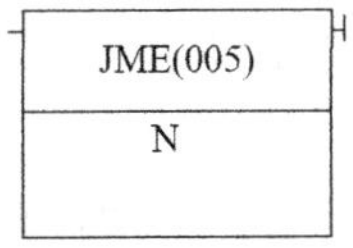 JME(005) N	JME(005) N	

使用说明

① 转移时，所有指令的输出（如继电器、通道）保持在此前的状态，但是，TIM/

TIMX 指令、TIMH/TIMHX 指令、TMHH/TMHHX 指令所启动的定时器在不执行指令时也进行当前值的更新处理，因此计时继续。

② 具有相同编号的 JME 指令有 2 个以上时，程序地址较小的 JME 指令有效。此时，地址较大的 JME 指令被忽略。

③ 向程序地址较小的一方转移时，JMP 的输入条件为 OFF 期间，在 JMP-JME 间重复执行；JMP 的输入条件为 ON 时，重复结束。

④ JMP 指令与 JME 指令配套使用。作为转移目的的 JME 指令需编写在有 JMP 指令的同一任务内。JMP 指令和 JME 指令未配套使用时，会发生错误，ER 标志变为 ON。

⑤ 在执行 JMP 指令的情况下，JMP 条件为 OFF 时，由于直接转换到 JME 指令，而不执行 JMP-JME 间的指令，所以在此之间没有指令执行时间。因此，可以使周期时间缩短。

例 4-26 当 0.00 为 ON 时，JMP 00 至 JME 00 之间的程序被执行。当 0.00 为 OFF 时，JMP 00 至 JME 00 之间的程序被跳过而不执行，线圈 100.00 保持跳转前的状态，其程序如表 4-48 所示。

表 4-48 例 4-26 程序

条	LAD	STL
条 0	I:0.00 —┤├— [JMP(004) / 0] 跳转 跳转号	LD 0.00 JMP(004) 0
条 1	I:0.01 —┤├— Q:100.00 —( )—	LD 0.01 OUT 100.00
条 2	[JME(005) / #0] 跳转结束 跳转号	JME(005) #0
条 3	I:0.02 —┤├— (并联 Q:100.01 —┤├—) — I:0.03 —┤/├— Q:100.01 —( )—	LD 0.02 OR 100.01 ANDNOT 0.03 OUT 100.01

（2）条件转移（CJP）和条件非转移（CJPN）指令

CJP（条件转移）指令的输入条件为 ON 时，则转移到具有 N 的转移编号的 JME 指令；输入条件为 OFF 时，则执行下一条指令以后的内容。CJPN（条件非转移）指令的输入条件为 OFF 时，则转移到具有 N 的转移编号的 JME 指令；输入条件为 ON 时，则执行下一条指令以后的内容。条件转移和条件非转移指令格式如表 4-49 所示。

使用说明

① CJP 指令在输入条件为 ON 时转移，与 JMP 指令的动作相反。

② 转移时，所有指令的输出（如继电器、通道）保持在此前的状态。但是，TIM/TIMX 指令、TIMH/TIMHX 指令、TMHH/TMHHX 指令所启动的定时器在不执行指令时也进行当前值的更新处理，因此计时继续。

表 4-49 条件转移（CJP）和条件非转移（CJPN）指令格式

指令	LAD	STL	操作数说明
条件转移指令	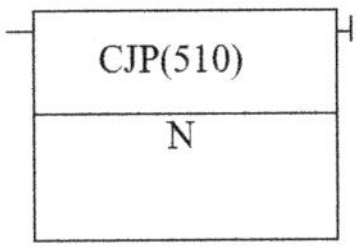 CJP(510) N	CJP(510) N	N 为转移编号，取值范围为 0～255
条件非转移指令	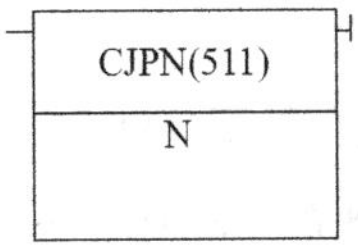 CJPN(511) N	CJPN(511) N	

③ 具有相同编号的 JME 指令有 2 个以上时，程序地址较小的 JME 指令有效。此时，地址较大的 JME 指令被忽略。

④ 向程序地址较小的一方转移时，CJP（CJPN）的输入条件为 ON（OFF）期间，在 JMP-JME 间重复执行；CJP（CJPN）的输入条件为 OFF（ON）时，重复结束。

⑤ CJP（CJPN）指令与 JME 指令配套使用。作为转移目的的 JME 指令需编写在有 CJP（CJPN）指令的同一任务内。CJP（CJPN）指令和 JME 指令未配套使用时，会发生错误，ER 标志变为 ON。

⑥ 在执行 CJP（CJPN）指令的情况下，CJP（CJPN）条件为 ON（OFF）时，由于直接转换到 JME 指令，而不执行 CJP（CJPN）-JME 间的指令，所以在此之间没有指令执行时间。因此，可以使周期时间缩短。

例 4-27 当 0.01 为 OFF 时，CJP 00 至 JME 00 之间的程序被执行。当 0.01 为 ON 时，CJP 00 至 JME 00 之间的程序被跳过而不执行，线圈 100.00 保持跳转前的状态，其程序如表 4-50 所示。

表 4-50 例 4-27 程序

条	LAD	STL
条 0	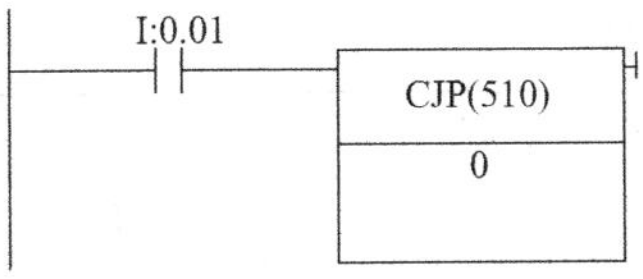 I:0.01 —CJP(510) 0 条件跳转 跳转号	LD 0.01 CJP(510) 0
条 1	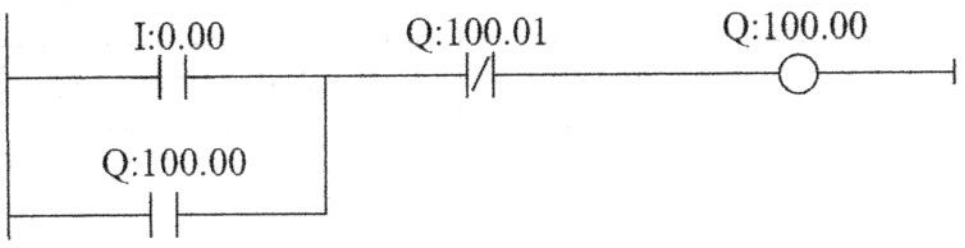 I:0.00、Q:100.00（并联） Q:100.01（常闭） Q:100.00	LD 0.00 OR 100.00 ANDNOT 100.01 OUT 100.00
条 2	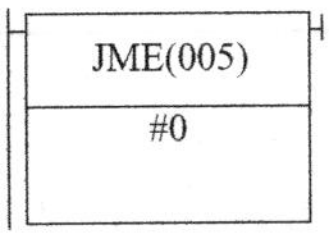 JME(005) #0 跳转结束 跳转号	JME(005) #0

续表

条	LAD	STL
条 3	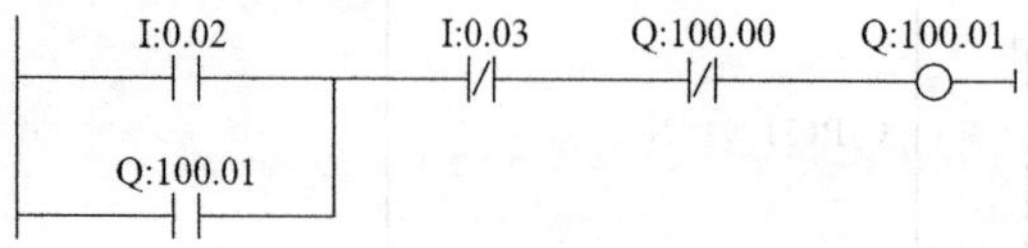 I:0.02 与 Q:100.01 并联，串 I:0.03 常闭、Q:100.00 常闭，输出 Q:100.01	LD 0.02 OR 100.01 ANDNOT 0.03 ANDNOT 100.00 OUT 100.01

(3) 多重转移（JMP0）和多重转移结束（JME0）指令

当 JMP0 的输入条件为 OFF 时，对从 JMP0 指令至 JME0 指令间的指令进行 NOP 处理；输入条件为 ON 时，执行 JMP0 指令后面的内容。JMP0 指令与 JME0 指令配套使用，与 JMP/CJP/CJPN 指令不同，由于不使用转移编号，可以在程序中的任何地点使用。多重转移和多重转移结束指令的格式如表 4-51 所示。

表 4-51　多重转移和多重转移结束指令的格式

指　令	LAD	STL
多重转移指令	JMP0(515)	JMP0(515)
多重转移结束指令	JME0(516)	JME0(516)

使用说明

① 当输入条件为 OFF 时，需对从 JMP0 至 JME0 间的指令进行 NOP 处理，所以需要执行时间。因此，JMP0-JME0 转移指令不会缩短周期时间。此外，由于不执行指令，输出将会保持。

② JMP0 指令可以在同一程序中多次使用，但是，多次使用时，JMP0-JME0 间不能重叠，并且不能嵌套使用。

③ JMP0-JME0 指令在块程序区域内不能使用。在 JMP0-JME0 指令间使用微分指令时，根据输入条件的不同，动作可能出现差异。

④ 转移指令的功能比较如表 4-52 所示。

表 4-52　转移指令的功能比较

转移指令	JMP-JME	CJP-JME	CJPN-JME	JMP0-JME0
转换的输入条件	OFF	ON	OFF	OFF
N 个数	256 个(0～255)			无限制
转移时指令处理	不执行			NOP 处理
转移时执行时间	无			NOP 指令的合计时间
转移时指令输出	保持之间的状态			
转移时、启动中的定时器当前值更新	继续更新			
块程序区域内处理	无条件转移	ON 时转移	OFF 时转移	不可使用

例 4-28　当条 0 中的 0.00 为 ON 时，JMP0（条 0）至 JME0（条 2）之间的程序被执行；当条 0 的 0.00 为 OFF 时，JMP0（条 0）至 JME0（条 2）之间的程序用 NOP 取代。当条 3 中的 0.01 为 ON 时，JMP0（条 3）至 JME0（条 5）之间的程序被执行。当条 3 的

0.01为OFF时，JMP0（条3）至JME0（条5）之间的程序用NOP取代。程序如表4-53所示。

表4-53 例4-28程序

条	LAD	STL
条0	 I:0.00 ─┤├─ [JMP0(515)] 多路跳转	LD 0.00 JMP0(515)
条1	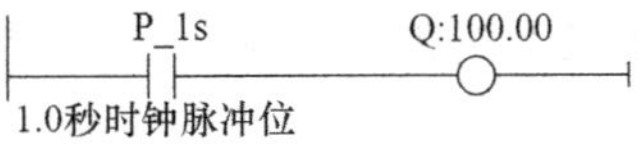 P_1s ─┤├─ Q:100.00 ─( )─ 1.0秒时钟脉冲位	LD P_1s OUT 100.00
条2	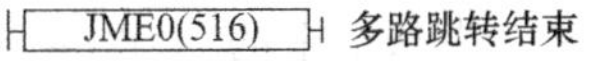 [JME0(516)] 多路跳转结束	JME0(516)
条3	 I:0.01 ─┤├─ [JMP0(515)] 多路跳转	LD 0.01 JMP0(515)
条4	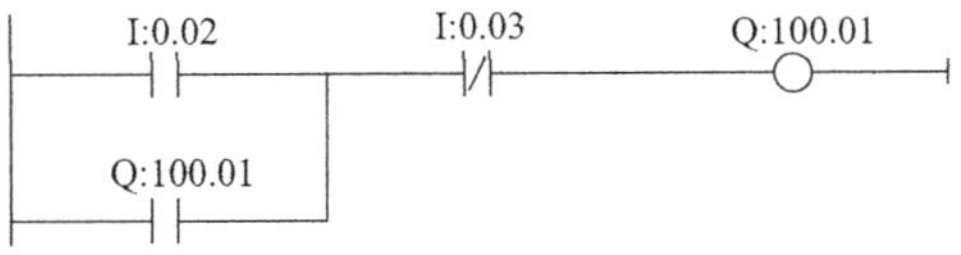 I:0.02 ─┤├─ (并联 Q:100.01 ─┤├─) ─ I:0.03 ─┤/├─ Q:100.01 ─( )─	LD 0.02 OR 100.01 ANDNOT 0.03 OUT 100.01
条5	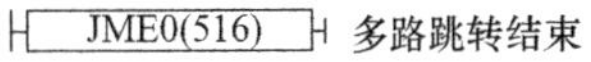 [JME0(516)] 多路跳转结束	JME0(516)
条6	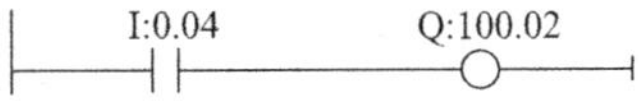 I:0.04 ─┤├─ Q:100.02 ─( )─	LD 0.04 OUT 100.02

4.5.4 循环指令

循环指令包括循环开始（FOR）、循环结束（NEXT）和循环中断（BREAK）指令。FOR-NEXT为无条件重复执行指令，其重复执行次数由操作数N决定，重复执行N次后，再执行NEXT指令以后的指令。当BREAK指令的输入为ON时，强制停止当前的循环，对本指令与NEXT之间的指令进行NOP处理，然后执行NEXT之后的指令。循环指令的格式如表4-54所示。

表4-54 循环指令的格式

指令	LAD	STL	操作数说明
循环开始指令	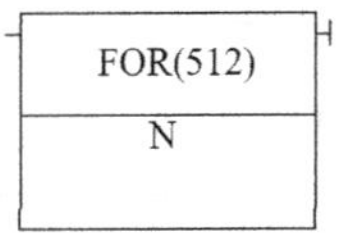 [FOR(512) / N]	FOR(512) N	N为循环重复次数，取值范围为0000～FFFF(十六进制)或者0～65535(十进制)
循环结束指令	 [NEXT(513)]	NEXT(513)	
循环中断指令	 [BREAK(514)]	BREAK(514)	

使用说明

① N 指定为 0 时，对 FOR-NEXT 间的指令进行 NOP 处理。

② FOR-NEXT 允许循环嵌套，但嵌套层次不能超过 15 层。

③ BREAK 指令只能在 FOR-NEXT 指令间使用。

④ BREAK 指令只能用于 1 个嵌套，若要使多重嵌套结束，应执行与嵌套层数相同数量的 BREAK 指令。

例 4-29　表 4-55 的程序为双重循环嵌套的使用。其中条 3 至条 6 为内循环；条 0 至条 8 为外循环。对于内循环内言，其循环次数为 5 次，循环体为条 4 和条 5。当条 5 中的 0.05 触点闭合，则不管内循环次数是否达到 5 次，将强制结束其内循环；否则条 4 中的程序重复执行 5 次。外循环的循环体是条 1 至条 7，其外循环次数为 3 次。当条 7 中的 0.02 常开触点闭合时，强制结束外循环，否则条 1 至条 6 中的内容重复执行 3 次。

表 4-55　例 4-29 程序

条	LAD	STL
条 0	FOR(512) 启动FOR / NEXT循环迭代；#3 循环数	FOR(512)　#3
条 1	I:0.00；I:0.01；I:0.02；CNT 计数器；0001 计数器号；#5 设置值	LD　0.00 LD　0.01 OR　0.02 CNT　0001　#5
条 2	C0001　Q:100.00	LD　C0001 OUT　100.00
条 3	FOR(512) 启动FOR / NEXT循环迭代；#5 循环数	FOR(512)　#5
条 4	I:0.03　I:0.04　Q:100.01	LD　0.03 ANDNOT　0.04 OUT　100.01
条 5	I:0.05　BREAK(514) 跳出语句超出了FOR / NEXT循环	LD　0.05 BREAK(514)
条 6	NEXT(513) 重复FOR / NEXT循环	NEXT(513)
条 7	I:0.02　BREAK(514) 跳出语句超出了FOR / NEXT循环	LD　0.02 BREAK(514)
条 8	NEXT(513) 重复FOR / NEXT循环	NEXT(513)

4.6 CP1H 基本指令的应用

4.6.1 三相交流异步电动机的星-三角降压启动控制

(1) 控制要求

星-三角降压启动又称为 Y-△降压启动，简称星三角降压启动。KM1 为定子绕组接触器；KM2 为三角形连接接触器；KM3 为星形连接接触器；KT 为降压启动时间继电器。启动时，定子绕组先接成星形，待电动机转速上升到接近额定转速时，将定子绕组接成三角形，电动机进入全电压运行状态。传统继电器-接触器的星形-三角形降压启动控制线路如图 4-6 所示。现要求使用 CP1H 实现三相交流异步电动机的星-三角降压启动控制。

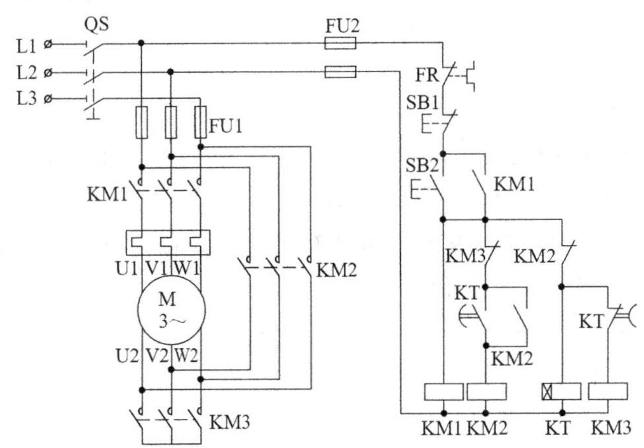

图 4-6 传统继电器-接触器星形-三角形降压启动控制线路原理图

(2) 控制分析

一般继电器的启停控制函数为 Y＝(QA＋Y)·$\overline{TA}$，该表达式是 PLC 程序设计的基础，表达式左边的 Y 表示控制对象；表达式右边的 QA 表示启动条件，Y 表示控制对象自保持(自锁) 条件，TA 表示停止条件。

在 PLC 程序设计中，只要找到控制对象的启动、自锁和停止条件，就可以设计出相应的控制程序。即 PLC 程序设计的基础是细致地分析出各个控制对象的启动、自保持和停止条件，然后写出控制函数表达式，根据控制函数表达式设计出相应的梯形图程序。

由图 4-6 可知，控制 KM1 启动的按钮为 SB2；控制 KM1 停止的按钮或开关为 SB1、FR；自锁控制触点为 KM1。因此对于 KM1 来说：

QA＝SB2

TA＝SB1＋ FR

根据继电器启停控制函数，Y＝(QA＋Y)·$\overline{TA}$，可以写出 KM1 的控制函数：

KM1＝(QA＋KM1)·$\overline{TA}$＝(SB2＋KM1)·$\overline{(SB1+FR)}$＝(SB2＋KM1)·$\overline{SB1}$·$\overline{FR}$

控制 KM2 启动的按钮或开关为 SB2、KT、KM1；控制 KM2 停止的按钮或开关为 SB1、FR、KM3；自锁控制触点为 KM2。因此对于 KM2 来说：

QA＝SB2＋KT＋KM1

TA＝SB1＋ FR＋KM3

根据继电器启停控制函数，$Y=(QA+Y)\cdot\overline{TA}$，可以写出 KM2 的控制函数：

$$KM2=(QA+KM2)\cdot\overline{TA}=[(SB2+KM1)\cdot(KT+KM2)]\cdot\overline{(SB1+FR+KM3)}$$
$$=[(SB2+KM1)\cdot(KT+KM2)]\cdot\overline{SB1}\cdot\overline{FR}\cdot\overline{KM3}$$

控制 KM3 启动的按钮或开关为 SB2、KM1；控制 KM3 停止的按钮或开关为 SB1、FR、KM2、KT；自锁触点无。因此对于 KM3 来说：

QA＝SB2＋KM1

TA＝SB1＋FR＋KM2＋KT

根据继电器启停控制函数，$Y=(QA+Y)\cdot\overline{TA}$，可以写出 KM3 的控制函数：

$$KM3=QA\cdot\overline{TA}=(SB2+KM1)\cdot\overline{(SB1+FR+KM2+KT)}$$
$$=(SB2+KM1)\cdot\overline{SB1}\cdot\overline{FR}\cdot\overline{KM2}\cdot\overline{KT}$$

控制 KT 启动的按钮或开关为 SB2、KM1；控制 KT 停止的按钮或开关为 SB1、FR、KM2；自锁触点无。因此对于 KT 来说：

QA＝SB2＋KM1

TA＝SB1＋FR＋KM2

根据继电器启停控制函数，$Y=(QA+Y)\cdot\overline{TA}$，可以写出 KT 的控制函数：

$$KT=QA\cdot\overline{TA}=(SB2+KM1)\cdot\overline{(SB1+FR+KM2)}=(SB2+KM1)\cdot\overline{SB1}\cdot\overline{FR}\cdot\overline{KM2}$$

为了节约 I/O 端子，可以将 FR 热继电器触头接入到输出电路，以节约 1 个输入端子。KT 可使用 PLC 的定时器 T0000 替代。

(3) I/O 端子资源分配与接线

根据控制要求及控制分析可知，需要 2 个输入点和 3 个输出点，输入/输出分配表如表 4-56 所示，其 I/O 接线如图 4-7 所示。

表 4-56 PLC 控制三相交流异步电动机星-三角降压启动的输入/输出分配表

输入			输出		
功能	元件	PLC 地址	功能	元件	PLC 地址
停止按钮	SB1	0.00	接触器	KM1	100.00
启动按钮	SB2	0.01	接触器	KM2	100.01
			接触器	KM3	100.02

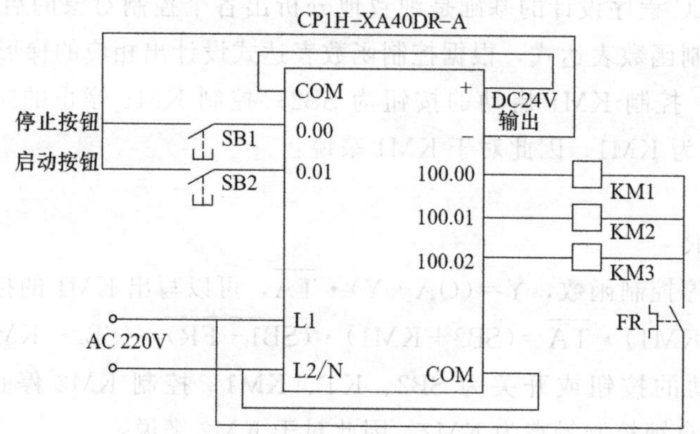

图 4-7 三相交流异步电动机星-三角启动的 PLC 控制 I/O 接线

（4）编写 PLC 控制程序

根据三相交流异步电动机星-三角启动的控制分析和 PLC 资源配置，设计出 PLC 控制三相交流异步电动机星-三角启动的梯形图（LAD）及指令语句表（STL），如表 4-57 所示。

表 4-57 PLC 控制三相交流异步电动机星-三角启动的梯形图及指令语句表

条	LAD	STL
条 0	I:0.01 启动 I:0.00 停止 Q:100.00 KM1 Q:100.00 KM1	LD 0.01 OR 100.00 ANDNOT 0.00 OUT 100.00
条 1	I:0.01 启动 T0000 I:0.00 停止 Q:100.01 KM2 Q:100.00 KM1 Q:100.01 KM2	LD 0.01 OR 100.00 LD T0000 OR 100.01 ANDLD ANDNOT 0.00 OUT 100.01
条 2	I:0.01 启动 I:0.00 停止 Q:100.01 KM2 Q:100.02 KM3 Q:100.00 KM1	LD 0.01 OR 100.00 ANDNOT 0.00 ANDNOT 100.01 OUT 100.02
条 3	I:0.01 启动 I:0.00 停止 Q:100.01 KM2 TIM 0000 #0030 Q:100.00 KM1	LD 0.01 OR 100.00 ANDNOT 0.00 ANDNOT 100.01 TIM 0000 #0030

（5）程序仿真

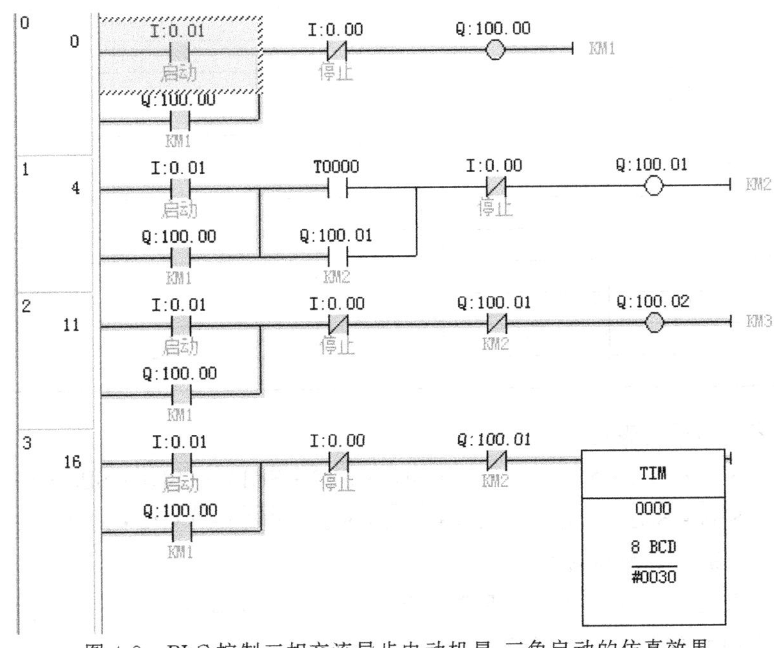

图 4-8 PLC 控制三相交流异步电动机星-三角启动的仿真效果

① 用户启动 CX-Programmer，创建一个新的工程，按照表 4-57 输入 LAD（梯形图）或 STL（指令表）中的程序，并对其进行保存。

② 在 CX-Programmer 中，执行菜单命令“模拟”→“在线模拟”，进入 CX-Simulator 在线仿真（即在线模拟）状态。

③ 刚进入在线仿真状态时，线圈 100.00、100.01 和 100.02 均未得电。按下启动按钮 SB2，0.01 触点闭合，100.0 线圈输出，控制 KM1 线圈得电，100.0 的常开触点闭合，形成自锁，启动 T0000 延时，同时 KM3 线圈得电，表示电动机星形启动，其仿真效果如图 4-8所示。当 T0000 延时达到设定值 3s 时，KM2 线圈得电，KM3 线圈失电，表示电动机启动结束，进行三角形全压运行阶段。只要按下停车按钮 SB1，0.00 常闭触点打开，都将切断电动机的电源，从而实现停车。

4.6.2 用 4 个按钮控制 1 个信号灯

(1) 控制要求

某系统有 4 个按钮 SB1～SB4，要求这 4 个按钮中任意 2 个按钮闭合时，信号灯 LED 点亮，否则 LED 熄灭。

(2) 控制分析

4 个按钮，可以组合成 $2^4=16$ 组状态。因此，根据要求，可以列出真值表如表 4-58 所示。

表 4-58 信号灯显示输出真值表

按钮 SB4	按钮 SB3	按钮 SB2	按钮 SB1	信号灯 LED	说明
0	0	0	0	0	熄灭
0	0	0	1	0	
0	0	1	0	0	
0	0	1	1	1	点亮
0	1	0	0	0	熄灭
0	1	0	1	1	点亮
0	1	1	0	1	
0	1	1	1	0	熄灭
1	0	0	0	0	
1	0	0	1	1	点亮
1	0	1	0	1	
1	0	1	1	0	熄灭
1	1	0	0	1	点亮
1	1	0	1	0	熄灭
1	1	1	0	0	
1	1	1	1	0	
1	0	0	0	0	

根据真值表写出逻辑表达式：

$$LED=(\overline{SB4}\cdot\overline{SB3}\cdot SB2\cdot SB1)+(\overline{SB4}\cdot SB3\cdot\overline{SB2}\cdot SB1)+(\overline{SB4}\cdot SB3\cdot SB2\cdot\overline{SB1})+(SB4\cdot\overline{SB3}\cdot\overline{SB2}\cdot SB1)+(SB4\cdot\overline{SB3}\cdot SB2\cdot\overline{SB1})+(SB4\cdot SB3\cdot\overline{SB2}\cdot\overline{SB1})$$

(3) I/O 端子资源分配与接线

根据控制要求及控制分析可知，需要 4 个输入点和 1 个输出点，输入/输出分配表如表 4-59 所示，其 I/O 接线如图 4-9 所示。

表 4-59 用 4 个按钮控制 1 个信号灯的输入/输出分配表

输入			输出		
功能	元件	PLC 地址	功能	元件	PLC 地址
按钮 1	SB1	0.00	信号灯	LED	100.00
按钮 2	SB2	0.01			
按钮 3	SB3	0.02			
按钮 4	SB4	0.03			

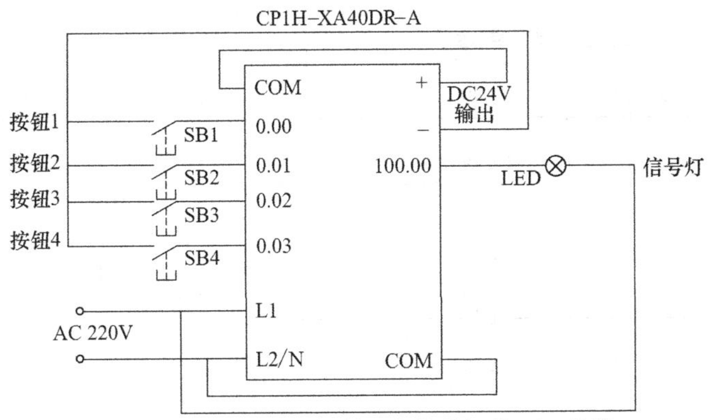

图 4-9 用 4 个按钮控制 1 个信号灯的 I/O 接线

(4) 编写 PLC 控制程序

根据用 4 个按钮控制 1 个信号灯的控制分析和 PLC 资源配置，设计出用 4 个按钮控制 1 个信号灯的 PLC 梯形图（LAD）及指令语句表（STL），如表 4-60 所示。

表 4-60 用 4 个按钮控制 1 个信号灯的 PLC 梯形图及指令语句表

条	LAD	STL
条 0	I:0.00 SB1 I:0.01 SB2 I:0.02 SB3 I:0.03 SB4 Q:100.00 LED I:0.00 SB1 I:0.01 SB2 I:0.02 SB3 I:0.00 SB1 I:0.01 SB2 I:0.00 SB1 I:0.01 SB2 I:0.02 SB3 I:0.03 SB4 I:0.00 SB1 I:0.01 SB2 I:0.00 SB1 I:0.01 SB2 I:0.02 SB3	LD 0.00 AND 0.01 ANDNOT 0.02 LD 0.00 ANDNOT 0.01 LDNOT 0.00 AND 0.01 ORLD AND 0.02 ORLD ANDNOT 0.03 LD 0.00 ANDNOT 0.01 LDNOT 0.00 AND 0.01 ORLD ANDNOT 0.02 LDNOT 0.00 ANDNOT 0.01 AND 0.02 ORLD AND 0.03 ORLD OUT 100.00

(5) 程序仿真

① 用户启动 CX-Programmer，创建一个新的工程，按照表 4-60 输入 LAD（梯形图）或 STL（指令表）中的程序，并对其进行保存。

② 在 CX-Programmer 中，执行菜单命令“模拟”→“在线模拟”，进入 CX-Simulator 在线仿真（即在线模拟）状态。

③ 刚进入在线仿真状态时，100.00 线圈处于失电状态。当某两个按钮状态为 1 时，100.00 线圈得电，其仿真效果如图 4-10 所示。若一个或多于两个按钮的状态为 1 时，100.00 线圈处于失电状态。

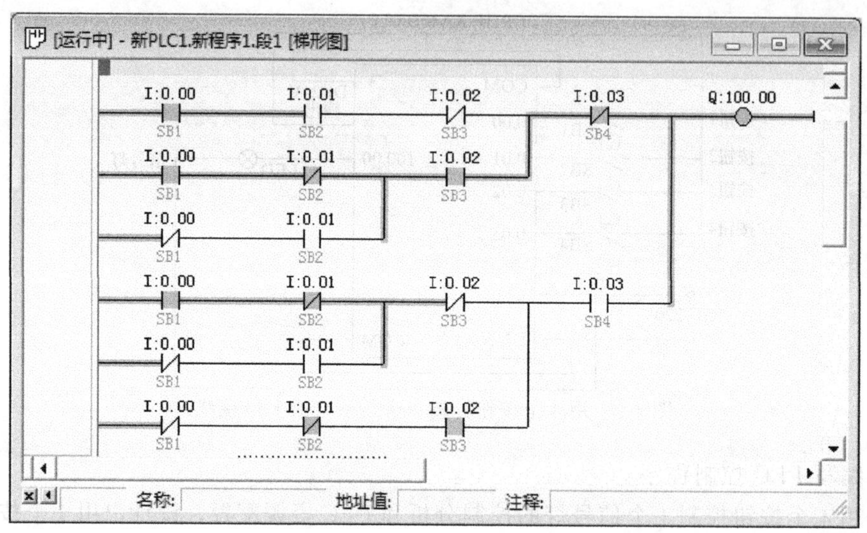

图 4-10 用四个按钮控制 1 个信号灯的仿真效果

4.6.3 简易 6 组抢答器的设计

(1) 控制要求

每组有 1 个常开按钮，分别为 SB1、SB2、SB3、SB4、SB5、SB6，且各有一盏指示灯，分别为 LED1、LED2、LED3、LED4、LED5、LED6，共用一个蜂鸣器 LB。其中先按下者，对应的指示灯亮、铃响并持续 5s 后自动停止，同时锁住抢答器，此时，其他组的操作信号不起作用。当主持人按复位按钮 SB7 后，系统复位（灯熄灭）。

(2) 控制分析

假设 SB1、SB2、SB3、SB4、SB5、SB6、SB7 分别与 0.01、0.02、0.03、0.04、0.05、0.06、0.07 相连；LED1、LED2、LED3、LED4、LED5、LED6 分别与 100.01、100.02、100.03、100.04、100.05、100.06 相连。考虑到抢答许可，因此还需要添加一个抢答许可按钮 SB0，该按钮与 0.00 相连。LB 与 100.00 相连。要实现控制要求，在编程时，各小组抢答状态用 6 条 SET 指令保存，同时考虑到抢答器是否已经被最先按下的组所锁定，抢答器的锁定状态用 200.00 保存；抢先组状态锁存后，其他组的操作无效，可以用 KEEP 指令实现，同时铃响 5s 后自停，可用定时器实现。

(3) I/O 端子资源分配与接线

根据控制要求及控制分析可知，需要 8 个输入点和 7 个输出点，输入/输出分配表如表 4-61 所示，其 I/O 接线如图 4-11 所示。

表 4-61 简易 6 组抢答器的输入/输出分配表

输入			输出		
功能	元件	PLC 地址	功能	元件	PLC 地址
允许抢答按钮	SB0	0.00	蜂鸣器	LB	100.00
抢答 1 按钮	SB1	0.01	抢答 1 指示	LED1	100.01
抢答 2 按钮	SB2	0.02	抢答 2 指示	LED2	100.02
抢答 3 按钮	SB3	0.03	抢答 3 指示	LED3	100.03
抢答 4 按钮	SB4	0.04	抢答 4 指示	LED4	100.04
抢答 5 按钮	SB5	0.05	抢答 5 指示	LED5	100.05
抢答 6 按钮	SB6	0.06	抢答 6 指示	LED6	100.06
复位按钮	SB7	0.07			

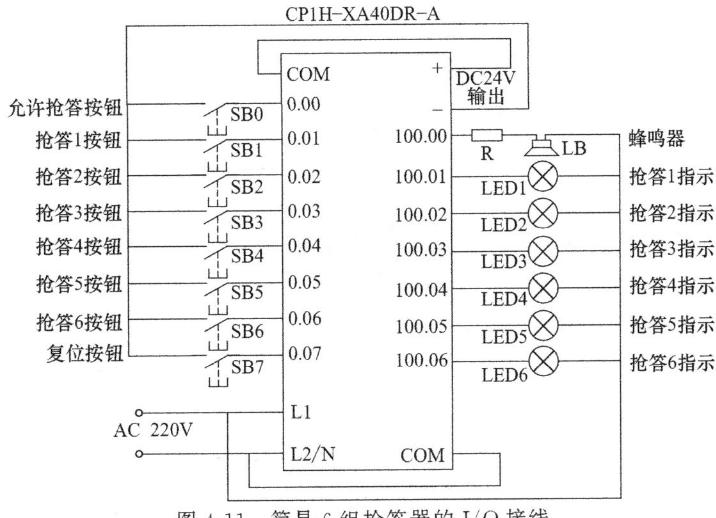

图 4-11 简易 6 组抢答器的 I/O 接线

（4）编写 PLC 控制程序

根据简易 6 组抢答器的控制分析和 PLC 资源配置，设计出 PLC 控制简易 6 组抢答器的梯形图（LAD）及指令语句表（STL），如表 4-62 所示。

表 4-62 PLC 控制简易 6 组抢答器的梯形图及指令语句表

条	LAD	STL
条 0	I:0.00 I:0.07 W0.00 W0.00	LD 0.00 OR W0.00 ANDNOT 0.07 OUT W0.00
条 1	I:0.01 W0.00 200.00 SET Q:100.01 设置位	LD 0.01 AND W0.00 ANDNOT 200.00 SET 100.01

续表

条	LAD	STL
条 2	I:0.02 W0.00 200.00 SET Q:100.02 设置位	LD 0.02 AND W0.00 ANDNOT 200.00 SET 100.02
条 3	I:0.03 W0.00 200.00 SET Q:100.03 设置位	LD 0.03 AND W0.00 ANDNOT 200.00 SET 100.03
条 4	I:0.04 W0.00 200.00 SET Q:100.04 设置位	LD 0.04 AND W0.00 ANDNOT 200.00 SET 100.04
条 5	I:0.05 W0.00 200.00 SET Q:100.05 设置位	LD 0.05 AND W0.00 ANDNOT 200.00 SET 100.05
条 6	I:0.06 W0.00 200.00 SET Q:100.06 设置位	LD 0.06 AND W0.00 ANDNOT 200.00 SET 100.06
条 7	I:0.01 I:0.02 I:0.03 I:0.04 I:0.05 I:0.06 I:0.07 KEEP(011) 200.00 保持位	LD 0.01 OR 0.02 OR 0.03 OR 0.04 OR 0.05 OR 0.06 LD 0.07 KEEP(011) 200.00

续表

条	LAD	STL
条 8	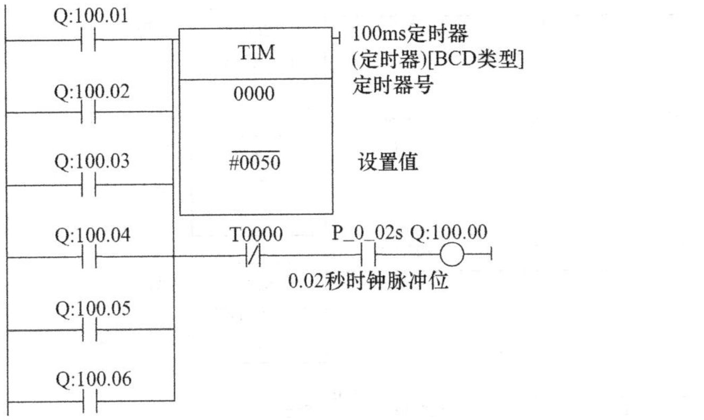 Q:100.01、Q:100.02、Q:100.03、Q:100.04、Q:100.05、Q:100.06 并联 → TIM 0000 #0050（100ms定时器 (定时器)[BCD类型] 定时器号；设置值）；T0000（常闭）P_0_02s（0.02秒时钟脉冲位）→ Q:100.00	LD 100.01 OR 100.02 OR 100.03 OR 100.04 OR 100.05 OR 100.06 TIM 0000 #0050 ANDNOT T0000 AND P_0_02s OUT 100.00
条 9	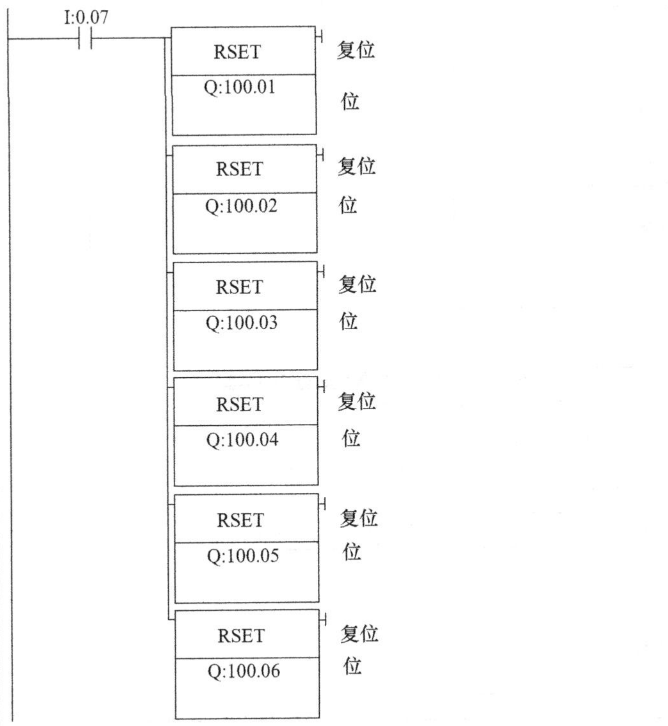 I:0.07 → RSET Q:100.01（复位 位）；RSET Q:100.02（复位 位）；RSET Q:100.03（复位 位）；RSET Q:100.04（复位 位）；RSET Q:100.05（复位 位）；RSET Q:100.06（复位 位）	LD 0.07 RSET 100.01 RSET 100.02 RSET 100.03 RSET 100.04 RSET 100.05 RSET 100.06

（5）程序仿真

① 用户启动 CX-Programmer，创建一个新的工程，按照表 4-62 输入 LAD（梯形图）或 STL（指令表）中的程序，并对其进行保存。

② 在 CX-Programmer 中，执行菜单命令“模拟”→“在线模拟”，进入 CX-Simulator 在线仿真（即在线模拟）状态。

③ 刚进入在线仿真状态时，各线圈均处于失电状态，表示没有进行抢答。当 0.00 为 1 时，表示允许抢答。此时，如果 SB1～SB6 中某个按钮最先按下，表示该按钮抢答成功，此时其他按钮抢答无效，相应的线圈得电，其仿真效果如图 4-12 所示。同时，定时器延时。主持人按下复位按钮时，线圈失电。

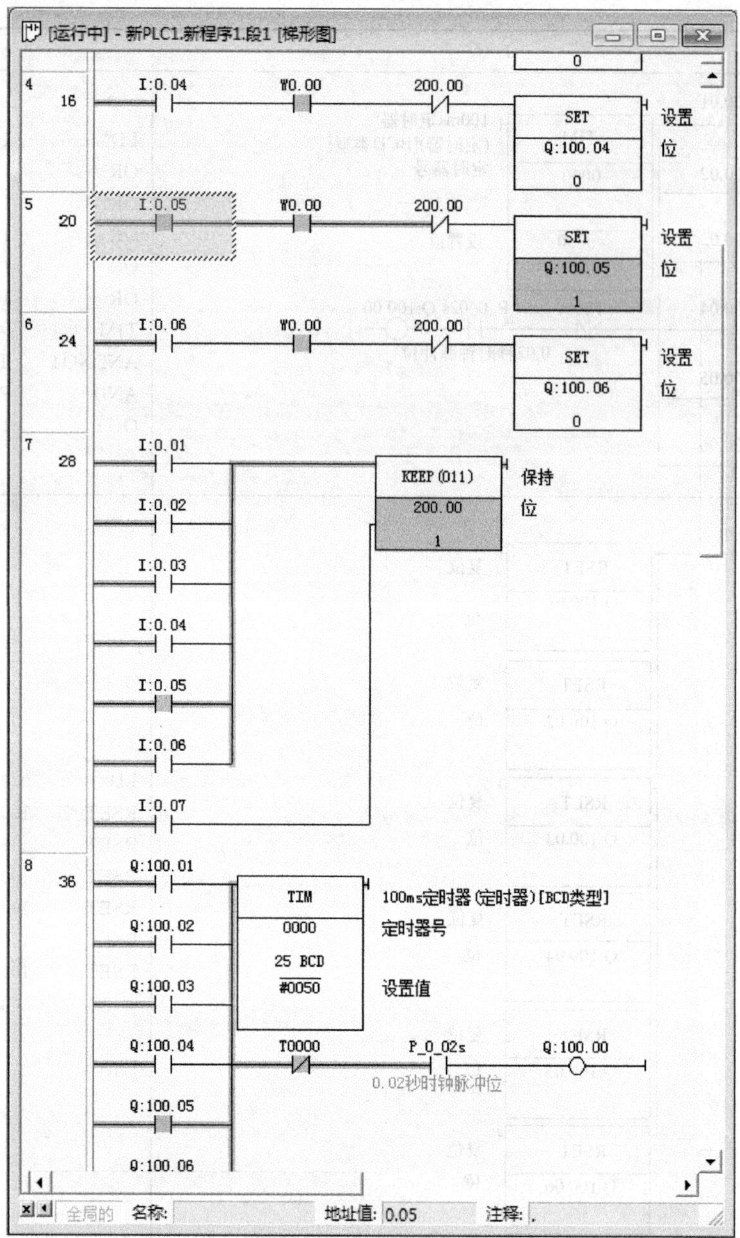

图 4-12　简易 6 组抢答器的仿真效果

第5章

欧姆龙CP1H的常用功能指令

为适应现代工业自动控制的需求，除了基本指令外，PLC 制造商还为 PLC 增加了许多功能指令。功能指令又称为应用指令，它使 PLC 具有强大的数据运算和特殊处理的功能，从而大大扩展了 PLC 的使用范围。CP1H 的功能指令可以认为是由相应的汇编指令构成的，因此在学习这些功能指令时，建议读者将微机原理、单片机技术中的汇编指令联系起来，对照学习。对于没有学过微机原理、单片机技术的读者来讲，应该在理解各功能指令含义的基础上进行灵活记忆。

5.1 数据处理指令

CP1H 的数据指令主要包括数据传送指令、数据比较指令、数据移位指令以及数据转换指令。

5.1.1 数据传送指令

数据传送指令主要由传送（MOV）、倍长传送（MOVL）、否定传送（MVN）、否定倍长传送（MVNL）、数字传送（MOVD）、位传送（MOVB）、多位传送（XFRB）、块传送（XFER）、块设定（BSET）、数据交换（XCHG）、数据倍长交换（XCGL）、数据分配（DIST）、数据抽取（COLL）、变址寄存器设定（MOVR/MOVRW）等指令构成。

（1）传送（MOV）/倍长传送（MOVL）指令

MOV 指令是将 16 位数据长度的传送数据 S（S 为 CH 数据或常数）传送至目的地 D（D 为传送目的地 CH 编号）。MOVL 指令是将传送数据 S（为 2CH 的 CH 数据或 32 位数据长度的常数）传送至目的地 D（D 为传送目的地低位 CH 编号）。传送（MOV）/倍长传送（MOVL）指令格式如表 5-1 所示。

表 5-1　传送/倍长传送指令格式

指令	LAD	STL	操作数说明
传送指令	MOV(021) S D	MOV(021)　S　D	S 为传送数据；D 为传送目的地 CH 编号
倍长传送指令	MOVL(498) S D	MOVL(498)　S　D	S 为传送数据低位 CH 编号；D 为传送目的地低位 CH 编号

使用说明

① MOV 指令将 S 传送到 D，S 为常数时，可用于数据设定；MOVL 指令以 S 为倍长数据传送到 D+1、D，S、S+1 为常数时，也可用于数据设定。

② 执行 MOV（或 MOVL）时，将出错标志 ER 置于 OFF。

③ 传送数据 S 的内容为 0x0000（或 S+1、S 的内容为 0x00000000）时，“=”标志为 ON；否则“=”标志为 OFF。

④ 传送数据 S 的内容的最高位为 1（或 S+1、S 的内容的最高位为 1）时，N 标志为 ON。

例 5-1 传送/倍长传送指令的应用程序如表 5-2 所示。在条 0 中当 0.00 常开触点闭合时，将十六进制常数 0x1000 送入 D100 中、0x2000 送入 D101 中。在条 1 中，当 0.01 常开触点闭合时，将 D101、D100 中的数据分别送入 D201、D200 中，即传送完后 D201、D200 构成的 32 位数据内容为 0x20001000。

表 5-2 传送/倍长传送指令的应用程序

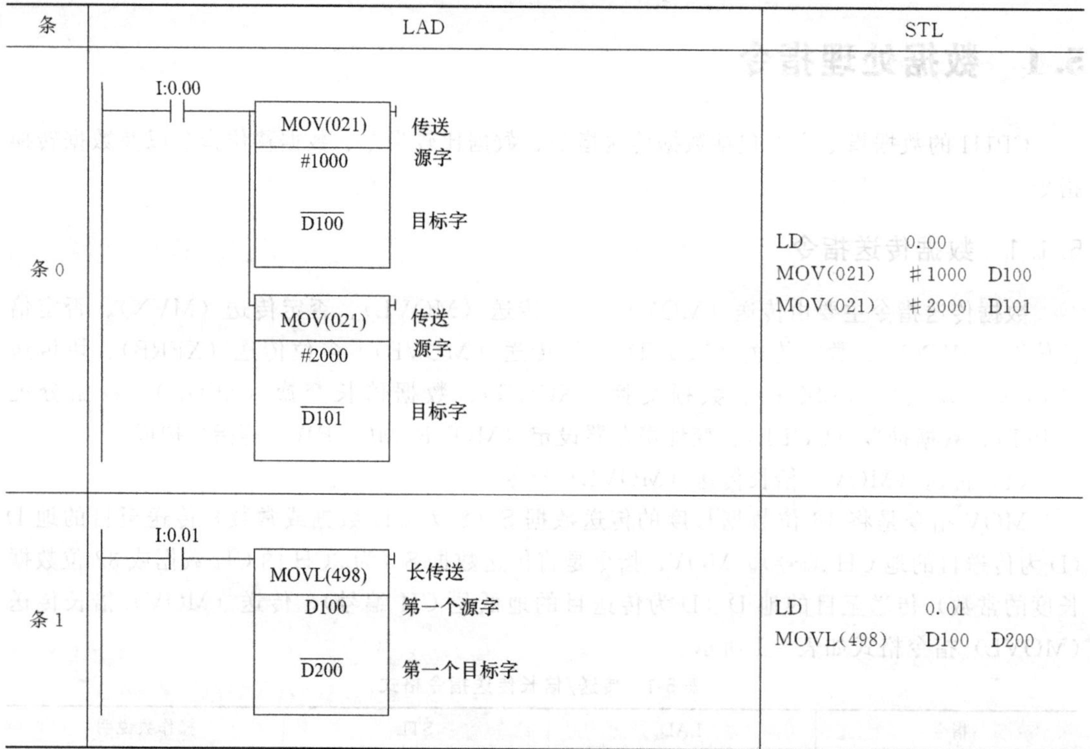

条	LAD	STL
条 0	I:0.00 MOV(021) 传送 #1000 源字 D100 目标字 MOV(021) 传送 #2000 源字 D101 目标字	LD 0.00 MOV(021) #1000 D100 MOV(021) #2000 D101
条 1	I:0.01 MOVL(498) 长传送 D100 第一个源字 D200 第一个目标字	LD 0.01 MOVL(498) D100 D200

（2）否定传送（MVN）/否定倍长传送（MVNL）指令

MVN 指令是将 16 位数据长度的传送数据 S（S 为 CH 数据或常数）的位取反后传送至目的地 D（D 为传送目的地 CH 编号）。MVNL 指令是将传送数据 S（为 2CH 的 CH 数据或 32 位数据长度的常数）的位取反后传送至目的地 D（D 为传送目的地低位 CH 编号）。否定传送（MVN）/否定倍长传送（MVNL）指令格式如表 5-3 所示。

使用说明

① MVN 指令将 S 取反后传送到 D，S 为常数时，可用于数据设定；MVNL 指令以 S 为倍长数据取反后传送到 D+1、D，S、S+1 为常数时，也可用于数据设定。

② 执行 MVN（或 MVNL）时，将出错标志 ER 置于 OFF。

表 5-3 否定传送/否定倍长传送指令格式

指令	LAD	STL	操作数说明
否定传送指令	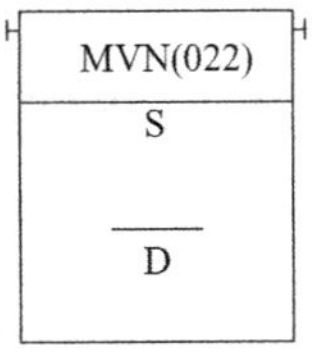 MVN(022) S D	MVN(022) S D	S为传送数据；D为传送目的地CH编号
否定倍长传送指令	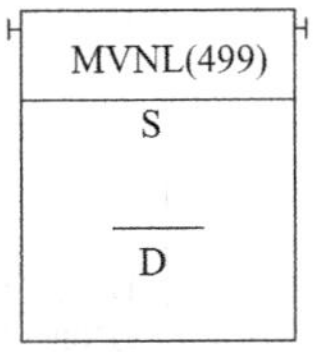 MVNL(499) S D	MVNL(499) S D	S为传送数据低位CH编号；D为传送目的地低位CH编号

③ 传送数据S的内容为0x0000（或S+1、S的内容为0x00000000）时，“=”标志为ON；否则“=”标志为OFF。

④ 传送数据S的内容的最高位为1（或S+1、S的内容的最高位为1）时，N标志为ON。

例 5-2 否定传送/否定倍长传送指令的应用程序如表5-4所示。在条0中，当0.00常开触点闭合时，将1000CH中的内容送入D100中。在条1中，当0.01常开触点闭合时，将十六进制常数0x1234、0x5678分别送入D200、D201中。在条2中，当0.02常开触点闭合时，将D201、D200中的内容按位取反后送入D301、D300中，传送完后D301、D300构成的32位数据为0xA987EDCB。

表 5-4 否定传送/否定倍长传送指令的应用程序

条	LAD	STL	传送示意图
条0	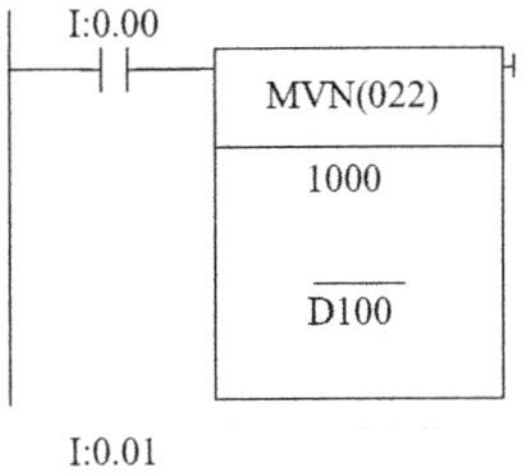 I:0.00 MVN(022) 1000 D100 I:0.01	LD 0.00 MVN(022) 1000 D100	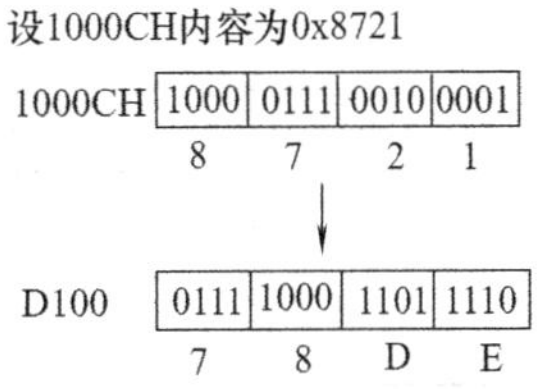 设1000CH内容为0x8721 1000CH 1000 0111 0010 0001 8 7 2 1 ↓ D100 0111 1000 1101 1110 7 8 D E
条1	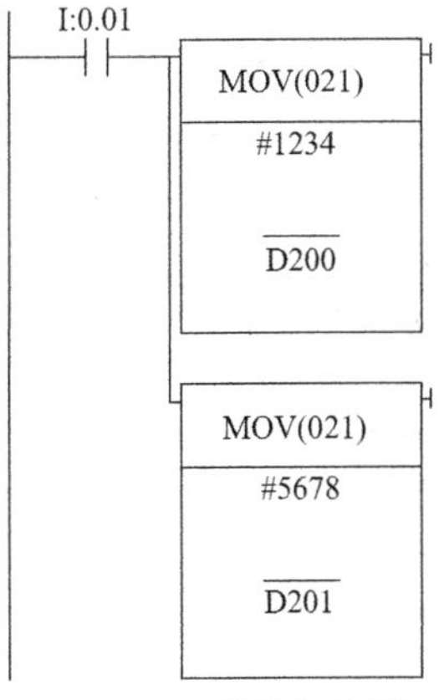 I:0.01 MOV(021) #1234 D200 MOV(021) #5678 D201	LD 0.01 MOV(021) #1234 D200 MOV(021) #5678 D201	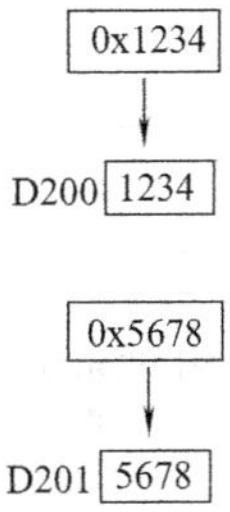 0x1234 ↓ D200 1234 0x5678 ↓ D201 5678

续表

条	LAD	STL	传送示意图
条 2	I:0.02 MVNL(499) D200 D300	LD 0.02 MVNL(499) D200 D300	1 2 3 4 D200 0001 0010 0011 0100 取反 1110 1101 1100 1011 E D C B 5 6 7 8 D201 0101 0110 0111 1000 取反 1010 1001 1000 0111 A 9 8 7 D201 5678 → D301 A987 D200 1234 → D300 EDCB

(3) 位传送（MOVB）/多位传送（XFRB）指令

MOVB 指令是将 S 通道的某位（由 C 通道低 8 位数值指定的 n）数据送入 D 通道的某位中（由 C 通道高 8 位数据指定的 m），其传送示意如图 5-1（a）所示。XFRB 指令是将 S 通道某位（由 C 通道低 4 位指定的 L）开始的多个高位数据（由 C 通道高 8 位指定的 n）送入 D 通道某位开始（由 C 通道 b7～b4 位指定的 m）的多个高位中，其传送示意如图 5-1（b）所示。位传送（MOVB）/多位传送（XFRB）指令格式如表 5-5 所示。

表 5-5 位传送（MOVB）/多位传送（XFRB）指令格式

指令	LAD	STL	操作数说明
位传送指令	MOVB(082) S C D	MOVB(082) S C D	S 为传送源 CH 编号；C 为控制数据；D 为传送目的地 CH 编号
多位传送指令	XFRB(062) C S D	XFRB(062) C S D	C 为控制数据；S 为传送源低位 CH 编号；D 为传送目的地低位 CH 编号

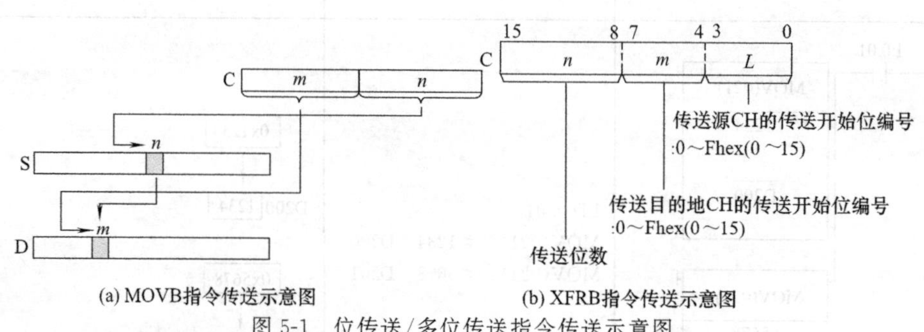

(a) MOVB指令传送示意图 (b) XFRB指令传送示意图

图 5-1 位传送/多位传送指令传送示意图

使用说明

① 传送目的地 CH 的数据在被传送的位以外不发生变化。

② 控制代码 C 的内容位于指定范围以外时，将发生错误，ER 标志为 ON。

③ 如果将 S 和 D 指定在同一通道内，则可用于位位置的变更。

例 5-3 位传送/多位传送指令的应用程序如表 5-6 所示。在条 0 中，当 0.00 常开触点闭合时，将常数 0x0A06、0x0873 分别送入 D0、D100 中。在条 1 中，D0 为 C，D100 为 S，D200 为 D。由于 D0 中的 n 为 06，m 为 0A（即十进制数 10），因此，当 0.01 常开触点闭合时，C（D0）指定 S（D100）的 b6 位传送到 D200 的 b10 位。在条 2 中，D0 为 C，D100 为 S 指定的低位 CH 编号，D300 为 D 指定的低位 CH 编号。由于 D0 中的 n 为 0A（即十进制数 10），m 为 0，L 为 6，因此，当 0.02 常开触点闭合时，将 D100 中的 b6 位开始连续 10 位数传送到 D300 的 b0～b9。

表 5-6 位传送/多位传送指令的应用程序

条	LAD	STL	传送示意图
条 0	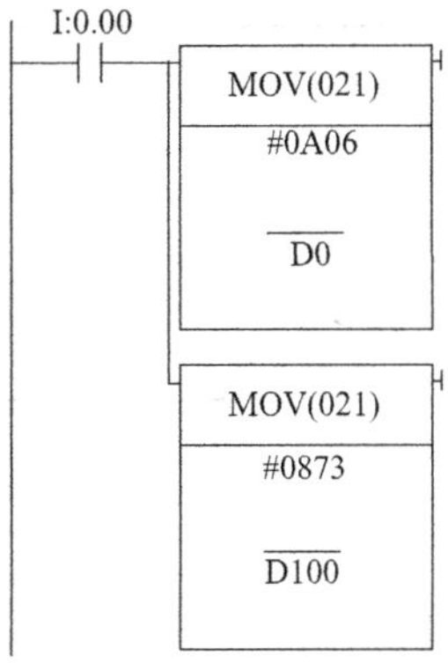 I:0.00 MOV(021) #0A06 D0 MOV(021) #0873 D100	LD 0.00 MOV(021) #0A06 D0 MOV(021) #0873 D100	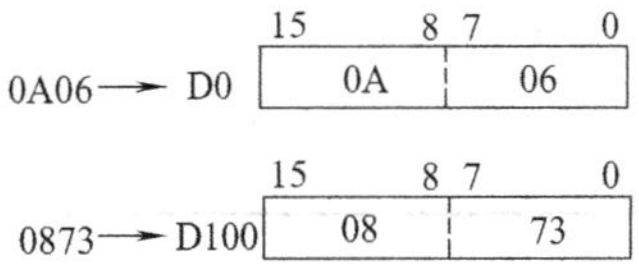 0A06→D0: 15~8 0A, 7~0 06 0873→D100: 15~8 08, 7~0 73
条 1	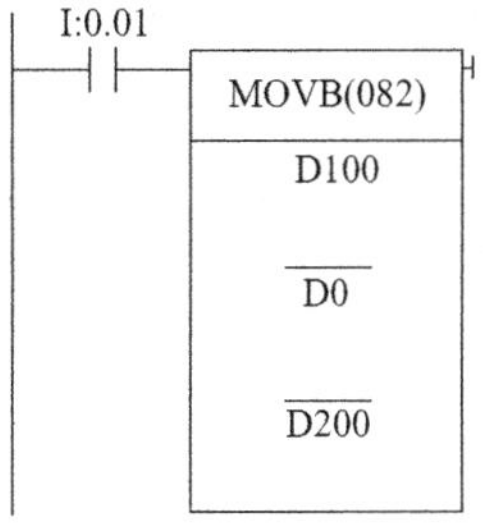 I:0.01 MOVB(082) D100 D0 D200	LD 0.01 MOVB(082) D100 D0 D200	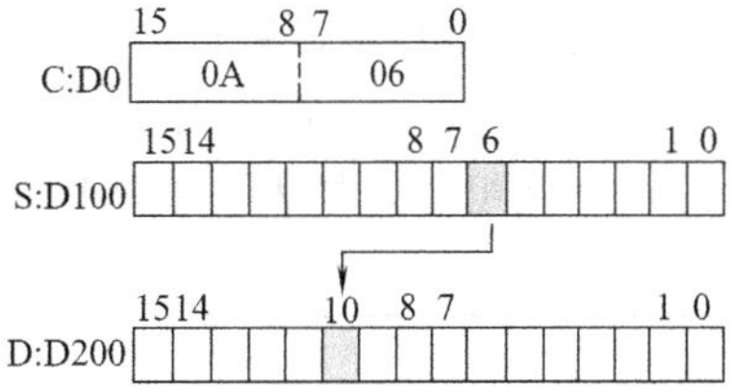 C:D0: 15~8 0A, 7~0 06 S:D100 b6 → D:D200 b10
条 2	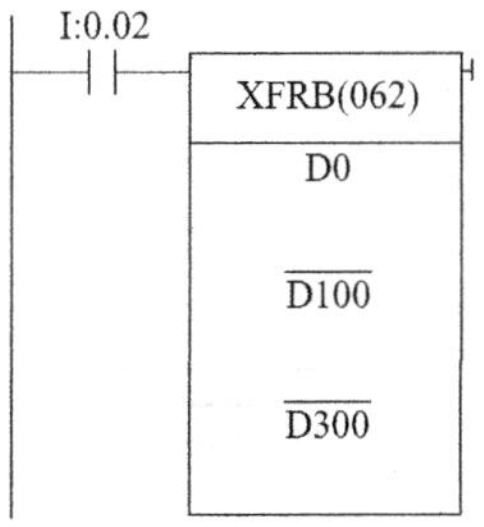 I:0.02 XFRB(062) D0 D100 D300	LD 0.02 XFRB(062) D0 D100 D300	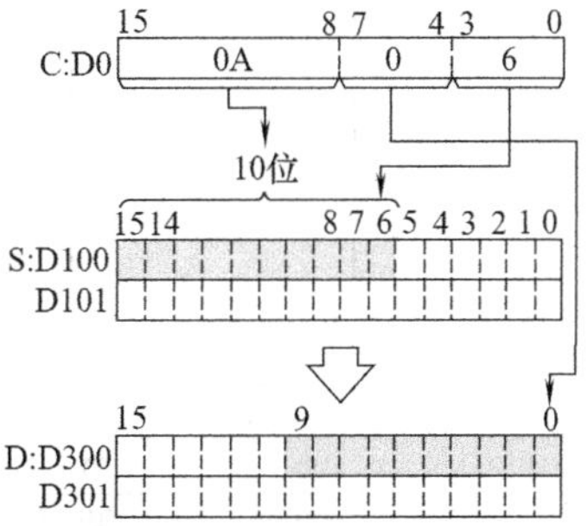 C:D0: 15~8 0A, 7~4 0, 3~0 6 S:D100 D101 10位 (b6 起) → D:D300 D301 (b0~b9)

（4）数字传送（MOVD）指令

MOVD 指令可以将 S 通道某组（由 C 通道的 m 指定）开始的一组（4 位）或多组数据

（由 C 通道的 n 决定组数）送到 D 通道某组（由 C 通道的 L 指定）开始的一组或多组存储空间中，其传送示意如图 5-2 所示。数字传送（MOVD）指令格式如表 5-7 所示。

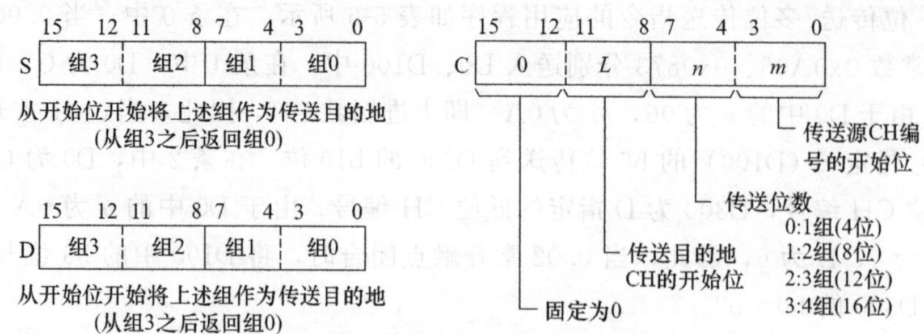

图 5-2　数字传送指令传送示意图

表 5-7　数字传送指令格式

指令	LAD	STL	操作数说明
数字传送指令	MOVD(083) S C D	MOVD(083)　S　C　D	S 为传送源 CH 编号；C 为控制数据；D 为传送目的地 CH 编号

使用说明

① 传送目的地 CH 的数据在被传送的位以外不发生变化。

② 控制代码 C 的内容位于指定范围以外时，将发生错误，ER 标志为 ON。

③ 传送多个组时，超出传送目的地 CH 内最高组的位传送到同一 CH 的最低位侧。

例 5-4　数字传送指令的应用如表 5-8 所示。当 0.00 常开触点闭合时，MOVD 指令执行，如果 D0（C 控制数据）中的数据为 0x211 时，则将 D100（S 通道）中的组 1 开始的两组数据送到 D200（D 通道）的组 2 以及后续高组中，如果 D200 后续高组不够，则会依次送入 D200 低组中，如表 5-8 中 D0 中的数据为 0x312、0x230 时的情况。

表 5-8　数字传送指令的应用

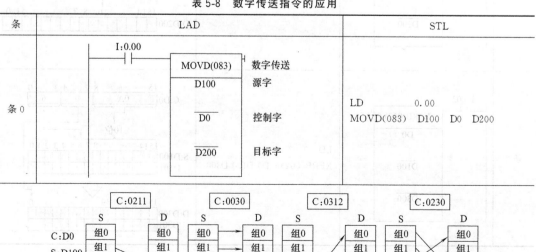

条	LAD	STL
条 0	I:0.00 MOVD(083)　数字传送 D100　源字 D0　控制字 D200　目标字	LD　0.00 MOVD(083)　D100　D0　D200

C:D0
S:D100
D:D200

C:0211 S	D	C:0030 S	D	C:0312 S	D	C:0230 S	D
组0	组0	组0	组0	组0	组0	组0	组0
组1	组1	组1	组1	组1	组1	组1	组1
组2	组2	组2	组2	组2	组2	组2	组2
组3	组3	组3	组3	组3	组3	组3	组3

(5) 块传送(XFER)/块设定(BSET)指令

XFER指令将S开始的W个通道中的数据送入D开始的W个通道中，BSET指令将S通道中的数据同时送入D1～D2各个通道中。块传送(XFER)/块设定(BSET)指令格式如表5-9所示。

表5-9 块传送(XFER)/块设定(BSET)指令格式

指令	LAD	STL	操作数说明
块传送指令	XFER(070) W S D	XFER(070) W S D	W为传送CH数;S为传送源低位CH编号;D为传送目的地低位CH编号
块设定指令	BSET(071) S D1 D2	BSET(071) S D1 D2	S为传送数据;D1为传送目的地低位CH编号;D2为传送目的地高位CH编号

使用说明

① XFER指令的传送源与传送目的地的数据区域可以重叠，传送源与传送目的地CH不能超出数据区域。

② 执行XFER指令时，ER标志为OFF。

③ BSET指令中的操作数D1、D2必须为同一区域种类，且D1≤D2。如果D1>D2，将发生错误，ER标示为ON。

④ 对大量通道进行块传送/块设定时，指令执行会比较费时。执行XFER/BSET指令时，如果发生电源断电，块传送/块设定将被终止执行。

例5-5 块传送/块设定指令的应用如表5-10所示。在条0中，当0.00常开触点闭合时，执行XFER块传送指令。在XFER块传送指令中，W(传送CH数)为0x0A，S(传送源低位CH)为D0，D(传送目的地低位CH编号)为D200，因此执行此指令时，D0～D9共10个CH的内容分别传送到D200～D209中。在条1中，当0.01常开触点闭合时，执行BSET块设定指令。在BSET块设定指令中，S(传送数据)为0x4567，D1(传送目的地低位CH编号)为D100，D2(传送目的地高位CH编号)为D106，因此将十六进制常数4567传送到D100～D106中。

表5-10 块传送/块设定指令的应用程序

条	LAD	STL	传送示意图
条0	I:0.00 XFER(070) #0A D0 D200	LD 0.00 XFER(070) #0A D0 D200	D0, D1, D2, ……, D9 10CH→ D200, D201, D202, ……, D209

续表

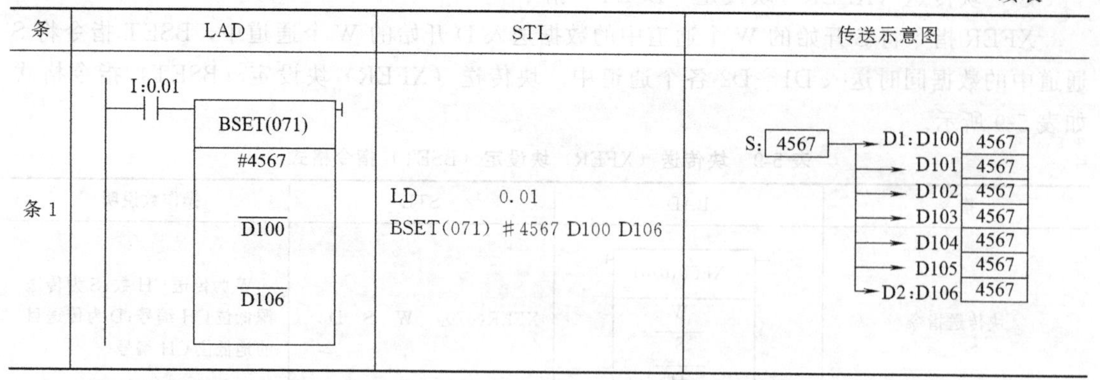

条	LAD	STL	传送示意图
条 1	I:0.01 BSET(071) #4567 D100 D106	LD 0.01 BSET(071) #4567 D100 D106	S: 4567 → D1:D100 4567, D101 4567, D102 4567, D103 4567, D104 4567, D105 4567, D2:D106 4567

(6) 数据交换（XCHG)/数据倍长交换（XCGL）指令

XCHG 指令将 D1、D2 通道中的内容互换，其互换示意如图 5-3（a）所示；XCHL 指令将 D1、D2 通道指定的连续两个 CH 中的内容互换，其互换示意如图 5-3（b）所示。数据交换/数据倍长交换指令格式如表 5-11 所示。

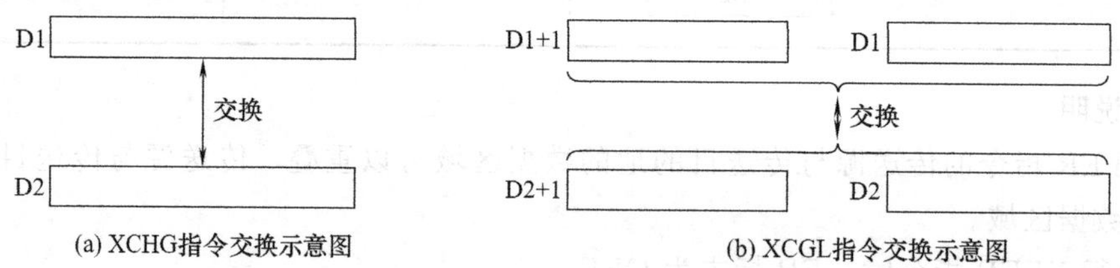

图 5-3　数据交换/数据倍长交换指令执行示意图

表 5-11　数据交换/数据倍长交换指令格式

指令	LAD	STL	操作数说明
数据交换指令	XCHG(073) D1 D2	XCHG(073)　D1　D2	D1 为交换 CH 编号 1；D2 为交换 CH 编号 2
数据倍长交换指令	XCGL(562) D1 D2	XCGL(562)　D1　D2	D1 为交换低位 CH 编号 1；D2 为交换低位 CH 编号 2

使用说明

① XCHG 以 16 位为单位交换 CH 间的数据；XCGL 以 32 位为单位对 2CH 的 CH 数据进行交换。

② 若希望对 3CH 以上的通道进行交换，通过借助其他临时区域，使用 XFER 指令，以实现数据交换。

例 5-6　数据交换/数据倍长交换指令的应用如表 5-12 所示。在条 0 中，当 0.00 常开触点闭合时，执行 4 个 MOV 传送指令，分别将十六进制常数 0x4567、0x3512、0x8743、0x98AC 送入 D0、D1、D10、D11 中。在条 1 中，当 0.01 常开触点闭合时，执行 XCHG 数据交换指令，即D0和D10中的内容互换，交换后D0中的内容为0x8743，D10中的内容为0x4567。当0.01、0.02这两个常开触点均处于闭合状态时，则执行XCGL数据倍长交换指令。执行XCGL指令时，D0和D10、D1和D11的内容互换，所以互换后，D0的内容再次恢复为0x4567、D10的内容为0x8743，D1的内容为0x98AC、D11的内容为0x3512。

表5-12 数据交换/数据倍长交换指令应用程序

条	LAD	STL
条0	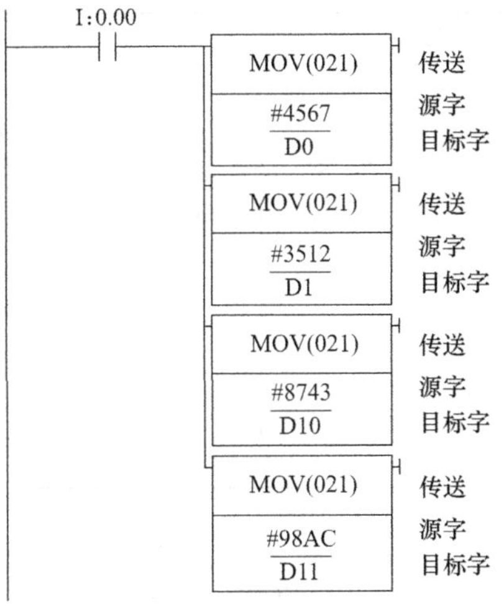 I:0.00 —┤├— MOV(021) 传送 #4567 源字 D0 目标字；MOV(021) 传送 #3512 源字 D1 目标字；MOV(021) 传送 #8743 源字 D10 目标字；MOV(021) 传送 #98AC 源字 D11 目标字	LD 0.00 MOV(021) #4567 D0 MOV(021) #3512 D1 MOV(021) #8743 D10 MOV(021) #98AC D11
条1 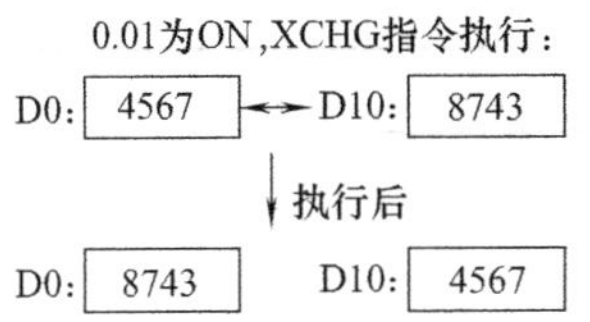	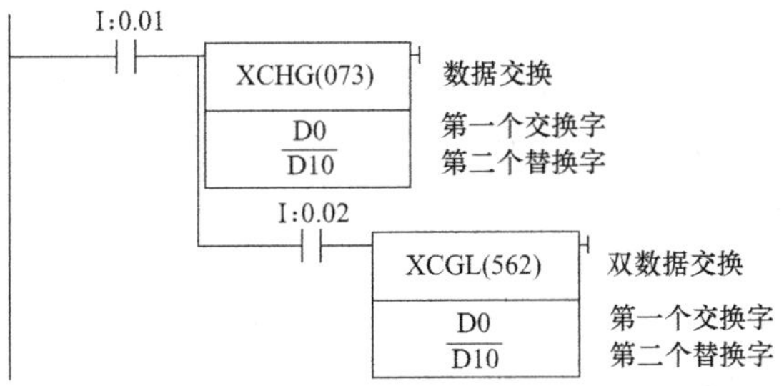 I:0.01 —┤├— XCHG(073) 数据交换 D0 第一个交换字 D10 第二个替换字；I:0.02 —┤├— XCGL(562) 双数据交换 D0 第一个交换字 D10 第二个替换字	LD 0.01 XCHG(073) D0 D10 AND 0.02 XCGL(562) D0 D10 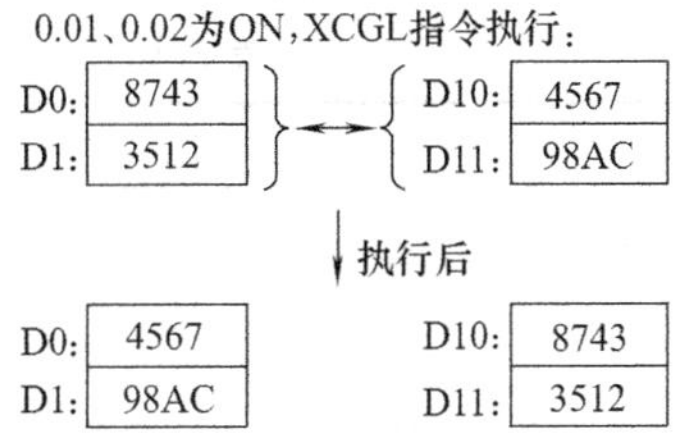

(7) 数据分配（DIST）/数据抽取（COLL）指令

DIST指令将S1通道中的数据送到D通道编号再偏移S2的通道中，其执行示意如图5-4（a)所示。COLL指令将S1通道编号再偏移S2的通道中的数据送到D通道中，其执行示意如图5-4（b）所示。数据分配/数据抽取指令格式如表5-13所示。

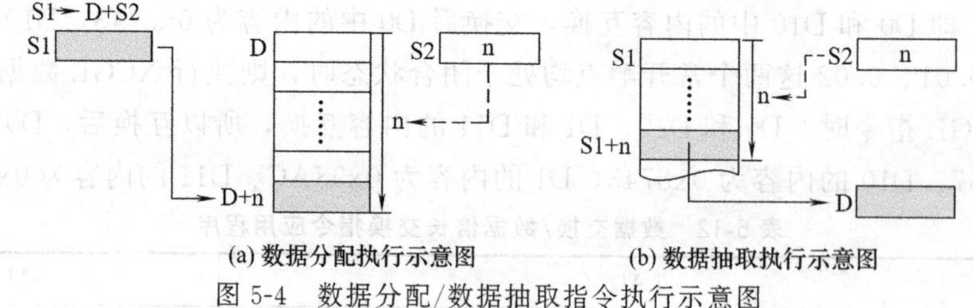

(a) 数据分配执行示意图　　(b) 数据抽取执行示意图

图 5-4　数据分配/数据抽取指令执行示意图

表 5-13　数据分配/数据抽取指令格式

指令	LAD	STL	操作数说明
数据分配指令	DIST(080) S1 D S2	DIST(080)　S1　D　S2	S1 为传送数据；D 为传送目的地基准 CH 编号；S2 为偏移数据
数据抽取指令	COLL(081) S1 S2 D	COLL(081)　S1　D　S2	S1 为传送源基准 CH 编号；S2 为偏移数据；D 为传送目的地 CH 编号

使用说明

① 在 DIST 指令中，D～D+S2 必须为同一区域种类；在 COLL 指令中，S1～S1+S2 必须为同一区域种类。

② 偏移数据（S2）的内容不能超过传送目的地的区域范围，执行 DIST/COLL 指令时，将 ER 标志置于 OFF。

③ 传送数据 S1 的内容为 0000 时，"=" 标志为 ON，不为 0000 时，"=" 标志为 OFF。

④ 传送数据 S1 的内容的最高位为 1 时，N 标志为 ON。

例 5-7　数据分配/数据抽取指令的应用如表 5-14 所示。在条 0 中，当 0.00 常开触点闭合时，将 D0 中的内容传送到 D+S2 指定的通道中，由于 D 为 D100，S2 为 0x0A（即十进制数为 10），因此执行 DIST 指令时，是将 D0 中的内容送入到 D110 中。在条 1 中，假设 COLL 指令中，操作数 S2 指定的 D10 中的内容为 0x08，S1 为 D0，D 为 D100，因此执行 COLL 指令，是将 D8 中的内容送入 D100 中。

表 5-14　数据分配/数据抽取指令的应用程序

条	LAD	STL	传送示意图
条 0	I:0.00 DIST(080) D0 D100 #0A	LD　　　　0.00 DIST(080)　D0　D100　#0A	S1:D0 通过DIST分配 D:D100 D101 D110 变化 +10CH S2: 0A

续表

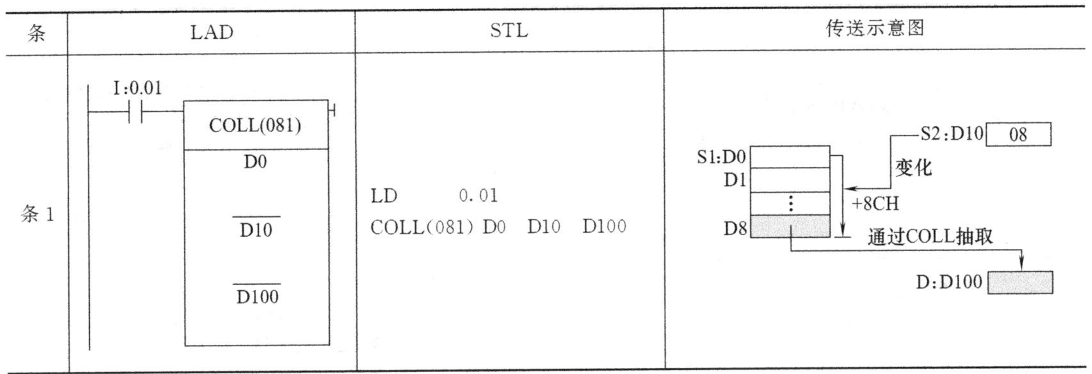

条	LAD	STL	传送示意图
条 1	I:0.01 COLL(081) D0 D10 D100	LD 0.01 COLL(081) D0 D10 D100	S2:D10 08 S1:D0 D1 ⋮ D8 变化 +8CH 通过COLL抽取 D:D100

(8) 变址寄存器设定（MOVR/MOVRW）指令

变址寄存器的设定有 MOVR、MOVRW 两条指令，其中 MOVR 指令用于设定常规 CH、触点、定时器/计数器状态位的变址寄存器地址；MOVRW 指令用于设定定时器/计数器当前值的变址寄存器地址。这两条指令格式如表 5-15 所示。

表 5-15 变址寄存器设定指令格式

指令	LAD	STL	操作数说明
MOVR 指令	MOVR(560) S D	MOVR(560) S D	S 为指定 CH 编号/触点编号；D 为传送目的地变址寄存器编号，其编号范围为 IR0～IR15
MOVRW 指令	MOVRW(561) S D	MOVRW(561) S D	S 为指定定时器/计数器编号，其编号范围为 T0000～T4095/C0000～C4095；D 为传送目的地变址寄存器编号，其编号范围为 IR0～IR15

使用说明

① 执行 MOVR 指令，可以通过常规 I/O 存储器地址来指定 S，并自动将其转换为 I/O 存储器有效地址，保存在 D 中。

② 如果通过 MOVR 指令在 S 中指定定时器/计数器，定时器/计数器完成标志的 I/O 存储器有效地址将保存在 D 中。

③ 执行 MOVRW 指令，可以通过常规定时器/计数器地址来指定 S，并自动将其转换为定时器/计数器当前值的 I/O 存储器有效地址保存在 D 中。

④ 定时器/计数器当前值的 I/O 存储器有效地址不能通过 MOVR 指令，而需通过 MOVRW 指令进行设定；定时器/计数器完成标志的 I/O 存储器有效地址不能通过 MOVRW 指令，而需通过 MOVR 指令进行设定。

例 5-8 变址寄存器设定指令的应用程序如表 5-16 所示。假设 D100 的 I/O 存储器有效地址为 0x0C18，T0000 当前值存储在 0xE000 中。在条 0 中，当 0.00 常开触点闭合时，执行 MOVR 指令，将 D100 的 I/O 存储器有效地址 0x0C18 传送到变址寄存器 IR0 中。在条 1 中，当 0.01 常开触点闭合时，执行 MOVRW 指令，将定时器 T0000 当前值的 I/O 存储器有效地址 0xE000 传送到到变址寄存器 IR1 中。

表 5-16　变址寄存器设定指令的应用程序

条	LAD	STL	传送示意图
条 0	I:0.00 MOVR(560) D100 IR0	LD　　0.00 MOVR(560)　D100　IR0	D100的I/O存储器有效地址 S:D100 [ ] [0C18] (Hex) I/O存储器有效地址 D:IR0 [00000C18] (Hex)
条 1	I:0.01 MOVRW(561) T0 IR1	LD　　0.01 MOVRW(561)　T0　IR1	I/O存储器有效地址 S: [T0] [0E000] (Hex) IR1: [0000E000] (Hex)

5.1.2　数据比较指令

CP1H 系列 PLC 的数据比较指令主要有符号比较、时刻比较、无符号比较、无符号倍长比较、带符号 BIN 比较、带符号 BIN 倍长比较、多通道比较、表格一致、无符号表格比较、扩展表格间比较、区域比较、倍长区域比较等指令。

（1）符号比较指令

符号比较指令是对两个数据进行比较，比较结果为真时输出驱动信号。符号比较指令较多（如表 5-17 所示），可以按照以下方式进行分类。

① 根据比较符号的不同，可分为“＝”（等于）、“＜＞”（不等于）、“＜”（小于）、“＞”（大于）、“＜＝”（小于或等于）、“＞＝”（大于或等于）共 6 种。

② 根据指令的连接方式不同，可分为 LD 型、AND 型和 OR 型。

③ 根据比较数据长度不同，可分为字型（16 位）和倍长型（32 位）。

④ 根据比较数据的符号类型不同，可分为无符号型和有符号型。对于有符号型数而言，其最高位为符号位，其中最高位为 0，表示正数；最高位为 1，表示负数。

表 5-17　符号比较指令

功能	数据形式/数据长度	助记符	名称	功能号
S1＝S2 时，为真(ON)	无符号/字型	LD＝	LD 型/一致	300
		AND＝	AND 型/一致	
		OR＝	OR 型/一致	
	无符号/倍长型	LD＝L	LD 型/倍长/一致	301
		AND＝L	AND 型/倍长/一致	
		OR＝L	OR 型/倍长/一致	
	带符号/字型	LD＝S	LD 型/带符号/一致	302
		AND＝S	AND 型/带符号/一致	
		OR＝S	OR 型/带符号/一致	
	带符号/倍长型	LD＝SL	LD 型/带符号倍长/一致	303
		AND＝SL	AND 型/带符号倍长/一致	
		OR＝SL	OR 型/带符号倍长/一致	

续表

功能	数据形式/数据长度	助记符	名称	功能号
S1≠S2 时，为真(ON)	无符号/字型	LD＜＞	LD 型/不一致	305
		AND＜＞	AND 型/不一致	
		OR＜＞	OR 型/不一致	
	无符号/倍长型	LD＜＞L	LD 型/倍长/不一致	306
		AND＜＞L	AND 型/倍长/不一致	
		OR＜＞L	OR 型/倍长/不一致	
	带符号/字型	LD＜＞S	LD 型/带符号/不一致	307
		AND＜＞S	AND 型/带符号/不一致	
		OR＜＞S	OR 型/带符号/不一致	
	带符号/倍长型	LD＜＞SL	LD 型/带符号倍长/不一致	308
		AND＜＞SL	AND 型/带符号倍长/一致	
		OR＜＞SL	OR 型/带符号倍长/不一致	
S1＜S2 时，为真(ON)	无符号/字型	LD＜	LD 型/不到	310
		AND＜	AND 型/不到	
		OR＜	OR 型/不到	
	无符号/倍长型	LD＜L	LD 型/倍长/不到	311
		AND＜L	AND 型/倍长/不到	
		OR＜L	OR 型/倍长/不到	
	带符号/字型	LD＜S	LD 型/带符号/不到	312
		AND＜S	AND 型/带符号/不到	
		OR＜S	OR 型/带符号/不到	
	带符号/倍长型	LD＜SL	LD 型/带符号倍长/不到	313
		AND＜SL	AND 型/带符号倍长/不到	
		OR＜SL	OR 型/带符号倍长/不到	
S1≤S2 时，为真(ON)	无符号/字型	LD＜＝	LD 型/以下	315
		AND＜＝	AND 型/以下	
		OR＜＝	OR 型/以下	
	无符号/倍长型	LD＜＝L	LD 型/倍长/以下	316
		AND＜＝L	AND 型/倍长/以下	
		OR＜＝L	OR 型/倍长/以下	
	带符号/字型	LD＜＝S	LD 型/带符号/以下	317
		AND＜＝S	AND 型/带符号/以下	
		OR＜＝S	OR 型/带符号/以下	
	带符号/倍长型	LD＜＝SL	LD 型/带符号倍长/以下	318
		AND＜＝SL	AND 型/带符号倍长/以下	
		OR＜＝SL	OR 型/带符号倍长/以下	

续表

功能	数据形式/数据长度	助记符	名称	功能号
S1>S2 时，为真(ON)	无符号/字型	LD>	LD 型/超过	320
		AND>	AND 型/超过	
		OR>	OR 型/超过	
	无符号/倍长型	LD>L	LD 型/倍长/超过	321
		AND>L	AND 型/倍长/超过	
		OR>L	OR 型/倍长/超过	
	带符号/字型	LD>S	LD 型/带符号/超过	322
		AND>S	AND 型/带符号/超过	
		OR>S	OR 型/带符号/超过	
	带符号/倍长型	LD>SL	LD 型/带符号倍长/超过	323
		AND>SL	AND 型/带符号倍长超过	
		OR>SL	OR 型/带符号倍长/超过	
S1≥S2 时，为真(ON)	无符号/字型	LD>=	LD 型/以上	325
		AND>=	AND 型/以上	
		OR>=	OR 型/以上	
	无符号/倍长型	LD>=L	LD 型/倍长/以上	326
		AND>=L	AND 型/倍长/以上	
		OR>=L	OR 型/倍长/以上	
	带符号/字型	LD>=S	LD 型/带符号/以上	327
		AND>=S	AND 型/带符号/以上	
		OR>=S	OR 型/带符号/以上	
	带符号/倍长型	LD>=SL	LD 型/带符号倍长/以上	328
		AND>=SL	AND 型/带符号倍长/以上	
		OR>=SL	OR 型/带符号倍长/以上	

使用说明

① 对 S1 和 S2 进行无符号或带符号的比较，比较结果为真时，连接到下一段之后。

② 与 LD、AND、OR 指令同样处理，在各指令之后继续对其他指令进行编程。LD 型时，可以直接连接到母线上；AND 型时，不可以直接连接到母线上；OR 型时，可以直接连接到母线上。

③ 符号比较指令与 CMP 指令和 CMPL 指令不同，它不需要读取状态标志，而直接将比较的结果作为下一段电路的输入条件。

例 5-9 符号比较指令的应用程序如表 5-18 所示。条 0 中的“P_First_Cycle”常开触点为第一次循环标志，即 PLC 上电时，该触点闭合一次。所以 PLC 上电，条 0 中执行两条 MOV 传送指令，分别将十六进制数据 0x8721、0x7A8C 分别送入 D100 和 D110 中。在条 1 中，0.01 常开触点闭合时，执行无符号“AND<”比较指令，由于 S1（D100）为 0x8721，S2（D110）为 0x7A8C，S1<S2 的逻辑关系不成立，因此该指令的输出为逻辑“假”，即输出为 OFF，从而使 100.00 线圈未得电。在条 2 中，0.02 常开触点闭合时，执行有符号

“AND＜”比较指令，由于 S1（D100）为 0x8721，其最高位为 1，表示该数为负数；S2（D110）为 0x7A8C，其最高位为 0，表示该数为正数，S1＜S2 的逻辑关系成立，因此该指令的输出为逻辑“真”，即输出为 ON，从而使 100.01 线圈得电。

表 5-18 符号比较指令应用程序

条	LAD	STL
条 0	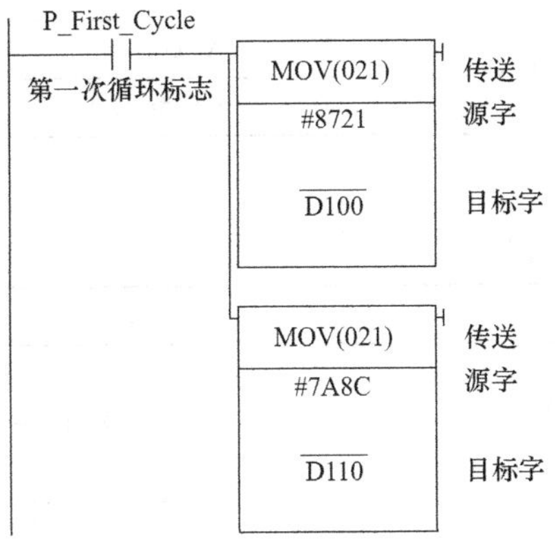 P_First_Cycle（第一次循环标志） MOV(021) 传送 #8721 源字 D100 目标字 MOV(021) 传送 #7A8C 源字 D110 目标字	LD P_First_Cycle MOV(021) ＃8721 D100 MOV(021) ＃7A8C D110
条 1	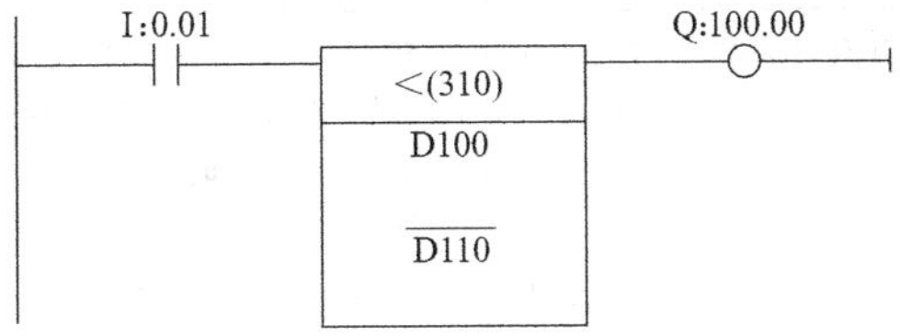 I:0.01 ＜(310) D100 D110 Q:100.00	LD 0.01 AND＜(310) D100 D110 OUT 100.00
条 2	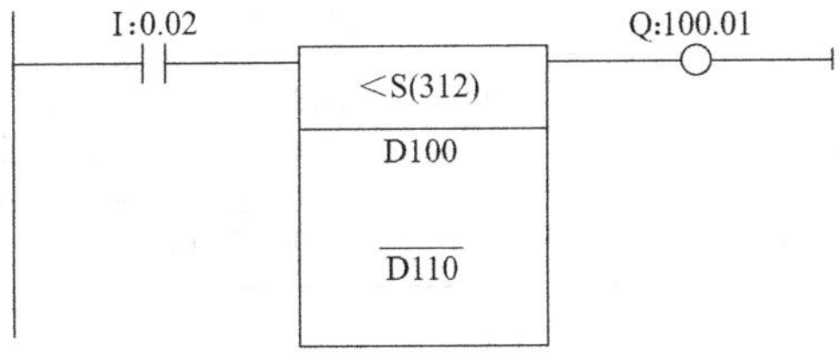 I:0.02 ＜S(312) D100 D110 Q:100.01	LD 0.02 AND＜S(312) D100 D110 OUT 100.01

（2）时刻比较指令

时刻比较指令是将两个时刻数据（BCD 数据）进行比较，比较结果为真时驱动信号。时刻比较指令也较多（如表 5-19 所示），可以按照以下方式进行分类。

① 根据比较符号的不同，可分为“＝DT”（等于）、“＜＞DT”（不等于）、“＜DT”（小于）、“＞DT”（大于）、“＜＝DT”（小于或等于）、“＞＝DT”（大于或等于）共 6 种。

② 根据指令的连接方式不同，可分为 LD 型、AND 型和 OR 型。

表 5-19 时刻比较指令

功能	助记符	名称	功能号	功能	助记符	名称	功能号
S1＝S2 时，为真(ON)	LD＝DT	LD 型/一致	341	S1≠S2 时，为真(ON)	LD＝L	LD 型/倍长/不一致	342
	AND＝DT	AND 型/一致			AND＝L	AND 型/倍长/不一致	
	OR＝DT	OR 型/一致			OR＝L	OR 型/倍长/不一致	

续表

功能	助记符	名称	功能号	功能	助记符	名称	功能号
S1<S2 时，为真(ON)	LD<DT	LD 型/不到	343	S1≤S2 时，为真(ON)	LD<=DT	LD 型/以下	344
	AND<DT	AND 型/不到			AND<=DT	AND 型/以下	
	OR<DT	OR 型/不到			OR<=DT	OR 型/以下	
S1>S2 时，为真(ON)	LD>DT	LD 型/超过	345	S1≥S2 时，为真(ON)	LD>=DT	LD 型/以上	346
	AND>DT	AND 型/超过			AND>=DT	AND 型以上	
	OR>DT	OR 型/超过			OR>=DT	OR 型/以上	

时刻比较指令的格式如表 5-20 所示。

表 5-20　时刻比较指令格式

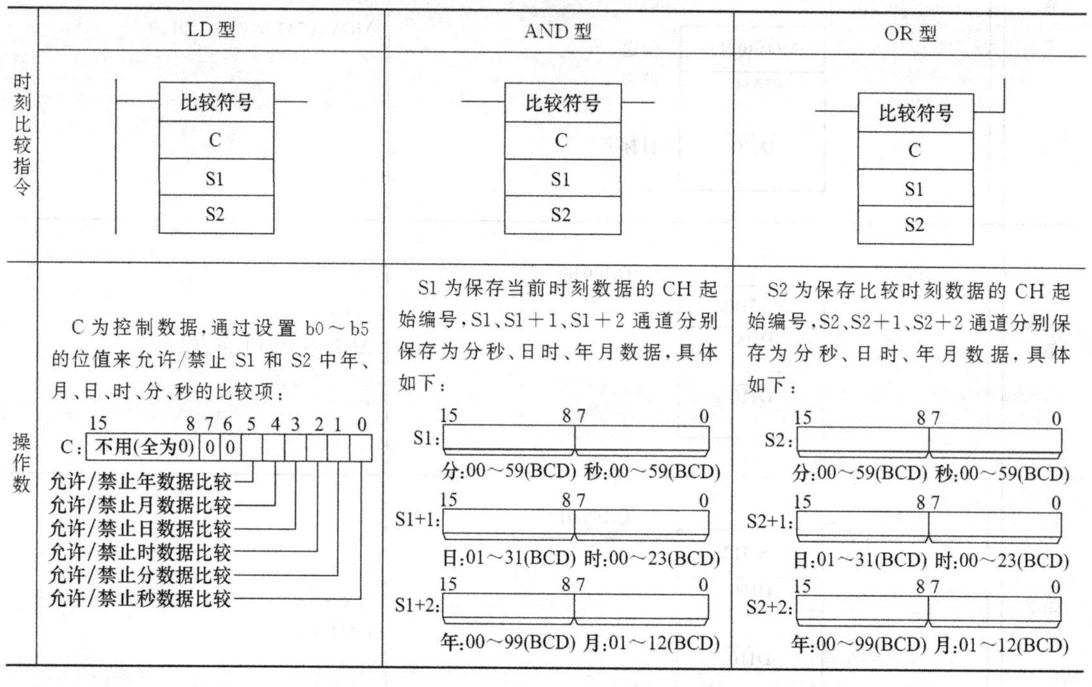

	LD 型	AND 型	OR 型
时刻比较指令	比较符号 C S1 S2	比较符号 C S1 S2	比较符号 C S1 S2
操作数	C 为控制数据，通过设置 b0～b5 的位值来允许/禁止 S1 和 S2 中年、月、日、时、分、秒的比较项： C：15～8 不用(全为0)，7 0，6 0 允许/禁止年数据比较 允许/禁止月数据比较 允许/禁止日数据比较 允许/禁止时数据比较 允许/禁止分数据比较 允许/禁止秒数据比较	S1 为保存当前时刻数据的 CH 起始编号，S1、S1＋1、S1＋2 通道分别保存为分秒、日时、年月数据，具体如下： S1：分:00～59(BCD) 秒:00～59(BCD) S1+1：日:01～31(BCD) 时:00～23(BCD) S1+2：年:00～99(BCD) 月:01～12(BCD)	S2 为保存比较时刻数据的 CH 起始编号，S2、S2＋1、S2＋2 通道分别保存为分秒、日时、年月数据，具体如下： S2：分:00～59(BCD) 秒:00～59(BCD) S2+1：日:01～31(BCD) 时:00～23(BCD) S2+2：年:00～99(BCD) 月:01～12(BCD)

使用说明

① 时刻比较指令由于能够限定比较对象数据，因此时刻比较指令可以实现日历定时器功能。

② 将 CPU 单元的内部时钟数据作为比较基准时，以 S1＝A351 CH 来指定 CPU 单元的内部时钟数据（A351 CH、A352 CH、A353 CH）。A351、A352、A535 中的时刻数据为 PLC 内置时钟数据，它会像时钟表显示的时间一样随时变化。

例 5-10　设定 PLC 工作时间超过 2020 年 12 月 28 日 12 时 59 分时，指示灯点亮，使用时刻比较指令编写的应用程序如表 5-21 所示。PLC 上电时，条 0 中的 MOV 指令设置 D100 的内容为 0x01，即时刻比较中允许年、月、日、时、分数据比较。在条 1 中，当 0.00 常开触点闭合时，设置比较时刻数据为 2020 年 12 月 28 日 12 时 59 分。在条 2 中，当 0.01 常开触点闭合时，将 PLC 的当前内部时钟数据 S1～S3 与 D200～D202 中的内容进行比较，若超过 2020 年 12 月 28 日 12 时 59 分，则 100.00 线圈得电并输出，否则 100.00 线圈处于失电状态。

表 5-21 时刻比较指令应用程序

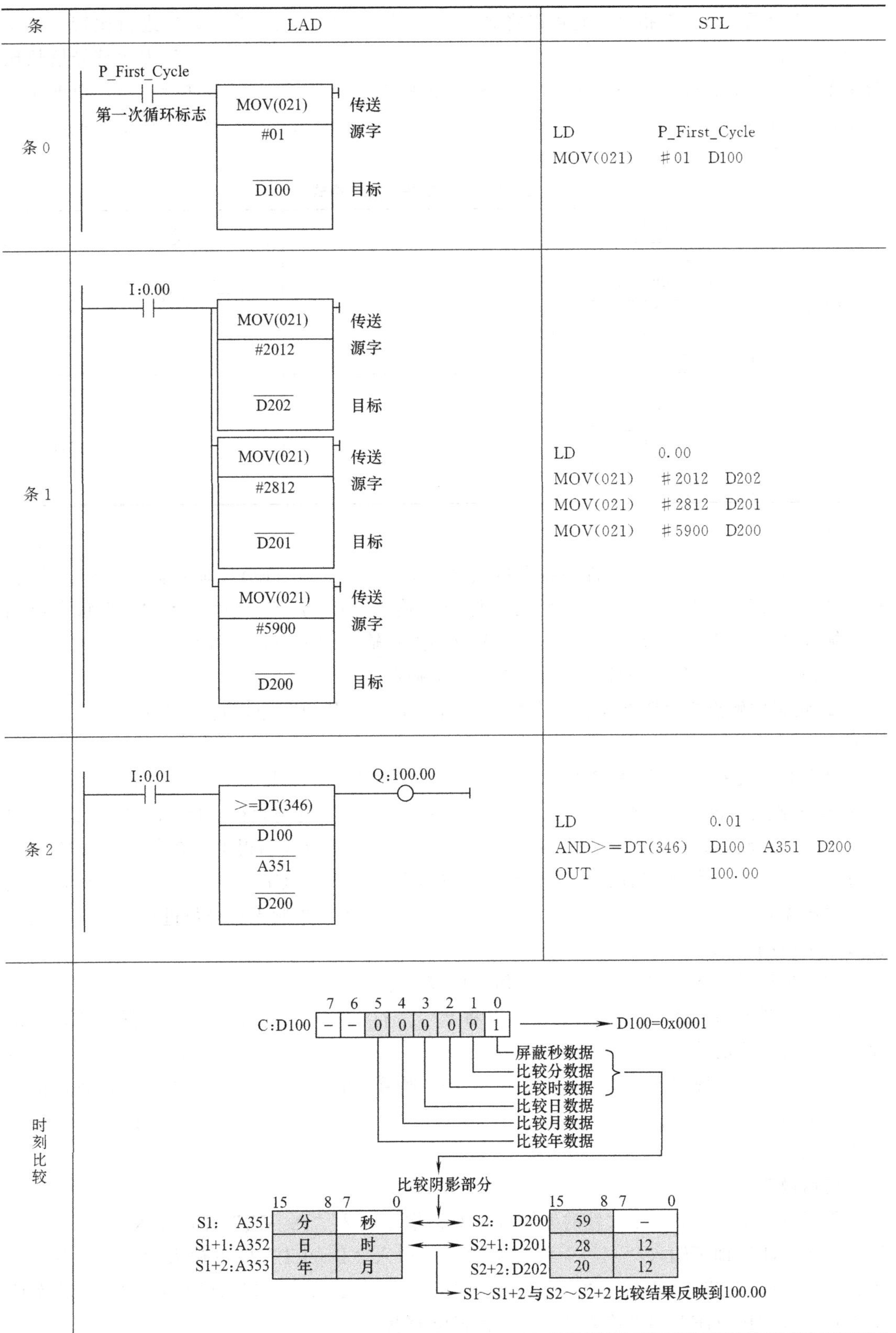

条	LAD	STL
条 0	P_First_Cycle 第一次循环标志 MOV(021) 传送 #01 源字 D100 目标	LD P_First_Cycle MOV(021) ＃01 D100
条 1	I:0.00 MOV(021) 传送 #2012 源字 D202 目标 MOV(021) 传送 #2812 源字 D201 目标 MOV(021) 传送 #5900 源字 D200 目标	LD 0.00 MOV(021) ＃2012 D202 MOV(021) ＃2812 D201 MOV(021) ＃5900 D200
条 2	I:0.01 >=DT(346) D100 A351 D200 Q:100.00	LD 0.01 AND>＝DT(346) D100 A351 D200 OUT 100.00
时刻比较	（见下方图示）	

（3）无符号比较/无符号倍长比较指令

CMP为无符号比较指令，它可以将S1、S2通道中的16位无符号数据进行比较，根据比较结果将相应的状态位（=、<>、<、<=、>、>=）置1。CMPL为无符号倍长比较指令，它可以将S1+1、S1与S2+1、S2通道中的32位无符号数据进行比较，根据比较结果将相应的状态位（=、<>、<、<=、>、>=）置1。CMP和CMPL指令格式如表5-22所示。

表5-22 CMP和CMPL指令格式

指令	LAD	STL	操作数说明
CMP指令	CMP(020) S1 S2	CMP(020) S1 S2	S1为比较数据1；S2为比较数据2
CMPL指令	CMPL(060) S1 S2	CMPL(060) S1 S2	S1为比较数据1低位CH编号；S2为比较数据2低位CH编号

使用说明

① 在CX-Programmer软件的编辑接点对话框中输入“P_EQ”即可输入“=”触点；输入“P_NE”即可输入“<>”状态位触点；输入“P_LT”即可输入“<”状态位触点；输入“P_LE”即可输入“<=”状态位触点；输入“P_GT”即可输入“>”状态位触点；输入“P_GE”即可输入“>=”状态位触点。

② 状态位触点应紧跟在比较指令之后，若中间插有其他指令，则状态位触点状态可能会发生变化。

例5-11 无符号比较/无符号倍长比较指令的应用程序如表5-23所示。在条0中，当0.00常开触点闭合时，执行CMP无符号比较指令，将十六进制无符号数0x4567与D100中的内容进行比较，并根据比较结果控制100.00～100.02相应线圈得电。在条1中，当0.01常开触点闭合时，执行CMPL无符号倍长比较指令，将1001 CH和1000 CH构成的32位十六进制无符号数与1201 CH和1200 CH构成的32位十六进制无符号数进行比较，并根据比较结果控制100.03～100.05相应线圈得电。

（4）带符号BIN比较/带符号BIN倍长比较指令

CPS为带符号BIN比较指令，它可以将2个带符号的CH数据或常数进行比较，根据比较结果将相应的状态位（=、<>、<、<=、>、>=）置1。CPSL为带符号BIN倍长比较指令，它可以将S1+1、S1与S2+1、S2通道中的32位带符号数据进行比较，根据比较结果将相应的状态位（=、<>、<、<=、>、>=）置1。CPS和CPSL指令格式如表5-24所示。

使用说明

① 在CX-Programmer软件的编辑接点对话框中输入“P_EQ”即可输入“=”触点；输入“P_NE”即可输入“<>”状态位触点；输入“P_LT”即可输入“<”状态位触点；输入“P_LE”即可输入“<=”状态位触点；输入“P_GT”即可输入“>”状态位触点；输入“P_GE”即可输入“>=”状态位触点。

表 5-23 无符号比较/无符号倍长比较指令应用程序

条	LAD	STL
条 0	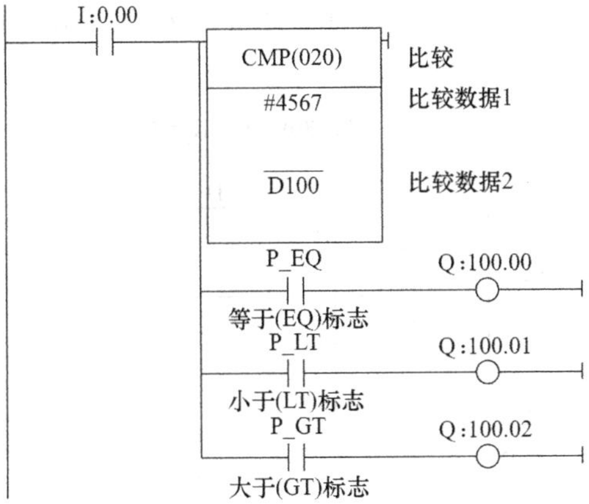 I:0.00 —┤├— CMP(020) 比较；#4567 比较数据1；D100 比较数据2 P_EQ 等于(EQ)标志 —┤├— Q:100.00 P_LT 小于(LT)标志 —┤├— Q:100.01 P_GT 大于(GT)标志 —┤├— Q:100.02	LD 0.00 OUT TR0 CMP(020) #4567 D100 AND P_EQ OUT 100.00 LD TR0 AND P_LT OUT 100.01 LD TR0 AND P_GT OUT 100.02
条 1	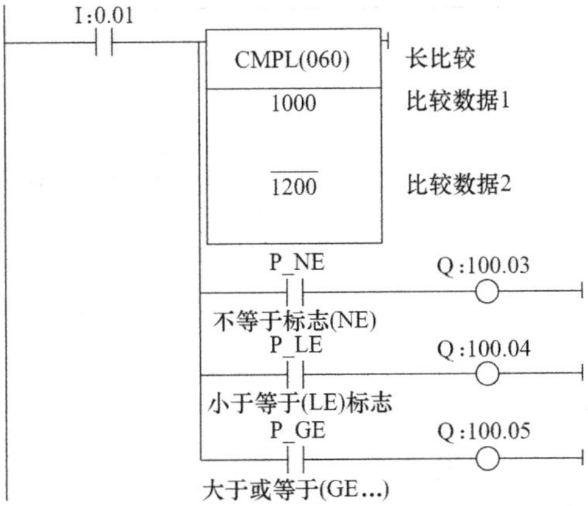 I:0.01 —┤├— CMPL(060) 长比较；1000 比较数据1；1200 比较数据2 P_NE 不等于标志(NE) —┤├— Q:100.03 P_LE 小于等于(LE)标志 —┤├— Q:100.04 P_GE 大于或等于(GE…) —┤├— Q:100.05	LD 0.01 OUT TR0 CMPL(060) 1000 1200 AND P_NE OUT 100.03 LD TR0 AND P_LE OUT 100.04 LD TR0 AND P_GE OUT 100.05

表 5-24 CPS 和 CPSL 指令格式

指令	LAD	STL	操作数说明
CPS 指令	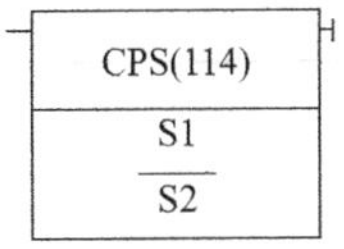 CPS(114) S1 S2	CPS(114) S1 S2	S1 为比较数据 1；S2 为比较数据 2。S1、S2 的内容为 0x8000～0x7FFF(十进制为－32768～32767)
CPSL 指令	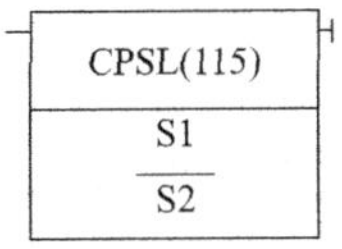 CPSL(115) S1 S2	CPSL(115) S1 S2	S1 为比较数据 1 低位 CH 编号；S2 为比较数据 2 低位 CH 编号。S1＋1、S1 以及 S2＋1、S2 的内容为 0x80000000～0x7FFFFFFF(十进制为－2147483648～2147483647)

② 状态位触点应紧跟在比较指令之后，若中间插有其他指令，则状态位触点状态可能会发生变化。

（5）多通道比较指令

MCMP 为多通道比较指令，它是将 S1 为起始的 16 CH（S1～S1＋15）的数据分别与 S2 为起始的 16 CH（S2～S2＋15）的数据一一对应比较，如果某通道的数据相同，则将 D 通道中对应的位（b0～b15）置 0，否则置 1，其比较示意如图 5-5 所示。MCMP 的指令格式如表 5-25 所示。

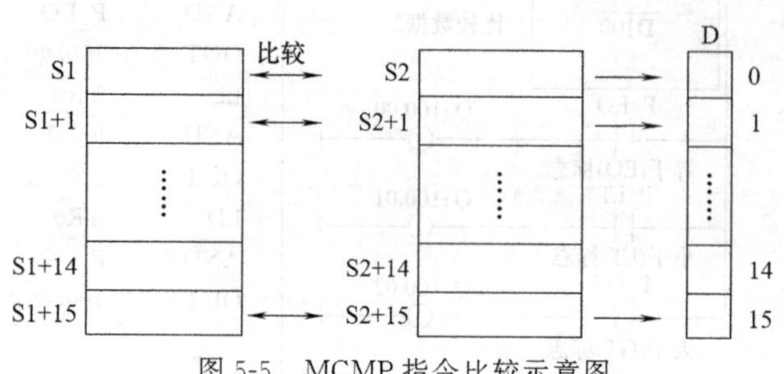

图 5-5　MCMP 指令比较示意图

表 5-25　MCMP 指令格式

指令	LAD	STL	操作数说明
MCMP 指令	MCMP(019) S1 S2 D	MCMP(019)　S1　S2　D	S1 为比较数据 1 低位 CH；S2 为比较数据 2 低位 CH；D 为比较结果输出 CH 编号

使用说明

① S1～S1＋15、S2～S2＋15 必须属于同一区域种类。

② 本指令执行后如果“＝”标志为 ON，则表示 16 通道的数据相同。

例 5-12　MCMP 指令的应用程序如表 5-26 所示。条 0 中的 0.02 常开触点闭合时，执行 MCMP 多通道比较指令。在该指令中，S1 为 D100，S2 为 D200，D 为 D10，因此执行 MCMP 指令时，是将 D100～D115 中的内容与 D200～D215 中的内容一一比较，将每个通道比较的结果存放到 D10 中的各位。两通道中的内容相同，则相应位为 0，否则为 1。

表 5-26　MCMP 指令应用程序

条	LAD	STL
条 0	I:0.02 MCMP(019)　多比较 D100　表1的第一个字 D200　表2的第一个字 D10　结果字	LD　　0.02 MCMP(019)　D100　D200　D10

续表

条	LAD	STL
多通道比较	D:D10 ↓位 S1: D100 1 2 3 4 ←→ S2: D200 1 2 3 4 → 0 0 D101 5 6 7 8 ←→ D201 9 A B C → 1 1 D102 9 A B C ←→ D202 5 6 7 8 → 1 2 D103 D E F 0 ←→ D203 D E F 0 → 0 3 D104 0 2 0 0 ←→ D204 0 2 0 0 → 0 4 D105 1 2 3 4 ←→ D205 5 6 7 8 → 1 5 D106 5 6 7 8 ←→ D206 9 A B C → 1 6 D107 9 A B C ←→ D207 D E F 0 → 1 7 D108 D E F 0 ←→ D208 1 2 3 4 → 1 8 D109 1 2 3 4 ←→ D209 5 6 7 8 → 1 9 D110 5 6 7 8 ←→ D210 0 2 0 0 → 1 10 D111 9 A B C ←→ D211 1 2 3 4 → 1 11 D112 0 2 0 0 ←→ D212 0 2 0 0 → 0 12 D113 1 2 3 4 ←→ D213 5 6 7 8 → 1 13 D114 5 6 7 8 ←→ D214 9 A B C → 1 14 D115 9 A B C ←→ D215 1 2 3 4 → 1 15	

（6）表格一致指令

TCMP 为表格一致指令，是将 S 通道的数据与 T 为起始的 16 个通道（T～T+15）中的数据逐个比较，如果与某通道的数据相同，则将 D 通道中对应的位（b0～b15）置 1，数据不同时对应位为 0，其比较示意如图 5-6 所示。TCMP 指令格式如表 5-27 所示。

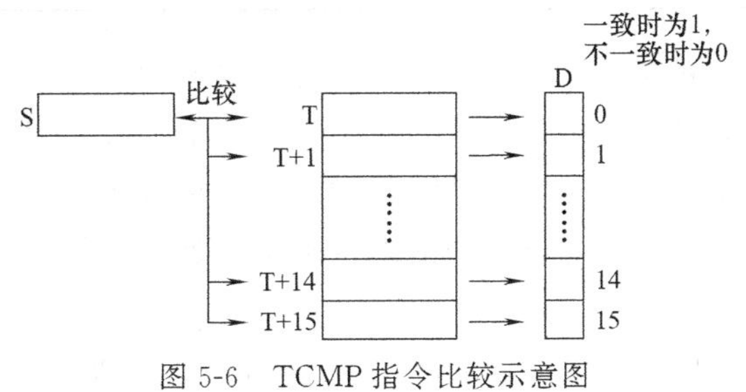

图 5-6　TCMP 指令比较示意图

表 5-27　TCMP 指令格式

指令	LAD	STL	操作数说明
TCMP 指令	TCMP(085) S T D	TCMP(085)　S　T　D	S 为比较数据；T 为比较表格低位 CH 编号；D 为比较结果输出 CH 编号

使用说明

本指令执行后如果“=”标志为 ON，则表示 S 与 T～T+15 中的内容不一致，比较结果为 0。

表 5-28　TCMP 指令应用程序

条	LAD	STL
条 0	I:0.01 TCMP(085)　表比较 #03A1　比较数据 D200　表的第一个字 D10　结果字	LD　0.01 TCMP(085)　#03A1　D200　D10
表格一致比较	S: 0 3 A 1　比较　D:D10 位 T:D200　0 2 A 1 → 0　0 D201　0 0 0 0 → 0　1 D202　0 1 2 0 → 0　2 D203　0 3 A 1 → 1　3 D204　0 0 0 0 → 0　4 D205　0 2 A 1 → 0　5 D206　1 2 3 4 → 0　6 D207　5 6 7 8 → 0　7 D208　9 A B C → 0　8 D209　D E F 0 → 0　9 D210　0 3 A 1 → 1　10 D211　1 2 3 4 → 0　11 D212　5 6 7 8 → 0　12 D213　9 A B C → 0　13 D214　D E F 0 → 0　14 D215　0 3 A 1 → 1　15	

例 5-13　TCMP 指令的应用程序如表 5-28 所示。条 0 中的 0.01 常开触点闭合时，执行 TCMP 表格一致指令。在该指令中，S 为 0x03A1，T 为 D200，D 为 D10，因此执行 TCMP 指令时，是将 S 中的内容（0x03A1）与 D200～D215 中的内容一一比较，将每个比较的结果存放到 D10 中的各位。若 S 与某通道中的内容相同，则相应位为 1，否则为 0。

（7）无符号表格比较指令

BCMP 为无符号表格比较指令，它是将 T 为起始的 32 个通道两两一组，共分为 16 组，每组的两个通道依次存储数据下限值和上限值，然后检查 S 通道的数据是否在某组数据范围内，若在某组范围内，则将 D 通道中对应的位（b0～b15）置 1，在范围外时为 0，其比较示意如图 5-7 所示。BCMP 指令格式如表 5-29 所示。

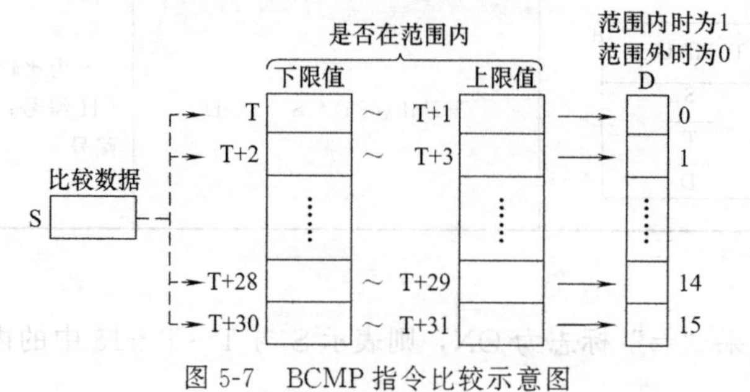

图 5-7　BCMP 指令比较示意图

表 5-29 BCMP 指令格式

指令	LAD	STL	操作数说明
BCMP 指令	BCMP(068) S T D	BCMP(068) S T D	S 为比较数据；T 为比较表格低位 CH 编号；D 为比较结果输出 CH 编号

使用说明

① 本指令执行后如果“=”标志为 ON，则表示 S 处于 T 所指定的上限值与下限值的范围外，比较结果为 0。

② 下限值和上限值相反（T>T+1 等）时，不会出错，而是在 D 指定通道相应位中输出 0。

表 5-30 BCMP 指令应用程序

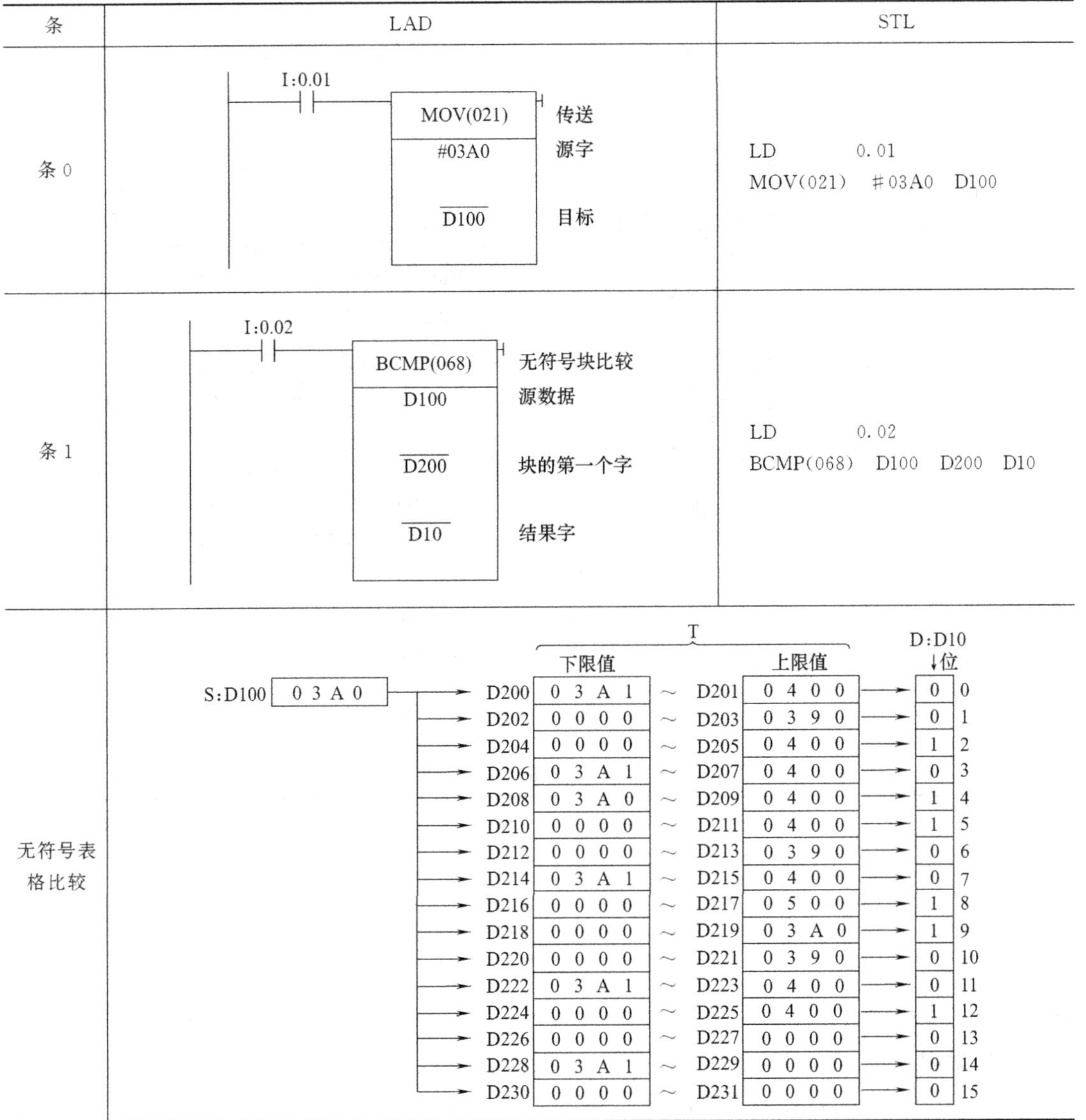

条	LAD	STL
条 0	I:0.01 MOV(021) 传送 #03A0 源字 D100 目标	LD 0.01 MOV(021) #03A0 D100
条 1	I:0.02 BCMP(068) 无符号块比较 D100 源数据 D200 块的第一个字 D10 结果字	LD 0.02 BCMP(068) D100 D200 D10
无符号表格比较	S:D100 0 3 A 0；T：下限值 ~ 上限值；D:D10 ↓位	

T 下限值		~	T 上限值		D:D10	位
D200	0 3 A 1	~	D201	0 4 0 0	0	0
D202	0 0 0 0	~	D203	0 3 9 0	0	1
D204	0 0 0 0	~	D205	0 4 0 0	1	2
D206	0 3 A 1	~	D207	0 4 0 0	0	3
D208	0 3 A 0	~	D209	0 4 0 0	1	4
D210	0 0 0 0	~	D211	0 4 0 0	1	5
D212	0 0 0 0	~	D213	0 3 9 0	0	6
D214	0 3 A 1	~	D215	0 4 0 0	0	7
D216	0 0 0 0	~	D217	0 5 0 0	1	8
D218	0 0 0 0	~	D219	0 3 A 0	1	9
D220	0 0 0 0	~	D221	0 3 9 0	0	10
D222	0 3 A 1	~	D223	0 4 0 0	0	11
D224	0 0 0 0	~	D225	0 4 0 0	1	12
D226	0 0 0 0	~	D227	0 0 0 0	0	13
D228	0 3 A 1	~	D229	0 0 0 0	0	14
D230	0 0 0 0	~	D231	0 0 0 0	0	15

例 5-14 BCMP 指令的应用程序如表 5-30 所示。条 0 中的 0.01 常开触点闭合时，执行 MOV 指令，将常数 0x03A0 送入 D100 中。条 1 中的 0.02 常开触点闭合时，执行 BCMP 无符号表格比较指令。在该指令中，S 指定的 D100 内容为 0x03A0，T 为 D200，D 为 D10，因此执行 BCMP 指令时，是将 S 指定的内容（0x03A0）与 D200～D231 中的 16 组数据进行比较，如果在某组范围内，则将 D10 通道中相应位置 1，否则为 0。

（8）扩展表格间比较指令

BCMP2 为扩展表格间比较指令，它是将 T＋1～T＋2(N＋1) 个通道两两一组（N＝0～255)，共分成 N＋1 组，每组的两个通道依次存储数据下限值和上限值，如图 5-8（a）所示，然后检查 S 通道的数据是否在某组数据范围内，如图 5-8（b）所示，若在某组范围内（上、下限值之间），则将如图 5-8（c）所示的 D～D＋m 通道对应位置 1（m＝0～15)，在范围之外时对应位为 0。其指令格式如表 5-31 所示。

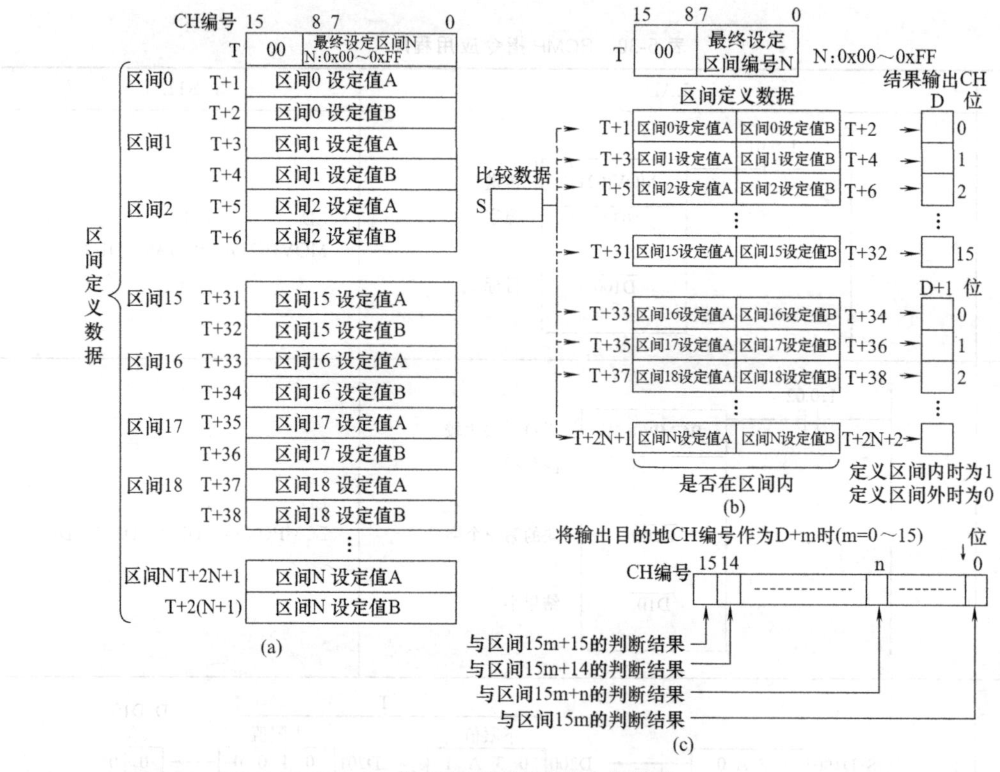

图 5-8 BCMP2 指令操作数

表 5-31 BCMP2 指令格式

指令	LAD	STL	操作数说明
BCMP2 指令	BCMP2(502) S T D	BCMP2(502) S T D	S 为比较数据；T 为比较表格低位 CH 编号；D 为比较结果输出 CH 编号

使用说明

① 区间的个数通过设定表格的开始通道（即 T）进行设定。

② 定义区间取决于设定值 A 和设定值 B，设定值 A≤设定值 B 时，设定值 A≤定义区间≤设定值 B；设定值 A>设定值 B 时，定义区间≤设定值 B、设定值 A≤定义区间。

例 5-15 BCMP2 指令的应用程序如表 5-32 所示。条 0 中的 0.00 常开触点闭合时，执行两条 MOV 指令，将常数 0x175 和 0x0017 分别送入 D10 和 D200 中。条 1 中的 0.01 常开触点闭合时，执行 BCMP2 指令。由于 D200 的低 8 位值为 0x0017（即十进制数为 23），因此 D201～D248 通道分作 24 组，再将 D10 中的数据（0x175）与 D201～D248 通道中的 24 组数据进行比较，若在某组数据范围内，则将 1000 CH 通道的对应位置 1，否则对应位为 0。例如 D10 中的数据 0x175 在第 1 组（D203、D204）、第 2 组（D205、D206）、第 16 组（D233、D234）、第 18 组（D237、D238）和第 23 组（D247、D248）的数据范围内，则 1000 CH 的第 1、2 位和 1001 CH 的第 0、2、7 位置 1，而 1000 CH 和 1001 CH 的其他位均为 0。

表 5-32 BCMP2 指令应用程序

条	LAD	STL
条 0	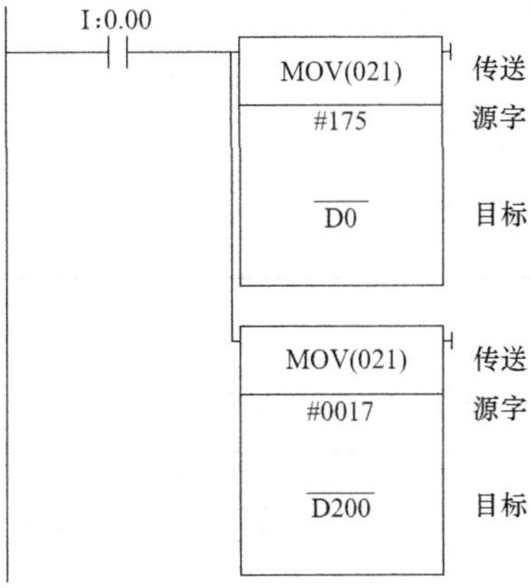 I:0.00 MOV(021) 传送 #175 源字 D0 目标 MOV(021) 传送 #0017 源字 D200 目标	LD 0.00 MOV(021) #175 D0 MOV(021) #0017 D200
条 1	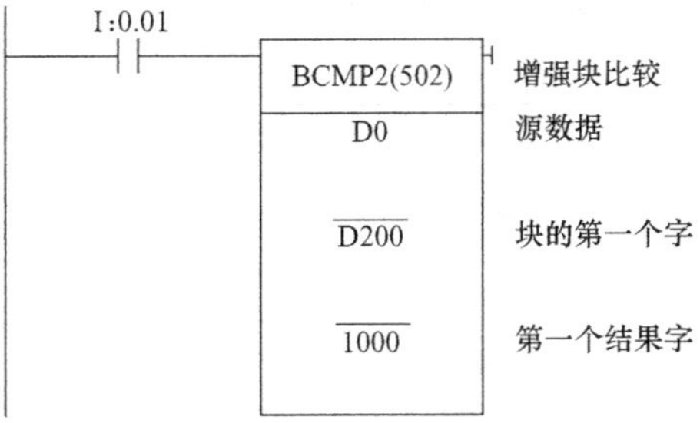 I:0.01 BCMP2(502) 增强块比较 D0 源数据 D200 块的第一个字 1000 第一个结果字	LD 0.01 BCMP2(502) D0 D200 1000
扩展表格间比较	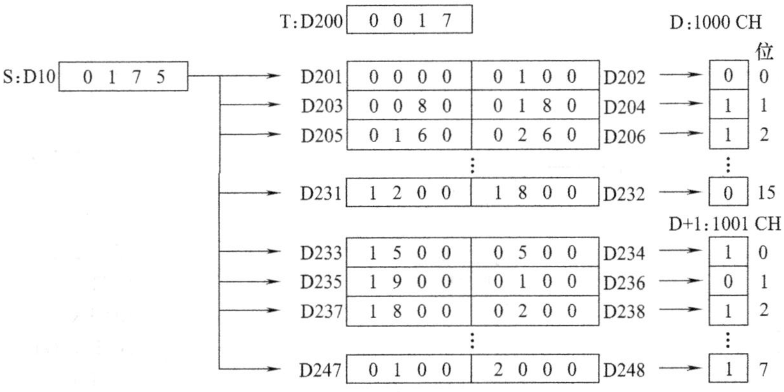 T:D200 [0 0 1 7] S:D10 [0 1 7 5] D:1000 CH 位 D201 [0 0 0 0] [0 1 0 0] D202 → [0] 0 D203 [0 0 8 0] [0 1 8 0] D204 → [1] 1 D205 [0 1 6 0] [0 2 6 0] D206 → [1] 2 ⋮ D231 [1 2 0 0] [1 8 0 0] D232 → [0] 15 D+1:1001 CH D233 [1 5 0 0] [0 5 0 0] D234 → [1] 0 D235 [1 9 0 0] [0 1 0 0] D236 → [0] 1 D237 [1 8 0 0] [0 2 0 0] D238 → [1] 2 ⋮ D247 [0 1 0 0] [2 0 0 0] D248 → [1] 7	

（9）区域比较/倍长区域比较指令

ZCP为区域比较指令，它是将S通道中的16位数据与T1、T2通道中的下、上限进行无符号数比较，根据比较结果将相应的状态位（=、<、>）置1。ZCPL为区域倍长比较指令，它是将1个倍长（2 CH共32位）数据或常数与T1、T2通道中的下、上限进行无符号数比较，根据比较结果将相应的状态位（=、<、>）置1。ZCP和ZCPL指令格式如表5-33所示。

表5-33　ZCP和ZCPL指令格式

指令	LAD	STL	操作数说明
ZCP指令	ZCP(088) S T1 T2	ZCP(088)　S　T1　T2	S为比较数据；T1为下限值；T2为上限值
ZCPL指令	ZCPL(116) S T1 T2	ZCPL(116)　S　T1　T2	S为比较数据(2CH)；T1为下限值低位CH编号；T2为上限值高位CH编号

使用说明

① 在CX-Programmer软件的编辑接点对话框中输入“P_EQ”即可输入“=”触点；输入“P_LT”即可输入“<”状态位触点；输入“P_GT”即可输入“>”状态位触点。

② 状态位触点应紧跟在比较指令之后，若中间插有其他指令，则状态位触点状态可能会发生变化。

表5-34　ZCP指令应用程序

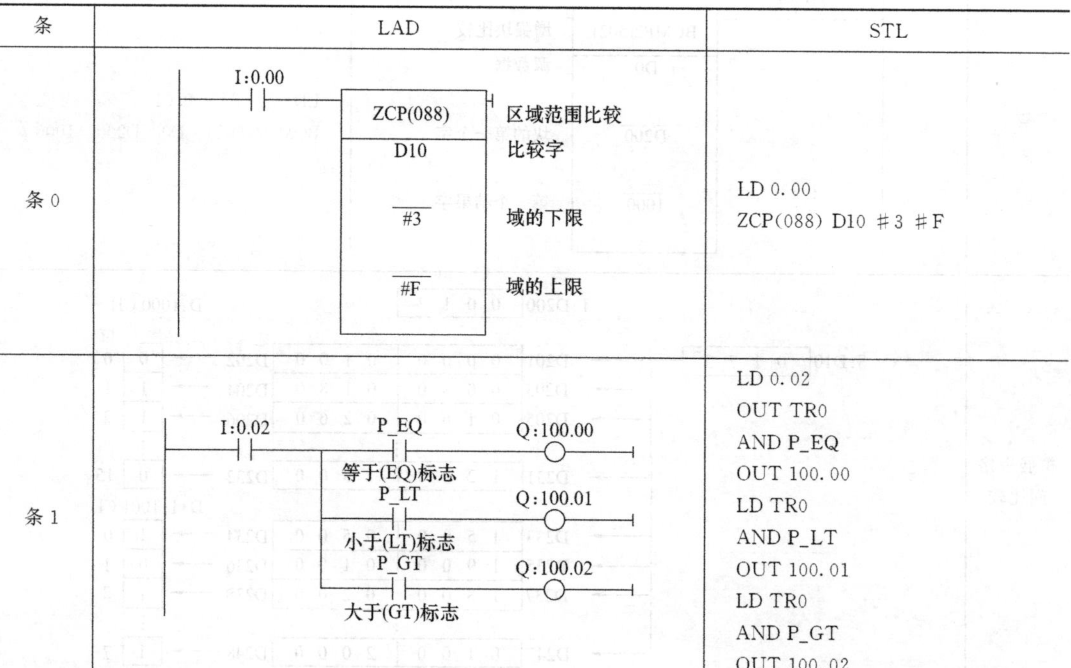

条	LAD	STL
条0	（见上图）	LD 0.00 ZCP(088) D10 #3 #F
条1	（见上图）	LD 0.02 OUT TR0 AND P_EQ OUT 100.00 LD TR0 AND P_LT OUT 100.01 LD TR0 AND P_GT OUT 100.02

续表

条	LAD	STL
区域比较	T1 S T2 D10 0x3≤[ ]≤0xF D10 [ ]>0xF D10 0x3>[ ]	→ =ON(1) → >ON(1) → <ON(1)

例 5-16 ZCP 指令的应用程序如表 5-34 所示。条 0 中的 0.00 常开触点闭合时，执行 ZCP 区域比较指令，将 D0 中的内容与下限值 0x3、上限值 0xF 进行比较。条 1 中的 0.02 常开触点闭合时，根据 ZCP 比较输出的状态位控制 100.00～100.02 相应线圈得电输出。如果 D0 中的内容处于 0x3～0xF 之间，P_EQ 状态位为 1；D0 中的内容大于 0xF 时，P_GT 状态位为 1；D0 中的内容小于 0x3 时，P_LT 状态位为 1。

5.1.3 数据移位指令

数据移位指令主要包括移位寄存器相关指令（SFT 移位寄存器、SFTR 左右移位寄存器、ASFT 异步移位寄存器）、字移位（WSFT）、左移/右移相关指令（ASL 左移 1 位、ASLL 倍长左移 1 位、ASR 右移 1 位、ASRL 倍长右移 1 位、SLD 左移 4 位、SRD 右移 4 位）、循环左移/右移 1 位相关指令（ROL 带 CY 左循环 1 位、ROLL 带 CY 倍长左循环 1 位、RLNC 无 CY 左循环 1 位、RLNL 无 CY 倍长左循环 1 位、ROR 带 CY 右循环 1 位、RORL 带 CY 倍长右循环 1 位、RRNC 无 CY 右循环 1 位、RRNL 无 CY 倍长右循环 1 位）、

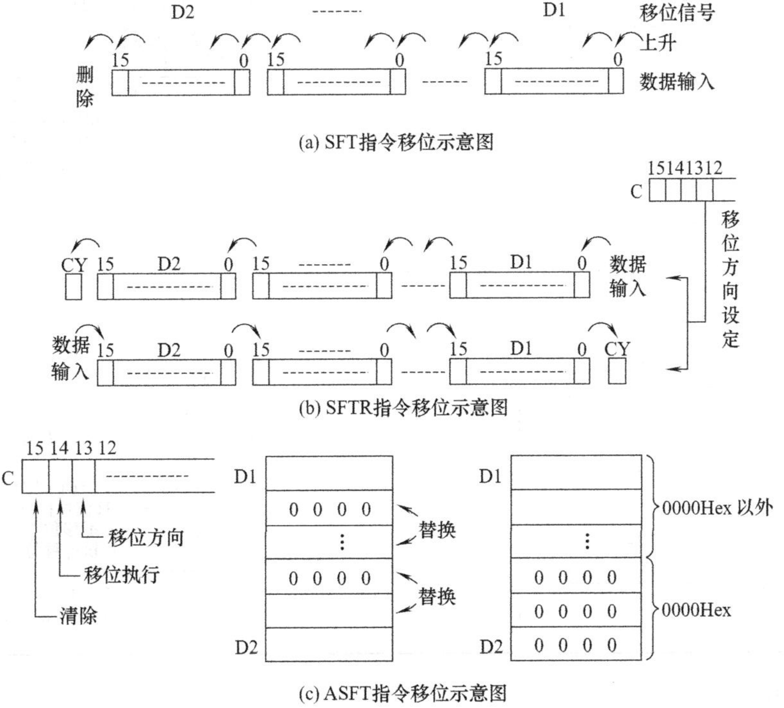

(a) SFT指令移位示意图

(b) SFTR指令移位示意图

(c) ASFT指令移位示意图

图 5-9 移位寄存器相关指令移位示意图

N 位移位相关指令（N 位数据左移 NSFL、NSFR N 位数据右移、N 位左移 NASL、N 位倍长左移 NSLL、N 位右移 NASR、N 位倍长右移 NSRL）。

（1）移位寄存器相关指令

移位寄存器相关指令包括 SFT 移位寄存器指令、SFTR 左右移位寄存器指令、ASFT 异步移位寄存器指令。

SFT 指令是当移位输入信号发生上升沿跳变时，从 D1 到 D2 所有通道中的数据都向左移 1 位（即低位向高位移 1 位），数据输入端送来的数据移入 D1 通道的最低位，D2 通道最高数据被移出而删除，其移位示意如图 5-9（a）所示。SFTR 指令是在 C 通道高 4 位数据的控制下，将 D1～D2 通道中的数据按低位向高位（左移）或高位向低位（右移）方向移动 1 位数据，其移位示意如图 5-9（b）所示。ASFT 指令是在 C 通道高 3 位数据的控制下，将 D1～D2 通道中除 0x0000 以外的数据向邻高通道或邻低通道移位 1 个通道，其移位示意如图 5-9（c）所示。移位寄存器相关指令格式如表 5-35 所示。

表 5-35　移位寄存器相关指令格式

指令	LAD	STL	操作数说明
SFT 指令	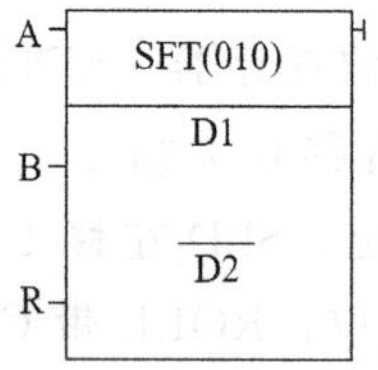 A、B、R 输入；SFT(010) D1 D2	LD　A LD　B LD　R SFT(010)　D1　D2	A 为数据输入端；B 为移位信号输入端；R 为复位输入端；D1 为移位低位 CH 编号；D2 为移位高位 CH 编号
SFTR 指令	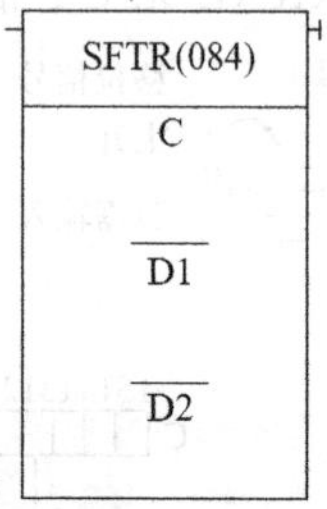 SFTR(084) C D1 D2	SFTR(084)　C　D1　D2	C 为控制数据；D1 为移位低位 CH 编号；D2 为移位高位 CH 编号 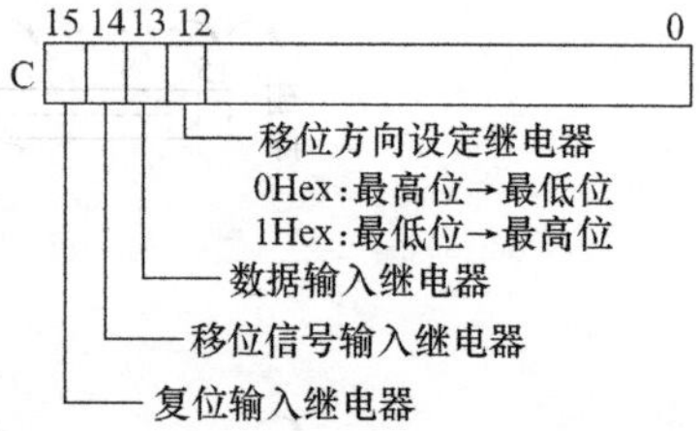 C：15 14 13 12 … 0 12：移位方向设定继电器　0Hex：最高位→最低位　1Hex：最低位→最高位 13：数据输入继电器 14：移位信号输入继电器 15：复位输入继电器
ASFT 指令	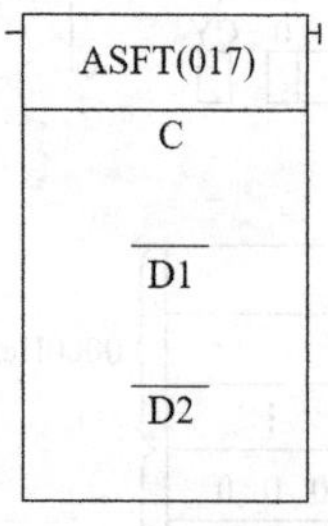 ASFT(017) C D1 D2	ASFT(017)　C　D1　D2	C 为控制数据；D1 为移位低位 CH 编号；D2 为移位高位 CH 编号 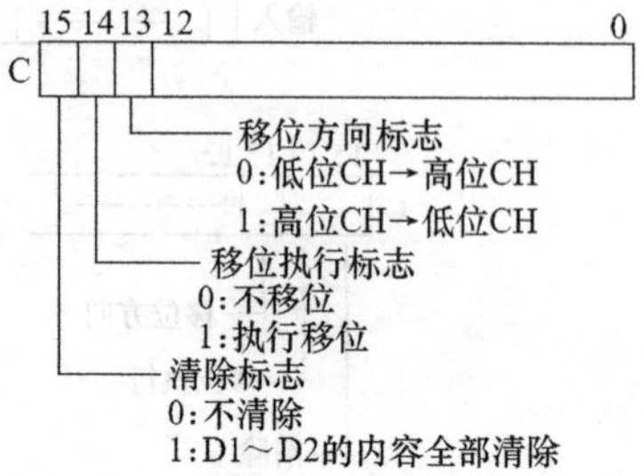 C：15 14 13 12 … 0 13：移位方向标志　0：低位CH→高位CH　1：高位CH→低位CH 14：移位执行标志　0：不移位　1：执行移位 15：清除标志　0：不清除　1：D1～D2的内容全部清除

使用说明

① 在 SFT 指令中，移位范围设置时通常是 D1≤D2，若 D1>D2，则仅 D1 进行 1 个通

道（字）的移位。D1、D2 在间接变址寄存器指定中，该 I/O 存储器有效地址不为数据内容所指定的区域种类的地址时，将会发生错误，ER 标志为 ON。

② 在 SFTR 指令中，复位输入继电器（C 的 b15）为 ON 时，从 D1 到 D2 全部复位。D1>D2 时，将发生错误，ER 标志为 ON。

③ 在 ASFT 指令中，清除标志（C 的 b15）为 ON 时，用 0 清除从 D1 到 D2 的范围，清除标志优先于移位执行标志（C 的 b14）。D1>D2 时，将发生错误，ER 标志为 ON。

例 5-17 移位寄存器相关指令应用程序如表 5-36 所示。在条 0 中，当 P_0_1s 脉冲触点由 OFF 变为 ON 时，执行 SFT 指令，将 1000 CH～1002 CH 的数据都左移 1 位，1002 CH 的最高位（b15）被移出清除，若此时常开触点 0.01 的触点闭合，则 0.01 的内容为 1，它被移入到 1000 CH 的最低位（b0）。P_0_1s 脉冲触点每隔 0.1s 输入 1 个上升沿，输入的数据就会左移 1 位，由于 1 个 CH 为 16 位，1000 CH～1002 CH 为 3 个 CH，共 48 位，因此 48 个 0.1s 脉冲后，输入的数据被移到 1002 CH 的最高位。当 0.02 常开触点闭合时，1000 CH～1002 CH 所有位将被清零。在条 1 中，当常开触点 0.00 闭合时，执行 SFTR 指令。由于 H0 通道的复位输入位（b15）为 0、移位信号输入位（b14）为 1、指定移位方向位（b12）为 1，执行 SFTR 指令时，D100～D102 的数据都左移 1 位，H0 通道的数据输入位（b13）的数据会移入 D100 的最低位（b0），D102 的最高位（b15）数据会移入进位标志位（CY）中。如果 H0 的最高位（b15）为 1，移位信号输入位为 1，当 0.00 触点闭合时，D100～D102 所有位以及 CY 位将复位为 0。在条 2 中，当常开触点 0.03 闭合时，执行 ASFT 指令。由于 H0 通道的清除标志位（b15）为 0、移位执行标志位（b14）为 1、指定移位方向位（b13）为 1，执行 ASFT 指令时，将对 D100～D109 中的数据进行高通道向低通道移位，即 D100～D109 中的所有非 0x0000 的数据都往邻低通道移位 1 个通道，如 D102 中的数据 0x5678 移到 D101 中，D104 中的数据 0x9ABC 移到 D103 中。如果 0.03 触点闭合一次后，再闭合 1 次，即再次执行 ASFT 指令，D100～D109 通道中的所有非 0x0000 的数据都往邻低通道再移动一个通道，这样可将 0x0000 数据排到一起。

表 5-36 移位寄存器相关指令应用程序

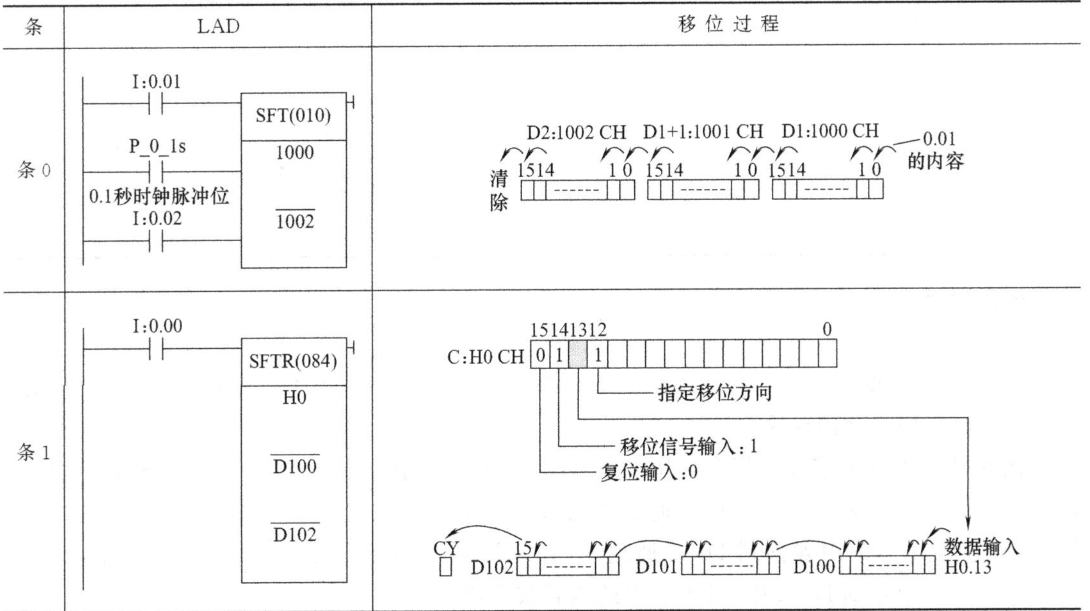

续表

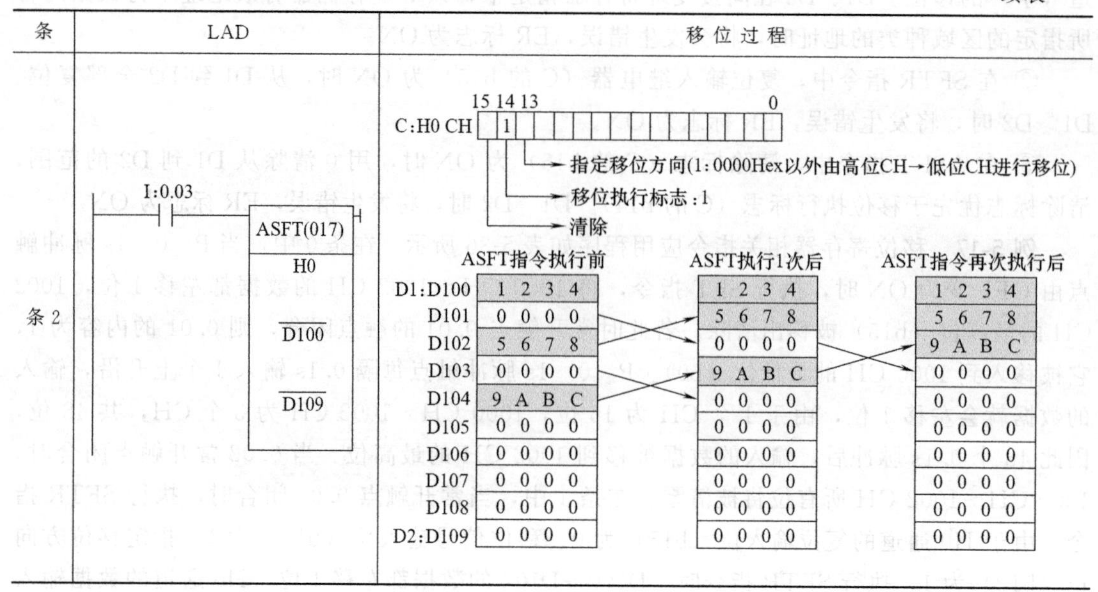

(2) 字移位（WSFT）

WSFT 字移位指令是将 D1～D2 通道中的数据以字（16 位）为单位由低位向高位移动一个通道，S 通道中的数据移到 D1 通道中，D2 通道中的数据被移出删除，其移位示意如图 5-10 所示。WSFT 字移位指令格式如表 5-37 所示。

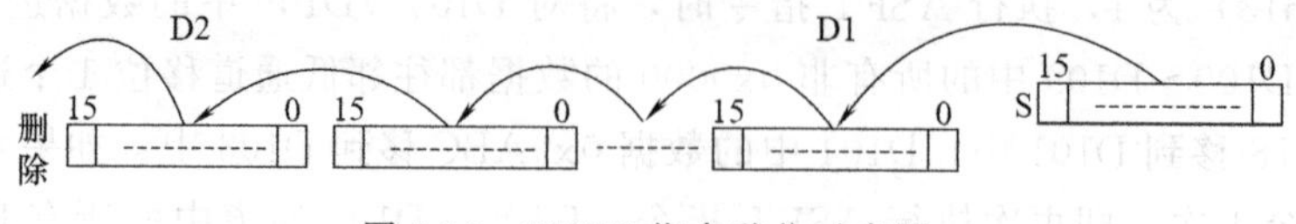

图 5-10　WSFT 指令移位示意图

表 5-37　WSFT 指令格式

指令	LAD	STL	操作数说明
WSFT 指令	WSFT(016) S D1 D2	WSFT(016)　S　D1　D2	S 为移位数据；D1 为移位低位 CH 编号；D2 为移位高位 CH 编号。D1、D2 必须为同一区域种类

使用说明

① D1＞D2 时，将发生错误，ER 标志为 ON。

② 对大量数据进行移位时，指令执行比较费时，所以，如果本指令执行时发生电源断电，移位动作中途会出现执行终止。

例 5-18　WSFT 字移位指令应用如表 5-38 所示。在条 0 中，当 0.00 常开触点闭合时，执行 WSFT 指令，将 D100～D102 通道中的数据以字（16 位）为单位由低往高移动一个通道，即 H0 通道中的内容移到 D100 通道，而 D100 通道中的内容移到 D101 通道中，D101 通道中的内容则移到 D102 中，D102 中的内容被移出删除。

表 5-38　WSFT 字移位相关指令应用

条	LAD	移位过程
条 0	I:0.00 WSFT(016) H0 D100 D102	S:H0 CH 清除　D2:D102CH　D1+1:D101CH　D:D100CH

（3）左移/右移相关指令

左移/右移 1 位相关指令包括 ASL 左移 1 位、ASLL 倍长左移 1 位、ASR 右移 1 位、ASRL 倍长右移 1 位、SLD 左移 4 位、SRD 右移 4 位等指令。

ASL 指令是将 D 通道中的 16 位数据向左（最低位向最高位）移动 1 位，最低位变为 0，最高位移出作为进位标志位，其移位示意如图 5-11（a）所示。ASLL 指令是将 D+1、D 通道中的 32 位数据向左（最低位向最高位）移动 1 位，最低位变为 0，最高位移出作为进位标志位，其移位示意如图 5-11（b）所示。ASR 指令是将 D 通道中的 16 位数据向右（最高位向最低位）移动 1 位，最高位变为 0，最低位移出作为进位标志位，其移位示意如图 5-11（c）所示。ASRL 指令是将 D+1、D 通道中的 32 位数据向右（最高位向最低位）移动 1 位，最高位变为 0，最低位移出作为进位标志位，其移位示意如图 5-11（d）所示。SLD 指令是将 D1～D2 通道中每个通道分成 4 组（每组 4 位），然后以组为单位向左（最低位向最高位）移动 1 组（4 位）数据，D2 通道中的最高组（b15～b12）数据被移出删除，D1 通道中的最低组（b3～b0）用 0x0000 填充，其移位示意如图 5-11（e）所示。SRD 指令是将 D1～D2 通道中每个通道分成 4 组（每组 4 位），然后以组为单位向右（最高位向最低位）移动 1 组（4 位）数据，D1 通道中最低组（b3～b0）的数据被移出删除，D2 通道中的最高组（b15～b12）用 0x0000 填充，其移位示意如图 5-11（f）所示。左移/右移相关指令格式如表 5-39 所示。

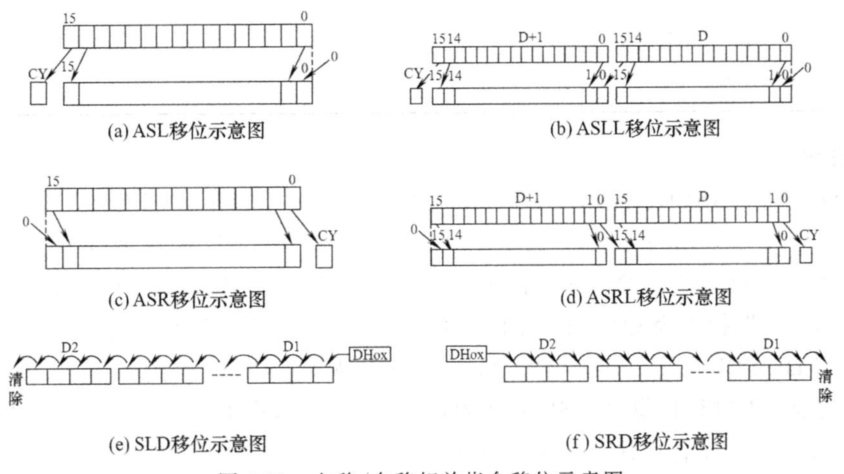

图 5-11　左移/右移相关指令移位示意图

表 5-39 左移/右移相关指令格式

指令	LAD	STL	操作数说明
ASL 指令	ASL(025) D	ASL(025)　D	D 为移位 CH 编号
ASLL 指令	ASLL(570) D	ASLL(570)　D	D 为移位低位 CH 编号
ASR 指令	ASR(026) D	ASR(026)　D	D 为移位 CH 编号
ASRL 指令	ASRL(571) D	ASRL(571)　D	D 为移位低位 CH 编号
SLD 指令	SLD(074) D1 D2	SLD(074)　D1　D2	D1 为移位低位 CH 编号；D2 为移位高位 CH 编号
SRD 指令	SRD(075) D1 D2	SRD(075)　D1　D2	D1 为移位低位 CH 编号；D2 为移位高位 CH 编号

使用说明

① 执行 ASL、ASLL、ASR、ASRL 指令时，将 ER 标志置于 OFF。

② 执行 ASL 或 ASR 指令后，若 D 的内容为 0x0000，“＝”标志为 ON；D 的内容的最高位为 1 时，N 标志为 ON。执行 ASLL 或 ASRL 指令后，若 D＋1、D 的内容为 0x00000000，“＝”标志为 ON；D＋1 的内容的最高位为 1 时，N 标志为 ON。

③ 若 SLD、SRD 指令的 D1＞D2 时，将发生错误，ER 标志为 ON。

④ 对大量数据进行移位时，SLD、SRD 指令执行比较费时，所以，如果本指令执行时发生电源断电，移位动作中途会出现执行终止。

例 5-19　左移/右移相关指令的应用如表 5-40 所示。在条 0 中，当 0.00 为 ON 时，执行 ASL 左移 1 位指令，若移位前 D100 中的内容为“1001000100010001”，则执行 ASL 指令后，D100 中的 b15 位送入 CY，b14～b0 向左移 1 位，b0 补 0，因此左移 1 位后，D100 中的内容为“0010001000100010”，CY 为 1。在条 1 中，当 0.01 为 ON 时，执行 ASLL 倍长左移 1 位指令，D1001 中的 b15 移入 CY，D1001 中的 b14～b0 左移 1 位，D1000 中的 b15 移入 D1001 中的 b0，D1000 中的 b14～b0 左移 1 位，D1000 中的 b0 补 0。在条 2 中，当 0.02 为 ON 时，执行 ASR 右移 1 位指令，若移位前 D200 中的内容为“1001000100010001”，则执行 ASR 指令后，D200 中的 b0 位送入 CY，b15～b1 向右移 1 位，b15 补 0，因此右移 1 位后，D200 中的内容为“0100010001000100”，CY 为 1。在条 3 中，当 0.03 为 ON 时，执行 ASRL 倍长右移 1 位指令，D2000 中的 b0 移入 CY，D2000 中的 b15～b1 右移 1 位，D2001 中的 b0 移入 D2000 中的 b15，D2001 中的 b15～b1 右移 1 位，D2001 中的 b15 补 0。在条 4 中，当 0.04 为 ON 时，执行 SLD 指令，将 1100 CH～1102 CH 中的每个通道分成 4 组，然后以组为单位由低往高（即左移）移动一组数据，1102 CH 中的最高组（b15～b12）数据移出删除，1100 CH 的最低组（b3～b0）用 0000 填充，若移位前 1102 CH、1101 CH、1100CH 中的内容为“101100100001010110111001011000011001101011101111”，则执行 SLD 指令后，1102 CH、1101 CH、1100CH 中的内容为“001000010101101110010110000110011010111011110000”。在条 5 中，当 0.05 为 ON 时，执行 SRD 指令，将 1000 CH～1002 CH 中的每个通道分成 4 组，然后以组为单位由高往低（即右移）移动一组数据，1000 CH 中的最低组（b3～b0）数据移出删除，1002 CH 的最高组（b15～b12）用 0000 填充，若移位前 1102 CH、1101 CH、1100CH 中的内容为“101100100001010110111001011000011001101011101111”，则执行 SRD 指令后，1102 CH、1101 CH、1100CH 中的内容为“000010110010000101011011100101100001100110101110”。

表 5-40　左移/右移相关指令应用

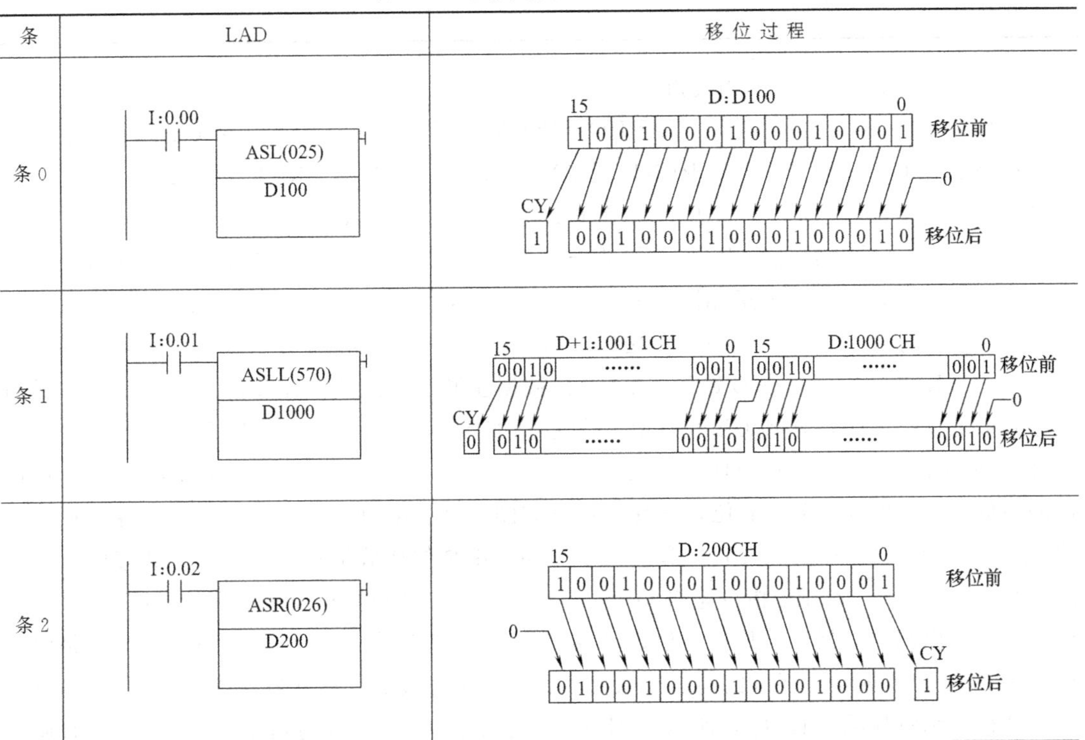

续表

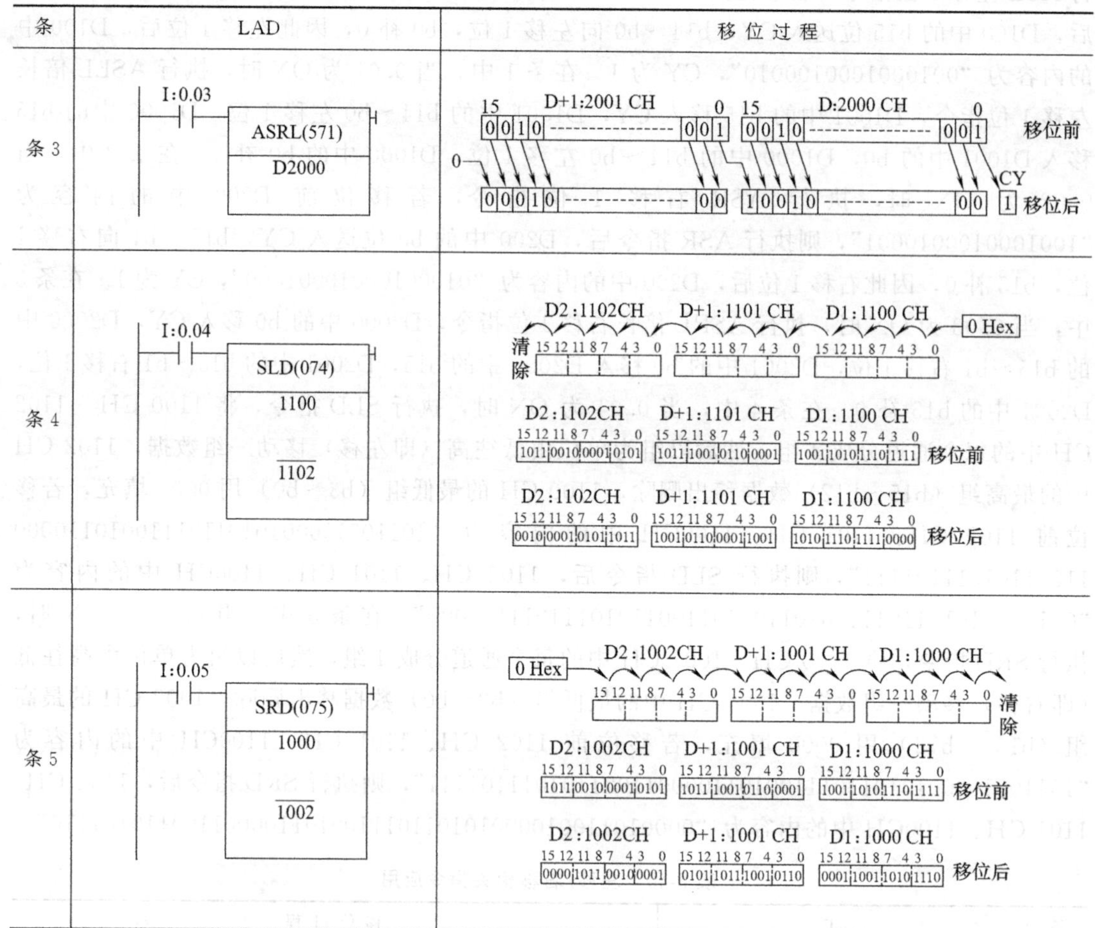

（4）循环左移/右移 1 位相关指令

循环左移/右移 1 位相关指令包括 ROL 带 CY 左循环 1 位、ROLL 带 CY 倍长左循环 1 位、RLNC 无 CY 左循环 1 位、RLNL 无 CY 倍长左循环 1 位、ROR 带 CY 右循环 1 位、RORL 带 CY 倍长右循环 1 位、RRNC 无 CY 右循环 1 位、RRNL 无 CY 倍长右循环 1 位等指令。ROL 指令是将 D 通道中的 16 位数据及进位标志（CY）一起进行左循环（由低位往高位）移动 1 位，其移位示意如图 5-12（a）所示。ROLL 指令是将 D+1、D 通道中的 32 位数据及进位标志（CY）一起进行左循环（由低位往高位）移动 1 位，其移位示意如图 5-12（b）所示。RLNC 指令是将 D 通道中的 16 位数据左循环（由低位往高位）移动 1 位，最高位移到最低位，同时还移到 CY 位，其移位示意如图 5-12（c）所示。RLNL 指令是将 D+1、D 通道中的 32 位数据左循环（由低位往高位）移动 1 位，D+1 通道的最高位移到 D 通道的最低位，同时还移到 CY 位，其移位示意如图 5-12（d）所示。ROR 指令是将 D 通道中的 16 位数据及进位标志（CY）一起进行右循环（由高位往低位）移动 1 位，其移位示意如图 5-12（e）所示。RORL 指令是将 D+1、D 通道中的 32 位数据及进位标志（CY）一起进行右循环（由高位往低位）移动 1 位，其移位示意如图 5-12（f）所示。RRNC 指令是将 D 通道中的 16 位数据右循环（由高位往低位）移动 1 位，最低位移到最高位，同时还移到 CY 位，其移位示意如图 5-12（g）所示。RRNL 指令是将 D+1、D 通道中的 32 位数据右循环

（由高位往低位）移动1位，D通道的最低位移到D+1通道的最高位，同时还移到CY位，其移位示意如图5-12（h）所示。循环左移/右移1位相关指令格式如表5-41所示。

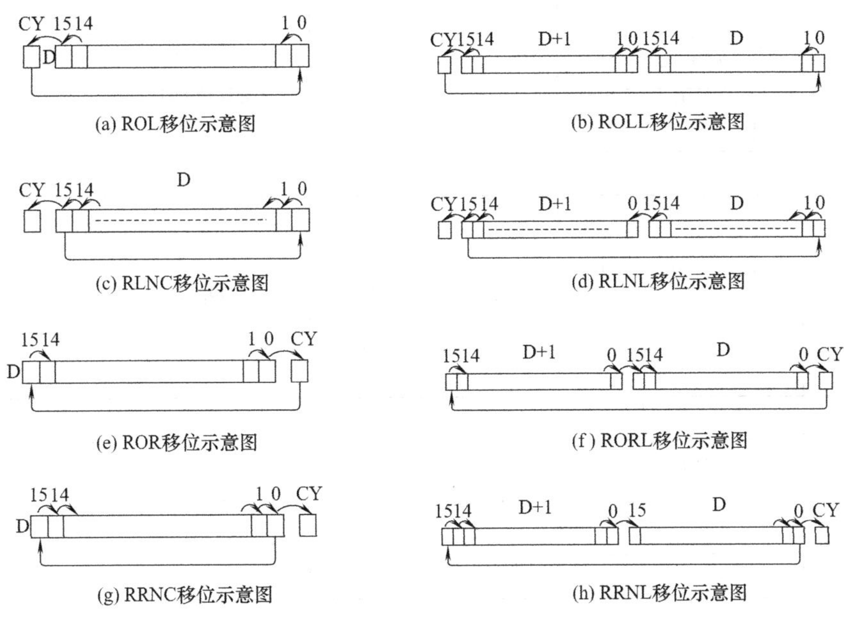

图5-12　循环左移/右移1位相关指令移位示意图

表5-41　循环左移/右移1位相关指令格式

指令	LAD	STL	操作数说明
ROL指令	ROL(027) D	ROL(027)　D	D为移位CH编号
ROLL指令	ROLL(572) D	ROLL(572)　D	D为移位低位CH编号
RLNC指令	RLNC(574) D	RLNC(574)　D	D为移位CH编号
RLNL指令	RLNL(576) D	RLNL(576)　D	D为移位低位CH编号

续表

指令	LAD	STL	操作数说明
ROR 指令	ROR(028) D	ROR(028) D	D 为移位 CH 编号
RORL 指令	RORL(573) D	RORL(573) D	D 为移位低位 CH 编号
RRNC	RRNC(575) D	RRNC(575) D	D 为移位 CH 编号
RRNL	RRNL(577) D	RRNL(577) D	D 为移位低位 CH 编号

使用说明

① 执行 ROL、ROLL、RLNC、RLNL、ROR、RORL、RRNC、RRNL 指令时，将 ER 标志置于 OFF。

② 执行 ROL、RLNC、ROR 或 RRNC 指令后，若 D 的内容为 0x0000，“=”标志为 ON；D 的内容的最高位为 1 时，N 标志为 ON。执行 ROLL、RORL、RLNL 或 RRNL 指令后，若 D+1、D 的内容为 0x00000000 时，“=”标志为 ON；D+1 的内容的最高位为 1 时，N 标志为 ON。

③ 在 ROL、ROLL、ROR、RORL 指令前，使用设置进位（STC）、清除进位（CLC）指令，可以将进位（CY）标志的内容置 1 或清零。

例 5-20 循环左移/右移 1 位相关指令的应用如表 5-42 所示。在条 0 中，0.00 常开触点为 ON，执行 ROL 带 CY 循环左移 1 位指令，使 D100 中的内容左移 1 位。如果 D100 的初始值为“1001000100010001”，CY 的初始值为 0，则执行 1 次 ROL 指令后，D100 中的 b15 送入 CY，使 CY 为 1，CY 的内容被移入 D100 的 b0，D100 中的 b14～b0 左移 1 位，从而使 D100 中的内容为“0010001000100010”。在条 1 中，0.01 常开触点为 ON，执行 ROLL 带 CY 倍长循环左移 1 位指令，使 D111、D110 中的内容左移 1 位。D111 中的 b15 移入 CY，而 CY 中的值被移入 D110 中的 b0，D111 中的 b14～b0 左移 1 位，D110 中的 b15 移入 D111 空出的 b0，D110 中的 b14～b0 左移 1 位。在条 2 中，0.02 常开触点为 ON，执行 RLNC 无 CY 循环左移 1 位指令，使 1000 CH 中的内容左移 1 位。如果 1000 CH 的初始值为“1001001001001000”，则执行 1 次 RLNC 指令后，1000 CH 中的 b15 送入 CY 和 b0，使 CY 和 b0 均为 1，1000 CH 中的 b14～b0 左移 1 位，从而使 1000 CH 中的内容为“0010010010010001”。在条 3 中，0.03 常开触点为 ON，执行 RLNL 无 CY 倍长循环左移 1 位指令，使 1101 CH、1100 CH 中的内容左移 1 位。1101 CH 中的 b15 移入 CY 和 1100 CH 的 b0，1101 CH 中的 b14～b0 左移 1 位，1100 CH 中的 b15 移入 1101 CH 空出的 b0，1100 CH 中的 b14～b0 左移 1 位。在条 4 中，0.04 常开触点为 ON，执行 ROR 带 CY 循环右移 1 位指令，使 D200 中的内容右移 1 位。如果 D200 的初始值为“1001001001001001”，CY 的初始值为 0，则执行 1 次 ROR 指令后，D200 中的 b0 送入 CY，使 CY 为 1，CY 的内容被移入 D200 的 b15，D200 中的 b15～b1 右移 1 位，从而使 D200 中的内容为“0100100100100100”。在条 5 中，0.05 常开触点为 ON，执行 RORL 带 CY 倍长循环右移 1 位指令，使 D211、D210 中的内容右移 1 位。D210 中的 b0 移入 CY，而 CY 中的值被移入 D211 中的 b15，D211 中的 b15～b1 右移 1 位，D211 中的 b0 移入 D210 空出的 b15，D210 中的 b15～b1 右移 1 位。在条 6 中，0.06 常开触点为 ON，执行 RRNC 无 CY 循环右移 1 位指令，使 2000 CH 中的内容右移 1 位。如果 2000 CH 的初始值为“1001001001001000”，则执行 1 次 RRNC 指令后，2000 CH 中的 b0 送入 CY 和 b15，使 CY 和 b15 均为 0，2000CH 中的 b15～b1 右移 1 位，从而使 2000 CH 中的内容为“0100100100100100”。在条 7 中，0.07 常开触点为 ON，执行 RRNL 无 CY 倍长循环右移 1 位指令，使 2101 CH、2100 CH 中的内容右移 1 位。2100 CH 中的 b0 移入 CY 和 2101 CH 的 b15，2101 CH 中的 b15～b1 右移 1 位，2100 CH 中的 b15～b1 右移 1 位，2101 CH 中的 b0 移入 2100 CH 空出的 b15。

表 5-42 循环左移/右移 1 位相关指令应用

条	LAD	移位过程
条 0	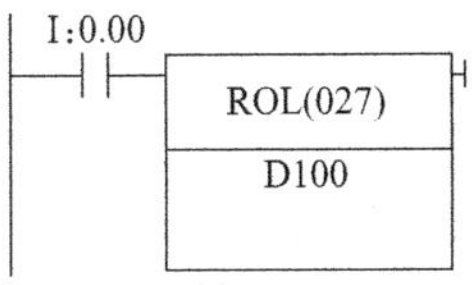 I:0.00 ROL(027) D100	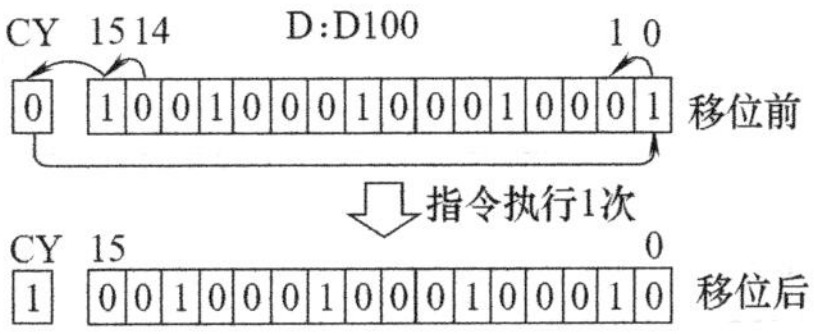 CY 15 14 D:D100 1 0 0 1 0 0 1 0 0 0 1 0 0 0 1 0 0 0 1 移位前 指令执行1次 CY 15 0 1 0 0 1 0 0 0 1 0 0 0 1 0 0 0 1 0 移位后
条 1	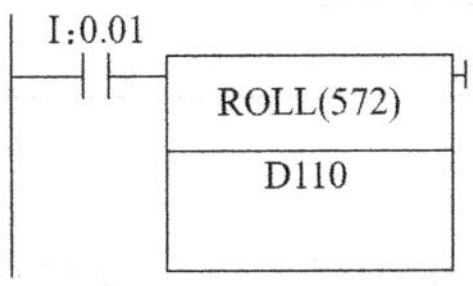 I:0.01 ROLL(572) D110	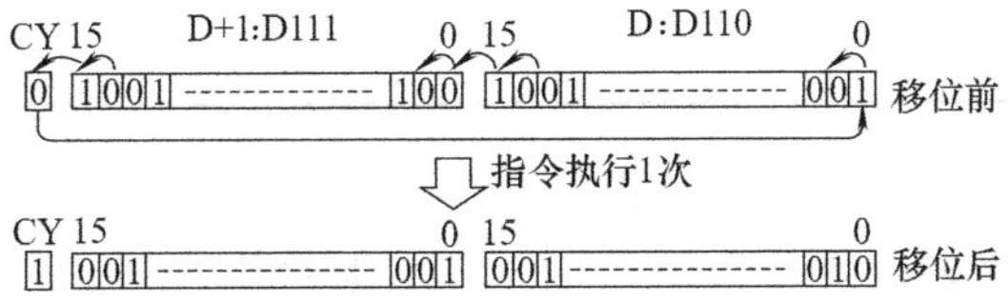 CY 15 D+1:D111 0 15 D:D110 0 0 1 0 0 1 ------------ 1 0 0 1 0 0 1 ------------ 0 0 1 移位前 指令执行1次 CY 15 0 15 0 1 0 0 1 ------------ 0 0 1 0 0 1 ------------ 0 1 0 移位后
条 2	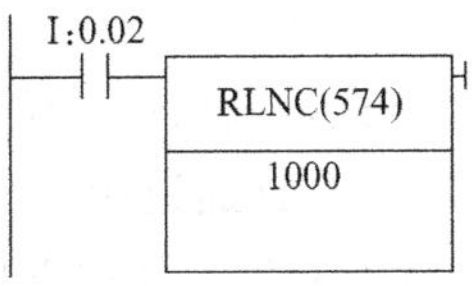 I:0.02 RLNC(574) 1000	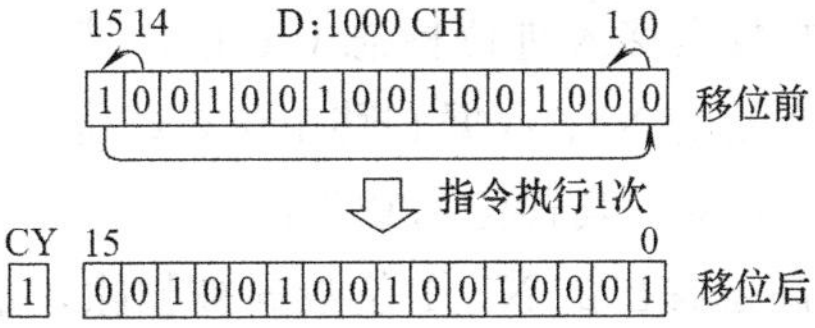 15 14 D:1000 CH 1 0 1 0 0 1 0 0 1 0 0 1 0 0 1 0 0 0 移位前 指令执行1次 CY 15 0 1 0 0 1 0 0 1 0 0 1 0 0 1 0 0 0 1 移位后

续表

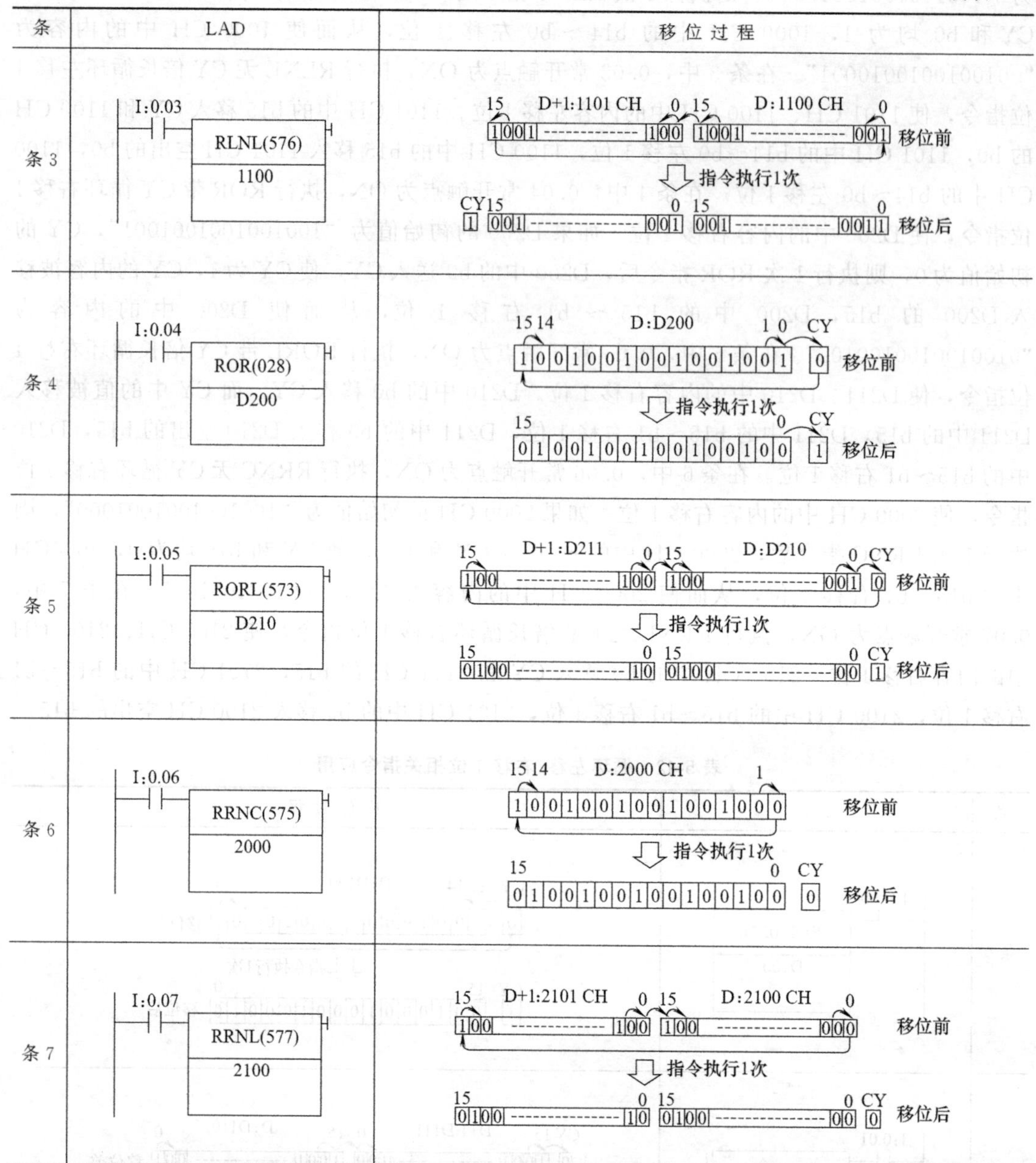

（5）N位移位相关指令

N位移位相关指令包括N位数据左移NSFL、N位数据右移NSFR、N位左移NASL、N位倍长左移NSLL、N位右移NASR、N位倍长右移NSRL等指令。

NSFL指令是将D通道C位开始的N个数据左移1位，C位（最低移动位）用0填充，最高移动位的数据移入进位标志CY位，其移位示意如图5-13（a）所示。NSFR指令是将D通道C位开始的N个数据右移1位，C位（最高移动位）用0填充，最低移动位的数据移入进位标志CY位，其移位示意如图5-13（b）所示。NASL指令是将D通道中的16位数据左移N位，高位移出的N－1位数据被删除，最后一位数据会移入CY位，低位空出的N位全部用0或原最低位数填充，其移位示意如图5-13（c）所示。NSLL指令是将D＋1、D通道中的32位数据往左移动N位，高位移出的N－1位数据被删除，最后移出的一位数据会移入CY位，低位空出的N位全部用0或原最低位数据填充，其移位示意如图5-13（d）所示。NASR指令是D通道中的16位数据往右移动N位，低位移出的N－1位数据被删除，最后移出的一位数据移入CY位，高位空出的N位全部用0或原最高位数据填充，其移位示意如图5-13（e）所示。NSRL指令是将D+1、D通道中的32位数据往右移动N位，低位移出的N－1位数据被删除，最后移出的一位数据移入CY位，高位空出的N位全部用0或原最高位数据填充，其移位示意如图5-13（f）所示。N位移位相关指令格式如表5-43所示。

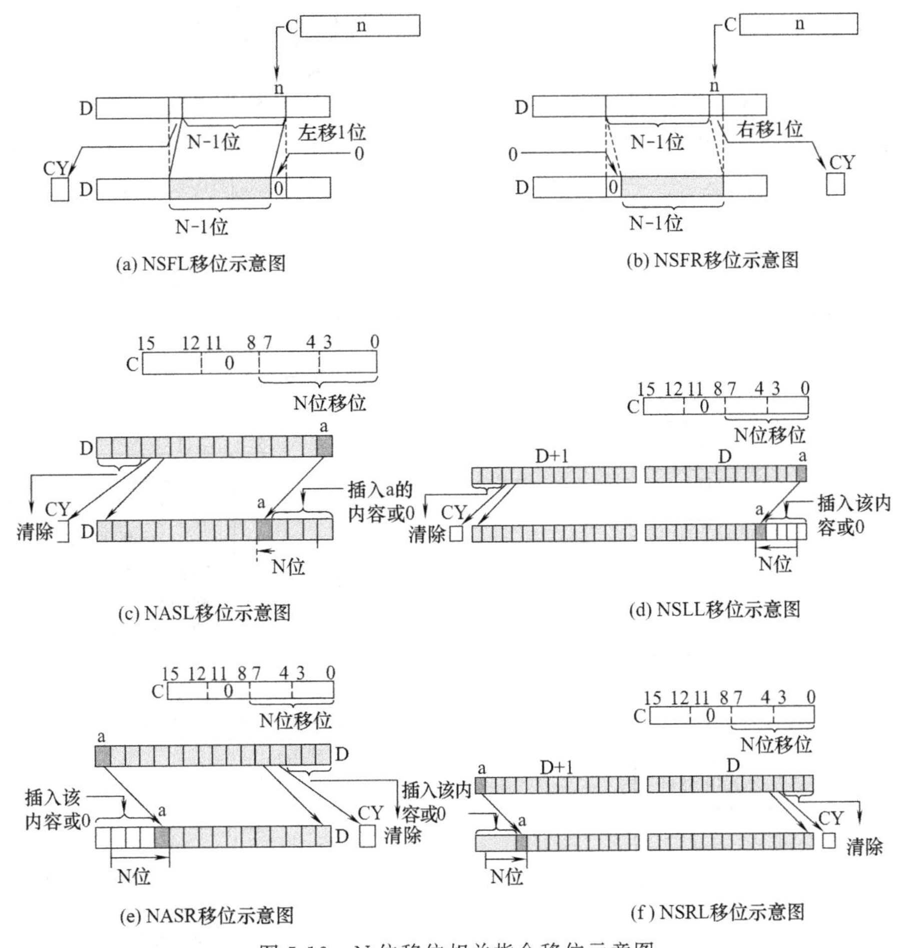

图5-13 N位移位相关指令移位示意图

表5-43 N位移位相关指令格式

指令	LAD	STL	操作数说明
NSFL指令	NSFL(578) D C N	NSFL(578) D C N	D为移位低位CH编号，取值范围为0x0000～0x000F（或0～15）；C为移位开始位；N为移位数据长度，取值范围为0x0000～0xFFFF（或0～65535）

续表

指令	LAD	STL	操作数说明
NSFR 指令	NSFR(579) D C N	NSFR(579)　D　C　N	D 为移位低位 CH 编号，取值范围为 0x0000～0x000F（或 0～15）；C 为移位开始位；N 为移位数据长度，取值范围为 0x0000～0xFFFF（或 0～65535）
NASL 指令	NASL(580) D C	NASL(580)　D　C	D 为移位源字；C 为控制字。数据移动位数 N 值和低位填充数据由 C 通道中的数据规定： C：15～12 空位插入数据（0000：插入0；1000：插入最低位的内容）；11～8 0000(固定)；7～0 移位位数
NSLL 指令	NSLL(582) D C	NSLL(582)　D　C	D 为移位首字；C 为控制字。数据移动位数 N 值和低位填充数据由 C 通道中的数据规定： C：15～12 空位插入数据（0000：插入0；1000：插入最低位的内容）；11～8 0000(固定)；7～0 移位位数
NASR 指令	NASR(581) D C	NASR(581)　D　C	D 为移位源字；C 为控制字。数据移动位数 N 值和低位填充数据由 C 通道中的数据规定： C：15～12 空位插入数据（0000：插入0；1000：插入最低位的内容）；11～8 0000(固定)；7～0 移位位数
NSRL 指令	NSRL(583) D C	NSRL(583)　D　C	D 为移位首字；C 为控制字。数据移动位数 N 值和低位填充数据由 C 通道中的数据规定： C：15～12 空位插入数据（0000：插入0；1000：插入最低位的内容）；11～8 0000(固定)；7～0 移位位数

使用说明

① 对于 NSFL、NSFR 指令而言，移位数据长度 N 为 0 时，将移位开始位的数据复制到进位标志 CY，移位开始位的数据内容不发生变化；移位范围的最低位 CH 以及最高位 CH 的数据在移位对象位以外不发生变化。

② 对于 NASL、NSLL、NASR、NSRL 指令而言，移位位数 C 为 0 时，不进行移位动作，但是，根据指定通道的数据，对各标志进行 ON/OFF；控制数据 C 的内容位于范围外时，发生错误，ER 标志为 ON；对于从指定 CH 中溢出的位，将最后位的内容移位到进位标志 CY，除此之外加以清除；根据移位结果，D（NASL、NASR 指令）的内容为 0x0000 时，“＝”标志为 ON，D（NASL 指令）的内容的最高位为 1 时，N 标志为 ON；根据移位结果，D＋1、D（NSLL 指令）的内容为 0x0000 时，“＝”标志为 ON，D（NASL、NSRL 指令）的内容的最高位为 1 时，N 标志为 ON，D＋1、D（NSLL 指令）的内容的最高位为 1 时，N 标志为 ON。

例 5-21 N 位移位相关指令的应用如表 5-44 所示。在条 0 中，当 0.00 常开触点为 ON 时，执行 NSFL 指令，将 100 CH 第 3 位开始的 11 个数据左移 1 位，第 3 位填入 0，最高移动位（b13）数据移入 CY 位。在条 1 中，当 0.01 常开触点为 ON 时，执行 NSFR 指令，将 100 CH 第 2 位开始的 11 个数据右移 1 位，第 2 位数据移入 CY 位，最高移动位（b12）用 0 填充。在条 2 中，当 0.02 常开触点为 ON 时，执行 NASL 指令，将 D100 中的数据向左移动 10 位，高位移出的 9 位数据被删除，最后移出的一位数据 1 被移入 CY 位，低位空出的 10 位全部用原最低位数（b0）中的 1 填充。在条 3 中，当 0.03 常开触点为 ON 时，执行 NSLL 指令，将 D111、D110 中的 32 位数据向左移动 10 位，D111 中高位移出的 9 位数据被删除，D111（b6）中最后移出的一位数据 1 被移入 CY 位，D110 中低位空出的 10 位全部用 D110 原最低位数（b0）中的 1 填充。在条 4 中，当 0.04 常开触点为 ON 时，执行 NASR 指令，将 1000 CH 中的数据向右移动 10 位，低位移出的 9 位数据被删除，最后移出的一位数据 1 被移入 CY 位，高位空出的 10 位全部用原最高位数（b15）中的 1 填充。在条 5 中，当 0.05 常开触点为 ON 时，执行 NSRL 指令，将 1101 CH、1100 CH 中的 32 位数据向右移动 10 位，1100 CH 中低位移出的 9 位数据被删除，1100 CH 中最后移出的一位数据 1 被移入 CY 位，1101 CH 高位空出的 10 位全部用 1101 CH 原最高位数（b15）中的 1 填充。

表 5-44 N 位移位相关指令应用

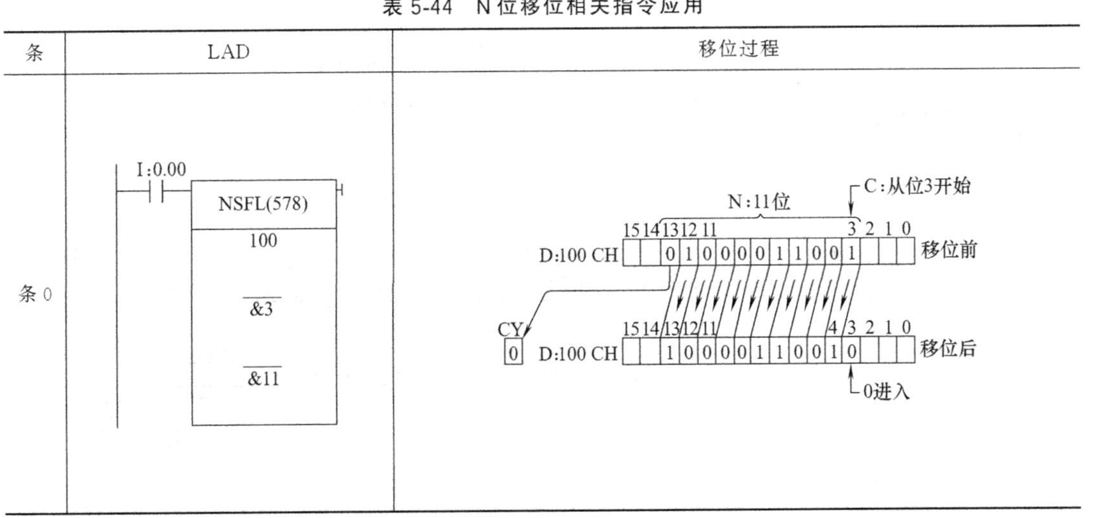

续表

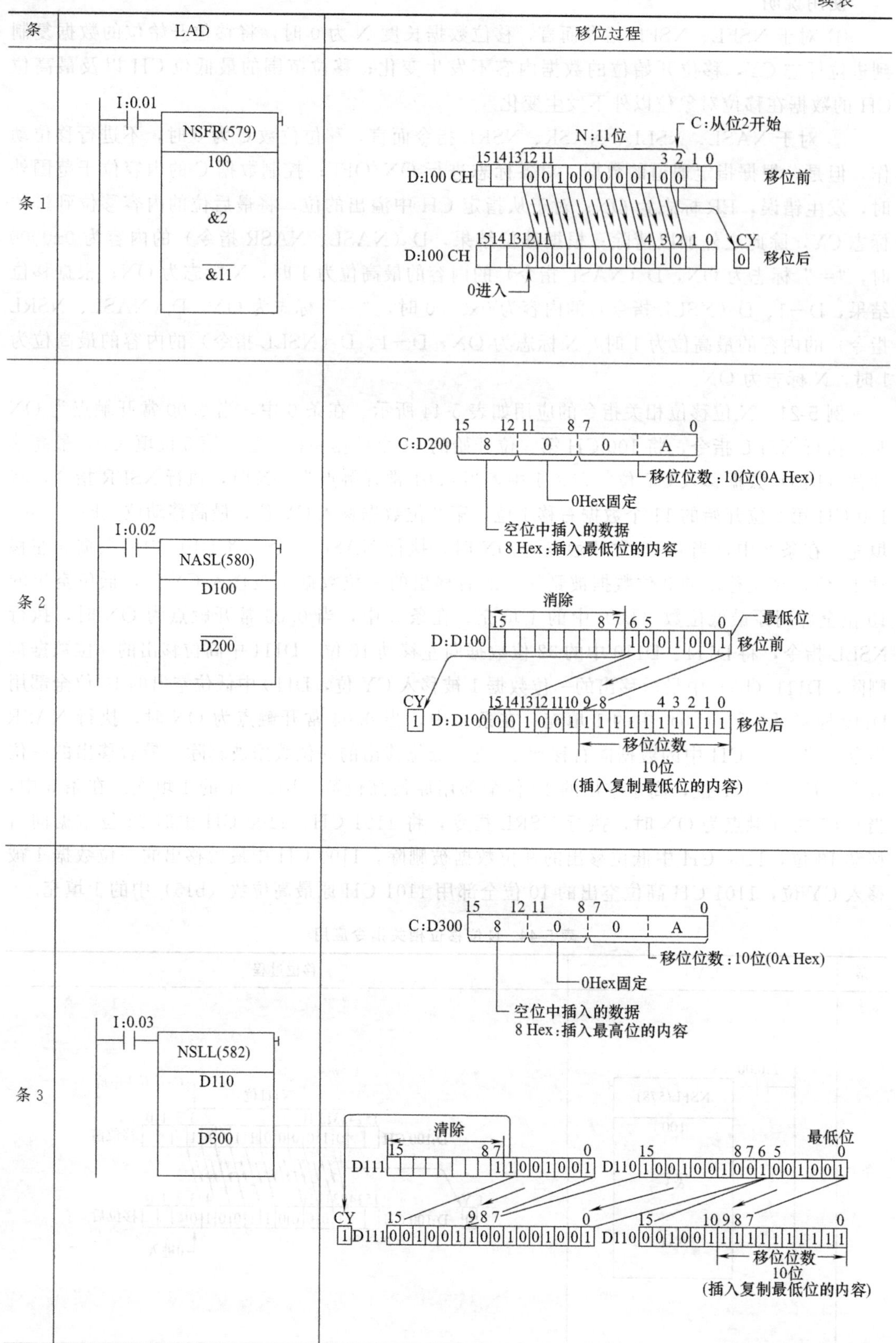
条
LAD
移位过程
条 1
I:0.01
NSFR(579)
100
&2
&11
C:从位2开始
N:11位
D:100 CH
移位前
CY
D:100 CH
移位后
0进入
条 2
I:0.02
NASL(580)
D100
D200
C:D200
8
0
0
A
移位位数:10位(0A Hex)
0Hex固定
空位中插入的数据
8 Hex:插入最低位的内容
消除
最低位
D:D100
移位前
CY
D:D100
移位后
移位位数
10位
(插入复制最低位的内容)
条 3
I:0.03
NSLL(582)
D110
D300
C:D300
8
0
0
A
移位位数:10位(0A Hex)
0Hex固定
空位中插入的数据
8 Hex:插入最高位的内容
清除
最低位
D111
D110
CY
D111
D110
移位位数
10位
(插入复制最低位的内容)

续表

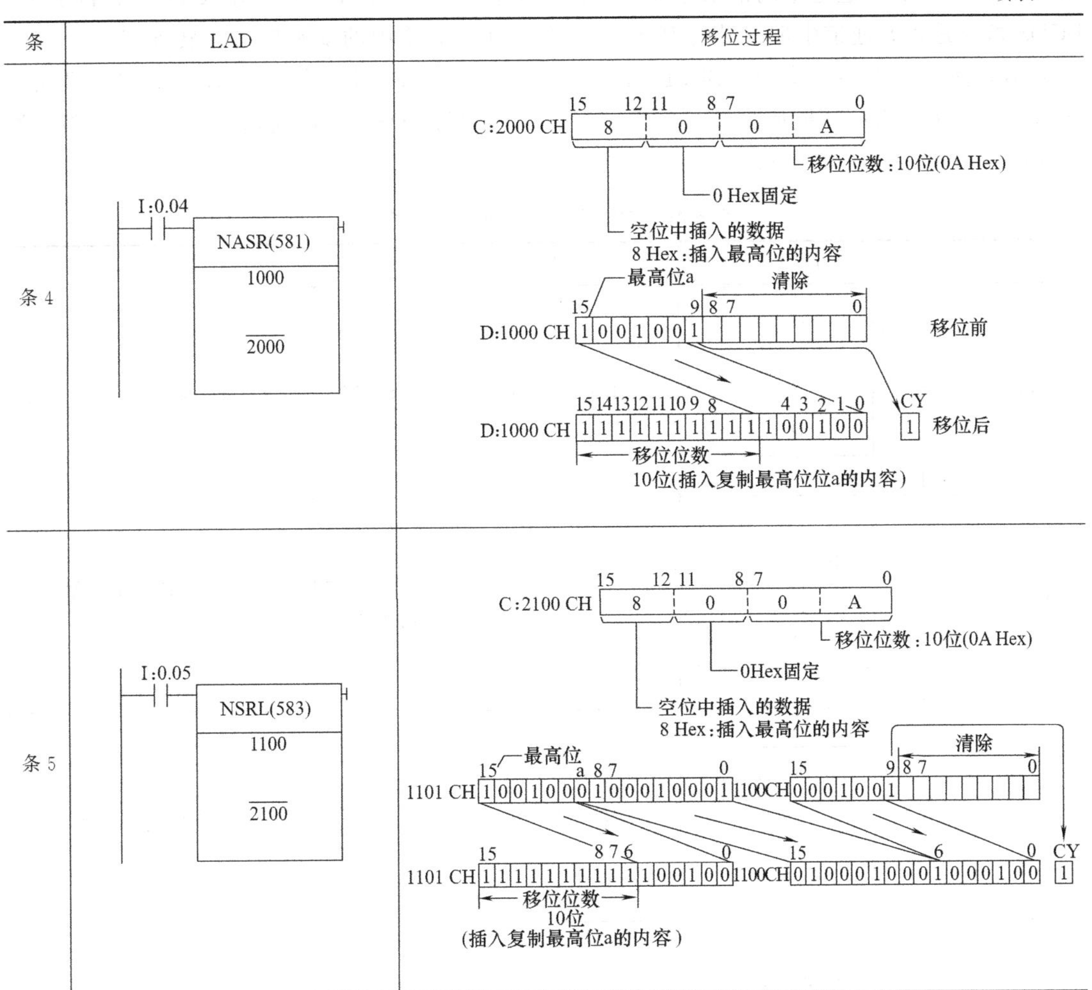

5.1.4 数据转换指令

数据转换指令包括BCD与BIN类转换指令、补码类转换指令、符号扩展指令、编码/解码器类指令、ASCII类转换指令、位行/列类传送指令、格雷码转换指令等。

(1) BCD与BIN类转换指令

BCD与BIN类转换指令包括：BIN（BCD→BIN转换）、BINL（BCD→BIN双字转换）、BCD（BIN→BCD转换）、BCDL（BIN→BCD双字转换）、BINS（带符号BCD→BIN转换）、BISL（带符号BCD→BIN双字转换）、BCDS（带符号BIN→BCD转换）、BDSL（带符号BIN→BCD双字转换）等指令。

BIN指令是将S通道中的16位BCD数（4组）转换成16位BIN数，再存入D通道中。BINL指令是将S+1、S通道中的32位BCD数（8组）转换成32位BIN数，再存入D+1、D通道中。BCD指令是将S通道中的16位BIN数转换成16位BCD数（4组），再存入D通道中。BCDL指令是将S+1、S通道中的32位BIN数转换成32位BCD数（8组），再存入D+1、D通道中。BINS指令是将S通道中带符号的BCD数（该数由C通道中的值来定义）转换成带符号的BIN数，然后存入D通道。BISL指令是将S+1、S通道中带符号的

BCD数（该数由C通道中的值来定义）转换成带符号的BIN数，然后存入D+1、D通道。BCDS指令是将S通道中带符号的BIN数（该数由C通道中的值来定义）转换成带符号的BCD数，然后存入D通道中。BDSL指令是将S+1、S通道中带符号的BIN数（该数由C通道中的值来定义）转换成带符号的BCD数，然后存入D+1、D通道中。BCD与BIN类转换指令格式如表5-45所示。

表 5-45　BCD与BIN类转换指令格式

指令	LAD	STL	操作数说明
BIN 指令	BIN(023) S D	BIN(023)　S　D	S为转换数据源字;D为转换结果目的通道
BINL 指令	BINL(058) S D	BINL(058)　S　D	S为转换数据源字首地址;D为转换结果目的通道首字
BCD 指令	BCD(024) S D	BCD(024)　S　D	S为转换数据源字;D为转换结果目的通道
BCDL 指令	BCDL(059) S D	BCDL(059)　S　D	S为转换数据源字首地址;D为转换结果目的通道首字
BINS 指令	BINS(470) C S D	BINS(470)　C　S　D	C为数据控制字;S为转换数据源字;D为转换结果输出字。C和S的详细说明见表5-46
BISL 指令	BISL(472) C S D	BISL(472)　C　S　D	C为数据控制字;S为转换数据首字;D为转换结果输出通道首字。C和S的详细说明见表5-47

续表

指令	LAD	STL	操作数说明
BCDS 指令	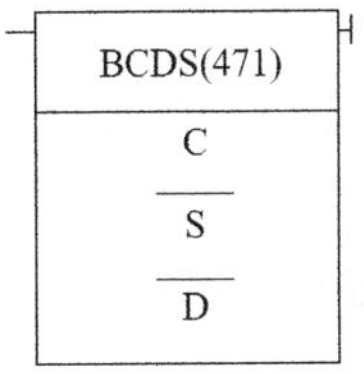BCDS(471) C S D	BCDS(471) C S D	C 为数据控制字；S 为转换数据源字；D 为转换结果输出字。C 和 D 的详细说明见表 5-48
BDSL 指令	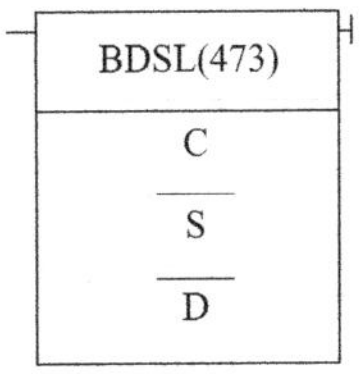BDSL(473) C S D	BDSL(473) C S D	C 为数据控制字；S 为转换首字；D 为转换结果首字。C 和 D 的详细说明见表 5-49

表 5-46 BINS 指令中 C 和 S 的说明

C 值	定义的 BCD 数据类型及范围	C 值	定义的 BCD 数据类型及范围
0x0000	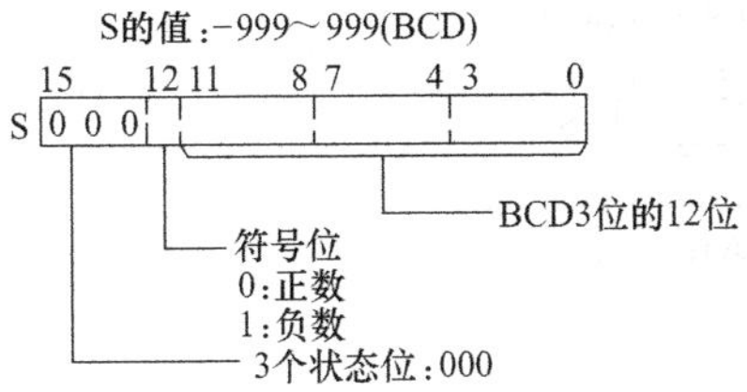S的值：-999～999(BCD) 15 12 11 8 7 4 3 0 S 0 0 0 BCD3位的12位 符号位 0：正数 1：负数 3个状态位：000	0x0002	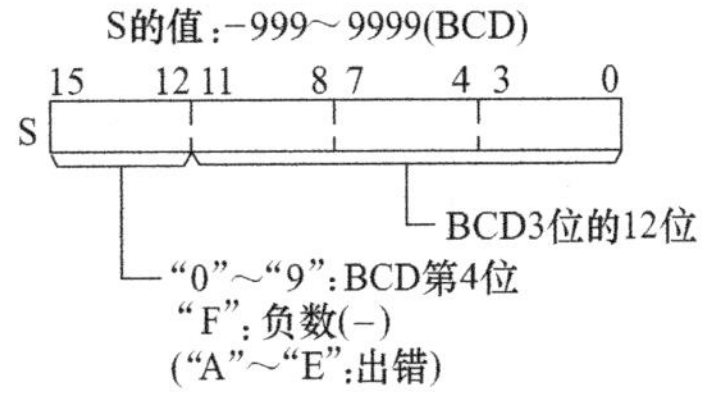S的值：-999～9999(BCD) 15 12 11 8 7 4 3 0 S BCD3位的12位 "0"～"9"：BCD第4位 "F"：负数(-) ("A"～"E"：出错)
0x0001	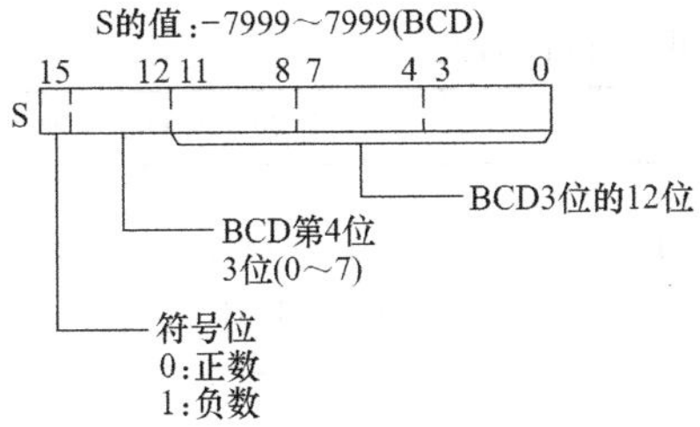S的值：-7999～7999(BCD) 15 12 11 8 7 4 3 0 S BCD3位的12位 BCD第4位 3位(0～7) 符号位 0：正数 1：负数	0x0003	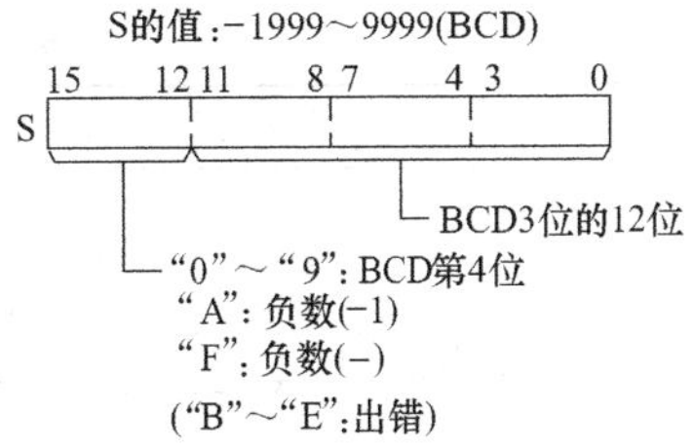S的值：-1999～9999(BCD) 15 12 11 8 7 4 3 0 S BCD3位的12位 "0"～"9"：BCD第4位 "A"：负数(-1) "F"：负数(-) ("B"～"E"：出错)

表 5-47 BISL 指令中 C 和 S 的说明

C 值	定义的 BCD 数据类型及范围
0x0000	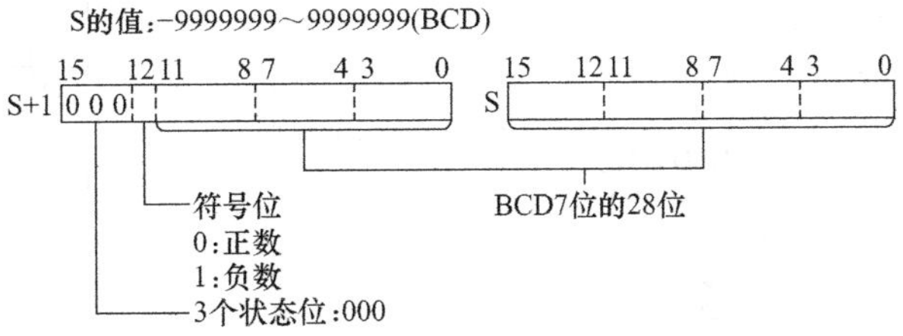S的值：-9999999～9999999(BCD) 15 12 11 8 7 4 3 0 S+1 0 0 0 15 12 11 8 7 4 3 0 S 符号位 0：正数 1：负数 3个状态位：000 BCD7位的28位

续表

C 值	定义的 BCD 数据类型及范围
0x0001	S的值:-79999999～79999999(BCD) 15 12 11 8 7 4 3 0 　15 12 11 8 7 4 3 0 S+1　S BCD4位的3位(0～7) BCD3位的12位 符号位 0:正数 1:负数
0x0002	S的值:-9999999～99999999(BCD) 15 12 11 8 7 4 3 0 　15 12 11 8 7 4 3 0 S+1　S "0"～"9":BCD第4位 "F":负数(-) ("A"～"E":出错) BCD3位的12位
0x0003	S的值:-19999999～99999999(BCD) 15 12 11 8 7 4 3 0 　15 12 11 8 7 4 3 0 S+1　S "0"～"9":BCD第4位 "A":负数(-1) "F":负数(-) ("B"～"E":出错) BCD3位的12位

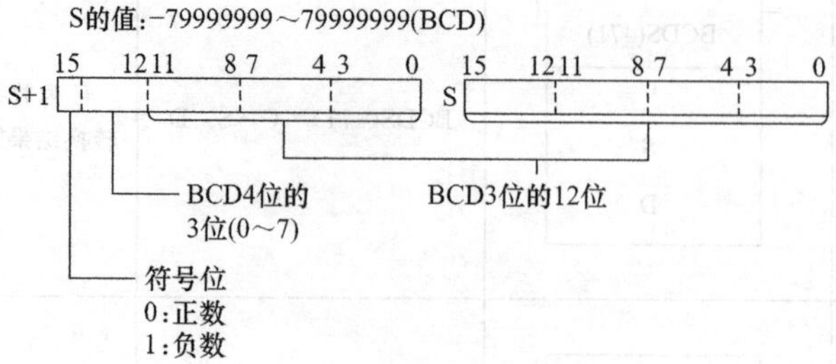

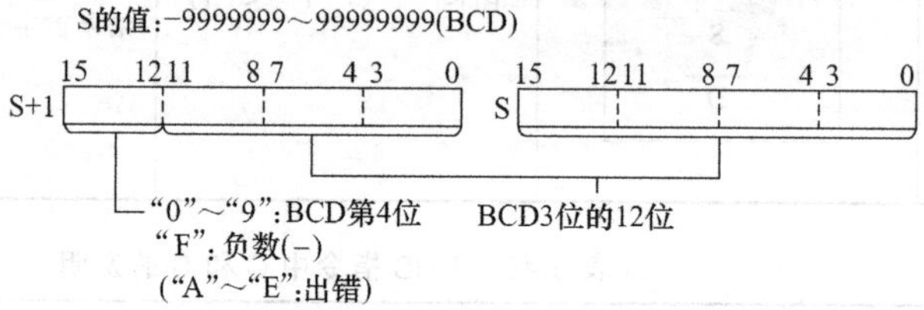

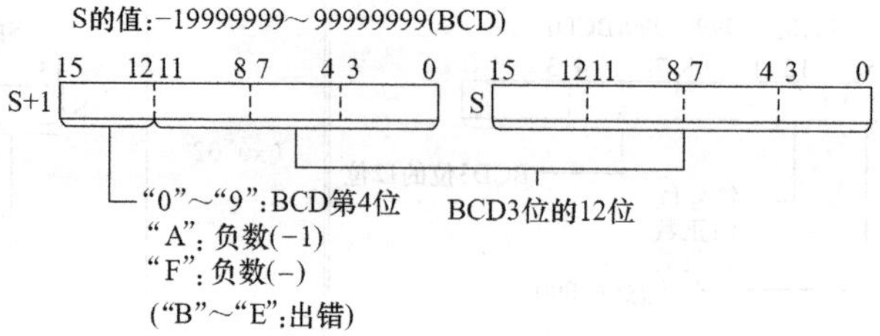

表 5-48　BCDS 指令中 C 和 D 的说明

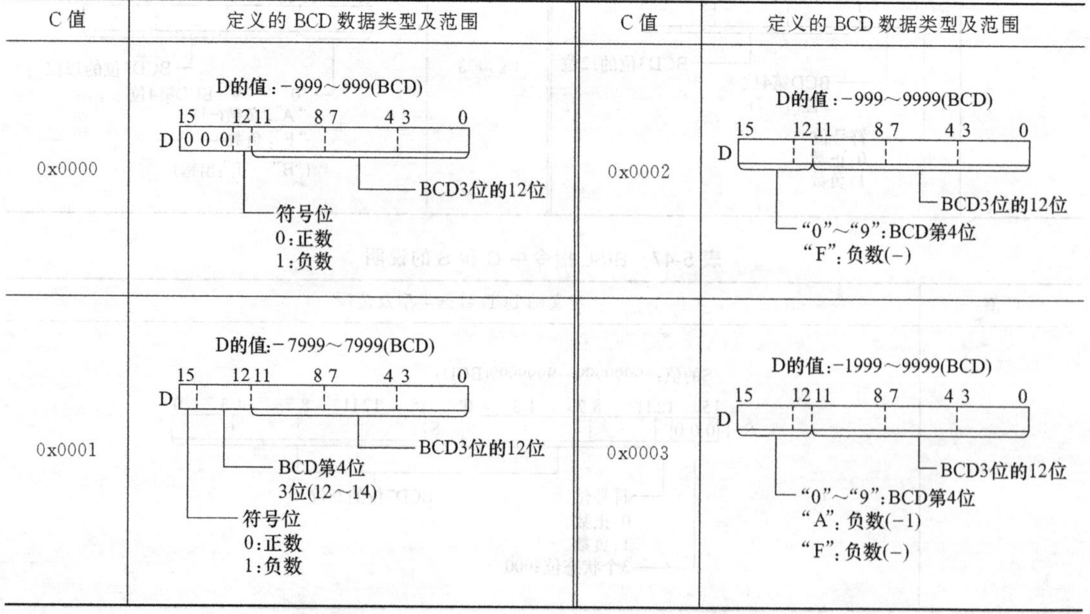

表 5-49 BDSL 指令中 C 和 D 的说明

C 值	定义的 BCD 数据类型及范围
0x0000	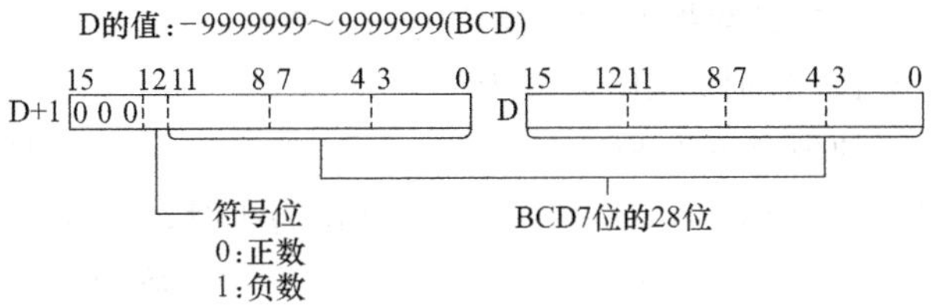 D的值:−9999999～9999999(BCD) D+1: 15 12 11 8 7 4 3 0 (0 0 0); D: 15 12 11 8 7 4 3 0 符号位 0:正数 1:负数 BCD7位的28位
0x0001	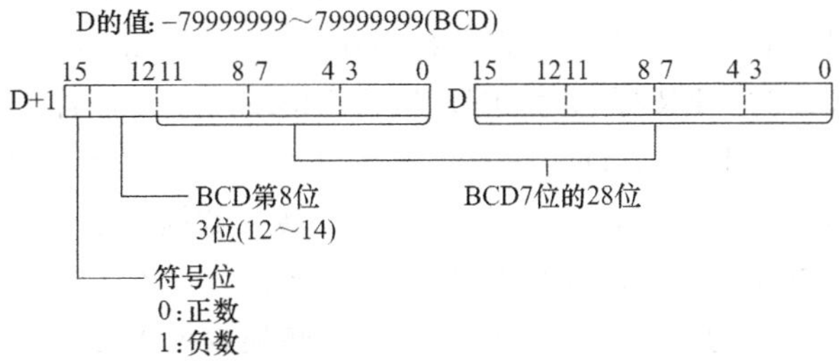 D的值:−79999999～79999999(BCD) D+1: 15 12 11 8 7 4 3 0; D: 15 12 11 8 7 4 3 0 BCD第8位 3位(12～14) 符号位 0:正数 1:负数 BCD7位的28位
0x0002	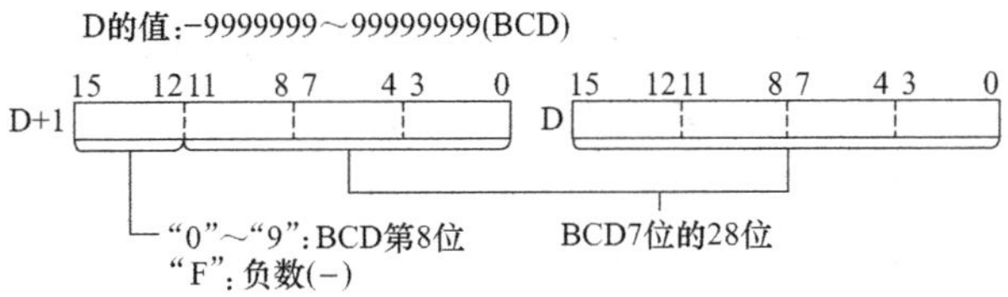 D的值:−9999999～99999999(BCD) D+1: 15 12 11 8 7 4 3 0; D: 15 12 11 8 7 4 3 0 “0”～“9”:BCD第8位 “F”:负数(−) BCD7位的28位
0x0003	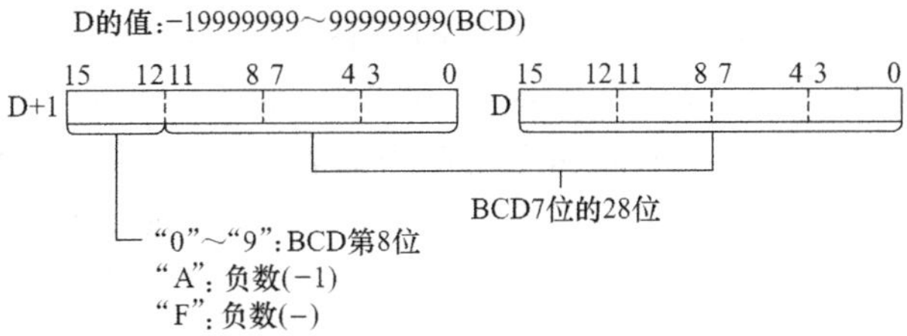 D的值:−19999999～99999999(BCD) D+1: 15 12 11 8 7 4 3 0; D: 15 12 11 8 7 4 3 0 BCD7位的28位 “0”～“9”:BCD第8位 “A”:负数(−1) “F”:负数(−)

使用说明

① 对于 BIN 指令而言，S 的内容不为 BCD 时，ER 标志为 ON；指令执行时，N 标志置于 OFF；执行 BIN 指令后，若 D 的内容为 0x0000，“＝”标志为 ON。

② 对于 BINL 指令而言，S+1、S 的内容不为 BCD 时，ER 标志为 ON；指令执行时，N 标志置于 OFF；执行 BINL 指令后，若 D＋1、D 的内容为 0x00000000，“＝”标志为 ON。

③ 对于 BCD 指令而言，S 的内容不在 0x0000～0x270F 范围内时，ER 标志为 ON；执行 BCD 指令后，若 D 的内容为 0x0000，“＝”标志为 ON。

④ 对于 BCDL 指令而言，S+1、S 的内容不在 0x00000000～0x5F5E0FFF 范围内时，

ER 标志为 ON；执行 BCDL 指令后，若 D+1、D 的内容为 0x00000000，“=”标志为 ON。

⑤ 对于 BINS 指令而言，转换数据（S）设定为“负数的 0”，也不作为错误，而作为 0 处理；C 为 0x0002，转换数据 S 的最高位为 A～E 时，ER 标志为 ON；C 为 0x0003，转换数据 S 的最高位为 B～E 时，ER 标志为 ON；C 的内容不在 0x0000～0x0003 的范围内时，ER 标志为 ON。S 的内容不为 BCD 时，ER 标志为 ON；执行 BINS 指令后，若 D 的内容为 0x0000 时，“=”标志为 ON，D 的内容的最高位为 1 时，N 标志为 ON。

⑥ 对于 BISL 指令而言，转换数据（S）设定为“负数的 0”，也不作为错误，而作为 0 处理；C 为 0x0000 时，S+1 的 b13～b15 不作为错误校验对象；C 为 0x0002 时，转换数据 S+1、S 的最高位为 A～E 时，ER 标志为 ON；C 为 0x0003 时，转换数据 S+1、S 的最高位为 B～E 时，ER 标志为 ON；C 的内容不在 0x0000～0x0003 范围内时，ER 标志为 ON；S 的内容不是 BCD 时，ER 标志为 ON；执行 BISL 指令后，若 D+1、D 的内容为 0x0000，“=”标志为 ON，若 D+1、D 的内容的最高位为 1 时，N 标志为 ON。

⑦ 对于 BCDS 指令而言，若 C 为 0x0000，转换数据不在 0x0000～0x03E7 或 0xFC19～0xFFFF 时，ER 标志为 ON；若 C 为 0x0001，转换数据不在 0x0000～0x13E7 或 0xF0C1～0xFFFF 时，ER 标志为 ON；若 C 为 0x0002，转换数据不在 0x0000～0x270F 或 0xFC19～0xFFFF 时，ER 标志为 ON；若 C 为 0x0003，转换数据不在 0x0000～0x270F 或 0xF831～0xFFFF 时，ER 标志为 ON；若 C 的内容不在 0x0000～0x0003 时，ER 标志为 ON；执行 BCDS 指令后，若 D 的内容为 0x0000 时，“=”标志为 ON。

⑧ 对于 BDSL 指令而言，若 C 为 0x0000，转换数据不在 0x00000000～0x0098967F 或 0xFF676981～0xFFFFFFFF 时，ER 标志为 ON；若 C 为 0x0001，转换数据不在 0x00000000～0x04C4B3FF 或 0xFB3B4C01～0xFFFFFFFF 时，ER 标志为 ON；若 C 为 0x0002，转换数据不在 0x00000000～0x05F5E0FF 或 0xFF676981～0xFFFFFFFF 时，ER 标志为 ON；若 C 为 0x0003，转换数据不在 0x00000000～0x05F5E0FF 或 0xFECED301～0xFFFFFFFF 时，ER 标志为 ON；若 C 的内容不在 0x0000～0x0003 时，ER 标志为 ON；执行 BDSL 指令后，若 D 的内容为 0x0000，“=”标志为 ON。

例 5-22 BCD 与 BIN 类转换指令的应用如表 5-50 所示。在条 0 中，0.00 常开触点为 ON 时，执行 BIN 指令，将 D100 中的 3452（BCD 码数据）转换为 0x0D7C（BIN 数据），并将转换结果送入 D110 中。在条 1 中，当 0.01 常开触点为 ON 时，执行 BINL 指令，将 D201、D200 两通道中的 200050（BCD 码数据）转换为 0x30D72（BIN 数据），并将结果送入 D211、D210 中。在条 2 中，当 0.02 常开触点为 ON 时，执行 BCD 指令，将 D300 中的 0x10EC（BIN 数据）转换为 4332（BCD 数据），并将转换结果送入 D310 中。在条 3 中，当 0.04 常开触点为 ON 时，执行 BCDL 指令，将 D401、D400 构成的 0x2D320A（BIN 数据）转换成 2961930（BCD 码），并将转换结果送入 D411、D410 中。在条 4 中，当 0.05 常开触点为 ON 时，执行 BINS 指令，由于 C 为 0x0003，S（D320）为 A369，则表示 D320 中的内容为带符号的 BCD 数据（−1369），执行 BINS 指令后，D320 中的内容则转换为 FAA7，并将转换结果送入 D420 中。在条 5 中，当 0.06 常开触点闭合时，执行 BISL 指令，由于 C 为 0x0002，S+1（D331）、S（D330）中的内容为 0xF3456789，即表示 D331、D330 中的内容为带符号的 BIN 数（−3456789），执行 BISL 指令后，该 BIN 数转换为 0xFFCB40EB（BCD 码），并将转换结果送入 D431、D430 中。在条 6 中，当 0.07 常开触点为 ON 时，执行 BDSL

指令，由于 C 为 0x0003，S＋1（D341）、S（D340）中的内容（0xFF8B344F），则表示 D341、D340 中的内容为带符号的 BIN 数（－F8B344F），执行 BDSL 指令后，该 BIN 转换为 F7654321（BCD 码），并将转换结果送入 D441、D440 中。

表 5-50 BCD 与 BIN 类转换指令的应用

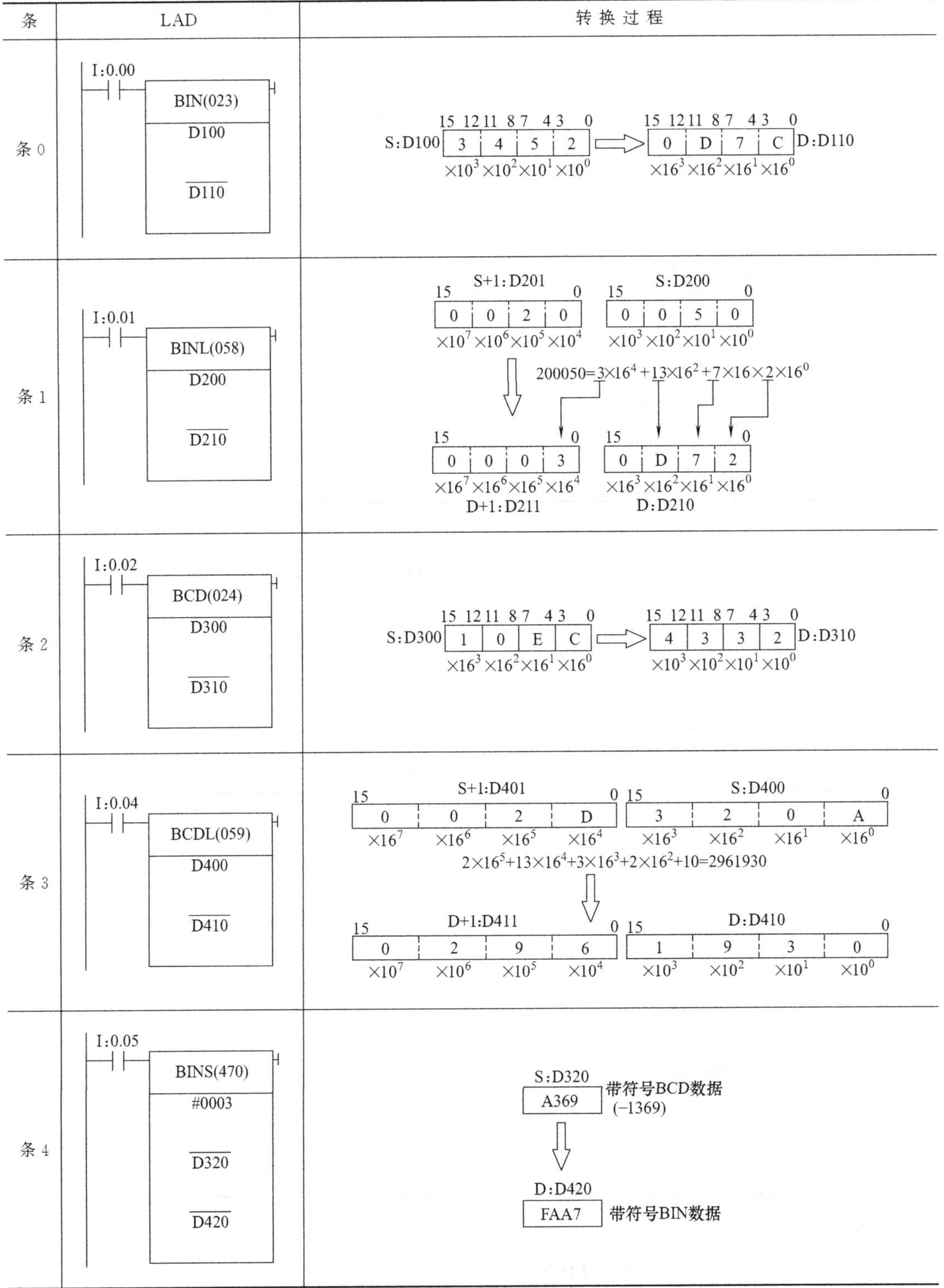

续表

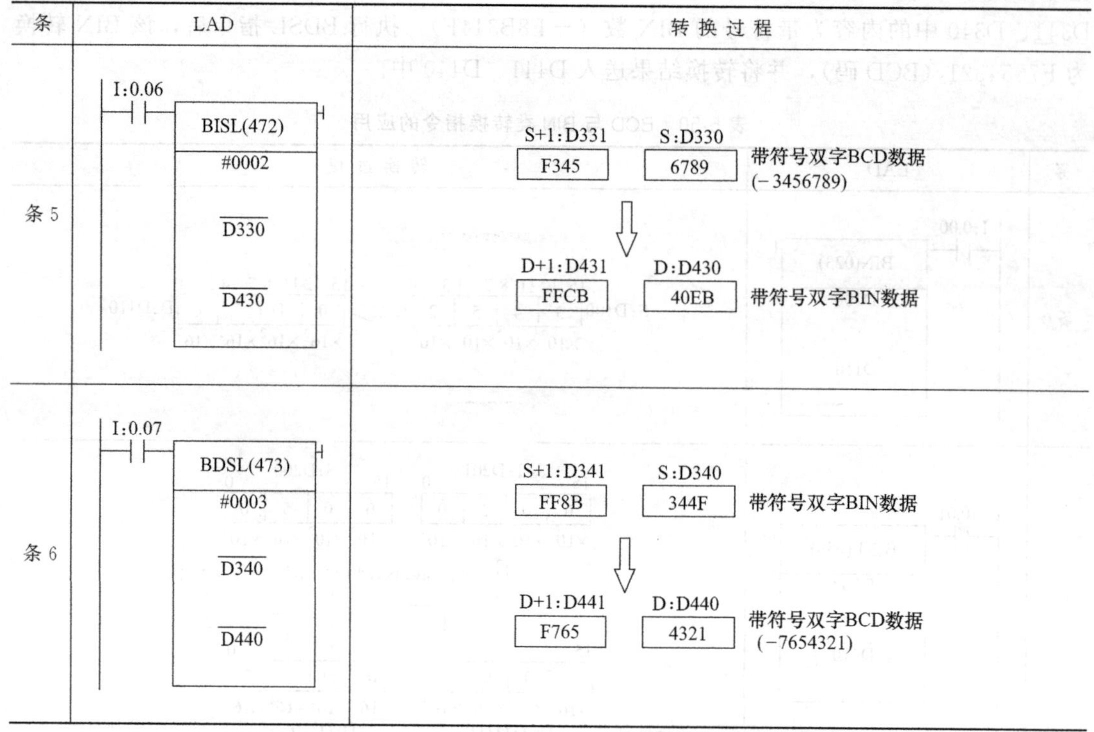

条	LAD	转换过程
条 5	I:0.06 ─┤├─ BISL(472) #0002 D330 D430	S+1:D331 F345, S:D330 6789 带符号双字BCD数据(-3456789) ⇩ D+1:D431 FFCB, D:D430 40EB 带符号双字BIN数据
条 6	I:0.07 ─┤├─ BDSL(473) #0003 D340 D440	S+1:D341 FF8B, S:D340 344F 带符号双字BIN数据 ⇩ D+1:D441 F765, D:D440 4321 带符号双字BCD数据(−7654321)

（2）补码类转换指令

补码就是将二进制码数据取反后再加 1 而得出的数据。补码类转换指令包括：NEG（2 的补数转换）、NEGL（2 的补数双字转换）指令。

NEG 指令将 S 通道中的 16 位数各位取反后再加 1 以得到该数的补码，然后将补码送入 D 通道中。NEGL 指令是将 S+1、S 通道中的 32 位数各位取反后再加 1 以得到该数的补码，然后将补码送入 D+1、D 通道中。补码类转换指令格式如表 5-51 所示。

表 5-51　补码类转换指令格式

指令	LAD	STL	操作数说明
NEG 指令	NEG(160) S D	NEG(160)　S　D	S 为转换数据源字；D 为转换结果目的通道
NEGL 指令	NEGL(161) S D	NEGL(161)　S　D	S 为转换数据源字首地址；D 为转换结果目的通道首字

使用说明

① 执行指令时，ER 标志置于 OFF。

② 执行指令后，若 D 的内容为 0x0000（NEG 指令）或 D+1、D 的内容为 0x00000000（NEGL 指令）时，“=”标志为 ON，若 D 的内容的最高位为 1（NEG 指令）或 D+1、D 的内容的最高位为 1（NEGL 指令），N 标志为 ON。

③ 位取反后加 1 的操作相当于从 0x0000（或 0x00000000）中减去 S 的内容的操作。

例 5-23 补码类转换指令的应用如表 5-52 所示。在条 0 中，当 0.00 常开触点为 ON 时，执行 NEG 指令，将 D100 中的数据（0x1234）的各位取反后再加 1，然后将转换结果（0xEDCC）送入 D110 中。在条 1 中，当 0.01 常开触点为 ON 时，执行 NEGL 指令，将 D201、D200 中的数据（0x12345678）的各位取反后再加 1，然后将转换结果（0xEDCBA988）送入 D301、D300 中。

表 5-52 补码类转换指令的应用

条	LAD	转换过程
条 0	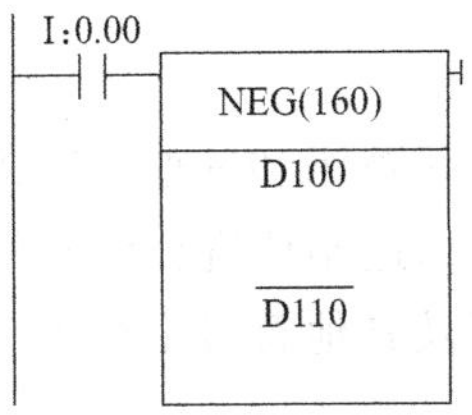 I:0.00 NEG(160) D100 D110	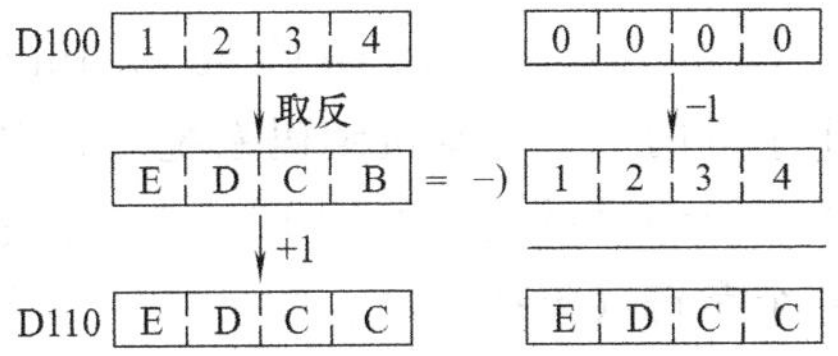 D100 1 2 3 4 ↓取反 E D C B ↓+1 D110 E D C C；0 0 0 0 ↓−1 = −) 1 2 3 4 E D C C
条 1	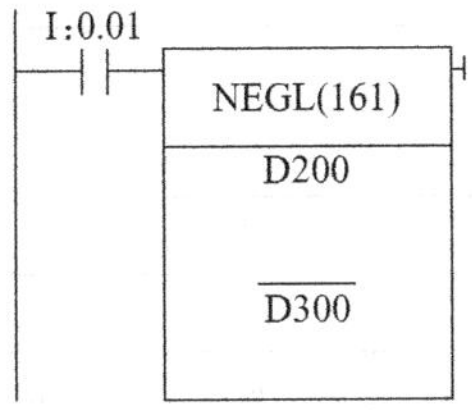 I:0.01 NEGL(161) D200 D300	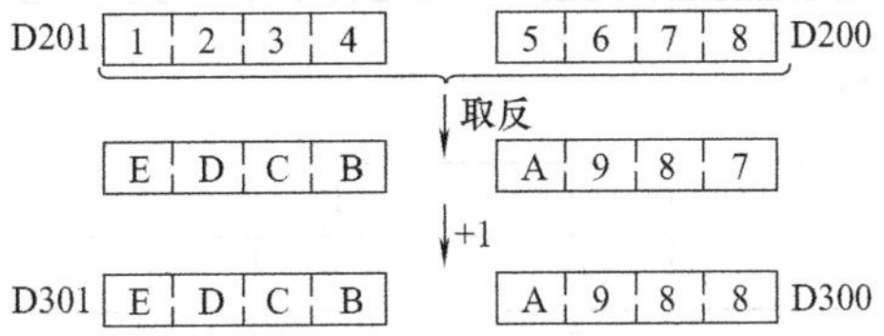 D201 1 2 3 4 5 6 7 8 D200 ↓取反 E D C B A 9 8 7 ↓+1 D301 E D C B A 9 8 8 D300

(3) 符号扩展指令

SIGN 为符号扩展指令，该指令是将 S 通道中的数据送入 D 通道，同时根据该数据的符号位（b15）值，将 0xFFFF（符号位值为 1 时）或 0x0000（符号位值为 0 时）送入 D+1 通道中，其指令格式如表 5-53 所示。

表 5-53 SIGN 指令格式

指令	LAD	STL	操作数说明
SIGN 指令	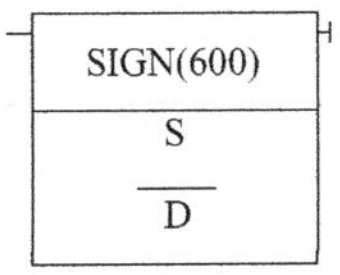 SIGN(600) S D	SIGN(600) S D	S 为扩展数据源字;D 为结果输出首字

使用说明

① 执行指令时，ER 标志置于 OFF。

② 执行指令后，若 D 的内容为 0x0000，“=”标志为 ON；若 D 的内容的最高位为 1，N 标志为 ON。

例 5-24 补码类转换指令的应用如表 5-54 所示。在条 0 中，当 0.02 常开触点为 ON 时，执行 SIGN 指令，由于 D101 中的内容为 0x8000，即 b15 为 1，因此执行该指令后，是将 0xFFFF 送入 D121 中，0x8000 送入 D120 中。

表 5-54　补码类转换指令的应用

条	LAD	转换过程
条 0	I:0.02 —┤├— SIGN(600) D101 D120	15 … 0 1 0 0 0 0 0 0 0 0 0 0 0 0 0 0 0 S:D101(0x8000) ⇩ 15 … 0 15 … 0 F F F F 8 0 0 0 D+1:D121 D:D120

（4）ASCII 类转换指令

ASCII（American Standard Code for Information Interchange，美国信息互换标准代码）是基于拉丁字母的一套计算机编码系统。它主要用于显示现代英语和其他西欧语言，是现今最通用的单字节编码系统。ASCII 码是一种使用 7 个或 8 个二进制位进行编码的方案，最多可以给 256 个字符（包括字母、数字、标点符号、控制字符及其他符号）分配（或指定）数值。ASCII 的编码如表 5-55 所示。

表 5-55　ASCII 编码表

低 4 位 ＼ 高 3 位		0	1	2	3	4	5	6	7
		000	001	010	011	100	101	110	111
0	0000	NUL	DLE	SP	0	@	P	、	p
1	0001	SOH	DC1	!	1	A	Q	a	q
2	0010	STX	DC2	“	2	B	R	b	r
3	0011	ETX	DC3	#	3	C	S	c	s
4	0100	EOT	DC4	$	4	D	T	d	t
5	0101	ENQ	NAK	%	5	E	U	e	u
6	0110	ACK	SYN	&	6	F	V	f	v
7	0111	BEL	ETB	’	7	G	W	g	w
8	1000	BS	CAN	(	8	H	X	h	x
9	1001	HT	EM	)	9	I	Y	i	y
A	1010	LF	SUB	*	：	J	Z	j	z
B	1011	VT	ESC	+	；	K	[	k	{
C	1100	FF	FS	，	<	L	\	l	|
D	1101	CR	GS	—	=	M	]	m	}
E	1110	SO	RS	.	>	N	↑	n	~
F	1111	SI	US	/	?	O	←	o	DEL

表中缩写符号说明：

NUL	空	DLE	数据链换码
SOH	标题开始	DC1	设备控制 1
STX	正文结束	DC2	设备控制 2

ETX 本文结束
EOT 传输结束
ENQ 询问
ACK 承认
BEL 报警符（可听见的信号）
BS 退一格
HT 横向列表（空孔卡片指令）
LF 换行
VT 垂直
FF 走纸控制
CR 回车
SO 移位输出
SI 移位输入
SP 空格
DC3 设备控制 3
DC4 设备控制 4
NAK 否定
SYN 空转同步
ETB 信息组传送结束
CAN 作废
EM 纸尽
SUB 减
ESC 换码
FS 文字分隔符
GS 组分隔符
RS 记录分隔符
US 单元分隔符
DEL 作废

ASCII 类转换指令包括：ASC（ASCII 代码转换）、HEX（ASCII→HEX 转换）指令。

ASC 指令是将 S 通道的 16 位数据分成 4 组，并根据 K 通道数据的定义，将指定的数（十六进制数）转换成 ASCII 码，然后存入 D 通道指定的字节中，其转换示意如图 5-14（a）所示。HEX 指令是根据 C 通道数据的定义，将 S 通道指定字节中的 ASCII 码转换成十六进制数，然后存入 D 通道指定的组中，其转换示意如图 5-14（b）所示。ASCII 类转换指令格式如表 5-56 所示。

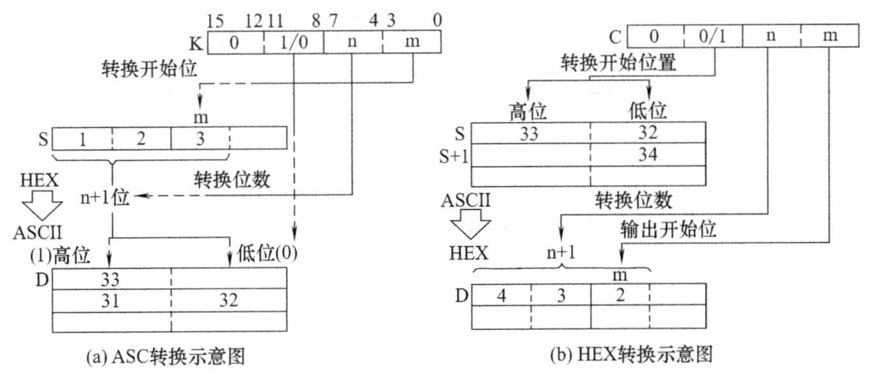

图 5-14 ASCII 类指令转换示意图

表 5-56 ASCII 类转换指令格式

指令	LAD	STL	操作数说明
ASC 指令	ASC(086) S K D	ASC(086) S K D	S 为转换数据源字，它为 4 组： 15 12 11 8 7 4 3 0 S 组3 组2 组1 组0 K 为控制字，详细说明见表 5-57。D 为转换结果输出首字： 15 8 7 0 D 高位字节 低位字节 D+1 高位字节 低位字节 D+2 高位字节 低位字节

续表

指令	LAD	STL	操作数说明
HEX 指令	HEX(162) S C D	HEX(162) S C D	S 为转换数据首字，它又分为高、低位字节： 15 8 7 0 S 高位字节 低位字节 C 为控制字，详细说明见表 5-57。D 为转换结果输出首字： 15 12 11 8 7 4 3 0 D 组3 组2 组1 组0

表 5-57 控制字说明

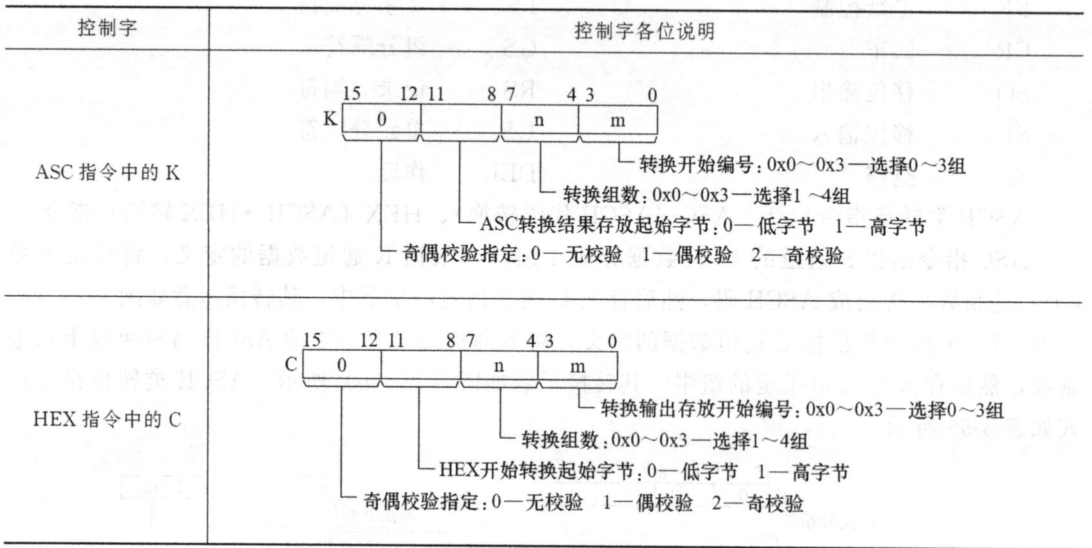

控制字	控制字各位说明
ASC 指令中的 K	15 12 11 8 7 4 3 0 K 0 n m 转换开始编号：0x0～0x3—选择0～3组 转换组数：0x0～0x3—选择1～4组 ASC转换结果存放起始字节：0—低字节 1—高字节 奇偶校验指定：0—无校验 1—偶校验 2—奇校验
HEX 指令中的 C	15 12 11 8 7 4 3 0 C 0 n m 转换输出存放开始编号：0x0～0x3—选择0～3组 转换组数：0x0～0x3—选择1～4组 HEX开始转换起始字节：0—低字节 1—高字节 奇偶校验指定：0—无校验 1—偶校验 2—奇校验

使用说明

① 所谓奇偶校验位，是为了检测数据传输过程中的错误而附加到数据上的位。通过此附加位，将数据中的 1 的个数始终作为奇数或偶数进行传送，如果接收端 1 的个数不为奇数或偶数，则说明传送中发生错误。

② 通过转换数位（K 或 C）指定多位转换时，转换对象位的顺序转成从开始位到高位侧，转换结果按照从 D 的输出位置到高位 CH 侧的顺序进行保存。

例 5-25 ASC 类转换指令的应用如表 5-58 所示。假设 D100 中的内容为 0x2345，执行 ASC 指令将 D100 中的内容从 1 组至 3 组（即 b4～b15）转换为 ASCII 码，转换结果送入 D110 起始的高字节地址中。假设 D200、D201 中存放的 ASCII 码值分别为 35、36、39、37，执行 HEX 指令，将 D200 高字节开始的 3 组数据转换为 HEX 数据，存放在 D220 的 1 组至 3 组（即 b4～b15）中。

(5) 位行/列类传送指令

位行/列类转换指令包括：LINE（位列→位行转换）、COLM（位行→位列转换）指令。

LINE 指令是将 S～S+15 各个通道中的第 N 位数据按顺序存入 D 通道中的 b0～b15 位，其传送示意如图 5-15（a）所示。COLM 指令是将 S 通道中的 b0～b15 位数据按顺序依次存入 D～D+15 各通道的第 N 位中，其传送示意如图 5-15（b）所示。位行/列类传送指令格式如表 5-59 所示。

表 5-58 ASC 类转换指令的应用

条	LAD	转换过程
条 0	I:0.00 ASC(086) D100 #0121 D110	K:#0121 (15 12 11 8 7 4 3 0): 0 | 1 | 2 | 1 无校验；从高位字节开始存储；转换3组；从1组开始转换 位→ 3 2 1 0 S:D100 (15 12 11 8 7 4 3 0): 2 | 3 | 4 | 5 ASCII转换 高位 低位 D:D110 (15 8 7 0): 34 | D111: 32 | 33
条 1	I:0.01 HEX(162) D200 #0121 D220	C:#0121 (15 12 11 8 7 4 3 0): 0 | 1 | 2 | 1 无校验；开始转换起始高字节；转换3组；从1组开始存放 高位 低位 S:D200 (15 8 7 0): 35 | 36 D201: 39 | 37 HEX转换 3组 3 2 1 0 D:D220 (15 12 11 8 7 4 3 0): 9 | 7 | 5 |

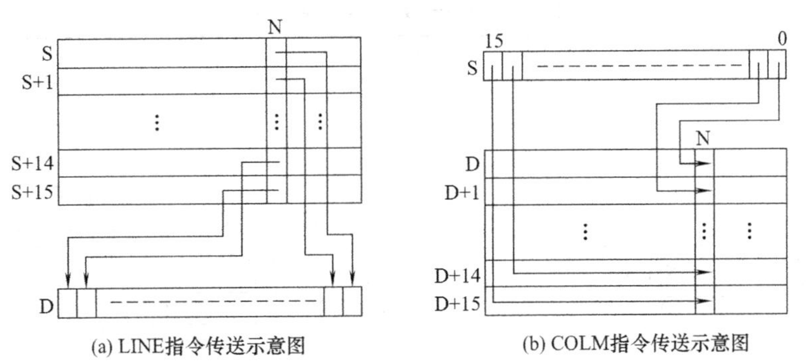

(a) LINE指令传送示意图　(b) COLM指令传送示意图

图 5-15 位行/列类指令传送示意图

使用说明

① N 的内容不在 0x0000～0x000F 范围内时，ER 标志为 ON。

② 执行 LINE 指令，进行转换后，若 D 的内容为 0x0000 时，“＝”标志为 ON。

③ 执行 COLM 指令，进行转换后，若 D～D＋15 的指定位（N）全部为 0 时，“＝”标志为 ON。

表 5-59　位行/列类传送指令格式

指令	LAD	STL	操作数说明
LINE 指令	LINE(063) S N D	LINE(063)　S　N　D	S为转换数据源字，N为位指定数据控制字，取值范围为0x0000～0x000F（或十进制0～15）；D为转换结果输出字
COLM 指令	COLM(064) S D N	COLM(064)　S　D　N	S为转换数据源字，D为转换结果输出首字；N为控制字，取值范围为0x0000～0x000F（或十进制0～15）

例 5-26　位行/列类传送指令应用如表 5-60 所示。在条 0 中，当 0.00 常开触点为 ON 时，执行 LINE 指令。由于 LINE 指令中，S 为 D100，N 为 5，D 为 D200，所以执行 LINE 指令时，将 D100～D115 中的第 6 位数据按顺序依次存入 D200 的 b0～b15 中。在条 1 中，当 0.01 常开触点为 ON 时，执行 COLM 指令。由于 COLM 指令中，S 为 D300，N 为 5，D 为 D400，所以执行 COLM 指令时，将 D300 中的 b0～b15 数据按顺序依次存入 D400～D415 各通道的 b5（第 6 位）中。

表 5-60　位行/列类传送指令应用

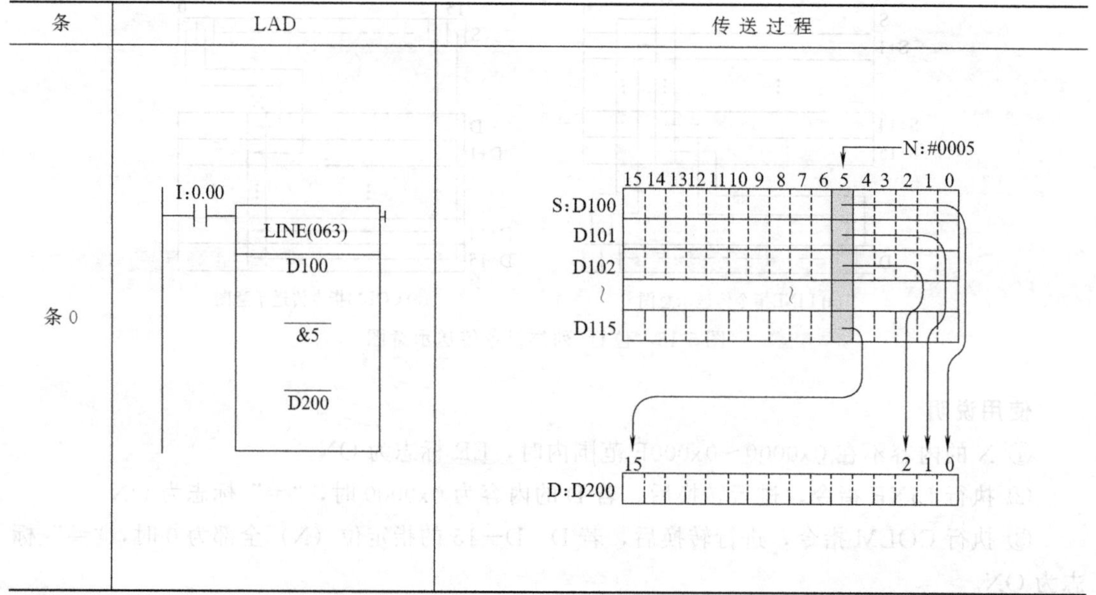

条	LAD	传送过程
条 0	I:0.00 LINE(063) D100 &5 D200	N:#0005 15 14 13 12 11 10 9 8 7 6 5 4 3 2 1 0 S:D100 D101 D102 ~ D115 15　2 1 0 D:D200

续表

条	LAD	传送过程
条 1	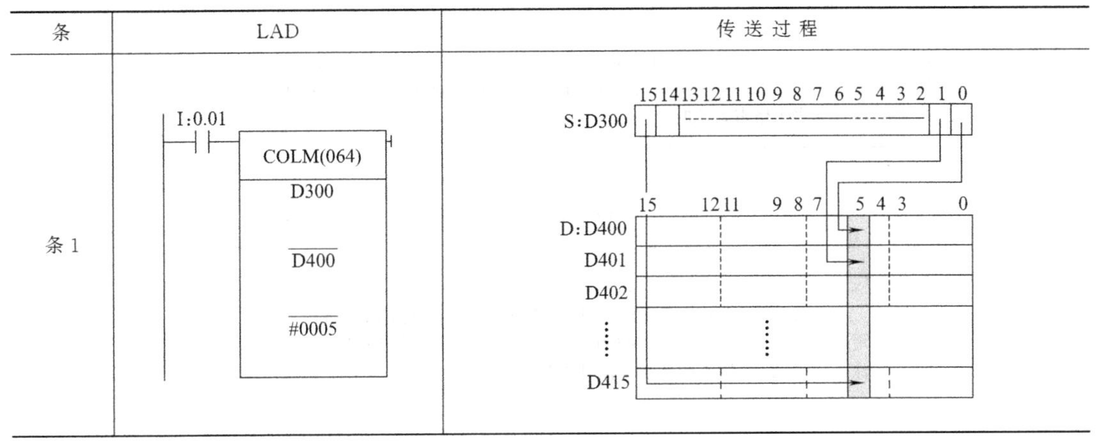	

(6) 格雷码转换指令

格雷码（Gray Code），又叫循环二进制码或反射二进制码，它是 1880 年由法国工程师 Jean-Maurice-Emlle Baudot 发明的一种编码。典型格雷码是一种具有反射特性和循环特性的单步自补码，它的循环、单步特性消除了随机取数时出现重大误差的可能，它的反射、自补特性使得求反非常方便。格雷码属于可靠性编码，是一种错误最小化的编码方式，因为，虽然自然二进制码可以直接由数/模转换器转换成模拟信号，但在某些情况，例如从十进制的 3 转换为 4 时二进制码的每一位都要变，能使数字电路产生很大的尖峰电流脉冲。而格雷码则没有这一缺点，它在相邻位间转换时，只有一位产生变化，大大减少了由一个状态到下一个状态时逻辑的混淆。另外，由于最大数与最小数之间也仅一个数不同，所以又称其为格雷反射码或循环码。十进制数、二进制数（BIN）与格雷码的对应关系如表 5-61 所示。

表 5-61　十进制数、二进制数与格雷码的对应关系

十进制数	二进制数	格雷码	十进制数	二进制数	格雷码
0	0000	0000	8	1000	1100
1	0001	0001	9	1001	1101
2	0010	0011	10	1010	1111
3	0011	0010	11	1011	1110
4	0100	0110	12	1100	1010
5	0101	0111	13	1101	1011
6	0110	0101	14	1110	1001
7	0111	0100	15	1111	1000

二进制数转换为格雷码时，其方法是：格雷码最左边一位与 BIN 相同，从 BIN 的左边第二位起，将每位与左边一位进行异或运算（异或运算：两位相同，结果为 0；两位相异，结果为 1），运算结果作为格雷码该位值。

格雷码转换为二进制数时，其方法是：BIN 数最左边一位与格雷码相同，从格雷码的左边第二位起，将每位与 BIN 数该位左边的一位进行异或运算，运算结果作为 BIN 数该位值。

GRY 为格雷码转换指令，它是根据 C 通道数据的定义，将 S 通道的格雷码转换成指定类型的数据（BIN 数、BCD 数或角度数）后，再存入 D 通道，其指令格式如表 5-62 所示。

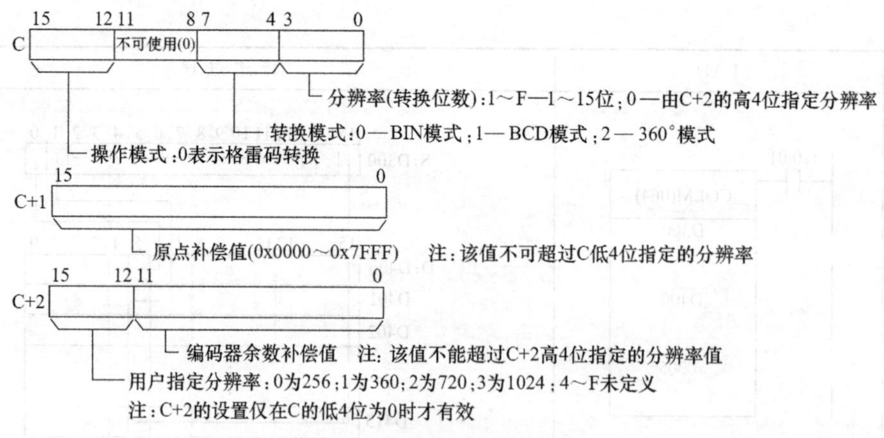

图 5-16　操作数 C 的格式定义

表 5-62　格雷码转换指令格式

指令	LAD	STL	操作数说明
GRY 指令	GRY(474) C S D	GRY(474)　C　S　D	S 为源字首字;D 为结果字首字;C 为控制数据首字,它由 C～C+2 三个通道构成,用来定义转换模式、分辨率和补偿值等,其格式定义如图 5-16 所示

使用说明

S指定的CH分配到输入单元的CH时，转换对象输入数据会变成最大1 CPU单元周期以前的格雷码值。

例 5-27　格雷码指令应用如表 5-63 所示。在条 0 中，0.00 常开触点为 ON 时，保存在 1000 CH 中的格雷二进制代码的数据根据控制数据 D0 的内容进行转换，结果输出到 D201、D200 中。若通过 8 位分辨率转换为 BIN 数据，进行原点补正 0x001A，执行 GRY 指令时，其转换过程如图 5-17（a）所示。若通过 10 位分辨率转换为角度数据，进行原点补正 0x0151，执行 GRY 指令时，其转换过程如图 5-17（b）所示。若使用 E6C2-AG5C（分辨率 360/转、编码器剩余补偿值 76），转换为 BCD 数据，原点补偿值为 0x0000，执行 GRY 指令时，其转换过程如图 5-17（c）所示。若使用 E6C2-AG5C（分辨率 360/转、编码器剩余补偿值 76），转换为 BCD 数据，原点补偿值为 0x000A，执行 GRY 指令时，其转换过程如图 5-17（d）所示。

表 5-63　格雷码转换指令应用

条	LAD	STL
条 0	I:0.00 常开触点 — GRY(474) D0　格雷码转换控制数据 1000　格雷码 D200　第一个目标字	LD　0.00 GRY(474)　D0　1000　D200

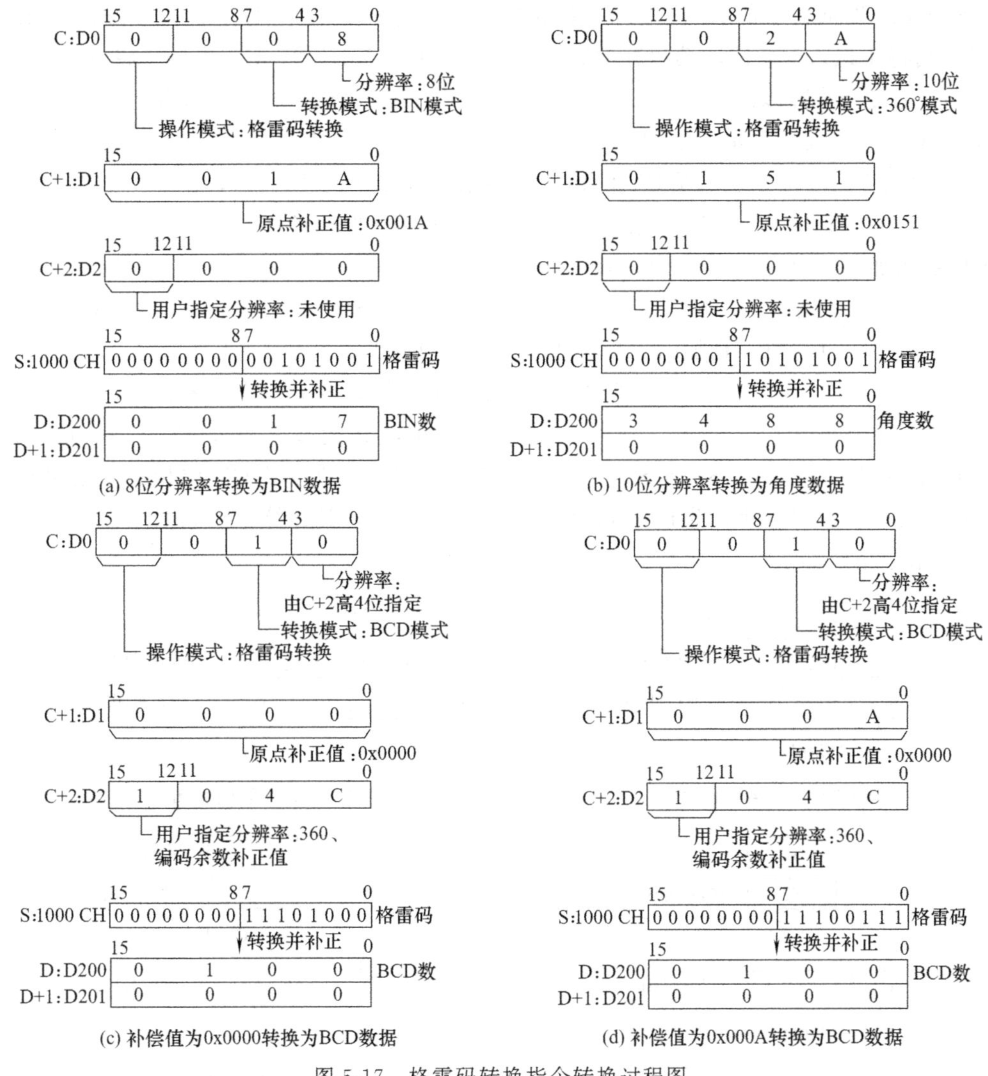

图 5-17 格雷码转换指令转换过程图

5.2 算术运算指令

算术运算指令主要包括加法类、减法类、自加/自减类、乘法类和除法类指令。

5.2.1 加法运算指令

加法运算指令包括“+”（带符号无 CY 的 BIN 加法运算）、“+L”（带符号无 CY 的 BIN 双字加法运算）、“+C”（带符号有 CY 的 BIN 加法运算）、“+CL”（带符号有 CY 的 BIN 双字加法运算）、“+B”（无 CY 的 BCD 加法运算）、“+BL”（无 CY 的 BCD 双字加法运算）、“+BC”（带 CY 的 BCD 加法运算）、“+BCL”（带 CY 的 BCD 双字加法运算）指令。

“+”指令是将 S1、S2 两通道中的 16 位带符号数相加，结果存入 D 通道，相加时如果产生进位 1，则将 1 送入 CY 位，其运算示意如图 5-18（a）所示。“+L”指令是将 S1+1、

S1与S2＋1、S2通道中的32位带符号数相加，结果存入D＋1、D通道，相加时如果产生进位1，则将1送入CY位，其运算示意如图5-18（b）所示。“＋C”指令是将S1、S2两通道中的16位带符号数以及CY位三者相加，结果存入D通道，相加时如果产生进位1，则将1送入CY位，其运算示意如图5-18（c）所示。“＋CL”指令是将S1＋1、S1与S2＋1、S2通道中的32位带符号数以及CY位相加，结果存入D＋1、D通道，相加时如果产生进位1，则将1送入CY位，其运算示意如图5-18（d）所示。“＋B”指令是将S1、S2两通道中的BCD数相加，结果存入D通道，相加时如果产生进位1，则将1送入CY位，其运算示意如图5-18（e）所示。“＋BL”指令是将S1＋1、S1与S2＋1、S2通道中的BCD数相加，结果存入D＋1、D通道，相加时如果产生进位1，则将1送入CY位，其运算示意如图5-18（f）所示。“＋BC”指令是将S1、S2两通道中的BCD数以及CY位三者相加，结果存入D通道，相加时如果产生进位1，则将1送入CY位，其运算示意如图5-18（g）所示。“＋BCL”指令是将S1＋1、S1与S2＋1、S2通道中的BCD数以及CY位相加，结果存入D＋1、D通道，相加时如果产生进位1，则将1送入CY位，其运算示意如图5-18（h）所示。加法运算指令格式如表5-64所示。

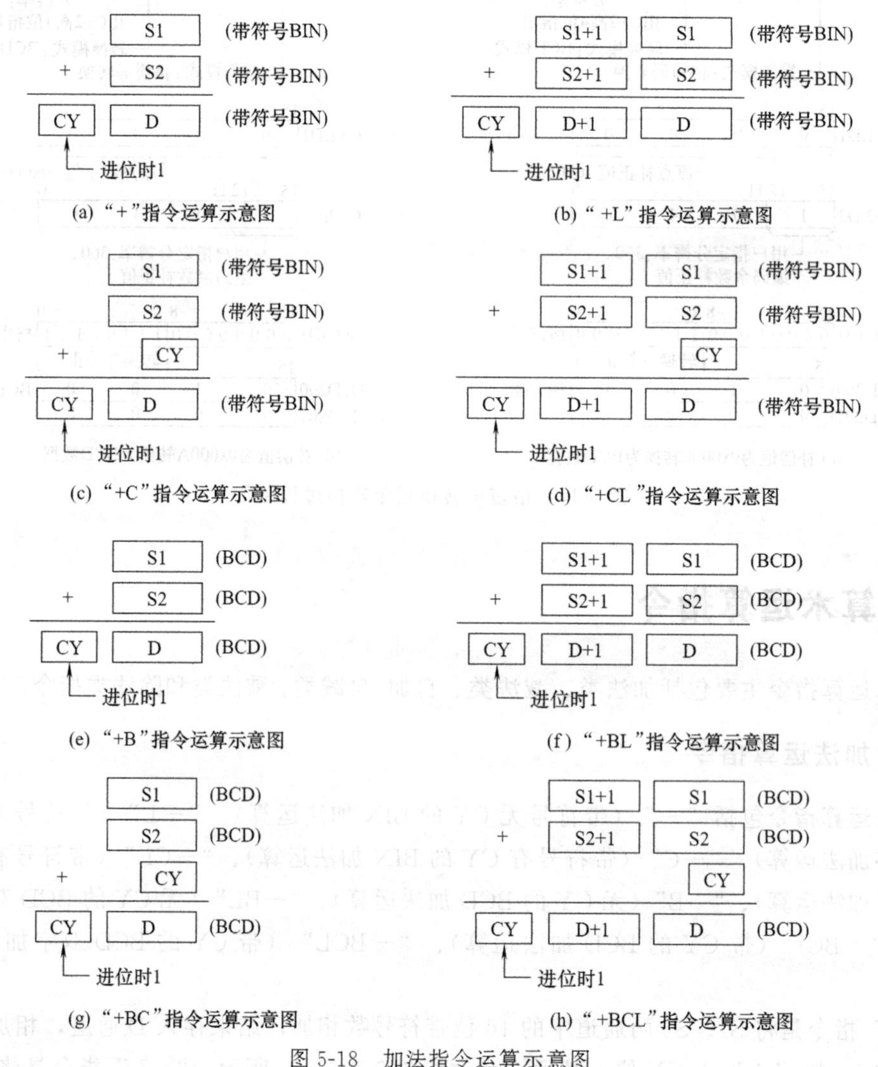

图5-18 加法指令运算示意图

表 5-64 加法运算指令格式

指令	LAD	STL	操作数说明
"+"指令	+(400) S1 S2 D	+(400) S1 S2 D	S1 为带符号的 BIN 被加数;S2 为带符号的 BIN 加数;D 为运算结果字
"+L"指令	+L(401) S1 S2 D	+L(401) S1 S2 D	S1 为带符号的 BIN 被加数首字;S2 为带符号的 BIN 加数首字;D 为运算结果首字
"+C"指令	+C(402) S1 S2 D	+C(402) S1 S2 D	S1 为带符号的 BIN 被加数;S2 为带符号的 BIN 加数;D 为运算结果字
"+CL"指令	+CL(403) S1 S2 D	+CL(403) S1 S2 D	S1 为带符号的 BIN 被加数首字;S2 为带符号的 BIN 加数首字;D 为运算结果首字
"+B"指令	+B(404) S1 S2 D	+B(404) S1 S2 D	S1 为 BCD 被加数;S2 为 BCD 加数;D 为运算结果字
"+BL"指令	+BL(405) S1 S2 D	+BL(405) S1 S2 D	S1 为 BCD 被加数首字;S2 为 BCD 加数首字;D 为运算结果首字

续表

指令	LAD	STL	操作数说明
"+BC"指令	+BC(406) S1 S2 D	+BC(406) S1 S2 D	S1为BCD被加数;S2为BCD加数;D为运算结果字
"+BCL"指令	+BCL(407) S1 S2 D	+BCL(407) S1 S2 D	S1为BCD被加数首字;S2为BCD加数首字;D为运算结果首字

使用说明

① 执行"+"、"+L"、"+C"、"+CL"指令时，将ER标志置于OFF。

② 执行"+"、"+C"指令后，若D的内容为0x0000，"="标志为ON；有进位时，进位标志（CY）为ON；D的内容的最高位为1时，N标志为ON。执行"+L"、"+CL"指令后，若D+1、D的内容为0x00000000，"="标志为ON；有进位时，进位标志（CY）为ON；D+1、D的内容的最高位为1时，N标志为ON。

③ 执行"+"指令后，正数+正数的结果位于负数范围（0x8000～0xFFFF）内时，OF标志为ON；负数+负数的结果位于正数范围（0x0000～0x7FFF）内时，UF标志为ON。执行"+L"、指令后，正数+正数的结果位于负数范围（0x80000000～0xFFFFFFFF）内时，OF标志为ON；负数+负数的结果位于正数范围（0x00000000～0x7FFFFFFF）内时，UF标志为ON。

④ 执行"+C"指令后，正数+正数+CY的结果位于负数范围（0x8000～0xFFFF）内时，OF标志为ON；负数+负数+CY的结果位于正数范围（0x0000～0x7FFF）内时，UF标志为ON。执行"+CL"指令后，正数+正数+CY的结果位于负数范围（0x80000000～0xFFFFFFFF）内时，OF标志为ON；负数+负数+CY的结果位于正数范围（0x00000000～0x7FFFFFFF）内时，UF标志为ON。

⑤ 执行"+B"、"+BC"指令时，S1和S2的内容不为BCD时，将发生错误，ER标志为ON。执行"+BL"、"+BCL"指令时，S1+1、S1和S2+1、S2的内容不为BCD时，将发生错误，ER标志为ON。

⑥ 执行"+B"、"+BC"指令后，D的内容为0x0000时，"="标志为ON；有进位时，进位标志CY为ON。

⑦ 执行"+BL"、"+BCL"指令后，D的内容为0x00000000时，"="标志为ON；有进位时，进位标志CY为ON。

例5-28 加法运算指令的应用如表5-65所示。在条0中，是将两个十进制有符号数1234和4567进行相加，相加结果送入D110中；在条1中，是将D160、D260中的BCD数进行带进位相加，相加结果送入D360中。

表 5-65 加法运算指令应用

条	LAD	STL
条 0	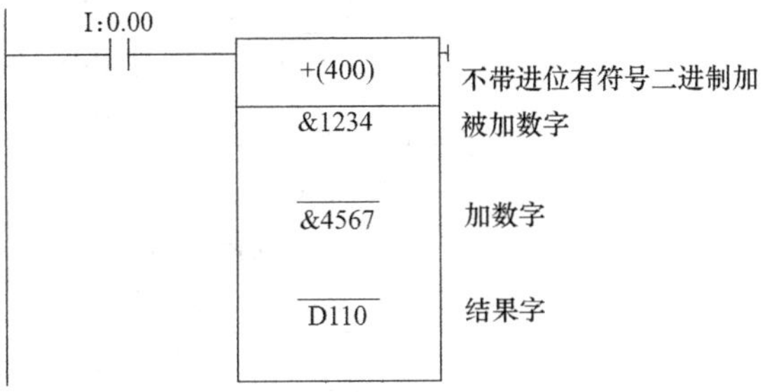 I:0.00 ─┤├─ +(400) 不带进位有符号二进制加 &1234 被加数字 &4567 加数字 D110 结果字	LD 0.00 +(400) &1234 &4567 D110
条 1	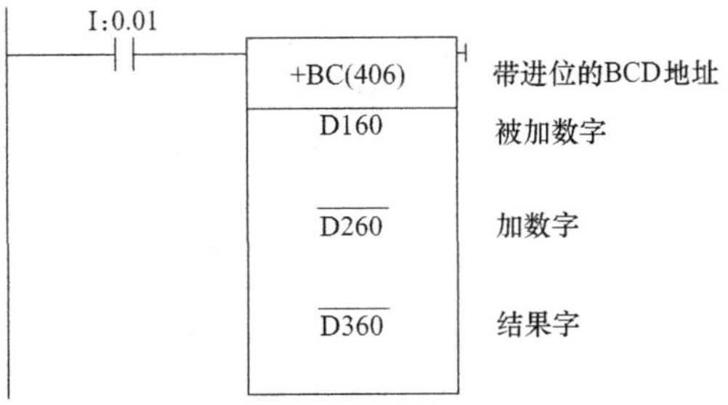 I:0.01 ─┤├─ +BC(406) 带进位的BCD地址 D160 被加数字 D260 加数字 D360 结果字	LD 0.01 +BC(406) D160 D260 D360

5.2.2 减法运算指令

减法运算指令包括“—”（带符号无 CY 的 BIN 减法运算）、“—L”（带符号无 CY 的 BIN 双字减法运算）、“—C”（带符号有 CY 的 BIN 减法运算）、“—CL”（带符号有 CY 的 BIN 双字减法运算）、“—B”（无 CY 的 BCD 减法运算）、“—BL”（无 CY 的 BCD 双字减法运算）、“—BC”（带 CY 的 BCD 减法运算）、“—BCL”（带 CY 的 BCD 双字减法运算）指令。

“—”指令是将 S1、S2 两通道中的 16 位带符号数相减，结果存入 D 通道，相减时如果产生借位，则将 1 送入 CY 位，其运算示意如图 5-19（a）所示。“—L”指令是将 S1+1、S1 与 S2+1、S2 通道中的 32 位带符号数相减，结果存入 D+1、D 通道，相减时如果产生借位，则将 1 送入 CY 位，其运算示意如图 5-19（b）所示。“—C”指令是将 S1、S2 两通道中的 16 位带符号数以及 CY 位三者相减，结果存入 D 通道，相减时如果产生借位，则将 1 送入 CY 位，其运算示意如图 5-19（c）所示。“—CL”指令是将 S1+1、S1 与 S2+1、S2 通道中的 32 位带符号数以及 CY 位相减，结果存入 D+1、D 通道，相减时如果产生借位，则将 1 送入 CY 位，其运算示意如图 5-19（d）所示。“—B”指令是将 S1、S2 两通道中的 BCD 数相减，结果存入 D 通道，相减时如果产生借位，则将 1 送入 CY 位，其运算示意如图 5-19（e）所示。“—BL”指令是将 S1+1、S1 与 S2+1、S2 通道中的 BCD 数相减，结果存入 D+1、D 通道，相减时如果产生借位，则将 1 送入 CY 位，其运算示意如图 5-19（f）所示。“—BC”指令是将 S1、S2 两通道中的 BCD 数以及 CY 位三者相减，结果存入 D 通道，相减时如果产生借位，则将 1 送入 CY 位，其运算示意如图 5-19（g）所示。“—BCL”指令是将 S1+1、S1 与 S2+1、S2 通道中的 BCD 数以及 CY 位相减，结果存入 D+1、D 通道，相减时如果产生借位，则将1送入CY位，其运算示意如图5-19（h）所示。减法运算指令格式如表5-66所示。

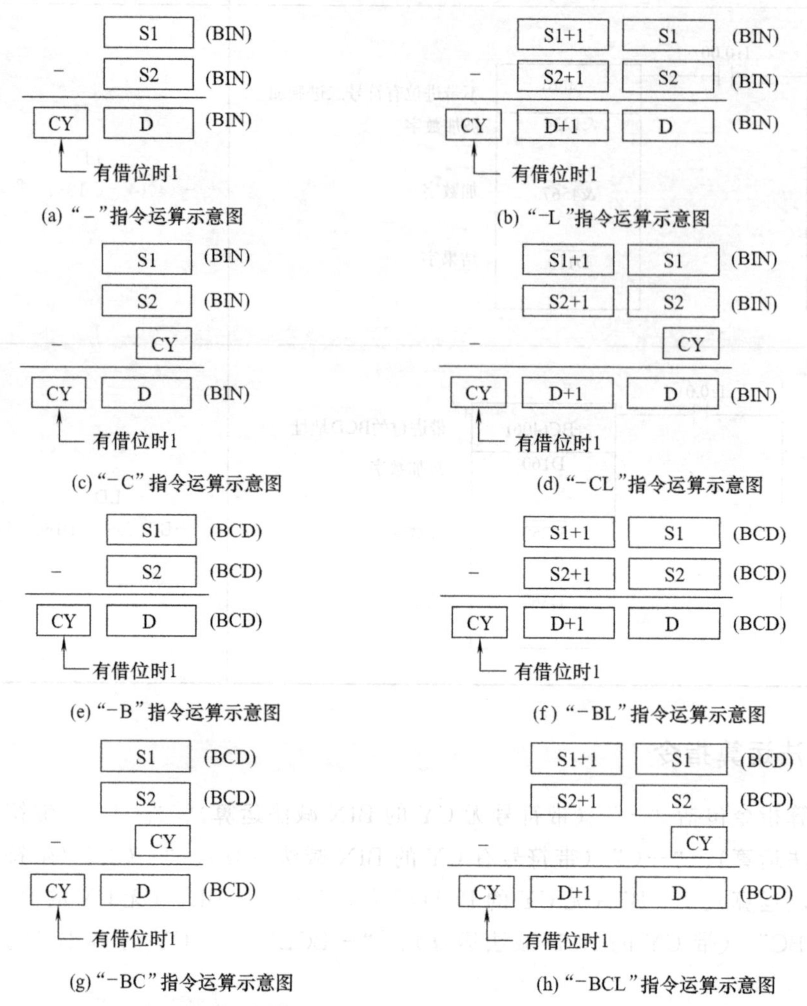

图5-19 减法指令运算示意图

表5-66 减法运算指令格式

指令	LAD	STL	操作数说明
"－"指令	－(410) S1 S2 D	－(410) S1 S2 D	S1为带符号的BIN被减数；S2为带符号的BIN减数；D为运算结果字
"－L"指令	－L(411) S1 S2 D	－L(411) S1 S2 D	S1为带符号的BIN被减数首字；S2为带符号的BIN减数首字；D为运算结果首字

续表

指令	LAD	STL	操作数说明
“－C”指令	-C(412) S1 S2 D	－C(412) S1 S2 D	S1为带符号的BIN被减数；S2为带符号的BIN减数；D为运算结果字
“－CL”指令	-CL(413) S1 S2 D	－CL(413) S1 S2 D	S1为带符号的BIN被减数首字；S2为带符号的BIN减数首字；D为运算结果首字
“－B”指令	-B(414) S1 S2 D	－B(414) S1 S2 D	S1为BCD被减数；S2为带符号的BCD减数；D为运算结果字
“－BL”指令	-BL(415) S1 S2 D	－BL(415) S1 S2 D	S1为BCD被减数首字；S2为BCD减数首字；D为运算结果首字
“－BC”指令	-BC(416) S1 S2 D	－BC(416) S1 S2 D	S1为BCD被减数；S2为BCD减数；D为运算结果字
“－BCL”指令	-BCL(417) S1 S2 D	－BCL(417) S1 S2 D	S1为BCD被减数首字；S2为BCD减数首字；D为运算结果首字

使用说明

① 执行“－”、“－L”、“－C”、“－CL”指令时，将ER标志置于OFF。

② 执行“－”、“－C”指令后，若D的内容为0x0000，“＝”标志为ON；有借位时，借位标志（CY）为ON；D的内容的最高位为1时，N标志为ON。执行“－L”、“－CL”指令后，若D+1、D的内容为0x00000000，“＝”标志为ON；有借位时，借位标志（CY）为ON；D+1、D的内容的最高位为1时，N标志为ON。

③ 执行“－”指令后，正数－负数的结果位于负数范围（0x8000～0xFFFF）内时，OF标志为ON；负数－正数的结果位于正数范围（0x0000～0x7FFF）内时，UF标志为ON。执行“－L”指令后，正数－负数的结果位于负数范围（0x80000000～0xFFFFFFFF）内时，OF标志为ON；负数－正数的结果位于正数范围（0x00000000～0x7FFFFFFF）内时，UF标志为ON。

④ 执行“－C”指令后，正数－负数－CY的结果位于负数范围（0x8000～0xFFFF）内时，OF标志为ON；负数－正数－CY的结果位于正数范围（0x0000～0x7FFF）内时，UF标志为ON。执行“－CL”指令后，正数－负数－CY的结果位于负数范围（0x80000000～0xFFFFFFFF）内时，OF标志为ON；负数－正数－CY的结果位于正数范围（0x00000000～0x7FFFFFFF）内时，UF标志为ON。

⑤ 执行“－B”、“－BC”指令时，S1和S2的内容不为BCD时，将发生错误，ER标志为ON。执行“－BL”、“－BCL”指令时，S1＋1、S1和S2＋1、S2的内容不为BCD时，将发生错误，ER标志为ON。

⑥ 执行“－B”、“－BC”指令后，D的内容为0x0000时，“＝”标志为ON；有借位时，借位标志CY为ON。

⑦ 执行“－BL”、“－BCL”指令后，D的内容为0x00000000时，“＝”标志为ON；有借位时，借位标志CY为ON。

例 5-29 减法运算指令应用如表5-67所示。在条0中，是将D101、D100与D111、D110中的有符号数据进行相减，相减结果送入D201、D200中；在条1中，是将201 CH、200 CH与211 CH、210 CH中的BCD数进行相减，相减结果送入D301、D300中。

表 5-67 减法运算指令应用

条	LAD	STL	运算过程
条0	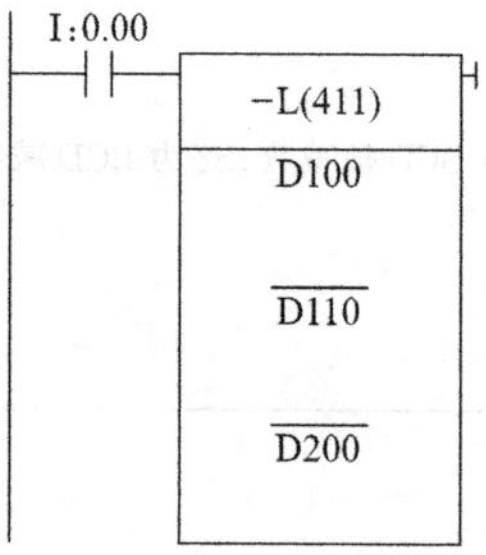 I:0.00 －L(411) D100 D110 D200	LD 0.00 －L(411) D100 D110 D200	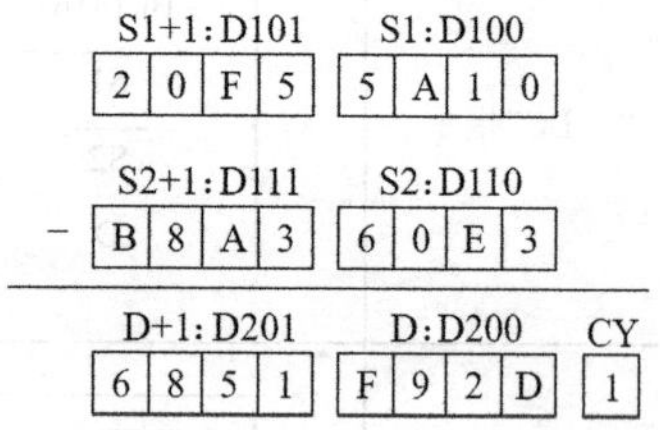 S1+1:D101 2 0 F 5　S1:D100 5 A 1 0 － S2+1:D111 B 8 A 3　S2:D110 6 0 E 3 D+1:D201 6 8 5 1　D:D200 F 9 2 D　CY 1
条1	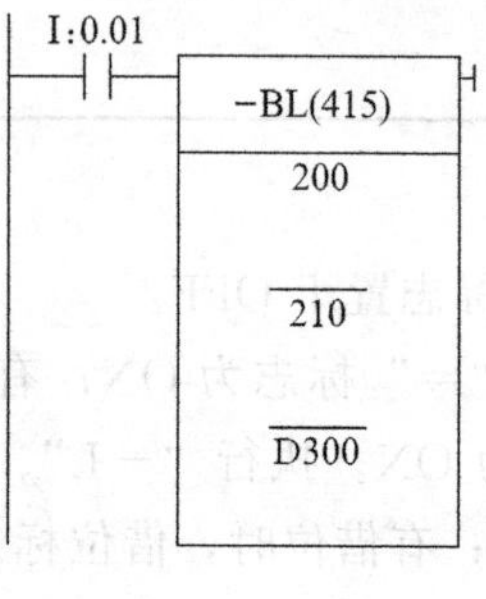 I:0.01 －BL(415) 200 210 D300	LD 0.01 －BL(415) 200 210 D300	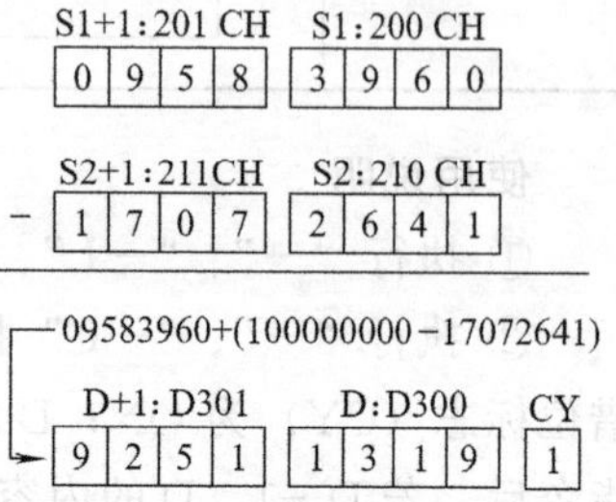 S1+1:201 CH 0 9 5 8　S1:200 CH 3 9 6 0 － S2+1:211CH 1 7 0 7　S2:210 CH 2 6 4 1 09583960+(100000000－17072641) D+1:D301 9 2 5 1　D:D300 1 3 1 9　CY 1

5.2.3 自加/自减指令

自加/自减主要包括BIN二进制数的自加/自减和BCD数的自加/自减，其相应指令主要有："＋＋"（BIN单字自加）、"＋＋L"（BIN双字自加）、"－ －"（BIN单字自减）、"－－L"（BIN双字自减）、"＋＋B"（BCD单字自加）、"＋＋BL"（BCD双字自加）、"－ －B"（BCD单字自减）、"－ －BL"（BCD双字自减）。

"＋＋"指令是在输入条件为ON时，每个扫描周期D通道的16位二进制数（BIN）增1。"＋＋L"指令是在输入条件为ON时，每个扫描周期D＋1、D通道的32位二进数（BIN）增1。"－－"指令是在输入条件为ON时，每个扫描周期D通道的16位二进制数（BIN）减1。"－－L"指令是在输入条件为ON时，每个扫描周期D＋1、D通道的32位二进数（BIN）减1。"＋＋B"指令是在输入条件为ON时，每个扫描周期D通道的BCD数增1。"＋＋BL"指令是在输入条件为ON时，每个扫描周期D＋1、D通道的BCD数增1。"－－B"指令是在输入条件为ON时，每个扫描周期D通道的BCD数减1。"－－BL"指令是在输入条件为ON时，每个扫描周期D＋1、D通道的BCD数减1。自加/自减指令格式如表5-68所示。

表5-68 自加/自减指令格式

指令	LAD	STL	操作数说明
"＋＋"指令	++(590) D	＋＋(590) D	D为源字
"＋＋L"指令	++L(591) D	＋＋L(591) D	D为数据低位CH编号
"－ －"指令	--(592) D	－ －(592) D	D为源字
"－ －L"指令	--L(593) D	－ －L(593) D	D为数据低位CH编号

续表

指令	LAD	STL	操作数说明
"++B"指令	++B(594) D	++B(594) D	D为源字
"++BL"指令	++BL(595) D	++BL(595) D	D为数据低位CH编号
"− −B"指令	− −B(596) D	− −B(596) D	D为源字
"− −BL"指令	− −BL(597) D	− −BL(597) D	D为数据低位CH编号

使用说明

① 执行"++"、"− −"、"++B"、"− −B"指令后，若D的内容为0x0000，"="标志为ON；有进位或借位时，进位/借位标志（CY）为ON；D的内容的最高位为1时，N标志为ON。执行"++L"、"− −L"、"++BL"、"− −BL"指令后，若D+1、D的内容为0x00000000，"="标志为ON；有进位或借位时，进位/借位标志（CY）为ON；D+1、D的内容的最高位为1时，N标志为ON。

② "++B"、"− −B"的D的数据内容必须为BCD数据，"++BL"、"− −BL"的D+1、D的数据内容也必须为BCD数据，否则ER标志为ON。

例5-30 自加/自减指令的应用如表5-69所示。在条0中，当0.00常开触点由OFF变为ON时，只将D111、D110中的内容加1；在条1中，当0.01常开触点由OFF变为ON，且闭合超过1指令周期时，则D131、D130中的内容在每个周期执行1次减1操作。在条2中，当0.02常开触点由OFF变为ON，且闭合超过1指令周期时，将D211、D210中的内容在每个周期执行1次加1操作；在条3中，当0.03常开触点由OFF变为ON时，只将D231、D230中的内容减1。

表 5-69 自加/自减指令的应用

条	LAD	运算过程
条 0	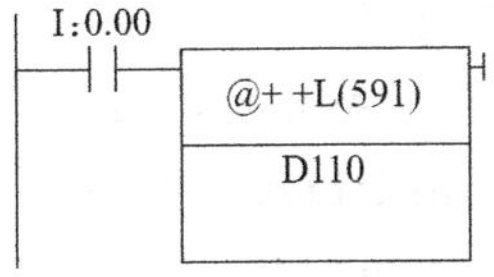 I:0.00 @++L(591) D110	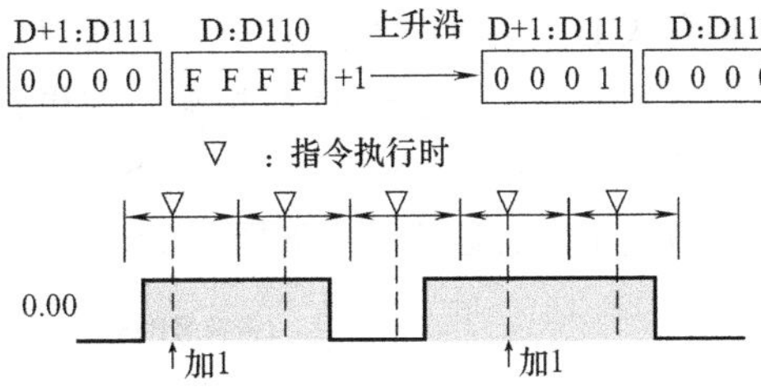 D+1:D111 D:D110 [0000][FFFF] +1 上升沿 → D+1:D111 D:D110 [0001][0000]；▽：指令执行时；0.00 加1 加1
条 1	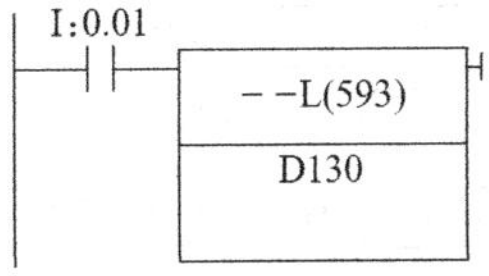 I:0.01 --L(593) D130	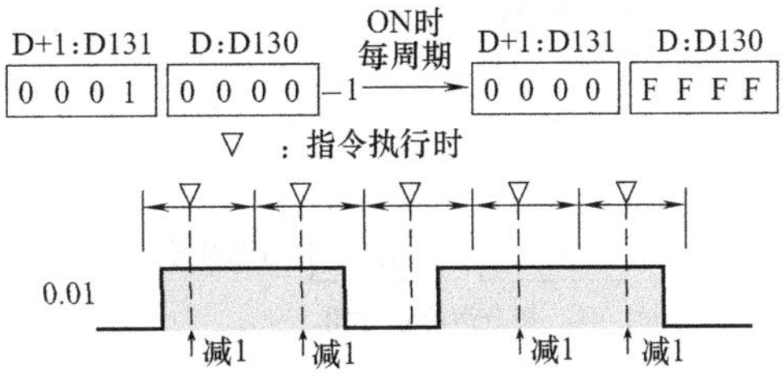 D+1:D131 D:D130 [0001][0000] -1 ON时每周期 → D+1:D131 D:D130 [0000][FFFF]；▽：指令执行时；0.01 减1 减1 减1 减1
条 2	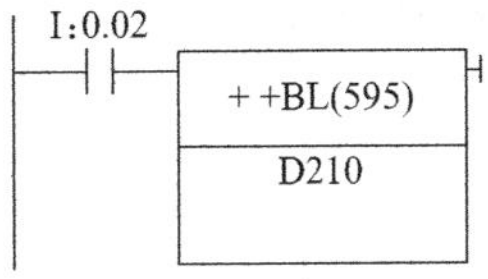 I:0.02 ++BL(595) D210	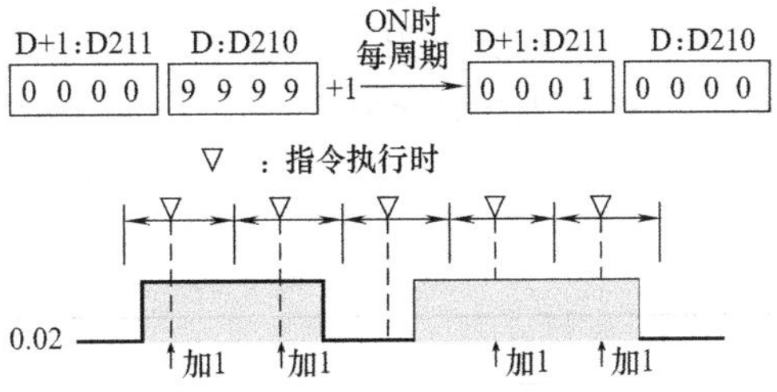 D+1:D211 D:D210 [0000][9999] +1 ON时每周期 → D+1:D211 D:D210 [0001][0000]；▽：指令执行时；0.02 加1 加1 加1 加1
条 3	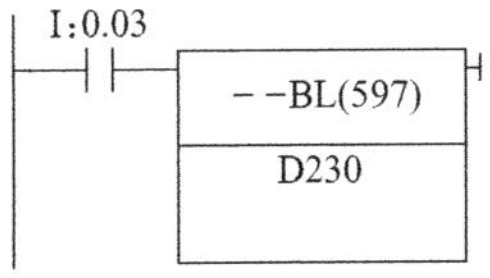 I:0.03 --BL(597) D230	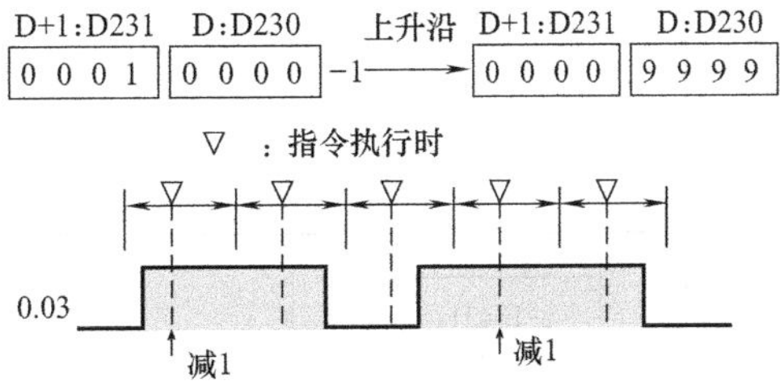 D+1:D231 D:D230 [0001][0000] -1 上升沿 → D+1:D231 D:D230 [0000][9999]；▽：指令执行时；0.03 减1 减1

5.2.4 乘法运算指令

乘法运算指令包括“*”（带符号的 BIN 乘法运算）、“*L”（带符号的 BIN 双字乘法运算）、“*U”（无符号的 BIN 乘法运算）、“*UL”（无符号的 BIN 双字乘法运算）、“*B”（BCD 乘法运算）、“*BL”（BCD 双字乘法运算）等指令。

“*”指令是将 S1、S2 两通道中的 16 位带符号数相乘，结果存入 D+1、D 通道，其运算示意如图 5-20（a）所示。“*L”指令是将 S1+1、S1 与 S2+1、S2 通道中的 32 位带符号数相乘，结果存入D＋3、D＋2、D＋1、D通道，其运算示意如图5-20（b）所示。“＊U”指令是将S1、S2两通道中的16位无符号数相乘，结果存入D＋1、D通道，其运算示意如图5-20（c）所示。“＊UL”指令是将S1＋1、S1与S2＋1、S2通道中的32位无符号数相乘，结果存入D＋3、D＋2、D＋1、D通道，其运算示意如图5-20（d）所示。“＊B”指令是将S1、S2两通道中的BCD数相乘，结果存入D＋1、D通道，其运算示意如图5-20（e）所示。“＊BL”指令是将S1＋1、S1与S2＋1、S2通道中的BCD数相乘，结果存入D＋3、D＋2、D＋1、D通道，其运算示意如图5-20（f）所示。乘法运算指令格式如表5-70所示。

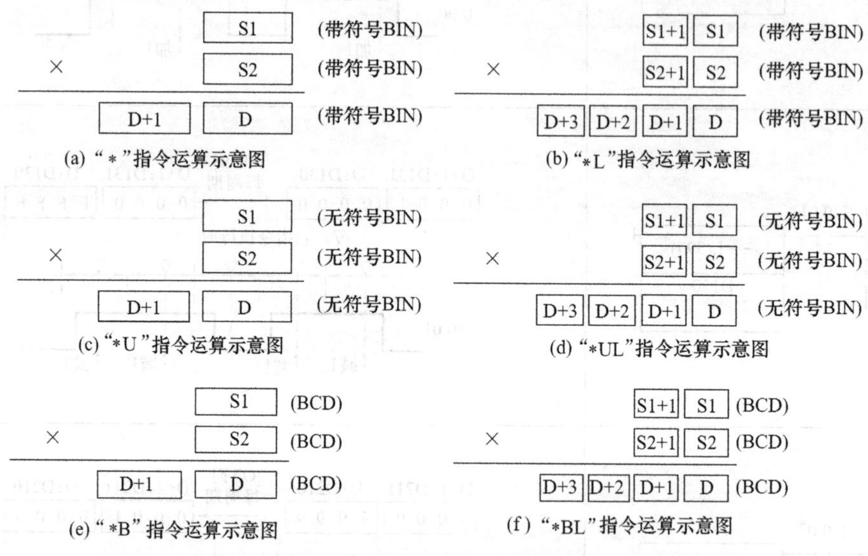

图5-20　乘法指令运算示意图

表5-70　乘法运算指令格式

指令	LAD	STL	操作数说明
“＊”指令	＊(420) S1 S2 D	＊(420)　S1　S2　D	S1为带符号的BIN被乘数;S2为带符号的BIN乘数;D为运算结果字
“＊L”指令	＊L(421) S1 S2 D	＊L(421)　S1　S2　D	S1为带符号的BIN被乘数首字;S2为带符号的BIN乘数首字;D为运算结果首字
“＊U”指令	＊U(422) S1 S2 D	＊U(422)　S1　S2　D	S1为无符号的BIN被乘数;S2为无符号的BIN乘数;D为运算结果字

续表

指令	LAD	STL	操作数说明
"＊UL"指令	＊UL(423) S1 S2 D	＊UL(423) S1 S2 D	S1为无符号的BIN被乘数首字;S2为无符号的BIN乘数首字;D为运算结果首字
"＊B"指令	＊B(424) S1 S2 D	＊B(424) S1 S2 D	S1为BCD被乘数;S2为BCD乘数;D为运算结果字
"＊BL"指令	＊BL(425) S1 S2 D	＊BL(425) S1 S2 D	S1为BCD被乘数首字;S2为BCD乘数首字;D为运算结果首字

使用说明

① 执行"＊"、"＊L"、"＊U"、"＊UL"指令时，将ER标志置于OFF。

② 执行"＊"、"＊U"指令后，若D+1、D的内容为0x0000，"="标志为ON；D+1、D的内容的最高位为1时，N标志为ON。执行"＊L"、"＊UL"指令后，若D+3～D的内容为0x0000，"="标志为ON；D+3～D的内容的最高位为1时，N标志为ON。

③ 执行"＊B"或"＊BL"指令时，S1或S2、S1+1、S1或S2+1、S2的内容不为BCD时，将发生错误，ER标志为ON。执行"＊B"指令，若D+1、D的内容为0x0000，"="标志为ON；执行"＊BL"指令，若D+3～D的内容为0x00000000，"="标志为ON。

5.2.5 除法运算指令

除法运算指令包括"/"（带符号的BIN除法运算）、"/L"（带符号的BIN双字除法运算）、"/U"（无符号的BIN除法运算）、"/UL"（无符号的BIN双字除法运算）、"/B"（BCD除法运算）、"/BL"（BCD双字除法运算）等指令。

"/"指令是将S1、S2两通道中的16位带符号数相除，商（16位）存入D通道，余数（16位）存入D+1通道，其运算示意如图5-21（a）所示。"/L"指令是将S1+1、S1与S2+1、S2通道中的32位带符号数相除，商（32位）存入D+1、D通道，余数（32位）存入D+3、D+2通道，其运算示意如图5-21（b）所示。"/U"指令是将S1、S2两通道中的16位无符号数相除，商（16位）存入D通道，余数（16位）存入D+1通道，其运算示意如图5-21（c）所示。"/UL"指令是将S1+1、S1与S2+1、S2通道中的32位无符号数相除，商（32位）存入D+1、D通道，余数（32位）存入D+3、D+2通道，其运算示意如

图 5-21（d）所示。"/B" 指令是将 S1、S2 两通道中的 BCD 数相除，商（16 位）存入 D 通道，余数（16 位）存入 D+1 通道，其运算示意如图 5-21（e）所示。"/BL" 指令是将 S1+1、S1 与 S2+1、S2 通道中的 BCD 数相除，商（32 位）存入 D+1、D 通道，余数（32 位）存入 D+3、D+2 通道，其运算示意如图 5-21（f）所示。除法运算指令格式如表 5-71 所示。

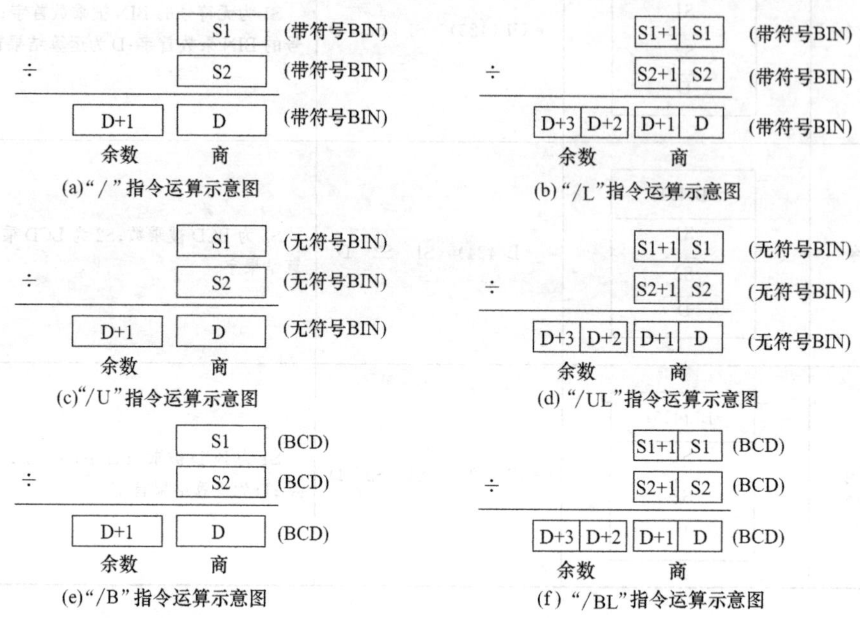

图 5-21 除法指令运算示意图

表 5-71 除法运算指令格式

指令	LAD	STL	操作数说明
"/"指令	/(430) S1 S2 D	/(430) S1 S2 D	S1 为带符号的 BIN 被除数；S2 为带符号的 BIN 除数；D 为运算结果字
"/L"指令	/L(431) S1 S2 D	/L(431) S1 S2 D	S1 为带符号的 BIN 被除数首字；S2 为带符号的 BIN 除数首字；D 为运算结果首字
"/U"指令	/U(432) S1 S2 D	/U(432) S1 S2 D	S1 为无符号的 BIN 被除数；S2 为无符号的 BIN 除数；D 为运算结果字

续表

指令	LAD	STL	操作数说明
"/UL"指令	/UL(433) S1 S2 D	/UL(433) S1 S2 D	S1为无符号的BIN被除数首字；S2为无符号的BIN除数首字；D为运算结果首字
"/B"指令	/B(434) S1 S2 D	/B(434) S1 S2 D	S1为BCD被除数；S2为BCD除数；D为运算结果字
"/BL"指令	/BL(435) S1 S2 D	/BL(435) S1 S2 D	S1为BCD被除数首字；S2为BCD除数首字；D为运算结果首字

使用说明

① 执行"/"指令时，0x8000÷0xFFFF的除法运算不固定；执行"/L"指令时，0x80000000÷0xFFFFFFFF的除法运算不固定。

② 执行"/"、"/U"指令时，若除法运算数据S2为0时，会发生错误，ER标志置于ON。执行"/L"、"/UL"指令时，若除法运算数据S2+1、S2为0时，会发生错误，ER标志置于ON。

③ 执行"/"、"/U"指令后，若D的内容为0x0000，则"="标志为ON；若D的内容的最高位为1，则N标志为ON。执行"/L"、"/UL"指令后，若D+1、D的内容为0x00000000，则"="标志为ON；若D+1、D的内容的最高位为1，则N标志为ON。

④ 执行"/B"指令时，若S1或S2的内容不为BCD，且除法运算数据S2为0，将发生错误，ER标志为ON。执行"/BL"指令时，若S1+1、S1或S2+1、S2的内容不为BCD，且除法运算数据S2+1、S2为0，将发生错误，ER标志为ON。

⑤ 执行"/B"指令后，若D的内容为0x0000，则"="标志为ON。执行"/BL"指令后，若D+1、D的内容为0x00000000，则"="标志为ON。

例5-31 算术运算指令的综合应用如表5-72所示。在条0中，将十六进制数0x18送入D100中，将十进制数4送入D200中。在条1中，将十六进制数0xFF送入D110中，将十进制数100送入D210中。在条2中，当0.00首次由OFF变为ON时，先将D100中的内容自加1，使其内容变为0x19（即对应十进制数为25），然后将0x19与D200中的数相乘，结果存入D301、D300中，即D301内容为0x00，D300的内容为0x64。在条3中，当0.00首次由OFF变为ON时，将D210中的内容除以D200中的内容，商（100÷4=25=0x19）

存入D310中，余数（0x00）存入D311中。在条4中，当0.00首次由OFF变为ON时，将D300中的内容（0x64）减去D310中的内容（0x19），结果0x4B（0x64－0x19＝0x4B）存入D320中。因此，当0.00首次由OFF变为ON时，该程序完成的操作是：（0x18＋1）×4－100÷4。当0.00再发生由OFF变为ON时，重复执行条2～条4中的指令，只不过D100、D300、D301、D310、D311、D320、D321中的内容可能会发生相应改变。

表5-72　算术运算指令的综合应用

条	LAD	STL
条0	P_First_Cycle 第一次循环标志 → MOV(021) 传送：#18 源字，D100 目标；MOV(021) 传送：&4 源字，D200 目标	LD　P_First_Cycle MOV(021)　#18　D100 MOV(021)　&4　D200
条1	P_First_Cycle 第一次循环标志 → MOV(021) 传送：#FF 源字，D110 目标；MOV(021) 传送：&100 源字，D210 目标	LD　P_First_Cycle MOV(021)　#FF　D110 MOV(021)　&100　D210
条2	I:0.00 → @++(590) 二进制递增字(二进制)：D100；UP(521) → *(420) 有符号二进制乘：D100 被乘数字，D200 乘数字，D300 结果字	LD　0.00 @++(590)　D100 UP(521) *(420)　D100　D200　D300
条3	I:0.00 → UP(521) → /(430) 有符号二进制除：D210 被除数字，D200 除数字，D310 结果字	LD　0.00 UP(521) /(430)　D210　D200　D310

续表

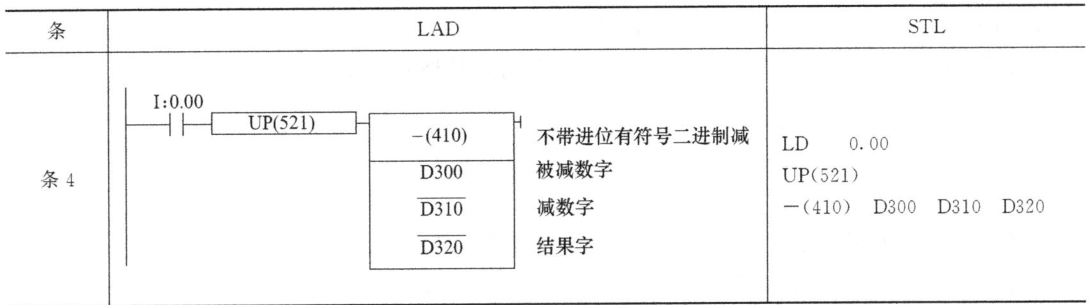

条	LAD	STL
条 4	I:0.00 UP(521) −(410) D300 D310 D320 不带进位有符号二进制减 被减数字 减数字 结果字	LD 0.00 UP(521) −(410) D300 D310 D320

5.3 浮点数运算指令

浮点数（float）是指用符号、尾数来表示实数的数据。它是属于有理数中某特定子集的数的数字表示，在计算机中用以近似表示任意某个实数。浮点运算是指浮点数参与的计算，这种计算通常伴随着因为无法精确表示而进行的近似或舍入。

根据占用存储空间的不同，浮点数可分为单精度浮点数（32 位）和双精度浮点数（64 位）。

（1）单精度浮点数

单精度浮点数的表达式为：单精度浮点数$=(-1)^s 2^{e-127}$ $(1.f)$

式中，s 为符号，占用 1 位，0 为正数，1 为负数；e 为指数，占用 8 位，$e=0\sim255$，$e-127=-127\sim128$；f 为尾数，占用 23 位，$0\leqslant f\leqslant 1$。

浮点数据的格式以 IEEE754 标准的单精度为基准，单精度浮点数占用 2 CH（32 位）的存储空间，其格式如下：

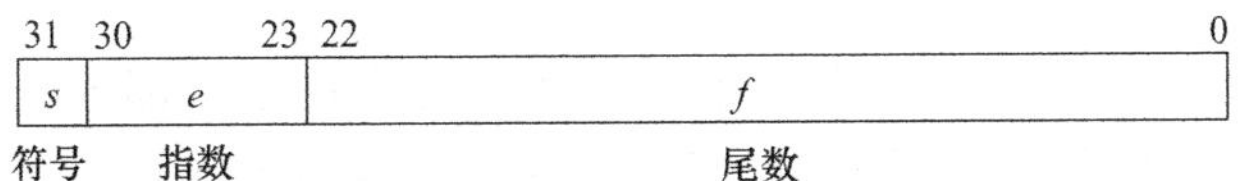

在 CX-Programmer 的 I/O 存储器编辑画面中，将数据形式指定为浮点数后，被输入的小数点数据将自动转换为 IEEE574 标准的数据格式，存储在 I/O 存储器中，并且这些以 IEEE574 标准的数据格式所存储的数据自动以小数点数据形式被监视。

例 5-32 二进制单精度浮点数与十进制数转换举例如图 5-22 所示。图中，b31（符号位）为 1，即 $s=1$，表示负数；b30～b23（指数位）为 10000000，表示指数 $e=2^7=128$，$e-127=128-127=1$；b22～b0（尾数位）为 11000000000000000000000，表示 $f=(2^{22}+2^{21})\times2^{-23}=2^{-1}+2^{-2}=0.75$，尾数部 $1.f=1.75$。因此，图 5-22 中表示的十进制浮点数$=(-1)^s 2^{e-127}(1.f)=-1^1\times2^{128-127}\times1.75=-3.5$。

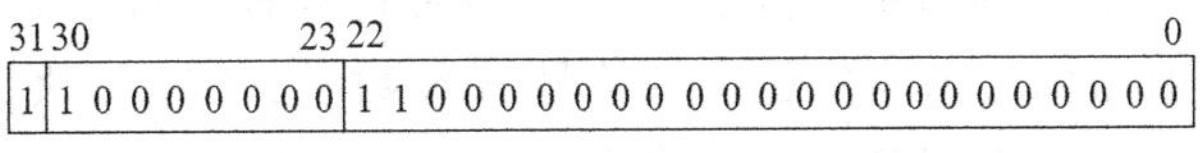

图 5-22 二进制单精度浮点数与十进制数转换举例

（2）双精度浮点数

双精度浮点数的表达式为：双精度浮点数$=(-1)^s 2^{e-1023}$ $(1.f)$

式中，s 为符号，占用1位，0为正数，1为负数；e 为指数，占用11位，$e=0\sim2047$，$e-1023=-1023\sim1024$；f 为尾数，占用52位，$0\leqslant f\leqslant1$。

双精度浮点数占用4 CH（64位）的存储空间，其格式如下：

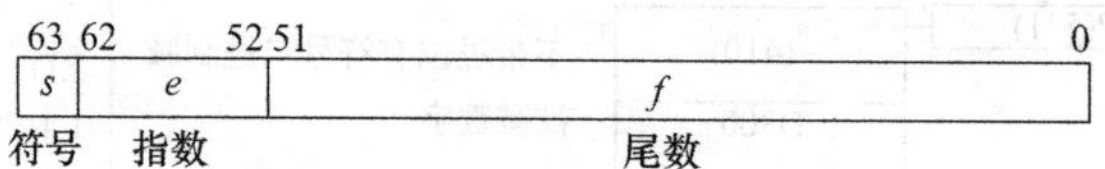

例5-33 二进制双精度浮点数与十进制数转换举例如图5-23所示。图中，b63（符号位）为1，即 $s=1$，表示负数；b62～b52（指数位）为10000000000，表示指数 $e=2^{10}=1024$，$e-1023=1024-1023=1$；b51～b0（尾数位）表示 $f=(2^{51}+2^{50})\times2^{-52}=2^{-1}+2^{-2}=0.75$，尾数部 $1.f=1.75$。因此，图5-23中表示的十进制浮点数 $=(-1)^{s}2^{e-1023}(1.f)=-1^{1}\times2^{1024-1023}\times1.75=-3.5$。

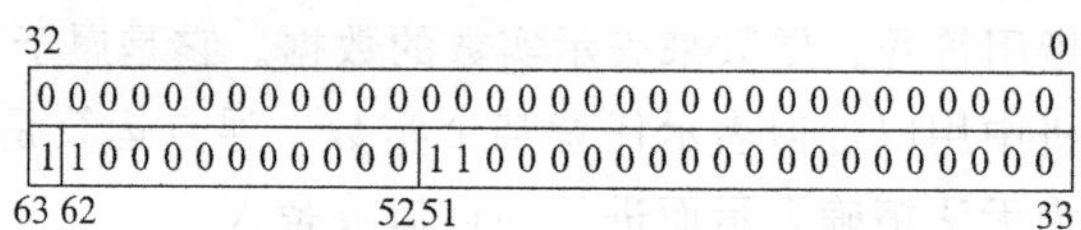

图5-23 二进制双精度浮点数与十进制数转换举例

在CP1H中，有许多的浮点数运算指令，大致分为浮点转换指令、浮点比较指令、浮点运算指令及弧度、三角函数指令等。

5.3.1 浮点转换指令

浮点转换指令包括FIX（浮点→16位BIN）、FIXL（浮点→32位BIN）、FLT（16位BIN→浮点）、FLTL（32位BIN→浮点）、FSTR（单精度浮点→字符串）、FVAL（字符串→单精度浮点）。

FIX指令是将S+1、S通道中的32位单精度浮点数的整数部分转换为16位带符号的BIN数，然后将转换结果存入D通道中。例如，将3.5执行FIX指令后，转换成16位带符号BIN数为3；将−3.5执行FIX指令后，转换成16位带符号BIN数为−3。FIXL指令是将S+1、S通道中的32位单精度浮点数的整数部分转换为32位带符号的BIN数，然后将转换结果存入D+1、D通道中。例如，将32位浮点数2147483640.5执行FIXL指令后，转换成32位带符号BIN数为2147483640；将32位浮点数−2147483640.5执行FIXL指令后，转换成32位带符号BIN数为−2147483640。FLT指令是将S通道中的16位带符号BIN数转换成32位单精度浮点数，结果存入D+1、D通道中。例如，将16位带符号BIN数3执行FLT指令后，转换成浮点数为3.0；将16位带符号BIN数−3执行FLT指令后，转换成浮点数为−3.0。FLTL指令是将S+1、S通道中的32位带符号BIN数转换成32位单精度浮点数，结果存入D+1、D通道中。例如，将32位带符号BIN数1677215执行FLTL指令后，转换成浮点数为1677215.0；将32位带符号BIN数−1677215执行FLTL指令后，转换成浮点数为−1677215.0。FSTR指令是将S+1、S通道中32位单精度浮点数转换成小数点形式或指数形式的ASCII码字符串，再将指定的总位数和小数位数的浮点数字符串存入D以及后续通道中。FVAL指令是将S及后续通道中的ASCII码字符串转换成32位单精度浮点数，结果存入D+1、D通道。浮点转换指令格式如表5-73所示。

表 5-73 浮点转换指令格式

指令	LAD	STL	操作数说明
FIX 指令	FIX(450) S D	FIX(450) S D	S为浮点数首字;D为转换结果输出字
FIXL 指令	FIXL(451) S D	FIXL(451) S D	S为浮点数首字;D为转换结果输出首字
FLT 指令	FLT(452) S D	FLT(452) S D	S为带符号的16位BIN数;D为转换结果输出首字
FLTL 指令	FLTL(453) S D	FLTL(453) S D	S为带符号的32位BIN首字;D为转换结果输出首字
FSTR 指令	FSTR(448) S C D	FSTR(448) S C D	S为浮点数首字;D为转换结果输出目的地址;C为控制字: C 字符串表示形式 (0000:小数点形式 0001:指数形式) C+1 全位数 —— 0x02～0x18(2～24位) C+2 小数部位数 —— 0x0～0x7
FVAL 指令	FVAL(449) S D	FVAL(449) S D	S为字符串数据存储通道编号;D为转换结果输出通道编号

使用说明

① 在FIX指令中，S的内容不能被视为浮点数时，会发生错误，ER标志为ON；S+1、S的内容不在−32768～+32767范围内时，会发生错误，ER标志为ON。在FIXL指令中，S的内容不能被视为浮点数时，会发生错误，ER标志为ON；S+1、S的内容不在−2147483648～+2147483647范围内时，会发生错误，ER标志为ON。

② 执行FIX指令后，D的内容为0x0000时，“=”标志为ON；若D的内容的最高位为1，N标志为ON。执行FIXL指令后，D+1、D的内容为0x00000000时，“=”标志为

ON；若D+1、D的内容的最高位为1，N标志为ON。

③ 执行FLT、FLTL指令时，ER标志为OFF。执行FLT或FLTL指令后，转换结果的指数和尾数均为0（浮点数据的0）时，“=”标志为ON；转换结果为负数时，N标志为ON。

④ 执行FSTR指令后，转换后的字符串存储到D开始的地址顺序为：D的高位字节→D的低位字节→D+1的高位字节→D+1的低位字节→……（依此类推）。转换后的字符串在存储时，分小数点形式和指数形式两种不同的存储的方式，如图5-24所示。

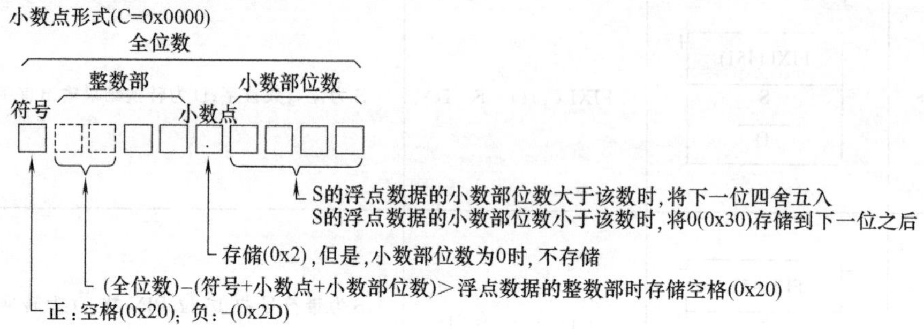

(a) 小数形式存储方式

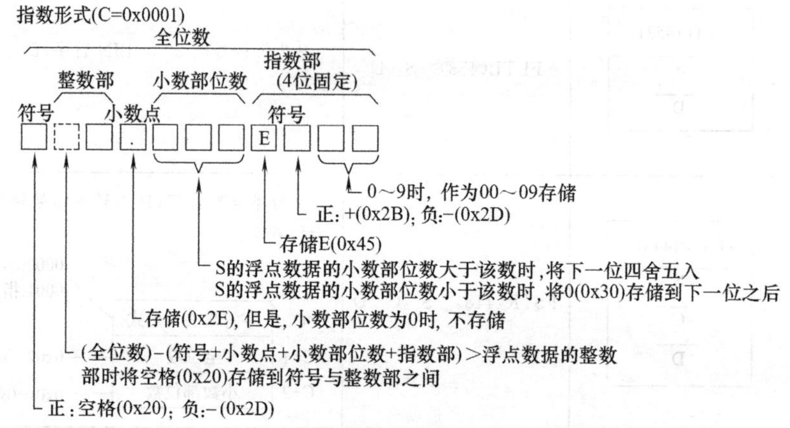

(b) 指数形式存储方式

图5-24 FSTR指令转换后字符串的存储方式

⑤ 执行FVAL指令后，转换字符串存储到S开始的地址顺序为：S的高位字节→S的低位字节→S+1的高位字节→S+1的低位字节→……（依此类推）。

例5-34 FSTR、FVAL指令的应用如表5-74所示。在条0中，当0.00常开触点为ON时，执行FSTR指令，将存储在D1、D0中的浮点数转换为小数点形式（或指数形式），将转换的字符串存储在D100之后，其转换及存储示意如图5-25所示。在条1中，当0.01常开触点为ON时，执行FVAL指令，将存储在D20之后的小数点形式（或指数形式）的字符串转换为浮点数，将转换后的浮点数存储在D200之后，其转换及存储示意如图5-26所示。

表 5-74 FSTR、FVAL 指令的应用

<table>
<tr><th>条</th><th>LAD</th><th>STL</th></tr>
<tr><td>条 0</td><td>I:0.00
FSTR(448) 浮点到字符串
D0 双字数据第一个源字
D10 控制数据
D100 结果字</td><td>LD 0.00
FSTR(448) D0 D10 D100</td></tr>
<tr><td>条 1</td><td>I:0.01
FVAL(449) 字符串到浮点
D20 第一个源字
D200 结果字</td><td>LD 0.01
FVAL(449) D20 D200</td></tr>
</table>

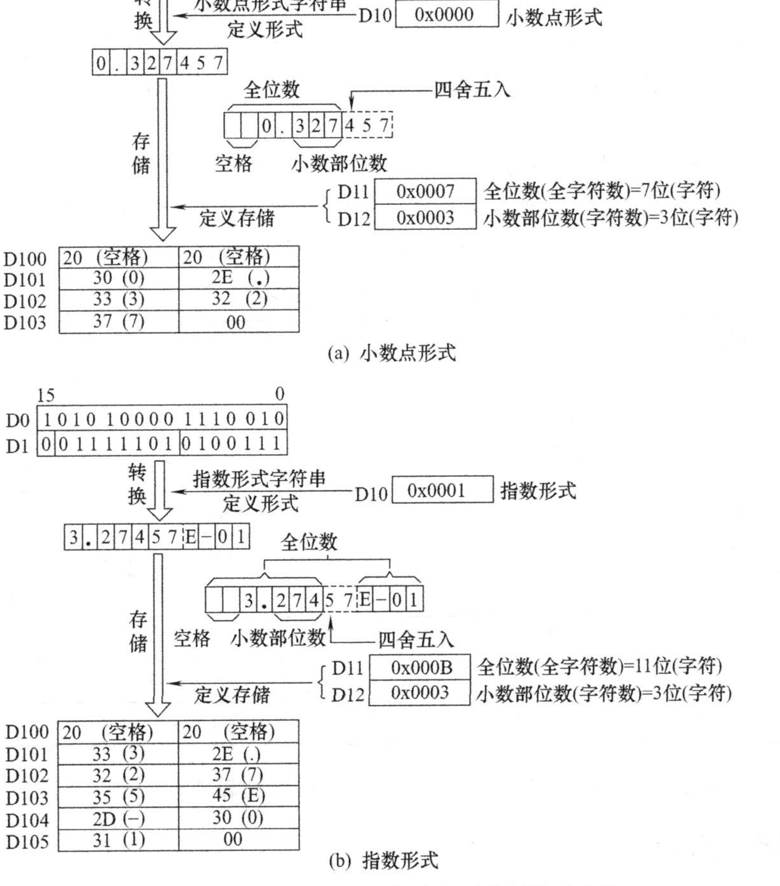

图 5-25 例 5-34 中 FSTR 指令应用的转换及存储

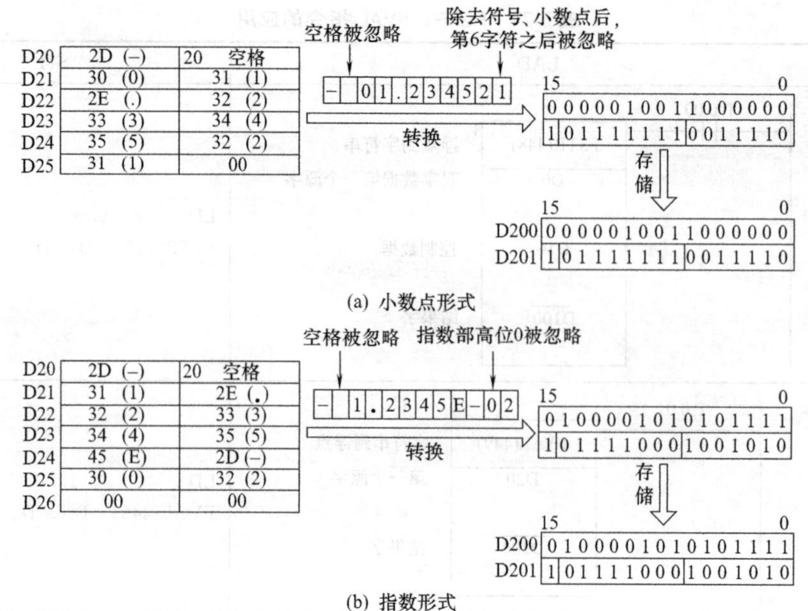

图 5-26 例 5-34 中 FVAL 指令应用的转换及存储

5.3.2 浮点比较指令

单精度浮点数比较指令的功能是将 S1+1、S1 和 S2+1、S2 这两个 32 位浮点数进行比较，比较结果为真时输出驱动信号。浮点比较指令较多（如表 5-75 所示），可以按照以下方式进行分类。

① 根据比较符号的不同，可分为“=F”（等于）、“<>F”（不等于）、“<F”（小于）、“>F”（大于）、“<=F”（小于或等于）、“>=F”（大于或等于）共 6 种。

② 根据指令的连接方式不同，可分为 LD 型、AND 型和 OR 型。

表 5-75 浮点比较指令

功能	助记符	名称	功能号	功能	助记符	名称	功能号
S1=S2 时，为真(ON)	LD=F	LD 型/一致	329	S1≠S2 时，为真(ON)	LD=F	LD 型/倍长/不一致	330
	AND=F	AND 型/一致			AND=F	AND 型/倍长/不一致	
	OR=F	OR 型/一致			OR=F	OR 型/倍长/不一致	
S1<S2 时，为真(ON)	LD<F	LD 型/不到	331	S1≤S2 时，为真(ON)	LD<=F	LD 型/以下	332
	AND<F	AND 型/不到			AND<=F	AND 型/以下	
	OR<F	OR 型/不到			OR<=F	OR 型/以下	
S1>S2 时，为真(ON)	LD>F	LD 型/超过	333	S1≥S2 时，为真(ON)	LD>=F	LD 型/以上	334
	AND>F	AND 型/超过			AND>=F	AND 型以上	
	OR>F	OR 型/超过			OR>=F	OR 型/以上	

浮点比较指令的使用说明及应用与 5.1.2 中的数据比较指令类似，在此不再赘述。

5.3.3 浮点运算指令

浮点运算指令包括“+F”（浮点加法）、“-F”（浮点减法）、“*F”（浮点乘法）、“/F”

（浮点除法）、SQRT（平方根）、EXP（指数）、LOG（对数）、PWR（乘方）。

“+F”指令是将S1+1、S1与S2+1、S2通道中的32位浮点数相加，结果存入D+1、D通道，其运算示意如图5-27（a）所示。“−F”指令是将S1+1、S1与S2+1、S2通道中的32位浮点数相减，结果存入D+1、D通道，其运算示意如图5-27（b）所示。“*F”指令是将S1+1、S1与S2+1、S2通道中的32位浮点数相乘，结果存入D+1、D通道，其运算示意如图5-27（c）所示。“/F”指令是将S1+1、S1与S2+1、S2通道中的32位浮点数相除，结果存入D+1、D通道，其运算示意如图5-27（d）所示。SQRT指令是将S+1、S通道中的32位浮点数取平方根，结果存入D+1、D通道，其运算示意如图5-27（e）所示。EXP指令是求以e（2.718282）为底数，S+1、S通道中的32位浮点数为指数的数据，其运算示意如图5-27（f）所示。LOG指令是求以e（2.718282）为底数，S+1、S通道中的32位浮点数的自然对数值，结果存入D+1、D通道，其运算示意如图5-27（g）所示。PWR指令是计算以S1+1、S1通道中32位浮点数为底数，S2+1、S2通道中32位浮点数为指数的乘方数，结果存入D+1、D通道中，其运算示意如图5-27（h）所示。

浮点运算指令的使用也比较简单，在此不再赘述。

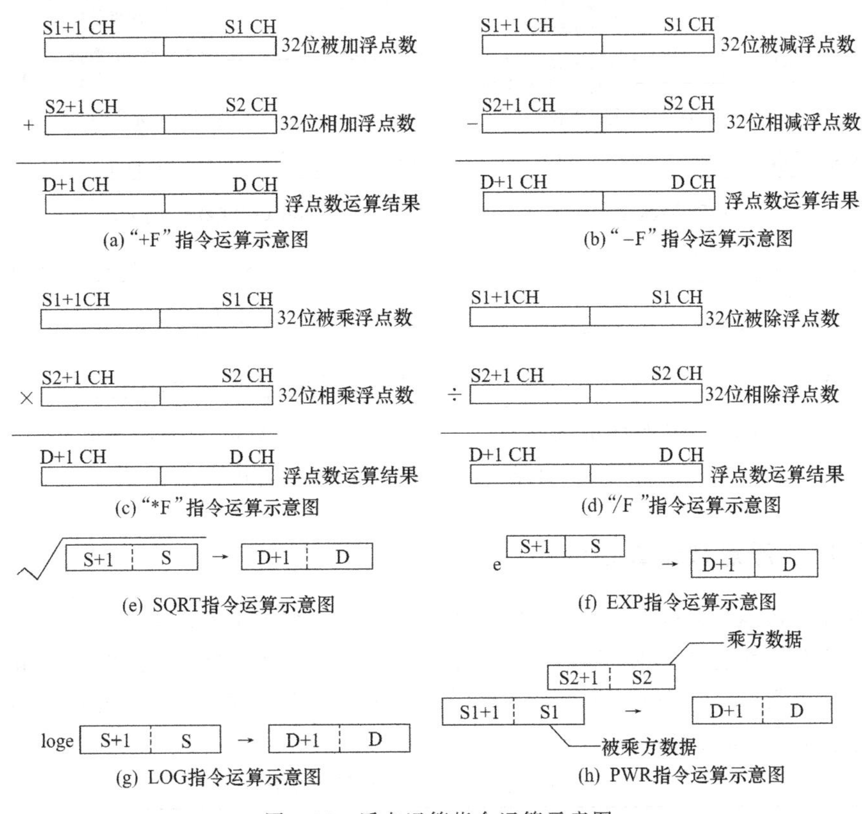

图5-27 浮点运算指令运算示意图

5.3.4 弧度、三角函数指令

弧度、三角函数指令包括：RAD（角度→弧度）、DEG（弧度→角度）、SIN（正弦）、COS（余弦）、TAN（正切）、ASIN（反正弦）、ACOS（反余弦）、ATAN（反正切）指令。

RAD指令是将S+1、S通道中的32位角度值转换成弧度值，结果存入D+1、D通道中，转换公式为：S角度值×π÷180＝D弧度值，其运算示意如图5-28（a）。DEG指令是将S＋1、S通道中的32位弧度值转换成角度值，结果存入D＋1、D通道中，转换公式为：S弧度值×180÷π＝D角度值，其运算示意如图5-28（b）。SIN指令是将S＋1、S通道中的32位浮点弧度值进行正弦运算，结果存入D＋1、D通道中，其运算示意如图5-28（c）。COS指令是将S＋1、S通道中的32位浮点弧度值进行余弦运算，结果存入D＋1、D通道中，其运算示意如图5-28（d）。TAN指令是将S＋1、S通道中的32位浮点弧度值进行正切运算，结果存入D＋1、D通道中，其运算示意如图5-28（e）。ASIN指令是将S＋1、S通道中的32位浮点数（－1.0～1.0）进行反正弦（SIN^{-1}）运算，求得弧度值（－π/2～π/2），结果存入D＋1、D通道中，其运算示意如图5-28（f）。ACOS指令是将S＋1、S通道中的32位浮点数（－1.0～1.0）进行反余弦（COS^{-1}）运算，求得弧度值（0～π），结果存入D＋1、D通道中，其运算示意如图5-28（g）。ATAN指令是将S＋1、S通道中的32位浮点数（－1.0～1.0）进行反正切（TAN^{-1}）运算，求得弧度值（－π/2～π/2），结果存入D＋1、D通道中，其运算示意如图5-28（h）。

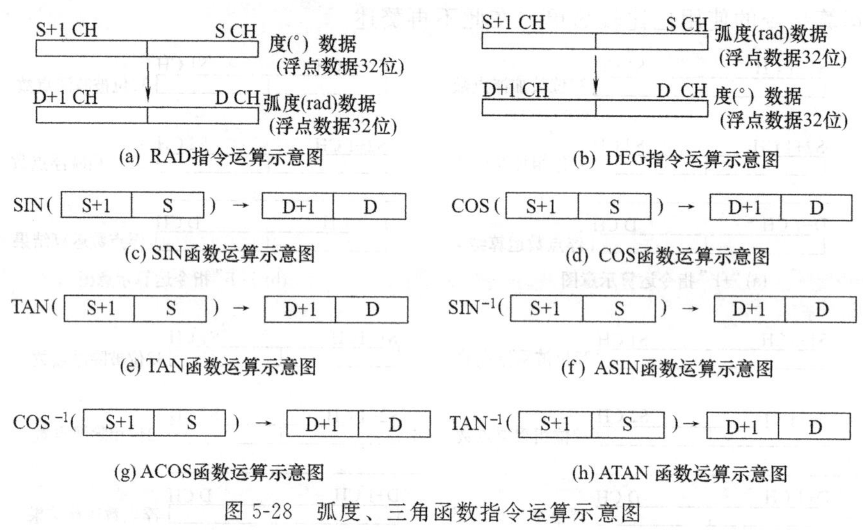

图5-28 弧度、三角函数指令运算示意图

5.3.5 双精度浮点数运算指令

双精度浮点数运算是针对64位的浮点数进行的，它也有许多的浮点数运算指令，如表5-76所示，大致分为浮点转换指令，浮点比较指令，浮点运算指令，弧度、三角函数指令等。双精度浮点数运算指令的使用方法与浮点数运算指令的使用方法基本相同，只不过双精度浮点数是针对64位数据而言。

表5-76 双精度浮点数运算指令表

类别	助记符	功能号	指令说明
浮点转换	FIXD	841	64位浮点数转换为带符号的16位BIN数
	FIXLD	842	64位浮点数转换为带符号的32位BIN数
	DBL	843	带符号的16位BIN数转换为64位浮点数
	DBLL	844	带符号的32位BIN数转换为64位浮点数
浮点比较	=D、<>D、<D、<=D、>D、>=D	335～340	两个64位浮点数据进行比较，比较结果为真时输出驱动信号

续表

类别	助记符	功能号	指令说明
浮点运算	+D	845	两个64位浮点数进行相加，结果仍为64位
	−D	846	两个64位浮点数进行相减，结果仍为64位
	*D	847	两个64位浮点数进行相乘，结果仍为64位
	/D	848	两个64位浮点数进行相除，结果仍为64位
	SQRTD	857	对S+3～S通道指定的64位浮点数取平方根
	EXPD	858	求以e为底数，S+3～S通道中的64位浮点数为指数的数据
	LOGD	859	求以e为底数，S+3～S通道中的64位浮点数的自然对数值
	PWRD	860	计算以S1+3～S1通道中的64位浮点数为底数，S2+3～S2通道中的64位浮点数为指数的乘方数
弧度、三角函数运算	RADD	849	以64位浮点数表示的角度值转换为64位浮点表示的弧度数
	DEGD	850	以64位浮点数表示的弧度值转换为64位浮点表示的角度数
	SIND	851	将64位浮点弧度值进行正弦运算
	COSD	852	将64位浮点弧度值进行余弦运算
	TAND	853	将64位浮点弧度值进行正切运算
	ASIND	854	将64位浮点数进行反正弦运算
	ACOSD	855	将64位浮点数进行反余弦运算
	ATAND	856	将64位浮点数进行反正切运算

5.3.6 特殊运算指令

特殊运算指令主要包含ROTB（BIN平方根运算）、ROOT（BCD平方根运算）、APR（数值转换）、FDIV（浮点除法运算）、BCNT（位计数器）等指令。

（1）ROTB、ROOT指令

ROTB指令是将S+1、S通道中的32位BIN数求平均根，结果中的整数部分存入D通道，小数部分舍去，其运算示意如图5-29（a）所示。ROOT指令是将S+1、S通道中的BCD求平方根，结果中的整数部分存入D通道，小数部分舍去，其运算示意如图5-29（b）所示。ROTB、ROOT指令格式如表5-77所示。

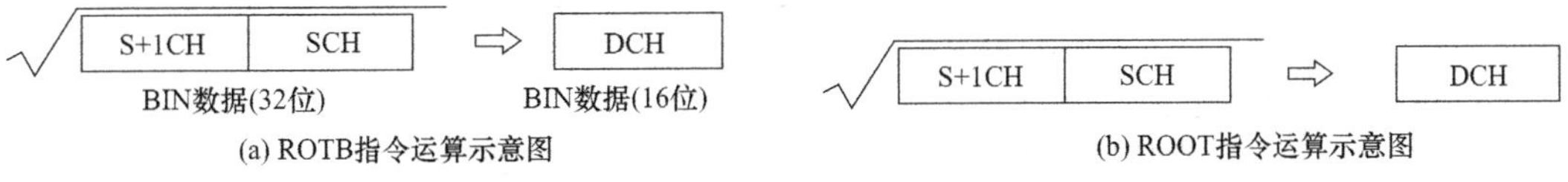

图5-29 ROTB、ROOT指令运算示意图

表5-77 ROTB、ROOT指令格式

指令	LAD	STL	操作数说明
ROTB指令	ROTB(620) S D	ROTB(620) S D	S为运算数据首字；D为运算结果字

续表

指令	LAD	STL	操作数说明
ROOT 指令	ROOT(072) S D	ROOT(072) S D	S为运算数据首字;D为运算结果字

使用说明

① ROTB 指令中，输入数据 S+1、S 的指定范围为 0x00000000～0x3FFFFFFF，指定为 0x40000000～0x7FFFFFFF 时，作为 0x3FFFFFFF 进行平方根运算，OF 标志为 ON；S+1、S 的最高位为 1 时，将发生错误，ER 标志为 ON；S+1、S、D 均为 BIN。执行 ROTB 指令时，UF 标志及 N 标志为 OFF。执行 ROTB 指令后，运算结果为 0x00000000 时，“=”标志为 ON。

② ROOT 指令中，S+1、S、D 均为 BCD，若 S+1、S 中的内容不为 BCD 时，将发生错误，ER 标志为 ON。执行 ROOT 指令后，运算结果为 0x00000000 时，“=”标志为 ON。

例 5-35 ROTB、ROOT 指令的应用如表 5-78 所示。在条 0 中，当 0.00 常开触点为 ON 时，将 1001CH、1000 CH 中的数据（0x014B5A91）取平方根，结果的整数部分送入 D100 中，小数部分舍去。在条 1 中，当 0.01 常开触点为 ON 时，将 D111、D110 中的 BCD 数（63250561）取平方根，结果的整数部分送入 D200 中，小数部分舍去。

表 5-78 ROTB、ROOT 指令的应用

条	LAD	运算过程
条 0	I:0.00 —‖— ROTB(620) 1000 D100	1001 CH: 014B, 1000 CH: 5A91 ↓平方根(小数部舍去)运算 D100: 1234
条 1	I:0.01 —‖— ROOT(072) D110 D200	√(6 3 2 5 (S+1:D111) 0 5 6 1 (S:D110)) ⇨ 7 9 5 3 (D:D200) 7953.0221… 小数点之后舍去

(2) APR 指令

APR 指令是按 C 值定义，将 S 通道的数据进行 SIN、COS 或近似折线运算，结果存入 D 通道中，APR 的指令格式如表 5-79 所示。

表 5-79 APR 指令格式

指令	LAD	STL	操作数说明
APR 指令	APR(069) C S D	APR(069) C S D	C 为控制字；S 为源字；D 为数值转换输出结果字

使用说明

① APR 指令的运算方式由操作数 C 决定，当 C 为 0x0000 时，APR 执行 SIN 运算；C 为 0x0001 时，执行 COS 运算；C 值由通道指定时，执行近似折线运算。

② APR 执行 SIN、COS 运算方式时，S 的值为 0000～0900（BCD），数据范围为 0°～90°；D 为 0000～9999（BCD），数据范围为 0.0000～0.9999。

③ APR 执行近似折线运算方式时，S 和 D 的值由 C 来定义，如图 5-30 所示。S、D 可以是 16 位无符号 BCD 数、16 位无符号 BIN 数、16 位有符号 BIN 数、32 位有符号 BIN 数或者单精度浮点数，因此也有相应的数据范围与其相对应。

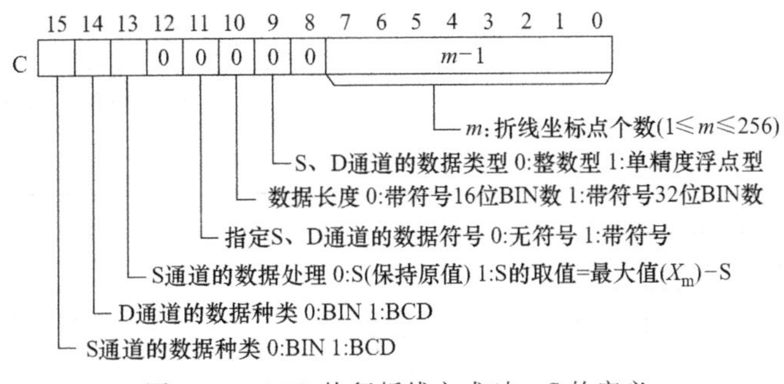

图 5-30 APR 执行折线方式时，C 的定义

④ APR 执行近似折线方式时，C+1 及后续通道用来存储折线的坐标点 X_n、Y_n 的坐标值。当 C 指定 S、D 通道为 16 位数据时，X_n、Y_n 值也为 16 位，每个坐标值用 2 个通道，坐标通道范围为 C+1～C+(2m+2)，坐标通道中的 X_n 值要求 $X_1 < X_2 < \cdots\cdots < X_m$；如果 C 指定 S、D 通道为 32 位整数或单精度浮点数时，每个坐标点值占用 4 个通道，坐标通道范围为 C+1～C+(4m+4)，折线的坐标点最多 256 个。

⑤ APR 指令利用 C+1 及后续通道存储的坐标点绘制出连续的折线，然后以 S 通道中的值作为 X 坐标值，从折线上找到相应的 Y 坐标值，再将 Y 坐标值存入 D 通道。转换公式为：

$$f(Y)=Y_n+\frac{Y_{n+1}-Y_n}{X_{n+1}-X_n}\times(S-X_n)$$

例如，当 C 指定 S、D 通道为 16 位无符号 BIN/BCD 数据时，执行 APR 折线计算如图 5-31 所示。

例 5-36 APR 指令的应用如表 5-80 所示。在条 0 中，当 0.00 常开触点为 ON 时，APR 指令执行 sin30°的正弦运算操作；在条 1 中，当 0.01 常开触点为 ON 时，APR 指令执行 cos30°的余弦运算操作；在条 2 中，当 0.02 常开触点为 ON 时，APR 指令执行近似折线运算操作。

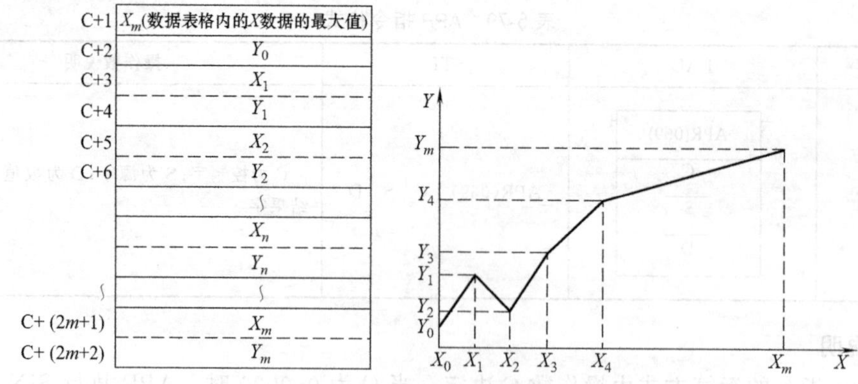

图 5-31　APR 近似折线计算

表 5-80　APR 指令的应用

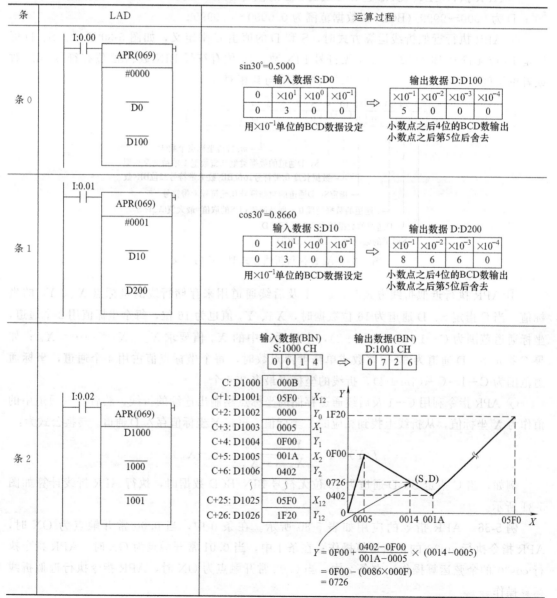

条	LAD	运算过程
条 0	I:0.00 APR(069) #0000 D0 D100	sin30°=0.5000 输入数据 S:D0：0 | ×10¹ | ×10⁰ | ×10⁻¹ → 0 | 3 | 0 | 0 用×10⁻¹单位的BCD数据设定 ⇨ 输出数据 D:D100：×10⁻¹ | ×10⁻² | ×10⁻³ | ×10⁻⁴ → 5 | 0 | 0 | 0 小数点之后4位的BCD数输出 小数点之后第5位后舍去
条 1	I:0.01 APR(069) #0001 D10 D200	cos30°=0.8660 输入数据 S:D10：0 | ×10¹ | ×10⁰ | ×10⁻¹ → 0 | 3 | 0 | 0 用×10⁻¹单位的BCD数据设定 ⇨ 输出数据 D:D200：×10⁻¹ | ×10⁻² | ×10⁻³ | ×10⁻⁴ → 8 | 6 | 6 | 0 小数点之后4位的BCD数输出 小数点之后第5位后舍去
条 2	I:0.02 APR(069) D1000 1000 1001	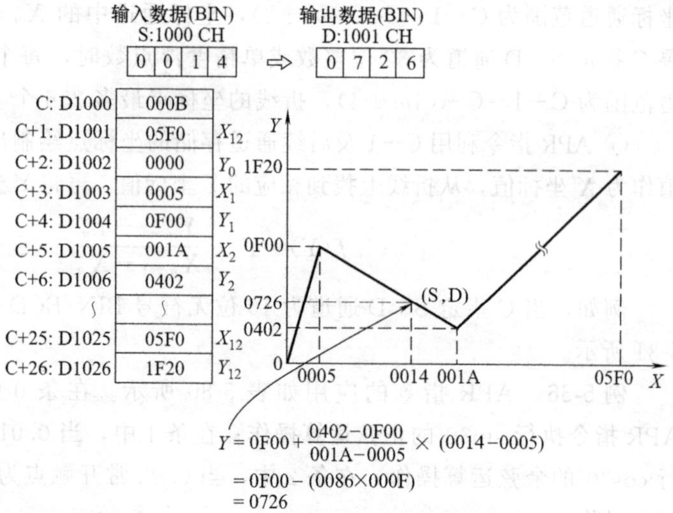 输入数据(BIN) S:1000 CH：0 0 1 4 ⇨ 输出数据(BIN) D:1001 CH：0 7 2 6 C: D1000 000B C+1: D1001 05F0 X_{12} C+2: D1002 0000 Y_0 C+3: D1003 0005 X_1 C+4: D1004 0F00 Y_1 C+5: D1005 001A X_2 C+6: D1006 0402 Y_2 C+25: D1025 05F0 X_{12} C+26: D1026 1F20 Y_{12} Y: 1F20, 0F00, 0726, 0402, 0；X: 0005, 0014, 001A, 05F0；(S, D) $Y = 0F00 + \frac{0402-0F00}{001A-0005} \times (0014-0005)$ $= 0F00-(0086\times000F)$ $= 0726$

（3）FDIV 指令

FDIV 指令是将 S1+1、S1 与 S2+1、S2 通道中的数据作为浮点数进行相除操作，商作为浮点数存入 D+1、D 通道，其指令格式如表 5-81 所示。

表 5-81 FDIV 指令格式

指令	LAD	STL	操作数说明
FDIV 指令	FDIV(079) S1 S2 D	FDIV(079) S1 S2 D	S1 为被除数首字；S2 为除数首字；D 为除法运算结束输出首字

使用说明

① S1+1、S2+1 的最高位转换成指数位，取值范围为 0～F。除指数位以外的位，设定使运算数据转换成 BCD。

② 商输出的有效数字为 7 位，8 位以后舍去。FDIV 指令中浮点数的表示方法如图 5-32 所示。

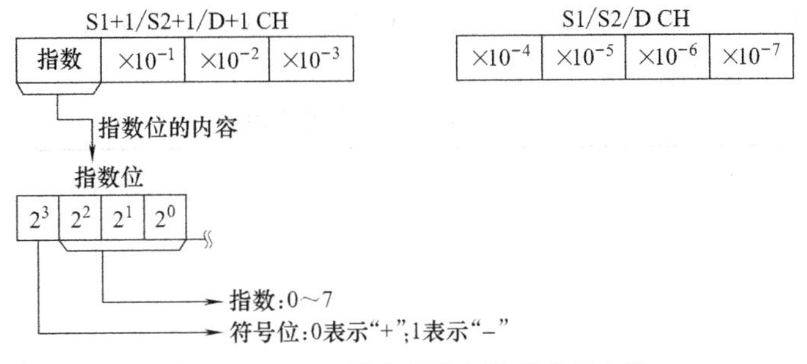

图 5-32 FDIV 指令中浮点数的表示方法

例 5-37 FDIV 指令的应用如表 5-82 所示。当 0.00 常开触点为 ON 时，执行 FDIV 指令。将 D101、D100 构成的浮点数除以 201 CH、200 CH 构成的浮点数，相除之后的浮点数的高 7 位和指数位送入 D301、D300 中。

表 5-82 FDIV 指令的应用

条	LAD	运算过程
条 0	I:0.00 FDIV(079) D100 200 D300	$0.567\times10^{-2}\div0.1234567\times10^{-3}=0.4592703\times10^{2}$ S1+1 : D101　S1 : D100 A 5 6 7　0 0 0 0 …… 0.5670000×10^{-2} S2+1 : 201 CH　S2 : 200 CH ÷ B 1 2 3　4 5 6 7 …… 0.1234567×10^{-3} D+1 : D301　D : D300 2 4 5 9　2 7 0 3 …… 0.4592703×10^{2} 指数位　A : (1010) → 10^{-2} B : (1011) → 10^{-3} 2 : (0010) → 10^{2}

（4）BCNT 指令

BCNT 指令是计算 S 为首编号的 W 个通道中数据“1”的总数，再将该总数值存入 D 通道中，其指令格式如表 5-83 所示。

使用说明

① W 的数据不在 0x0001～FFFF 时，将发生错误，ER 标志为 ON。

② 计数结果 D 的内容超过 0xFFFF 时，也将发生错误，ER 标志为 ON；D 的内容为 0x0000 时，“=”标志为 ON。

表 5-83 BCNT 指令格式

指令	LAD	STL	操作数说明
BCNT 指令	BCNT(067) W S D	BCNT(067) W S D	W 为计数源通道数字；S 为计数首字；D 为计数结果输出

例 5-38 BCNT 指令的应用如表 5-84 所示。当 0.00 常开触点为 ON 时，执行 BCNT 指令，统计从 200 CH 开始连续 10 个通道（200 CH～209 CH）的数据中“1”的个数，将统计结果以 BIN 格式存入 D200 中。

表 5-84 BCNT 指令的应用

条	LAD	运算过程
条 0	I:0.00 BCNT(067) D100 200 D200	15 0 200 201 ⁝ 209 “1”的个数为35时 0x0023=35 D: D200 0 0 2 3

5.4 逻辑运算指令

逻辑运算是对无符号数按位进行逻辑“与”、“或”、“异或”、“同或”、“取反”等操作，参与操作的可以是字或双字。

5.4.1 逻辑“与”指令

逻辑“与”操作是对输入数据 S1 与 S2 或 S1＋1、S1 与 S2＋1、S2 按位进行“与”操作，产生结果由 D 或 D＋1、D 输出。逻辑“与”指令包括 ANDW（字逻辑“与”）和 ANDL（双字逻辑“与”）这两条指令，指令格式如表 5-85 所示。运算时，若两个操作数的同一位都为 1，则该位逻辑结果为 1，否则为 0。

表 5-85 逻辑“与”指令格式

指令	LAD	STL	操作数说明
ANDW 指令	ANDW(034) S1 S2 D	ANDW(034) S1 S2 D	S1 为运算数据 1；S2 为运算数据 2；D 为运算结果输出 CH 编号
ANDL 指令	ANDL(610) S1 S2 D	ANDL(610) S1 S2 D	S1 为运算数据 1 低位编号；S2 为运算数据 2 低位编号；D 为运算结果输出低位 CH 编号

使用说明

① 指令执行时，ER 标志置于 OFF。

② 执行 ANDW（或 ANDL）指令后，D（或 D＋1、D）的内容为 0x0000（或 0x00000000）时，“＝”标志为 ON，D（或 D+1）的内容的最高位为 1 时，N 标志为 ON。

例 5-39 若 D100 的内容为“1011000110010110”，D200 中的内容为“0111011000010101”执行 ANDW（字逻辑“与”）操作，运行结果存于 D300 中，指令及执行过程如表 5-86 所示。

表 5-86 ANDW 指令的应用

条	LAD	STL	执行过程
条 0	P_First_Cycle 第一次循环标志 ANDW(034) D100 D200 D300	LD P_First_Cycle ANDW(034) D100 D200 D300	“与”操作前 D100 1011000110010110 D200 0111011000010101 “与”操作后 D300 0011000000010100

5.4.2 逻辑“或”指令

逻辑“或”操作是对输入数据 S1 与 S2 或 S1＋1、S1 与 S2＋1、S2 按位进行“或”操作，产生结果由 D 或 D＋1、D 输出。逻辑“或”指令包括 ORW（字逻辑“或”）和 ORWL（双字逻辑“或”）这两条指令，指令格式如表 5-87 所示。运算时，若两个操作数的同一位中有 1 位为 1，则该位逻辑结果为 1，否则为 0。

表 5-87 逻辑"或"指令格式

指令	LAD	STL	操作数说明
ORW 指令	ORW(035) S1 S2 D	ORW(035) S1 S2 D	S1 为运算数据 1;S2 为运算数据 2;D 为运算结果输出 CH 编号
ORWL 指令	ORWL(611) S1 S2 D	ORWL(611) S1 S2 D	S1 为运算数据 1 低位编号;S2 为运算数据 2 低位编号;D 为运算结果输出低位 CH 编号

使用说明

① 指令执行时，ER 标志置于 OFF。

② 执行 ORW（或 ORWL）指令后，D（或 D＋1、D）的内容为 0x0000（或 0x00000000）时，"＝"标志为 ON，D（或 D＋1）的内容的最高位为 1 时，N 标志为 ON。

例 5-40 若 D100 中的内容为"0111001010110101"，D200 中的内容为"1011011100101100"执行逻辑"或"操作，运行结果仍存于 D200 中，指令及执行过程如表 5-88 所示。

表 5-88 ORW 指令的应用

条	LAD	STL	执行过程
条 0	P_First_Cycle 第一次循环标志 ORW(035) D100 D200 D200	LD P_First_Cycle ORW(035) D100 D200 D200	"或"操作前 D100 0111001010110101 D200 1011011100101100 "或"操作后 D200 1111011110111101

5.4.3 逻辑"异或"指令

逻辑"异或"操作是对输入数据 S1 与 S2 或 S1＋1、S1 与 S2＋1、S2 按位进行"异或"操作，产生结果由 D 或 D＋1、D 输出。逻辑"异或"指令包括 XORW（字逻辑"异或"）

和 XORL（双字逻辑“异或”）这两条指令，指令格式如表 5-89 所示。运算时，若两个操作数的同一位不相同，则该位逻辑结果为 1，否则为 0。

表 5-89 逻辑“异或”指令格式

指令	LAD	STL	操作数说明
XORW 指令	XORW(036) S1 S2 D	XORW(036) S1 S2 D	S1 为运算数据 1；S2 为运算数据 2；D 为运算结果输出 CH 编号
XORL 指令	XORL(612) S1 S2 D	XORL(612) S1 S2 D	S1 为运算数据 1 低位编号；S2 为运算数据 2 低位编号；D 为运算结果输出低位 CH 编号

使用说明

① 指令执行时，ER 标志置于 OFF。

② 执行 XORW（或 XORL）指令后，D（或 D＋1、D）的内容为 0x0000（或 0x00000000）时，“＝”标志为 ON，D（或 D＋1）的内容的最高位为 1 时，N 标志为 ON。

例 5-41 若 D100 中的内容为“1011001010110010”，D200 中的内容为“1100101001110101”执行逻辑“异或”操作，运行结果仍存于 D200 中，指令及执行过程如表 5-90 所示。

表 5-90 XORW 指令的应用

条	LAD	STL	执行过程
条 0	I:0.00 XORW(036) D100 D200 D200	LD 0.00 XORW(036) D100 D200 D200	“异或”操作前 D100 1011001010110010 D200 1100101001110101 “异或”操作后 D200 0111100011000111

5.4.4 逻辑“同或”指令

逻辑“同或”操作是对输入数据 S1 与 S2 或 S1＋1、S1 与 S2＋1、S2 按位进行“同或”操作，产生结果由 D 或 D＋1、D 输出。逻辑“同或”指令包括 XNRW（字逻辑“同或”）和 XNRL（双字逻辑“同或”）这两条指令，指令格式如表 5-91 所示。运算时，若两个操作数的同一位相同，则该位逻辑结果为 1，否则为 0。

表 5-91 逻辑“同或”指令格式

指令	LAD	STL	操作数说明
XNRW 指令	XNRW(037) S1 S2 D	XNRW(037) S1 S2 D	S1 为运算数据 1；S2 为运算数据 2；D 为运算结果输出 CH 编号
XNRL 指令	XNRL(613) S1 S2 D	XNRL(613) S1 S2 D	S1 为运算数据 1 低位编号；S2 为运算数据 2 低位编号；D 为运算结果输出低位 CH 编号

使用说明

① 指令执行时，ER 标志置于 OFF。

② 执行 XNRW（或 XNRL）指令后，D（或 D＋1、D）的内容为 0x0000（或 0x00000000）时，“＝”标志为 ON，D（或 D＋1）的内容的最高位为 1 时，N 标志为 ON。

例 5-42 若 D100 中的内容为“1011001010110010”，D200 中的内容为“1100101001110101”执行逻辑“同或”操作，运行结果仍存于 D200 中，指令及执行过程如表 5-92 所示。

表 5-92 XNRW 指令的应用

条	LAD	STL	执行过程
条 0	I:0.00 XNRW(037) D100 D200 D200	LD 0.00 XNRW(036) D100 D200 D200	“同或”操作前 D100 1011001010110010 D200 1100101001110101 “同或”操作后 D200 1000001100111000

5.4.5 逻辑“取反”指令

逻辑“取反”操作是对输入数据 S1 或 S1＋1、S1 按位进行“取反”操作，产生结果由 D 或 D＋1、D 输出。逻辑“取反”指令包括 COM（字逻辑“取反”）和 COML（双字逻辑“取反”）这两条指令，指令格式如表 5-93 所示。运算时，若操作数的某一位为 1，则该位逻辑结果为 0；某一位为 0，则该位逻辑结果为 1。

表 5-93 逻辑“取反”指令格式

指令	LAD	STL	操作数说明
COM 指令	COM(029) D	COM(029) D	D 为操作数源字

续表

指令	LAD	STL	操作数说明
COML 指令	COML(614) D	COML(614)　D	D 为操作数首字

使用说明

① 指令执行时，ER 标志置于 OFF。

② 执行 COM（或 COML）指令后，D（或 D+1、D）的内容为 0x0000（或 0x00000000）时，"="标志为 ON，D（或 D+1）的内容的最高位为 1 时，N 标志为 ON。

③ 使用 COM 指令，输入 ON 时，每 1 周期执行 1 次。

例 5-43 若 D100 中的内容为"1011001010110010"，执行逻辑"取反"操作，运行结果仍存于 D100 中，指令及执行过程如表 5-94 所示。

表 5-94　COM 指令的应用

条	LAD	STL	执行过程
条 0	P_First_Cycle 第一次循环标志 COM(029) D100	LD　0.00 COM(029)　D100	"取反"操作前 D100 1011001010110010 "取反"操作后 D100 0100110101001101

5.5 表格数据处理指令

表格数据处理大致可分为栈处理和表格处理两大类，其中栈处理是将数据存储到栈区域，进行出入的处理，它包括先入先出、后入先出、读取、变更、插入、删除、计数等处理；表格处理又分为基本性处理、应用性处理和多个字的表格处理。基本性处理包括最大值、最小值检索和 SUM 计算等处理；应用性处理是对表格数据进行其他各种处理，如比较、重新排列等；多个字表格处理记录同一通道所构成的多个表格中的数据处理。

5.5.1 堆栈指令

堆栈指令包括：SSET（栈区域设定）、PUSH（栈数据存储）、FIFO（先入先出）、LIFO（后入先出）、SREAD（读取栈数据）、SWRIT（写栈数据）、SINS（栈数据插入）、SDEL（栈数据删除）、SNUM（栈数统计输出）。

（1）SSET、PUSH 指令

使用 SSET 指令，将 I/O 存储器中以操作数 D 为首的 W 个通道（即 D～D+W−1）定义为栈区域，即 SSET 指令是用来设置堆栈区。使用 PUSH 指令将 S 通道中的数据陆续存储到栈区域（由 D 指定）的 D+3、D+2 中栈指针指定的通道，即 PUSH 指令是将数据压入堆栈。SSET、PUSH 指令格式如表 5-95 所示。

表 5-95　SSET、PUSH 指令格式

指令	LAD	STL	操作数说明
SSET 指令	SSET(630) D W	SSET(630)　D　W	D 为栈区域低位 CH 编号，D～D+3 为栈管理信息（固定为 4 CH），D+4～D+W−1 为数据存储区域；W 为区域 CH 数，W 为 0x0005～0xFFFF 或者十进制数 5～65535
PUSH 指令	PUSH(632) D S	PUSH(632)　D　S	D 为栈区域低位 CH 编号；S 为存储数据 CH 编号

使用说明

① 执行 SSET 指令时，栈区域开端 2 CH（D+1，D）中存储栈区域最终 CH 的 I/O 存储器有效地址，在随后的 2 CH（D+3，D+2）中存储栈指针的初始值（即 D+4 的地址），该初始值即为栈中数据存储区域的起始地址。同时，数据存储区域（D+4～D+W−1）全部以 0 清空。

② 执行 PUSH 指令时，栈指针的值比栈存储区域最终 CH 的 I/O 存储器有效地址（D+1，D）还大时，将发生栈溢出错误。

③ 在使用 PUSH 指令前，应先使用 SSET 指令对栈进行设置。使用 PUSH 指令后，可以使用 FIFO 或 LIFO 指令读取存储到栈区域中的数据。

例 5-44　SSET、PUSH 指令的应用如表 5-96 所示。在条 0 中，当 0.00 常开触点为 ON 时，执行 SSET 指令对堆栈进行设置。在 SSET 指令中，由于 D 为 D0，W 为 10，执行该指令后，D0～D9 这 10 个 CH（通道）为栈区域，其中 D1、D0 存储最终通道 D9 的地址，D3、D2 存储栈指针的初始值，即 D4 通道的地址，D4～D9 中的初始值均为 0x0000，D4～D9 为数据存储区，允许用户存储数据。在条 1 中，当 0.01 常开触点为 ON 时，执行 PUSH 指令将数据压入堆栈。由于 PUSH 指令中，D 为 D0，S 为 D100，执行该指令是将 D100 中的数据存储到 D4～D9 中的某一个通道中。假设 D3、D2 中存储的栈指针为 D7 通道地址时，则执行 PUSH 指令后，将 D200 中的数据“A”压入 D7 通道中，同时，栈指针加 1，使 D3、D2 中的指针值为 D8 的通道地址。

表 5-96　SSET、PUSH 指令的应用

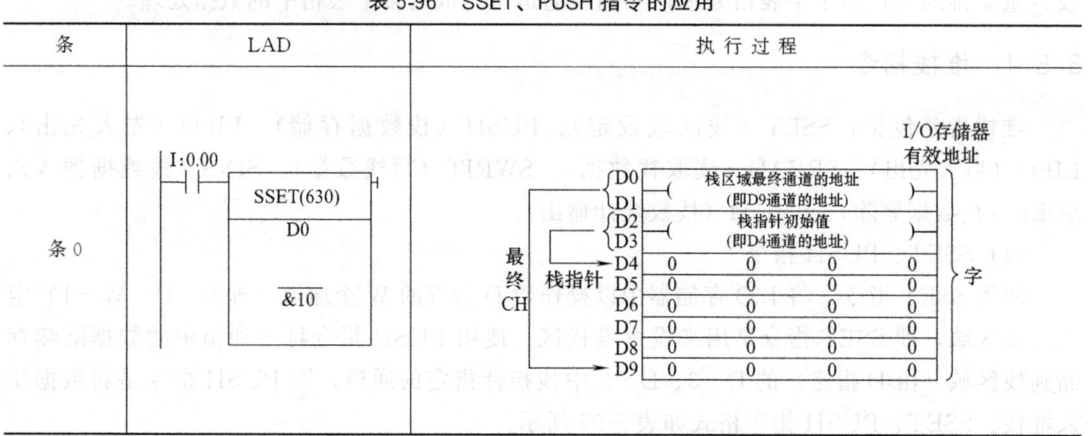

续表

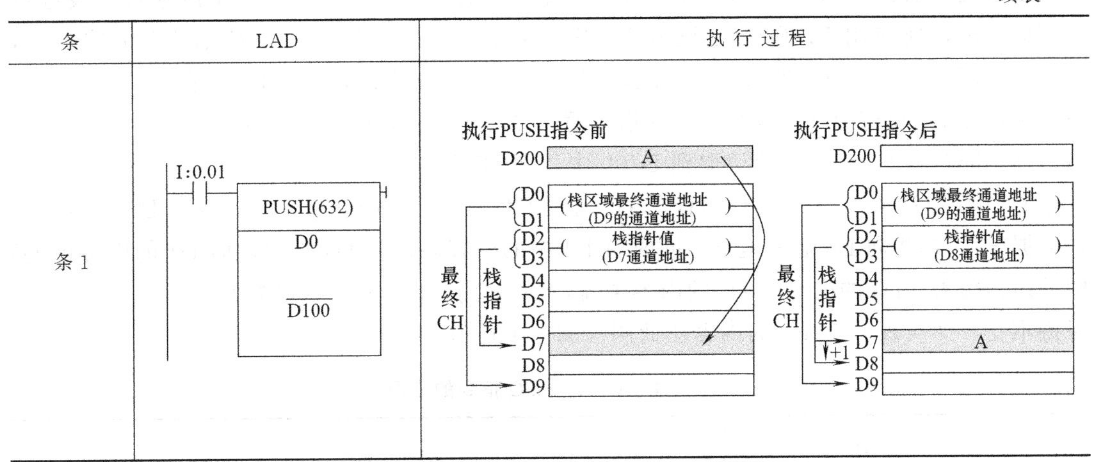

条	LAD	执行过程
条1	I:0.01 PUSH(632) D0 D100	执行PUSH指令前 D200 A D0 D1 栈区域最终通道地址(D9的通道地址) D2 D3 栈指针值(D7通道地址) D4 D5 D6 D7 D8 D9 最终CH 栈指针 执行PUSH指令后 D200 D0 D1 栈区域最终通道地址(D9的通道地址) D2 D3 栈指针值(D8通道地址) D4 D5 D6 D7 A D8 D9 最终CH 栈指针 +1

（2）FIFO、LIFO 指令

使用了 SSET 指令设置堆栈，然后使用 PUSH 指令将数据压入堆栈后，可以通过 FIFO 或 LIFO 指令以先入或后入的方式读取存储在堆栈中的数据。

FIFO 指令是将栈区域（由 S 指定）的数据存储首通道 S+4 中的数据送入 D 通道，同时栈指针值减 1，并清除 S+4 中读出的数据，再将 S+5 至指针值指定的通道中的数据往低侧移动一个通道。LIFO 指令是将栈区域（由 S 指定）的 S+3、S+2 中的栈指针值减 1，再将新指针指定的通道中的数据送入 D 通道。FIFO、LIFO 指令格式如表 5-97 所示。

表 5-97　FIFO、LIFO 指令格式

指令	LAD	STL	操作数说明
FIFO 指令	FIFO(633) S D	FIFO(633)　S　D	S 为栈区域低位 CH 编号，D 为输出目的地 CH 编号
LIFO 指令	LIFO(634) S D	LIFO(634)　S　D	S 为栈区域低位 CH 编号，D 为输出目的地 CH 编号

使用说明

① 使用 FIFO、LIFO 指令前，必须通过 SSET 指令事先对栈进行相应设置。

② 通过 PUSH 指令存储数据后，如果使用 FIFO（或 LIFO）指令，可以进行先入先出（或后入先出）的处理。

③ 使用 FIFO 指令读取堆栈区域的开端数据后，堆栈中的该数据将被清除，其后的数据将往低侧移动一个通道。

例 5-45 假设在执行 FIFO、LIFO 指令前，已使用了 SSET、PUSH 指令对堆栈进行了相应处理，现使用 LIFO 指令读取 D7 中的数据，使用 FIFO 指令读取 D4 中的内容，FIFO、LIFO 指令的应用如表 5-98 所示。在执行 LIFO 指令前，D3、D2 中存储的内容为当前栈指针即 D8 通道地址；执行 LIFO 指令后，D3、D2 指向栈指针数据－1，即指向 D7 通道地址，同时将 D7 中的内容读取到 D400 中，而 D7 的仍保持不变。在执行 FIFO 指令前，D3、D2 中存储的内容为当前栈指针即 D7 通道地址；执行 FIFO 指令后，D3、D2 指向栈指针数据－1，即指向 D6 通道地址，同时将 D4 中的内容读取到 D300 中，而 D4 的内容被 D5 中的内容覆盖，D5 的内容由 D6 的内容覆盖，D6 的内容由 D7 的内容覆盖，而 D7 的内容仍保持不变，即实现 D7～D5 的内容往低侧移动一个通道。

表 5-98　LIFO、FIFO 指令的应用

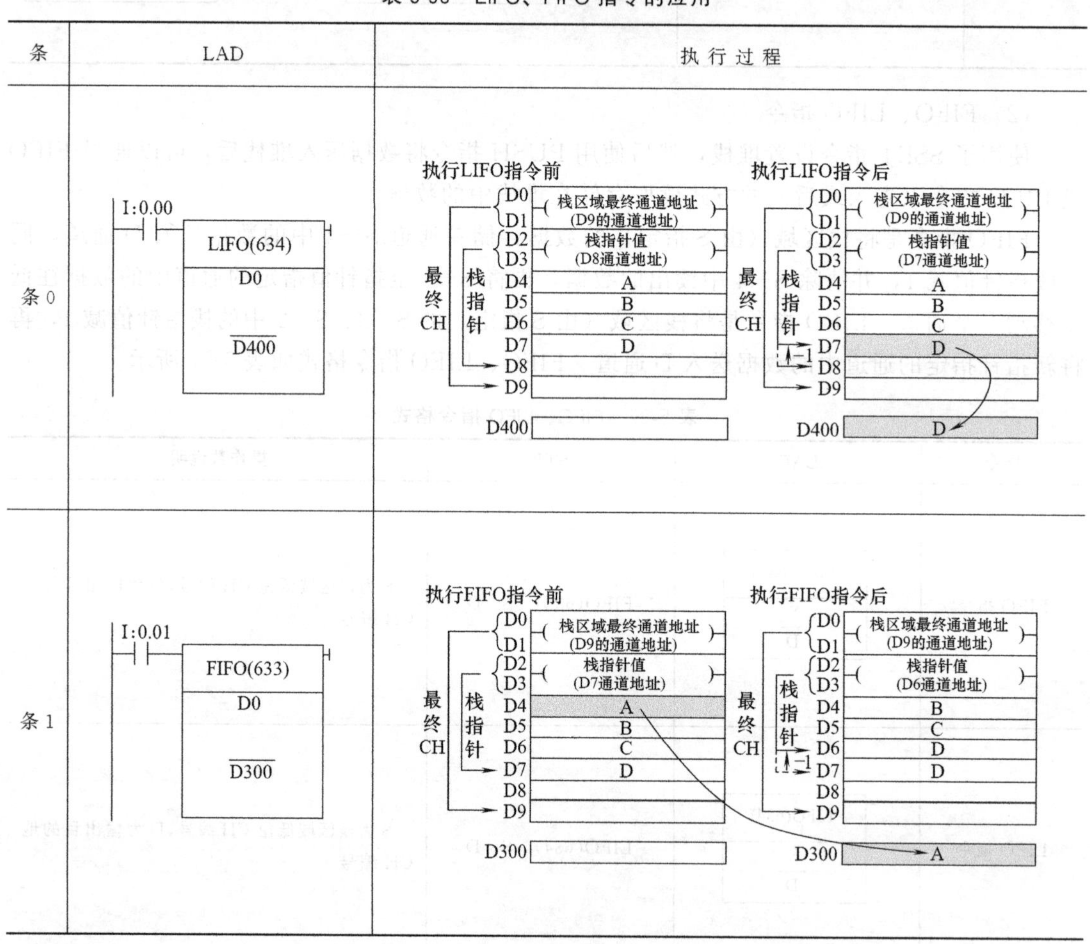

(3) SREAD、SWRIT 指令

SREAD 指令是从指定的栈区域中读取中途的数据，它是将栈区域（由 S 指定）栈指针指定的地址往低偏移 C 个通道，再将偏移确定的通道中的数据送 D 通道，该指令执行后，栈区域数据及指针保持不变。SWRIT 指令是从指定的栈区域中覆盖中途的数据，它是将栈区域（由 D 指定）栈指针指定的地址往低偏移 C 个通道，再将 S 通道中的数据以覆盖方式写入偏移确定的通道中，该指令执行后，栈区域数据及指针保持不变。SREAD、SWRIT 指令格式如表 5-99 所示。

表 5-99 SREAD、SWRIT 指令格式

指令	LAD	STL	操作数说明
SREAD 指令	SREAD(639) S C D	SREAD(639) S C D	S 为栈区域低位 CH 编号;C 为读取位置偏移值;D 为输出目的地 CH 编号
SWRIT 指令	SWRIT(640) D C S	SWRIT(640) D C S	D 为栈区域低位 CH 编号;C 为更新位置偏移值;S 为写入数据

使用说明

① 执行 SREAD、SWRIT 指令前，栈区域必须先通过 SSET 指令进行设置。

② SREAD、SWRIT 指令执行时，栈指针已经在数据存储区域开端（S+4）的 I/O 存储器有效地址以下时（栈下溢），发生错误，ER 标志为 ON。

例 5-46 假设在执行 SREAD、SWRIT 指令前，已使用了 SSET、PUSH 指令对堆栈进行了相应处理，现使用 SREAD 指令读取 D6 中的数据到 D100 中，使用 SWRIT 指令将 D110 中的内容覆盖 D7 中的内容，SREAD、SWRIT 指令的应用如表 5-100 所示。执行 SREAD 指令前，栈当前指针指向 D8 通道地址，要读取 D6 中的数据，则 C 应为 2（D8－D6）；执行 SREAD 指令后，D6 中的内容被复制到 D100 中，而 D6 中的内容以及 D3、D2 中存储的当前指针值均保持不变。执行 SWRIT 指令前，栈当前指针指向 D8 通道地址，要覆盖 D7 中的数据，则 C 应为 1（D8－D7）；执行 SWRIT 指令后，D110 中的内容将 D7 中的内容覆盖，而 D3、D2 中存储的当前指针值保持不变。

表 5-100 SREAD、SWRIT 指令的应用

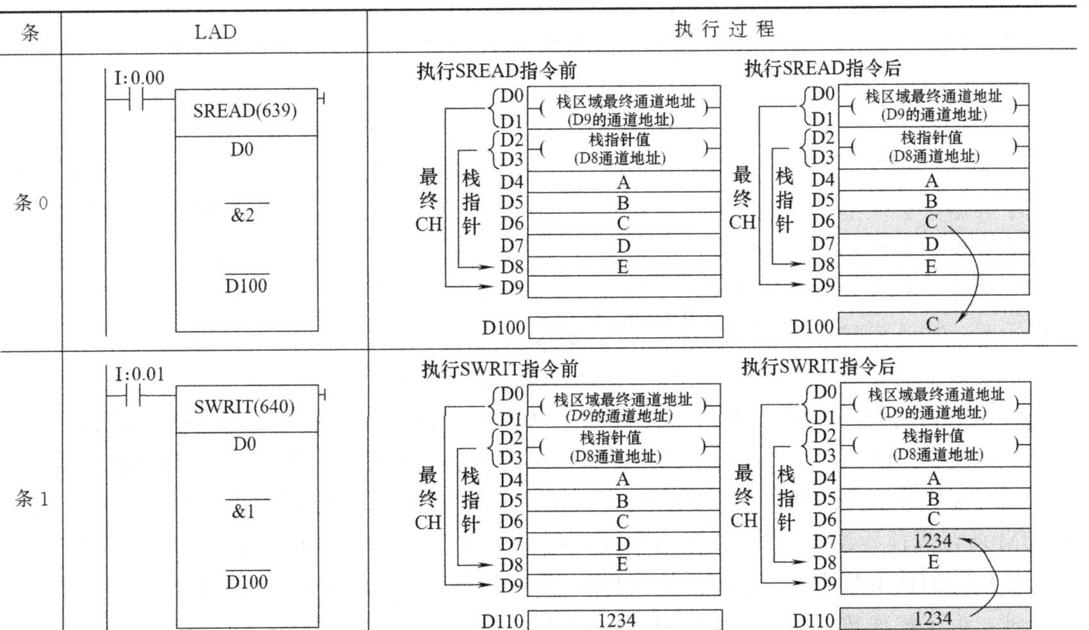

（4）SINS、SDEL、SNUM 指令

SINS 为栈数据插入指令，它是将栈区域（由 D 指定）栈指针指定的地址往低偏移 C 个通道，再将 S 通道中的数据插入偏移确定的通道中，该通道至栈指针指定通道中的原数据整体往高侧移动一个通道，同时栈指针值＋1。SDEL 为栈数据删除指令，它是将栈区域（由 S 指定）栈指针指定的地址往低偏移 C 个通道，再将偏移确定的通道中的数据删除，同时该数据送入 D 指定的通道中，而删除位置之后的通道至栈指针指定通道中的原数据整体往低侧移动一个通道，同时栈指针值－1。SNUM 为栈数统计输出指令，它是计算栈区域（由 S 指定）的数据存储区始端 S＋4～当前指针－1 指定地址之间的通道数，再将通道数送入 D 通道，其数据存储区域的数据以及栈当前指针值不发生改变。SINS、SDEL、SNUM 指令格式如表 5-101 所示。

表 5-101　SINS、SDEL、SNUM 指令格式

指令	LAD	STL	操作数说明
SINS 指令	SINS(641) D C S	SINS(641)　D　C　S	D 为栈区域低位 CH 编号；C 为插入位置偏移值；S 为插入数据
SDEL 指令	SDEL(642) S C D	SDEL(642)　S　C　D	S 为栈区域低位 CH 编号；C 为删除位置偏移值；D 为操作量输出 CH 编号
SNUM 指令	SNUM(638) S D	SNUM(638)　S　D	S 为栈区域低位 CH 编号；D 为输出目的地 CH 编号

使用说明

① SINS、SDEL、SNUM 执行指令前，栈区域必须先通过 SSET 指令进行设置。

② 使用 SINS 时，为了插入 1 CH，不能在数据存储区域的最后 1 CH 存储数据，如果存储了数据，会发生错误，无法插入。执行 SINS 时，栈指针的值比栈存储区域最终 CH 的 I/O 存储器有效地址（D＋1、D）还大时（栈上溢时），会发生错误，无法插入。

③ 执行 SDEL 时，栈指针的值已经在数据存储区域开端（S＋4）的 I/O 存储器有效地址以下时（栈下溢时），会发生错误，无法删除。

例 5-47　假设在执行 SINS、SDEL、SNUM 指令前，已使用了 SSET、PUSH 指令对堆栈进行了相应处理，现 SNUM 统计在栈中从数据存储区域开端到当前栈指针位置－1 的通道数，使用 SINS 指令在 D5 中插入 D120 中的内容，使用 SDEL 指令将 D6 中的数据删除，同时该数据送入 D130 中，SINS、SDEL、SNUM 指令的应用如表 5-102 所示。执行 SNUM 前，当前栈指针指向 D7 通道地址；执行 SNUM 指令后，D4～D6（当前指针－1 指定地址）间的通道数为 3，将该数送入 D100 中。执行 SINS 指令前，当前栈指针指向 D7 通道地址；由于操作数 C 为 2，执行 SINS 指令后，将 D120 中的内容插入 D5 通道中，而D5～

D8 通道中的原内容往高侧移动一个通道，同时当前指针值加 1，即指向 D8 通道地址。执行 SDEL 指令前，当前栈指针指向 D8 通道地址；由于操作数 C 为 2，执行 SDEL 指令后，从栈中删除 D6 通道中数据，同时将该数据送入 D130 中，而 D7～D9 通道中的内容往低侧移动一个通道，当前指针值减 1，即指向 D7 通道地址。

表 5-102　SINS、SDEL、SNUM 指令的应用

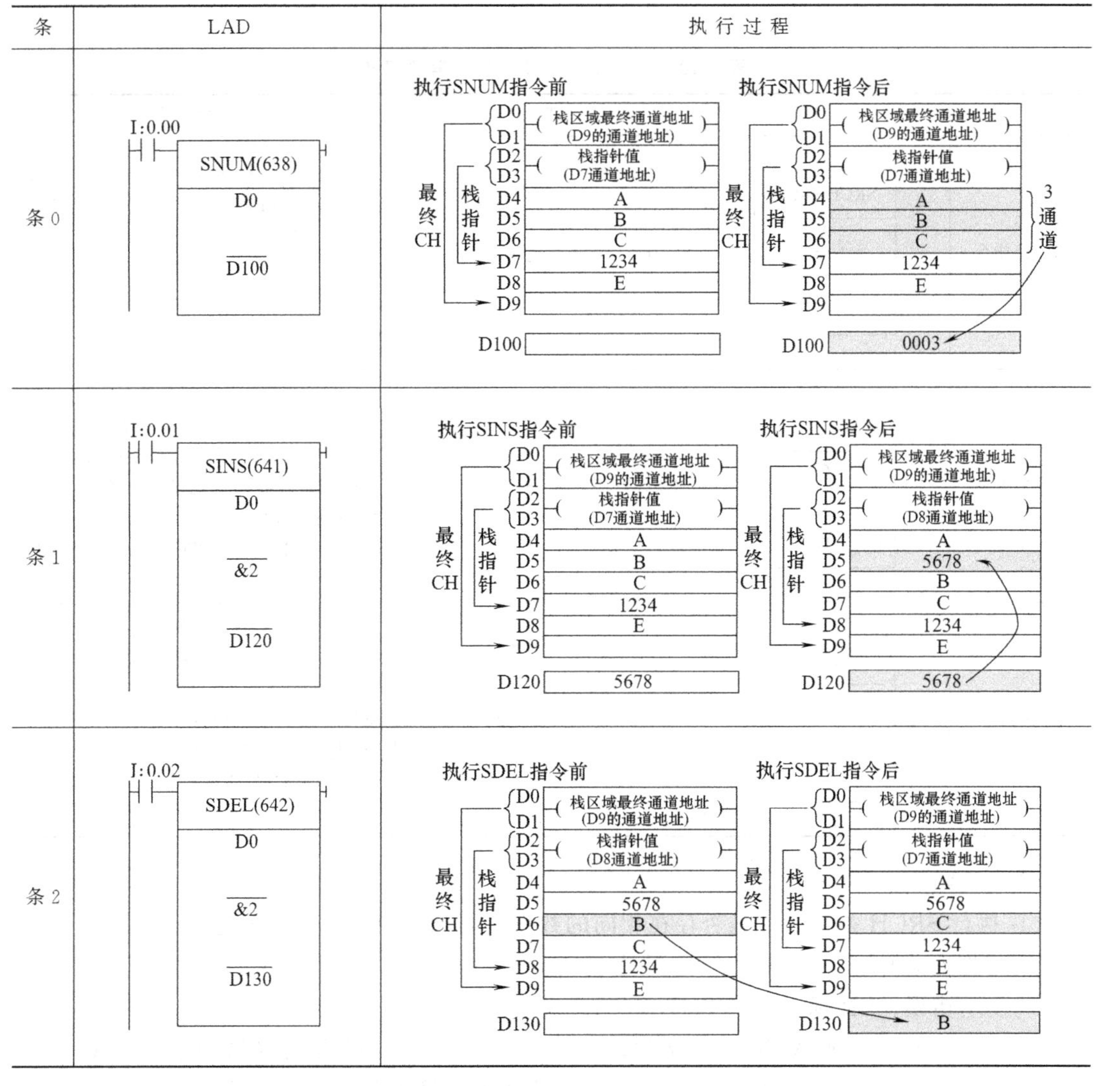

条	LAD	执行过程
条 0	I:0.00 SNUM(638) D0 D100	执行SNUM指令前：D0/D1 栈区域最终通道地址（D9的通道地址）；D2/D3 栈指针值（D7通道地址）；D4 A；D5 B；D6 C；D7 1234；D8 E；D9；D100（空）。执行SNUM指令后：D0/D1 栈区域最终通道地址（D9的通道地址）；D2/D3 栈指针值（D7通道地址）；D4 A；D5 B；D6 C（3通道）；D7 1234；D8 E；D9；D100 0003
条 1	I:0.01 SINS(641) D0 &2 D120	执行SINS指令前：D0/D1 栈区域最终通道地址（D9的通道地址）；D2/D3 栈指针值（D7通道地址）；D4 A；D5 B；D6 C；D7 1234；D8 E；D9；D120 5678。执行SINS指令后：D0/D1 栈区域最终通道地址（D9的通道地址）；D2/D3 栈指针值（D8通道地址）；D4 A；D5 5678；D6 B；D7 C；D8 1234；D9 E；D120 5678
条 2	I:0.02 SDEL(642) D0 &2 D130	执行SDEL指令前：D0/D1 栈区域最终通道地址（D9的通道地址）；D2/D3 栈指针值（D8通道地址）；D4 A；D5 5678；D6 B；D7 C；D8 1234；D9 E；D130（空）。执行SDEL指令后：D0/D1 栈区域最终通道地址（D9的通道地址）；D2/D3 栈指针值（D7通道地址）；D4 A；D5 5678；D6 C；D7 1234；D8 E；D9 E；D130 B

5.5.2　表格处理指令

表格处理指令包括：MAX（最大值检索）、MIN（最小值检索）、SRCH（数据检索）、SUM（总数值计算）、FCS（FCS 计算）、SWAP（字节交换）、DIM（定维记录）、SETR（记录位置设定）、GETR（记录位置读取）。

（1）SRCH、MAX、MIN 指令

SRCH 指令是在已指定范围的表格中检索 1 CH 的数据，它是将 S1 为首的 W 个通道组成表格，从表格中查找与 S2 数据相同的通道，并将该通道的地址存入变址寄存器 IR0 中，如果有多个通道，则存储低通道地址。MAX 指令是在已指定范围的表格中检索最大值，它

是将S为首的C个通道组成表格，从表格中查找出最大值数据，再将该数据送入D通道，如果C+1通道第14位为1，则同时会将最大数据所在通道的地址存入变址寄存器IR0中。MIN指令是在已指定范围的表格中检索最小值，它是将S为首的C个通道组成表格，从表格中查找出最小值数据，再将该数据送入D通道，如果C+1通道第14位为1，则同时会将最小数据所在通道的地址存入变址寄存器IR0中。SRCH、MAX、MIN指令格式如表5-103所示。

表5-103　SRCH、MAX、MIN指令格式

指令	LAD	STL	操作数说明
SRCH指令	SRCH(181) W S1 S2	SRCH(181)　W　S1　S2	W为表格长度数据，取值范围为0x0001～0xFFFF(即十进制1～65535)；W+1用来设置数据相同的通道个数，为0x8000时将数据相同通道个数送入DR0，W+1为0x0000时无输出；S1为数据低位CH编号；S2为检索数据
MAX指令	MAX(182) C S D	MAX(182)　C　S　D	C为控制数据；C+1的第15、14位用于设置检索，第15位指定数据符号："1"表示带符号数，"0"表示无符号数，第14位指定最大值通道地址是否存入IR0，"1"表示是，"0"表示否；S为表格低位CH编号；D为最大值输出目的地CH编号
MIN指令	MIN(183) C S D	MIN(183)　C　S　D	C为控制数据，C+1的第15、14位用于设置检索，第15位指定数据符号："1"表示带符号数，"0"表示无符号数，第14位指定最小值通道地址是否存入IR0，"1"表示是，"0"表示否；S为表格低位CH编号；D为最小值输出目的地CH编号

使用说明

① 执行SRCH指令后，是否存在相同的数据，可通过读取"="标志进行判断，不存在相同数据时，IR00和DR00的值保持不变。如果表格长数据W不在0x0001～0xFFFF时，将发生错误，ER标志为ON。

② 执行MAX（或MIN）指令时，表格长（C）不能超出表格数据范围，C不在0x0001～0xFFFF时，将发生错误，ER标志为ON。最大值（或最小值）为0x0000时，"="标志为ON；最大值（或最小值）的最高位为"1"时，N标志为ON。

③ SRCH、MAX、MIN指令中所讲的表格区域是指定这些指令设定的区域，与表格区域宣言DIM指令所设定的表格不同。

例5-48　SRCH、MAX、MIN指令的应用如表5-104所示。在条0中，0.00常开触点为ON时，执行SRCH指令。由于SRCH指令中W+1为0x8000，W为0x000A，S1为D100，S2为D200，因此，执行该指令时，是在D100～D109这10个通道组成表格中统计与D200通道中数据（0x1234）相同的通道个数（0x0003），将统计的数据送入DR00中，并将相同数据的低通道地址（0x10067）送入IR00中。在条1中，0.01常开触点为ON时，

执行 MAX 指令。由于 MAX 指令中，C1 为 0xC000（第 15 位为 1，表示带符号数；第 14 位为 1，表示最大值通道地址存入 IR00），C0 为 0x000A，S 为 D200，D 为 D300，因此，执行该指令时，是在 D200～D209 这 10 个通道组成表格中查找最大值，并将该值（0x001B）存入 D300 中，将最大值的通道地址（0x000100CA）送入 IR00 中。在条 2 中，0.02 常开触点为 ON 时，执行 MIN 指令。由于 MIN 指令中，C1 为 0xC000（第 15 位为 1，表示带符号数；第 14 位为 1，表示最小值通道地址存入 IR00），C0 为 0x000A，S 为 D200，D 为 D310，因此，执行该指令时，是在 D200～D209 这 10 个通道组成表格中查找最小值，并将该值（0xFFFD）存入 D310 中，将最小值的通道地址（0x000100CF）送入 IR00 中。

表 5-104　SRCH、MAX、MIN 指令的应用

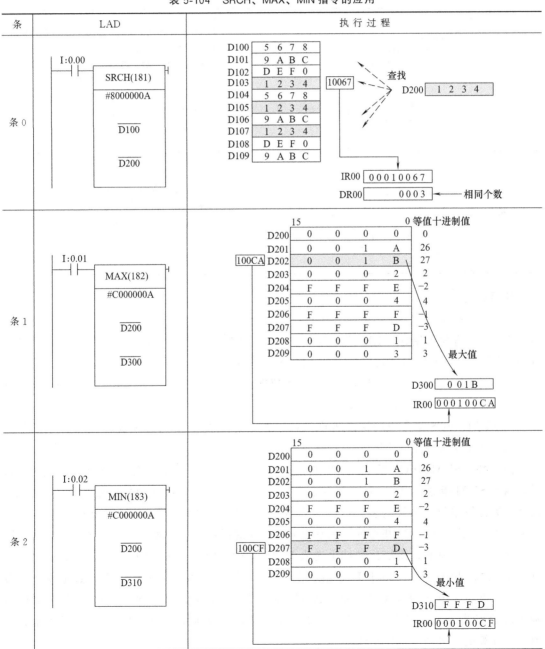

条	LAD	执行过程
条 0	I:0.00 SRCH(181) #8000000A D100 D200	D100 5 6 7 8 D101 9 A B C D102 D E F 0 D103 1 2 3 4 D104 5 6 7 8 D105 1 2 3 4 D106 9 A B C D107 1 2 3 4 D108 D E F 0 D109 9 A B C 10067　查找　D200 1 2 3 4 IR00 0 0 0 1 0 0 6 7 DR00 0 0 0 3 ← 相同个数
条 1	I:0.01 MAX(182) #C000000A D200 D300	15　0　等值十进制值 D200 0 0 0 0　0 D201 0 0 1 A　26 100CA D202 0 0 1 B　27 D203 0 0 0 2　2 D204 F F F E　−2 D205 0 0 0 4　4 D206 F F F F　−1 D207 F F F D　−3 D208 0 0 0 1　1 D209 0 0 0 3　3 最大值 D300 0 0 1 B IR00 0 0 0 1 0 0 C A
条 2	I:0.02 MIN(183) #C000000A D200 D310	15　0　等值十进制值 D200 0 0 0 0　0 D201 0 0 1 A　26 D202 0 0 1 B　27 D203 0 0 0 2　2 D204 F F F E　−2 D205 0 0 0 4　4 D206 F F F F　−1 100CF D207 F F F D　−3 D208 0 0 0 1　1 D209 0 0 0 3　3 最小值 D310 F F F D IR00 0 0 0 1 0 0 C F

(2) SUM、FCS指令

SUM指令计算指定表格内的总值，它是将S为首的C个字节或字组成表格，并按C+1通道高4位数据的定义，计算表格中数据的总值，再将总值送入D+1、D通道中。FCS指令计算指定表格的FCS (Frame Check Sequence，帧检验序列) 值，它是将S为首的C个字节或字组成表格，通过一定的运算规则计算出表格中数据的FCS值，再将FCS值转换成ASCII码送入D通道中。SUM、FCS指令格式如表5-105所示。

表5-105 SUM、FCS指令格式

指令	LAD	STL	操作数说明
SUM指令	SUM(184) C S D	SUM(184) C S D	C为控制数据。C+1的第15位指定数据符号，"1"表示带符号数，"0"表示无符号数；第14位指定数据类型，"1"表示BCD数，"0"表示BIN数；第13位为"0"则计算字，为"1"则计算字节；第12位为"0"则以高字节开始，为"1"则以低字节开始；其余位固定为0。D为总值输出目的地低位CH编号
FCS指令	FCS(180) C S D	FCS(180) C S D	C为控制数据。C+1的第13位为"0"则计算字，为"1"则计算字节；第12位为"0"则以高字节开始，为"1"则以低字节开始；其余位固定为0。D为FCS值存储开端CH编号

使用说明

① 执行SUM指令时，表格长 (C) 不能超出表格数据的范围，C不在0x0001～0xFFFF时，将发生错误，ER标志为ON。运算结果总数值为0x0000时，"="标志为ON；运算结果总数值的最高位为"1"时，N标志为ON。

② 执行FCS指令时，表格长 (C) 不能超出表格数据的范围，C不在0x0001～0xFFFF时，将发生错误，ER标志为ON。

③ SUM、FCS指令中所讲的表格区域是指定这些指令设定的区域，与表格区域宣言DIM指令所设定的表格不同。

例5-49 SUM、FCS指令的应用如表5-106所示。在条0中，当0.00常开触点为ON时，执行SUM指令。由于SUM指令中，C+1为0x3000 (即统计的数是无符号BIN数据，以字节为计算单位，从低位字节开始)，C为0x000A (即统计10个连续字节)，S为D100，D为D120，则执行SUM指令时，实质是从D100的低位字节开始，统计连续10个无符号BIN字节数据的总和，将统计的结果送入D121、D120中。在条1中，当0.01常开触点为ON时，执行FCS指令。由于FCS指令中，C+1为0x3000 (即计算的FCS数是以字节为单位，从低位字节开始)，C为0x000A (即统计10个连续字节)，S为D100，D为D130，则执行FCS指令时，实质是从D100的低位字节开始，将连续10个BIN字节数据计算FCS值，将计算的结果送入D130中。

表 5-106 SUM、FCS 指令的应用

条	LAD	STL	执行过程
条 0	I:0.00 SUM(184) #3000000A D100 D120	LD 0.00 SUM(184)#3000000A D100 D120	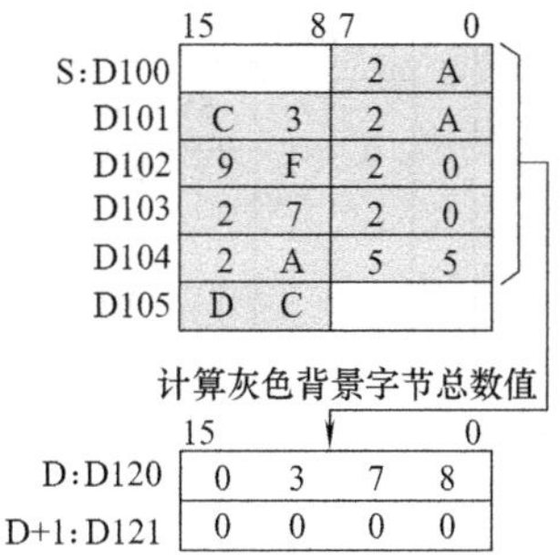 S:D100: 2A; D101: C3 2A; D102: 9F 20; D103: 27 20; D104: 2A 55; D105: DC; 计算灰色背景字节总数值; D:D120: 0378; D+1:D121: 0000
条 1	I:0.00 FCS(180) #3000000A D100 D130	LD 0.01 FCS(180)#3000000A D100 D130	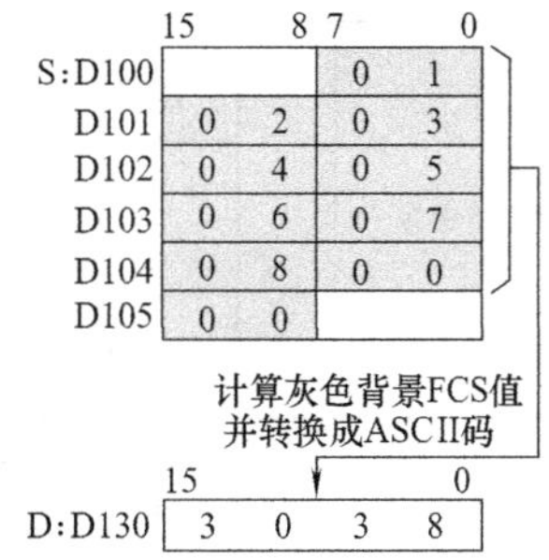 S:D100: 01; D101: 02 03; D102: 04 05; D103: 06 07; D104: 08 00; D105: 00; 计算灰色背景FCS值并转换成ASCII码; D:D130: 3038

(3) SWAP 指令

SWAP 为字节交换指令，它是将 D 为首的 S 个通道组成表格，并将每个通道的高字节与低字节相互交换，其指令格式如表 5-107 所示。

表 5-107 SWAP 指令格式

指令	LAD	STL	操作数说明
SWAP 指令	SWAP(637) S D	SWAP(637) S D	S 为表格长指定数据，取值范围为 0x0001～0xFFFF（或者十进制 1～65535）；D 为表格低位 CH 编号

使用说明

① S 为 0x0000 时，发生错误，ER 标志为 ON。

② SWAP 指令中所讲的表格区域是指定这些指令设定的区域，与表格区域宣言 DIM 指令所设定的表格不同。

例 5-50 SWAP 指令的应用如表 5-108 所示。当 0.00 常开触点为 ON 时，执行 SWAP 指令。由于 SWAP 指令中，S 为 10（表示表格长度为 10），D 为 W0，因此，执行 SWAP 指令时，将 W0～W9（10 个通道）中的高低字节互换。

(4) DIM、SETR、GETR 指令

DIM 为定维记录指令，又称为表格区域宣言指令，它是将 D 为首的 S1（记录长）×S2（记录数）个通道定义为编号为 N 的表格。SETR 为记录位置设定指令，它是将表格 N 中的 S1 记录的首通道地址送入 D 变址寄存器中。GETR 为记录位置读取指令，它是将表格 N 中由 S1 指定通道所属记录的编号送入 D 通道。DIM、SETR、GETR 指令格式如表 5-109 所示。

表 5-108 SWAP 指令的应用

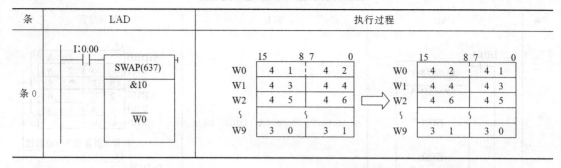

条	LAD	执行过程
条 0	I:0.00 SWAP(637) &10 W0	执行前（位 15～8 / 7～0）：W0: 41 42；W1: 43 44；W2: 45 46；…；W9: 30 31 执行后（位 15～8 / 7～0）：W0: 42 41；W1: 44 43；W2: 46 45；…；W9: 31 30

表 5-109 DIM、SETR、GETR 指令格式

指令	LAD	STL	操作数说明
DIM 指令	DIM(631) N S1 S2 D	DIM(631) N S1 S2 D	N 为表格编号，取值范围为 0～15；S1 为记录长，取值范围为 0x0001～0xFFFF（或十进制 1～65535）；S2 为记录数，取值范围为 0x0001～0xFFFF（或十进制 1～65535）；D 为表格区域低位 CH 编号
SETR 指令	SETR(635) N S1 D	SETR(635) N S1 D	N 为表格编号，取值范围为 0～15；S1 为记录编号，取值范围为 0x0000～0xFFFE（或十进制 0～65534）；D 为输出目的地变址寄存器，取值范围为 IR0～IR15
GETR 指令	GETR(636) N S1 D	GETR(636) N S1 D	N 为表格编号，取值范围为 0～15；S1 为变址寄存器，取值范围为 IR0～IR15；D 为记录值输出 CH 编号

使用说明

① DIM 指令与 SETR、GETR 指令组合使用，DIM 指令将数据分割到记录后，通过 SETR 指令将希望记录编号的开端地址存储到变址寄存器；通过 GETR 指令，可以输出包含了指定变址寄存器（IR）的记录编号。

② SETR 指令的记录编号将开端的记录指定为 0。在 SETR、GETR 指令中，指定了超过登录的记录编号时，发生错误，ER 标志为 ON；N 所指定的表格区域未根据 DIM 指令进行登录时，也发生错误，ER 标志也为 ON。

例 5-51 DIM、SETR、GETR 指令的应用如表 5-110 所示。在条 0 中，当 0.00 常开触点为 ON 时，执行 DIM 指令。由于 DIM 指令中，N 为 2（表示表格编号为 2），S1 为 D100（D100 中的内容为 0x000A，表示记录长为 10 字），S2 为 D200（D200 中的内容为 0x0003，表示记录数为 3），D 为 D300（表示表格区域低位 CH 编号为 D300），因此，执行 DIM 指令，将 D300 为首的 10×3 个通道定义为编号为 2 的表格。在条 1 中，当 0.01 常开触点为 ON 时，执行 SETR 指令。由于 SETR 指令中，N 为 10（表示表格编号为 10），S1 为

0x0001（表示记录编号为1），D为IR11（表示输出目的地变址寄存器为IR11），因此，执行SETR指令，将表格10的记录1的首通道D310的I/O有效存储地址送入变址寄存器IR11中。在条2中，当0.02常开触点为ON时，执行GETR指令。由于GETR指令中，N为10（表示表格编号为10），S1为0x0002（即变址寄存器为IR11，IR11中的内容为D320通道地址），D为D1000（表示记录值输出编号为D1000），因此，执行GETR指令，将表格10的首通道为D320对应的记录号（0x0002）送入D1000中。

表5-110 DIM、SETR、GETR指令的应用

条	LAD	STL	执行过程
条0	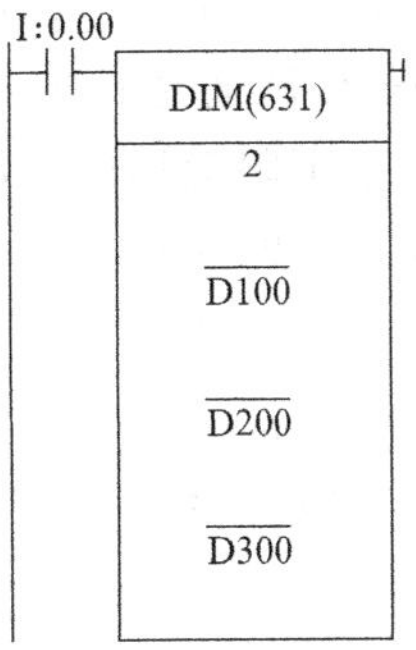 I:0.00 DIM(631) 2 D100 D200 D300	LD 0.00 DIM(631) 2 D100 D200 D300	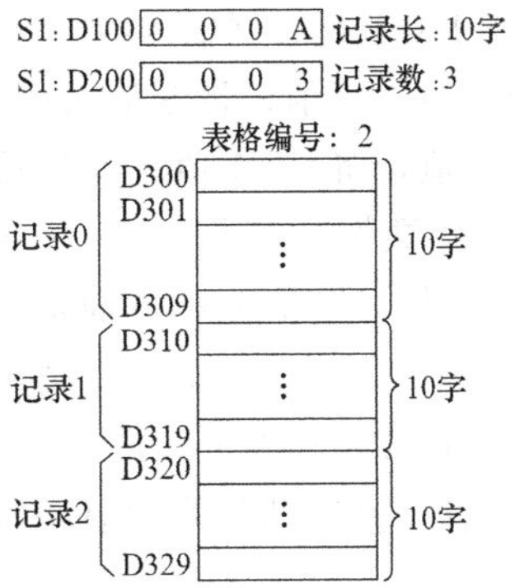 S1:D100 0 0 0 A 记录长:10字 S1:D200 0 0 0 3 记录数:3 表格编号：2 记录0 D300 D301 … D309 10字 记录1 D310 … D319 10字 记录2 D320 … D329 10字
条1	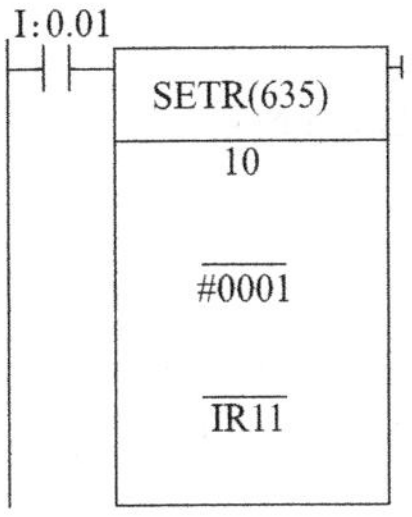 I:0.01 SETR(635) 10 #0001 IR11	LD 0.01 SETR(635) 10 #0001 IR11	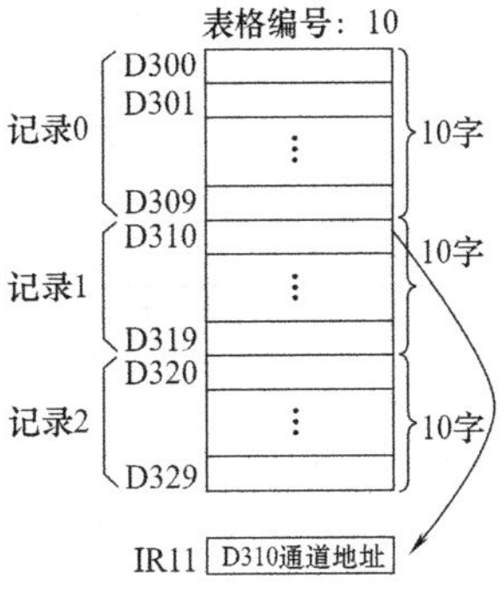 表格编号：10 记录0 D300 D301 … D309 10字 记录1 D310 … D319 10字 记录2 D320 … D329 10字 IR11 D310通道地址
条2	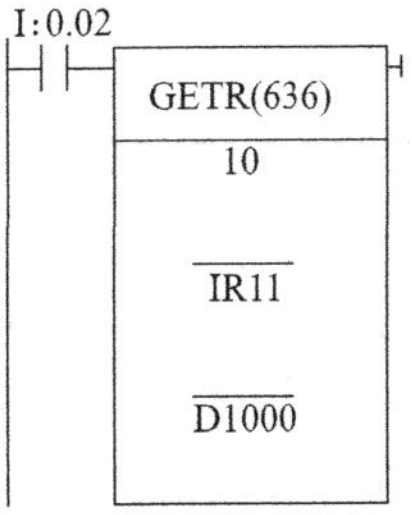 I:0.02 GETR(636) 10 IR11 D1000	LD 0.02 SETR(635) 10 IR11 D1000	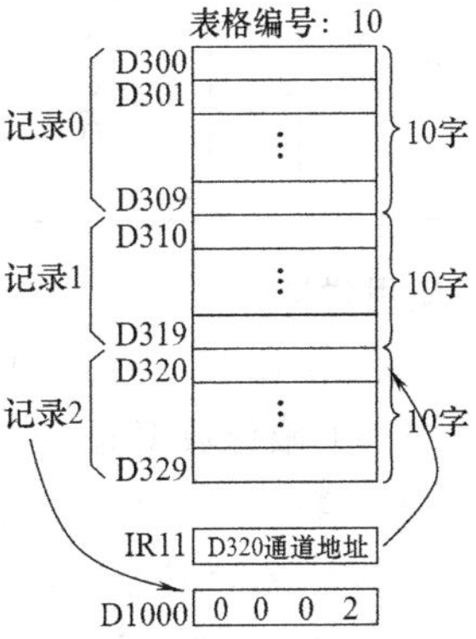 表格编号：10 记录0 D300 D301 … D309 10字 记录1 D310 … D319 10字 记录2 D320 … D329 10字 IR11 D320通道地址 D1000 0 0 0 2

5.6 数据控制指令

数据控制指令主要包括 PID 运算、限位控制、死区/静区比较输出、缩放、数据平均化等指令，PID 指令将在第 8 章讲述。

5.6.1 限位、死区/静区控制指令

限位、死区/静区控制指令包括 LMT 上下限限位控制指令、BAND 死区控制指令和 ZONE 静区控制指令。

LMT 是根据输入数据是否位于上下限限位数据的范围内来控制输出数据，如果 C 值≤S 值≤C+1 值，将 S 值送入 D 通道；如果 S 值<C 值，将 C 值送入 D 通道；如果 S 值>C+1值，将 C+1 值送入 D 通道。BAND 是根据输入数据是否位于上下限数据的范围内来控制输出数据，如果 C 值<S 值<C+1 值，将 0x0000 送入 D 通道；如果 S 值<C 值，将 S 值−C值，结果送入 D 通道；如果 S 值>C+1 值，将 S 值−C+1 值，结果送入 D 通道。ZONE 是将指定的偏置值附加到输入数据中进行输出，如果 S 值<0，将 S 值+C 值，结果送入 D 通道；如果 S 值>0，将 S 值+C+1 值，结果送入 D 通道；如果 S 值=0，将 0x0000 送入 D 通道。LMT、BAND、ZONE 指令格式如表 5-111 所示。

表 5-111　LMT、BAND、ZONE 控制指令格式

指令	LAD	STL	操作数说明
LMT 指令	LMT(680) S C D	LMT(680)　S　C　D	S 为输入 CH 编号；C 为下限位数据 CH 编号；C+1 为上限位数据 CH 编号；D 为输出 CH 编号
BAND 指令	BAND(681) S C D	BAND(681)　S　C　D	S 为输入 CH 编号；C 为下限位数据 CH 编号；C+1 为上限位数据 CH 编号；D 为输出 CH 编号
ZONE 指令	ZONE(682) S C D	ZONE(682)　S　C　D	S 为输入 CH 编号；C 为负的偏置值 CH 编号；C+1 为正的偏置值 CH 编号；D 为输出 CH 编号

使用说明

① 执行 LMT、BAND 指令时，上限位数据<下限位数据，会发生错误，ER 标志为 ON；S>上限位数据时，">" 标志为 ON；输出 D 的内容为 0x0000 时，"=" 标志为 ON；S<下限位数据时，"<" 标志为 ON；输出 D 的内容的最高位为 1 时，N 标志为 ON。

② 执行 ZONE 指令时，正的偏置值<负的偏置值时，会发生错误，ER 标志为 ON；S>0x0000 时，">" 标志为 ON；输出 D 的内容为 0x0000 时，"=" 标志为 ON；S<

0x0000 时，“<”标志为 ON；输出 D 的内容的最高位为 1 时，N 标志为 ON。

例 5-52 LMT、BAND、ZONE 指令的应用如表 5-112 所示。在条 0 中，当 0.00 常开触点为 ON 时，执行 LMT 指令。假设 LMT 指令中，D200 中的下限位值为 0x0064（即十进制 100），D201 中的上限位值为 0x012C（即十进制 300），若 D100 中的内容为 0x0050（即十进制 80）时，由于 80 小于下限位值 100，因此 D300 中输出 100（即 0x0064）；如果 D100 中的内容为 0x00C8（即十进制 200）时，由于 200 大于下限位值 100 而小于上限位值 300，因此 D300 中输出 200（即 0x00C8）；如果 D100 中的内容为 0x015E（即十进制 350）时，由于 350 大于上限位值 300，因此 D300 中输出 300（即 0x012C）。在条 1 中，当 0.01 常开触点为 ON 时，执行 BAND 指令。假设 BAND 指令中，D210 中的下限位值为 0x00C8（即十进制 200），D211 中的上限位值为 0x012C（即十进制 300），若 D110 中的内容为 0x00B4（即十进制 180）时，由于 180 小于下限位值 200，因此，将 180－200＝－20（即 0xFFEC）输出到 D310 中；如果 D110 中的内容为 0x00E6（即十进制 230）时，由于 230 大于下限位值 200 而小于上限位值 300，因此 D310 中输出为 0；如果 D110 中的内容为 0x015E（即十进制 350）时，由于 350 大于上限位值 300，因此，将 350－300＝50（即 0x0032）输出到 D310 中。在条 2 中，当 0.02 常开触点为 ON 时，执行 ZONE 指令。假设 ZONE 指令中，D220 中的负偏置值为 0xFF9C（即十进制－100），D221 中的正偏置值为 0x0064（即十进制 100），若 D120 中的值小于 0，将该值加上－100（0xFF9C）后的值存入 D320 中；如果 D120 中的值为 0，将 0x0000 送入 D320；如果 D120 中的值大于 0，将该值加上＋100（0x0064）后的值存入 D320 中。

表 5-112 LMT、BAND、ZONE 指令的应用

条	LAD	STL	执行过程
条 0	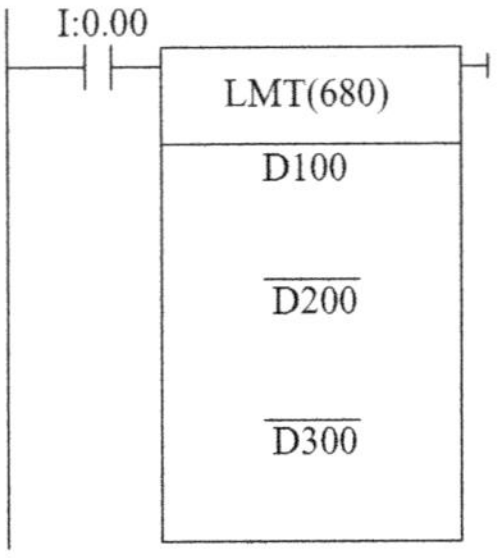 I:0.00 LMT(680) D100 D200 D300	LD 0.00 LMT(680) D100 D200 D300	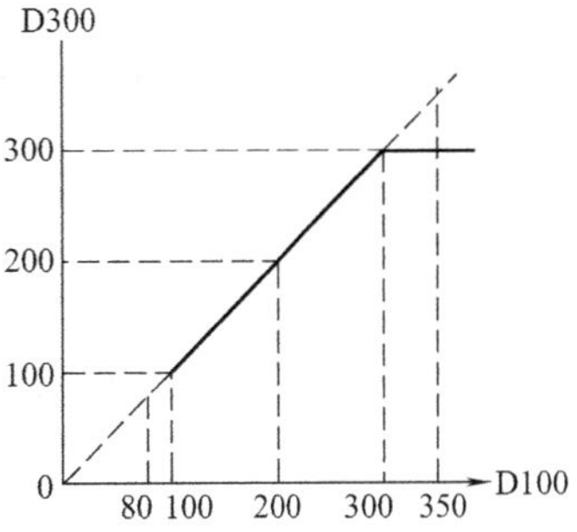
条 1	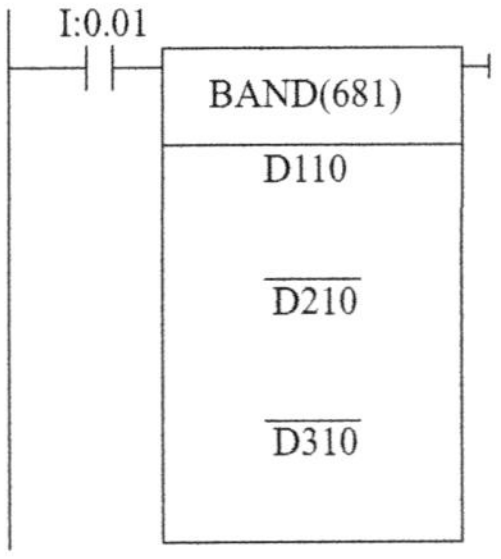 I:0.01 BAND(681) D110 D210 D310	LD 0.01 BAND(681) D110 D210 D310	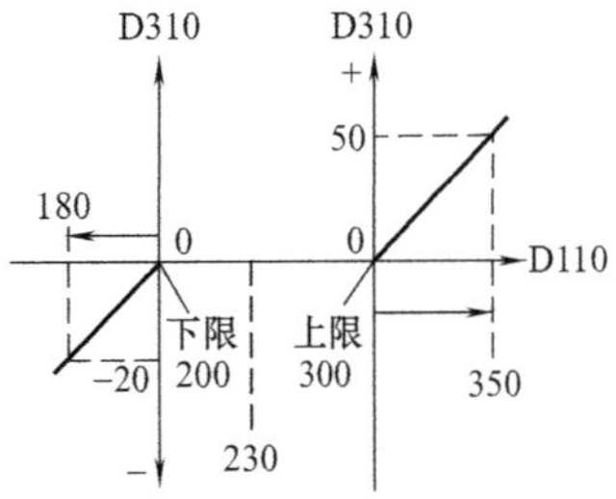

续表

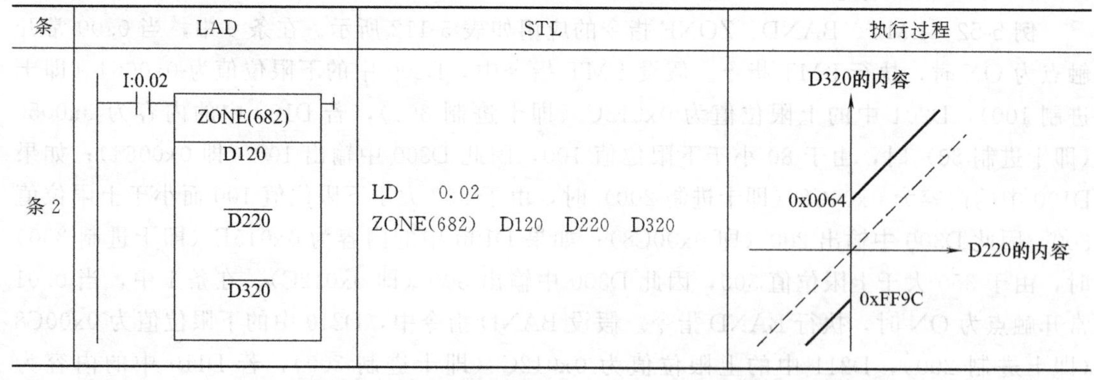

条	LAD	STL	执行过程
条 2	I:0.02 ZONE(682) D120 D220 D320	LD 0.02 ZONE(682) D120 D220 D320	D320的内容 0x0064 D220的内容 0xFF9C

5.6.2 时分割比例输出指令

所谓时分割比例输出是指，根据输入值（S）按比例来变更 ON 和 OFF 的时间比的输出。变更 ON 和 OFF 的时间比的周期称为“控制周期”，指定为 C+1。

TPO 为时分割比较输出指令，它是按 C～C+3 通道中设定的参数，将 S 通道中的数据作为任务比或操作量转换成相应的脉冲信号，输出给 R 继电器。TPO 指令格式如表 5-113 所示。

表 5-113　TPO 指令格式

指令	LAD	STL	操作数说明
TPO 指令	TPO(685) S C R	TPO(685)　S　C　R	S 为输入任务比或操作量存储 CH 编号；C 为参数存储低位 CH 编号；R 为脉冲输出继电器编号

使用说明

① 通常情况下，TPO 指令与 PID 类运算指令成套使用，通过 TPO 指令的 S 来指定操作量的输出结果。

② 输入条件为 ON 的过程中才能执行 TPO 指令。在执行 TPO 指令前，需要设置有关

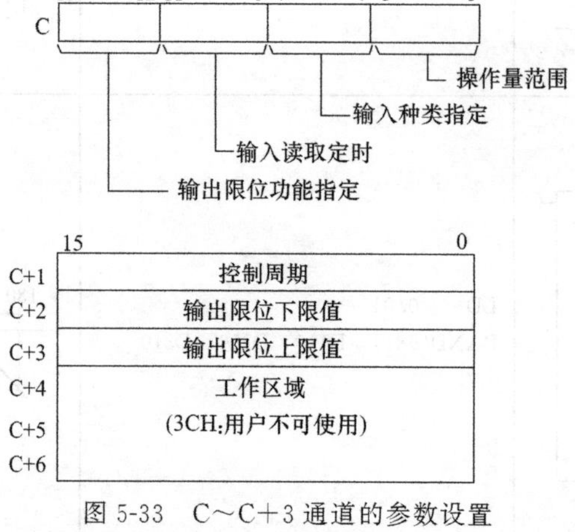

图 5-33　C～C+3 通道的参数设置

参数（如根据任务比将输出接点 R 转为 ON/OFF）；在执行指令时，PLC 按照设定的参数将 S 通道的数据转换成相应的脉冲信号，输出给 R 继电器。

③ C～C+3 通道为时分割比例输出指令的参数设置区，其设置内容如图 5-33 所示，其详细的设置说明如表 5-114 所示。

表 5-114 TPO 指令中 C～C+3 通道参数详细设置说明

控制数据	项目	内容	设定范围	输入条件为 ON 时能否变更
C 的 b3～b0	操作量范围	输入数据的位数	0000：8 位；0001：9 位；0010：10 位；0011：11 位；0100：12 位；0101：13 位；0110：14 位；0111：15 位；1000：16 位	可以
C 的 b7～b4	输入种类指定	输入(S)内的数据选择是任务比还是操作量	0000：任务比（S 值的范围为 0x0000～0x2710，对应比值为 0.00%～100.00%）；0001：操作量（S 值的范围为 0x0000～0xFFFF）	可以
C 的 b11～b8	输入读取定时指定	指定输入读取定时	000：每个控制周期［见图 5-34(a)］；001：下方优先［见图 5-34(b)］；010：上方优先［见图 5-34(c)］；011：常时［见图 5-34(d)］	可以
C 的 b15～b12	输出限位功能指定	指定输出限位功能的有效/无效	000：无效（不进行限位控制）；001：有效（进行限位控制）	可以
C+1	控制周期	控制周期（改变 ON 和 OFF 的时间比的周期）	0x0064～0x270F（对应为 1.00～99.99 秒）	可以
C+2	输出限位下限值	对输出进行限位控制时的限位下限值	0x0000～0x2710（0.00%～100.00%）	可以
C+3	输出限位上限值	对输出进行限位控制时的限位上限值	0x0000～0x2710（0.00%～100.00%）	可以
C+4、C+5、C+6	工作区域	系统为使用的区域，用户无法使用该通道	不可使用	可以

例 5-53 TPO 指令的应用如表 5-115 所示。在条 0 中，当 0.00 常开触点为 ON 时，执行 TPO 指令。在 TPO 指令中，由于 S 为 D10，C 为 D0（即 D0～D3 通道为时分割比例输出指令的参数设置区），R 为 100.06，因此，执行 TPO 指令，是将 D10 通道的数据作为任务比转换成相应的脉冲信号，输出给线圈 100.06，即让脉冲信号从 100.06 端子输出。例如 D10 中的数据为 0x0FA0 时，表示任务比为 40%，由于 D1 通道指定的脉冲周期为 1s，因此，TPO 指令执行时会从 100.06 端子输出周期为 1s、占空比为 40%的脉冲信号。D10 中的数据发生变化，脉冲信号的占空比也会变化，占空比变化范围限制在 0x2710 的 20%～80%间。如果 D0 的 b7～b4 为 0001 时，则将 D10 中的数据指定为操作量，TPO 指令执行时会将操作量与最大操作量的比值作为脉冲的占空比，最大操作量由 D0 的 b3～b0 确定，如 D0 的 b3～b0 为 0100，则指定操作量位数为 12 位，操作量范围为 0x0000～0x0FFF，最大操作量为 0x0FFF。

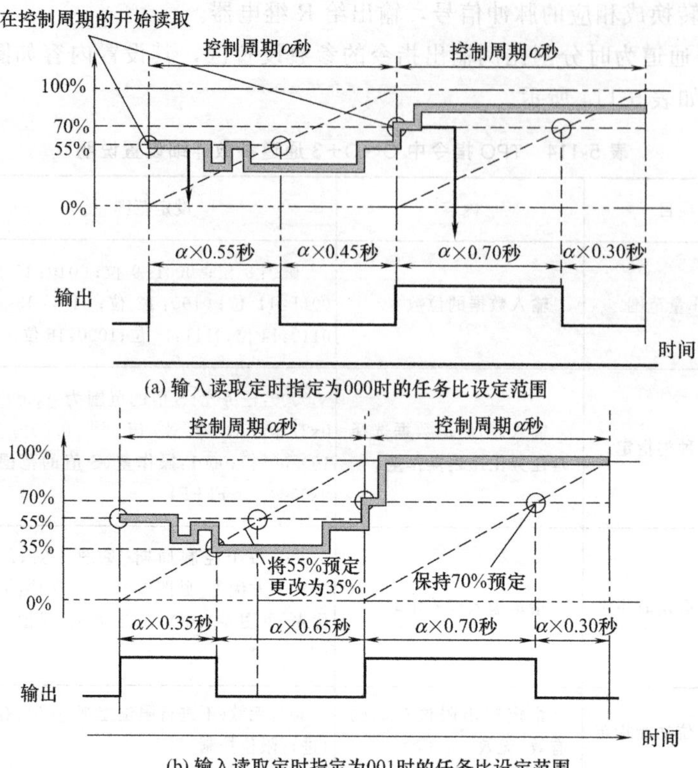

(a) 输入读取定时指定为000时的任务比设定范围

(b) 输入读取定时指定为001时的任务比设定范围

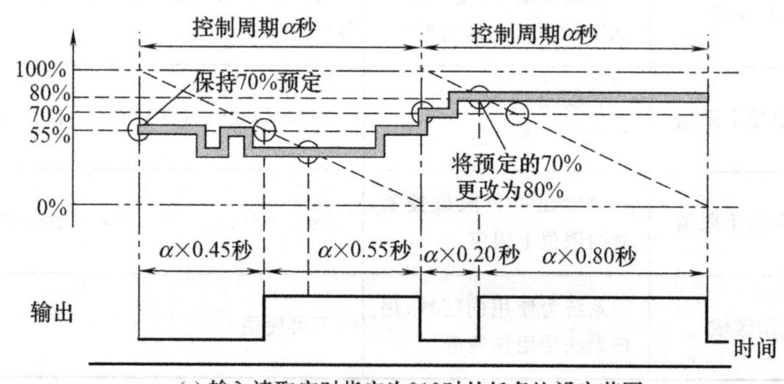

(c) 输入读取定时指定为010时的任务比设定范围

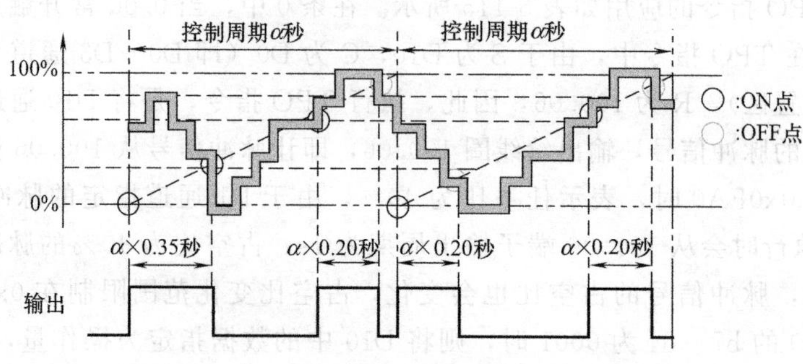

(d) 输入读取定时指定为011时的任务比设定范围

图 5-34　指定输入读取定时的任务比设定范围

表 5-115 TPO 指令的应用

条	LAD	执 行 过 程
条 0	I:0.00 TPO(685) D10 D0 Q:100.06	输出限位功能有效 命令执行时读取 任务比指定 D0: 1 1 0 0 D1: 0 0 6 4 控制周期0x0064对应为1.00秒 D2: 0 7 D 0 输出限位下限0x07D0对应为20.00% D3: 1 F 4 0 输出限位上限0x1F40对应为80.00% D4: 不设定 D5: 不设定 D6: 不设定 ⋮ D10: 0x0000 ~ 0x2710 0.00%~100.00%

5.6.3 缩放指令

缩放指令包括 SCL 缩放指令、SCL2 缩放指令、SCL3 缩放指令。SCL 指令是根据 C～C+3 通道数据指定的一次函数，将 S 通道中无符号 BIN 数据缩放（转换）为无符号 BCD 数据，结果存入 D 通道中。SCL 的转换示意如图 5-35（a）所示，转换公式为：

$$D = Bd - \frac{Bd - Ad}{(Bs - As)\text{的 BCD 转换值}} \times (Bs - S)$$

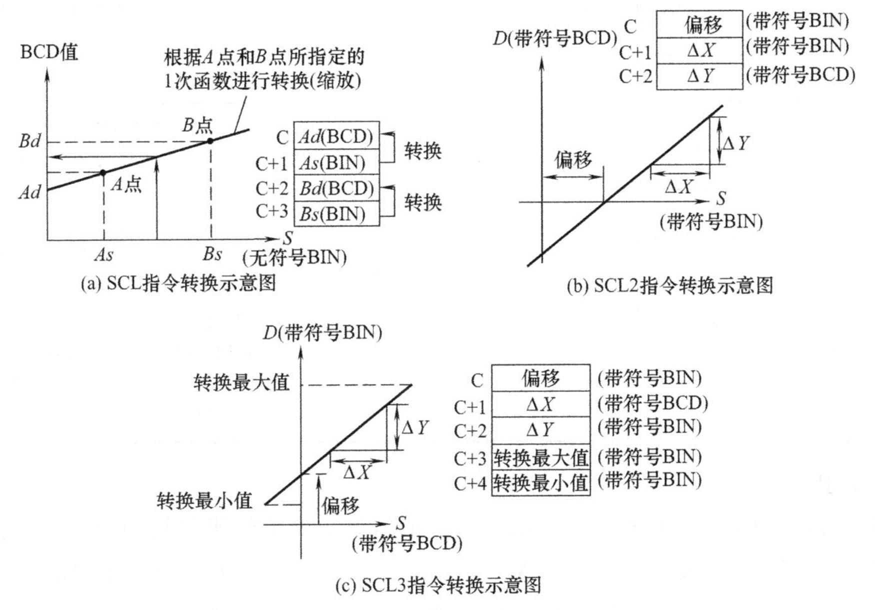

图 5-35 缩放指令转换示意图

SCL2 是根据 C～C+2 通道数据指定的偏移值一次函数，将 S 通道中带符号 BIN 数据缩放（转换）为带符号 BCD 数据，结果存入 D 通道中。SCL 的转换示意如图 5-35（b）所示，转换公式为：

$$D = \frac{\Delta Y}{\Delta X\text{ 的 BCD 转换值}} \times X \times [(S\text{ 的 BCD 转换值}) - (\text{偏移的 BCD 转换值})]$$

SCL3是根据C～C+4通道数据指定的带偏移一次函数，将S通道中带符号BCD数据缩放（转换）为带符号BIN数据，结果存入D通道中。SCL的转换示意如图5-35（c）所示，转换公式为：

$$D=\frac{\Delta Y}{\Delta X\text{ 的 BIN 转换值}}\times X\times[(S\text{ 的 BIN 转换值})+(\text{偏移的 BIN 转换值})]$$

SCL、SCL2、SCL3的指令格式如表5-116所示。

表5-116　SCL、SCL2、SCL3指令格式

指令	LAD	STL	操作数说明
SCL指令	SCL(194) S C D	SCL(194)　S　C　D	S为转换对象CH编号。C为参数存储低位CH编号，其中C为缩放后的*A*点值，范围为0000～9999；C+1为缩放前的*A*点值，范围为0x0000～0xFFFF；C+2为缩放前的*B*点值，范围为0000～9999；C+3为缩放前的*B*点值，范围为0x0000～0xFFFF。D为转换结果存储CH编号
SCL2指令	SCL2(486) S C D	SCL2(486)　S　C　D	S为转换对象CH编号。C为参数存储低位CH编号，其中C为带符号BIN偏移值，范围为0x8000～0x7FFF；C+1为带符号BIN的ΔX，范围为0x8000～0x7FFF；C+2为BCD码的ΔY，范围为0000～9999。D为转换结果存储CH编号
SCL3指令	SCL3(487) S C D	SCL3(487)　S　C　D	S为转换对象CH编号。C为参数存储低位CH编号，其中C为带符号BIN偏移值，范围为0x8000～0x7FFF；C+1为BCD码的ΔX，范围为0001～9999；C+2为带符号BIN的ΔY，范围为0x8000～0x7FFF；C+3为带符号BIN的转换最大值，范围为0x8000～0x7FFF；C+4为带符号BIN的转换最小值，范围为0x8000～0x7FFF。D为转换结果存储CH编号

使用说明

① SCL指令用于将来自模拟输入单元的模拟信号的转换结果转换为用户定义的缩放等情况，如将1～5V的0x0000～0x0FA0缩放为50～200℃。SCL指令中*Ad*（C）和*Bd*（C+2）的值不为BCD时，或者*As*（C+1）和*Bs*（C+3）的值相等时，会发生错误，ER标志为ON。转换结果D的内容为0x0000时，“=”标志为ON。

② SCL2指令用于将来自模拟输入单元的模拟信号的转换结果转换为用户定义的缩放等情况，如将1～5V的0x0000～0x0FA0缩放为−100～200℃。SCL2指令中ΔX（C+1）的数据为0x0000时或ΔY（C+2）的数据不为BCD时，会发生错误，ER标志为ON。转换结果D的内容为0x0000时，“=”标志为ON。转换结果D中内容为负数时，CY标志为ON。

③ SCL3指令用于将用户定义的缩放转换为模拟输出单元用的带符号BIN数据等情况，

如将 0～200℃转换为 0x0000～0x0FA0，从模拟输出单元中输出模拟输出信号 1～5V。S 的数据不为 BCD 时或 ΔX（C+1）的数据不为 0000～9999 的 BCD 时，会发生错误，ER 标志为 ON。转换结果 D 的内容为 0x0000 时，“=”标志为 ON。转换结果 D 中内容的最高位为 1 时，N 标志为 ON。

例 5-54 SCL、SCL2、SCL3 指令的应用如表 5-117 所示。在条 0 中，当 0.00 常开触点为 ON 时，执行 SCL 指令。假如将与模拟信号值对应的 0x0000～0x0FA0（该值对应于 1～5V 的模拟电压值）存储于 D0 中，执行 SCL 指令时，按 D100～D103 中两点数据的变换规律，将 D0 中的数转换成无符号 BCD 数，存入 D200 中，即 D0 中的数在 0x0000～0x0FA0 发生变化时，D200 中的数也将在 0000～0300 变化。在条 1 中，当 0.01 常开触点为 ON 时，

表 5-117 SCL、SCL2、SCL3 指令的应用

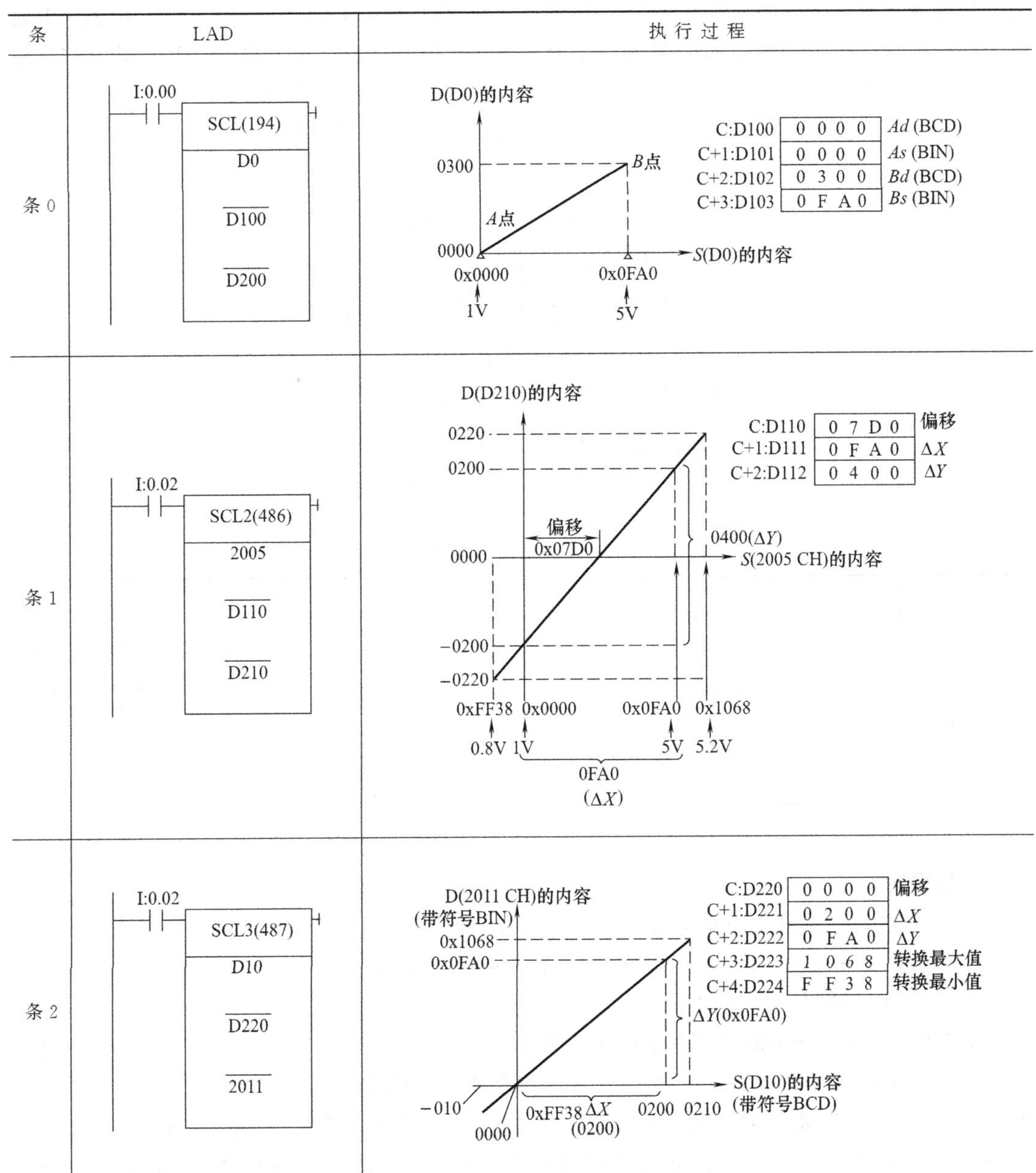

执行 SCL2 指令。假如将与模拟信号值对应的 0x0000～0x0FA0（该值对应于 1～5V 的模拟电压值）存储于 2005 CH 中，执行 SCL2 指令时，按 D110～D112 中的偏移值、ΔX 和 ΔY 值确定的变换规律，将 2005 CH 中的带符号 BIN 数转换成带符号的 BCD 数，存入 D210 中。如果 2005 CH 中的 BIN 数在 0x0000～0x0FA0 范围内变化，SCL2 指令则将它转换成 −0200～0200 变化的 BCD 数。在条 2 中，当 0.02 常开触点为 ON 时，执行 SCL3 指令。执行 SCL3 指令时，按 D220～D224 中的偏移值、ΔX、ΔY、转换最大值、转换最小值确定的变换规律，将 D10 中的带符号 BCD 数转换成带符号的 BIN 数，存入 2011 CH 中。

5.6.4 数据平均化指令

AVG 为数据平均化指令，它是按每个扫描周期递增一个通道的方式，将 S1 通道中的无符号数逐次送入 D+2～D+S2 值+1 通道中，S2 次扫描后，计算 D+2～D+S2 值+1 通道中数据的平均值，结果存入 D 通道，其运算示意如图 5-36 所示。执行 AVG 指令时，每经过一个扫描周期，D+1 中的指针值（b7～b0）增 1，当扫描次数大于或等于 S2 次时，D+1 的 b15 变为 1，S2 值最大为 64。AVG 指令格式如表 5-118 所示。

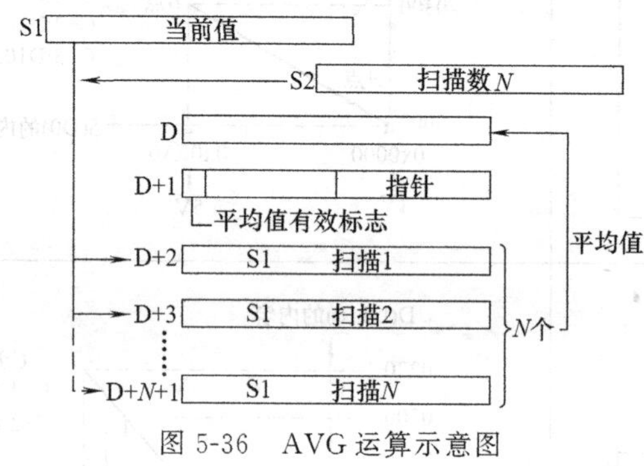

图 5-36 AVG 运算示意图

表 5-118 AVG 指令格式

指令	LAD	STL	操作数说明
AVG 指令	AVG(195) S1 S2 D	AVG(195) S1 S2 D	S1 为当前值输入 CH 编号。S2 为平均值运算循环次数，取值范围为 0x0001～0x0040。D 为平均值存储低位 CH 编号。D+1 为作业数据，b15 为平均值有效标志，"0"表示无效，"1"表示有效，b14～b0 为系统使用

使用说明

① 在初次输入条件上升时，根据 AVG 指令，对作业数据（D+1）初始化为 0x0000；在运行开始第 1 周期时，AVG 指令在执行时对作业数据（D+1）不再将其初始化。

② S2（平均值计算周期次数）的数据为 0x0000 时，会发生错误，ER 标志为 ON。

例 5-55 AVG 指令的应用如表 5-119 所示。当 0.00 为 ON 时，@MOV 指令仅执行 1 次，将 200 CH 初始化为 0000，然后"+"指令使 200 CH 中的内容从 0000 开始逐次扫描加 1，在执行"+"指令前，通过 CLC 指令将进位标志清零。在 0.00 为 ON 时，执行 AVG 指令，由于 S1 为 200 CH，S2 为 3，D 为 D1000，即执行 AVG 指令是将 200 CH 中的内容依次存储到D1002～D1004，平均值会存储到D1000中，而D1001存储作业用数据。其具体过程是：在第1次扫描中，AVG指令将200 CH的内容（0000）保存到D1001，没有执行求平均操作，将0001送入D1001中；在第2次扫描中，AVG指令又将200 CH的内容（0001）保存到D1003，而D1002中的内容保持，0002送入D1001中；第3次扫描中，AVG指令又将200 CH的内容（0002）保存到D1004，而D1001、D1002中的内容保持，第1次将D1002～D1004中的内容求平均值，因此将8000送入D1001中，而平均值0001送入D1000中；第4次扫描中，AVG指令又将200 CH的内容（0003）保存到D1002，而D1003、D1004中的内容保持，第2次将D1002～D1004中的内容求平均值，因此将8001送入D1001中，而平均值0002送入D1000中。

表5-119 AVG指令的应用

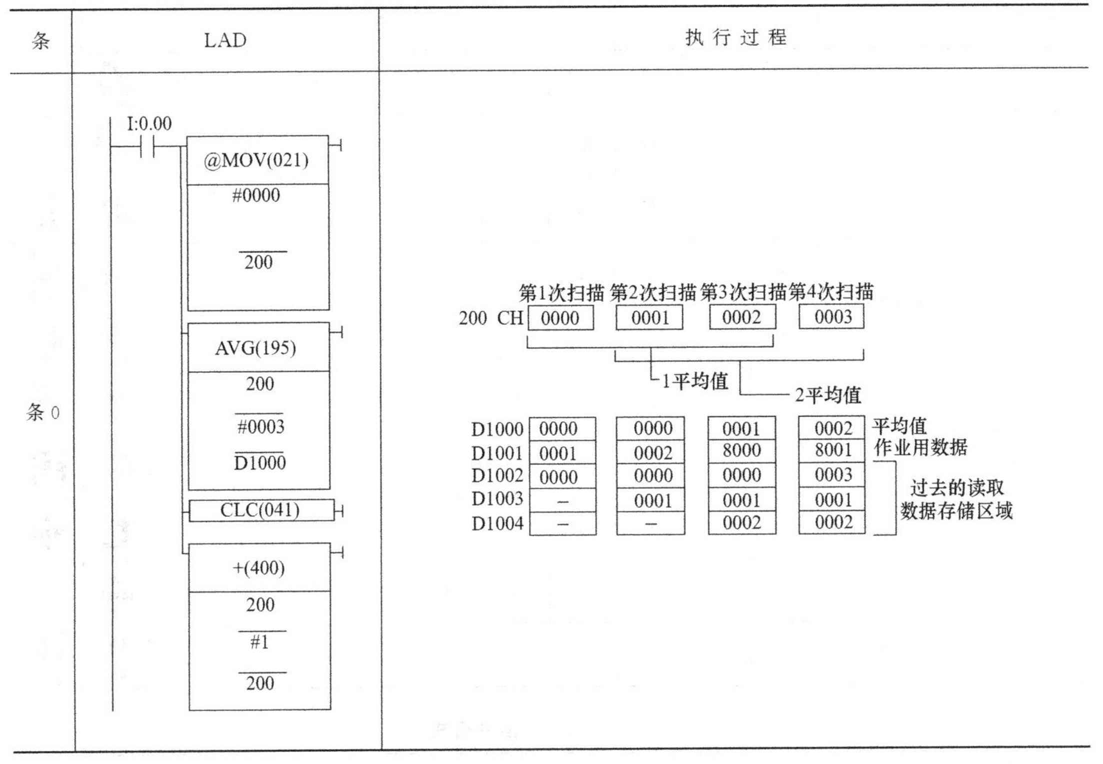

条	LAD	执行过程
条0	I:0.00 @MOV(021) #0000 200 AVG(195) 200 #0003 D1000 CLC(041) +(400) 200 #1 200	见下图

5.7 显示功能指令

在CP1H系列PLC中的显示功能指令包括MSG消息显示指令、SCH七段LED通道数码管显示指令以及SCTRL七段LED数码管控制指令。

5.7.1 消息显示指令

MSG为消息显示指令，它是将消息编号为N的S～S+16通道中的ASCII码送给外围显示工具，以显示这些ASCII码代表的字符。外围显示工具最多能显示2行，每行最多16个字符，每个字符由8位二进制代码构成，其显示的字符集如表5-120所示。MSG指令格式如表5-121所示。

表 5-120 外围工具显示字符集

b7～b4 / b3～b0	0000 (0)	0001 (1)	0010 (2)	0011 (3)	0100 (4)	0101 (5)	0110 (6)	0111 (7)	1010 (A)	1011 (B)	1100 (C)	1101 (D)	1110 (E)	1111 (F)
0000(0)				0	@	P	◖	p		—	タ	ミ	α	P
0001(1)			!	1	A	Q	a	q	。	ア	チ	ム	ä	q
0010(2)			"	2	B	R	b	r	r	イ	ツ	メ	β	θ
0011(3)			#	3	C	S	c	s	」	ウ	テ	モ	ε	∞
0100(4)			$	4	D	T	d	t	、	エ	ト	セ	μ	Ω
0101(5)			%	5	E	U	e	u	■	オ	ナ	ユ	B	0
0110(6)			&	6	F	V	f	v	ヲ	カ	ニ	ヨ	p	Σ
0111(7)			′	7	G	W	g	w	ァ	キ	ヌ	ラ	g	π
1000(8)			(	8	H	X	h	x	ィ	ク	ネ	リ	√	x̄
1001(9)			)	9	I	Y	i	y	ゥ	ケ	ノ	ル	-1	y
1010(A)			*	:	J	Z	j	z	ェ	コ	ハ	レ	j	千
1011(B)			+	;	K	[	k	(	ォ	サ	ヒ	ロ	x	万
1100(C)			,	<	L	¥	l	|	ャ	シ	フ	ワ	¢	円
1101(D)			-	=	M	]	m	)	ュ	ス	ヘ	ン	£	÷
1110(E)			.	>	N	^	n	→	ョ	セ	ホ	◆	÷	
1111(F)			/	?	O	_	o	←	ッ	ソ	マ	●	ö	█

表 5-121 MSG 指令格式

指令	LAD	STL	操作数说明
MSG 指令	MSG(046) N S	MSG(046) N S	N为消息编号，取值范围为 0x0000～0x0007(或十进制 0～7)；S为消息存储低位 CH 编号，消息显示时为 CH 指定，消息显示解除时为 0x0000～0xFFFF

使用说明

① 即使消息已经显示，也会优先执行后面的指令。

② 消息的显示顺序为高位字节→低位字节。

③ N 的内容不在 0x0000～0x0007 时，将发生错误，ER 标志为 ON。

例 5-56 MSG 指令的应用如表 5-122 所示。当 0.00 常开触点为 ON 时，执行 MSG 指令，将消息编号为 7 的 D100～D115 通道中的 ASCII 码发送给外围显示工具，以显示这些

ASCII 码代表的字符，在 0x00 之后所有的 ASCII 码均会当作空格显示。D100～D115 中的 ASCII 码用户可通过程序送入，若需要显示不同的字符内容，参照表 5-119 更改这些 ASCII 码值即可。

表 5-122 MSG 指令的应用

条	LAD	执行过程
条 0	I:0.00 MSG(046) &7 D100	S:D100 63 7A D101 70 6D D102 63 75 D103 40 31 D104 32 36 D105 2E 63 D106 6F 6D D107 00 ＊＊ D108 ＊＊ ＊＊ ⋮ ＊ D115 ＊ 到0x00为止作为ASCII代码读取 最大16字符×2行 czpmcu@126.com ␣…␣ 空格 作为空格处理（值忽略）

5.7.2 LED 数码管显示/控制指令

LED（Light Emitting Diode）发光二极管是单片机、PLC 等应用系统中常用的输出设备，LED 由发光二极管构成，具有结构简单、价格便宜等特点。

通常使用的 LED 显示器是 7 段 LED，它是由 7 个发光二极管组成。这 7 个发光二极管 a～g 呈“日”字形排列，其结构及连接如图 5-37 所示。当某一发光二极管导通时，相应地点亮某一点或某一段笔画，通过二极管不同的亮暗组合形成不同的数字、字母及其他符号。

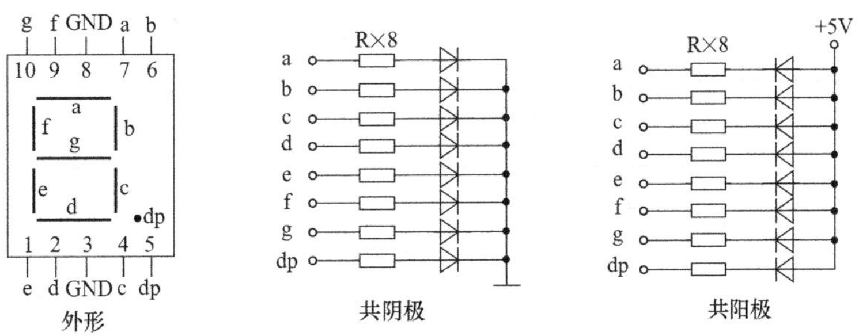

图 5-37 LED 结构及连接

LED 显示器中发光二极管有两种接法：①所有发光二极管的阳极连接在一起，这种连接方法称为共阳极接法；②所有二极管的阴极连接在一起，这种连接方法称为共阴极接法。共阳极的 LED 低电平时对应的段码被点亮，共阴极的 LED 高电平时对应段码被点亮。一般共阴极可以不外接电阻，但共阳极中的发光二极管一定要外接电阻。

LED 显示器的发光二极管亮暗组合实质上就是不同电平的组合，也就是为 LED 显示器提供不同的代码，这些代码称为字形代码。7 段发光二极管加上 1 个小数点 dp 共计 8 段，字形代码与这 8 段的关系如下：

数据字	D7	D6	D5	D4	D3	D2	D1	D0
LED 段	dp	g	f	e	d	c	b	a

字形代码与十六进制数的对应关系如表5-123所示。从表中可以看出共阴极与共阳极的字形代码互为补数。

表5-123　字形代码与十六进制数对应关系

字形	dp	g	f	e	d	c	b	a	段码(共阴)	段码(共阳)
0(0)	0	0	1	1	1	1	1	1	0x3F	0xC0
1(1)	0	0	0	0	0	1	1	0	0x06	0xF9
2(2)	0	1	0	1	1	0	1	1	0x5B	0xA4
3(3)	0	1	0	0	1	1	1	1	0x4F	0xB0
4(4)	0	1	1	0	0	1	1	0	0x66	0x99
5(5)	0	1	1	0	1	1	0	1	0x6D	0x92
6(6)	0	1	1	1	1	1	0	1	0x7D	0x82
7(7)	0	0	0	0	0	1	1	1	0x07	0xF8
8(8)	0	1	1	1	1	1	1	1	0x7F	0x80
9(9)	0	1	1	0	1	1	1	1	0x6F	0x90
A(A)	0	1	1	1	0	1	1	1	0x77	0x88
b(B)	0	1	1	1	1	1	0	0	0x7C	0x83
C(C)	0	0	1	1	1	0	0	1	0x39	0xC6
d(D)	0	1	0	1	1	1	1	0	0x5E	0xA1
E(E)	0	1	1	1	1	0	0	1	0x79	0x86
F(F)	0	1	1	1	0	0	0	1	0x71	0x8E
G(G)	0	0	1	1	1	1	0	1	0x3D	0xC2
H(H)	0	1	1	1	0	1	1	0	0x76	0x89
I(I)	0	0	0	1	1	0	0	1	0x19	0xE6
J(J)	0	0	0	0	1	1	0	1	0x0D	0xF2
K(K)	0	1	1	1	0	0	1	0	0x72	0x8D
L(L)	0	0	1	1	1	0	0	0	0x38	0xC7
n(M)	0	1	0	1	0	1	0	1	0x55	0xAA
n(N)	0	1	0	1	0	1	0	0	0x54	0xAB
o(O)	0	1	0	1	1	1	0	0	0x5C	0xA3
P(P)	0	1	1	1	0	0	1	1	0x73	0x8C
q(Q)	0	1	1	0	0	1	1	1	0x67	0x98
r(R)	0	1	0	1	0	0	0	0	0x50	0xAF
S(S)	0	1	1	0	1	1	0	1	0x6D	0x92
t(T)	0	1	1	1	1	0	0	0	0x78	0x87
U(U)	0	1	0	0	1	1	1	0	0x6E	0x91
u(V)	0	0	0	1	1	1	0	0	0x1C	0xE3
W(W)	0	1	0	0	1	0	1	0	0x6A	0x95
X(X)	0	0	0	1	1	1	0	1	0x1D	0xE2
y(Y)	0	1	1	0	1	1	1	0	0x6E	0x91
Z(Z)	0	1	0	0	1	0	0	1	0x49	0xB6
_	0	1	0	0	0	0	0	0	0x40	0xBF
•	1	0	0	0	0	0	0	0	0x80	0x7F
熄灭	0	0	0	0	0	0	0	0	0x00	0xFF

在CP1H系列PLC中，使用的是共阴极LED数码管，其内部电路已经连接好，并且使用了SCH和SCTRL这两条指令来控制CP1H CPU单元主体的7段LED数码管显示00～FF中任意2位数的数值或任意的段显示。

SCH是7段LED通道数据显示指令，它是让CP1H CPU主机单元面板上的两位数码管显示S通道高字节数或低字节数。SCTRL是7段LED控制指令，是根据C通道数据的规定，控制PLC主机面板上的两位数码管相应段亮或灭。SCH和SCTRL指令格式如表5-124所示。

表5-124 SCH和SCTRL指令格式

指令	LAD	STL	操作数说明
SCH指令	SCH(047) S C	SCH(047) S C	S为显示对象CH编号。C为高位/低位指定，C为0x0000时显示低字节数；C为0x0001时显示高字节数
SCTRL指令	SCTRL(048) C	SCTRL(048) C	C为控制数据，C为0x0000～0xFFFF，控制各字节相应的段"1"点亮；"0"熄灭

使用说明

① SCH的执行条件由ON变为OFF，LED显示也不消失，若要LED熄灭，应使用SCTRL指令。

② SCH指令中，C的内容不是0x0000、0x0001时，将发生错误，ER标志为ON，CPU将不运行本指令。

③ 执行SCTRL指令时，若C数据为#0000，2位7段LED数码管熄灭，用SCH指令指定的显示也熄灭。

④ 多个SCH/SCTRL指令同时运行的情况下，后运行的指令将优先。由于7段LED中显示了优先度高的指令，所以即使SCH/SCTRL指令正在运行，若系统发生异常，将中断SCH/SCTRL指令的显示内容，而优先显示异常情况的内容，待系统恢复正常时，将恢复到SCH/SCTRL指令的显示内容。

例5-57 SCH、SCTRL指令的应用如表5-125所示。在条0中，当0.00常开触点为ON时，执行SCH指令，由于C值为0x0000，该指令使CPU主机单元面板上的两位LED数码管显示数据0x00AC中的低字节"AC"。在显示"AC"时，即使0.00常开触点变为OFF，两位LED数码管仍保持显示。在条1中，当0.01常开触点为ON时，通过SCTRL指令，使CPU主机单元面板上的两位LED数码管所有段熄灭。在条2中，当W0.02为ON时，执行SCTRL指令，根据D100中的内容"7678"，使CPU主机单元面板上的两位LED数码管相应段点亮或熄灭，因此LED数码管显示的内容为"HT"。在显示"HT"时，即使W0.02变为OFF，两位LED数码管仍保持显示。在条3中，当W0.03为ON时，通过SCTRL指令，使CPU主机单元面板上的两位LED数码管所有段熄灭。

表 5-125　SCH、SCTRL 指令的应用

条	LAD	STL	执行过程
条 0	I:0.00 SCH(047) #00AC #0000	LD　0.00 SCH(047)　#00AC　#0000	CP1H
条 1	I:0.01 SCTRL(048) #0000	LD　0.01 SCTRL(048)　#0000	
条 2	W0.02 SCTRL(048) D100	LD　W0.02 SCTRL(048)　D100	显示数据 D100 7 6 7 8 显示“H”　显示“꜔” CP1H
条 3	W0.03 SCTRL(048) #0000	LD　W0.03 SCTRL(048)　#0000	

5.8　实时时钟指令

实时时钟指令又称为时钟功能指令，它包括日历加/减法指令、时钟转换指令和时钟校正指令。

5.8.1　日历加/减法指令

日历加/减法指令包含 CADD 日历加法指令和 CSUB 日历减法指令。CADD 指令是将 S1+2、S1+1、S1 通道中的年月日时分秒值与 S2+1、S2 通道中的时分秒值相加，结果送入 D+2、D+1、D 通道，其运算示意如图 5-38（a）所示。CSUB 指令是将 S1+2、S1+1、

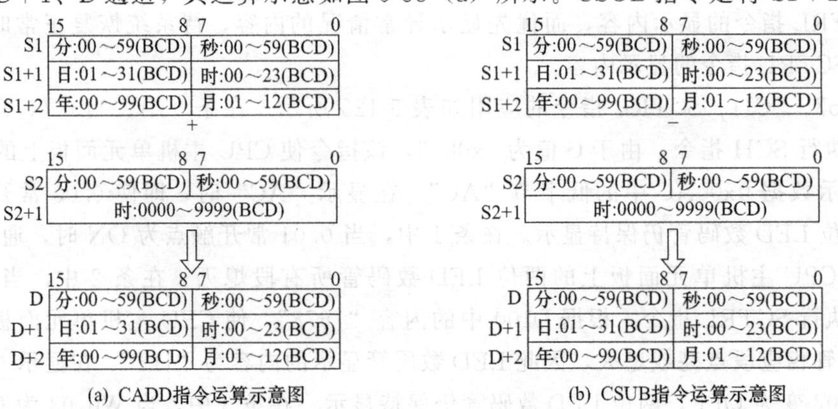

图 5-38　CADD、CSUB 指令运算示意图

S1 通道中的年月日时分秒值与 S2+1、S2 通道中的时分秒值相减，结果送入 D+2、D+1、D 通道，其运算示意如图 5-38（b）所示。CADD 和 CSUB 指令格式如表 5-126 所示。

表 5-126　CADD、CSUB 指令格式

指令	LAD	STL	操作数说明
CADD 指令	CADD(730) S1 S2 D	CADD(730)　S1　S2　D	S1 为被加数据(时刻)低位 CH 编号；S2 为加法数据(时刻)低位 CH 编号；D 为运算结果(时刻)输出低位 CH 编号
CSUB 指令	CSUB(731) S1 S2 D	CSUB(731)　S1　S2　D	S1 为被减数据(时刻)低位 CH 编号；S2 为减法数据(时刻)低位 CH 编号；D 为运算结果(时刻)输出低位 CH 编号

使用说明

① S1 或 S2 的时刻数据在范围外时，将发生错误，ER 标志为 ON。

② 执行 CSUB 指令后，若 D 的内容为 0x0000 时，“＝”标志为 ON。

例 5-58　CADD、CSUB 指令的应用如表 5-127 所示。在条 0 中，当 0.00 常开触点为 ON 时，执行 CADD 指令，将 D102～D100 中的年月日时分秒值与 D201、D200 中的时分秒值相加，结果存入 D302～D300 中。在条 1 中，当 0.01 常开触点为 ON 时，执行 CSUB 指令，将 D112～D110 中的年月日时分秒值减去 D211、D210 中的时分秒值，结果存入D312～D310 中。

表 5-127　CADD、CSUB 指令的应用

条	LAD	STL	执行过程
条 0	I:0.00 CADD(730) D100 D200 D300	LD　0.00 CADD(730)　D100　D200　D300	15　8 7　0 S1:D100 30 | 20　30分20秒 S1+1:D101 24 | 18　24日18时 S1+2:D102 12 | 11　2012年11月 + 15　8 7　0 S2:D200 10 | 15　10分15秒 S2+1:D201 06 | 00　600小时 ⇩ 15　8 7　0 D:D300 40 | 35　40分35秒 D+1:D301 19 | 18　19日18时 D+2:D302 12 | 12　2012年12月
条 1	I:0.01 CSUB(731) D110 D210 D310	LD　0.01 CSUB(731)　D110　D210　D310	15　8 7　0 S1:D100 30 | 20　30分20秒 S1+1:D111 10 | 18　10日18时 S1+2:D112 12 | 07　2012年7月 − 15　8 7　0 S2:D210 10 | 15　10分15秒 S2+1:D211 00 | 50　50小时 ⇩ 15　8 7　0 D:D310 20 | 05　10分15秒 D+1:D311 08 | 16　8日16时 D+2:D312 12 | 07　2012年7月

5.8.2 时钟转换指令

时钟转换指令包含 SEC（时分秒→秒转换）指令和 HMS（秒→时分秒转换）指令。SEC 指令是将 S+1、S 通道中的时分秒值转换为秒值，结果存入 D+1、D 通道，其转换示意如图 5-39（a）所示。HMS 指令是将 S+1、S 通道中的秒值转换成时分秒值，结果存入 D+1、D 通道，其转换示意如图 5-39（b）所示。SEC 和 HMS 指令格式如表 5-128 所示。

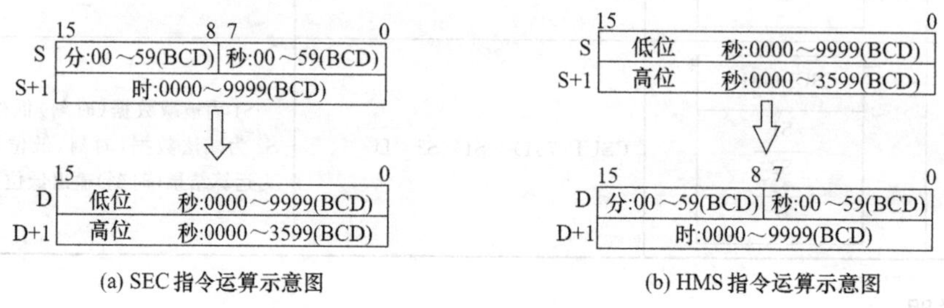

(a) SEC 指令运算示意图　　(b) HMS 指令运算示意图

图 5-39　SEC、HMS 指令运算示意图

表 5-128　SEC、HMS 指令格式

指令	LAD	STL	操作数说明
SEC 指令	SEC(065) S D	SEC(065)　S　D	S 为转换源数据(时分秒)低位 CH 编号;D 为转换结果(秒)输出低位 CH 编号
HMS 指令	HMS(066) S D	HMS(066)　S　D	S 为转换源数据(秒)低位 CH 编号;D 为转换结果(时分秒)输出低位 CH 编号

使用说明

① 时分秒数据不为 BCD 数据时，或分、秒数据为 60 以上时，ER 标志为 ON。

② 时分秒数据的最大值为 9999 小时 59 分 59 秒（即 35999999 秒）。

③ 转换结果，D 的内容为 0x0000 时，“＝”标志为 ON。

例 5-59　SEC、HMS 指令的应用如表 5-129 所示。在条 0 中，当 0.00 常开触点为 ON 时，执行 SEC 指令，将 D101、D100 中的时分秒值转换成秒值，结果存入 D201、D200 中。在条 1 中，当 0.01 常开触点为 ON 时，执行 HMS 指令，将 D111、D110 中的秒值转换成时分秒值，结果存入 D211、D210 中。

表 5-129 SEC、HMS 指令的应用

条	LAD	STL	执行过程
条 0	I:0.00 SEC(065) D100 D200	LD 0.00 SEC(065) D100 D200	15 8 7 0 D100: 17 | 36 17分36秒 D101: 00 | 34 34小时 ⇓ SEC 15 8 7 0 D200: 34 | 56 D201: 00 | 12 123456秒
条 1	I:0.01 HMS(066) D110 D210	LD 0.01 HMS(066) D110 D210	15 8 7 0 D110: 34 | 56 D111: 00 | 12 123456秒 ⇓ HMS 15 8 7 0 D210: 17 | 36 17分36秒 D211: 00 | 34 34小时

5.8.3 时钟校正指令

DATE 为时钟校正指令，它是将 S～S+3 通道内的时钟数据变更为 PLC 内部时钟值，变更后的值立即反映到特殊辅助继电器时钟数据区（A351～A354 CH）中，其变换示意如图 5-40 所示，DATE 指令格式如表 5-130 所示。

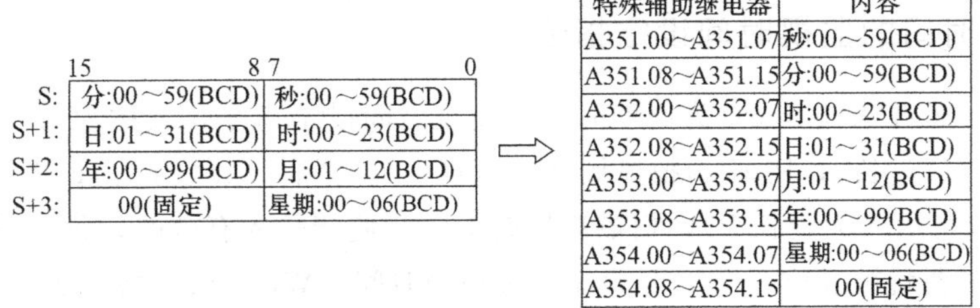

特殊辅助继电器	内容
A351.00~A351.07	秒:00～59(BCD)
A351.08~A351.15	分:00～59(BCD)
A352.00~A352.07	时:00～23(BCD)
A352.08~A352.15	日:01～31(BCD)
A353.00~A353.07	月:01～12(BCD)
A353.08~A353.15	年:00～99(BCD)
A354.00~A354.07	星期:00～06(BCD)
A354.08~A354.15	00(固定)

图 5-40 DATE 指令示意图

表 5-130 DATE 指令格式

指令	LAD	STL	操作数说明
DATE 指令	DATE(735) S	DATE(735) S	S 为计时器数据低位 CH 编号

使用说明

① 即使日期是实际日历中没有的日子（例如 9 月 31 日），也不会发生错误。

② S+3、S+2、S+1、S 的数据在范围外时，将发生错误，ER 标志为 ON。

③ 时钟数据可通过其他外围工具及 FINS 指令的时间信息的写入（0x0702）来进行设定。

例 5-60 DATE 指令的应用如表 5-131 所示。当 0.00 常开触点为 ON 时，执行 DATE

指令，将PLC时钟设定为2012年11月24日10时15分30秒星期六。

表5-131　DATE指令的应用

条	LAD	STL	执行过程
条0	I:0.00 ─┤├─ DATE(735) D100	LD　0.00 DATE(735)　D100	位15~8 / 7~0： D100：15 / 30　15分30秒 D101：24 / 10　24日10时 D102：12 / 11　2012年11月 D103：00 / 06　星期六

5.9 特殊指令

特殊指令主要包括进位指令、周期时间的监视时间设定指令、状态标志指令。

5.9.1 进位指令

进位指令包括STC（置进位）、CLC（清除进位）指令。STC是将CY位（进位/借位标志位）置1。但是，即使使用STC指令将CY标志置1后，其他指令执行时仍可改变CY位的状态。CLC是将CY位（进位/借位标志位）清0。但是，即使使用CLC指令将CY标志清0后，其他指令执行时仍可改变CY位的状态。STC和CLC这两条指令均没有操作数，在执行这两条指令时，应将ER标志、“＝”标志、N标志置为OFF。

5.9.2 周期时间的监视时间设定指令

WDT（Watch Dog Time）为周期时间的监视时间设定指令，又称为看门狗指令。在某些情况下（如程序过长），PLC的扫描周期超过规定的时间（默认为1s），PLC会停止工作，使用WDT指令可以人为延长PLC扫描周期时间。当使能输入有效时，每执行一次WDT指令，看门狗定时器就被复位一次，可增加一次扫描时间。WDT指令格式如表5-132所示。

表5-132　WDT指令格式

指令	LAD	STL	操作数说明
WDT指令	WDT(094) S	WDT(094)　S	S为周期时间的监视时间延长数据，其范围为0x0000～0x0F9F（或十进制0～3999）

使用说明

① 只在执行WDT指令周期中，在用PLC系统所设定的指定周期时间的监视时间内，延长由S指定的数据×10ms的时间（39990ms）。

② 周期时间的监视时间可以根据PLC系统设定，在1～40000ms（10ms单位）内进行设定，初始值为1000ms（1s）；也可以在一周期内多次使用WDT指令，此时为每个延长时间的累加，但是累计值不能超过40000ms（40s）。

③ 在准备执行 WDT 指令时，当累计值已经达到 40000ms（40s）时，WDT 指令不被执行。

④ 周期时间的监视时间延长数据 S，当其内容超过 0x0F9F 时，将发生错误，ER 标志为 ON。

例 5-61 WDT 指令的应用如图 5-41 所示。当 0.00 常开触点为 ON 时，①的 WDT 指令执行，将 PLC 的扫描周期时间延长 20×10ms=200ms，由于 PLC 默认的扫描周期时间为 1000ms，①的 WDT 指令执行后，扫描周期时间为 1200ms。当 0.01 常开触点为 ON 时，②的 WDT 指令执行，将 PLC 的扫描周期时间延长 3900 × 10ms = 39000ms，但此时的累计值已经为 39000ms + 1200ms = 40200ms，超出 40200ms 部分的 200ms 忽略不计，再减去①的延长时间 200ms，结果此时的延长时间为 38800ms。当 0.02 常开触点为 ON 时，根据③的 WDT 指令，周期时间的监视时间再延长 1000ms，此时，累计值已经达到 40000ms，因此程序不再执行③的 WDT 指令。

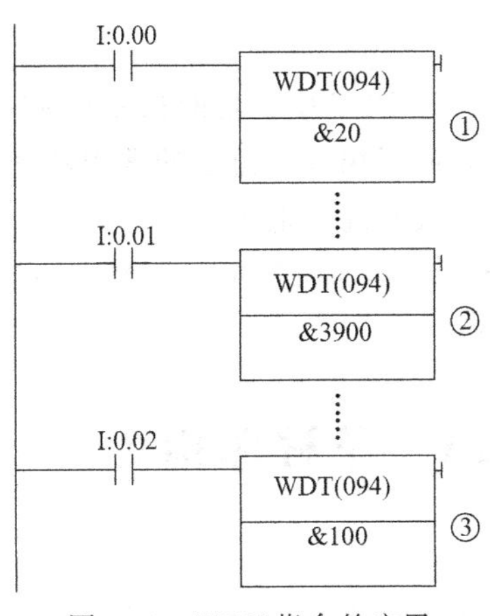

图 5-41 WDT 指令的应用

5.9.3 状态标志指令

状态标志指令包括 CCS（状态标志保持）、CCL（状态标志加载）指令。CCS 是将该指令执行前的状态标志位保存起来，可保存的状态标志为 ER、CY、>、=、<、N、OF、UF、>=、<=、<>。CCS 指令保存的状态标志位只能用 CCL 指令读取，即使 CCL 指令后面的其他指令执行时改变了状态标志位，CCS 保存的状态标志位仍不变。CCL 指令用来读取 CCS 指令保存下来的状态标志位，单独使用该指令时，会清除执行前的状态标志位。CCS、CCL 这两条指令均没有操作数。

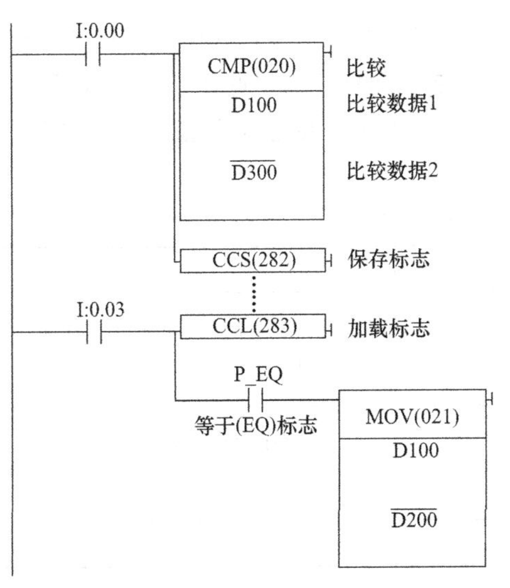

图 5-42 CCS、CCL 指令的应用

使用说明

① 状态标志的保存/加载可以通过 1 个任务内、周期执行任务与周期执行任务之间或周期内来执行。

② 在周期执行任务和中断任务之间不能进行状态标志的保存/加载。

例 5-62 CCS、CCL 指令的应用如图 5-42 所示。当 0.00 常开触点为 ON 时，将 D100 与 D300 中的内容进行比较，如果两者相等，则“=”标志为 ON，再通过 CCS 指令将“=”标志位的状态进行保存。然后再往下执行程序的其他指令，即使其他指令改变了“=”标志的状态，但 CCS 保存的“=”标志仍为 ON。当 0.03 常开触点为 ON 时，CCL 指令加载“=”标志状态，如果 D100 与 D300 中的内容相等，则“P_EQ”触点闭合，执行 MOV 指令，将 D100 中的内容送入 D200 中。

第6章

欧姆龙CP1H的高级功能指令

在PLC中，功能指令的数目随PLC系列和型号而有所不同。CP1H的功能指令较丰富，除了第5章讲述的常用功能指令外，还包括一些高级功能指令。实质上，PLC的功能指令没有高、低级之分，只是根据常用和不常用有人通俗地称为常用功能指令以及高级功能指令，在此，笔者在本书中也沿袭这种称谓。本章主要讲述CP1H系列PLC的子程序、I/O单元用、中断控制、高速计数/脉冲输出、快速响应输入等高级功能指令。

6.1 子程序指令

在计算机科学中，子程序是一个大型程序中的某部分代码，由一个或多个语句块组成。它负责完成某项特定任务，而且相较于其他代码，具备相对的独立性。在PLC中也通常将具有特定功能，并多次使用的程序段编制成子程序。在CP1H系列PLC的程序中使用子程序时，需进行的操作有：子程序的调用、进入、返回以及全局子程序的调用、进入、返回等。

6.1.1 子程序调用/进入/返回指令

子程序调用/进入/返回指令包括：SBS（子程序调用）、SBN（子程序进入）、RET（子程序返回）、MCRO（宏）等指令。

SBS是调用编号为N的子程序指令；SBN是显示开始编号为N的子程序指令；RET为子程序结束并返回调用指令的下一条指令；MCRO是带参数的子程序调用指令，调用编号为N的子程序区域（SBN指令～RET指令间的区域）的程序。在这4条指令中，RET指令没有操作数，它们的格式如表6-1所示。

表6-1 SBS、SBN、RET、MCRO指令格式

指令	LAD	STL	操作数说明
SBS指令	SBS(091) N	SBS(091) N	N为子程序CH编号，N的范围为0～255(十进制)
SBN指令	SBN(092) N	SBN(092) N	N为子程序CH编号，N的范围为0～255(十进制)
RET指令	RET(093)	RET(093)	—
MCRO指令	MCRO(099) N S D	MCRO(099) N S D	N为子程序CH编号，N的范围为0～255(十进制)；S为参数数据低位CH编号；D为返值数据低位CH编号

使用说明

① SBS指令须与SBN、RET指令组合使用。SBS指令可以多次调用同一子程序，该子程序的调用指令SBS和子程序进入指令SBN必须在同一任务内，如果不在同一任务内时，将发生错误，ER标志为ON。

② SBN和RET指令必须与SBS或MCRO指令组合使用。SBN显示子程序区域的开始，最初的SBN指令以后为子程序区域，子程序区域只能通过SBS指令或MCRO指令执行。RET表示子程序的结束，结束子程序区域的执行，返回调用源SBS指令或MCRO指令的下一条指令。通过MCRO指令调用子程序时，将A604 CH～A607 CH（MCRO指令用返回数区域）的值写入D所指定的返回数据低位CH编号之后。

③ MCRO指令必须与SBN、RET指令组合使用。MCRO与SBS指令不同，根据S指定的参数数据和D所指定的返回数据，可以进行与子程序区域程序的数据传递。执行MCRO指令时，将S CH～S+3 CH的数据复制到A600 CH～A603 CH（MCRO指令用参数区域），调用指定编号的子程序。将A600 CH～A603 CH的数据作为输出数据，将它们送入A604 CH～A607 CH，而A604 CH～A607 CH原来的值通过RET指令复制到D CH～D+3 CH。

④ 子程序中可以嵌套其他的子程序，但嵌套不能超过16层。所谓子程序嵌套是指在子程序中再调用其他的子程序。

例6-1 SBS、SBN、RET指令的使用如图6-1所示，图6-1（a）为不带嵌套的子程序调用，图6-1（b）为带嵌套子程序调用。

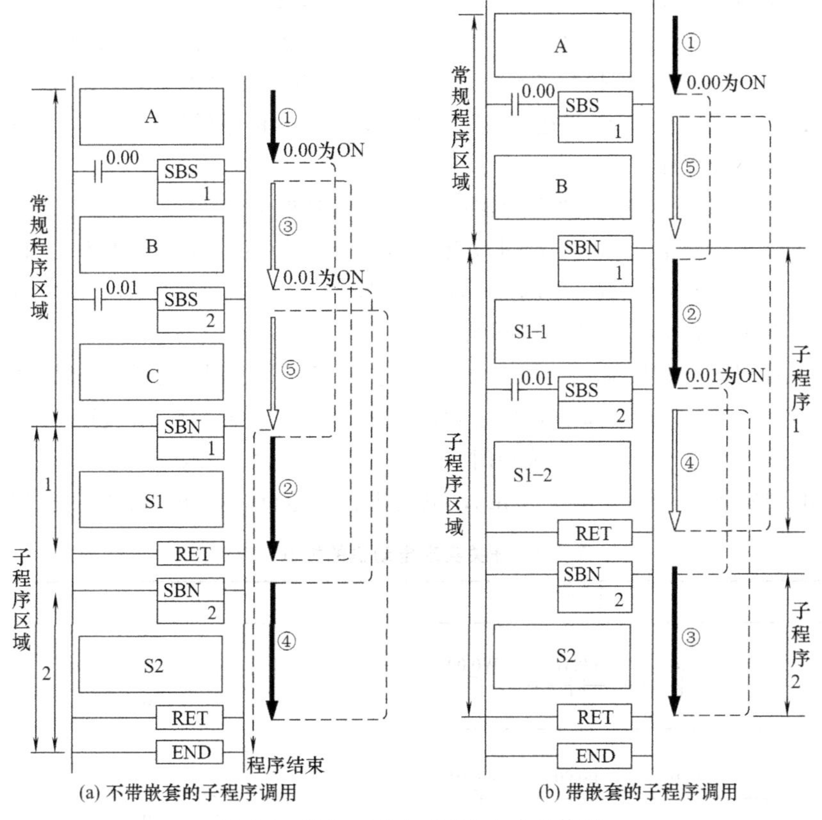

图6-1 SBS、SBN、RET指令的使用

图 6-1（a）的常规程序区域中有 A、B、C 三小段程序和两个 SBS 子程序调用指令；在子程序区域有编号分别为 1、2 的两个子程序，每个子程序均以 SBN 指令开始，RET 指令结束。在程序运行时，当执行完 A 小段程序，若 0.00 常开触点处于 OFF 状态时，“SBS 1”指令不执行，而执行 B 小段程序。B 小段程序执行完后，若 0.01 常开触点处于 OFF 状态，“SBS 2”指令不执行，而执行 C 小段程序。C 小段程序执行完后，跳过子程序区域，而执行 END 指令，从而结束一个扫描周期，然后又从头开始运行程序。如果执行完 A 小段程序，0.00 常开触点处于 ON 状态时，则执行“SBS 1”指令，调用子程序 1。在子程序 1 中首先执行“SBN 1”指令，读取子程序编号，然后运行 S1 段程序，运行完后由 RET 指令返回，继续执行 B 小段程序。如果执行完 B 小段程序，0.01 常开触点处于 ON 状态时，则执行“SBS 2”指令，调用子程序 2。在子程序 2 中首先执行“SBN 2”指令，读取子程序编号，然后运行 S2 段程序，运行完后由 RET 指令返回，继续执行 C 小段程序。C 小段程序执行完后，跳过子程序区域，而执行 END 指令，从而结束一个扫描周期，然后又从头开始运行程序。

图 6-1（b）为 2 层嵌套子程序调用的应用，其常规程序区域中有 A、B 两小段程序和一个 SBS 子程序调用指令；子程序区域包含子程序 1 和子程序 2，每个子程序均以 SBN 指令开始，RET 指令结束，其中子程序 2 是子程序 1 中的子程序。当执行完 A 小段程序，若 0.00 常开触点处于 OFF 状态时，“SBS 1”指令不执行，而执行 B 小段程序。B 小段程序执行完后，跳过子程序区域，而执行 END 指令，从而结束一个扫描周期，然后又从头开始运行程序。如果执行完 A 小段程序，0.00 常开触点处于 ON 状态时，则执行“SBS 1”指令，调用子程序 1，运行 S1-1 程序段。当 S1-1 程序段运行完后，若 0.01 常开触点处于 OFF 状态，运行 S1-2 程序段。S1-2 程序段运行完后，由 RET 指令返回，继续执行 B 小段程序。当 S1-1 程序段运行完后，若 0.01 常开触点处于 ON 状态时，则执行“SBS 2”指令，调用子程序 2。在子程序 2 中首先执行“SBN 2”指令，读取子程序编号，然后运行 S2 段程序，运行完后由 RET 指令返回，继续运行 S1-2 程序段。S1-2 程序段运行完后，由 RET 指令返回，继续执行 B 小段程序。

例 6-2 用两个开关实现电动机的控制，其控制要求为：当 0.00、0.01 均为 OFF 时，红色信号灯（100.00）亮，表示电动机没有工作；当 0.00 为 ON，0.01 为 OFF 时，电动机（0.01）点动运行；当 0.00 为 OFF，0.01 为 ON 时，电动机运行 1min，停止 1min；当 0.00、0.01 均为 ON 时，电动机长动运行。

分析：使用 SBS 子程序调用、SBN 子程序进入、RET 返回指令实现该控制功能。该程序应分为主程序和子程序两大部分，而主程序中可分为 3 部分：开关状态的选择，根据这些选择执行相应的子程序；开关没有选择时，指示灯亮；主程序结束。子程序有 3 个：电动机点动运行；电动机运行 1min，停止 1min；电动机长动运行。程序设计如表 6-2 所示。

表 6-2 开关实现电动机的控制程序

条	LAD	STL
条 0	I:0.00 —| |— I:0.01 —|/|— W0.00 —( )—	LD 0.00 ANDNOT 0.01 OUT W0.00
条 1	I:0.01 —| |— I:0.00 —|/|— W0.01 —( )—	LD 0.01 ANDNOT 0.00 OUT W0.01

续表

条	LAD	STL
条 2	I:0.00 I:0.01 W0.02	LD 0.00 AND 0.01 OUT W0.02
条 3	I:0.00 I:0.01 Q:100.00	LDNOT 0.00 ANDNOT 0.01 OUT 100.00
条 4	W0.00 SBS(091) 0	LD W0.00 SBS(091) 0
条 5	W0.01 SBS(091) 1	LD W0.01 SBS(091) 1
条 6	W0.02 SBS(091) 2	LD W0.02 SBS(091) 2
条 7	SBN(092) 0	SBN(092) 0
条 8	I:0.02 W0.01 W0.02 Q:100.01	LD 0.02 ANDNOT W0.01 ANDNOT W0.02 OUT 100.01
条 9	RET(093)	RET(093)
条 10	SBN(092) 1	SBN(092) 1
条 11	P_1分钟 W0.00 W0.02 Q:100.02 1分钟时钟脉冲位	LD P_1分钟 ANDNOT W0.00 ANDNOT W0.02 OUT 100.02

续表

条	LAD	STL
条 12	RET(093)	RET(093)
条 13	SBN(092) 2	SBN(092)　2
条 14	P_On（常通标志） W0.00 W0.01 Q:100.03	LD　P_On ANDNOT　W0.00 ANDNOT　W0.01 OUT　100.03
条 15	RET(093)	RET(093)

例 6-3　MCRO、SBN、RET 指令的使用如图 6-2 所示。MCRO、SBN、RET 指令编写

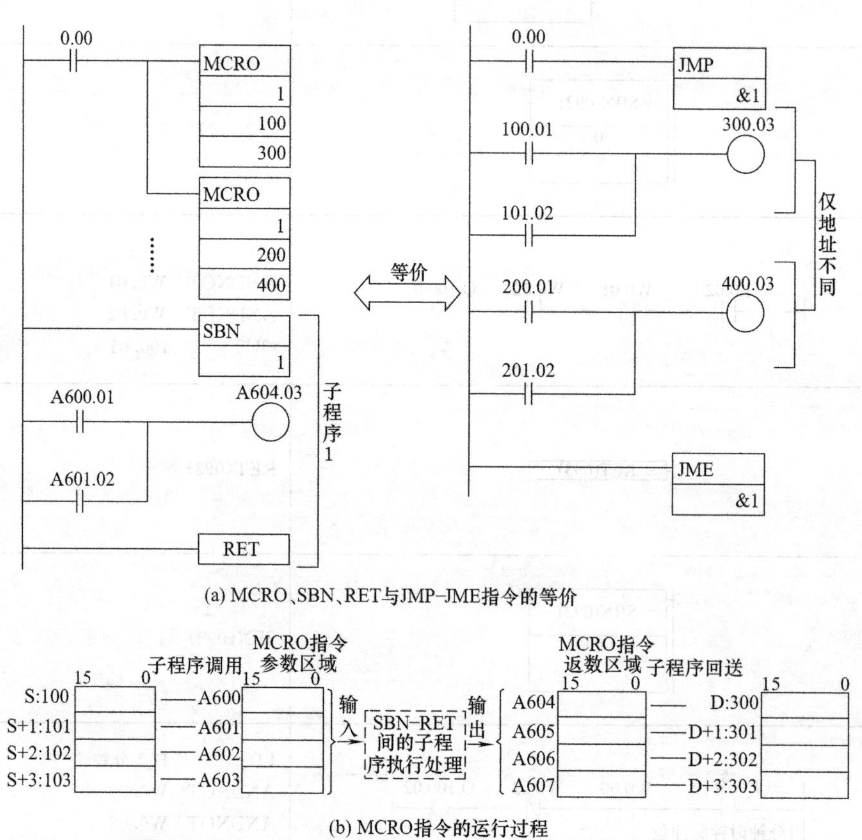

(a) MCRO、SBN、RET与JMP-JME指令的等价

(b) MCRO指令的运行过程

图 6-2　MCRO、SBN、RET 指令的使用

的程序可以用JMP-JME指令编写的程序替代，如图6-2（a）所示。当0.00常开触点为ON时，首先通过“MCRO 1 100 300”指令，将100 CH～103 CH的数据作为参数传递，执行子程序1后，将返回数据保存到300 CH～303 CH中，然后通过“MCRO 1 200 400”指令，将200 CH～203 CH的数据作为参数传递，执行子程序1后，将返回数据保存到400 CH～403 CH中，其运行过程如图6-2（b）所示。

6.1.2 全局子程序调用/进入/返回指令

SBS子程序调用指令只能调用本段程序中的子程序，无法调用其他段程序中的子程序，而GSBS全局子程序调用指令则能调用所有段程序中的全局子程序。

全局子程序调用/进入/返回指令包括：GSBS（全局子程序调用）、GSBN（全局子程序进入）、GRET（子程序返回）等指令。

GSBS是调用编号为N的全局子程序指令；GSBN是显示开始编号为N的全局子程序指令；GRET为全局子程序结束并返回调用指令的下一条指令。在这3条指令中，GRET指令没有操作数，它们的格式如表6-3所示。

表6-3 GSBS、GSBN、GRET指令格式

指令	LAD	STL	操作数说明
GSBS指令	GSBS(750) N	GSBS(750) N	N为全局子程序CH编号，N的范围为0～255(十进制)
GSBN指令	GSBN(751) N	GSBN(751) N	N为全局子程序CH编号，N的范围为0～255(十进制)
GRET指令	GRET(752)	GRET(752)	—

使用说明

① GSBS指令必须与GSBN、GRET指令组合使用。将GSBS指令定义在多个任务中，可以调用同一编号的全局子程序。

② 全局子程序区域（GSBN指令～GRET指令间的区域）应定义在中断任务No.0，如果定义在其他任务中，执行GSBS指令时，将发生错误，ER标志为ON。

③ 全局子程序区域（GSBN指令～GRET指令间的区域）不能通过常规子程序调用（SBS）指令进行调用。

例6-4 GSBS、GSBN、GRET指令的使用如图6-3所示。该程序由1、2、3段程序构成，其中1、2程序段用来描述周期执行任务/中断任务操作，3程序段用来描述中断任务

No.0 操作。在 1、2 程序段内含有全局子程序调用 GSBS 指令；在 3 程序段内含有全局子程序 1，它以 GSBN 指令开始，GRET 指令结束。

如果 0.00、0.01 两个常开触点均为 OFF，程序执行顺序为：1 段程序（A→B）→2 段程序（C→D），而 3 段程序不执行。如果 0.00 常开触点为 ON，而 0.01 常开触点为 OFF，程序执行顺序为：1 段程序的 A→0.00 触点 ON，调用 3 段程序的全局子程序段 S 并执行（GSBN 1→全局子程序段 S→GRET）→1 段程序的 B→2 段程序（C→D）。如果 0.00 常开触点为 OFF，而 0.01 常开触点为 ON，程序执行顺序为：1 段程序（A→B）→2 段程序的 C→0.01 触点 ON，调用 3 段程序的全局子程序段 S 并执行（GSBN 1→全局子程序段 S→GRET）→2 段程序的 D。如果 0.00、0.01 两个常开触点均为 ON，程序执行顺序为：1 段程序的 A→0.01 触点 ON，调用 3 段程序的全局子程序段 S 并执行（GSBN 1→全局子程序段 S→GRET）→1 段程序的 B→2 段程序的 C→0.01 触点 ON，调用 3 段程序的全局子程序段 S 并执行（GSBN 1→全局子程序段 S→GRET）→2 段程序的 D。

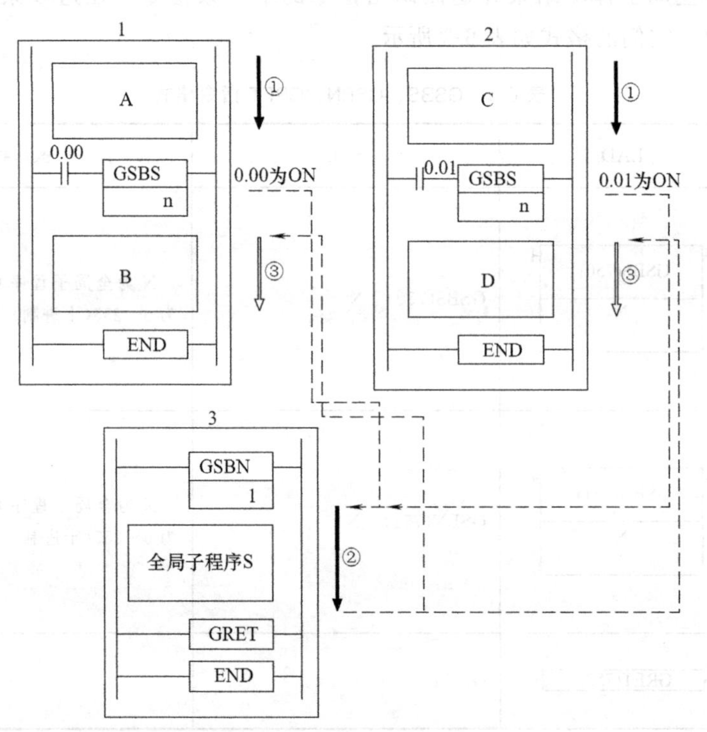

图 6-3　GSBS、GSBN、GRET 指令的使用

例 6-5　在中断任务 No.0 内，可以事先定义多个全局子程序，其应用如图 6-4 所示。此时，对中断任务 No.0 进行分割，可以作为子程序功能的任务使用。在图 6-4 中的程序由 1、2 段程序构成，其中 1 程序段用来描述周期执行任务/中断任务操作，2 程序段用来描述中断任务 No.0 操作，该程序段由全局中断子程序 S1 和全局中断子程序 S2 构成。当 0.00 常开触点为 ON 时，执行全局子程序 S1；当 0.01 为 ON 时，执行全局子程序 S2。

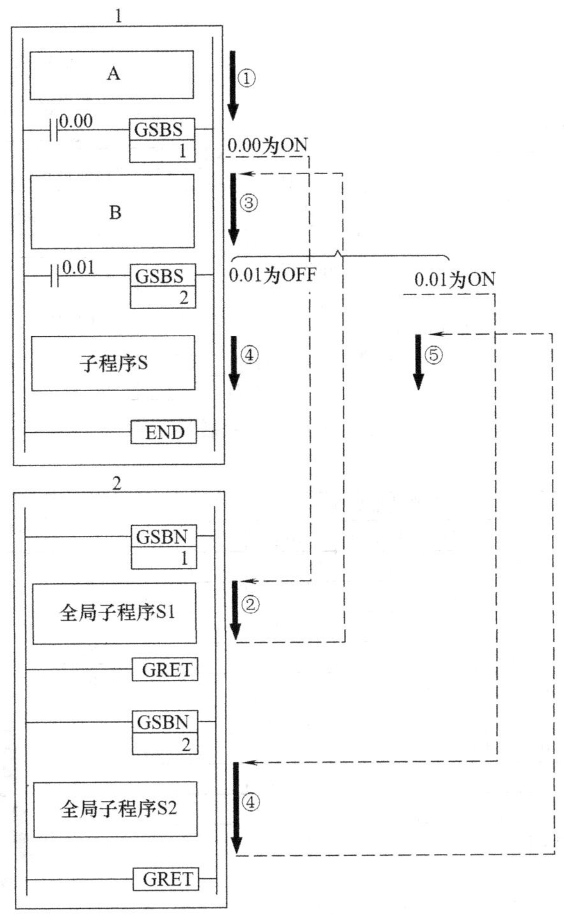

图 6-4 多个全局子程序的应用

6.2 I/O 单元用指令

CP1H 系列 PLC 的 I/O 单元用的指令主要包含七段解码器指令、七段显示指令、数字式开关指令、10 键输入指令、16 键输入指令、矩阵键盘输入指令等。

6.2.1 七段解码器指令

SDEC 为七段解码器指令，其实质是 1 位 7 段共阴极 LED 数码管驱动显示指令。它是将由 S 指定的十六进制数据（该数据当作 4 组 HEX 数据），根据指定位数据 K 的要求，转换成 8 位 7 段 LED 显示的驱动数据，并将转换结果输出到 D 指定的输出位置，其转换示意如图 6-5 所示，其转换数据的内容和解码输出的关系如图 6-6 所示，SDEC 指令格式如表 6-4 所示。

表 6-4 SDEC 指令格式

指令	LAD	STL	操作数说明
SDEC 指令	SDEC(078) S K D	SDEC(078) S K D	S 为变换数据 CH 编号;K 为指定位数据;D 为变换结果输出低位 CH 编号

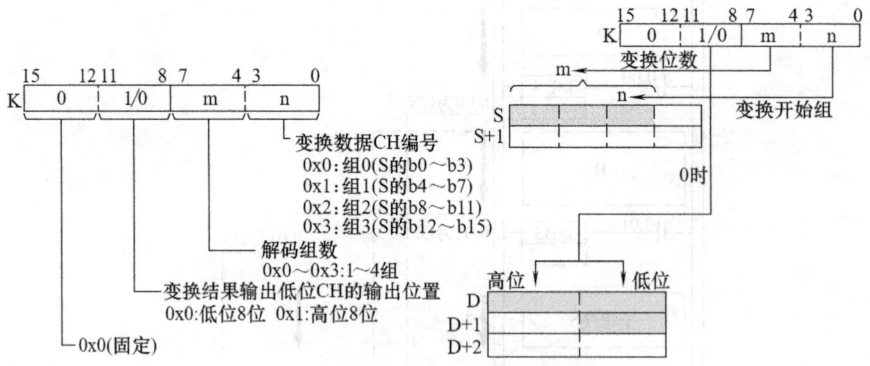

图 6-5 七段解码器指令转换示意图

变换前数据					变换结果数据									7段显示	
数值	位内容					g	f	e	d	c	b	a	16进制		
0	0	0	0	0	0	0	1	1	1	1	1	1	3F	0	LSB a b c d e f g 0 MSB；a b c d e f g
1	0	0	0	1	0	0	0	0	0	1	1	0	06	1	
2	0	0	1	0	0	1	0	1	1	0	1	1	5B	2	
3	0	0	1	1	0	1	0	0	1	1	1	1	4F	3	
4	0	1	0	0	0	1	1	0	0	1	1	0	66	4	
5	0	1	0	1	0	1	1	0	1	1	0	1	6D	5	
6	0	1	1	0	0	1	1	1	1	1	0	1	7D	6	
7	0	1	1	1	0	0	1	0	0	1	1	1	27	7	
8	1	0	0	0	0	1	1	1	1	1	1	1	7F	8	
9	1	0	0	1	0	1	1	0	1	1	1	1	6F	9	
A	1	0	1	0	0	1	1	1	0	1	1	1	77	A	
B	1	0	1	1	0	1	1	1	1	1	0	0	7C	b	
C	1	1	0	0	0	0	1	1	1	0	0	1	39	C	
D	1	1	0	1	0	1	0	1	1	1	1	0	5E	d	
E	1	1	1	0	0	1	1	1	1	0	0	1	79	E	
F	1	1	1	1	0	1	1	1	0	0	0	1	71	F	

图 6-6 转换数据的内容和解码输出的关系

使用说明

① 转换结果按由 D 的输出位置开始向高位 CH 侧的顺序进行保存。在转换结果输出 CH 的数据中，不是输出对象位置的数据不发生变化。

② K 的内容不在范围内时将发生错误，ER 标志为 ON。

例 6-6 SDEC 指令的应用如表 6-5 所示，CP1H 与 1 位 LED 的硬件连接电路如图 6-7 所示。在条 0 中，当 0.00 常开触点为 ON 时，执行 SDEC 指令。由于 SDEC 指令中 S 为 D100，K 为 1000 CH，D 为 D200，假如 D100 中的内容为 0x21F3，1000 CH 中的内容为 0x0131。执行 SDEC 指令，将 D100 的内容看成 4 组 16 进制数，并按 K 内容指定的位置，将 D100 的高 3 组（b15～b4）内容转换成 7 段 LED 数据，存储在以 D200 高位开始的连续 3 个字节中。在条 1 中，当 0.00 常开触点为 ON 时，执行 MOV 指令，将 D201 中的内容送入 100 CH 中。由于 CP1H 的 100.00～100.06 端子与 LED 数码管的相应段连接，因此，实质上只有 D201 的低字节 0x06（即二进制码 00000110）输出。CP1H-XA40DT 为漏型晶体管输出的 PLC（其输入公共端 COM 接电源正极；输出公共端 COM 接电源负极）100.07～

100.00 端子实际输出为“11111001”，七段数码管为共阳极，只有 b、c 段点亮，显示数字为 1。

表 6-5 SDEC 指令的应用

条	LAD	执行过程
条 0	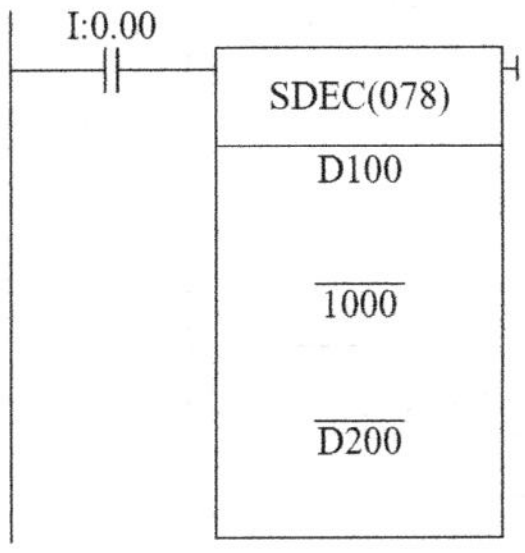 I:0.00 SDEC(078) D100 1000 D200	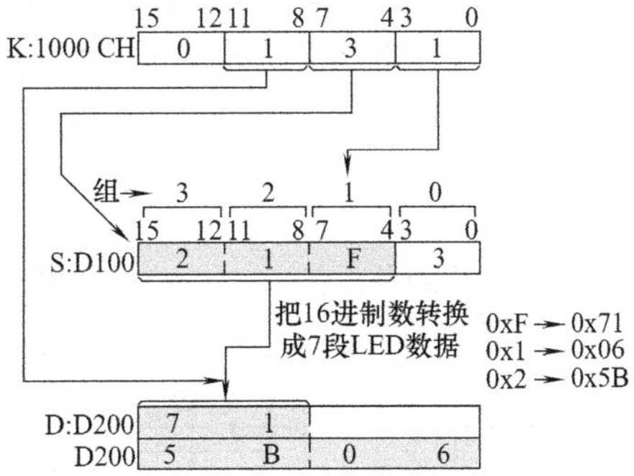 15 12 11 8 7 4 3 0 K:1000 CH 0 1 3 1 组→ 3 2 1 0 15 12 11 8 7 4 3 0 S:D100 2 1 F 3 把16进制数转换成7段LED数据 0xF→0x71 0x1→0x06 0x2→0x5B D:D200 7 1 D200 5 B 0 6
条 1	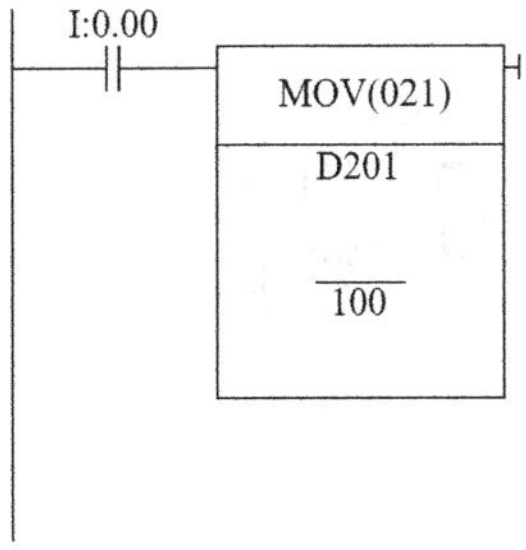 I:0.00 MOV(021) D201 100	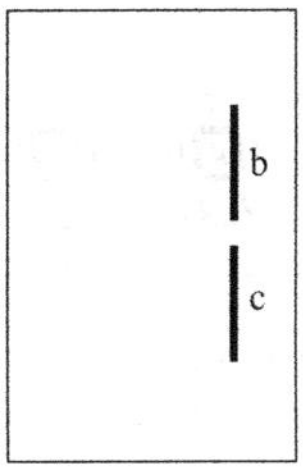 b c

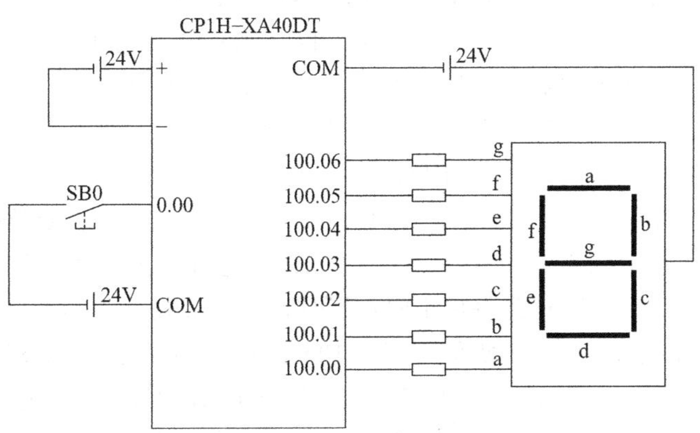

图 6-7 CP1H 与 1 位 LED 的硬件连接电路

6.2.2 七段显示指令

7SEG 指令主要用于驱动多位带锁存的 7 段 LED 数码管，其优点是驱动多位 LED 数码管时，可使用较少的端子。如图 6-8 所示为 8 位带锁存的 LED 显示硬件电路，它采用了 CPM1A-40EDT 作为 CP1H 主机单元的输入输出单元，其输入通道编号分别为 2 CH、3 CH，输出通道分别为 102 CH 和 103 CH。该电路只使用了 12 个输出端子来驱动两个四位一体带锁存的 7 段 LED 数码管以显示 8 位数字。如果每位 LED 占用 7 个输出端子，那么 8 位 LED 至少需要 56 个输出端子，而采用这种方法，则只使用了 12 个输出端子。

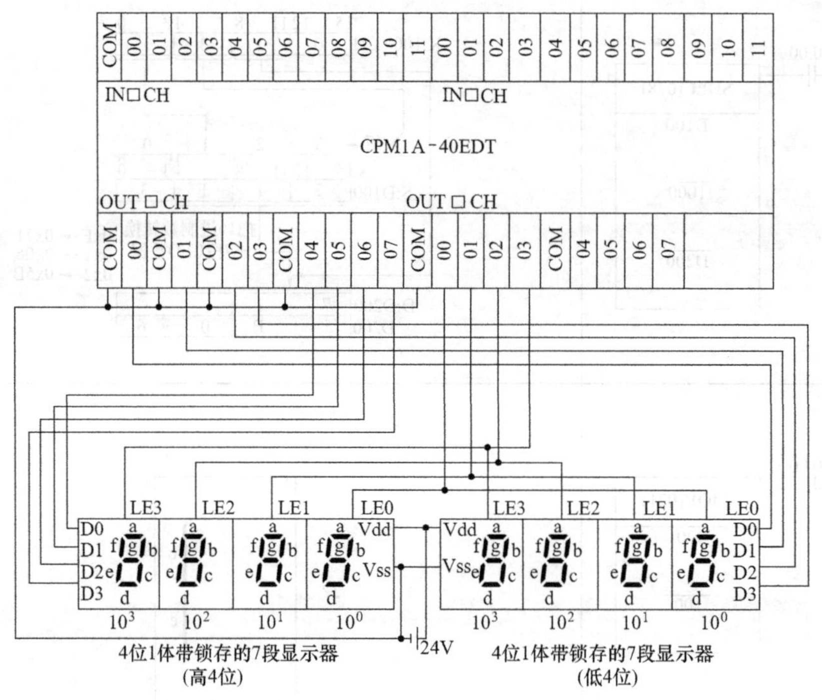

图 6-8　8 位带锁存的 LED 显示硬件电路

7SEG 指令控制 8 位 LED 数码管显示数字时，采用动态扫描显示法。假如要显示数字“12345678”时，其工作过程为：CPM1A-40EDT 首先从 102.03～102.00 端子输出“1”的 4 位 BCD 数“0001”，送到低 4 位显示器的 D0～D3，此时，只有 103.00 端子输出 LE0 锁存到显示器的最低位，以此选中低 4 位显示器的最低位 LED 进行显示，而由显示器内部电路转换成“8”的段码值“1111111”送到每位 LED 数码管的 g～a 段，从而使低 4 位显示器的最低位 LED 显示为“8”；CPM1A-40EDT 然后从 102.03～102.00 端子输出“2”的 4 位 BCD 数“0010”，送到低 4 位显示器的 D0～D3，此时，只有 103.01 端子输出 LE1 锁存到显示器的次低位，以此选中低 4 位显示器的次低位 LED 进行显示，而由显示器内部电路转换成“7”的段码值“0100111”送到每位 LED 数码管的 g～a 段，从而使低 4 位显示器的次低位 LED 显示为“7”；依此方法，使低 4 位 LED 数码管显示了“5678”。接着，CPM1A-40EDT 从 102.07～102.04 端子输出“5”的 4 位 BCD 数“1001”，送到高 4 位显示器的 LE0～LE3 片选端，送到高 4 位显示器的 D0～D3，此时，只有 103.00 端子输出 LE0 锁存到显示器的最低位，以此选中高 4 位显示器的最低位 LED 进行显示，而由显示器内部电路转换成“4”的段码值“1100110”送到每位 LED 数码管的 g～a 段，从而使高 4 位显示器的最低位 LED 显示为“4”；CPM1A-40EDT 然后从 102.07～102.04 端子输出“6”的 4 位 BCD 数“1010”，送到高 4 位显示器的 D0～D3，此时，只有 103.01 端子输出 LE1 锁存到显示器的次低位，以此选中高 4 位显示器的次低位 LED 进行显示，而由显示器内部电路转换成“3”的段码值“1001111”送到每位LED数码管的g～a段，从而使高4位显示器的次低位LED显示为“3”；依此方法，使高4位LED数码管显示了“1234”。这样，两个4位一体的LED数码管显示器就显示了数字“12345678”。虽然这8位数字是按顺序显示的，但每个显示数字的切换时间很短，由于人眼视觉暂留效应，人们会感觉这8个数字是同时显示。LE0～LE3脉冲的循环时间为12个扫描周期，其脉冲控制如图6-9所示。

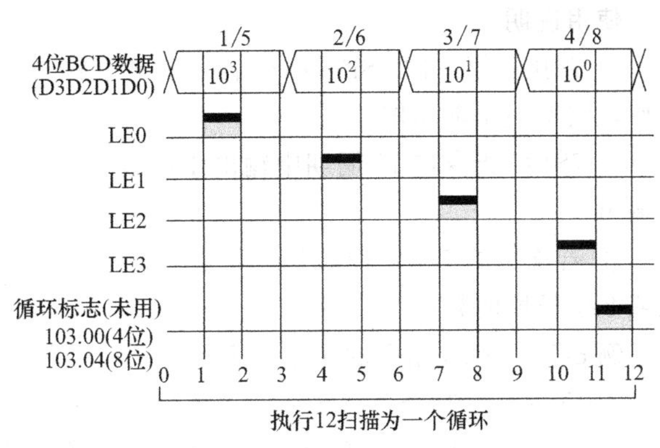

图6-9 输出数据及脉冲

7SEG为七段显示指令，它是按C通道数据的定义，将S通道中的4组或8组BCD数转换成可驱动带锁存7段数码管的信号，从O通道规定的端子输出。7SEG指令格式如表6-6所示。

表6-6 7SEG指令格式

指令	LAD	STL	操作数说明
7SEG指令	7SEG(214) S O C D	7SEG(214) S O C D	S为数据保存开始CH编号；O为数据输出/锁定输出保存CH编号；C表示位数、输出逻辑选择数据；D为工作区域开始CH编号。S、O、C、D的具体说明见图6-10所示

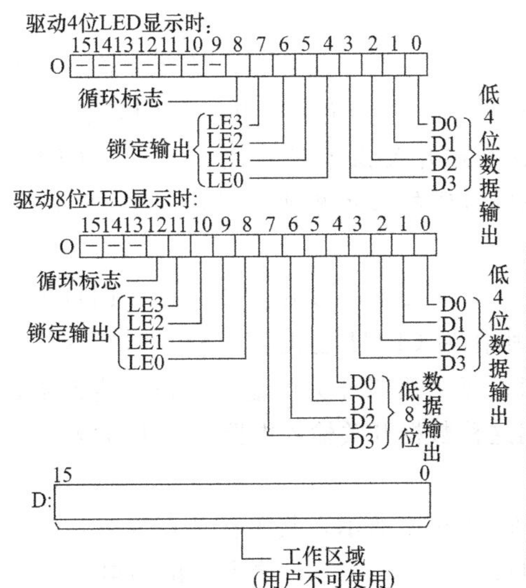

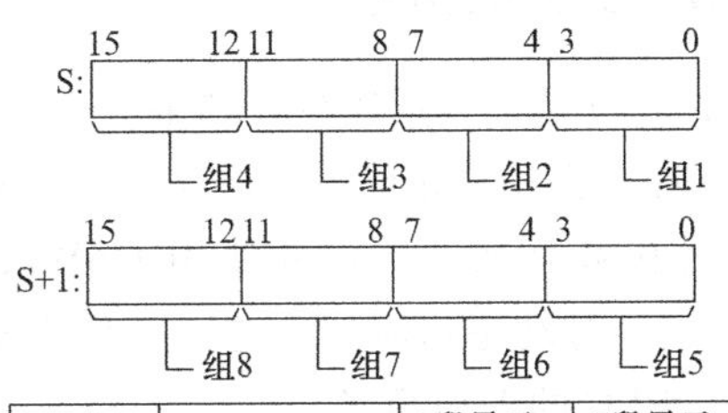

C(显示位数,输出逻辑选择数据)	显示位数	7段显示器的数据输入和输出单元逻辑	7段显示器的互锁输入和输出单元逻辑
#0000	4位(4位1组)	相同	相同
#0001	4位(4位1组)	相同	不相同
#0002	4位(4位1组)	不相同	相同
#0003	4位(4位1组)	不相同	不相同
#0004	8位(4位2组)	相同	相同
#0005	8位(4位2组)	相同	不相同
#0006	8位(4位2组)	不相同	相同
#0007	8位(4位2组)	不相同	不相同

图6-10 7SEG指令中各操作数的含义

使用说明

① 在执行第 1 次 7SEG 指令后，如果不将与 7 段显示器连接的输出单元进行 I/O 刷新操作，则不能正常动作。

② 7SEG 指令在 12 周期中输出 4 位或 8 位的数据，之后再一次返回到开始，进行数据的输出。

③ 若连接的 7 段 LED 显示器的位数少于 4 位或 8 位时，执行 7SEG 指令，也将输出 4 位或 8 位长度的数据。

例 6-7 7SEG 指令的应用如表 6-7 所示。当 0.00 常开触点为 ON 时，执行 7SEG 指令。由于 7SEG 指令中，S 为 D100，O 为 102 CH，C 为 004，D 为 D32000，因此，执行 7SEG 指令，将 D101、D100 中的 8 组 BCD 数值转换成可驱动 8 位带锁存 7 段 LED 数码管显示器信号（数据和 LE 控制脉冲），将这些信号显示在与 102 CH 及 103 CH 连接的 7 段 LED 数码管显示器中。D32000 通道为指令工作区，用户不可将它作其他用途。

表 6-7 7SEG 指令的应用

条	LAD	STL
条 0	I:0.00 7SEG(214) 7段显示输出 D100 第一个源字 102 输出字 #004 控制数据 D32000 第一个工作区字	LD 0.00 7SEG(214) D100 102 #004 D32000

6.2.3 数字式开关指令

PLC 的 I/O 端子数量较少，如果一个输入端子外接 1 位数据，那么在输入位数较多的情况下，可能会占用许多的输入端子，有时输入端子可能还不够用。为了解决这一矛盾，可以给 PLC 外接数字式开关，并使用 DSW 数字式开关指令来实现。这与在 CP1H 中使用 7SEG 指令，通过动态扫描方法进行 8 位 LED 数码的显示相比，只使用了 12 个输出端子，大大节省了 PLC 的 I/O 资源。

PLC 的数字式开关输入电路如图 6-11 所示，该电路主要由 CPM1A-20EDT 模块、8 个 4 位拨码开关构成。其中 CPM1A-20EDT 模块作为 CP1H 主机单元的 I/O 扩展模块，其输入、输出通道的编号分别为 2 CH 和 102 CH；每个拨码开关可输入 4 位二进制数，总共可输入 32 位二进制数。从图中可以看出，采用这种数据开关输入电路，32 位输入只使用了 12 个输入端子，从而节省了 20 个输入端子。

PLC 的数字式开关输入电路的工作时序如图 6-12 所示，其工作过程如下：PLC 上电工作后，在第 0～4 扫描周期内，CPM1A-20EDT 模块的 102.00 端子输出高电平（即 CS0 脉冲），它送到开关 No. 5 和开关 No. 1，这些开关为拨码开关，内部由 4 个开关构成，开关闭合时，高电平通过开关、二极管使输入端子电压升高，相当于该端子输入二进制“1”，开关

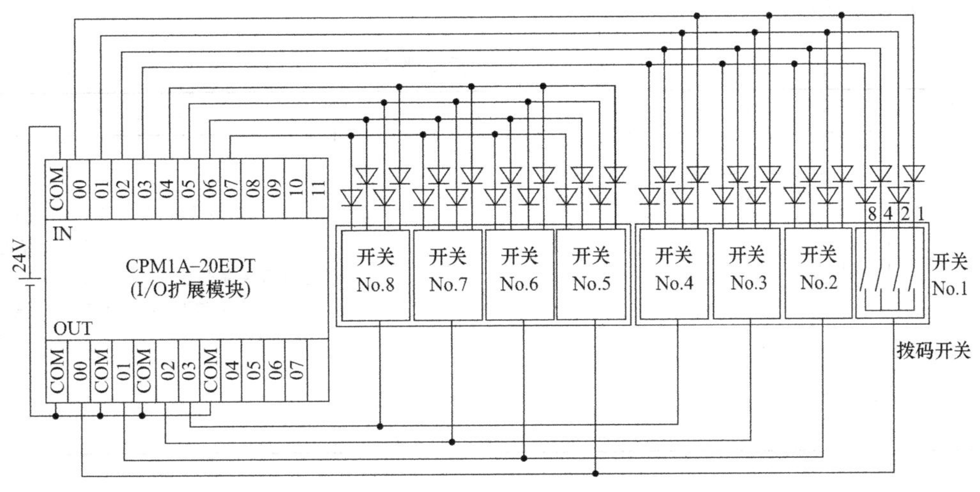

图 6-11　数字式开关输入电路

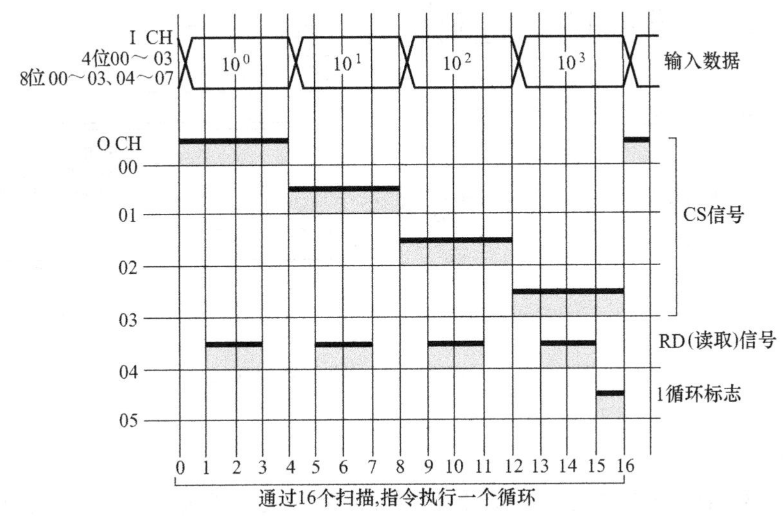

图 6-12　PLC 的数字式开关输入电路工作时序

断开时输入为“0”，一个拨码开关可以输入 4 位数，在第 0～4 扫描周期内，两个拨码开关可以输入 8 位数，它们送入 2.00～2.07 端子。在第 4～8 扫描周期内，CPM1A-20EDT 模块的 102.01 端子输出高电平（即 CS1 脉冲），它送到开关 No.6 和开关 No.2，这两个拨码开关又为 2.00～2.07 端子输入 8 位数。在第 8～12 以及第 12～16 扫描周期内，CPM1A-20EDT 模块的 102.02 和 102.03 端子分别输出高电平（即 CS2 和 CS3 脉冲），它送到开关 No.7 和开关 No.3 与开关 No.8 和开关 No.4，通过拨码开关共为 2.00～2.07 端子输入 16 位数。

在 16 个扫描周期内，8 个 4 位拨码开关共输入 32 位二进制数。102.00～102.03 每个端子的 CS 脉冲持续时间为 4 个扫描周期，在每个 CS 脉冲持续期间，102.04 端子会输出 2 个扫描周期的 RD（读取）脉冲。另外，在最后一个扫描周期内 102.05 端子会输出一个循环标志（高电平），表示数字开关的一个输入周期结束，接着下一个输入周期。

DSW 为数字式开关指令，它是从 O 通道的 00～04 端子输出脉冲信号并送入数字开关，数字开关输出数据送入 I 通道的 00～04（或 00～07）端子，送入的数据存在 D 通道。其指令格式如表 6-8 所示。

表 6-8 DSW 指令格式

指令	LAD	STL	操作数说明
DSW 指令	DSW(210) I O D C1 C2	DSW(210) I O D C1 C2	I为数据线输入(D0～D3)CH编号；O为控制信号(CS/RD)输出CH编号；D为数据保存开始CH编号；C1为位数指定开始CH编号；C2为工作区域开始CH编号。这5个操作数的具体说明如图6-13所示

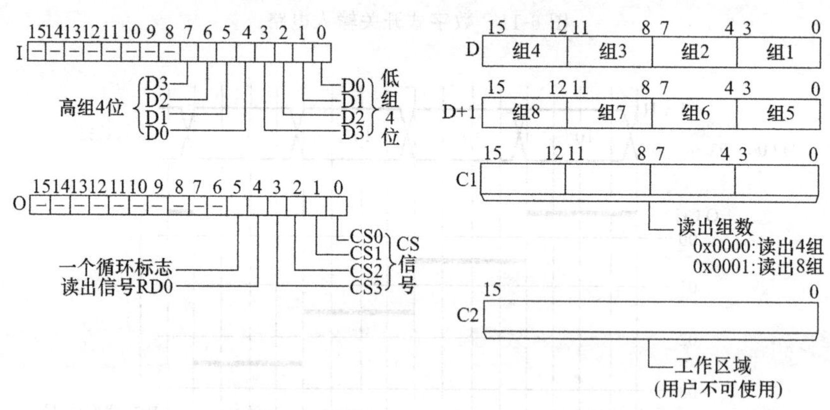

图 6-13 DSW 指令中各操作数的含义

使用说明

① 在执行第 1 次 DSW 指令后，如果不将与数字开关（或拨码开关）连接的输入/输出单元进行 I/O 刷新操作，则不能正常动作。

② DSW 指令在 16 周期中读取 4 位或 8 位的数据，之后再一次返回到开始，读取数据。

③ DSW 执行开始时（和指令执行停止时的状态无关），不断地从最初的周期开始读取。

④ DSW 指令在程序内没有使用次数限制。

例 6-8 DSW 指令的应用如表 6-9 所示。PLC 上电后，执行 DSW 指令。由于 DSW 指令中，I 为 2，O 为 102，D 为 D0，C1 为 0001（读取 8 组），C2 为 D32000，执行 DSW 指令，从连接在 102 CH 的 102.00～102.05 端子输出 CS 信号，并从连接在 2 CH 的 2.00～2.07 端子读取 8 组（32 位）数据，保存在 D0、D1 通道。D32000 为工作区域，用户不可使用。

6.2.4 10 键输入指令

10 键输入电路如图 6-14 所示，该电路主要由 CPM1A-20EDT 模块、10 个输入按键开关（0～9）构成。其中 CPM1A-20EDT 模块作为 CP1H 主机单元的 I/O 扩展模块，其输入、输出通道的编号分别为 2 CH 和 102 CH。

表 6-9 DSW 指令的应用

条	LAD	STL
条 0	P_On 常通标志 DSW(210) 数字开关输入 2 输入字 102 输出字 D0 第一个结果字 #0001 结果字的数字编号 D32000 第一个工作区字	LD P_On DSW(210) 2 102 D0 ＃0001 D32000

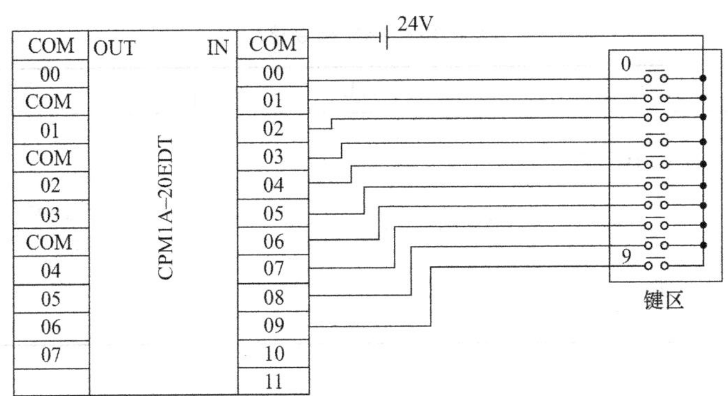

图 6-14 10 键输入电路

PLC 的 10 键输入电路的工作时序如图 6-15 所示，其工作过程如下：PLC 上电工作后，D1 的 8 组内容均为 0，如果与 2.01 外接键“1”闭合时，该端子输入高电平，D2 的第 01 位和第 10 位均为“1”，同时 D1 的第 1 组存入 BCD 值“1”，表示“1”键输入。当与 2.01 外接键“1”断开时，2.01 端子输入低电平，D2 的 01 位仍保持“1”，但第 10 位为“0”。如果与 2.00 外接键“0”闭合时，该端子输入高电平，D2 的第 00 位和第 10 位均为“1”，同时 D1 的第 1 组 BCD 值“1”移到第 2 组，而第 1 组中保存 BCD 值“0”，表示“0”键已输入。依此方法，可以完成多个按键的输入。

TKY 为 10 键输入指令，它是从 I 通道的 00～09 端子读取外接 10 键输入的 0～9，读入的每个数都转换成一组 4 位的 BCD 码，并将结果存入 D1 通道某组中。当某个端子有键输入时，D2 通道对应的位为 1，直到其他键输入时该位才变为 0，D1 通道的第 10 位有键输入时为 1，没有键输入时为 0。D1、D1＋1 通道最多可以存放 8 个数的 BCD 码，后输入数存放在低组，先输入数被移到高组。如果输入数超过 8 个，最高组的数将被移出清除。TKY 的指令格式如表 6-10 所示。

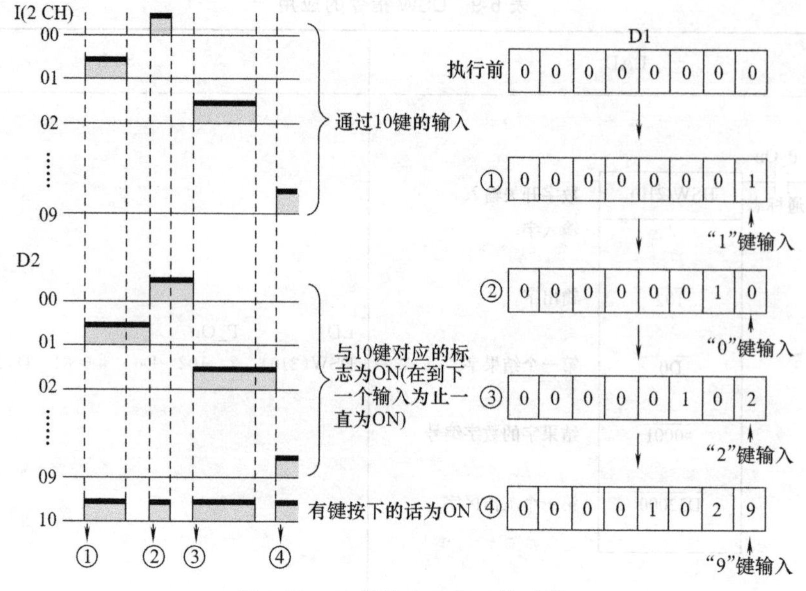

图 6-15　10 键输入电路工作时序

表 6-10　TKY 指令格式

指令	LAD	STL	操作数说明
TKY 指令	TKY(211) I D1 D2	TKY(211)　I　D1　D2	I 为数据线输入 CH 编号；D1 为数据保存开始 CH 编号；D2 为键输入信息保存 CH 编号。这 3 个操作数的具体说明如图 6-16 所示

使用说明

① 在执行第 1 次 TKY 指令后，如果不将与 10 键输入连接的输入/输出单元进行 I/O 刷新操作，则不能正常动作。

② 在 TKY 指令执行开始时（和指令执行停止时的状态无关），不断地从最初的周期开始读取。

③ 在 10 键区中按下 1 个键的状态下，就不能进行其他键的输入。

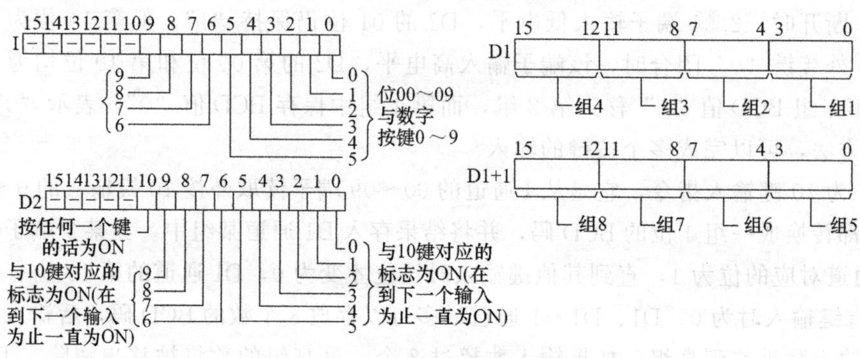

图 6-16　TKY 指令中各操作数的含义

例 6-9 TKY 指令的应用如表 6-11 所示。PLC 上电后，执行 TKY 指令。由于 TKY 指令中，I 为 2，D1 为 200，D2 为 D0，因此执行 TKY 指令时，从与 2 CH 连接的 10 键区中不断读取 8 组数据，以取得某键按下状态值，并将 8 组数据保存到 D0～D1 中。

表 6-11 TKY 指令的应用

条	LAD	STL
条 0	P_On（常通标志）—— TKY(211) 10键输入 2 输入字 200 第一个登记字 D0 键输入字	LD P_On TKY(211) 2 200 D0

6.2.5 16 键输入指令

16 键输入电路如图 6-17 所示，该电路主要由 CPM1A-20EDT 模块、16 个输入按键开关（0～F）构成。其中 CPM1A-20EDT 模块作为 CP1H 主机单元的 I/O 扩展模块，其输入、输出通道的编号分别为 2 CH 和 102 CH；16 个输入按键开关构成 4×4 矩阵键盘的形式。

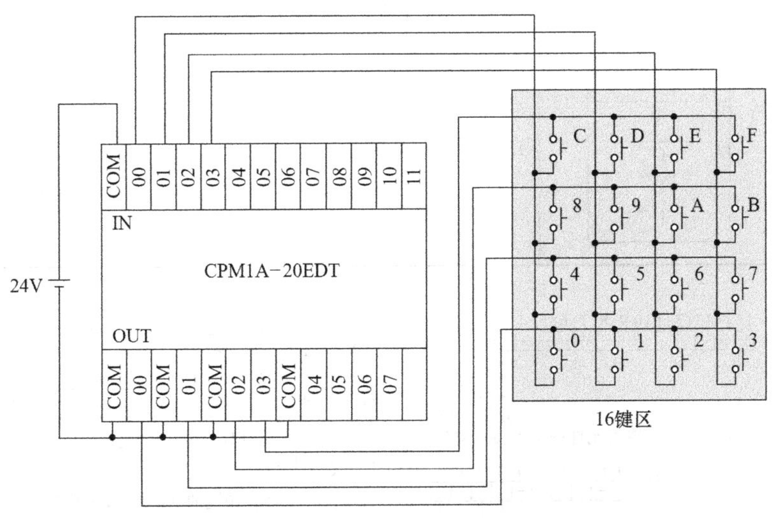

图 6-17 16 键输入电路

PLC 的 16 键输入电路的工作时序如图 6-18 所示，其工作过程如下：PLC 上电工作后，从 CPM1A-20EDT 模块的 102.00～102.03 端子输出键盘扫描信号。在一个循环内，每个端子输出的扫描信号高电平持续的时间为 2 个扫描周期，12 个扫描周期为一个循环。若按下键盘上某键时，如按下“F”键（其持续时间要超过 12 个扫描周期，以消除键盘抖动干扰信号），当 102.03 端子输出高电平时，高电平经“F”键送入 2.03 端子，PLC 将该输入高电平转换成与“F”键对应的 4 位二进制数 1111，保存在指定的通道中。

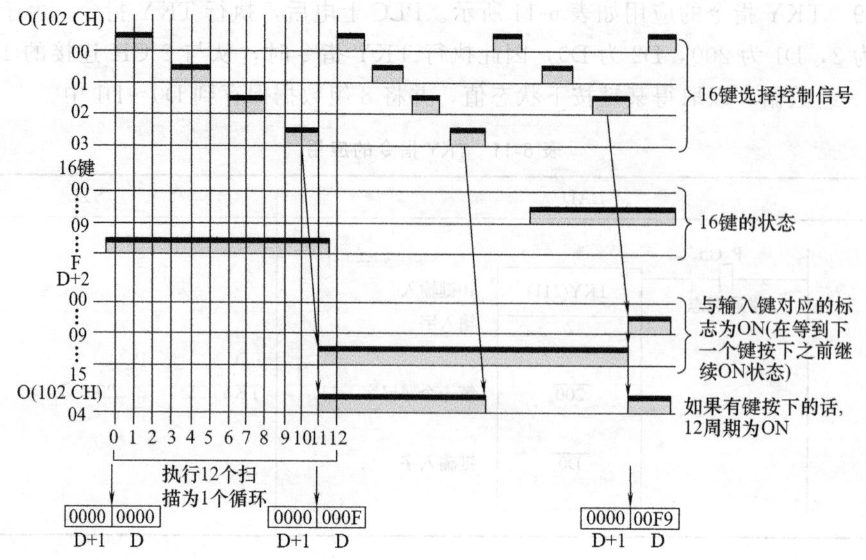

图 6-18　16 键输入电路的工作时序

HKY 为 16 键输入指令，它是从 O 通道的 00～03 端子输出 4 路扫描信号至 16 键区，当某键闭合时，一路扫描信号经该键送入 I 通道 00～03 中的某个端子，输入信号被转换成与键对应的 4 位二进制数，存入 D 通道某组中。HKY 指令格式如表 6-12 所示。

表 6-12　HKY 指令格式

指令	LAD	STL	操作数说明
HKY 指令	HKY(212) I O D C	HKY(212)　I　O　D　C	I 为数据线输入 CH 编号；O 为选择控制信号输出 CH 编号；D 为数据保存开始 CH 编号；C 为工作区域开始 CH 编号。这 4 个操作数的具体说明如图 6-19 所示

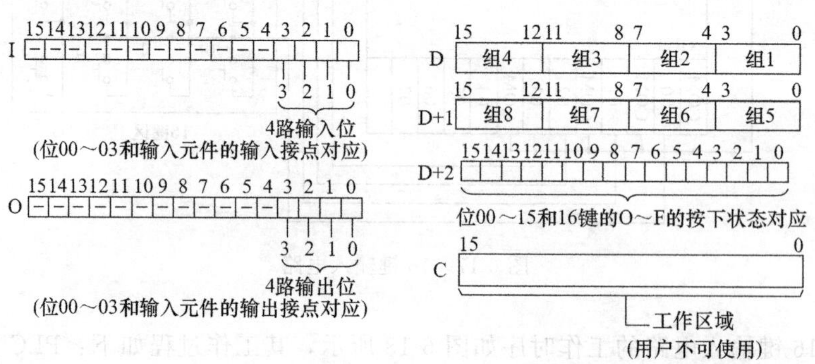

图 6-19　HKY 指令中各操作数的含义

使用说明

① 在执行第 1 次 HKY 指令后，如果不将与 16 键输入连接的输入/输出单元进行 I/O 刷新操作，则不能正常动作。

② HKY 指令执行开始时（和指令执行停止时的状态无关），不断地从最初的周期开始读取。

③ 从 16 键盘中输入 1 个数值的话，被保存的数值就向高处移位 1 组（4 位），最后输入的数值被保存在最低组。

④ 在 16 键盘中按下某个键的状态下，如果再按下其他键，只输入最先按下的那个键的数值。

例 6-10 HKY 指令的应用如表 6-13 所示。PLC 上电后，执行 HKY 指令。由于 HKY 指令中，I 为 2，O 为 102 CH，D 为 D0，C 为 D32000。因此执行 HKY 指令时，让 102.00～102.03 端子输出 4 路键盘扫描信号至 16 键区，让 2.00～2.03 端子接收键盘送来的信号，并将接收到的键盘信号转换成与该键对应的键值，存入 D0、D1 通道的某组中。D32000 为工作区域，用户不可使用。

表 6-13 HKY 指令的应用

条	LAD	STL
条 0	P_On 常通标志 —— HKY(212) 十六进制键输入 2 输入字 102 控制信号输出字 D0 第一个结果字 D32000 第一个工作区字	LD P_On HKY(212) 2 102 D0 D32000

6.2.6 矩阵键盘输入指令

矩阵键盘输入电路如图 6-20 所示，该电路主要由 CPM1A-20EDT 模块、64 个输入按键

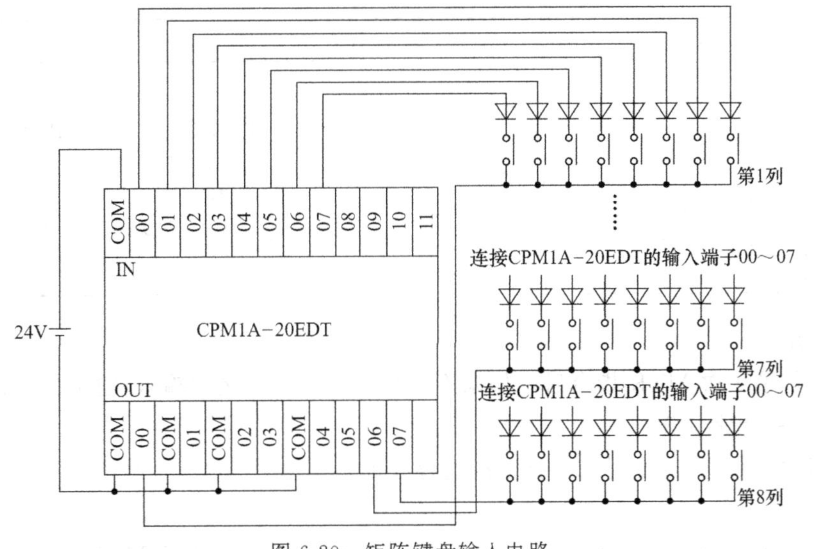

图 6-20 矩阵键盘输入电路

开关构成。其中CPM1A-20EDT模块作为CP1H主机单元的I/O扩展模块，其输入、输出通道的编号分别为2 CH和102 CH；64个输入按键开关构成8×8矩阵键盘的形式。

PLC的矩阵键盘输入电路的工作时序如图6-21所示，其工作过程如下：PLC上电工作后，从CPM1A-20EDT模块的102.00～102.03端子输出键盘扫描信号，24个扫描周期为一个循环。如果键盘上的“7”、“14”键处于闭合，其他键均断开，当102.00端子输出高电平时，由于“7”键处于闭合，2.00～2.07端子输入数据为10000000，该数据被存入指定通道的低8位；当102.1端子输出高电平时，由于“14”键处于闭合，2.00～2.07端子输入数据为01000000，该数据被存入指定通道的高8位。一个循环后，会将64位数据（由键盘各按键通断确定）存入4个连续通道中。

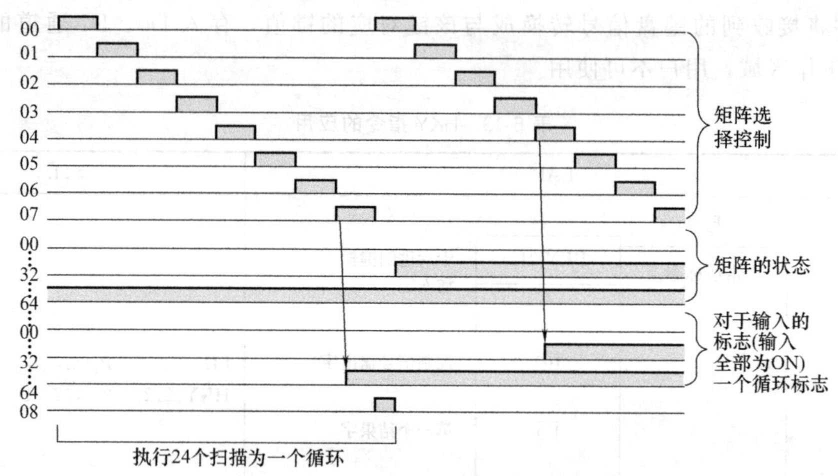

图6-21 矩阵键盘输入电路工作时序

MTR为矩阵键盘输入指令，它是从O通道的00～07端子输出8路扫描信号到矩阵区，依次扫描1～8列按键而获得8组8位数据，从I通道00～07端子先后输入，存放在D～D+3通道中。MTR指令的格式如表6-14所示。

表6-14 MTR指令格式

指令	LAD	STL	操作数说明
MTR指令	MTR(213) I O D C	MTR(213) I O D C	I为数据线输入CH编号；O为选择控制信号输出CH编号；D为数据保存开始CH编号；C为工作区域开始CH编号。这4个操作数的具体说明如图6-22所示

使用说明

① 在执行第1次MTR指令后，如果不将与矩阵输入连接的输入/输出单元进行I/O刷新操作，则不能正常动作。

② MTR指令执行开始时（和指令执行停止时的状态无关），不断地从最初的周期开始读取。

例6-11 MTR指令的应用如表6-15所示。PLC上电后，执行MTR指令。由于MTR

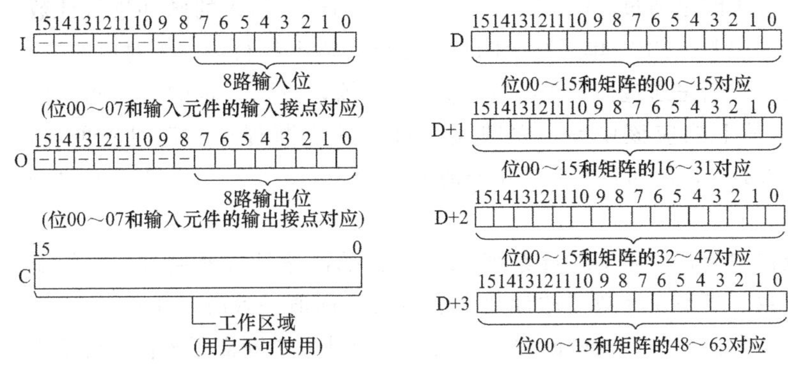

图 6-22 MTR 指令中各操作数的含义

指令中，I 为 2，O 为 102 CH，D 为 W0，C 为 D32000。因此执行 MTR 指令时，让 102.00～102.07 端子依次输出 8 路键盘扫描信号至 8 列按键，从而获得 8 组 8 位数据，先后从 2.00～2.07 端子输入，保存在 W0～W3 通道中。D32000 为工作区域，用户不可使用。

表 6-15 MTR 指令的应用

条	LAD	STL
条 0	P_On（常通标志）—— MTR(213) 矩阵输入 2 输入字 102 输出字 W0 第一个结果字 D32000 第一个工作区字	LD P_On MTR(213) 2 102 W0 D32000

6.3 中断控制及指令

所谓中断，是指当 PLC 的 CPU 单元正执行正常程序时，系统中出现某些急需处理的异常情况和特殊请求，CPU 暂时中止现行程序，转去对随机发生的更为紧迫事件进行处理，处理完毕后，CPU 自动返回原来的程序继续执行，此过程称为中断。中断子程序是为实现某些特定控制功能而设定的程序，这些特定的功能要求响应时间小于机器的扫描周期。

6.3.1 CP1H 的中断功能

(1) CP1H 中断功能种类

CP1H 系列 PLC 的中断主要有直接模式中断、计数器模式中断、定时器模式中断、高速计数器中断以及外部中断这 5 种，其中直接模式中断和计数器模式中断又统称为输入中断。

直接模式中断是 CP1H 系列 PLC 的 CPU 单元的内置输入发生上升沿或下降沿变化时产生的中断。CPU 单元会马上响应该中断，立即执行该输入对应的中断程序（中断任务）。

计数器模式中断是通过CPU单元的特定输入端子对输入的脉冲进行计数，当计数达到一定值时产生的中断。CPU单元马上响应该中断，立即执行该端子对应的中断程序。

定时器模式中断是通过监视PLC内部的定时器，按照一定的时间间隔后产生的一次中断。CPU单元马上响应该中断，立即执行对应的中断程序。定时器的时间间隔单位有10ms、1ms、0.1ms，例如将定时器中断时间设为6ms，那么每隔6ms就执行一次指定的中断程序。

高速计数器中断是使用CP1H系列PLC内部的高速计数器通过特定的输入端子对输入的脉冲进行计数，当高速计数器的计数当前值与目标值一致时产生的中断。CPU单元马上响应该中断，立即执行对应的中断程序。由于高速计数中断需了解高速计数器，所以高速计数器中断将在后续的高速计数器的应用一小节中进行介绍。

外部中断是当CP1H系列PLC与CJ系列的高功能I/O单元或CPU高功能单元连接时，若接收到这些单元产生的中断，CP1H系列PLC的CPU单元将马上响应该中断，立即执行对应的中断程序。由于使用外部中断时需要用到CJ系列的高功能I/O单元或CPU高功能单元，所以本书不对外部中断进行介绍。

(2) CP1H中断优先级

PLC允许接收多个中断，但若有多个中断同时向CPU单元模块申请中断请求时，CPU单元不可能同时响应这些中断。为解决这一矛盾，可以使用中断优先级的方法来实现，即对各中断根据紧急程度，分别给定一些优先级别让其进行排队，CPU单元首先响应中断优先级高的中断请求，然后再响应优先级低的中断请求。

有多个中断请求发生时，在CP1H系列PLC中，中断优先级顺序由高到低为：外部中断→直接模式中断/计数器模式中断→高速计数器中断→定时器中断。例如输入中断和定时器中断同时产生中断请求时，CPU单元将先响应输入中断，待输入中断处理完后再执行定时器中断。由于每类中断又分为多个中断，如输入中断可分为输入中断0～输入中断7，当某类中断中有多个中断发生中断请求时，CPU单元则会先响应小编号的中断。

(3) CP1H中断程序的建立

在使用CP1H中断功能时，先要建立并编写中断程序。CP1H中断程序的建立步骤如下。

① 在CX-Programmer软件中右击工程工作区的“新PLC1［CP1H］离线”，在弹出的菜单中选择“插入程序→梯形图”，如图6-23所示，这样将在工程工作区的程序中插入一个

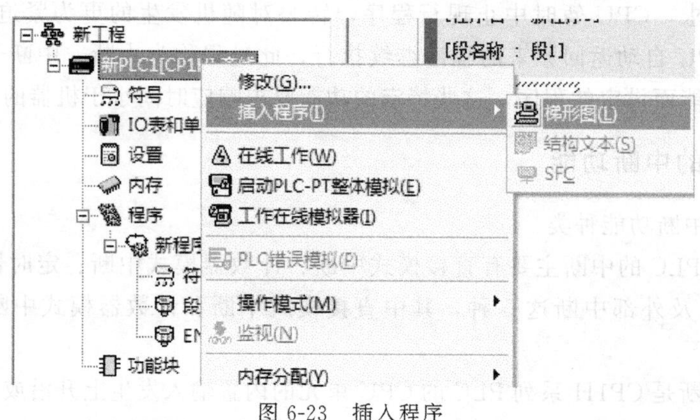

图6-23 插入程序

新的程序。

② 在 CX-Programmer 软件中右击工程工作区的新建程序，将弹出“程序属性”对话框，在此对话框中，选择“通用”选项卡，然后在任务类型下拉列表中选择相应的中断任务，如图 6-24 所示，这样就创建了一个中断程序。

③ 中断程序创建后，在“段 1”中需要输入相应的中断程序代码，其编写方法与普通程序方法相同，在此不再详述。

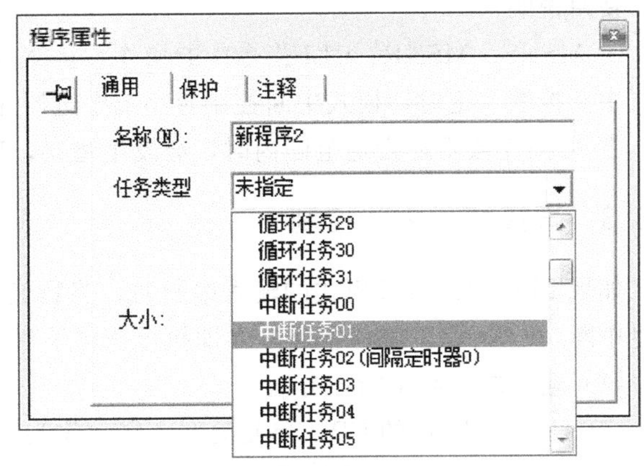

图 6-24 “程序属性”对话框

6.3.2 中断控制指令

CP1H 系列 PLC 的中断控制指令主要包括 MSKS、MSKR、CLI、DI、EI 等指令。MSKS 为中断屏蔽设置指令，通过该指令可允许/禁止 CPU 进入可执行相应中断任务的状态。MSKR 为中断屏蔽前导指令，通过该指令获取中断控制状态。CLI 为中断解除指令，该指令用来解除中断任务的主要因素记忆。DI 为中断任务执行禁止指令，通过该指令将禁止执行所有的中断任务。EI 为解除中断任务执行禁止指令，通过该指令将解除由 DI 指令设定的所有中断任务的执行禁止。这几条中断控制指令中，DI 和 EI 均没有操作数，它们的指令格式如表 6-16 所示。

表 6-16 中断控制指令格式

指令	LAD	STL	操作数说明
MSKS 指令	MSKS(690) N S	MSKS(690) N S	N 为控制数据 1,用来指定是将输入中断作为对象还是将定时中断任务作为对象;S 为控制数据 2
MSKR 指令	MSKR(692) N D	MSKR(692) N D	N 为控制数据,用来指定是将输入中断作为对象还是将定时中断任务作为对象;D 为输出 CH 编号
CLI 指令	CLI(691) N S	CLI(691) N S	N 为控制数据 1,用来指定是输入中断主要因素记忆的解除/保持,还是进行定时中断的初始中断开始时间设定,或者是高速计数器中断主要因素记忆的解除/保持;S 为控制数据 2
DI 指令	DI(693)	DI(693)	—
EI 指令	EI(694)	EI(694)	—

使用说明

① MSKS、MSKR、CLI 指令中的操作数具体内容将在后续直接模式中断控制、计数器模式中断控制、定时器模式中断控制等小节中进行相应讲述。

② N 操作数不在指定范围内时，会发生错误，ER 标志为 ON。

6.3.3 直接模式中断控制

如果 PLC 使用直接模式的输入中断时，当特定的输入端子发生上升沿或下降沿变化时产生中断，CPU 马上响应中断，立即执行该端子对应的中断程序。

(1) 输入端子与中断任务编号

CP1H 系列 PLC 的 CPU 单元类型不同，作为输入中断所使用的端子编号也有所不同，其中 X/XA 型 CPU 单元模块可将 0.00～0.03、1.00～1.03 共 8 点作为输入中断使用；Y 型 CPU 单元模块可将 0.00～0.01、1.00～1.03 共 6 点作为输入中断使用，其端子台排列如图 6-25 所示。在直接模式中断下，CP1H 系列 PLC 的 CPU 单元模块的输入中断使用的端子编号与对应的中断任务编号如表 6-17 所示。从表中可以看出，输入中断 0 使用 0.00 端子，它对应着中断任务 140（No. 140）。如果已通过 CX-Programmer 对 PLC 进行中断设置，当 0.00 端子输入上升沿或下降沿时，会触发输入中断 0，CPU 会去执行中断任务 140（任务程序）。

表 6-17　直接模式中断控制的输入端子与中断任务编号

CPU 类型	输入端子台		输入动作设定		中断任务编号(No.)
	通道	编号(端子号)	通用输入	输入中断	
X/XA 型	0 CH	00(0.00)	通用输入 0	输入中断 0	中断任务 140(No. 140)
		01(0.01)	通用输入 1	输入中断 1	中断任务 141(No. 141)
		02(0.02)	通用输入 2	输入中断 2	中断任务 142(No. 142)
		03(0.03)	通用输入 3	输入中断 3	中断任务 143(No. 143)
		04(0.04)～11(0.11)	通用输入 4～11	—	—
	1 CH	00(1.00)	通用输入 12	输入中断 4	中断任务 144(No. 144)
		01(1.01)	通用输入 13	输入中断 5	中断任务 145(No. 145)
		02(1.02)	通用输入 14	输入中断 6	中断任务 146(No. 146)
		03(1.03)	通用输入 15	输入中断 7	中断任务 147(No. 147)
		04(1.04)～11(1.11)	通用输入 16～23	—	
Y 型	0 CH	00(0.00)	通用输入 0	输入中断 0	中断任务 140(No. 140)
		01(0.01)	通用输入 1	输入中断 1	中断任务 141(No. 141)
		04(0.04)、05(0.05)、10(0.10)、11(0.11)	通用输入 2、3、4、5	—	—
	1 CH	00(1.00)	通用输入 6	输入中断 2	中断任务 144(No. 142)
		01(1.01)	通用输入 7	输入中断 3	中断任务 145(No. 143)
		02(1.02)	通用输入 8	输入中断 4	中断任务 146(No. 144)
		03(1.03)	通用输入 9	输入中断 5	中断任务 147(No. 145)
		04(0.04)、05(0.05)	普通输入 10、11	—	—

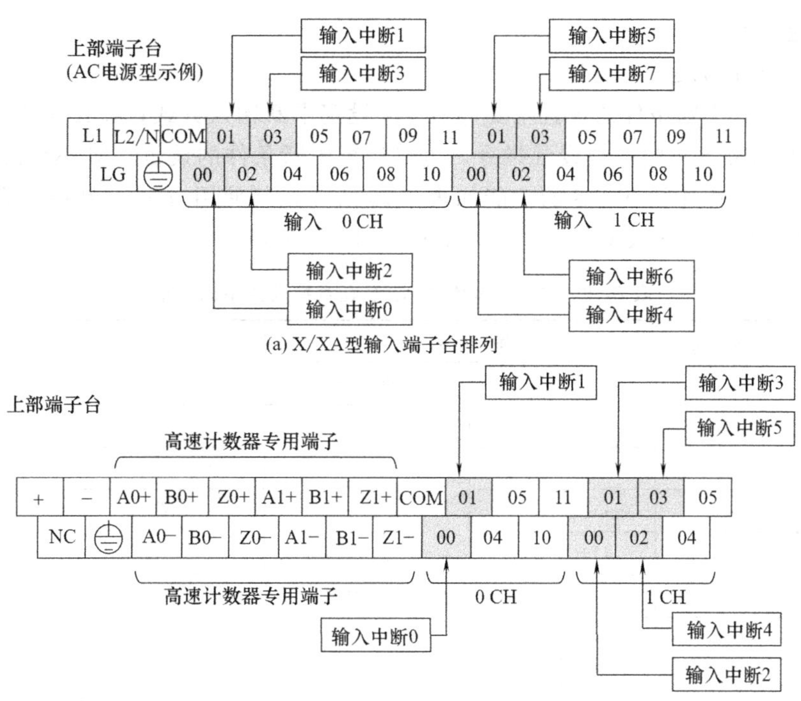

(a) X/XA型输入端子台排列

(b) Y型输入端子台排列

图 6-25 CP1H 系列 PLC 的输入端子台排列

(2) PLC 输入端子功能设置

PLC 的输入端子在默认情况下作为通用输入使用，如果作为输入中断使用，需在 CX-Programmer 软件中对 PLC 进行相应设置。

例如要将 0.00 输入端子设置为输入中断，其操作方法为：在 CX-Programmer 软件中双击工程工作区的"设置"，在弹出的"PLC 设定"对话框中选择"内置输入设置"选项卡，再在中断输入项中将 IN0（0.00）设为"中断"，如图 6-26 所示。依此方法，可以对 IN1～

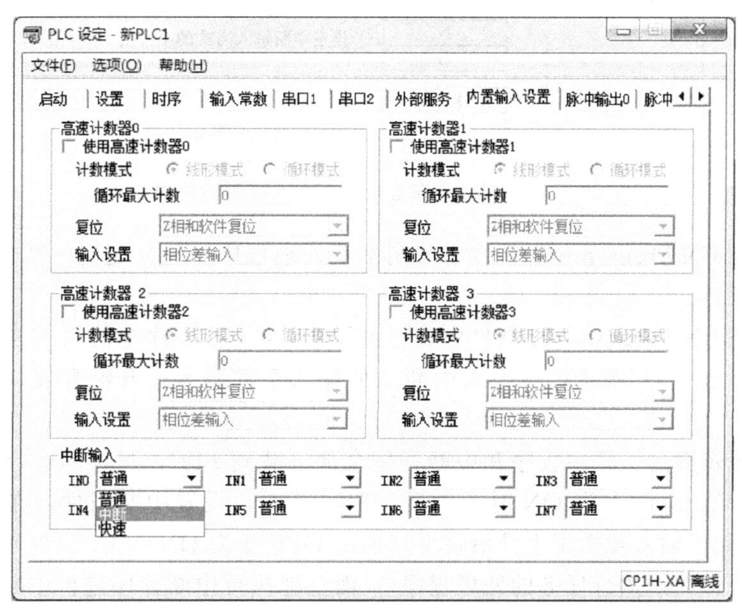

图 6-26 设置输入端子的功能

IN7 进行相应设置。

（3）中断条件的设置

直接模式下，中断条件的设置主要包括：①设定中断输入方式；②设定中断允许/禁止的操作。使用 MSKS 中断屏蔽设置指令，可以进行中断条件的设置。MSKS 指令在直接模式中断控制中，其操作数 N、S 的功能如表 6-18 所示，其使用方法如图 6-25 所示。注意，对于 Y 型 CPU 单元，输入中断 6 和输入中断 7 均不能使用。

表 6-18　MSKS 操作数 N、S 在直接模式下的功能

输入中断编号	中断任务编号 No.	①设定中断输入方式		②设定中断允许/禁止	
		N,输入中断代号 1	S,执行条件	N,输入中断代号 2	S,允许/禁止设定
输入中断 0	140	110(或 10)	#0000:上升沿指令 #0001:下降沿指令	100(或 6)	#0000:中断允许 #0001:中断禁止
输入中断 1	141	111(或 11)		101(或 7)	
输入中断 2	142	112(或 12)		102(或 8)	
输入中断 3	143	113(或 13)		103(或 9)	
输入中断 4	144	114		104	
输入中断 5	145	115		105	
输入中断 6	146	116		106	
输入中断 7	147	117		107	

（4）直接模式输入中断的使用

下面以输入中断 0 为例说明直接模式的输入中断的使用步骤，具体如下所述。

步骤一：将输入设备连接到输入 0.00。

步骤二：在 CX-Programmer 软件中将 PLC 输入端子 IN0（0.00）设置为中断，如图 6-27所示。

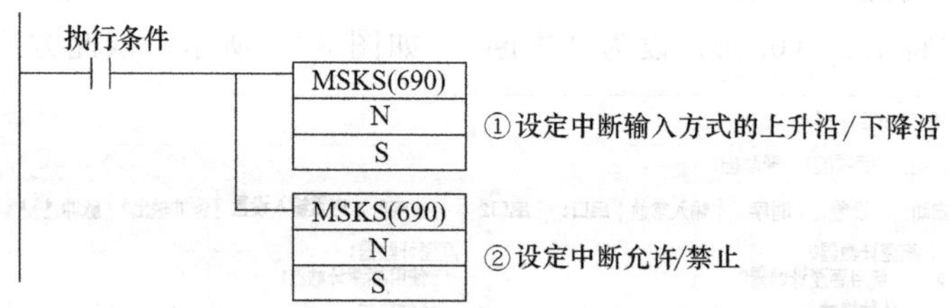

图 6-27　MSKS 在直接模式中断控制的使用

步骤三：在 CX-Programmer 软件中编制中断处理程序，并分配到中断任务 140，详细过程可参考图 6-24。

步骤四：在 CX-Programmer 软件中编写主程序，并在主程序中使用 MSKS 指令设置中断条件，如图 6-28（a）所示，将输入中断 0 的输入条件设为上升沿有效，并允许输入中断 0。

完成了以上步骤后，将主程序和中断程序全部下载到 PLC，程序的运行过程如图 6-28（b）所示。当 W0.00 触点为 ON 时，执行 MSKS 指令，设置中断条件，在主程序运行期间，如果 0.00 端子输入发生了上升沿跳变（即由 OFF 变为 ON），CPU 单元马上暂停正在执行的主程序（即周期执行任务的处理程序），而立即执行中断程序进行中断处理（中断任务 140 的处理），中断程序完成后，又返回到主程序，继续执行刚才暂停的程序。如果 0.00

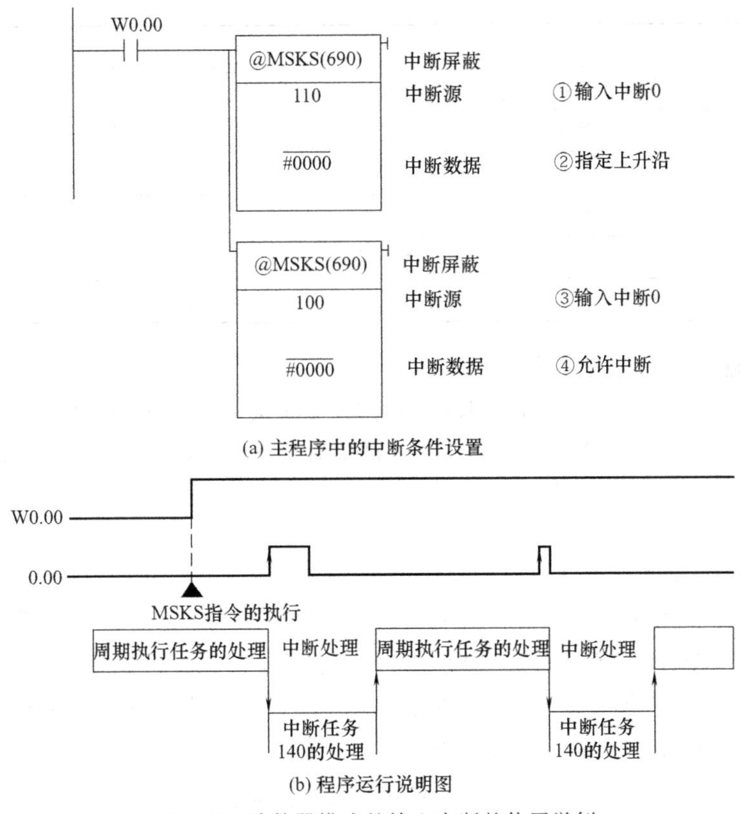

(a) 主程序中的中断条件设置

(b) 程序运行说明图

图 6-28 计数器模式的输入中断的使用举例

在后续某时刻又发生上升沿跳变，CPU 单元又会暂停主程序，而执行中断程序。

6.3.4 计数器模式中断控制

计数器模式中断是通过 CPU 单元的特定输入端子对输入的脉冲进行计数，当计数达到一定值时产生的中断。CPU 单元马上响应该中断，立即执行该端子对应的中断程序。

(1) 输入端子与中断任务编号

在计数器模式中断下，CP1H 系列 PLC 的 CPU 单元模块的输入中断使用的端子编号与对应的中断任务编号如表 6-19 所示。从表中可以看出，输入中断 0 使用 0.00 端子，它对应着中断任务 140 (No.140)。如果已通过 CX-Programmer 对 PLC 进行中断设置，当 0.00 端子输入上升沿或下降沿时，计数器通过 A536 CH 对脉冲进行计数，A536 CH 中的当前计数值与 A532 CH 中的设定值相同时，会触发输入中断 0，CPU 会去执行中断任务 140 (任务程序)。注意，在计数器模式中断下，输入脉冲的频率应在 5kHz 以下。

表 6-19 计数器模式中断控制的输入端子与中断任务编号

输入继电器编号		功能		计数器	
X/XA 型	Y 型	输入中断编号	中断任务 No.	设定值(0x0000～0xFFFF)	当前值
0.00	0.00	输入中断 0	140	A532 CH	A536 CH
0.01	0.01	输入中断 1	141	A533 CH	A537 CH
0.02	1.00	输入中断 2	142	A534 CH	A538 CH

续表

输入继电器编号		功能		计数器	
X/XA 型	Y 型	输入中断编号	中断任务 No.	设定值(0x0000～0xFFFF)	当前值
0.03	1.01	输入中断 3	143	A535 CH	A539 CH
1.00	1.02	输入中断 4	144	A544 CH	A548 CH
1.01	1.03	输入中断 5	145	A545 CH	A549 CH
1.02	—	输入中断 6	146(Y 型不可用)	A546 CH	A550 CH
1.03	—	输入中断 7	147(Y 型不可用)	A547 CH	A551 CH

(2) PLC 输入端子功能设置

PLC 的输入端子 0.00～0.03 和 1.00～1.03 在默认情况下作为通用输入使用，如果作为输入中断使用时，需在 CX-Programmer 软件中对 PLC 进行相应设置。计数器模式的输入中断的输入端子功能设置与直接模式的输入中断相同，用户根据需求，应设置要使用的端子功能为中断。

(3) 中断条件的设置

计数器模式下，中断条件的设置主要包括：①设定中断输入方式；②设定中断允许/禁止的操作。使用 MSKS 中断屏蔽设置指令，可以进行中断条件的设置。MSKS 指令在计数器模式中断控制中，其操作数 N、S 的功能如表 6-20 所示，其使用方法如图 6-26 所示。注意，对于 Y 型 CPU 单元，输入中断 6 和输入中断 7 均不能使用。

表 6-20　MSKS 操作数 N、S 在计数器模式下的功能

输入中断编号	中断任务编号 No.	①设定中断输入方式		②设定中断允许/禁止	
		N,输入中断代号 1	S,计数触发器	N,输入中断代号 2	S,允许/禁止设定
输入中断 0	140	110(或 10)	＃0000:上升沿指令 ＃0001:下降沿指令	100(或 6)	＃0002:通过减法方式的计数开始、中断允许 ＃0003:通过加法方式的计数开始、中断允许
输入中断 1	141	111(或 11)		101(或 7)	
输入中断 2	142	112(或 12)		102(或 8)	
输入中断 3	143	113(或 13)		103(或 9)	
输入中断 4	144	114		104	
输入中断 5	145	115		105	
输入中断 6	146	116		106	
输入中断 7	147	117		107	

(4) 计数器模式输入中断的使用

下面以对输入 0.01 的上升沿进行 200 次计数为例，说明计数器模式的输入中断的使用步骤，具体如下所述。

步骤一：将输入设备连接到输入 0.01。

步骤二：在 CX-Programmer 软件中将 PLC 输入端子 IN1 (0.01) 设置为中断。

步骤三：在 CX-Programmer 软件中编制中断处理程序，并分配到中断任务 141。

步骤四：在 CX-Programmer 软件中将输入中断 1 对应的特殊辅助继电器 A533 的值(计数器设定值) 设为 0x00C8 (即十进制数 200)。其设置方法是：在 CX-Programmer 软件中双击工程工作区的“内存”，将弹出“PLC 内存”界面，在此界面中选择 A 通道，在首地址中输入“533”并按回车键将定位到 A533 CH 框，然后在 A533 CH 框中输入 00C8（默认为十六进制），如图 6-29 所示。如果单击工具栏上的 10，应将 A533 CH 值设为 200，输入设定值后进行保存即可。

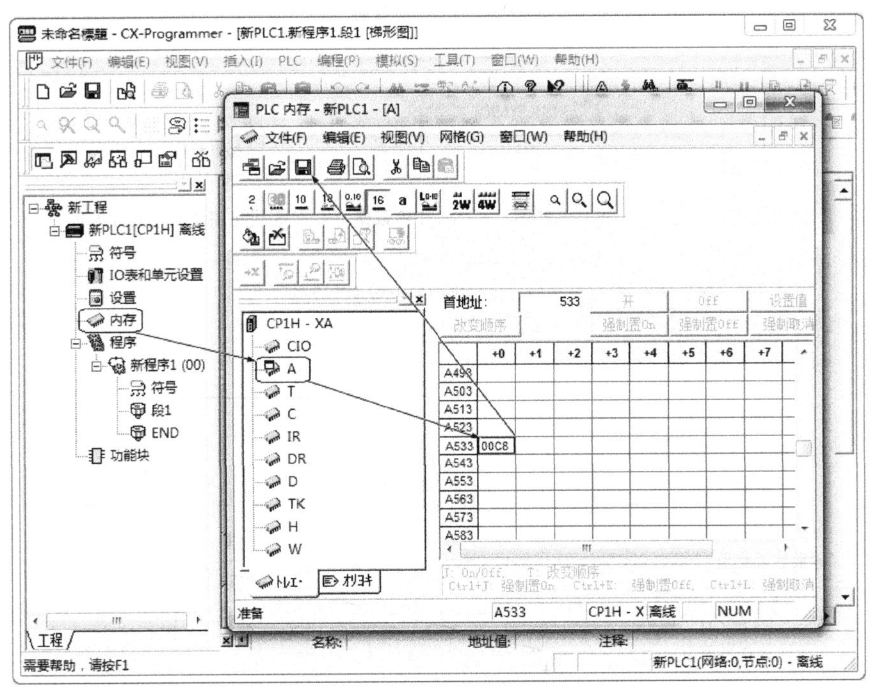

图 6-29　设置特殊辅助继电器 A533 的值

步骤五：在 CX-Programmer 软件中编写主程序，并在主程序中使用 MSKS 指令设置中断条件，如图 6-30（a）所示，将输入中断 1 的输入条件设为上升沿有效，并允许输入中断 0。

完成了以上步骤后，将主程序和中断程序全部下载到 PLC，程序的运行过程如图 6-30（b）所示。当 W0.00 触点为 ON 时，执行 MSKS 指令，设置中断条件，在主程序运行期间，如果 0.01 端子输入每发生 1 次上升沿跳变（即由 OFF 变为 ON），A537 CH 的计数器当前值加 1，当前值达到 A533 CH 中的设定值时，CPU 单元马上暂停正在执行的主程序（即周期执行任务的处理程序），而立即执行中断程序进行中断处理（中断任务 141 的处理），中断程序完成后，又返回到主程序，继续执行刚才暂停的程序。

6.3.5　定时器模式中断控制

定时器模式中断是通过监视 PLC 内部的定时器，按照一定的时间间隔后产生的一次中断。CPU 单元马上响应该中断，立即执行对应的中断程序。

（1）设置定时器中断的时间间隔单位

在 CX-Programmer 软件中双击工程工作区的“设置”，在弹出的“PLC 设定”对话框中选择“时序”选项卡，再在定时中断间隔的下拉列表中选择合适的时间间隔，如图 6-31 所示。注意，设置的时间间隔应比中断处理的程序的执行时间要长，否则会影响下个定时中断请求的响应。

(a) 主程序中的中断条件设置

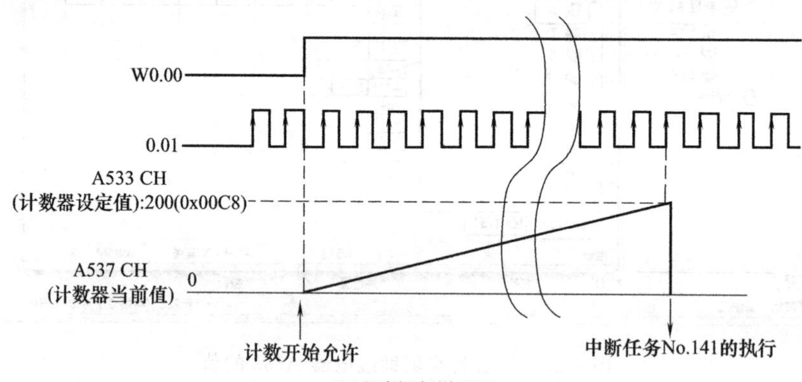

(b) 程序运行说明图

图 6-30　计数器模式的输入中断的使用举例

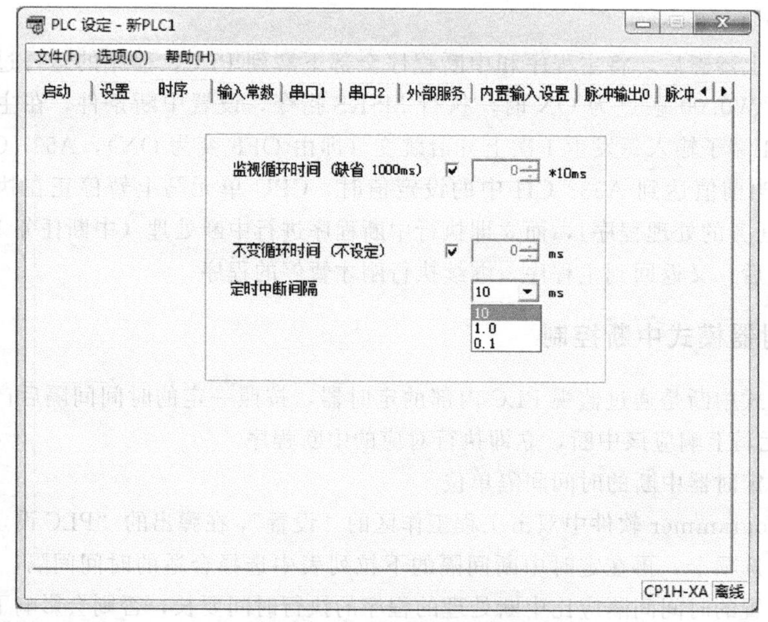

图 6-31　设置定时器中断的时间间隔单位

（2）建立定时中断程序

先在 CX-Programmer 软件中右击工程工作区的“新 PLC1［CP1H］离线”，在弹出的菜单中选择“插入程序→梯形图”，这样将在工程工作区的程序中建立一个新程序（未命名），再在新程序的属性对话框中选择“通用”选项卡，设定其任务类型为“中断任务 02（间隔定时器 0）”，如图 6-32 所示，然后在该程序编辑区中编写相应的中断程序。

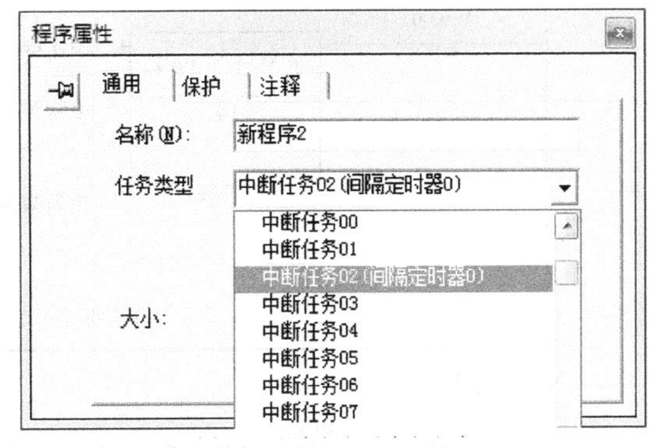

图 6-32 建立定时中断程序

（3）定时器中断时间的设置

使用 MSKS 中断屏蔽设置指令，可以进行定时器中断时间的设置。MSKS 指令在定时器模式中断控制中，其操作数 N、S 的功能如表 6-21 所示，其使用方法如图 6-33 所示。

表 6-21 MSKS 操作数 N、S 在定时器模式下的功能

MSKS 指令的操作数		中断时间间隔(周期)	
N,定时器中断编号	S,定时器中断时间	PLC 系统设定中的单位时间设定	中断时间间隔
定时器中断 0(中断任务 2) 14:指定复位开始; 4:指定非复位开始	＃0000～270F(十进制 0～9999)	10ms	10～99990ms
		1ms	1～9999ms
		0.1ms	0.1～999.9ms

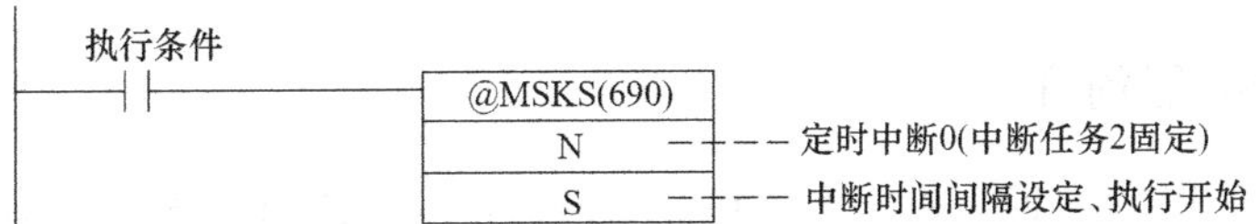

图 6-33 MSKS 指令在定时器中断模式的使用

（4）定时器模式中断的使用

下面以定时器中断 0 在每隔 30.5ms 的时间间隔下执行中断任务为例，说明定时器模式中断的使用步骤，具体如下所述。

步骤一：在 CX-Programmer 软件中设置定时器中断的时间间隔单位。

步骤二：在 CX-Programmer 软件中建立定时器中断任务，即中断任务 2（间隔定时器 0），并编写相应的中断程序。

步骤三：在 CX-Programmer 软件中编写主程序，并在主程序中使用 MSKS 指令设置定时器中断时间，如图 6-34（a）所示，将定时器中断 0 的中断时间设为 30.5ms。

完成了以上步骤后，将主程序和中断程序全部下载到 PLC，程序的运行过程如图 6-34（b）所示。当 W0.00 触点为 ON 时，执行 MSKS 指令，设置定时器中断时间为 30.5ms，在主程序运行期间，CPU 单元每隔 30.5ms 马上暂停正在执行的主程序（即周期执行任务的处理程序），而立即执行中断程序进行中断处理（定时中断任务 2 的处理），中断程序完成后，又返回到主程序，继续执行刚才暂停的程序。

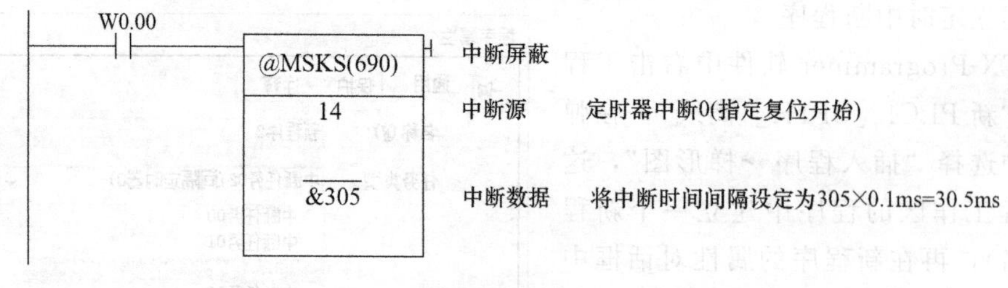

(a) 主程序中定时器中断时间的设置

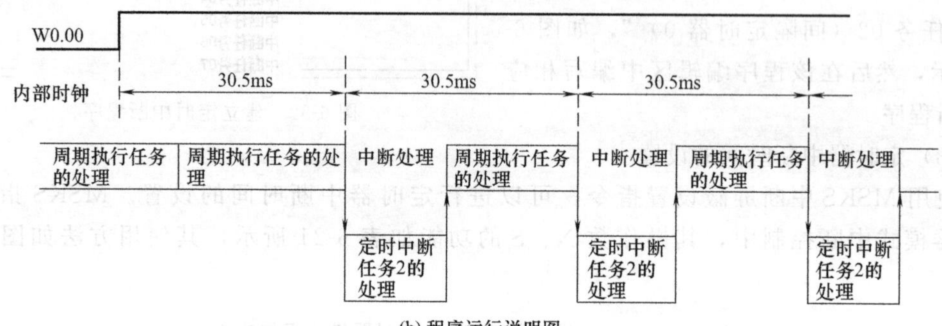

(b) 程序运行说明图

图 6-34　定时器模式中断的使用举例

6.4　高速计数器控制

CP1H 系列 PLC 的普通计数器只能对一些低频脉冲计数，为了对高频脉冲计数，其内置了 4 个高速计数器（高速计数器 0～3）。

6.4.1　高速计数器简介

在 CP1H 系列 PLC 内置输入上连接旋转编码器，即可进行高速脉冲输入。通过与高速计数器当前值目标值一致或区域比较中断可进行高速处理。通过 PRV 指令，可以测定输入脉冲的频率。此外，通过梯形图程序上高速计数器选通标志置于 ON/OFF，可以进行高速计数器当前值的保持/更新的切换。CP1H 系列 PLC 的高速计数器，可以选择 4 种输入信号，如表 6-22 所示。

表 6-22　高速计数器的输入信号种类

模式种类	输入信号	模式种类	输入信号
X/XA 型高速计数器 0～3；Y 型高速计数器 2、3	DC24V 相位差输入：50kHz 脉冲＋方向输入：100kHz 加减法脉冲输入：100kHz 加法脉冲输入：100kHz	Y 型高速计数器 0、1	线路驱动器输入 相位差输入：500kHz 脉冲＋方向输入：1MHz 加减法脉冲输入：1MHz 加法脉冲输入：1MHz

（1）高速计数器输入端子的分配

CP1H 系列 PLC 的 CPU 单元类型不同，作为高速计数器输入所使用的端子编号也有所不同，其端子台排列如图 6-35 所示。从图 6-35 中可以看出，在高速计数器输入模式下，每个高速计数器分配 3 个输入端子，CP1H 系列 PLC 的 CPU 单元模块的输入端子及端子功能

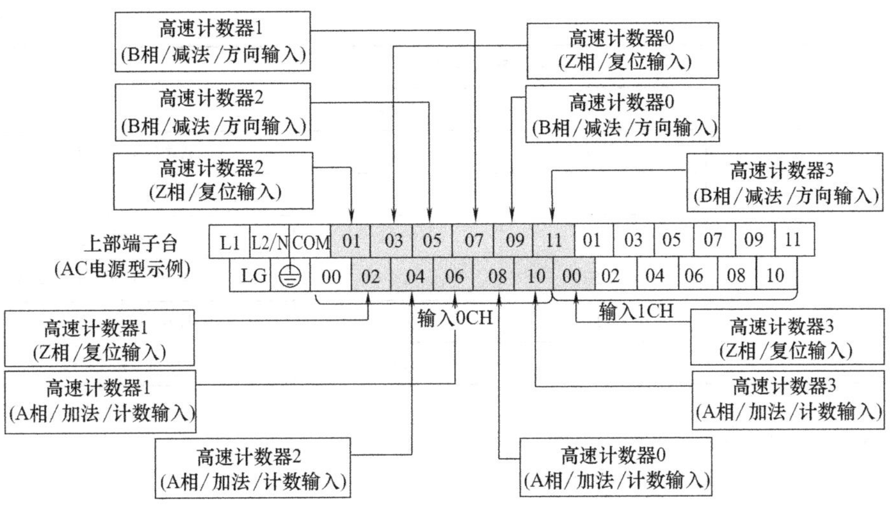

(a) X/XA型输入端子台排列

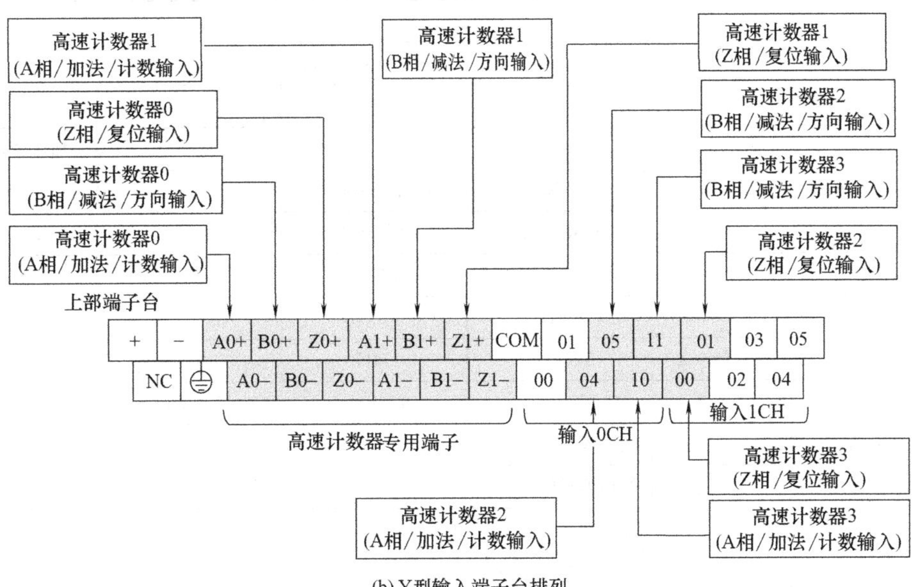

(b) Y型输入端子台排列

图 6-35 CP1H 系列 PLC 的高速计数器输入端子台排列

如表 6-23 所示。

表 6-23 CP1H 系列 PLC 高速计数器分配的端子及端子功能

高速计数器	分配的输入端子		端子功能
	X/XA 型	Y 型	
高速计数器 0	0.08	A0	A 相/加法/计数输入
	0.09	B0	B 相/减法/方向输入
	0.03	Z0	Z 相/复位
高速计数器 1	0.06	A1	A 相/加法/计数输入
	0.07	B1	B 相/减法/方向输入
	0.02	Z1	Z 相/复位

续表

高速计数器	分配的输入端子		端子功能
	X/XA 型	Y 型	
高速计数器 2	0.04	0.04	A 相/加法/计数输入
	0.05	0.05	B 相/减法/方向输入
	0.01	0.01	Z 相/复位
高速计数器 3	0.10	0.10	A 相/加法/计数输入
	0.11	0.11	B 相/减法/方向输入
	1.00	1.00	Z 相/复位

（2）高速计数器规格

CP1H 系列 PLC 的高速计数器规格如表 6-24 所示。

表 6-24　高速计数器的规格

项　目			内　容			
高速计数器点数			4 点(高速计数器 0～3)			
计数器模式			相位差输入	加减法脉冲输入	脉冲＋方向输入	加法脉冲
输入引脚编号			A 相输入	加法脉冲输入	脉冲输入	加法脉冲输入
			B 相输入	减法脉冲输入	方向输入	—
			C 相输入	复位输入	复位	复位输入
输入方式			相位差 4 倍频	单相输入×2	单相脉冲＋方向	单相脉冲
相应频率	X/XA 型	高速计数器 0～3	50kHz	100kHz	100kHz	100kHz
	Y 型	高速计数器 0、1	500kHz	1MHz	1MHz	1MHz
		高速计数器 2、3	50kHz	100kHz	100kHz	100kHz
数值范围模式			线性模式、环形模式			
计数值			线性模式时：0x80000000～0x7FFFFFFF；环形模式时：0x00000000～环形设定值			
当前值保存目的地			高速计数器 0：A271 CH(高位)/A270 CH(低位)			
			高速计数器 1：A273 CH(高位)/A272 CH(低位)			
			高速计数器 2：A317 CH(高位)/A316 CH(低位)			
			高速计数器 3：A319 CH(高位)/A318 CH(低位)			
控制方式	目标值一致比较		登录 48 个目标值及中断任务数			
	区域比较		登录 8 个上限值、下限值及中断任务数			
计数器复位方式			Z 相信号＋软复位：复位标志为 ON 时，通过 Z 相输入的 ON 进行复位 软复位：通过复位标志为 ON 进行复位			

（3）高速计数器的模式

CP1H 系列 PLC 高速计数器的脉冲输入有 4 种模式：相位差输入模式、脉冲＋方向模式、加减法脉冲模式、加法脉冲模式。

① 相位差输入模式　相位差输入模式使用 A、B 两相输入端子输入相位差为 90°的两个脉冲，当 A 相脉冲超前 B 相脉冲 90°时，计数器进行加计数，在 A、B 相脉冲上升沿和下降沿来时，高速计数器的计数值增 1，即在一个脉冲周期内，计数值会增 4，如图 6-36 所示；

当B相脉冲超前A相脉冲90°时，计数器进行减计数，在A、B相脉冲上升沿和下降沿来时，高速计数器的计数值减1。相位差输入模式下，计数值的加减条件如表6-25所示。

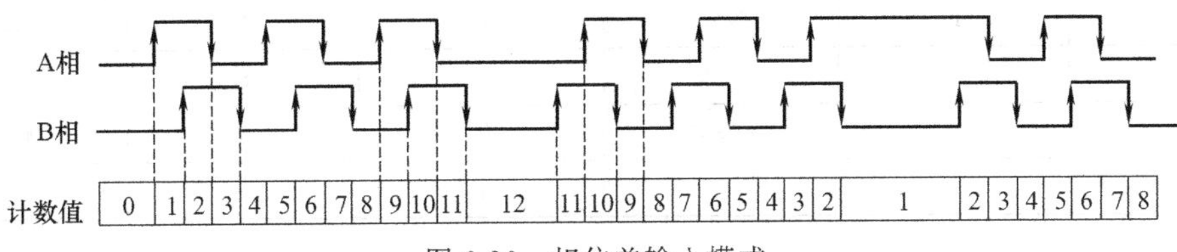

图6-36 相位差输入模式

表6-25 相位差输入模式下计数值的加减条件

A相	B相	计数值	A相	B相	计数值
↑	L	加法	L	↑	减法
H	↑	加法	↑	H	减法
↓	H	加法	H	↓	减法
L	↓	加法	↓	L	减法

② 脉冲＋方向模式　脉冲＋方向模式使用了A、B两相输入端子，分别输入单相脉冲和方向信号。当方向信号为ON时，在脉冲上升沿输入时高速计数器的计数值增1；当方向信号为OFF时，在脉冲上升沿输入时高速计数器的计数值减1，如图6-37所示。在脉冲＋方向模式下，计数值的加减条件如表6-26所示。

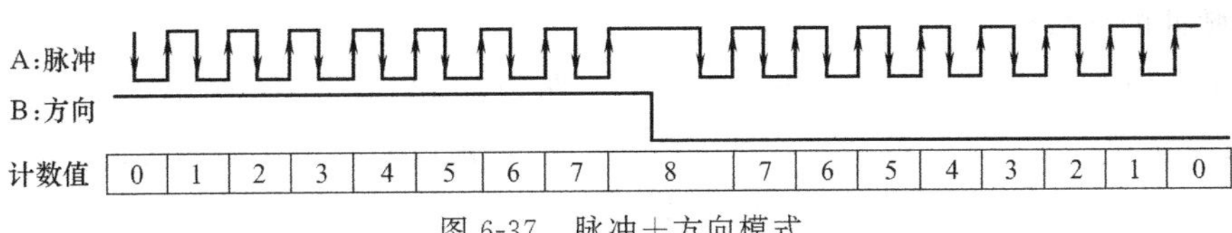

图6-37 脉冲＋方向模式

表6-26 脉冲＋方向模式下计数值的加减条件

B:方向	A:脉冲	计数值	B:方向	A:脉冲	计数值
↑	L	无变化	L	↑	减法
H	↑	加法	↑	H	无变化
↓	H	无变化	H	↓	无变化
L	↓	无变化	↓	L	无变化

③ 加减法脉冲模式　加减法脉冲模式使用了A、B两相输入端子，分别为加法脉冲和减法脉冲，当加法脉冲上升沿输入时，高速计数器的计数值增1；当减法脉冲上升沿输入时，高速计数器的计数值减1，如图6-38所示。在加减法脉冲模式下，计数值的加减条件如表6-27所示。

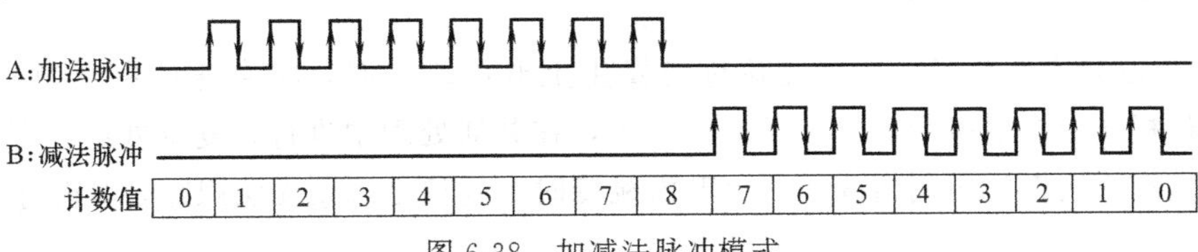

图6-38 加减法脉冲模式

表 6-27 加减法脉冲模式下计数值的加减条件

B:减法	A:加法	计数值	B:减法	A:加法	计数值
↑	L	减法	L	↑	加法
H	↑	加法	↑	H	减法
↓	H	无变化	H	↓	无变化
L	↓	无变化	↓	L	无变化

④ 加法脉冲模式　加法脉冲模式只使用了A相输入端子，当脉冲上升沿输入时，高速计数器的计数增1，如图6-39所示。在加法脉冲模式下，计数值的加法条件如表6-28所示。

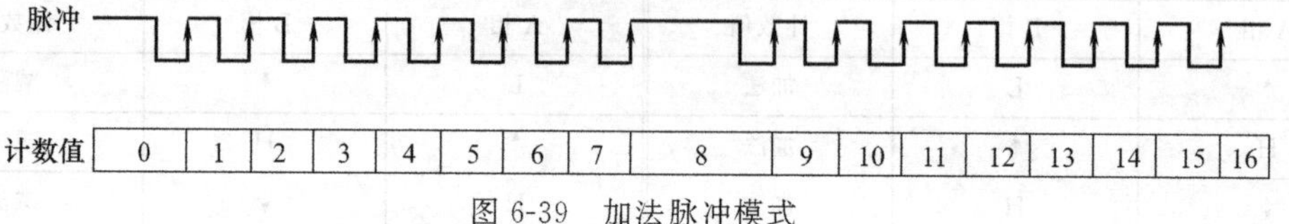

图 6-39　加法脉冲模式

表 6-28 加法脉冲模式下计数值的加法条件

A:脉冲	计数值	A:脉冲	计数值
↑	加法	↓	无变化
H	无变化	L	无变化

（4）脉冲的计数模式

CP1H系列PLC高速计数的脉冲计数模式有两种：线性模式和环形模式。

① 线性模式　当高速计数器工作在线性模式时，按设置的下、上限范围对输入脉冲进行计数，计数值超过设置范围时，产生溢出，停止计数。

加计数的最大计数范围是0x00000000～0xFFFFFFFF（十进制为0～4294967295），加/减计数的最大计数范围是0x80000000～0x7FFFFFFF（十进制为－2147483648～＋2147483647）。

② 环形模式　当高速计数器工作在环形模式时，按设定的范围（0～最大设定值）对输入脉冲进行循环计数，在加计数时计数值达到最大值后变为0，然后重新开始加计数，在减计数时计数值达到0后变为最大值，再重新开始减计数。环形计数的最大范围是0x00000001～0xFFFFFFFF（十进制为1～4294967295），不存在负值。

（5）高速计数器复位方式

高速计数器的复位方式主要有Z相信号＋软复位方式和软复位这两种方式。

① Z相信号＋软复位方式　当高速计数器的复位标志位为ON的状态下，Z相信号及复位输入发生上升沿跳变时，将高速计数器当前值复位。此外，由于复位标志为ON，1周期1次，仅可在共通处理中判别，因此梯形图程序内发生上升沿跳变的情况下，从下一周期开始Z相信号转为有效，其时序如图6-40所示。

② 软复位方式　高速计数器复位标志发生上升沿跳变时，将高速计数器当前值复位。此外，复位标志上升沿跳变的判断1周期1次，在共通处理中进行，复位处理也在该时间进行。但是，在1周期的中间时间段内上升沿跳变时，复位标志则无法跟踪，其时序如图6-41所示。

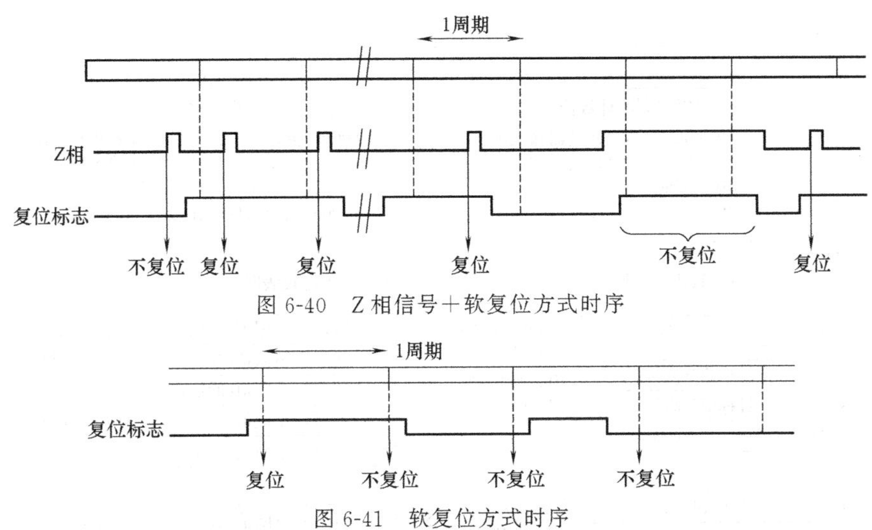

图 6-40　Z 相信号＋软复位方式时序

图 6-41　软复位方式时序

（6）高速计数器分配的区域

高速计数器在计数时需要存储当前值，在将当前值与指定区域的数据比较时，比较结果真假也需要存储。高速计数器分配的存储区如表 6-29 所示。例如高速计数器 1 的当前值存储在 A273 CH、A272 CH 中，该当前值随输入脉冲个数变化而发生变化。

表 6-29　高速计数器分配的区域

内　　容		高速计数器 0	高速计数器 1	高速计数器 2	高速计数器 3
当前值保存区域	保存高位 4 位	A271 CH	A273 CH	A317 CH	A319 CH
	保存低位 4 位	A270 CH	A272 CH	A316 CH	A318CH
区域比较一致标志	与比较条件 1 相符时为 ON	A274.00	A275.00	A320.00	A321.00
	与比较条件 2 相符时为 ON	A274.01	A275.01	A320.01	A321.01
	与比较条件 3 相符时为 ON	A274.02	A275.02	A320.02	A321.02
	与比较条件 4 相符时为 ON	A274.03	A275.03	A320.03	A321.03
	与比较条件 5 相符时为 ON	A274.04	A275.04	A320.04	A321.04
	与比较条件 6 相符时为 ON	A274.05	A275.05	A320.05	A321.05
	与比较条件 7 相符时为 ON	A274.06	A275.06	A320.06	A321.06
	与比较条件 8 相符时为 ON	A274.07	A275.07	A320.07	A321.07
比较动作中标志	执行比较条件中为 ON	A274.08	A275.08	A320.08	A321.08
溢出/下溢标志	在线性模式中，当前值为溢出或下溢时为 ON	A274.09	A275.09	A320.09	A321.09
计数方向标志	0:减法计数中 1:加法计数中	A274.10	A275.10	A320.10	A321.10

6.4.2　高速计数器指令

高速计数器指令主要包括：CTBL、INI、PRV2 等指令。

（1）CTBL 指令

CTBL 为比较表登录指令，它是按 C2 指定的方式，将 C1 高速计数器当前值与 S 比较

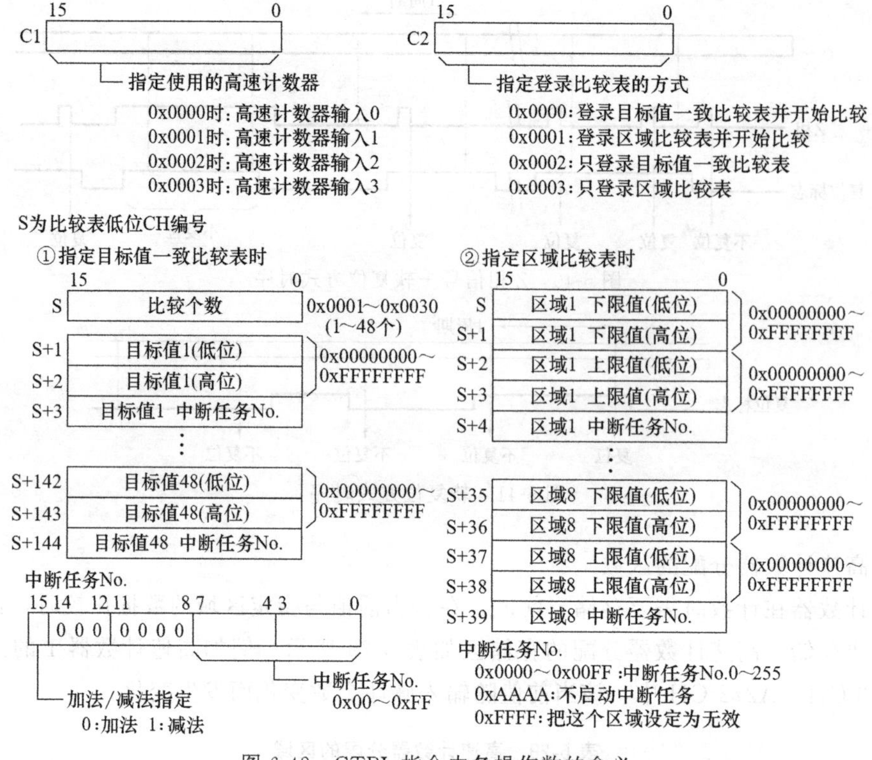

图 6-42 CTBL 指令中各操作数的含义

表中的目标值或目标区域进行比较，若当前值与某目标值相等或在某目标区域范围内，则执行该目标值或目标区域对应的中断程序。CTBL 指令格式如表 6-30 所示。

表 6-30 CTBL 指令格式

指令	LAD	STL	操作数说明
CTBL 指令	CTBL(882) C1 C2 S	CTBL(882) C1 C2 S	C1 指定使用的输入高速器；C2 为控制字，指定登录比较方式；S 为比较表低位 CH 编号。这 3 个操作数的具体说明如图 6-42 所示

使用说明

① S 为目标区域比较表时，必须由 8 个区域（40 个通道）组成，并要求上限值≥下限值。

② 高速计数器当前值和表的目标值一致时（目标值一致比较），执行指定中断任务，能够对相同的中断任务 No. 进行多个比较；作为一致条件，能够指定加法计数时的一致和减法计数时的一致；在比较表中能够登录最大为 48 个目标值；对于登录在表中的所有值都进行和目标值的比较。高速计数器当前值在上限值和下限值中间时（区域比较），执行指定中断任务，对相同的中断任务 No. 能够进行多个比较；在比较表中能够登录 8 个区域；在不满 8 个时，通过 0xFFFF 把这个区域设定为无效；只有在条件一致的上升沿时，执行中断任务。

例 6-12 CTBL 指令的应用如表 6-31 所示。当 0.00 常开触点发生上升沿跳变时，执行@CTBL 指令。由于@CTBL 指令中，C1 为 0000，C2 为 0000，S 为 D100。因此执行@

CTBL 指令时，对高速计数器输入 0 进行目标值一致比较表的登录和比较。高速计数器当前值在加法方向上进行计数，当到达 500 时，由于和目标值 1 一致，因此执行中断任务 No. 1。接着继续进行加法计数，当到达 1000 时，由于和目标值 2 一致，因此执行中断任务 No. 2。

表 6-31　CTBL 指令的应用

条	LAD	执行过程
条 0	I:0.00 —┤├— @CTBL(882)：#0000 寄存器比较表端口指定符；#0000 控制数据；D100 第一个比较表字	D100 0002 目标值的个数2 D101 01F4, D102 0000 目标值1为0x000001F4(500) D103 0001 中断任务No.1(加法时) D104 03E8, D105 0000 目标值2为0x000003E8(1000) D106 0002 中断任务No.2(加法时)

（2）INI 指令

INI 指令为动作模式控制指令，它是将 C1 指定的模式进行 C2 指定的动作。INI 指令格式如表 6-32 所示。

表 6-32　INI 指令格式

指令	LAD	STL	操作数说明
INI 指令	INI(880) C1 C2 S	INI(880)　C1　C2　S	C1 指定模式；C2 指定模式的动作；S 为变更数据保存低位 CH 编号。这 3 个操作数的具体说明如图 6-43 所示

使用说明

① 超过 C1、C2、S 所指定的范围时 ER 为 ON。

② C1 和 C2 不对应时为 ON。

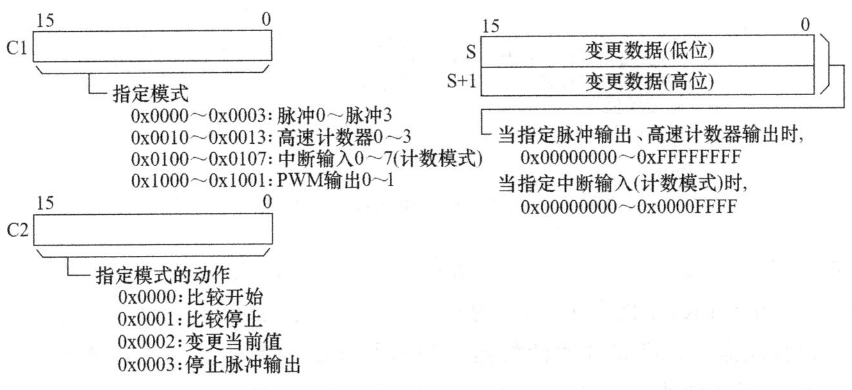

图 6-43　INI 指令中各操作数的含义

例 6-13　INI 指令的应用如表 6-33 所示。当 0.00 常开触点为 ON 时，执行@INI 指令。由于@INI 指令中，C1 为 0000，C2 为 0003，S 为 0。因此执行@INI 指令时，将脉冲输出 0

设为停止输出。

表 6-33　INI 指令的应用

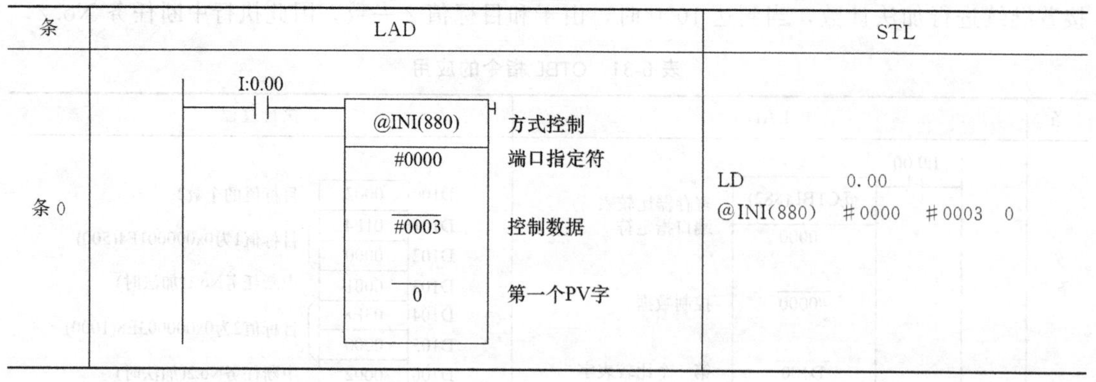

条	LAD	STL
条 0	I:0.00 ─┤├─ @INI(880) 方式控制；#0000 端口指定符；#0003 控制数据；0 第一个PV字	LD　0.00 @INI(880)　#0000　#0003　0

（3）PRV2 指令

PRV2 指令为脉冲频率转换指令，它是按 C2 系数和 C1 方式将高速计数器的输入脉冲频率转换成转速值，或者将计数器当前值转换成累计旋转数，结果保存到 D 通道中。PRV2 指令格式如表 6-34 所示。

表 6-34　PRV2 指令格式

指令	LAD	STL	操作数说明
PRV2 指令	PRV2(883) C1 C2 D	PRV2(883)　C1　C2　D	C1 指定转换方式；C2 指定转换系数（旋转一转的脉冲数）；D 为当前值保存低位 CH 编号。这 3 个操作数的具体说明如图 6-44 所示

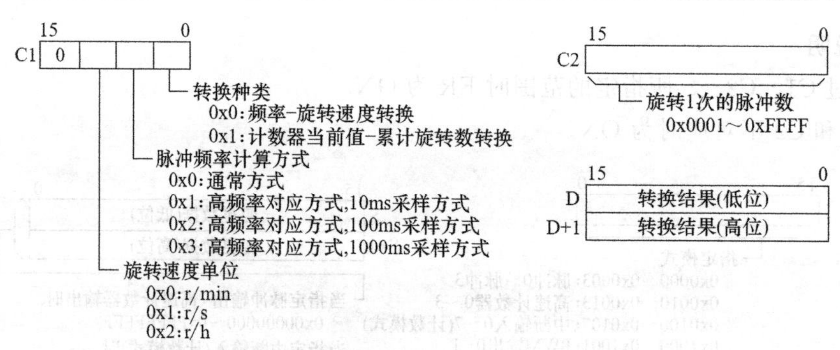

图 6-44　PRV2 指令中各操作数的含义

例 6-14　PRV2 指令的应用如表 6-35 所示。在条 0 中，当 0.00 常开触点为 ON 时，执行 PRV2 指令。由于 PRV2 指令中，C1 为 0x0000，C2 为 0x0003（旋转 1 次的脉冲数为 3），D 为 D100。执行此命令，则将高速计数器 0 输入脉冲的频率转换为旋转速度值，结果存入 D101、D100 中，假如脉冲频率为 300Hz，转换系数为 3，转换单位为 r/min，该指令执行时将 300Hz 转换成 300/3×60＝6000r/min。在条 1 中，当 0.01 常开触点为 ON 时，执行 PRV2 指令。由于 PRV2 指令中，C1 为 0x0001，C2 为 0x0003（旋转 1 次的脉冲数为 3），D 为 D200。执行此命令，则将高速计数器 0 的当前值转换为累计旋转数，结果存入 D201、

D200 中，假如当前值为 12000，转换系数为 3，该指令执行时将 12000 转换成 12000/3＝4000，即计数器当前值为 12000 时，表明转数已达 4000 转。

表 6-35 PRV2 指令的应用

条	LAD	STL
条 0	I:0.00 ┤├ PRV2(883) #0000 脉冲频率转换控制数据 #0003 每旋转一次的脉冲数 D100 第一个目标字	LD 0.00 PRV2(883) ＃0000 ＃0003 D100
条 1	I:0.01 ┤├ PRV2(883) #0001 脉冲频率转换控制数据 #0003 每旋转一次的脉冲数 D200 第一个目标字	LD 0.01 PRV2(883) ＃0001 ＃0003 D200

6.4.3 高速计数器的使用步骤及设置

（1）高速计数器的使用步骤

高速计数器的使用步骤如图 6-45 所示。

（2）高速计数器的设置

高速计数器的设置主要包括高速计数器的选择、计数器模式的选择、脉冲的计数模式选择以及高速计数器的复位方式选择等操作。下面以高速计数器 0 的设置为例进行说明。

在 CX-Programmer 软件中双击工程工作区的“设置”，在弹出的“PLC 设定”对话框中选择“内置输入设置”选项卡，选中“选用高速计数器 0”，在计数模式中选择“线性模式”，如果选择“循环模式”（即环形模式），需在“循环最大计数”中输入循环最大计数值，然后在“复位”的下拉列表中选择“Z 相和软件复位”，并在“输入设置”的下拉列表中选择“相位差输入”，这样就完成了高速计数器 0 的设置，如图 6-46 所示。用户可以使用同样的方法，设置其他 3 个高速计数器。

6.4.4 高速计数器的中断应用

（1）高速计数器在线性模式下的中断应用 1

例 6-15 使用高速计数器 0 工作线性模式下，对外界脉冲计数，按指定目标值一致进行比较。如果当前值达到 30000（即 0x00007530）时，执行中断任务 10。

解 使用 X/XA 型 CPU 单元模块时，要对外界脉冲计数并按指定目标值一致比较，因此可采用高速计数器 0（A 相/加法/计数输入）。参照图 6-35，应将输入端子 0.08 接入输入

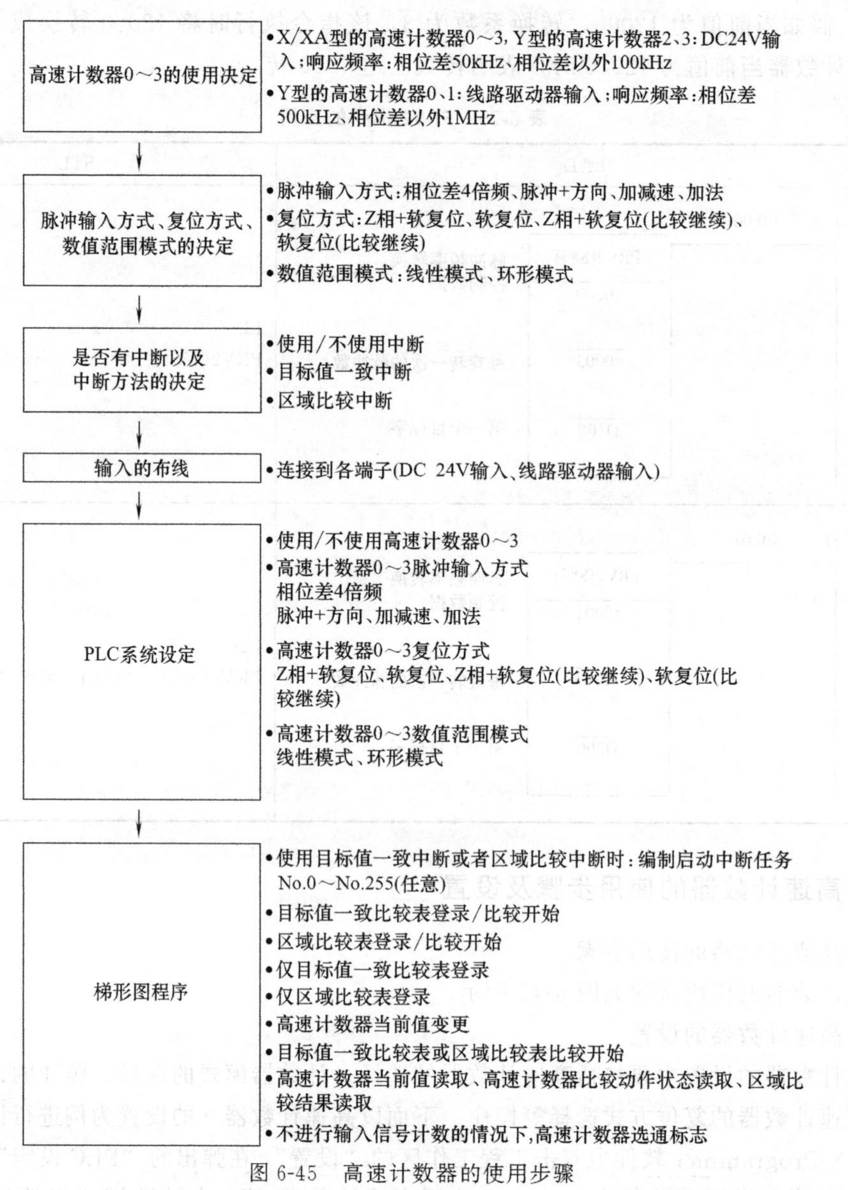

图 6-45　高速计数器的使用步骤

脉冲。要完成计数中断的操作，可按以下步骤进行。

① PLC 系统设定　在 CX-Programmer 软件中双击工程工作区的“设置”，在弹出的“PLC 设定”对话框中选择“内置输入设置”选项卡，选中“选用高速计数器 0”，然后根据表 6-36 的内容对高速计数器 0 进行设置。

表 6-36　高速计数器 0 设定的具体内容

项　目	设定内容	项　目	设定内容
高速计数器 0	使用	复位方式	软复位
数值范围模式	线性模式	计数模式	加法脉冲输入
环形计数器最大值	—		

② 目标值一致表的设定　在 CX-Programmer 软件中，用设置 PLC 内存的方法，或在

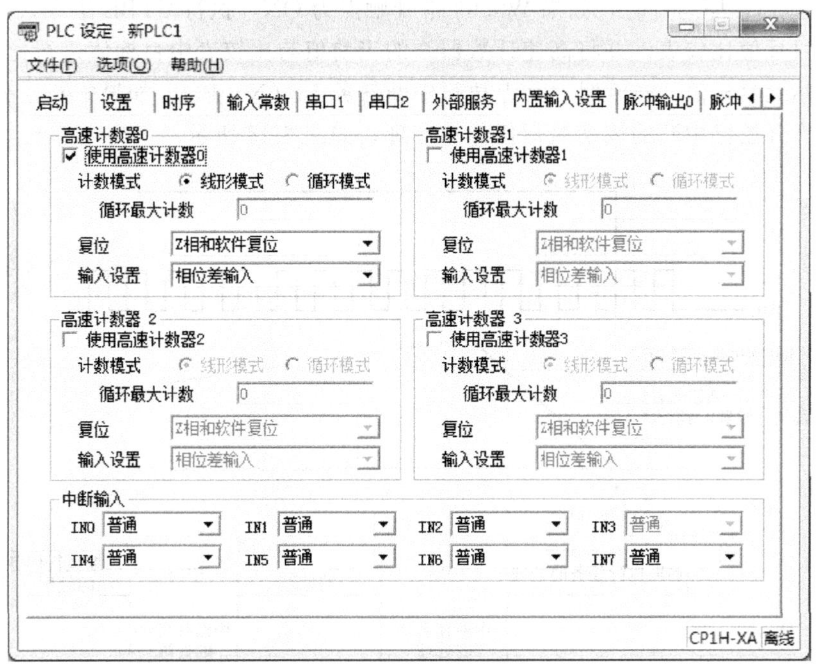

图 6-46 高速计数器的设置

主程序中用 MOV 指令按表 6-37 的内容编制 CTBL 目标值一致比较表（D10000～D10003)。

表 6-37 目标值一致表设定内容

地址	设定值	内 容	
D10000	#0001	比较个数 1 点	
D10001	#7530	目标值 1 数据 30000 的十六进制值的低 4 位	目标值 30000
D10002	#0000	目标值 1 数据 30000 的十六进制值的高 4 位	
D10003	#000A	目标值1 中断任务No. [15 14 12 11 8 7 4 3 0：0 0 0 0 | 0 0 0 0 | 0 0 0 0 | 1 0 1 0] 加法；中断任务No.10	

③ 在中断任务 10 中编制中断处理程序 程序的最终地址，一定要写入 END (001) 指令。

④ 编写 CTBL 指令程序 在主程序中插入如图 6-47 所示的 CTBL 指令程序，以设定高速计数器 0 的比较动作、中断 10 的启动。

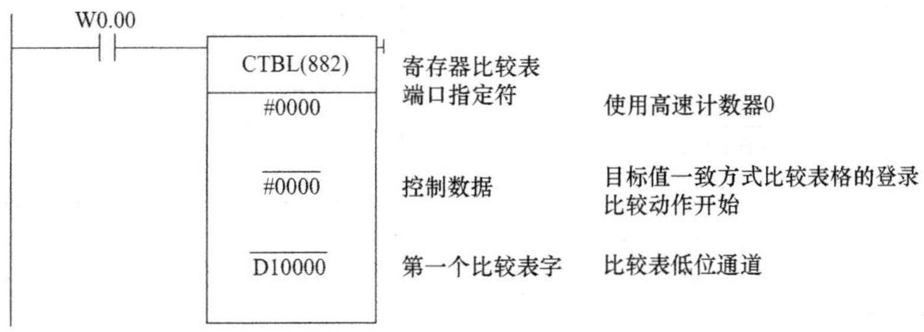

图 6-47 CTBL 指令程序

⑤ 动作　当程序运行时，如果 W0.00 常开触点为 ON，执行 CTBL 指令，登录 D10000 为首通道的目标值比较表，并将高速计数器 0 的当前值与比较表中目标值进行比较。当计数器的当前值达到目标值 30000 时，马上执行中断任务 10（No.10）。如果中断任务 10 的处理结束，则再次开始已中断的周期执行任务的处理，如图 6-48 所示。

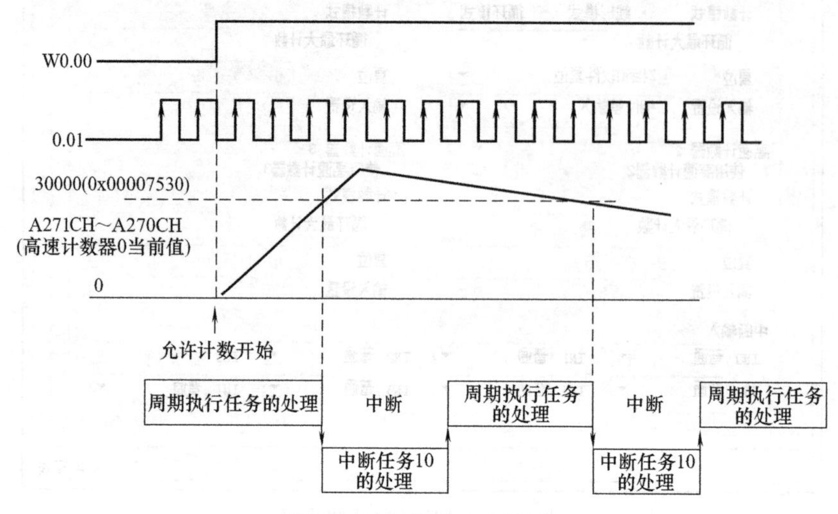

图 6-48　主程序动作说明

（2）高速计数器在线性模式下的中断应用 2

例 6-16　使用高速计数器 0 工作在线性模式下，通过 Z 相的当前值复位进行测量物顶端的检测，当计数值在 3000～3030 时为合格，否则视为不合格。在合格的情况下，用中断 10 将与输出端子 100.00 连接的 L1 显示灯点亮。在不合格的情况下，用中断 10 将与输出端子 100.01 连接的 L2 显示灯点亮。

解　使用 X/XA 型 CPU 单元模块时，要对外界脉冲计数并按指定区域比较，可按以下步骤进行。

① 输入、输出的分配　通过 PLC 系统设定将高速计数器 0 设定为“使用”时的高速计数器输入，其输入端子/输出端子、高速计数器 0 的使用区域的设定分别如表 6-38 和表 6-39 所示。

表 6-38　输入/输出端子的使用区域设定

输入端子 通道	输入端子 位	用途	输出端子 通道	输出端子 位	用途	
0CH	00	测量开始，按钮开关(通用输入)	0CH	00	通用输出	L1：尺寸合格输出
	01	测量物终端检测，顶端通用输入(通用输入)		01	通用输出	L2：尺寸不合格输出
	02	—(通用输入)		02～07		
	03	测量物体顶端检测，高速计数器0(Z相/复位)，反映到 A531.00	1CH	00～07		
	04～07	—(通用输入)				
	08	高速计数器 0(A 相输入)				
	09	高速计数器 0(B 相输入)				
	10、11	—(通用输入)				
1CH	00～11	—(通用输入)				

表 6-39 高速计数器 0 的使用区域

内容		高速计数器 0
当前值保存区域	保存高位 4 位	A271 CH
	保存低位 4 位	A270 CH
区域比较一致标志	与比较条件 1 相符时为 ON	A274.00
比较动作中标志	执行比较动作中为 ON	A274.08
溢出/下溢标志	线性模式下,当前值为溢出/下溢时为 ON	A274.09
计数方向标志	0:减法计数时;1:加法计数时	A274.10
复位标志	当前值的软复位用	A531.00
高速计数器选通标志	选通标志为 1(ON)时,禁止进行脉冲输入的计数	A531.08

② PLC 系统设定　在 CX-Programmer 软件中双击工程工作区的"设置",在弹出的"PLC 设定"对话框中选择"内置输入设置"选项卡,选中"选用高速计数器 0",然后根据表 6-40 的内容对高速计数器 0 进行设置。

表 6-40 高速计数器 0 设定的具体内容

项目	设定内容	项目	设定内容
高速计数器 0	使用	复位方式	Z 相信号+软复位
数值范围模式	线性模式	计数模式	加法脉冲输入
环形计数器最大值	—		

③ 输入/输出的接线　输入/输出的接线如图 6-49 所示。

④ 区域比较表的设定　通过 CX-Programmer,按表 6-41 设定区域比较表,将判定用数据设定到 D10000 以后的 DM 区域中。注意,即使仅设定区域 1,也要占用 40 字。

表 6-41 区域比较表设定内容

地址	设定值	内　容	
D10000	#7530	区域 1　下限值的低位 4 位	下限值 30000
D10001	#0000	区域 1　下限值的高位 4 位	
D10002	#765C	区域 1　上限值的低位 4 位	上限值 30300
D10003	#0000	区域 1　上限值的高位 4 位	
D10004	#000A	区域 1　中断任务 No.10	
D10005～D10008	全部#0000	区域 1 的上限/下限数据(因不使用,无需设定)	区域 2 的设定区域
D10009	#FFFF	因不使用,设为#FFFF	
⋮			
D10014、D10019、D10024、D10029、D10034	#FFFF	区域 3～7 的第 5 个字的数据一定要设定为 FFFF	
⋮			
D10035～D10038	全部#0000	区域 8 的上限/下限数据(因不使用,无需设定)	区域 2 的设定区域
D10039	#FFFF	因不使用,设为#FFFF	

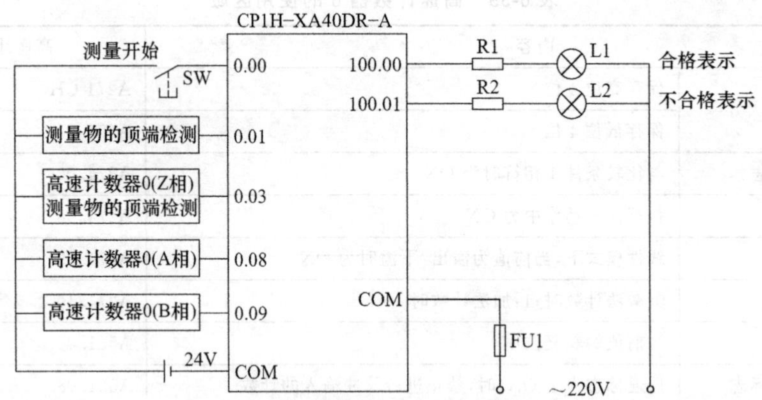

图 6-49 输入/输出的接线

⑤ 程序的编制 在中断任务 10 中编制的中断处理程序如图 6-50（a）所示；在主程序中插入如图 6-50（b）所示的 CTBL 指令程序，以设定高速计数器 1 的比较动作、中断 10 的启动、周期执行任务。

（3）高速计数器在环形模式下的中断应用

例 6-17 使用高速计数器 1 工作在环形模式下，当计数值在 25000（0x000061A8）～25500（0x0000639C）时执行中断任务 12，环形计数器的最大值为 50000（0x0000C350）。

解 使用 X/XA 型 CPU 单元模块时，要对外界脉冲计数并按指定区域比较，因此可采用高速计数器 1（A 相/加法/计数输入）。参照图 6-35，应将输入端子 0.06 接入输入脉冲。

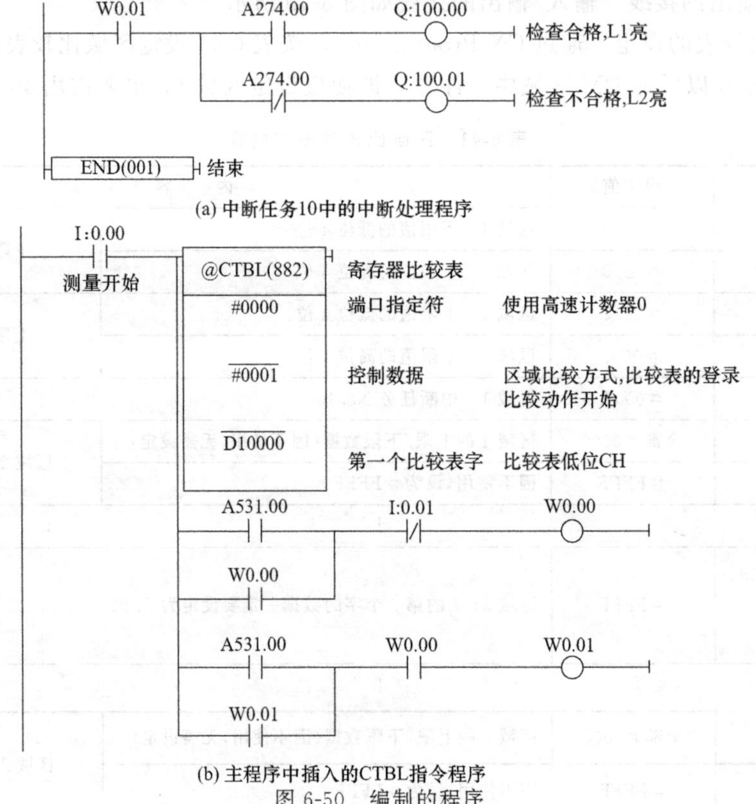

(a) 中断任务10中的中断处理程序

(b) 主程序中插入的CTBL指令程序

图 6-50 编制的程序

要完成计数中断的操作，可按以下步骤进行。

① PLC 系统设定　在 CX-Programmer 软件中双击工程工作区的“设置”，在弹出的“PLC 设定”对话框中选择“内置输入设置”选项卡，选中“选用高速计数器 1”，然后根据表 6-42 的内容对高速计数器 1 进行设置。

表 6-42　高速计数器 1 设定的具体内容

项目	设定内容	项目	设定内容
高速计数器 1	使用	复位方式	软复位
数值范围模式	环形模式	计数模式	加法脉冲输入
环形计数器最大值	50000		

② 区域比较表的设定　通过 CX-Programmer，按表 6-43 设定区域比较表，将判定用数据设定到 D20000 以后的 DM 区域中。注意，即使仅设定区域 1，也要占用 40 字。

表 6-43　区域比较表设定内容

地址	设定值	内容	
D20000	＃61A8	区域 1　下限值的低位 4 位	下限值 25000
D20001	＃0000	区域 1　下限值的高位 4 位	
D20002	＃639C	区域 1　上限值的低位 4 位	上限值 25500
D20003	＃0000	区域 1　上限值的高位 4 位	
D20004	＃000C	区域 1　中断任务 No. 12	
D20005～D20008	全部＃0000	区域 1 的上限/下限数据(因不使用,无需设定)	区域 2 的设定区域
D20009	＃FFFF	因不使用,设为＃FFFF	
⋮			
D20014、D20019、D20024、D20029、D20034	＃FFFF	区域 3～7 的第 5 个字的数据一定要设为＃FFFF	
⋮			
D20035～D20038	全部＃0000	区域 8 的上限/下限数据(因不使用,无需设定)	区域 2 的设定区域
D20039	＃FFFF	因不使用,设为＃FFFF	

③ 在中断任务 12 中编制中断处理程序　程序的最终地址，一定要写入 END (001) 指令。

④ 编写 CTBL 指令程序　在主程序中插入图 6-51 所示的 CTBL 指令程序，以设定高速计数器 1 的比较动作、中断 12 的启动。

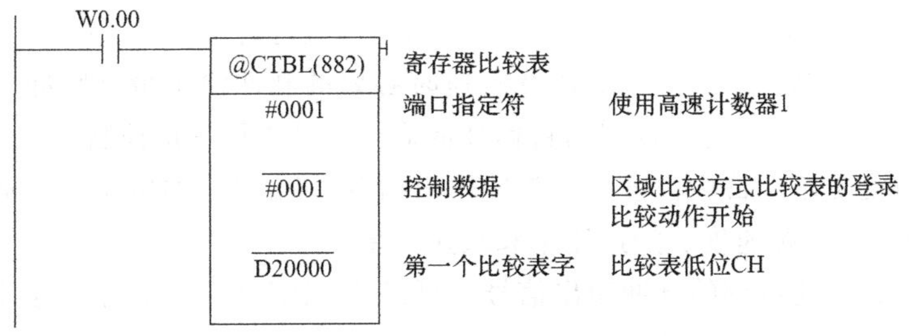

图 6-51　CTBL 指令程序

⑤ 动作　当程序运行时，如果W0.00常开触点为ON，执行CTBL指令，登录D20000为首通道的目标区域比较表，并将高速计数器1的当前值与比较表中目标区域进行比较。当计数器的当前值达到25000~25500时，马上执行中断任务12（No.12）。如果中断任务12的处理结束，则再次开始已中断的周期执行任务的处理，如图6-52所示。

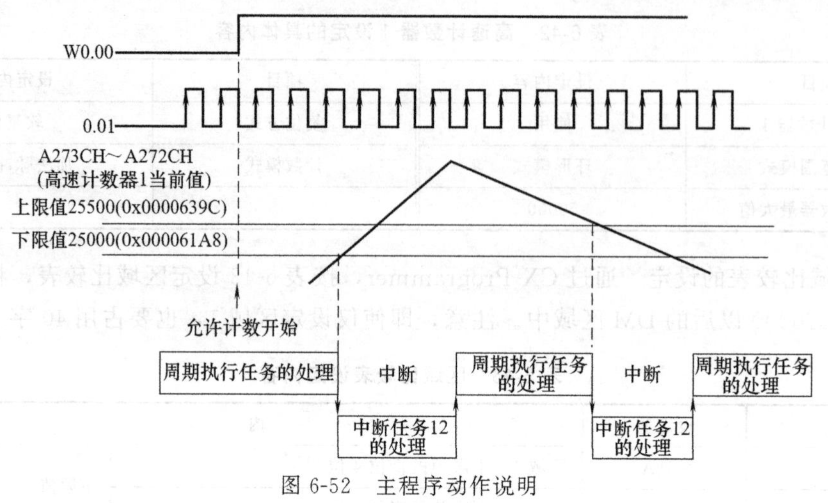

图6-52　主程序动作说明

6.5 脉冲输出控制

CP1H系列PLC具有脉冲输出功能，可以从CPU单元内置输出中发出占空比固定和可调的脉冲输出信号，并通过脉冲输入的伺服电动机驱动器进行定位/速度控制。

6.5.1 脉冲输出简介

（1）脉冲输出的主要作用

脉冲输出的作用，主要表现在以下几个方面。

① 可选择脉冲输出功能的CW/CCW脉冲输出、脉冲+方向输出　这一作用可根据电动驱动器的脉冲输入的规格进行选择。

② 不同CPU单元类型的脉冲输出端口其输出范围不同　X/XA型CPU单元的脉冲输出0、1、2、3的情况下是1Hz~100kHz；Y型CPU单元的脉冲输出0、1的情况下是1Hz~1MHz（线路驱动器输出），脉冲输出2、3的情况下是1Hz~100kHz。

③ 通过方向自动选择功能，简化绝对坐标系上的定位　在绝对坐标系中动作时（原点确定状态或通过INI指令执行当前值变更），根据指令指定的脉冲输出量与脉冲输出当前值相比为正或者为负，CW/CCW的方向在脉冲输出指令执行时被自动选择。

④ 可进行三角控制　定位中，加速及减速时必要的脉冲输出量（脉冲输出量=达到目标频率的时间×目标频率）超过设定的目标脉冲输出量时进行三角控制。

⑤ 定位中可变更定位目标位置　在脉冲输出指令（PLS2）的定位中，通过执行其他脉冲可变更目标位置、目标速度、加速比率和减速比率。

⑥ 可以发出占空比可调的脉冲输出信号　可以从CPU单元内置中产生PWM占空比可调脉冲输出信号，进行照明/电力控制等。

（2）脉冲端子的分配

CP1H系列PLC的CPU单元类型不同，作为脉冲输出所使用的端子编号也有所不同，其端子台排列如图6-53所示。注：图中的GR表示接地端⏚。

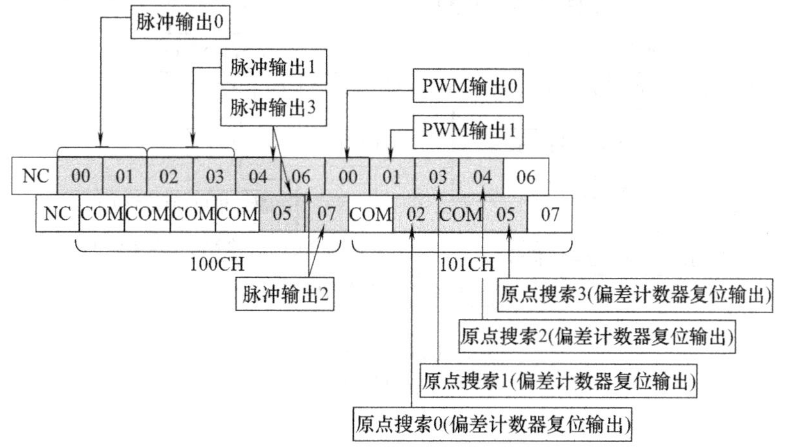

(a) X/XA型输出端子台

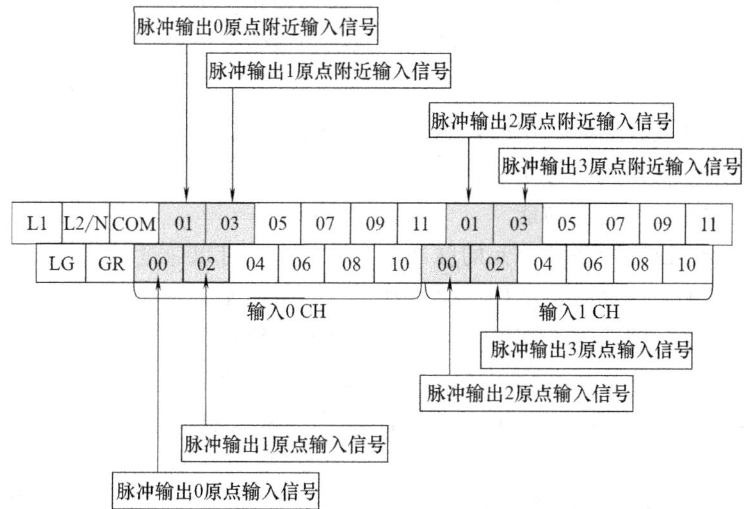

(b) X/XA型输入端子台

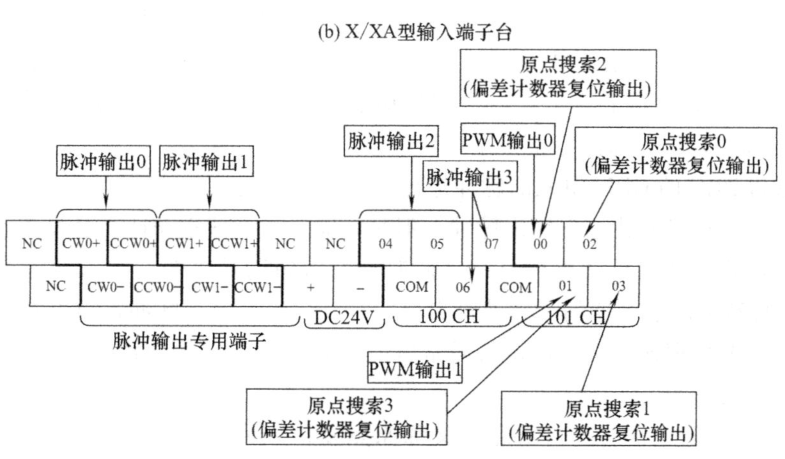

(c) Y型输出端子台

图 6-53

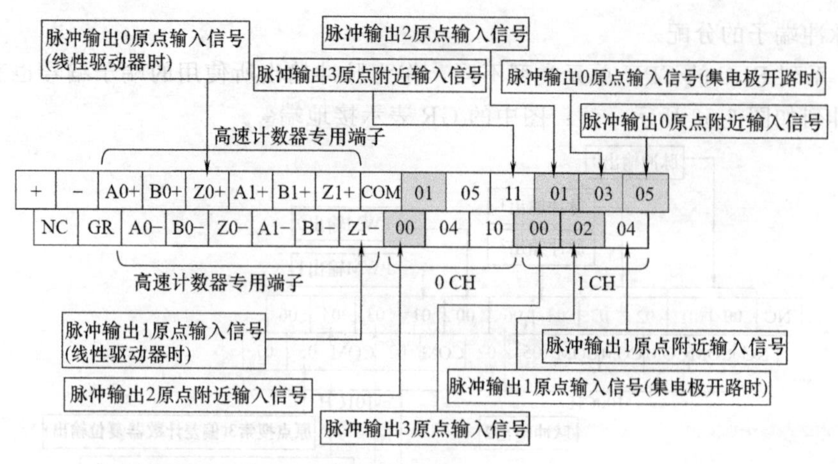

(d) Y型输入端子台

图 6-53　脉冲输出所使用的端子台排列

(3) 脉冲输出的模式

根据是否指定了输出的脉冲量，脉冲输出有两种模式：单独模式和连续模式。

单独模式是在定位时使用的，输出的脉冲量达到设定数值时，可以自动停止，也可通过指令使其停止。

连续模式是在速度控制时使用的，脉冲连续输出持续到指令操作出现脉冲输出停止的指示为止，或者变为程序模式时为止。

(4) 原点搜索和原点返回功能

在 CP1H 系列 PLC 的 CPU 单元的脉冲输出功能中，可以通过脉冲输出信号去驱动电机(如步进电动机)，使之带动执行部件产生移动，工作完成后需要运行部件返回到初始位置，该初始位置称为原点。确认执行部件返回原点可以使用原点搜索和原点返回这两种功能。

① 原点搜索功能　原点搜索是以原点搜索参数指定的形式为基础，通过执行 ORG 指令实际输出脉冲，使电动机动作，将 3 种位置信息（原点输入信号、原点附近输入信号、CW/CCW 极限输入信号）作为输入条件，来确定机械原点。原点搜索的工作过程如图 6-54 (a) 所示，ORG 指令执行时，从指定的端口输出脉冲，先从启动频率加速到最高频率（见①、②、③段），电动机带动执行部件快速返回，当接近原点时，由传感器送来的原点附近信号输入 PLC，PLC 输出减速脉冲开始减速（见④段），当减速到近段速度时保持该速度（见⑤段）让执行部件慢慢靠近原点，当到达原点时，由传感器送来的原点信号输入 PLC，PLC 停止输出脉冲，执行部件停止在原点处。

CP1H 系列 PLC 的 CPU 单元的脉冲输出功能，基本上是在脉冲输入开始时进行出错检查，不会在设定不正确的状态下输出脉冲。但是，关于原点搜索功能，会发生在脉冲输出中出现异常时，停止脉冲输出功能的情况，此时，特殊辅助继电器的“脉冲输出停止异常标志”为 ON，特殊辅助继电器的“脉冲输出停止异常代码”中，脉冲输出停止工作异常代码补置位，此时，要根据该异常代码进行异常解除处理。此外，脉冲输出停止异常对 CPU 单元的运行状态没有影响。

② 原点返回功能　原点返回功能（又称原点复位）使电动机从任意位置向原点动作，其工作过程如图 6-54 (b) 所示。通过执行 ORG 指令按照指定速度进行启动→加速→等速→减速，并使其停止在原点。

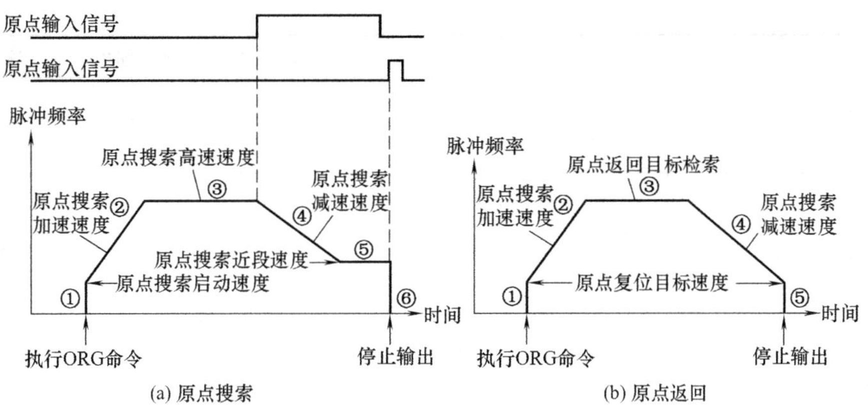

图 6-54 原点搜索和原点返回

(5) 特殊辅助继电器区域的分配

脉冲输出时，需使用到相应的特殊辅助继电器，例如脉冲输出 0 的当前值存储在 A277 CH、A276 CH 中，脉冲输出所使用的特殊辅助继电器区域分配如表 6-44 所示。

表 6-44 脉冲输出所用的特殊辅助继电器区域的分配

内容		脉冲输出 0	脉冲输出 1	脉冲输出 2	脉冲输出 3
当前值保存区域	保存高位 4 位	A277 CH	A279 CH	A323 CH	A325 CH
	保存低位 4 位	A276 CH	A278 CH	A322 CH	A324 CH
脉冲输出复位标志(清除脉冲输出当前值区域)	0:不清除 1:清除	A540.00	A541.00	A542.00	A543.00
CW 界限输入信号(原点搜索中使用的 CW 界限输入信号)	来自外部的输入为 ON 时,ON	A540.08	A541.08	A542.08	A543.08
CCW 界限输入信号(原点搜索中使用的 CCW 界限输入信号)	来自外部的输入为 ON 时,ON	A540.09	A541.09	A542.09	A543.09
定位结束信号(原点搜索中使用的定位结束信号)	来自外部的输入为 ON 时,ON	A540.10	A541.10	A542.10	A543.10
脉冲输出状态标志(通过 ACC/PLS2 指令使脉冲输出中输出频率发生阶段性变化,并在加减速中为 ON)	0:恒速中 1:加减速中	A280.00	A281.00	A326.00	A327.00
溢出/下溢标志(计数值为溢出或下溢时,为 ON)	0:正常 1:发生中	A280.01	A281.01	A326.01	A327.01
脉冲输出量设定标志(通过 PLUS 指令设定脉冲量时,为 ON)	0:无设定 1:有设定	A280.02	A281.02	A326.02	A327.02
脉冲输出结束标志(通过 PLUS/PLS2 指令设定的脉冲量结束输出时,为 ON)	0:输出未结束 1:输出结束	A280.03	A281.03	A326.03	A327.03
脉冲输出中标志(脉冲输出时为 ON)	0:停止中 1:输出中	A280.04	A281.04	A326.04	A327.04

续表

内容		脉冲输出 0	脉冲输出 1	脉冲输出 2	脉冲输出 3
无原点标志(原点未确定时为ON)	0:原点确认状态 1:原点未确认状态	A280.05	A281.05	A326.05	A327.05
原点停止标志(脉冲输出的当前值与原点“0”一致时为ON)	0:位于原点以外的停止中 1:位于原点的停止工作中	A280.06	A281.06	A326.06	A327.06
脉冲输出停止异常标志(原点搜索功能中,脉冲输出中发生异常时为ON)	0:无异常 1:异常发生	A280.07	A281.07	A326.07	A327.07
停止异常代码(发生脉冲输出停止异常时,该异常代码被保存)		A444 CH	A445 CH	A438 CH	A439 CH

(6) 使用脉冲输出功能的注意事项

使用脉冲输出功能时，CP1H 系列 PLC 的 CPU 单元的脉冲输出将在端口 0、1 以 20MHz，端口 2、3 以 16.4MHz 为源时钟按照整数分频比进行分频，制定输出脉冲数，其结构如图 6-55 所示。因此，有时会在设定频率与实际频率之间产生一些差异，而且频率越高差异越大。实际频率与分频比的计算公式如下。

$$\text{实际频率(kHz)}=\frac{\text{源时钟频率}}{\text{分频比}}$$

$$\text{分频比}=\text{INT}\left[\frac{\text{源时钟频率}\times 2+\text{设定频率}}{\text{设定频率(kHz)}\times 2}\right]$$

式中，INT 为取整函数，从小数得出整数以及从小数部分化为整数。

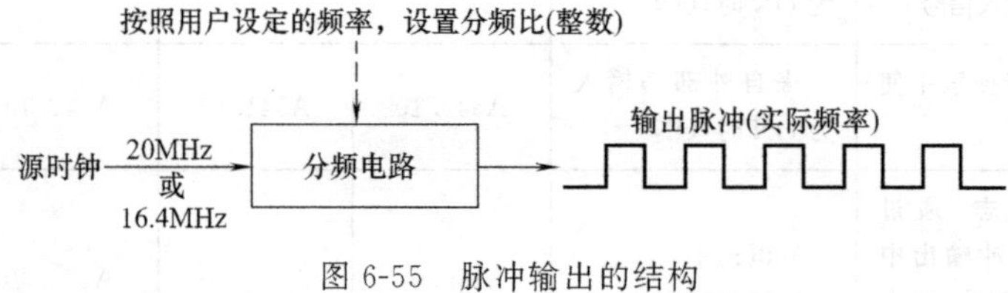

图 6-55　脉冲输出的结构

6.5.2　脉冲输出指令

脉冲输出指令主要包括：PULS、SPED、ACC、PLS2、PRV、PWM、ORG 等。

(1) PULS、SPED 指令

PULS 为脉冲量设定指令，它是将 S 个 C2 类型的脉冲从 C1 指定的端口输出；SPED 为频率设定指令，它是按 C2 指定的输出模式从 C1 端口输出频率为 S 的脉冲信号。PULS、SPED 指令格式如表 6-45 所示。

使用说明

① 脉冲输出中执行 PULS 指令时将出错，不能进行脉冲输出量的再设定。因此，对于本指令基本上采用输入微分型（带@）或 1 周期 ON 的输入条件。

② 执行 PULS 指令后，即使通过 INI 动作模式控制指令进行脉冲输出当前值的变更，也不能变更计算的移动脉冲量。

表 6-45 PULS、SPED 指令格式

指令	LAD	STL	操作数说明
PULS 指令	PULS(886) C1 C2 S	PULS(886) C1 C2 S	C1 指定脉冲输出端口；C2 指定脉冲类型；S 指定输出脉冲的个数。这 3 个操作数的具体说明如图 6-56(a)所示
SPED 指令	SPED(885) C1 C2 S	SPED(885) C1 C2 S	C1 指定脉冲输出端口；C2 指定脉冲输出模式；S 指定输出脉冲的频率。这 3 个操作数的具体说明如图 6-56(b)所示

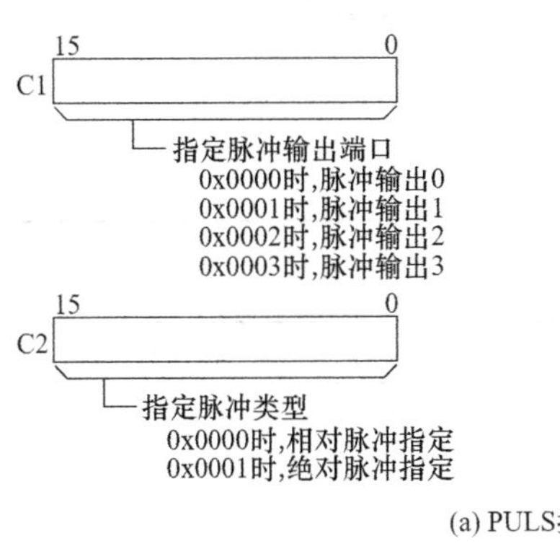

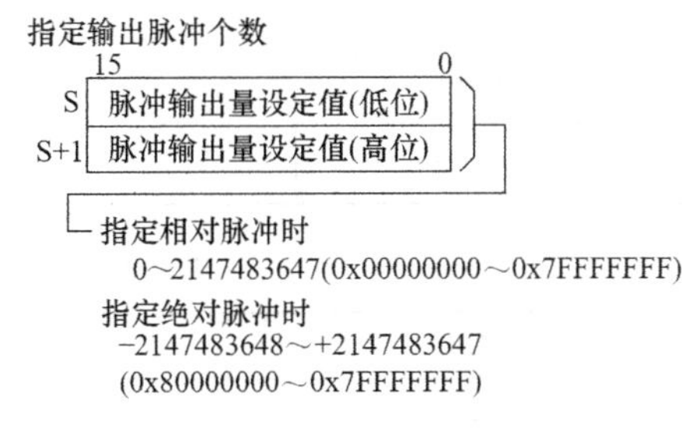

(a) PULS指令各操作数

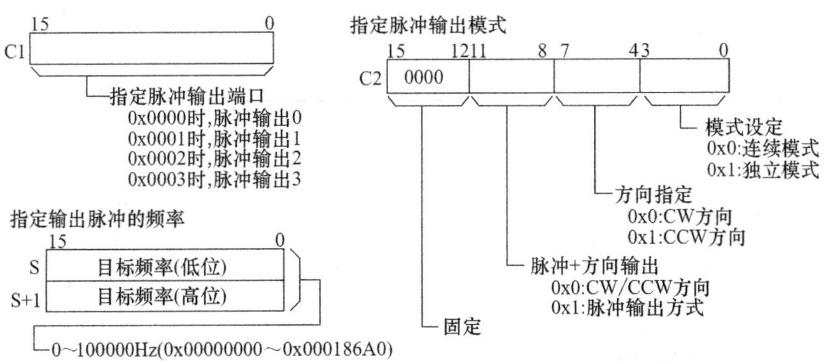

(b) SPED指令各操作数

图 6-56 PULS、SPED 指令中各操作数的含义

例 6-18 PULS、SPED 指令的应用如表 6-46 所示。当 0.00 常开触点为 ON 时，首先执行@PULS 指令，将脉冲输出量（D101、D100）设定为 5000 个，然后执行@SPED 指令，让脉冲输出 0 端口输出 CW（顺时针）方向的频率为 500Hz 的独立脉冲（输出 5000 个脉冲后停止）。

（2）ACC 指令

ACC为频率加减速控制指令，它是按C2指定的模式从C1端口输出脉冲信号，脉冲信号的加减速比例和目标频率由S指定。ACC指令格式如表6-47所示。

表6-46　PULS、SPED指令的应用

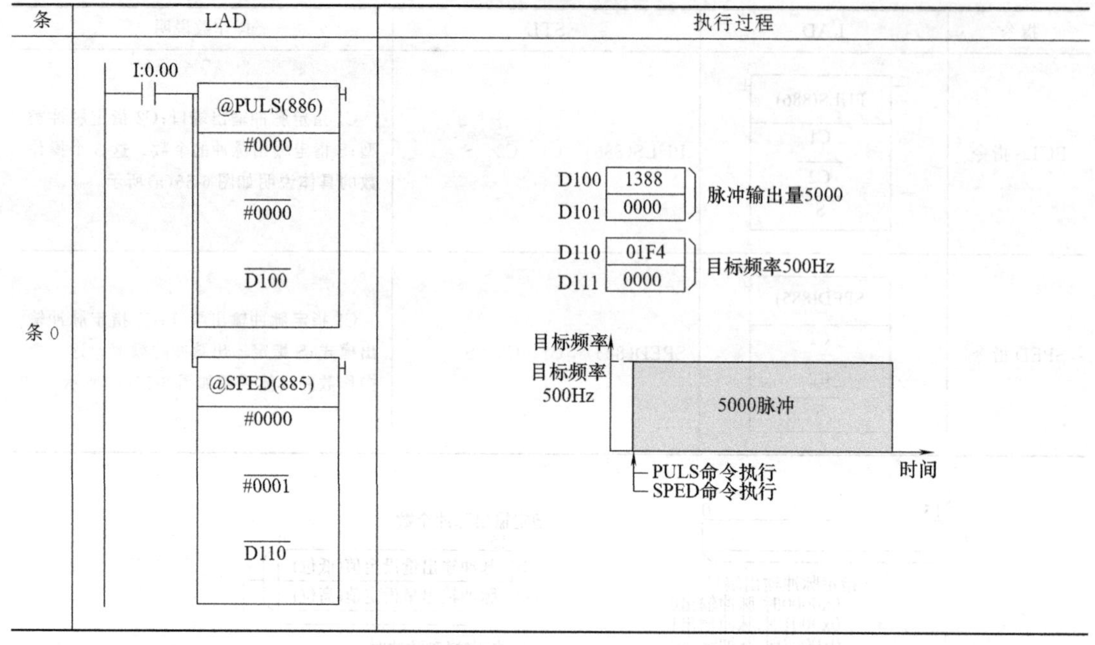

条	LAD	执行过程
条0	I:0.00 @PULS(886) #0000 #0000 D100 @SPED(885) #0000 #0001 D110	D100 1388 D101 0000 脉冲输出量5000 D110 01F4 D111 0000 目标频率500Hz 目标频率 目标频率 500Hz 5000脉冲 PULS命令执行 SPED命令执行 时间

表6-47　ACC指令格式

指令	LAD	STL	操作数说明
ACC指令	ACC(888) C1 C2 S	ACC(888)　C1　C2　S	C1指定脉冲输出端口；C2指定脉冲输出模式；S指定脉冲的加减速比率和目标频率。这3个操作数的具体说明如图6-57所示

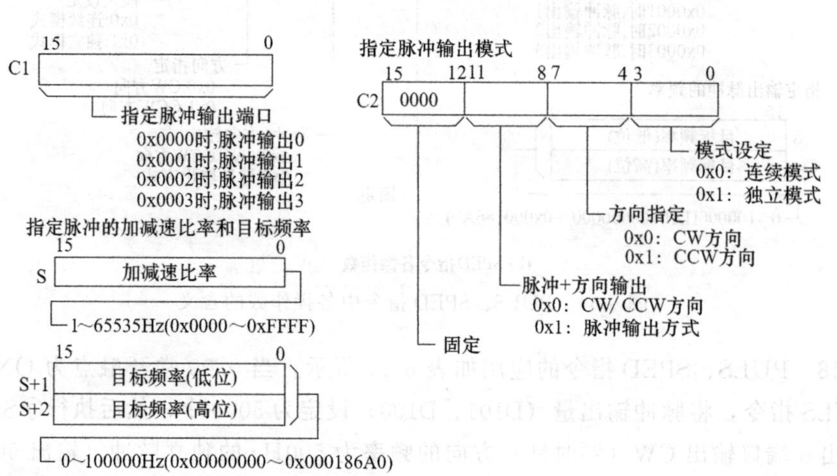

图6-57　ACC指令中各操作数的含义

使用说明

① 超过 C1、C2、S 所指定的范围时发生错误，ER 标志为 ON。

② 在周期执行任务中，执行控制脉冲输出的指令时需要中断，在中断任务内执行 ACC 指令时 ER 标志为 ON。

例 6-19 ACC 指令的应用如表 6-48 所示。在条 0 中，当 0.00 常开触点为 ON 时，执行第 1 个@ACC 指令，让脉冲输出 0 端口输出 CW（顺时针）方向、加减速比率为 20Hz、目标频率为 500Hz 的加速脉冲，即以每 4ms 提升 20Hz 的比率将脉冲频率由 0Hz 加速到 500Hz，达到目标频率后频率保持不变。在条 1 中，当 0.01 常开触点为 ON 时，执行第 2 个@ACC 指令，让脉冲输出 0 端口输出 CW（顺时针）方向、加减速比率为 10Hz、目标频率为 1000Hz 的加速脉冲，即以每 4ms 提升 10Hz 的比率将脉冲频率由 500Hz 加速到 1000Hz。

表 6-48 ACC 指令的应用

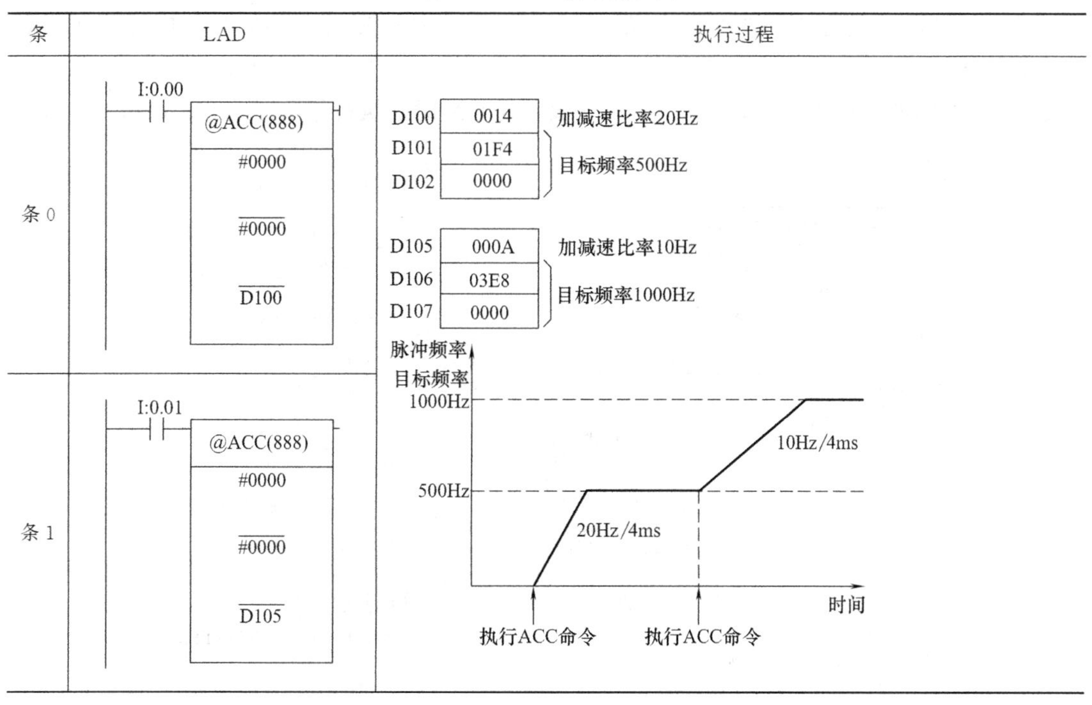

条	LAD	执行过程
条 0	I:0.00 @ACC(888) #0000 #0000 D100	D100 0014 加减速比率20Hz; D101 01F4, D102 0000 目标频率500Hz; D105 000A 加减速比率10Hz; D106 03E8, D107 0000 目标频率1000Hz
条 1	I:0.01 @ACC(888) #0000 #0000 D105	

（3）PLS2、PWM 指令

PLS2 为定位指令，它是按 C2 指定的模式从 C1 端口输出由 S1、S2 设定参数的脉冲信号。PWM 为脉宽可调信号，它是将频率为 S1、占空比为 S2 的脉冲信号从 C 端口输出。PLS2、PWM 指令格式如表 6-49 所示。

表 6-49 PLS2、PWM 指令格式

指令	LAD	STL	操作数说明
PLS2 指令	PLS2(887) C1 C2 S1 S2	PLS2(887) C1 C2 S1 S2	C1 指定脉冲输出端口;C2 指定脉冲输出模式;S1 指定脉冲的加减速比率、目标频率和脉冲输出量;S2 指定输出脉冲启动频率。这 4 个操作数的具体说明如图 6-58(a)所示

续表

指令	LAD	STL	操作数说明
PWM 指令	PWM(891) C S1 S2	PWM(891)　C　S1　S2	C1 指定脉冲输出端口；S1 指定脉冲频率；S2 指定脉冲占空比。这 3 个操作数的具体说明如图 6-58(b)所示

例 6-20　PLS2、PWM 指令的应用如表 6-50 所示。在条 0 中，当 0.01 常开触点为 ON 时，执行@PLS2 指令，让脉冲输出 0 端口输出 CW（顺时针）方向、启动频率为 200Hz、加减速比率为 500Hz/4ms、目标频率为 50kHz 的加速脉冲，当脉冲频率达到目标频率 50kHz 一段时间后，开始以 250Hz/4ms 比率减速，达到启动频率 200Hz 时，停止输出脉冲，输出脉冲的总量为 10000 个。在条 1 中，当 0.02 常开触点为 ON 时，执行第 1 个@PWM 指令，通过该指令从脉冲输出 0 端口输出频率为 200Hz（0x07D0）、占空比为 50%（0x0032）的脉冲。在条 2 中，当 0.03 常开触点为 ON 时，执行第 2 个@PWM 指令，此时

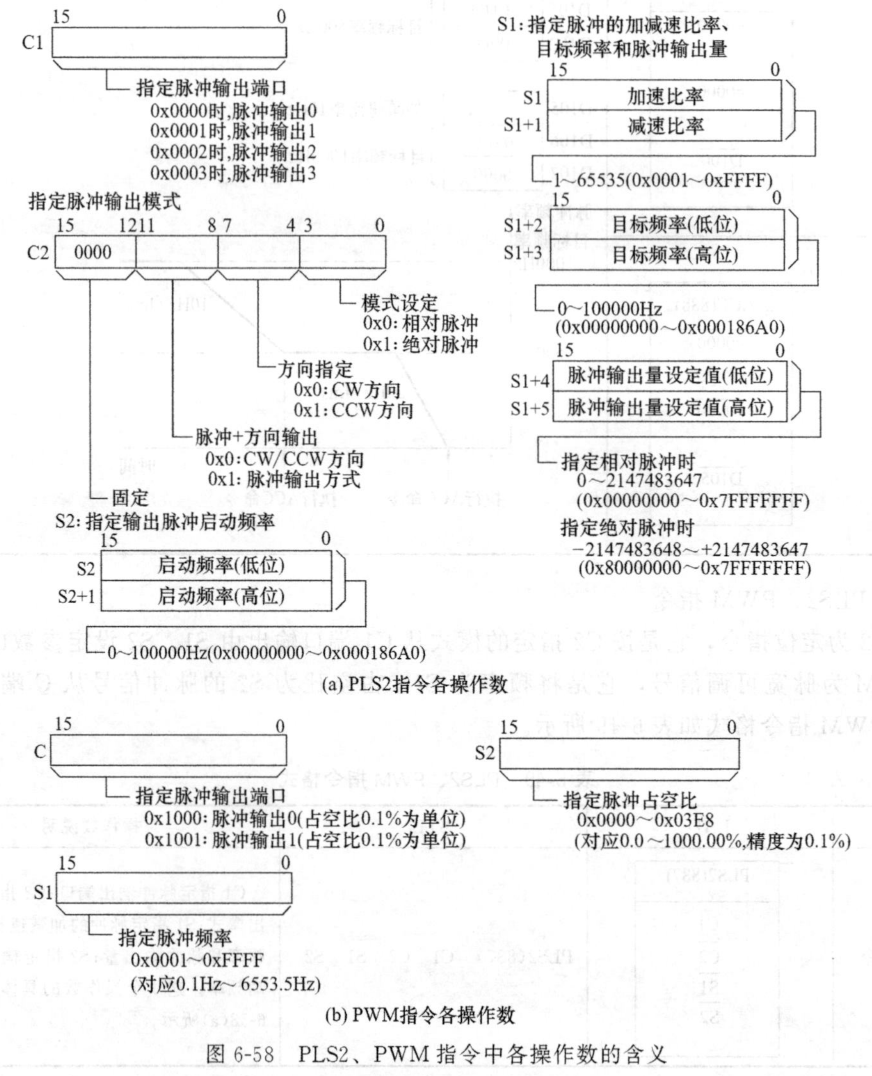

图 6-58　PLS2、PWM 指令中各操作数的含义

从脉冲输出 0 端口输出脉冲频率为 200Hz（0x07D0）、占空比为 25%（0x0019）的脉冲。

（4）PRV 指令

PRV 为脉冲当前值读取指令，它是按 C2 指定的内容从 C1 端口读取脉冲的当前值，结果保存在 D 通道中。PRV 指令格式如表 6-51 所示。

表 6-50 PLS2、PWM 指令的应用

条	LAD	执行过程
条 0	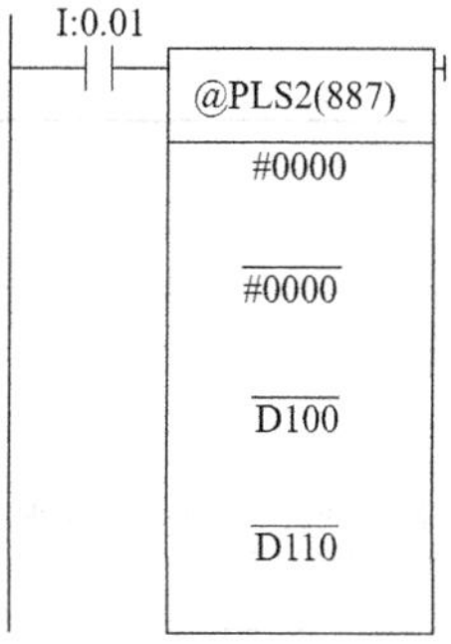 I:0.01 @PLS2(887) #0000 #0000 D100 D110	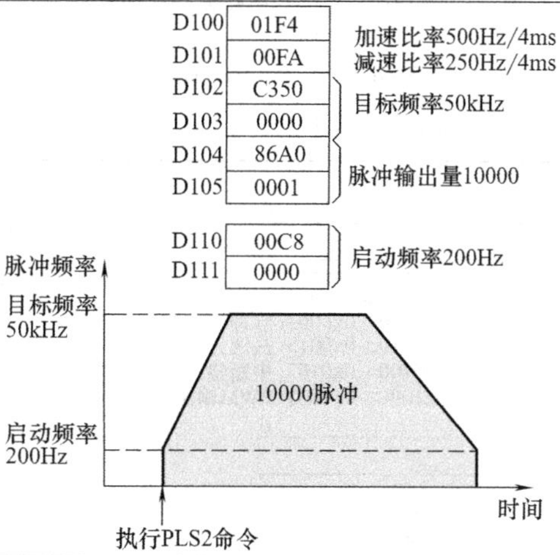
条 1	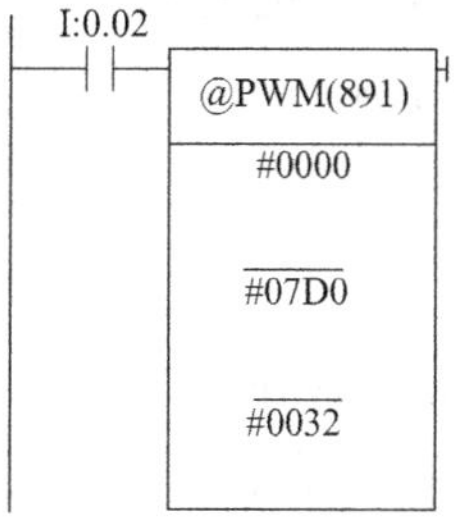 I:0.02 @PWM(891) #0000 #07D0 #0032	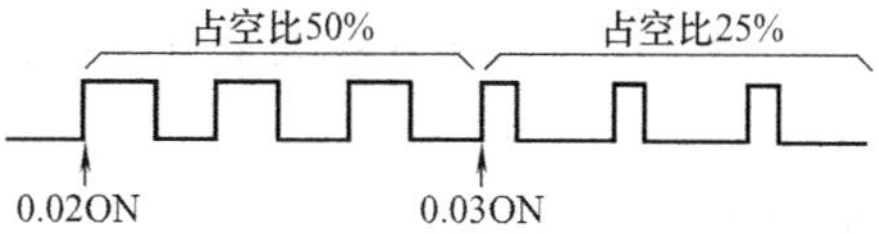
条 2	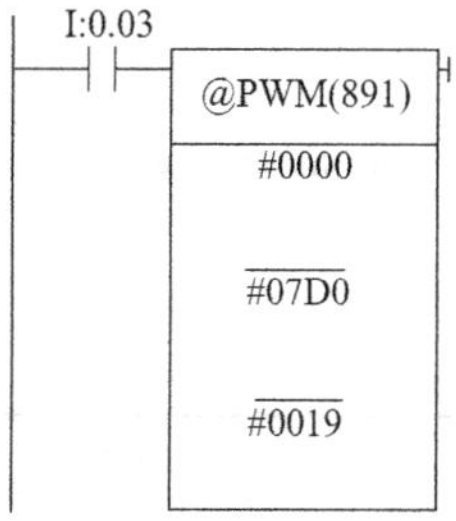 I:0.03 @PWM(891) #0000 #07D0 #0019	

表 6-51 PRV 指令格式

指令	LAD	STL	操作数说明
PRV 指令	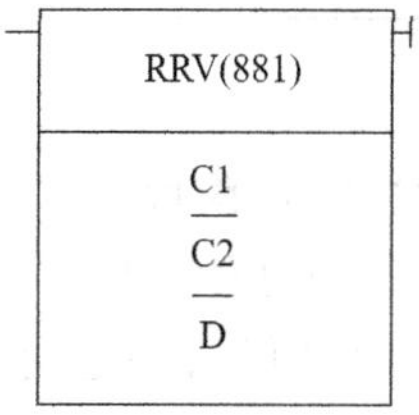 RRV(881) C1 C2 D	PRV(881) C1 C2 D	C1 指定读出端口；C2 指定读取内容；D 用来保存读取值，根据读取内容不同，占用 2 个或 1 个通道。这 3 个操作数的具体说明如图 6-59 所示

表 6-52　PRV 指令的应用

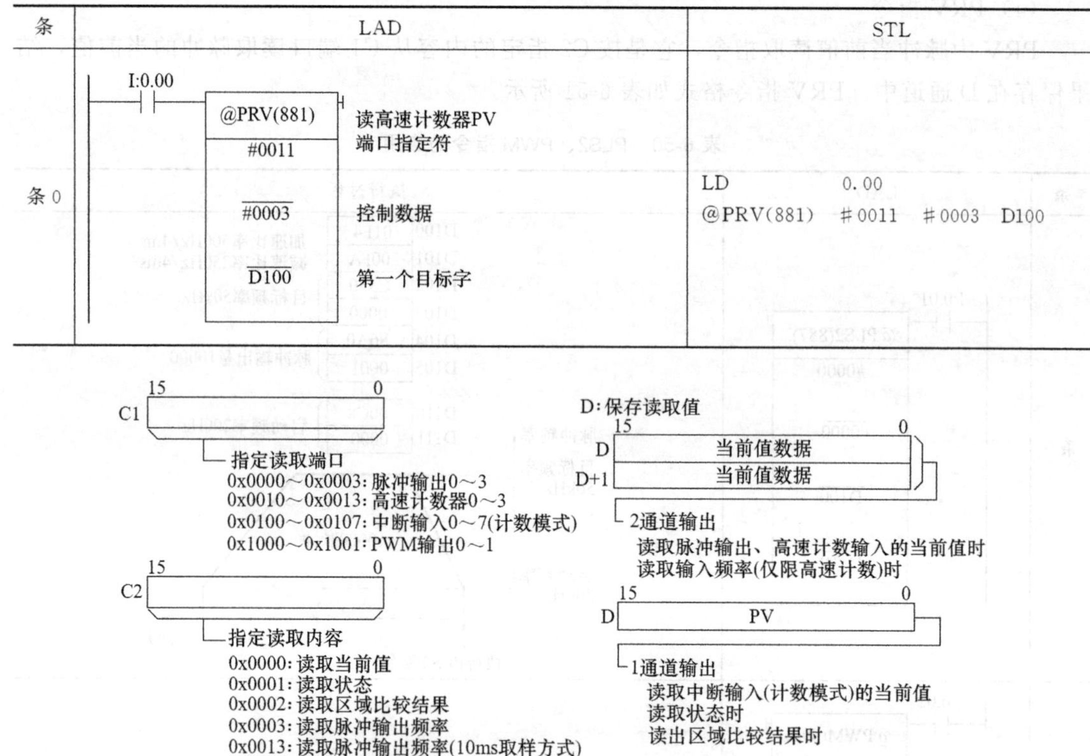

条	LAD	STL
条 0	I:0.00 ─┤├─ @PRV(881) #0011 读高速计数器PV端口指定符；#0003 控制数据；D100 第一个目标字	LD　　0.00 @PRV(881)　#0011　#0003　D100

图 6-59　PRV 指令中各操作数的含义

例 6-21　PRV 指令的应用如表 6-52 所示。在条 0 中，当 0.00 常开触点为 ON 时，执行@PRV 指令，读取输入高速计数器的脉冲的频率，读取的频率值保存在 D101、D100 两个通道中。

（5）ORG 指令

ORG 为原点搜索指令，它是按 C2 设定的方式从 C1 端口输出脉冲信号来进行原点搜索或原点复位操作。ORG 指令格式如表 6-53 所示。

表 6-53　ORG 指令格式

指令	LAD	STL	操作数说明
ORG 指令	ORG(889) C1 C2	ORG(889)　C1　C2	C1 指定脉冲输出端口；C2 指定脉冲输出模式。这 2 个操作数的具体说明如图 6-60 所示

例 6-22　在使用 ORG 指令时需要先参照 6.5.3 节中的内容按表 6-54 进行 PLC 系统设定，ORG 指令的应用如表 6-55 所示。当 0.00 常开触点为 ON 时，执行@ORG 指令，先从脉冲输出 0 端口输出启动速度为 100pps（pulse per second：脉冲每秒，相当于 Hz）的原点复位脉冲，然后以 50Hz/4ms 比率加速到目标速度 200pps，速度保持一定时间后以 50Hz/4ms 比率减速到目标速度 100pps，再停止输出脉冲。

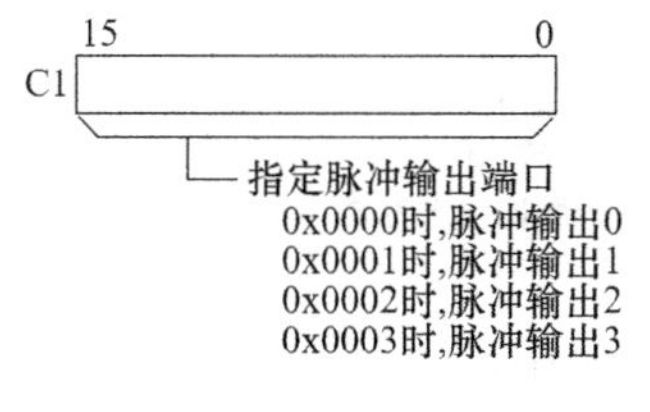

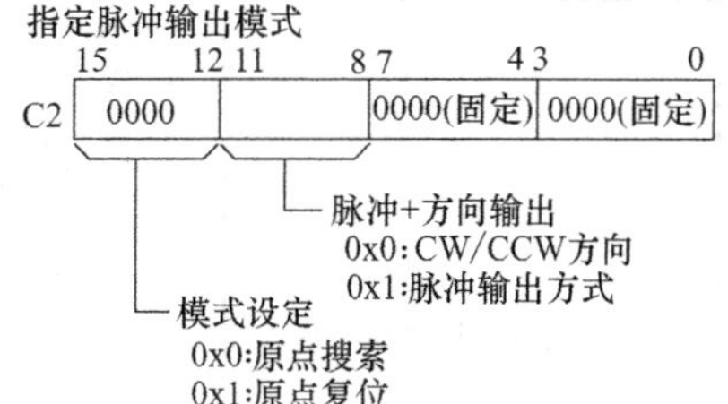

图 6-60 ORG 指令中各操作数的含义

表 6-54 原点返回的 PLC 系统设定内容

设置项目	设置内容
脉冲输出 0 原点搜索/原点返回复位/启动速度	0x00000064:100pps
脉冲输出 0 原点返回目标速率	0x000000C8:200pps
脉冲输出 0 原点返回加速比率	0x0032:50Hz/4ms
脉冲输出 0 原点返回减速比率	0x0032:50Hz/4ms

表 6-55 ORG 指令的应用

条	LAD	执行过程
条 0	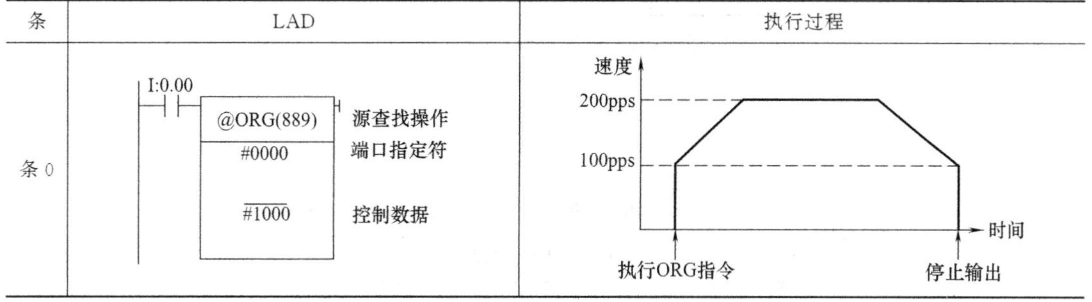	

6.5.3 脉冲输出的使用步骤及设置

（1）脉冲输出的使用步骤

脉冲输出的使用步骤如图 6-61 所示。

（2）脉冲输出的设置

脉冲输出的设置主要包括基本设置、定义原点操作、原点返回等。下面以表 6-54 中的内容设置为例进行说明。

在 CX-Programmer 软件中双击工程工作区的“设置”，在弹出的“PLC 设定”对话框中选择“脉冲输出 0”选项卡，在“基本设置”栏中的“查找/返回初始速度”项设为“100”。在“原点返回”栏中的“速度”项设为“200”，“加速比率”设为“100”，“减速比率”项设为“100”，这样就完成了脉冲输出 0 原点返回的设置，如图 6-62 所示。如果要对原点搜索功能设置时，需在“定义原点操作”栏中，先勾选“使用定义原点操作”，然后再对各项目进行设置即可。用户使用同样的方法，可以设置其他 3 个脉冲输出端口。

6.5.4 脉冲输出的应用

例 6-23 使用直接中断方式，要求中断输入 0.00 为 ON 时，延时 0.5ms 后，在 100kHz 中从脉冲输出 0 端口输出 100000 个脉冲。

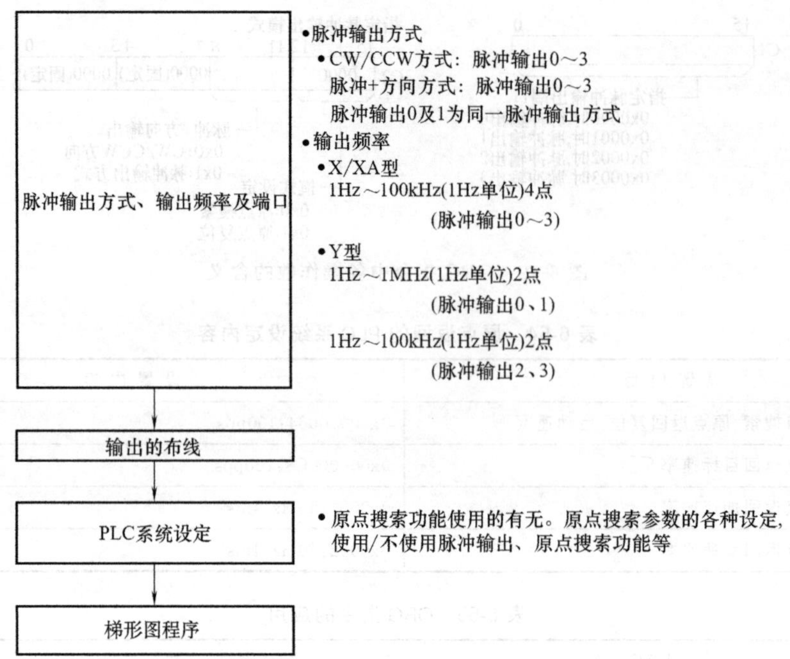

图 6-61　脉冲输出的使用步骤

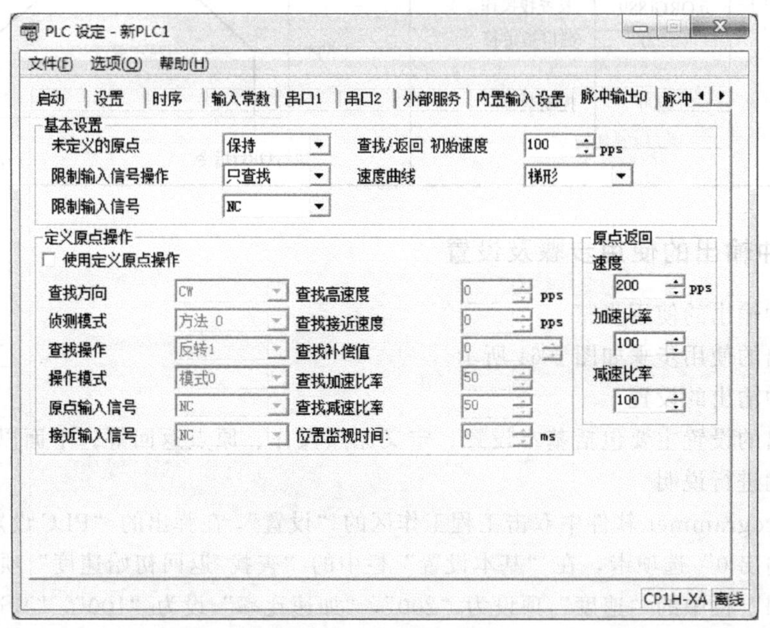

图 6-62　脉冲输出的设置

解　这实质上是当 0.00 产生中断输入请求时，启动定时器产生 0.5ms 的定时中断，然后在定时中断任务内执行脉冲输出的指令，在执行任务的同时停止定时中断，其工作时序如图 6-63 所示。要完成这些操作，可按以下步骤进行。

① 输入、输出的分配与接线　使用 X/XA 型 CPU 单元模块时，0.00 作为直接中断输入，100.00 作为脉冲输出 0 端口，其输入/输出的接线如图 6-64 所示。

图 6-63 工作时序

② PLC 系统设定 PLC 系统设定包括内置输入中对中断输入 0（IN0）的设定、脉冲输出 0 的设定和定时中断的单位时间设定，其设定内容如表 6-56 所示。在 CX-Programmer 软件中双击工程工作区的“设置”，在弹出的“PLC 设定”对话框中选择“内置输入设置”选项卡，在“中断输入”栏中按图 6-65（a）对中断输入 0（IN0）进行设定；在“时序”选项卡中，按图 6-65（b）对定时中断的单位时间进行设定；在“脉冲输出 0”选项卡中，按图 6-65（c）对脉冲输出 0 进行设定。

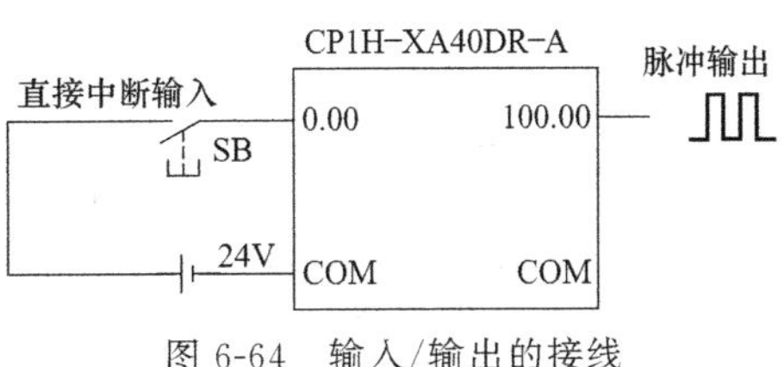

图 6-64 输入/输出的接线

表 6-56 PLC 系统设定内容

设定对象	设定内容	数据
内置输入的设定	将输入 IN0.00 作为中断输入使用	—
脉冲输出 0 的设定	不使用高速计数器 0	—
	不使用脉冲输出 0 的原点搜索功能	—
定时中断的单位时间设定	将定时中断单位时间设为 0.1ms	0x0002

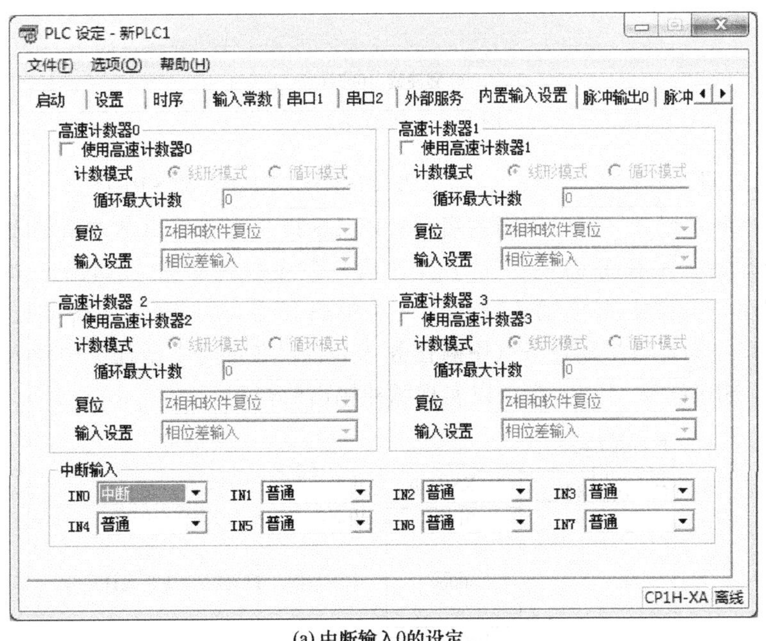

(a) 中断输入0的设定

图 6-65

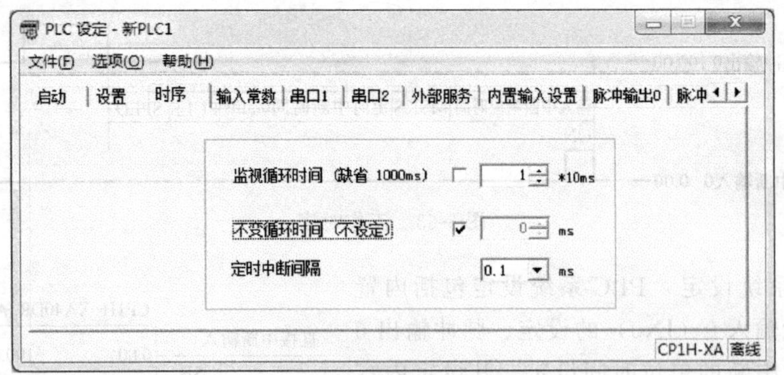

(b) 定时中断的单位时间设定

(c) 脉冲输出0的设定

图 6-65 PLC 系统设定

③ 程序的编制　在编写程序时，需涉及 MSKS、PULS 和 SPED 这 3 个指令，MSKS 指令用于输入中断的允许、定时中断的启动；PULS 指令用于输出脉冲量的设定；SPED 用于脉冲输出的开始。本任务需使用 3 个程序段：在主程序中插入如图 6-66（a）所示的 MSKS 指令程序，以设定直接输入中断 0；在中断任务 0 中输入如图 6-66（b）所示的 MSKS 指令，以启动定时中断任务（中断任务 No. 2）；在定时中断任务中输入如图6-66（c）所示的 PULS、SPED 及 MSKS 指令以实现脉冲输出的控制。

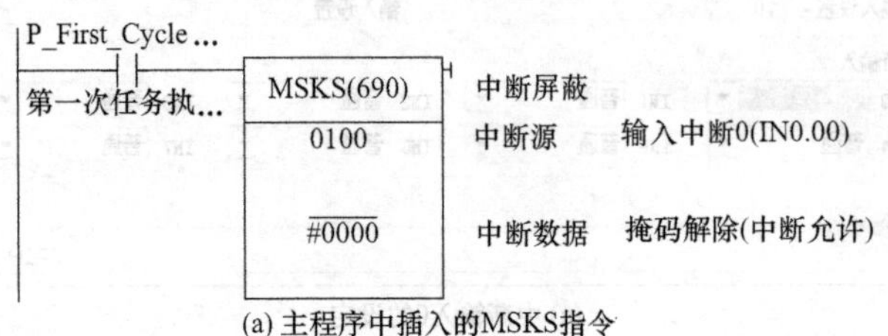

(a) 主程序中插入的MSKS指令

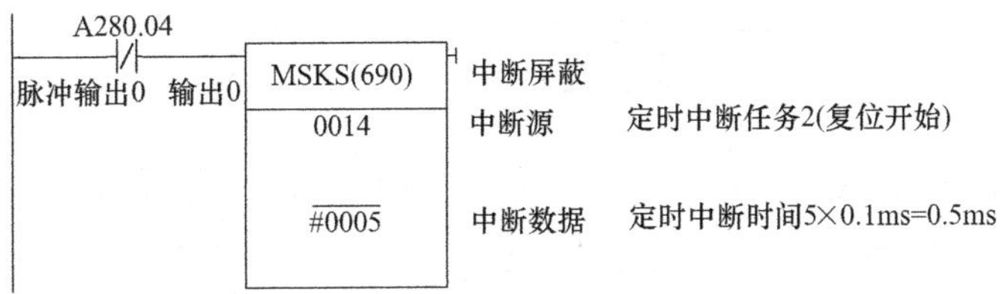

(b) 中断0任务输入的程序

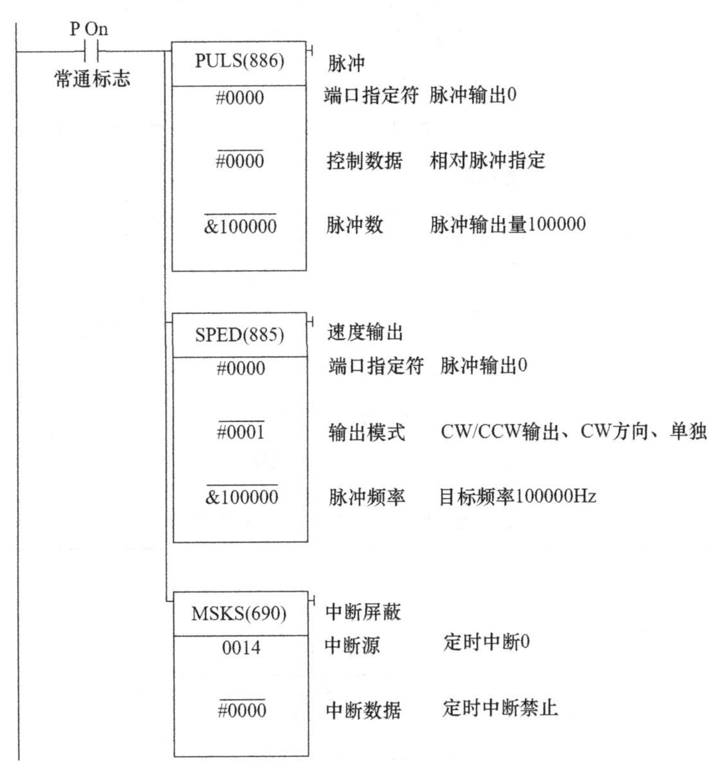

(c) 定时中断任务中输入的程序

图 6-66 编写的程序

6.6 快速响应输入功能

通过将 CPU 单元内置输入作为脉冲接收功能，可获取宽度为 30μs 最小输入信号。在需要比周期时间短、将来自光电微型传感器等的脉冲作为输入信号时应使用快速响应输入功能。

6.6.1 快速响应输入分配

CP1H 系列 PLC 的 CPU 单元类型不同，作为脉冲接收所使用的端子不同，X/XA 型 CPU 单元模块最多可使用 8 个输入点；Y 型 CPU 单元模块最多可使用 6 个输入点。X/XA 型和 Y 型 CPU 单元模块可作为快速响应输入的端子台，如图 6-67 所示。作为快速响应输入时，需通过 CX-Programmer 对输入端子进行设定，设定的内容如表 6-57 所示。

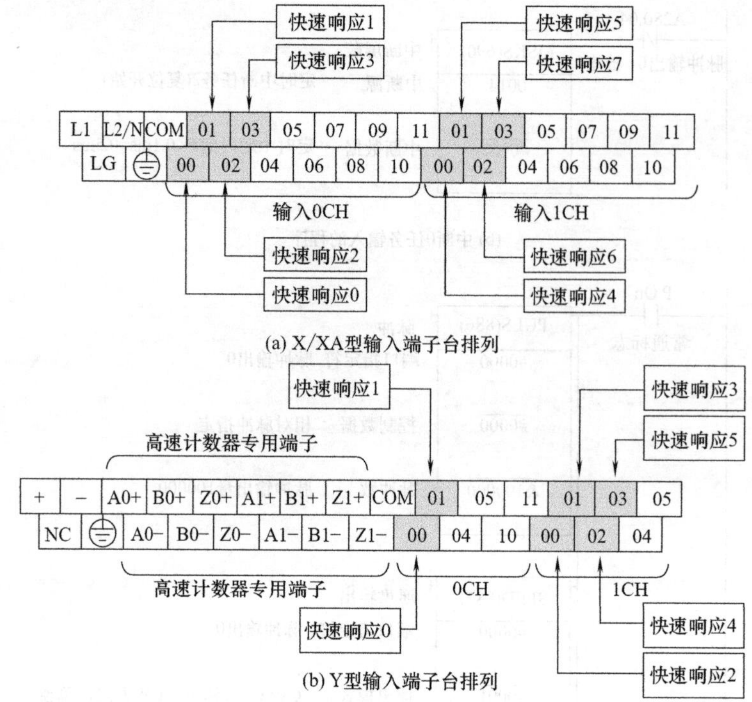

(a) X/XA型输入端子台排列

(b) Y型输入端子台排列

图 6-67　CP1H 系列 PLC 的作为快速响应的端子台排列

表 6-57　快速响应输入端子的设定内容

CPU类型	输入端子台		输入动作设定		
	通道	编号(端子号)	通用输入	输入中断	快速响应输入
X/XA型	0 CH	00(0.00)	通用输入 0	输入中断 0	快速响应 0
		01(0.01)	通用输入 1	输入中断 1	快速响应 1
		02(0.02)	通用输入 2	输入中断 2	快速响应 2
		03(0.03)	通用输入 3	输入中断 3	快速响应 3
		04(0.04)～11(0.11)	通用输入 4～11	—	—
	1 CH	00(1.00)	通用输入 12	输入中断 4	快速响应 4
		01(1.01)	通用输入 13	输入中断 5	快速响应 5
		02(1.02)	通用输入 14	输入中断 6	快速响应 6
		03(1.03)	通用输入 15	输入中断 7	快速响应 7
		04(1.04)～11(1.11)	通用输入 16～23	—	—
Y 型	0 CH	00(0.00)	通用输入 0	输入中断 0	快速响应 0
		01(0.01)	通用输入 1	输入中断 1	快速响应 1
		04(0.04)、05(0.05)、10(0.10)、11(0.11)	通用输入 2、3、4、5	—	
	1 CH	00(1.00)	通用输入 6	输入中断 2	快速响应 2
		01(1.01)	通用输入 7	输入中断 3	快速响应 3
		02(1.02)	通用输入 8	输入中断 4	快速响应 4
		03(1.03)	通用输入 9	输入中断 5	快速响应 5
		04(0.04)、05(0.05)	普通输入 10、11	—	—

6.6.2 快速响应输入的系统设定

进行快速响应输入时，需在CX-Programmer软件中进行PLC的设定。例如要将0.00输入端子设置为快速响应输入时，其操作方法为：在CX-Programmer软件中双击工程工作区的“设置”，在弹出的“PLC设定”对话框中选择“内置输入设置”选项卡，再在中断输入项中将IN0（0.00）设为“快速”，如图6-68所示。依此方法，可以对IN1～IN7进行相应设置。

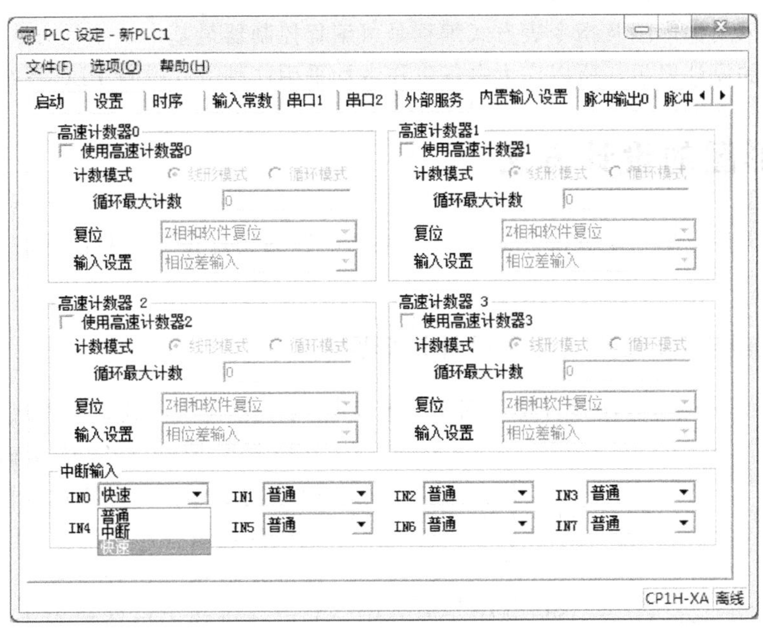

图6-68 设置快速响应输入端子的功能

6.6.3 快速响应的使用步骤

将IN0～IN7通过系统设定作快速响应输入使用时，可以通过LD指令对这些端子读取操作。但在使用过程中还需注意，若内置输入作普通输入、中断输入或高速计数器输入使用时，则不能作为快速响应使用。快速响应输入的使用步骤如图6-69所示。

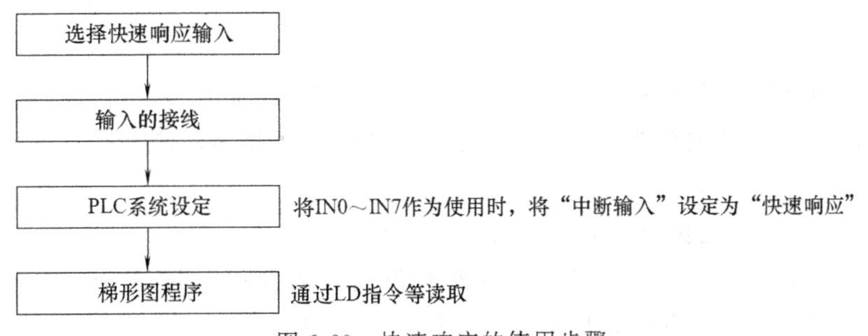

图6-69 快速响应的使用步骤

第7章 数字量控制系统梯形图的设计方法

数字量控制系统又称为开关量控制系统，传统的继电-接触器控制系统就是典型的数字量控制系统。采用梯形图及指令表方式编程是可编程控制器最基本的编程方式，它采用的是常规控制电路的设计思想，所以广大电气工作者均采用这种方式进行 PLC 系统的设计。

7.1 梯形图的设计方法

梯形图的设计方法主要包括根据继电-接触器电路图设计法、经验设计法和顺序控制设计法。

7.1.1 根据继电-接触器电路图设计梯形图

根据继电-接触器电路图设计梯形图实质上就是 PLC 替代法，其基本思想是：将原有电气控制系统输入信号及输出信号作为 PLC 的 I/O 点，原来由继电-接触器硬件完成的逻辑控制功能由 PLC 的软件——梯形图及程序替代完成。下面以三相异步电动机的正反转控制为例，讲述其替代过程。

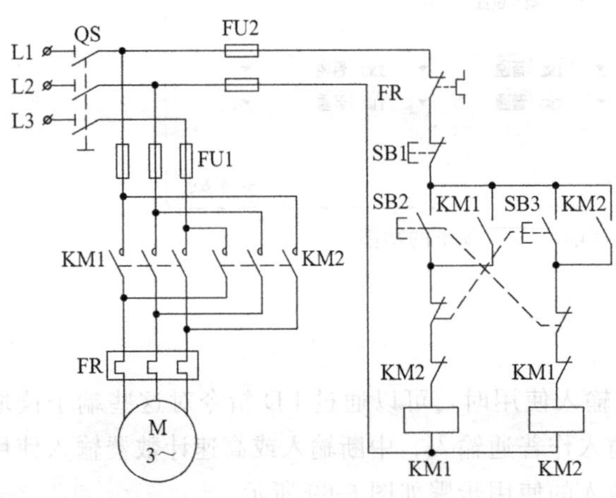

图 7-1 传统继电-接触器的正反转控制电路原理图

(1) 三相异步电动机的正反转控制

传统继电-接触器的正反转控制电路原理图如图 7-1 所示。

合上闸刀开关 QS，按下正向启动按钮 SB2 时，KM1 线圈得电，主触头闭合，电动机正向启动运行。若需反向运行时，按下反向启动按钮 SB3，其常闭触点打开，切断 KM1 线圈电源，电动机正向运行电源切断，同时 SB3 的常开触点闭合，使 KM2 线圈得电，KM2 的主触头闭合，改变了电动机的电源相序，使电动机反向运行。电动机需要停止运行时，只需按下停止按钮 SB1 即可实现。

(2) 使用 PLC 实现三相异步电动机的正反转控制

用 PLC 实现对三相异步电动机的正反转控制时，需要停止按钮 SB1、正转启动按钮 SB2、反转启动按钮 SB3，还需要 PLC、正转接触器 KM1、反转接触器 KM2、三相异步交流电动机 M 和热继电器 FR 等。

用 PLC 实现对三相异步电动机的正反转控制时，其转换步骤如下。

① 将继电-接触器式正反转控制辅助电路的输入开关逐一改接到 PLC 的相应输入端；辅

助电路的线圈逐一改接到 PLC 的相应输出端，如图 7-2 所示。

② 将继电-接触器式正反转控制辅助电路中的触点、线圈逐一转换成 PLC 梯形图虚拟电路中的虚拟触点、虚线线圈，并保持连接顺序不变，但要将虚拟线圈之右的触点改接到虚拟线圈之左。

③ 检查所得 PLC 梯形图虚拟电路是否满足要求，如果不满足应作局部修改。

CP1H-XA40DR-A
COM + DC24V 输出
停止工作 SB1 0.00 −
正转启动 SB2 0.01 100.00 KM1
反转启动 SB3 0.02 100.01 KM2
过热保持 FR 0.03
AC 220V L1 L2/N COM

图 7-2 正反转控制的 PLC 外部接线

实际上，用户可以将图 7-2 进行优化：可以将 FR 热继电器改接到输出，这样节省了一个输入端口；另外 PLC 外部输出电路中还必须对正反转接触器 KM1 与 KM2 进行“硬互锁”，以避免正反转切换时发生短路故障。因此，优化后的 PLC 接线如图 7-3 所示，用户编写的程序如表 7-1 所示。

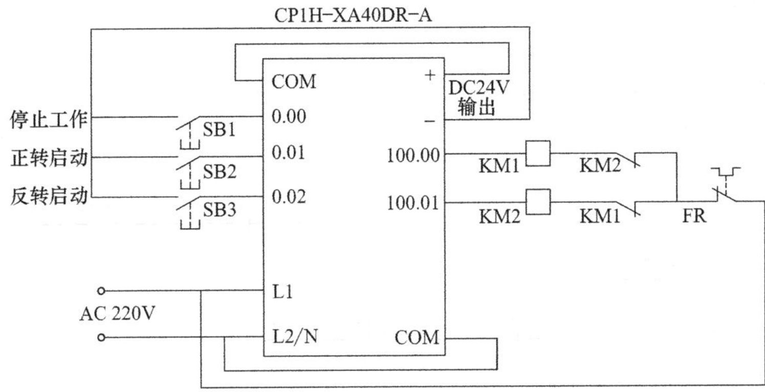

图 7-3 优化后的 PLC 外部接线

表 7-1 用户编写的正反转控制程序

条	LAD	STL
条 0	I:0.01 I:0.00 I:0.02 Q:100.01 Q:100.00 Q:100.00	LD 0.01 OR 100.00 ANDNOT 0.00 ANDNOT 0.02 ANDNOT 100.01 OUT 100.00
条 1	I:0.02 I:0.00 I:0.01 Q:100.00 Q:100.01 Q:100.01	LD 0.02 OR 100.01 ANDNOT 0.00 ANDNOT 0.01 ANDNOT 100.00 OUT 100.01

条 0 为正向运行控制，按下正向启动按钮 SB2，0.01 触点闭合，100.00 线圈输出，控制 KM1 线圈得电，使电动机正向启动运行，100.00 的常开触点闭合，形成自锁。

条 1 为反向运行控制，按下反向启动按钮 SB3，0.02 的常开触点闭合，0.02 的常闭触点打开，使电动机反向启动运行。

不管电动机是在正转还是反转，只要按下停止按钮 SB1，0.00 常闭触点打开，都将切断电动机的电源，从而使电动机停止运行。

（3）程序仿真

① 用户启动 CX-Programmer，创建一个新的工程，按照表 7-1 输入 LAD（梯形图）或 STL（指令表）中的程序，并对其进行保存。

② 在 CX-Programmer 中，执行菜单命令“模拟”→“在线模拟”，系统首先会自动对程序进行编译。如果编译正确，则进入 CX-Simulator 在线仿真（即在线模拟）状态，此时程序的背景为灰色，程序中的一些元件和连线上出现绿色标记。

③ 在线仿真状态下，直接双击某元件，在弹出的对话框中设置该元件的相应操作，如图双击 0.02 元件后，将其值设置为“1”，设置好后，程序的仿真效果如图 7-4 所示。图中，100.00 线圈为绿色，表示 100.00 线圈处于得电状态，而 100.01 线圈为灰色，表示 100.01 线圈处于失电状态。

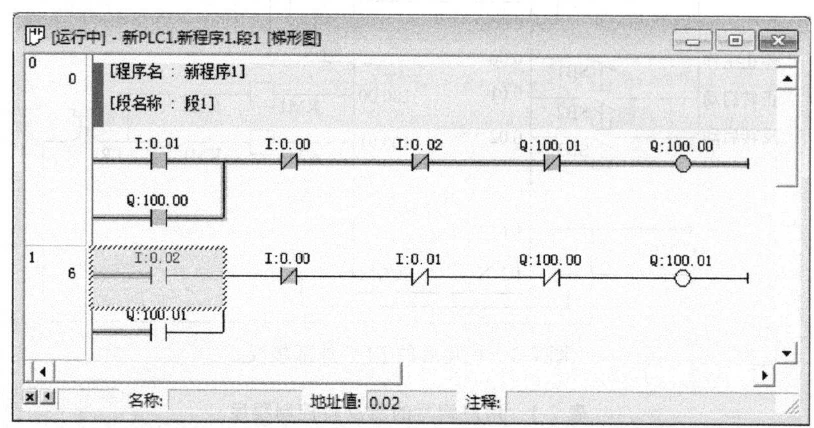

图 7-4　正反转控制的仿真运行结果

根据继电-接触器电路图设计梯形图这种方法的优点是程序设计方法简单，有现成的电控制线路作为依据，设计周期短。一般在旧设备电气控制系统改造中，对于不太复杂的控制系统常采用此方法。

7.1.2　用经验法设计梯形图

在 PLC 发展的初期，沿用了设计继电器电路图的方法来设计梯形图程序，即在已有的典型梯形图上，根据被控对象对控制的要求，不断修改和完善梯形图。有时需要多次反复地调试和修改梯形图，不断地增加中间编程元件的触点，最后才能得到一个较为满意的结果。这种方法没有普遍的规律可遵循，设计所用的时间、设计的质量与编程者的经验有很大的关系，所以有人将这种设计方法称为经验设计法。

经验设计法要求设计者具有一定的实践经验，掌握较多的典型应用程序的基本环节。根据被控对象对控制系统的具体要求，凭经验选择基本环节，并把它们有机地组合起来。其设计过程是逐步完善的，一般不易获得最佳方案，程序初步设计后，还需反复调试、修改、完善，直至满足被控对象的控制要求。

经验设计法可以用于逻辑关系较简单的梯形图程序设计。电动机“长动＋点动”过程的PLC控制是学习PLC经验设计梯形图的典型代表。电动机“长动＋点动”过程的控制程序适合采用经验编程法，而且能充分反映经验编程法的特点。

（1）三相异步电动机的“长动＋点动”控制

三相异步电动机的“长动＋点动”控制电路原理图如图7-5所示。

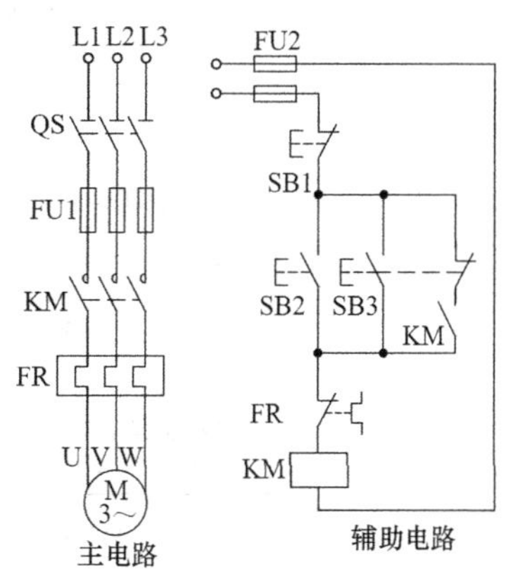

图7-5 三相异步电动机的“长动＋点动”控制电路原理图

在初始状态下，按下按钮SB2，KM线圈得电，KM主触头闭合，电动机得电启动，同时KM常开辅助触头闭合形成自锁，使电动机进行长动运行。若想电动机停止工作，只需按下停止按钮SB1即可。工业控制中若需点动控制时，在初始状态下，只需按下复合开关SB3即可。当按下SB3时，KM线圈得电，KM主触头闭合，电动机启动，同时KM的辅助触头闭合，由于SB3的常闭触头打开，因此断开了KM自锁回路，电动机只能进行点动控制。

当操作者松开复合按钮SB3后，若SB3的常闭触头先闭合，常开触头后打开，则接通了KM自锁回路，使KM线圈继续保持得电状态，电动机仍然维持运行状态，这样点动控制变成了长动控制，因此在电气控制中称这种情况为“触头竞争”。触头竞争是触头在过渡状态下的一种特殊现象。若同一电器的常开和常闭触头同时出现在电路的相关部分，当这个电器发生状态变化（接通或断开）时，电器接点状态的变化不是瞬间完成的，还需要一定时间。常开和常闭触头有动作先后之别，在吸合和释放过程中，继电器的常开触头和常闭触头存在一个同时断开的特殊过程。因此在设计电路时，如果忽视了上述触头的动态过程，就可能会导致破坏电路执行正常工作程序的触头竞争，使电路设计失败。如果已存在这样的竞争，一定要从电器设计和选择上来消除，如电路上采用延时继电器等。

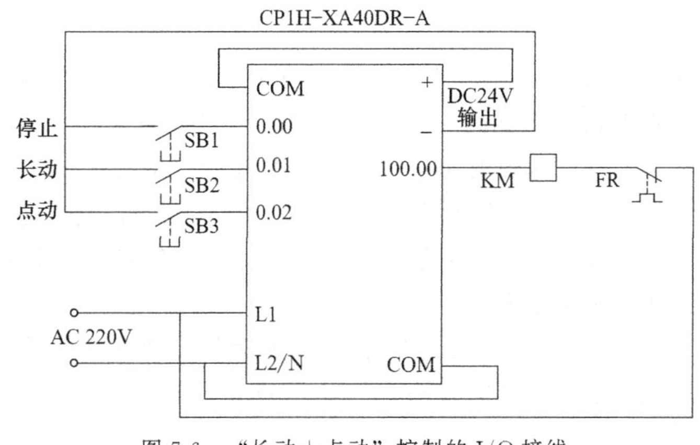

图7-6 “长动＋点动”控制的I/O接线

（2）使用PLC实现三相异步电动机的“长动＋点动”控制

用PLC实现对三相异步电动机的“长动＋点动”控制时，需要停止按钮SB1、长动按钮SB2、点动按钮SB3，还需要PLC、接触器KM、三相异步交流电动机M和热继电器FR等。PLC用于三相异步电动机“长动＋点动”的辅助电路控制，其I/O接线如图7-6所示。

用PLC实现“长动＋点

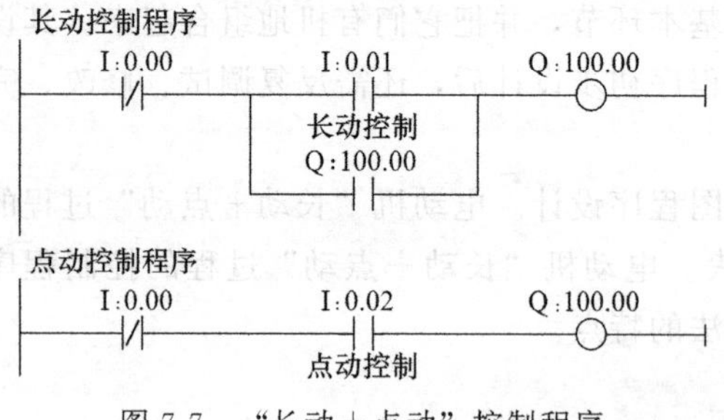

图 7-7 “长动＋点动”控制程序

动”控制时，其控制过程为：当 SB1 按下时，0.00 的常闭触点断开，100.00 线圈断电输出状态为 0，使 KM 线圈断电，从而使电动机停止运行；当 SB2 按下时，0.01 的常开触点闭合，100.00 线圈得电输出状态为 1，使 KM 线圈得电，从而使电动机长动运行；当 SB3 按下时，0.02 的常开触点闭合，100.00 线圈得电输出状态为 1，使 KM 线圈得电，从而使电动机点动运行。

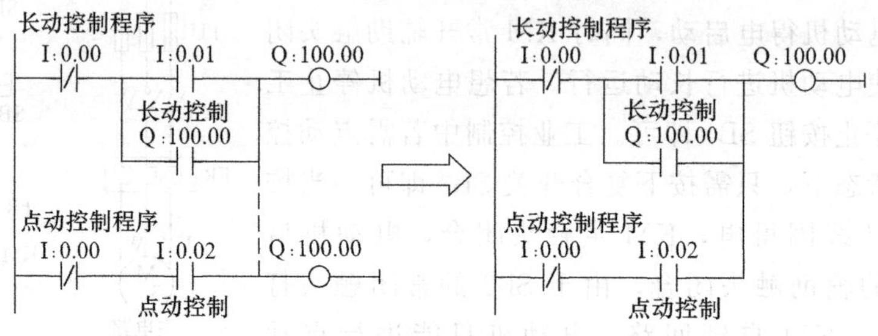

图 7-8 “长动＋点动”控制程序直接合并

从 PLC 的控制过程可以看出，可以理解为由长动控制程序和点动控制程序构成，如图7-7所示。图中的两个程序段的输出都为 100.00 线圈，应避免这种现象的存在。试着将这两个程序直接合并，以得到“既能长动又能点动”的控制程序，如图 7-8 所示。

如果直接按图 7-8 合并，将会产生点动控制不能实现的故障。因为不管是 0.01 或 0.02 常开触点闭合，都会使 100.00 线圈得电，从而使 100.00 常开触点闭合而实现通电自保。

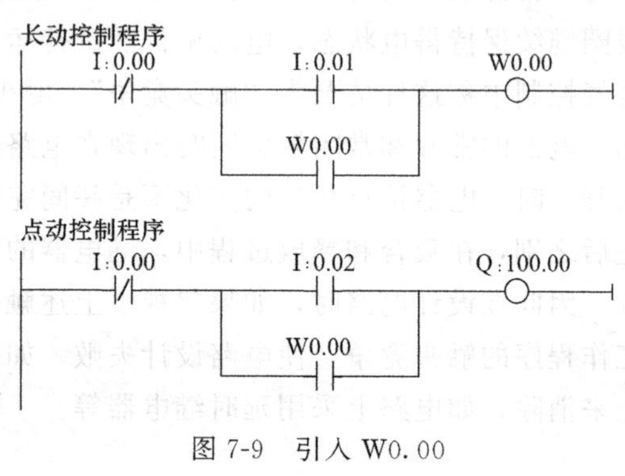

图 7-9 引入 W0.00

针对这种情况，有两种方法解决：一是在 100.00 常开触点支路上串联 0.02 常闭触点，另一种方法是引入内部辅助继电器触点 W0.00，如图 7-9 所示。在图 7-9 中，既实现了点动控制，又实现了长动控制。长动控制的启动信号到来（0.01 常开触点闭合），W0.00 通电自保，再由 W0.00 的常开触点传递到 100.00，从而实现了三相异步电动机的长动控制。这里的关键是 W0.00 对长动的启动信号自保，而与点动信号无关。点动控制信号直接控制 100.00，100.00 不应自保，因为点动控制排斥自保。

根据梯形图的设计规则，图 7-9 还需进一步优化，需将 0.00 常闭触点放在并联回路的右方，且点动控制程序中的 0.00 常闭触点可以省略，因此用户编写的程序如表 7-2 所示。

表 7-2 用户编写的“长动+点动”控制程序

条	LAD	STL
条 0	I:0.01 I:0.00 W0.00 W0.00	LD 0.01 OR W0.00 ANDNOT 0.00 OUT W0.00
条 1	I:0.02 Q:100.00 W0.00	LD 0.02 OR W0.00 OUT 100.00

(3) 程序仿真

① 用户启动 CX-Programmer，创建一个新的工程，按照表 7-2 输入 LAD（梯形图）或 STL（指令表）中的程序，并对其进行保存。

② 在 CX-Programmer 中，执行菜单命令“模拟”→“在线模拟”，进入 CX-Simulator 在线仿真（即在线模拟）状态。

③ 在线仿真状态下，直接双击 0.01，将其置为“1”，100.00 输出为 1，此时再将 0.01 置为“0”，100.00 仍输出为 1，仿真效果如图 7-10 所示。当 0.02 置为“1”状态，100.00 输出为 1，此时再将 0.02 设置为无效，100.00 输出为 0。

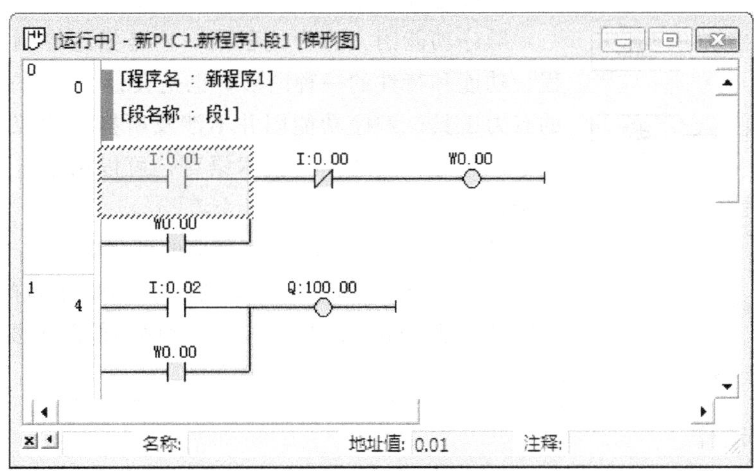

图 7-10 “长动+点动”控制的仿真运行结果

通过仿真可以看出，表 7-2 中的程序完全符合设计要求。用经验法设计梯形图时，没有一套固定的方法和步骤，且具有很大的试探性和随意性。对于不同的控制系统，没有一种通用的容易掌握的设计方法。

7.2 顺序控制设计法与顺序功能图

在工业控制中存在着大量的顺序控制，如机床的自动加工、自动生产线的自动运行、机械手的动作等，它们都是按照固定的顺序进行动作的。在顺序控制系统中，对于复杂顺序控制程序仅靠基本指令系统编程会感到很不方便，其梯形图复杂且不直观。针对此种情况，可以使用顺序控制设计法进行相关程序的编写。

所谓顺序控制，就是按照生产工艺预先规定的顺序，在各个输入信号的作用下，根据内部状态和时间的顺序，在生产过程中各个执行机构自动有秩序地进行操作。使用顺序控制设计法首先根据系统的工艺过程，画出顺序功能图，然后根据顺序功能图画出梯形图。有的PLC编程软件为用户提供了顺序功能（Sequential Function Chart，简称SFC）语言，在编程软件中生成顺序功能图后便完成了编程工作。例如西门子S7-300/400系列PLC为用户提供了顺序功能图语言，用于编制复杂的顺序控制程序。利用这种编程方法能够较容易地编写出复杂的顺序控制程序，从而提高工作效率。

顺序控制设计法是一种先进的设计方法，很容易被初学者接受，对于有经验的工程师，也会提高设计的效率，程序的调试、修改和阅读也很方便。其设计思想是将系统的一个工作周期划分为若干个顺序相连的阶段，这些阶段称为“步”（Step），并明确每一“步”所要执行的输出，“步”与“步”之间通过指定的条件进行转换，在程序中只需要通过正确连接进行“步”与“步”之间的转换，便可以完成系统的全部工作。

顺序控制程序与其他PLC程序在执行过程中的最大区别是：SFC程序在执行程序过程中始终只有处于工作状态的“步”（称为“有效状态”或“活动步”）才能进行逻辑处理与状态输出，而其他状态的步（称为“无效状态”或“非活动步”）的全部逻辑指令与输出状态均无效。因此，使用顺序控制进行程序设计时，设计者只需要分别考虑每一“步”所需要确定的输出，以及“步”与“步”之间的转换条件，并通过简单的逻辑运算指令就可完成程序的设计。

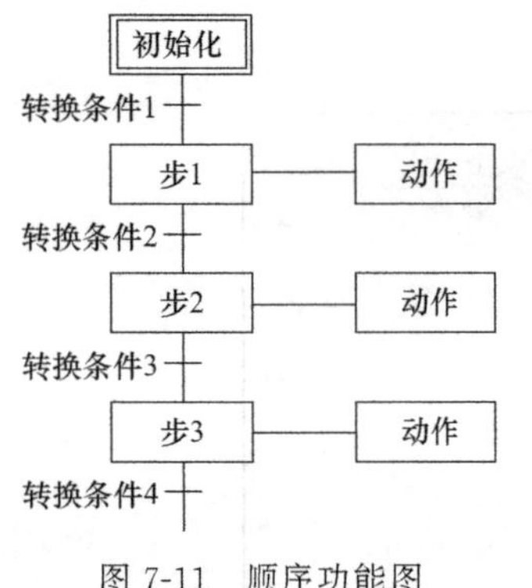

图7-11 顺序功能图

顺序功能图又称为流程图，它是描述控制系统的控制过程、功能和特性的一种图形，也是设计PLC的顺序控制程序的有力工具。顺序功能图并不涉及所描述的控制功能的具体技术，它是一门通用的技术语言，可以用于进一步设计和不同专业的人员之间进行技术交流。

各个PLC厂家都开发了相应的顺序功能图，各国家也都制定了顺序功能图的国家标准，我国于1986年颁布了顺序功能图的国家标准（GB 6988.6—86）。顺序功能图主要由步、有向连线、转换、转换条件和动作（或命令）组成，如图7-11所示。

7.2.1 步与动作

（1）步

在顺序控制中“步”又称为状态，它是指控制对象的某一特定的工作情况。为了区分不同的状态，同时使得PLC能够控制这些状态，需要对每一状态赋予一定的标记，这一标记称为“状态元件”。在CP1H系列PLC中，状态元件通常用内部辅助继电器W0.00～W511.15来表示。在使用WR内部辅助继电器表示状态元件时，不能重复使用同一编号的WR元件。

步主要分为初始步、活动步和非活动步。

初始状态一般是系统等待启动命令的相对静止的状态。系统在开始进行自动控制之前，首先应进入规定的初始状态。与系统的初始状态相对应的步称为初始步，初始步用双线框表示，每一个顺序控制功能图至少应该有1个初始步。

当系统处于某一步所在的阶段时，该步处于活动状态，称为“活动步”。步处于活动状态时，相应的动作被执行。处于不活动状态的步称为非活动步，其相应的非存储型动作被停止执行。

(2) 动作

可以将一个控制系统划分为施控系统和被控系统，对于被控系统，动作是某一步所要完成的操作；对于施控系统，在某一步中要向被控系统发出某些“命令”，这些命令也可称为动作。

7.2.2 有向连线与转换

有向连线就是状态间的连接线，它决定了状态的转换方向与转换途径。在顺序控制功能图程序中的状态一般需要2条以上的有向连线进行连接，其中一条为输入线，表示转换到本状态的上一级“源状态”，另一条为输出线，表示本状态执行转换时的下一级“目标状态”。在顺序功能图程序设计中，对于自上而下的正常转换方向，其连接线一般不需标记箭头，但是对于自下而上的转换或是向其他方向的转换，必须以箭头标明转换方向。

步的活动状态的进展是由转换的实现来完成的，并与控制过程的发展相对应。转换用有向连线上与有向连线垂直的短横线来表示，转换将相邻两步分隔开。

所谓转换条件是指用于改变PLC状态的控制信号，它可以是外部的输入信号，如按钮、主令开关、限位开关的接通/断开等；也可以是PLC内部产生的信号，如定时器、计数器常开触点的接通等，转换条件还可能是若干个信号的与、或、非逻辑组合。不同状态间的转换条件可以不同也可以相同，当转换条件各不相同时，顺序控制功能图程序每次只能选择其中的一种工作状态（称为选择分支)。当若干个状态的转换条件完全相同时，顺序控制功能图程序一次可以选择多个状态同时工作（称为并行分支)。只有满足条件的状态，才能进行逻辑处理与输出，因此，转换条件是顺序功能图程序选择工作状态的开关。

在顺序控制功能图程序中，转换条件通过与有向连线垂直的短横线进行标记，并在短横线旁边标上相应的控制信号地址。

7.2.3 顺序功能图的基本结构

在顺序控制功能图程序中，由于控制要求或设计思路的不同，使得步与步之间的连接形式也不同，从而形成了顺序控制功能图程序的3种不同基本结构形式：①单序列；②选择序列；③并行序列。这3种序列结构如图7-12所示。

(1) 单序列

单序列由一系列相继激活的步组成，每一步的后面仅有一个转换，每一个转换的后面只有一个步，如图7-12 (a) 所示。单序列结构的特点如下。

① 步与步之间采用自上而下的串联连接方式。

② 状态的转换方向始终是自上而下且固定不变（起始状态与结束状态除外)。

③ 除转换瞬间外，通常仅有1个步处于活动状态。基于此，在单序列中可以使用“重复线圈”(如输出线圈、内部辅助继电器等)。

④ 在状态转换的瞬间，存在一个PLC循环周期内的相邻两状态同时工作的情况，因此对于需要进行“互锁”的动作，应在程序中加入“互锁”触点。

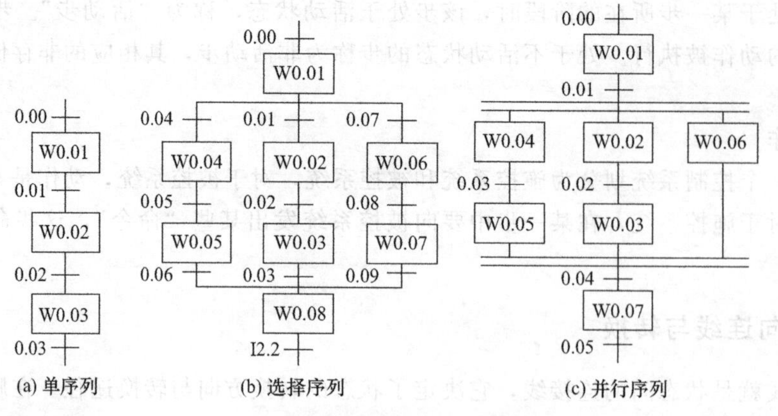

图 7-12　SFC 的 3 种序列结构图

⑤ 在单序列结构的顺序控制功能图程序中，原则上定时器也可以重复使用，但不能在相邻两状态里使用同一定时器。

⑥ 在单序列结构的顺序控制功能图程序中，只能有一个初始状态。

（2）选择序列

选择序列的开始称为分支，如图 7-12（b）所示，转换符号只能标在水平连线之下。在图 7-12（b）中，如果步 W0.01 为活动步且转换条件 0.01 有效时，则发生由步 W0.01→步 W0.02 的进展；如果步 W0.01 为活动步且转换条件 0.04 有效时，则发生由步 W0.01→步 W0.04 的进展；如果步 W0.01 为活动步且转换条件 0.07 有效时，则发生由步 W0.01→步 W0.06 的进展。

在步 W0.01 之后选择序列的分支处，每次只允许选择一个序列。选择序列的结束称为合并，几个选择序列合并到一个公共序列时，用与需要重新组合的序列相同数量的转换符号和水平连线来表示，转换符号只允许标在连线之上。

允许选择序列的某一条分支上没有步，但是必须有一个转换，这种结构的选择序列称为跳步序列。跳步序列是一种特殊的选择序列。

（3）并行序列

并行序列的开始称为分支，如图 7-12（c）所示，当转换的实现导致几个序列同时激活时，这些序列称为并行序列。在图 7-12（c）中，当步 W0.01 为活动步时，若转换条件 0.01 有效，则步 W0.02、步 W0.04 和步 W0.06 均同时变为活动步，同时步 W0.01 变为不活动步。为了强调转换的同步实现，水平连线用双线表示。步 W0.02、步 W0.04 和步 W0.06 被同时激活后，每个序列中活动步的进展将是独立的。在表示同步的水平双线上，只允许有一个转换符号。并行序列用来表示系统的几个同时工作的独立部分的工作情况。

7.3　常见的顺序控制编写梯形图的方法

有了顺序控制功能图后，用户可以使用不同的方式编写顺序控制梯形图。但是，如果使用的 PLC 类型及型号不同，编写顺序控制梯形图的方式也不完全一样。比如日本三菱公司的 FX_{2N}系列 PLC 可以使用启保停、步进梯形图指令、移位寄存器和置位/复位指令这 4 种编写方式；西门子 S7-200 系列 PLC 可以使用启保停、置位/复位指令和 SCR 指令这 3 种编写方式；西门子 S7-300/400 系列 PLC 可以使用启保停、置位/复位指令和使用 S7 Graph 这 3 种编写方式；欧姆龙 CP1H 系列 PLC 可以使用启保停、置位/复位指令和顺控指令（步启动/步开始）这 3 种编写方式。

下面，以某回转工作台控制钻孔为例，简单介绍分别使用启保停、置位/复位指令编写顺序控制梯形图的方法。

某 PLC 控制的回转工作台控制钻孔的过程是：当回转工作台不转且钻头回转时，如果传感器工件到位，则 0.00 信号为 1，100.00 线圈控制钻头向下工进。当钻到一定深度使钻头套筒压到下接近开关时，0.01 信号为 1，控制 T0000 计时。T0000 延时 5s 后，100.01 线圈控制钻头快退。当快退到上接近开关时，0.02 信号为 1，就回到原位。顺序控制功能图如图 7-13 所示。

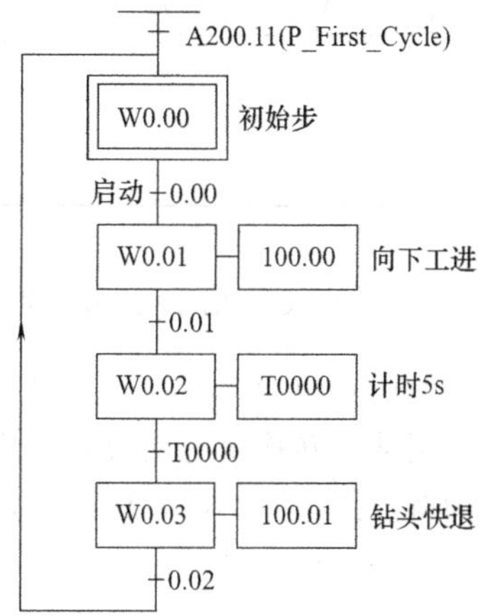

图 7-13 某回转工作台控制钻孔的顺序控制功能图

7.3.1 启保停方式的顺序控制

启保停电路即启动、保持、停止电路，它是梯形图设计中应用比较广泛的一种电路。其工作原理是：如果输入信号的常开触点接通，则输出信号的线圈得电，同时对输入信号进行“自锁”或“自保持”，这样输入信号的常开触点在接通后可以断开。

这种编写方法通用性强，编程容易掌握，一般在原继电-接触器控制系统的 PLC 改造过程中应用较多。表 7-3 是使用启保停电路编写与图 7-13 顺序功能图所对应的程序，在图中只使用了常开触点、常闭触点以及输出线圈。

表 7-3 使用启保停电路编写与图 7-13 顺序功能图所对应的程序

条	LAD	STL
条 0	W0.03　I:0.02　W0.01　W0.00 W0.00 P_First_Cycle 第一次循环标志	LD　W0.03 AND　0.02 OR　W0.00 OR　P_First_Cycle ANDNOT　W0.01 OUT　W0.00
条 1	W0.00　I:0.00　W0.02　Q:100.00 W0.01　W0.01	LD　W0.00 AND　0.00 OR　W0.01 ANDNOT　W0.02 OUT　100.00 OUT　W0.01
条 2	W0.01　I:0.01　W0.03　TIM 0000 #0050 W0.02　W0.02	LD　W0.01 AND　0.01 OR　W0.02 ANDNOT　W0.03 TIM　0000　#0050 OUT　W0.02

续表

条	LAD	STL	
条 3	W0.02 T0000 W0.00 Q:100.01 W0.03 W0.03	LD AND OR ANDNOT OUT OUT	W0.02 T0000 W0.03 W0.00 100.01 W0.03

7.3.2 转换中心方式的顺序控制

使用置位/复位指令的顺序控制功能梯形图的编写方法又称为以转换为中心的编写方法，它是用某一转换所有前级步对应的辅助继电器（通常为 W 存储器位）的常开触点与转换对应的触点或电路串联，作为使用所有后续步对应的辅助继电器置位和使所有前级步对应的辅助继电器复位的条件。

这种编写方法特别有规律可循，顺序转换关系明确，编程易理解，一般用于自动控制系统中手动控制程序的编写。表 7-4 是使用置位/复位指令编写与图 7-13 顺序功能图所对应的程序。

表 7-4 使用置位/复位指令编写与图 7-13 顺序功能图所对应的程序

条	LAD	STL	
条 0	W0.03 I:0.02 SET W0.00 P_First_Cycle 第一次循环标志 RSET W0.03	LD AND OR SET RSET	W0.03 0.02 P_First_Cycle W0.00 W0.03
条 1	W0.00 I:0.00 SET W0.01 RSET W0.00	LD AND SET RSET	W0.00 0.00 W0.01 W0.00
条 2	W0.01 I:0.01 SET W0.02 RSET W0.01	LD AND SET RSET	W0.01 0.01 W0.02 W0.01

续表

条	LAD	STL
条 3	W0.02 T0000 SET W0.03 RSET W0.02	LD W0.02 AND T0000 SET W0.03 RSET W0.02
条 4	W0.01 Q:100.00	LD W0.01 OUT 100.00
条 5	W0.02 TIM 0000 #0050	LD W0.02 TIM 0000 #0050
条 6	W0.03 Q:100.01	LD W0.03 OUT 100.01

7.4 CP1H 顺序控制

7.4.1 CP1H 顺控指令

CP1H 系列 PLC 有 SNXT 和 STEP 这两条顺控指令，专用于顺序控制程序的编写。SNXT 为步启动指令，用于复位上一步，启动第 N 步。STEP 为步开始/结束指令，有操作数 N，则表示开始第 N 步程序；指令若无操作数，表示步程序结束。这两条指令格式如表 7-5 所示。

表 7-5 SNXT、STEP 指令格式

指令	LAD	STL	操作数说明	工序图
SNXT 指令	SNXT(009) N	SNXT(009) N	N 为步程序编号，取值范围为 W0.00～W511.15	相当于

续表

指令	LAD	STL	操作数说明	工序图
STEP指令	STEP(008) N	STEP(008)　N	N为步程序编号，取值范围为W0.00～W511.15	步N　相当于

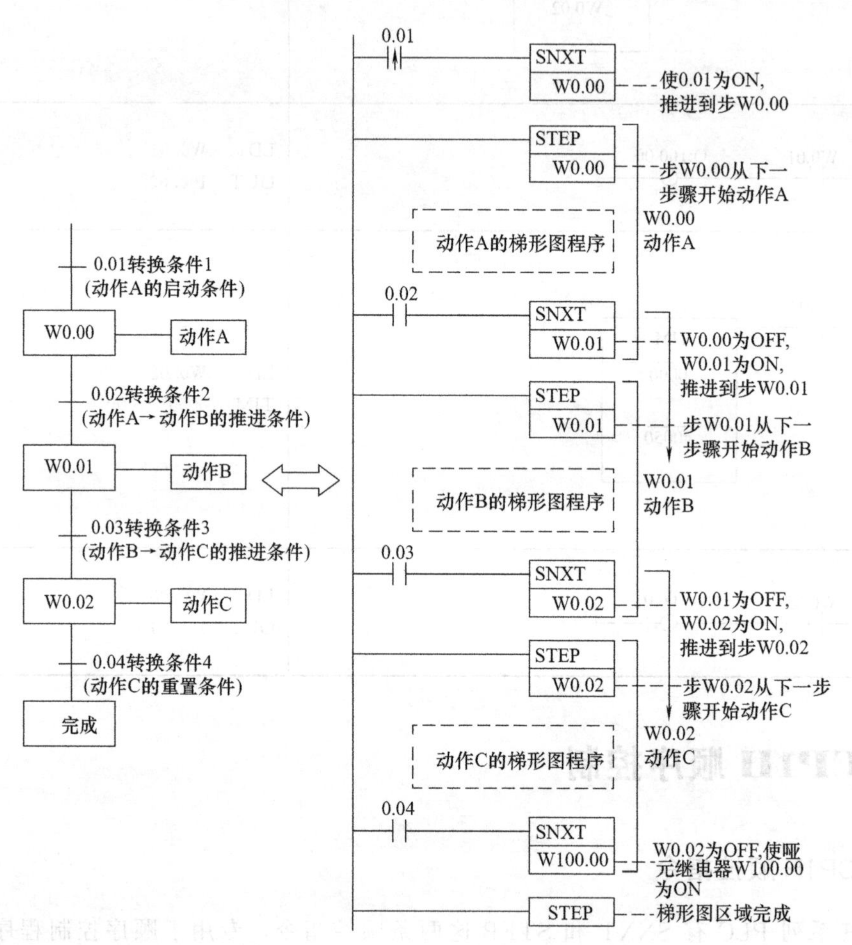

图 7-14　单序列顺序控制图

使用说明

① 在SNXT、STEP指令中，步程序编号N指定的区域种类只能是内部辅助继电器WR，取值范围只能是W0.00～W511.15。

② 在SNXT、STEP指令中，使用WR作为步程序编号N时，不能与程序中其他的WR发生地址重复使用的情况，否则将出现2重线圈使用错误。

③ 在工序内有SBS（子程序调入）指令的情况下，即使步程序编号进行ON→OFF，子程序内的输出也不会变为IL（互锁状态）。

7.4.2 顺控指令方式的顺序功能图

在 7.2.3 节中讲述了顺序功能图有 3 种基本结构，这 3 种基本结构均可通过顺控指令来进行表述。

（1）单序列顺序控制

单序列顺序控制如图 7-14 所示，从图中可以看出它可完成动作 A、动作 B 和动作 C 的操作，这 3 个动作分别有相应的状态元件 W0.00～W0.02，其中动作 A 的启动条件为 0.01；动作 B 的转换条件为 0.02；动作 C 的转换条件为 0.03；0.04 为动作重置条件。

（2）选择序列顺序控制

选择序列顺序控制如图 7-15 所示，图中只使用了两个选择支路。对于两个选择的开始位置，应分别使用 SNXT 指令，以指向不同的编号 N。在执行不同的选择任务时，应使用相应的 STEP 指令，以启动不同的动作。每个选择支路的结束应使用 STEP 指令，且编号 N 要一致，以完成两个选择分支的汇总。

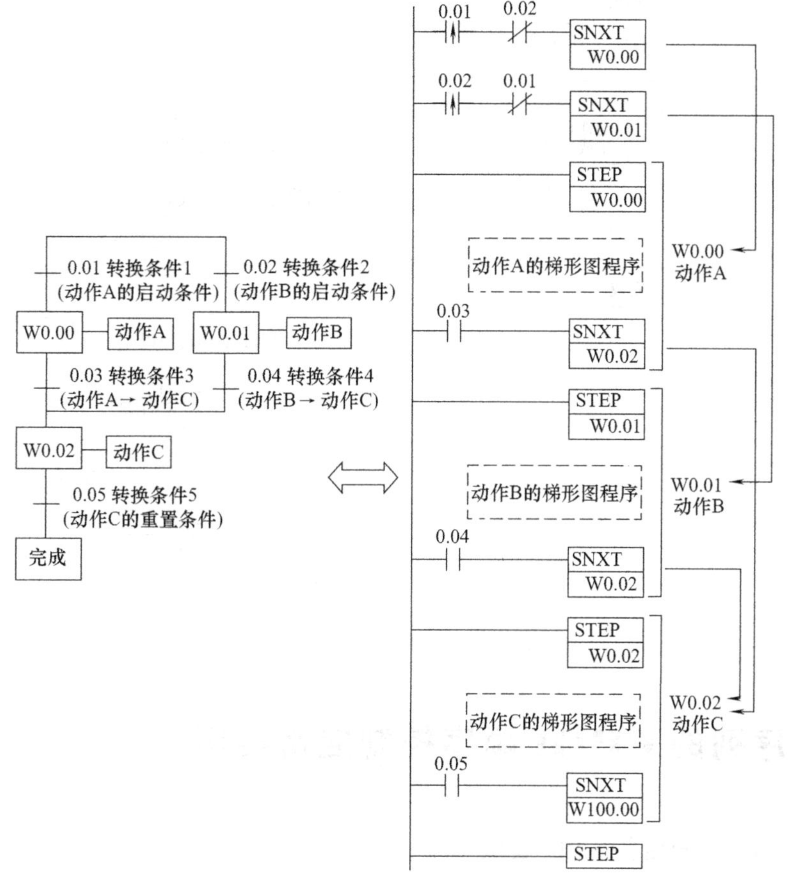

图 7-15　选择序列顺序控制图

（3）并行序列顺序控制

并行序列顺序控制如图 7-16 所示，在右图中执行完动作 B 的梯形图程序后，200.03 线圈状态为 1，200.03 常开触点为闭合状态，此时，如果 0.04 常开触点为闭合，则执行 SNXT W0.04 指令，直接跳转到 STEP W0.04，执行动作 E 的相关程序。

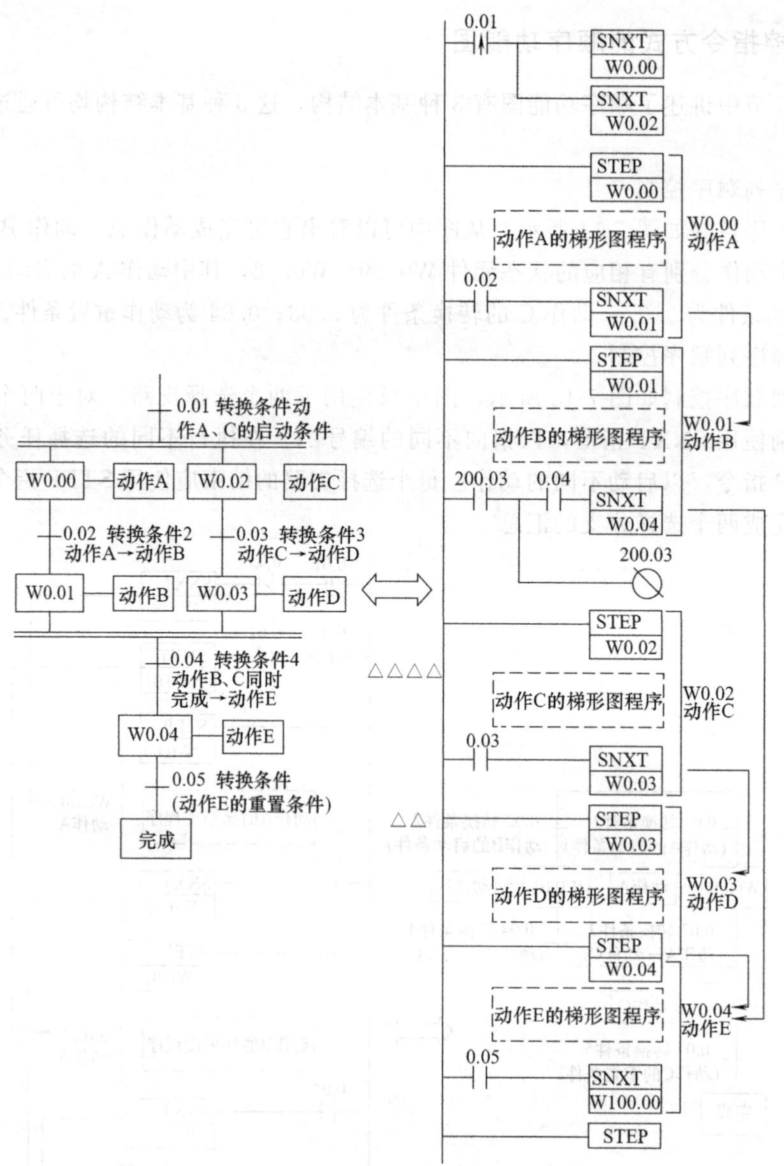

图 7-16　并行序列顺序控制图

7.5　单序列的 CP1H 顺序控制应用实例

7.5.1　液压动力滑台的 PLC 控制

（1）控制要求

某液压动力滑台的控制示意如图 7-17 所示，初始状态下，动力滑台停在右端，限位开关 0.03 处于闭合状态。按下启动按钮 SB 时，动力滑台在各步中分别实现快进、工进、暂停和快退，最后返回初始位置和初始步后停止运动。

（2）控制分析

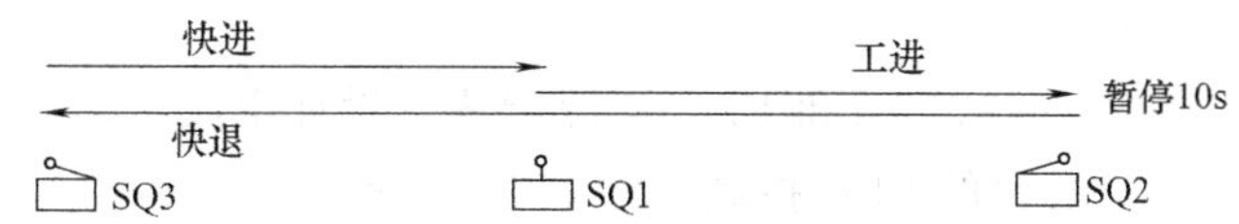

图 7-17　液压动力滑台控制示意图

这是典型的单序列顺控系统，它由 5 个步构成。其中步 0 为初始步，步 1 用于快进控制；步 2 用于工进控制；步 3 用于暂停控制；步 4 用于快退控制。

(3) I/O 端子资源分配与接线

系统要求 SQ1～SQ3 和 SB 这 4 个输入端子，液压滑动台的快进、工进、后退可由 3 个输出端子控制，因此该系统的 I/O 端子资源分配如表 7-6 所示，其 I/O 接线如图 7-18 所示。

表 7-6　液压动力滑台的 PLC 控制 I/O 端子资源分配

输　入			输　出		
功能	元件	对应端子	功能	元件	对应端子
启动	SB	0.00	工进控制	KM1	100.00
快进转工进	SQ1	0.01	快进控制	KM2	100.01
暂停控制	SQ2	0.02	后退控制	KM3	100.02
循环控制	SQ3	0.03			

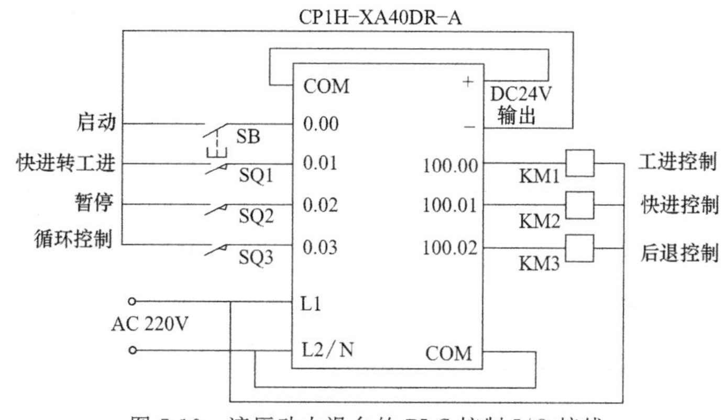

图 7-18　液压动力滑台的 PLC 控制 I/O 接线

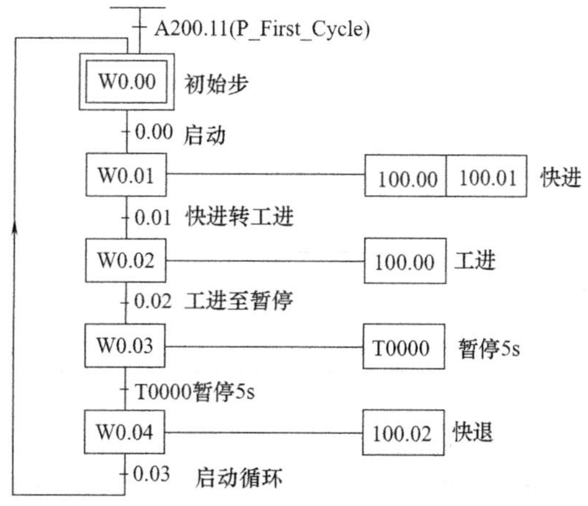

图 7-19　液压动力滑台 PLC 控制的状态流程图

（4）编写 PLC 控制程序

根据液压动力滑台的控制示意图和 PLC 资源配置，设计出液压动力滑台的状态流程图如图 7-19 所示，液压动力滑台的 PLC 控制程序如表 7-7 所示。

表 7-7　液压动力滑台 PLC 控制程序

条	LAD	STL
条 0	P_First_Cycle 第一次循环标志 —— SNXT(009) W0.00 下一步位	LD　P_First_Cycle SNXT(009)　W0.00
条 1	STEP(008) W0.00 步位	STEP(008)　W0.00
条 2	I:0.00 —— SNXT(009) W0.01 下一步位	LD　0.00 SNXT(009)　W0.01
条 3	STEP(008) W0.01 步位	STEP(008)　W0.01
条 4	P_On 常通标志 —— Q:100.01；Q:100.00	LD　P_On OUT　100.01 OUT　100.00
条 5	I:0.01 —— SNXT(009) W0.02 下一步位	LD　0.01 SNXT(009)　W0.02
条 6	STEP(008) W0.02 步位	STEP(008)　W0.02
条 7	P_On 常通标志 —— Q:100.00	LD　P_On OUT　100.00
条 8	I:0.02 —— SNXT(009) W0.03 下一步位	LD　0.02 SNXT(009)　W0.03

续表

条	LAD	STL
条 9	STEP(008) W0.03 步位	STEP(008) W0.03
条 10	P_On 常通标志 TIM 0000 #0050 100ms定时器 (定时器)[BCD类型] 定时器号 设置值	LD P_On TIM 0000 #0050
条 11	T0000 SNXT(009) W0.04 下一步位	LD T0000 SNXT(009) W0.04
条 12	STEP(008) W0.04 步位	STEP(008) W0.04
条 13	P_On 常通标志 Q:100.02	LD P_On OUT 100.02
条 14	I:0.03 SNXT(009) W0.00 下一步位	LD 0.03 SNXT(009) W0.00
条 15	STEP(008) 步	STEP(008)

（5）程序仿真

① 用户启动 CX-Programmer，创建一个新的工程，按照表 7-7 输入 LAD（梯形图）或 STL（指令表）中的程序，并对其进行保存。

② 在 CX-Programmer 中，执行菜单命令“模拟”→“在线模拟”，进入 CX-Simulator 在线仿真（即在线模拟）状态。

③ 刚进入在线仿真状态时，W0.00 步显示绿色，表示为活动步，直接双击 0.00，将其置为“1”，W0.00 恢复为常态，变为非活动步；而 W0.01 变为绿色，即为活动步；100.00 和 100.01 均输出为 1，此时再将 0.00 置为“0”，100.00 和 100.01 输出仍为 1。当 0.01 置为“1”状态，W0.01 恢复为常态，变为非活动步；而 W0.02 变为绿色，即为活动步；100.00 输出为 1，而 100.01 输出为 0。当 0.02 置为“1”状态，W0.02 恢复为常态，变为

非活动步；而 W0.03 变为绿色，即为活动步；100.00 输出为 0，此时 T0000 以减定时方式延时 5s。当 T0000 延时 5s 后，T0000 常开触点瞬时闭合，使 W0.03 变为非活动步，W0.04 变为活动步；100.02 输出为 1，仿真运行效果如图 7-20 所示。此时再将 0.03 置为“1”状态，使 W0.04 变为非活动步，W0.00 为活动步，这样可以继续下一轮循环操作。

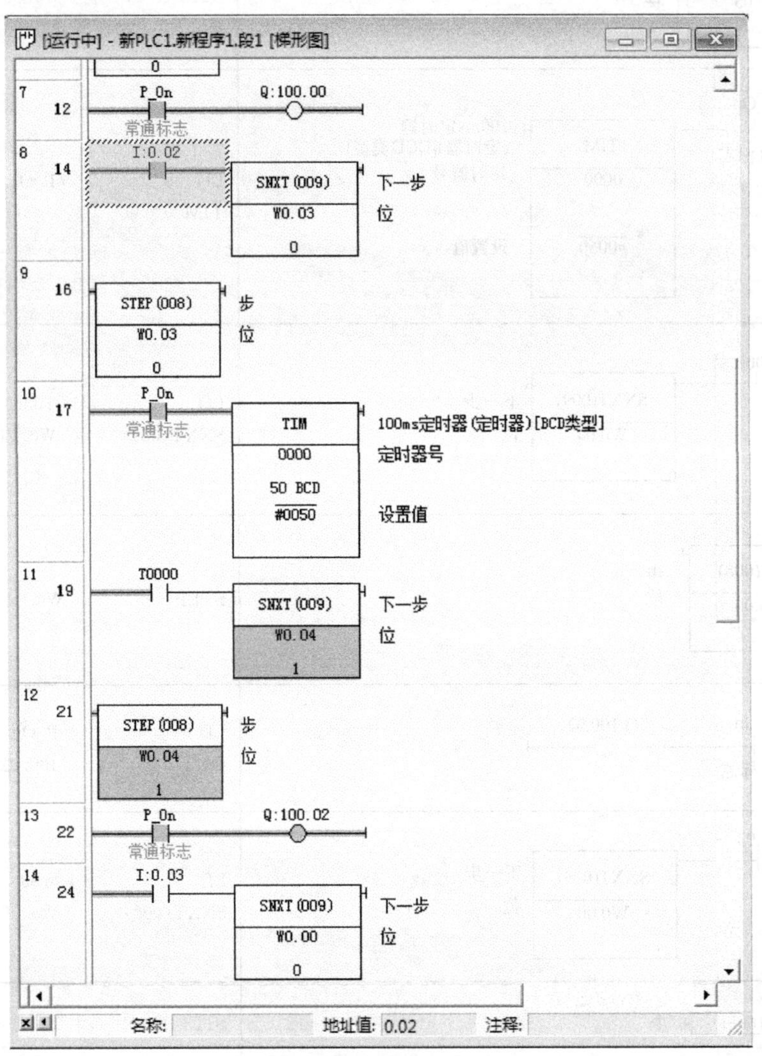

图 7-20　液压动力滑台的仿真运行效果图

7.5.2　PLC 在注塑成型生产线控制系统中的应用

在塑胶制品中，以制品的加工方法不同来分类，主要可以分为四大类：一为注塑成型产品；二为吹塑成型产品；三为挤出成型产品；四为压延成型产品。其中应用面最广、品种最多、精密度最高的当数注塑成型产品类。注塑成型机是将各种热塑性或热固性塑料经过加热熔化后，以一定的速度和压力注射到塑料模具内，经冷却保压后得到所需塑料制品的设备。

现代塑料注塑成型生产线控制系统是一个集机、电、液于一体的典型系统，由于这种设备具有成型复杂制品、后加工量少、加工的塑料种类多等特点，自问世以来，发展极为迅速，目前全世界 80%以上的工程塑料制品均采用注塑成型机进行加工。

目前，常用的注塑成型控制系统有三种，即传统继电器型、可编程控制器型和微机控制型。近年来，可编程控制器（简称 PLC）以其高可靠性、高性能的特点，在注塑机控制系统中得到了广泛应用。

（1）控制要求

注塑成型生产工艺一般要经过闭模、射台前进、注射、保压、预塑、射台后退、开模、顶针前进、顶针后退和复位等操作工序。这些工序由 8 个电磁阀 YV1～YV8 来控制完成，其中注射和保压工序还需要一定的时间延迟。注塑成型生产工艺流程如图 7-21 所示。

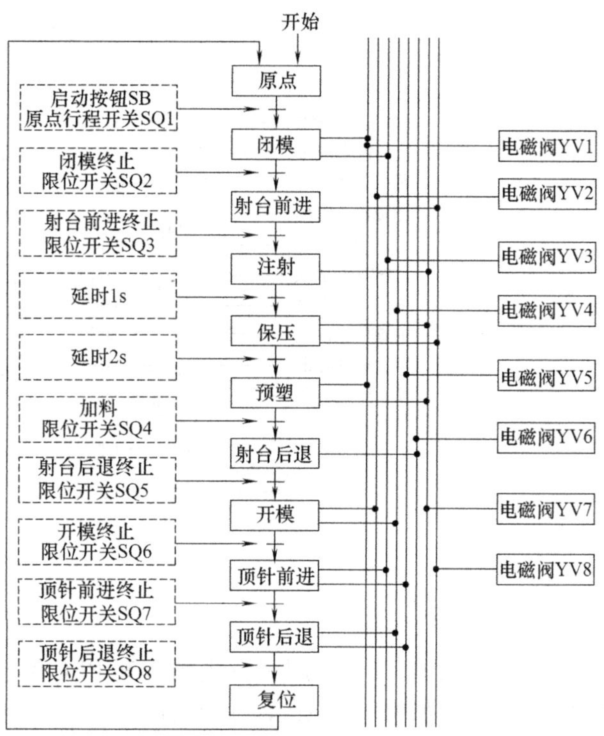

图 7-21 注塑成型生产线工艺流程

（2）控制分析

从图 7-21 中可以看出，各操作都是由行程开关控制相应电磁阀进行转换的。注塑成型生产工艺是典型的顺序控制，可以采用多种方式完成控制：①采用置位/复位指令和定时器指令；②采用移位寄存器指令和定时器指令；③采用步进指令和定时器指令。本例中将采用步进指令和定时器指令来实现此控制。

从图 7-21 中可知，它由 10 步完成，在程序中需使用状态元件 W0.00～W0.09。首次扫描 P_First_Cycle 位闭合，激活 W0.00。延时 1s 可由 T0000 控制，预置值为 10；延时 2s 可由 T0001 控制，预置值为 20。

（3）I/O 端子资源分配与接线

根据控制要求及控制分析可知，该系统需要 10 个输入点和 8 个输出点，输入/输出地址分配如表 7-8 所示，其 I/O 接线如图 7-22 所示。

表 7-8 PLC 控制注塑成型生产线的输入/输出地址分配

输入			输出		
功能	元件	PLC 地址	功能	元件	PLC 地址
启动按钮	SB0	0.00	电磁阀 1	YV1	100.00
停止按钮	SB1	0.01	电磁阀 2	YV2	100.01
原点行程开关	SQ1	0.02	电磁阀 3	YV3	100.02
闭模终止限位开关	SQ2	0.03	电磁阀 4	YV4	100.03
射台前进终止限位开关	SQ3	0.04	电磁阀 5	YV5	100.04
加料限位开关	SQ4	0.05	电磁阀 6	YV6	100.05
射台后退终止限位开关	SQ5	0.06	电磁阀 7	YV7	100.06
开模终止限位开关	SQ6	0.07	电磁阀 8	YV8	100.07
顶针前进终止限位开关	SQ7	0.08			
顶针后退终止限位开关	SQ8	0.09			

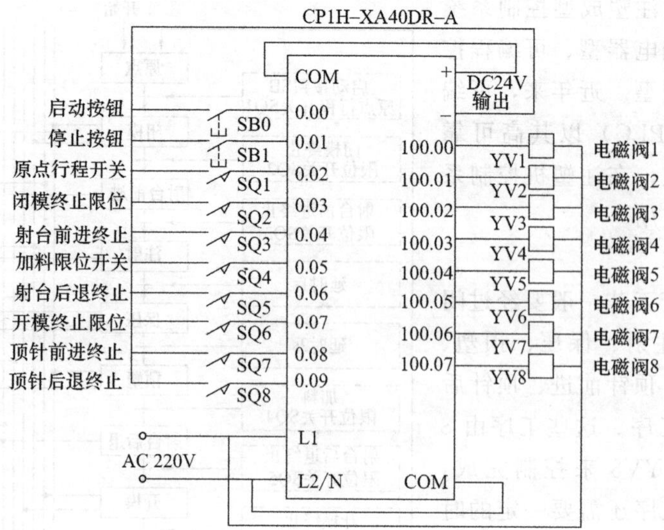

图 7-22　注塑成型生产线的 PLC 控制 I/O 接线

（4）编写 PLC 控制程序

根据注塑成型生产线的生产工艺流程和 PLC 资源配置，设计出 PLC 控制注塑成型生产线的状态流程图如图 7-23 所示，PLC 控制注塑成型生产线的程序如表 7-9 所示。

表 7-9　PLC 控制注塑成型生产线的程序

条	LAD	STL
条 0	I:0.00 启动 I:0.01 停止 W10.00 W10.00	LD　0.00 OR　W10.00 ANDNOT　0.01 OUT　W10.00
条 1	P_First_Cycle 第一次循环标志 SNXT(009) W0.00 下一步位	LD　P_First_Cycle SNXT(009)　W0.00
条 2	STEP(008) W0.00 步位	STEP(008)　W0.00
条 3	W10.00 I:0.02 SNXT(009) W0.01	LD　W10.00 AND　0.02 SNXT(009)　W0.01
条 4	STEP(008) W0.01 步位	STEP(008)　W0.01

续表

条	LAD	STL
条 5	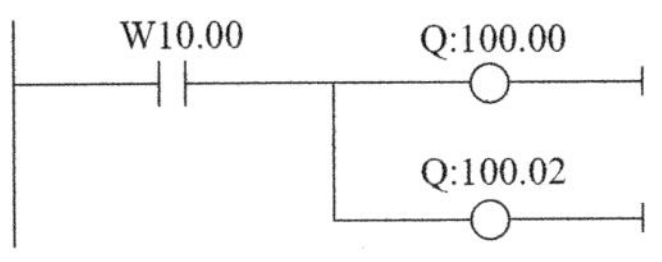 W10.00 Q:100.00 Q:100.02	LD W10.00 OUT 100.00 OUT 100.02
条 6	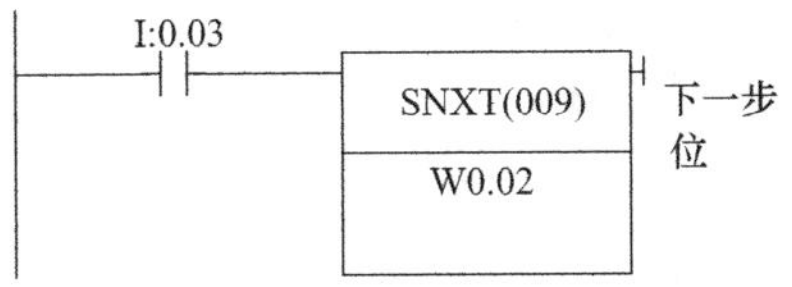 I:0.03 SNXT(009) W0.02 下一步位	LD 0.03 SNXT(009) W0.02
条 7	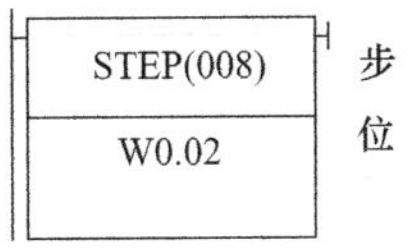 STEP(008) W0.02 步位	STEP(008) W0.02
条 8	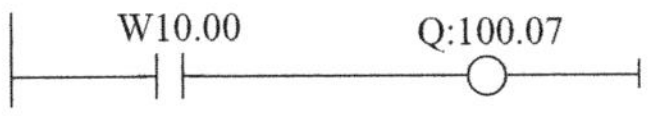 W10.00 Q:100.07	LD W10.00 OUT 100.07
条 9	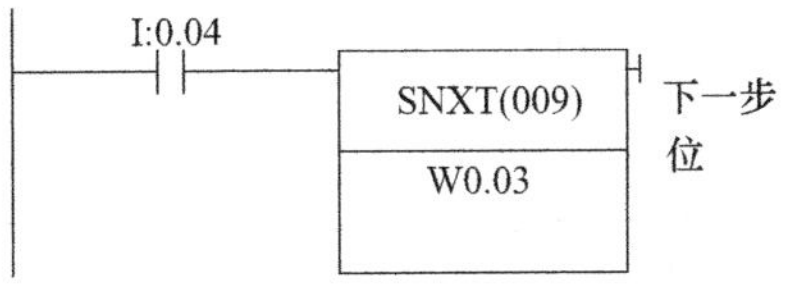 I:0.04 SNXT(009) W0.03 下一步位	LD 0.04 SNXT(009) W0.03
条 10	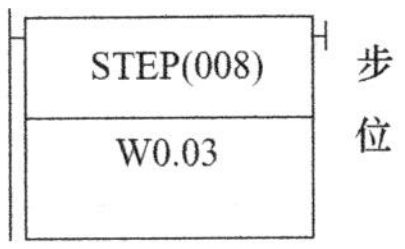 STEP(008) W0.03 步位	STEP(008) W0.03
条 11	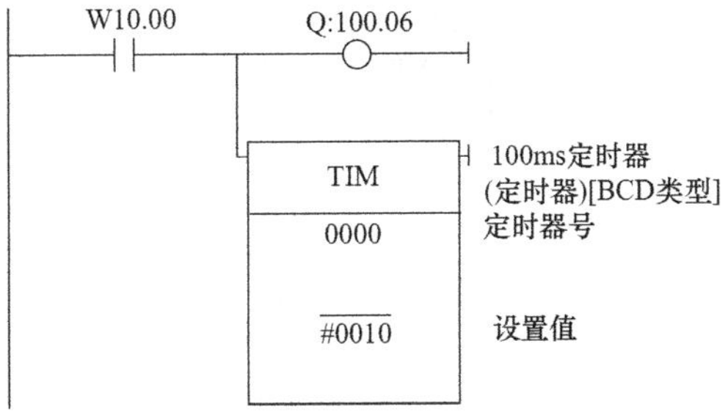 W10.00 Q:100.06 TIM 0000 #0010 100ms定时器 (定时器)[BCD类型] 定时器号 设置值	LD W10.00 OUT 100.06 TIM 0000 ＃0010
条 12	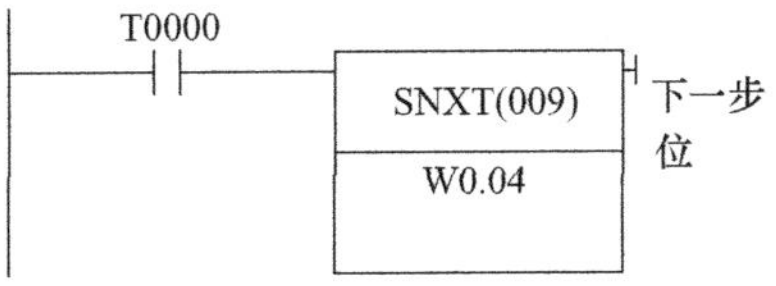 T0000 SNXT(009) W0.04 下一步位	LD T0000 SNXT(009) W0.04
条 13	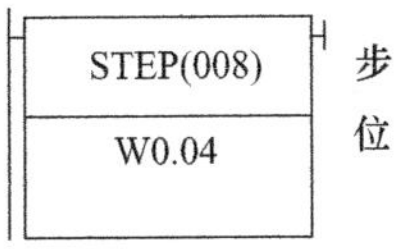 STEP(008) W0.04 步位	STEP(008) W0.04

续表

条	LAD	STL
条 14	W10.00 —┤├— Q:100.06 —○—；Q:100.07 —○—；TIM 0000 #0020（100ms定时器(定时器)[BCD类型] 定时器号；设置值）	LD W10.00 OUT 100.06 OUT 100.07 TIM 0001 ＃0020
条 15	T0001 —┤├— SNXT(009) W0.05（下一步位）	LD T0001 SNXT(009) W0.05
条 16	STEP(008) W0.05（步位）	STEP(008) W0.05
条 17	W10.00 —┤├— Q:100.00 —○—；Q:100.06 —○—	LD W10.00 OUT 100.00 OUT 100.06
条 18	I:0.05 —┤├— SNXT(009) W0.06（下一步位）	LD 0.05 SNXT(009) W0.06
条 19	STEP(008) W0.06（步位）	STEP(008) W0.06
条 20	W10.00 —┤├— Q:100.05 —○—	LD W10.00 OUT 100.05
条 21	I:0.06 —┤├— SNXT(009) W0.07（下一步位）	LD 0.06 SNXT(009) W0.07

续表

条	LAD	STL
条 22	STEP(008) W0.07 步位	STEP(008) W0.07
条 23	W10.00 Q:100.01 Q:100.03	LD W10.00 OUT 100.01 OUT 100.03
条 24	I:0.07 SNXT(009) W0.08 下一步位	LD 0.07 SNXT(009) W0.08
条 25	STEP(008) W0.08 步位	STEP(008) W0.08
条 26	W10.00 Q:100.02 Q:100.04	LD W10.00 OUT 100.02 OUT 100.04
条 27	I:0.08 SNXT(009) W0.09 下一步位	LD 0.08 SNXT(009) W0.09
条 28	STEP(008) W0.09 步位	STEP(008) W0.09
条 29	W10.00 Q:100.03 Q:100.04	LD W10.00 OUT 100.03 OUT 100.04
条 30	I:0.09 I:0.02 SNXT(009) W0.01	LD 0.09 AND 0.02 SNXT(009) W0.01
条 31	STEP(008) 步	STEP(008)

（5）程序仿真

① 用户启动 CX-Programmer，创建一个新的工程，按照表 7-9 输入 LAD（梯形图）或 STL（指令表）中的程序，并对其进行保存。

② 在 CX-Programmer 中，执行菜单命令“模拟”→“在线模拟”，进入 CX-Simulator 在线仿真（即在线模拟）状态。

③ 刚进入在线仿真状态时，W0.00 步显示绿色，表示为活动步。双击 0.00 将其设置为 1，使 W10.00 线圈输出为 1。双击 0.02 将其设置为 1，W0.00 步变为非活动步，而 W0.01 变为活动步，此时 100.00 和 100.02 均输出为 1，表示注塑机正进行闭模的工序。当闭模完成后，双击 0.03 设置为 1，W0.01 变为非活动步，W0.02 变为活动步，此时 100.07 线圈输出为 1，表示射台前进。当射台前进到达限定位置时，双击 0.04 设置为 1，W0.02 变为非活动步，W0.03 变为活动步，此时 100.06 线圈输出为 1，T0000 进行延时，表示正进行注射的工序。当 T0000 延时 1s 时间到，W0.03 变为非活动步，W0.04 变为活动步，此时 100.06 和 100.07 线圈输出均为 1，T0001 进行延时，表示正进行保压的工序。当 T0001 延时 2s 时间到，W0.04 变为非活动步，W0.05 变为活动步，此时 100.00 和 100.06 线圈输出均为 1，表示正进行加料预塑的工序。加完料后，双击 0.05 设置为 1，W0.05 变为非活动步，W0.06 变为活动步，此时 100.05 线圈输出为 1，表示射台后退。射台后退到限定位置时，双击 0.06 设置为 1，W0.06 变为非活动步，W0.07 变为活动步，此时 100.01 和 100.04 线圈均输出为 1，表示进行开模工序。开模完成后，双击 0.07 设置为 1，W0.07 变为非活动步，W0.08 变为活动步，此时 100.02 和 100.04 线圈均输出为 1，表示顶针前进。当顶针前进到限定位置时，双击 0.08 设置为 1，W0.08 变为非活动步，W0.09 变为活动步，此时 100.03 和 100.04 线圈均输出为 1，表示顶针后退。当顶针后退到原位点时，将 0.09 和 0.02 设置为 1，系统开始重复下一轮的操作。注意，如果 W10.00 线圈输出为 0，各步动作均没有输出。运行仿真效果如图 7-24 所示。

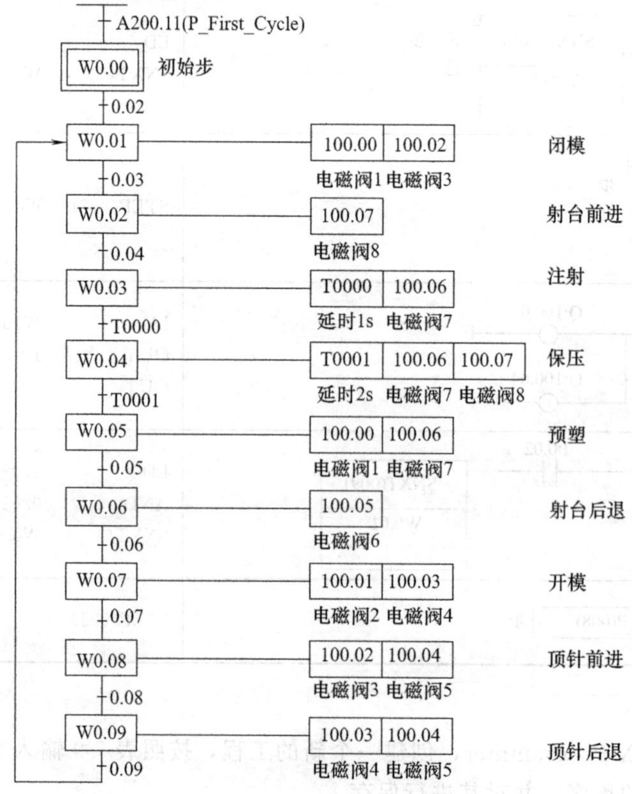

图 7-23　PLC 控制注塑成型生产线的状态流程图

7.5.3 PLC在简易机械手中的应用

机械手是工业自动控制领域中经常遇到的一种控制对象。机械手可以完成许多工作，如搬物、装配、切割、喷染等，应用非常广泛。

（1）控制要求

图7-25为某气动传送机械手的工作示意图，其任务是将工件从A点向B点移送。气动传送机械手的上升/下降和左行/右行动作分别由两个具有双线圈的两位电磁阀驱动气缸来完成。其中上升与下降对应的电磁阀的线圈分别为YV1和YV2；左行与右行对应的电磁阀的线圈分别为YV3和YV4。当某个电磁阀线圈通电，就一直保持现有的机械动作，直到相对的另一线圈通电为止。另外气动传送机械手的夹紧、松开的动作由只有一个线圈的两位电磁阀驱动的气缸完成，线圈YV5通电夹住工件，线圈YV5断电时松开工件。机械手的工作臂

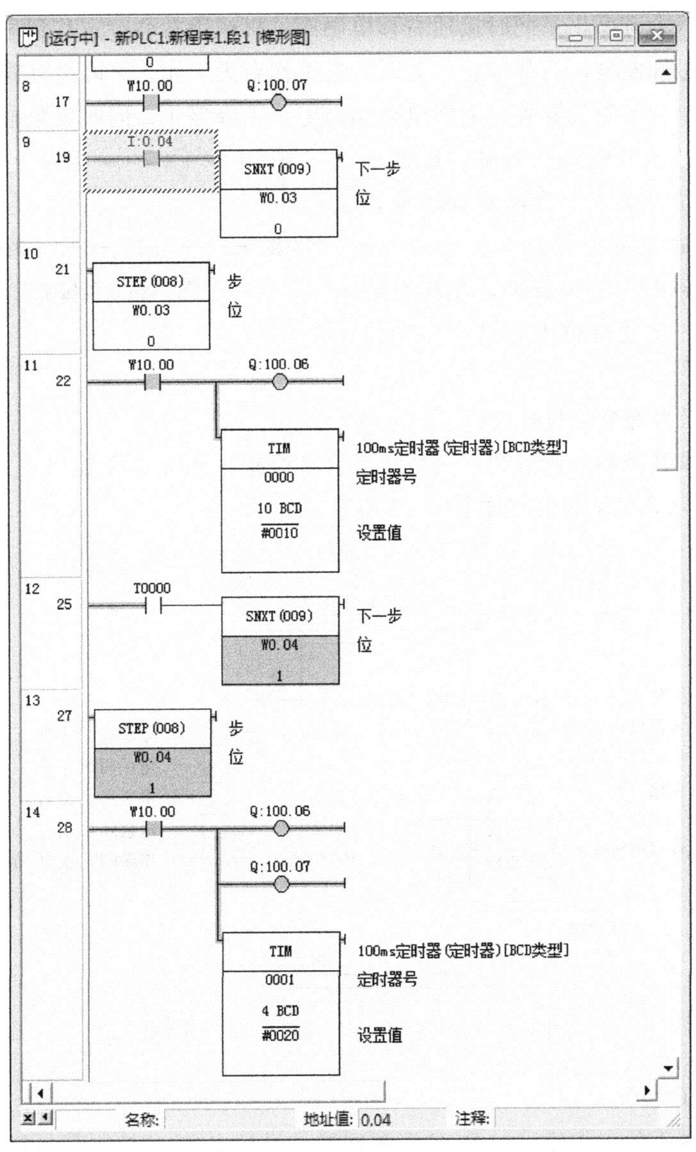

图7-24 PLC控制注塑成型生产线的仿真效果图

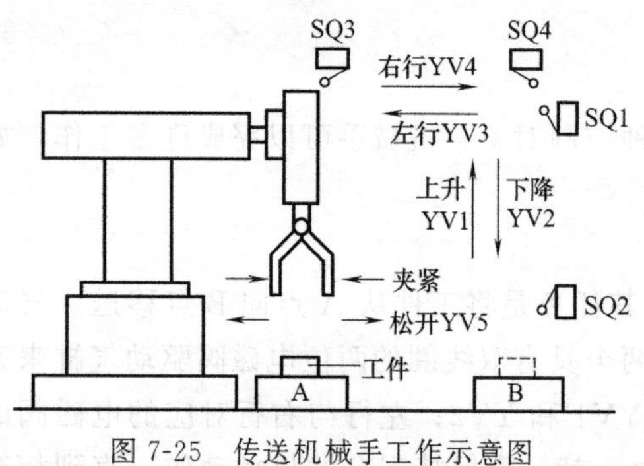

图 7-25　传送机械手工作示意图

都设有上、下限位和左、右限位的位置开关SQ1、SQ2、SQ3、SQ4，夹紧装置不带限位开关，它是通过一定的延时来表示其夹紧动作的完成。

（2）控制分析

从图 7-25 传送机械手工作示意图中可知，机械手将工件从 A 点移到 B 点再回到原位的过程有 8 步动作，如图 7-26 所示。从原位开始按下启动按钮时，下降电磁阀通电，机械手开始下降。下降到底时，碰到下限位开关，下降电磁阀断电，下降停止；同时接通夹紧电磁阀，机械手夹紧，夹紧后，上升电磁阀开始通电，机械手上升；上升到顶时，碰到上限位开关，上升电磁阀断电，上升停止；同时接通右移电磁阀，机械手右移，右移到位时，碰到右移限位开关，右移电磁阀断电，右移停止。此时，右工作台无工作，下降电磁阀接通，机械手下降。下降到底时碰到下限位开关，下降电磁阀断电，下降停止；同时夹紧电磁阀断电，机械手放松，放松后，上升电磁阀通电，机械手上升，上升碰到限位开关，上升电磁阀断电，上升停止；同时接通左移电磁阀，机械手左移；左移到原位时，碰到左限位开关，左移电磁阀断电，左移停止。至此机械手经过 8 步动作完成一个循环。

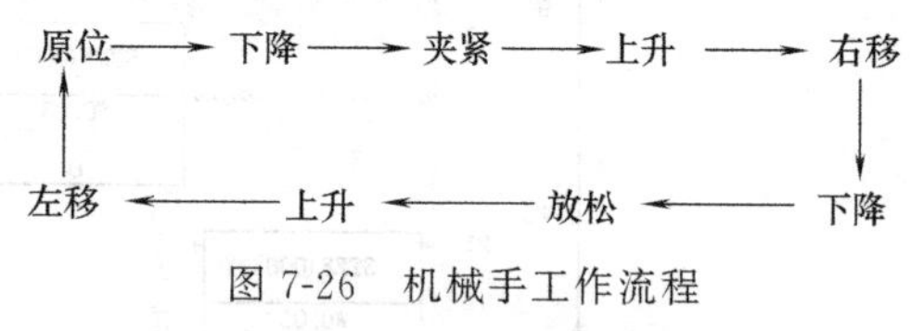

图 7-26　机械手工作流程

（3）I/O 端子资源分配与接线

根据控制要求及控制分析可知，该系统需要 7 个输入点和 6 个输出点，输入/输出地址分配如表 7-10 所示，其 I/O 接线如图 7-27 所示。

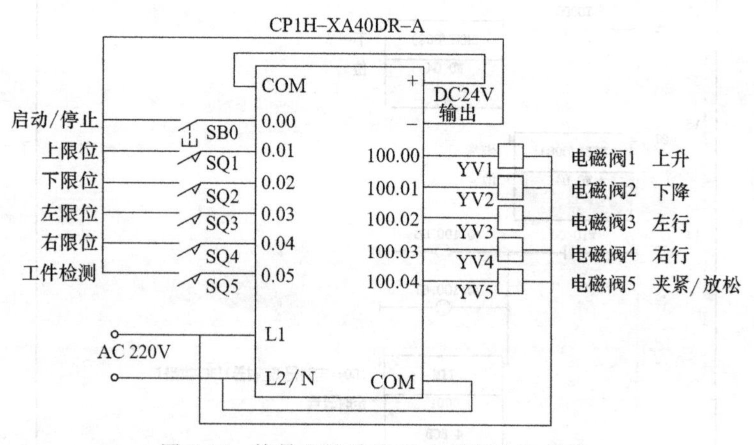

图 7-27　简易机械手的 PLC 控制 I/O 接线

（4）编写 PLC 控制程序

根据简易机械手的工作流程和 PLC 资源配置，设计出 PLC 控制简易机械手的状态流程图如图 7-28 所示，PLC 控制简易机械手的程序如表 7-11 所示。

表 7-10 简易机械手的输入/输出地址分配

输入			输出		
功能	元件	PLC 地址	功能	元件	PLC 地址
启动/停止按钮	SB0	0.00	上升对应的电磁阀控制线圈	YV1	100.00
上限位行程开关	SQ1	0.01	下降对应的电磁阀控制线圈	YV2	100.01
下限位行程开关	SQ2	0.02	左行对应的电磁阀控制线圈	YV3	100.02
左限位行程开关	SQ3	0.03	右行对应的电磁阀控制线圈	YV4	100.03
右限位行程开关	SQ4	0.04	夹紧放松电磁阀控制线圈	YV5	100.04
工件检测	SQ5	0.05			

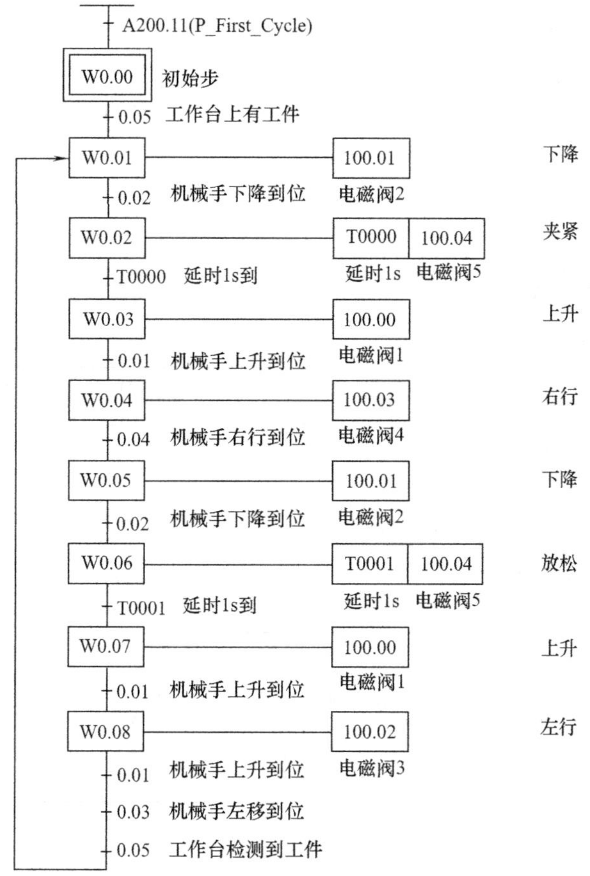

图 7-28 PLC 控制简易机械手的状态流程图

表 7-11 PLC 控制简易机械手的程序

条	LAD	STL
条 0	I:0.00 启动/停止; W100.01; W100.00 电源; I:0.00 启动/停止; W100.00 电源	LD 0.00 ANDNOT W100.01 LDNOT 0.00 AND W100.00 ORLD OUT W100.00

续表

条	LAD	STL
条 1	I:0.00 启动/停止；W100.01；W100.01；I:0.00 启动/停止；W100.00 电源	LD 0.00 AND W100.01 LDNOT 0.00 AND W100.00 ORLD OUT W100.01
条 2	P_First_Cycle 第一次循环标志；SNXT(009) W0.00 下一步位	LD P_First_Cycle SNXT(009) W0.00
条 3	STEP(008) W0.00 步位	STEP(008) W0.00
条 4	W100.00 电源；RSET Q:100.04 复位夹紧/放松位	LD W100.00 RSET 100.04
条 5	W100.00 电源；I:0.01 上限位；Q:100.00 上升	LD W100.00 ANDNOT 0.01 OUT 100.00
条 6	W100.00 电源；I:0.03 左限位；Q:100.02 左行	LD W100.00 ANDNOT 0.03 OUT 100.02
条 7	W100.00 电源；I:0.01 上限位；I:0.03 左限位；I:0.05 工作检测；SNXT(009) W0.01	LD W100.00 AND 0.01 AND 0.03 AND 0.05 SNXT(009) W0.01
条 8	STEP(008) W0.01 步位	STEP(008) W0.01
条 9	W100.00 电源；Q:100.01 下降	LD W100.00 OUT 100.01
条 10	I:0.02 下限位；SNXT(009) W0.02 下一步位	LD 0.02 SNXT(009) W0.02

续表

条	LAD	STL
条 11	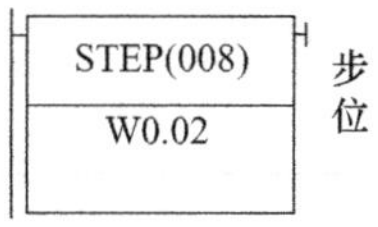 STEP(008) W0.02 步位	STEP(008) W0.02
条 12	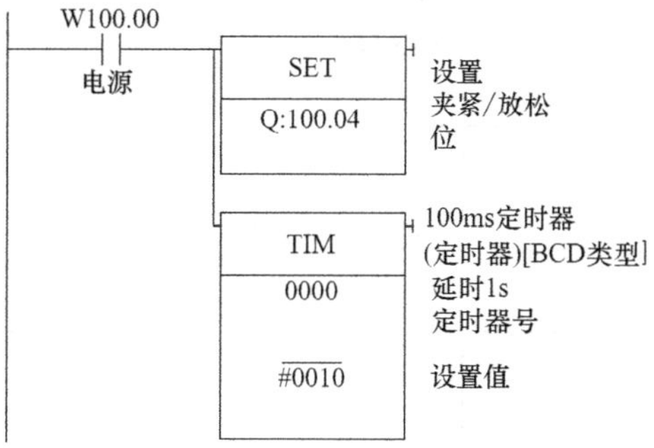 W100.00 电源; SET Q:100.04 设置夹紧/放松位; TIM 0000 #0010 100ms定时器(定时器)[BCD类型] 延时1s 定时器号 设置值	LD W100.00 SET 100.04 TIM 0000 #0010
条 13	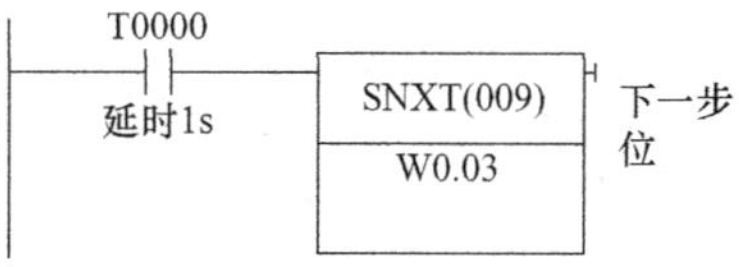 T0000 延时1s; SNXT(009) W0.03 下一步位	LD T0000 SNXT(009) W0.03
条 14	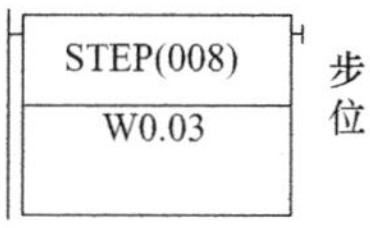 STEP(008) W0.03 步位	STEP(008) W0.03
条 15	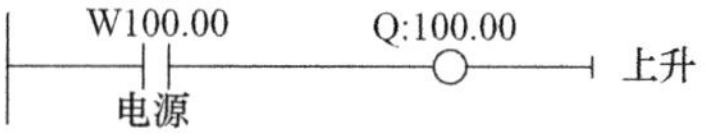 W100.00 电源; Q:100.00 上升	LD W100.00 OUT 100.00
条 16	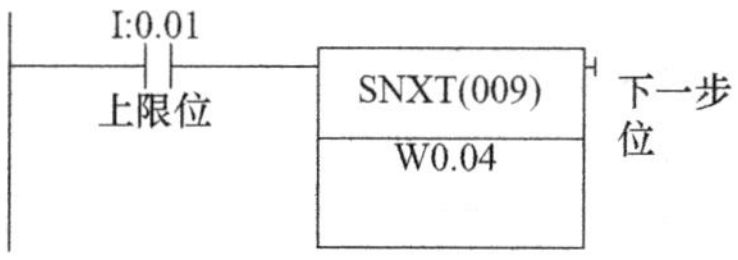 I:0.01 上限位; SNXT(009) W0.04 下一步位	LD 0.01 SNXT(009) W0.04
条 17	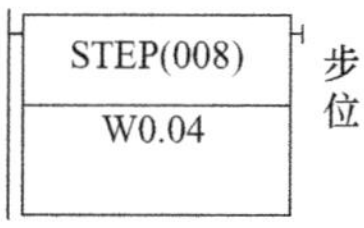 STEP(008) W0.04 步位	STEP(008) W0.04
条 18	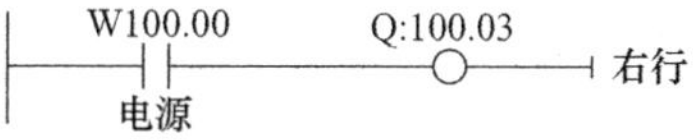 W100.00 电源; Q:100.03 右行	LD W100.00 OUT 100.03
条 19	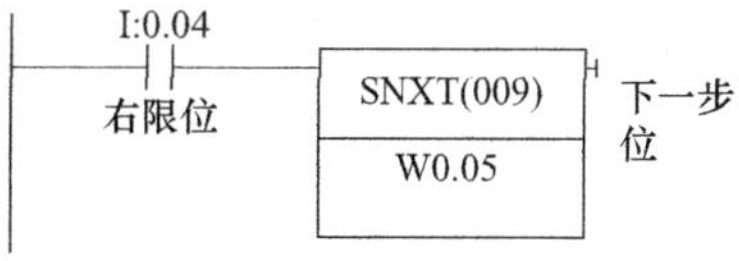 I:0.04 右限位; SNXT(009) W0.05 下一步位	LD 0.04 SNXT(009) W0.05
条 20	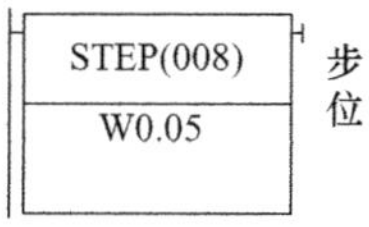 STEP(008) W0.05 步位	STEP(008) W0.05

续表

条	LAD	STL
条 21	W100.00 电源 —┤├— Q:100.01 —○— 下降	LD W100.00 OUT 100.01
条 22	I:0.02 下限位 —┤├— SNXT(009) W0.06 下一步位	LD 0.02 SNXT(009) W0.06
条 23	STEP(008) W0.06 步位	STEP(008) W0.06
条 24	W100.00 电源 —┤├— RSET Q:100.04 复位 夹紧/放松位；TIM 0001 #0010 100ms定时器 (定时器)[BCD类型] 延时1s 定时器号 设置值	LD W100.00 RSET 100.04 TIM 0001 #0010
条 25	T0001 延时1s —┤├— SNXT(009) W0.07 下一步位	LD T0001 SNXT(009) W0.07
条 26	STEP(008) W0.07 步位	STEP(008) W0.07
条 27	W100.00 电源 —┤├— Q:100.00 —○— 上升	LD W100.00 OUT 100.00
条 28	I:0.01 上限位 —┤├— SNXT(009) W0.08 下一步位	LD 0.01 SNXT(009) W0.08
条 29	STEP(008) W0.08 步位	STEP(008) W0.08
条 30	W100.00 电源 —┤├— I:0.03 左限位 —┤/├— Q:100.02 —○— 左行	LD W100.00 ANDNOT 0.03 OUT 100.02

续表

条	LAD	STL
条 31	W100.00 I:0.01 I:0.03 I:0.05 SNXT(009) W0.01 电源 上限位 左限位 工作检测	LD W100.00 AND 0.01 AND 0.03 AND 0.05 SNXT(009) W0.01
条 32	STEP(008) 步	STEP(008)

（5）程序仿真

① 用户启动 CX-Programmer，创建一个新的工程，按照表 7-11 输入 LAD（梯形图）或 STL（指令表）中的程序，并对其进行保存。

② 在 CX-Programmer 中，执行菜单命令“模拟”→“在线模拟”，进入 CX-Simulator 在线仿真（即在线模拟）状态。

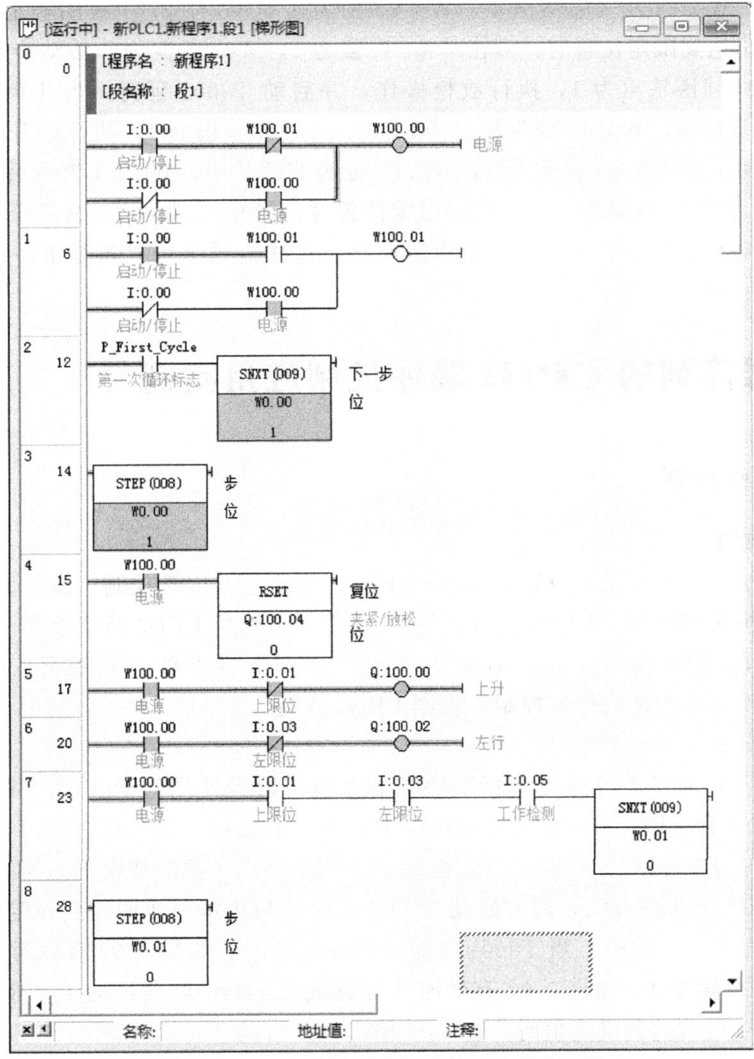

图 7-29 PLC 控制简易机械手的仿真效果图

③ 刚进入在线仿真状态时，W0.00 步显示绿色，表示为活动步。奇数次设置 0.00 为 1 时，W100.00 线圈输出为 1；偶数次设置 0.00 为 1 时，W100.00 线圈输出为 0，这样使用一个输入端子即可实现电源的开启与关闭操作。只有当 W100.00 线圈输出为 1 才能完成程序中所有步的操作，否则执行程序步没有任何意义。当 W100.00 线圈输出为 1，W0.00 为活动步时，首先进行原位的复位操作，将 100.04 线圈复位使机械手处于松开状态。若机械手没有处于上升限定位置及左行限定位置时，100.00 和 0.04 线圈输出 1。当机械手处于上升限定位置及左行限定位置时 100.00 和 100.02 线圈输出 0，表示机械手已处于原位初始状态，可以执行机械手的其他操作。此时将 0.01 和 0.03 常开触点均设置为 1，如果检测到工件，则双击 0.05 设置为 1，W0.00 变为非活动步，W0.01 变为活动步，100.01 线圈输出为 1，使机械手执行下降操作。当机械手下降到限定位置时，双击 0.02 设置为 1，W0.01 变为非活动步，W0.02 变为活动步，此时 100.04 线圈输出 1，执行夹紧操作，并启动 T0000 延时。当 T0000 延时达 1s，W0.02 变为非活动步，W0.03 变为活动步，100.00 线圈输出为 1，执行上升操作。当上升达到限定位置时，双击 0.01 设置为 1，W0.03 变为非活动步，W0.04 变为活动步，100.03 线圈输出为 1，执行右移操作。当右移到限定位置时，双击 0.04 设置为 1，W0.04 变为非活动步，W0.05 变为活动步，100.01 线圈输出为 1，执行下降操作。当下降达到限定位置时，双击 0.02 设置为 1，W0.05 变为非活动步，W0.06 变为活动步，100.04 线圈输出为 1，执行放松操作，并启动 T0001 延时。当 T0001 延时达 1s，W0.06 变为非活动步，W0.07 变为活动步，100.00 线圈输出为 1，执行上升操作。当上升达到限定位置时，双击 0.01 设置为 1，W0.07 变为非活动步，W0.08 变为活动步，100.02 线圈输出为 1，执行左移操作。当左移到限定位置时，将 0.03 和 0.05 这两个常开触点设置为 1，W0.08 变为非活动步，W0.01 变为活动步，这样机械手可以重复下一轮的操作。运行仿真效果图如图 7-29 所示。

7.6 选择序列的 CP1H 顺序控制应用实例

7.6.1 LED 灯控制

(1) 控制要求

某控制系统有 5 个发光二极管 LED1～LED5，要求进行闪烁控制。SB0 为电源开启/断开按钮，按下按钮 SB1 时，LED1 持续点亮 1s 后熄灭，然后 LED2 持续点亮 3s 后熄灭；按下按钮 SB2 时，LED3 持续点亮 2s 后熄灭，然后 LED4 持续点亮 2s 后熄灭。按下 SB3 按钮时，将重复操作，以实现闪烁灯控制，否则 LED5 点亮。

(2) 控制分析

此系统是一个 SFC 条件分支选择顺序控制系统。假设使用的 PLC 为 CP1H-XA40DR-A，5 个发光二极管 LED1～LED5 可分别与 100.00、100.01、100.02、100.03、100.04 连接；按钮 SB0～SB3 分别与 0.00～0.03 连接。在 SB0 开启电源的情况下，如果 0.01 有效时选择方式 1，100.00 输出为 1，同时启动 T0000 定时。当 T0000 延时达到设定值时，100.01 输出 1，并启动 T0001 定时。当 T0001 延时达到设定值时，如果 0.03 有效时，进入循环操作，否则 100.04 输出 1。如果 0.02 有效时选择方式 2，100.02 输出为 1，同时启动 T0002 定时。当 T0002 延时达到设定值时，100.03 输出，并启动 T0003 定时。当 T0003 延时达到设定值时，如果 0.03 有效时，进入循环操作，否则 100.04 输出 1。

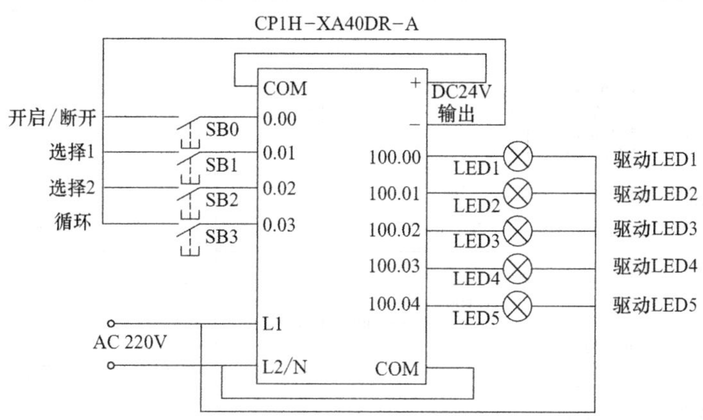

图 7-30 闪烁灯的 PLC 控制 I/O 接线

(3) I/O 端子资源分配与接线

根据控制要求及控制分析可知，该系统需要 4 个输入点和 5 个输出点，输入/输出地址分配如表 7-12 所示，其 I/O 接线如图 7-30 所示。

表 7-12 闪烁灯的输入/输出地址分配

输入			输出		
功能	元件	PLC 地址	功能	元件	PLC 地址
开启/断开按钮	SB0	0.00	驱动 LED1	LED1	100.00
选择 1	SB1	0.01	驱动 LED2	LED2	100.01
选择 2	SB2	0.02	驱动 LED3	LED3	100.02
循环	SB3	0.03	驱动 LED4	LED4	100.03
			驱动 LED5	LED5	100.04

(4) 编写 PLC 控制程序

根据闪烁灯的控制分析和 PLC 资源配置，设计出 PLC 控制闪烁的状态流程图如图 7-31 所示，PLC 控制闪烁灯的程序如表 7-13 所示。

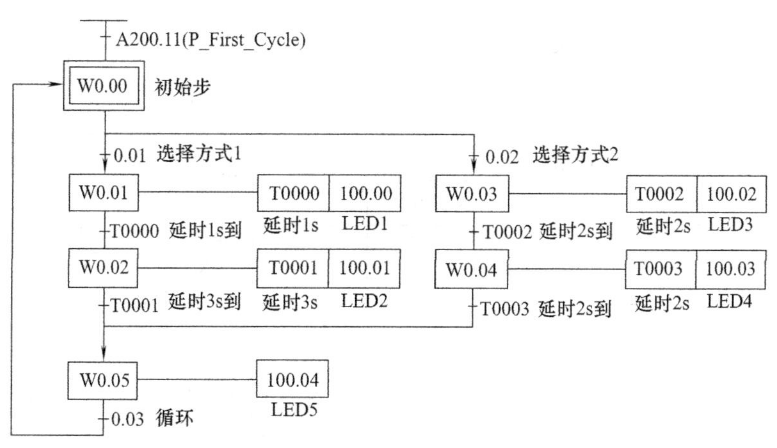

图 7-31 PLC 控制闪烁灯的状态流程图

表 7-13 PLC 控制闪烁灯的程序

条	LAD	STL	
条 0	I:0.00 开启/断开电源 —┤├— W100.01 断开电源 —┤/├— (W100.00 开启电源)；并联 I:0.00 开启/断开电源 —┤/├— W100.00 开启电源 —┤├—	LD ANDNOT LDNOT AND ORLD OUT	0.00 W100.01 0.00 W100.00 W100.00
条 1	I:0.00 开启/断开电源 —┤├— W100.01 断开电源 —┤├— (W100.01 断开电源)；并联 I:0.00 开启/断开电源 —┤/├— W100.00 开启电源 —┤├—	LD AND LDNOT AND ORLD OUT	0.00 W100.01 0.00 W100.00 W100.01
条 2	P_First_Cycle 第一次循环标志 —┤├— [SNXT(009) W0.00] 下一步位	LD SNXT(009)	P_First_Cycle W0.00
条 3	[STEP(008) W0.00] 步位	STEP(008)	W0.00
条 4	W100.00 开启电源 —┤/├— [RSTA(531) 100 多位复位起始字；&0 起始位；&5 位数]	LDNOT RSTA(531)	W100.00 100 &0 &5
条 5	I:0.01 选择方式1 —┤├— I:0.02 选择方式2 —┤/├— W100.00 开启电源 —┤├— [SNXT(009) W0.01]	LD ANDNOT AND SNXT(009)	0.01 0.02 W100.00 W0.01
条 6	I:0.02 选择方式2 —┤├— I:0.01 选择方式1 —┤/├— W100.00 开启电源 —┤├— [SNXT(009) W0.03]	LD ANDNOT AND SNXT(009)	0.02 0.01 W100.00 W0.03
条 7	[STEP(008) W0.01] 步位	STEP(008)	W0.01

续表

条	LAD	STL
条 8	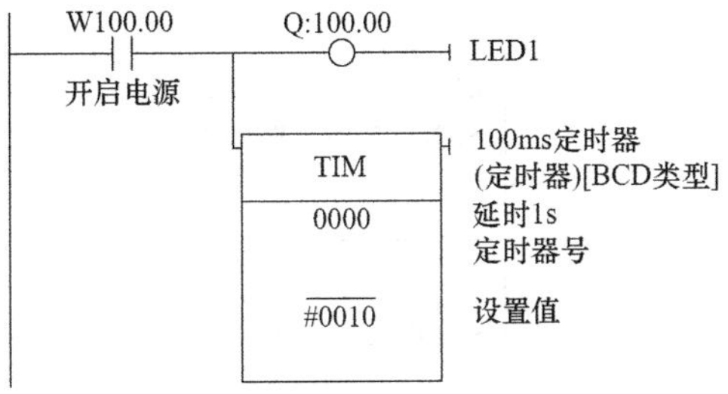 W100.00 开启电源; Q:100.00 LED1; TIM 0000 #0010 100ms定时器 (定时器)[BCD类型] 延时1s 定时器号 设置值	LD W100.00 OUT 100.00 TIM 0000 #0010
条 9	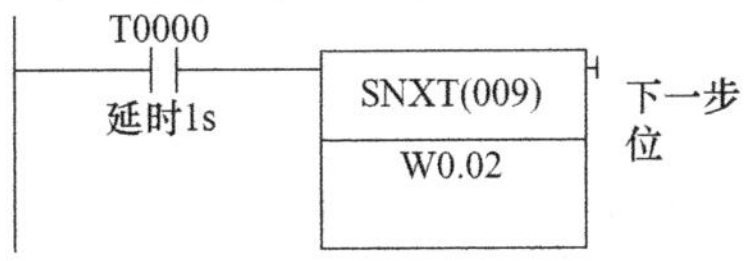 T0000 延时1s; SNXT(009) W0.02 下一步位	LD T0000 SNXT(009) W0.02
条 10	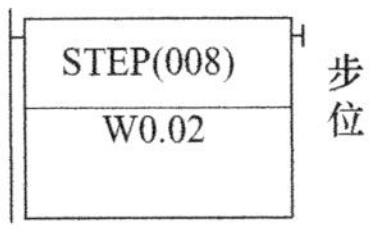 STEP(008) W0.02 步位	STEP(008) W0.02
条 11	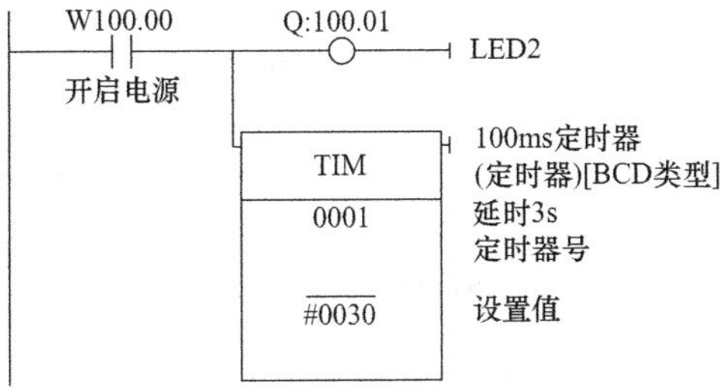 W100.00 开启电源; Q:100.01 LED2; TIM 0001 #0030 100ms定时器 (定时器)[BCD类型] 延时3s 定时器号 设置值	LD W100.00 OUT 100.01 TIM 0001 #0030
条 12	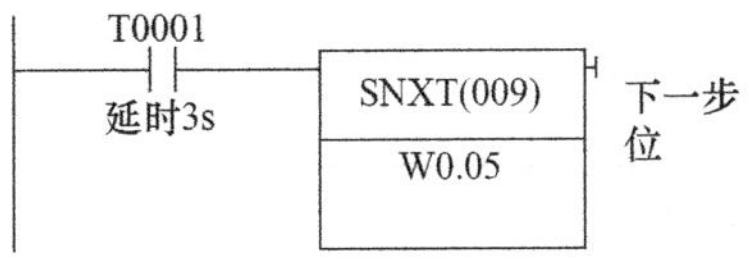 T0001 延时3s; SNXT(009) W0.05 下一步位	LD T0001 SNXT(009) W0.05
条 13	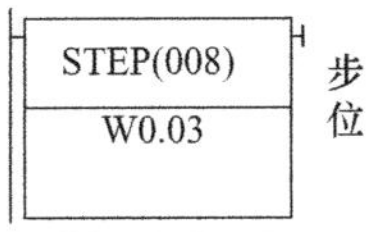 STEP(008) W0.03 步位	STEP(008) W0.03
条 14	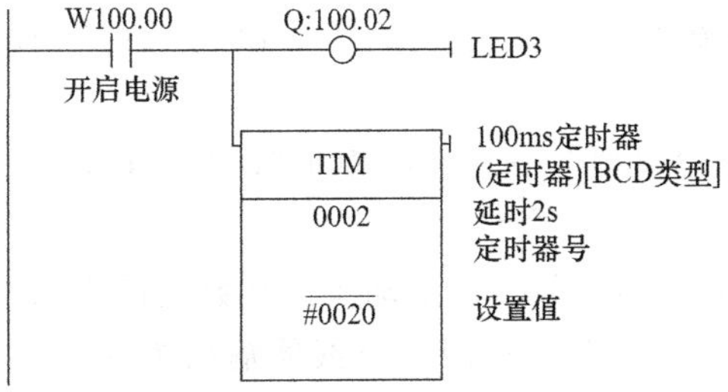 W100.00 开启电源; Q:100.02 LED3; TIM 0002 #0020 100ms定时器 (定时器)[BCD类型] 延时2s 定时器号 设置值	LD W100.00 OUT 100.02 TIM 0002 #0020

续表

条	LAD	STL
条 15	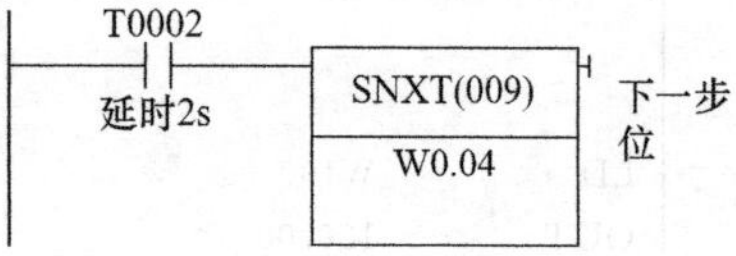 T0002 延时2s ─┤├─ SNXT(009) W0.04 下一步位	LD T0002 SNXT(009) W0.04
条 16	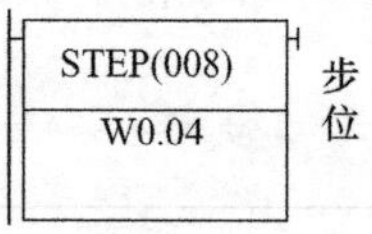 STEP(008) W0.04 步位	STEP(008) W0.04
条 17	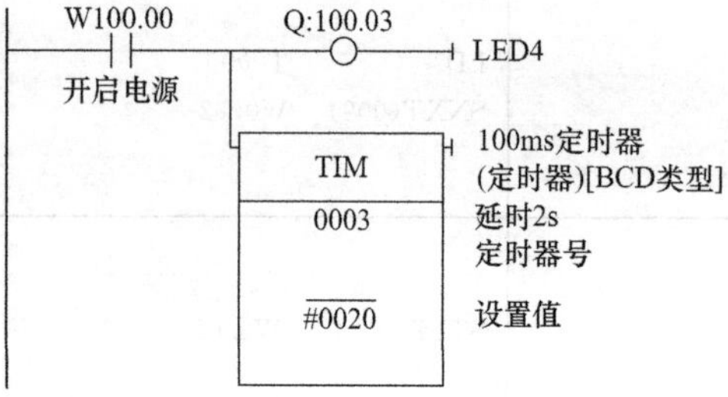 W100.00 开启电源 ─┤├─ Q:100.03 ─○─ LED4；TIM 0003 #0020 100ms定时器(定时器)[BCD类型] 延时2s 定时器号 设置值	LD W100.00 OUT 100.03 TIM 0003 #0020
条 18	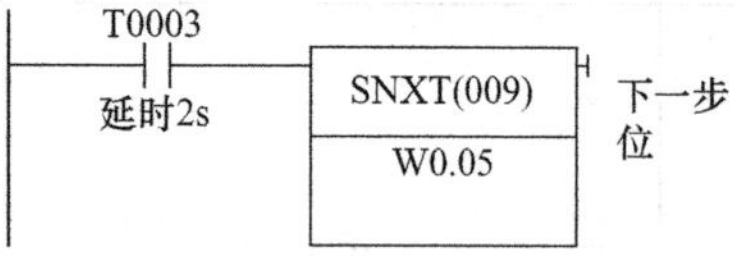 T0003 延时2s ─┤├─ SNXT(009) W0.05 下一步位	LD T0003 SNXT(009) W0.05
条 19	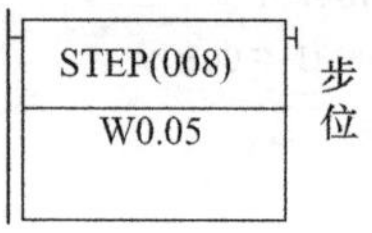 STEP(008) W0.05 步位	STEP(008) W0.05
条 20	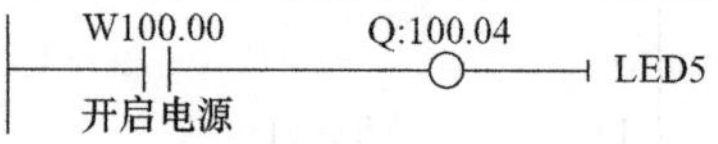 W100.00 开启电源 ─┤├─ Q:100.04 ─○─ LED5	LD W100.00 OUT 100.04
条 21	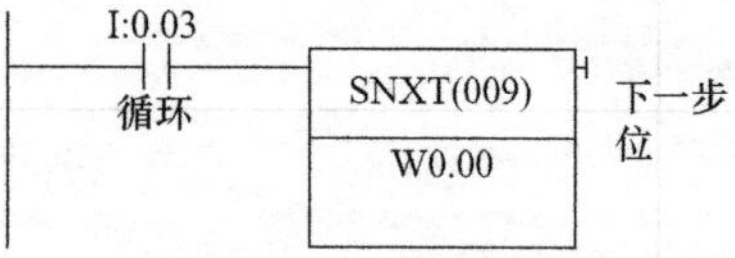 I:0.03 循环 ─┤├─ SNXT(009) W0.00 下一步位	LD 0.03 SNXT(009) W0.00
条 22	 STEP(008) 步	STEP (008)

（5）程序仿真

① 用户启动 CX-Programmer，创建一个新的工程，按照表 7-13 输入 LAD（梯形图）或 STL（指令表）中的程序，并对其进行保存。

② 在 CX-Programmer 中，执行菜单命令“模拟”→“在线模拟”，进入 CX-Simulator 在线仿真（即在线模拟）状态。

③ 刚进入在线仿真状态时，W0.00 步显示绿色，表示为活动步。奇数次设置 0.00 为 1 时，W100.00 线圈输出为 1；偶数次设置 0.00 为 1 时，W100.00 线圈输出为 0，这样使用一个输入端子即可实现电源的开启与关闭操作。只有当 W100.00 线圈输出为 1 才能完成程

序中所有步的操作，否则 LED1～LED5 都处于熄灭状态。当 W100.00 线圈输出为 1，W0.00 为活动步时，可进行 LED 的选择操作。若设置 0.01 为 1 时选择方式 1，W0.00 变为非活动步，W0.01 变为活动步，100.00 线圈输出为 1，使 LED1 点亮，并启动 T0000 延时。当 T0000 延时 1s，W0.01 变为非活动步，W0.02 变为活动步，100.00 线圈输出为 0，100.01 线圈输出为 1，使 LED2 点亮，并启动 T0001 延时。当 T0001 延时 3s，W0.02 变为非活动步，W0.05 变为活动步，100.01 线圈输出为 0，100.04 线圈输出为 1，使 LED5 点亮。若设置 0.03 为 1 时，W0.05 变为非活动步，W0.00 变为活动步，重复下一轮循环操作。若设置 0.02 为 1 时选择方式 2，W0.00 变为非活动步，W0.03 变为活动步，100.02 线圈输出为 1，使 LED3 点亮，并启动 T0002 延时。当 T0002 延时 2s，W0.03 变为非活动步，W0.04 变为活动步，100.02 线圈输出为 0，100.03 线圈输出为 1，使 LED4 点亮，并启动 T0003 延时。当 T0003 延时 2s，W0.04 为非活动步，W0.05 变为活动步，100.01 线圈输出为 0，100.04 线圈输出为 1，使 LED5 点亮。若设置 0.03 为 1 时，W0.05 变为非活动步，W0.00 变为活动步，重复下一轮循环操作。在选择 1 时，如果 0.01 和 0.03 均设置为 1，则可实现 LED1、LED2 的闪烁显示；在选择方式 2 时，如果 0.02 和 0.03 均设置为 1，也可实现 LED3、LED4 闪烁显示。仿真效果如图 7-32 所示。

7.6.2 多台电动机的 PLC 启停控制

（1）控制要求

某控制系统中有 4 台电动机 M1～M4，3 个控制按钮 SB0～SB2，其中 SB0 为电源控制按钮。当按下启动按钮 SB1 时，M1～M4 电动机按顺序逐一启动运行，即 M1 电动机运行 2s 后启动 M2 电动机；M2 电动机运行 3s 后启动 M3 电动机；M3 电动机运行 4s 后启动 M4 电动机运行。当按下停止按钮 SB2 时，M1～M4 电动机按相反顺序逐一停止运行，即 M4 电动机停止 2s 后使 M3 电动机停止；M3 电动机停止 3s 后使 M2 电动机停止；M2 电动机停止 4s 后使 M1 电动机停止运行。

（2）控制分析

此任务可以使用 SFC 的单序列控制完成，也可使用选择序列控制完成，在此使用选择序列来完成操作。假设使用的 PLC 为 CP1H-XA40DR-A，4 个电动机 M1～M4 分别由 100.00、100.01、100.02、100.03 控制；按钮 SB0～SB2 分别与 0.00～0.02 连接。系统中使用 W0.00～W0.11 这 12 个步，其中步 W9～W11 中没有任务动作。在 SB0 开启电源的情况下，如果按下 SB1 时，启动 M1 电动机运行，此时如果按下了停止按钮 SB2，则进入步 W0.11，然后由 W0.11 直接跳转到步 W0.08。如果 M1 电动机启动后，没有按下按钮 SB2，则进入到步 W0.02，启动 M2 电动机运行。如果按下了停止按钮 SB2，则进入步 W0.10，然后由 W0.10 直接跳转到步 W0.07。如果 M2 电动机启动后，没有按下按钮 SB2，则进入到步 W0.03，启动 M3 电动机运行。如果按下了停止按钮 SB2，则进入步 W0.9，然后由 W0.9 直接跳转到步 W0.06。如果 M3 电动机启动后，没有按下按钮 SB2，则进入到步 W0.04，启动 M4 电动机运行。M4 电动机运行后，如果按下了停止按钮 SB2，则按步 0.05～步 0.08 的顺序逐一使 M4～M1 电动机停止运行。

（3）I/O 端子资源分配与接线

根据控制要求及控制分析可知，该系统需要 3 个输入点和 4 个输出点，输入/输出地址分配如表 7-14 所示，其 I/O 接线如图 7-33 所示。

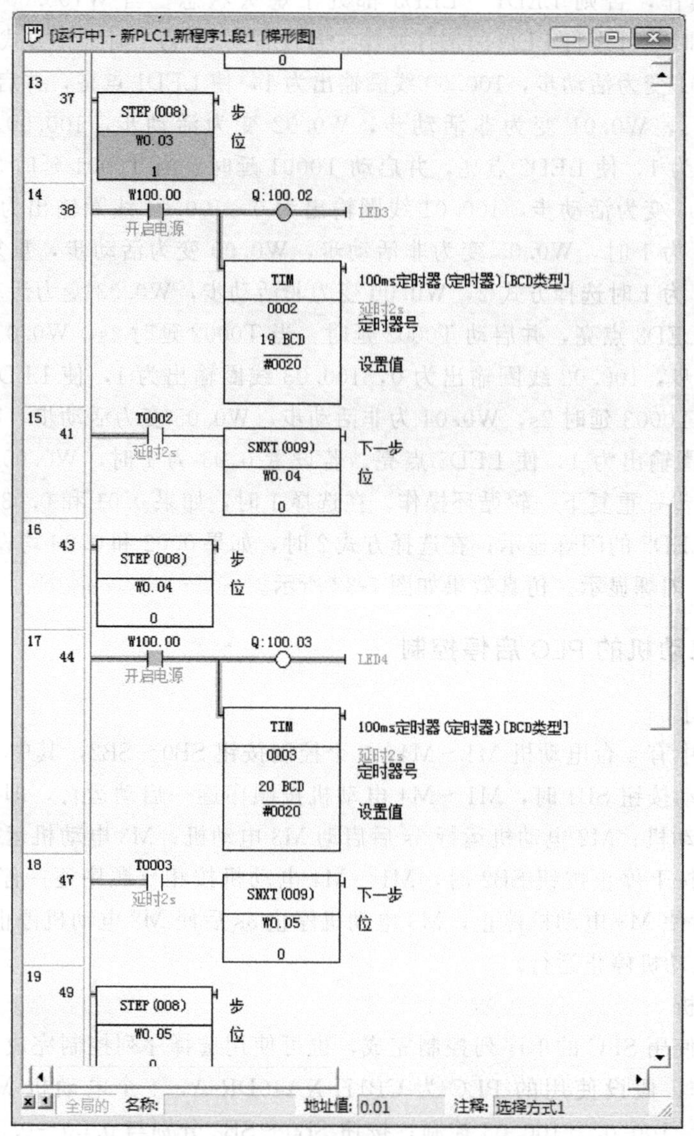

图 7-32　PLC 控制闪烁灯的仿真效果图

表 7-14　多台电动机的 PLC 启停控制输入/输出地址分配

输　入			输　出		
功能	元件	PLC 地址	功能	元件	PLC 地址
开启/断开按钮	SB0	0.00	控制电动机 M1	KM1	100.00
启动电动机	SB1	0.01	控制电动机 M2	KM2	100.01
停止电动机	SB2	0.02	控制电动机 M3	KM3	100.02
			控制电动机 M4	KM4	100.03

(4) 编写 PLC 控制程序

根据多台电动机的 PLC 启停控制分析和 PLC 资源配置，设计出多台电动机的 PLC 启停控制的状态流程图如图 7-34 所示，图 7-34 (a) 为单序列结构的状态流程图，图 7-34 (b)

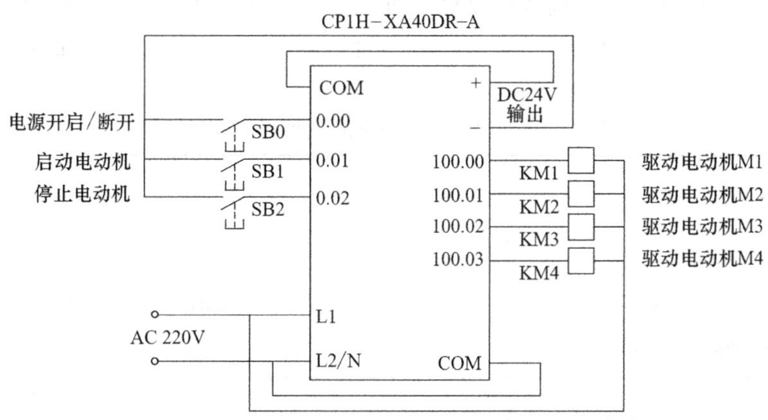

图 7-33　多台电动机的 PLC 启停控制 I/O 接线

为选择序列结构的状态流程图。在图 7-34（b）中需要注意，W0.09、W0.10 和 W0.11 这三个步没有相应的动作，处于空状态，这是因为选择序列中，在分支线上一定要有一个以上的步，所以需设置空状态的步。例如，步 W0.01 动作时，若 0.02 接通，则 W0.11 为活动

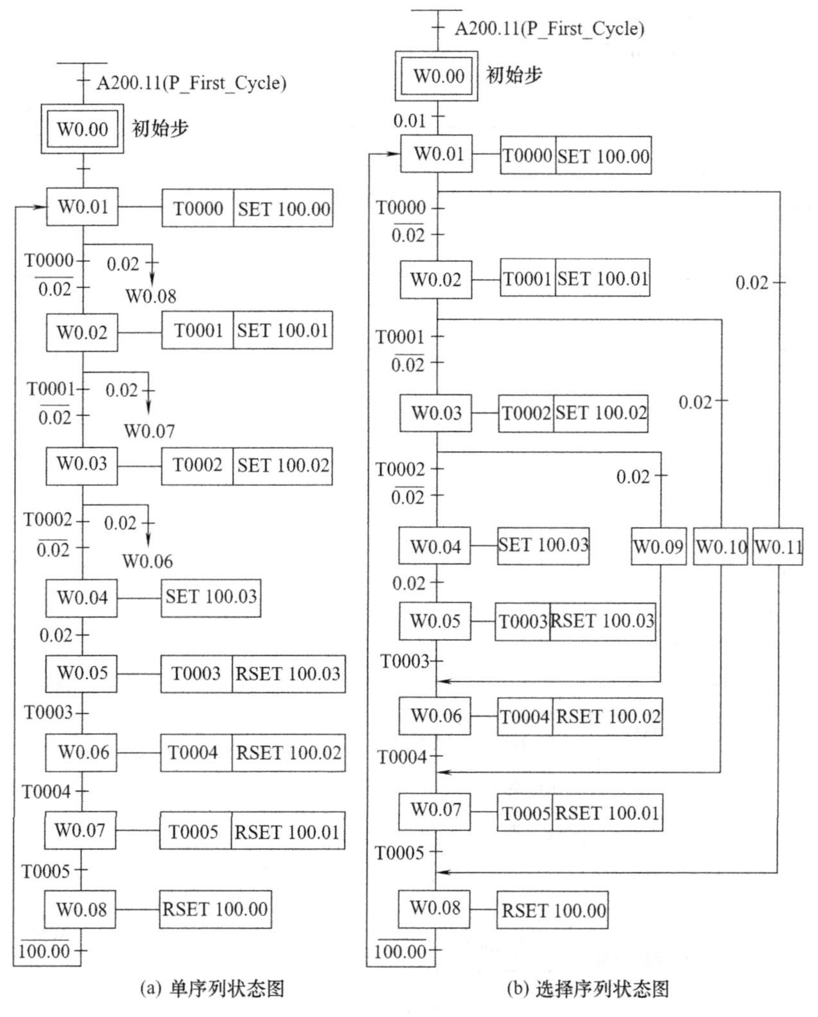

图 7-34　多台电动机的 PLC 启停控制的状态流程图

步，然后直接跳转到 W0.08。读者可以根据图 7-34（a）自行写出使用 SNXT/STEP 指令的 LAD 或 STL 程序，在此写出图 7-34（b）的多台电动机的 PLC 启停控制的程序，如表 7-15 所示。

表 7-15　多台电动机的 PLC 启停控制的程序

条	LAD	STL	
条 0	I:0.00 开启/断开电源 — W100.01 断开电源（常闭）— W100.00 开启电源；I:0.00 开启/断开电源（常闭）— W100.00 开启电源	LD ANDNOT LDNOT AND ORLD OUT	0.00 W100.01 0.00 W100.00 W100.00
条 1	I:0.00 开启/断开电源 — W100.01 断开电源 — W100.01 断开电源；I:0.00 开启/断开电源（常闭）— W100.00 开启电源	LD AND LDNOT AND ORLD OUT	0.00 W100.01 0.00 W100.00 W100.01
条 2	P_First_Cycle 第一次循环标志 — SNXT(009) W0.00 下一步位	LD SNXT(009)	P_First_Cycle W0.00
条 3	STEP(008) W0.00 步位	STEP(008)	W0.00
条 4	W100.00 开启电源 — I:0.01 启动电动机 — SNXT(009) W0.01 下一步位	LD AND SNXT(009)	W100.00 0.01 W0.01
条 5	STEP9(008) W0.01 步位	STEP(008)	W0.01
条 6	W100.00 开启电源 — SET Q:100.00 设置位；TIM 100ms定时器 (定时器)[BCD类型] 延时2s 0000 定时器号 #0020 设置值	LD SET TIM	W100.00 100.00 0000　#0020
条 7	W100.00 开启电源 — I:0.02 停止电动机 — SNXT(009) W0.11 下一步位	LD AND SNXT(009)	W100.00 0.02 W0.11

续表

条	LAD	STL
条 8	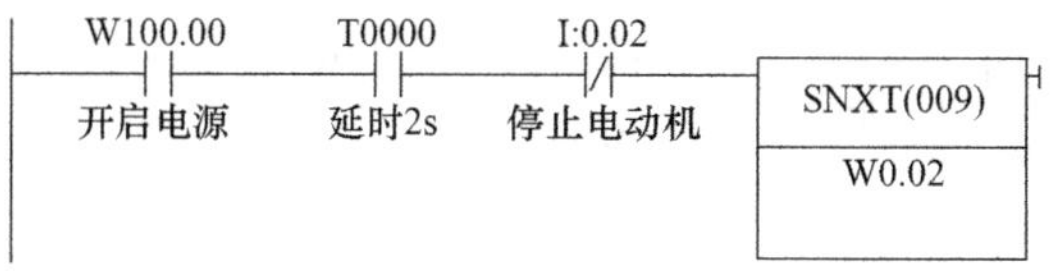 W100.00 开启电源 —| |— T0000 延时2s —| |— I:0.02 停止电动机 —|/|— [SNXT(009) W0.02]	LD W100.00 AND T0000 ANDNOT 0.02 SNXT(009) W0.02
条 9	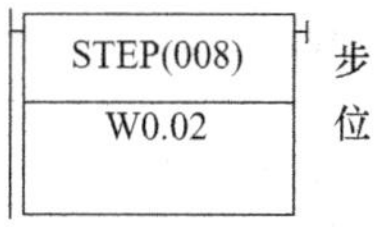 [STEP(008) W0.02] 步位	STEP(008) W0.02
条 10	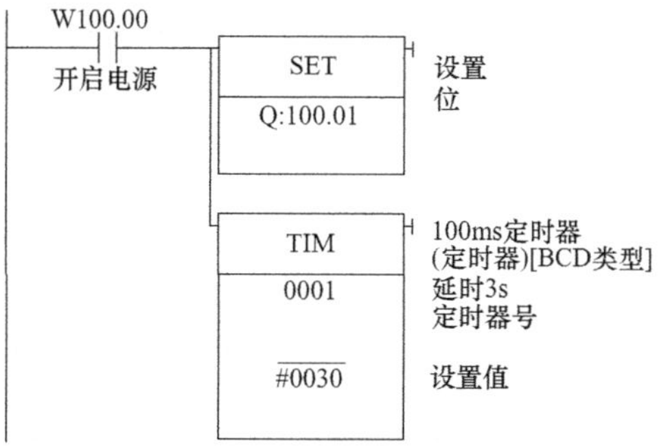 W100.00 开启电源 —| |— [SET Q:100.01] 设置位；[TIM 0001 #0030] 100ms定时器(定时器)[BCD类型] 延时3s 定时器号 设置值	LD W100.00 SET 100.01 TIM 0001 #0030
条 11	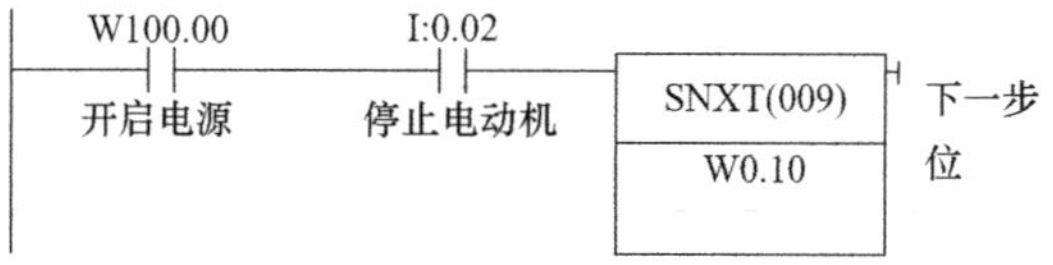 W100.00 开启电源 —| |— I:0.02 停止电动机 —| |— [SNXT(009) W0.10] 下一步位	LD W100.00 AND 0.02 SNXT(009) W0.10
条 12	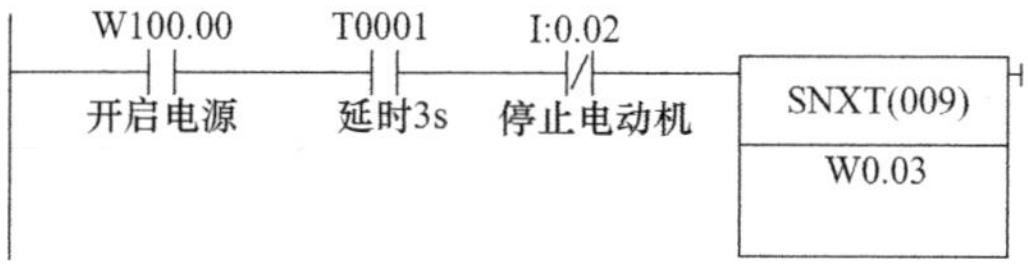 W100.00 开启电源 —| |— T0001 延时3s —| |— I:0.02 停止电动机 —|/|— [SNXT(009) W0.03]	LD W100.00 AND T0001 ANDNOT 0.02 SNXT(009) W0.03
条 13	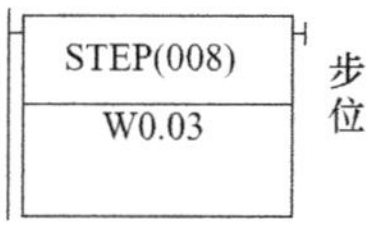 [STEP(008) W0.03] 步位	STEP(008) W0.03
条 14	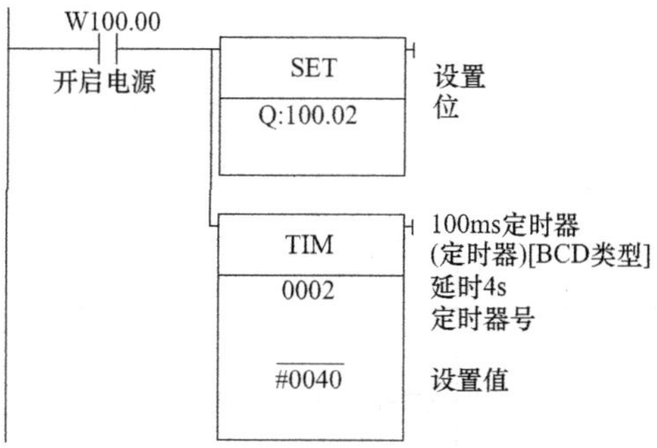 W100.00 开启电源 —| |— [SET Q:100.02] 设置位；[TIM 0002 #0040] 100ms定时器(定时器)[BCD类型] 延时4s 定时器号 设置值	LD W100.00 SET 100.02 TIM 0002 #0040

续表

条	LAD	STL	
条 15	W100.00 开启电源 — I:0.02 停止电动机 — SNXT(009) W0.09 下一步位	LD AND SNXT(009)	W100.00 0.02 W0.09
条 16	W100.00 开启电源 — T0002 延时4s — I:0.02 停止电动机 — SNXT(009) W0.04	LD AND ANDNOT SNXT(009)	W100.00 T0002 0.02 W0.04
条 17	STEP(008) W0.04 步位	STEP(008)	W0.04
条 18	W100.00 开启电源 — SET Q:100.03 设置位	LD SET	W100.00 100.03
条 19	W100.00 开启电源 — I:0.02 停止电动机 — SNXT(009) W0.05 下一步位	LD AND SNXT(009)	W100.00 0.02 W0.05
条 20	STEP(008) W0.05 步位	STEP(008)	W0.05
条 21	W100.00 开启电源 — RSET Q:100.03 复位位；TIM 0003 #0040 100ms定时器(定时器)[BCD类型] 延时4s 定时器号 设置值	LD RSET TIM	W100.00 100.03 0003 #0040
条 22	W100.00 开启电源 — T0003 延时4s — SNXT(009) W0.06 下一步位	LD AND SNXT(009)	W100.00 T0003 W0.06
条 23	STEP(008) W0.09 步位	STEP(008)	W0.09

续表

条	LAD	STL
条 24	STEP(008) W0.06 步位	STEP(008) W0.06
条 25	W100.00 开启电源 — RSET Q:100.02 复位位；TIM 0004 #0030 100ms定时器(定时器)[BCD类型] 延时3s 定时器号 设置值	LD W100.00 RSET 100.02 TIM 0004 ＃0030
条 26	W100.00 开启电源 — T0004 延时3s — SNXT(009) W0.07 下一步位	LD W100.00 AND T0004 SNXT(009) W0.07
条 27	STEP(008) W0.10 步位	STEP(008) W0.10
条 28	STEP(008) W0.07 步位	STEP(008) W0.07
条 29	W100.00 开启电源 — RSET Q:100.01 复位位；TIM 0005 #0020 100ms定时器(定时器)[BCD类型] 延时2s 定时器号 设置值	LD W100.00 RSET 100.01 TIM 0005 ＃0020
条 30	W100.00 开启电源 — T0005 延时2s — SNXT(009) W0.08 下一步位	LD W100.00 AND T0005 SNXT(009) W0.08

续表

条	LAD	STL
条 31	STEP(008) W0.11 步位	STEP(008)　W0.11
条 32	STEP(008) W0.08 步位	STEP(008)　W0.08
条 33	W100.00 开启电源 —RSET Q:100.00 复位位	LD　W100.00 RSET　100.00
条 34	Q:100.00 —SNXT(009) W0.00 下一步位	LDNOT　100.00 SNXT(009)　W0.00
条 35	STEP(008) 步	STEP(008)

（5）程序仿真

① 用户启动CX-Programmer，创建一个新的工程，按照表7-15输入LAD（梯形图）或STL（指令表）中的程序，并对其进行保存。

② 在CX-Programmer中，执行菜单命令“模拟”→“在线模拟”，进入CX-Simulator在线仿真（即在线模拟）状态。

③ 刚进入在线仿真状态时，W0.00步显示绿色，表示为活动步。奇数次设置0.00为1时，W100.00线圈输出为1；偶数次设置0.00为1时，W100.00线圈输出为0，这样使用一个输入端子即可实现电源的开启与关闭操作。只有当W100.00线圈输出为1才能完成程序中所有步的操作，否则M1～M4电动机都处于停止状态。当W100.00线圈输出为1，W0.00为活动步时，双击0.01设置为1，W0.00变为非活动步，W0.01变为活动步，100.00线圈输出1使电动机M1启动，并且T0000定时器延时。T0000延时到达2s，T0000常开触点闭合，W0.01变为非活动步，W0.02变为活动步，100.00保持为1，100.01线圈输出1使电动机M2启动，并且T0001定时器延时。若没有按下停止按钮（即0.02没有设置为1），依此顺序使M2、M3启动运行，仿真效果如图7-35所示。如果按下停止按钮，则直接跳转到相应位置，使电动机按启动的反顺序延时停止运行。例如M2电动机在运行且M3电动机未启动，按下停止按钮（0.02设置为1），则直接跳转到步W0.11，使M2、M1电动机按顺序停止运行。

7.6.3 大小球分拣机的PLC控制

（1）控制要求

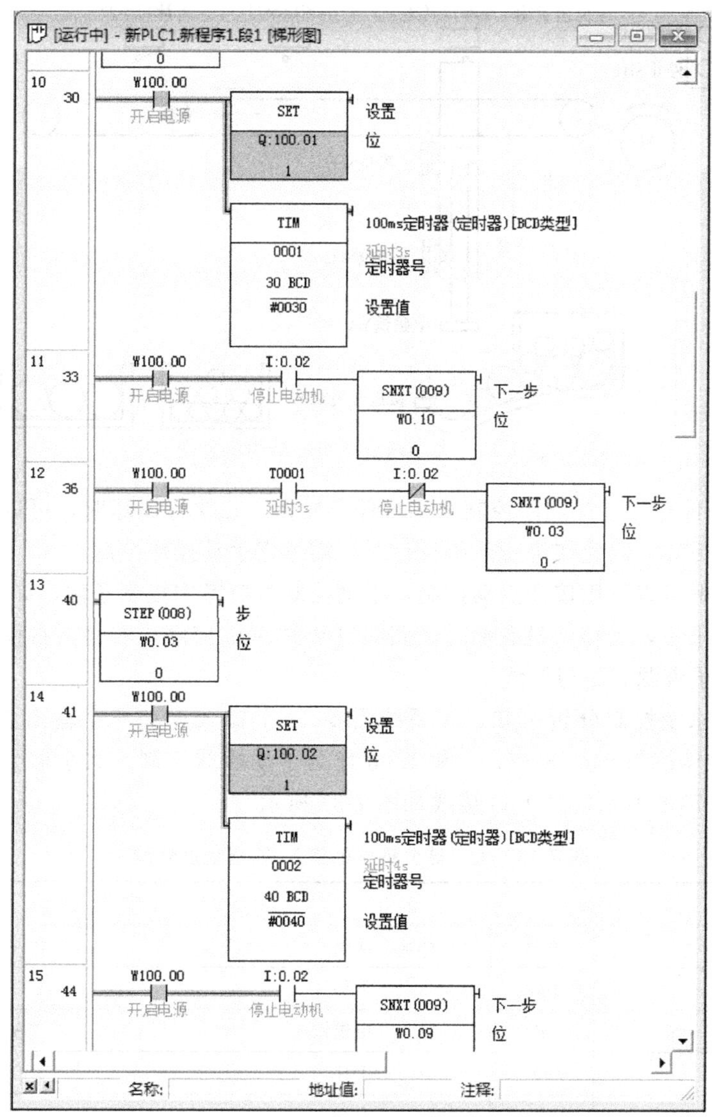

图 7-35　多台电动机的 PLC 启停控制的仿真效果图

大小球分拣机的结构如图 7-36 所示，其中 M 为传送带电动机。机械手臂原始位置在左限位，电磁铁在上限位。接近开关 SQ0 用于检测是否有球，SQ1～SQ5 分别用于传送机械手臂上下左右运行的定位。

启动后，当接近开关检测到有球时电磁杆就下降，电磁铁碰到大球时下限位开关不动作，电磁铁碰到小球时下限位开关动作。电磁杆下降 2s 后电磁铁吸球，吸球 1s 后上升，到上限位后机械手臂右移，如果吸的是小球，机械手臂到小球位，电磁杆下降 2s，电磁铁失电释放小球，如果吸的是大球，机械手臂就到大球位，电磁杆下降 2s，电磁铁失电释放大球，停留 1s 上升，到上限位后机械手臂左移到左限位，并重复上述动作。如果要停止，必须在完成一次上述动作后到左限位停止。

（2）控制分析

大小球分拣机拣球时，可能抓的是大球，也可能抓的是小球。如果抓的是大球，则执行抓取大球控制；若抓的是小球，则执行抓取小球控制。因此，这是一种选择性控制，本系统

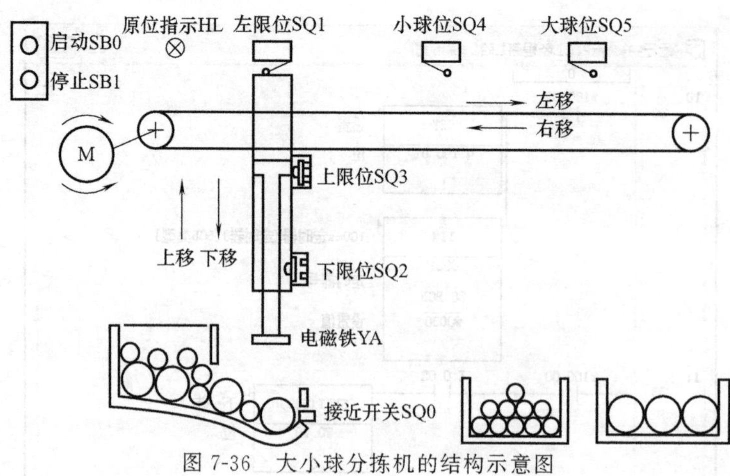

图 7-36 大小球分拣机的结构示意图

可以使用 SFC 条件分支选择顺序控制来实现任务操作。在执行抓球时，可以进行自动抓球，也可以进行手动抓球，因此在进行系统设计时，需考虑手动操作控制。

手动控制一般可以采用按钮点动控制，手动控制时应考虑控制条件，如右移控制时，应保证电磁铁在上限位，当移到最右端时碰到限位开关 SQ5 应停止右移，右移和左移应互锁。

（3）I/O 端子资源分配与接线

根据控制要求及控制分析可知，该系统需要 13 个输入点和 6 个输出点，其中 0.01～0.07 作为自动捡球控制，0.08～0.11 和 1.00 作为手动捡球控制。大小球分拣机的输入/输出地址分配如表 7-16 所示，其 I/O 接线如图 7-37 所示。

表 7-16 大小球分拣机的输入/输出地址分配

输入			输出		
功能	元件	PLC 地址	功能	元件	PLC 地址
电源启动/断开	SB0	0.00	下移	YV1	100.00
自动拣球	SB1	0.01	电磁铁	YA	100.01
接近开关	SQ0	0.02	上移	YV2	100.02
左限位开关	SQ1	0.03	右移	KM1	100.03
下限位开关	SQ2	0.04	左移	KM2	100.04
上限位开关	SQ3	0.05	原位指示	HL	100.05
小球位开关	SQ4	0.06			
大球位开关	SQ5	0.07			
手动左移按钮	SB2	0.08			
手动右移按钮	SB3	0.09			
手动上移按钮	SB4	0.10			
手动下移按钮	SB5	0.11			
手动电磁铁按钮	SB6	1.00			

（4）编写 PLC 控制程序

根据大小球分拣机的工作流程图和 PLC 资源配置，设计出 PLC 控制大小球分拣机的状态流程图如图 7-38 所示，PLC 控制大小球分拣机的程序如表 7-17 所示。

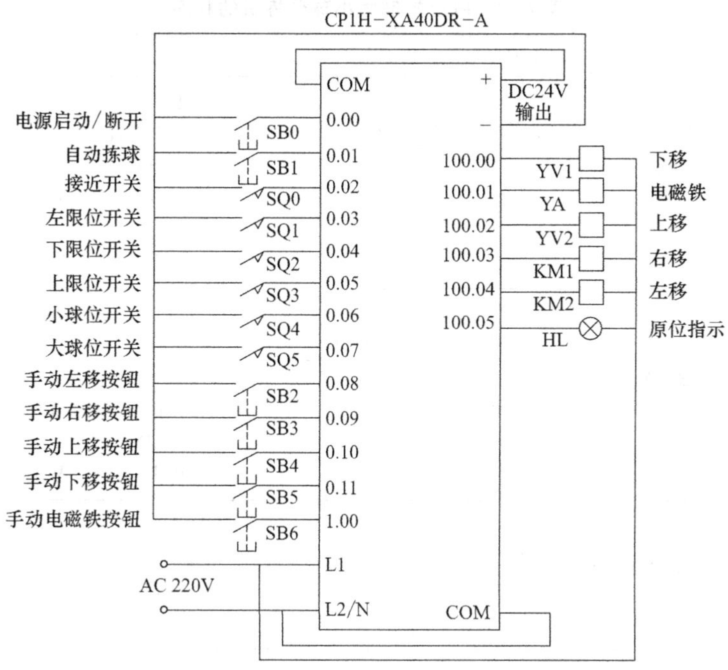

图 7-37 大小球分拣机的I/O接线

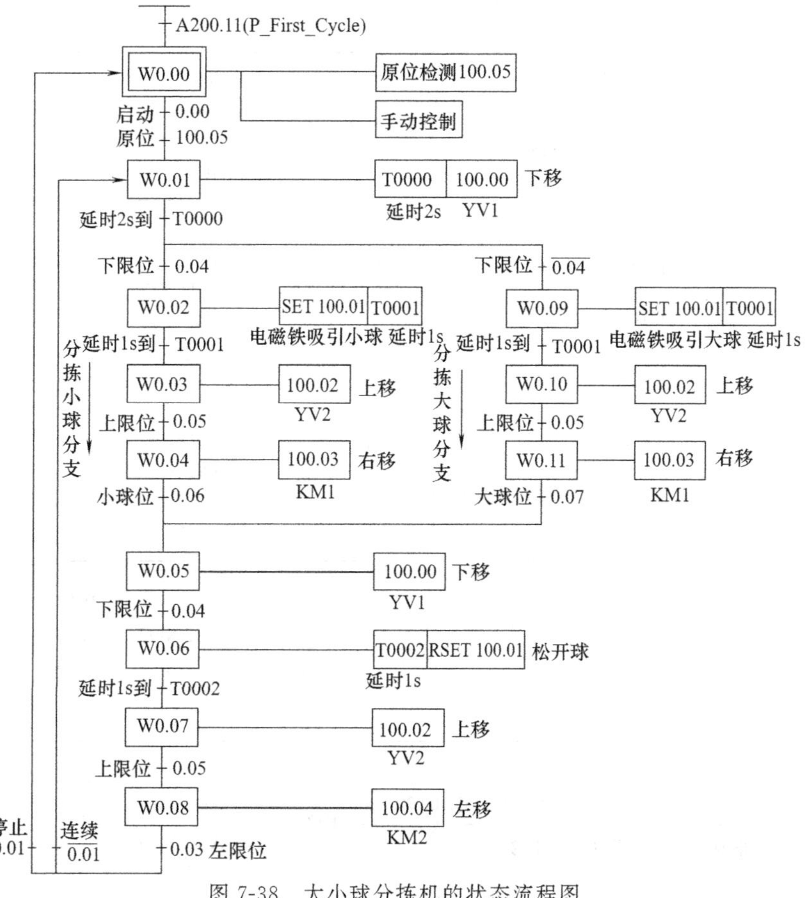

图 7-38 大小球分拣机的状态流程图

表 7-17　PLC 控制大小球分拣机的程序

条	LAD	STL
条 0	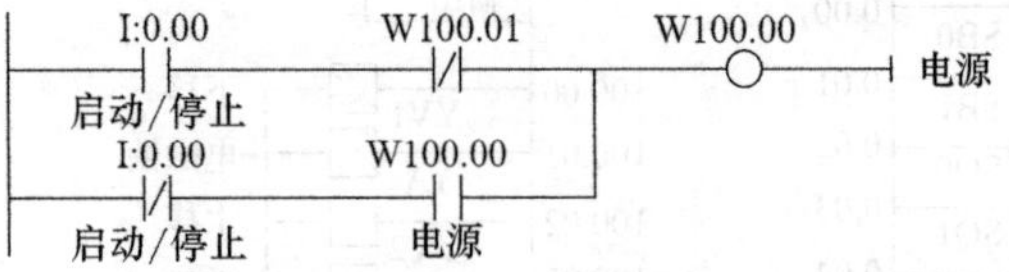 I:0.00 启动/停止　W100.01　W100.00 电源 I:0.00 启动/停止　W100.00 电源	LD　0.00 ANDNOT　W100.01 LDNOT　0.00 AND　W100.00 ORLD OUT　W100.00
条 1	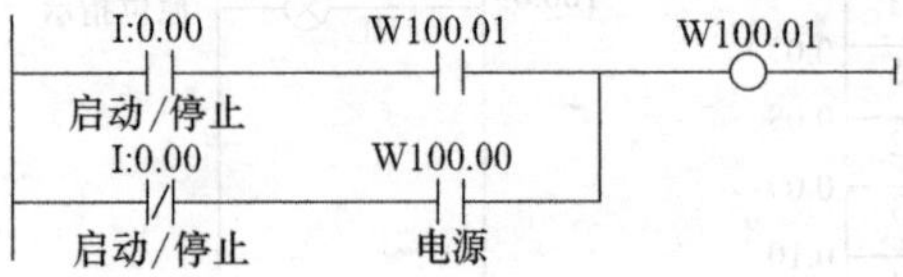 I:0.00 启动/停止　W100.01　W100.01 I:0.00 启动/停止　W100.00 电源	LD　0.00 AND　W100.01 LDNOT　0.00 AND　W100.00 ORLD OUT　W100.01
条 2	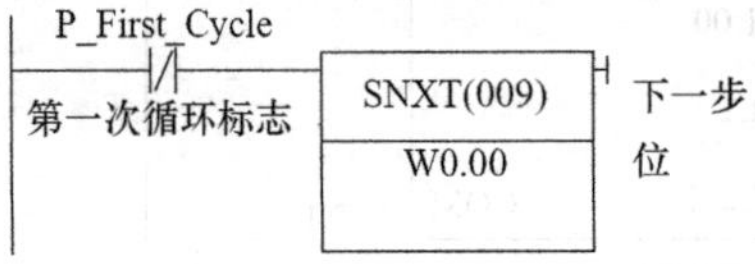 P_First_Cycle 第一次循环标志　SNXT(009) W0.00 下一步位	LD　P_First_Cycle SNXT(009)　W0.00
条 3	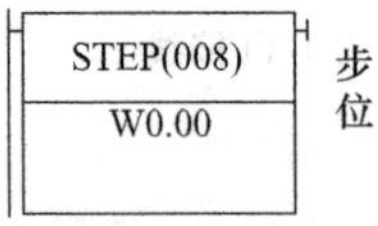 STEP(008) W0.00 步位	STEP(008)　W0.00
条 4	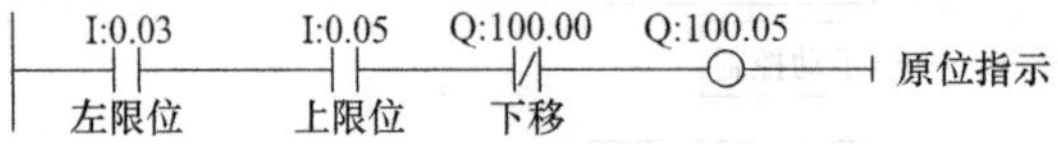 I:0.03 左限位　I:0.05 上限位　Q:100.00 下移　Q:100.05 原位指示	LD　0.03 AND　0.05 ANDNOT　100.00 OUT　100.05
条 5	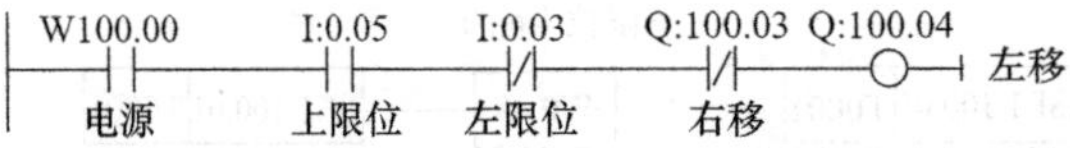 W100.00 电源　I:0.05 上限位　I:0.03 左限位　Q:100.03 右移　Q:100.04 左移	LD　W100.00 AND　0.05 ANDNOT　0.03 ANDNOT　100.03 OUT　100.04
条 6	 W100.00 电源　I:0.05 上限位　I:0.07 大球位　Q:100.04 左移　Q:100.03 右移	LD　W100.00 AND　0.05 ANDNOT　0.07 ANDNOT　100.04 OUT　100.03
条 7	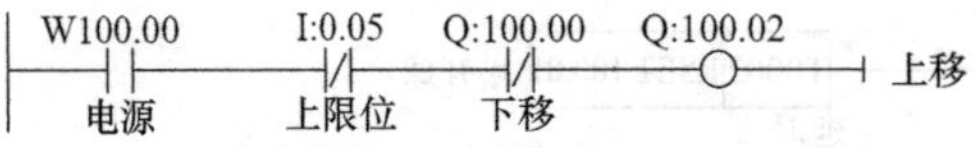 W100.00 电源　I:0.05 上限位　Q:100.00 下移　Q:100.02 上移	LD　W100.00 ANDNOT　0.05 ANDNOT　100.00 OUT　100.02
条 8	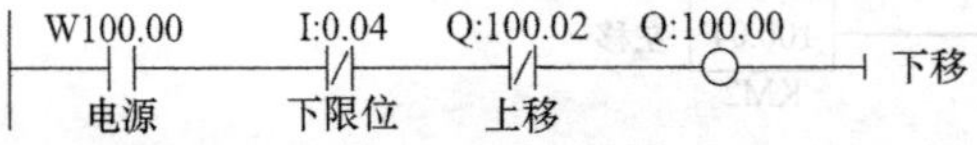 W100.00 电源　I:0.04 下限位　Q:100.02 上移　Q:100.00 下移	LD　W100.00 ANDNOT　0.04 ANDNOT　100.02 OUT　100.00

续表

条	LAD	STL
条 9	I:1.00 手动电磁铁 I:1.00 手动电磁铁 W100.00 电源 Q:100.01 电磁铁 Q:100.01 电磁铁 Q:100.01 电磁铁	@LD 1.00 OR 100.01 @LDNOT 1.00 ORNOT 100.01 ANDLD AND W100.00 OUT 100.01
条 10	W100.00 电源 Q:100.05 原位指示 SNXT(009) W0.01 下一步位	LD W100.00 AND 100.05 SNXT(009) W0.01
条 11	STEP(008) W0.01 步位	STEP(008) W0.01
条 12	W100.00 电源 I:0.02 接近开关 Q:100.00 下移 TIM 0000 #0020 100ms定时器(定时器)[BCD类型] 延时2s 定时器号 设置值	LD W100.00 AND 0.02 OUT 100.00 TIM 0000 #0020
条 13	T0000 延时2s I:0.04 下限位 SNXT(009) W0.02 下一步位 I:0.04 下限位 SNXT(009) W0.09 下一步位	LD T0000 OUT TR0 AND 0.04 SNXT(009) W0.02 LD TR0 ANDNOT 0.04 SNXT(009) W0.09
条 14	STEP(008) W0.02 步位	STEP(008) W0.02
条 15	W100.00 电源 SET Q:100.01 设置电磁铁位 TIM 0001 #0010 100ms定时器(定时器)[BCD类型] 定时器号 设置值	LD W100.00 SET 100.01 TIM 0001 #0010

续表

条	LAD	STL
条 16	T0001 ─┤├─ [SNXT(009) W0.03] 下一步位	LD T0001 SNXT(009) W0.03
条 17	[STEP(008) W0.03] 步位	STEP(008) W0.03
条 18	W100.00 电源 ─┤├─ Q:100.02 ─( )─ 上移	LD W100.00 OUT 100.02
条 19	I:0.05 上限位 ─┤├─ [SNXT(009) W0.04] 下一步位	LD 0.05 SNXT(009) W0.04
条 20	[STEP(008) W0.04] 步位	STEP(008) W0.04
条 21	W100.00 电源 ─┤├─ Q:100.03 ─( )─ 右移	LD W100.00 OUT 100.03
条 22	I:0.06 小球位 ─┤├─ [SNXT(009) W0.05] 下一步位	LD 0.06 SNXT(009) W0.05
条 23	[STEP(008) W0.09] 步位	STEP(008) W0.09
条 24	W100.00 电源 ─┤├─ [SET Q:100.01] 设置电磁铁位；[TIM 0001 #0010] 100ms定时器(定时器)[BCD类型] 定时器号 设置值	LD W100.00 SET 100.01 TIM 0001 #0010
条 25	T0001 ─┤├─ [SNXT(009) W0.10] 下一步位	LD T0001 SNXT(009) W0.10

续表

条	LAD	STL
条 26	STEP(008) W0.10 步位	STEP(008)　W0.10
条 27	W100.00 电源　Q:100.02 上移	LD　W100.00 OUT　100.02
条 28	I:0.05 上限位　SNXT(009) W0.11 下一步位	LD　0.05 SNXT(009)　W0.11
条 29	STEP(008) W0.11 步位	STEP(008)　W0.11
条 30	W100.00 电源　Q:100.03 右移	LD　W100.00 OUT　100.03
条 31	I:0.07 大球位　SNXT(009) W0.05 下一步位	LD　0.07 SNXT(009)　W0.05
条 32	STER(008) W0.05 步位	STEP(008)　W0.05
条 33	W100.00 电源　Q:100.00 下移	LD　W100.00 OUT　100.00
条 34	I:0.04 下限位　SNXT(009) W0.06 下一步位	LD　0.04 SNXT(009)　W0.06
条 35	STEP(008) W0.06 步位	STEP(008)　W0.06
条 36	W100.00 电源　RSET Q:100.01 复位电磁铁位 TIM 100ms定时器(定时器)[BCD类型] 0002 定时器号 #0010 设置值	LD　W100.00 RSET　100.01 TIM　0002　#0010

续表

条	LAD	STL
条 37	T0002 ─┤├─ SNXT(009) W0.07 下一步位	LD　　T0002 SNXT(009)　W0.07
条 38	STEP(008) W0.07 步位	STEP(008)　W0.07
条 39	W100.00 电源 ─┤├─ Q:100.02 ─○─ 上移	LD　　W100.00 OUT　　100.02
条 40	I:0.05 上限位 ─┤├─ SNXT(009) W0.08 下一步位	LD　　0.05 SNXT(009)　W0.08
条 41	STEP(008) W0.08 步位	STEP(008)　W0.08
条 42	Q:100.00 下移 ─┤├─ Q:100.04 ─○─ 左移	LD　　100.00 OUT　　100.04
条 43	I:0.03 左限位 ─┤├─ I:0.01 自动捡球停止 ─┤/├─ SNXT(009) W0.01 下一步位 I:0.01 自动捡球停止 ─┤├─ SNXT(009) W0.00 下一步位	LD　　0.03 OUT　　TR0 ANDNOT　0.01 SNXT(009)　W0.01 LD　　TR0 AND　　0.01 SNXT(009)　W0.00
条 44	STEP(008) 步	STEP(008)

（5）程序仿真

① 用户启动 CX-Programmer，创建一个新的工程，按照表 7-17 输入 LAD（梯形图）或 STL（指令表）中的程序，并对其进行保存。

② 在 CX-Programmer 中，执行菜单命令“模拟”→“在线模拟”，进入 CX-Simulator 在线仿真（即在线模拟）状态。

③ 刚进入在线仿真状态时，W0.00 步显示绿色，表示为活动步。奇数次设置 0.00 为 1 时，W100.00 线圈输出为 1；偶数次设置 0.00 为 1 时，W100.00 线圈输出为 0，这样使用一个输入端子即可实现电源的开启与关闭操作。只有当 W100.00 线圈输出为 1 才能完成程

序中所有步的操作，否则大小球分拣机不能执行任何操作。当 W100.00 线圈输出为 1，W0.00 为活动步时，在条 4 中执行原位指示。如果分拣机没在原位，则应将 0.03 和 0.05 设置为 1，而条 5～条 9 中为手动分拣球操作控制。当 0.03 和 0.05 设置为 1 时，W0.00 变为非活动步，W0.01 变为活动步。双击 0.02 设置为 1，100.00 线圈为 1 执行下移操作，同时启动 T0000 延时。当 T0000 延时 2s 后，执行大小球分拣选择操作，当 0.04 常开触点为 ON 时（设置为 1），则按顺序执行条 14～条 22 中的程序，以完成小球分拣操作；当 0.04 常开触点为 OFF 时（设置为 0），则按顺序执行条 23～条 31 中的程序，以完成大球分拣操作。在执行小球分拣时，如果在条 22 中将 0.06 设置为 1，表示电磁铁已吸住小球，程序则跳转到条 32；在执行大球分拣时，如果在条 31 中将 0.07 设置为 1，表示电磁铁已吸住大球，程序则跳转到条 32，这样实现两个选择分支的汇合。条 32～条 36 中仿真电磁铁放置大小球的操作；条 38～条 43 仿真分拣机到原位的操作。仿真效果如图 7-39 所示。

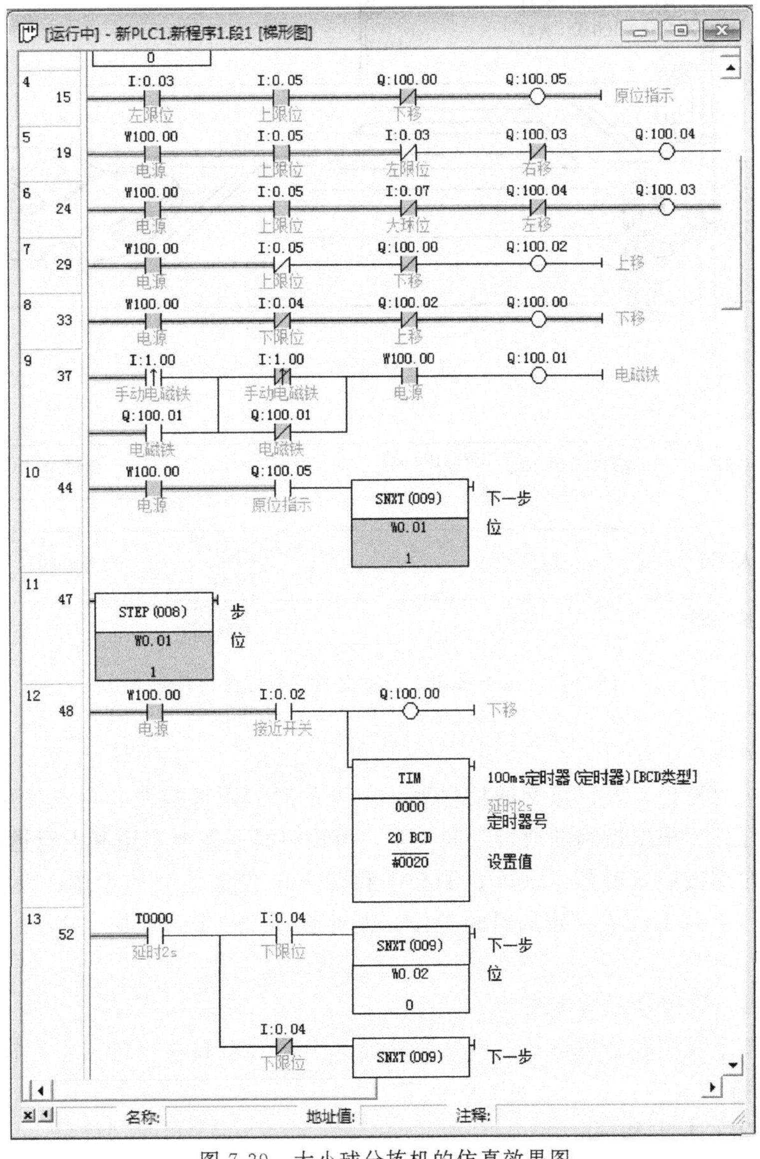

图 7-39 大小球分拣机的仿真效果图

7.7 并行序列的CP1H顺序控制应用实例

7.7.1 人行道交通信号灯控制

（1）控制要求

某人行道交通信号灯控制示意如图 7-40 所示，道路上的交通灯由行人控制，在人行道的两边各设一个按钮。当行人要过人行道时，交通灯按图 7-41 所示的时间顺序变化，在交通灯进入运行状态时，再按按钮不起作用。

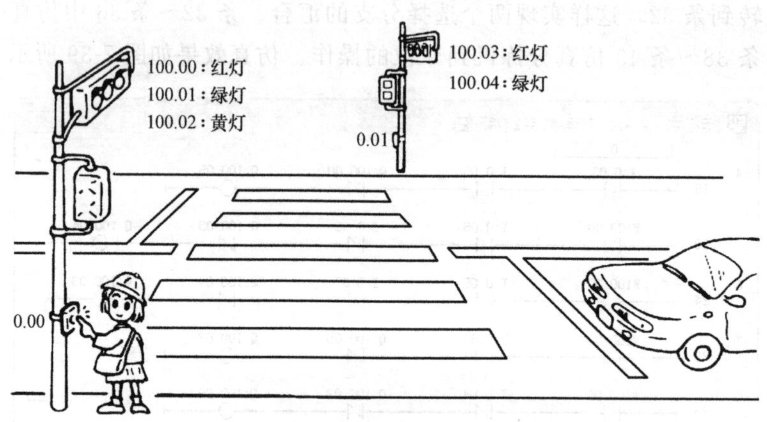

图 7-40 人行道交通信号灯控制示意

车道	绿灯100.01 30s	黄灯100.02 10s	红灯100.00		绿灯100.01
人行道	红灯100.03		绿灯100.04 10s	绿灯闪 100.04 5s	红灯100.03
按下按钮				0.5s ON 0.5s OFF	

图 7-41 按下按钮人行道交通信号灯通行时间

（2）系统分析

从控制要求可看出，人行道交通信号属于典型的时间顺序控制，可以使用 SFC 并行序列来完成操作任务。根据控制的通行时间关系，可以将时间按照车道和人行道分别标定。在并行序列中，车道按照定时器 T0000、T0001 和 T0002 设定的时间工作；人行道按照定时器 T0003、T0004 和 T0005 设定的时间工作。人行道绿灯闪烁可使用“P_1s”触点实现秒闪控制。

（3）I/O 端子资源分配与接线

根据控制要求及控制分析可知，该系统需要 2 个输入点和 5 个输出点，输入/输出地址分配如表 7-18 所示，其 I/O 接线如图 7-42 所示。

（4）编写 PLC 控制程序

根据人行道交通信号灯控制的工作流程图和 PLC 资源配置，设计出 PLC 控制人行道交通信号灯控制的状态流程图如图7-43所示，PLC控制人行道交通信号灯控制的程序如表7-19所示。

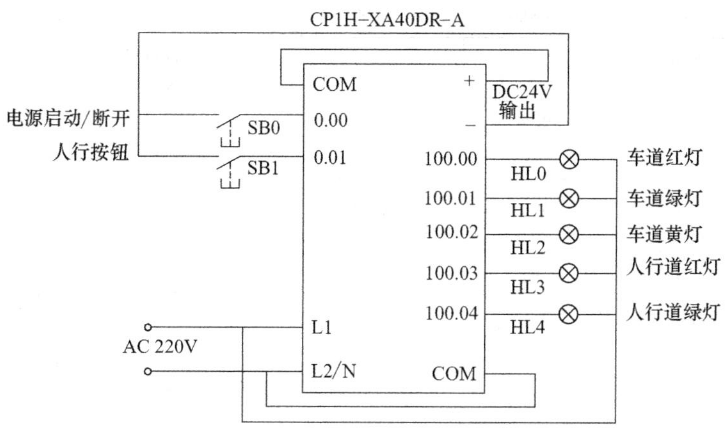

图7-42 人行道交通信号灯控制的I/O接线

表7-18 人行道交通信号灯控制的输入/输出地址分配

输入			输出		
功能	元件	PLC地址	功能	元件	PLC地址
电源启动/断开	SB0	0.00	车道红灯	HL0	100.00
人行按钮	SB1	0.01	车道绿灯	HL1	100.01
			车道黄灯	HL2	100.02
			人行道红灯	HL3	100.03
			人行道绿灯	HL4	100.04

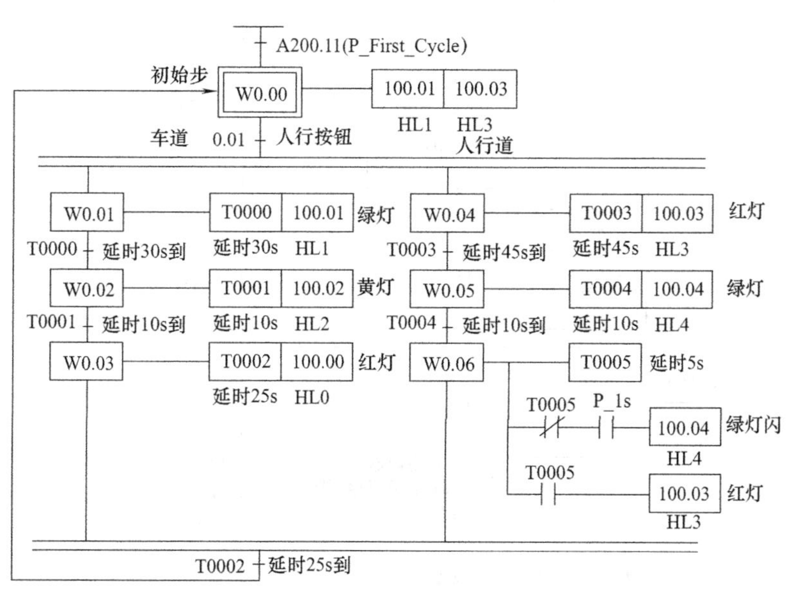

图7-43 人行道交通信号灯控制状态流程图

表 7-19 人行道交通信号灯控制程序

条	LAD	STL	
条 0	I:0.00 启动/停止 W100.01 W100.00 电源 I:0.00 启动/停止 W100.00 电源	LD ANDNOT LDNOT AND ORLD OUT	0.00 W100.01 0.00 W100.00 W100.00
条 1	I:0.00 启动/停止 W100.01 W100.01 I:0.00 启动/停止 W100.00 电源	LD AND LDNOT AND ORLD OUT	0.00 W100.01 0.00 W100.00 W100.01
条 2	P_First_Cycle 第一次循环标志 SNXT(009) W0.00 下一步位	LD SNXT(009)	P_First_Cycle W0.00
条 3	STEP(008) W0.00 步位	STEP(008)	W0.00
条 4	W100.00 电源 Q:100.01 车道绿灯 Q:100.03 人行道红灯	LD OUT OUT	W100.00 100.01 100.03
条 5	W100.00 电源 I:0.01 人行按钮 SNXT(009) W0.01 下一步位 SNXT(009) W0.04 下一步位	LD AND SNXT(009) SNXT(009)	W100.00 0.01 W0.01 W0.04
条 6	STEP(008) W0.01 步位	STEP(008)	W0.01
条 7	W100.00 电源 Q:100.01 车道绿灯 TIM 0000 #0300 100ms定时器 (定时器)[BCD类型] 定时器号 设置值	LD OUT TIM	W100.00 100.01 0000 #0300

续表

条	LAD	STL
条 8	T000 SNXT(009) W0.02 下一步位	LD T0000 SNXT(009) W0.02
条 9	STEP(008) W0.02 步位	STEP(008) W0.02
条 10	W100.00 电源 Q:100.02 车道黄灯 TIM 0001 #0100 100ms定时器 (定时器)[BCD类型] 定时器号 设置值	LD W100.00 OUT 100.02 TIM 0001 #0100
条 11	T0001 电源 SNXT(009) W0.03 下一步位	LD T0001 SNXT(009) W0.03
条 12	STEP(008) W0.03 步位	STEP(008) W0.03
条 13	W100.00 电源 Q100.00 车道红灯 TIM 0002 #0250 100ms定时器 (定时器)[BCD类型] 定时器号 设置值	LD W100.00 OUT 100.00 TIM 0002 #0250
条 14	W110.00 T0002 SNXT(009) W0.00 下一步位 W110.00	LD W110.00 OUT TR0 AND T0002 SNXT(009) W0.00 LD TR0 OUTNOT W110.00
条 15	STEP(008) W0.04 步位	STEP(008) W0.04

续表

条	LAD	STL
条 16	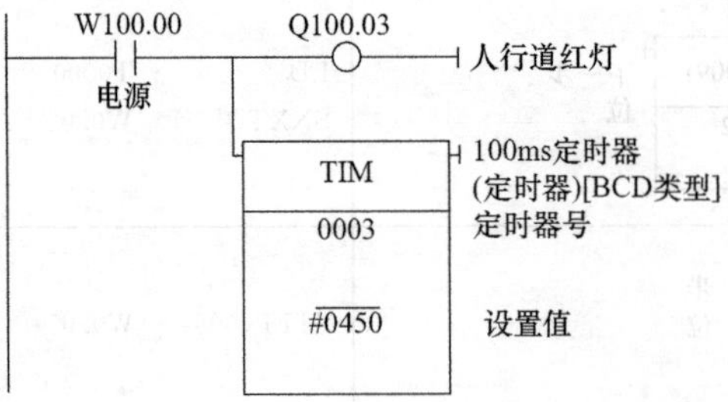 W100.00 电源 ─┤├─ Q100.03 ─○─ 人行道红灯；TIM 0003 #0450 100ms定时器 (定时器)[BCD类型] 定时器号 设置值	LD W100.00 OUT 100.03 TIM 0003 #0450
条 17	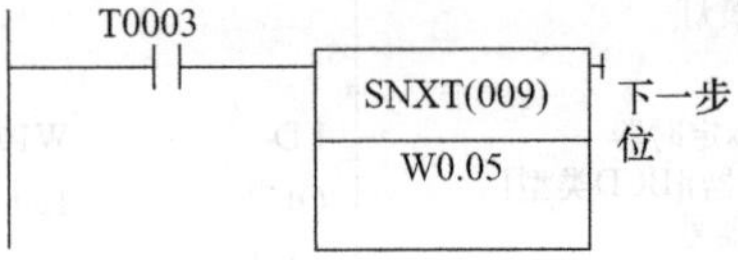 T0003 ─┤├─ SNXT(009) W0.05 下一步位	LD T0003 SNXT(009) W0.05
条 18	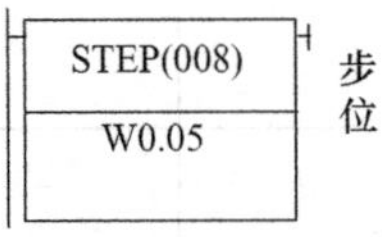 STEP(008) W0.05 步位	STEP(008) W0.05
条 19	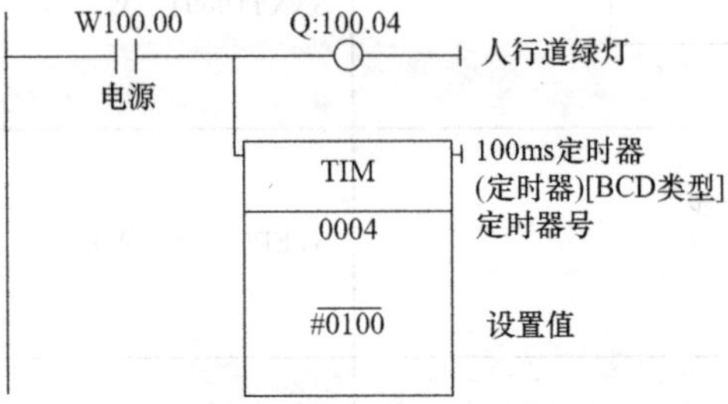 W100.00 电源 ─┤├─ Q:100.04 ─○─ 人行道绿灯；TIM 0004 #0100 100ms定时器 (定时器)[BCD类型] 定时器号 设置值	LD W100.00 OUT 100.04 TIM 0004 #0100
条 20	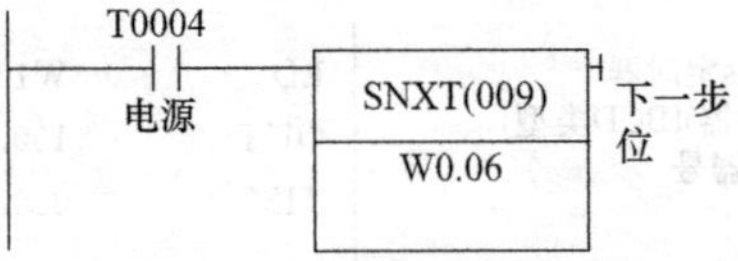 T0004 电源 ─┤├─ SNXT(009) W0.06 下一步位	LD T0004 SNXT(009) W0.06
条 21	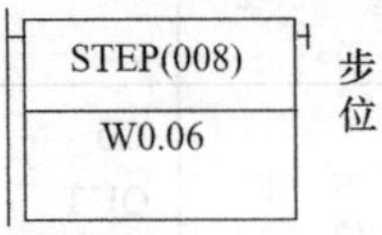 STEP(008) W0.06 步位	STEP(008) W0.06
条 22	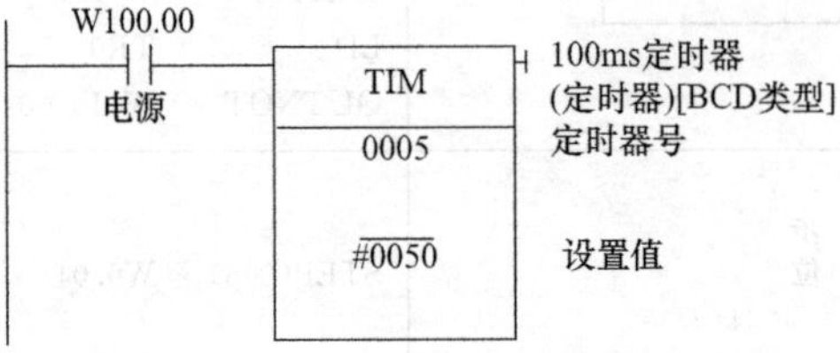 W100.00 电源 ─┤├─ TIM 0005 #0050 100ms定时器 (定时器)[BCD类型] 定时器号 设置值	LD W100.00 TIM 0005 #0050

续表

条	LAD	STL
条 23	W100.00 T0005 P_1s Q:100.04 人行道绿灯 电源 T0005 1.0秒时钟脉冲位 Q:100.03 人行道红灯	LD W100.00 OUT TR0 ANDNOT T0005 AND P_1s OUT 100.04 LD TR0 AND T0005 OUT 100.03
条 24	T0002 SNXT(009) W0.00 下一步位	LD T0002 SNXT(009) W0.00
条 25	STEP(008) 步	STEP(008)

（5）程序仿真

① 用户启动 CX-Programmer，创建一个新的工程，按照表 7-19 输入 LAD（梯形图）或 STL（指令表）中的程序，并对其进行保存。

② 在 CX-Programmer 中，执行菜单命令“模拟”→“在线模拟”，进入 CX-Simulator 在线仿真（即在线模拟）状态。

③ 刚进入在线仿真状态时，W0.00 步显示绿色，表示为活动步。奇数次设置 0.00 为 1 时，W100.00 线圈输出为 1；偶数次设置 0.00 为 1 时，W100.00 线圈输出为 0，这样使用一个输入端子即可实现电源的开启与关闭操作。只有当 W100.00 线圈输出为 1 才能完成程序中所有步的操作，否则人行道交通信号灯控制不能执行任何操作。当 W100.00 线圈输出为 1，W0.00 为活动步时，100.01 线圈输出为 1（即车道绿灯亮），100.03 线圈输出为 1（即人行道红灯亮），表示汽车可以通行，行人不能通行。如果行人要通过马路，按下人行按钮（即双击 0.01 设置为 1），W0.00 为非活动步时，W0.01 为活动步，将执行人行道交通信号灯控制，其具体过程请读者自行观察，其仿真效果如图 7-44 所示。

7.7.2 双面钻孔组合机床的 PLC 控制

组合机床是由一些通用部件组成的高效率自动化或半自动化专用加工设备。这些机床都具有工作循环，并同时用十几把甚至几十把刀具进行加工。组合机床的控制系统大多采用机械、液压、电气或气动相结合的控制方式，其中，电气控制起着中枢连接作用。传统的电气控制通常采用继电器逻辑控制方式，使用了大量的中间继电器、时间继电器、行程开关等，这样的继电器控制方式具有故障率高、维修困难等问题。如果使用 PLC 与液压控制相结合的方法对双面钻孔组合机床进行改造，则可以降低故障，维护、维修也较方便。

（1）双面钻孔组合机床的组成与电路原理图

双面钻孔组合机床是在工件两相对表面上钻孔的一种高效率自动化专用加工设备，其基本结构示意如图 7-45 所示。机床的两个液压动力滑台对面布置，左、右刀具电动机分别固定在两边的滑台上，中间底座上装有工件定位夹紧装置。

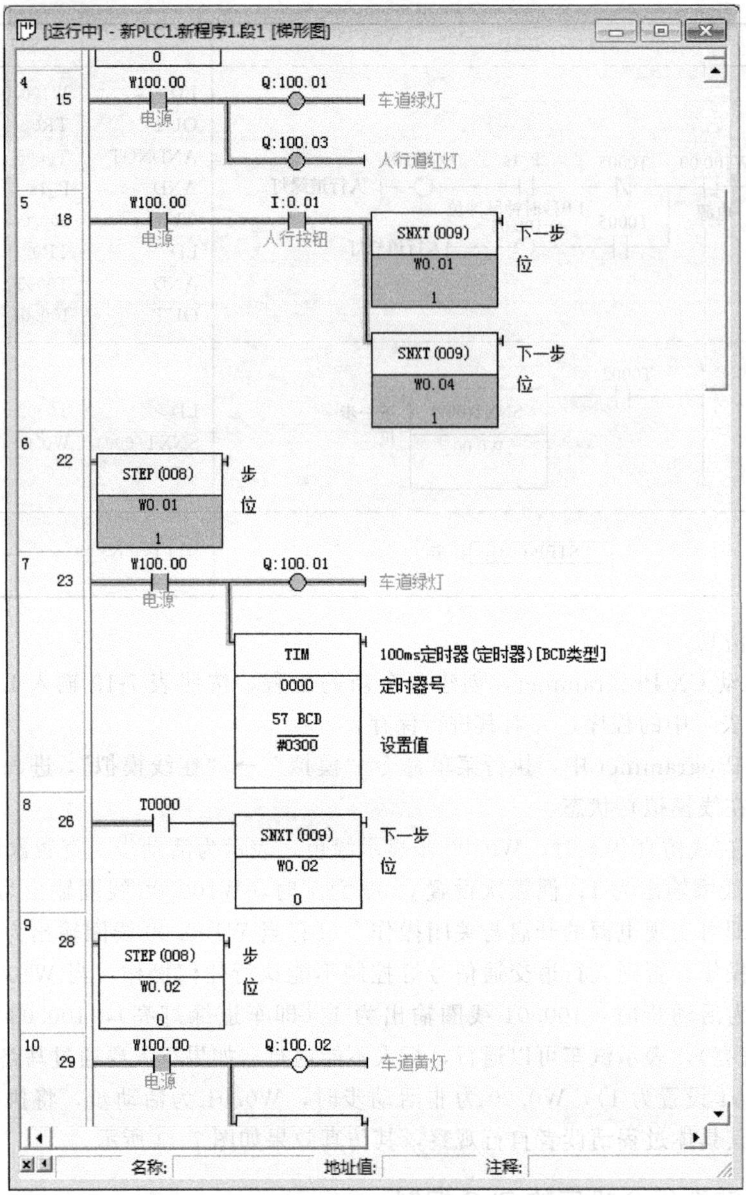

图 7-44 人行道交通信号灯控制仿真效果图

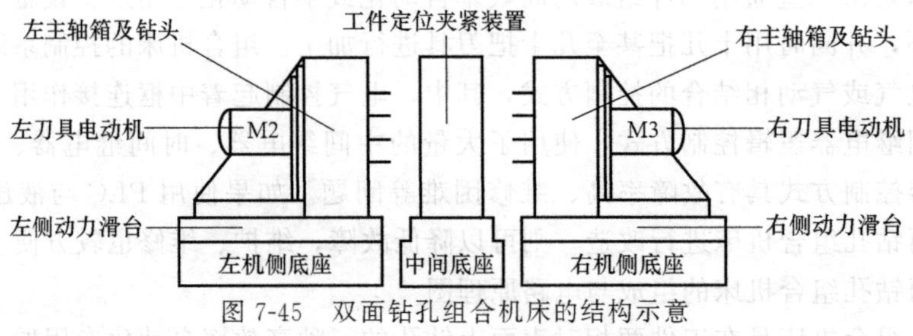

图 7-45 双面钻孔组合机床的结构示意

该机床采用电动机和液压系统（未画出）相结合的驱动方式，其中电动机 M2、M3 分别驱动左、右主轴箱的刀具主轴提供切削主运行，而左、右动力滑台的工件夹紧装置则由液压系统驱动，M1 为液压泵的驱动电动机，M4 为冷却泵电动机。双面钻孔组合机床的主电路原理图如图 7-46 所示。

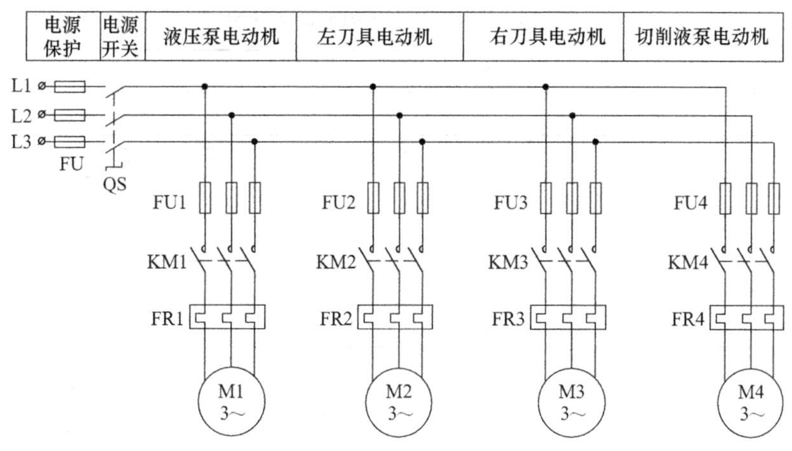

图 7-46 双面钻孔组合机床的主电路原理图

（2）控制要求

双面钻孔组合机床的自动工作循环过程如图 7-47 所示。工作时，将工件装入夹具（定位夹紧装置），按动系统启动按钮 SB3，开始工件的定位和夹紧，然后两边的动力滑台同时开始快速进给、工作进给和快速退回的加工循环，此时刀具电动机也启动工作，冷却泵在工进过程中提供冷却液。加工循环结束后，动力滑台退回原位，夹具松开并拔出定位销，一次加工循环结束。

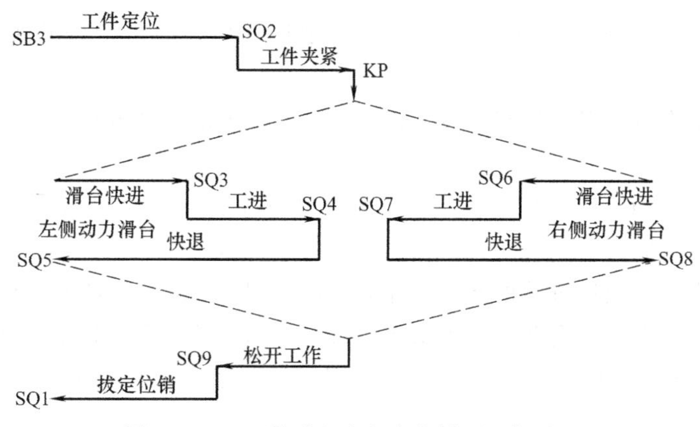

图 7-47 双面钻孔组合机床的循环工作过程

双面钻孔组合机床的工作的具体要求如下。

① 双面钻孔组合机床各电动机控制要求　双面钻孔组合机床各电动机只有在液压泵电动机 M1 正常启动运转，机床供油系统正常供油后，才能启动。刀具电动机 M2、M3 应在滑台进给循环开始时启动运转，滑台退回原位后停止运转。切削液泵电动机 M4 可以在滑台工进时自动启动，在工进结束后自动停止，也可以用手动方式控制启动和停止。

② 机床动力滑台、工件定位、夹紧装置控制要求　机床动力滑台、工件定位、夹紧装置由液压系统驱动。电磁阀 YV1 和 YV2 控制定位销液压缸活塞的运动方向；YV3、YV4

控制夹紧液压缸活塞的运行方向；YV5、YV6、YV7为左侧动力滑台油路中的电磁换向阀；YV8、YV9、YV10为右侧动力滑台油路中的电磁换向阀，各电磁阀线圈的通电状态如表7-20所示。

表7-20 各电磁阀线圈的通电状态

工步	电磁换向阀线圈通电状态										转换主令
	定位		夹紧		左侧动力滑台			右侧动力滑台			
	YV1	YV2	YV3	YV4	YV5	YV6	YV7	YV8	YV9	YV10	
工件定位	+										SB4
工件夹紧			+								SQ2
滑台快进			+		+		+	+		+	KP
滑台工进			+		+			+			SQ3、SQ6
滑台快退			+			+			+		SQ4、SQ7
松开工件				+							SQ5、SQ8
拔定位销		+									SQ9
停止											SQ1

注：表中的“+”为电磁阀线圈通电接通。

从表7-20中可以看出，电磁阀YV1线圈通电时，机床工件定位装置将工件定位；当电磁阀YV3通电时，机床工件夹紧装置将工件夹紧；当电磁阀YV3、YV5、YV7通电时，左侧滑台快速移动；当电磁阀YV3、YV8、YV10通电时，右侧滑台快速移动；当电磁阀YV3、YV5或YV3、YV8通电时，左侧滑台或右侧滑台工进；当电磁阀YV3、YV6或YV3、YV9通电时，左侧滑台或右侧滑台快速后退；当电磁阀YV4通电时，松开定位销；当电磁阀YV2通电时，机床拔开定位销；定位销松开后，撞击行程开关SQ1，机床停止运行。

当需要机床工作时，将工件装入定位夹紧装置，按下液压系统启动按钮SB4，机床按以下步骤工作。

按下液压系统启动按钮SB4→工件定位和夹紧→左、右两面动力滑台同时快速进给→左、右两面动力滑台同时工进→左、右两面动力滑台快退至原位→夹紧装置松开→拔出定位销。在左、右动力滑台快速进给的同时，左刀具电动机M2、右刀具电动机M3启动运转工作，提供切削动力；在左、右两面动力滑台工进时，切削液泵电动机M4自动启动，在工进结束后切削液泵电动机M4自动停止。在滑台退回原位后，左、右刀具电动机M2、M3停止运转。

(3) 控制分析

双面钻孔组合机床的电气控制属于单机控制，输入输出均为开关量，根据实际控制要求，并考虑系统改造成本核算，在准备计算I/O点数的基础上，可以采用CP1H-XA40DR-A可编程控制器。该控制系统中所有输入触发信号采用常开触点接法，所需的24V直流电源由PLC内部提供。

根据双面钻孔组合机床的控制要求可知，该控制系统需要实现3个控制功能：①动力滑台的点、复位控制；②动力滑台的单机自动循环控制；③整机全自动工作循环控制。动力滑台的点、复位控制可由手动控制程序来实现；动力滑台的单机自动循环控制可采用顺序控制循环，应用步进顺控指令对其编程，可使程序简化，提高编程效率，为程序的调试、试运行带来许多方便；整机全自动工作循环控制可由总控制程序实现。

（4）I/O 端子资源分配与接线

根据控制要求及控制分析可知，该系统需要 23 个输入点和 15 个输出点，输入/输出地址分配如表 7-21 所示，其 I/O 接线如图 7-48 所示。

表 7-21 双面钻孔组合机床的 PLC 控制输入/输出地址分配

输入			输出		
功能	元件	PLC 地址	功能	元件	PLC 地址
工件手动夹紧按钮	SB0	0.00	工件夹紧指示灯	HL	100.00
总停止按钮	SB1	0.01	电磁阀	YV1	100.01
液压泵电动机 M1 启动按钮	SB2	0.02	电磁阀	YV2	100.02
液压系统停止按钮	SB3	0.03	电磁阀	YV3	100.03
液压系统启动按钮	SB4	0.04	电磁阀	YV4	100.04
左刀具电动机 M2 启动按钮	SB5	0.05	电磁阀	YV5	100.05
右刀具电动机 M3 启动按钮	SB6	0.06	电磁阀	YV6	100.06
夹紧松开手动按钮	SB7	0.07	电磁阀	YV7	100.07
左刀具电动机快进点动按钮	SB8	0.08	电磁阀	YV8	101.00
左刀具电动机快退点动按钮	SB9	0.09	电磁阀	YV9	101.01
右刀具电动机快进点动按钮	SB10	0.10	电磁阀	YV10	101.02
右刀具电动机快退点动按钮	SB11	0.11	液压泵电动机 M1 接触器	KM1	101.03
松开工件定位行程开关	SQ1	1.00	左刀具电动机 M2 接触器	KM2	101.04
工件定位行程开关	SQ2	1.01	右刀具电动机 M3 接触器	KM3	101.05
左机滑台快进结束行程开关	SQ3	1.02	切削液泵电动机 M4 接触器	KM4	101.06
左机滑台工进结束行程开关	SQ4	1.03			
左机滑台快退结束行程开关	SQ5	1.04			
右机滑台快进结束行程开关	SQ6	1.05			
右机滑台工进结束行程开关	SQ7	1.06			
右机滑台快退结束行程开关	SQ8	1.07			
工件压紧原位行程开关	SQ9	1.08			
工件夹紧压力继电器	KP	1.09			
手动和自动选择开关	SA	1.10			

（5）编写 PLC 控制程序

根据双面钻孔组合机床的循环工作过程图、控制分析和 PLC 资源配置，设计出双面钻孔组合机床 PLC 自动控制图如图 7-49 所示，双面钻孔组合机床 PLC 的程序如表 7-22 所示。

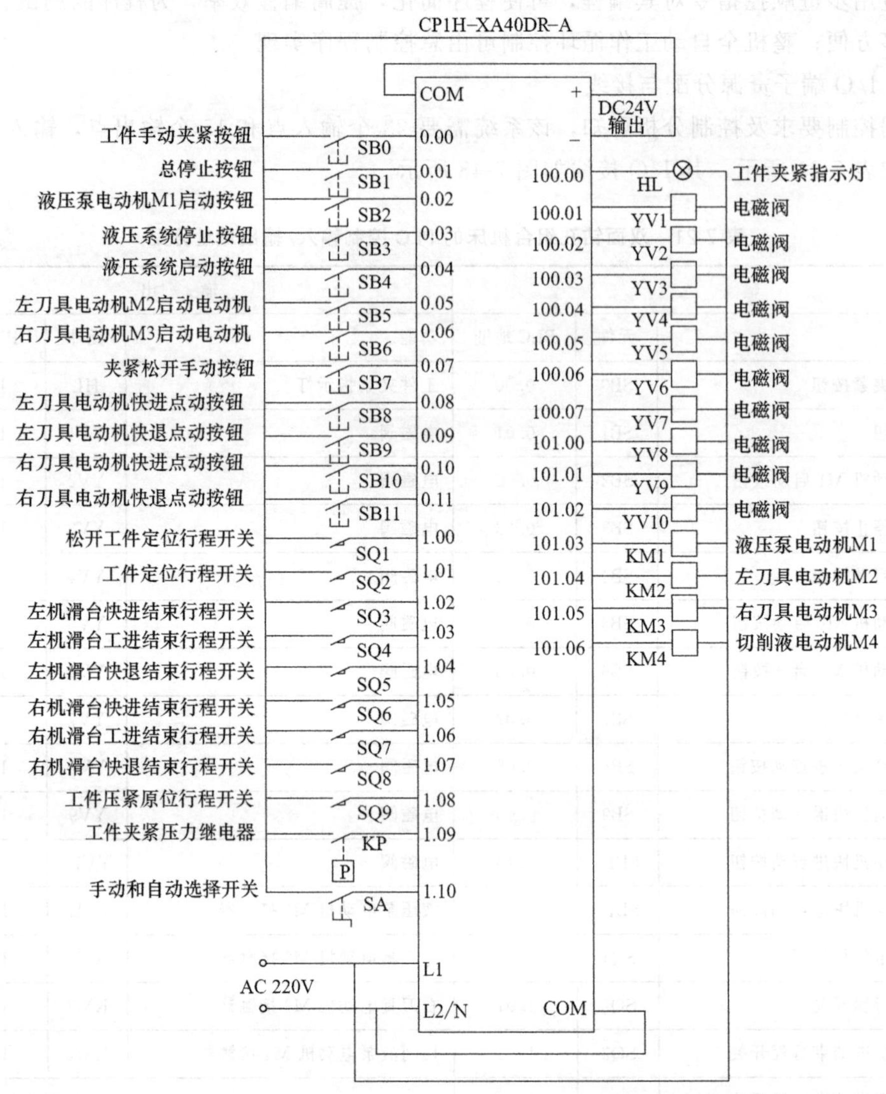

图 7-48　双面钻孔组合机床的 PLC 控制 I/O 接线

（6）程序仿真

① 用户启动 CX-Programmer，创建一个新的工程，按照表 7-22 输入 LAD（梯形图）或 STL（指令表）中的程序，并对其进行保存。

② 在 CX-Programmer 中，执行菜单命令“模拟”→“在线模拟”，进入 CX-Simulator 在线仿真（即在线模拟）状态。

③ 刚进入在线仿真状态时，W0.00 步显示绿色，表示为活动步。在条 0 中双击 0.02 设置为 1，以启动液压泵电动机 M1。M1 启动后，可以在条 35 中双击 1.10 进行相应设置以进行手动或自动选择操作。例如选择手动操作后，设置相应的触点为闭合状态，可以实现相应操作。如图 7-50 所示的仿真图是在手动操作下，100.03 线圈输出为 1（工件夹紧）、101.04 线圈输出为 1（左机电动机 M2 启动）、101.05 线圈输出为 1（右机电动机 M3 启动）。在自动控制下的运行过程，请读者自己对其仿真。

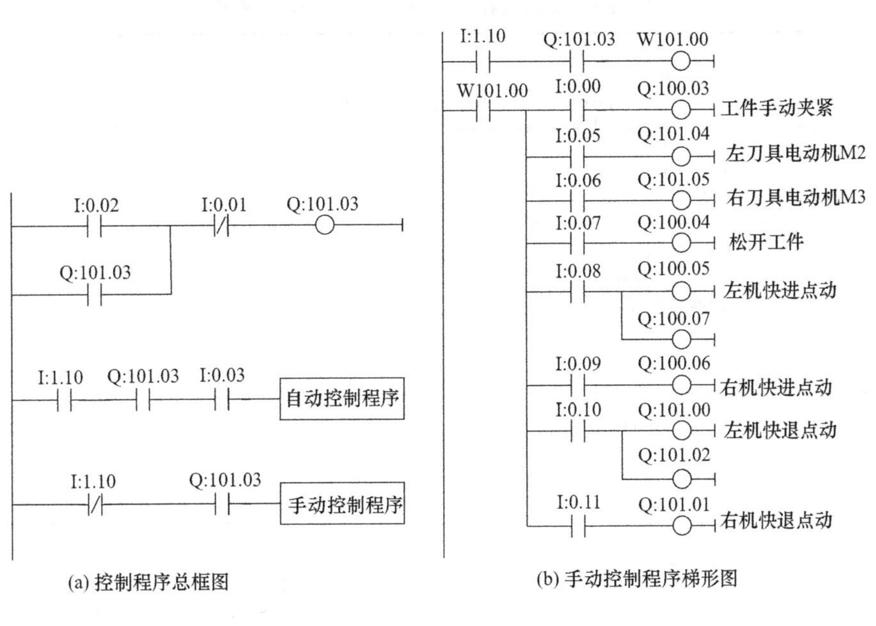

(a) 控制程序总框图　　(b) 手动控制程序梯形图

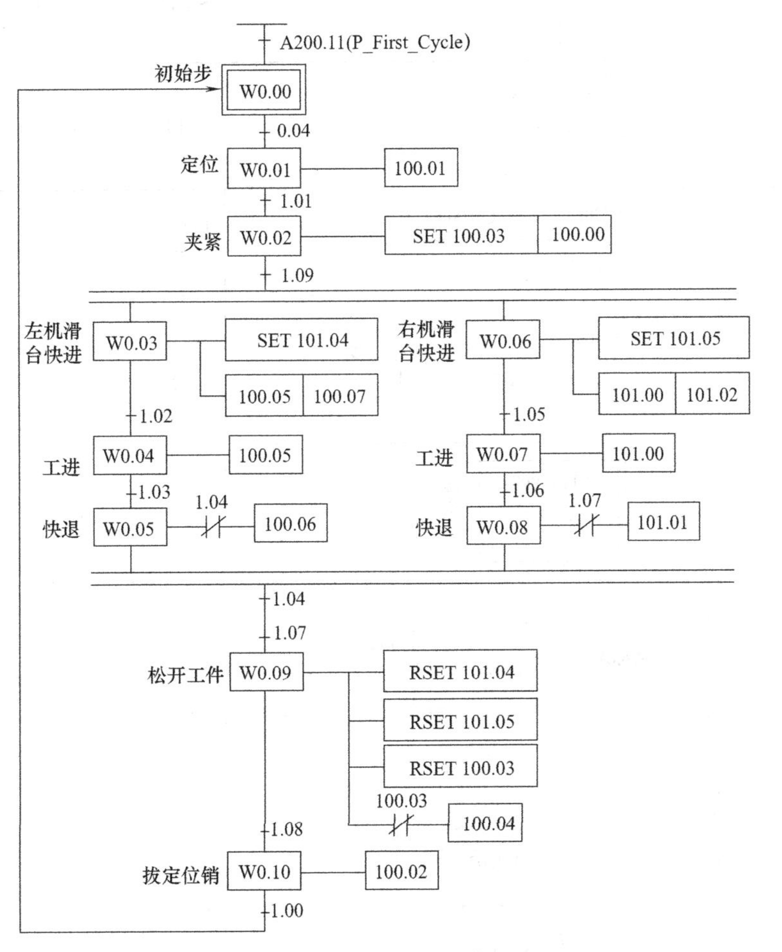

(c) 自动控制状态流程图

图 7-49　双面钻孔组合机床 PLC 自动控制图

表 7-22 双面钻孔组合机床的 PLC 控制程序

条	LAD	STL	
条 0	I:0.02, Q:101.03, I:0.01, Q:101.03	LD OR ANDNOT OUT	0.02 101.03 0.01 101.03
条 1	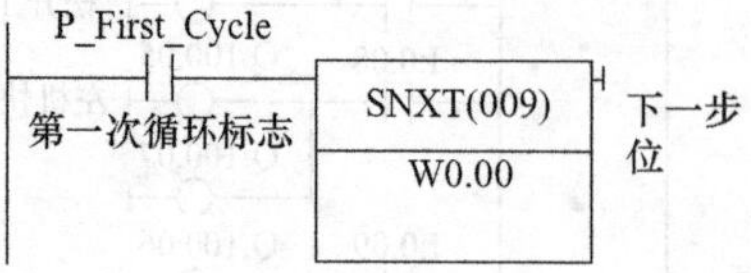 P_First_Cycle 第一次循环标志 SNXT(009) W0.00 下一步位	LD SNXT(009)	P_First_Cycle W0.00
条 2	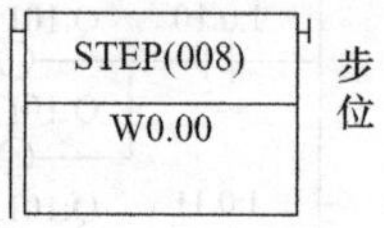 STEP(008) W0.00 步位	STEP(008)	W0.00
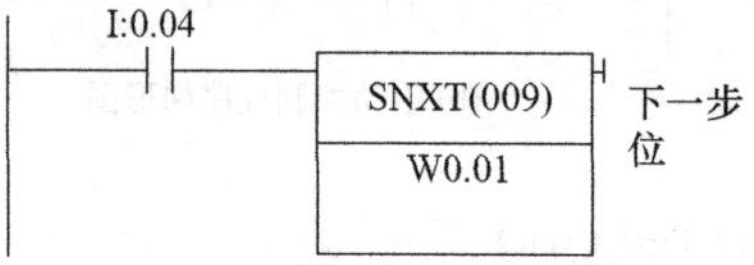 条 3	I:0.04 SNXT(009) W0.01 下一步位	LD SNXT(009)	0.04 W0.01
条 4	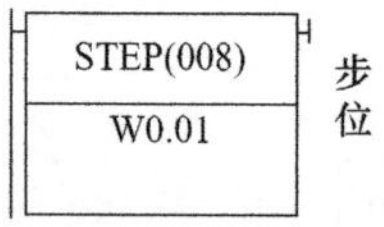 STEP(008) W0.01 步位	STEP(008)	W0.01
条 5	P_On 常通标志 Q:100.01	LD OUT	P_On 100.01
条 6	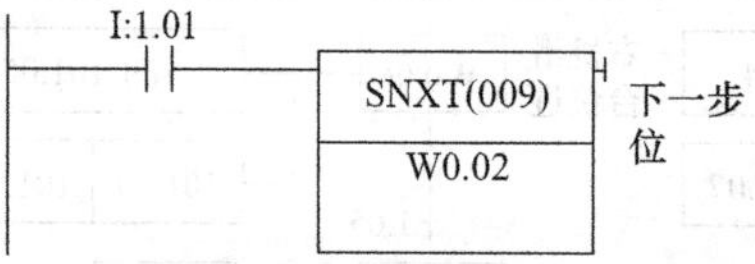 I:1.01 SNXT(009) W0.02 下一步位	LD SNXT(009)	1.01 W0.02
条 7	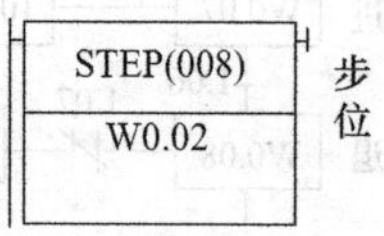 STEP(008) W0.02 步位	STEP(008)	W0.02
条 8	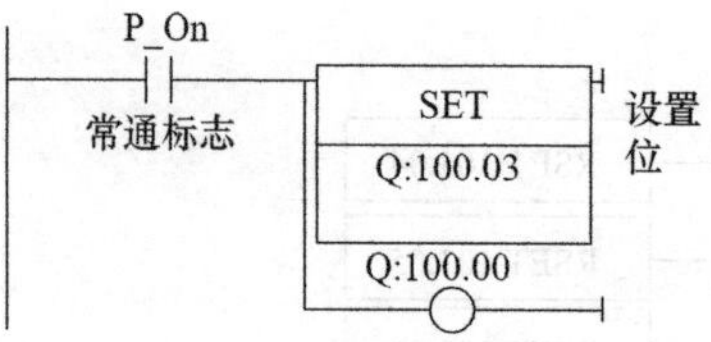 P_On 常通标志 SET Q:100.03 设置位 Q:100.00	LD SET OUT	P_On 100.03 100.00
条 9	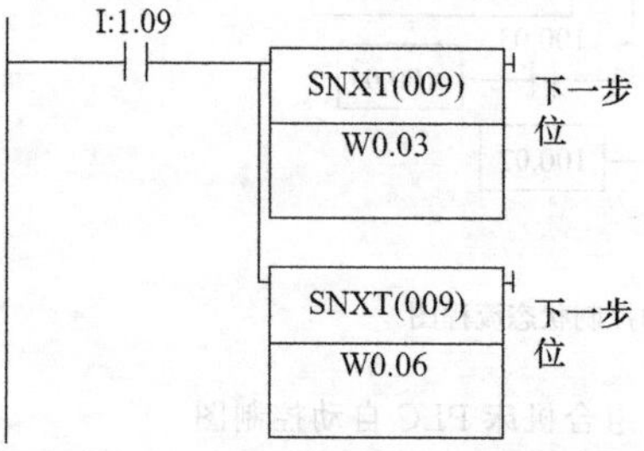 I:1.09 SNXT(009) W0.03 下一步位 SNXT(009) W0.06 下一步位	LD SNXT(009) SNXT(009)	1.09 W0.03 W0.06

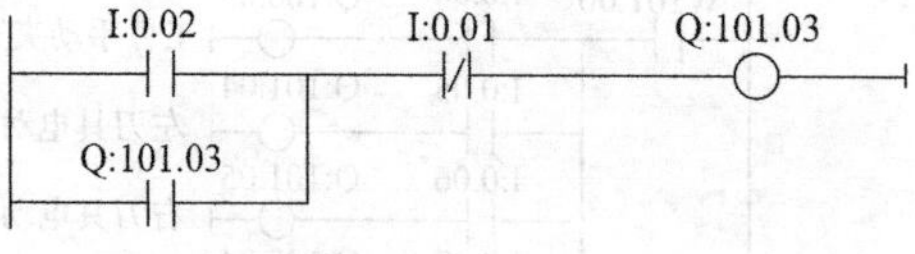

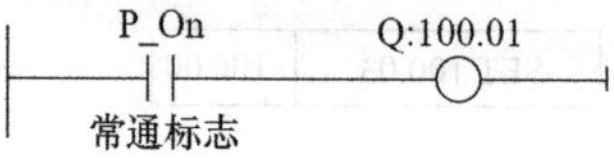

续表

条	LAD	STL
条 10	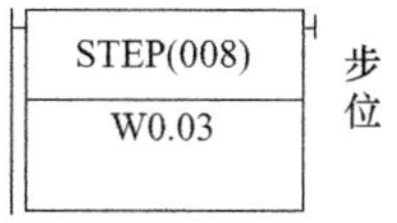 STEP(008) W0.03 步位	STEP(008) W0.03
条 11	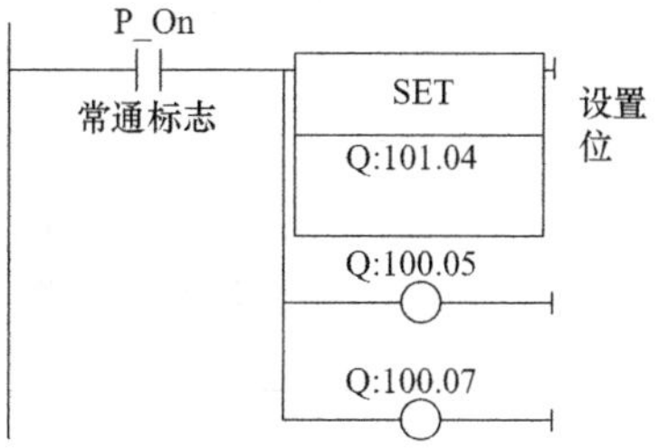 P_On 常通标志; SET Q:101.04 设置位; Q:100.05; Q:100.07	LD P_On SET 101.04 OUT 100.05 OUT 100.07
条 12	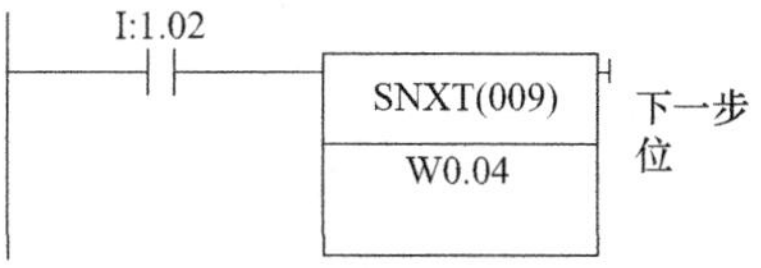 I:1.02; SNXT(009) W0.04 下一步位	LD 1.02 SNXT(009) W0.04
条 13	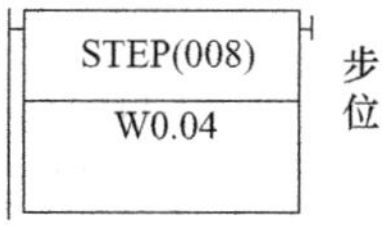 STEP(008) W0.04 步位	STEP(008) W0.04
条 14	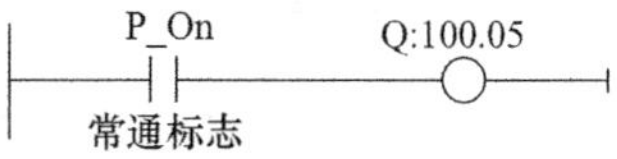 P_On 常通标志; Q:100.05	LD P_On OUT 100.05
条 15	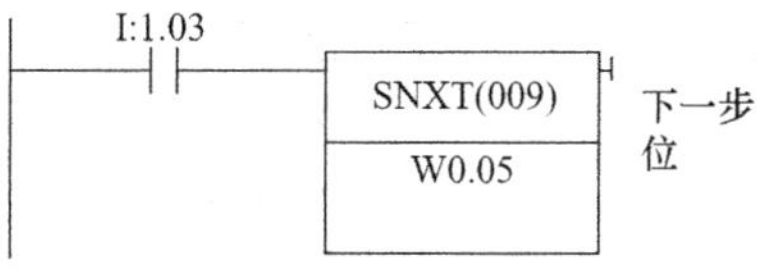 I:1.03; SNXT(009) W0.05 下一步位	LD 1.03 SNXT(009) W0.05
条 16	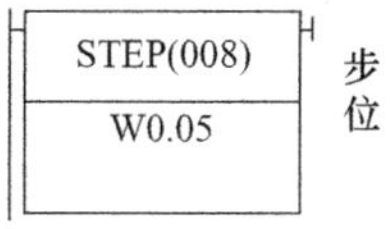 STEP(008) W0.05 步位	STEP(008) W0.05
条 17	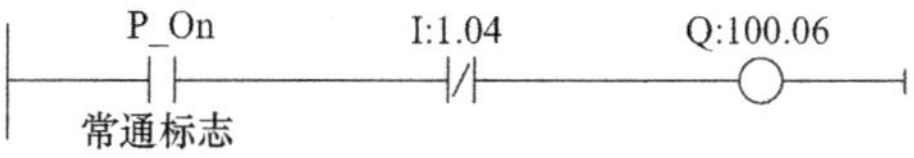 P_On 常通标志; I:1.04; Q:100.06	LD P_On ANDNOT 1.04 OUT 100.06
条 18	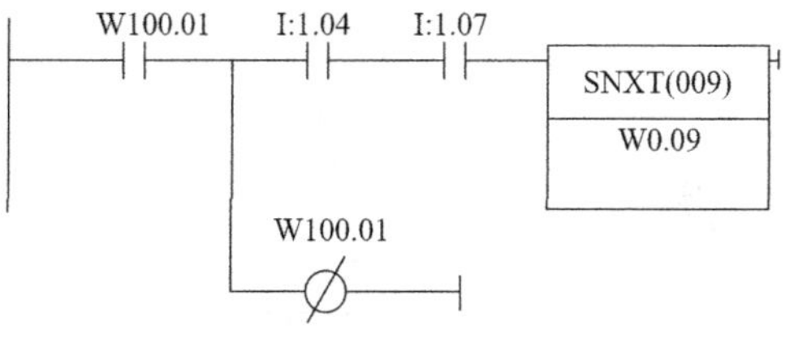 W100.01; I:1.04; I:1.07; SNXT(009) W0.09; W100.01	LD W100.01 OUT TR0 AND 1.04 AND 1.07 SNXT(009) W0.09 LD TR0 OUTNOT W100.01
条 19	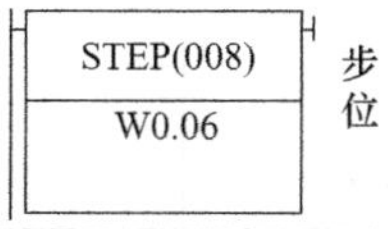 STEP(008) W0.06 步位	STEP(008) W0.06

续表

条	LAD	STL
条 20	P_On 常通标志 — SET Q:101.05 设置位；Q:101.00；Q:101.02	LD P_On SET 101.05 OUT 101.00 OUT 101.02
条 21	I:1.05 — SNXT(009) W0.07 下一步位	LD 1.05 SNXT(009) W0.07
条 22	STEP(008) W0.07 步位	STEP(008) W0.07
条 23	P_On 常通标志 — Q:101.00	LD P_On OUT 101.00
条 24	I:1.06 — SNXT(009) W0.08 下一步位	LD 1.06 SNXT(009) W0.08
条 25	STEP(008) W0.08 步位	STEP(008) W0.08
条 26	P_On 常通标志 — I:1.07 — Q:101.01	LD P_On ANDNOT 1.07 OUT 101.01
条 27	I:1.01 — I:1.07 — SNXT(009) W0.09 下一步位	LD 1.01 AND 1.07 SNXT(009) W0.09
条 28	STEP(008) W0.09 步位	STEP(008) W0.09
条 29	P_On 常通标志 — RSET Q:101.04 复位位；RSET Q:101.05 复位位；RSET Q:101.03 复位位；Q:100.03 — Q:100.04	LD P_On RSET 101.04 RSET 101.05 RSET 101.03 ANDNOT 100.03 OUT 100.04

续表

条	LAD	STL
条 30	I:1.08 SNXT(009) W0.10 下一步位	LD 1.08 SNXT(009) W0.10
条 31	STEP(008) W0.10 步位	STEP(008) W0.10
条 32	P_On 常通标志 Q:100.02	LD P_On OUT 100.02
条 33	I:1.00 SNXT(009) W0.00 下一步位	LD 1.00 SNXT(009) W0.00
条 34	STEP(008) 步	STEP(008)
条 35	I:1.10 Q:101.03 W:101.00	LD 1.10 ANDNOT 101.03 OUT W101.00
条 36	W101.00 I:0.00 Q:100.03 I:0.05 Q:101.04 I:0.06 Q:101.05 I:0.07 Q:100.04 I:0.08 Q:100.05 Q:100.07 I:0.09 Q:100.06 I:0.10 Q:101.00 Q:101.02 I:0.11 Q:101.01	LD W101.00 OUT TR0 AND 0.00 OUT 100.03 LD TR0 AND 0.05 OUT 101.04 LD TR0 AND 0.06 OUT 101.05 LD TR0 AND 0.07 OUT 100.04 LD TR0 AND 0.08 OUT 100.05 OUT 100.07 LD TR0 AND 0.09 OUT 100.06 LD TR0 AND 0.10 OUT 101.00 OUT 101.02 LD TR0 AND 0.11 OUT 101.01

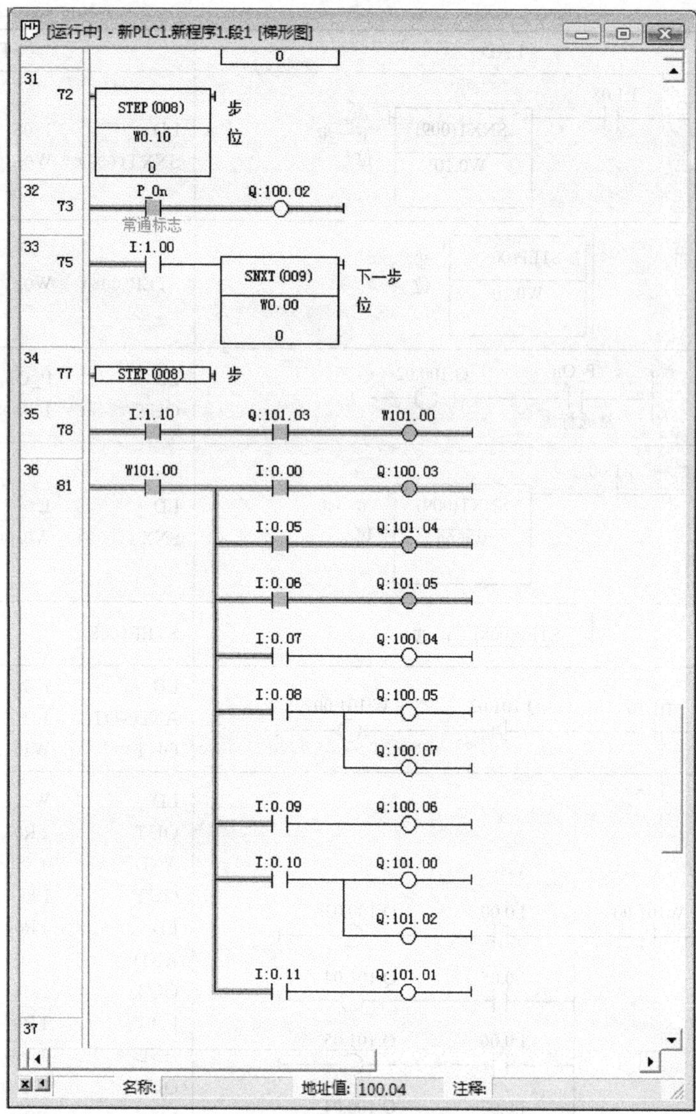

图 7-50　双面钻孔组合机床的 PLC 控制仿真效果图

第8章

欧姆龙CP1H模拟量功能与PID闭环控制

PLC是在数字量控制的基础上发展起来的工业控制装置，但是在许多工业控制系统中，其控制对象除了是数字量，还有可能是模拟量，例如温度、流量、压力、物位等均是模拟量。为了适应现代工业控制系统的需要，PLC的功能不断增强，第二代PLC就实现了模拟控制。当今第五代PLC已增加了许多模拟量处理功能，具有较强的PID控制能力，完全可以胜任各种较复杂的模拟控制。CP1H系列PLC系统通过配置相应的模拟量输入/输出单元模块可以很好地进行模拟量系统的控制。

8.1 模拟量的基本概念

8.1.1 模拟量处理流程

连续变化的物理量称为模拟量，例如温度、流量、压力、速度、物位等。在CP1H系列PLC系统中，CPU是以二进制格式来处理模拟值。模拟量输入模块用于将输入的模拟量信号转换成为CPU内部处理的数字信号；模拟量输出模块用于将CPU送给它的数字信号转换为成比例的电压信号或电流信号，对执行机构进行调节或控制。模拟量处理流程如图8-1所示。

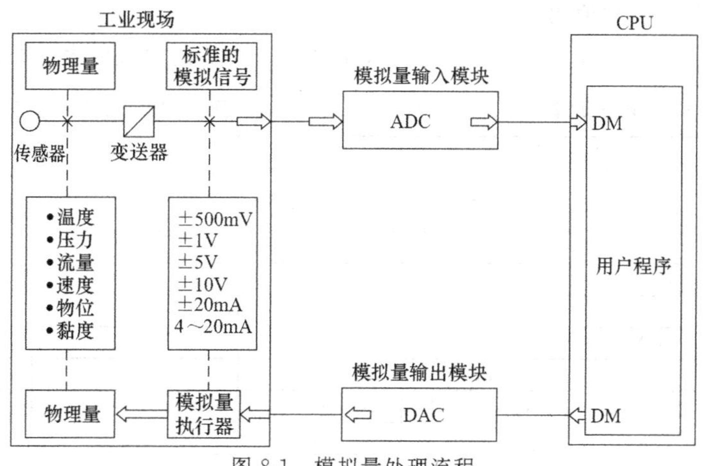

图8-1 模拟量处理流程

若需将外界信号传送到CPU时，首先通过传感器采集所需的外界信号并将其转换为电信号，该电信号可能是离散性的电信号，需通过变送器将它转换为标准的模拟量电压或电流信号。模拟量输入模块接收到这些标准模拟量信号后，通过ADC转换为与模拟量成比例的数字量信号，并存放在用户指定的数据存储器中（DM）。

若CPU需控制外部相关设备时，首先CPU通过相应指令将指定的数字量信号传送到数据存储器中（DM）。这些数字量信号在模拟量输出模块中通过 DAC 转换后，转换为成比例的标准模拟电压或电流信号。标准模拟电压或电流信号驱动相应的模拟量执行器进行相应动作，从而实现 PLC 的模拟量输出控制。

8.1.2 模拟量的表示及精度

（1）模拟值的精度

CPU 只能以二进制处理模拟值。对于具有相同标称范围的输入和输出值来说，数字化的模拟值都相同。模拟值用一个由二进制补码定点数来表示，第 15 位为符号位。符号位为 0 表示正数，为 1 表示负数。

模拟值的精度如表 8-1 所示，表中以符号位对齐，未用的低位则用“0”来填补，表中的“×”表示未用的位。

表 8-1　模拟值的精度

精度(位数)	分辨率		模拟值	
	十进制	十六进制	高 8 位字节	低 8 位字节
8	128	0x80	符号 0 0 0 0 0 0 0	1 ×××××××
9	64	0x40	符号 0 0 0 0 0 0 0	0 1 ××××××
10	32	0x20	符号 0 0 0 0 0 0 0	0 0 1 ×××××
11	16	0x10	符号 0 0 0 0 0 0 0	0 0 0 1 ××××
12	8	0x08	符号 0 0 0 0 0 0 0	0 0 0 0 1 ×××
13	4	0x04	符号 0 0 0 0 0 0 0	0 0 0 0 0 1 ××
14	2	0x02	符号 0 0 0 0 0 0 0	0 0 0 0 0 0 1 ×
15	1	0x01	符号 0 0 0 0 0 0 0	0 0 0 0 0 0 0 1

（2）输入量程的模拟值表示

① 电压测量范围为－10～＋10V、1～5V 以及 0～10V 的模拟值表示如表 8-2 所示。

表 8-2　电压测量范围为－10～＋10V、1～5V 以及 0～10V 的模拟值表示

电压测量范围				模拟值	
所测电压	－10～＋10V	1～5V	0～10V	十进制	十六进制
上溢	11.85V	5.741V	11.852V	32767	0x7FFF
				32512	0x7F00
上溢警告	11.759V	5.704V	11.759V	32511	0x7EFF
				27649	0x6C01
正常范围	10V	5V	10V	27648	0x6C00
	7.5V	4V	7.5V	20736	0x5100
	361.7μV	1V＋144.7μV	0V＋361.7μV	1	0x1
	0V	1V	0V	0	0x0
	－361.7μV		不支持负值	－1	0xFFFF
	－7.5V			－20736	0xAF00
	－10V			－27648	0x9400
下溢警告				－27649	0x93FF
	－11.759V			－32512	0x8100
		0.296V		－4864	0xED00
下溢				－32513	0x80FF
	－11.85V			－32768	0x8000

② 电流测量范围为 0～20mA 和 4～20mA 的模拟值表示如表 8-3 所示。

表 8-3　电流测量范围为 0～20mA 和 4～20mA 的模拟值表示

电流测量范围			模拟值	
所测电流	0～20mA	4～20mA	十进制	十六进制
上溢	23.7mA	22.96mA	32767	0x7FFF
			32512	0x7F00
上溢警告	23.52mA	22.81mA	32511	0x7EFF
			27649	0x6C01
正常范围	20mA	20mA	27648	0x6C00
	15mA	16mA	20736	0x5100
	723.4nA	4mA+578.7nA	1	0x1
	0mA	4mA	0	0x0
			−1	0xFFFF
			−20736	0xAF00
			−27648	0x9400
下溢警告			−27649	0x93FF
			−32512	0x8100
	−3.52mA	1.185mA	−4864	0xED00
下溢			−32513	0x80FF
			−32768	0x8000

(3) 输出量程的模拟值表示

① 电压输出范围为−10～10V、0～10V 以及 1～5V 的模拟值表示如表 8-4 所示。

表 8-4　电压输出范围为−10～10V、0～10V 以及 1～5V 的模拟值表示

数字量			输出电压范围			
百分比	十进制	十六进制	−10～10V	0～10V	1～5V	输出电压
118.5149%	32767	0x7FFF	0.00V	0.00V	0.00V	上溢、断路和去电
	32512	0x7F00				
117.589%	32511	0x7EFF	11.76V	11.76V	5.70V	上溢警告
	27649	0x6C01				
100%	27648	0x6C00	10V	10V	5V	正常范围
75%	20736	0x5100	7.5V	7.5V	3.75V	
0.003617%	1	0x1	361.7μV	361.7μV	1V+144.7μV	
0%	0	0x0	0V	0V	0V	
	−1	0xFFFF	−361.7μV			
−75%	−20736	0xAF00	−7.5V			
−100%	−27648	0x9400	−10V			
	−27649	0x93FF				下溢警告
−25%	−6912	0xE500			0V	
	−6913	0xE4FF		输出值限制在 0V 或空闲状态		
−117.593%	−32512	0x8100	−11.76V			
	−32513	0x80FF				下溢、断路和去电
−118.519%	−32768	0x8000	0.00V	0.11V	0.00V	

② 电流输出范围为 0～20mA 以及 4～20mA 的模拟值表示如表 8-5 所示。

表 8-5　电流输出范围为 0～20mA 以及 4～20mA 的模拟值表示

数字量			输出电流范围		
百分比	十进制	十六进制	0～20mA	4～20mA	输出电流
118.5149%	32767	0x7FFF	0.00mA	0.00mA	上溢
	32512	0x7F00			
117.589%	32511	0x7EFF	23.52mA	22.81mA	上溢警告
	27649	0x6C01			
100%	27648	0x6C00	20mA	20mA	正常范围
75%	20736	0x5100	15mA	16mA	
0.003617%	1	0x1	723.4nA	4mA+578.7nA	
0%	0	0x0	0mA	4mA	
	−1	0xFFFF			
−75%	−20736	0xAF00			
−100%	−27648	0x9400			
	−27649	0x93FF			下溢警告
−25%	−6912	0xE500		0mA	
	−6913	0xE4FF	输出值限制在 0mA 或空闲状态		
−117.593%	−32512	0x8100			
	−32513	0x80FF			下溢
−118.519%	−32768	0x8000	0.00mA	0.00mA	

8.1.3　模拟量输入方法

模拟量的输入有两种方法：用模拟量输入模块输入模拟量、用采集脉冲输入模拟量。

（1）用模拟量输入模块输入模拟量

模拟量输入模块是将模拟过程信号转换为数字格式，其处理流程可参见图 8-1。使用模拟量输入模块时，要了解其性能，主要的性能如下。

① 模拟量规格　指可接受或可输入的标准电流或标准电压的规格，一般多些好，便于选用。

② 数字量位数　指转换后的数字量用多少位二进制数表达。位越多，精度越高。

③ 转换时间　指实现一次模拟量转换的时间，越短越好。

④ 转换路数　指可实现多少路的模拟量的转换，路数越多越好，可处理多路信号。

⑤ 功能　指除了实现模数转换时的一些附加功能，有的还有标定、平均峰值及开方功能。

（2）用采集脉冲输入模拟量

PLC 可采集脉冲信号，可用高速计数单元或特定输入点采集，也可用输入中断的方法采集，把物理量转换为电脉冲信号也很方便。

8.1.4　模拟量输出方法

模拟量输出的方法有 3 种：用模拟量输出模块控制输出、用开关量 ON/OFF 比值控制输出、用可调制脉冲宽度的脉冲量控制输出。

（1）用模拟量输出模块控制输出

为使控制的模拟量能连续、无波动地变化，最好采用模拟量输出模块。模拟量输出模块是将数字输入值转换为模拟信号，其处理流程可参见图 8-1。模拟量输出模块的参数包括诊断中断、组诊断、输出类型选择（电压、电流或禁用）、输出范围选择及对 CPU STOP 模式的响应。使用模拟量输出模块时应按以下步骤进行。

① 选用　确定是选用 CPU 单元的内置模拟量输出模块，还是选用外扩的模拟量输出模块。在选择外扩时，要选性能合适的模拟量输出模块，既要与 PLC 型号相当，规格、功能也要一致，而且配套的附件或装置也要选好。

② 接线　模拟量输出模块可为负载和执行器提供电源。模拟量输出模块使用屏蔽双绞线电缆连接模拟量信号至执行器。电缆两端的任何电位差都可能导致在屏蔽层产生等电位电流，干扰模拟信号。为防止发生这种情况，应只将电缆一端的屏蔽层接地。

③ 设定　有硬设定及软设定。硬设定用 DIP 开关，软设定用存储区或运行相当的初始化 PLC 程序。作了设定，才能确定要使用哪些功能，选用什么样的数据转换，数据存储于什么单元等。总之，没有进行必要的设定，如同没有接好线一样，模块也是不能使用的。

（2）用开关量 ON/OFF 比值控制输出

改变开关量 ON/OFF 比例，进而用这个开关量去控制模拟量，是模拟量控制输出最简单的办法。这个方法不用模拟量输出模块即可实现模拟量控制输出。其缺点是，这个方法的控制输出是断续的，系统接收的功率有波动，不是很均匀。如果系统惯性较大，或要求不高，允许不大的波动时可用。为了减少波动，可缩短工作周期。

（3）用可调制脉冲宽度的脉冲量控制输出

有的 PLC 有半导体输出的输出点，可缩短工作周期，提高模拟量输出的平稳性。用其控制模拟量是既简单又平稳的方法。

8.2 CP1H 系列的内置模拟量输入/输出单元

8.2.1 CP1H 内置模拟量输入/输出的功能

（1）输入/输出的转换功能

CP1H-XA 型 PLC 内置模拟量输入/输出单元，利用其内置模拟输入功能，可以将外界输入大小不同的电压或电流转换成不同的数字量，再由内部程序进行处理，处理得到的结果仍为数字量，其模/数（A/D）转换值的读取过程如图 8-2 所示。利用模拟量输出功能，可以将数字量转换成大小不同的电压或电流输出，其数/模（D/A）转换值的写入过程如图 8-3 所示。

（2）I/O 结构与规格

CP1H 内置模拟量输入/输出的功能仅限于 XA 型，而 X 型和 Y 型不具备内置模拟量输入/输出功能，但可以通过外扩模拟量输入/输出模块来获得该功能。在 CP1H-XA 型主机单元中，内置模拟输入 4 点和模拟输出 2 点，CP1H-XA 型主机单元的模拟输入、输出结构如图 8-4 所示。CP1H-XA 型主机单元中，内置模拟 I/O 规格如表 8-6 所示。

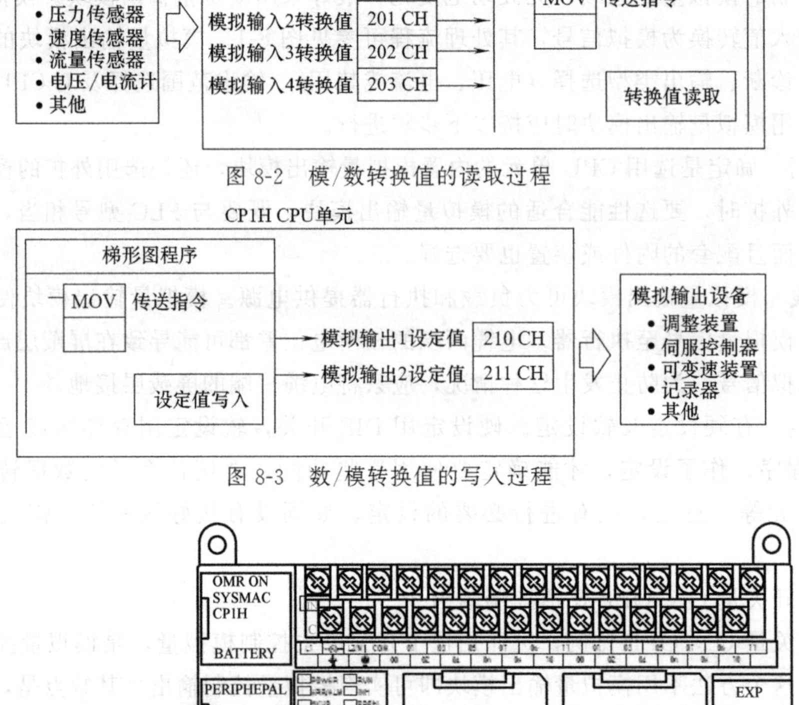

图 8-2　模/数转换值的读取过程

图 8-3　数/模转换值的写入过程

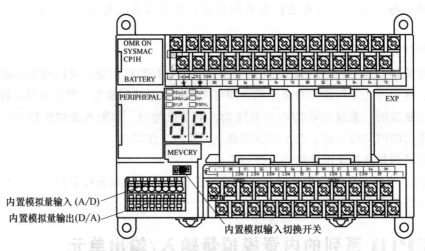

图 8-4　CP1H-XA 型 CPU 模拟输入、输出结构

表 8-6　内置模拟 I/O 规格

型　号		CP1H-XA40DR-A、CP1H-XA40DT-D、CP1H-XA40DT1-D	
项　目		电压输入输出	电流输入输出
模拟量输入	模拟输入点数	4点(占用4个CH)	
	输入信号量程	0～5V、1～5V、0～10V、−10～10V	0～20mA、4～20mA
	最大额定输入	±15V	±30mA
	外部输入阻抗	1MΩ以上	约250Ω
	分辨率	1/6000 或 1/12000	
	综合精度	25℃,±0.3%;0～55℃,±0.6%	25℃,±0.4%;0～55℃,±0.8%
	A/D 转换数据	−10～10V时,满量程值为0xF448(0xE890)～0x0BB8(0x1770)	
	平均化处理	有,通过PLC系统设定来设置各输入	
	断线检测功能	有,断线时的值为0x8000	

续表

模拟量输出	模拟量输出点数	2点(占用2个CH)	
	输出信号量程	0～5V、1～5V、0～10V、－10～10V	0～20mA、4～20mA
	外部输出允许负载电阻	1kΩ以上	600Ω以下
	外部输出阻抗	0.5Ω以下	—
	分辨率	1/6000或1/12000	
	综合精度	25℃,±0.4%/0～55℃,±0.8%	
	D/A转换数据	－10～10V时,满量程值为0xF448(0xE890)～0x0BB8(0x1770)	
转换时间		1ms/点	
隔离方式		模拟输入输出与内部电路间为光电耦合器隔离,但模拟输入输出间不隔离	

(3) 模拟量输入的平均值处理功能

模拟输入的平均值处理功能，可以通过CX-Programmer的PLC系统设定，逐个设定到各输入/输出。在平均化处理功能中，将前8次输入的平均值作为转换数据输出。输入发生细微变化的情况下，通过平均化处理，可作为平滑输入处理。

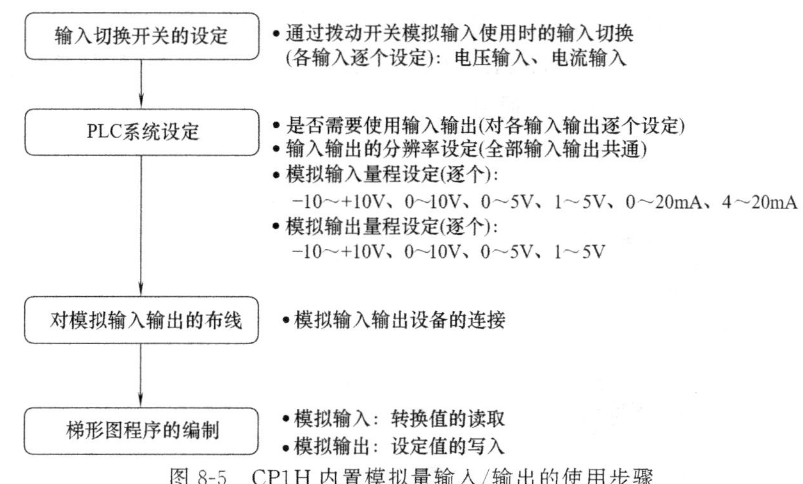

图8-5 CP1H内置模拟量输入/输出的使用步骤

(4) 模拟量输入的断线检测功能

模拟量输入的断线检测功能是用来检测输入是否断线和转换工作是否完成。当输入量程为1～5V、输入信号不足0.8V时，或者输入量程为4～20mA、输入信号不足3.2mA时，判断为输入布线发生断线，断线检测功能工作。如果断线检测功能进行工作，则数据转为0x8000，而且其工作时间、解除时间和转换时间都相同。当输入再恢复到可转换的范围时，断线检测功能被自动清除，恢复到通常的转换数据。断线检测标志被分配到特殊辅助继电器A434 CH的00～03位。

8.2.2 CP1H内置模拟量输入/输出的使用

(1) 使用步骤

CP1H内置模拟量输入/输出的使用步骤如图8-5所示。

(2) 输入切换开关的设定

CP1H-XA型PLC有4路模拟量输入端子，每路都采用电流共用端子方式，端子用作电压输入或是电流输入，受切换开关控制。CP1H内置模拟量输入切换开关位于外壳的内侧电路板上，如图8-6所示。在进行切换开关的设定时，可以通过拨动开关模拟输入使用时的输入切换，对电压输入和电流输入进行逐个设定。在电压输入的情况下，采用0～5V、1～5V、0～10V、-10～10V中的任何信号；在电流输入的情况下，采用0～20mA、4～20mA中的任何信号，其示意如图8-6所示。

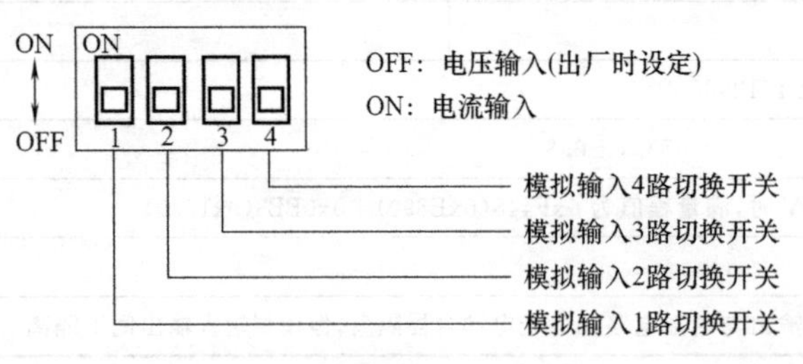

图8-6　模拟量输入切换开关

（3）PLC系统设定

模拟输入/输出是否使用、输入/输出量程、平均化处理是否使用以及分辨率的设定都可以使用CX-Programmer的PLC系统设定来进行。

在CX-Programmer软件的工程工作区中，双击“设置”，在弹出的“PLC设定”对话框中选择“内建AD/DA”选项卡，在此选项卡中可以对内置模拟量输入/输出进行PLC系统设定，如图8-7所示。

① 选择需使用的模拟量输入/输出端子　如果要使用某模拟输入/输出通道时，在“使用”前将其勾选即可，比如在图8-7中将4个输入通道和2个输出通道的“使用”都勾选了，表示4个模拟量输入AD 0CH、AD 1CH、AD 2CH、AD 3CH作为模拟量输入通道；DA 0CH、DA 1CH作为模拟量输出通道。

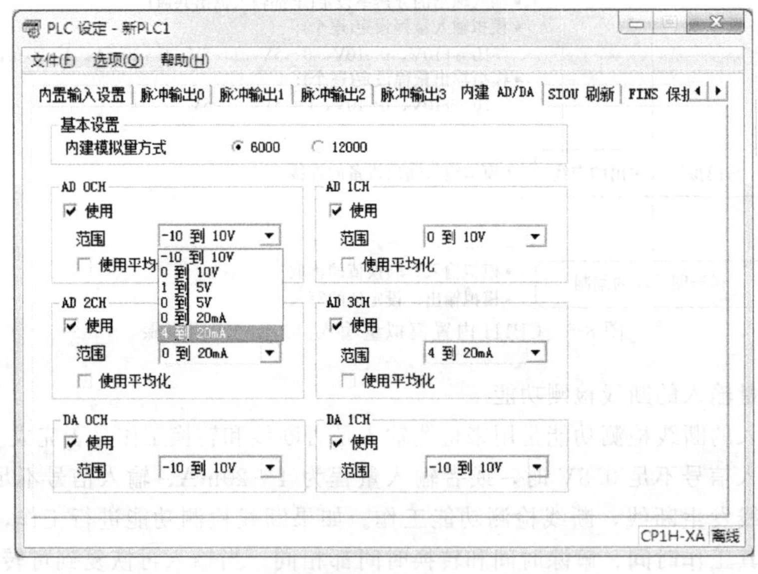

图8-7　内置模拟量输入/输出的PLC系统设定

② 选择使用的模拟量输入种类和范围　在勾选“使用”的输入通道栏的范围中，通过下拉列表可以选择所需要的输入种类和范围，比如在图8-7中的AD 1CH中选择输入电压，其范围为0～10V；AD 3CH中选择输入电流，其范围为4～20mA。

③ 选择使用的模拟量输出种类和范围　在勾选“使用”的输出通道栏的范围中，通过下拉列表可以选择所需要的输出种类和范围，比如在图8-7中的DA 0CH和DA 1CH中都选择输出电压，其范围为-10～10V。

④ 选择分辨率　CP1H-XA型内置模拟量输入/输出通道有两种可选分辨率6000与12000，在相同输入范围下，分辨率越高，转换得到的数字量变化范围越大，其转换精度越高。但是，分辨率高则会降低转换速度，并且得到的数字量位数就较多。在图8-7中将分辨率选定为6000，这样就将输入/输出范围分作6000份。例如AD 3CH的电流输入范围为4～20mA，那么只要输入电流变化大于（20～4)/6000mA，转换得到的数字量就会变化，若电流小于该值，数字量就不会变化。

(4) 模拟输入/输出的接线

CP1H-XA型PLC内置模拟量输入/输出单元的I/O排列及功能如表8-7所示，在使用时可以根据这个表选择合适引脚并进行相应的I/O接线。

表8-7　内置模拟I/O排列及功能

端子台	引脚NO.	引脚名称	功能描述
模拟量输入 1 2 3 4 5 6 7 8 VIN0/IIN0 COM0 VIN1/IIN1 COM1 VIN2/IIN2 COM2 VIN3/IIN3 COM3	1	VIN0/IIN0	模拟输入0电压/电流输入
	2	COM0	模拟输入0COM
	3	VIN1/IIN1	模拟输入1电压/电流输入
	4	COM1	模拟输入1COM
	5	VIN2/IIN2	模拟输入2电压/电流输入
	6	COM2	模拟输入2COM
	7	VIN3/IIN3	模拟输入3电压/电流输入
	8	COM3	模拟输入3COM
模拟量输出 1 2 3 4 5 6 7 8 VOUT1 IOUT1 COM1 VOUT2 IOUT2 COM2 AG AG	1	VOUT1	模拟输出1电压输出
	2	IOUT1	模拟输出1电流输出
	3	COM1	模拟输出1COM
	4	VOUT2	模拟输出2电压输出
	5	IOUT2	模拟输出2电流输出
	6	COM2	模拟输出2COM
	7	AG	模拟0V
	8	AG	模拟0V

在进行模拟量输入/输出的接线时，可以参照图8-8进行连线。进行连线时要注意，输入/输出连接线应使用带屏蔽的两芯双绞电缆，不要连接屏蔽线。对于不使用的输入通道，应将输入端子的“＋”及“－”短接，并且要将AC电源线及动力线等分开布线。如果电源线上有干扰，应在电源、输入端插入噪声滤波器。

(5) 内置模拟量输入/输出的存储通道和特殊辅助继电器

① 存储通道　模拟量输入通道送入的模拟量经PLC内部A/D（模/数）电路转换成数字量，该数字量会保存在特定的存储通道中；模拟量输出通道送出的模拟量是由特定存储通道的数字量经D/A（数/模）电路转换而来。

CP1H-XA型PLC内置模拟量输入/输出单元的模拟量存储通道分配如表8-8所示，其中输入的模拟量经A/D转换后送入200 CH～203 CH进行存储；需输出的D/A转换数字量存储在210 CH和211 CH中。例如当输入/输出均为－10～＋10V、分辨率为6000时，若模拟量输入0端输入－10～＋10V的模拟电压，经内置的A/D电路会转换成0xF448～0x0BB8

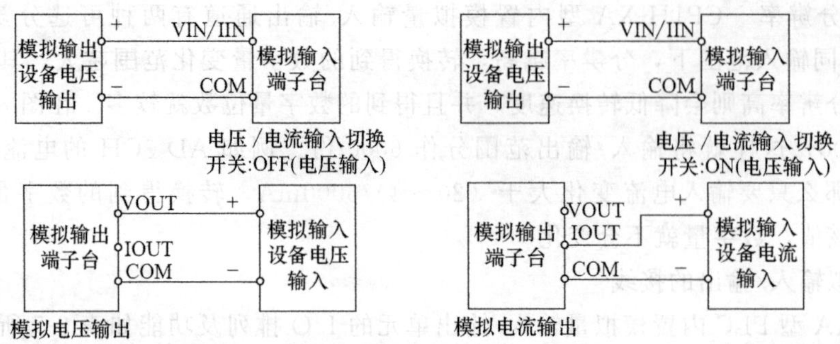

图 8-8 内置模拟量输入/输出的接线

(−3000～3000)的数字量，存入 200 CH；210 CH 中的 0xF448～0x0BB8（−3000～3000）的数字量经内置的 D/A 电路会转换成−10～+10V 的模拟量，从模拟量输出 0 端输出。

表 8-8 内置 AD/DA 存储通道分配

种类	CH 通道分配	数据范围		
		数据	6000 分辨率	12000 分辨率
A/D 转换数据	200 CH	模拟输入 0	−10～10V 量程：0xF448～0x0BB8；其他量程：0x0000～0x1770	−10～10V 量程：0xF890～0x1770；其他量程：0x0000～0x2EE0
	201 CH	模拟输入 1		
	202 CH	模拟输入 2		
	203 CH	模拟输入 3		
D/A 转换数据	210 CH	模拟输出 0		
	211 CH	模拟输出 1		

② 特殊辅助继电器　模拟量输入/输出的特殊辅助继电器作为断线检测功能使用，是用来检测输入是否断线和转换工作是否完成。模拟量输入/输出的特殊辅助继电器功能如表8-9所示。例如当模拟量输入 2 端发生断线故障，则 A434.02 状态会变为 1，在模拟量转换过程中，A434.02 为 0，转换结束 A434.02 变为 1。

表 8-9 模拟量输入/输出的特殊辅助继电器功能

继电器编号	内　容	
A434.00	模拟输入 1 断线检测标志	0：无异常 1：发生断线异常
A434.01	模拟输入 2 断线检测标志	
A434.02	模拟输入 3 断线检测标志	
A434.03	模拟输入 4 断线检测标志	
A434.04	内置模拟初始处理结束标志	0：初始处理中 1：初始处理结束

(6) 梯形图程序编制的注意事项

① 转换数据的读取与写入　在编制梯形图程序时，可使用 MOV 指令读取 200 CH～203 CH 中的数字量（由内置模拟量 A/D 转换而来），再使用其他指令对该数字量进行处理即可。在输出模拟量时，可使用 MOV 指令将有关数字量写入 210 CH、211 CH，PLC 会自动将这些数字量经内置模拟量 D/A 转换成模拟量，并从模拟量输出端输出。

② 电源为 ON 时的处理　从电源为 ON 开始到最初的转换数据被保存到输入通道为止，大约需 1.5s 的时间。内置模拟的初始处理一结束，初始处理结束标志（A434.04）就为 ON，因此与电源为 ON 同时开始运行的情况下，要参照该标志，编写程序使其直到转换数据转为有效前等待。

③ 异常时的动作　内置模拟输入/输出部分发生异常的情况下，发生内置模拟异常（运行继续异常），模拟输入数据变为 0x0000，模拟输出数据变为 0V 或 0mA。发生 CPU 单元运行停止异常的情况下，将模拟输出设定为 1～5V 或 4～20mA 时，CPU 异常时为 0V 或 0mA，其他异常时则输出 1V 或 4mA。如果中断任务的程序被连续执行 6ms 以上，则内置模拟功能不能正确动作，发生内置模拟异常。

8.2.3 模拟电位器与外部模拟设定输入

CP1H-XA 型 PLC 具有内置模拟量输入/输出功能，而 CP1H-X 型和 CP1H-Y 型 PLC 没有内置模拟量输入/输出功能。对于 CP1H-X 型和 CP1H-Y 型 PLC 而言，如果不用模拟量输出且仅需要一路模拟量输入时，可以使用 PLC 面板上的模拟量电位器和外部模拟量设定输入端子，如图 8-9 所示。

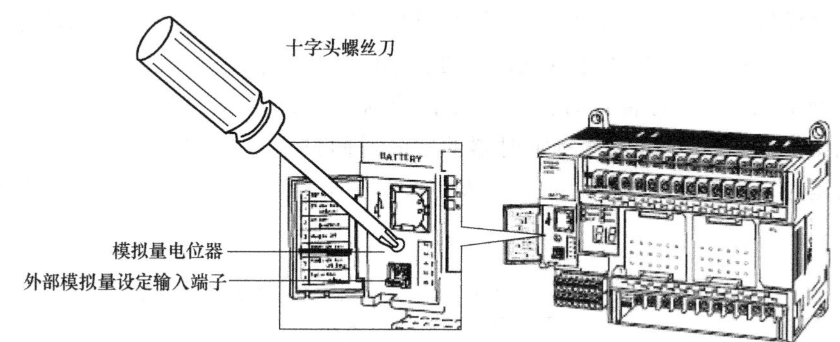

图 8-9　PLC 面板上的模拟量电位器和外部模拟量设定输入端子

(1) 模拟电位器

通过十字头螺丝刀可调节 PLC 面板上的模拟量电位器，可以使特殊辅助继电器 A642 CH 的当前值在 0～255 变化。在更新当前值的同时，面板上的两位 LED 数码管的数字在 00～FF 实时变化。

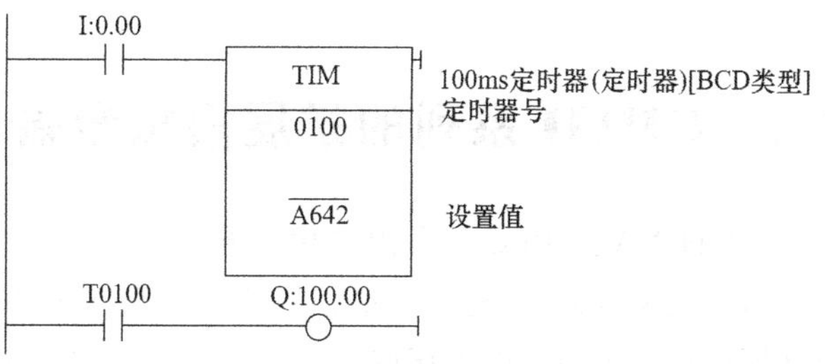

图 8-10　使用模拟量电位器的梯形图程序

使用模拟量电位器的梯形图程序如图 8-10 所示。调节模拟量电位器可以使 A642 CH 的值在 0～255 变化。由于 T0100 的时基单位为 100ms，即通过调节模拟量电位器可将定时器 T0100 的定时时间设为 0～25.5s (0～255)。例如将 A642 CH 的值调到 100 时，就将定时器的定时时间设为 10s，当 0.00 常开触点闭合后，T0100 开始延时，延时达到 10s 后 T0100 动作，T0100 触点闭合，100.00 线圈得电。

在使用模拟量电位器作为模拟量输入时，模拟量电位器有时会随环境温度的变化及电源电压的变化，其设定值也会发生相应的变化，因此，对于要求设定值较精密的情况下，要谨慎使用。

(2) 外部模拟量设定输入

如果给PLC面板上的外部模拟量输入端子输入0～10V的电压，则输入电压可进行A/D转换，并可以使特殊辅助继电器A643 CH的当前值在0～255变化。在更新当前值的同时，面板上的两位LED数码管的数字在00～FF实时变化。

外部模拟量设定输入端子的接线、输入电压与A643 CH当前值的关系如图8-11所示。在进行接线时，应利用附属的1m导线连接，输入电压最大允许值为11V。

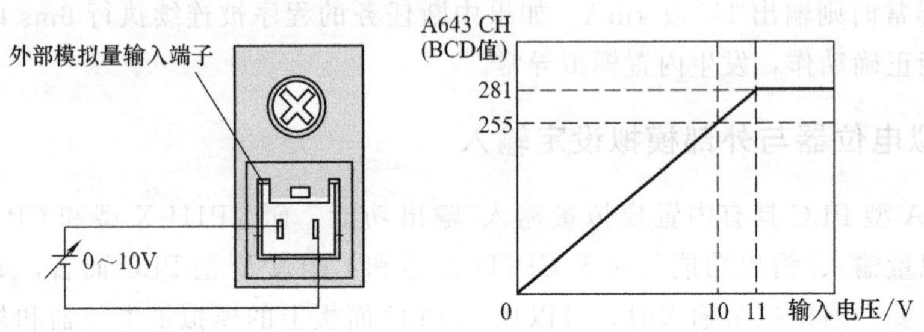

图8-11 外部模拟量设定输入端子接线、输入电压与A643 CH值的关系

使用外部模拟量设定输入端子的梯形图程序如图8-12所示。如果与外部模拟量设定输入端子连接的电压在0～10V发生变化时，可使A643 CH的值在0～255变化。由于T0101的时基单位为100ms，即可将定时器T0101的定时时间设为0～25.5s（0～255）。例如将A643 CH中的值调到120时，就将定时器的定时时间设为12s，当0.01常开触点闭合后，T0101开始延时，延时达到12s后T0101动作，T0101触点闭合，100.01线圈得电。

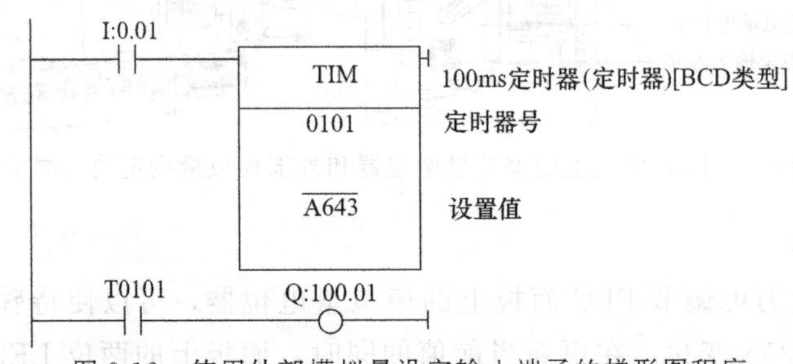

图8-12 使用外部模拟量设定输入端子的梯形图程序

8.3 CP1H系列的扩展模拟量输入/输出单元

CP1H-XA型PLC具有内置模拟量输入/输出功能，而CP1H-X型和CP1H-Y型PLC没有内置模拟量输入/输出功能。对于CP1H-X型和CP1H-Y型PLC而言，虽然可以使用外部模拟量设定输入端子获取一路的模拟量，但由于模拟电位器有时会随环境温度的变化及电源电压的变化，其设定值也会发生相应的变化，因此，对于要求设定值较精密的情况下，最好使用扩展的模拟量输入单元。另外，CP1H-XA型PLC需要控制更多的模拟设备时，也需要外扩模拟量输入/输出单元。

CP1H系列PLC的外扩模拟量输入/输出单元，根据需要可以选择CPM1A系列的扩展模拟量输入单元（CPM1A-AD041）、CPM1A系列的扩展模拟量输出单元（CPM1A-

DA041）以及 CPM1A 系列的扩展模拟量输入/输出单元（CPM1A-MAD01、CPM1A-MAD11）。这些CPM1A扩展单元可通过I/O连接电缆（CP1W-CN811）与CP1H系列PLC连接。进行外扩时，CP1H系列PLC主机单元最多允许连接7台CPM1A系列的外扩单元。在扩展单元中，按CP1H CPU单元的连接顺序分配输入输出CH编号。输入CH编号从2 CH开始，输出CH编号从102 CH开始，分配各自单元占有的输入输出CH数。

8.3.1 CPM1A-AD041扩展模拟量输入单元

（1）CPM1A-AD041扩展模拟量输入单元的功能

① 模拟量输入的转换功能　CP1H系列PLC首先向CPM1A系列的扩展模拟量输入单元发送设定数据指令，对扩展模拟量输入单元进行转换通道的选择，然后模拟量输入单元根据指令将外部的模拟量信号进行转换，并将转换数据送入到CP1H系列PLC中，其模/数转换值的读取过程如图8-13所示。

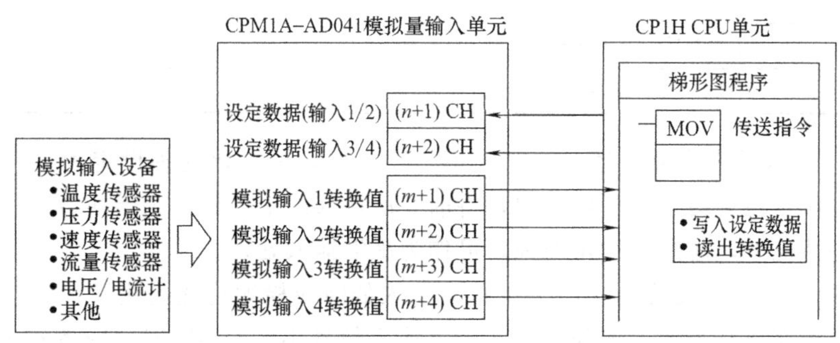

图8-13　CPM1A-AD041模/数转换值的读取过程

② 结构与规格　CPM1A-AD041为CPM1A系列的扩展模拟量输入单元，每台CPM1A-AD041有4点模拟量输入，其模拟输入的信号量程是0～5V、1～5V、0～10V、－10V～＋10V、0～20mA、4～20mA。CPM1A-AD041单元占用CP1H系列PLC主机单元4 CH的输入通道和2 CH的输出通道，因此，CP1H系列PLC主机单元最多可外扩3个CPM1A-AD041模拟量输入单元。CPM1A-AD041模拟量输入单元的外形结构如图8-14所示，它主要包括扩展I/O连接电缆、扩展连接器和模拟量输入端子等部分。CPM1A-AD041模拟量输入单元主要规格如表8-10所示。

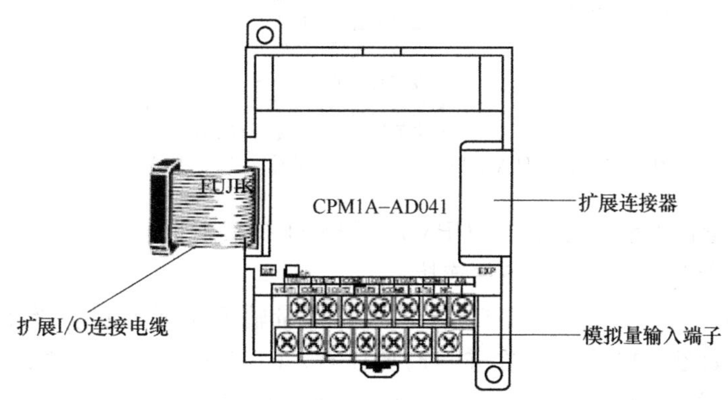

图8-14　CPM1A-AD041模拟量输入单元外形结构

表 8-10 CPM1A-AD041 模拟量输入规格

项目	电压输入	电流输入
模拟输入点数	4点(占用4个CH)	
输入信号量程	0～5V、1～5V、0～10V、−10～10V	0～20mA、4～20mA
最大额定输入	±15V	±30mA
外部输入阻抗	1MΩ以上	—
分辨率	1/6000	
综合精度	25℃,±0.3%/0～55℃,±0.6%	25℃,±0.4%/0～55℃,±0.8%
A/D转换数据	−10～10V时,满量程值为0xF448(0xE890)～0x0BB8(0x1770)	
转换时间	2ms/点	
平均化处理	有,设定输出(*n*+1)CH/(*n*+2)CH	
断线检测功能	有	
隔离方式	模拟输入与内部电路间为光电耦合器隔离,但模拟输入间不隔离	
消耗功率	DC 5V 100mA以下/DC 24V 90mA以下	

③ 模拟量输入的平均值处理功能　在模拟输入中，平均化处理设定为1时，平均化处理功能开始工作。在平均化处理功能中，将前8次输入的平均值作为转换数据输出。输入发生细微变化的情况下，通过平均化处理，可作为平滑输入处理。

④ 模拟量输入的断线检测功能　模拟量输入的断线检测功能是用来检测输入是否断线和转换工作是否完成。当输入量程为1～5V、输入信号不足0.8V时，或者输入量程为4～20mA、输入信号不足3.2mA时，判断为输入布线发生断线，断线检测功能工作。如果断线检测功能进行工作，则数据转为0x8000，而且其工作时间、解除时间和转换时间都相同。当输入再恢复到可转换的范围时，断线检测功能被自动清除，恢复到通常的转换数据。

(2) CPM1A-AD041扩展模拟量输入单元的使用

① 使用步骤　CPM1A-AD041扩展模拟量输入单元的使用步骤如图8-15所示。

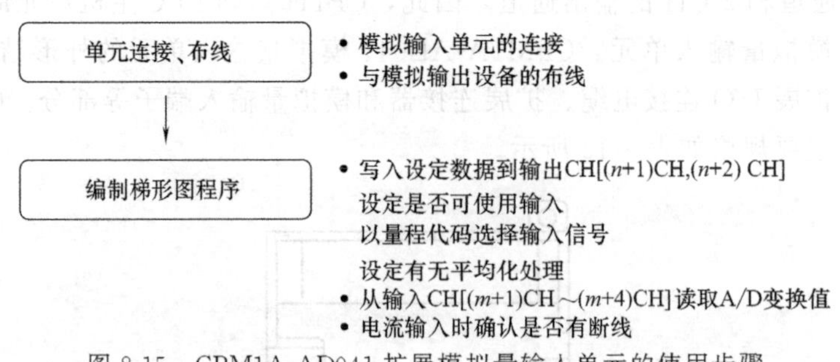

图 8-15　CPM1A-AD041扩展模拟量输入单元的使用步骤

② 扩展模拟量输入单元的接线　CPM1A-AD041扩展模拟量输入单元的接线主要包括与CPU的连线以及与模拟输出设备的连接。

a. 与CPU的连接。CPM1A-AD041扩展模拟量输入单元通过扩展I/O连接电缆与CPU单元连接，如图8-16所示。在连接时要注意，CPU的外扩I/O单元总数不能超过7台，且不能同时连接3台以上的CPM1A-AD041外扩模拟量输入单元；扩展I/O连接电缆是固定在模拟量输入单元上的，无法取下。

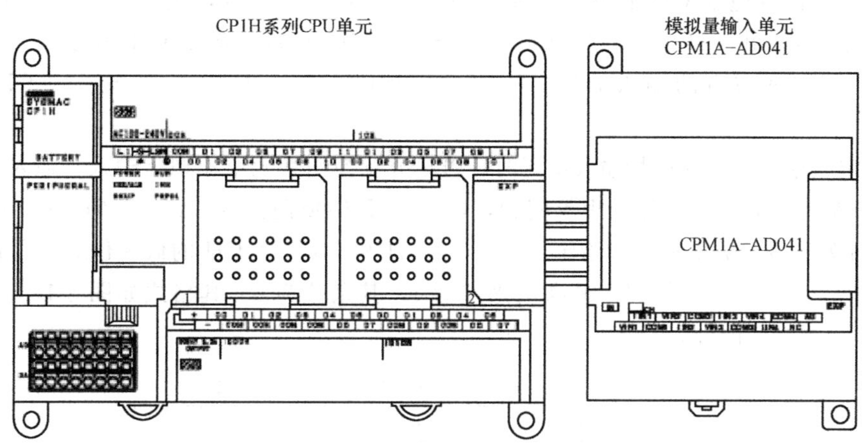

图 8-16 CPM1A-AD041 扩展模拟量输入单元与 CPU 单元的连接

b. 与模拟输出设备的连接。CPM1A-AD041 外扩模拟量输入单元的引脚排列如表 8-11 所示，在使用时可以根据这个表选择合适引脚并进行相应的 I/O 接线。

表 8-11 CPM1A-AD041 扩展模拟量输入单元引脚排列及功能

端子台	引脚名称	功能描述
IN CH; IIN1 VIN2 COM2 IIN3 VIN4 COM4 AG; VIN1 COM1 IIN2 VIN3 COM3 IIN4 NC	VIN1	电压输入 1
	IIN1	电流输入 1
	COM1	输入 COM1
	VIN2	电压输入 2
	IIN2	电流输入 2
	COM2	输入 COM2
	VIN3	电压输入 3
	IIN3	电流输入 3
	COM3	输入 COM3
	VIN4	电压输入 4
	IIN4	电流输入 4
	COM4	输入 COM4

进行扩展模拟量输入的接线时，可以参照图 8-17 进行连线。进行连线时要注意，输入连接线应使用带屏蔽的两芯双绞电缆，不要连接屏蔽线。对于不使用的输入通道，应将输入端子的“+”及“−”短路，并且要将 AC 电源线及动力线等分开布线。如果电源线上有干扰，应在电源、输入端插入噪声滤波器。在电流输入下使用时，必须将电压输入端子和电流输入端子短路。

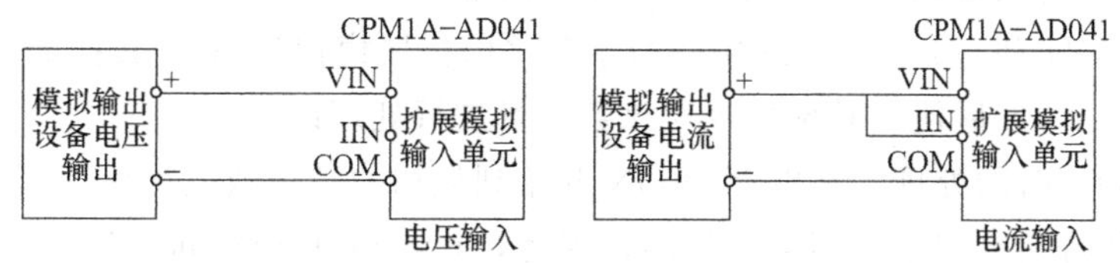

图 8-17 CPM1A-AD041 与模拟输出设备的连接

③ 输入输出继电器CH的分配　在扩展模拟量输入单元时，按CP1H CPU单元的连接顺序分配输入输出CH编号。输入CH编号从2 CH开始，输出CH编号从102 CH开始，分配各自单元占有的输入输出CH数。每个CPM1A-AD041分配输入4 CH和输出2 CH。

④ 设定数据　扩展模拟量输入单元时，PLC究竟使用哪几个模拟量输入、输入电压或电流的量程、是否需进行平均化处理等问题，均在A/D转换前由MOV指令向（n+1）CH和（n+2）CH发送设定数据来进行指定。（n+1）CH和（n+2）CH的低8位分别是模拟输入1～模拟输入4的输入设定数据，最高位固定为1，其余位为0，其格式如图8-18（a）所示，模拟输入设定数据的内容如图8-18（b）所示。

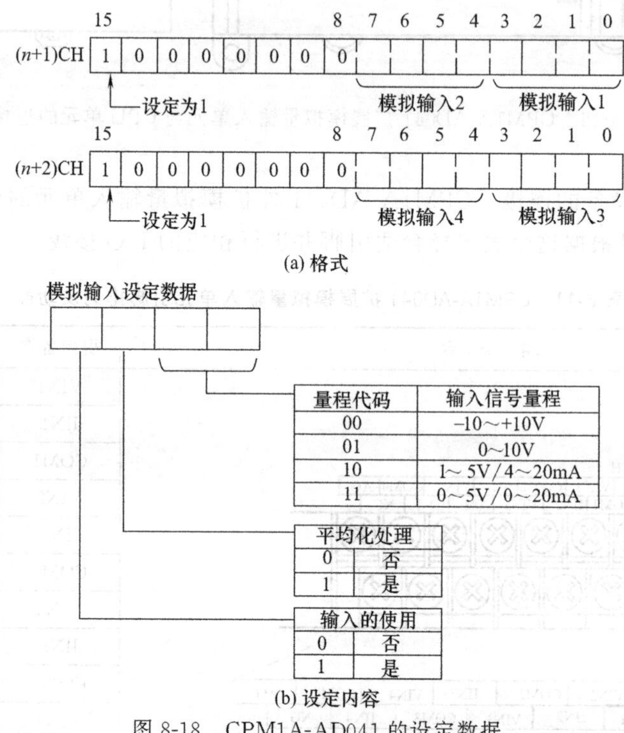

图8-18　CPM1A-AD041的设定数据

在写入设定数据前，外扩模拟量输入单元不能进行A/D转换，其间的转换数据为0x0000。一旦在模拟量输入单元中写入了设定数据，在CPU单元电源为ON期间，设定数据则不能更改，如要更改量程代码时，则必须重新给CPU单元上电。

⑤ 梯形图程序编制的注意事项

a. 转换数据的读取。如果分配给CPU单元或者已连接的扩展单元的最后输入通道为m CH时，将A/D转换数据输出到下个（m+1）CH～（m+4）CH。在编制梯形图程序时，可使用MOV指令先发送设定数据给（n+1）CH和（n+2）CH后，再使用MOV指令可以读取（n+1）CH和（n+2）CH中的数字量（由扩展模拟量A/D转换而来）到（m+1）CH～（m+4）CH，然后使用其他指令对该数字量进行处理即可。

b. 电源为ON时的处理。从电源为ON开始到最初的转换数据被保存到输入通道为止，大约需花费2个周期再加上50ms的时间，因此，在与电源ON同时运行时，需编写如图8-19所示的处理程序，使转换后的数据送入数据存储器中。

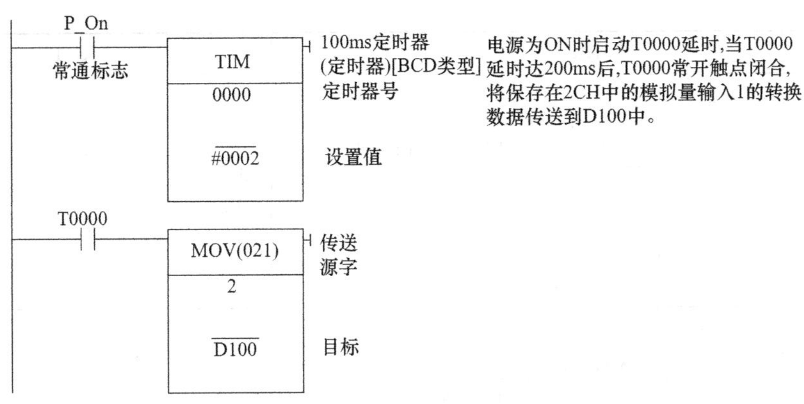

图 8-19 电源为 ON 时的处理程序

c. 单元异常时的动作。外扩的模拟量输入单元发生异常时，模拟量输入转换数据为 0x0000，异常输出到 A436 CH 的相应位。假如分配为 3 CH 的外扩模拟量输入单元发生异常时，异常输出到 A436 的位 1。

⑥ 应用举例

例 8-1 假设 CPM1A-AD041 外扩模拟量输入单元已与 CPU 单元及模拟输入设备已连好线，现需获取 3 路输入 A/D 转换数据，其要求如表 8-12 所示，编写的程序如表 8-13 所示。

表 8-12 外扩模拟量输入要求

模拟输入	输入量程	量程代码	平均化处理	设定数据	设定点 CH
模拟输入 1	0～10V	01	可	0x1101	(n+1)CH
模拟输入 2	4～20mA	10	可	0x1110	(n+1)CH
模拟输入 3	－10～＋10V	00	否	0x1000	(n+2)CH
模拟输入 4	不使用	—(00)	—	0x0000	(n+2)CH

表 8-13 外扩模拟量输入程序

条	LAD	STL
条 0	P_First_Cycle 第一次循环标志 MOV(021) #80EB 102 写入设定数据 设定模拟量输入1 设定模拟量输入2 MOV(021) #8008 103 写入设定数据 设定模拟量输入3 设定模拟量输入4	LD P_First_Cycle MOV(021) #80EB 102 MOV(021) #8008 103

续表

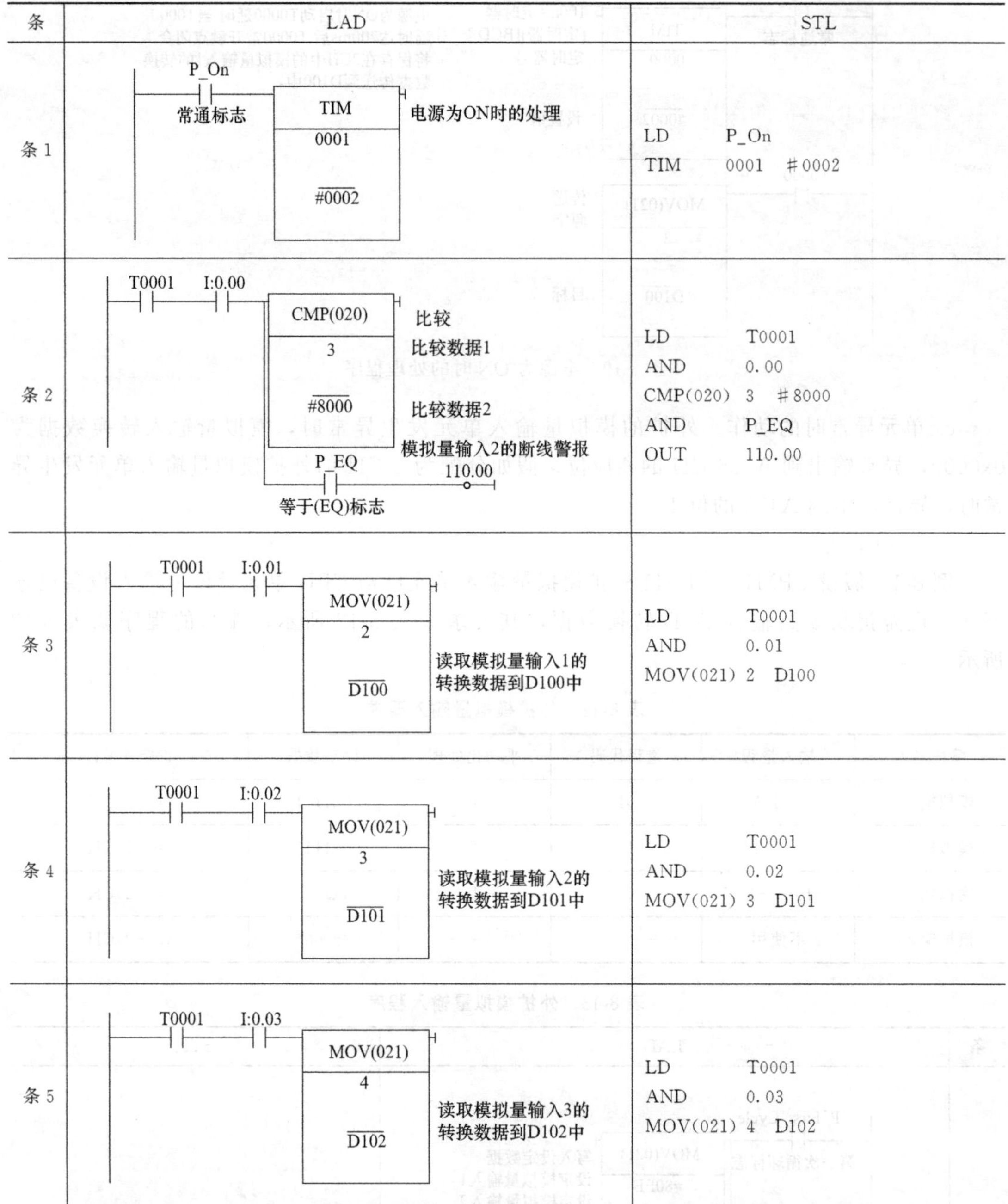

条	LAD	STL
条 1	P_On 常通标志 TIM 0001 #0002 电源为ON时的处理	LD　P_On TIM　0001　#0002
条 2	T0001　I:0.00 CMP(020)　比较 3　比较数据1 #8000　比较数据2 模拟量输入2的断线警报 P_EQ　110.00 等于(EQ)标志	LD　T0001 AND　0.00 CMP(020)　3　#8000 AND　P_EQ OUT　110.00
条 3	T0001　I:0.01 MOV(021) 2 D100 读取模拟量输入1的转换数据到D100中	LD　T0001 AND　0.01 MOV(021)　2　D100
条 4	T0001　I:0.02 MOV(021) 3 D101 读取模拟量输入2的转换数据到D101中	LD　T0001 AND　0.02 MOV(021)　3　D101
条 5	T0001　I:0.03 MOV(021) 4 D102 读取模拟量输入3的转换数据到D102中	LD　T0001 AND　0.03 MOV(021)　4　D102

8.3.2　CPM1A-DA041 扩展模拟量输出单元

(1) CPM1A-DA041 扩展模拟量输出单元的功能

① 模拟量输出的转换功能　CP1H 系列 PLC 首先向 CPM1A-DA041 扩展模拟量输出单元发送量程代码指令，对扩展模拟量输出单元进行转换通道的选择，然后再将需转换的数字量送入模拟量输出单元将其转换成大小不同的电压或电流输出，其数/模（D/A）转换值的写入过程如图 8-20 所示。

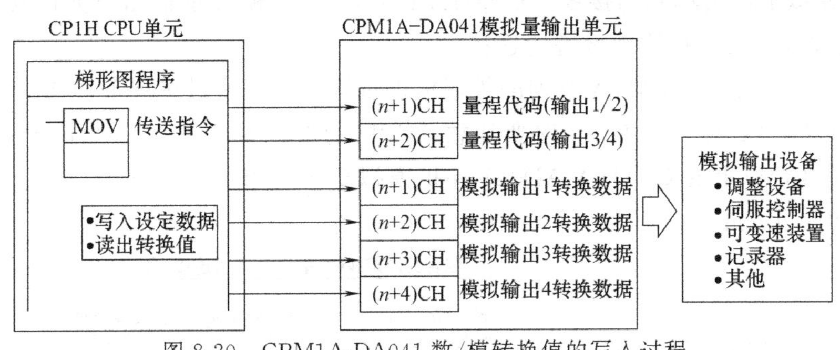

图 8-20　CPM1A-DA041 数/模转换值的写入过程

② 结构与规格　CPM1A-DA041 为 CPM1A 系列的扩展模拟量输出单元，每台 CPM1A-DA041 有 4 点模拟量输出，其模拟输出的信号量程是 1～5V、0～10V、－10～＋10V、0～20mA、4～20mA。CPM1A-DA041 单元占用 CP1H 系列 PLC 主机单元 4 CH 的输出通道，因此，CP1H 系列 PLC 主机单元最多可外扩 3 个 CPM1A-DA041 模拟量输出单元。CPM1A-DA041 模拟量输出单元的外形结构与 CPM1A-AD041 类似，它主要包括扩展 I/O 连接电缆、扩展连接器和模拟量输入端子等部分。CPM1A-DA041 模拟量输出单元主要规格如表 8-14 所示。

表 8-14　CPM1A-DA041 模拟量输出规格

项目	电压输出	电流输出
模拟量输出点数	4 点(占用 4 个 CH)	
输出信号量程	1～5V、0～10V、－10～10V	0～20mA、4～20mA
外部输出允许负载电阻	2kΩ 以上	350Ω 以下
外部输出阻抗	0.5Ω 以下	—
分辨率	1/6000 或 1/12000	
综合精度	25℃，±0.4%/0～55℃，±0.8%	综合精度
D/A 转换数据	－10～10V 时，满量程值为 0xF448(0xE890)～0x0BB8(0x1770)	
转换时间	2ms/点	
隔离方式	模拟输出与内部电路间为光电耦合器隔离，但模拟输入间不隔离	
消耗功率	DC 5V 80mA 以下/DC 24V 124mA 以下	

(2) CPM1A-DA041 扩展模拟量输出单元的使用

① 使用步骤　CPM1A-DA041 扩展模拟量输出单元的使用步骤如图 8-21 所示。

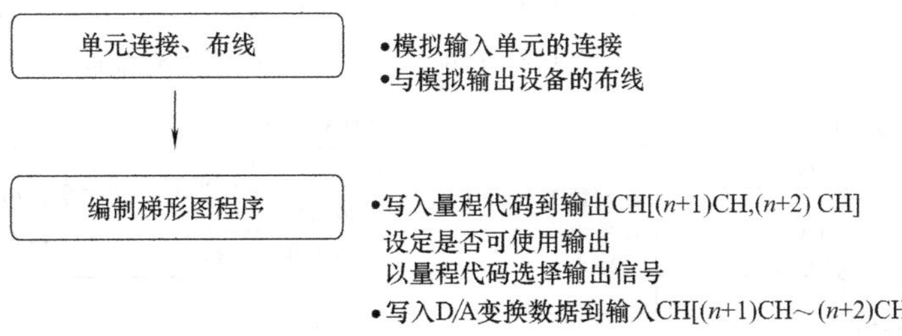

图 8-21　CPM1A-DA041 扩展模拟量输出单元的使用步骤

② 扩展模拟量输出单元的接线　CPM1A-DA041 扩展模拟量输出单元的接线主要包括与 CPU 的连线以及与模拟输出设备的连接。

a. 与 CPU 的连接。CPM1A 系列的扩展模拟量输出单元通过扩展 I/O 连接电缆与 CPU 单元连接，如图 8-22 所示。在连接时要注意，CPU 的外扩 I/O 单元总数不能超过 7 台，且不能同时连接 3 台以上的 CPM1A-AD041 外扩模拟量输入单元；扩展 I/O 连接电缆是固定在模拟量输出单元上的，无法取下。

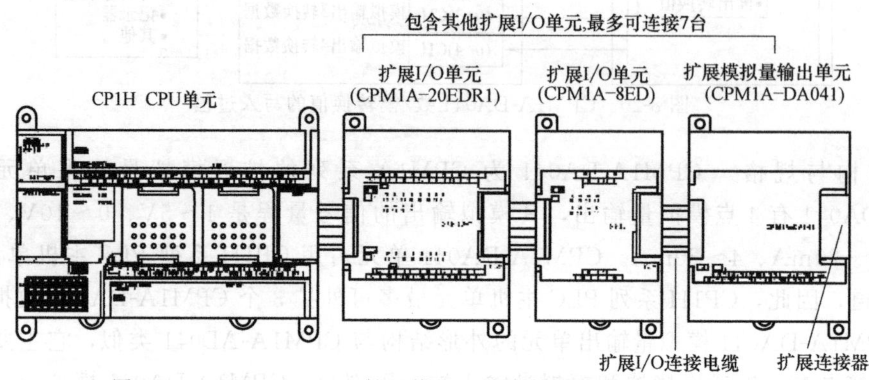

图 8-22　CPM1A-DA041 扩展模拟量输出单元与 CPU 单元的连接

b. 与模拟输出设备的连接。CPM1A-DA041 外扩模拟量输出单元的引脚排列如表 8-15 所示，在使用时可以根据这个表选择合适引脚并进行相应的 I/O 接线。

表 8-15　CPM1A-DA041 扩展模拟量输出单元引脚排列及功能

端　子　台	引脚名称	功能描述
OUT　CH I OUT1 VOUT2 COM2 I OUT3 VOUT4 COM4 AG VOUT1 COM1 I OUT2 VOUT3 COM3 I OUT4 NC	VOUT1	电压输出 1
	IOUT1	电流输出 1
	COM1	输出 COM1
	VOUT2	电压输出 2
	IOUT2	电流输出 2
	COM2	输出 COM2
	VOUT3	电压输出 3
	IOUT3	电流输出 3
	COM3	输出 COM3
	VOUT4	电压输出 4
	IOUT4	电流输出 4
	COM4	输出 COM4

进行扩展模拟量输出的接线时，可以参照图 8-23 进行连线。进行连线时要注意，AC 电源线及动力线等分开布线，如果电源线上有干扰，应在电源、输入端插入噪声滤波器。

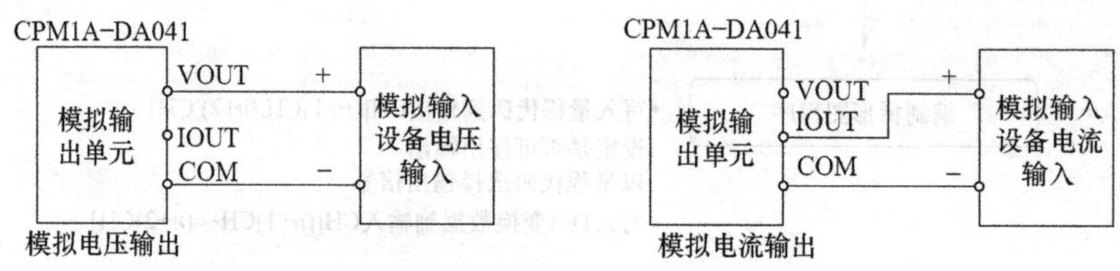

图 8-23　CPM1A-DA041 与模拟输出设备的连接

③ 输出继电器 CH 的分配　在扩展模拟量输出单元时，按 CP1H CPU 单元的连接顺序分配输入输出 CH 编号。输出 CH 编号从 102 CH 开始，分配各自单元占有的输入输出 CH 数。每个 CPM1A-DA041 分配输出 4 CH。

④ 量程代码　扩展模拟量输出单元时，PLC 究竟使用哪几个模拟量输出、输出电压或电流的量程等问题，均在 D/A 转换前由 MOV 指令向（$n+1$）CH 和（$n+2$）CH 发送量程代码来进行指定。（$n+1$）CH 和（$n+2$）CH 的低 8 位分别是模拟输出 1～模拟输出 4 的输出设定数据，最高位固定为 1，其余位为 0，其格式如图 8-24（a）所示，模拟输出量程代码的内容如图 8-24（b）所示。

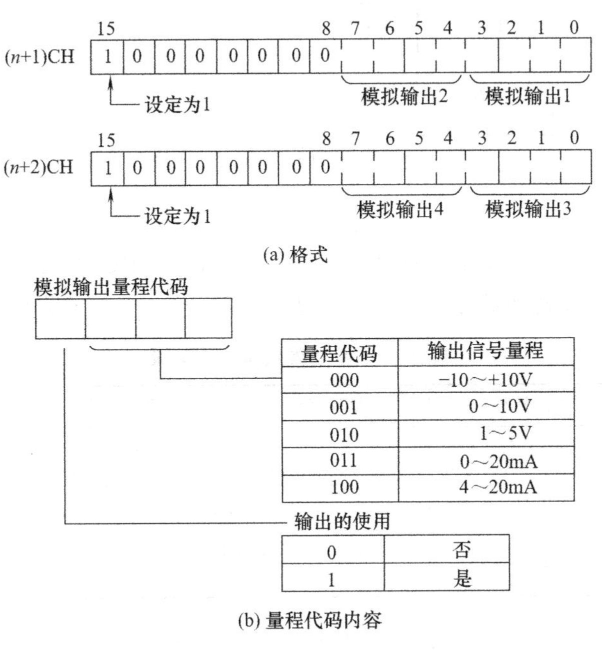

(a) 格式

量程代码	输出信号量程
000	-10～+10V
001	0～10V
010	1～5V
011	0～20mA
100	4～20mA

输出的使用	
0	否
1	是

(b) 量程代码内容

图 8-24　量程代码

在写入量程代码前，外扩模拟量输出单元不能进行 D/A 转换，输出为 0V 或 0mA。写入量程代码后，在模拟输出可转换范围内的数据写入前，在 0～10V 或－10～＋10V 量程时输出为 0V；0～20mA 量程时输出为 0mA；1～5V 量程时输出为 1V；4～20mA 量程时输出为 4mA。一旦在模拟量输出单元中写入了量程代码，在 CPU 单元电源为 ON 期间，设定量程则不能更改，如要更改输出量程，则必须重新给 CPU 单元上电。

⑤ 梯形图程序编制的注意事项

a. 写入模拟输出设定值。分配给 CPU 单元或者已连接的扩展单元的最后输出通道为 n CH 时，将设定值写入到下一个（$n+1$）CH～（$n+4$）CH。

b. 电源为 ON 时的处理。从电源为 ON 开始到最初的转换数据被保存到输出通道为止，大约需花费 2 个周期再加上 50ms 的时间，因此，在与电源 ON 同时运行时，需编写如图 8-25所示的处理程序，使转换后的数据送入数据存储器中。

c. 单元异常时的动作。外扩的模拟量输出单元发生异常时，模拟量输出转换数据为 0V 或 0mA，CPU 单元发生停止异常或者 I/O 总线异常，模拟输出设定为 1～5V 或 4～20mA 时，输出为 0V 或者 0mA，其他异常输出为 1V 或 4mA。CPM1A 系列扩展单元的异常输出到 A436 CH 的相应位。假如分配为 4 CH 的外扩模拟量输出单元发生异常时，异常输出到 A436 的位 2。

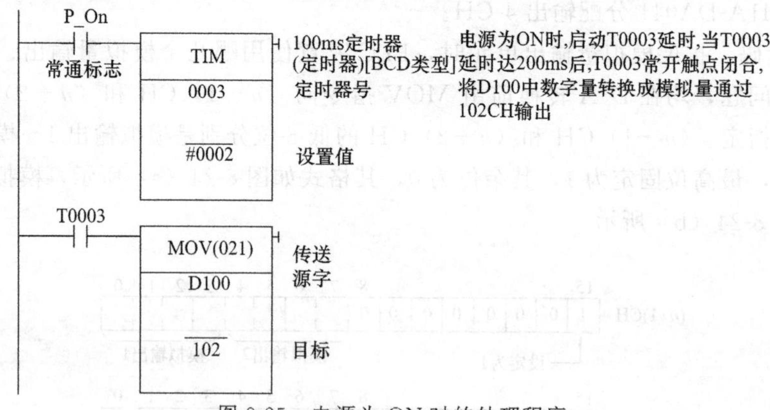

图 8-25　电源为 ON 时的处理程序

⑥ 应用举例

例 8-2　假设 CPM1A-DA041 外扩模拟量输出单元与 CPU 单元及模拟输出设备已连好线，现需输出 3 路 D/A 转换数据，其要求如表 8-16 所示，编写的程序如表 8-17 所示。

表 8-16　外扩模拟量输出要求

模拟输出	输出量程	量程代码	设定数据	设定点 CH
模拟输出 1	0～10V	01	0x1001	$(n+1)$ CH
模拟输出 2	4～20mA	10	0x1011	$(n+1)$CH
模拟输出 3	－10～＋10V	00	0x1000	$(n+2)$CH
模拟输出 4	不使用	—(00)	0x0000	$(n+2)$CH

表 8-17　外扩模拟量输出程序

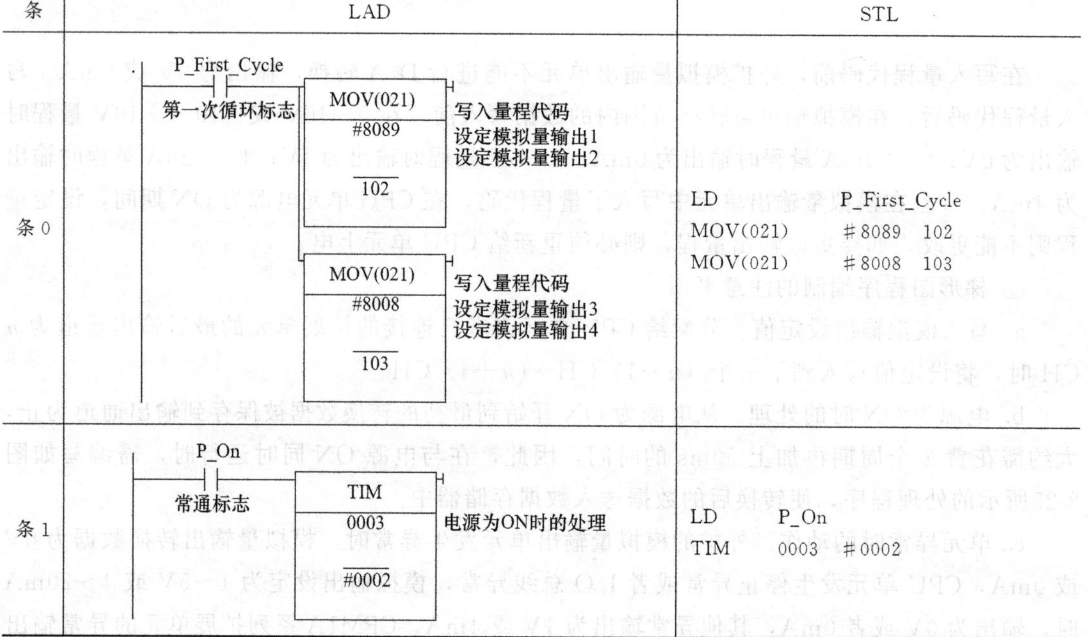

条	LAD	STL
条 0	P_First_Cycle 第一次循环标志；MOV(021) #8089 102 写入量程代码 设定模拟量输出1 设定模拟量输出2；MOV(021) #8008 103 写入量程代码 设定模拟量输出3 设定模拟量输出4	LD　P_First_Cycle MOV(021)　＃8089　102 MOV(021)　＃8008　103
条 1	P_On 常通标志；TIM 0003 #0002 电源为ON时的处理	LD　P_On TIM　0003　＃0002

续表

条	LAD	STL
条 2	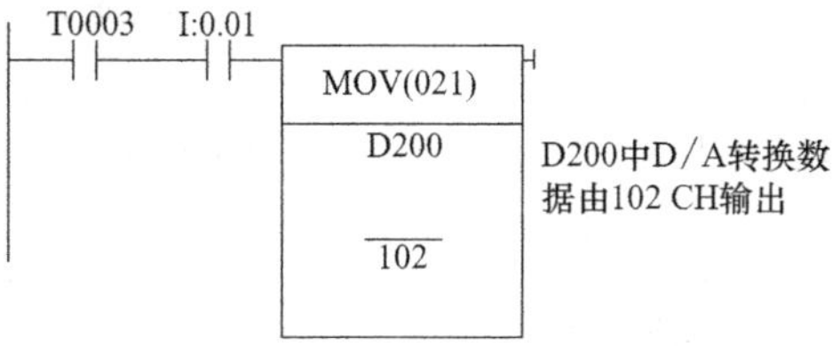 T0003 I:0.01 MOV(021) D200 102 D200中D/A转换数据由102 CH输出	LD T0003 AND 0.01 MOV(021) D200 102
条 3	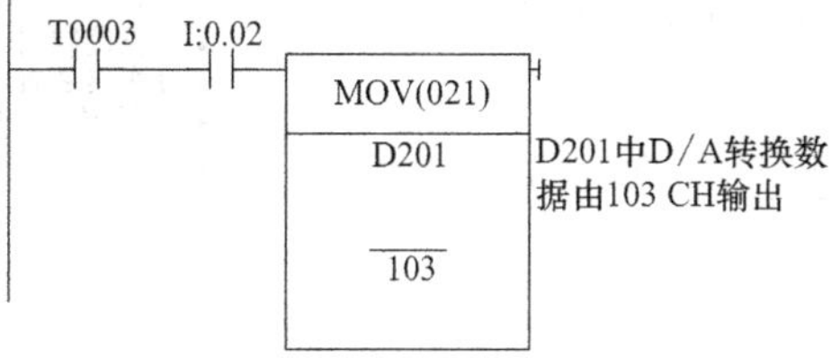 T0003 I:0.02 MOV(021) D201 103 D201中D/A转换数据由103 CH输出	LD T0003 AND 0.02 MOV(021) D201 103
条 4	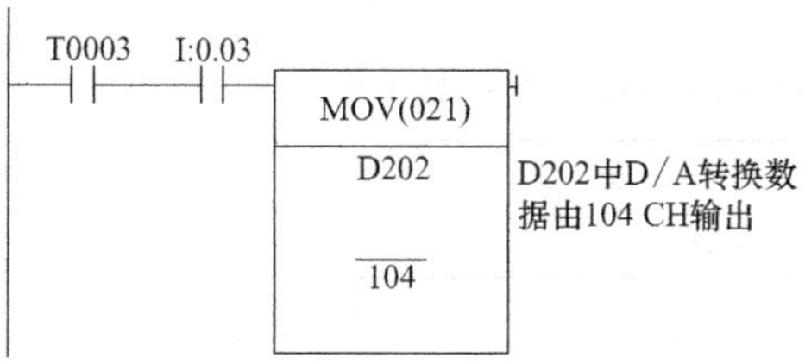 T0003 I:0.03 MOV(021) D202 104 D202中D/A转换数据由104 CH输出	LD T0003 AND 0.03 MOV(021) D202 104

8.3.3 CPM1A-MAD01扩展模拟量输入/输出单元

（1）CPM1A-MAD01扩展模拟量输入/输出单元的功能

① 模拟量输入/输出的转换功能　CP1H系列PLC首先向CPM1A-MAD01扩展模拟量输入/输出单元发送量程代码，对扩展模拟量输入/输出单元进行转换通道或量程进行选择。进行模/数（A/D）转换时，模拟量输入/输出单元根据指令将外部的模拟量信号进行转换，并将转换数据送入到CP1H系列PLC中，其模/数转换值的读取过程如图8-26（a）所示；进行数/模（D/A）转换时，模拟量输入/输出单元根据指令将需转换的数字量送入模拟量输出单元，并转换成大小不同的电压或电流输出，其数/模（D/A）转换值的写入过程如图8-26（b）所示。

② 结构与规格　CPM1A-MAD01为CPM1A系列的扩展模拟量输入/输出单元，每台CPM1A-MAD01有2点模拟量输入、1点模拟量输出，其模拟量输入信号量程为0～10V/1～5V/4～20mA，分辨率为1/256。模拟输出信号量程是0～10V/－10～＋10V/4～20mA，0～10V/4～20mA时的分辨率为1/256，－10～＋10V时分辨率为1/512。CPM1A-MAD01模拟量输入/输出单元的外形结构与CPM1A-AD041类似，它主要包括扩展I/O连接电缆、扩展连接器和模拟量输入/输出端子等部分。CPM1A-MAD01模拟量输入/输出单元主要规格如表8-18所示。

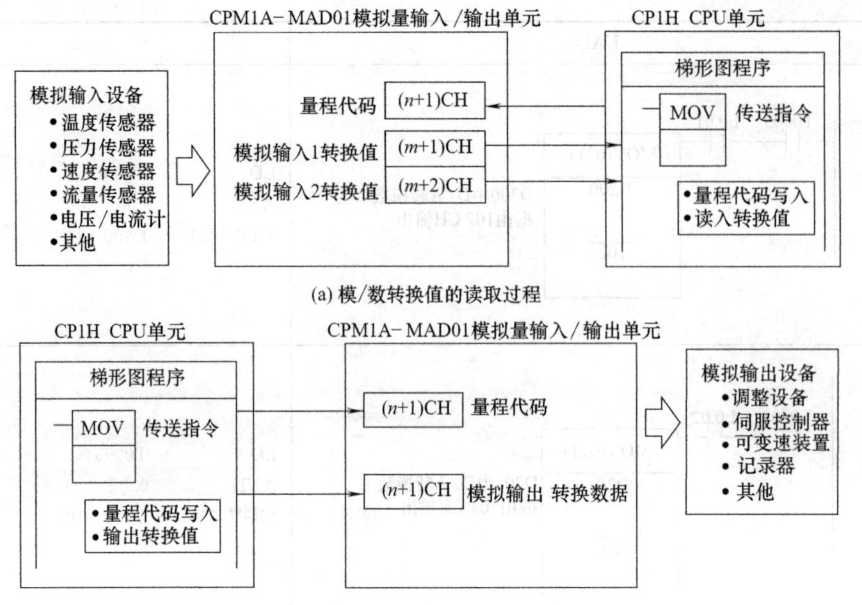

(a) 模/数转换值的读取过程

(b) 数/模转换值的写入过程

图 8-26　CPM1A-MAD01 的模拟量输入/输出的转换过程

表 8-18　CPM1A-MAD01 模拟量输入/输出规格

项　　目		电压输入输出	电流输入输出
模拟量输入	模拟输入点数	2 点（占用 2 个 CH）	
	输入信号量程	1～5V、0～10V	4～20mA
	最大额定输入	±15V	±30mA
	外部输入阻抗	1MΩ 以上	约 250Ω
	分辨率	1/256	
	综合精度	1.0%	
	A/D 转换数据	8 位二进制	
模拟量输出	模拟量输出点数	1 点（占用 1 个 CH）	
	输出信号量程	0～10V、−10～10V	4～20mA
	外部输出允许负载电阻	—	350Ω 以下
	外部输出最大电流	5mA	—
	分辨率	1/6000 或 1/12000	
	综合精度	1.0%	
	设定数据	8 位二进制＋符号位	
转换时间		10ms/点	
隔离方式		模拟输入输出与内部电路间为光电耦合器隔离，但模拟输入输出间不隔离	
消耗功率		DC 5V 66mA 以下；DC 24V 66mA 以下	

（2）CPM1A-MAD01 扩展模拟量输入/输出单元的使用

① 使用步骤　CPM1A-MAD01 扩展模拟量输入/输出单元的使用步骤如图 8-27 所示。

② 扩展模拟量输入/输出单元的接线　CPM1A-MAD01 扩展模拟量输入/输出单元的接线主要包括与 CPU 的连线以及与模拟输入/输出设备的连接。

a. 与 CPU 的连接。CPM1A 系列的扩展模拟量输入/输出单元通过扩展 I/O 连接电缆与

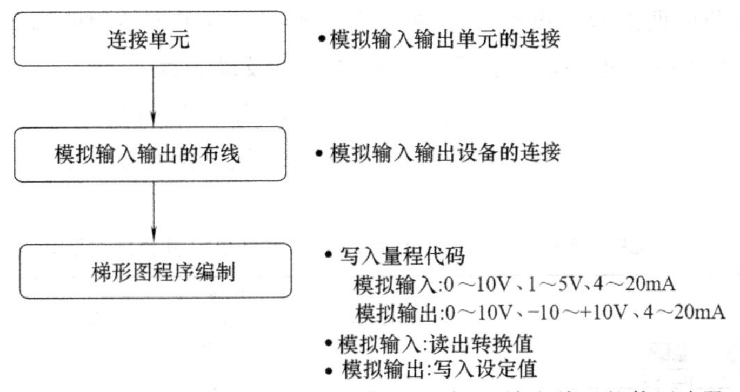

图 8-27 CPM1A-MAD01 扩展模拟量输入/输出单元的使用步骤

CPU 单元连接，在连接时 CPU 的外扩 I/O 单元总数不能超过 7 台。扩展 I/O 连接电缆是固定在模拟量输入/输出单元上的，无法取下。

b. 与模拟输入/输出设备的连接。CPM1A-MAD01 外扩模拟量输入/输出单元的引脚排列如表 8-19 所示，使用时可以根据这个表选择合适引脚并进行相应的 I/O 接线。

进行扩展模拟量输出的接线时，可以参照图 8-28 进行连线。进行连线时要注意，输入

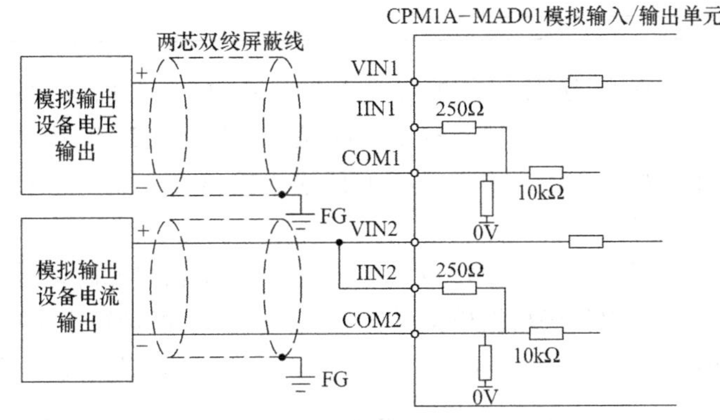

(a) 模拟输入的接线

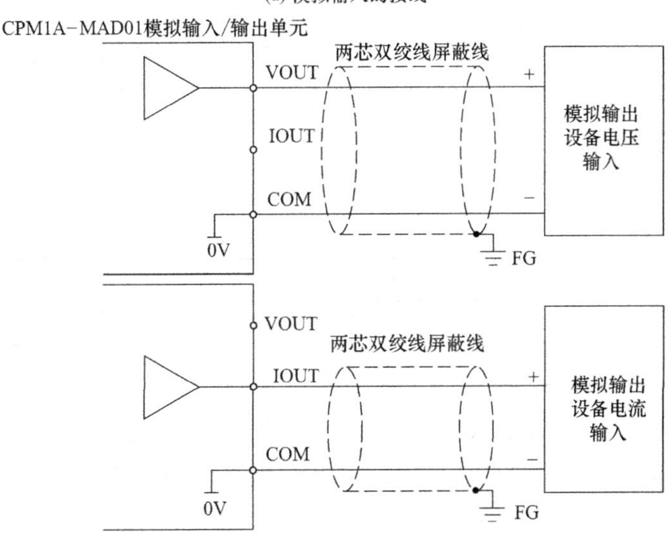

(b) 模拟输出的接线

图 8-28 CPM1A-MAD01 与模拟输入/输出设备的连接

连接线应使用带屏蔽的两芯双绞电缆，不要连接屏蔽线。对于不使用的输入通道，应将输入端子的 VIN、IIN 和 COM 短路，并且要将 AC 电源线及动力线等分开布线。如果电源线上有干扰，应在电源、输入端插入噪声滤波器。在电流输入下使用时，必须将电压输入端子和电流输入端子短路。可以同时输出模拟电压和模拟电流，但是输出的电流总计应控制在 21mA 以下。

表 8-19　CPM1A-MAD01 外扩模拟量输入/输出单元引脚排列及功能

端子台	引脚名称	功能描述
	VOUT	电压输出
	IOUT	电流输出
	COM	输出 COM
	VIN1	电压输入 1
	IIN1	电流输入 1
	COM1	输入 COM1
	VIN2	电压输入 2
	IIN2	电流输入 2
	COM2	输入 COM2

③ 输出继电器 CH 的分配　在扩展 CPM1A-MAD01 模拟量输入/输出单元时，按 CP1H CPU 单元的连接顺序分配输入输出 CH 编号。输入 CH 编号从 02 CH 开始，输出 CH 编号从 102 CH 开始，分配各自单元占有的输入输出 CH 数。每个 CPM1A-MAD01 分配输入 2 CH 和输出 1 CH。

④ 量程代码　在扩展 CPM1A-MAD01 模拟量输入/输出单元时，需通过程序对（$n+1$）CH 写入量程代码，其量程代码根据模拟量输入 2 CH 和模拟量输出 1 CH 的组合，有 8 种量程代码 FF00～FF07，如表 8-20 所示。模拟量电压与电流的选择是通过接线来实现的。

表 8-20　CPM1A-MAD01 模拟量输入/输出单元的量程代码

量程代码	模拟输入 1 信号量程	模拟输入 2 信号量程	模拟输出信号量程
FF00	0～10V	0～10V	0～10V/4～20mA
FF01	0～10V	0～10V	－10～＋10V/4～20mA
FF02	1～5V/4～20mA	0～10V	0～10V/4～20mA
FF03	1～5V/4～20mA	0～10V	－10～＋10V/4～20mA
FF04	0～10V	1～5V/4～20mA	0～10V/4～20mA
FF05	0～10V	1～5V/4～20mA	－10～＋10V/4～20mA
FF06	1～5V/4～20mA	1～5V/4～20mA	0～10V/4～20mA
FF07	1～5V/4～20mA	1～5V/4～20mA	－10～＋10V/4～20mA

在写入量程代码前，CPM1A-MAD01 外扩模拟量输入/输出单元不能进行 A/D 和 D/A 转换。一旦在模拟量输入/输出单元中写入了量程代码，在 CPU 单元电源为 ON 期间，量程代码则不能更改，如要更改输入/输出量程时，则必须重新给 CPU 单元上电。如果在（$n+1$）CH 中写入了 FF00～FF07 以外的量程代码时，模拟量输入/输出单元不会识别此量程代码，并且也不会执行 A/D 和 D/A 转换。

⑤ 梯形图程序编制的注意事项

a. A/D转换数据的读取。如果分配给CPU单元或者已连接的扩展单元的最后输入通道为 m CH时，将A/D转换数据输出到（$m+1$）CH、（$m+2$）CH，其转换数据如图8-29所示。在编制梯形图程序时，可使用MOV指令读取（$m+1$）CH和（$m+2$）CH中的数字量（由扩展模拟量A/D转换而来）。断线检测标志在1～5V/4～20mA输入信号量程内，输入电压为1V或输入电流为4mA以下时为ON；在0～10V输入信号量程内，不使用断线检测标志。

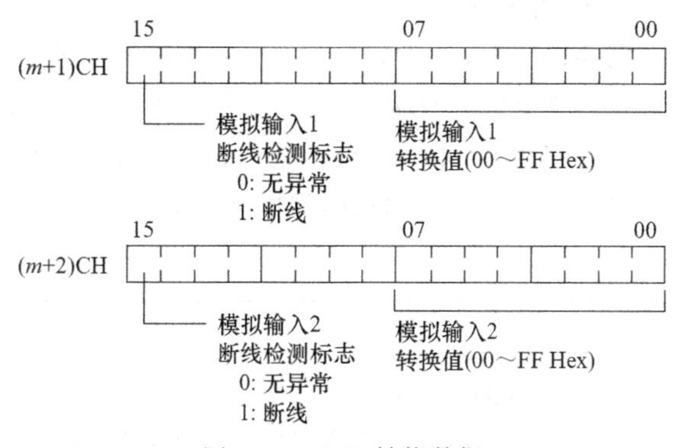

图8-29 A/D转换数据

b. 写入模拟输出设定值。分配给CPU单元或者已连接的扩展单元的最后输出通道为 n CH时，将设定值写入到（$n+1$）CH，其设定值格式如图8-30所示。在CPM1A-MAD01的（$n+1$）CH中，可以写入量程代码，也可以写入模拟输出设定值。如果模拟量输出量程为0～10V/4～20mA时，设定值范围为0x0000～0x00FF；模拟量输出量程为−10～+10V时，设定值范围为0x0000～0x00FF（正数）或0x8000～0x80FF（负数）。设定值输入为FFxx时，0V/4mA被输出。输出值设定时，−10～+10V输出信号的b8～b14内容可以忽略；0～10V/4～20mA输出信号的b8～b15内容可以忽略。

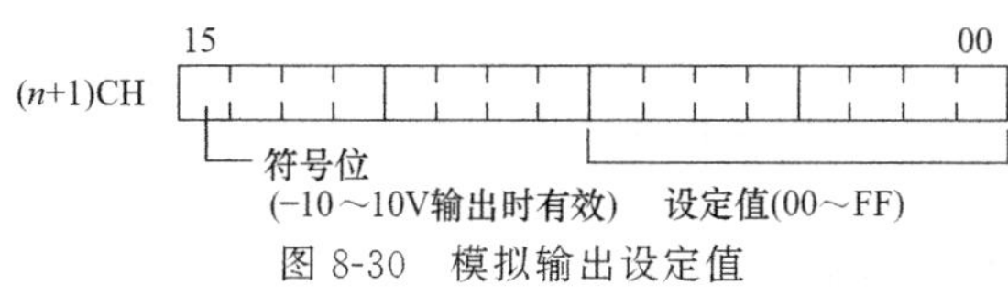

图8-30 模拟输出设定值

c. 电源为ON时的处理。从电源为ON开始到最初的转换数据被保存到输入通道为止，大约需花费2个周期再加上100ms的时间，因此，在与电源ON同时运行时，需编写如图8-31所示的处理程序，使转换后的数据送入数据存储器中。

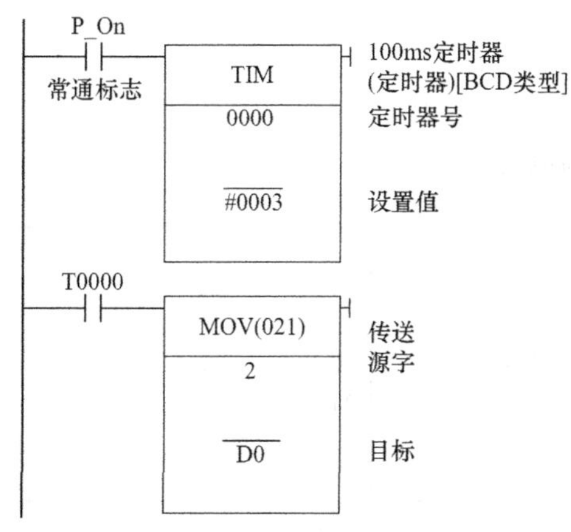

图8-31 电源为ON时的处理程序

d. 单元异常时的动作。外扩的CPM1A-MAD01模拟量输入/输出单元发生异常时，模拟量输入转换数据为0x0000，模拟输出为0V或4mA，异常输出到A436 CH的相应位。假如分配为3 CH的外扩模拟量输入单元发生异常时，异常输出到A436的位1。

⑥ 应用举例

例 8-3 假设 CPM1A-MAD01 外扩模拟量输入/输出单元已与 CPU 单元及模拟输入/输出设备已连好线，现需获取 2 路输入 A/D 转换数据和输出 1 路 D/A 数据。其中模拟输入 1 的量程设定为 0～10V；模拟输入 2 的量程设定为 1～5V/4～20mA；模拟输出量程设定为 0～10V/4～20mA，编写的程序如表 8-21 所示。

表 8-21 CPM1A-MAD01 外扩模拟量输入/输出程序

条	LAD	STL
条 0	P_First_Cycle 第一次循环标志 MOV(021) #FF04 102 传送 源字 目标 写入量程代码 设定模拟输入1 设定模拟输入2 设定模拟输出	LD P_First_Cycle MOV(021) ＃FF04 102
条 1	P_On 常通标志 TIM 0000 #0003 电源为ON时的处理	LD P_On TIM 0000 ＃0003
条 2	I:0.01 T0000 MOV(021) 2 D0 读取模拟输入1的转换值	LD 0.01 AND T0001 MOV(021) 2 D0
条 3	T0000 I:0.02 CMP(020) 3 #8000 模拟输入2的断线检测 P_EQ 110.00 等于(EQ)标志 模拟输入2的断线警报	LD T0000 AND 0.02 CMP(020) 3 ＃8000 AND P_EQ OUT 110.00
条 4	T0000 I:0.02 MOV(021) 3 D1 读取模拟输入2的转换值	LD T0000 AND 0.02 MOV(021) 3 D1
条 5	T0000 I:0.03 MOV(021) D10 102 D10中的值转换为模拟量由102 CH输出	LD T0000 AND 0.03 MOV(021) D10 102

8.3.4 CPM1A-MAD11 扩展模拟量输入/输出单元

(1) CPM1A-MAD11 扩展模拟量输入/输出单元的功能

① 模拟量输入/输出的转换功能　CP1H 系列 PLC 首先向 CPM1A-MAD11 扩展模拟量输入/输出单元发送量程代码，对扩展模拟量输入/输出单元转换通道或量程进行选择。进行模/数（A/D）转换时，模拟量输入/输出单元根据指令将外部的模拟量信号进行转换，并将转换数据送入到 CP1H 系列 PLC 中；进行数/模（D/A）转换时，模拟量输入/输出单元根据指令将需转换的数字量送入模拟量输出单元，并转换成大小不同的电压或电流输出。CPM1A-MAD11 与 CPM1A-MAD01 的输入/输出转换过程相同。

② 结构与规格　CPM1A-MAD11 为 CPM1A 系列的扩展模拟量输入/输出单元，每台 CPM1A-MAD11 有 2 点模拟量输入、1 点模拟量输出，其模拟量输入电压量程为 0～5V、1～5V、0～10V、－10～＋10V，电流量程为 0～20mA、4～20mA，分辨率为 1/6000。在量程为 1～5V、4～20mA 的模拟输入信号下，可使用断线检测功能。模拟输出的电压量程为 1～5V、0～10V、－10～＋10V，电流量程为 0～20mA、4～20mA，分辨率为1/6000。CPM1A-MAD11 模拟量输入/输出单元的外形结构如图 8-32 所示，它主要包括扩展 I/O 连接电缆、扩展连接器和模拟量输入/输出端子、拨动开关等部分。CPM1A-MAD11 模拟量输入/输出单元主要规格如表 8-22 所示。

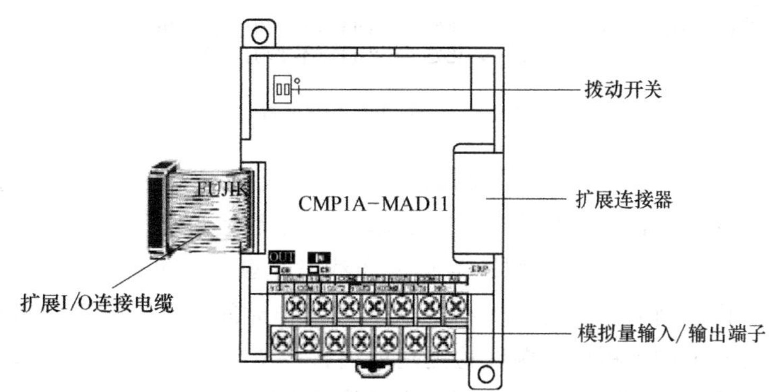

图 8-32　CPM1A-MAD11 模拟量输入/输出单元外形

表 8-22　CPM1A-MAD11 模拟量输入/输出规格

项　　目		电压输入输出	电流输入输出
模拟量输入	模拟输入点数	2 点(占用 2 个 CH)	
	输入信号量程	0～5V、1～5V、0～10V、－10～＋10V	0～20mA、4～20mA
	最大额定输入	±15V	±30mA
	外部输入阻抗	1MΩ 以上	约 250Ω
	分辨率	1/6000	
	综合精度	25℃，±0.3%；0～55℃，±0.6%	25℃，±0.4%；0～55℃，±0.8%
	A/D 转换数据	－10～10V 时，满量程值为 0xF448(0xE890)～0x0BB8(0x1770)	
	平均化处理	有(由拨动开关设定各输入)	
	断线检测功能	有	

续表

项目		电压输入输出	电流输入输出
模拟量输出	模拟量输出点数	1点(占用1个CH)	
	输出信号量程	1～5V、0～10V、−10～+10V	0～20mA、4～20mA
	外部输出允许负载电阻	1kΩ以上	600Ω以下
	外部输出阻抗	0.5Ω以上	—
	分辨率	1/6000或1/12000	
	综合精度	25℃,±0.4%;0～55℃,±0.8%	
	设定数据	8位二进制+符号位	
转换时间		2ms/点	
隔离方式		模拟输入输出与内部电路间为光电耦合器隔离,但模拟输入输出间不隔离	
消耗电流		DC 5V:83mA以下;DC 24V:110mA以下	

③ 模拟量输入的平均值处理功能　模拟量输入的平均值处理功能通过拨动开关SW1-1、SW1-2进行设置，如图8-33所示。在模拟输入中，拨动开关设定在ON时，平均化处理功能开始工作。在平均化处理功能中，将前8次输入的平均值作为转换数据输出。输入发生细微变化的情况下，通过平均化处理，可作为平滑输入处理。

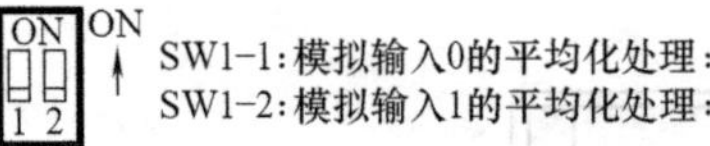

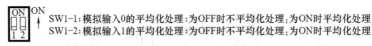

图8-33　拨动开关的设置

④ 模拟量输入的断线检测功能　模拟量输入的断线检测功能是用来检测输入是否断线和转换工作是否完成。当输入量程为1～5V、输入信号不足0.8V时，或者输入量程为4～20mA、输入信号不足3.2mA时，判断为输入布线发生断线，断线检测功能工作。如果断线检测功能进行工作，则数据转为0x8000，而且其工作时间、解除时间和转换时间都相同。当输入再恢复到可转换的范围时，断线检测功能被自动清除，恢复到通常的转换数据。

(2) CPM1A-MAD11扩展模拟量输入/输出单元的使用

① 使用步骤　CPM1A-MAD11扩展模拟量输入/输出单元的使用步骤如图8-34所示。

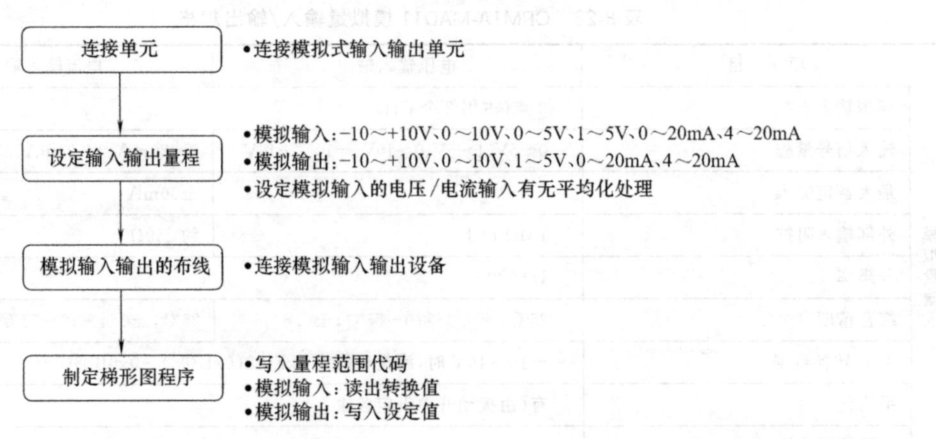

图8-34　CPM1A-MAD11扩展模拟量输入/输出单元的使用步骤

② 扩展模拟量输入/输出单元的接线　CPM1A-MAD11 扩展模拟量输入/输出单元的接线主要包括与 CPU 的连线以及与模拟输入/输出设备的连接。

a. 与 CPU 的连接。CPM1A 系列的扩展模拟量输入/输出单元通过扩展 I/O 连接电缆与 CPU 单元连接，在连接时 CPU 的外扩 I/O 单元总数不能超过 7 台。扩展 I/O 连接电缆是固定在模拟量输入/输出单元上的，无法取下。

b. 与模拟输入/输出设备的连接。CPM1A-MAD11 外扩模拟量输入/输出单元的引脚排列如表 8-23 所示，使用时可以根据这个表选择合适引脚并进行相应的 I/O 接线。

表 8-23　CPM1A-MAD11 外扩模拟量输入/输出单元引脚排列及功能

端子台	引脚名称	功能描述
OUT CH / IN CH 上排：IOUT｜NC｜NC｜VIN0｜COM0｜IIN1｜AG 下排：VOUT｜COM｜NC｜NC｜IIN0｜VIN1｜COM1	VOUT	电压输出
	IOUT	电流输出
	COM	输出 COM
	VIN0	电压输入 0
	IIN0	电流输入 0
	COM0	输入 COM0
	VIN1	电压输入 1
	IIN1	电流输入 1
	COM1	输入 COM1

进行扩展模拟量输出的接线时，可以参照图 8-35 进行连线。进行连线时要注意，输入连接线应使用带屏蔽的两芯双绞电缆，不要连接屏蔽线。对于不使用的输入通道，应将输入端子的 VIN、IIN 和 COM 短路，并且要将 AC 电源线及动力线等分开布线。如果电源线上有干扰，应在电源、输入端插入噪声滤波器。在电流输入下使用时，必须将电压输入端子和电流输入端子短路。

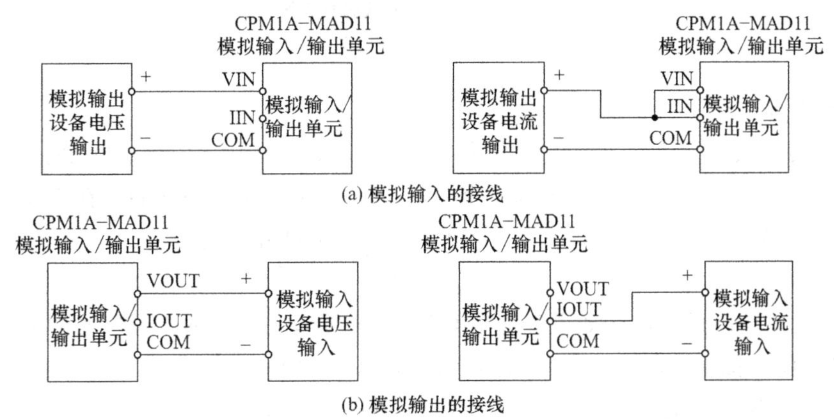

图 8-35　CPM1A-MAD11 与模拟输入/输出设备的连接

③ 输出继电器 CH 的分配　在扩展 CPM1A-MAD11 模拟量输入/输出单元时，按 CP1H CPU 单元的连接顺序分配输入输出 CH 编号。输入 CH 编号从 02 CH 开始，输出 CH 编号从 102 CH 开始，分配各自单元占有的输入输出 CH 数。每个 CPM1A-MAD11 分配输入 2 CH 和输出 1 CH。

④ 量程代码　在扩展CPM1A-MAD11模拟量输入/输出单元时，需通过程序对（$n+1$）CH写入量程代码，其量程代码根据模拟量输入2 CH和模拟量输出1 CH的组合，有5种量程代码000～100，如表8-24所示。

表8-24　CPM1A-MAD11模拟量输入/输出单元的量程代码

量程代码	模拟输入0信号量程	模拟输入1信号量程	模拟输出信号量程
000	−10～+10V	−10～+10V	−10～+10V
001	0～10V	0～10V	0～10V
010	1～5V/4～20mA	1～5V/4～20mA	1～5V
011	0～5V/4～20mA	0～5V/4～20mA	0～20mA
100	—	—	4～20mA

在写入量程代码前，CPM1A-MAD11外扩模拟量输入/输出单元不能进行A/D和D/A转换。一旦在模拟量输入/输出单元中写入了量程代码，在CPU单元电源为ON期间，量程代码则不能更改，如要更改输入/输出量程时，则必须重新给CPU单元上电。写入到（$n+1$）CH中的量程代码格式如图8-36（a）所示，例如设定模拟输入0的量程为4～20mA，模拟输入1的量程为0～10V，模拟输出的量程为−10～10V，则通过MOV指令写入量程代码的指令如图8-36（b）所示。

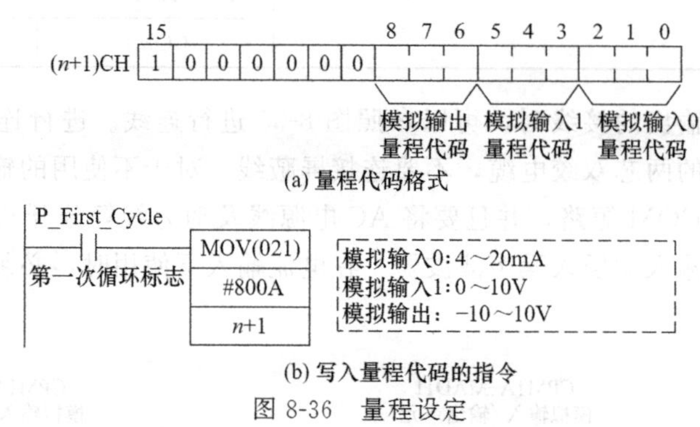

图8-36　量程设定

⑤ 梯形图程序编制的注意事项

a. A/D转换数据的读取。如果分配给CPU单元或者已连接的扩展单元的最后输入通道为m CH时，将A/D转换数据输出到下个（$m+1$）CH、（$m+2$）CH。在编制梯形图程序时，可使用MOV指令读取（$m+1$）CH和（$m+2$）CH中的数字量（由扩展模拟量A/D转换而来）即可。

b. 写入模拟输出设定值。如果分配给CPU单元或者已连接的扩展单元的最后输出通道为n CH时，将模拟输出的设定值写入到（$n+1$）CH即可。

c. 电源为ON时的处理。从电源为ON开始到最初的转换数据被保存到输入通道为止，大约需花费2个周期再加上50ms的时间，因此，在与电源ON同时运行时，需编写如图8-31所示的处理程序，使转换后的数据送入数据存储器中。

d. 单元异常时的动作。外扩的CPM1A-MAD11模拟量输入/输出单元发生异常时，模拟量输入转换数据为0x0000，模拟输出为0V或4mA，发生CPU单元运行停止异常的情况下，将模拟输出设定为1～5V或4～20mA时，CPU异常时为0V或0mA，其他异常时则输出 1V 或 4mA。CMP1A-MAD11 的异常输出到 A436 CH 的相应位，假如分配为 3 CH 的外扩模拟量输入单元发生异常时，异常输出到 A436 的位 1。

⑥ 应用举例

例 8-4 假设 CPM1A-MAD01 外扩模拟量输入/输出单元与 CPU 单元及模拟输入/输出设备已连好线，现需获取 2 路输入 A/D 转换数据和输出 1 路 D/A 数据。其中模拟输入 0 的量程设定为 0～10V；模拟输入 1 的量程设定为 4～20mA；模拟输出量程设定为 0～10V，编写的程序如表 8-25 所示。

表 8-25 CPM1A-MAD01 外扩模拟量输入/输出程序

条	LAD	STL
条 0	P_First_Cycle 第一次循环标志 MOV(021) #8051 102 写入量程代码 设定模拟输入0 设定模拟输入1 设定模拟输出	LD P_First_Cycle MOV(021) #8051 102
条 1	P_On 常通标志 TIM 0005 #0002 电源为ON时的处理	LD P_On TIM 0005 #0002
条 2	T0005 0.01 MOV(021) 2 D0 读取模拟输入0的转换值	LD T0005 AND 0.01 MOV(021) 2 D0
条 3	T0005 0.02 CMP(020) 3 #8000 模拟输入1的断线检测 P_EQ 110.00 等于(EQ)标志 模拟输入1的断线警报	LD T0005 AND 0.02 CMP(020) 3 #8000 AND P_EQ OUT 110.00
条 4	T0005 0.02 MOV(021) 3 D1 读出模拟输入1的转换值	LD T0005 AND 0.02 MOV(021) 3 D1
条 5	T0005 0.03 MOV(021) D10 102 D10的值转换为模拟值由102CH输出	LD T0005 AND 0.03 MOV(021) D10 102

8.4 PID 闭环控制

8.4.1 模拟量闭环控制系统的组成

闭环控制是根据控制对象输出反馈来进行校正的控制方式，它是在测量出实际与计划发生偏差时，按定额或标准来进行纠正的。

图 8-37 为典型的模拟量闭环控制系统结构框图。图中，虚线部分可由 PLC 的基本单元加上模拟量输入/输出扩展单元来承担，即由 PLC 自动采样来自检测元件或变送器的模拟输入信号，同时将采样的信号转换为数字量，存在指定的数据寄存器中，经过 PLC 运算处理后输出给执行机构去执行。

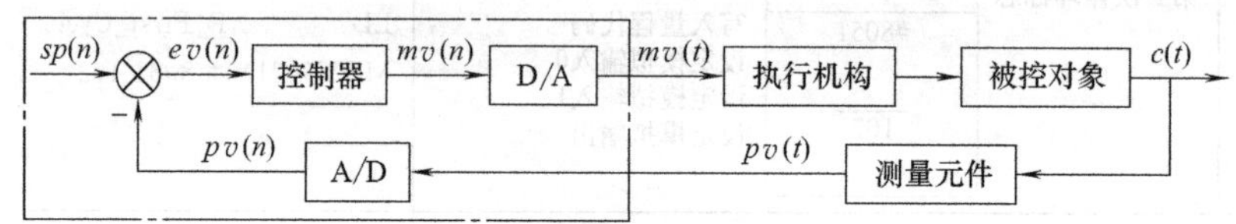

图 8-37 PLC 模拟量闭环控制系统结构框图

图 8-37 中 $c(t)$ 为被控量，该被控量是连续变化的模拟量，如压力、温度、流量、物位、转速等。$mv(t)$ 为模拟量输出信号，大多数执行机构（如电磁阀、变频器等）要求 PLC 输出模拟量信号。PLC 采样到的被控量 $c(t)$ 需转换为标准量程的直流电流或直流电压信号 $pv(t)$，例如 4～20mA 和 0～10V 的信号。$sp(n)$ 为是给定值，$pv(n)$ 为 A/D 转换后的反馈量。$ev(n)$ 为误差，误差 $ev(n)=sp(n)-pv(n)$。$sp(n)$、$pv(n)$、$ev(n)$、$mv(n)$ 分别为模拟量 $sp(t)$、$pv(t)$、$ev(t)$、$mv(t)$ 第 n 次采样计算时的数字量。

要将 PLC 应用于模拟量闭环控制系统中，首先要求 PLC 必须具有 A/D 和 D/A 转换功能，能对现场的模拟量信号与 PLC 内部的数字量信号进行转换；其次 PLC 必须具有数据处理能力，特别是应具有较强的算术运算功能，能根据控制算法对数据进行处理，以实现控制目的；同时还要求 PLC 有较高的运行速度和较大的用户程序存储容量。现在的 PLC 一般都有 A/D 和 D/A 模块，许多 PLC 还设有 PID 功能指令，比如在 CP1H 系列 PLC 中设有 PID 运算指令（PID）和带自整定 PID 运算指令（PIDAT）。

8.4.2 PID 控制原理

(1) PID 控制的基本概念

PID（Proportional Integral Derivative）即比例（P）-积分（I）-微分（D），其功能以实现有模拟量的自动控制领域中需要按照 PID 控制规律进行自动调节的控制任务，如温度、压力、流量等。PID 是根据被控制输入的模拟物理量的实际数值与用户设定的调节目标值的相对差值，按照 PID 算法计算出结果，输出到执行机构进行调节，以达到自动维持被控制的量跟随用户设定的调节目标值变化的目的。

当被控对象的结构和参数不能完全掌握，或者得不到精确的数学模型，并且难以采用控制理论的其他技术，系统控制器的结构和参数必须依靠经验和现场调试来确定，在这种情况下，可以使用 PID 控制技术。PID 控制技术包含了比例控制、微分控制和积分控制等。

① 比例控制（Proportional） 比例控制是一种最简单的控制方式。其控制器的输出与

输入误差信号成比例关系，如果增大比例系数使系统反应灵敏，调节速度加快，并且可以减小稳态误差。但是，比例系数过大会使超调量增大，振荡次数增加，调节时间加长，动态性能变坏，比例系数太大甚至会使闭环系统不稳定。当仅有比例控制时系统输出存在稳态误差（steady-state error）。

② 积分控制（Integral） 在PID中的积分对应于图8-38中的误差曲线 $ev(t)$ 与坐标轴包围的面积，图中的 T_s 为采样周期。通常情况下，用图中各矩形面积之和来近似精确积分。

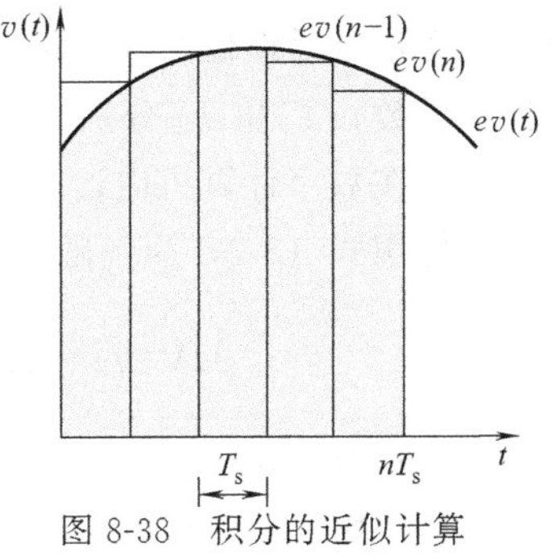

图8-38 积分的近似计算

在积分控制中，PID的输出与输入误差信号的积分成正比关系。每次PID运算时，在原来的积分值基础上，增加一个与当前的误差值 $ev(n)$ 成正比的微小部分。误差为负值时，积分的增量为负。

对一个自动控制系统，如果在进入稳态后存在稳态误差，则称这个控制系统为有稳态误差系统，或简称有差系统（system with steady-state error）。为了消除稳态误差，在控制器中必须引入"积分项"。积分项对误差的运算取决于积分时间 T_I，T_I 在积分项的分母中。T_I 越小，积分项变化的速度越快，积分作用越强。

③ 比例积分控制 PID输出中的积分项与输入误差的积分成正比。输入误差包含当前误差及以前的误差，它会随时间增加而累积，因此积分作用本身具有严重的滞后特性，对系统的稳定性不利。如果积分项的系数设置得不好，其负面作用很难通过积分作用本身而迅速得到修正。而比例项没有延迟，只要误差一出现，比例部分就会立即起作用。因此积分作用很少单独使用，它一般与比例和微分联合使用，组成PI或PID控制器。

PI和PID控制器既克服了单纯的比例调节有稳态误差的缺点，又避免了单纯的积分调节响应慢、动态性能不好的缺点，因此被广泛使用。

如果控制器有积分作用（例如采用PI或PID控制），积分能消除阶跃输入的稳态误差，这时可以将比例系数调得小一些。如果积分作用太强（即积分时间太短），其累积的作用会使系统输出的动态性能变差，有可能使系统不稳定。积分作用太弱（即积分时间太长），则消除稳态误差的速度太慢，所以要取合适的积分时间值。

④ 微分控制 在微分控制中，控制器的输出与输入误差信号的微分（即误差的变化率）成正比关系，误差变化越快，其微分绝对值越大。误差增大时，其微分为正；误差减小时，其微分为负。由于在自动控制系统中存在较大的惯性组件（环节）或有滞后（delay）组件，具有抑制误差的作用，其变化总是落后于误差的变化。因此，自动控制系统在克服误差的调节过程中可能会出现振荡甚至失稳。在这种情况下，可以使抑制误差的作用的变化"超前"，即在误差接近零时，抑制误差的作用就应该是零。也就是说，在控制器中仅引入"比例"项往往是不够的，比例项的作用仅是放大误差的幅值，而目前需要增加的是"微分项"，它能预测误差变化的趋势，这样，具有比例＋微分的控制器就能够提前使抑制误差的控制作用等于零，甚至为负值，从而避免被控量的严重超调。所以对有较大惯性或滞后的被控对象，比例＋微分（PD）控制器能改善系统在调节过程中的动态特性。

（2）PID表达式

PID控制器的传递函数为

$$\frac{MV(t)}{EV(t)}=K_p\left(1+\frac{1}{T_I s}+T_D s\right)$$

模拟量 PID 控制器的输出表达式为

$$mv(t)=K_p\left[ev(t)+\frac{1}{T_I}\int ev(t)\mathrm{d}t+T_D\frac{\mathrm{d}ev(t)}{\mathrm{d}t}\right]+M \tag{8-1}$$

式中，控制器的输入量（误差信号）$ev(t)=sp(t)-pv(t)$，$sp(t)$ 为设定值；$pv(t)$ 为过程变量（反馈值）；$mv(t)$ 是 PID 控制器的输出信号，是时间的函数；K_p 是 PID 回路的比例系数；T_I和 T_D分别是积分时间常数和微分时间常数；M 是积分部分的初始值。

为了在数字计算机内运行此控制函数，必须将连续函数化成为偏差值的间断采样。数字计算机使用式（8-2）为基础的离散化 PID 运算模型。

$$MV(n)=K_p ev(n)+K_i\sum_{i=1}^{n}e_i+M+K_d(e_n-e_{n-1}) \tag{8-2}$$

式中，$MV(n)$ 为采样时刻 n 的 PID 运算输出值；K_p 为 PID 回路的比例系数；K_i 为 PID 回路的积分系数；K_d 为 PID 回路的微分系数；$ev(n)$ 为采样时刻的 PID 回路的偏差；e_n 为采样时刻 n 的 PID 回路的误差；e_{n-1}为采样时刻 $n-1$ 的 PID 回路的误差；e_i 为采样时刻 i 的 PID 回路的偏差；M 为 PID 回路输出的初始值。

在式（8-2）中，第一项叫做比例项；第二项由两项的和构成，叫积分项；最后一项叫微分项。比例项是当前采样的函数，积分项是从第一采样至当前采样的函数，微分项是当前采样及前一采样的函数。在数字计算机内，既不可能也没有必要存储全部偏差项的采样。因为从第一采样开始，每次对偏差采样时都必须计算其输出数值，因此，只需要存储前一次的偏差值及前一次的积分项数值。利用计算机处理的重复性，可对上述计算公式进行简化。简化后的公式为式（8-3）。

$$MV(n)=K_p ev(n)+[K_i ev(n)+M]+K_d(e_n-e_{n-1}) \tag{8-3}$$

（3）PID 参数的整定

PID 控制器的参数整定是控制系统设计的核心内容。它是根据被控过程的特性，确定 PID 控制器的比例系数、积分时间和微分时间的大小。PID 控制器有 4 个主要的参数 K_p、T_i、T_d 和 T_s 需整定，无论哪一个参数选择得不合适都会影响控制效果。在整定参数时应把握住 PID 参数与系统动态、静态性能之间的关系

在 P（比例）、I（积分）、D（微分）这三种控制作用中，比例部分与误差信号在时间上是一致的，只要误差一出现，比例部分就能及时地产生与误差成正比的调节作用，具有调节及时的特点。

增大比例系数 K_p 一般将加快系统的响应速度，在有静差的情况下，有利于减小静差，提高系统的稳态精度。但是，对于大多数系统而言，K_p 过大会使系统有较大的超调，并使输出量振荡加剧，从而降低系统的稳定性。

积分作用与当前误差的大小和误差的历史情况都有关系，只要误差不为零，控制器的输出就会因积分作用而不断变化，一直要到误差消失，系统处于稳定状态时，积分部分才不再变化。因此，积分部分可以消除稳态误差，提高控制精度，但是积分作用的动作缓慢，可能给系统的动态稳定性带来不良影响。积分时间常数 T_i 增大时，积分作用减弱，有利于减小超调，减小振荡，使系统的动态性能（稳定性）有所改善，但是消除稳态误差的时间变长。

微分部分是根据误差变化的速度，提前给出较大的调节作用。微分部分反映了系统变化

的趋势，它较比例调节更为及时，所以微分部分具有超前和预测的特点。微分时间常数 T_d 增大时，有利于加快系统的响应速度，使系统的超调量减小，动态性能得到改善，稳定性增加，但是抑制高频干扰的能力减弱。

选取采样周期 T_s 时，应使它远远小于系统阶跃响应的纯滞后时间或上升时间。为使采样值能及时反映模拟量的变化，T_s 越小越好。但是 T_s 太小会增加 CPU 的运算工作量，相邻两次采样的差值几乎没有什么变化，所以也不宜将 T_s 取得过小。

对 PID 控制器进行参数整定时，可实行先比例、后积分、再微分的整定步骤。

首先整定比例部分。将比例参数由小变大，并观察相应的系统响应，直至得到反应快、超调小的响应曲线。如果系统没有静差或静差已经小到允许范围内，并且对响应曲线已经满意，则只需要比例调节器即可。

如果在比例调节的基础上系统的静差不能满足设计要求，则必须加入积分环节。在整定时先将积分时间设定到一个比较大的值，然后将已经调节好的比例系数略为缩小，然后减小积分时间，使得系统在保持良好动态性能的情况下，静差得到消除。在此过程中，可根据系统的响应曲线的好坏反复改变比例系数和积分时间，以期得到满意的控制过程和整定参数。

反复调整比例系数和积分时间，如果还不能得到满意的结果，则可以加入微分环节。微分时间 T_d 从 0 逐渐增大，反复调节控制器的比例、积分和微分各部分的参数，直至得到满意的调节效果。

（4）CP1H 系列 PLC 中 PID 控制技术

在 CP1H 系列 PLC 中，PID 控制采用 2 自由度调节技术，2 自由度 PID 控制框图如图 8-39 所示。

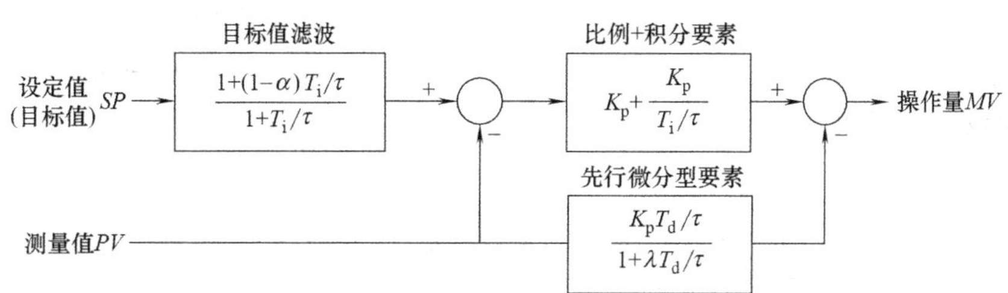

图 8-39　2 自由度 PID 控制框图

图中，K_p 是 PID 回路的比例系数；T_i 和 T_d 分别是积分时间常数和微分时间常数；τ 为采样周期；α 为 2-PID 参数；λ 为不完全微分系数。

2 自由度调节技术是在单自由度的基础上设置前置传递函数 F，使整个系统的传递函数中有两个独立的闭环传递函数，系统可以借助主控制器 $G(s)$ 改善反馈特性，借助 F 改善参考输入与系统输出之间的闭环特性，实现反馈特性和跟踪特性可以独立调整。其控制算法具有两个特点。

① 前置函数是一个以 λ 为可变参数的目标滤波器，具有低通滤波效果和抑制超调的特性。调整系统的参数，可以使系统满足跟踪性能。λ 值的取值范围是 0～1，当 λ 值逐渐增大时，滤波器的低通滤波特性将越强，抑制超调的作用也越来越明显。

② 微分环节采用了不完全微分先行算法（先行微分型要素）。当输入阶跃信号时，不完全微分的响应在开始时幅值较高，然后很快衰减，幅值较低而持续时间较长，而普通微分则对阶跃的响应是一个幅值很高而宽度很窄的脉冲，对系统有一个较强的冲击。显然，不完全

微分的特性要优于普通的微分环节。另外，采用微分先行的方法则是把对偏差的微分改为对被控量的微分，这样，在给定值变化时，不会产生输出大幅度变化，可以改善系统的动态特性。

8.4.3 PID 功能指令

在 CP1H 系列 PLC 中设有两条 PID 功能指令：PID 运算指令（PID）和带自整定 PID 运算指令（PIDAT）。

（1）PID 运算指令

PID 指令是将 S 通道的数据作为输入值，按 C～C+8 通道中设定的参数对输入值进行 PID 运算，运算结果作为输出操作量送入 D 通道，其指令格式如表 8-26 所示。

表 8-26　PID 指令格式

指令	LAD	STL	操作数说明
PID 指令	PID(190) S C D	PID(190)　S　C　D	S 为测定值输入 CH 编号；C 为 PID 参数保存低位 CH 编号；D 为操作量输出 CH 编号

使用说明

在执行 PID 运算指令前，需设置 PID 运算的各种参数；在执行 PID 运算指令时，PLC 按照设定的参数对输入值进行 PID 运算，运算结果作为输出操作量去控制受控对象。操作数 C～C+8 CH 为 PID 运算指令的参数设置区，其设置内容如图 8-40 所示，C～C+8 CH 的参数详细设置说明如表 8-27 所示。

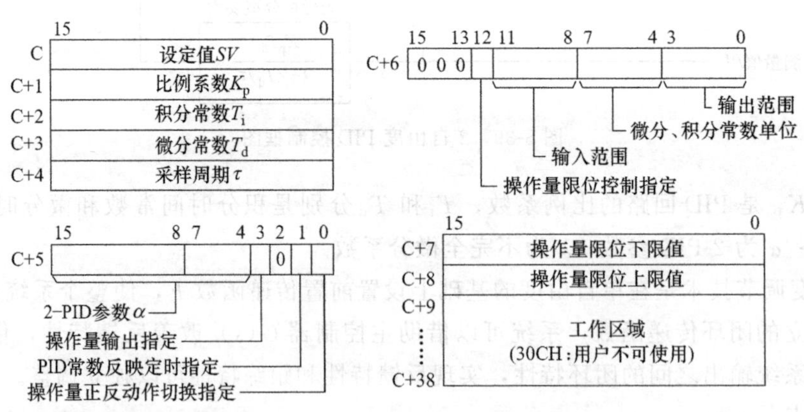

图 8-40　PID 指令参数设置区

例 8-5　PID 指令的使用如表 8-28 所示。当 0.01 常开触点为 ON 时，执行 PID 指令。先将 D209～D238 工作区初始化（清零），然后按 D200～D208 设置的参数，将 1000 CH 中的数据作为输入值 *PV* 进行 PID 运算，运算结果作为输出操作量 *MV* 送入 2000 CH 中。

表 8-27 PID 指令参数详细设置

控制数据	项目	内容	设定范围	输入条件为 ON 时能否进行变更
C	设定值 SV	控制对象的目标值	输入范围的位数的 BIN 数据(0～指定输入范围最大值)	可以
C+1	比例系数 K_p	在整个比例控制范围/控制范围中所示的 K_p 控制用参数	0x0001～0x270F(1～9999) (0.1%单位、0.1%～999.9%)	输入条件为 ON 时，C+5 的位 1 时可以
C+2	积分常数 T_i	表示积分动作效果大小的常数。该值变大时，积分效果减弱	0x0001～0x1FFF(1～8191)；0x270F(9999)时无积分动作的设定；积分、微分常数单位指定为 1 时 1～8191 倍，指定为 9 时 0.1～819.1s	
C+3	微分常数 T_d	表示微分动作效果大小的常数。该值变大时，微分效果减弱	0x0001～0x1FFF(1～8191)；0x270F(9999)时无微分动作的设定；积分、微分常数单位指定为 1 时 1～8191 倍，指定为 9 时 0.1～819.1s	
C+4	取样周期 τ	设定进行 PID 运算的周期	0x0001～0x270F(1～9999) (10ms 单位、0.01～99.99s)	不可以
C+5 的位 4～位 15	2-PID 参数 α	输入滤波系数，通常使用 0.65。值越接近，滤波器效果越弱	0x000：α=0.65(十六进制 3 位)，如果为 0x100～0x163，低位 2 位的值意味着 α=0.00～0.99	
C+5 的位 3	操作量输出指定	指定测定值=设定值时的操作量	0：输出 0%；1：输出 50%	
C+5 的位 1	PID 常数反映定时指定	指定在何时将 K_p、T_i、T_d 的各参数反映到 PID 运算	0：仅在输入条件上升时；1：输入条件上升时，以及每个取样周期	可以
C+5 的位 0	操作量正反动作切换指定	决定比例动作方向的参数	0：反动作；1：正动作	不可以
C+6 的位 12	操作量限位控制指定	指定是否对操作量进行限位控制	0：无效(不进行限位控制)；1：有效(进行限位控制)	
C+6 的位 8～位 11	输入范围	输入数据的位数	0：8 位；1：9 位；2：10 位；3：11 位；4：12 位；5：13 位；6：14 位；7：15 位；8：16 位	
C+6 的位 4～位 7	积分、微分常数单位指定	指定 T_i、T_d 的时间单位	1：取样周期倍数指定，将积分、微分时间作为取样周期的指定倍数加以指定；9：时间指定，以 100ms 为单位指定积分、微分时间	
C+6 的位 0～位 3	输出范围	输出数据的位数	设定范围与输入范围相同	
C+7	操作量限位下限值	将操作量作为限位控制时的限位下限值	0x0000～0xFFFF(BIN 数据)	
C+8	操作量限位上限值	将操作量作为限位控制时的限位上限值	0x0000～0xFFFF(BIN 数据)	

表 8-28　PID 指令的使用

条	LAD	执行过程
条 0	I:0.01 PID(190) 1000 D200 2000	C:D200 0 1 2 C 设定值:300 C+1:D201 0 0 6 4 比例系数:10.0% C+2:D202 0 4 B 0 积分时间:120.0秒 C+3:D203 0 1 9 0 微分时间:40.0秒 C+4:D204 0 0 3 2 采样周期:0.5秒 C+5:D205 0 0 0 8 位0:0—反动作；位1:0—PID常数反映定时=输入条件上升；位2:1—设定值=测定值时间输出50%；位4～位15: 0x000—2-PID参数=0.65 C+6:D206 0 4 9 4 位0～位3:0x4—操作量输出范围12位；位4～位7:0x9—积分、微分常数,时间设定；位8～位11:0x4— 输入范围12位；位12:0—无操作量限位控制 C+7:D207 0 0 0 0 C+8:D208 0 0 0 0 C+9:D209 … C+38:D238 工作区域

（2）带自整定 PID 运算指令

在使用 PID 指令时需要设置大量的参数，这些参数设置繁琐并且需要反复调试，带自整定 PID 运算指令可以通过测试受控对象的特性来自动计算合适的 PID 控制参数。PIDAT 为带自整定 PID 运算指令，它可以根据指定的参数进行 PID 运算，可以执行 PID 常数的自整定，其指令格式如表 8-29 所示。

表 8-29　PIDAT 指令格式

指令	LAD	STL	操作数说明
PIDAT 指令	PIDAT(191) S C D	PIDAT(191)　S　C　D	S 为测定值输入 CH 编号;C 为 PID 参数保存低位 CH 编号;D 为操作量输出 CH 编号

当 C+9 的第 15 位为 0 时，指令将 S 通道的数据作为输入值，按 C～C+8 通道中设定的参数对输入值进行 PID 运算，运算结果作为输出操作量送入 D 通道。当 C+9 的第 15 位变为 1 时，指令强制输出操作量在最大到最小范围内变化，让受控对象在幅度范围内变化，通过观测受控对象反映量（输入值）的变化来分析受控对象的特性，自动计算出新的 P、I、D 常数，并存入 C+1～C+3。当 C+9 的第 15 位又变为 0 时，指令将 S 通道的数据作为输入值，按 C～C+8 通道中设定的参数对输入值进行 PID 运算，运算结果作为输出操作量送入 D 通道。

使用说明

PIDAT、PID 指令的 C～C+8 通道参数设置内容相同，PIDAT 指令增加了 C+9、C+10 两个通道设置参数，其设置内容如图 8-41 所示，C+9、C+10 通道的参数详细设置说明如表 8-30 所示。

例 8-6　PIDAT 指令的使用如表 8-31 所示。当 0.00 常开触点为 ON 时，执行 PIDAT 指令。先将 D211～D240 工作区初始化（清零），然后按 D200～D208 设置的参数，将 1000 CH 中的数据作输入值 *PV* 进行 PID 运算，运算的结果作为输出值 *MV* 送入 2000 CH 中。

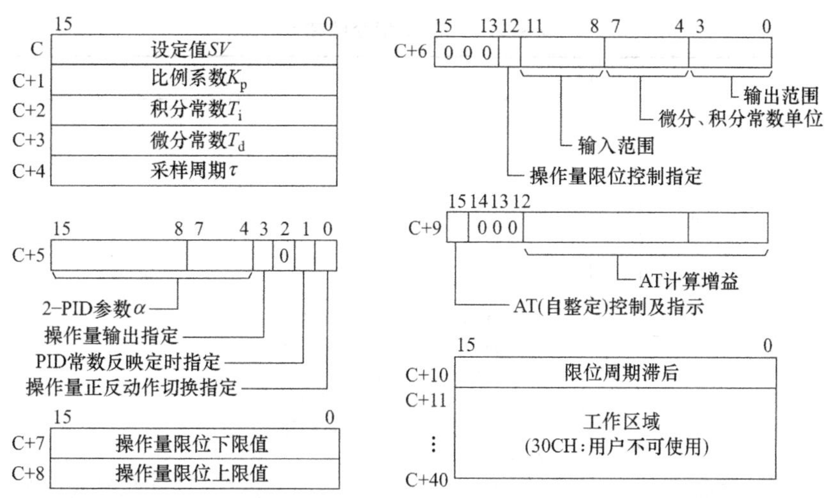

图 8-41　PIDAT 指令参数设置区

当 W0.00 常开触点为 ON 时，执行 SETB 指令，将 D209 的第 15 位置 1，如果 0.00 触点仍为 ON，PIDAT 指令马上执行自整定操作，计算出新的 P、I、D 值并存入 D201～D203 中。当 W0.00 常开触点为 OFF、W0.01 为 ON 时，执行 RSTB 指令，将 D209 的第 15 位复位，如果 0.00 触点处于 ON，PIDAT 指令按 D201～D203 中的新的参数进行 PID 运算，运算结果送入 2000 CH 中。

表 8-30　PIDAT 指令 C+9、C+10 通道参数详细设置

控制数据	项目	内　容	设定范围	输入条件为 ON 时能否进行变更
C+9 的位 15	AT 指令/执行中	同时兼具 PID 常数的 AT(自整定)执行指令和 AT 执行中标志作用 AT 执行时设置为 1(即使执行 PIDAT 指令时也有效)；AT 结束后，自动返回 0 注：AT 执行中如果从 1 设置为 0，AT 将中止，以 AT 执行开始之前的 PID 参数开始 PID 运算，但是，P、I、D 的各参数在中止时的值有效	①作为 AT 执行指令时 0→1：AT 执行指示(PIDAT 指令执行时，为 1 时也执行 AT 指示) 1→0：AT 中止指示或 AT 结束时自动发生变化 ②作为 AT 执行中标志时 0：AT 非执行中 1：AT 执行中	可以
C+9 的位 0～位 11	AT 计算增益	对通过 AT 进行的 PID 调整的计算结果的自动存储值的补给度通过用户定义进行调整时加以设定。通常在默认值下进行 重视稳定性时变大；重视速应性时变小	0x0001：1.00(默认值) 0x0001～0x03E8： 0.01%～10.00%(0.01 单位)	可以(但反映定时为 AT 开始时)
C+10	限位周期滞后	在 SV 中，设定发生限位周期时的滞后，默认值中，反动作的情况下。在 SV−0.20%的滞后中将 MV 置于 ON。由于 PV 不稳定，在无法发生正常的限位周期时，增大该值。但是，如果过大，AT 精度将变低	0x0001：1.00(默认值) 0x0001～0x03E8： 0.01%～10.00%(0.01 单位) 0xFFFF：0.00%	

表 8-31 PIDAT 指令的使用

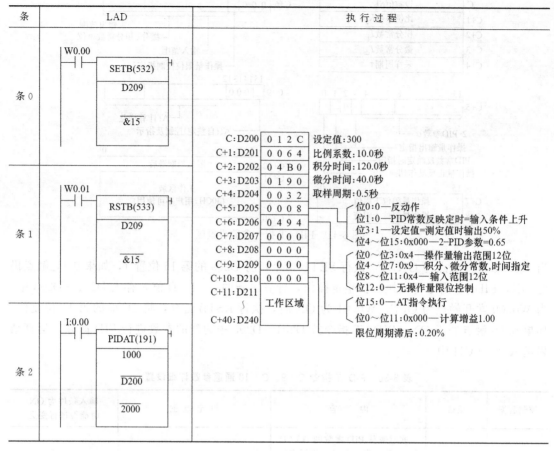

条	LAD	执行过程
条 0	W0.00 — SETB(532) D209 &15	
条 1	W0.01 — RSTB(533) D209 &15	
条 2	I:0.00 — PIDAT(191) 1000 D200 2000	

C:D200 0 1 2 C 设定值:300
C+1:D201 0 0 6 4 比例系数:10.0秒
C+2:D202 0 4 B 0 积分时间:120.0秒
C+3:D203 0 1 9 0 微分时间:40.0秒
C+4:D204 0 0 3 2 取样周期:0.5秒
C+5:D205 0 0 0 8
C+6:D206 0 4 9 4
C+7:D207 0 0 0 0
C+8:D208 0 0 0 0
C+9:D209 0 0 0 0
C+10:D210 0 0 0 0
C+11:D211
C+40:D240
工作区域
位0:0—反动作
位1:0—PID常数反映定时=输入条件上升
位3:1—设定值=测定值时输出50%
位4～位15:0x000—2-PID参数=0.65
位0～位3:0x4—操作量输出范围12位
位4～位7:0x9—积分、微分常数,时间指定
位8～位11:0x4—输入范围12位
位12:0—无操作量限位控制
位15:0—AT指令执行
位0～位11:0x000—计算增益1.00
限位周期滞后:0.20%

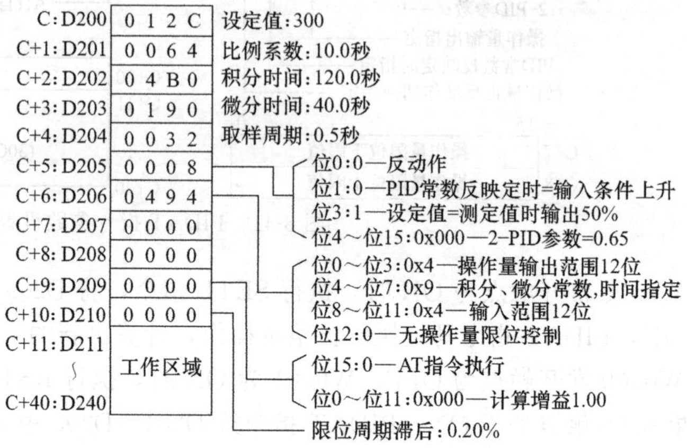

8.4.4 PID 在模拟量控制中的应用实例

例 8-7 以欧姆龙 CP1H-XA 系列 PLC 为主机单元，使用 PID 指令实现如图 8-42 所示的某房间温度模拟量控制。

解： 从图 8-42 所示控制系统图可以看出，该系统以 CP1H-XA 系列 PLC 为主机单元，温度传感器将采集到房间的温度值由 CP1H-XA 内置模拟量输入单元进行 A/D 转换，转换

排风
风门
回风
过滤网
盘管
风机
新风
混合空气
送风
房间
风门
调节阀
温度传感器
冷水
回水
CP1H-XA40DR-A
控制系统

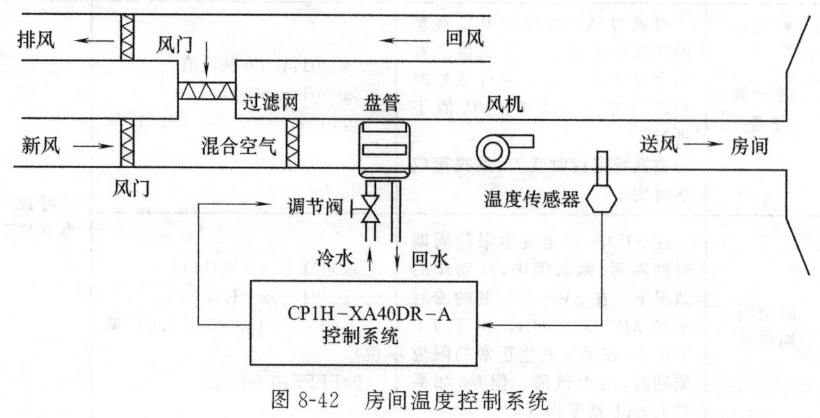

图 8-42 房间温度控制系统

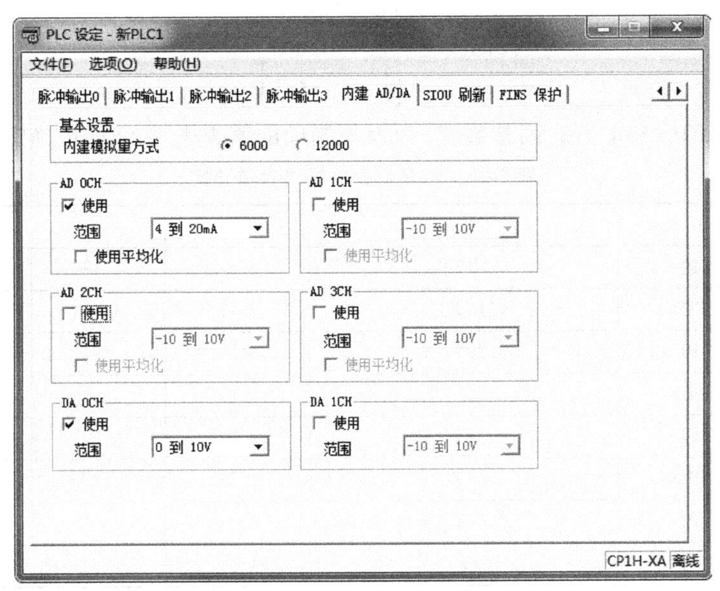

图 8-43 内置模拟量输入/输出设置

后的数字量送给 CPU，然后 CPU 进行 PID 运算处理，并将处理结果通过 CP1H-XA 内置模拟量输出单元进行 D/A 转换，转换后的模拟量控制调节阀的开启或关闭、风机的运行情况等操作。

由于使用了内置模拟量输入/输出单元，因此根据图 8-5 所示步骤要进行输入切换开关设定以及 PLC 系统设定这两步操作。

① 输入切换开关设定 欧姆龙 CP1H-XA 系列 PLC 面板设有 4 路模拟量输入切换开关，该开关用于各模拟输入，使其在电压或电流下使用，ON 为电流输入，OFF 为电压输入。在此选择模拟量输入切换开关为 1，状态为 ON，表示为电流输入。

② PLC 系统设定 在 CX-Programmer 软件的工程工作区中，双击“设置”，在弹出的“PLC 设定”对话框中选择“内建 AD/DA”选项卡，在此选择卡中设置模拟量输入的分辨率、占用通道、量程等，如图 8-43 所示。在软件设置后，然后将 PLC 上电时，在线下载设置到 CP1H，接着把 CP1H 断电并重新上电即可。

在执行 PID 运算指令前，需设置 PID 运算的各种参数。PID 指令设定的参数与对应控制作用相关，如比例带与偏差控制作用相关等。具体操作如下。

（1）参数初始值的确定

在调节 PID 的参数时，首先需要确定参数的初始值，如果预定的参数初始值与理想的参数数值相差太远，将给以后的调试带来很大的困难，所以需选择一组较好的 PID 参数初始值。可以采用“扩充响应曲线法”来初步确定采样周期 T_s、比例系数 K_p、积分时间常数 T_i、微分时间常数 T_d。其具体实施如下。

① 断开系统的反馈，令 PID 调节为 $K_p=1$ 的比例调节器，在系统输入端加一个阶跃给定信号，测量并画出广义被控对象的开环阶跃响应曲线。

② 在曲线上最大斜率处作切线，求被控对象的纯滞后时间 τ 和上升时间常数 T_1。

③ 根据式（8-4）求出系统的控制度，若计算控制度有困难时，可以从表 8-32 中选取不同的控制度的几组参数，分别检验控制结果。

$$控制度=\frac{\left[\int_0^{\infty} e^2(t)\mathrm{d}t\right]_{\mathrm{DDC}}}{\left[\int_0^{\infty} e^2(t)\mathrm{d}t\right]_{模拟}} \tag{8-4}$$

④ 根据求出的 τ 和上升时间常数 T_1 以及控制度的值查表 8-32 即可确定初始值。

表 8-32 扩充响应曲线法参数整定

控制度	控制方式	K_p	T_i	T_d	T_s
1.05	PI	$0.84T_1/\tau$	3.4τ	—	0.1τ
	PID	$1.15T_1/\tau$	2.0τ	0.45τ	0.05τ
1.2	PI	$0.78T_1/\tau$	3.6τ	—	0.2τ
	PID	$1.0T_1/\tau$	1.9τ	0.55τ	0.16τ
1.5	PI	$0.68T_1/\tau$	3.9τ	—	0.5τ
	PID	$0.86T_1/\tau$	1.6τ	0.65τ	0.34τ
2.0	PI	$0.57T_1/\tau$	4.2τ	—	0.8τ
	PID	$0.6T_1/\tau$	1.5τ	0.82τ	0.6τ

（2）调试比例带

确定 PID 的初始值后，在设置调试比例带时先设 $T_i=9999$，$T_d=0000$，$\lambda=1$，使系统成为一个纯比例算法，此时改变 P 初始值，直到比例带设置合适，比例带合适时（如设定为 1000），系统将呈衰减振荡，过渡时间较短。

（3）整定积分时间 T_i

在比例带一定的情况下，积分时间短，作用太强，系统越不稳定，可能出现宽幅振荡、超调或欠调，此时，如果增加积分时间或扩大比例带则可减少振荡。在此，将 T_i 设定为 100s。

（4）整定滤波系数 λ

加入目标滤波器后对系统的超调有明显的抑制作用，λ 值越大，抑制作用越明显，但是加入目标滤波器后系统的过渡时间明显延长，因此要根据实际情况考虑是否加入。

（5）整定微分时间 T_d

整定微分时应保持 P 值、T_i 值和 λ 值不变，调节 T_d 值，较理想状态时系统应为衰减振荡形式，在此不采用微分调节，因此设为 0。

（6）程序编写

综合上述，编写的梯形图程序如图 8-44 所示。

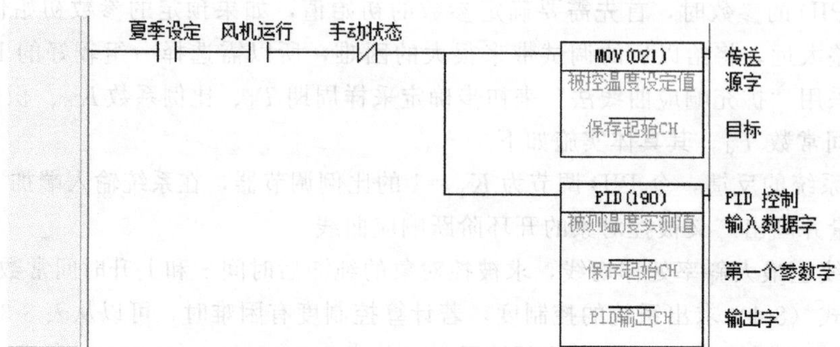

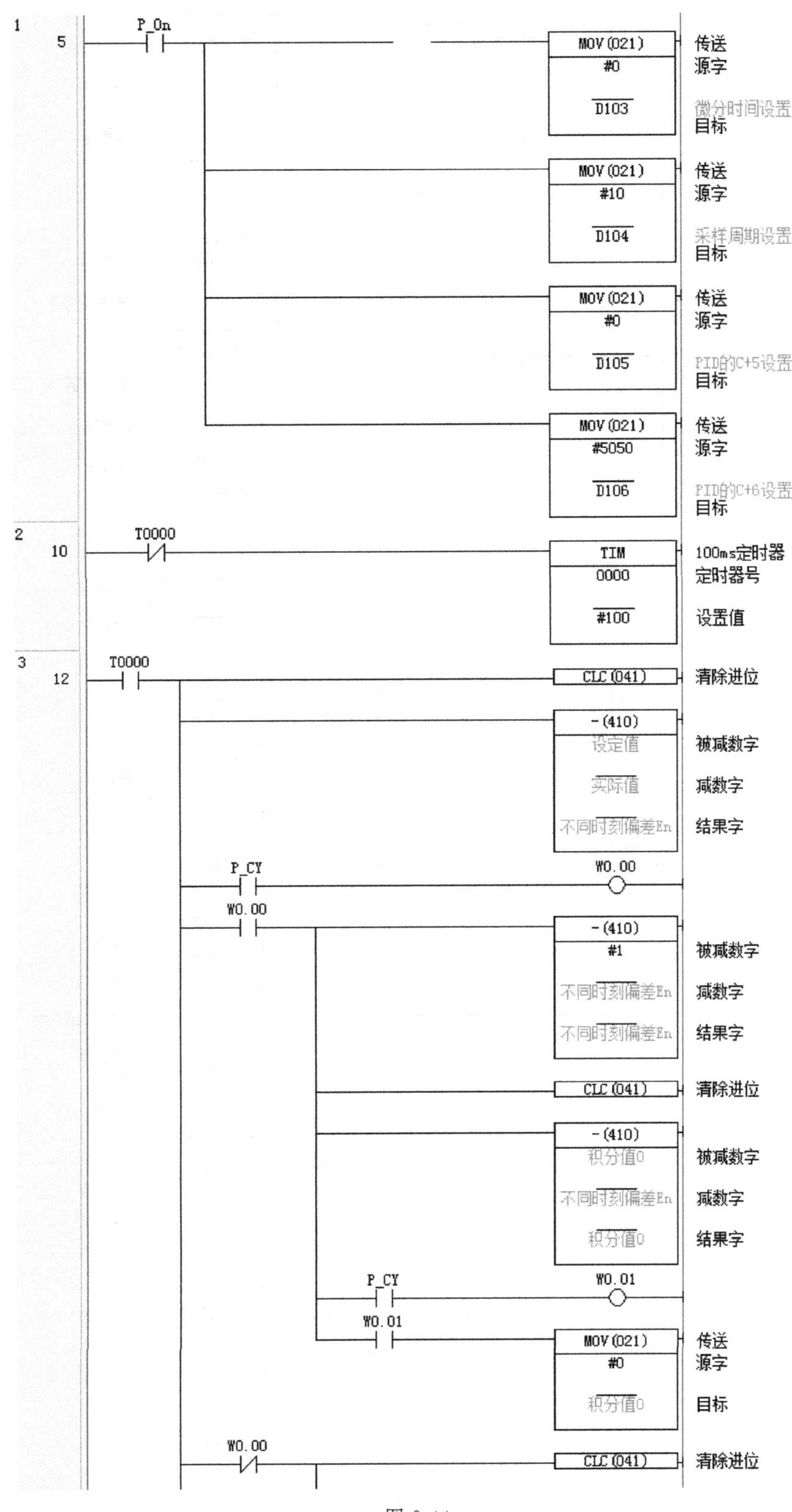
1
5
P_On
MOV(021)
#0
D103
传送
源字
微分时间设置
目标
MOV(021)
#10
D104
传送
源字
采样周期设置
目标
MOV(021)
#0
D105
传送
源字
PID的C+5设置
目标
MOV(021)
#5050
D106
传送
源字
PID的C+6设置
目标
2
10
T0000
TIM
0000
#100
100ms定时器
定时器号
设置值
3
12
T0000
CLC(041)
清除进位
-(410)
设定值
实际值
不同时刻偏差En
被减数字
减数字
结果字
P_CY
W0.00
W0.00
-(410)
#1
不同时刻偏差En
不同时刻偏差En
被减数字
减数字
结果字
CLC(041)
清除进位
-(410)
积分值0
不同时刻偏差En
积分值0
被减数字
减数字
结果字
P_CY
W0.01
W0.01
MOV(021)
#0
积分值0
传送
源字
目标
W0.00
CLC(041)
清除进位
图 8-44

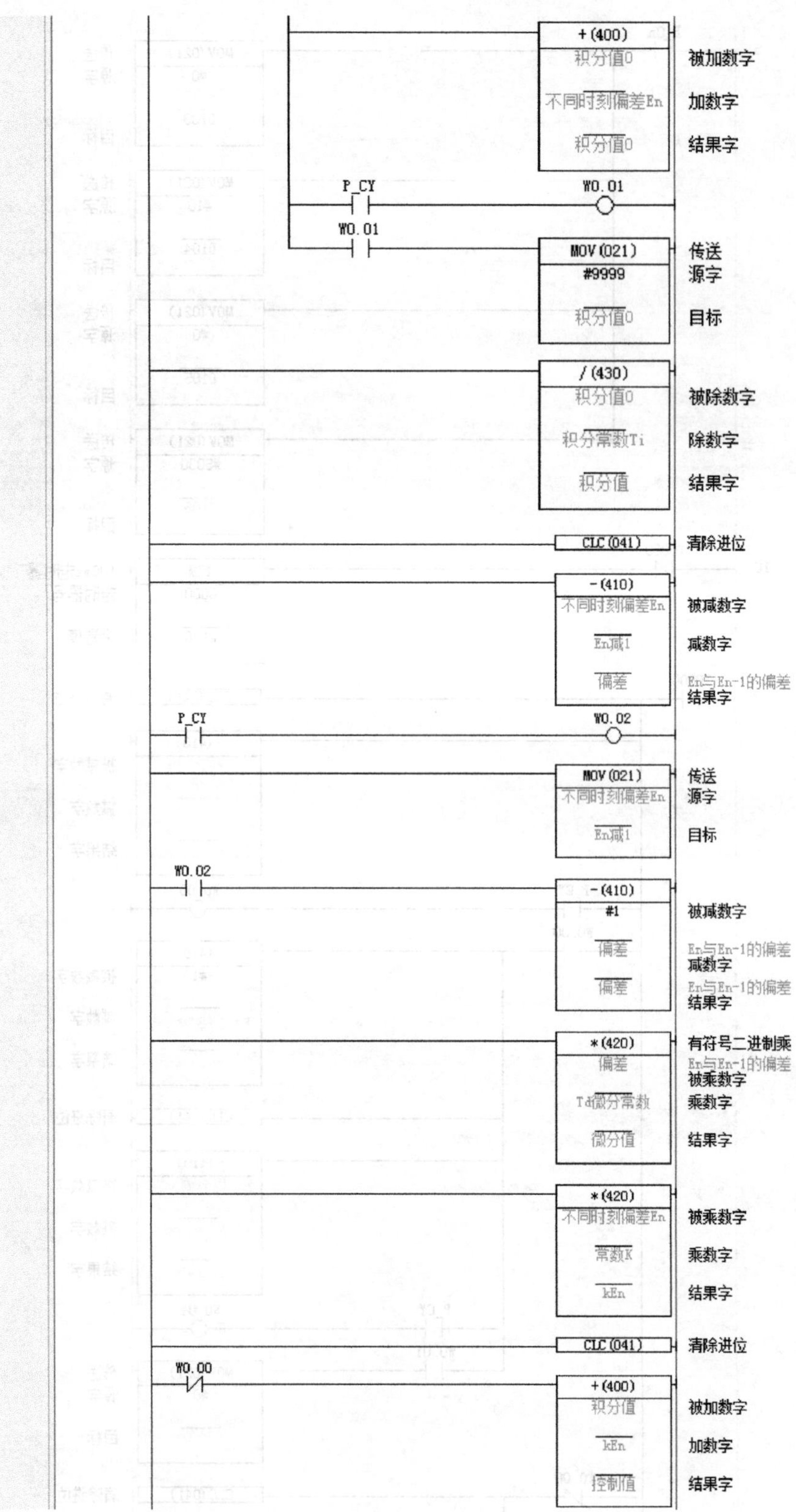
+(400)
积分值0
被加数字
不同时刻偏差En
加数字
积分值0
结果字
P_CY
W0.01
W0.01
MOV(021)
传送
#9999
源字
积分值0
目标
/(430)
积分值0
被除数字
积分常数Ti
除数字
积分值
结果字
CLC(041)
清除进位
-(410)
不同时刻偏差En
被减数字
En减1
减数字
偏差
En与En-1的偏差
结果字
P_CY
W0.02
MOV(021)
传送
不同时刻偏差En
源字
En减1
目标
W0.02
-(410)
#1
被减数字
偏差
En与En-1的偏差
减数字
偏差
En与En-1的偏差
结果字
*(420)
有符号二进制乘
偏差
En与En-1的偏差
被乘数字
Td微分常数
乘数字
微分值
结果字
*(420)
不同时刻偏差En
被乘数字
常数K
乘数字
kEn
结果字
CLC(041)
清除进位
W0.00
+(400)
积分值
被加数字
kEn
加数字
控制值
结果字

图 8-44

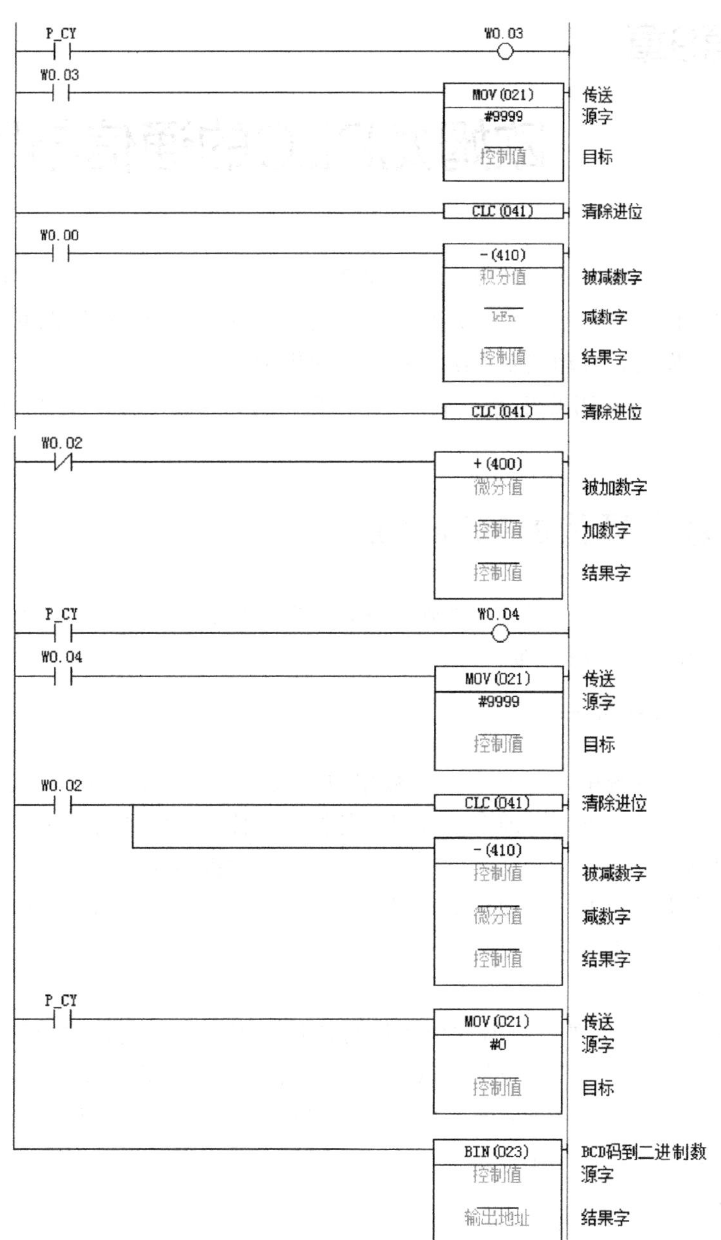

图 8-44 PID 指令实现某房间温度模拟量控制梯形图程序

第9章 欧姆龙PLC的通信与网络

网络是将分布在不同物理位置上的具有独立工作能力的计算机、终端及其附属设备用通信设备和通信线路连接起来，并配置网络软件，以实现计算机资源共享的系统。随着计算机网络技术的发展，自动控制系统也从传统的集中式控制向多级分布式控制方向发展。为适应形式的发展，许多PLC生产企业加强了PLC的网络通信能力，并研制开发出自己的PLC网络系统。

9.1 数据通信的基础知识

数据通信是计算机网络的基础，没有数据通信技术的发展，就没有计算机网络的今天，也就没有PLC的应用基础。

9.1.1 数据传输方式

在计算机系统中，CPU与外部数据的传送方式有两种：并行数据传送和串行数据传送。

并行数据传送方式，即多个数据的各位同时传送，它的特点是传送速度快、效率高，但占用的数据线较多、成本高，仅适用于短距离的数据传送。

串行数据传送方式，即每个数据是一位一位地按顺序传送，它的特点是数据传送的速度受到限制，但成本较低，只需两根线就可传送数据。主要用于传送距离较远，数据传送速度要求不高的场合。

通常将CPU与外部数据的传送称为通信。因此，通信方式分为并行通信和串行通信，如图9-1所示。并行数据通信是以字节或字为单位的数据传输方式，除了8根或16根数据线和1根公共线外，还需要双方联络用的控制线。串行数据通信是以二进制的位为单位进行数据传输，每次只传送1位。串行通信适用于传输距离较远的场合，所以在工业控制领域中PLC一般采用串行通信。

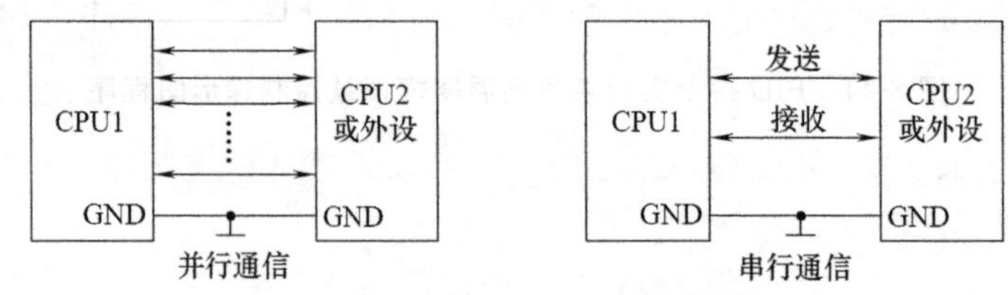

图9-1 数据传输方式示意图

9.1.2 串行通信的分类

按照串行数据的时钟控制方式，将串行通信分为异步通信和同步通信两种方式。

(1) 异步通信（Asynchronous Communication）

异步通信中的数据是以字符（或字节）为单位组成字符帧（Character Frame）进行传送的。这些字符帧在发送端是一帧一帧地发送，在接收端通过数据线一帧一帧地接收字符或字节。发送端和接收端可以由各自的时钟控制数据的发送和接收，这两个时钟彼此独立，互不同步。

在异步串行数据通信中，有两个重要的指标：字符帧和波特率。

① 字符帧（Character Frame） 在异步串行数据通信中，字符帧也称为数据帧，它具有一定的格式，如图 9-2 所示。

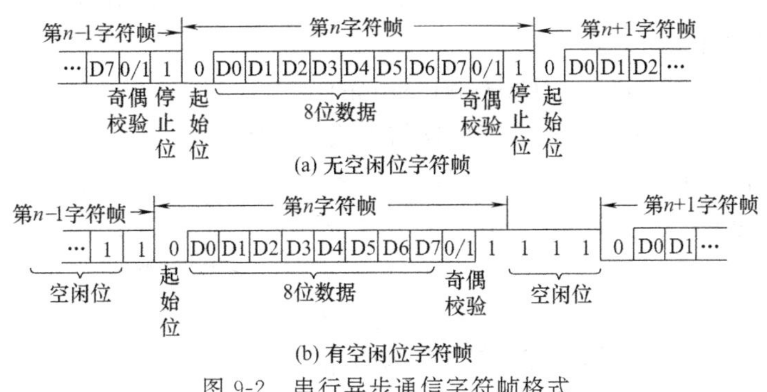

图 9-2 串行异步通信字符帧格式

从图 9-2 中可以看出，字符帧由起始位、数据位、奇偶校验位、停止位 4 部分组成。

a. 起始位。位于字符帧的开头，只占一位，始终为逻辑低电平，发送器通过发送起始位表示一个字符传送的开始。

b. 数据位。起始位之后紧跟着的是数据位。在数据位中规定，低位在前（左），高位在后（右）。

c. 奇偶校验位。在数据位之后，就是奇偶校验位，只占一位。用于检查传送字符的正确性。它有 3 种可能：奇校验、偶校验或无校验，用户根据需要进行设定。

d. 停止位。奇偶校验位之后，为停止位。它位于字符帧的末尾，用来表示一个字符传送的结束，为逻辑高电平。通常停止位可取 1 位、1.5 位或 2 位，根据需要确定。

e. 位时间。一个格式位的时间宽度。

f. 帧（Frame）。从起始位开始到结束位为止的全部内容称为一帧。帧是一个字符的完整通信格式。因此也把串行通信的字符格式称为帧格式。

在串行通信中，发送端一帧一帧发送信息，接收端一帧一帧接收信息，两相邻字符帧之间可以无空闲位，也可以有空闲位。图 9-2（a）为无空闲位，图 9-2（b）为 3 个空闲位的字符帧格式。两相邻字符帧之间是否有空闲位，由用户根据需要而决定。

② 波特率（Band Rate） 数据传送的速率称为波特率，即每秒钟传送二进制代码的位数，也称为比特数，单位为 bps（bit per second）即位/秒。波特率是串行通信中的一个重要性能指标，用来表示数据传输的速度。波特率越高，数据传输速度越快。波特率和字符实际的传输速率不同，字符的实际传输速率是指每秒钟内所传字符帧的帧数，它和字符帧格式有关。

例如，波特率为 1200bps，若采用 10 个代码位的字符帧（1 个起始位，1 个停止位，8 个数据位），则字符的实际传送速率为：1200÷10＝120 帧/秒；采用图 9-2（a）的字符帧，则字符的实际传送速率为：1200÷11＝109.09 帧/秒；采用图 9-2（b）的字符帧，则字符的实际传送速率为：1200÷14=85.71帧/秒。

每一位代码的传送时间 T_d 为波特率的倒数。例如波特率为2400bps的通信系统，每位的传送时间为

$$T_d=\frac{1}{2400}=0.4167\text{ms}$$

波特率与信道的频带有关，波特率越高，信道频带越宽。因此，波特率也是衡量通道频宽的重要指标。

在串行通信中，可以使用的标准波特率在RS-232C标准中已有规定，使用时应根据速度需要、线路质量等因素选定。

(2) 同步通信（Synchronous Communication）

同步通信是一种连续串行传送数据的通信方式，一次通信可传送若干个字符信息。同步通信的信息帧与异步通信中的字符帧不同，它通常含有若干个数据字符，如图9-3所示。

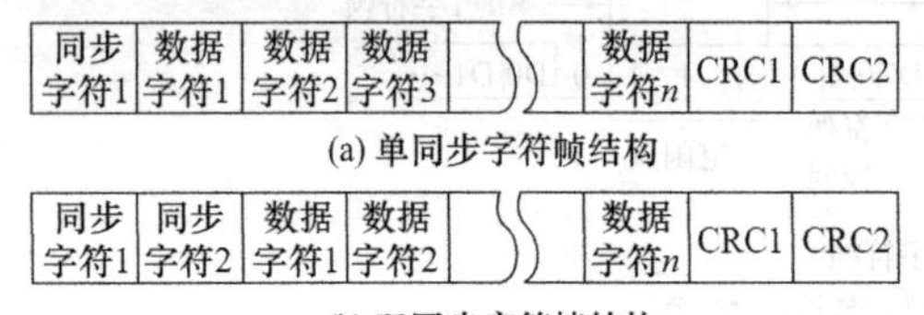

(a) 单同步字符帧结构

(b) 双同步字符帧结构

图9-3 串行同步通信字符帧格式

图9-3 (a) 为单同步字符帧结构，图9-3 (b) 为双同步字符帧结构。从图中可以看出，同步通信的字符帧由同步字符、数据字符、校验字符CRC三部分组成。同步字符位于字符帧的开头，用于确认数据字符的开始（接收端不断对传输线采样，并把采样的字符和双方约定的同步字符比较，比较成功后才把后面接收到的字符加以存储）；校验字符位于字符帧的末尾，用于接收端对接收到的数据字符进行正确性的校验；数据字符长度由所需传输的数据块长度决定。

在同步通信中，同步字符采用统一的标准格式，也可由用户约定。通常单同步字符帧中的同步字符采用ASCII码中规定的SYN（即0x16）代码，双同步字符帧中的同步字符采用国际通用标准代码0xEB90。

同步通信的数据传输速率较高，通常可达56000bps或更高。但是，同步通信要求发送时钟和接收时钟必须保持严格同步，发送时钟除应和发送波特率一致外，还要求把它同时传送到接收端。

9.1.3 串行通信的数据通路形式

在串行通信中，数据的传输是在两个站之间进行的，按照数据传送方向的不同，串行通信的数据通路有单工、半双工和全双工三种形式。

① 单工（Simplex） 在单工形式下数据传送是单向的。通信双方中一方固定为发送端，另一方固定为接收端，数据只能从发送端传送到接收端，因此只需一根数据线，如图9-4所示。

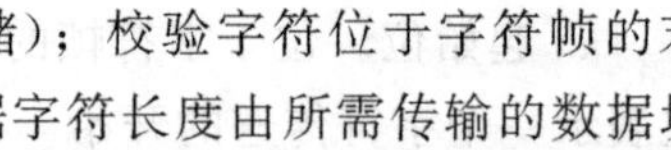

A站发送端 —数据线→ B站接收端

图9-4 单工形式

② 半双工（Half Duplex） 在半双工形式下数据传送是双向的，但任何时刻只能由其中的一方发送数据，另一方接收数据。即数据从A站发送到B站时，B站只能接收数据；数据从B站发送到A站时，A站只能接收数据，如图9-5所示。

③ 全双工（Full Duplex） 在全双工形式下数据传送也是双向的，允许双方同时进行数据双向传送，即可以同时发送和接收数据，如图9-6所示。

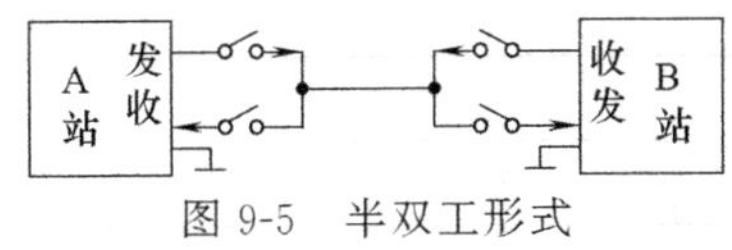

图 9-5 半双工形式

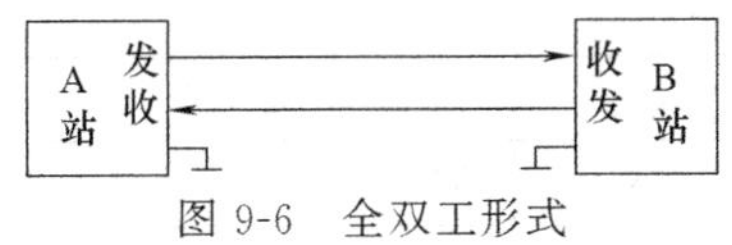

图 9-6 全双工形式

由于半双工和全双工可实现双向数据传输，所以在 PLC 中使用比较广泛。

9.1.4 串行通信的接口标准

串行异步通信接口主要有 RS-232C、RS-449、RS-422 和 RS-485 接口。在 PLC 控制系统中常采用 RS-232C 接口、RS-422 和 RS-485 接口。

(1) RS-232C 标准

RS-232C 是使用最早、应用最广的一种串行异步通信总线标准，是美国电子工业协会 EIA (Electronic Industry Association) 的推荐标准。RS 表示 Recommended Standard，232 为该标准的标识号，C 表示修订次数。

该标准定义了数据终端设备 DTE (Data Terminal Equipment) 和数据通信设备 DCE (Data Communication Equipment) 间按位串行传输的接口信息，合理安排了接口的电气信号和机械要求。DTE 是所传送数据的源或宿主，它可以是一台计算机或一个数据终端或一个外围设备；DCE 是一种数据通信设备，它可以是一台计算机或一个外围设备。例如编程器与 CPU 之间的通信采用 RS-232C 接口。

RS-232C 标准规定的数据传输速率为每秒 50、75、100、150、300、600、1200、2400、4800、9600、19200 波特。由于它采用单端驱动非差分接收电路，因此传输距离不太远（最大传输距离 15m），传送速率不太高（最大位速率为 20kb/s）的问题。

① RS-232C 信号线的连接　RS-232C 标准总线有 25 根和 9 根两种"D"型插头，25 芯插头座 (DB-25) 的引脚排列如图 9-7 所示，9 芯插头座的引脚排列如图 9-8 所示。

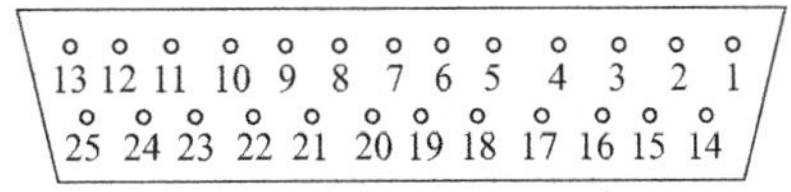

图 9-7 25 芯 232C 引脚图

在工业控制领域中 PLC 一般使用 9 芯的"D"型插头，当距离较近时只需要 3 根线即可实现，如图 9-9 所示，图中的 GND 为信号地。

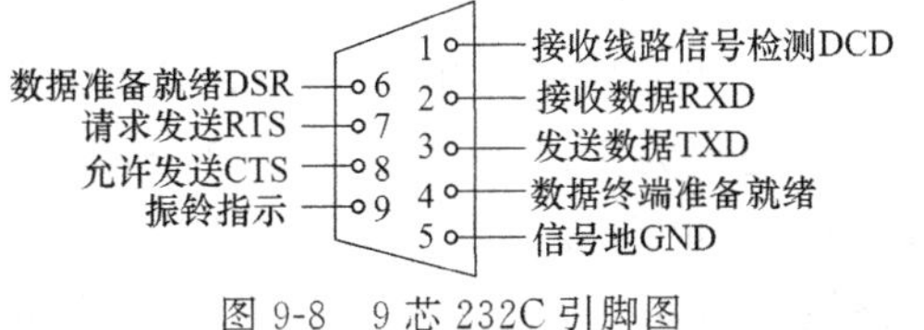

图 9-8 9 芯 232C 引脚图

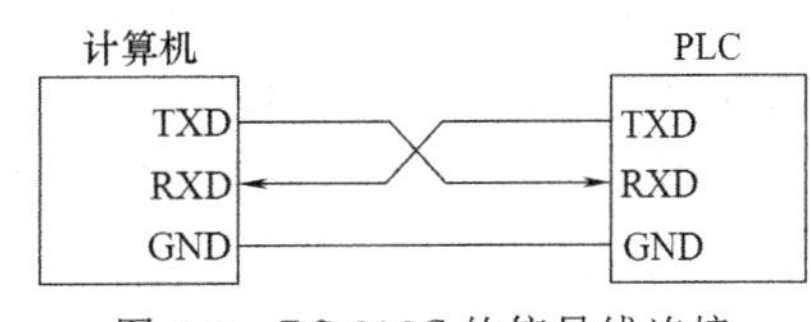

图 9-9 RS-232C 的信号线连接

RS-232C 标准总线的 25 根信号线是为了各设备或器件之间进行联系或信息控制而定义的。各引脚的定义如表 9-1 所示。

表 9-1 RS-232C 信号引脚定义

引脚	名称	定义	引脚	名称	定义
*1	GND	保护地	*4	RTS	请求发送
*2	TXD	发送数据	*5	CTS	允许发送
*3	RXD	接收数据	*6	DSR	数据准备就绪

续表

引脚	名称	定　义	引脚	名称	定　义
*7	GND	信号地	17	RXC	接收时钟
*8	DCD	接收线路信号检测	18	—	未定义
*9	SG	接收线路建立检测	19	SRTS	辅助通道请求发送
10	—	线路建立检测	*20	DTR	数据终端准备就绪
11	—	未定义	*21	—	信号质量检测
12	SDCD	辅助通道接收线信号检测	*22	RI	振铃指示
13	SCTS	辅助通道清除发送	*23	—	数据信号速率选择
14	STXD	辅助通道发送数据	*24	—	发送时钟
*15	TXC	发送时钟	25	—	未定义
16	SRXD	辅助通道接收数据			

注：表中带“*”号的15根引线组成主信道通信，除了11、18及25三个引脚未定义外，其余的可作为辅信道进行通信，但是其传输速率比主信道要低，一般不使用。若使用，则主要用来传送通信线路两端所接的调制解调器的控制信号。

② RS-232C接口电路　在计算机中，信号电平是TTL型的，即规定≥2.4V时，为逻辑电平“1”；≤0.5V时，为逻辑电平“0”。在串行通信中若DTE和DCE之间采用TTL信号电平传送数据时，如果两者的传送距离较大，很可能使源点的逻辑电平“1”在到达目的点时，就衰减到0.5V以下，使通信失败，所以RS-232C有其自己的电气标准。RS-232C标准规定：在信号源点，+5～+15V时，为逻辑电平“0”，-5～-15V时，为逻辑电平“1”；在信号目的点，+3～+15V时，为逻辑电平“0”，-3～-15V时，为逻辑电平“1”，噪声容限为2V。通常，RS-232C总线为+12V时表示逻辑电平“0”；-12V时表示逻辑电平“1”。

由于RS-232C的电气标准不是TTL型的，在使用时不能直接与TTL型的设备相连，必须进行电平转换，否则会使TTL电路烧坏。

为实现电平转换，RS-232C一般采用运算放大器、晶体管和光电管隔离器等电路来完成。电平转换集成电路有传输线驱动器MC1488和传输线接收器MC1489。MC1488把TTL电平转换成RS-232C电平，其内部有3个与非门和1个反相器，供电电压为±12V，输入为TTL电平，输出为RS-232C电平。MC1489把RS-232C电平转换成TTL电平，其内部有4个反相器，供电电压为±5V，输入为RS-232C电平，输出为TTL电平。RS-232C使用单端驱动器MC1488和单端接收器MC1489的电路如图9-10所示，该线路容易受到公共地线上的电位差和外部引入干扰信号的影响。

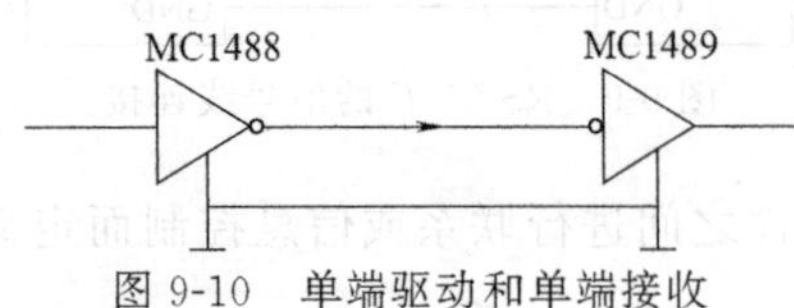

图9-10　单端驱动和单端接收

(2) RS-422和RS-485

RS-422是一种单机发送、多机接收的单向、平衡传输规范，被命名为TIA/EIA-422-A标准。它是在RS-232的基础上发展起来的，用来弥补RS-232之不足而提出的。为改进RS-232通信距离短、速率低的缺点，RS-422定义了一种平衡通信接口，将传输速率提高到10Mb/s，传输距离延长到1219m（速率低于100kb/s时），并允许在一条平衡总线上连接最多10个接收器。为扩大应用范围，EIA又于1983年在RS-422基础上制定了RS-485标准，增加了多点、双向通信能力，即允许多个发送器连接到同一条总线上，同时增加了发送器的驱动能力和冲突保护特性，扩展了总线共模范围，后命名为TIA/EIA-485-A标准。由于EIA提出的建议标准都是以“RS”作为前缀，所以在通信工业领域，仍然习惯将上述标准以RS作前缀称谓。

① 平衡传输　RS-422、RS-485与RS-232不一样，数据信号采用差分传输方式，也称作平衡传输，它使用一对双绞线，将其中一线定义为A，另一线定义为B。

通常情况下，发送驱动器A、B之间的正电平为+2～+6V，是一个逻辑状态，负电平为−2～−6V，是另一个逻辑状态。另有一个信号地C，在RS-485中还有一“使能”端，而在RS-422中这是可用或可不用的。“使能”端是用于控制发送驱动器与传输线的切断与连接。当“使能”端起作用时，发送驱动器处于高阻状态，称作“第三态”，即有别于逻辑“1”与“0”的第三态。

接收器也作出了与发送端相对应的规定，收、发端通过平衡双绞线将AA与BB对应相连，当在接收端AB之间有大于+200mV的电平时，输出正逻辑电平，小于−200mV时，输出负逻辑电平。接收器接收平衡线上的电平通常在200mV～6V之间。

② RS-422电气规定　RS-422标准全称是“平衡电压数字接口电路的电气特性”，它定义了接口电路的特性。图9-11是典型的RS-422四线接口，它有两根发送线SDA、SDB和两根接收线RDA和RDB。由于接收器采用高输入阻抗且发送驱动器有比RS-232更强的驱动能力，故允许在相同传输线上连接多个接收节点（最多可接10个节点），即一个主设备（Master），其余为从设备（Salve），从设备之间不能通信，所以RS-422支持点对多的双向通信。接收器输入阻抗为4kΩ，故发送端最大负载能力是10×4kΩ+100Ω（终接电阻）。RS-422四线接口由于采用单独的发送和接收通道，因此不必控制数据方向，各装置之间任何的信号交换均可以按软件方式（XON/XOFF握手）或硬件方式（一对单独的双绞线）实现。

图9-11　RS-422通信接线图

RS-422的最大传输距离约1219m，最大传输速率为10Mb/s。其平衡双绞线的长度与传输速率成反比，在100kb/s速率以下，才可能达到最大传输距离。只有在很短的距离下才能获得最高速率传输。一般100m长的双绞线上所能获得的最大传输速率仅为1Mb/s。

RS-422需要一终接电阻，接在传输电缆的最远端，其阻值约等于传输电缆的特性阻抗。在短距离传输时可不需终接电阻，即一般在300m以下不需终接电阻。RS-232、RS-422、RS-485接口的有关电气参数如表9-2所示。

③ RS-485电气规定　由于RS-485是从RS-422基础上发展而来的，所以RS-485许多电气规定与RS-422类似，都采用平衡传输方式，都需要在传输线上接终接电阻等。RS-485可以采用二线制或四线制传输方式，二线制可实现真正的多点双向通信，而采用四线制连接时，与RS-422一样只能实现点对多的通信，即只能有一个主（Master）设备，其余为从设备，但它比RS-422有改进，无论四线还是二线连接方式总线上可最多接到32个设备。

RS-485与RS-422的不同还在于其共模输出电压是不同的，RS-485是−7～+12V，而RS-422是−7～+7V，RS-485接收器最小输入阻抗为12kΩ，而RS-422是4kΩ；RS-485满足所有RS-422的规范，所以RS-485的驱动器可以用在RS-422网络中应用。

表 9-2 三种接口的电气参数

电气参数		RS-232 接口	RS-422 接口	RS-485 接口
工作方式		单端	差分	差分
节点数		1 个发送、1 个接收	1 个发送、10 个接收	1 个发送、32 个接收
最大传输电缆长度		15m	1219m	1219m
最大传输速率		20kb/s	10Mb/s	10Mb/s
最大驱动输出电压		−25～+25V	−0.25～+6V	−7～+12V
驱动器输出信号电平（负载最小值）	负载	±5～±15V	±2.0V	±1.5V
驱动器输出信号电平（空载最大值）	空载	±25V	±6V	±6V
驱动器负载阻抗		3～7kΩ	100Ω	54Ω
接收器输入电压范围		−15～+15V	−10～+10V	−7～+12V
接收器输入电阻		3～7kΩ	4kΩ(最小)	≥12kΩ
驱动器共模电压			−3～+3V	−1～+3V
接收器共模电压			−7～+7V	−7～+12V

RS-485 与 RS-422 一样，其最大传输距离约为 1219m，最大传输速率为 10Mb/s。平衡双绞线的长度与传输速率成反比，在 100kb/s 速率以下，才可能使用规定最长的电缆长度。只有在很短的距离下才能获得最高速率传输。一般 100m 长双绞线最大传输速率仅为 1Mb/s。

RS-485 需要 2 个终接电阻，接在传输总线的两端，其阻值要求等于传输电缆的特性阻抗。在短距离传输时可不需终接电阻，即一般在 300m 以下不需终接电阻。

将 RS-422 的 SDA 和 RDA 连接在一起，SDB 和 RDB 连接在一起就可构成 RS-485 接口，如图 9-12 所示。RS-485 为半双工，只有一对平衡差分信号线，不能同时发送和接收数据。使用 RS-485 的双绞线可构成分布式串行通信网络系统，系统中最多可达 32 个站。

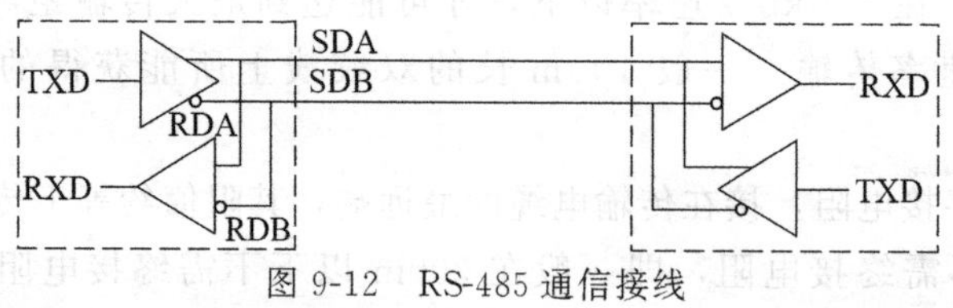

图 9-12 RS-485 通信接线

9.1.5 通信介质

目前普遍采用同轴电缆、双绞线和光纤电缆等作为通信的传输介质。双绞线是将两根导线扭绞在一起，以减少外部电磁干扰。如果使用金属网加以屏蔽时，其抗干扰能力更强。双绞线具有成本低、安装简单等特点，RS-485 接口通常采用双绞线进行通信。

同轴电缆有 4 层，最内层为中心导体，中心导体的外层为绝缘层，包着中心体。绝缘外层为屏蔽层，同轴电缆的最外层为表面的保护皮。同轴电缆可用于基带传输，也可用于宽带数据传输，与双绞线相比具有传输速率高、距离远、抗干扰能力强等优点，但是其成本比双绞线要高。

光纤电缆有全塑光纤电缆、塑料护套光纤电缆、硬塑料护套光纤电缆等类型，其中硬塑料护套光纤电缆的数据传输距离最远，全塑料光纤电缆的数据传输距离最短。光纤电缆与同轴电缆相比具有抗干扰能力强、传输距离远等优点，但是其价格高、维修复杂。同轴电缆、双绞线和光纤电缆的性能比较如表9-3所示。

表9-3 同轴电缆、双绞线和光纤电缆的性能比较

性能	双 绞 线	同 轴 电 缆	光 纤 电 缆
传输速率	9.6kb/s～2Mb/s	1～450Mb/s	10～500Mb/s
连接方法	点到点 多点 1.5km不用中继器	点到点 多点 10km不用中继器(宽带) 1～3km不用中继器(基带)	点到点 50km不用中继器
传送信号	数字、调制信号、纯模拟信号(基带)	调制信号、数字(基带)、数字、声音、图像(宽带)	调制信号(基带)、数字、声音、图像(宽带)
支持网络	星型、环型、小型交换机	总线型、环型	总线型、环型
抗干扰	好(需是屏蔽)	很好	极好
抗恶劣环境	好	好,但必须将同轴电缆与腐蚀物隔开	极好,耐高温与其他恶劣环境

9.2 计算机网络的基础知识

计算机网络是现代通信技术与计算机技术相结合的产物。所谓计算机通信，就是将分布在不同物理区域的计算机与专门的外设用通信线路互联成一个规模大、功能强的网络系统，从而使多台计算机及外设可以方便地互相传递信息、共享硬件、软件和数据信息等资源。

9.2.1 网络拓扑结构

网络结构又称为网络拓扑结构，它是指网络中的通信线路和节点间的几何连接结构。网络中通过传输线连接的点称为节点或站点。网络结构反映了各个站点间的结构关系，对整个网络的设计、功能、可靠性和成本都有影响。按照网络中的通信线路和节点间的连接方式不同，可分为星型结构、总线型结构和环型结构、树型结构、网状结构等，其中星型结构、总线型结构和环型结构为最常见的拓扑结构形式，如图9-13所示。

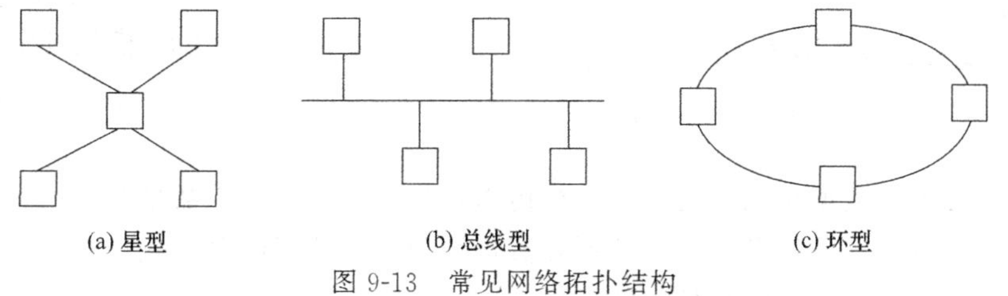

图9-13 常见网络拓扑结构

(1) 星型结构

星型拓扑结构是以中央节点为中心节点，网络上其他节点都与中心节点相连接。通信功能由中心节点进行管理，并通过中心节点实现数据交换。通信由中心节点管理，任何两个节

点之间通信都要通过中心节点中继转发。星型网络的结构简单，便于管理控制，建网容易，网络延迟时间短，误码率较低，便于集中开发和资源共享。但系统花费大，网络共享能力差，负责通信协调工作的上位计算机负荷大，通信线路利用率不高，且系统可靠性不高，对上位计算机的依靠性也很强，一旦上位机发生故障，整个网络通信就会瘫痪。星型网络常用双绞线作为通信介质。

（2）总线型结构

总线型结构是将所有节点接到一条公共通信总线上，任何节点都可以在总线上进行数据的传送，并且能被总线上任一节点所接收。在总线型网络中，所有节点共享一条通信传输线路，在同一时刻网络上只允许一个节点发送信息。一旦两个或两个以上节点同时传送信息时，总线上传送的信息就会发生冲突和碰撞，出现总线竞争现象，因此必须采用网络协议来防止冲突。这种网络结构简单灵活，容易加扩新节点，甚至可用中继器连接多个总线。节点间可直接通信，速度快、延时小。

（3）环型结构

环型结构中的各节点通过有源接口连接在一条闭合的环形通信线路上，环路上任何节点均可以请求发送信息。请求一旦批准，信息按事先规定好的方向从源节点传送到目的节点。信息传送的方向可以是单向也可以是双向，但由于环线是公用的，传送一个节点信息时，该信息有可能需穿过多个节点，因此如果某个节点出现故障，将阻碍信息的传输。

9.2.2 网络协议

在局域网中，由于各节点的设备型号、通信线路类型、连接方式、同步方式、通信方式有可能不同，这样会给网络中各节点的通信带来不便，有时会影响整个网络的正常运行，因此在网络系统中，必须有相应通信标准来规定各部件在通信过程中的操作，这样的标准称为网络协议。

国际标准化组织ISO（International Standard Organization）于1978年提出了开放式系统互联模型OSI（Open Systems Interconnection），作为通信网络国际标准化的参考模型。该模型所用的通信协议一般为7层，如图9-14所示。

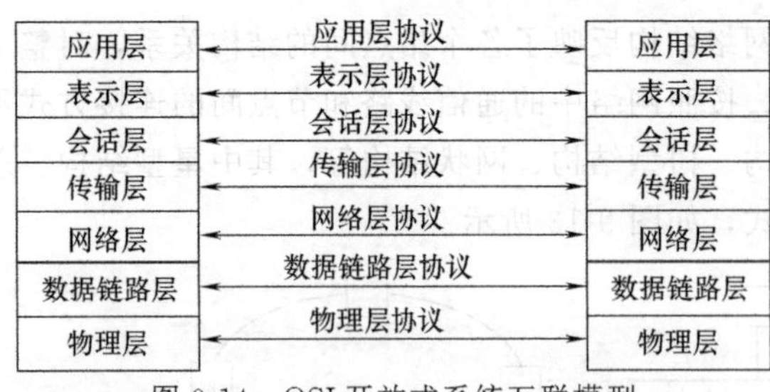

图9-14　OSI开放式系统互联模型

在OSI模型中，最底层为物理层，物理层的下面是物理互联媒介，如双绞线、同轴电缆等。实际通信就是通过物理层在物理互联媒介上进行的，如RS-232C、RS-422/RS-485就是在物理层进行通信的。通信过程中OSI模型其余层都以物理层为基础，对等层之间可以实现开放系统互联。

在通信过程中，数据是以帧为单位进行传送，每一帧包含一定数量的数据和必要的控制信息，如同步信息、地址信息、差错控制和流量控制等。数据链路层就是在两个相邻节点间进行差错控制、数据成帧、同步控制等操作。

网络层用来对报文包进行分段，当报文包阻塞时进行相关处理，在通信子网中选择合适的路径。

传输层用来对报文进行流量控制、差错控制，还向上一层提供一个可靠的端到端的数据传输服务。

会话层的功能是运行通信管理和实现最终用户应用进行之间的同步，按正确的顺序收发数据，进行各种对话。

表示层用于应用层信息内容的形式变换，如数据加密/解密、信息压缩/解压和数据兼容，把应用层提供的信息变成能够共同理解的形式。

应用层为用户的应用服务提供信息交换，为应用接口提供操作标准。

9.2.3 PLC 的数据通信

PLC 通信是指 PLC 与 PLC、PLC 与计算机、PLC 与现场设备或远程 I/O 之间的信息交换。目前，基本上每台 PLC 都具有多种数据通信接口和较为完善的数据通信能力，使得计算机能与 PLC 之间进行通信，构成上位连接系统；PLC 与 PLC 之间进行通信，构成同位连接系统；PLC 主机与它的远程 I/O 单元进行通信，构成下位连接系统。

（1）上位连接系统

上位连接系统是一个自动化综合管理系统，在此系统中，计算机通常称为上位机，PLC 通常作为下位机。上位计算机通过串行通信接口与 PLC 的串行通信接口相连，对 PLC 进行监视和管理，从而构成集中管理、分散控制的分布式多级控制系统。

在上位连接系统中，上位计算机作为协调管理级，它要与三方面进行信息交换：下位机的直接控制、自身的人-机界面和上级信息管理，它是过程控制与信息管理的结合点与转换点，是信息管理与过程控制联系的桥梁。比如，通过上位计算机，工作人员可以启动/停止 PLC 的运行、监视 PLC 运行时 I/O 继电器和内部继电器的变化情况。下位 PLC 作为直接控制级，它负责现场过程变量的检测和控制，同时接收上位计算机的信息和向上位计算机发送现场的信息，其编程不受计算机程序的约束。

上位连接系统的结构如图 9-15 所示。上位计算机一般通过标准的 RC-232C 或 RS-422 通信接口与链接适配器相连，然后接到各台 PLC 上，每台 PLC 上装一个上位链接单元。上位链接单元可使上位计算机监视 PLC 间的数据通信。

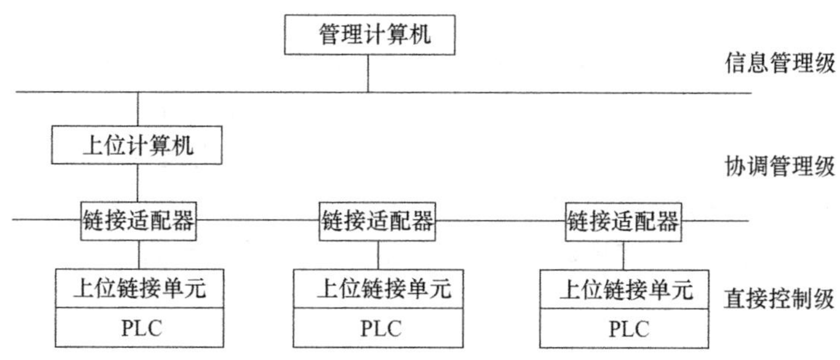

图 9-15　上位连接系统的结构示意图

通常，PLC 上的通信程序由制造厂商编制，并作为通信驱动程序提供给用户，用户只要在上位计算机的应用软件平台调用，即可完成与 PLC 的通信。

上位计算机与信息管理计算机的通信一般采用局域网。上位计算机通过通信网卡与信息管理级的其他计算机进行信息交换。网络管理软件是产品软件，上位计算机只要在应用软件平台中调用它，即可完成网络的数据通信。

（2）同位连接系统

同位连接系统是PLC通过串行通信接口相互连接起来的系统。系统中的PLC是并行运行的，并能通过数据交换相互联系，以适应大规模控制的要求。其组网有两种方式：一对一通信、主局通信。同位连接系统通常采用总线型结构，如图9-16所示。

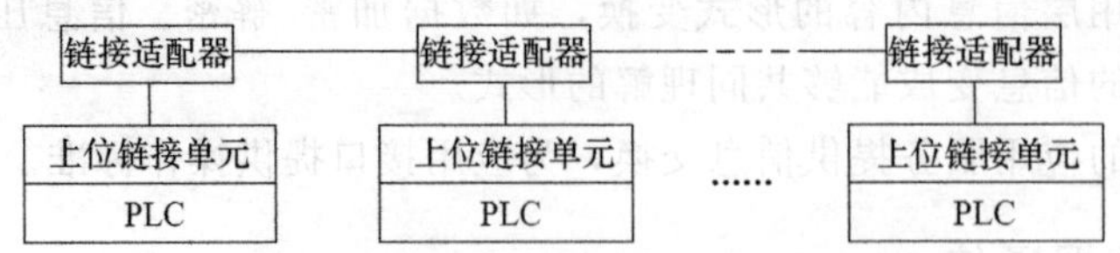

图9-16　同位连接系统的结构示意图

在同位连接系统中，各个PLC之间的通信一般采用RS-422A、RS-485接口或光纤接口。互连的PLC最大允许数量根据PLC的类型不同而有所不同。系统内的每台PLC都有一个唯一的系统识别单元号，号码从0开始顺序设置。在各个PLC内部都设置一个公用数据区作为通信数据的缓冲区。PLC系统程序中的通信程序把公用数据区内的发送区数据发送到通信接口，并把通信接口接收到的数据存放在公用数据区内的接收区中。

对用户而言，这个过程是透明的，自动进行的，不需要用户应用程序干预。用户应用程序只需编制把发送的数据送公用数据区的发送区和从公用数据区的接收区把数据读到所需的地址，数据交换过程如图9-17所示。

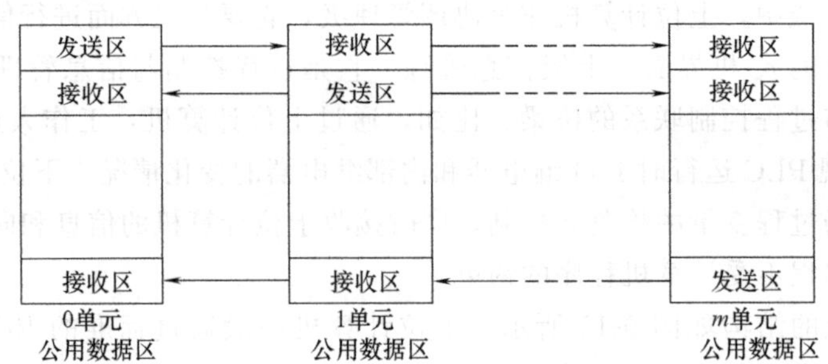

图9-17　同位连接系统的数据交换示意图

（3）下位连接系统

下位连接系统是PLC主机通过串行通信接口连接远程I/O单元，实现远程距离的分散检测和控制的系统。不同型号的PLC可以连接的I/O单元的数量是不一样的，应根据实际需要来选择，且系统中主机和远程I/O单元应配套使用。使用远程I/O主站和I/O链接单元时，通常采用RS-485或RS-422A通信接口，使数据在PLC之间传送；使用光纤传送I/O单元时，通常采用光纤接口可以实现数据通信的远距离、高速度和高可靠性。下位连接系统的结构如图9-18所示。

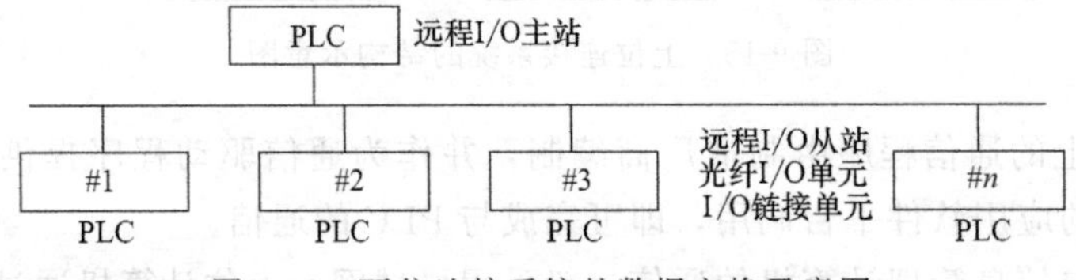

图9-18　下位连接系统的数据交换示意图

根据I/O单元的种类，可将下位连接分成3类。

① 远程I/O系统　由远程I/O主站和远程I/O从站构成，它可以完成分散控制功能。

如一些大型机床的远程操作，只用一台 PLC 来实现。

② I/O 链接系统　由远程 I/O 主站和 I/O 链接单元构成，它用于大规模的分散控制系统。如多条生产线的综合控制，而这些过程由若干台 PLC 来实现。

③ 光纤传送 I/O 系统　由远程 I/O 主站和光纤 I/O 单元构成，是实现进一步的分散远程 I/O 控制的理想系统。它用于大范围而点位分散的控制场合。

9.3 欧姆龙 PLC 通信系统

9.3.1 欧姆龙 PLC 网络结构体系

欧姆龙的 PLC 网络结构体系大致上分为三个层次：信息层、控制层和器件层。

信息层是最高层，负责系统的管理与决策，除了 Ethernet（以太网）外，HOST Link 也可算在其中，因为 HOST Link 网主要用于计算机对 PLC 的管理和监控。

控制层是中间层，负责生产过程的监控、协调和优化，该层的网络主要有 SYSMAC NET、Controller Link、SYSMAC Link 和 PLC Link 网。

器件层处于最底层，为现场总线网，直接面对现场器件和设备，负责现场信号和采集及执行元件的驱动，该层的网络主要有 CompoBus/D、CompoBus/S 和 Remote I/O。

9.3.2 欧姆龙 PLC 网络类型

欧姆龙公司产品中的 PLC 比较早投入我国市场，在我国工业领域应用较为广泛。欧姆龙公司的 PLC 通信网络类型较多，大致上可以分为 9 种类型：SYSMAC NET、Ethernet、SYSMAC Link、HOST Link、Controller Link、PC Link、CompoBus/D、CompoBus/S、Remote I/O，它们可以较好地适应各种层次工业自动化网络的需要。这 9 种网络类型的性能如表 9-4 所示。

表 9-4　欧姆龙 PLC 网络各类型的性能

<table>
<tr><th>网络类型</th><th>通信介质</th><th>接口方式</th><th>最大节点数</th><th>通信距离/m</th><th>波特率/bps</th></tr>
<tr><td>SYSMAC NET</td><td>光缆</td><td>光缆插座</td><td>127</td><td>—</td><td>2M</td></tr>
<tr><td>Ethernet</td><td>同轴电缆</td><td>同轴电缆插座</td><td>100</td><td>500</td><td>10M</td></tr>
<tr><td rowspan="2">SYSMAC Link</td><td rowspan="2">同轴电缆</td><td>同轴电缆插座</td><td rowspan="2">64</td><td>1k</td><td rowspan="2">2M</td></tr>
<tr><td>光缆插座</td><td>10k</td></tr>
<tr><td rowspan="2">HOST Link</td><td rowspan="2">屏蔽双绞线</td><td>RS-232C
RS-422</td><td rowspan="2">32</td><td rowspan="2">—</td><td rowspan="2">0.3～19.2k</td></tr>
<tr><td>光缆插座</td></tr>
<tr><td rowspan="3">Controller Link</td><td rowspan="3">光缆</td><td rowspan="2">Controller Link 接口</td><td rowspan="3">32</td><td>500</td><td>2M</td></tr>
<tr><td>250</td><td>1M</td></tr>
<tr><td>光缆插座</td><td>1k</td><td>500k</td></tr>
<tr><td>PC Link</td><td>2 芯 VCTF 电缆、光缆</td><td>RS-485</td><td>32</td><td>500</td><td>128k</td></tr>
<tr><td rowspan="2">Remote I/O</td><td>2 芯 VCTF 电缆</td><td>RS-485</td><td rowspan="2">32</td><td>200</td><td rowspan="2">187.5k</td></tr>
<tr><td>光缆</td><td>光缆插座</td><td>—</td></tr>
</table>

续表

网络类型	通信介质	接口方式	最大节点数	通信距离/m	波特率/bps
CompoBus/D	4 芯多股屏蔽电缆	DeviceNet 接口	64	100	500k
				250	250k
				500	125k
CompoBus/S	2 芯 VCTF 电缆	CompoBus/S 接口	32	100	750k
	4 芯扁平电缆			30	

Ethernet 是 FA（工厂自动化）领域用于信息管理层上的网络，它的通信速率高，可达到 100Mbps，欧姆龙 PLC 可支持 10M 的以太网。以太网模块使 PLC 可以作为工厂局域网的一个节点，在网络上的任何一台计算机都可以实现对它的控制。欧姆龙 PLC Ethernet 网络使用 TCP/IP 和 UDP/IP 进行通信，支持 Socket 服务、FNS 通信，具有文件传输（FTP）和 Email 功能，不同网络上的节点可通过网关进行通信。

HOST Link 是欧姆龙推出较早、使用较广泛的上位链接通信。上位计算机使用 HOST 通信协议与 PLC 通信，可以对网中的各台 PLC 进行管理与监控。

SYSMAC NET 网属于大型网，是光纤环形网，主要是实现有大容量数据链接和节点间信息通信。它适用于地理范围广、控制区域大的场合，是一种大型集散控制和网络。

SYSMAC Link 网属于中型网，采用总线结构，适用于中规模集散控制的网络。

Controller Link 网络即控制器网络，它是 SYSMAC Link 的简化，相比而言，规模要小一些，但实现简单。Controller Link 支持数据链接、数据共享和信息通信。数据链接区域可自由设定构成一个数据链接系统。Controller Link 网络的连接可以是总线结构和环形结构，它的介质访问方式可以是令牌总线方式或令牌环方式。

PC Link 网的主要功能是各台 PLC 建立数据链接（容量较小），实现数据信息共享，它适用于控制范围较大，需要多台 PLC 参与控制且控制环节相互关联的场合。

CompoBus/D 网是一种开放、多主控的器件网，开放性是其特色。采用了美国 AB 公司制定的 DeviceNet 现场总线标准，其他厂家的设备，只要是符合 DeviceNet 标准，就可以接入其中。其主要功能有远程开关量和远程模拟量的 I/O 控制及信息通信。这是一种较为理想的控制功能齐全、配置灵活、实现方便的控制网络。CompoBus/D 网支持远程 I/O 通信和信息通信，其连接的介质有粗缆和细缆两种，使用粗缆的通信距离可达 500m，使用细缆的通信距离只可达 100m。

CompoBus/S 网络是一种主从式总线结构的控制网络，采用 CompoBus/S 专用通信协议。其响应速度快、实时性强、实现简便，可对远程的 I/O 实现分散控制。CompoBus/S 通信系统采用主干线远程距离通信，允许主干线的通信距离达到 500m；具有丰富的主站从站单元，支持高速通信和远程距离通信；在高速通信方式下，最大接 16 个单元，可实现 0.5ms 的快速通信；配线简单，从单元和从单元间可用 4 线制电缆连接。CompoBus/S 的功能虽不及 CompoBus/D，但它实现简单、通信速度更快，主要功能有远程开关量的 I/O 控制。

Remote I/O 网实际上是 PLC I/O 点的远程扩展，适用于工业自动化的现场控制。

9.4 CP1H 系列 PLC 的串行通信

CP1H 系列 PLC 具有完善的通信能力，支持标准的 DeviceNet 现场总线，也能对应

Ethernet、Controller Link 等网络。CP1H 系列 PLC 的 USB 串口只能够和计算机的 CX-Programm 或 CX-Protocol 欧姆龙软件通信，内部的协议是不公开的。而采用 RS-232C 选件板 CP1W-CIF01 或 RS-422A 选件板 CP1W-CIF11，可以支持的串行通信主要包括：无协议通信、上位链接通信、Modbus-RTU 简易主站通信、工具总线通信、串行 PLC 链接、1：1 NT 链接通信等。注意，在 CX-Simulator 中不支持 PLC 的串行通信仿真。

9.4.1 无协议通信

（1）功能

无协议通信是不使用固定协议、协议不经过数据转换，通过通信端口输入、输出指令（如 TXD、RXD 指令），发送/接收数据。通过 PLC 的系统设定，可以将串行端口（串行端口 1、2）的串行通信模式设为无协议通信。通过该无协议通信，与带有 RS-232C 端口或 RS-422A/485 端口的通用外部设备间，按照 TXD、RXD 指令进行单方面数据的发送/接收。例如，可以接收来自条形码阅读器的数据输入以及向打印机发送数据。无协议通信的主要功能如表 9-5 所示。

表 9-5 无协议通信的主要功能

<table>
<tr><th rowspan="2">发送/接收</th><th rowspan="2">数据的流动</th><th rowspan="2">方法</th><th rowspan="2">最大数据长度</th><th colspan="2">帧形式</th><th rowspan="2">其他功能</th></tr>
<tr><th>开始代码</th><th>结束代码</th></tr>
<tr><td>数据发送</td><td>PLC→通用外部设备</td><td>程序上的 TXD 指令执行</td><td>256 字节</td><td rowspan="2">有（0x00～0xFF）或无</td><td rowspan="2">有（0x00～0xFF）或无的时候，接收数据 1～256 字节来指定</td><td>发送延迟时间：0～99990ms；RS、ER 信号的控制</td></tr>
<tr><td>数据接收</td><td>通用外部设备→PLC</td><td>程序上的 RXD 指令执行</td><td>256 字节</td><td>CS、DR 信号的控制</td></tr>
</table>

（2）传送/接收指令

使用无协议通信时，TXD 用于发送数据，RXD 用于接收数据。能够发送或接收数据的最大量为 259 个字节，包括起始码 ST、最大数据长度 256 个字节、结束码 CR 和 LF。TXD、RXD 指令格式如表 9-6 所示。

表 9-6 TXD、RXD 指令格式

指 令	LAD	STL	操作数说明
TXD 指令	TXD(236) S C N	TXD(236) S C N	S 为发送数据起始 CH 编号；C 为控制数据，详细说明见图 9-19(a)；N 为发送字节数(0～256)
RXD 指令	RXD(235) S C N	RXD(235) S C N	S 为接收数据起始 CH 编号；C 为控制数据，详细说明见图 9-19(b)；N 为接收字节数(0～256)

（3）数据传输

无协议通信时，发送/接收的消息帧：起始码和结束码之间的数据用 TXD 指令进行发

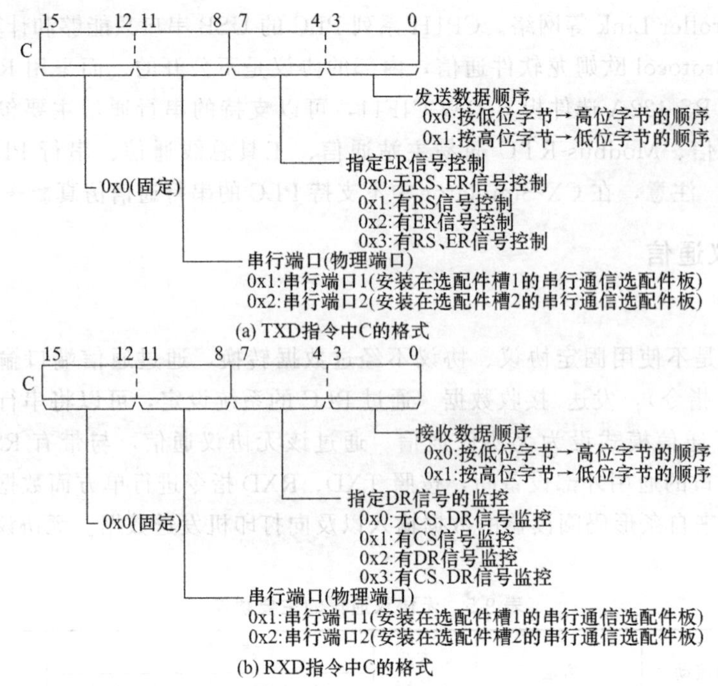

(a) TXD指令中C的格式

(b) RXD指令中C的格式

图 9-19　TXD/RXD 指令中 C 的格式

送，或者将插入“起始码”及“结束码”之间的数据用 RXD 指令进行接收。当按照 TXD 指令发送时，将数据从 I/O 存储器中读取后发送。按照 RXD 指令接收时，仅将数据保存到 I/O 存储器的指定区域。“起始/结束码”均由 PLC 系统设定来指定。1 次 TXD 指令或 RXD 指令可发送的最大数据长度为 256 个字节（不包含起始码和结束码）。

在发送/接收过程中，有几个起始码和几个结束码时，则第一个起始码和结束码有效。如果结束码碰巧与传输中的数据完全相同，传输即被停止，使用 CR 和 LF 作为结束码。起始码和结束码本身既不被传输也不被接收。数据传输过程如图 9-20 所示。

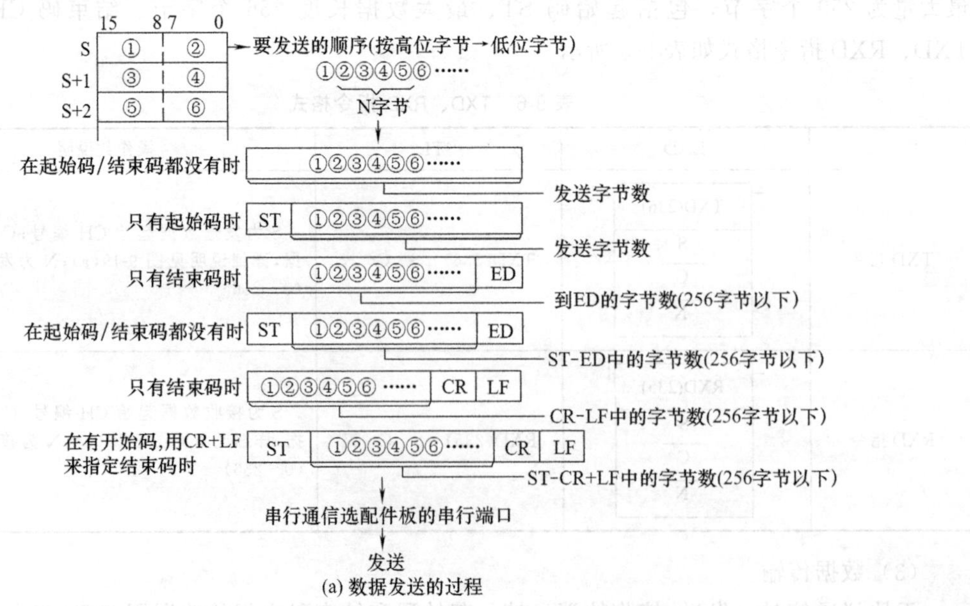

(a) 数据发送的过程

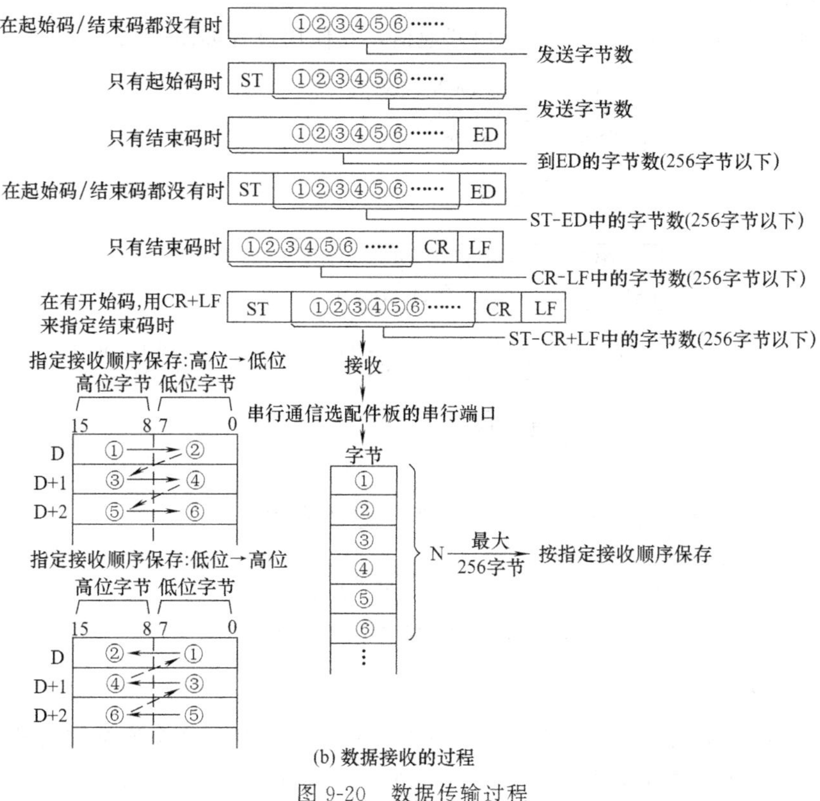

(b) 数据接收的过程

图 9-20 数据传输过程

(4) 无协议通信相关特殊继电器

当从 CP1H 发送数据时，检查发送准备标志位，如果其为 ON 状态，则执行 TXD 指令。当数据正在传送时，发送准备标志位变为 OFF；当传送完成时，发送准备好标志位又变为 ON。当 CP1H 接收数据时，接收结束标志变为 ON。当执行 RXD 指令时，接收到的数据将被写入指定的通道中，且接收结束标志变为 OFF 状态。表 9-7 给出了通过外部端口和 RS-232C 端口进行无协议通信时的相关特殊继电器。

表 9-7 无协议通信相关特殊继电器

无协议通信	名 称	特殊继电器地址	内 容
发送数据	串行端口 1 发送准备标志	A392.13	在无协议中，允许发送时为 1
	串行端口 2 发送准备标志	A392.05	
接收数据	串行端口 1 接收结束标志	A392.14	在无协议中，接收结束时为 1
	串行端口 2 接收结束标志	A392.06	
	串行端口 1 接收超限标志	A392.15	在无协议中，超越接收数据量进行接收时为 1
	串行端口 2 接收超限标志	A392.07	
	串行端口 1 接收计数器	A394 CH	在无协议中，对接收数据的字节用 16 进制数来表示
	串行端口 2 接收计数器	A393 CH	
	串行端口 1 再启动标志	A526.01	将这个标志设为 ON 时，对串行端口进行初始化
	串行端口 2 再启动标志	A526.00	

（5）使用过程

用户通过简单的设定，可以完成无协议通信，其使用过程如图 9-21 所示。

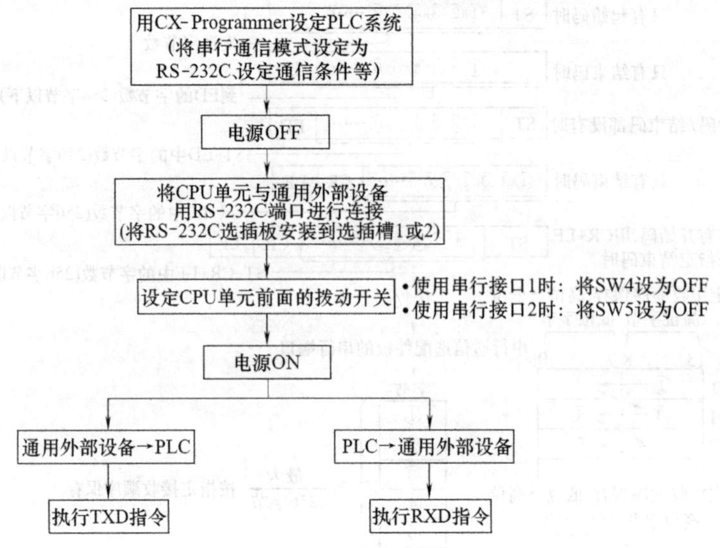

图 9-21　无协议通信使用过程

（6）应用举例

例 9-1　使用无协议通信，使用串行端口 1 将 D100 开始的 10 个连续数据发送给串行设备 A；使用串行端口 2 接收串行设备 B 中 256 个字节数据，并存储到 D200 开始单元中。其使用步骤如下。

① PLC 系统设定　在 CX-Programmer 软件中双击工程工作区的“设置”，在弹出的“PLC 设定”对话框中选择“串口 2”选项卡，在“模式”栏的下拉列表中选择“RS-232C”，“结束码”栏中选择为“接收字节 256”，如图 9-22 所示进行设置。依此方法，可以对串口 1 进行相应设置。

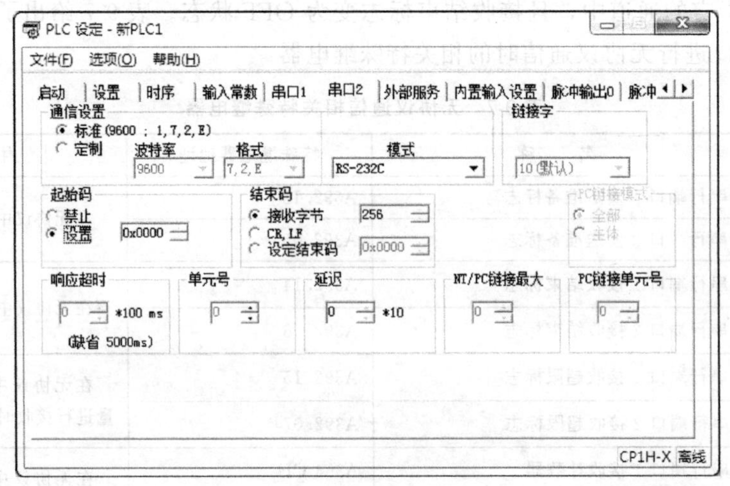

图 9-22　串口 2 的 PLC 系统设定

② CPU 单元与串行设备的连接　以 RS-232C 为例，串行设备 A 可以按图 9-23 与 CP1H 的 RS-232C 端口 1 或 RS-232C 选件板 CP1W-CIF01 连接实现无协议通信。RS-232C

选件板 CP1W-CIF01 上的 RS-232C 连接器引脚定义如表 9-8 所示。串行设备 B 与 CP1H 的 RS-232C 端口 2 的连接与此相同。推荐电缆：藤仓电线（Fujikura Densen）生产的 UL2464 AWG25X5PIFS-IFVV-SB（非 UL 标准）、AWG25X5PIFS-RVV-SB（UL 标准）、日立（Hitachi）生产的 UL2464-SB（MA）5PX28AWG（7/0.127）（UL 标准）、CO-MA-VV-SB 5PX28AWG（7/0.127）（非 UL 标准）。

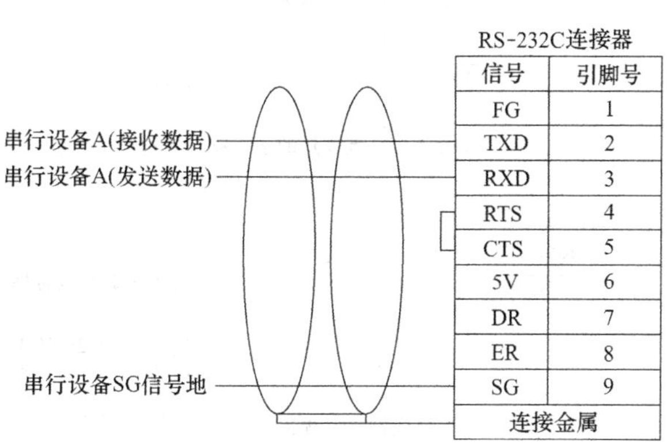

图 9-23 无协议通信连接

表 9-8 RS-232C 连接器

引脚编号	信号略称	信号名称	信号方向
1	FG	帧用接地	—
2	SD(TXD)	发送数据	输出
3	RD(RXD)	接收数据	输入
4	RS(RTS)	发送请求	输出
5	CS(CTS)	清除发送	输入
6	5V	电源	—
7	DR(DSR)	数据传输就绪	输入
8	ER(DTR)	终端设备就绪	输出
9	SG(0V)	信号用接地	—
连接金属	—	—	—

③ 拨动开关的设置　CP1H 的通信由 CPU 单元的前面板上 SW4、SW5 拨动开关控制。当串口 1 使用无协议通信时，拨动开关 SW4 置为 OFF；如果拨动开关 SW4 为 ON 状态，串口 1 将不能进行无协议通信。使用相同方法设置 SW5 的状态，可允许/禁止串口 2 的无协议通信。

④ 程序的编制　在程序中插入如图 9-24 所示的梯形图程序即可实现任务操作。当 0.00 常开触点闭合时，执行 DIFU W0.00 上升沿微分指令，无协议通信开始。如果 A392.13（串口 1 的 RS-232C 发送准备好标志）为 ON 状态，那么 D100～D104 里的 10 个字节按低位字节向高位字节传送到设备 A。当 A392.06（串口 2 的 RS-232C 接收结束标志）为 ON 状态时，读出接收到数据的 256 个字节，并由最低字节到最高字节依次写入 D200 起始的通道中。

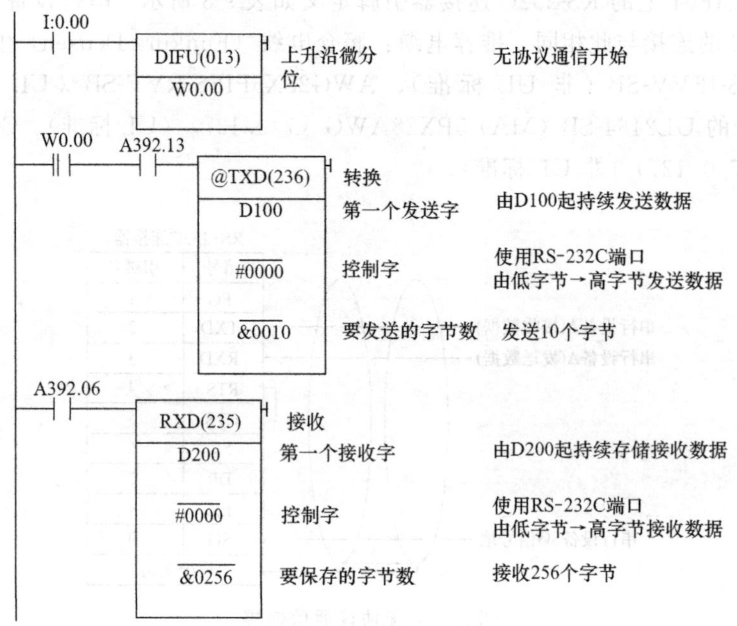

图 9-24 无协议通信程序

9.4.2 上位链接通信

(1) 功能

通过 PLC 的外围端口或 RS-232C 端口可进行 HOST Link 链接，HOST Link 属于一种对话型的上位链接通信。上位链接包括两个方面，即从上位计算机到 PLC 和 PLC 到上位计算机。在前者中，对于 CPU 单元，从上位计算机发布上位链接指令（C 模式指令）或 FINS 指令，进行 PLC 的 I/O 存储器的读写、动作模式的变更及强制置位/复位等各种控制。在后者中，对于上位计算机，从 CPU 单元发出 FINS，发送数据和信息。在上位计算机中，监视 PLC 内的运行结果数据、异常数据、质量数据或对 PLC 指示生产计划数据信息。进行上位链接时，可以通过 PLC 系统设定将串行端口的串行通信模式设为上位链接通信工程。上位链接通信功能包括的内容如表 9-9 所示。

表 9-9 上位链接通信功能

命令流程	命令种类	通信方法	通信对象	用 途	备 注
上位计算机→PLC	C 模式命令（上位链接命令）	从上位计算机生成指定的帧发送到 PLC，再由 PLC 接收应答	上位计算机：在 PLC=1∶1 或 1∶N 下，与直接连接的 PLC 通信	在上位计算机为主体下，与所连接的 PLC 进行通信	—
	将 FINS 命令，由上位链接协议（包含在上位链接的起始码及结束码）发出		上位计算机：在 PLC=1∶1 或 1∶N 下，与直接连接的 PLC 通信	在上位计算机为主体下，与网络上的 PLC 进行通信	需要将 FINS 命令插入上位连接的首标及终止程序中，由上位计算机发送
			可从上位计算机（进行上位链接→网络的协议转换）与网络上的其他的 PLC 通信		

续表

命令流程	命令种类	通信方法	通信对象	用途	备注
PLC→上位计算机	将FINS命令，由上位链接协议（包含在上位链接的起始码及结束码）发出	CPU单元由SEND/RECV/CMND指令发送指定帧。从上位计算机接收响应	上位计算机：在PLC=1：i下，与直接连接的PLC通信	在PLC侧为主体下，在异常发生时等情况下，向上位计算机传送状态	PLC将FINS命令插入起始码及结束码中间，由PLC发送。上位计算机侧需解释FINS命令，并应答返还的程序
			从网络上的其他PLC（进行网络→上位链接的协议转换）向上位计算机通信		

（2）上位计算机向PLC发送数据的命令

上位计算机向PLC发送数据的命令主要包含C模式命令和FINS命令，其中C模式命令（上位链接命令）如表9-10所示，FINS命令如表9-11所示。

表9-10　C模式命令

种类	首标代码	名称	功能
I/O存储器的读取	RR	CIO区域读取	从CIO的指定通道读取指定数据
	RL	数据链接继电器区域读取	从数据链接继电器区域的指定通道读取指定数据
	RH	HR区域读取	从HR(保持继电器)区域的指定通道读取指定数据
	RC	定时器/计数器当前值读取	从指定定时器/计数器当前值的通道读取指定数据
	RG	定时器/计数器状态读取	从指定定时器/计数器结束标志的通道读取指定数据
	RD	DM区域读取	从DM(数据内存)区域的指定通道读取指定数据
	RJ	AR区域读取	从AR(特殊辅助继电器)区域的指定通道读取指定数据
I/O存储器的写入	WR	CIO区域写入	将指定数据写入CIO区的指定通道(以字为单位)
	WL	数据链接继电器区域写入	将指定数据写入DM区的指定通道(以字为单位)
	WH	HR区域写入	将指定数据写入HR区的指定通道(以字为单位)
	WC	定时器/计数器当前值区域写入	从定时器/计数器当前值区域的指定通道，将指定写入数据以通道为单位写入
	WD	DM区域写入	从DM(数据内存)区域的指定通道，将指定写入数据以通道单位写入
	WJ	AR区域写入	从AR(特殊辅助继电器)区域的指定通道，将指定写入数据以通道单位写入
定时器/计数器设SV读取	R#	定时器/计数器SV值读取1	读取在指定的定时器/计数器指令的操作数S中的BCD4位常数设定值或地址
	R$	定时器/计数器SV值读取2	从指定的程序地址以后，检索指定的定时器/计数器指令，并读取被设定的4位常数设定值或设定值的保存通道
	R%	定时器/计数器SV值读取3	从指定的程序地址以后，检索指定的定时器/计数器指令，并读取被设定的10进制(BCD)4位常数设定值或设定值的保存通道

续表

种类	首标代码	名　称	功　能
定时器/计数器设SV变更	W#	定时器/计数器 SV 值变更1	将指定的定时器/计数器设定值(定时器/计数器编号 S)变更为新常数设定值或地址
	W$	定时器/计数器 SV 值变更2	从用户程序中指定的程序地址以后,检索指定的定时器/计数器指令,并将被设定的10进制(BCD)4位的常数设定值或设定值的保存通道变更为新指定的常数设定值或设定值的保存通道
	W%	定时器/计数器 SV 值变更3	从用户程序中指定的程序地址以后,检索指定的定时器/计数器指令,并将被设定的10进制(BCD)4位的常数设定值或设定值的保存通道变更为新指定的常数设定值或设定值的保存通道
CPU单元状态相关	MS	CPU单元状态读取	读取CPU单元的运行状态(动作模式、强制置位/复位、运行停止异常)
	SC	状态变更	变更CPU单元的动作模式
	MF	异常信息读取	读取CPU单元发生中的异常信息(运行继续异常、运行停止异常的各种异常)
强制置位/复位	KS	强制置位	将指定1位强制置位
	KR	强制复位	将指定1位强制复位
	FK	多点强制置位/复位	将指定多个位进行强制置位/复位/解除
	KC	解除全部强制置位/复位	所有点一齐解除,将强制置位/复位中的状态全部解除
机型代码读取	MM	机型代码读取	读取CPU单元的机型代码
测试	TS	测试	将从上位计算机传送来的1个程序块原样返回
程序区域的访问	RP	程序区域的读取	将CPU单元的用户程序的内容用机械语言(对象)读取
	WP	程序区域的写入	将从上位计算机发送的机械语句(对象),写入CPU单元的用户程序区域
I/O存储器区域复合读取	QQMR	I/O存储器区域复合读取登录	将需读取的I/O存储器的通道或位登录到表
	QQIR	I/O存储器区域复合登录处地址读取	将登录的I/O存储器区域一并读取
上位链接通信处理	XZ	取消(仅命令)	由上位链接命令将处理中的作业中断并废弃后,回到初始状态
	—	初始化(仅指令)	对所有的上位连接单元编号,进行传送控制程序的初始化
	IC	命令未定义错误(仅应答)	命令的起始码无法解读时的应答

表 9-11 FINS 命令

种类	命令代码		名称	功能
I/O 存储器区域的访问	01	01	I/O 存储器区域的读取	连续 I/O 存储器区域的内容的读取
	01	02	I/O 存储器区域的写入	连续 I/O 存储器区域的内容的写入
	01	03	I/O 存储器区域的一并写入	将 I/O 存储器区域的指定范围填入相同的数据
	01	04	I/O 存储器区域的一并读取	不连续的 I/O 存储器区域的读取
	01	05	I/O 存储器区域的传送	将连续 I/O 存储器区域的内容复制到其他的 I/O 存储器区域
参数区域的访问	02	01	参数区域的读取	连续的参数区域的内容的读取
	02	02	参数区域的写入	连续的参数区域的内容的写入
	02	03	参数区域的一并写入(清除)	将参数的指定范围填入相同的数据
程序区域的访问	03	06	程序区域的读取	进行 UM(用户内存)区域的读取
	03	07	程序区域的写入	进行 UM(用户内存)区域的写入
	03	08	程序区域的清除	进行指定范围的 UM(用户内存)区域的清除
工作模式的变更	04	01	工作模式(运行)	进行 CPU 单元工作模式的变更("运行"或"监视"模式)
	04	02	动作模式(停止)	进行 CPU 单元工作模式的变更("程序"模式)
设备构成的读取	05	01	CPU 单元信息的读取	读取 CPU 单元的信息
	05	02	连接信息的读取	读取与各号机地址相对应的设备型号
状态的读取	06	01	CPU 单元状态的读取	读取 CPU 单元的状态信息
	06	20	周期时间读取	读取周期时间(MAX, MIN, 平均)
时间信息的访问	07	01	时间信息的读取	读取当前的年/月/日/时/分/秒/星期
	07	02	时间信息的写入	变更当前的年/月/日/时/分/秒/星期
信息显示相关	09	20	信息的读取/解除	进行信息的读取/解除、FAL(S)信息读取
访问权相关	0C	01	访问权的获得	访问权为闲置的情况下，获得访问权
	0C	02	访问权的强制获得	与其他站的访问权获得无关，获得访问权
	0C	03	访问权的解除	将获得的访问权解除，变为闲置
异常记录相关	21	01	异常清除	解除发生中的异常消息
	21	02	异常记录的读取	读取异常记录信息
	21	03	异常记录指针的清除	将异常记录的指针清零
调试相关	23	01	强制置位/复位	进行多个节点的强制置位/复位的执行/解除
	23	02	强制置位/复位所有点一并解除	解除所有节点的强制置位/复位

(3) PLC 向上位计算机发送数据的命令

PLC 向上位计算机发送数据的命令主要有 SEND、RECV 和 CMND 指令。SEND 指令是将数据发送到网络中的节点；RECV 指令是对网络中的节点提出发送要求，接收数据；

CMND 指令发布任意的 FINS 指令，接收响应。这 3 条指令格式如表 9-12 所示。

表 9-12 SEND、RECV 和 CMND 指令格式

指 令	LAD	STL	操作数说明
SEND 指令	SEND(090) S D C	SEND(090) S D C	S 为发送要求源(己方节点)接收开始 CH 编号;D 为发送要求对象(对象节点)发送 CH 编号；C 为控制数据低位 CH 编号。详细说明见图 9-25(a)
RECV 指令	RECV(098) S D C	RECV(098) S D C	S 为发送要求对象(对象节点)发送 CH 编号;D 为发送要求源(己方节点)接收开始 CH 编号;C 为控制数据低位 CH 编号。详细说明见图 9-25(b)
CMND 指令	CMND(490) S D C	CMND(490) S D C	S 为指令保存地址起始 CH 编号;D 为响应保存起始 CH 编号；C 为控制数据地址 CH 编号。详细说明见图 9-25(c)

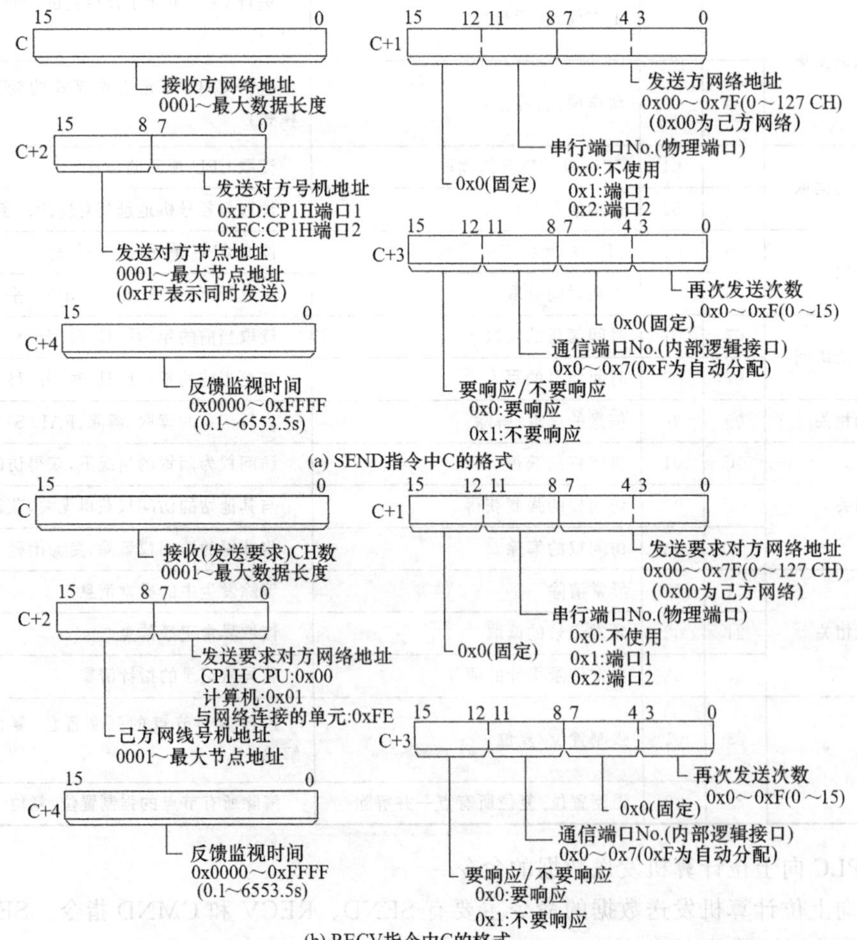

(a) SEND指令中C的格式

(b) RECV指令中C的格式

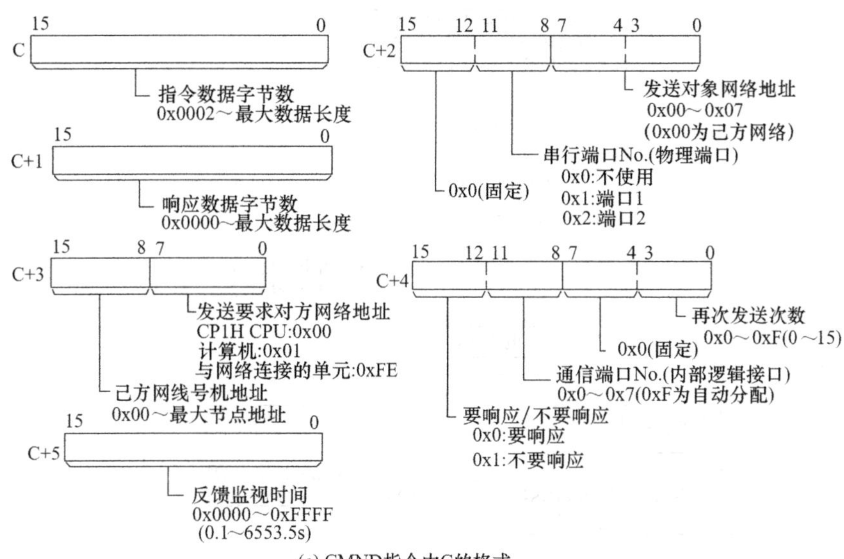

(c) CMND指令中C的格式

图 9-25 SEND、RECV 和 CMND 指令中 C 的格式

(4) 相关特殊继电器

执行 SEND、RECV 和 CMND 指令时，其相关的特殊辅助继电器如表 9-13 所示。

表 9-13 相关特殊辅助继电器

名　称	特殊继电器地址	内　容
网络通信指令可执行标志	A202.00～A202.07	能执行网络通信，各位与通信端口(内部逻辑端口)相对应，位 00～07 对应通信端口 00～07。在网络通信执行中为 0；在执行结束后为 1
网络通信指令执行出错标志	A219.00～A219.07	在网络通信执行中发生出错(异常)时为 1。各位与通信端口(内部逻辑端口)相对应，位 00～07 对应通信端口 00～07。在到下一个网络通信执行时，状态被保持。即使为异常结束在下个通信指令执行中仍为 0
网络通信响应代码	A203 CH～A210 CH	网络通信被执行时保存响应代码，各 CH 与通信端口(内部逻辑端口)相对应，A203 CH～A210 CH 对应通信端口 00～07。在通信指令执行中为 0x00，反映在通信指令执行结束时，在指令执行时被清空

(5) 使用过程

用户通过相应的设定，可以完成上位链接通信，其使用过程如图 9-26 所示。

9.4.3 Modbus-RTU 简易通信

(1) 功能

工业控制已从单机控制走向集中监控、集散控制，如今已进入网络时代，工业控制器联网也为网络管理提供了方便。Modbus 就属于工业控制器网络协议中的一种，它有 ASCII 与 RTU 两种通信模式。当控制器以 ASCII 模式在 Modbus 总线上进行通信时，一个信息中的每 8 位字节作为 2 个 ASCII 字符传输，这种模式的主要优点是允许字符之间的时间间隔长达 1s 也不会出现错误；控制器以 RTU 模式在 Modbus 总线上进行通信时，信息中的每 8 位字节分成 2 个 4 位 16 进制的字符，该模式的主要优点是在相同波特率下，其传输的字符数高于 ASCII 模式。

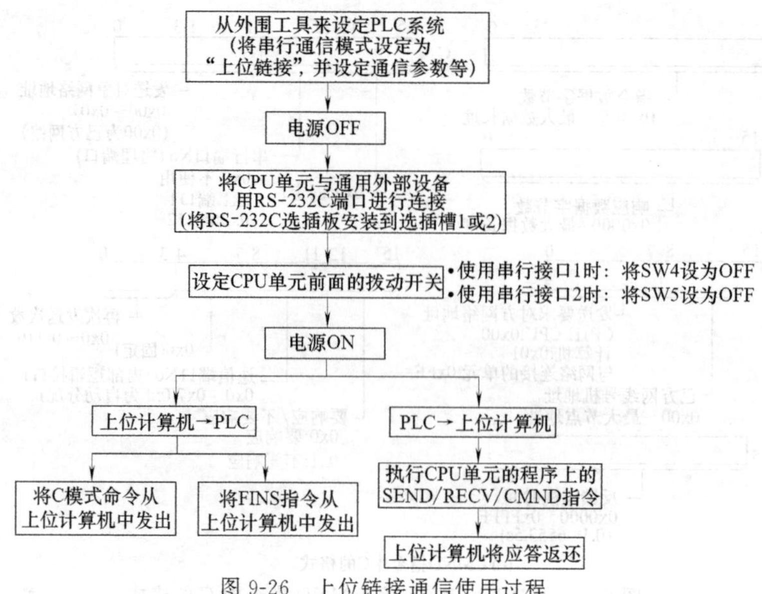

图 9-26　上位链接通信使用过程

欧姆龙的变频器 3G3JV、3G3MV、3G3RV 都支持 Modbus-RTU 通信，因此通过 CP1H 的串行通信接口，可以简单经济地实现和支持 Modbus 协议的各类变频器通信。如果在 CP1H 的 CPU 单元上安装 RS-422A/485 选件板（或 RS-232C 选件板），通过软件开关操作，可以作为 Modbus-RTU 主站，而变频器等设备作为 Modbus-RTU 从站。CP1H 的 CPU 单元作为 Modbus-RTU 简易主站时，只需要在规定的 DM 数据区写入需要发送的 Modbus 命令，触发发送标志，CP1H 就可以自动发送添加了 CRC 16 位校验的 Modbus 命令，CP1H 将自动接收变频器的响应，存储到指定的 DM 数据区，从而实现变频器的控制。

（2）Modbus-RTU 数据帧结构

Modbus-RTU 数据帧由帧头（Start）、从机地址码（Address）、功能码（Function）、数据码（Data）、CRC 校验码（CRC Check）和帧尾（End）构成，如图 9-27 所示。

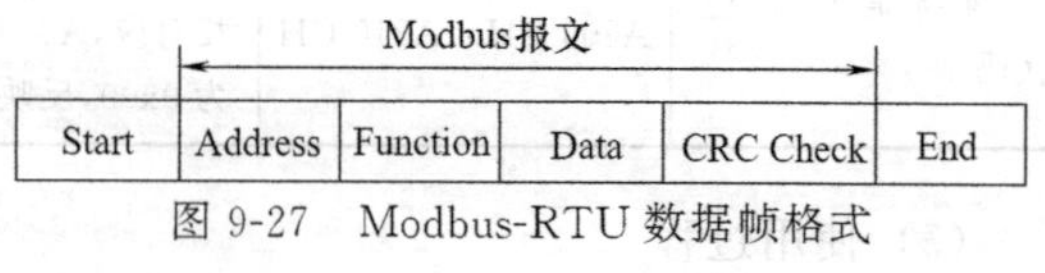

图 9-27　Modbus-RTU 数据帧格式

帧头（Start）为数据帧的起始码，在 Modbus-RTU 中信息开始前至少需要 3.5 个字节的传输时间（T1-T2-T3-T4），以便于在接收第一个地址数据时，每台设备立即对它解码，以决定是否是自己的地址。

从机地址码（Address）表示从机的通信地址，有效的从机设备地址范围为 0～247，各从机设备的寻址范围为 1～247。主机把从机地址放入数据帧的地址区，并向从机寻址。从机响应时，把自己的地址放入响应信息的地址区，让主机识别已作出响应的从机地址。其中 0 表示广播地址，所有从机均能识别。

功能码（Function）的有效码范围为 1～255，其中有些代码适用于全部型号的工业控制器，而有些代码仅适用于某些型号的控制器，还有一些代码留作将来使用。例如主机要求从机读一组保持寄存器时（即读从机参数），则发送的功能码为 0x03；主机要求把一个值预置到保持寄存器（即写从机参数）时，则发送的功能为 0x06。

数据码（Data）长度 $8n$ 位，该部分为通信的主要内容，也是通信中数据交换的核心。

CRC 校验码（CRC Check）为错误校验码，它是由 2 个 8 位字节构成的 16 位值，是对信息内容执行 CRC 校验的结果。

帧尾（End）为数据帧的结束码，在 Modbus-RTU 中信息结束后，至少还需要 3.5 个字节的传输时间（T1-T2-T3-T4），然后才允许发送下一个新的数据帧。

（3）Modbus-RTU 简易主站用 DM 固定分配区域

如果在 Modbus-RTU 简易主站中，通过对数据存储器 DM 的固定分配区域（串行端口 1 为 D32200～D32249；串行端口 2 为 D32300～D32349）设定了 Modbus 从站设备的从站地址、功能、数据，则软件开关为 ON 时，即发出 Modbus-RTU 指令。接收的应答信息则被保存到 DM 固定区域（串行端口 1 为 D32250～D32299；串行端口 2 为 D32350～D32399）。Modbus-RTU 简易主站用 DM 固定分配区域如表 9-14 所示。

表 9-14 Modbus-RTU 简易主站用 DM 固定分配区域

Modbus-RTU 通信		位	设定内容	
串行端口 1	串行端口 2			
D32200	D32300	07～00	发送(指令)	从站地址(0x00～0xF7)
		15～08		系统保留(默认为 0x00)
D32201	D32301	07～00		Function 代码
		15～08		系统保留(默认为 0x00)
D32202	D32302	15～00		通信数据字节数(0x00～0x005E)
D32203～D32249	D32303～D32349	15～00		通信数据(最大 94 字节)
D32250	D32350	07～00	接收(响应)	从站地址(0x00～0xF7)
		15～08		系统保留(默认为 0x00)
D32251	D32351	07～00		Function 代码
		15～08		保留
D32252	D32352	07～00		出错代码
		15～08		系统保留(默认为 0x00)
D32253	D32353	15～00		应答字节数(0x0000～0x3EA)
D32254～D32299	D32354～D32399	15～00		应答(最大 92 字节)

注意：通信数据字节数 D32302、D32202 在标准 Modbus 协议中是没有参数的，该数据字节是指从该地址以后的所有 Modbus 命令字节数，不包括 CRC 16 的 2 个字节数。

（4）Modbus-RTU 简易主站的相关特殊辅助继电器

在 Modbus-RTU 简易主站中，按照 DM 固定分配区域中设定的内容后，则软件开关为 ON 时，Modbus-RTU 命令自动发出，一些执行情况将反映到相关的特殊辅助继电器中，如表 9-15 所示。

表 9-15 Modbus-RTU 简易主站的相关特殊辅助继电器

通道	位	对象串行端口	设定内容
A640 CH	02	端口 2	Modbus-RTU 简易主站功能执行出错结束标志，1 表示执行异常；0 表示执行正常结束或执行中
	01		Modbus-RTU 简易主站功能执行正常结束标志，1 表示执行正常结束；0 表示执行异常结束或执行中

续表

通　道	位	对象串行端口	设 定 内 容
A640 CH	00	端口 2	Modbus-RTU 简易主站功能执行开关，0→1 表示执行开始；1 表示执行异常结束；0 表示执行正常结束或执行中
A641 CH	02	端口 1	Modbus-RTU 简易主站功能执行出错结束标志，1 表示执行异常；0 表示执行正常结束或执行中
	01		Modbus-RTU 简易主站功能执行正常结束标志，1 表示执行正常结束；0 表示执行异常结束或执行中
	00		Modbus-RTU 简易主站功能执行开关，0→1 表示执行开始；1 表示执行异常结束；0 表示执行正常结束或执行中

（5）应用举例

使用 CP1H 串口内置的 Modbus-RTU 主站功能，实现和变频器通信，其系统结构如图 9-28 所示，其使用步骤如下。

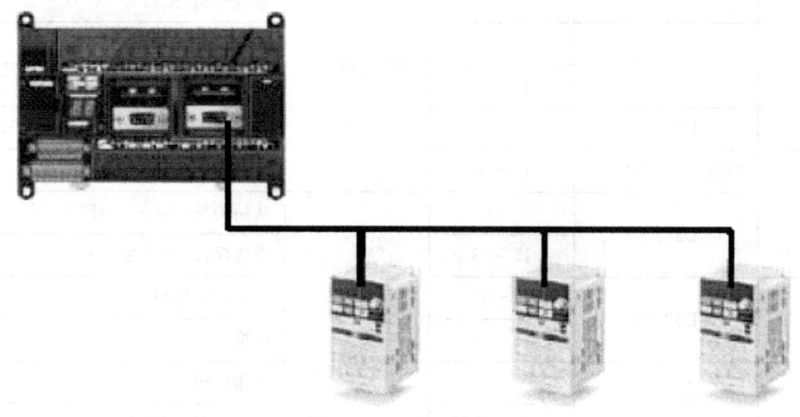

图 9-28　系统结构

① PLC 系统设定　首先在 CPU 单元的前面板上将 SW5 拨动开关设置为 OFF，然后在 CX-Programmer 软件中双击工程工作区的“设置”，在弹出的“PLC 设定”对话框中选择“串口 2”选项卡，在通信设置栏中选择“定制”，波特率选择“9600”，格式为“8，1，E”，模式选择“串口网关”，如图 9-29 所示进行设置。当然，也可使用串口 1。

② RS-422A/485 选配板与变频器的连接　将 CP1W-CIF11 安装到 CP1H-X40DT-D 的通信端口 2 上，使用双绞线连接 CP1W-CIF11 和变频器的 RS-485 端口，电缆的一端接在变频器 RS-485 通信口的 GND、485＋、485－端子上，另一端接 CP1W-CIF11 上相应的 GND、485＋、485－端子，其余线屏蔽不用。CP1W-CIF11 开关设定：1＝ON（终端电阻）；2，3＝ON（RS-485 方式）；5＝ON（不要 echo back 数据）；6＝ON（RS-485 方式）。

③ 变频器参数设置　在使用前，还需设置变频器的相关参数，如变频器的通信方式、通信波特率、通信数据奇偶校验、变频器的运行指令采用通信方式、变频器频率设定采用通信方式等，具体设置方法需根据相应的变频器进行，在此不详述。

④ 在 D32300 中填写数据如下：0001，0006，0008，0003，0002，0400，0102。表示向 1 号变频器（0001）写入频率 25Hz（最大频率设定 50Hz 情况下），并启动，其中 0008 是标准 Modbus 协议内没有的数据，指 0003，0002，0400，0102 共 8 个字节。之后，触发端口 2

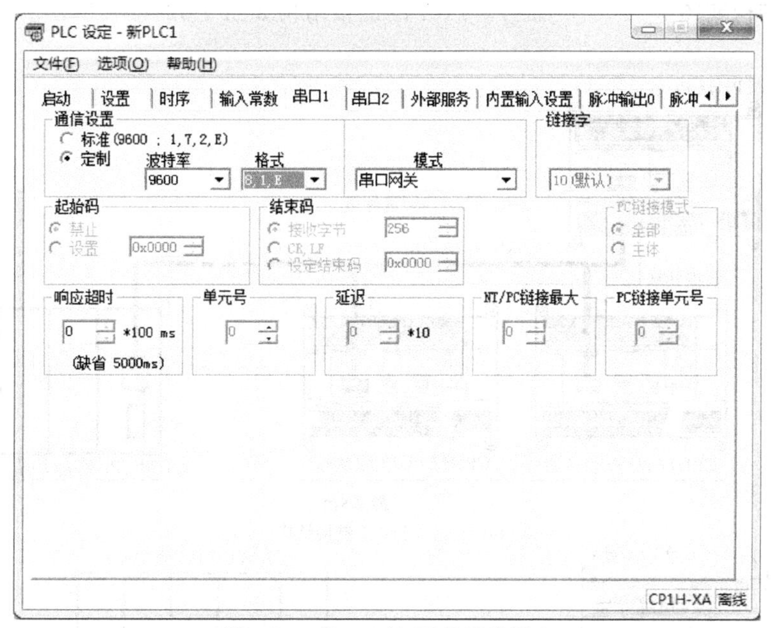

图 9-29 串口 2 的 PLC 系统设定

的发送位 A640.00，CP1H 会自动将标准的 Modbus 协议发送出去，然后将接收到的数据存储在 D32500 起始的数据存储区内。

9.4.4 工具总线通信

工具总线通信，即 ToolBus 模式通信。通过串行端口 1 和串行端口 2，可以实现 PLC 与外围工具的高速通信。但是，不能进行通过调制解调器的远程编程，其结构如图 9-30 所示。

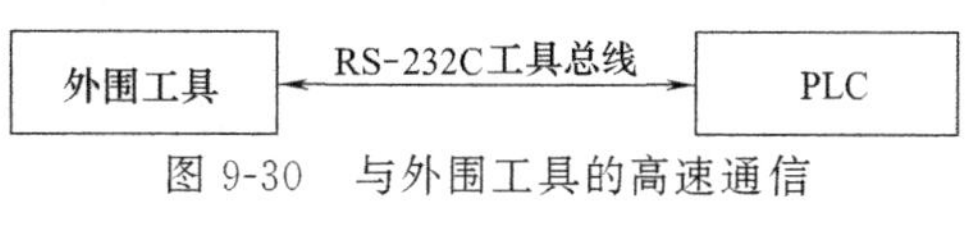

图 9-30 与外围工具的高速通信

在使用时，首先将 CPU 单元的前面板上 SW4、SW5 拨动开关设置为 OFF。然后在 CX-Programmer 软件中双击工程工作区的“设置”，在弹出的“PLC 设定”对话框中选择“串口 1”选项卡，在通信设置栏中选择“定制”，波特率选择“9600”，模式选择“ToolBus”即可。

9.4.5 串行 PLC 链接

(1) 结构

为 CP1H CPU 单元上安装 RS-232C 选件板或 RS-422A/485 选件板，那么，在 CP1H CPU 单元之间或 CP1H CPU 单元与 CJ1M CPU 单元之间，就能在不需要程序的情况下进行数据交换了。这种情况下，需要通过 PLC 系统设定将串行端口的串行通信模式设定为串行 PLC 链接。与其他通信方式不同的是，可使用串行端口 1 或串行端口 2 中的任何一个，但不能同时使用。将一方端口的串行通信模式作为串行 PLC 链接主站或串行 PLC 链接从站的情况下，其他方端口的串行通信模式则不能作为串行 PLC 链接主站或串行 PLC 链接从站，否则就会出现 PLC 系统设定异常。串行 PLC 链接主要有两种结构，1∶N 和 1∶1，其中

1：N的链接结构如图 9-31（a）所示，1：1 的链接结构如图 9-31（b）所示。

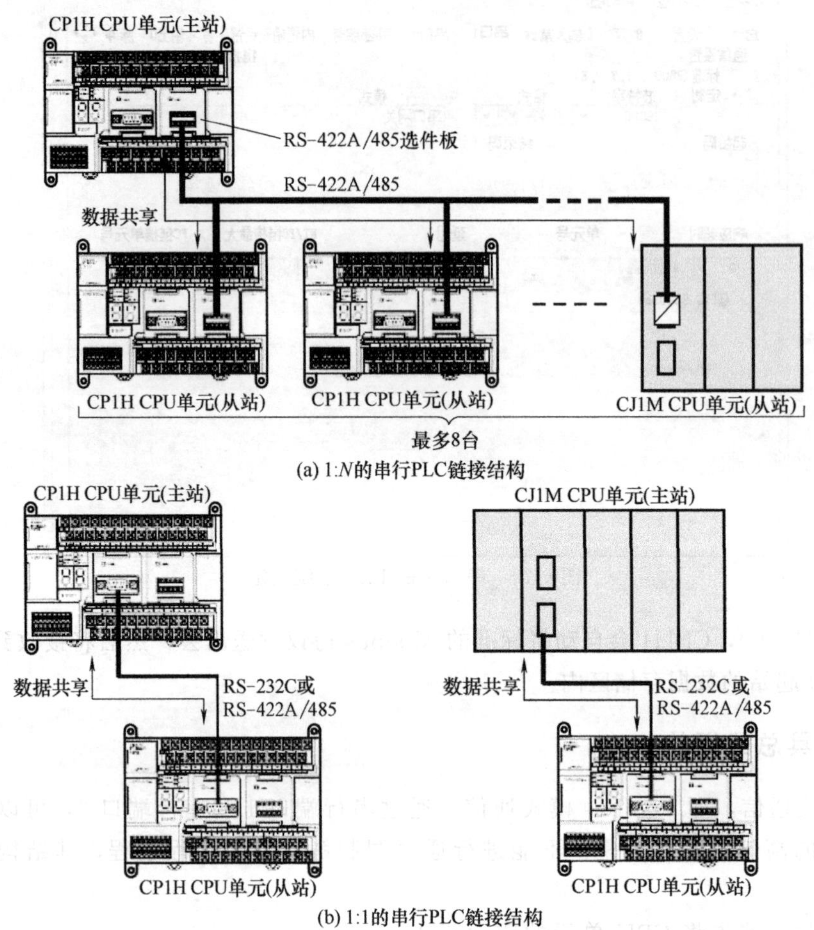

图 9-31　串行 PLC 链接结构

（2）规格

串行 PLC 链接可使用串行端口 1 或串行端口 2 中的任何一个，内存地址 3100 CH～3199 CH 用于数据链接。CP1H CPU 单元的各发送信息规格为最大 10CH，如果设置链接通道数，也可发送小于 10CH 的规格。串行 PLC 链接的规格如表 9-16 所示。

表 9-16　串行 PLC 链接的规格

项　　目	内　　容
对应串行端口	串行端口 1 或串行端口 2，不能同时将两个串行端口作为串行 PLC 链接使用，否则将会出现 PLC 系统设定异常（运行继续异常），A402 CH 位 10（PLC 系统设定异常标志）变为 ON
连接方式	应用 RS-422A/485 选件板（或 RS-232C 选件板）的 RS-422A/485（或 RS-232C）连接
分配继电器区域	串行 PLC 链接继电器：3100 CH～3199 CH（CPU 单元每台最大 10CH）
最大连接数	9 台（主站 1 台、从站 8 台）
链接方式（数据的更新方式）	全站链接方式或主站链接方式

（3）链接方式

数据的更新方式有两种可进行选择：全站链接方式和主站链接方式。

在全站链接方式下，主站和从站都反映所有其他站的数据方式，其分配继电器区域如表9-17所示。例如设定CH数为最大10 CH的情况下，主站CP1H CPU单元（或CJ1M CPU单元）及各从站CP1H CPU单元（或CJ1M CPU单元）将分配给主站/从站编号相应的自身区域发送到所有其他站的同一区域，如图9-32所示。

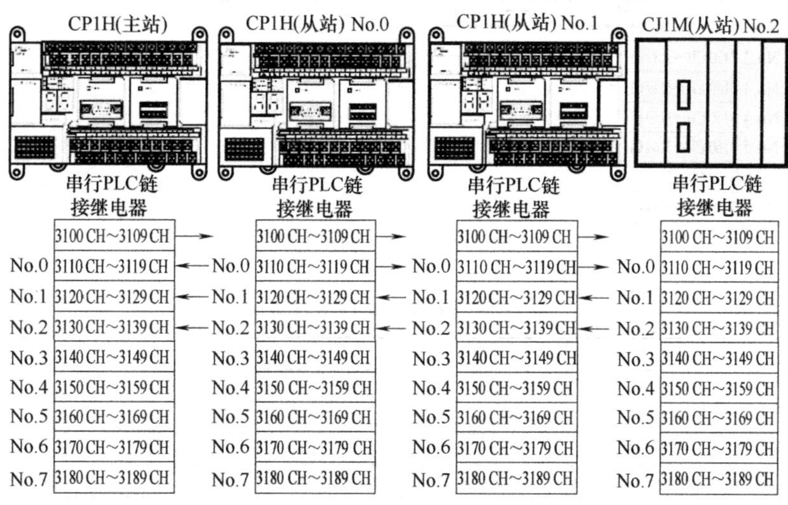

图9-32　全站链接方式

在主站链接方式下，仅主站可反映所有的从站数据，从站仅反映主站的数据方式，其分配继电器区域如表9-18所示。例如设定CH数为最大10 CH的情况下，主站CP1H CPU单元（或CJ1M CPU单元）将其自身的3100 CH～3109 CH，以同时多址的形式，向所有从站CP1H CPU单元（或CJ1M CPU单元）的3100 CH～3109 CH发送；各从站CP1H CPU单元（或CJ1M CPU单元）将其自身的3100 CH～3109 CH，按从站编号相应的顺序，每次10CH向主站的3100 CH～3109 CH发送，如图9-33所示。

表9-17　全站链接继电器区域

地址 3100 CH～3199 CH：串行PLC链接区

链接CH数	1 CH	2 CH	3 CH	……	10 CH
主站	3100	3100～3101	3100～3102		3100～3109
从站No. 0	3101	3102～3103	3103～3105		3110～3119
从站No. 1	3102	3104～3105	3106～3108		3120～3129
从站No. 2	3103	3106～3107	3109～3111		3130～3139
从站No. 3	3104	3108～3109	3112～3114		3140～3149
从站No. 4	3105	3110～3111	3115～3117		3150～3159
从站No. 5	3106	3112～3113	3118～3120		3160～3169
从站No. 6	3107	3114～3115	3121～3123		3170～3179
从站No. 7	3108	3116～3117	3124～3126		3180～3189
空区域	3109～3199	3118～3119	3127～3199		3190～3199

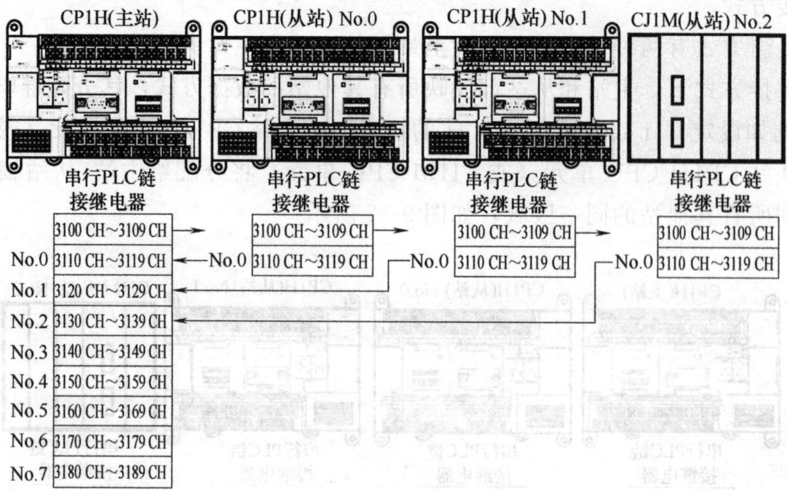

图 9-33 主站链接方式

表 9-18 主站链接继电器区域

地址	链接 CH 数	1 CH	2 CH	3 CH	……	10 CH
3100 CH	主站	3100	3100~3101	3100~3102		3100~3109
	从站 No.0	3101	3102~3103	3103~3105		3110~3119
	从站 No.1	3101	3102~3103	3103~3105		3110~3119
	从站 No.2	3101	3102~3103	3103~3105		3110~3119
串行PLC链接区	从站 No.3	3101	3102~3103	3103~3105		3110~3119
	从站 No.4	3101	3102~3103	3103~3105		3110~3119
	从站 No.5	3101	3102~3103	3103~3105		3110~3119
	从站 No.6	3101	3102~3103	3103~3105		3110~3119
	从站 No.7	3101	3102~3103	3103~3105		3110~3119
3199 CH	空区域	3102~3199	3104~3119	3106~3199		3120~3199

(4) 相关特殊辅助继电器

在串行 PLC 链接通信中，可能会使用到一些相关的特殊辅助继电器，如表 9-19 所示。

表 9-19 相关特殊辅助继电器

名称	地址	说明	读取/写入	反映时间
串行端口 1 通信异常标志	A392.12	串行端口 1 上发生通信异常时，为 1(ON)。1：异常；0：正常	读取	·上电清除 ·串行端口 1 上发生通信异常时为 1 ·端口重启时为 0 ·工具总线模式及 NT 链接模式时为无效
与串行端口 1 上的 PT 的通信执行中标志	A394.00~A394.07	串行端口 1 为 NT 链接模式时，执行通信的该位变为 1(ON)。位 0~7 对应机号 0~7。1：通信执行中；0：通信非执行中	读取	·上电清除 ·串行端口 1 为 NT 链接模式或串行 PLC 链接模式时，执行通信的 PT/从站的机号的该位为 1 ·位 0~7 对应机号 0~7
串行端口 1 重启标志	A526.01	对串行端口 1 进行接口重启的情况下，应调整到 0→1 启动	读取/写入	·上电清除 ·对串行端口 1 进行端口重启的情况下，应调整到 0→1(工具总线模式下的通信除外)

续表

名　称	地址	说　明	读取/写入	反映时间
串行端口1出错标志	A528.08～A528.15	串行接口1上发生出错时，该出错代码被保存。 位8:不使用;位9:不使用;位10:奇偶校验出错;位11:成帧误差;位12:超限错误;位13:超时错误;位14:不使用;位15:不使用	读取/写入	·上电清除 ·在串行接口1发生错误时，该出错代码被保存 ·串行接口1的重启处理时，被系统清除 ·工具总线模式时无效 ·NT链接模式时，仅位12超时出错有效 ·串行PLC链接模式时，主站的情况下:位05超时错误;从站的情况下:仅位05时间结束出错，位04超程错误，位03成帧误差为有效
串行端口1设定变更中标志	A619.01	在变更串行接口1的通信条件的设定过程中为1。1:变更中;0:非变更中	读取/写入	·上电清除 ·在变更串行端口1通信条件的设定过程中为1 ·在串行端口设定变更指令(STUP指令)执行时为1 ·设定变更结束时，返回到0
串行端口2通信异常标志	A392.04	串行端口2上发生通信异常时为1(ON)。1:异常;0:正常	读取	·上电清除 ·串行端口2上，发生通信异常时为1 ·端口重启时为0 ·工具总线模式时及NT链接模式时为无效
与串行端口2上的PT的通信执行中标志	A393.00～A393.07	串行端口2为NT链接模式时，执行通信的该位变为1(ON)。位0～7对应机号0～7。1:通信执行中;0:通信非执行中	读取	·上电清除 ·串行端口2为NT链接模式或串行PLC链接模式时，执行通信的PT/从站的机号的该位为1 ·位0～7对应机号0～7
串行端口2重启标志	A526.00	对串行端口2进行接口重启的情况下，应调整到0→1启动	读取/写入	·上电清除 ·对串行端口2进行端口的重启情况下，应调整到0→1(工具总线模式下的通信除外)
串行端口2出错标志	A528.00～A528.07	串行接口2上发生出错时，该出错代码被保存。 位0:不使用;位1:不使用;位2:奇偶校验出错;位3:成帧误差;位4:超限错误;位5:超时错误;位6:不使用;位7:不使用	读取/写入	·上电清除 ·在串行接口2发生错误时，该出错代码被保存 ·串行接口2的重启处理时，被系统清除 ·工具总线模式时无效 ·NT链接模式时，仅位5超时出错有效 ·串行PLC链接模式时，主站的情况下:位05超时错误;从站的情况下:仅位05时间结束出错，位04超程错误，位03成帧误差为有效

续表

名　称	地址	说　明	读取/写入	反映时间
串行端口 2 设定变更中标志	A619.02	在变更串行接口 2 的通信条件的设定过程中为 1。1:变更中;0:非变更中	读取/写入	·上电清除 ·在变更串行端口 2 的通信条件的设定过程中为 1 ·在串行端口设定变更指令(STUP 指令)执行时为 1 ·设定变更结束时,返回到 0

(5) PLC 系统设定

对于成为主站/从站的各个 CPU 单元，串行 PLC 链接要通过相应的 PLC 系统设定，才能进行动作。

① 主站侧的设定　在 CX-Programmer 软件中双击工程工作区的“设置”，在弹出的“PLC 设定”对话框中选择“串口 1”（或“串口 2”）选项卡，在“通信设置”栏中选择“定制”，选定相应的波特率；在“模式”栏中选择“PC Link（主站）”；在“PC 链接模式”栏中选择“全部”或“主体”，即选择全站链接方式或主站链接方式；在“NT/PC 链接最大”栏中选择合适的从机数，其设置如图 9-34 所示。主站侧的设定内容可以参考表 9-20 进行。

表 9-20　主站侧的设定内容

项　目		设 定 值	初 始 值	反映时间
串行端口 1 设定或串行端口 2 设定	串行通信模式	串行 PLC 链接主站	上位链接	每周期
	端口通信速度	38400bps、115200bps	9600bps	
	连接方式	全站链接方式、主站链接方式	全站链接方式	
	连接 CH 数	1～10CH	10CH	
	最大机号	0～7	0	

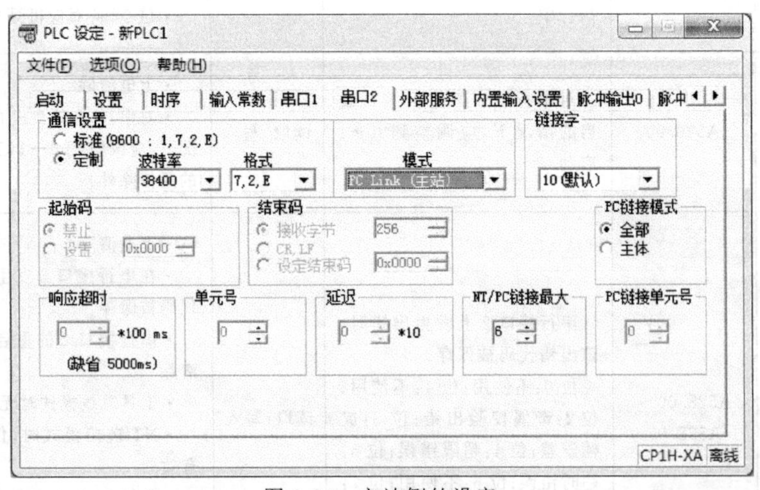

图 9-34　主站侧的设定

② 从站侧的设定　在 CX-Programmer 软件中双击工程工作区的“设置”，在弹出的“PLC 设定”对话框中选择“串口 1”（或“串口 2”）选项卡，在“通信设置”栏中选择“定制”，选

定相应的波特率；在“模式”栏中选择“PC Link（从站）”；在“PC链接单元号”栏中设置相应的从站机号No.，其设置如图9-35所示。从站侧的设定内容可以参考表9-21进行。

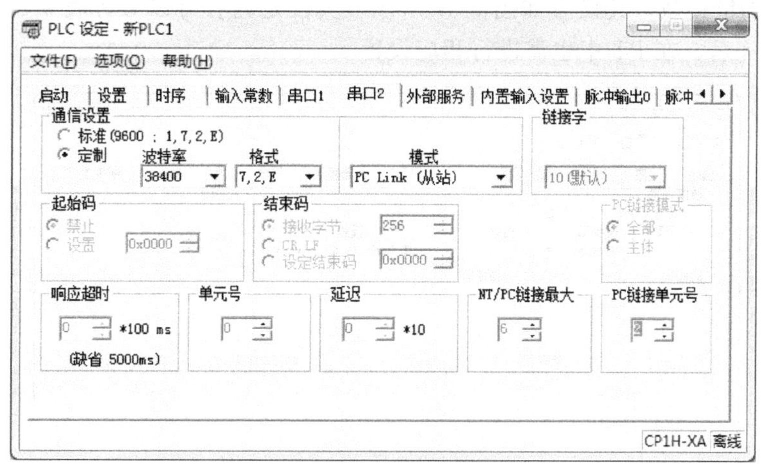

图9-35　从站侧的设定

表9-21　从站侧的设定内容

项　　目		设　定　值	初　始　值	反映时间
串行端口1设定或串行端口2设定	串行通信模式	串行PLC链接主站	上位链接	每周期
	端口通信速度	38400bps、115200bps	9600bps	
	从站机号	0～7	0	

9.4.6　NT链接通信

CP1H在PT（可编程终端）及NT（1台链接多台的1∶N模式）链接下可进行通信。PT为NT31/631（C)-V2或NS系列的情况下，可使用高速NT链接。NT链接方式如图9-36所示。

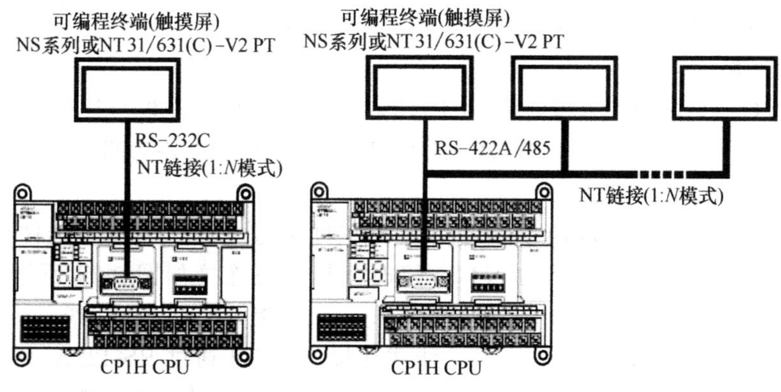

图9-36　NT链接方式

要实现NT链接通信，需进行PLC系统设置、PT本体设置和进行电缆连接。

(1) PLC系统设置

在CX-Programmer软件中双击工程工作区的“设置”，在弹出的“PLC设定”对话框中选择“串口1”（或“串口2”）选项卡，在“通信设置”栏中选择“定制”，选定较高的波特率（如115200）；在“模式”栏中选择“NT Link（1∶*N*）”；在“NT/PC链接最大”栏中选择合适的链接数，其设置如图9-37所示。其设定内容可以参考表9-22进行。注意，PLC系统设置完后，在PT中也需进行相应设置。

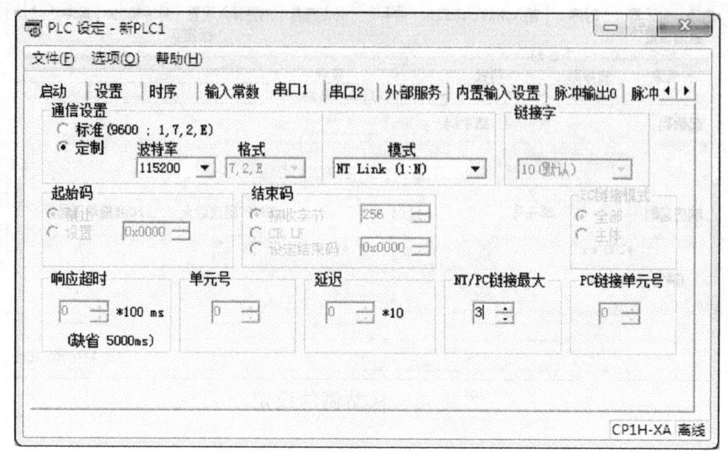

图9-37　NT链接通信的PLC系统设定

表9-22　NT链接通信的设定内容

项　目		设　定　值	初　始　值	其他条件
串行端口1设定或串行端口2设定	串行通信模式	NT Link(1∶*N*)	上位链接	使用串行端口1时，将CPU单元拨动开关SW4拨向OFF；使用串行端口2时，将SW5拨向OFF
	端口通信速度	57600bps、115200bps	9600bps	
	最大机号	0～7	0	

（2）PT本体设置

利用PT本体上的系统菜单进行设定时，可以通过以下操作进行PT侧的设定。

① 在PT本体的系统菜单内的存储切换菜单的“串行端口A”或“串行端口B”，选择“NT链接（1∶*N*）”。

② 按“设定”按钮，将“通信速度”设定为“高速”。

（3）电缆连接

① RS-232C端口之间的直接连接　CP1H通过RS-232C选件板与具有RS-232C接口的PT连接时，应选用带连接器的电缆XW2Z-200T（2m）或XW2Z-500T（5m），其电缆连接如图9-38所示。

② RS-422A/485端口之间的1∶1连接　CP1H通过RS-422A/485选件板与具有RS-422A/485接口的PT实现1∶1的NT链接时，其电缆连接如图9-39所示。此时，RS-422A/485选件板侧的终端电阻设定为ON，2线/4线切换开关设定为4线。

③ RS-422A/485端口之间的1∶*N* 4线式连接　CP1H通过RS-422A/485选件板与具有RS-422A/485接口的PT实现1∶*N* 4线式的NT链接时，其电缆连接如图9-40所示。此时，RS-422A/485选件板侧的终端电阻设定为ON，2线/4线切换开关设定为4线。

④ RS-422A/485端口之间的1∶*N* 2线式连接　CP1H通过RS-422A/485选件板与具有RS-422A/485接口的PT实现1∶*N* 2线式的NT链接时，其电缆连接如图9-41所示。此时，RS-422A/485选件板侧的终端电阻设定为ON，2线/4线切换开关设定为2线。

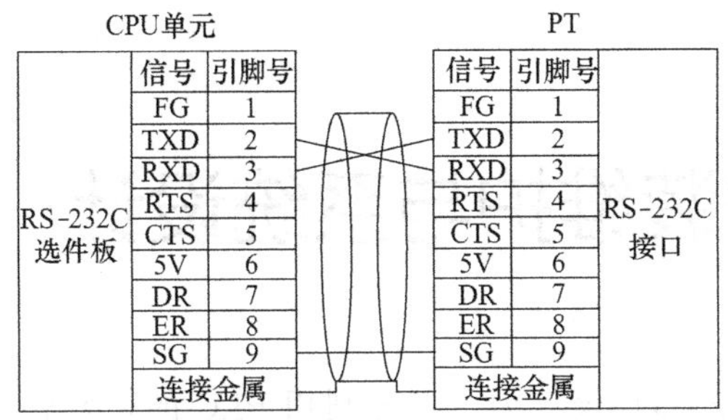

图 9-38 RS-232C 端口之间的直接连接

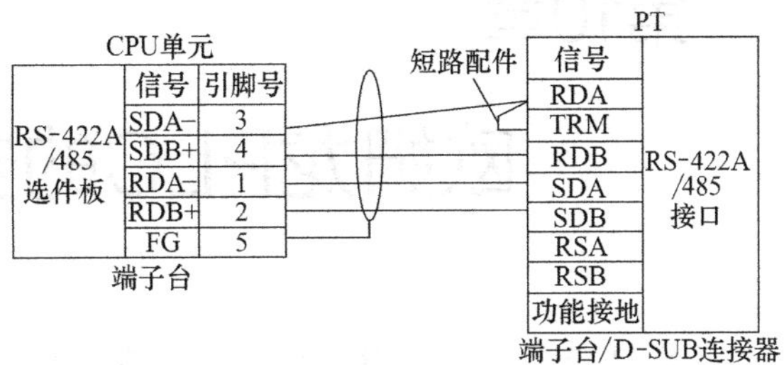

图 9-39 RS-422A/485 端口之间的 1∶1 连接

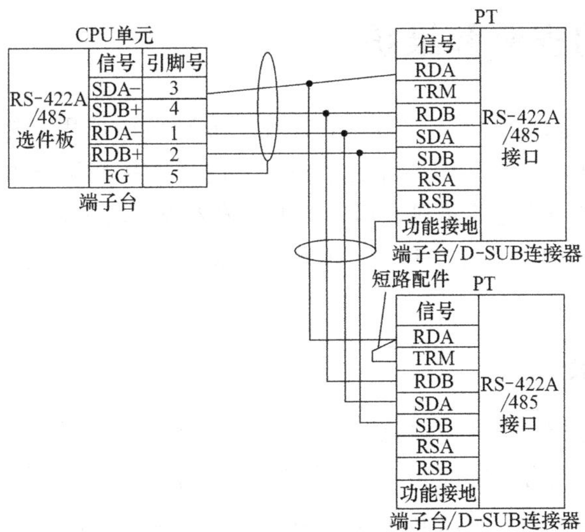

图 9-40 RS-422A/485 端口之间的 1∶N 4 线式连接

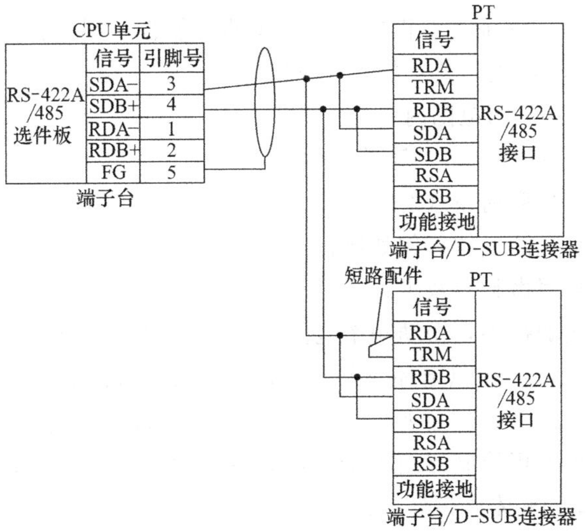

图 9-41 RS-422A/485 端口之间的 1∶N 2 线式连接

第10章

欧姆龙PLC的安装维护与系统设计

CP1H 系列 PLC 可靠性较高，能适应恶劣的外部环境。为了充分利用 PLC 的这些特点，在使用时要注意正确的安装、接线并对其进行定期维护、维修。

10.1 PLC 的安装和维护

PLC 一般不需要采取什么措施就可以直接在工业环境中使用。然而，尽管它的可靠性较高，抗干扰能力较强，但当工作环境过于恶劣，电磁干扰特别强烈或者安装使用不正确时，就可能造成程序错误或运算错误，从而产生误输入或误输出，这将会造成设备的失控和误动作，从而不能保证 PLC 的正常运行。所以，PLC 在安装、布线和维护检查时，都有一些需要注意的问题。

10.1.1 PLC 的安装

尽管 PLC 是专门在现场使用的控制装置，在设计制造时已采取了很多措施，但它对使用场合、环境温度等还是有一定的要求。为了有效地提高它的工作效率和使用寿命，确保整个系统稳定可靠，还是应当尽量使 PLC 有良好的工作环境，如合适的温度、湿度等，此外，还要注意一些安装事项，并采取必要的抗干扰措施。

(1) PLC 安装注意事项

1）安装环境要求　为保证可编程控制器工作的可靠性，尽可能地延长其使用寿命，在安装时一定要注意周围的环境，其安装场合应该满足以下几点：

① 环境温度在 0～50℃的范围内；

② 环境相对湿度在 35%～85%范围内；

③ 不能受太阳光直接照射或水的溅射；

④ 周围无腐蚀和易燃的气体，例如氯化氢、硫化氢等；

⑤ 周围无大量的金属微粒及灰尘；

⑥ 避免频繁或连续的振动，振动频率范围为 10～55Hz、幅度为 0.5mm（峰-峰）。

2）安装注意事项　除满足以上环境条件外，安装时还应注意以下几点：

① 可编程控制器的所有单元必须在断电时安装和拆卸；

② 为防止静电对可编程控制器组件的影响，在接触可编程控制器前，先用手接触某一接地的金属物体，以释放人体所带静电；

③ 注意可编程控制器机体周围的通风和散热条件，切勿将导线头、铁屑等杂物通过通风窗落入机体内。

(2) PLC 的安装方法

PLC 的安装方法有两种：表面安装和 DIN 导轨安装。

表面安装是利用单元器件机体外壳四个角上的安装孔，用规格为 M4 的螺钉将其固定在底板上。但各个单元器件之间需要留 1～2mm 的间隙。扩展 CP1H CPU 单元本体或者 CPM1A 系列扩展 I/O 单元可以安装在控制柜背板上（表面安装），也可以安装在标准导轨上（DIN 导轨安装）。下面以 CP1H CPU 单元为例讲述表面安装法的步骤。

步骤一：按照图 10-1 所示的尺寸进行定位，钻安装孔，图中各尺寸单位为 mm。

步骤二：用合适的螺钉（M4 或美国标准 8 号螺钉）将模块固定在背板上。

步骤三：若使用扩展模块，将扩展模块的扁平电缆连到前盖下面的扩展口。

DIN 导轨安装是利用 DIN 导轨安装杆器件将单元器件安装在 DIN 导轨上，扩展 CJ 系列高功能 I/O 单元或 CPU 高功能单元（包括 CP1H CPU 单元），必须使用 DIN 导轨完成。单元器件安装到 DIN 导轨的步骤如下。

步骤一：将单元背面的 DIN 安装销用螺丝刀等拉出，使其处于“开锁”状态，然后安装到 DIN 导轨上，如图 10-2（a）所示。

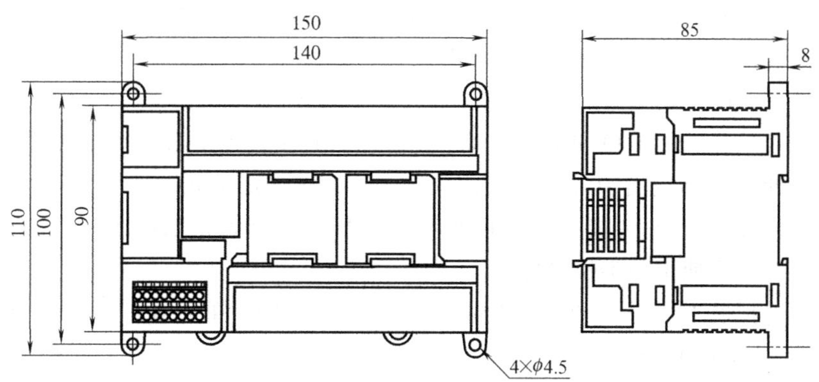

图 10-1　CP1H CPU 单元外形尺寸

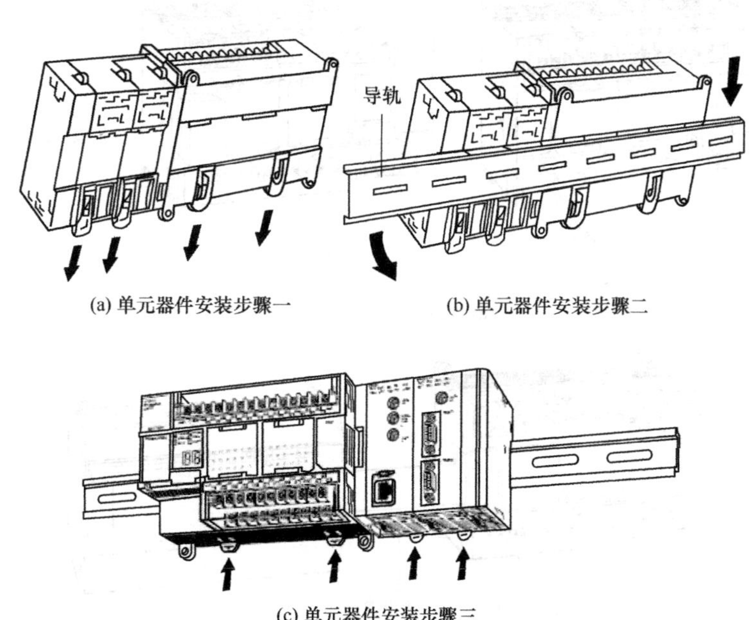

(a) 单元器件安装步骤一

(b) 单元器件安装步骤二

(c) 单元器件安装步骤三

图 10-2

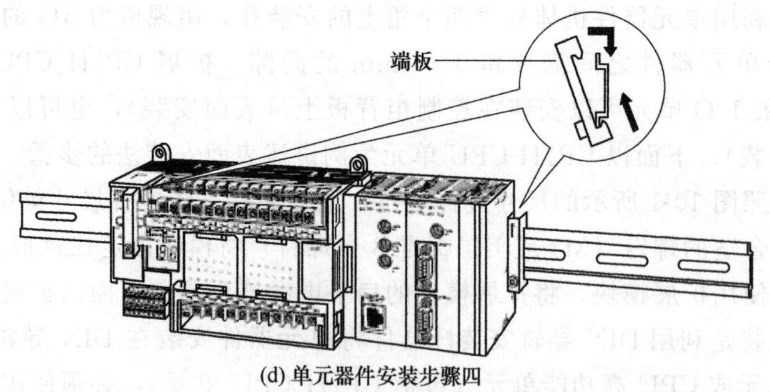

(d) 单元器件安装步骤四

图 10-2　单元器件 DIN 导轨安装步骤

步骤二：从 DIN 导轨的上侧挂好，向内插入安装，如图 10-2（b）所示。

步骤三：将 DIN 导轨安装销全部向上压，锁定，如图 10-2（c）所示。

步骤四：连接 CJ 系列单元时，一定要安装到 DIN 导轨上，再用 2 个端板从两侧夹住固定，端板要先挂住下侧再挂上侧，然后向下拉，如图 10-2（d）所示。

（3）扩展单元的安装

① CPM1A 系列扩展 I/O 单元的连接　连接 CPM1A 扩展 I/O 单元时，需要在 CPU 单元与扩展 I/O 单元之间空出 10mm 左右的间隙，其连接步骤如下。

步骤一：拆卸 CPU 单元或扩展 I/O 单元的扩展连接器盖，如图 10-3（a）所示。拆卸扩展连接器盖时，应使用一字螺钉旋具。

步骤二：将扩展 I/O 单元的连接电缆的插座插入到 CPU 单元或扩展 I/O 单元的扩展连接器上，如图 10-3（b）所示。

步骤三：安装 CPU 单元或扩展 I/O 单元的扩展连接器盖，如图 10-3（c）所示。

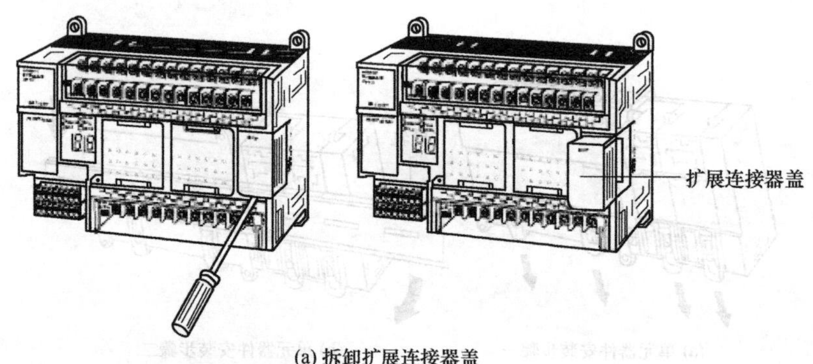

(a) 拆卸扩展连接器盖

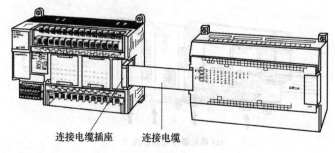

(b) 连接电缆插座的插入

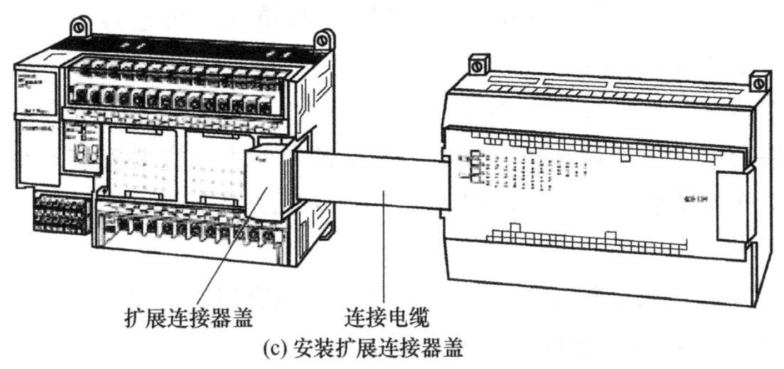

(c) 安装扩展连接器盖

图 10-3 CPM1A 系列扩展 I/O 单元的连接

② CJ 系列扩展 I/O 单元的连接 CJ 系列单元之间通过将各自的连接器相互紧合，锁住滑块就可以进行连接，其连接步骤如下。

步骤一：将 CP1H CPU 单元安装到 DIN 导轨上，再安装 CJ 适配器，如图 10-4（a）所示。

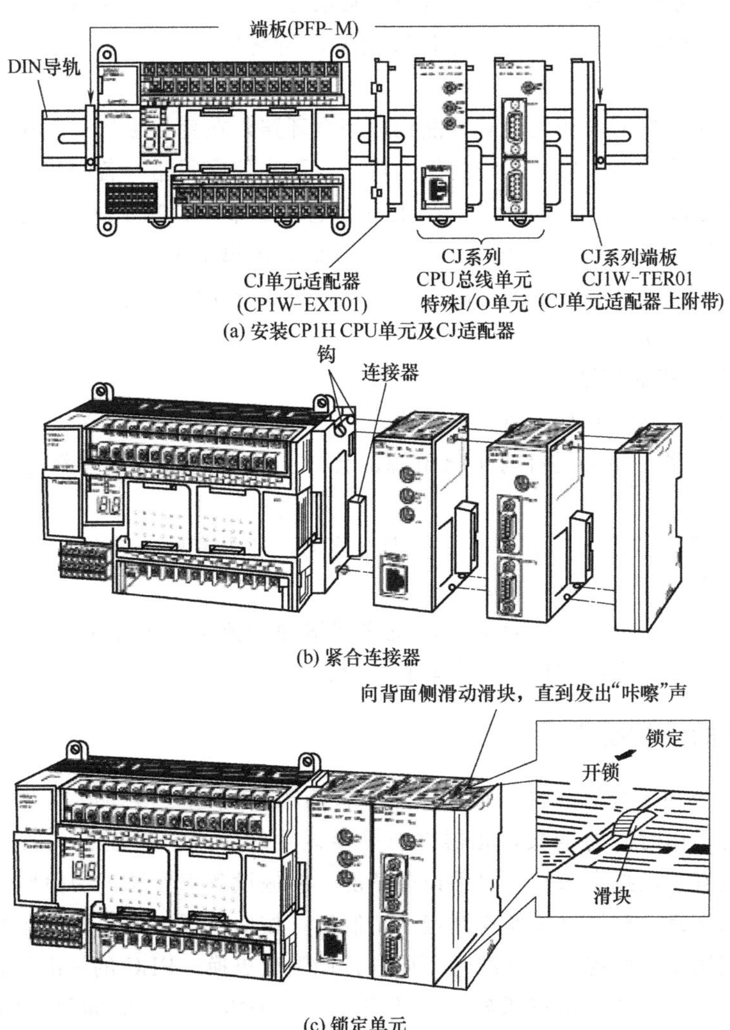

(a) 安装CP1H CPU单元及CJ适配器

(b) 紧合连接器

(c) 锁定单元

图 10-4 CJ 系列扩展 I/O 单元的连接

步骤二：连接CJ系列特殊I/O单元或CPU总线单元，可连接的单元不能超过2个。首先将连接器严密地紧合，将各单元连接，如图10-4（b）所示。然后使上下安装的黄色滑块滑动直到发出“咔嚓”声，将单元锁定，如图10-4（c）所示。

步骤三：右端的单元上连接端板。注意，右端的单元上一定要安装端板，如果未安装端板，会出现“I/O总线异常”的故障，CP1H CPU单元无法开始运行。

（4）抗干扰措施

PLC在使用时，必须采取抗干扰措施，具体的措施有以下几种。

① 电源的合理处理，抑制电网引入的干扰。

对于电源引入的电网干扰可以安装一台带屏蔽层的变比为1∶1的隔离变压器，以减少设备与地之间的干扰，还可以在电源输入端串接LC滤波电路。

② 正确选择接地点，完善接地系统。

PLC控制系统的地线包括系统地线、屏蔽地线、交流地线和保护地线等。接地系统混乱对PLC系统的干扰主要是各个接地点电位分布不均，不同接地点间存在地电位差，引起地环路电流，影响系统正常工作。例如电缆屏蔽层必须一点接地，如果电缆屏蔽层两端A、B都接地，就存在地电位差，有电流流过屏蔽层，当发生异常状态如雷击时，地线电流将更大。

此外，屏蔽层、接地线和大地有可能构成闭合环路，在变化磁场的作用下，屏蔽层内又会出现感应电流，通过屏蔽层与芯线之间的耦合，干扰信号回路。若系统地与其他接地处理混乱，所产生的地环流就可能在地线上产生不等电位分布，影响PLC内逻辑电路和模拟电路的正常工作。PLC工作的逻辑电压干扰容限较低，逻辑地电位的分布干扰容易影响PLC的逻辑运算和数据存储，造成数据混乱。模拟地电位的分布将导致测量精度下降，引起对信号测控的严重失真和误动作。

③ 对变频器干扰的抑制。

变频器的干扰处理一般有下面几种方式。

a. 加隔离变压器。主要是针对来自电源的传导干扰，可以将绝大部分的传导干扰阻隔在隔离变压器之前。

b. 使用滤波器。滤波器具有较强的抗干扰能力，还具有防止将设备本身的干扰传导给电源，有些还兼有尖峰电压吸收功能。

c. 使用输出电抗器。在变频器到电动机之间增加交流电抗器主要是减少变频器输出在能量传输过程中线路产生电磁辐射，影响其他设备正常工作。

10.1.2 PLC的维护检查

PLC内部主要由半导体元件构成，基本上没有寿命问题，但环境条件恶劣。考虑到环境的影响，随着使用时间的增长，元器件总是要老化的，为了保证PLC的长期可靠运行，必须要有一支具有一定技术水平、熟悉设备情况、掌握设备工作原理的检修队伍，做好对设备的日常维护与维修。对检修工作要制定一个制度，按期执行，保证设备运行状况最优。当检查的结果不能满足一些规定的标准时，应进行调整或更换。PLC的标准维护检查时间为6个月至1年一次。如果环境比较恶劣，应适当缩短维护检查的时间间隔。PLC检查及维护内容主要包含检查电源电压、周期环境温度和湿度、I/O端子的工作电压是否正常、备用电池是否需要更换等。定期维护检查的具体项目内容如表10-1所示。

表 10-1 定期维护检查的项目内容

序号	检修项目	检修内容	判断标准
1	供电电源	在电源端子处测量电压波动范围是否在标准范围内	电压波动范围：85%～110%供电电压
2	运行环境	环境温度	0～55℃
		环境湿度	35%～85%RH，不结露
		积尘情况	不积尘
		振动频率	频率：10～50Hz，幅度：0.5mm
3	输入输出用电源	在输入输出端子处测电压变化是否在标准范围内	以各输入输出规格为准
4	安装状态	各单元是否可靠固定	无松动
		电缆的连接器是否完全插紧	无松动
		外部配线的螺钉是否松动	无异常
5	元件寿命	电池、继电器、存储器	以各元件规格为准

10.1.3 PLC 的异常及其处理

(1) 异常状态的种类

应该说 PLC 是一种可靠性、稳定性极高的控制器，只要按照其技术规范安装和使用，出现故障的概率极低。CP1H CPU 单元发生异常时，大致分为表 10-2 所示的 4 种状态。

表 10-2 异常状态的分类

异常状态	内容
CPU 异常	CPU 单元发生 WDT 异常，作为 CPU 单元不能动作、停止运行
CPU 待机中	不具备开始运行的条件，故待机
致命错误	由于发生重大问题，故不能继续运行，停止
非致命错误	发生轻微的问题，继续运行

(2) 异常排除流程

一旦出现了异常，一定要按图 10-5 所示流程进行检查、处理。特别是检查由于外部设备故障造成的损坏。一定要查清故障原因，待故障排除以后再试运行。

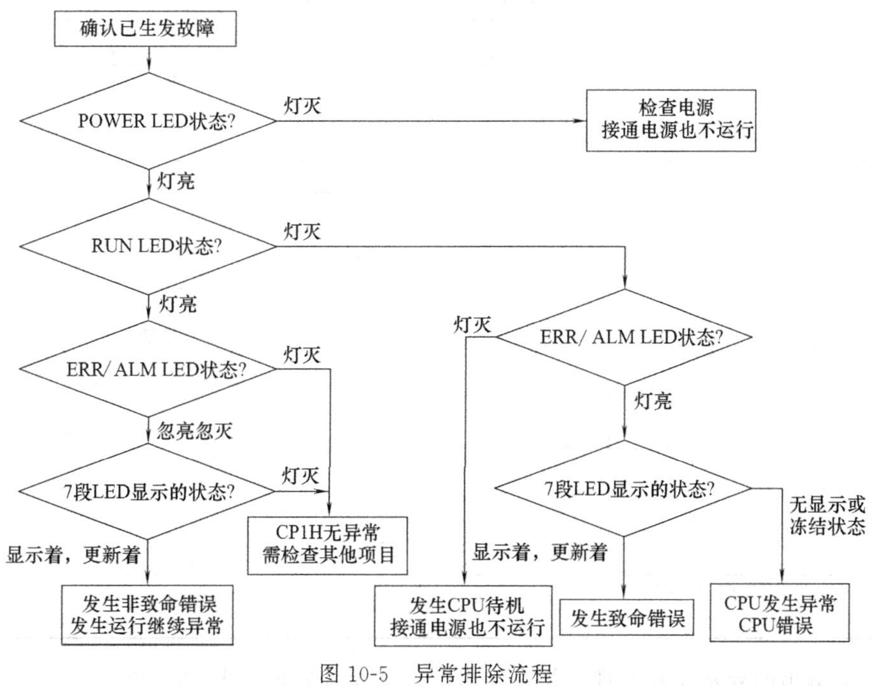

图 10-5 异常排除流程

（3）单元的异常及其处理

① CPU单元的异常及其处理　CPU单元的异常及其处理如表10-3所示。

表10-3　CPU单元的异常及其处理

序号	异常现象	推测原因	处理
1	POWER LED灯不亮	电路短路或者烧毁	单元更换
2	RUN LED灯不亮	① 程序错误（运行停止异常）	程序修改
		② 电源线不良	单元更换
3	特殊I/O单元、CPU总线单元不工作或者不正常工作	① I/O连接电缆不良 ② I/O总线不良	单元更换
4	特定的I/O点不工作		
5	8点或者16点I/O模块工作异常		
6	特定模块的输出或者输入一直为ON		
7	特定的单元所有的I/O点不能ON		

② 相关输入的异常及其处理　相关输入的异常及其处理如表10-4所示。

表10-4　相关输入的异常及其处理

序号	异常现象	推测原因	处理
1	所有输入都不ON（工作指示LED灯灭）	① 未提供外部输入设备	提供适当的外部输入电源
		② 外部输入电源电压低	保证外部输入电源电压在额定值内
		③ 端子台螺钉松	拧紧
		④ 端子台连接器接触不良	更换端子台连接器
2	所有输入都不ON（工作指示LED灯亮）	输入电路不良（负载侧短路或过电流）	更换输入单元
3	所有输入都不OFF	输入电路不良	更换单元
4	特定的输入点不ON	① 输入设备不良	更换输入单元
		② 输入接线断线	检查输入接线
		③ 端子台螺钉松	拧紧
		④ 端子台连接器接触不良	更换端子台连接器
		⑤ 外部输入ON时间短	调整输入设备
		⑥ 输入电路不良	更换单元
		⑦ 程序的OUT指令中未使用输入继电器编号	修改程序
5	特定的输入点不OFF	① 输入电路不良	更换输入单元
		② 程序的OUT指令中使用输入继电器编号	修改程序
6	输入不规则地ON/OFF	① 外部输入电压低（不稳定）	保证外部输入电压在额定值范围内
		② 因噪声引起误操作	① 安装浪涌抑制器 ② 安装隔离变压器 ③ 输入单元负载间用屏蔽电缆接线等
		③ 端子台松	拧紧
		④ 端子台连接器接触不良	更换端子台连接器
7	8点或16点等公共COM端输入有异常动作	① COM端子螺钉松	拧紧
		② 端子台连接器接触不良	更换端子台连接器
		③ 数据总线不良	单元更换
		④ CPU不良	CPU更换单元
8	输入动作指示LED灯不亮（动作正常）	LED元件或者灯亮电路不良	更换单元

③ 相关输出的异常及其处理　相关输出的异常及其处理如表10-5所示。

表 10-5 相关输出的异常及其处理

序号	异常现象	推测原因	处理
1	所有输出都不 ON	① 未提供负载电源	提供电源
		② 负载电源电压低	保证电源电压在额定值内
		③ 端子台螺钉松	拧紧
		④ 端子台连接器接触不良	更换端子台连接器
		⑤ 由于负载短路等过电流导致的单元故障	更换单元
		⑥ I/O 总线连接器接触不良	更换单元
		⑦ 输出电路不良	更换单元
		⑧ INH LED 灯亮时，负载切断标志为 ON	负载切断标志 A500.15 置于 OFF
2	所有输入都不 OFF	输出电路不良	更换单元
3	特定的继电器编号输出不能 ON(工作指示 LED 灯灭)	① 由于程序错误，输出 ON 时间短	修改程序(输出 ON 时间变长)
		② 程序的 OUT 指令继电器编号重复	修改程序(OUT 指令的继电器编号使其不重复)
		③ 输出电路不良	更换单元
4	特定的继电器编号输出不能 ON(工作指示 LED 灯亮)	① 输出设备不良	更换输出设备
		② 输出接线断线	检查输出接线
		③ 端子台螺钉松	更换单元
		④ 端子台连接器接触不良	更换端子台连接器
		⑤ 输出继电器不良(仅继电器输出单元场合)	更换单元
		⑥ 输出电路不良	更换单元
5	特定的继电器编号输出不能 OFF(工作指示 LED 灯灭)	① 输出继电器不良(仅继电器输出单元场合)	更换单元
		② 漏电流或者残留电压导致复位不良	更换外部负载或者追加电阻
6	特定的继电器编号输出不能 OFF(工作指示 LED 灯亮)	① 程序的 OUT 指令继电器编号重复	修改程序
		② 输出电路不良	更换单元
7	输出不规则地 ON/OFF	① 负载电源电压低(不稳定)	保证电源电压在额定值内
		② 程序的 OUT 指令继电器编号重复	修改程序(OUT 指令的继电器编号使其不重复)
		③ 由噪声引起的误动作	安装浪涌抑制器； 安装隔离变压器； 输出单元负载间采用屏蔽电缆接线等
		④ 端子台松	拧紧
		⑤ 端子台连接器接触不良	更换端子台连接器
8	继电器编号在 8 点或者 16 点如同一个 COM 端的输出异常动作	① COM 端子螺钉松	拧紧
		② 端子台连接器接触不良	更换端子台连接器
		③ 负载侧的短路等过电流导致保险丝断	更换单元
		④ 数据总线不良	更换单元
		⑤ CPU 不良	更换 CPU 单元
9	输出工作指示 LED 灯不亮(工作正常)	LED 不良	更换单元

④ 特殊 I/O 的异常及其处理　特殊 I/O 的异常及其处理如表 10-6 所示。

表 10-6 特殊 I/O 的异常及其处理

异常现象	推测原因	处理
高功能 I/O 单元 ERH LED 灯亮且 RUN LED 灯亮	CPU 单元对该高功能 I/O 单元不执行 I/O 刷新	① CPU 单元的 PLC 系统设定"高功能 I/O 单元周期刷新有无指定"设定成"0:进行" ② 通过 IORF 指令,定期地(每 11 秒一次以上)对该单元执行 I/O 刷新

10.2 PLC 应用系统的设计与调试

从应用角度来看,运用 PLC 技术进行 PLC 应用系统的软件设计与开发,不外乎需要两方面的知识和技能,首先要学会 PLC 硬件系统的配置,其次要掌握编写程序的技术。对于一个较为复杂的控制系统,PLC 的应用设计主要包括硬件设计、软件设计、施工设计和安装调试等内容。

10.2.1 系统设计的基本步骤

不论是用 PLC 组成集散控制系统,还是独立控制系统,PLC 控制系统设计的基本步骤如图 10-6 所示。

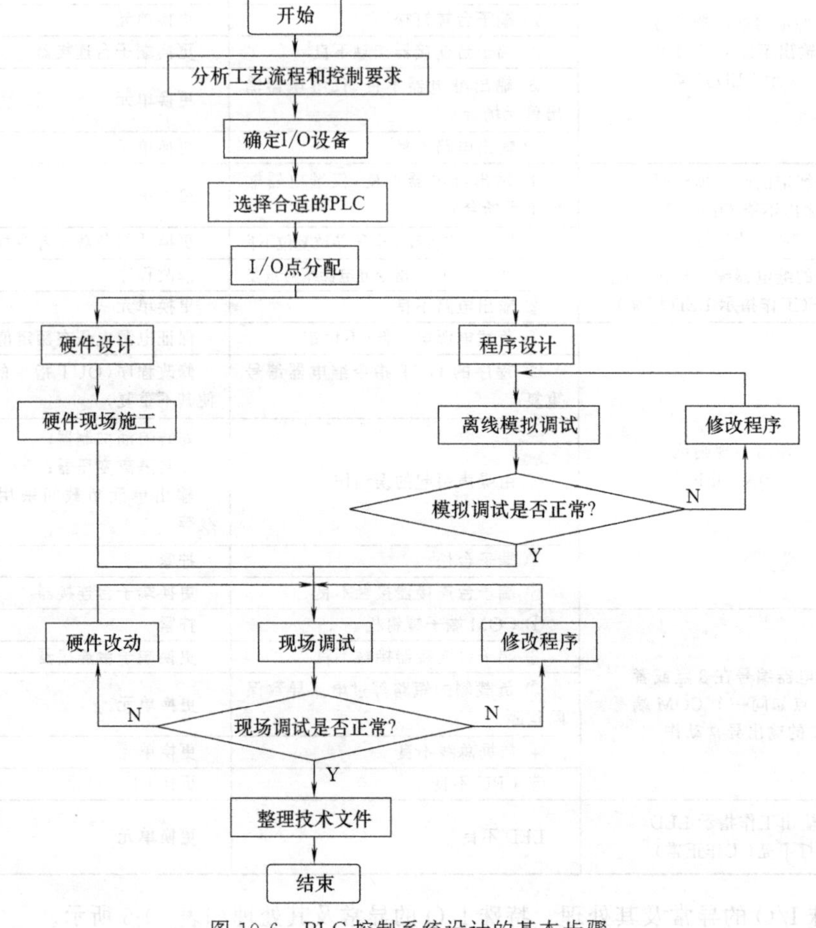

图 10-6 PLC 控制系统设计的基本步骤

（1）分析工艺流程和控制要求

详细分析被控对象的工艺过程及工作特点，了解被控对象机、电、液之间的配合，提出被控对象对 PLC 控制系统的控制要求，确定控制方案，拟定设计任务书。被控对象就是受控的机械、电气设备、生产线或生产过程。控制要求主要指控制的基本方式、应完成的动作、自动工作循环的组成、必要的保护、联锁和报警等。

（2）确定输入/输出（I/O）设备

根据系统的控制要求，确定系统所需的全部输入设备（如按钮、位置开关、转换开关及各种传感器等）和输出设备（如接触器、电磁阀、信号指示灯及其他执行器等），从而确定与 PLC 有关的输入/输出设备，以确定 PLC 的 I/O 点数。

（3）选择合适的 PLC

根据已确定的用户 I/O 设备，统计所需的输入信号和输出信号的点数，选择合适的 PLC 类型。PLC 类型的选择主要从以下几个方面考虑：① PLC 机型和容量的选择；②开关输入量的点数和输入电压；③开关输出量的点数及输出功率；④模拟量输入/输出（I/O）的点数；⑤系统的特殊要求，如远程 I/O、通信网络等。

（4）I/O 点数的分配

分配 PLC 的 I/O 点数，画出 PLC 的 I/O 端子与 I/O 设备的连接图或分配表。在连接图或分配表中，必须指定每个 I/O 对应的模块编号、端子编号、I/O 地址、I/O 设备等。

（5）设计硬件及软件

此步骤是进行 PLC 程序设计和 PLC 控制柜等硬件的设计及现场施工。由于程序设计与硬件设计施工可同时进行，因此 PLC 控制系统的设计周期可大大缩短。

1）硬件设计及现场施工的一般步骤

① 设计控制柜布置图、操作面板布置图和接线端子图等。

② 设计控制系统各个部分的电气图。

③ 根据图纸进行现场施工。

2）PLC 程序设计的一般步骤　根据系统的控制要求，采用合适的设计方法来设计 PLC 程序。程序要以满足系统控制要求为主线，逐一编写实现各控制功能或各个任务的程序，逐步完善系统指定的功能。除此之外，程序通常还应包括以下内容。

① 初始化程序。在 PLC 上电后，一般都要做一些初始化的操作，为启动做必要的准备，避免系统发生误动作。初始化程序的主要内容有：对某些数据区、计数器等进行清零，对某些数据区所需数据进行恢复，对某些继电器进行置位或复位，对某些初始状态进行显示等。

② 检测、故障诊断和显示等程序。这些程序相对独立，一般在程序设计基本完成时再添加。

③ 保护和联锁程序。保护和联锁是程序中不可缺少的部分，必须认真加以考虑。它可以避免由于非法操作而引起的控制逻辑混乱。

（6）离线模拟调试

① 程序编写完成后，将程序输入 PLC。如果使用手持式编程器输入，需要先将梯形图转换为助记符，然后输入。

② 程序输入 PLC 后，用按钮和开关模拟数字量，电压源和电流源代替模拟量，进行模

拟调试，使控制程序基本满足控制要求。

(7) 现场调试

离线模拟调试和控制柜等硬件施工完成后，就可以进行整个系统的现场联机调试。现场联机调试是将通过模拟调试的程序结合现场设备进行联机调试。通过现场调试，可以发现在模拟调试中无法发现的实际问题。现场联机调试过程应循序渐进，从PLC只连接输入设备、再连接输出设备，再接上实际负载等逐步进行调试。如不符合要求，则对硬件或程序作调整。如果控制系统是由几个部分组成，则应先作局部调试，然后再进行整体调试。如果控制程序的步骤较多，则可先进行分段调试，然后再连接起来总体调试。

全部调试完毕后，交付试运行。经过一段时间运行，如果工作正常，程序不需要修改，应将程序固化到EPROM中，以防程序丢失。

(8) 整理技术文件

系统调试好后，应根据调试的最终结果，整理出完整的系统技术文件。系统技术文件包括说明书、电气原理图、电器布置图、电气元件明细表、PLC梯形图。

10.2.2 系统调试方法和步骤

PLC为系统调试程序提供了强大的功能，充分利用这些功能，将使系统调试简单、迅速。系统调试时，应首先按要求将电源、I/O端子等外部接线连接好，然后将已经编写好的梯形图送入PLC，并使其处于监控或运行状态。调试流程如图10-7所示。

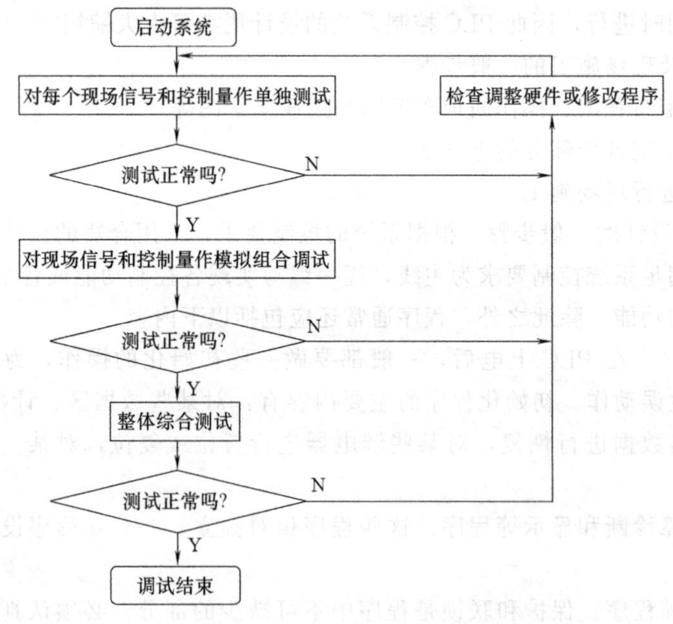

图10-7 系统调试流程

(1) 对每个现场信号和控制量作单独测试

对于一个系统来说，现场信号和控制量一般不止一个，但可以人为地使各个现场信号和控制量一个一个单独满足要求。当一个现场信号和控制量满足要求时，观察PLC输出端和相应的外部设备的运行情况是否符合系统要求。如果出现不符合系统要求的情况，可以先检查外部接线是否正确，当接线准确时再检查程序，修改控制程序中的不当之处，直到对每一个现场信号和控制量单独作用时都满足系统要求为止。

（2）对现场信号和控制量作模拟组合测试

通过现场信号和控制量的不同组合来调试系统，也就是认为的使两个或多个现场信号和控制量同时满足要求，然后观察 PLC 输出端以及外部设备的运行情况是否满足系统的控制要求。一旦出现问题（基本上属于程序问题），应仔细检查程序并加以修改，直到满足系统要求为止。

（3）整个系统综合调试

整个系统的综合调试是对现场信号和控制量按实际要求模拟运行，以观察整个系统的运行状态和性能是否符合系统的控制要求。若控制规律不符合要求，绝大多数是因为控制程序有问题，应仔细检查并修改控制程序。若性能指标不满足要求，应该从硬件和软件两个方面加以分析，找出解决方法，调整硬件或软件，使系统达到控制要求。

10.2.3 PLC 应用系统设计实例

PLC 控制系统具有较好的稳定性、控制柔性、维修方便性。随着 PLC 的普及和推广，其应用领域越来越广泛，特别是在许多新建项目和设备的技术改造中，常常采用 PLC 作为控制装置。在此，通过实例讲解 PLC 应用系统的设计方法。

10.2.3.1 行车自动往返循环控制

（1）控制要求

用 PLC 控制行车自动往返运行，行车的前进、后退由异步电动机拖动。行车的运行示意如图 10-8 所示。行车自动往返循环控制的要求如下：①按下启动按钮，行车自动循环运行；②按下停止按钮，行车停止运行；③具有点动控制（供调试用）；④8 次循环运行。

（2）控制分析

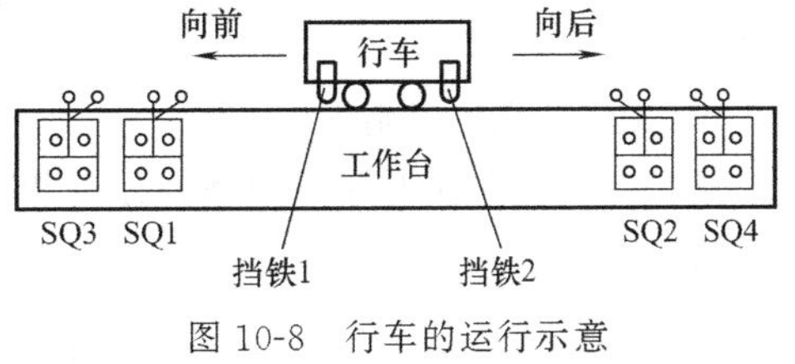

图 10-8　行车的运行示意

① 行车的前进、后退可以由异步电动机的正、反转控制程序实现。

② 自动循环可以通过行程开关在电动机正、反转的基础上由联锁控制实现，即在前进（正转）结束位置，通过该位置上的行程开关（SQ1）切断正转程序的执行，并启动后退（反转）控制程序。在后退结束位置，通过该位置上的行程开关（SQ2）切断反转程序的执行，并启动正转控制程序。

③ 为防止行车前进、后退运行过程中 SQ1（或 SQ2）失灵时，行车向前（或向后）碰撞 SQ3（或 SQ4），可强行停止行车运行。

④ 点动控制通过解锁自锁环节来实现。

⑤ 8 次的运行通过计数器指令计数运行次数，从而决定是否终止程序的运行。

（3）I/O 端子资源分配与接线

根据控制要求及控制分析可知，需要 9 个输入点和 2 个输出点，输入/输出分配如表 10-7所示，其 I/O 接线如图 10-9 所示。

表 10-7 行车自动往返循环控制的 I/O 分配

输入			输出		
功能	元件	PLC 地址	功能	元件	PLC 地址
停止按钮	SB0	0.00	正向控制接触器	KM1	100.00
正向启动按钮	SB1	0.01	反向控制接触器	KM2	100.01
反向启动按钮	SB2	0.02			
正向转反向行程开关	SQ1	0.03			
反向转正向行程开关	SQ2	0.04			
正向限位开关	SQ3	0.05			
反向限位开关	SQ4	0.06			
自锁解除控制(调试使用)	K1	0.07			
限位点动控制(调试使用)	K2	0.08			

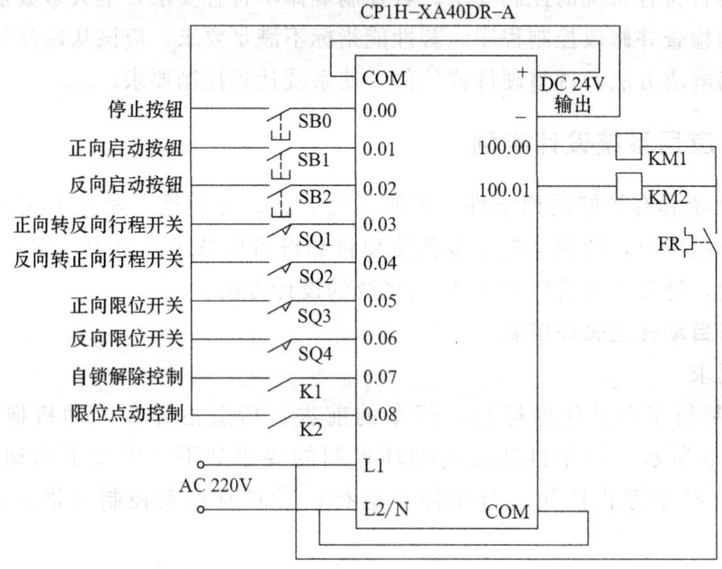

图 10-9 行车自动往返循环控制的 I/O 接线

(4) 编写 PLC 控制程序

根据行车自动往返循环控制的分析和 PLC 资源配置，设计出 PLC 控制行车自动往返的梯形图（LAD）及指令语句表（STL）如表 10-8 所示。

表 10-8 行车自动往返循环控制程序

条	LAD	STL
条 0	I:0.01 SB1 ; I:0.08 K2, I:0.04 SQ2 ; I:0.07 K1, Q:100.00 KM1 ; I:0.00 SB0 ; Q:100.01 KM2 ; I:0.03 SQ1 ; I:0.05 SQ3 ; C0001 C1 ; Q:100.00 KM1	LD 0.01 LDNOT 0.08 AND 0.04 ORLD LDNOT 0.07 AND 100.00 ORLD ANDNOT 0.00 ANDNOT 100.01 ANDNOT 0.03 ANDNOT 0.05 ANDNOT C0001 OUT 100.00

续表

条	LAD	STL
条 1	I:0.02 SB2 I:0.00 SB0 Q:100.00 KM1 I:0.04 SQ2 I:0.06 SQ4 C0002 C2 Q:100.01 KM2 I:0.08 K2 I:0.03 SQ1 I:0.07 K1 Q:100.01 KM2	LD 0.02 LDNOT 0.08 AND 0.03 ORLD LDNOT 0.07 AND 100.01 ORLD ANDNOT 0.00 ANDNOT 100.00 ANDNOT 0.04 ANDNOT 0.06 ANDNOT C0002 OUT 100.01
条 2	I:0.04 SQ2 Q:100.00 KM1 DOWN(522) CNT 计数器 I:0.00 SB0 0001 C1 计数器号 #08 设置值	LD 0.04 AND 100.00 DOWN(522) LD 0.00 CNT 0001 #08
条 3	I:0.03 SQ1 Q:100.01 KM2 DOWN(522) CNT 计数器 I:0.00 SB0 0002 C2 计数器号 #08 设置值	LD 0.03 AND 100.01 DOWN(522) LD 0.00 CNT 0002 #08

(5) 程序仿真

① 用户启动 CX-Programmer，创建一个新的工程，按照表 10-8 所示输入 LAD（梯形图）或 STL（指令表）中的程序，并对其进行保存。

② 在 CX-Programmer 中，执行菜单命令“模拟”→“在线模拟”，进入 CX-Simulator 在线仿真（即在线模拟）状态。

③ 刚进入在线仿真状态时，线圈 100.00 和 100.01 均未得电。按下启动按钮 SB1，0.01 触点闭合，100.0 线圈输出，控制 KM1 线圈得电，即行车执行前进操作，100.00 的常开触点闭合，形成自锁。强制 0.03 为 1，则 100.00 线圈失电，100.01 线圈得电，控制 KM2 线圈得电，即行车执行后退操作，100.01 的常开触点闭合，形成自锁，同时 C0002 计数 1 次。强制 0.03 为 0，0.04 为 1，则 100.01 线圈失电，100.00 线圈得电，控制 KM1 线圈得电，即行车执行前进操作，100.00 的常开触点闭合，形成自锁，同时 C0001 计数 1 次，仿真效果如图 10-10 所示。

10.2.3.2 PLC 在通用车床中的应用

C6140 是我国自行设计制造的普通车床，具有性能优越、结构先进、操作方便、外形美观等优点。C6140 普通车床主要是由床身、主轴变速箱、进给箱、溜板箱、刀架、尾架、丝杠和光杠等部分组成。

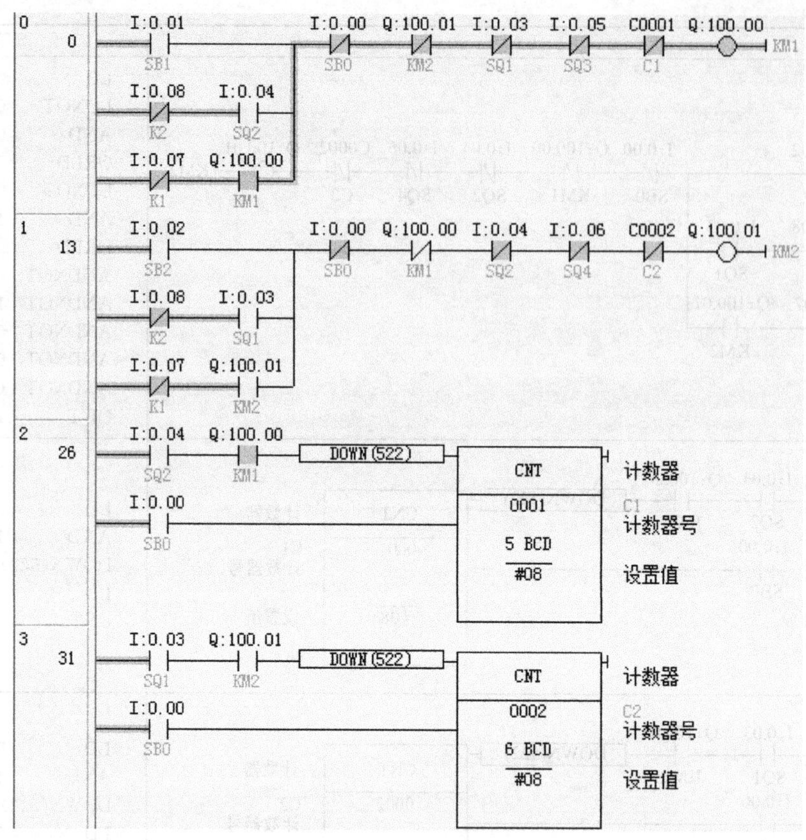

图 10-10　行车自动往返循环控制的仿真效果

主轴变速箱用来支承主轴和传动其旋转，它包含主轴及其轴承、传动机构、启停及换向装置、制动装置、操纵机构及润滑装置。进给箱用来变换被加工螺纹和导程，以及获得所需的各种进给量，它包含变换螺纹导程和进给量的变速机构、变换螺纹种类的移换机构、丝杠和光杠转换机构及操作机构等部件。溜板箱用来将丝杠或光杠传来的旋转运动变为直线运动并带动刀架进给，控制刀架运动的接通、断开和换向等操作，刀架用来安装车刀并带动其作纵向、横向和斜向进给运动。

车床的切削运动包括卡盘或顶尖带动工件的旋转主运动和溜板带动刀架的直线进给运动。中小型普通车床的主运动和进给运动一般采用一台异步电动机进行驱动。根据被加工零件的材料性质、几何形状、工作直径、加工方式及冷切条件的不同，要求车床有不同的切削速度，因此车床主轴需要在相当大的范围内改变速度，普通车床的调速范围在 70 以上，中小型普通车床多采用齿轮变速箱调速。车床主轴在一般情况下是单方向旋转的，但在车削螺纹时，要求主轴能正反转。主轴旋转方向的改变可通过离合器或电气的方法实现，C6140 型车床的主轴单方向旋转速度有 24 种（10～1400r/min），反转速度有 12 种（14～1580r/min）。

（1）C6140 车床传统继电器-接触器电气控制线路分析

C6140 普通车床由三台三相鼠笼式异步电动机拖动，即主轴电动机 M1、冷却泵电动机 M2 和刀架快速移动电动机 M3。主轴电动机 M1 带动主轴旋转和刀架进给运动；冷却泵电动机 M2 用以车削加工时提供冷却液；刀架快速移动电动机 M3 使刀具快速地接近或退离加工部位。C6140车床传统继电器-接触器电气控制线路如图10-11所示，它由主电路和控制电路两部分组成。

1）C6140普通车床主电路分析　将钥匙开关SB0向右旋转，扳动断路器QF将三相电源引入。主电动机M1由交流接触器KM1控制，冷却泵电动机M2由交流接触器KM2控制，刀架快速移动电动机由KM3控制。热继电器FR作过载保护，FU作短路保护，KM作失压和欠压保护，由于M3是点动控制，因此该电动机没有设置过载保护。

2）C6140普通车床控制电路分析　C6140普通车床控制电源由控制变压器TC将380V交流电压降为110V交流电压作为控制电路的电源，降为6V电压作为信号灯HL的电源，降为24V电压作为照明灯EL的电源。在正常工作时，位置开关SQ1的常开触头闭合。打开床头皮带罩后，SQ1断开，切断控制电路电源以确保人身安全。钥匙开关SB0和位置开关SQ2在正常工作时是断开的，QF线圈不通电，断路器QF能合闸。打开配电盘壁龛门时，SQ2闭合，QF线圈获电，断路器QF自动断开。

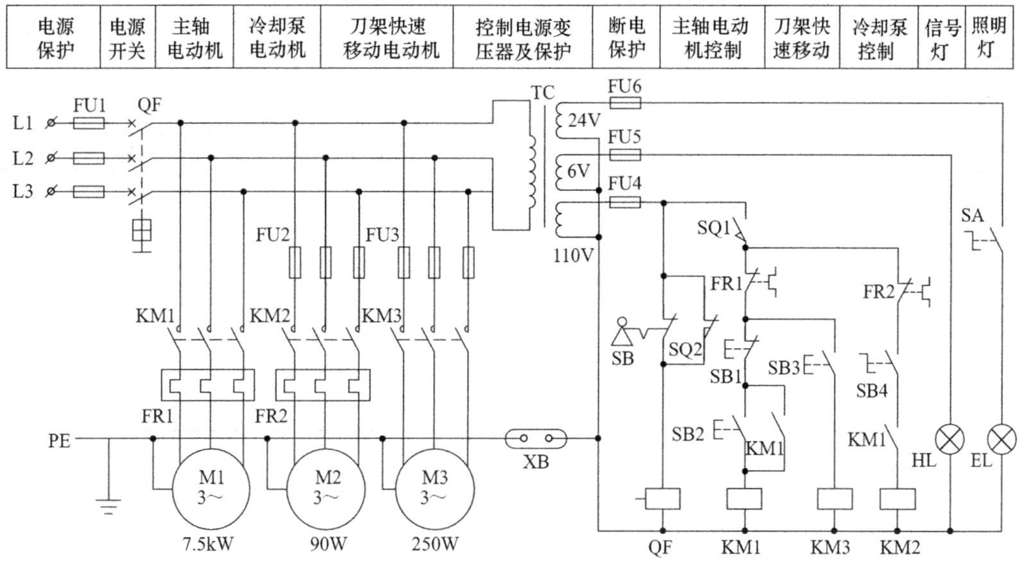

图10-11　C6140车床传统继电器-接触器电气控制线路

① 主轴电动机M1的控制　按下启动按钮SB2，KM1线圈得电，KM1的一组常开辅助触头闭合形成自锁，KM1的另一组常开辅助触头闭合，为KM2线圈得电做好准备，KM1主触头闭合，主轴电动机M1全电压下启动运行。按下停止按钮SB1，电动机M1停止转动。当电动机M1过载时，热继电器FR1动作，KM1线圈失电，M1停止运行。因此，主轴电动机M1的控制函数为

$$KM1=(SB2+KM1)\cdot\overline{FR1}\cdot\overline{SB1}\cdot\overline{SQ1}$$

② 冷却泵电动机M2的控制　主轴电动机M1启动运行后，合上旋转开关SB4，KM2线圈得电，其主触头闭合，冷却泵电动机M2启动运行。当M1电动机停止运行时，M2也会自动停止运转。因此，冷却泵电动机M2的控制函数为

$$KM2=KM1\cdot SB4\cdot\overline{FR2}\cdot SQ1$$

③ 刀架快速移动电动机M3的控制　刀架快速移动电动机M3的启动由按钮SB3和KM3组成的线路进行控制，当按下SB3时，KM3线圈得电，其主触头闭合，刀架快速移动

电动机M3启动运行。由于SB3没有自锁，所以松开SB3时，KM3线圈电源被切断，电动机M3停止运行。因此，刀架快速移动电动机M3的控制函数为

$$KM3 = SB3 \cdot \overline{FR1} \cdot SQ1$$

④ 照明灯和信号灯控制　照明灯由控制变压器TC次级输出的24V安全电压供电，扳动转换开关SA时，照明灯EL亮，熔断器FU6作短路保护。

信号指示灯由TC次级输出的6V安全电压供电，合上断路器QF时，信号灯HL亮，表示车床开始工作。

(2) PLC改造C6140车床控制线路的I/O端子资源分配与接线

PLC改造C6140车床控制线路时，电源开启钥匙开关使用普通按钮开关进行替代，列出PLC的输入/输出分配，如表10-9所示。I/O接线如图10-12所示，图中，EL和HL分别串联合适规格的电阻以降低其工作电压。

表10-9　PLC改造C6140车床的输入/输出分配

输入			输出		
功能	元件	PLC地址	功能	元件	PLC地址
电源开启钥匙开关	SB0	0.00	主轴电动机M1控制	KM1	Y000
主轴电动机M1停止按钮	SB1	0.01	冷却泵电动机M2控制	KM2	Y001
主轴电动机M1启动按钮	SB2	0.02	刀架快速移动电动机M3控制	KM3	Y002
快速移动电动机M3点动按钮	SB3	0.03	机床工作指示	HL	Y003
冷却泵电动机M2旋转开关	SB4	0.04	照明指示	EL	Y004
过载保护热继电器触点	FR1	0.05			
	FR2	0.06			
位置开关	SQ1	0.07			
	SQ2	0.08			
照明开关SA	SA	0.09			

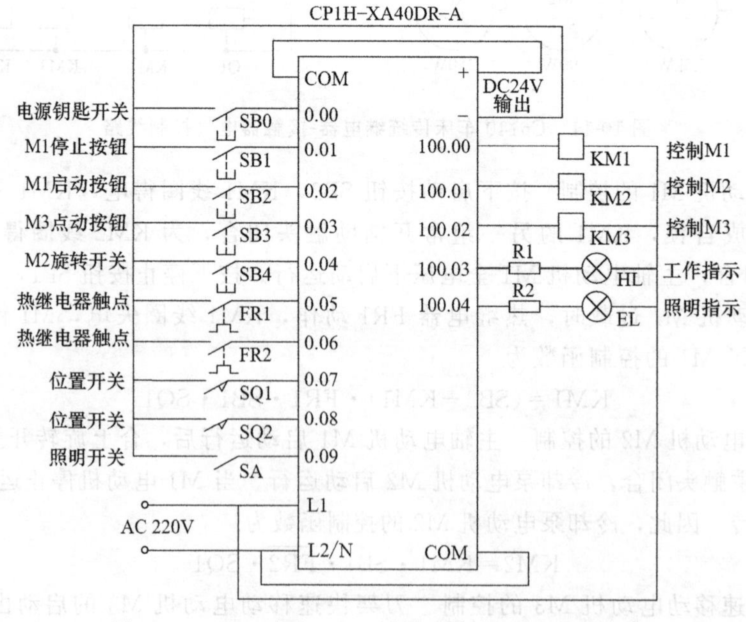

图10-12　PLC改造C6140车床控制线路的I/O接线

（3）PLC 改造 C6140 车床控制线路的程序设计

使用 PLC 改造 C6140 车床控制线路时，可以使用两个条的程序段来实现单按钮电源控制。当按下 SB0 为奇数次时，电源有效（即扳动断路器 QF 将三相电源引入），各电动机才能启动运行，按下 SB0 为偶数次时，电源无效。同样，照明指示也可以使用两个条的程序段来实现单按钮控制，照明开关 SA 按下为奇数次时，EL 亮，照明开关 SA 按下为偶数次时，EL 熄灭。编写的梯形图（LAD）及指令语句表（STL），如表 10-10 所示。

表 10-10　PLC 改造 C6140 车床控制线路程序

条	LAD	STL
条 0	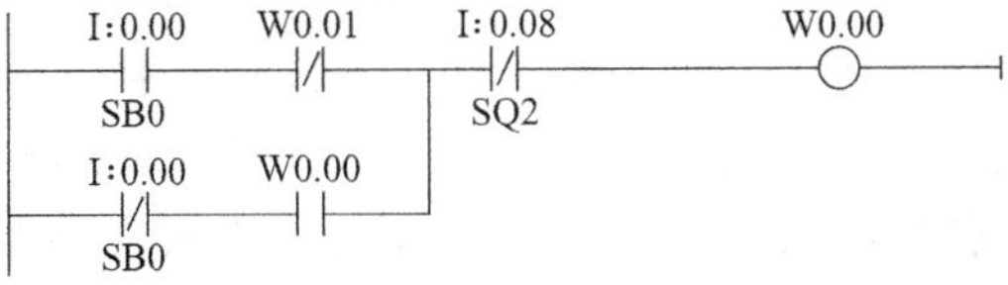 I:0.00 W0.01 I:0.08 W0.00 SB0 SQ2 I:0.00 W0.00 SB0	LD 0.00 ANDNOT W0.01 LDNOT 0.00 AND W0.00 ORLD ANDNOT 0.08 OUT W0.00
条 1	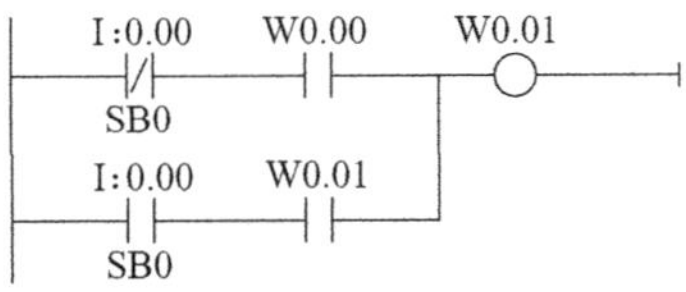 I:0.00 W0.00 W0.01 SB0 I:0.00 W0.01 SB0	LDNOT 0.00 AND W0.00 LD 0.00 AND W0.01 ORLD OUT W0.01
条 2	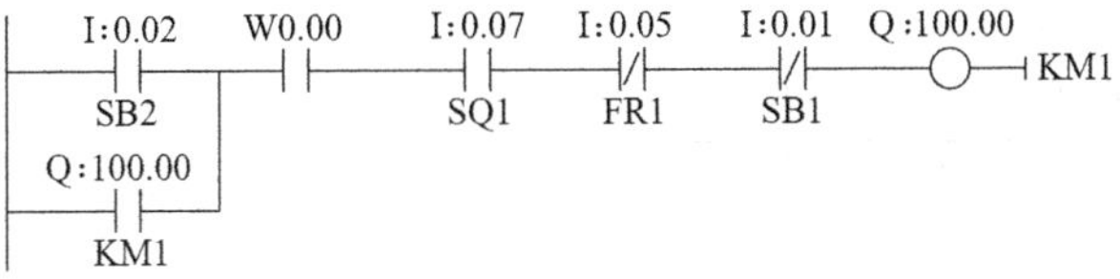 I:0.02 W0.00 I:0.07 I:0.05 I:0.01 Q:100.00 KM1 SB2 SQ1 FR1 SB1 Q:100.00 KM1	LD 0.02 OR 100.00 AND W0.00 AND 0.07 ANDNOT 0.05 ANDNOT 0.01 OUT 100.00
条 3	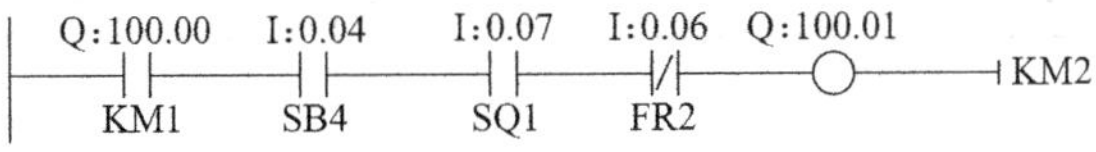 Q:100.00 I:0.04 I:0.07 I:0.06 Q:100.01 KM2 KM1 SB4 SQ1 FR2	LD 100.00 AND 0.04 AND 0.07 ANDNOT 0.06 OUT 100.01
条 4	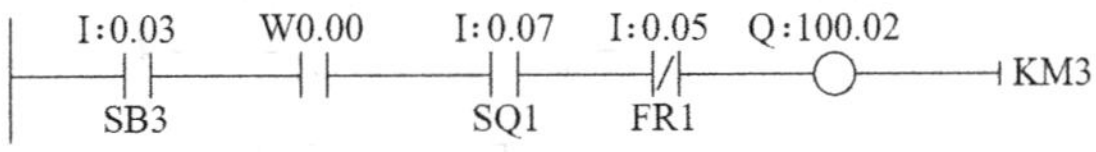 I:0.03 W0.00 I:0.07 I:0.05 Q:100.02 KM3 SB3 SQ1 FR1	LD 0.03 AND W0.00 AND 0.07 ANDNOT 0.05 OUT 100.02
条 5	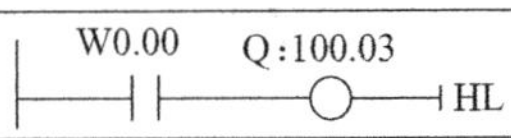 W0.00 Q:100.03 HL	LD W0.00 OUT 100.03
条 6	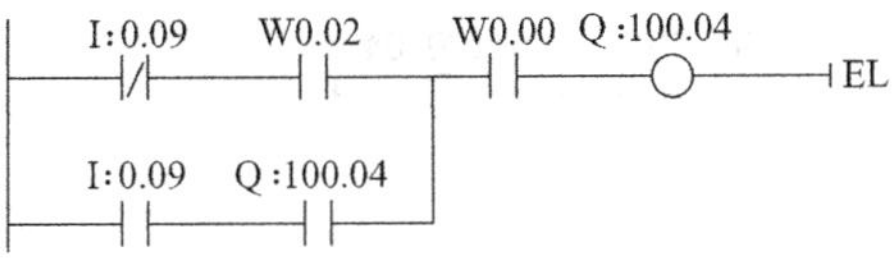 I:0.09 W0.02 W0.00 Q:100.04 EL I:0.09 Q:100.04	LD 0.09 ANDNOT W0.02 LDNOT 0.09 AND 100.04 ORLD AND W0.00 OUT 100.04
条 7	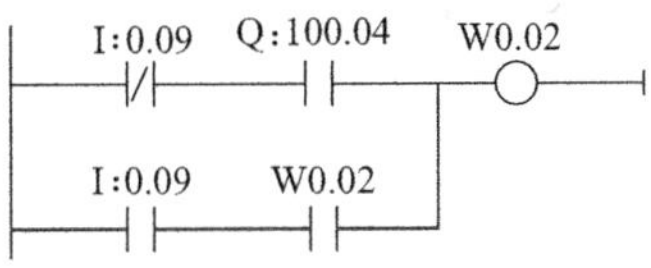 I:0.09 Q:100.04 W0.02 I:0.09 W0.02	LDNOT 0.09 AND 100.04 LD 0.09 AND W0.02 ORLD OUT W0.02

（4）程序仿真

① 用户启动 CX-Programmer，创建一个新的工程，按照表 10-10 所示输入 LAD（梯形图）或 STL（指令表）中的程序，并对其进行保存。

② 在 CX-Programmer 中，执行菜单命令“模拟”→“在线模拟”，进入 CX-Simulator 在线仿真（即在线模拟）状态。

③ 刚进入在线仿真状态时，W0.00、100.00～100.04 均处于 OFF 状态，奇数次强制 0.00 为 1 时，W0.00 输出为 ON 状态；偶数次强制 0.00 为 1 时，W0.00 输出为 OFF 状态。当 W0.00 输出为 ON 时，强制 0.02、0.07 为 1 时，100.00 输出为 ON，表示主轴电动机 M1 处于运行状态；M1 电机处于运行时，强制 0.04 为 1，则 100.01 输出为 ON，表示冷却泵电机处于运行状态，仿真效果如图 10-13 所示。W0.00 为 ON 时，强制 0.03、0.07 为 1 时，100.02 输出为 ON，表示刀架快速移动电机处于运行状态。W0.00 为 ON 时，100.03 输出为 ON，表示机床信号灯处于点亮状态。W0.00 为 ON 时，奇数次强制 0.09 为 1 时，100.04 输出为 ON 状态，表示点亮照明灯；偶数次强制 0.09 为 1 时，100.04 输出为 OFF 状态，表示熄灭照明灯。

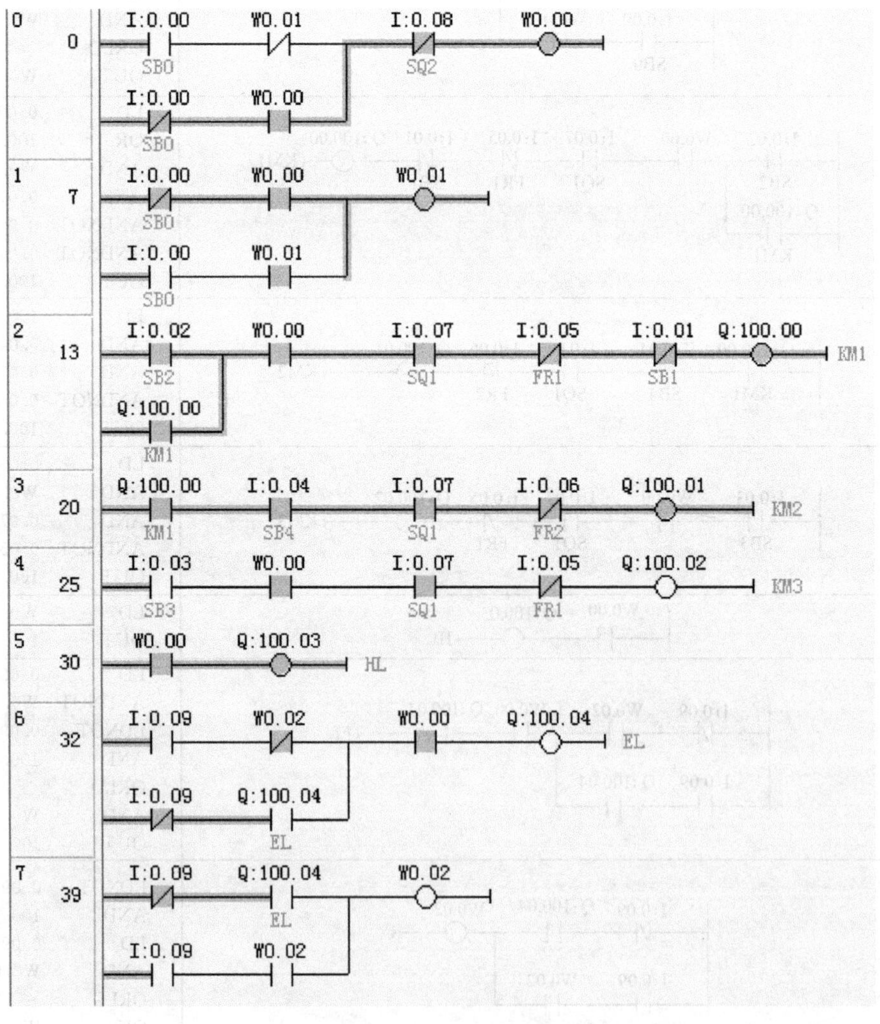

图 10-13　PLC 改造 C6140 车床控制线路的仿真效果

10.2.3.3 PLC在汽车自动清洗装置中的应用

一台汽车自动清洗装置，清洗机的控制由按钮开关、车辆检测器、喷淋阀门、刷子电动机组成，如图10-14所示。

(1) 控制要求

当按下启动按钮SB1时，清洗机开始工作，即清洗机开始移动，同时打开喷淋阀门；当检测到汽车进入刷洗距离时，启动刷子电动机运转进行刷洗，汽车离开停止刷车；当结束条件满足时，清洗结束，清洗机回到原位，并停止移动和关闭喷淋阀门。

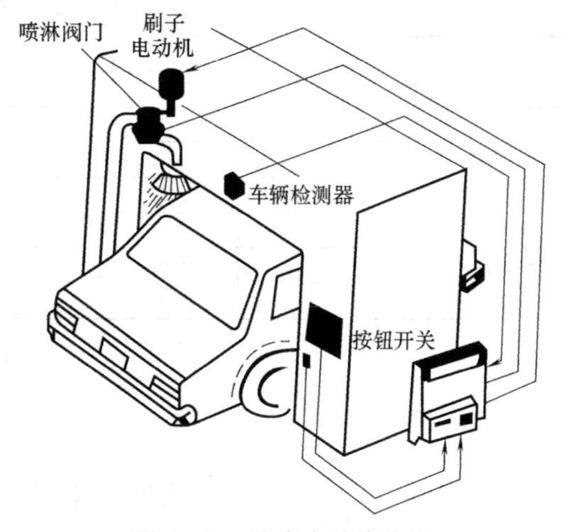

图10-14 汽车自动清洗机

(2) 控制分析

由控制要求可知，汽车自动清洗装置的工作流程如图10-15所示。从流程图可看出，首先工作人员按下开启按钮，清洗机向前移动并同时打开喷淋阀门。当移动到汽车检测位置时，如果汽车检测开关没有检测到汽车，清洗机就暂时停止移动，并等待汽车进入到刷洗位置后，清洗机继续向前移动，同时启动刷子对汽车进行清洗。清洗机移动到汽车的另一端时，清洗机就立即返回，当返回到汽车检测位置时，汽车清洗完成，然后停止刷洗，喷淋阀门关闭。汽车离开，清洗机返回原点后停止工作。

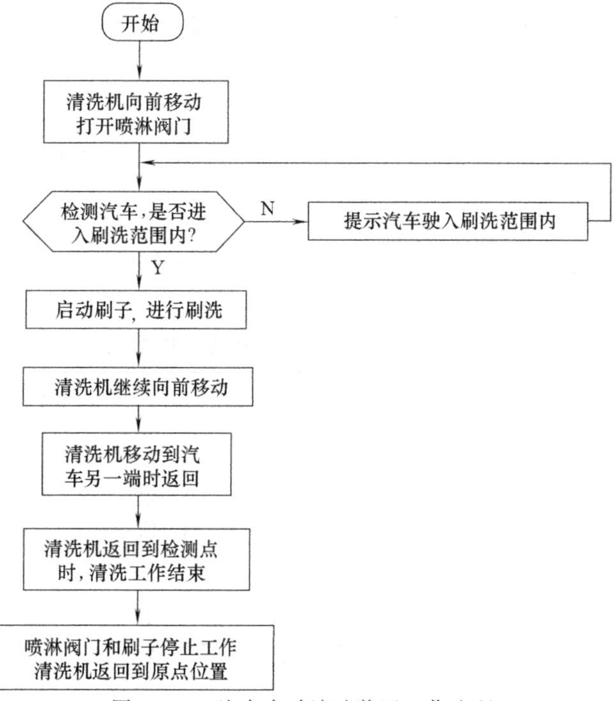

图10-15 汽车自动清洗装置工作流程

通常采用红外线检测汽车是否到达清洗范围，在此用按钮来替代是否检测到汽车，如果没检测到汽车，用常闭触点表示；检测到汽车时，用常开触点表示。提示汽车驶入刷洗范围内，在此用一个信号灯进行表示。

（3）I/O 端子资源分配与接线

根据控制要求及控制分析可知，该系统需要 6 个输入点和 5 个输出点，输入/输出地址分配如表 10-11 所示，其 I/O 接线图如图 10-16 所示。

表 10-11　汽车自动清洗装置的输入/输出分配

输入			输出		
功能	元件	PLC 地址	功能	元件	PLC 地址
启动按钮	SB0	0.00	清洗机前进	KM1	100.00
停止按钮	SB1	0.01	清洗机后退	KM2	100.01
汽车检测开关	SB2	0.02	启动刷子电机	KM3	100.02
汽车另一端检测开关	SB3	0.03	喷淋阀门	YV	100.03
汽车检测开关位置	SQ1	0.04	提示信号灯	HL	100.04
清洗机原点位置	SQ2	0.05			

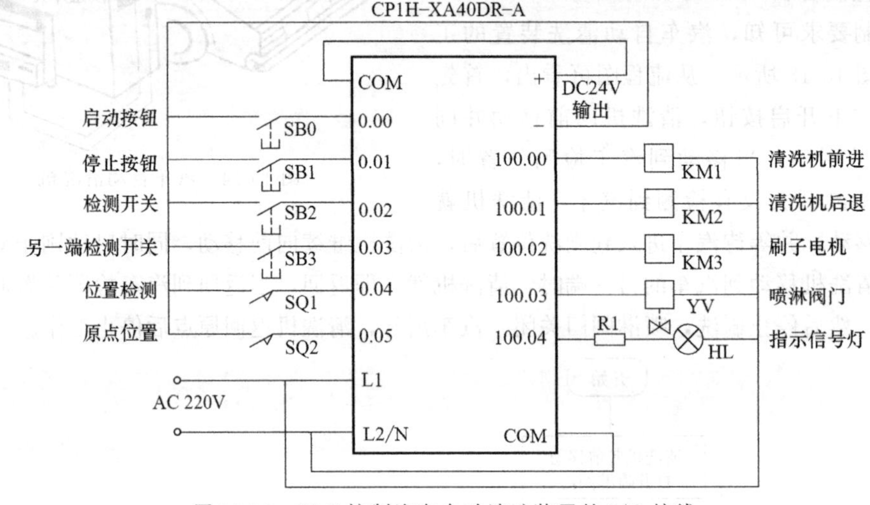

图 10-16　PLC 控制汽车自动清洗装置的 I/O 接线

（4）编写 PLC 控制程序

根据控制分析和 PLC 资源配置，设计出 PLC 控制汽车自动清洗装置的梯形图（LAD）及指令语句表（STL），如表 10-12 所示。

表 10-12　PLC 控制汽车自动清洗装置程序

条	LAD	STL
条 0	I:0.00 SB0（常开）—I:0.01 SB1（常闭）—[SET Q:100.00 设置 KM1 位]；[SET Q:100.03 设置 YV 位]	LD 0.00 ANDNOT 0.01 SET 100.00 SET 100.03
条 1	I:0.02 SB2（常闭）—W0.03（常闭）—I:0.04 SQ1（常开）—[DIFU(013) W0.00 上升沿微分位]	LDNOT 0.02 ANDNOT W0.03 AND 0.04 DIFU(013) W0.00

续表

条	LAD	STL
条 2	W0.00 RSET Q:100.00 复位KM1位; SET Q:100.04 设置HL位	LD W0. 00 RSET 100. 00 SET 100. 04
条 3	I:0.02 SB2, W0.03, I:0.04 SQ1 DIFU(013) W0.01 上升沿微分位	LD 0. 02 ANDNOT W0. 03 AND 0. 04 DIFU(013) W0. 01
条 4	W0.01, Q:100.01 KM2 SET Q:100.00 设置KM1位; RSET Q:100.04 复位HL位; SET Q:100.02 设置KM3位	LD W0. 01 ANDNOT 100. 01 SET 100. 00 RSET 100. 04 SET 100. 02
条 5	I:0.03 SB3 SET W0.02 设置位	LD 0. 03 SET W0. 02
条 6	W0.02 RSET Q:100.00 复位KM1位; Q:100.00 KM1 SET Q:100.01 设置KM2位	LD W0. 02 RSET 100. 00 ANDNOT 100. 00 SET 100. 01
条 7	Q:100.01 KM2, I:0.04 SQ1 DIFU(013) W0.03 上升沿微分位	LD 100. 01 AND 0. 04 DIFU(013) W0. 03
条 8	W0.03 RSET Q:100.02 复位KM3位; RSET Q:100.03 复位YV4位	LD W0. 03 RSET 100. 02 RSET 100. 03

续表

条	LAD	STL
条 9	I:0.05 SQ2 — RSET Q:100.01 复位 KM2 位	LD 0.05 RSET 100.01

（5）程序仿真

① 用户启动 CX-Programmer，创建一个新的工程，按照表 10-12 所示输入 LAD（梯形图）或 STL（指令表）中的程序，并对其进行保存。

② 在 CX-Programmer 中，执行菜单命令“模拟”→“在线模拟”，进入 CX-Simulator 在线仿真（即在线模拟）状态。

③ 刚进入在线仿真状态时，100.00～100.04 均处于 OFF 状态。强制 0.00 为 1，模拟按下启动按钮 SB0，此时 100.00 和 100.03 输出为 ON，表示清洗机向前移动，同时喷淋阀门打开，准备清洗汽车。强制 0.02 和 0.04 为 1，模拟检测到汽车，并进入到刷洗范围，此时，100.02 也输出为 ON，执行清洗汽车操作，仿真如图 10-17 所示。强制 0.03 为 1，100.01 输出为 ON，表示清洗机立即返回。返回到检测位置时，汽车清洗完成，停止刷洗，喷淋阀门关闭。

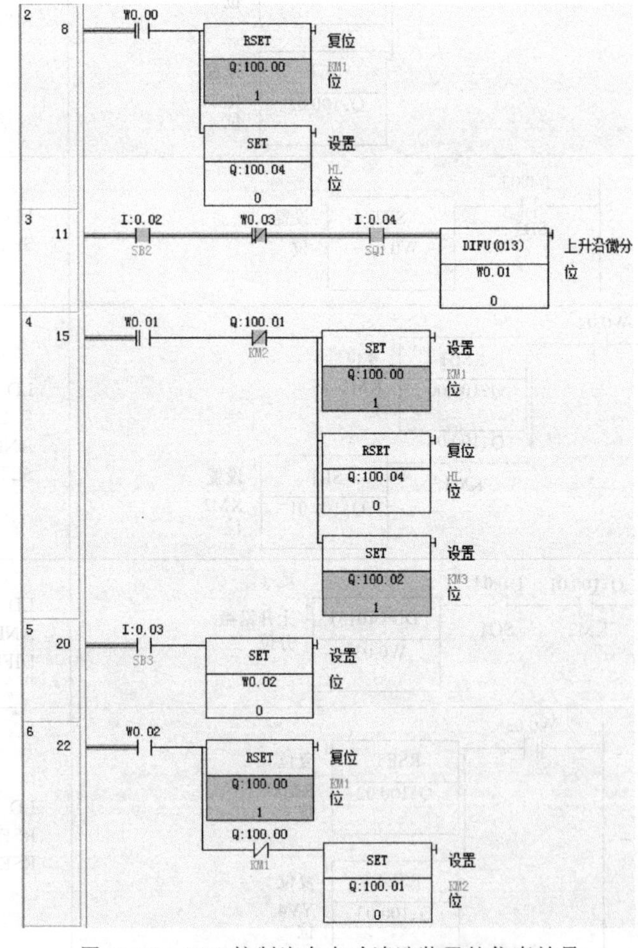

图 10-17　PLC 控制汽车自动清洗装置的仿真效果

附 录

附录1 指令速查集

FUN编号	指令名称	助记符	上升沿指定	下降沿指定	每次刷新指定
无	读	LD	@LD	%LD	！LD
无	读非	LD NOT	无	无	！LD NOT
无	与	AND	@AND	%AND	！AND
无	与非	AND NOT	无	无	！AND NOT
无	或	OR	@OR	%OR	！OR
无	或非	OR NOT	无	无	！OR NOT
无	与读	AND LD	无	无	无
无	或读	OR LD	无	无	无
无	输出	OUT	无	无	！OUT
无	输出非	OUT NOT	无	无	！OUT NOT
无	置位	SET	@SET	%SET	！SET
无	复位	RSET	@RSET	%RSET	！RSET
无	定时器	TIM	无	无	无
无	计数器	CNT	无	无	无
无	暂时继电器	TR	无	无	无
000	空操作	NOP	无	无	无
001	结束	END	无	无	无
002	互锁	IL	无	无	无
003	互锁清除	ILC	无	无	无
004	转移	JMP	无	无	无
005	转移结束	JME	无	无	无
006	运行继续故障诊断	FAL	@FAL	无	无
007	运行停止故障诊断	FALS	@FALS	无	无
008	梯形图区域定义	STEP	无	无	无
009	梯形图区域步进	SNXP	无	无	无
010	移位寄存器	SFT	无	无	无
011	保持	KEEP	无	无	！KEEP
012	可逆计数器	CNTR	无	无	无
013	上升沿微分	DIFU	无	无	！DIFU

续表

FUN 编号	指 令 名 称	助记符	上升沿指定	下降沿指定	每次刷新指定
014	下降沿微分	DIFD	无	无	！DIFD
015	高速定时器	TIMH	无	无	无
016	字移位	WSFT	@WSFT	无	无
017	非同步移位寄存器	ASFT	@ASFT	无	无
019	多通道比较	MCMP	@MCMP	无	无
020	无符号比较	CMP	无	无	！CMP
021	传送	MOV	@MOV	无	！MOV
022	非传送	MVN	@MVN	无	无
023	BCD→BIN 转换	BIN	@BIN	无	无
024	BIN→BCD 转换	BCD	@BCD	无	无
025	左移 1 位	ASL	@ASL	无	无
026	右移 1 位	ASR	@ASR	无	无
027	带 CY 左移 1 位	ROL	@ROL	无	无
028	带 CY 右移 1 位	ROR	@ROR	无	无
029	位逻辑取反	COM	@COM	无	无
034	字逻辑与	ANDW	@ANDW	无	无
035	字逻辑或	ORW	@ORW	无	无
036	字逻辑异或	XORW	@XORW	无	无
037	字逻辑同或	XNRW	@XNRW	无	无
040	置进位	STC	@STC	无	无
041	清除进位	CLC	@CLC	无	无
045	跟踪内存采样	TRSM	无	无	无
046	消息表示	MSG	@MSG	无	无
047	7 段 LED 通道数据表示	SCH	@SCH	无	无
048	7 段 LED 控制	SCTRL	@SCTRL	无	无
058	BCD→BIN 倍长	BINL	@BINL	无	无
059	BIN→BCD 倍长	BCDL	@BCDL	无	无
060	无符号倍长比较	CMPL	无	无	无
062	多位传送	XFRB	@XFRB	无	无
063	位列→位行转换	LINE	@LINE	无	无
064	位行→位列转换	COLM	@COLM	无	无
065	时分秒→秒转换	SEC	@SEC	无	无
066	秒→时分秒转换	HMS	@HMS	无	无
067	位计数器	BCNT	@BCNT	无	无
068	无符号表间比较	BCMP	@BCMP	无	无
069	数值转换	APR	@APR	无	无
070	块传送	XFER	@XFER	无	无

续表

FUN 编号	指 令 名 称	助记符	上升沿指定	下降沿指定	每次刷新指定
071	块设定	BSET	@BSET	无	无
072	BCD 平方根运算	ROOT	@ROOT	无	无
073	数据交换	XCHG	@XCHG	无	无
074	左移 1 位	SLD	@SLD	无	无
075	右移 1 位	SRD	@SRD	无	无
076	4→16/8→256 解码器	MLPX	@MLPX	无	无
077	16→4/256→8 编码器	DMPX	@DMPX	无	无
078	7 段解码器	SDEC	@SDEC	无	无
079	浮点除法(BCD)	FDIV	@FDIV	无	无
080	数据分配	DIST	@DIST	无	无
081	数据输出	COLL	@COLL	无	无
082	位传送	MOVB	@MOVB	无	无
083	数字传送	MOVD	@MOVD	无	无
084	左右移位寄存器	SFTR	@SFTR	无	无
085	表一致	TCMP	@TCMP	无	无
086	ASCII 代码转换	ASC	@ASC	无	无
087	累计定时器	TTIM	无	无	无
088	区域比较	ZCP	无	无	无
090	网络发送	SEND	@SEND	无	无
091	子程序调用	SBS	@SBS	无	无
092	子程序入口	SBN	无	无	无
093	子程序返回	RET	无	无	无
094	周期定时器监视时间设定	WDT	@WDT	无	无
096	块程序	BPRG	无	无	无
097	I/O 刷新	IORF	@IORF	无	无
098	网络接收	RECV	@RECV	无	无
099	宏	MCRO	@MCRO	无	无
114	带符号 BIN 比较	CPS	无	无	无
115	带符号 BIN 倍长比较	CPSL	无	无	无
116	倍长区域比较	ZCPL	无	无	无
160	2 的补码转换	NEG	@NEG	无	无
161	2 的补码倍长转换	NEGL	@NEGL	无	无
162	ASCII→HEX 转换	HEX	@HEX	无	无
180	计算出 FCS 值	FCS	@FCS	无	无
181	数据检索	SRCH	@SRCH	无	无
182	最大值检索	MAX	@MAX	无	无
183	最小值检索	MIN	@MIN	无	无

续表

FUN 编号	指令名称	助记符	上升沿指定	下降沿指定	每次刷新指定
184	计算出总数值	SUM	@SUM	无	无
190	PID 运算	PID	无	无	无
191	带自整定 PID 运算	PIDAT	无	无	无
194	比例缩放	SCL	@SCL	无	无
195	数据平均化	AVG	无	无	无
210	数字开关	DSW	无	无	无
211	10 键输入	TKY	@TKY	无	无
212	16 键输入	HKY	无	无	无
213	矩阵输入	MTR	无	无	无
214	7 段表示	7SEG	无	无	无
222	智能 I/O 读出	IORD	@IORD	无	无
223	智能 I/O 写入	IOWR	@IOWR	无	无
226	CPU 高功能装置每次 I/O 刷新	DLINK	@DLINK	无	无
235	串行端口输入	RXD	@RXD	无	无
236	串行端口输出	TXD	@TXD	无	无
237	串行端口通信设定变更	STUP	@STUP	无	无
255	串行通信单元串行端口输入	RXDU	@RXDU	无	无
256	串行通信单元串行端口输出	TXDU	@TXDU	无	无
260	协议宏	PMCR	@PMCR	无	无
269	故障点检测	FPD	无	无	无
282	状态标志保存	CCS	@CCS	无	无
283	状态标志读	CCL	@CCL	无	无
284	CV→CS 地址转换	FRMCV	@FRMCV	无	无
285	CS→CV 地址转换	TOCV	@TOCV	无	无
286	变量种别取得	GETID	@GETID	无	无
300	AND 型一致	AND=	无	无	无
	LD 型一致	LD=	无	无	无
	OR 型一致	OR=	无	无	无
301	AND 型倍长一致	AND=L	无	无	无
	LD 型倍长一致	LD=L	无	无	无
	OR 型倍长一致	OR=L	无	无	无
302	AND 型带符号一致	AND=S	无	无	无
	LD 型带符号一致	LD=S	无	无	无
	OR 型带符号一致	OR=S	无	无	无
303	AND 型带符号倍长一致	AND=SL	无	无	无
	LD 型带符号倍长一致	LD=SL	无	无	无
	OR 型带符号倍长一致	OR=SL	无	无	无

续表

FUN 编号	指 令 名 称	助记符	上升沿指定	下降沿指定	每次刷新指定
305	AND 型不一致	AND＜＞	无	无	无
	LD 型不一致	LD＜＞	无	无	无
	OR 型不一致	OR＜＞	无	无	无
306	AND 型倍长不一致	AND＜＞L	无	无	无
	LD 型倍长不一致	LD＜＞L	无	无	无
	OR 型倍长不一致	OR＜＞L	无	无	无
307	AND 型带符号不一致	AND＜＞S	无	无	无
	LD 型带符号不一致	LD＜＞S	无	无	无
	OR 型带符号不一致	OR＜＞S	无	无	无
308	AND 型带符号倍长不一致	AND＜＞SL	无	无	无
	LD 型带符号倍长不一致	LD＜＞SL	无	无	无
	OR 型带符号倍长不一致	OR＜＞SL	无	无	无
310	AND 型小于	AND＜	无	无	无
	LD 型小于	LD＜	无	无	无
	OR 型小于	OR＜	无	无	无
311	AND 型倍长小于	AND＜L	无	无	无
	LD 型倍长小于	LD＜L	无	无	无
	OR 型倍长小于	OR＜L	无	无	无
312	AND 型带符号小于	AND＜S	无	无	无
	LD 型带符号小于	LD＜S	无	无	无
	OR 型带符号小于	OR＜S	无	无	无
313	AND 型带符号倍长小于	AND＜SL	无	无	无
	LD 型带符号倍长小于	LD＜SL	无	无	无
	OR 型带符号倍长小于	OR＜SL	无	无	无
315	AND 型小于等于	AND＜＝	无	无	无
	LD 型小于等于	LD＜＝	无	无	无
	OR 型小于等于	OR＜＝	无	无	无
316	AND 型倍长小于等于	AND＜＝L	无	无	无
	LD 型倍长小于等于	LD＜＝L	无	无	无
	OR 型倍长小于等于	OR＜＝L	无	无	无
317	AND 型带符号小于等于	AND＜＝S	无	无	无
	LD 型带符号小于等于	LD＜＝S	无	无	无
	OR 型带符号小于等于	OR＜＝S	无	无	无
318	AND 型带符号倍长小于等于	AND＜＝SL	无	无	无
	LD 型带符号倍长小于等于	LD＜＝SL	无	无	无
	OR 型带符号倍长小于等于	OR＜＝SL	无	无	无

续表

FUN 编号	指令名称	助记符	上升沿指定	下降沿指定	每次刷新指定
	AND 型大于	AND＞	无		无
320	LD 型大于	LD＞	无	无	无
	OR 型大于	OR＞	无	无	无
	AND 型倍长大于	AND＞L	无	无	无
321	LD 型倍长大于	LD＞L	无	无	无
	OR 型倍长大于	OR＞L	无	无	无
	AND 型带符号大于	AND＞S	无	无	无
322	LD 型带符号大于	LD＞S	无	无	无
	OR 型带符号大于	OR＞S	无	无	无
	AND 型带符号倍长大于	AND＞SL	无	无	无
323	LD 型带符号倍长大于	LD＞SL	无	无	无
	OR 型带符号倍长大于	OR＞SL	无	无	无
	AND 型大于等于	AND＞＝	无	无	无
325	LD 型大于等于	LD＞＝	无	无	无
	OR 型大于等于	OR＞＝	无	无	无
	AND 型倍长大于等于	AND＞＝L	无	无	无
326	LD 型倍长大于等于	LD＞＝L	无	无	无
	OR 型倍长大于等于	OR＞＝L	无	无	无
	AND 型带符号大于等于	AND＞＝S	无	无	无
327	LD 型带符号大于等于	LD＞＝S	无	无	无
	OR 型带符号大于等于	OR＞＝S	无	无	无
	AND 型带符号倍长大于等于	AND＞＝SL	无	无	无
328	LD 型带符号倍长大于等于	LD＞＝SL	无	无	无
	OR 型带符号倍长大于等于	OR＞＝SL	无	无	无
	AND 型单精度一致	AND＝F	无	无	无
329	LD 型单精度一致	LD＝F	无	无	无
	OR 型单精度一致	OR＝F	无	无	无
	AND 型单精度不一致	AND＜＞F	无	无	无
330	LD 型单精度不一致	LD＜＞F	无	无	无
	OR 型单精度不一致	OR＜＞F	无	无	无
	AND 型单精度小于	AND＜F	无	无	无
331	LD 型单精度小于	LD＜F	无	无	无
	OR 型单精度小于	OR＜F	无	无	无
	AND 型单精度小于等于	AND＜＝F	无	无	无
332	LD 型单精度小于等于	LD＜＝F	无	无	无
	OR 型单精度小于等于	OR＜＝F	无	无	无

续表

FUN 编号	指令名称	助记符	上升沿指定	下降沿指定	每次刷新指定
333	AND 型单精度大于	AND＞F	无	无	无
	LD 型单精度大于	LD＞F	无	无	无
	OR 型单精度大于	OR＞F	无	无	无
334	AND 型单精度大于等于	AND＞＝F	无	无	无
	LD 型单精度大于等于	LD＞＝F	无	无	无
	OR 型单精度大于等于	OR＞＝F	无	无	无
335	AND 型倍精度一致	AND＝D	无	无	无
	LD 型倍精度一致	LD＝D	无	无	无
	OR 型倍精度一致	OR＝D	无	无	无
336	AND 型倍精度不一致	AND＜＞D	无	无	无
	LD 型倍精度不一致	LD＜＞D	无	无	无
	OR 型倍精度不一致	OR＜＞D	无	无	无
337	AND 型倍精度小于	AND＜D	无	无	无
	LD 型倍精度小于	LD＜D	无	无	无
	OR 型倍精度小于	OR＜D	无	无	无
338	AND 型倍精度小于等于	AND＜＝D	无	无	无
	LD 型倍精度小于等于	LD＜＝D	无	无	无
	OR 型倍精度小于等于	OR＜＝D	无	无	无
339	AND 型倍精度大于	AND＞D	无	无	无
	LD 型倍精度大于	LD＞D	无	无	无
	OR 型倍精度大于	OR＞D	无	无	无
340	AND 型倍精度大于等于	AND＞＝D	无	无	无
	LD 型倍精度大于等于	LD＞＝D	无	无	无
	OR 型倍精度大于等于	OR＞＝D	无	无	无
341	AND 型时刻一致	AND＝DT	无	无	无
	LD 型时刻一致	LD＝DT	无	无	无
	OR 型时刻一致	OR＝DT	无	无	无
342	AND 型时刻不一致	AND＜＞DT	无	无	无
	LD 型时刻不一致	LD＜＞DT	无	无	无
	OR 型时刻不一致	OR＜＞DT	无	无	无
343	AND 型时刻小于	AND＜DT	无	无	无
	LD 型时刻小于	LD＜DT	无	无	无
	OR 型时刻小于	OR＜DT	无	无	无
344	AND 型时刻小于等于	AND＜＝DT	无	无	无
	LD 型时刻小于等于	LD＜＝DT	无	无	无
	OR 型时刻小于等于	OR＜＝DT	无	无	无

续表

FUN 编号	指令名称	助记符	上升沿指定	下降沿指定	每次刷新指定
345	AND 型时刻大于	AND>DT	无	无	无
	LD 型时刻大于	LD>DT	无	无	无
	OR 型时刻大于	OR>DT	无	无	无
346	AND 型时刻大于等于	AND>=DT	无	无	无
	LD 型时刻大于等于	LD>=DT	无	无	无
	OR 型时刻大于等于	OR>=DT	无	无	无
350	LD 型位测试	LD TST	无	无	无
	AND 型位测试	AND TST	无	无	无
	OR 型位测试	OR TST	无	无	无
351	LD 型位测试非	LD TSTN	无	无	无
	AND 型位测试非	AND TSTN	无	无	无
	OR 型位测试非	OR TSTN	无	无	无
400	带符号无 CY BIN 加法	+	@+	无	无
401	带符号无 CY BIN 倍长加法	+L	@+L	无	无
402	符号带 CY BIN 加法	+C	@+C	无	无
403	符号带 CY BIN 倍长加法	+CL	@+CL	无	无
404	无 CY BCD 加法	+B	@+B	无	无
405	无 CY BCD 倍长加法	+BL	@+BL	无	无
406	带 CY BCD 加法	+BC	@+BC	无	无
407	带 CY BCD 倍长加法	+BCL	@+BCL	无	无
410	带符号无 CY BIN 减法	−	@−	无	无
411	带符号无 CY BIN 倍长减法	−L	@−L	无	无
412	符号带 CY BIN 减法	−C	@−C	无	无
413	符号带 CY BIN 倍长减法	−CL	@−CL	无	无
414	无 CY BCD 减法	−B	@−B	无	无
415	无 CY BCD 倍长减法	−BL	@−BL	无	无
416	带 CY BCD 减法	−BC	@−BC	无	无
417	带 CY BCD 倍长减法	−BCL	@−BCL	无	无
420	带符号 BIN 乘法	*	@*	无	无
421	带符号 BIN 倍长乘法	*L	@*L	无	无
422	无符号 BIN 乘法	*U	@*U	无	无
423	无符号 BIN 倍长乘法	*UL	@*UL	无	无
424	BCD 乘法	*B	@*B	无	无
425	BCD 倍长乘法	*BL	@*BL	无	无
430	带符号 BIN 除法	/	@/	无	无
431	带符号 BIN 倍长除法	/L	@/L	无	无
432	无符号 BIN 除法	/U	@/U	无	无

续表

FUN 编号	指令名称	助记符	上升沿指定	下降沿指定	每次刷新指定
433	无符号 BIN 倍长除法	/UL	@/UL	无	无
434	BCD 除法	/B	@/B	无	无
435	BCD 倍长除法	/BL	@/BL	无	无
448	浮点＜单＞→字符串转换	FSTR	@FSTR	无	无
449	字符串→浮点＜单＞转换	FVAL	@FVAL	无	无
450	浮点→16 位 BIN 转换	FIX	@FIX	无	无
451	浮点→32 位 BIN 转换	FIXL	@FIXL	无	无
452	16 位 BIN→浮点转换	FLT	@FLT	无	无
453	32 位 BIN→浮点转换	FLTL	@FLTL	无	无
454	浮点加法	＋F	@＋F	无	无
455	浮点减法	－F	@－F	无	无
456	浮点乘法	＊F	@＊F	无	无
457	浮点除法	/F	@/F	无	无
458	角度→弧度转换	RAD	@RAD	无	无
459	弧度→角度转换	DEG	@DEG	无	无
460	SIN 运算	SIN	@SIN	无	无
461	COS 运算	COS	@COS	无	无
462	TAN 运算	TAN	@TAN	无	无
463	SIN^{-1}运算	ASIN	@ASIN	无	无
464	COS^{-1}运算	ACOS	@ACOS	无	无
465	TAN^{-1}运算	ATAN	@ATAN	无	无
466	平方根运算	SQRT	@SQRT	无	无
467	指数运算	EXP	@EXP	无	无
468	对数运算	LOG	@LOG	无	无
470	带符号 BCD→BIN 转换	BINS	@BINS	无	无
471	带符号 BIN→BCD 转换	BCDS	@BCDS	无	无
472	带符号 BCD→BIN 倍长转换	BISL	@BISL	无	无
473	带符号 BIN→BCD 倍长转换	BDSL	@BDSL	无	无
474	格雷代码转换	GRY	@GRY	无	无
486	比例缩放 2	SCL2	@SCL2	无	无
487	比例缩放 3	SCL3	@SCL3	无	无
490	指令发送	CMND	@CMND	无	无
498	倍长传送	MVNL	@MVNL	无	无
502	扩展表间比较	BCMP2	@BCMP2	无	无
510	条件转移	CJP	无	无	无
511	条件非转移	CJPN	无	无	无
512	循环开始	FOR	无	无	无

续表

FUN 编号	指令名称	助记符	上升沿指定	下降沿指定	每次刷新指定
513	循环结束	NEXT	无	无	无
514	跳出循环	BREAK	无	无	无
515	复数转移	JMP0	无	无	无
516	复数转移结束	JME0	无	无	无
517	多重互锁(微分标志保持型)	MILH	无	无	无
518	多重互锁(微分标志非保持型)	MILR	无	无	无
519	多重互锁清除	MILC	无	无	无
520	取反	NOT	无	无	无
521	PF 上升沿微分	UP	无	无	无
522	PF 下降沿微分	DOWN	无	无	无
530	多位置位	SETA	@SETA	无	无
531	多位复位	RSTA	@RSTA	无	无
532	1 位置位	SETB	@SETB	无	无
533	1 位复位	RSTB	@RSTB	无	无
534	1 位输出	OUTB	@OUTB	无	无
540	超高速定时器	TMHH	无	无	无
542	长时间定时器	TIML	无	无	无
543	多输出定时器	MTIM	无	无	无
545	定时器/计数器复位	CNR	@CNR	无	无
546	计数器	CNTX	无	无	无
547	定时器/计数器复位(复位后 PV 为最大值)	CNRX	@CNRX	无	无
548	可逆计数器	CNTRX	无	无	无
550	定时器	TIMX	无	无	无
551	高速定时器	TIMHX	无	无	无
552	超高速定时器	TMHHX	无	无	无
553	长时间定时器	TIMLX	无	无	无
554	多输出定时器	MTIMX	无	无	无
555	累计定时器	TTIMX	无	无	无
560	变址寄存器设定(用于常规通道、接点、定时器/计数器)	MOVR	@MOVR	无	无
561	变址寄存器设定(用于定时器/计数器当前值)	MOVRW	@MOVRW	无	无
562	数据倍长交换	XCGL	@XCGL	无	无
565	块传送	XFERC	@XFERC	无	无
566	数据分配	DISTC	@DISTC	无	无
567	数据抽出	COLLC	@COLLC	无	无
568	位传送	MOVBC	@MOVBC	无	无
570	1 位倍长左移位	ASLL	@ASLL	无	无
571	1 位倍长右移位	ASRL	@ASRL	无	无

续表

FUN 编号	指 令 名 称	助记符	上升沿指定	下降沿指定	每次刷新指定
572	带 CY 1 位倍长左循环	ROLL	@ROLL	无	无
573	带 CY 1 位倍长右循环	RORL	@RORL	无	无
574	无 CY 左移 1 位	RLNC	@RLNC	无	无
575	无 CY 右移 1 位	RRNC	@RRNC	无	无
576	无 CY 1 位倍长左循环	RLNL	@RLNL	无	无
577	无 CY 1 位倍长右循环	RRNL	@RRNL	无	无
578	N 位数据左移位	NSFL	@NSFL	无	无
379	N 位数据右移位	NSFR	@NSFR	无	无
580	N 位左移位	NASL	@NASL	无	无
581	N 位右移位	NASR	@NASR	无	无
582	N 位倍长左移位	NSLL	@NSLL	无	无
583	N 位倍长右移位	NSRL	@NSRL	无	无
590	BIN 增量	＋＋	@＋＋	无	无
591	BIN 倍长增量	＋＋L	@＋＋L	无	无
592	BIN 减量	－－	@－－	无	无
593	BIN 倍长减量	－－L	@－－L	无	无
594	BCD 增量	＋＋B	@＋＋B	无	无
595	BCD 倍长增量	＋＋BL	@＋＋BL	无	无
596	BCD 减量	－－B	@－－B	无	无
597	BCD 倍长减量	－－BL	@－－BL	无	无
600	符号扩展	SIGN	@SIGN	无	无
610	字倍长逻辑与	ANDL	@ANDL	无	无
611	字倍长逻辑或	ORWL	@ORWL	无	无
612	字倍长逻辑异或	XORL	@XORL	无	无
613	字倍长逻辑同或	XNRL	@XNRL	无	无
614	位倍长取反	COML	@COML	无	无
620	BIN 平方根运算	ROTB	@ROTB	无	无
621	位计数器	BCNTC	@BCNTC	无	无
630	栈区域设定	SSET	@SSET	无	无
631	表区域说明	DIM	@DIM	无	无
632	栈数据保存	PUSH	@PUSH	无	无
633	先入先出	FIFO	@FIFO	无	无
634	后入先出	LIFO	@LIFO	无	无
635	记录位置设定	SETR	@SETR	无	无
636	记录位置读出	GETR	@GETR	无	无
637	字节交换	SWAP	@SWAP	无	无
638	栈数据输出	SNUM	@SNUM	无	无

续表

FUN 编号	指 令 名 称	助记符	上升沿指定	下降沿指定	每次刷新指定
639	栈数据参照	SREAD	@SREAD	无	无
640	栈数据刷新	SWRIT	@SWRIT	无	无
641	栈数据插入	SINS	@SINS	无	无
642	栈数据删除	SDEL	@SDEL	无	无
650	字符串长度检测	LEN $	@LEN $	无	无
652	字符串从左取出	LEFT $	@LEFT $	无	无
653	字符串从右取出	RGHT $	@RGHT $	无	无
654	字符串从任意位置读出	MID $	@MID $	无	无
656	字符串连接	+ $	@+ $	无	无
657	字符串插入	INS $	@INS $	无	无
658	字符串删除	DEL $	@DEL $	无	无
660	字符串检索	FIND $	@FIND $	无	无
661	字符串置换	RPLC $	@RPLC $	无	无
664	字符串传送	MOV $	@MOV $	无	无
665	字符串交换	XCHG $	@XCHG $	无	无
666	字符串清除	CLR $	@CLR $	无	无
	LD 型字符串一致	AND= $	无	无	无
670	LD 型字符串一致	LD= $	无	无	无
	OR 型字符串一致	OR= $	无	无	无
	AND 型字符串不一致	AND<> $	无	无	无
671	LD 型字符串不一致	LD<> $	无	无	无
	OR 型字符串不一致	OR<> $	无	无	无
	AND 型字符串小于	AND< $	无	无	无
672	LD 型字符串小于	LD< $	无	无	无
	OR 型字符串小于	OR< $	无	无	无
	AND 型字符串小于等于	AND<= $	无	无	无
673	LD 型字符串小于等于	LD<= $	无	无	无
	OR 型字符串小于等于	OR<= $	无	无	无
	AND 型字符串大于	AND> $	无	无	无
674	LD 型字符串大于	LD> $	无	无	无
	OR 型字符串大于	OR> $	无	无	无
	AND 型字符串大于等于	AND>= $	无	无	无
675	LD 型字符串大于等于	LD>= $	无	无	无
	OR 型字符串大于等于	OR>= $	无	无	无
680	上下限限位控制	LMT	@LMT	无	无
681	无控制作用区控制	BAND	@BAND	无	无
682	静区控制	ZONE	@ZONE	无	无
685	分时比例输出	TPO	无	无	无

续表

FUN 编号	指令名称	助记符	上升沿指定	下降沿指定	每次刷新指定
690	中断屏蔽设置	MSKS	@MSKS	无	无
691	中断解除	CLI	@CLI	无	无
692	中断屏蔽写入	MSKR	@MSKR	无	无
693	中断任务执行禁止	DI	@DI	无	无
694	中断任务执行禁止解除	EI	无	无	无
720	通用 Explicit 消息发送指令	EXPLT	@EXPLT	无	无
721	Explicit 读出指令	EGATR	@EGATR	无	无
722	Explicit 写入指令	ESATR	@ESATR	无	无
723	Explicit CPU 装置数据读出指令	ECHRD	@ECHRD	无	无
724	Explicit CPU 装置数据写入指令	ECHWR	@ECHWR	无	无
730	日历加法	CADD	@CADD	无	无
731	日历减法	CSUB	@CSUB	无	无
735	时钟修正	DATE	@DATE	无	无
750	全局子程序调用	GSBS	@GSBS	无	无
751	全局子程序入口	GSBN	无	无	无
752	全局子程序返回	GRET	无	无	无
801	块程序结束	BEND	无	无	无
802	条件分支块	输入条件 IF	无	无	无
	条件分支块(非)	IF NOT 继电器编号	无	无	无
803	条件分支伪块	ELSE	无	无	无
805	条件分支块结束	IEND	无	无	无
	1 扫描条件等待	输入条件 WAIT	无	无	无
	1 扫描条件等待	WAIT 继电器编号	无	无	无
	1 扫描条件等待(非)	WAIT NOT 继电器编号	无	无	无
806	带条件结束	输入条件 EXIT	无	无	无
	带条件结束	EXIT 继电器编号	无	无	无
	带条件结束(非)	EXIT NOT 继电器编号	无	无	无
809	循环块	LOOP	无	无	无
810	循环块结束	输入条件 LEND	无	无	无
	循环块结束	LEND 继电器编号	无	无	无
811	块程序暂时停止	BPPS	无	无	无
812	块程序再启动	BPRS	无	无	无
813	定时器等待	TIMW	无	无	无
814	计数器等待	CNTW	无	无	无
815	高速定时器等待	TMHW	无	无	无
816	定时器等待	TIMWX	无	无	无
817	高速定时器等待	TMHWX	无	无	无

续表

FUN 编号	指 令 名 称	助记符	上升沿指定	下降沿指定	每次刷新指定
818	计数器等待	CNTWX	无	无	无
820	任务执行启动	TKON	@TKON	无	无
821	任务执行待机	TKOF	@TKOF	无	无
840	乘方运算	PWR	@PWR	无	无
841	浮点→16 位 BIN 转换<双>	FIXD	@FIXD	无	无
842	浮点→32 位 BIN 转换<双>	FIXLD	@FIXLD	无	无
843	16 位→BIN 浮点转换<双>	DBL	@DBL	无	无
844	32 位→BIN 浮点转换<双>	DBLL	@DBLL	无	无
845	浮点加法<双>	+D	@+D	无	无
846	浮点减法<双>	−D	@−D	无	无
847	浮点乘法<双>	*D	@*D	无	无
848	浮点除法<双>	/D	@/D	无	无
849	角度→弧度转换<双>	RADD	@RADD	无	无
850	弧度→角度转换<双>	DEGD	@DEGD	无	无
851	SIN 运算<双>	SIND	@SIND	无	无
852	COS 运算<双>	COSD	@COSD	无	无
853	TAN 运算<双>	TAND	@TAND	无	无
854	SIN^{-1}运算<双>	ASIND	@ASIND	无	无
855	COS^{-1}运算<双>	ACOSD	@ACOSD	无	无
856	TAN^{-1}运算<双>	ATAND	@ATAND	无	无
857	平方根运算<双>	SQRTD	@SQRTD	无	无
858	指数运算<双>	EXPD	@EXPD	无	无
859	对数运算<双>	LOGD	@LOGD	无	无
860	乘方运算<双>	PWRD	@PWRD	无	无
880	动作模式控制	INI	@INI	无	无
881	脉冲当前值输出	PRV	@PRV	无	无
882	比较表登录	CTBL	@CTBL	无	无
883	脉冲频率转换	PRV2	@PRV2	无	无
885	频率设定	SPED	@SPED	无	无
886	脉冲量设定	PULS	@PULS	无	无
887	定位	PLS2	@PLS2	无	无
888	频率控制	ACC	@ACC	无	无
889	原点检索	ORG	@ORG	无	无
891	PWM 输出	PWM	@PWM	无	无

附录2 特殊辅助继电器一览表

（1）初始设定

名　　称	地址	说　　明	读出/写入
I/O存储器保持标志	A500.12	CPU单元的工作模式切换时（程序←→运行/监视）或者电源ON时，指定是否保持I/O存储器区域 1：运行模式变更（程序←→监视或者运行模式）时，I/O存储器保持 0：运行模式变更时，I/O存储器清除	读出/写入
强制置位/复位保持标志	A500.13	CPU单元的工作模式切换时（程序←→监视）或者电源ON时，指定是否保持强制置位/复位状态	读出/写入

（2）CPU单元信息

名　　称	地址	说　　明	读出/写入
拨动开关6状态标志	A395.12	每个周期保存CPU单元前面的拨动开关SW6的ON/OFF状态	只读
生产批号信息	A310 CH、A311 CH	生产批号以BIN 6位设置。例如生产批号为“23805”的时候，A311 CH=0005 Hex，A310 CH=0x0823；例如生产批号为“15X05”的时候，A311 CH=0005 Hex，A310 CH=0x1015。另外，用“X”→10 Hex、“Y”→11 Hex、“Z”→12 Hex来表示	只读

（3）数据存储器初始值保存设定

名　　称	地址	说　　明	读出/写入
数据存储器初始值有无标志	A345.04	闪存内有数据存储器初始值时，为1(ON)。 0：无；1：有	只读
数据存储器初始值读出异常标志	A751.11	在PLC系统设定中设定了电源ON时读出数据，但闪存内未保存数据存储器初始值，读出失败的情况下，为1(ON) 数据存储器初始值的保存开始时被清除	只读
数据存储器初始值保存设定异常标志	A751.12	数据存储器初始值保存开始标志从0(OFF)变为1(ON)，存储器初始值保存执行密码不正确，或数据存储器初始值保存区域指定未设定时为1(ON) 数据存储器初始值的保存开始时被清除	只读
数据存储器初始值备份异常标志	A751.13	数据存储器初始值在闪存内未正确保存时为1(ON) 数据存储器初始值的保存开始时被清除	只读
数据存储器初始值保存中标志	A751.14	数据存储器初始值在闪存保存中为1(ON)	只读
数据存储器初始值保存中开始标志	A751.15	数据存储器初始值保存执行密码(A752 CH)有效(0xA5A5)并且数据存储器初始值保存区域指定(A753.00)为ON的状态下，本标志从0(OFF)变为1(ON)时，开始保存数据存储器初始值。即使处理结束后本标志也不会清除	读出/写入

续表

名　称	地址	说　明	读出/写入
数据存储器初始值保存执行密码	A753 CH	向闪存传送数据存储器数据时设定密码。0xA5A5 时，数据存储器初始值保存开始标志有效；0xA5A5 以外时，数据存储器初始值保存开始标志无效保存处理结束后被清除	读出/写入
数据存储器初始值保存区域指定	A753 CH	指定向闪存传送的区域	读出/写入

(4) 内置输入相关

① 模拟电位器/外部模拟设定输入

名　称	地址	说　明	读出/写入
模拟电位器当前值	A642 CH	用模拟电位器设定的值以 16 进制数据被保存（256 分辨率）	读出
内置模拟设定输入当前值	A643 CH	向外部模式设定输入端口输入的值以 BIN 数据被保存（256 分辨率），0x0000～0x00FF	读出

② 输入中断

a. 中断计数器占用地址

中断计数器	设定值地址	当前值地址	中断计数器	设定值地址	当前值地址
中断计数器 0	A532 CH	A536 CH	中断计数器 4	A544 CH	A548 CH
中断计数器 1	A533 CH	A537 CH	中断计数器 5	A545 CH	A549 CH
中断计数器 2	A534 CH	A538 CH	中断计数器 6	A546 CH	A550 CH
中断计数器 3	A535 CH	A539 CH	中断计数器 7	A547 CH	A551 CH

b. 中断计数器设定值与当前值

名　称	说　明	读出/写入	反映时间
中断计数器计数器设定值	使用输入中断（计数器模式） 设定到启动中断任务为止的计数值。中断计数器 0 计数完该设定次数的脉冲时，启动中断任务 No. 140	读出/写入	·电源 ON 时保持 ·开始运行时保持
中断计数器计数器当前值	保存输入中断（计数器模式）的中断计数器当前值 在加法模式中，从 0 开始每次计数加 1，与计数设定值一致时返回到 0；在减法模式中，从计数设定值开始每次计数减 1，到 0 时返回到计数设定值	读出/写入	·电源 ON 时保持 ·开始运行时清除 ·发生中断时更新

③ 高速计数器

a. 高速计数器 0～3 占用地址

<table>
<tr><th colspan="2">项　目</th><th>高速计数器 0</th><th>高速计数器 1</th><th>高速计数器 2</th><th>高速计数器 3</th></tr>
<tr><td rowspan="2">高速计数器当前值</td><td>高字节 4 组</td><td>A271 CH</td><td>A273 CH</td><td>A317 CH</td><td>A319CH</td></tr>
<tr><td>低字节 4 组</td><td>A270 CH</td><td>A272 CH</td><td>A316 CH</td><td>A318 CH</td></tr>
<tr><td rowspan="8">范围比较一致标志</td><td>范围比较条件 1</td><td>A274.00</td><td>A275.00</td><td>A320.00</td><td>A321.00</td></tr>
<tr><td>范围比较条件 2</td><td>A274.01</td><td>A275.01</td><td>A320.01</td><td>A321.01</td></tr>
<tr><td>范围比较条件 3</td><td>A274.02</td><td>A275.02</td><td>A320.02</td><td>A321.02</td></tr>
<tr><td>范围比较条件 4</td><td>A274.03</td><td>A275.03</td><td>A320.03</td><td>A321.03</td></tr>
<tr><td>范围比较条件 5</td><td>A274.04</td><td>A275.04</td><td>A320.04</td><td>A321.04</td></tr>
<tr><td>范围比较条件 6</td><td>A274.05</td><td>A275.05</td><td>A320.05</td><td>A321.05</td></tr>
<tr><td>范围比较条件 7</td><td>A274.06</td><td>A275.06</td><td>A320.06</td><td>A321.06</td></tr>
<tr><td>范围比较条件 8</td><td>A274.07</td><td>A275.07</td><td>A320.07</td><td>A321.07</td></tr>
<tr><td colspan="2">高速计数器比较执行</td><td>A274.08</td><td>A275.08</td><td>A320.08</td><td>A321.08</td></tr>
<tr><td colspan="2">上溢/下溢标志</td><td>A274.09</td><td>A275.09</td><td>A320.09</td><td>A321.09</td></tr>
<tr><td colspan="2">计数方向标志</td><td>A274.10</td><td>A275.10</td><td>A320.10</td><td>A321.10</td></tr>
<tr><td colspan="2">计数值复位标志</td><td>A531.00</td><td>A531.01</td><td>A531.02</td><td>A531.03</td></tr>
<tr><td colspan="2">门极触发</td><td>A531.08</td><td>A531.09</td><td>A531.10</td><td>A531.11</td></tr>
</table>

b. 高速中断计数器各标志

<table>
<tr><th colspan="2">名　称</th><th>说　明</th><th>读出/写入</th><th>反映时间</th></tr>
<tr><td colspan="2">高速计数器当前值</td><td>保存高速计数器的当前值</td><td>读出</td><td>·电源 ON 时清除
·开始运行时清除
·每个周期
·PRV 指令执行时(读出当前值)</td></tr>
<tr><td rowspan="8">区域比较一致标志</td><td>比较条件 1</td><td rowspan="8">确认在高速计数器的区域比较执行中,与指定的各区域比较条件(下限值、上限值)是否一致的标志
0:不一致
1:一致</td><td>读出</td><td rowspan="8">·电源 ON 时清除
·开始运行时清除
·区域比较表登录时清除
·每个周期
·PRV 指令执行时(读出区域比较结果)</td></tr>
<tr><td>比较条件 2</td><td>读出</td></tr>
<tr><td>比较条件 3</td><td>读出</td></tr>
<tr><td>比较条件 4</td><td>读出</td></tr>
<tr><td>比较条件 5</td><td>读出</td></tr>
<tr><td>比较条件 6</td><td>读出</td></tr>
<tr><td>比较条件 7</td><td>读出</td></tr>
<tr><td>比较条件 8</td><td>读出</td></tr>
<tr><td colspan="2">比较动作标志</td><td>确认高速计数器比较动作是否在执行中的标志
0:停止中
1:执行中</td><td>读出</td><td>·电源 ON 时清除
·开始运行时清除
·比较动作开始/停止时</td></tr>
<tr><td colspan="2">上溢/下溢标志</td><td>高速计数器的当前值上溢或者下溢时,为 1(ON)(仅线性模式下使用时)
0:正常
1:发生中</td><td>读出</td><td>·电源 ON 时清除
·开始运行时清除
·当前值变更时清除
·上溢、下溢发生时</td></tr>
</table>

续表

名　　称	说　　明	读出/写入	反 映 时 间
计数方向标志	表示高速计数器的计数值在增加还是减少中 反映高速计数器的当前周期的计数值和前个周期的计数值的比较结果。 0:减少方向 1:增加方向	读出	·使用高速计数器的设定,运行中有效
高速计数器复位允许	复位方式为"Z相信号＋软件复位"时,本标志为1(ON)的状态下对应Z相信号为ON时的高速计数的当前值被复位 复位方式为"软件复位"时,本标志在由0(OFF)→1(ON)的周期内对应的高速计数器的当前值被复位	读出/写入	·电源ON时清除
门极触发标志	本标志为1(ON)时,即使有脉冲输入也不计数,对应的高速计数器的当前值保持。回到0(OFF)时,重新开始计数,高速计数器的当前值更新。但是,作为复位方式选择"Z相信号＋软件复位",高速计数器复位标志在ON的状态下,本标志无效	读出/写入	·电源ON时清除

④ 内置模拟输入(仅XA型)

名　　称	地址	说　　明	读出/写入	反 映 时 间
内置模拟异常信息	A434.00～A434.03	内置模拟的异常发生时为1(ON) A434.00:模拟输入0断线检测标志 A434.01:模拟输入1断线检测标志 A434.02:模拟输入2断线检测标志 A434.03:模拟输入3断线检测标志	只读	断线检测时
内置模拟初始处理完成标志	A434.04	内置模拟的初始处理完成时为1(ON)	只读	初始期处理完成时

(5) 内部输出相关

① 脉冲输出

a. 脉冲输出0～3占用地址

项　　目		脉冲输出0	脉冲输出1	脉冲输出2	脉冲输出3
脉冲输出当前值	高字节4组	A277 CH	A279 CH	A323 CH	A325 CH
	低字节4组	A276 CH	A278 CH	A322 CH	A324 CH
脉冲输出状态标志		A280.00	A281.00	A326.00	A32700
当前值上溢/下溢标志		A280.01	A281.01	A326.01	A327.01

续表

项目	脉冲输出 0	脉冲输出 1	脉冲输出 2	脉冲输出 3
脉冲输出量设定标志	A280.02	A281.02	A326.02	A327.02
脉冲输出完成标志	A280.03	A281.03	A326.03	A327.03
脉冲输出中标志	A280.04	A281.04	A326.04	A327.04
无原点标志	A280.05	A281.05	A326.05	A327.05
原点停止标志	A280.06	A281.06	A326.06	A327.06
脉冲输出停止工作异常标志	A280.07	A281.07	A326.07	A327.07
PWM 输出,脉冲输出中标志	A283.00	A283.08	A326.08	A327.08
脉冲输出,停止异常代码	A444 CH	A445 CH	A438 CH	A439 CH
脉冲输出复位标志	A540.00	A541.00	A542.00	A543.00
CW 临界输入信号	A540.08	A541.08	A542.08	A543.08
CCW 临界输入信号	A540.09	A541.09	A542.09	A543.09
定位完成信号	A540.10	A541.10	A542.10	A543.10

b. 脉冲输出各标志

名称	说明	读出/写入	反映时间
脉冲输出当前值	保存从脉冲输出端口输出的脉冲数(0x80000000～0x7FFFFFFF) 向 CW 方向的脉冲输出:每 1 脉冲+1 向 CCW 方向的脉冲输出:每 1 脉冲-1 上溢时,0x7FFFFFFF;下溢时,0x80000000 低字节 4 组和高字节 4 组被输出到 2 CH	读出	·电源 ON 时清除 ·开始运行时清除 ·每个周期 ·INI 指令执行时(当前值变更)
脉冲输出状态标志	用 ACC/PLS2 指令从脉冲输出 0 开始脉冲输出时输出频率逐级变化期间(加减速中)为 1(ON) 0:恒速中;1:加减速中	读出	·电源 ON 时清除 ·运行开始/停止时清除 ·每个周期
当前值上溢/下溢标志	脉冲输出当前值上溢或者下溢时为 1(ON) 0:正常;1:发生中	读出	·电源 ON 时清除 ·开始运行时清除 ·INI 指令执行时(当前值变更) ·上溢、下溢发生时
脉冲输出量设定标志	用 PULS 指令设定脉冲输出量时为 1(ON)。 0:没有设定;1:设定	读出	·电源 ON 时清除 ·运行开始/停止时清除 ·PULS 指令执行时 ·脉冲输出停止时
脉冲输出完成标志	用 PULS/PLS2 指令设定的脉冲量,从脉冲输出 0 的输出完成时为 1(ON) 0:输出未完成;1:输出完成	读出	·电源 ON 时清除 ·运行开始/停止时清除 ·单独模式的脉冲输出开始/完成时
脉冲输出中标志	脉冲输出中的时候为 1(ON) 0:停止中;1:输出中	读出	·电源 ON 时清除 ·运行开始/停止时清除 ·脉冲输出开始/停止时

续表

名称	说明	读出/写入	反映时间
无原点标志	原点未确定时为1(ON),确定时为0(OFF) 0:原点确定状态;1:原点未确定状态	读出	·电源ON时1(ON) ·运行开始时1(ON) ·每个周期
原点停止标志	脉冲输出当前值与原点0一致时为1(ON) 0:未停止于原点 1:原点停止中	读出	·电源ON时清除 ·每个周期
脉冲输出停止异常标志	用原点搜索功能在脉冲输出中发生异常时为1(ON)。此时,脉冲输出0停止异常代码置位 0:无异常;1:停止异常发生中	读出	·电源ON时清除 ·原点搜索开始时 ·脉冲输出停止异常发生时
PWM输出中标志	PWM输出中时为1(ON) 0:停止中;1:输出中	读出	·电源ON时清除 ·运行开始/停止时清除 ·脉冲输出开始/停止时
脉冲输出停止异常代码	脉冲输出发生停止异常时,保存该异常代码	读出	·电源ON时清除 ·原点搜索开始时 ·脉冲输出停止异常发生时
脉冲输出复位标志	本标志由0(OFF)→1(ON)时,清除脉冲输出当前值	读出/写入	·电源ON时清除
CW临界输入信号	原点搜索时使用的CW临界输入信号。将实际的传感器等输入用梯形图程序输出到本标志后使用	读出/写入	·电源ON时清除
CCW临界输入信号	原点搜索时使用的CCW临界输入信号。将实际的传感器等输入用梯形图程序输出到本标志后使用	读出/写入	·电源ON时清除
定位完成信号	原点搜索中使用的定位完成信号。将伺服驱动器的输入用梯形图程序输出到本标志后使用	读出/写入	·电源ON时清除

② 内置模拟输出（仅XA型）

名称	地址	说明	读出/写入
内置模拟初始处理完成标志	A434.04	内置模拟的初始处理完成时为1(ON)	只读

(6) 系统标志

名称	地址	说明	读出/写入
开始运行时1个周期ON标志	A200.11	开始运行时从("程序"模式向"运行"或者"监视"模式转换时)为1个周期1(ON)	只读
任务初次启动标志	A200.15	运行开始后,最初的周期执行任务从非执行状态(INI)到执行(RUN)时,其任务内仅1个周期为ON	只读

续表

名称	地址	说明	读出/写入
任务上升沿标志	A200.14	周期执行任务从待机状态(WAIT)或者非执行状态(INI)到执行(RUN)时,其任务内仅1个周期为ON	只读
周期时间最大值	A262~A263 CH	周期时间的最大值以BIN 32位保存每个周期。其范围如下所示:0~429496729.5 ms(0~0xFFFFFFFF),以0.1ms为单位 另外,A262 CH:保存低位数据;A263 CH:保存高位数据	只读
周期时间当前值	A264~A265 CH	周期时间的最大值以BIN 32位保存每个周期。其范围如下所示:0~429496729.5ms(0~0xFFFFFFFF),以0.1ms为单位 另外,A264 CH:保存低位数据;A265 CH:保存高位数据。	只读
10ms加法自由运行定时器	A0 CH	是电源接通后的系统时间。电源ON时为0x0000,每10ms自动加1。到达0xFFFF(655350ms)时,返回到0000 Hex,反复进行每10ms+1的自动加法	只读
100ms加法自由运行定时器	A1 CH	是电源接通后的系统时间。电源ON时为0000 Hex,每100ms自动加1。到达0xFFFF(6553500ms)时,返回到0x0000,反复进行每100ms+1的自动加法	只读

(7) 任务相关

名称	地址	说明	读出/写入
程序停止时任务No.	A294 CH	由于程序出错执行停止时,保存停止位置的任务种类及任务No.	只读
中断任务最大值处理时间	A440 CH	中断任务的最大处理时间以0.1ms为单位的BIN数据保存	只读
最大处理时间中断任务No.	A441 CH	最大处理时间的中断任务No.以BIN数据保存。 发生(0x8000~0x80FF)中断时,位15为1(ON)。低位2位对应任务编号0x00~0xFF	只读
IR/DR的任务间动作指示	A99.14	表示IR(变址寄存器)及DR(数据寄存器)在任务间是否通用。 0:每个任务独立;1:任务间通用(初始值)	只读

(8) 调试相关

① 联机编辑

名称	地址	说明	读出/写入
联机编辑待机中标志	A201.10	联机编辑的处理在待机时为1(ON)	只读
联机编辑处理中标志	A201.11	联机编辑的处理在执行中为1(ON)	只读
联机编辑禁止中标志访问用密码	A527.00~A527.07	指定了联机编辑禁止中标志(A527.09)是有效还是无效	读出/写入
联机编辑禁止中标志	A527.09	禁止联机编辑时,将本标志置1(ON)	读出/写入

② 输出禁止

名　称	地址	说　明	读出/写入
负载切断标志	A500.15	1(ON)时,CPU单元、CPM1A扩展(I/O)单元、CJ系列高功能I/O单元的所有输出为0(OFF)	读出/写入

③ 微分监视

名　称	地址	说　明	读出/写入
微分监视执行完成标志	A508.09	微分监视执行时,微分监视的条件成立时为1(ON)	读出/写入

④ 数据跟踪

名　称	地址	说　明	读出/写入
数据跟踪开始标志	A508.15	根据CX-Programmer,数据跟踪开始时由0(OFF)→1(ON),其后下面3个中的任意一时间内实际向跟踪存储器开始保存数据 •定周期的跟踪(定周期10～2550ms) •按照TRSM指令跟踪(指令执行时跟踪) •每个周期的跟踪(1个周期的最后跟踪)	读出/写入
跟踪触发标志	A508.14	由0(OFF)→1(ON)时跟踪的触发条件成立。超前或滞后延迟值(次数)部分的数据为有效	读出/写入
跟踪执行中ON标志	A508.13	数据跟踪开始标志由0(OFF)→1(ON)时,为1(ON),跟踪完成后为0(OFF)	读出/写入
跟踪完成时ON标志	A508.12	跟踪执行时跟踪存储器容量的采样完成时为1(ON)	读出/写入
跟踪触发监视标志	A508.11	根据跟踪触发标志(A508.14),跟踪触发条件成立时为1(ON),根据数据跟踪开始标志,在下一个跟踪的采样开始时,为0	读出/写入

⑤ 注释存储器相关

名　称	地址	说　明	读出/写入
变量表信息有无标志	A345.01	注释存储器内有变量表信息时为1(ON) 0:无;1:有	只读
注释信息有无标志	A345.02	注释存储器内有注释信息时为1(ON) 0:无;1:有	—
程序变址信息有无标志	A345.03	注释存储器内有程序变址信息时为1(ON) 0:无;1:有	—

(9) 异常相关

① 异常履历/故障代码

名　　称	地址	说　　明	读出/写入
异常履历保存区域	A100～A199 CH	异常发生时，保存异常履历信息（故障代码、异常内容继电器的内容、异常发生时刻）	只读
异常履历保存指针	A300 CH	对于异常履历保存区域（A100～A199 CH），异常发生时每个保存的异常履历信息＋1，在下一个保存位置作为从异常履历保存区域开始位置的偏移量数据，以 BIN 数据来表示	只读
异常履历保存指针复位标志	A500.14	上升沿（0→1）时，异常履历保存指针（A300 CH）复位（0x00）	读出/写入
故障代码	A400 CH	运行继续异常发生时（用户定义的 FAL 指令执行或者系统的运行继续异常发生时）或者运行停止异常发生时（用户定义的 FALS 指令执行或者系统的运行停止异常发生时）保存故障代码	只读

② 存储器异常

名　　称	地址	说　　明	读出/写入
存储器异常标志（运行停止异常）	A401.15	存储盒来的电源 ON 时自动传送失败时或者存储器发生异常时，为 1（ON） CPU 单元的运行停止。此时，CPU 单元的前面 ERR/ALM LED 灯亮	只读
存储器异常发生地点	A403.00～A403.08	存储器异常时（A401.15 ON），根据存储器异常的发生地点，下述位为 1（ON） A403.00：用户程序；A403.04：PLC 系统设定；A403.07：路由表；A403.08：CPU 高功能单元系统设定	
电源 ON 时存储盒传送异常标志	A403.09	电源 ON 时发生传送异常时，或者文件不存在时，又或者存储盒没有安装时，为 1（ON）	只读
闪存异常标志	A403.10	闪存发生故障时，为 1（ON）	只读

③ 相关程序错误

名　　称	地址	说　　明	读出/写入
其他的运行停止异常标志	A401.00	分配给 A401.01～A401.15 的原因之外的运行停止异常发生时为 1（ON）。此时详细信息输出到 A314 CH 的各位。0：没有其他的异常发生；1：有其他的异常发生	读出
程序出错标志（运行停止异常）	A401.09	程序内容不正确时为 1（ON），CPU 单元的运行停止	只读
程序停止时任务 No.	A294 CH	由于程序错误而执行停止时，保存其停止位置的任务种类以及任务 No.	只读
指令处理出错标志	A295.08	设定为发生 PLC 系统设定的指令出错时动作停止，发生指令处理错误时，与出错标志（ER 标志）ON 的同时，为 1	只读
DM 间接指定 BCD 出错标志	A295.09	设定为发生 PLC 系统设定的指令错误时动作停止，在 DM BCD 间接指定，数据不是 BCD 时，在访问出错标志（AER 标志）ON 的同时，为 1（ON）	只读

续表

名　　称	地址	说　　明	读出/写入
无效区域存取出错标志	A295.10	设定为发生PLC系统设定的指令出错时动作停止，访问无效区域时，在访问出错标志(AER标志)ON的同时，为1(ON)	只读
无END标志	A295.11	任务内的各程序中不存在END指令时，为1(ON)	只读
任务出错标志	A295.12	任务出错发生时为1(ON)。任务出错表示以下这些内容。执行可能状态(启动中)的周期执行任务一个也不存在。分配为任务的程序不存在	只读
超微分标志	A295.13	对应微分指令的微分标志编号超过规定值时为1(ON)。只读无效指令标志 A295.14 保存不能执行的程序时为1(ON)。只读超UM标志 A295.15 要执行超出UM(用户存储器)的最终地址的指令时为1(ON)	只读
程序停止时指令程序地址	A298～A299 CH	由于程序出错而执行停止时，其停止位置的指令的程序地址用BIN保存(A298 CH：低位数据；A299 CH：高位数据)	只读

④ FAL/FALS异常

名　　称	地址	说　　明	读出/写入
FAL异常标志(运行继续异常)	A402.15	FAL指令(运行继续异常)执行时为1(ON)	只读
执行FAL编号	A360～A391 CH	FAL指令执行时，该位为1，A360.01～A391.15的各位对应FAL001～511	只读
FALS异常标志(运行停止异常)	A401.06	FALS指令(运行停止异常)执行时为1(ON)。CPU单元的运行停止	只读
系统异常发生FAL/FALS编号	A529 CH	由执行FAL指令或者FALS指令，使其故意发生系统异常的情况下设定使用虚拟的FAL/FALS编号。0x0001～0x01FF：1～511的任意一个；0x0000、0x0200～0xFFFF：没有设定系统异常发生的FAL/FALS编号(未故意使其发生系统异常)	读出/写入

⑤ PLC系统设定异常

名　　称	地址	说　　明	读出/写入
PLC系统设定异常标志(运行继续异常)	A402.10	在PLC系统设定中设定值发生异常时为1(ON)	只读
PLC系统设定异常位置	A406 CH	PLC系统设定发生异常的时候，其地址以BIN 16位来保存	只读

⑥ 中断任务异常

名　　称	地址	说　　明	读出/写入
中断任务异常标志(运行继续异常)	A402.13	PLC系统设定的"设定有无中断任务异常检测"设定在"检测"的时候,用循环I/O刷新处理对CJ系列高功能I/O单元在刷新中,要对在中断任务内的同一单元用IORF指令执行I/O刷新(多重刷新)时为1(ON)	只读
中断任务异常原因标志	A426.15	A402.13(中断任务异常标志)ON时为ON	只读
中断任务异常发生机号No.	A426.00~A426.11	A402.13 ON时,多重刷新对象的高功能I/O单元的机号No.以BIN 12位保存	只读

⑦ I/O相关

名　　称	地址	说　　明	读出/写入
超I/O点数标志(运行停止异常)	A401.11	以下情况时为1(ON)。 •登录I/O表的I/O点数超出时(使用的基本I/O单元的总通道数,超过机种规定的最大值时) •1装置(机架)的可连接单元数(最大10单元)超过(11单元以上)时	只读
超I/O点数详细信息1	A407.00~A407.12	通常是0x0000 Hex	—
超I/O点数详细信息2	A407.13~A407.15	超I/O点数异常的发生原因以3位保存。 010:扩展I/O单元的通道数超出;011:扩展I/O单元的连接台数超出;111:CJ系列单元可扩展台数超出	只读
I/O总线异常标志(运行停止异常)	A401.14	以下情况时为1(ON)。 •CPU单元和扩展单元间的数据传送发生异常时。此时,在A404 CH里保存0x0A0A •CJ系列单元扩展时数据传送发生异常时。此时,在A404 CH里保存0x0000(第1台)、0x0001(第2台)或者0x0F0F(不能确定时) •CJ系列单元扩展时端盖未安装时。此时,在A404 CH里保存0x0E0E I/O总线异常发生时,CPU单元的运行停止。此时,CPU单元前面的ERR/ALM LED灯亮。进行异常解除时,为0(OFF)	只读
I/O总线异常详细信息	A404 CH	保存I/O总线异常的详细信息。CPU单元的运行停止。此时,CPU单元前面的ERR/ALM LED灯会亮 0x0A0A:扩展单元的异常;0x0000:CJ系列单元扩展时的异常(第1台);0x0001:CJ系列单元扩展时的异常(第2台);0x0F0F:CJ系列单元扩展时的异常(不能确定时);0x0E0E:CJ系列单元扩展时的异常(没有端盖)	只读

续表

名　　称	地址	说　　明	读出/写入
单元号重复使用出错标志(运行停止异常)	A401.13	以下情况时置1(ON)。 ·CPU高功能单元的机号No.重复时 ·高功能I/O单元的机号No.重复时 ·基本I/O单元的分配通道重复时 ·扩展装置的机架No.重复时	只读
扩展单元异常标志	A436.00～A436.06	扩展单元发生异常时为1(ON)。 A436.00:扩展单元第1台异常;A436.01:扩展单元第2台异常;A436.02:扩展单元第3台异常;A436.03:扩展单元第4台异常;A436.04:扩展单元第5台异常;A436.05:扩展单元第6台异常;A436.06:扩展单元第7台异常	只读
扩展单元连接台数	A437 CH	扩展单元的连接台数以BIN数据保存	只读

⑧ 其他

名　　称	地址	说　　明	读出/写入
电池异常标志(运行继续异常)	A402.04	用PLC系统设定的"电池异常检测"设定为CPU单元的电池(蓄电池)异常"检测"时,CPU单元的电池异常(未连接或者蓄电池电压低)时为1(ON)	只读
周期超时标志(运行停止异常)	A401.08	周期时间(并行处理模式时,指令执行系统的周期时间),当前值超过PLC系统设定的"周期时间监视时间"时为1(ON)	只读
FPD指令用训练标志	A598.00	FPD指令执行时,自动设定异常监视时间,要使其动作(训练动作)时为1(ON)	读出/写入
由于蓄电池消耗断电不可保持通知标志	A395.11	电源OFF时,由蓄电池保持I/O存储器的断电保持区域(HR/DM等)的数据。蓄电池消耗后上述数据不能保持的情况下,本标志为1(ON)。此时,断电保持区域的值为不定	只读
选件板异常	A315.13	在通电中选件板脱落时为1(ON),CPU单元继续运行,前面ERR/ALM LED闪烁	只读
内置模拟异常	A315.14	内置模拟发生异常,功能停止时为1(ON),CPU单元继续运行,前面ERR/ALM LED闪烁	只读
闪存异常	A315.15	向内置闪存写入失败时为1(ON),CPU单元继续运行,前面ERR/ALM LED闪烁	只读
其他的运行持续异常标志	A402.00	分配给A402.01～A402.15的原因之外的运行继续异常发生时为1(ON)。此时详细信息输出到A315 CH各位 0:没有其他异常发生;1:有其他异常发生	只读

(10) 关于时钟

① 时钟

名　　称	地址	说　　明	读出/写入
时钟数据	A351.00～A351.07	秒(00～59)(BCD)	只读
	A351.08～A351.15	分(00～59)(BCD)	
	A352.00～A352.07	时(00～23)(BCD)	
	A352.08～A352.15	日(01～31)(BCD)	
	A353.00～A353.07	月(01～12)(BCD)	
	A353.08～A353.15	年(00～99)(BCD)	
	A354.00～A354.07	星期(00～06)(BCD) 00:星期天;01:星期一;02:星期二;03:星期三;04:星期四;05:星期五;06:星期六	

② 运行开始/停止时刻

名　　称	地址	说　　明	读出/写入
运行开始时刻	A515～A517 CH	由于工作模式转换为"运行"或者"监视"模式时,运行开始的时刻以 BCD 数据保存。 A515.00～A515.07:秒(00～59) A515.08～A515.15:分(00～59) A516.00～A516.07:时(00～23) A516.08～A516.15:日(01～31) A517.00～A517.07:月(01～12) A517.08～A517.15:年(00～99)	读出/写入
运行停止时刻	A518～A520 CH	发生运行停止异常或者工作模式向"程序"模式时,运行停止的时间,以 BCD 数据被保存。 A518.00～A518.07:秒(00～59) A518.08～A518.15:分(00～59) A519.00～A519.07:时(00～23) A519.08～A519.15:日(01～31) A520.00～A520.07:月(01～12) A520.08～A520.15:年(00～99)	读出/写入

③ 电源相关

名　　称	地址	说　　明	读出/写入
电源 ON 时刻	A510～A511 CH	保存电源 ON 时的时刻,每次电源 ON 时更新。以 BCD 数据保存。 A510.00～A510.07:秒(00～59) A510.08～A510.15:分(00～59) A511.00～A511.07:时(00～23) A511.08～A511.15:日(01～31)	读出/写入
电源切断时刻	A512～A513 CH	保存电源切断时的时刻,每次电源切断时更新。以 BCD 数据保存。 A512.00～A512.07:秒(00～59) A512.08～A512.15:分(00～59) A513.00～A513.07:时(00～23) A513.08～A513.15:日(01～31)	读出/写入

续表

名　称	地址	说　明	读出/写入
电源切断发生次数	A514 CH	从 PLC 本体的最初电源接通开始，每次发生电源切断累计(+1)，以 BIN 保存。复位时，保存 0x0000	读出/写入
通电时间	A523 CH	PLC 本体的通电时间以 BIN 16 位、以 10 小时为单位保存。复位时，保存 0x0000	读出/写入

(11) 关于存储盒

名　称	地址	说　明	读出/写入
存储盒的访问状态	A342 CH	A342.03：存储盒的初始化及写入时为 ON，处理完成后为 OFF A342.04：从存储盒中读取数据时为 ON，处理完成后为 OFF A342.05：核对存储盒和 CPU 单元的数据时为 ON，处理完成后为 OFF A342.07：存储盒的初始化失败时为 ON，初始化、写入、读取、核对开始时为 OFF A342.08：存储盒的写入异常终止时为 ON，初始化、写入、读取、核对开始时为 OFF A342.10：从存储盒读取、核对异常终止时为 ON，初始化、写入、读取、核对开始时为 OFF A342.12：核对存储盒和 CPU 单元数据不一致时为 ON，不一致时向 A494 CH 输出此不一致区域，初始化、写入、读取、核对开始时为 OFF A342.13：访问存储盒时为 ON，处理完成后为 OFF A342.15：没有安装存储盒时为 ON，已安装存储盒时为 OFF	只读
存储盒核对不一致区域	A494 CH	存储盒和 CPU 单元的数据核对结果不一致时将相应区域的对应位为 ON。 A494.00：用户程序不一致 A494.01：FB 源不一致 A494.02：参数不一致 A494.03：变量表不一致 A494.04：注释不一致 A494.05：程序不一致 A494.06：DM 不一致 A494.07：DM 的初始值不一致	只读

(12) 通信

① 网络通信指令使用时

名　称	地　址	说　明	读出/写入
网络通信指令可执行标志	A202.00～A202.07	由网络通信指令或者数据后台处理，可以使用该通信端口时，为 1(ON)。各位对应通信端口。位 00～07：通信端口 0～7	只读
网络通信结束代码	A203～A210 CH	执行网络通信指令时，保存应答代码。后台处理完成时被清除(保存 0x0000)。各通道对应端口。A203～A210 CH：通信端口 0～7	只读
网络通信执行出错标志	A219.00～A219.07	网络通信指令的执行发生错误时，为 1(ON)。正常结束时回到 0(OFF)。各位对应端口号，位 00～07：通信端口 0～7	只读

② 通信端口自动分配执行通信指令时

名　称	地　址	说　明	读出/写入
网络通信可自动分配标志	A202.15	可由通信端口自动分配执行通信指令时，即可以使用自动分配的通信端口空闲时，为1(ON)	只读
网络通信完成时1个周期ON标志	A214.00～A214.07	通信端口自动分配执行通信指令的时候，在通信完成时的1个周期为1(ON)。位00～07对应通信端口0～7	只读
网络通信完成时1个周期ON出错标志	A215.00～A215.07	由通信端口自动分配执行通信指令时，通信完成时如果有错误的话，仅1个周期为1(ON)。位00～07对应通信端口0～7。本标志为1(ON)的情况下，参照网络通信应答代码(A203～A210 CH)，分析出错的原因	只读
网络通信应答代码保存地址	A216～A217 CH	由通信端口自动分配执行通信指令时，通信应答代码自动地保存在特殊辅助继电器的任意通道地址内，该任意的通道地址的I/O存储器有效地址在这里被保存	只读
使用通信端口No.	A218 CH	由通信端口自动分配执行通信指令时，使用的通信端口No.在这里被保存。0x0000～0x0007：通信端口0～7	只读

③ 串行端口1

名　称	地　址	说　明	读出/写入
串行端口1通信异常标志	A392.12	串行端口1发生通信异常时为1(ON)	只读
串行端口1重启标志	A526.01	对于串行端口1，进行端口重启的情况下，调整为0→1	读出/写入
串行端口1设定变更中标志	A619.01	串行端口1通信条件的设定变更中为1(ON)	读出/写入
串行端口1出错标志	A528.08～A528.15	在串行端口1发生错误时，保存其出错的内容	读出/写入
串行端口1发送准备标志	A392.13	串行端口1是无程序模式，可以发送的状态时为1(ON)	只读
串行端口1接收完成标志	A392.14	串行端口1是无程序模式，接收完成时为1(ON)	只读
串行端口1接收超出标志	A392.15	串行端口1是无程序模式，超过接收数据数，进行接收时为1(ON)	只读
串行端口1与PT的通信执行中标志	A394.00～A394.07	串行端口1为NT链接模式时，执行通信的相应位为1(ON)，位0～7对应机号0～7	只读
在串行端口1的PT优先登录中标志	A394.08～A394.15	串行端口1为NT链接模式时，优先登录的PT的相应位为1(ON)，位0～7对应机号0～7	只读
串行端口1接收计数器	A394.00～A394.15	串行端口1为无程序模式时，接收的数据的字节数用二进制表示	只读

④ 串行端口 2

名　称	地　址	说　明	读出/写入
串行端口 2 通信异常标志	A392.04	串行端口 2 发生通信异常时为 1(ON)	只读
串行端口 2 重启标志	A526.00	对于串行端口 2,进行端口重启的情况下,调整为 0→1	读出/写入
串行端口 2 设定变更中标志	A619.02	串行端口 2 通信条件的设定变更中为 1(ON)	读出/写入
串行端口 2 出错标志	A528.00～A528.07	在串行端口 2 发生错误时,保存其出错的内容	读出/写入
串行端口 2 发送准备标志	A392.05	串行端口 2 是无程序模式,可以发送的状态时为 1(ON)	只读
串行端口 2 接收完成标志	A392.06	串行端口 2 是无程序模式,接收完成时为 1(ON)	只读
串行端口 2 接收超出标志	A392.07	串行端口 2 是无程序模式,超过接收数据数,进行接收时为1(ON)	只读
串行端口 2 与 PT 的通信执行中标志	A393.00～A393.07	串行端口 2 为 NT 链接模式时,执行通信的相应位为 1(ON),位 0～7 对应机号 0～7	只读
在串行端口 2 的 PT 优先登录中标志	A394.08～A394.15	串行端口 2 为 NT 链接模式时,优先登录的 PT 的相应位为 1(ON),位 0～7 对应机号 0～7	只读
串行端口 2 接收计数器	A393.00～A393.15	串行端口 2 为无程序模式时,接收的数据的字节数用二进制表示	只读

⑤ 关于串行设备

名　称	地址	说　明	读出/写入
串行通信单元 0 号机端口、1～15 号机端口的串行设定变更中标志	A620.01～A635.15	该端口的设定变更中为 1(ON)	读出/写入

参考文献

[1] 陈忠平. 三菱 FX_{2N} PLC 从入门到精通 [M]. 北京：中国电力出版社，2015.
[2] 侯玉宝，陈忠平，邬书跃. 三菱 Q 系列 PLC 从入门到精通 [M]. 北京：中国电力出版社，2017.
[3] 陈忠平，侯玉宝. 欧姆龙 CPM2 PLC 从入门到精通 [M]. 北京：中国电力出版社，2015.
[4] 陈忠平，侯玉宝，李燕. 西门子 S7-200 PLC 从入门到精通 [M]. 北京：中国电力出版社，2014.
[5] 陈忠平. 西门子 S7-200 系列 PLC 自学手册 [M]. 北京：人民邮电出版社，2010.
[6] 陈忠平. 西门子 S7-300/400 系列 PLC 自学手册 [M]. 北京：人民邮电出版社，2010.
[7] 陈忠平. 西门子 S7-300/400 系列 PLC 快速入门 [M]. 北京：人民邮电出版社，2012.
[8] 陈忠平. 西门子 S7-300/400 系列 PLC 快速应用 [M]. 北京：人民邮电出版社，2012.
[9] 李占英，姚丽君，梅彦平等. 欧姆龙 CPM2 PLC [M]. 北京：机械工业出版社，2010.
[10] 肖明耀. 欧姆龙 CP1H 系列 PLC 应用技能实训 [M]. 北京：中国电力出版社，2011.
[11] 蔡杏山. 零起步轻松学欧姆龙 PLC 技术 [M]. 北京：人民邮电出版社，2011.
[12] 王辉，张亚妮，徐江伟. 欧姆龙系列 PLC 原理及应用 [M]. 北京：人民邮电出版社，2009.